SpringerWienNewYork

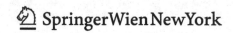

Josef Trölß

Angewandte Mathematik mit Mathcad

Lehr- und Arbeitsbuch

Band 4

Reihen

Transformationen

Differential- und Differenzengleichungen

Dritte, aktualisierte Auflage

SpringerWienNewYork

Mag. Josef Trölß
Asten/Linz, Österreich

SpringerWien New York ist ein Unternehmen von
Springer Science + Business Media
springer.at

Korrektorat: Mag. Eva-Maria Oberhauser/Springer-Verlag
Satz: Reproduktionsfertige Vorlage des Autors

Gedruckt auf säurefreiem, chlorfrei gebleichtem Papier – TCF
SPIN: 12174454

Mit zahlreichen Abbildungen

Bibliografische Informationen der Deutschen Nationalbibliothek
Die Deutsche Nationalbibliothek verzeichnet diese Publikation in der Deutschen Nationalbibliografie; detaillierte bibliografische Daten sind im Internet über http://dnb.d-nb.de abrufbar.

ISBN 978-3-211-76748-1 SpringerWienNewYork
ISBN 978-3-211-71182-8 2. Aufl. SpringerWienNewYork

Vorwort

Dieses Lehr- und Arbeitsbuch aus dem vierbändigen Werk "Angewandte Mathematik mit Mathcad" richtet sich vor allem an Schülerinnen und Schüler höherer Schulen, Studentinnen und Studenten, Naturwissenschaftlerinnen und Naturwissenschaftler sowie Anwenderinnen und Anwender, speziell im technischen Bereich, die sich über eine computerorientierte Umsetzung mathematischer Probleme informieren wollen und dabei die Vorzüge von Mathcad möglichst effektiv nützen möchten.
Dieses vierbändige Werk wird ergänzt durch das Lehr- und Arbeitsbuch "Einführung in die Statistik und Wahrscheinlichkeitsrechnung und in die Qualitätssicherung mithilfe von Mathcad".
Als grundlegende Voraussetzung für das Verständnis und die Umsetzung mathematischer und technischer Aufgaben mit Mathcad gelten die im Band 1 (Einführung in Mathcad) angeführten Grundlagen.

Computer-Algebra-Systeme (CAS) und **computerorientierte numerische Verfahren (CNV)** vereinfachen den praktischen Umgang mit der Mathematik ganz entscheidend und erfahren heute eine weitreichende Anwendung. Bei ingenieurmäßigen Anwendungen kommen CAS und CNV nicht nur für anspruchsvolle mathematische Aufgabenstellungen und Herleitungen in Betracht, sondern auch als Engineering Desktop Software für alle Berechnungen. **Mathcad** stellt dazu eine Vielfalt von leistungsfähigen Werkzeugen zur Verfügung. So können **mathematische Formeln, Berechnungen, Texte, Grafiken usw.** in einem einzigen Arbeitsblatt dargestellt werden. Berechnungen und ihre Resultate lassen sich besonders einfach **illustrieren, visualisieren und kommentieren**. Werden auf dem Arbeitsblatt einzelne Parameter variiert, so passt die Software umgehend alle betroffenen Formeln und Diagramme des Arbeitsblattes an diese Veränderungen an. Spielerisch lässt sich so das "Was wäre wenn" untersuchen. Damit eignet sich diese Software in hervorragender Weise zur **Simulation** vieler Probleme. Auch die Visualisierung durch **Animation** kommt nicht zu kurz und fördert das Verständnis mathematischer Probleme. Ein weiterer Vorteil besteht auch darin, dass die meisten **mathematischen Ausdrücke** mit modernen Editierfunktionen **in gewohnter standardisierter mathematischer Schreibweise** dargestellt werden können.

Gliederung des vierten Bandes

In diesem Band wird eine **leicht verständliche anwendungsorientierte und anschauliche Darstellung** des mathematischen Stoffes gewählt. Definitionen, Sätze und Formeln werden für das Verständnis möglichst kurz gefasst und durch **zahlreiche Beispiele aus Naturwissenschaft und Technik** und anhand vieler Abbildungen und Grafiken näher erläutert.
Dieses Buch wurde weitgehend mit **Mathcad 14 (M011)** erstellt, sodass die vielen angeführten Beispiele leicht nachvollzogen werden können. Sehr viele Aufgaben können aber auch mit älteren Versionen von Mathcad gelöst werden. Bei zahlreichen Beispielen werden die Lösungen teilweise auch von Hand ermittelt.

Im vorliegenden Band werden folgende ausgewählte Stoffgebiete behandelt:

- **Unendliche Zahlenreihen:** Konvergenzkriterien, Vergleichskriterien, Quotientenkriterium von d'Alembert, Wurzelkriterium von Cauchy, Kriterien für alternierende Reihen.

- **Potenzreihen:** Konvergenz von Potenzreihen, Rechnen mit Potenzreihen, Taylorreihen, Laurentreihen.

- **Fourierreihen:** Fourierreihen, diskrete Fourier-Transformation (DFT) und inverse diskrete Transformation (IDFT).

- **Fourier-Transformation:** von der Fourierreihe zur Fourier-Transformation, Elementar- und Testsignale, Eigenschaften der Fourier-Transformation, Fast-Fourier-Transformation.

- **Laplace-Transformation:** Elementar- und Testsignale, Eigenschaften der Laplace-Transformation, Rücktransformation aus dem Bildbereich in den Originalbereich; Anwendungen der Laplace-Transformation: Lösungen von Differentialgleichungen, Laplace-Transformation in der Netzwerkanalyse, Übertragungsverhalter von Systemen.

- **z-Transformation:** z-Transformation elementarer Signale, Eigenschaften der z-Transformation, Rücktransformation aus dem Bildbereich in den Originalbereich; Anwendungen der z-Transformation: Lösungen von Differenzengleichungen, Übertragungsverhalten von Systemen.

- **Differentialgleichungen:** Allgemeines; die gewöhnliche Differentialgleichung: die gewöhnliche Differentialgleichung 1. Ordnung, separable Differentialgleichungen 1. Ordnung, gleichgradige oder homogene Differentialgleichungen 1. Ordnung, exakte Differentialgleichung 1. Ordnung, lineare Differentialgleichungen 1. Ordnung, nichtlineare Differentialgleichungen 1. Ordnung, steife Differentialgleichungen 1. Ordnung, die gewöhnliche Differentialgleichung 2. Ordnung, einfache gewöhnliche Differentialgleichungen 2. Ordnung, lineare Differentialgleichungen 2. Ordnung mit konstanten Koeffizienten, lineare Differentialgleichungen 2. Ordnung mit nicht konstanten Koeffizienten, nichtlineare Differentialgleichungen 2. Ordnung, die gewöhnliche Differentialgleichung n-ter Ordnung, lineare Differentialgleichungssysteme 1. Ordnung mit konstanten Koeffizienten, homogenes lineares Differentialgleichungssystem 1. Ordnung, inhomogenes lineares Differentialgleichungssystem 1. Ordnung, Umformung von Differentialgleichungen n-ter Ordnung nach Differentialgleichungssystemen 1. Ordnung, lineare Differentialgleichungssysteme 2. Ordnung mit konstanten Koeffizienten.

- **Differenzengleichungen:** Differenzengleichungen, diskrete und zeitdiskrete Systeme.

Spezielle Hinweise

Beim Erstellen eines Mathcad-Dokuments ist es hilfreich, viele mathematische Sonderzeichen verwenden zu können. Ein recht umfangreicher Zeichensatz ist die **Unicode-Schriftart "Arial". Eine neue Mathematikschriftart (Unicode-Schriftart "Mathcad UniMath") von Mathcad erweitert die verfügbaren mathematischen Symbole (wie z. B. griechische Buchstaben, mathematische Operatoren, Symbole und Pfeile) beträchtlich.** Einige **Sonderzeichen** aus der **Unicode-Schriftart "Arial"** stehen auch im **"Ressourcen-Menü"** von Mathcad zur Verfügung (**QuickSheets-Gesonderte Rechensymbole**).
Spezielle Zeichen finden sich auch in anderen Zeichensätzen wie z. B. **Bookshelf Symbol 2, Bookshelf Symbol 4, Bookshelf Symbol 5, MT Extra, UniversalMath1 PT, Castellar und CommercialScript BT. Empfohlen wird aber der Einsatz von reinen Unicode-Schriftarten.**
Zum **Einfügen verschiedener Zeichen** aus **verschiedenen Zeichensätzen** ist das **Programm Charmap.exe** sehr nützlich. Dieses Programm finden Sie unter **Zubehör-Zeichentabelle** in **Microsoft-Betriebssystemen. Es gibt aber auch andere nützliche Zeichentabellen-Programme.**
Viele **Zeichen** können aber auch mithilfe des **ASCII-Codes** (siehe Zeichentabelle) eingefügt werden (Eingabe mit Alt-Taste und Zifferncode mit dem numerischen Rechenblock der Tastatur).

Zur Darstellung von **komplexen Variablen** wird hier die **Fettschreibweise mit Unterstreichung** gewählt. Damit Variable zur Darstellung von **Vektoren und Matrizen** von normalen Variablen unterschieden werden können, werden diese hier in **Fettschreibweise** dargestellt. Die Darstellung von **Vektoren mit Vektorpfeilen** wird vor allem in Definitionen und Sätzen verwendet.

Damit **Variable**, denen bereits ein Wert zugewiesen wurde, **wertunabhängig auch für nachfolgende symbolische Berechnungen mit den Symboloperatoren** (live symbolic) verwendet werden können, werden diese einfach **redefiniert** (z. B. **x:=x**). Davon wird öfters Gebrauch gemacht.

Danksagung

Mein außerordentlicher Dank gebührt meinen geschätzten Kollegen Hans Eder und Bernhard Roiss für ihre Hilfestellungen bei der Herstellung des Manuskriptes, für wertvolle Hinweise und zahlreiche Korrekturen.

Hinweise, Anregungen und Verbesserungsvorschläge sind jederzeit willkommen.

Linz, im Februar 2008 **Josef Trölß**

Inhaltsverzeichnis

Inhaltsverzeichnis

1. Unendliche Zahlenreihen

Werden die Glieder einer unendlichen Zahlenfolge < $a_1, a_2, a_3, \ldots a_n, \ldots$ > aufsummiert, so entsteht eine unendliche Reihe mit unendlich vielen Gliedern (siehe dazu Abschnitt 1.2, Band 3):

$$a_1 + a_2 + a_3 + \ldots + a_n + \ldots = \sum_{k=1}^{\infty} a_k \quad \textbf{(1-1)}$$

Es soll nun festgestellt werden, welche Bedingung erfüllt sein muss, damit eine unendliche Reihe einen endlichen Summenwert hat.
Die unendliche Reihe

$$\sum_{k=1}^{\infty} a_k \quad \textbf{(1-2)}$$

heißt konvergent, wenn die Folge der Partialsummen < $s_1, s_2, s_3, \ldots s_n, \ldots$ > mit wachsendem n einem bestimmten Wert s zustrebt:

$$\lim_{n \to \infty} s_n = s \quad \textbf{(1-3)}$$

$s = a_1 + a_2 + a_3 + \ldots + a_n + \ldots = \sum_{k=1}^{\infty} a_k$ **heißt dann Summenwert der unendlichen Reihe.**

Ist diese Bedingung nicht erfüllt, so nennen wir die unendliche Reihe divergent.
Siehe dazu Abschnitt 1.4, Band 3.

Beispiel 1.1:

Untersuchen Sie die nachfolgende Reihe auf Konvergenz: $1 + \frac{1}{2} + \frac{1}{4} + \frac{1}{8} + \ldots$

$\sum_{k=1}^{\infty} \left(\frac{1}{2}\right)^{k-1}$ Es liegt eine geometrische Reihe mit $a_1 = a = 1$ und $q = 1/2$ vor (siehe dazu Abschnitt 1.4, Band 3).

$a := 1$ $q := \frac{1}{2}$ erstes Folgeglied und Quotient von zwei Folgegliedern

$\sum_{k=1}^{\infty} \left(\frac{1}{2}\right)^{k-1} \to 2$ bzw. $s := \frac{a}{1-q}$ $s = 2$ Die Reihe konvergiert und der Summenwert ist 2.

Beispiel 1.2:

Untersuchen Sie die nachfolgende harmonische Reihe auf Konvergenz: $1 + \frac{1}{2} + \frac{1}{3} + \frac{1}{4} + \ldots = \sum_{k=1}^{\infty} \frac{1}{k}$

$s_1 = 1$ $s_2 = 1 + \frac{1}{2}$ $s_3 = 1 + \frac{1}{2} + \frac{1}{3}$ Partialsummen

$s_4 = 1 + \frac{1}{2} + \frac{1}{3} + \frac{1}{4} > 1 + \frac{1}{2} + \frac{1}{4} + \frac{1}{4}$ Abschätzung der vierten Partialsumme

$s_4 > 1 + 2 \cdot \frac{1}{2}$ Abschätzung der vierten Partialsumme

$s_8 = 1 + \frac{1}{2} + \frac{1}{3} + \frac{1}{4} + \frac{1}{5} + \frac{1}{6} + \frac{1}{7} + \frac{1}{8} > 1 + \frac{1}{2} + \frac{1}{4} + \frac{1}{4} + \frac{1}{8} + \frac{1}{8} + \frac{1}{8} + \frac{1}{8}$ Abschätzung der achten Partialsumme

$s_8 > 1 + 3 \cdot \frac{1}{2}$ Abschätzung der achten Partialsumme

$s_{16} > 1 + 4 \cdot \frac{1}{2}$ Abschätzung der sechzehnten Partialsumme

$s_{2^k} > 1 + k \cdot \frac{1}{2}$ Abschätzung der 2^k-ten Partialsumme

$\lim_{k \to \infty} \left(1 + k \cdot \frac{1}{2}\right) \to \infty$ **Die Partialsummenfolge ist divergent und damit ist auch die harmonische Reihe divergent.**

Beispiel 1.3:

Untersuchen Sie die nachfolgende Reihe auf Konvergenz: $\sum_{n=1}^{\infty} \frac{1}{n \cdot (n+1)}$

Es gilt:

$$\frac{1}{n \cdot (n+1)} = \frac{1}{n} - \frac{1}{n+1}$$

Die n-te Partialsummenfolge lautet damit:

$$s_n = \left(1 - \frac{1}{2}\right) + \left(\frac{1}{2} - \frac{1}{3}\right) + \left(\frac{1}{3} - \frac{1}{4}\right) + ... + \left(\frac{1}{n} - \frac{1}{n+1}\right)$$

Diese Summe vereinfacht sich zu:

$$s_n = 1 - \frac{1}{n+1}$$

$\lim_{n \to \infty} \left(1 - \frac{1}{n+1}\right) \to 1$ **Die Partialsummenfolge konvergiert und die gegebene Reihe ist konvergent. Sie hat den Summenwert 1.**

Beispiel 1.4:

Untersuchen Sie die arithmetische Reihe auf Konvergenz: $\sum_{k=1}^{\infty} k = 1 + 2 + 3 + 4 + ...$

Arithmetische Reihen sind divergent!

1.1 Konvergenzkriterien

Es ist verständlich, dass nur solche Reihen von Interesse sind, die konvergent sind.

Wenn eine Reihe $\sum_{n=1}^{\infty} a_n$ konvergiert, so gilt:

$$\lim_{n \to \infty} a_n = 0 \quad \text{(Satz 5, Abschnitt 1.4, Band 3)}$$

(1-4)

Diese Bedingung ist aber nicht hinreichend, denn die Umkehrung gilt nicht. Nachfolgend sollen sogenannte Konvergenzkriterien formuliert werden, die es entweder stets oder unter gewissen Voraussetzungen gestatten festzustellen, ob eine gegebene Reihe konvergiert oder nicht.

Eine Reihe $\sum_{n=1}^{\infty} a_n$, deren Glieder a_i ($a_i \ge 0$) alle positiv sind, nennen wir eine positive Reihe.

Eine Reihe $\sum_{n=1}^{\infty} a_n$, deren Glieder a_i ($a_i \le 0$) alle negativ sind, kann als negative einer positiven Reihe behandelt werden.

Unter einer alternierenden Reihe verstehen wir solche Reihen, die abwechselnd positive und negative Glieder besitzen: $\sum_{n=1}^{\infty} u_n = \sum_{n=1}^{\infty} \left[(-1)^{n+1} \cdot a_n\right]$.

1.1.1 Vergleichskriterien

Majorantenkriterium:

Eine positive Reihe $\sum_{n=1}^{\infty} b_n$ konvergiert, wenn jedes Glied (unter Umständen erst nach endlich vielen) kleiner oder gleich dem entsprechenden Glied einer bekannten konvergenten positiven Reihe $\sum_{n=1}^{\infty} a_n$ ist:

$$0 \le b_n \le a_n \qquad \text{(1-5)}$$

Als Vergleichsreihen werden oft folgende Reihen benutzt:

$$a + a \cdot q + a \cdot q^2 + a \cdot q^3 + ... = \sum_{n=1}^{\infty} \left(a \cdot q^{n-1}\right)$$ geometrische Reihe, konvergiert für $|q| < 1$

$$1 + \frac{1}{2^p} + \frac{1}{3^p} + \frac{1}{4^p} + \frac{1}{5^p} + ... = \sum_{n=1}^{\infty} \frac{1}{n^p}$$ konvergiert für $p > 1$

Minorantenkriterium:

Eine positive Reihe $\sum_{n=1}^{\infty} b_n$ ist divergent, wenn jedes Glied (unter Umständen erst nach endlich vielen) größer oder gleich dem entsprechenden Glied einer bekannten divergenten positiven Reihe $\sum_{n=1}^{\infty} a_n$ ist:

$$b_n \geq a_n \qquad \textbf{(1-6)}$$

Als Vergleichsreihen werden oft arithmetische und harmonische Reihen benutzt.

Beispiel 1.5:

Ist die Reihe $\sum_{n=1}^{\infty} \frac{1}{n^2+1}$ konvergent ?

$$\sum_{n=1}^{\infty} \frac{1}{n^p} = \sum_{n=1}^{\infty} \frac{1}{n^2}$$ eine konvergente Vergleichsreihe (p = 2)

$b_n \leq a_n \quad \Rightarrow \quad \frac{1}{n^2+1} \leq \frac{1}{n^2}$ hat als Lösung(en) $0 < n \vee n < 0$ Gilt für alle n >0, daher ist die Reihe nach (1-5) konvergent.

Beispiel 1.6:

Die folgende Reihe soll auf Konvergenz untersucht werden: $\frac{1}{2} + \frac{1}{6} + \frac{1}{12} + \frac{1}{20} + \frac{1}{30} + \ldots$

$$\sum_n b_n = \sum_{n=1}^{\infty} \frac{1}{n^2+n} = \frac{1}{2} + \frac{1}{6} + \frac{1}{12} + \frac{1}{20} + \frac{1}{30} + \ldots$$ gegebene Reihe

$$\sum_n a_n = \sum_{n=1}^{\infty} \frac{1}{2^n} = \frac{1}{2} + \frac{1}{4} + \frac{1}{8} + \frac{1}{16} + \frac{1}{32} + \ldots$$ konvergente geometrische Vergleichsreihe

$b_n \leq a_n \quad \Rightarrow \quad \frac{1}{n^2+n} \leq \frac{1}{2^n}$ Gilt für alle n, daher ist die Reihe nach (1-5) konvergent.

Beispiel 1.7:

Ist die nachfolgend gegebene Reihe konvergent?

$$\sum_n b_n = \sum_{n=1}^{\infty} \frac{1}{n!} = 1 + \frac{1}{2} + \frac{1}{6} + \frac{1}{24} + \ldots$$ gegebene Reihe

$$\sum_n a_n = \sum_{n=1}^{\infty} \frac{1}{2^{n-1}} = 1 + \frac{1}{2} + \frac{1}{4} + \frac{1}{8} + \ldots$$ konvergente geometrische Vergleichsreihe

$b_n \leq a_n \quad \Rightarrow \quad \frac{1}{n!} \leq \frac{1}{2^{n-1}}$ Gilt für alle n, daher ist die Reihe nach (1-5) konvergent.

Beispiel 1.8:

Ist die nachfolgend gegebene Reihe konvergent?

$$\sum_n b_n = \sum_{n=1}^{\infty} \frac{n^2+1}{n^3+1} = 1 + \frac{5}{9} + \frac{10}{28} + \ldots$$ gegebene Reihe

$$\sum_n a_n = \sum_{n=1}^{\infty} \frac{1}{n} = 1 + \frac{1}{2} + \frac{1}{3} + \ldots$$ divergente Vergleichsreihe (harmonische Reihe)

$$b_n \ge a_n \quad \Rightarrow \quad \frac{n^2+1}{n^3+1} \ge \frac{1}{n}$$ Gilt für alle n, daher ist die Reihe nach (1-6) divergent.

1.1.2 Quotientenkriterium von d'Alembert

Eine positive Reihe $\sum_{n=1}^{\infty} a_n$ konvergiert, wenn

$$\lim_{n \to \infty} \frac{a_{n+1}}{a_n} < 1, \qquad \textbf{(1-7)}$$

und divergiert, wenn

$$\lim_{n \to \infty} \frac{a_{n+1}}{a_n} > 1. \qquad \textbf{(1-8)}$$

Gilt dagegen

$$\lim_{n \to \infty} \frac{a_{n+1}}{a_n} = 1, \qquad \textbf{(1-9)}$$

so kann keine Aussage über Konvergenz oder Divergenz gemacht werden.

Beispiel 1.9:

Ist die nachfolgend gegebene Reihe konvergent?

$$\sum_n a_n = \sum_{n=1}^{\infty} \frac{n}{3^n} = \frac{1}{3} + \frac{2}{3^2} + \frac{3}{3^3} + \ldots$$ gegebene Reihe

$$a_n = \frac{n}{3^n} \qquad a_{n+1} = \frac{n+1}{3^{n+1}}$$ Folgeglieder

$$\lim_{n \to \infty} \frac{\frac{n+1}{3^{n+1}}}{\frac{n}{3^n}} = \lim_{n \to \infty} \frac{(n+1) \cdot 3^n}{n \cdot 3^{n+1}} = \lim_{n \to \infty} \frac{n+1}{3 \cdot n} = \lim_{n \to \infty} \frac{1 + \frac{1}{n}}{3} = \frac{1}{3} < \mathbf{1}$$

$$\lim_{n \to \infty} \frac{\frac{n+1}{3^{n+1}}}{\frac{n}{3^n}} \to \frac{1}{3}$$ Die gegebene Reihe ist konvergent.

Beispiel 1.10:

Ist die nachfolgend gegebene Reihe konvergent?

$$\sum_n a_n = \sum_{n=1}^{\infty} \frac{n^2}{n!} = \frac{1}{1!} + \frac{2^2}{2!} + \frac{3^2}{3!} + \ldots. \qquad \text{gegebene Reihe}$$

$$a_n = \frac{n^2}{n!} \qquad a_{n+1} = \frac{(n+1)^2}{(n+1)!} \qquad \text{Folgeglieder}$$

$$\lim_{n \to \infty} \frac{\frac{(n+1)^2}{(n+1)!}}{\frac{n^2}{n!}} = \lim_{n \to \infty} \frac{(n+1)^2 \cdot n!}{(n+1)! \cdot n^2} = \lim_{n \to \infty} \frac{n+1}{n^2} = \lim_{n \to \infty} \left(\frac{1}{n} + \frac{1}{n^2}\right) = 0 < 1$$

$$\lim_{n \to \infty} \frac{\frac{(n+1)^2}{(n+1)!}}{\frac{n^2}{n!}} \to 0 \qquad \text{Die gegebene Reihe ist konvergent.}$$

Beispiel 1.11:

Ist die nachfolgend gegebene Reihe konvergent?

$$\sum_n a_n = \sum_{n=1}^{\infty} \frac{1}{n^2} = 1 + \frac{1}{2^2} + \frac{1}{3^2} + \ldots. \qquad \text{gegebene Reihe}$$

$$a_n = \frac{1}{n^2} \qquad a_{n+1} = \frac{1}{(n+1)^2} \qquad \text{Folgeglieder}$$

$$\lim_{n \to \infty} \frac{\frac{1}{(n+1)^2}}{\frac{1}{n^2}} = \lim_{n \to \infty} \frac{n^2}{(n+1)^2} = \lim_{n \to \infty} \left(\frac{n}{n+1}\right)^2 = \lim_{n \to \infty} \left(\frac{1}{1+\frac{1}{n}}\right)^2 = 1$$

Das Quotientenkriterium versagt hier. Es kann daher damit keine Aussage über die Konvergenz gemacht werden!

1.1.3 Wurzelkriterium von Cauchy

Eine positive Reihe $\sum_{n=1}^{\infty} a_n$ **konvergiert, wenn**

$$\lim_{n \to \infty} \sqrt[n]{a_n} < 1, \qquad \textbf{(1-10)}$$

und divergiert, wenn

$$\lim_{n \to \infty} \sqrt[n]{a_n} > 1. \qquad \textbf{(1-11)}$$

Gilt dagegen

$$\lim_{n \to \infty} \sqrt[n]{a_n} = 1, \qquad (1\text{-}12)$$

so kann keine Aussage über Konvergenz oder Divergenz gemacht werden.

Beispiel 1.12:

Ist die nachfolgend gegebene Reihe konvergent?

$$\sum_n a_n = \sum_{n=1}^{\infty} \frac{1}{n^n} = 1 + \frac{1}{2^2} + \frac{1}{3^3} + \ldots$$

$$\lim_{n \to \infty} \sqrt[n]{\frac{1}{n^n}} = \lim_{n \to \infty} \frac{1}{\sqrt[n]{n^n}} = \lim_{n \to \infty} \frac{1}{n} = 0 < 1$$

$$\lim_{n \to \infty} \sqrt[n]{\frac{1}{n^n}} \rightarrow \lim_{n \to \infty} \sqrt[n]{\frac{1}{n^n}}$$

Die gegebene Reihe ist konvergent.

Beispiel 1.13:

Ist die nachfolgend gegebene Reihe konvergent?

$$\sum_n a_n = \sum_{n=1}^{\infty} \frac{1}{n^2} = 1 + \frac{1}{2^2} + \frac{1}{3^2} + \ldots$$

gegebene Reihe

Unter Anwendung der Grenzwertsätze und nach l'Hospital gilt:

$$\lim_{n \to \infty} \sqrt[n]{\frac{1}{n^2}} = \lim_{n \to \infty} \frac{1}{\sqrt[n]{n^2}} = \lim_{n \to \infty} n^{\frac{-2}{n}} = \lim_{n \to \infty} e^{\frac{-2}{n} \cdot \ln(n)} = e^{\lim\limits_{n \to \infty} \frac{-2 \cdot \ln(n)}{n}} = e^{\lim\limits_{n \to \infty} \frac{-2}{n}} = 1$$

$$\lim_{n \to \infty} \sqrt[n]{\frac{1}{n^2}} \rightarrow \lim_{n \to \infty} \sqrt[n]{\frac{1}{n^2}}$$

Hier versagt (vergleiche Beispiel 1.11) das Wurzelkriterium.

$$1 + \frac{1}{2^2} + \frac{1}{3^2} + \frac{1}{4^2} + \frac{1}{5^2} + \ldots < 1 + \frac{1}{2^2} + \frac{1}{2^2} + \frac{1}{4^2} + \frac{1}{4^2} + \frac{1}{8^2} + \ldots$$

Majorantenkriterium

$$1 + \frac{1}{2^2} + \frac{1}{3^2} + \frac{1}{4^2} + \frac{1}{5^2} + \ldots < 1 + \frac{2}{2^2} + \frac{4}{4^2} + \frac{8}{8^2} + \frac{16}{16^2} + \ldots$$

$$1 + \frac{1}{2^2} + \frac{1}{3^2} + \frac{1}{4^2} + \frac{1}{5^2} + \ldots < 1 + \frac{1}{2} + \frac{1}{4} + \frac{1}{8} + \frac{1}{16} + \ldots$$

geometrische Vergleichsreihe mit q = 1/2

Die gegebene Reihe ist daher konvergent.

1.1.4 Kriterien für alternierende Reihen

Leibniz-Kriterium:

Eine alternierende Reihe $\sum_{n=1}^{\infty}\left[(-1)^{n+1}\cdot a_n\right]$ **konvergiert, falls für alle n gilt:**

$$a_n > a_{n+1} \text{ und } \lim_{n\to\infty} a_n = 0 \tag{1-13}$$

Absolute Konvergenz:

Eine alternierende Reihe $\sum_{n=1}^{\infty}\left[(-1)^{n+1}\cdot a_n\right] = a_1 - a_2 + a_3 - a_4 + ...$ **heißt absolut konvergent, wenn**

die zugeordnete positive Reihe $\sum_{n=1}^{\infty}\left|(-1)^{n+1}\cdot a_n\right| = a_1 + a_2 + a_3 + a_4 + ...$ **konvergiert.**

Jede konvergente Reihe mit positiven Gliedern ist absolut konvergent.
Jede absolut konvergente Reihe ist konvergent.

Bedingte Konvergenz:

Wenn eine alternierende Reihe $\sum_{n=1}^{\infty}\left[(-1)^{n+1}\cdot a_n\right] = a_1 - a_2 + a_3 - a_4 + ...$ **konvergiert, aber die**

zugeordnete positive Reihe $\sum_{n=1}^{\infty}\left|(-1)^{n+1}\cdot a_n\right| = a_1 + a_2 + a_3 + a_4 + ...$ **divergiert, so heißt die**

alternierende Reihe bedingt konvergent.

Quotientenkriterium für absolute Konvergenz:

Eine alternierende Reihe $\sum_{n=1}^{\infty} u_n = \sum_{n=1}^{\infty}\left[(-1)^{n+1}\cdot a_n\right] = a_1 - a_2 + a_3 - a_4 + ...$ **heißt absolut**

konvergent, wenn

$$\lim_{n\to\infty}\left|\frac{u_{n+1}}{u_n}\right| < 1, \tag{1-14}$$

und konvergiert nicht absolut, wenn

$$\lim_{n\to\infty}\left|\frac{u_{n+1}}{u_n}\right| > 1. \tag{1-15}$$

Für

$$\lim_{n\to\infty}\left|\frac{u_{n+1}}{u_n}\right| = 1 \tag{1-16}$$

kann keine Aussage über die absolute Konvergenz und nicht absolute Konvergenz gemacht werden.

Wurzelkriterium für absolute Konvergenz:

Eine alternierende Reihe $\sum_{n=1}^{\infty} u_n = \sum_{n=1}^{\infty}\left[(-1)^{n+1}\cdot a_n\right] = a_1 - a_2 + a_3 - a_4 + \ldots$ **heißt absolut konvergent, wenn**

$$\lim_{n\to\infty} \sqrt[n]{|u_n|} < 1, \qquad \textbf{(1-17)}$$

und konvergiert nicht absolut, wenn

$$\lim_{n\to\infty} \sqrt[n]{|u_n|} > 1. \qquad \textbf{(1-18)}$$

Für

$$\lim_{n\to\infty} \sqrt[n]{|u_n|} = 0 \qquad \textbf{(1-19)}$$

kann keine Aussage gemacht werden.

Beispiel 1.14:

Ist die nachfolgend gegebene Reihe konvergent?

$$\sum_n\left[(-1)^{n+1}\cdot a_n\right] = \sum_{n=1}^{\infty}\left[(-1)^{n+1}\cdot\frac{n}{e^n}\right] = \frac{1}{e} - \frac{2}{e^2} + \frac{3}{e^3} - \frac{4}{e^4} + \ldots$$ gegebene Reihe

$$a_n = \frac{n}{e^n} \qquad a_{n+1} = \frac{n+1}{e^{n+1}}$$ Folgeglieder

Leibniz-Kriterium:

$$\frac{n}{e^n} > \frac{n+1}{e^{n+1}} \quad\Rightarrow\quad \frac{e^{n+1}}{e^n} > \frac{n+1}{n} \quad\Rightarrow\quad e^n > 1 + \frac{1}{n}$$ gilt für alle n

$$\lim_{n\to\infty}\frac{n}{e^n} = \lim_{n\to\infty}\frac{1}{e^n} = 0$$ unter Anwendung von l'Hospital

$$\lim_{n\to\infty}\frac{n}{e^n} \to 0$$ Die Reihe ist konvergent.

Beispiel 1.15:

Ist die nachfolgend gegebene Reihe konvergent?

$$\sum_n\left[(-1)^{n+1}\cdot a_n\right] = \sum_{n=1}^{\infty}\left[(-1)^{n+1}\cdot\frac{1}{2\cdot n+1}\right] = 1 - \frac{1}{3} + \frac{1}{5} - \frac{1}{7} + \ldots$$ gegebene Reihe

$$a_n = \frac{1}{2\cdot n+1} \qquad a_{n+1} = \frac{1}{2\cdot(n+1)+1}$$ Folgeglieder

Leibniz-Kriterium:

$$\frac{1}{2\cdot n+1} > \frac{1}{2\cdot(n+1)+1}$$ hat als Lösung(en) $-\frac{1}{2} < n \vee n < -\frac{3}{2}$ gilt für alle n > 0

$$\lim_{n\to\infty} \frac{1}{2\cdot n+1} = 0$$

$$\lim_{n\to\infty} \frac{1}{2\cdot n+1} \to 0$$ Die Reihe ist konvergent.

Beispiel 1.16:

Ist die Reihe $1 - \frac{1}{2} + \frac{1}{4} - \frac{1}{8} + ...$ absolut konvergent?

Die positive Reihe $1 + \frac{1}{2} + \frac{1}{4} + \frac{1}{8} + ...$ ist eine geometrische Reihe mit q = 1/2.

Daher ist die gegebene Reihe absolut konvergent.

Beispiel 1.17:

Ist die Reihe $1 - \frac{2}{3} + \frac{3}{3^2} - \frac{4}{3^3} + ...$ absolut konvergent?

$$1 + \frac{2}{3} + \frac{3}{3^2} + \frac{4}{3^3} + ... = \sum_{n=0}^{\infty} \frac{n+1}{3^n}$$ die zugehörige positive Reihe

$$a_n = \frac{n+1}{3^n} \qquad a_{n+1} = \frac{n+2}{3^{n+1}}$$ Folgeglieder

Quotientenkriterium:

$$\lim_{n\to\infty} \frac{\frac{n+2}{3^{n+1}}}{\frac{n+1}{3^n}} = \lim_{n\to\infty} \frac{(n+2)\cdot 3^n}{3^{n+1}\cdot(n+1)} = \lim_{n\to\infty}\left(\frac{1}{3}\cdot\frac{n+2}{n+1}\right) = \frac{1}{3}\cdot \lim_{n\to\infty} \frac{1+\frac{2}{n}}{1+\frac{1}{n}} = \frac{1}{3} \quad \mathbf{< 1}$$

$$\lim_{n\to\infty} \frac{\frac{n+2}{3^{n+1}}}{\frac{n+1}{3^n}} \to \frac{1}{3}$$ Die positive Reihe ist konvergent, daher ist die gegebene Reihe absolut konvergent.

Beispiel 1.18:

Ist die Reihe $1 - \frac{1}{2} + \frac{1}{3} - \frac{1}{4} + ...$ konvergent?

Die positive Reihe $1 + \frac{1}{2} + \frac{1}{3} + \frac{1}{4} + ...$ ist eine harmonische Reihe und diese ist divergent.

Die gegebene Reihe ist daher bedingt konvergent. Die gegebene Reihe konvergiert nach dem Leibniz-Kriterium. Sie wird daher auch Leibniz-Reihe genannt.

Beispiel 1.19:

Ist die Reihe $\frac{2}{3} - \frac{3}{4} \cdot \frac{1}{2} + \frac{4}{5} \cdot \frac{1}{3} - \frac{5}{6} \cdot \frac{1}{4} + ...$ konvergent?

Die positive Reihe $\frac{2}{3} + \frac{3}{4} \cdot \frac{1}{2} + \frac{4}{5} \cdot \frac{1}{3} + \frac{5}{6} \cdot \frac{1}{4} + ...$ ist divergent, weil sie gliedweise

größer ist als $\frac{1}{2} \cdot \left(1 + \frac{1}{2} + \frac{1}{3} + \frac{1}{4} + ...\right)$ (harmonische Reihe).

Die gegebene Reihe ist bedingt konvergent.

Beispiel 1.20:

Ist die Reihe $1 - \frac{1}{2} + \frac{1}{4} - \frac{1}{8} + ...$ absolut konvergent?

$$1 - \frac{1}{2} + \frac{1}{4} - \frac{1}{8} + ... = \sum_{n=0}^{\infty} \left[(-1)^n \cdot \frac{1}{2^n}\right]$$ gegebene Reihe

$$u_n = (-1)^n \cdot \frac{1}{2^n} \qquad u_{n+1} = (-1)^{n+1} \cdot \frac{1}{2^{n+1}}$$ Folgeglieder

Quotientenkriterium:

$$\lim_{n \to \infty} \left|\frac{u_{n+1}}{u_n}\right| = \lim_{n \to \infty} \left|\frac{(-1)^{n+1} \cdot \frac{1}{2^{n+1}}}{(-1)^n \cdot \frac{1}{2^n}}\right| = \lim_{n \to \infty} \left|-1 \cdot \frac{1}{2}\right| = \frac{1}{2} < 1$$

Damit ist die Reihe absolut konvergent.

Beispiel 1.21:

Ist die Reihe $1 - \frac{2}{3} + \frac{3}{3^2} - \frac{4}{3^3} + ...$ absolut konvergent?

$$1 - \frac{2}{3} + \frac{3}{3^2} - \frac{4}{3^3} + ... = \sum_{n=0}^{\infty} \left[(-1)^n \cdot \frac{n+1}{3^n} \right]$$ gegebene Reihe

$$u_n = (-1)^n \cdot \frac{n+1}{3^n} \qquad u_{n+1} = (-1)^{n+1} \cdot \frac{n+2}{3^{n+1}}$$ Folgeglieder

Quotientenkriterium:

$$\lim_{n \to \infty} \left| \frac{(-1)^{n+1} \cdot \frac{n+2}{3^{n+1}}}{(-1)^n \cdot \frac{n+1}{3^n}} \right| = \lim_{n \to \infty} \left| -1 \cdot \frac{3^n \cdot (n+2)}{3^{n+1} \cdot (n+1)} \right| = \lim_{n \to \infty} \left| \frac{-1}{3} \cdot \frac{n+2}{n+1} \right| = \lim_{n \to \infty} \left| \frac{-1}{3} \cdot \frac{1 + \frac{2}{n}}{1 + \frac{1}{n}} \right|$$

$$\lim_{n \to \infty} \left| \frac{(-1)^{n+1} \cdot \frac{n+2}{3^{n+1}}}{(-1)^n \cdot \frac{n+1}{3^n}} \right| \to \frac{1}{3} \quad \mathbf{< 1}$$

Die gegebene Reihe ist also absolut konvergent.

Beispiel 1.22:

Ist die Reihe $1 - \frac{1}{2^2} + \frac{1}{3^3} - \frac{1}{4^4} + ...$ absolut konvergent?

$$1 - \frac{1}{2^2} + \frac{1}{3^3} - \frac{1}{4^4} + ... = \sum_{n=1}^{\infty} \left[(-1)^{n+1} \cdot \frac{1}{n^n} \right]$$ gegebene Reihe

Wurzelkriterium:

$$\lim_{n \to \infty} \sqrt[n]{\left| (-1)^{n+1} \cdot \frac{1}{n^n} \right|} = \lim_{n \to \infty} \left| (-1)^{\frac{n+1}{n}} \cdot \frac{1}{n} \right| = 0 \quad \mathbf{< 1}$$

Die gegebene Reihe ist also absolut konvergent.

2. Potenzreihen

2.1 Konvergenz von Potenzreihen

Der wichtigste Spezialfall von Funktionenreihen sind Potenzreihen.
Eine unendliche Reihe der Form

$$\sum_{n=0}^{\infty} u_n = \sum_{n=0}^{\infty} \left(a_n \cdot x^n\right) = a_0 + a_1 \cdot x + a_2 \cdot x^2 + ... + a_n \cdot x^n + ... \quad \text{(2-1)}$$

($a_i \in \mathbb{R}$) wird eine Potenzreihe in x genannt.

Eine unendliche Reihe der Form

$$\sum_{n=0}^{\infty} u_n = \sum_{n=0}^{\infty} \left[a_n \cdot \left(x - x_0\right)^n\right] = a_0 + a_1 \cdot \left(x - x_0\right) + a_2 \cdot \left(x - x_0\right)^2 + ... + a_n \cdot \left(x - x_0\right)^n + ... \quad \text{(2-2)}$$

(a_i, $x_0 \in \mathbb{R}$) wird eine Potenzreihe in $(x - x_0)$ genannt. Die Stelle x_0 heißt Entwicklungsstelle.

Die Menge der Zahlen x, für die eine Potenzreihe konvergiert, heißt Konvergenzintervall (oder Konvergenzbereich) der Reihe. Der Mittelpunkt des Konvergenzintervalls ist für die Reihe (2-1) $x = x_0 = 0$ und für die Reihe (2-2) $x = x_0$. Wir schreiben dafür: $x \in \,]x_0 - r, x_0 + r[$, $x_0 - r < x < x_0 + r$ oder $|x - x_0| < r$. r heißt Konvergenzradius.

Den Konvergenzradius r des Konvergenzintervalls ermitteln wir mithilfe des Quotientenkriteriums für absolute Konvergenz (1-14):

Aus

$$\lim_{n \to \infty} \left|\frac{u_{n+1}}{u_n}\right| = \lim_{n \to \infty} \left|\frac{a_{n+1} \cdot x^{n+1}}{a_n \cdot x^n}\right| = \lim_{n \to \infty} \left(\left|\frac{a_{n+1}}{a_n}\right| \cdot |x|\right) < 1 \quad \text{(2-3)}$$

folgt

$$|x| < \frac{1}{\lim\limits_{n \to \infty} \left|\frac{a_{n+1}}{a_n}\right|} \quad \text{(2-4)}$$

und somit:

$$|x| < \lim_{n \to \infty} \left|\frac{a_n}{a_{n+1}}\right| \quad \text{(2-5)}$$

Damit lässt sich folgender Satz formulieren:

Wenn der Grenzwert $r = \lim\limits_{n \to \infty} \left|\frac{a_n}{a_{n+1}}\right|$ **existiert,**

dann konvergiert die Reihe (2-1) bzw. (2-2) für

$$|x| < r \text{ bzw. } |x - x_0| < r \quad \text{(2-6)}$$

und sie divergiert für

$$|x| > r \quad \textbf{bzw.} \quad |x - x_0| > r. \qquad \textbf{(2-7)}$$

Das Konvergenzverhalten an den Randpunkten des Konvergenzintervalls x = - r und x = r bzw. $x - x_0 = -r$ und $x - x_0 = r$ muss gesondert untersucht werden!
Ergibt sich für r der uneigentliche Grenzwert r = "∞", so bedeutet dies, dass das Konvergenzintervall die ganze reelle Zahlenmenge umfasst.

Beispiel 2.1:

Untersuchen Sie die nachfolgende Potenzreihe auf Konvergenz und bestimmen Sie das Konvergenzintervall:

$$\sum_{n=1}^{\infty} \frac{x^n}{n} = x + \frac{x^2}{2} + \frac{x^3}{3} + \ldots. \qquad \text{gegebene Reihe}$$

$$a_n = \frac{1}{n} \qquad a_{n+1} = \frac{1}{n+1} \qquad \text{Folgeglieder}$$

$$\lim_{n \to \infty} \left| \frac{\frac{1}{n}}{\frac{1}{n+1}} \right| = \lim_{n \to \infty} \frac{n+1}{n} = \lim_{n \to \infty} \frac{1 + \frac{1}{n}}{1} = 1 \qquad \text{Konvergenzradius}$$

$$\lim_{n \to \infty} \frac{n+1}{n} \to 1$$

Die Reihe konvergiert also im offenen Intervall]-1,1[.

Beispiel 2.2:

Untersuchen Sie die nachfolgende Potenzreihe auf Konvergenz und bestimmen Sie das Konvergenzintervall:

$$\sum_{n=0}^{\infty} \frac{x^n}{n!} = 1 + \frac{x}{1!} + \frac{x^2}{2!} + \frac{x^3}{3!} + \ldots. \qquad \text{gegebene Reihe}$$

$$a_n = \frac{1}{n!} \qquad a_{n+1} = \frac{1}{(n+1)!} \qquad \text{Folgeglieder}$$

$$\lim_{n \to \infty} \left| \frac{\frac{1}{n!}}{\frac{1}{(n+1)!}} \right| = \lim_{n \to \infty} \frac{(n+1)!}{n!} = \lim_{n \to \infty} (n+1) = \infty \qquad \text{Konvergenzradius}$$

$$\lim_{n \to \infty} \frac{(n+1)!}{n!} \to \infty$$

Die Reihe konvergiert also im offenen Intervall]-∞,∞[, d. h in ganz ℝ.

Beispiel 2.3:

Untersuchen Sie die nachfolgende Potenzreihe auf Konvergenz und bestimmen Sie das Konvergenzintervall:

$$\sum_{n=1}^{\infty} \frac{x^n}{n^n} = x + \frac{x^2}{2^2} + \frac{x^3}{3^3} + ...$$ gegebene Reihe

$$a_n = \frac{1}{n^n} \qquad a_{n+1} = \frac{1}{(n+1)^{n+1}}$$ Folgeglieder

$$\lim_{n \to \infty} \left| \frac{\frac{1}{n^n}}{\frac{1}{(n+1)^{n+1}}} \right| = \lim_{n \to \infty} \frac{(n+1)^{n+1}}{n^n} = \lim_{n \to \infty} \frac{(n+1)^n \cdot (n+1)}{n^n} = \lim_{n \to \infty} \left(1 + \frac{1}{n}\right)^n \cdot \lim_{n \to \infty} (n+1)$$

$$= \mathbf{e} . \infty$$

$$\lim_{n \to \infty} \frac{(n+1)^{n+1}}{n^n} \to \infty$$ Die Reihe konvergiert also für $x \in]-\infty,\infty[= \mathbb{R}$.

Beispiel 2.4:

Untersuchen Sie die nachfolgende Potenzreihe auf Konvergenz und bestimmen Sie das Konvergenzintervall:

$$\sum_{n=1}^{\infty} \frac{(x-1)^n}{(2 \cdot n)!} = \frac{x-1}{2!} + \frac{(x-1)^2}{4!} + \frac{(x-1)^3}{6!} + ...$$ gegebene Reihe

$$a_n = \frac{1}{(2 \cdot n)!} \qquad a_{n+1} = \frac{1}{[2 \cdot (n+1)]!} = \frac{1}{(2 \cdot n + 2)!}$$ Folgeglieder

$$\lim_{n \to \infty} \left| \frac{\frac{1}{(2 \cdot n)!}}{\frac{1}{(2 \cdot n+2)!}} \right| = \lim_{n \to \infty} \frac{(2 \cdot n + 2)!}{(2 \cdot n)!} = \lim_{n \to \infty} [(2 \cdot n + 1) \cdot (2 \cdot n + 2)] = \infty$$

$$(2 \cdot n + 2)! = 1 \cdot 2 \cdot 3 \cdot ... \cdot n \cdot (n+1) \cdot (n+2) \cdot ... \cdot (2 \cdot n) \cdot (2 \cdot n + 1) \cdot (2 \cdot n + 2)$$

$$\lim_{n \to \infty} \frac{(2 \cdot n + 2)!}{(2 \cdot n)!} \to \infty$$ Die Reihe konvergiert also für $x \in]-\infty,\infty[= \mathbb{R}$.

2.2 Rechnen mit Potenzreihen

Ohne Beweis seien folgende wichtige Sätze für Potenzreihen angeführt:

a)

Wenn zwei Potenzreihen $f(x) = \sum_{n=0}^{\infty}\left[a_n \cdot (x - x_0)^n\right]$ **und** $g(x) = \sum_{n=0}^{\infty}\left[b_n \cdot (x - x_0)^n\right]$ **auf**

$|x - x_0| < r$ **konvergieren und $f(x) = g(x)$ für alle $x \in\,]x_0 - r, x_0 + r[$ gilt, so sind die Reihen identisch und es gilt für alle $n = 0, 1, 2, 3 \ldots$:** $a_n = b_n$.

b)

Die Potenzreihe einer geraden Funktion enthält nur Glieder mit den Potenzen $x^0, x^2, x^4, x^6, \ldots$

c)

Die Potenzreihe einer ungeraden Funktion enthält nur Glieder mit den Potenzen $x, x^3, x^5, x^7, \ldots$

d)

Aus einer konvergenten Potenzreihe dürfen wir einen allen Gliedern gemeinsamen Faktor c herausheben: $\sum_{n=1}^{\infty}(c \cdot u_n) = c \cdot \sum_{n=1}^{\infty} u_n$.

e)

Konvergente Potenzreihen mit gleichem Entwicklungspunkt x_0 dürfen im gemeinsamen Konvergenzbereich gliedweise addiert, subtrahiert und multipliziert werden. Diese neue Potenzreihe konvergiert dann mindestens im gemeinsamen Konvergenzbereich.

$$\sum_{n=1}^{\infty} u_n \pm \sum_{n=1}^{\infty} v_n = \sum_{n=1}^{\infty}(u_n \pm v_n) = s + t \quad \textbf{(mit } \sum u_n = s \textbf{ und } \sum v_n = t\textbf{)}$$

Für das Produkt gilt die Cauchy'sche Produktformel:

$$\sum_{n=0}^{\infty} u_n \cdot \sum_{n=0}^{\infty} v_n = \left[a_0 + a_1 \cdot (x - x_0) + a_2 \cdot (x - x_0)^2 + \ldots\right] \cdot \left[b_0 + b_1 \cdot (x - x_0) + b_2 \cdot (x - x_0)^2 + \ldots\right] =$$

$$= \sum_{n=0}^{\infty}\left[c_n \cdot (x - x_0)^n\right] = s \cdot t \quad \textbf{mit } c_n = \sum_{k=0}^{n}(a_k \cdot b_{n-k}).$$

Der Konvergenzradius ist mindestens so groß wie der kleinere Konvergenzradius der beiden Reihen.

f)

Jede Potenzreihe stellt im Konvergenzintervall eine Funktion dar. Sie ist im Konvergenzintervall stetig.

$$f: \,]-r, r[\, \longrightarrow \mathbb{R}$$

$$x \longmapsto f(x) = \sum_{n=0}^{\infty}\left(a_n \cdot x^n\right)$$

Die Partialsummen $p_n(x) = a_0 + a_1 x + ... + a_n x^n$ der Potenzreihe nennen wir Approximationsfunktionen. Sie sind Polynomfunktionen. Solche Polynomfunktionen werden häufig wegen ihrer Einfachheit als Interpolationsfunktion für eine Funktion f(x) eingesetzt (siehe dazu auch Abschnitt 3.7, Band 3).

g)

Jede konvergente Potenzreihe $f(x) = \sum_{n=0}^{\infty} \left[a_n \cdot (x - x_0)^n\right]$

darf im Konvergenzintervall $|x-x_0| < r$ gliedweise differenziert und gliedweise integriert werden. Die so entstehenden Reihen haben ebenfalls den Konvergenzradius r.

$$f'(x) = \frac{d}{dx} \sum_{n=0}^{\infty} \left[a_n \cdot (x - x_0)^n\right] = \sum_{n=0}^{\infty} \frac{d}{dx}\left[a_n \cdot (x - x_0)^n\right] = \sum_{n=1}^{\infty} \left[a_n \cdot n \cdot (x - x_0)^{n-1}\right]$$

$$\int_a^b \sum_{n=0}^{\infty} \left[a_n \cdot (x - x_0)^n\right] dx = \sum_{n=0}^{\infty} \left[\int_a^b a_n \cdot (x - x_0)^n \, dx\right] = \sum_{n=0}^{\infty} \left[a_n \cdot \frac{(x - x_0)^{n+1}}{n+1}\right] \Bigg|_a^b$$

Beispiel 2.5:

Wie lautet die Potenzreihenentwicklung der Funktion $f(x) = \frac{1-x}{1+x}$? Bestimmen Sie das Konvergenzintervall.

$f(x) = \frac{1-x}{1+x}$ gegebene Funktion $\qquad \frac{1-x}{1+x}$ in Partialbrüche zerlegt, ergibt $\frac{2}{x+1} - 1$

Mithilfe der Summenformel für geometrische Reihen $s = \frac{a}{1-q}$ (siehe dazu (1-45), Band 3) erhalten wir:

$$f(x) = \frac{1-x}{1+x} = -1 + \frac{2}{1+x} = -1 + 2 \cdot \sum_{k=0}^{\infty} \left[(-1)^k \cdot x^k\right]$$ (wegen a = 1 und $q^k = (-x)^k = (-1)^k x^k$)

Diese geometrische Reihe konvergiert im Bereich $|x| < 1$.

Beispiel 2.6:

Wie lautet die Potenzreihenentwicklung der Funktion $f(x) = \frac{23 - 7 \cdot x}{12 - 7 \cdot x + x^2}$? Bestimmen Sie das Konvergenzintervall.

Die gebrochenrationale Funktion kann in Partialbrüche zerlegt werden (siehe dazu Abschnitt 4.3.4, Band 3):

$\frac{23 - 7 \cdot x}{12 - 7 \cdot x + x^2}$ in Partialbrüche zerlegt, ergibt $-\frac{2}{x-3} - \frac{5}{x-4}$ Partialbruchzerlegung mit Mathcad

$$f(x) = \frac{23 - 7 \cdot x}{12 - 7 \cdot x + x^2} = \frac{23 - 7 \cdot x}{(x-3) \cdot (x-4)} = \frac{A}{x-3} + \frac{B}{x-4}$$ händische Partialbruchzerlegung

$$23 - 7 \cdot x = A \cdot (x-4) + B \cdot (x-3)$$ bruchfreie Gleichung

$x = 4 \quad \Rightarrow \quad 23 - 28 = B \quad \Rightarrow \quad B = -5$

$x = 3 \quad \Rightarrow \quad 23 - 21 = -A \quad \Rightarrow \quad A = -2$

Es gilt demnach:

$$f(x) = -\frac{2}{x-3} - \frac{5}{x-4} = \frac{2}{3-x} + \frac{5}{4-x} = \frac{2}{3} \cdot \frac{1}{1 - \frac{x}{3}} + \frac{5}{4} \cdot \frac{1}{1 - \frac{x}{4}}$$

Mithilfe der Summenformel für geometrische Reihen $s = \frac{a}{1-q}$ (siehe dazu (1-45), Band 3) erhalten wir:

$$f(x) = \frac{2}{3} \cdot \sum_{k=0}^{\infty} \left(\frac{x}{3}\right)^k + \frac{5}{4} \cdot \sum_{k=0}^{\infty} \left(\frac{x}{4}\right)^k = \sum_{k=0}^{\infty} \left[\left(\frac{2}{3^{k+1}} + \frac{5}{4^{k+1}}\right) \cdot x^k\right]$$ Konvergente Potenzreihen dürfen addiert werden!

Konvergenzbereich:

Die 1. Reihe konvergiert für $\left|\frac{x}{3}\right| < 1$. Daraus folgt: $|x| < 3$.

Die 2. Reihe konvergiert für $\left|\frac{x}{4}\right| < 1$. Daraus folgt: $|x| < 4$.

Die Reihe $f(x) = \sum_{k=0}^{\infty} \left[\left(\frac{2}{3^{k+1}} + \frac{5}{4^{k+1}}\right) \cdot x^k\right]$ konvergiert daher für $|x| < 3$.

Beispiel 2.7:

Für die Funktion f(x) = ln(1- x/2) soll zuerst die Potenzreihe um $x_0 = 0$ für die Ableitungsfunktion f '(x) bestimmt werden. Aus der Potenzreihe für die Ableitungsfunktion f '(x) soll dann die Reihenentwicklung für die Funktion f(x) berechnet werden.

$$f'(x) = \frac{\frac{-1}{2}}{1 - \frac{x}{2}}$$ Die Ableitungsfunktion ist eine gebrochenrationale Funktion.

Mithilfe der Summenformel für geometrische Reihen $s = \frac{a}{1-q}$ (siehe dazu (1-45), Band 3) erhalten wir:

$$f'(x) = -\frac{1}{2} \cdot \sum_{n=0}^{\infty} \left(\frac{x}{2}\right)^n = -\sum_{n=0}^{\infty} \frac{x^n}{2^{n+1}}$$ gesuchte Reihendarstellung für die Ableitungsfunktion

Um die Reihe zu f(x) zu bestimmen, wird integriert:

$$f(x) = \ln\left(1 - \frac{x}{2}\right) = \int -\sum_{n=0}^{\infty} \frac{x^n}{2^{n+1}}\,dx = -\sum_{n=0}^{\infty} \int \frac{x^n}{2^{n+1}}\,dx = -\sum_{n=0}^{\infty} \frac{x^{n+1}}{(n+1)\cdot 2^{n+1}} + C$$

Um die Konstante zu bestimmen, wird x = 0 eingesetzt: Aus ln(1-0) = 0 folgt C = 0.

Beispiel 2.8:

Wie lautet die Potenzreihenentwicklung von $f(x) = \arctan(x^2)$ im Entwicklungspunkt $x_0 = 0$?
Bestimmen Sie das Konvergenzintervall für diese Reihe.

Zuerst bestimmen wir die Ableitung der Funktion g(x) = arctan(x):

$$g'(x) = \frac{d}{dx}\arctan(x) = \frac{1}{1+x^2}$$

Dieses Ergebnis lässt sich mit der Summenformel der geometrischen Reihe umschreiben:

$$g'(x) = \frac{1}{1+x^2} = \frac{1}{1-\left(-x^2\right)} = \sum_{n=0}^{\infty}\left[(-1)^n \cdot x^{2n}\right] \qquad \text{mit} \qquad q^n = \left(-x^2\right)^n = (-1)^n \cdot x^{2n}$$

Die Integration liefert für |x| < 1:

$$g(x) = \arctan(x) = \int \sum_{n=0}^{\infty}\left[(-1)^n \cdot x^{2n}\right] dx = \sum_{n=0}^{\infty}\left[\frac{(-1)^n}{2\cdot n+1}\cdot x^{2\cdot n+1}\right]$$

Wegen arctan(0) = 0 kommt kein absolutes Glied hinzu. Weil die Reihe der Ableitung für |x| < 1 konvergiert, ist der Konvergenzradius für die Reihe von g(x) ebenfalls r = 1.
Durch Ersetzen von x durch x^2 in der Reihe für g(x) erhalten wir die Potenzreihe für die gegebene Funktion:

$$f(x) = \arctan\left(x^2\right) = \sum_{n=0}^{\infty}\left[\frac{(-1)^n}{2\cdot n+1}\cdot x^{4\cdot n+2}\right] = x^2 - \frac{x^6}{3} + \frac{x^{10}}{5} - \ldots$$

$$\sum_{n=0}^{\infty}\left[\frac{(-1)^n}{2\cdot n+1}\cdot (-1)^{4\cdot n+2}\right] \rightarrow \frac{\pi}{4}$$

Die Reihe konvergiert auch für die Randpunkte des vorher genannten Konvergenzintervalls, also für $|x| \le 1$.

$$\sum_{n=0}^{\infty}\left[\frac{(-1)^n}{2\cdot n+1}\cdot 1^{4\cdot n+2}\right] \rightarrow \frac{\pi}{4}$$

Beispiel 2.9:

Die Funktion $f(x) = \cos^2(x\text{-}x_0)$ besitzt um die Stelle x_0 die Potenzreihendarstellung:

$$\cos(x - x_0)^2 = 1 - (x - x_0)^2 + \frac{1}{3}\cdot(x - x_0)^4 - \frac{2}{45}\cdot(x - x_0)^6 + \frac{1}{315}\cdot(x - x_0)^8 - \frac{2}{14175}\cdot(x - x_0)^{10} + ...$$

Die Funktion f(x) soll um die Stelle $x_0 = 0$ und $x_0 = 1$ einerseits durch ein Approximationspolynom, das durch Abbruch der Reihe nach dem sechsten Glied entsteht, und andererseits durch ein Interpolationspolynom 4. Grades angenähert und grafisch dargestellt werden.

$\text{ORIGIN} := 0$ ORIGIN festlegen

$f(x, x_0) := \cos(x - x_0)^2$ gegebene Funktion

Approximationspolynom (Reihenabbruch nach dem sechsten Glied):

$$p_{10}(x, x_0) := 1 - (x - x_0)^2 + \frac{1}{3}\cdot(x - x_0)^4 - \frac{2}{45}\cdot(x - x_0)^6 + \frac{1}{315}\cdot(x - x_0)^8 - \frac{2}{14175}\cdot(x - x_0)^{10}$$

Interpolationspolynom 4. Grades:
Zur Bestimmung der Koeffizienten a_i und der Konstante a_0 des Interpolationspolynoms 4. Grades $p(x) = a_0 + a_1\cdot x^1 + a_2\cdot x^2 + a_3\cdot x^3 + a_4\cdot x^4$ wählen wir die Stützstellen mit der gleichen Schrittweite h symmetrisch um die Stelle x_0. Die Anzahl der Stützstellen n, der Entwicklungspunkt x_0 und die Schrittweite h werden neben der Grafik für Simulationszwecke global definiert.

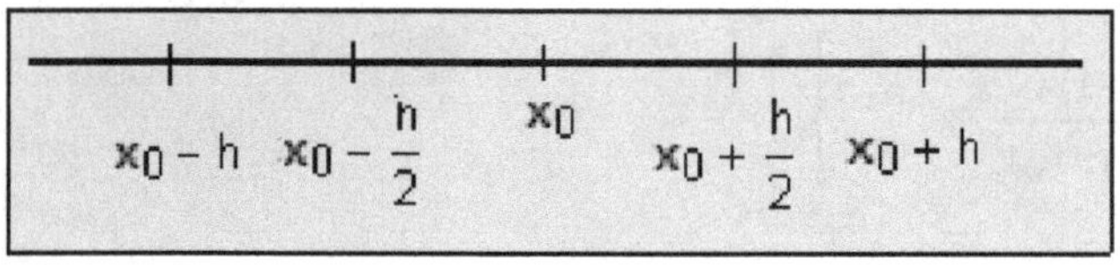

bei fünf Stützstellen

Abb. 2.1

$$\text{stützstellen}(x_0, h, n) := \left|\begin{array}{l} \text{Fehler("n muss ungerade sein!")} \;\; \text{if} \;\; \text{mod}(n,2) = 0 \\ \mathbf{x}_0 \leftarrow x_0 \\ \text{for } k \in 1..\text{floor}\left(\frac{n}{2}\right) \\ \quad \left| \begin{array}{l} \mathbf{x}_k \leftarrow \mathbf{x}_0 - k\cdot\frac{h}{2} \\ \mathbf{x}_{k+\text{floor}\left(\frac{n}{2}\right)} \leftarrow \mathbf{x}_0 + k\cdot\frac{h}{2} \end{array}\right. \\ \text{sort}(\mathbf{x}) \end{array}\right.$$

Unterprogramm zur Berechnung von Stützstellen mit äquidistanten Punkten mit Abstand h/2. Die Daten werden aufsteigend sortiert.

$\mathbf{x} := \text{stützstellen}(x_0, h, n)$ Die Stützstellen werden in einem Vektor gespeichert!

$\mathbf{x}^T = (-1 \;\; -0.5 \;\; 0 \;\; 0.5 \;\; 1)$

$\mathbf{y} := f(\mathbf{x}, x_0)$ Funktionswerte an den Stützstellen

$\mathbf{y}^T = (0.292 \quad 0.77 \quad 1 \quad 0.77 \quad 0.292)$

$\mathbf{P} := \text{erweitern}(\mathbf{x}, \mathbf{y})$ $\mathbf{P} = \begin{pmatrix} -1 & 0.292 \\ -0.5 & 0.77 \\ 0 & 1 \\ 0.5 & 0.77 \\ 1 & 0.292 \end{pmatrix}$ Stützpunkte $(x_i \mid f(x_i))$ in einer Matrix zusammengefasst

Durch sukzessives Einsetzen der Werte der Stützstellen x_i und deren zugehörigen Funktionswerte y_i in das Interpolationspolynom n-ten Grades erhalten wir ein lineares Gleichungssystem mit n Gleichungen und n Unbekannten $a_0, ..., a_{n-1}$.
Das Gleichungssystem lässt sich in Matrizenform **y = K a** schreiben. Aus **y = K a** erhalten wir den Lösungsvektor **a** durch Multiplikation der Matrixgleichung mit $\mathbf{K}^{-1}$ von links.

Stützstellen einsetzen:

$$p(x_0) = a_0 + a_1 \cdot x_0^1 + a_2 \cdot x_0^2 + a_3 \cdot x_0^3 + a_4 \cdot x_0^4$$

$$p(x_1) = a_0 + a_1 \cdot x_1^1 + a_2 \cdot x_1^2 + a_3 \cdot x_1^3 + a_4 \cdot x_1^4$$

....

$$p(x_4) = a_0 + a_1 \cdot x_4^1 + a_2 \cdot x_4^2 + a_3 \cdot x_4^3 + a_4 \cdot x_4^4$$

$i := 0 .. n-1$ Bereichsvariable

$\mathbf{K}^{\langle i \rangle} := \mathbf{x}^i$ $\mathbf{K} =$

	0	1	2	3	4
0	1	-1	1	-1	1
1	1	-0.5	0.25	-0.125	0.063
2	1	0	0	0	0
3	1	0.5	0.25	0.125	0.063
4	1	1	1	1	1

Die Koeffizientenmatrix K dieses linearen Gleichungssystems enthält in der i-ten Spalte die i-ten Potenzen von x_i:

$|\mathbf{K}| = 0.281$ Es liegt eine reguläre Matrix vor!

$\mathbf{a} := \mathbf{K}^{-1} \cdot \mathbf{y}$ $\mathbf{a}^T = (1 \quad 0 \quad -0.99 \quad 0 \quad 0.282)$ Koeffizienten des Interpolationspolynoms

$$p(x) := \mathbf{a}_0 + \sum_{k=1}^{n-1} \left(\mathbf{a}_k \cdot x^k\right)$$ Interpolationspolynom

$x := \min(\mathbf{x}) - 2, \min(\mathbf{x}) - 2 + 0.001 .. \max(\mathbf{x}) + 2$ Bereichsvariable

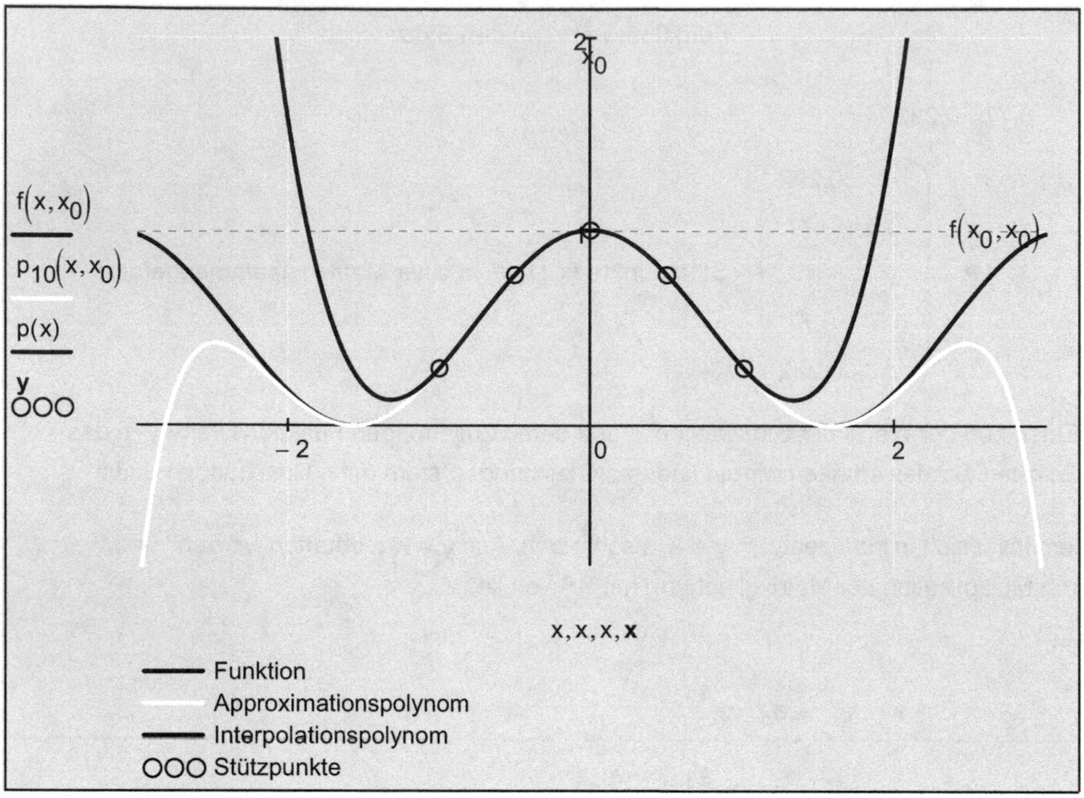

Abb. 2.2

$n \equiv 5$ $\quad x_0 \equiv 0$ $\quad h \equiv 1$ global definierte Daten für eine Simulation

Quadratische Fehler im Vergleich (betrachtet im Bereich der gewählten Stützpunkte):

$$\int_{\mathbf{x}_0}^{\mathbf{x}_{n-1}} \left(f(x, x_0) - p_{10}(x, x_0)\right)^2 dx = 1.404 \times 10^{-12}$$ Approximationspolynom

$$\int_{\mathbf{x}_0}^{\mathbf{x}_{n-1}} \left(f(x, x_0) - p(x)\right)^2 dx = 6.095 \times 10^{-6}$$ Interpolationspolynom

2.3 Taylorreihen

Wie bereits im vorhergehenden Abschnitt gezeigt wurde, stellt eine Potenzreihe auf ihrem Konvergenzintervall eine Funktion dar. Es soll nun untersucht werden, unter welchen Bedingungen eine Funktion in eine Potenzreihe entwickelt werden kann.
Die Funktion $f(x) = 1/(1+(x-x_0))$ kann z. B. durch fortlaufende Division als Reihe geschrieben werden:

$$f(x) = \frac{1}{1+(x-x_0)} = 1-(x-x_0)+(x-x_0)^2-(x-x_0)^3+.... \qquad \textbf{(2-8)}$$

Die Reihe hat dann folgende Form:

$$f(x) = a_0 + a_1\cdot(x-x_0)+a_2\cdot(x-x_0)^2+a_3\cdot(x-x_0)^3+.... \qquad \textbf{(2-9)}$$

Zur Ermittlung der Koeffizienten a_i bilden wir vorerst unter der Annahme, dass die Funktion in einer Umgebung von x_0 differenzierbar ist, deren Ableitungen. Zur Vereinfachung verwenden wir zur Herleitung eine abgebrochene Reihe:

$$f(x) = \sum_{n=0}^{4}\left[a_n\cdot(x-x_0)^n\right] \rightarrow f(x) = (x-x_0)^2\cdot a_2+(x-x_0)^3\cdot a_3+(x-x_0)^4\cdot a_4+(x-x_0)\cdot a_1+a_0$$

$$f_1(x) = \frac{d}{dx}\sum_{n=0}^{4}\left[a_n\cdot(x-x_0)^n\right] \rightarrow f_1(x) = (2\cdot x-2\cdot x_0)\cdot a_2+3\cdot(x-x_0)^2\cdot a_3+4\cdot(x-x_0)^3\cdot a_4+a_1$$

$$f_1(x) = a_1+2\cdot a_2\cdot(x-x_0)+3\cdot a_3\cdot(x-x_0)^2+4\cdot a_4\cdot(x-x_0)^3 = \sum_{n=1}^{4}\left[n\cdot a_n\cdot(x-x_0)^{n-1}\right]$$

$$f_2(x) = \frac{d}{dx}\sum_{n=1}^{4}\left[n\cdot a_n\cdot(x-x_0)^{n-1}\right] \rightarrow f_2(x) = 3\cdot(2\cdot x-2\cdot x_0)\cdot a_3+12\cdot(x-x_0)^2\cdot a_4+2\cdot a_2$$

$$f_2(x) = 2\cdot a_2+6\cdot a_3\cdot(x-x_0)+12\cdot a_4\cdot(x-x_0)^2 = \sum_{n=2}^{4}\left[n\cdot(n-1)\cdot a_n\cdot(x-x_0)^{n-2}\right]$$

$$f_3(x) = \frac{d}{dx}\sum_{n=2}^{4}\left[n\cdot(n-1)\cdot a_n\cdot(x-x_0)^{n-2}\right] \rightarrow f_3(x) = 12\cdot(2\cdot x-2\cdot x_0)\cdot a_4+6\cdot a_3$$

$$f_3(x) = 6\cdot a_3+24\cdot a_4\cdot(x-x_0) = \sum_{n=3}^{4}\left[n\cdot(n-1)\cdot(n-2)\cdot a_n\cdot(x-x_0)^{n-3}\right]$$

usw.

Setzen wir nun eine bestimmte Entwicklungsstelle ein, z. B. $x = x_0$, dann erhalten wir:

$$f(x_0) = a_0$$

$$f_1(x_0) = f'(x_0) = a_1 \qquad a_1 = \frac{f_1(x_0)}{1!} = \frac{f'(x_0)}{1!}$$

$$f_2(x_0) = f''(x_0) = 2 \cdot a_2 \qquad a_2 = \frac{f_2(x_0)}{2!} = \frac{f''(x_0)}{2!}$$

$$f_3(x_0) = f'''(x_0) = 2 \cdot 3 \cdot a_3 \qquad a_3 = \frac{f_3(x_0)}{3!} = \frac{f'''(x_0)}{3!}$$

....

$$f_n(x_0) = f^n(x_0) = n! \cdot a_n \qquad a_n = \frac{f_n(x_0)}{n!} = \frac{f^n(x_0)}{n!} \qquad \text{mit} \qquad a_0 = \frac{f^0(x_0)}{0!} = f(x_0)$$

Ohne Beweis gelten folgende Sätze:

a)
Es sei $f: [a,b] \subset \mathbb{R} \longrightarrow \mathbb{R}$ eine beliebig oft differenzierbare Funktion, und es existiere ein $M \in \mathbb{R}$ mit $|\, f^{(n)}(x) \,| \le M$ für alle $x \in [a,b]$ und $n \in \mathbb{N}$. Dann gilt für eine beliebige Entwicklungsstelle $x_0 \in [a,b]$:

Die Taylorreihe $\sum_{n=0}^{\infty} \left[\frac{f^{(n)}(x_0)}{n!} \cdot (x - x_0)^n \right]$ **konvergiert für alle $x \in [a,b]$, und es ist**

$$f(x) = \sum_{n=0}^{\infty} \left[\frac{f^{(n)}(x_0)}{n!} \cdot (x - x_0)^n \right]. \qquad \textbf{(2-10)}$$

Sie kann auch als Summe von Taylorpolynom und Restglied geschrieben werden:

$$f(x) = \sum_{k=0}^{n} \left[\frac{f^{(k)}(x_0)}{k!} \cdot (x - x_0)^k \right] + R_{n+1}(x)\,. \qquad \textbf{(2-11)}$$

$R_{n+1}(x)$ bezeichnet man als Restglied, weil es den Unterschied von f(x) zum Taylorpolynom angibt. Die Taylorreihe wird auch MacLaurin-Reihe genannt. Taylorreihen sind spezielle Potenzreihen, aber nicht jede Potenzreihe ist eine Taylorreihe!

Das Restglied von Lagrange lautet:

$$R_{n+1}(x) = \frac{f^{(n+1)}\left[x_0 + \theta \cdot (x - x_0)\right]}{(n+1)!} \cdot (x - x_0)^{n+1} \quad \textbf{mit} \quad 0 < \theta < 1 \qquad \textbf{(2-12)}$$

Dieses Restglied gibt Aufschluss über die Konvergenz der Reihe und über den Fehler, den wir bei Abbruch der Reihe nach dem n-ten Glied begehen.

b)

Die Reihe $\sum_{n=0}^{\infty} \left[\frac{f^{(n)}(x_0)}{n!} \cdot (x - x_0)^n\right]$ **ist genau dann eine Darstellung von f(x), wenn gilt:**

$$\lim_{n \to \infty} \left[R_{n+1}(x)\right] = 0 \qquad \textbf{(2-13)}$$

c)

Wenn wir die Reihe nach dem n-ten Glied abbrechen, so gilt für das Restglied $R_{n+1}(x)$ die Fehlerabschätzung nach Lagrange:

$$\left|R_{n+1}(x)\right| \le \max\left[\left|\frac{f^{(n+1)}\left[x_0 + \theta \cdot (x - x_0)\right]}{(n+1)!} \cdot (x - x_0)^{n+1}\right|\right] \qquad \textbf{(2-14)}$$

maximaler Wert für θ ∈] 0, 1 [ )

<u>Bemerkung:</u>
Für alternierende Reihen und $x_0 = 0$ gilt dann speziell die Fehlerabschätzung:

$$\left|R_{n+1}(x)\right| \le \left|\frac{f^{(n+1)}(x_0)}{(n+1)!} \cdot x^{n+1}\right| \qquad \textbf{(2-15)}$$

Wenn wir die Reihenentwicklung nach dem ersten Glied abbrechen, so erhalten wir:

$$f(x) = f(x_0) + f'(\theta \cdot x) \cdot (x - x_0) \quad \textbf{mit} \quad \theta \in]\,0, 1\,[\qquad \textbf{(2-16)}$$

Man erkennt hier, dass die Taylorreihe eine Verallgemeinerung der Linearisierungsformel ist.

<u>Beispiel 2.10:</u>

a) Wie lautet die Taylorreihe an der Stelle $x_0 = 0$ der Funktion f(x) = sin(x)?
b) Auf welchem Intervall konvergiert diese Reihe?
c) Wie lautet das Restglied nach Lagrange für diese Reihe?
d) Stellen Sie die Funktion und die Näherungspolynome bis zum 7. Grad grafisch dar.
e) Stellen Sie den absoluten und relativen Fehler im Vergleich von Funktion und Taylorpolynome grafisch dar.

$f(x) := \sin(x) \qquad x_0 := 0$ — gegebene Funktion und Entwicklungsstelle

$f(x) = f(0) + \frac{f'(0)}{1!} \cdot x + \frac{f''(0)}{2!} \cdot x^2 + \frac{f'''(0)}{3!} \cdot x^3 + ...$ — Entwicklung der Funktion an der Stelle $x_0 = 0$

$f(0) = \sin(0) = 0$ konstantes Glied a_0 $a_0 = 0$

$f_x(x,n) := \frac{d^n}{dx^n} f(x)$ Ableitungen

$f_x(x,1) \rightarrow \cos(x)$ $f_x(0,1) \rightarrow 1 = 1$ 1. Ableitung an der Stelle 0 $a_1 = \frac{1}{1!}$

$f_x(x,2) \rightarrow -\sin(x)$ $f_x(0,2) \rightarrow 0 = 0$ 2. Ableitung an der Stelle 0 $a_2 = 0$

$f_x(x,3) \rightarrow -\cos(x)$ $f_x(0,3) \rightarrow -1 = -1$ 3. Ableitung an der Stelle 0 $a_3 = -\frac{1}{3!}$

$f_x(x,4) \rightarrow \sin(x)$ $f_x(0,4) \rightarrow 0 = 0$ 4. Ableitung an der Stelle 0 $a_4 = 0$

$f_x(x,5) \rightarrow \cos(x)$ $f_x(0,5) \rightarrow 1 = 1$ 5. Ableitung an der Stelle 0 $a_5 = \frac{1}{5!}$

Alle geraden Ableitungen sind null und die ungeraden Ableitungen (2n+1) sind +1 bzw. -1.

$$f(x) = \sin(x) = \sum_{n=0}^{\infty} \left[(-1)^n \cdot \frac{1}{(2 \cdot n + 1)!} \cdot x^{2 \cdot n + 1} \right]$$

Taylorreihe für sin(x) (enthält nur ungerade Glieder)

$$\sum_{n=0}^{5} \left[(-1)^n \cdot \frac{1}{(2 \cdot n + 1)!} \cdot x^{2 \cdot n + 1} \right] \rightarrow \frac{x^9}{362880} - \frac{x^{11}}{39916800} - \frac{x^7}{5040} + \frac{x^5}{120} - \frac{x^3}{6} + x$$

Das Konvergenzintervall bestimmen wir mit dem Quotientenkriterium:

$$a_n = \frac{(-1)^n}{(2 \cdot n + 1)!} \qquad a_{n+1} = \frac{(-1)^{n+1}}{[2 \cdot (n+1) + 1]!} = \frac{(-1)^{n+1}}{(2 \cdot n + 3)!}$$

Folgeglieder

$$r = \lim_{n \to \infty} \left| \frac{a_n}{a_{n+1}} \right| = \lim_{n \to \infty} \left| \frac{\frac{(-1)^n}{(2 \cdot n+1)!}}{\frac{(-1)^{n+1}}{(2 \cdot n+3)!}} \right| \qquad \lim_{n \to \infty} \left| \frac{\frac{(-1)^n}{(2 \cdot n+1)!}}{\frac{(-1)^{n+1}}{(2 \cdot n+3)!}} \right| \rightarrow \infty$$

Die Reihe konvergiert für alle $x \in \mathbb{R}$.

Das Restglied ergibt sich nach Lagrange zu:

$$R_{2n+1}(x) = \frac{f^{(2n+1)}(\theta \cdot x)}{(2 \cdot n + 1)!} \cdot x^{2 \cdot n + 1}$$

$$R_{2n+1}(x) = \frac{f^{(2n+1)}(\theta \cdot x)}{(2 \cdot n + 1)!} \cdot x^{2 \cdot n + 1} = \frac{(-1)^n \cdot \cos(\theta \cdot x)}{(2 \cdot n + 1)!} \cdot x^{2 \cdot n + 1} \qquad (x_0 = 0)$$

Für die Fehlerabschätzung gilt dann (alternierende Reihe (2-15)):

$$\left| R_{2n+1}(x) \right| \le \left| \frac{x^{2 \cdot n + 1}}{(2 \cdot n + 1)!} \right|$$

Taylorpolynome vom Grad (2 k + 1):

$$p(x,k) := \sum_{n=0}^{k} \left[(-1)^n \cdot \frac{1}{(2 \cdot n + 1)!} \cdot x^{2 \cdot n+1} \right]$$

$$p(x,1) \rightarrow x - \frac{x^3}{6}$$

$$p(x,2) \rightarrow \frac{x^5}{120} - \frac{x^3}{6} + x$$

$$p(x,3) \rightarrow \frac{x^5}{120} - \frac{x^7}{5040} - \frac{x^3}{6} + x$$

Die Approximation der Sinuskurve durch die Taylorpolynome:

$x := -3 \cdot \frac{\pi}{2}, -3 \cdot \frac{\pi}{2} + 0.01 .. 3 \cdot \frac{\pi}{2}$ Bereichsvariable

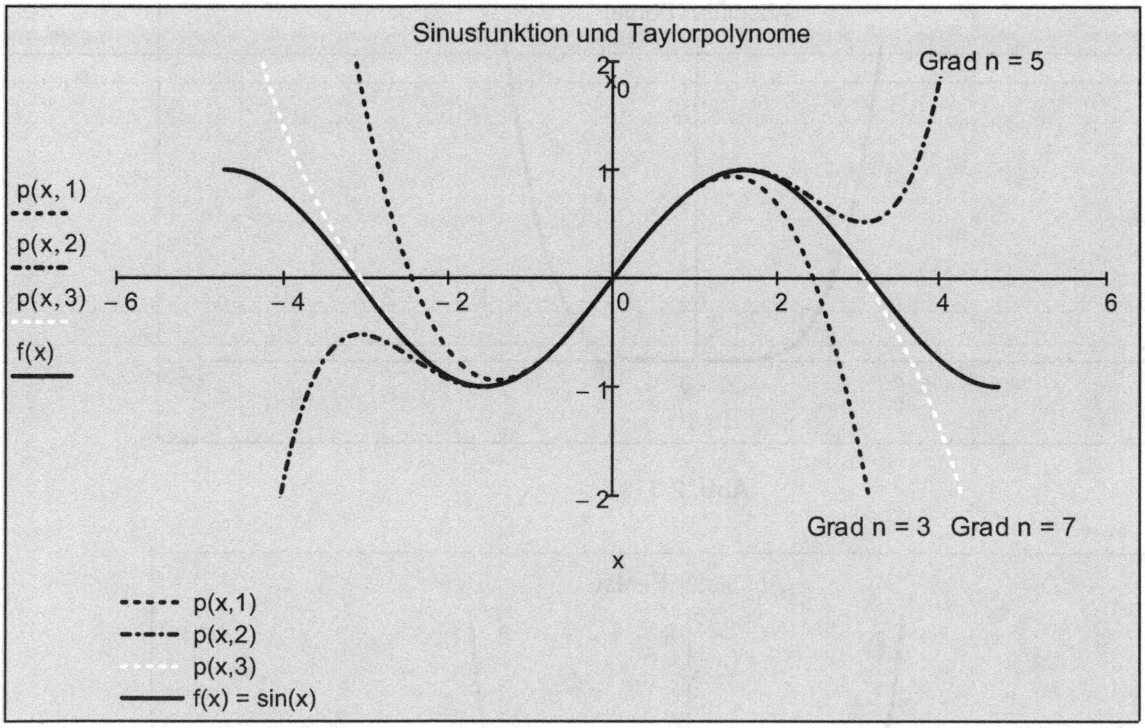

Abb. 2.3

Grafische Veranschaulichung durch Animation:

$x := x$ Redefinition

$k := 1 + FRAME$ **FRAME z. B. von 0 bis 10**

$p(x,k) \rightarrow x - \frac{x^3}{6}$ Näherungspolynom vom Grad (2 k + 1)

$x := -20, -20 + 0.01 .. 20$ Bereichsvariable

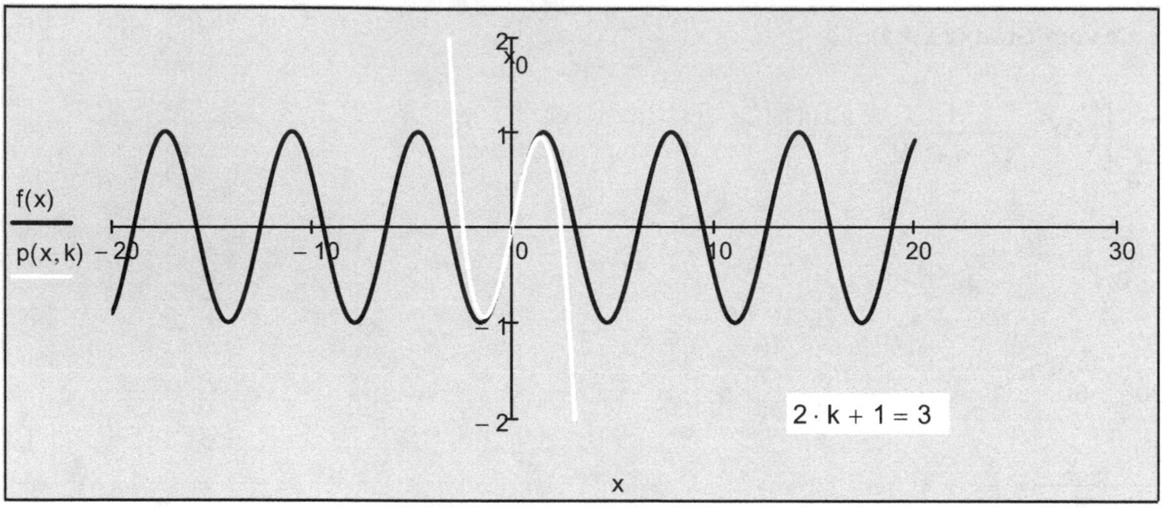

Abb. 2.4

Grafische Darstellung des absoluten und relativen Fehlers in Abhängigkeit vom Polynomgrad:

$F_{ab}(x,k) := |f(x) - p(x,k)|$ Absoluter Fehler

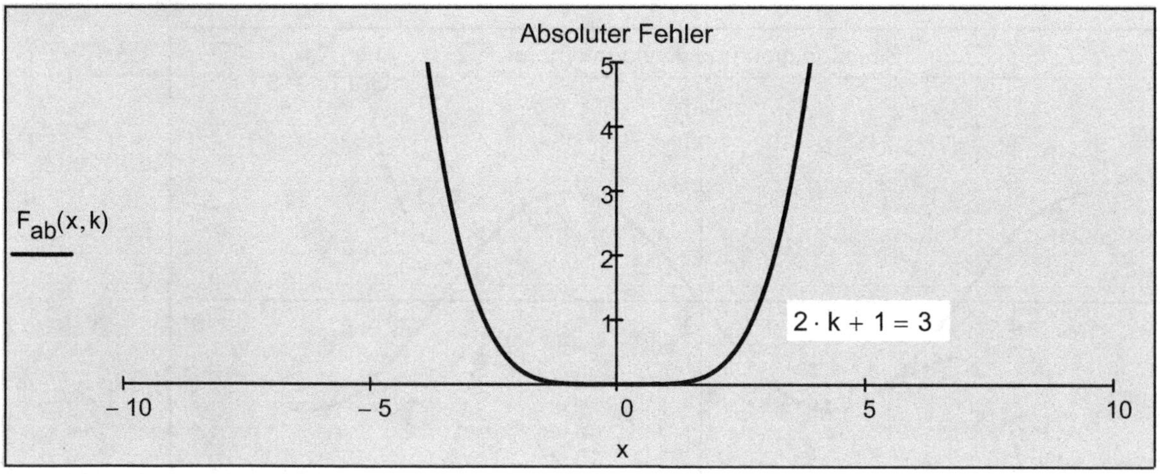

Abb. 2.5

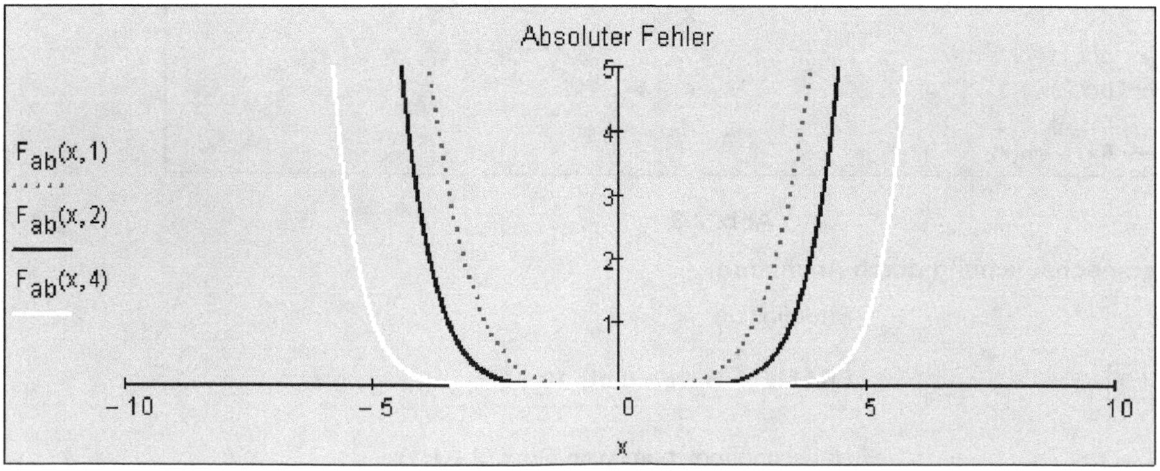

Abb. 2.6

Der Fehler nimmt bei der Berechnung mithilfe der Taylorreihe mit der Entfernung vom Entwicklungspunkt zu und mit dem Grad des Polynoms ab!
Ein Taylorpolynom nähert eine Funktion gut in der Nähe der Entwicklungsstelle. Auf Computern werden daher Funktionen meist durch Polynome ersetzt, die eine gleichbleibend gute Näherung über einen bestimmten x-Bereich geben. Hier sind speziell die sogenannten Tschebyscheff-Polynome zu erwähnen, mit denen viele elementare Funktionen auf Computern berechnet werden.

Beispiel 2.11:

a) Wie lautet die Taylorreihe an der Stelle $x_0 = 0$ der Funktion f(x) = cos(x)?
b) Auf welchem Intervall konvergiert diese Reihe?
c) Wie lautet das Restglied nach Lagrange für diese Reihe?
d) Stellen Sie die Funktion und die Näherungspolynome bis zum 7. Grad grafisch dar.
e) Stellen Sie den absoluten Fehler im Vergleich von Funktion und Taylorpolynome grafisch dar.

$f(x) := \cos(x) \qquad x_0 := 0$ gegebene Funktion und Entwicklungsstelle

$f(x) = f(0) + \frac{f'(0)}{1!} \cdot x + \frac{f''(0)}{2!} \cdot x^2 + \frac{f'''(0)}{3!} \cdot x^3 + ...$ Entwicklung der Funktion an der Stelle $x_0 = 0$

Entwicklung an der Stelle 0 mit Mathcad (Menü-Symbolik-Variable-Reihenentwicklung):

$\cos(x)$ konvertiert in die Reihe $1 - \frac{x^2}{2} + \frac{x^4}{24} - \frac{x^6}{720} + \frac{x^8}{40320}$

Symboloperator und Schlüsselwort-Reihe:

$x := x$ Redefinition

$\cos(x) \text{ Reihen}, x, 10 \rightarrow 1 - \frac{x^2}{2} + \frac{x^4}{24} - \frac{x^6}{720} + \frac{x^8}{40320}$ **Entwicklung an der Stelle $x_0 = 0$**

$\cos(x) \text{ Reihen}, x = x_0, 10 \rightarrow 1 - \frac{x^2}{2} + \frac{x^4}{24} - \frac{x^6}{720} + \frac{x^8}{40320}$ **Entwicklung an der Stelle x_0**

$$f(x) = \cos(x) = \sum_{n=0}^{\infty} \left[(-1)^n \cdot \frac{1}{(2 \cdot n)!} \cdot x^{2 \cdot n}\right]$$

Taylorreihe für cos(x) (enthält nur gerade Glieder)

Die Kosinusreihe erhalten wir auch durch Differentiation der Sinusreihe. Es gilt auch: cos(x)' = -sin(x).

$$\frac{d}{dx} \sum_{n=0}^{\infty} \left[(-1)^n \cdot \frac{1}{(2 \cdot n + 1)!} \cdot x^{2 \cdot n + 1}\right] \rightarrow \cos(x) \qquad \frac{d}{dx} \sum_{n=0}^{\infty} \left[(-1)^n \cdot \frac{1}{(2 \cdot n)!} \cdot x^{2 \cdot n}\right] \rightarrow -\sin(x)$$

Das Konvergenzintervall bestimmen wir mit dem Quotientenkriterium:

$a_n = \frac{(-1)^n}{(2 \cdot n)!} \qquad a_{n+1} = \frac{(-1)^{n+1}}{[2 \cdot (n+1)]!} = \frac{(-1)^{n+1}}{(2 \cdot n + 2)!}$ Folgeglieder

$$r = \lim_{n \to \infty} \left|\frac{a_n}{a_{n+1}}\right| = \lim_{n \to \infty} \left|\frac{\frac{(-1)^n}{(2 \cdot n)!}}{\frac{(-1)^{n+1}}{(2 \cdot n+2)!}}\right| \qquad \lim_{n \to \infty} \left|\frac{\frac{(-1)^n}{(2 \cdot n)!}}{\frac{(-1)^{n+1}}{(2 \cdot n+2)!}}\right| \rightarrow \infty$$

Die Reihe konvergiert für alle $x \in \mathbb{R}$.

Das Restglied ergibt sich nach Lagrange zu:

$$R_{2n}(x) = \frac{f^{(2n)}(\theta \cdot x)}{(2 \cdot n)!} \cdot x^{2 \cdot n}$$

$$R_{2n}(x) = \frac{f^{(2n)}(\theta \cdot x)}{(2 \cdot n)!} \cdot x^{2 \cdot n} = \frac{(-1)^n \cdot \cos(\theta \cdot x)}{(2 \cdot n)!} \cdot x^{2 \cdot n} \qquad (x_0 = 0)$$

Für die Fehlerabschätzung gilt dann (alternierende Reihe):

$$\left|R_{2n}(x)\right| \le \left|\frac{x^{2 \cdot n}}{(2 \cdot n)!}\right|$$

Taylorpolynome vom Grad (2 k):

$$p(x,k) := \sum_{n=0}^{k} \left[(-1)^n \cdot \frac{1}{(2 \cdot n)!} \cdot x^{2 \cdot n}\right]$$

$$p(x,1) \rightarrow 1 - \frac{x^2}{2}$$

$$p(x,2) \rightarrow \frac{x^4}{24} - \frac{x^2}{2} + 1$$

$$p(x,3) \rightarrow \frac{x^4}{24} - \frac{x^6}{720} - \frac{x^2}{2} + 1$$

Die Approximation der Kosinuskurve durch die Taylorpolynome:

$x := -3 \cdot \frac{\pi}{2}, -3 \cdot \frac{\pi}{2} + 0.01 .. 3 \cdot \frac{\pi}{2}$ Bereichsvariable

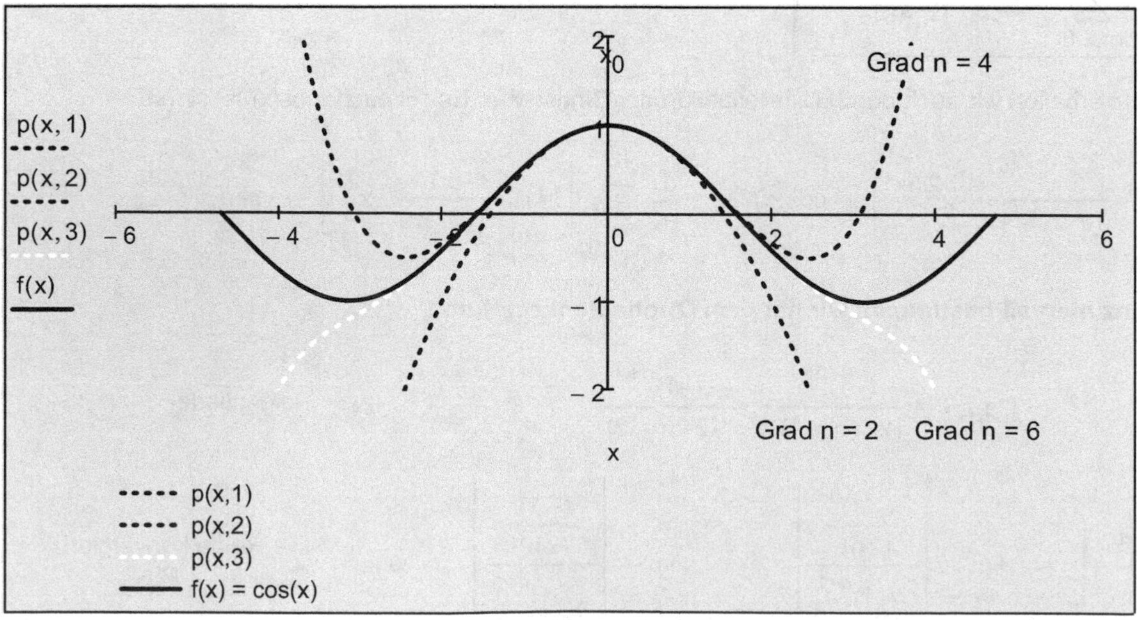

Abb. 2.7

Grafische Veranschaulichung durch Variation des Grades:

$x := x$ Redefinition

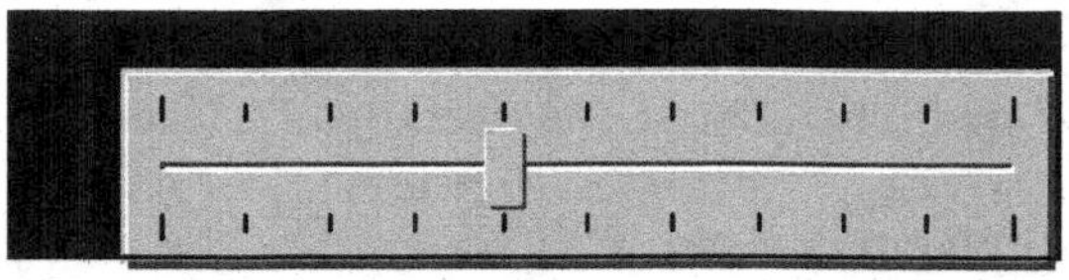

$k = 4$ k von 0 bis 10

Näherungspolynom vom Grad (2 k)

$$p(x, k) \rightarrow \frac{x^8}{40320} - \frac{x^6}{720} + \frac{x^4}{24} - \frac{x^2}{2} + 1$$

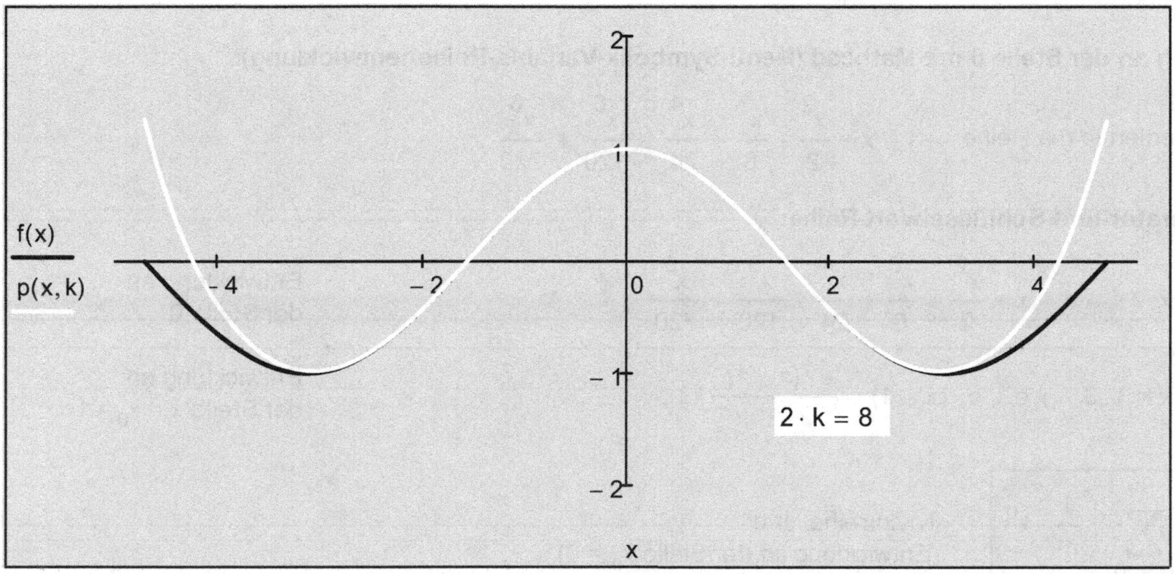

Abb. 2.8

Grafische Darstellung des absoluten Fehlers in Abhängigkeit vom Polynomgrad:

$F_{ab}(x, k) := |f(x) - p(x, k)|$ absoluter Fehler

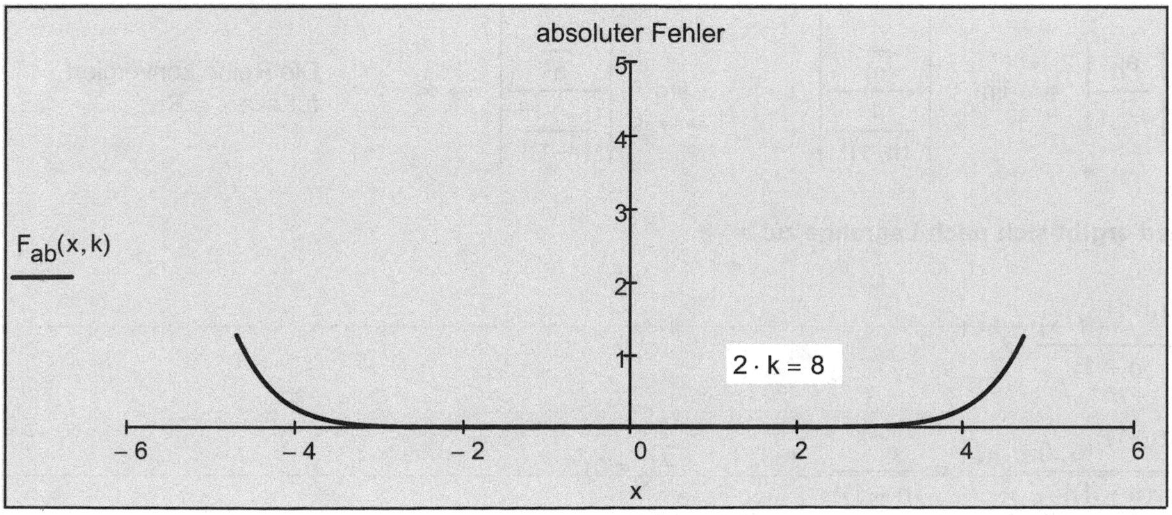

Abb. 2.9

Beispiel 2.12:

a) Wie lautet die Taylorreihe an der Stelle $x_0 = 0$ der Funktion $f(x) = e^x$?
b) Auf welchem Intervall konvergiert diese Reihe?
c) Wie lautet das Restglied nach Lagrange für diese Reihe?
d) Wie groß ist die Genauigkeit, wenn der Wert für e mittels der Taylorreihe berechnet und nach dem 7. Glied abbricht?
e) Stellen Sie die Funktion und die Näherungspolynome bis zum 7. Grad grafisch dar.
f) Stellen Sie den relativen Fehler im Vergleich von Funktion und Taylorpolynome grafisch dar.

$f(x) := e^x \qquad x_0 := 0$ — gegebene Funktion und Entwicklungsstelle

$$f(x) = f(0) + \frac{f'(0)}{1!}\cdot x + \frac{f''(0)}{2!}\cdot x^2 + \frac{f'''(0)}{3!}\cdot x^3 + ...$$

Entwicklung der Funktion an der Stelle $x_0 = 0$

Entwicklung an der Stelle 0 mit Mathcad (Menü-Symbolik-Variable-Reihenentwicklung):

e^x konvertiert in die Reihe $1 + x + \frac{x^2}{2} + \frac{x^3}{6} + \frac{x^4}{24} + \frac{x^5}{120} + \frac{x^6}{720}$

Symboloperator und Schlüsselwort-Reihe:

$$e^x \text{ Reihen}, x, 7 \rightarrow 1 + x + \frac{x^2}{2} + \frac{x^3}{6} + \frac{x^4}{24} + \frac{x^5}{120} + \frac{x^6}{720}$$

Entwicklung an der Stelle 0

$$e^x \text{ Reihen}, x = 1, 3 \rightarrow e + e\cdot(x-1) + \frac{e\cdot(x-1)^2}{2}$$

Entwicklung an der Stelle $x = x_0 = 1$

$$f(x) = e^x = \sum_{n=0}^{\infty}\left(\frac{1}{n!}\cdot x^n\right)$$

Taylorreihe für e^x
(Entwicklung an der Stelle $x_0 = 0$)

Das Konvergenzintervall bestimmen wir mit dem Quotientenkriterium:

$$a_n = \frac{1}{n!} \qquad a_{n+1} = \frac{1}{(n+1)!}$$

Folgeglieder

$$r = \lim_{n\to\infty}\left|\frac{a_n}{a_{n+1}}\right| = \lim_{n\to\infty}\left|\frac{\frac{1}{n!}}{\frac{1}{(n+1)!}}\right| \qquad \lim_{n\to\infty}\left|\frac{\frac{1}{n!}}{\frac{1}{(n+1)!}}\right| \rightarrow \infty$$

Die Reihe konvergiert für alle $x \in \mathbb{R}$.

Das Restglied ergibt sich nach Lagrange zu:

$$R_{n+1}(x) = \frac{f^{(n+1)}(\theta\cdot x)}{(n+1)!}\cdot x^{n+1}$$

$$R_{n+1}(x) = \frac{f^{(n+1)}(\theta\cdot x)}{(n+1)!}\cdot x^{n+1} = \frac{e^{\theta\cdot x}}{(n+1)!}\cdot x^{n+1} \qquad (x_0 = 0)$$

Für die Fehlerabschätzung gilt dann:

$$\left|R_{n+1}(x)\right| \le \max\left[\left|\frac{e^{\theta\cdot x}}{(n+1)!}\cdot x^{n+1}\right|\right] \qquad \text{maximaler Wert für} \quad 0<\theta<1$$

Fehlerabschätzung:

$$e^x = 1 + 1\cdot x + \frac{1}{2}\cdot x^2 + \frac{1}{6}\cdot x^3 + \frac{1}{24}\cdot x^4 + \frac{1}{120}\cdot x^5 + \frac{1}{720}\cdot x^6 + R_7$$

$x := 1 \qquad \theta := 1$ gewählter x-Wert und θ-Wert

$$g(x) := 1 + 1\cdot x + \frac{1}{2}\cdot x^2 + \frac{1}{6}\cdot x^3 + \frac{1}{24}\cdot x^4 + \frac{1}{120}\cdot x^5 + \frac{1}{720}\cdot x^6 \qquad g(x) = 2.71806$$ Näherungswert für e^1

$$R_7 := \frac{e^{\theta\cdot x}}{7!}\cdot x^7 \qquad R_7 = 5.393\times 10^{-4}$$ Der Fehler ist sicher kleiner als 6.10^{-4} (e ist auf 3 Stellen genau).

Grafische Veranschaulichung durch Variation der Entwicklungsstelle und des Grades:

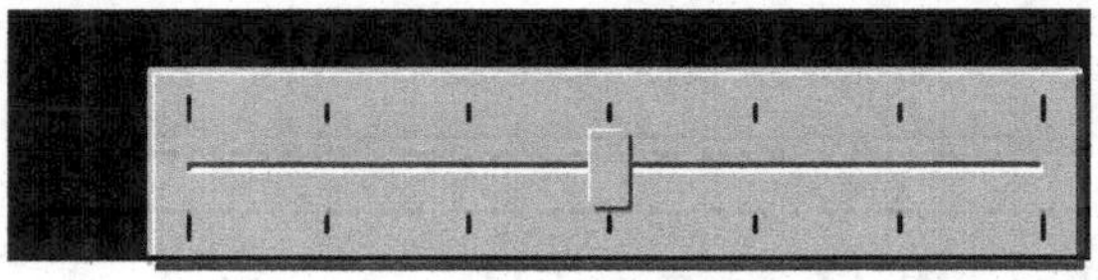

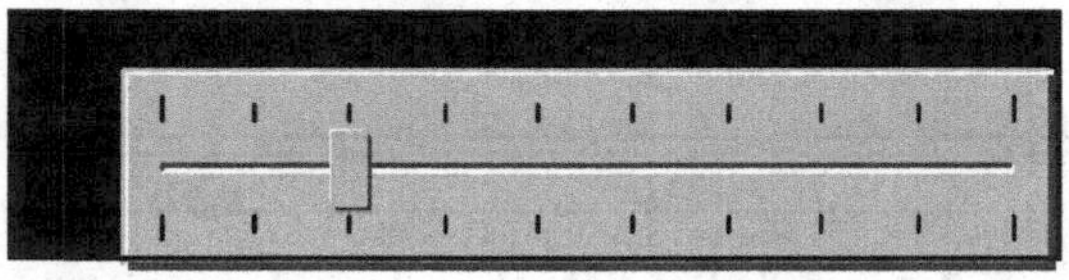

$x_0 = -1$ Entwicklungsstelle (-4 ... 2) $\qquad n = 3$ Grad des Taylorpolynoms (1 ... 10)

Taylorpolynom:

$$p(x) := e^x \text{ Reihen}, x = x_0, n+1 \rightarrow e^{-1} + e^{-1}\cdot(x+1) + \frac{e^{-1}\cdot(x+1)^2}{2} + \frac{e^{-1}\cdot(x+1)^3}{6}$$

$x := -5, -5 + 0.01 .. 10$ Bereichsvariable

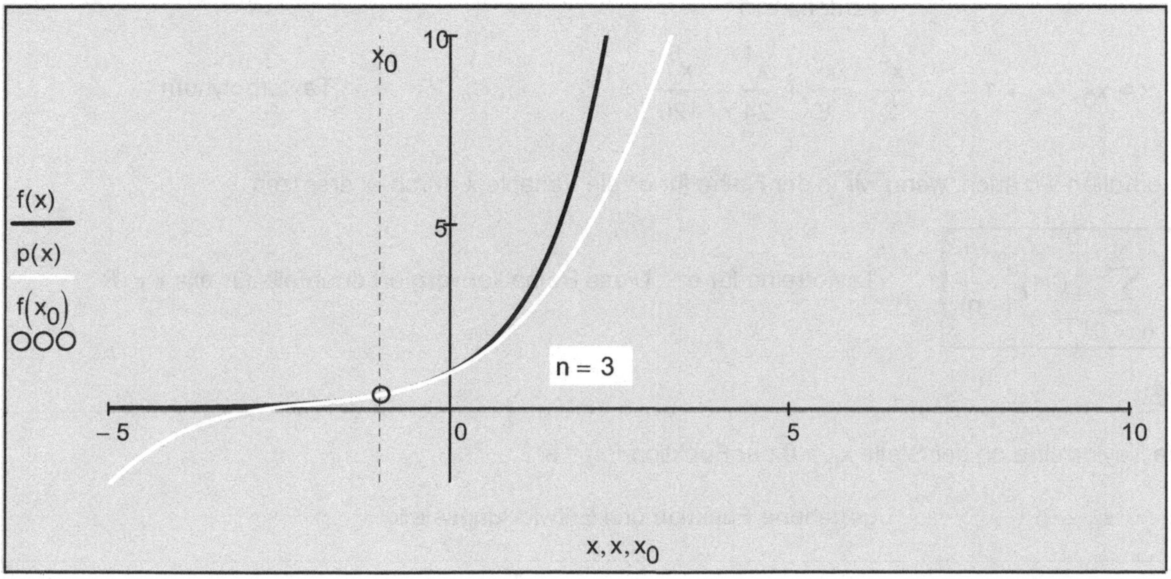

Abb. 2.10

Grafische Darstellung des relativen Fehlers in Abhängigkeit vom Polynomgrad:

$$F_{rel}(x) := \begin{cases} \left|\dfrac{f(x) - p(x)}{f(x)}\right| & \text{if } x < 0 \\ \left|\dfrac{f(x) - p(x)}{f(x)}\right| \cdot 100 & \text{otherwise} \end{cases}$$

relativer Fehler in %

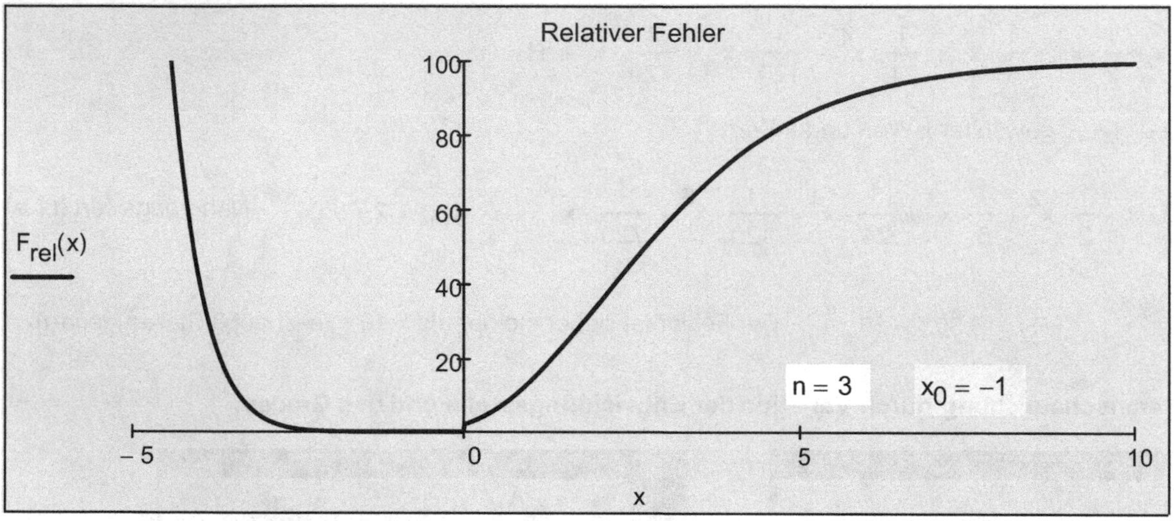

Abb. 2.11

Wie gezeigt wurde, ermöglicht Mathcad auch eine unterschiedliche Wahl von Entwicklungspunkten. Dies bringt eine bessere Approximation im gewünschten Bereich oder ermöglicht auch das Aufstellen der Taylorreihe, wenn etwa die Funktion um x = 0 nicht entwickelt werden kann.

Beispiel 2.13:

Wie lautet die Taylorreihe an der Stelle $x_0 = 0$ der Funktion $f(x) = e^{-x}$?

$f(x) = e^{-x}$ $\quad x_0 := 0$ gegebene Funktion und Entwicklungsstelle

$x := x$ Redefinition

$$e^{-x} \text{ Reihen}, x = x_0, 6 \rightarrow 1 - x + \frac{x^2}{2} - \frac{x^3}{6} + \frac{x^4}{24} - \frac{x^5}{120}$$ Taylorpolynom

Diese Reihe erhalten wir auch, wenn wir in der Reihe für e^x die Variable x durch -x ersetzen.

$$f(x) = e^{-x} = \sum_{n=0}^{\infty} \left[(-1)^n \cdot \frac{x^n}{n!}\right]$$

Taylorreihe für e^{-x}. Diese Reihe konvergiert ebenfalls für alle $x \in \mathbb{R}$.

Beispiel 2.14:

Wie lautet die Taylorreihe an der Stelle $x_0 = 0$ der Funktion $f(x) = a^x$?

$f(x) = a^x$ $\quad x_0 := 0$ gegebene Funktion und Entwicklungsstelle

$$a^x \text{ Reihen}, x = x_0, 5 \rightarrow 1 + x \cdot \ln(a) + \frac{x^2 \cdot \ln(a)^2}{2} + \frac{x^3 \cdot \ln(a)^3}{6} + \frac{x^4 \cdot \ln(a)^4}{24}$$ Taylorpolynom

Diese Reihe erhalten wir auch, wenn wir in der Reihe für e^x die Variable x durch x ln(a) ersetzen. Dies gilt wegen $a^x = e^{x \ln(a)}$.

$$f(x) = a^x = \sum_{n=0}^{\infty} \frac{\ln(a)^n \cdot x^n}{n!}$$

Taylorreihe für a^x. Die Reihe konvergiert für alle $x \in \mathbb{R}$ mit $a \in \mathbb{R}^+$ und $a \neq 1$.

Beispiel 2.15:

Wie lauten die Taylorreihen an der Stelle $x_0 = 0$ der Funktion f(x) = ln(x), f(x) = ln(1+x) und f(x) = ln(1-x)? Bestimmen Sie jeweils das Konvergenzintervall und berechnen Sie ln(2). Vergleichen Sie auch die Originalfunktion mit den Taylorpolynomen grafisch.

Für f(x) = ln(x) kann an der Stelle 0 die Reihe nicht entwickelt werden, weil an dieser Stelle ein Pol der Funktion vorliegt! Wir entwickeln die Reihe z. B. an der Stelle $x_0 = 1$:

$$p1(x) := \ln(x) \text{ Reihen}, x = 1, \text{grad} \rightarrow -1 + x - \frac{(x-1)^2}{2} + \frac{(x-1)^3}{3} - \frac{(x-1)^4}{4} + \frac{(x-1)^5}{5}$$

$$\ln(x) = \sum_{n=1}^{\infty} \left[(-1)^{n+1} \cdot \frac{(x-1)^n}{n} \right]$$

Taylorreihe für ln(x) mit der Entwicklungsstelle $x_0 = 1$.

$$\lim_{n \to \infty} \left| \frac{\frac{(-1)^{n+1}}{n}}{\frac{(-1)^{n+2}}{n+1}} \right| \rightarrow 1$$

Die Reihe konvergiert sicher für |x - 1| < 1, also 0 < x < 2.

Für x = 0 liegt eine negative harmonische Reihe vor und die ist divergent.
Für x = 2 liegt eine Leibniz-Reihe vor und die ist konvergent.
Die Reihe ist damit im Intervall $0 < x \leq 2$ konvergent.

$$p2(x) := \ln(1+x) \text{ Reihen}, x = 0, \text{grad} \rightarrow x - \frac{x^2}{2} + \frac{x^3}{3} - \frac{x^4}{4} + \frac{x^5}{5}$$

$$\ln(1+x) = \sum_{n=1}^{\infty} \left[(-1)^{n+1} \cdot \frac{x^n}{n} \right]$$

Taylorreihe für ln(1+x) mit der Entwicklungsstelle $x_0 = 0$.

Diese Reihe konvergiert aus den oben angeführten Überlegungen im Intervall $-1 < x \leq 1$.

$$p3(x) := \ln(1-x) \text{ Reihen}, x = 0, \text{grad} \rightarrow -x - \frac{x^2}{2} - \frac{x^3}{3} - \frac{x^4}{4} - \frac{x^5}{5}$$

$$\ln(1-x) = -\sum_{n=1}^{\infty} \frac{x^n}{n}$$

Taylorreihe für ln(1-x) mit der Entwicklungsstelle $x_0 = 0$.

Diese Reihe konvergiert im Intervall $-1 \leq x < 1$.

Vorteilhafter zur Berechnung von Näherungswerten ist die Reihe für folgende Funktion:

$$\ln\left(\frac{1+x}{1-x}\right) = \ln(1+x) - \ln(1-x)$$

$p4(x) := \ln\left(\frac{1+x}{1-x}\right)$ Reihen, x = 0, grad $\rightarrow 2\cdot x + \frac{2\cdot x^3}{3} + \frac{2\cdot x^5}{5}$

$$\ln\left(\frac{1+x}{1-x}\right) = 2\cdot \sum_{n=0}^{\infty} \frac{x^{2\cdot n+1}}{2\cdot n+1}$$

Taylorreihe für ln((1-x)/(1-x)) mit der Entwicklungsstelle $x_0 = 0$.

Diese Reihe konvergiert sicher im Intervall -1 < x < 1.

Setzen wir $\frac{1+x}{1-x} = z$, dann folgt: $x = \frac{z-1}{z+1}$

Wir setzen nun x in die vorhergende Reihe ein und ersetzen hinterher z durch x:

$p5(x) := \ln\left(\frac{1+x}{1-x}\right)$ | Reihen, x = 0, grad | ersetzen, $x = \frac{z-1}{z+1}$ | ersetzen, z = x $\rightarrow -\frac{2\cdot\left(50\cdot x^2 - 25\cdot x^4 - 50\cdot x^3 - 23\cdot x^5 + 25\cdot x + 23\right)}{15\cdot(x+1)^5}$

$$\ln(x) = 2\cdot \sum_{n=0}^{\infty}\left[\frac{1}{2\cdot n+1}\cdot\frac{(x-1)^{2\cdot n+1}}{(1+x)^{2\cdot n+1}}\right]$$

Taylorreihe für ln(x). Sie konvergiert für $x \in \mathbb{R}^+$.

Wir vergleichen nun die Werte für ln(2) der verschiedenen Näherungen einfacher Taylorpolynome mit dem exakten Wert auf 10 Nachkommastellen:

$\ln(2) = 0.6931471806$

$p1(2) = 0.7833333333$ $p2(1) = 0.7833333333$ $p3(-1) = 0.7833333333$

$p4\left(\frac{1}{3}\right) = 0.6930041152$ $p5(2) = 0.6930041152$

$grad \equiv 5$ Hier kann mit grad der Grad der Taylorpolynome global verändert werden!

Grafischer Vergleich:

$x := 0.1, 0.1 + 0.01 .. 10$ Bereichsvariable

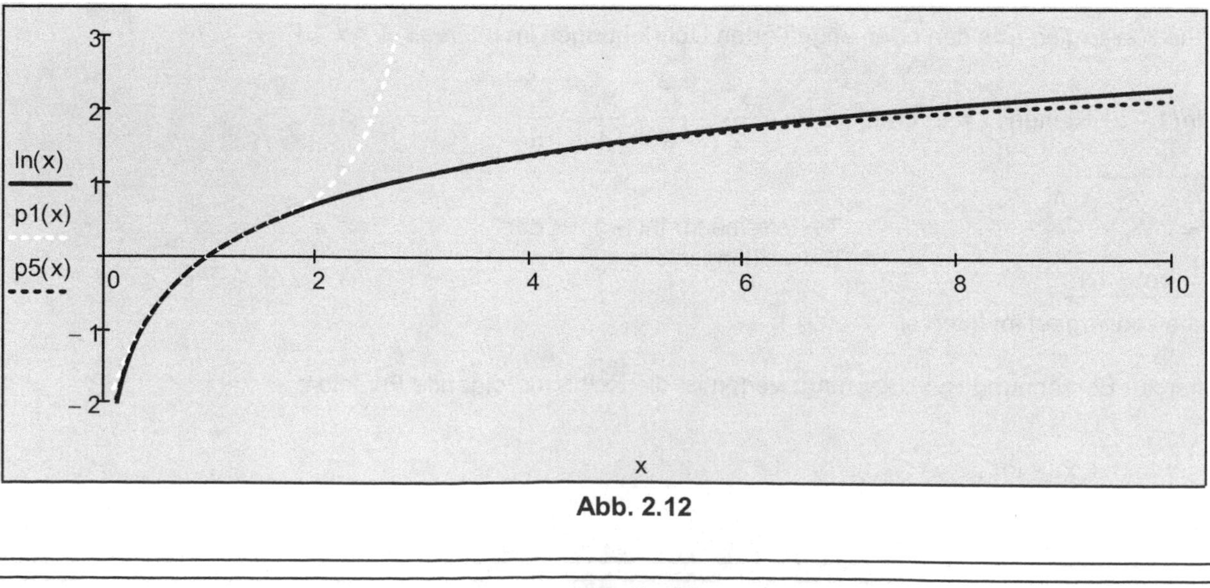

Abb. 2.12

$x := -0.99, -0.99 + 0.01 .. 2$ Bereichsvariable

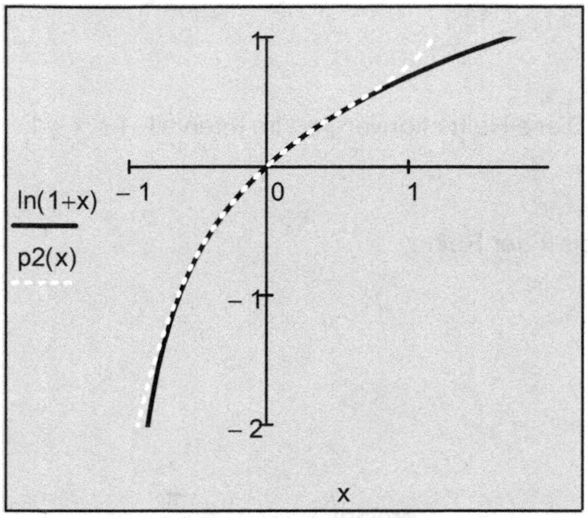

Abb. 2.13

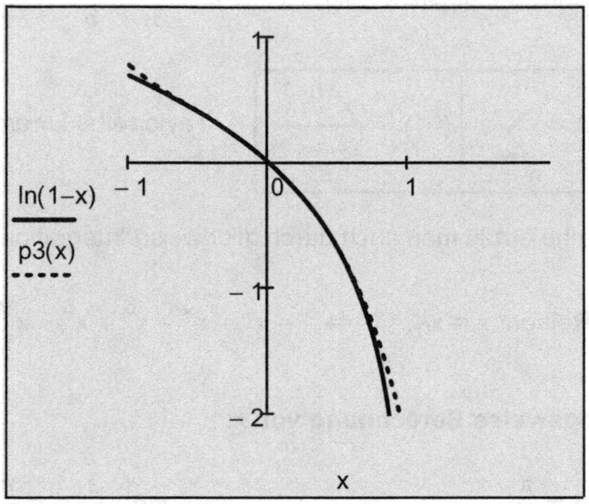

Abb. 2.14

Beispiel 2.16:

Wie lautet die Taylorreihe an der Stelle $x_0 = 0$ der Funktion $f(x) = \tan(x)$?

$f(x) = \tan(x) \quad x_0 := 0$ gegebene Funktion und Entwicklungsstelle

$x := x$ Redefinition

$$\tan(x) \text{ Reihen}, x = x_0, 14 \rightarrow x + \frac{x^3}{3} + \frac{2 \cdot x^5}{15} + \frac{17 \cdot x^7}{315} + \frac{62 \cdot x^9}{2835} + \frac{1382 \cdot x^{11}}{155925} + \frac{21844 \cdot x^{13}}{6081075}$$

$$\frac{\sin(x)}{\cos(x)} \text{ Reihen}, x = x_0, 14 \rightarrow x + \frac{x^3}{3} + \frac{2 \cdot x^5}{15} + \frac{17 \cdot x^7}{315} + \frac{62 \cdot x^9}{2835} + \frac{1382 \cdot x^{11}}{155925} + \frac{21844 \cdot x^{13}}{6081075}$$

Die Taylorreihe für tan(x) kann damit auch durch die gliedweise Division von Sinus- und Kosinusreihe gefunden werden. Eine andere Möglichkeit besteht auch darin, die Beziehung tan(x).cos(x) = sin(x) zur Entwicklung zu verwenden:

$$\left(a_1 \cdot x + a_3 \cdot x^3 + a_5 \cdot x^5 + a_7 \cdot x^7\right) \cdot \left(1 - \frac{x^2}{2!} + \frac{x^4}{4!} - \frac{x^6}{6!} + ...\right) = \frac{x}{1!} - \frac{x^3}{3!} + \frac{x^5}{5!} - \frac{x^7}{7!} + ...$$

Durch gliedweises Ausmultiplizieren der linken Seite und anschließendem Koeffizientenvergleich entsprechender Potenzen mit der rechten Seite

$$a_1 = 1 \,;\; a_3 - \frac{a_1}{2!} = \frac{-1}{3!} \,;\; a_5 - \frac{a_3}{2!} + \frac{a_1}{4!} = \frac{1}{5!} \,;\; a_7 - \frac{a_5}{2!} + \frac{a_3}{4!} - \frac{a_1}{6!} = \frac{-1}{7!} \text{ usw.}$$

erhalten wir schließlich die Reihe für tan(x). Sie konvergiert für $|x| < \pi/2$.

Beispiel 2.17:

Wie lautet die Taylorreihe an der Stelle $x_0 = 0$ der Funktion $f(x) = \arctan(x)$?
Berechnen Sie näherungsweise die Zahl π.

$f(x) = \arctan(x) \quad x_0 := 0$ gegebene Funktion und Entwicklungsstelle

$p(x) := \text{atan}(x) \text{ Reihen}, x = x_0, 14 \rightarrow x - \frac{x^3}{3} + \frac{x^5}{5} - \frac{x^7}{7} + \frac{x^9}{9} - \frac{x^{11}}{11} + \frac{x^{13}}{13}$

$\arctan(x) = \sum_{n=0}^{\infty} \left[(-1)^n \cdot \frac{x^{2 \cdot n+1}}{2 \cdot n + 1} \right]$ Taylorreihe für arctan(x). Diese Reihe konvergiert im Intervall $-1 \le x \le 1$.

Diese Reihe erhält man auch durch gliedweise Integration von 0 bis x der Reihe:

$\frac{1}{1+x^2} \text{ Reihen}, x = x_0, 14 \rightarrow 1 - x^2 + x^4 - x^6 + x^8 - x^{10} + x^{12}$

Näherungsweise Berechnung von π:

$\arctan(1) = \frac{\pi}{4}$ $\arctan\left(\frac{1}{\sqrt{3}}\right) = \frac{\pi}{6}$ $\arctan\left(2 - \sqrt{3}\right) = \frac{\pi}{12}$

$\pi = 3.1415926536$

$4 \cdot p(1) = 3.2837384837$ $6 \cdot p\left(\frac{1}{\sqrt{3}}\right) = 3.1416743127$ $12 \cdot p\left(2 - \sqrt{3}\right) = 3.1415926556$

Es gelten folgende Zusammenhänge:

$\text{arccot}(x) = \frac{\pi}{2} - \arctan(x)$ **bzw.** $\arccos(x) = \frac{\pi}{2} - \arcsin(x)$ **(2-17)**

Beispiel 2.18:

Wie lautet die Taylorreihe an der Stelle $x_0 = 0$ der Funktion $f(x) = \sinh(x)$ und $g(x) = \cosh(x)$?

$f(x) = \sinh(x)$ $g(x) = \cosh(x)$ $x_0 := 0$ gegebene Funktionen und Entwicklungsstelle

$\sinh(x) \text{ Reihen}, x = x_0, 12 \rightarrow x + \frac{x^3}{6} + \frac{x^5}{120} + \frac{x^7}{5040} + \frac{x^9}{362880} + \frac{x^{11}}{39916800}$

$\frac{e^x - e^{-x}}{2} \text{ Reihen}, x = x_0, 12 \rightarrow x + \frac{x^3}{6} + \frac{x^5}{120} + \frac{x^7}{5040} + \frac{x^9}{362880} + \frac{x^{11}}{39916800}$

$\cosh(x) \text{ Reihen}, x = x_0, 12 \rightarrow 1 + \frac{x^2}{2} + \frac{x^4}{24} + \frac{x^6}{720} + \frac{x^8}{40320} + \frac{x^{10}}{3628800}$

$\frac{e^x + e^{-x}}{2} \text{ Reihen}, x = x_0, 12 \rightarrow 1 + \frac{x^2}{2} + \frac{x^4}{24} + \frac{x^6}{720} + \frac{x^8}{40320} + \frac{x^{10}}{3628800}$

Die Reihen konvergieren für alle $x \in \mathbb{R}$.

Beispiel 2.19:

Wie lautet die Taylorreihe an der Stelle $x_0 = 0$ bzw. $x_0 = 1$ der Funktionen f(x) = arsinh(x), artanh(x) und arcosh(x)?

$$\operatorname{arsinh}(x) \text{ Reihen}, x = 0, 12 \rightarrow x - \frac{x^3}{6} + \frac{3 \cdot x^5}{40} - \frac{5 \cdot x^7}{112} + \frac{35 \cdot x^9}{1152} - \frac{63 \cdot x^{11}}{2816}$$

$$\ln\left(x + \sqrt{x^2 + 1}\right) \text{ Reihen}, x = 0, 12 \rightarrow x - \frac{x^3}{6} + \frac{3 \cdot x^5}{40} - \frac{5 \cdot x^7}{112} + \frac{35 \cdot x^9}{1152} - \frac{63 \cdot x^{11}}{2816}$$

$$\operatorname{artanh}(x) \text{ Reihen}, x = 0, 12 \rightarrow x + \frac{x^3}{3} + \frac{x^5}{5} + \frac{x^7}{7} + \frac{x^9}{9} + \frac{x^{11}}{11}$$

$$\frac{1}{2} \cdot \ln\left(\frac{1 + x}{1 - x}\right) \text{ Reihen}, x = 0, 12 \rightarrow x + \frac{x^3}{3} + \frac{x^5}{5} + \frac{x^7}{7} + \frac{x^9}{9} + \frac{x^{11}}{11}$$

$$\operatorname{arcosh}(x) \left| \begin{array}{l} \text{annehmen}, x > 0 \\ \text{Reihen}, x = 1, 2 \end{array} \right. \rightarrow \sqrt{2} \cdot \sqrt{x - 1} \cdot j + -\frac{\sqrt{2} \cdot (x - 1)^{\frac{3}{2}} \cdot j}{12}$$

$$\ln\left(x + \sqrt{x^2 - 1}\right) \text{ Reihen}, x = 1, 3 \rightarrow \sqrt{2} \cdot \sqrt{x - 1} - \frac{\sqrt{2} \cdot (x - 1)^{\frac{3}{2}}}{12}$$

$$-\ln\left(x - \sqrt{x^2 - 1}\right) \text{ Reihen}, x = 1, 3 \rightarrow \sqrt{2} \cdot \sqrt{x - 1} - \frac{\sqrt{2} \cdot (x - 1)^{\frac{3}{2}}}{12}$$

Es gilt also:

$$\operatorname{arcosh}(x) = \ln\left(x + \sqrt{x^2 - 1}\right) \textbf{ bzw. } \operatorname{arcosh}(x) = -\ln\left(x - \sqrt{x^2 - 1}\right) \textbf{ für } x \geq 1 \qquad \textbf{(2-18)}$$

Beispiel 2.20:

Wie lautet die Taylorreihe an der Stelle $x_0 = 1$ der Funktion f(x) = 1/x?

$$\frac{1}{x} \text{ Reihen}, x = 1, 6 \rightarrow 2 - x + (x - 1)^2 - (x - 1)^3 + (x - 1)^4 - (x - 1)^5$$

Die Transformation x = u + 1 und die Rücktransformation u = x - 1 führt auch zum gleichen Ergebnis:

$$\frac{1}{u + 1} \left| \begin{array}{l} \text{Reihen}, u, 6 \\ \text{ersetzen}, u = x - 1 \end{array} \right. \rightarrow 1 - (x - 1) + (x - 1)^2 - (x - 1)^3 + (x - 1)^4 - (x - 1)^5$$

Beispiel 2.21:

Bestimmen Sie den Wert der fünften Ableitung der Funktion $f(x) = \frac{x}{1-x^2}$ für x = 0.

$\frac{x}{1-x^2}$ Reihen, x = 0, 10 $\rightarrow x + x^3 + x^5 + x^7 + x^9$ Die Reihe konvergiert für |x| < 1.

Der Koeffizient a_5 der Taylorreihe hat den Wert: $\frac{f^5(0)}{5!} = a_5 = 1$

Also gilt: $f^5(0) = 5! = 120$

Beispiel 2.22:

Wie lautet die Taylorreihe an der Stelle $x_0 = 0$ der Funktion $f(x) = (1 + x)^n$?

n := n Redefinition

$$(1+x)^n \text{ Reihen}, x, 4 \rightarrow 1 + n \cdot x - x^2 \cdot \left(\frac{n}{2} - \frac{n^2}{2}\right) - x^3 \cdot \left[n \cdot \left(\frac{n}{4} - \frac{n^2}{6}\right) - \frac{n}{3} + \frac{n^2}{4}\right]$$

$$-\left(\frac{n}{2} - \frac{n^2}{2}\right) \text{ Faktor} \rightarrow \frac{n \cdot (n-1)}{2} \qquad -\left[n \cdot \left(\frac{n}{4} - \frac{n^2}{6}\right) - \frac{n}{3} + \frac{n^2}{4}\right] \text{ Faktor} \rightarrow \frac{n \cdot (n-1) \cdot (n-2)}{6}$$

Mithilfe der Binomialkoeffizienten erhält man:

$$\binom{n}{0} = 1 \qquad \binom{n}{n} = 1$$

$$\frac{n}{1!} = \binom{n}{1} \qquad \frac{n \cdot (n-1)}{2!} = \binom{n}{2} \qquad \frac{n \cdot (n-1) \cdot (n-2)}{3!} = \binom{n}{3} \quad ..... \quad \frac{n \cdot (n-1) \cdot (n-2) \cdot ....(n-k+1)}{k!} = \binom{n}{k}$$

$$(1+x)^n = \sum_{k=0}^{\infty} \left[\binom{n}{k} \cdot x^k\right]$$

$n \in \mathbb{R}$. Diese Reihe heißt Binomialreihe oder binomische Reihe.

Konvergenz dieser Reihe:

$$\lim_{k \to \infty} \left| \frac{\binom{n}{k}}{\binom{n}{k+1}} \right| = \lim_{k \to \infty} \left| \frac{\frac{n \cdot (n-1) \cdot (n-2) \cdot ....(n-k+1)}{k!}}{\frac{n \cdot (n-1) \cdot (n-2) \cdot ....(n-k+1) \cdot (n-k)}{(k+1)!}} \right| = \lim_{k \to \infty} \left| \frac{k+1}{n-k} \right| = \lim_{k \to \infty} \left| \frac{1 + \frac{1}{k}}{\frac{n}{k} - 1} \right| = 1$$

Diese Reihe konvergiert im Intervall -1 < x < 1.

Bemerkung:

Für $n \in \mathbb{N}$ bricht die Reihe von selbst ab, weil $\binom{n}{k} = 0$ für k > n gilt. Das ist der binomische Lehrsatz.

Beispiel 2.23:

Vergleich der Reihenentwicklung von reellen und komplexen Funktionen:

$$\cosh(j \cdot x) \text{ Reihen}, x, 10 \rightarrow 1 - \frac{x^2}{2} + \frac{x^4}{24} - \frac{x^6}{720} + \frac{x^8}{40320}$$

$$\cos(x) \text{ Reihen}, x, 10 \rightarrow 1 - \frac{x^2}{2} + \frac{x^4}{24} - \frac{x^6}{720} + \frac{x^8}{40320}$$

Damit gilt: $\boxed{\cosh(j \cdot x) = \cos(x)}$

$$\cos(j \cdot x) \text{ Reihen}, x, 10 \rightarrow 1 + \frac{x^2}{2} + \frac{x^4}{24} + \frac{x^6}{720} + \frac{x^8}{40320}$$

$$\cosh(x) \text{ Reihen}, x, 10 \rightarrow 1 + \frac{x^2}{2} + \frac{x^4}{24} + \frac{x^6}{720} + \frac{x^8}{40320}$$

Damit gilt: $\boxed{\cos(j \cdot x) = \cosh(x)}$

$$\sinh(j \cdot x) \text{ Reihen}, x, 10 \rightarrow x \cdot j + -\frac{x^3 \cdot j}{6} + \frac{x^5 \cdot j}{120} + -\frac{x^7 \cdot j}{5040} + \frac{x^9 \cdot j}{362880}$$

$$j \cdot \sin(x) \text{ Reihen}, x, 10 \rightarrow x \cdot j + -\frac{x^3 \cdot j}{6} + \frac{x^5 \cdot j}{120} + -\frac{x^7 \cdot j}{5040} + \frac{x^9 \cdot j}{362880}$$

Damit gilt: $\boxed{\sinh(j \cdot x) = j \cdot \sin(x)}$

Beispiel 2.24:

Vergleich von Realteil und Imaginärteil der Reihenentwicklung der komplexen Exponentialfunktionen mit der Basis e:

$$\mathrm{Re}\left(e^{j \cdot x}\right) \left| \begin{matrix} \text{Reihen}, x, 8 \\ \text{komplex} \end{matrix} \right. \rightarrow 1 - \frac{x^2}{2} + \frac{x^4}{24} - \frac{x^6}{720} \qquad \mathrm{Im}\left(e^{j \cdot x}\right) \left| \begin{matrix} \text{Reihen}, x, 8 \\ \text{komplex} \end{matrix} \right. \rightarrow x - \frac{x^3}{6} + \frac{x^5}{120} - \frac{x^7}{5040}$$

$$\cos(x) + j \cdot \sin(x) \text{ Reihen}, x, 6 \rightarrow 1 + x \cdot j - \frac{x^2}{2} + -\frac{x^3 \cdot j}{6} + \frac{x^4}{24} + \frac{x^5 \cdot j}{120}$$

$$\mathrm{Re}\left(e^{-j \cdot x}\right) \left| \begin{matrix} \text{Reihen}, x, 8 \\ \text{komplex} \end{matrix} \right. \rightarrow 1 - \frac{x^2}{2} + \frac{x^4}{24} - \frac{x^6}{720} \qquad \mathrm{Im}\left(e^{-j \cdot x}\right) \left| \begin{matrix} \text{Reihen}, x, 8 \\ \text{komplex} \end{matrix} \right. \rightarrow -x + \frac{x^3}{6} - \frac{x^5}{120} + \frac{x^7}{5040}$$

$$\cos(x) - j \cdot \sin(x) \text{ Reihen}, x, 6 \rightarrow 1 + -x \cdot j - \frac{x^2}{2} + \frac{x^3 \cdot j}{6} + \frac{x^4}{24} + -\frac{x^5 \cdot j}{120}$$

Die Reihenentwicklung für e^x bzw. e^{-x} gilt auch im Komplexen. Diese Reihen sind absolut konvergent. Damit können die Reihenglieder beliebig umgeordnet werden (Trennen von Realteilen und Imaginärteilen), ohne dass sich dabei die Reihensumme ändert.

$$e^{j \cdot x} = \left(1 - \frac{x^2}{2!} + \frac{x^4}{4!} - \frac{x^6}{6!} + ...\right) + j \cdot \left(\frac{x}{1!} - \frac{x^3}{3!} - \frac{x^5}{5!} + ...\right) = \cos(x) + j \cdot \sin(x)$$

$$e^{j\cdot x} = \left(1 - \frac{x^2}{2!} + \frac{x^4}{4!} - \frac{x^6}{6!} + ...\right) - j \cdot \left(\frac{x}{1!} - \frac{x^3}{3!} - \frac{x^5}{5!} + ...\right) = \cos(x) - j \cdot \sin(x)$$

Diese Zusammenhänge werden Euler-Formeln genannt:

$$e^{j\cdot x} = \cos(x) + j \cdot \sin(x) \quad \textbf{und} \quad e^{-j\cdot x} = \cos(x) - j \cdot \sin(x) \qquad \textbf{(2-19)}$$

Probe: $(\cos(x) + j \cdot \sin(x)) - e^{j\cdot x}$ Reihen, x, 6 $\rightarrow 0$

Beispiel 2.25:

Für welchen Winkel α ist der prozentuelle Fehler (relativer Fehler) kleiner als 0.1 %, wenn wir $\sin(\alpha)$ durch α ersetzen?

$\sin(\alpha)$ Reihen, α, 6 $\rightarrow \alpha - \frac{\alpha^3}{6} + \frac{\alpha^5}{120}$

Wenn wir nach dem ersten Glied die Reihe abbrechen, also nach α, so ist der absolute Fehler sicher kleiner als $| -1/6\ \alpha^3 |$ (alternierende Reihe). Damit gilt für den relativen Fehler:

$$\left|\frac{-\frac{1}{6}\cdot\alpha^3}{\alpha}\right| \cdot 100 \cdot \% < 0.1 \cdot \% \qquad \Rightarrow \qquad \frac{\alpha^2}{6} \cdot 100 < 0.1 \ \begin{vmatrix} \text{auflösen}, \alpha \\ \text{Gleitkommazahl}, 4 \end{vmatrix} \rightarrow -0.07746 < \alpha < 0.07746$$

$\alpha := 0.07746$ $\qquad \alpha° := \frac{\alpha \cdot 180}{\pi}$ $\qquad \alpha° = 4.438$

Der prozentuelle Fehler ist für -4.438° < α < 4.438° sicher kleiner als 0.1 %.

Beispiel 2.26:

Wie groß ist die Höhe h eines Kreisausschnittes mit dem Öffnungswinkel α, wenn das Verhältnis von Kreisbogenlänge b zu Radius r gleich 2 ist? Berechnen Sie die Höhe h auf 4 Nachkommastellen und vergleichen Sie den Wert mit einer Näherungsformel, die sich nach Abbruch der Reihe von $\cos(\alpha/2)$ nach dem vierten Glied ergibt.
Wie groß ist der prozentuelle Fehler höchstens, wenn bei einem Kreisabschnitt statt der Kreisbogenlänge b die Sehnenlänge s genommen wird und der Winkel α = 30° beträgt?

Für die Höhe des Kreisbogens gilt:

$h = r \cdot \left(1 - \cos\left(\frac{\alpha}{2}\right)\right)$ $\qquad \alpha = \frac{b}{r} = 2$

$\alpha := \alpha$ $\qquad$ Redefinition

$\cos\left(\frac{\alpha}{2}\right)$ Reihen, α, 10 $\rightarrow 1 - \frac{\alpha^2}{8} + \frac{\alpha^4}{384} - \frac{\alpha^6}{46080} + \frac{\alpha^8}{10321920}$

$h1 = r \cdot \left[1 - \left(1 - \frac{\alpha^2}{8} + \frac{\alpha^4}{384} - \frac{\alpha^6}{46080}\right)\right]$ $\qquad$ Näherung für h

$h1(\alpha, r) := r \cdot \left(\frac{\alpha^2}{8} - \frac{\alpha^4}{384} + \frac{\alpha^6}{46080} \right)$ Näherung für h vereinfacht

$h(\alpha, r) := r \cdot \left(1 - \cos\left(\frac{\alpha}{2} \right) \right)$ exakte Berechnungsformel

$h(2, r)$ Gleitkommazahl, 4 $\rightarrow 0.4597 \cdot r$

Die Ergebnisse unterscheiden sich nicht!

$h1(2, r)$ Gleitkommazahl, 4 $\rightarrow 0.4597 \cdot r$

Prozentueller Fehler:

$b = r \cdot \alpha \qquad s = 2 \cdot r \cdot \sin\left(\frac{\alpha}{2} \right)$ Bogen- und Sehnenlänge

$b - s = r \cdot \alpha - 2 \cdot r \cdot \sin\left(\frac{\alpha}{2} \right) = 2 \cdot r \cdot \left(\frac{\alpha}{2} - \sin\left(\frac{\alpha}{2} \right) \right)$ Differenz von Bogenlänge und Sehne

$2 \cdot r \cdot \left(\frac{\alpha}{2} - \sin\left(\frac{\alpha}{2} \right) \right)$ Reihen, α, 10 $\rightarrow \frac{\alpha^3 \cdot r}{24} - \frac{\alpha^5 \cdot r}{1920} + \frac{\alpha^7 \cdot r}{322560} - \frac{\alpha^9 \cdot r}{92897280} + \frac{\alpha^{11} \cdot r}{40874803200}$

Die Differenz von Bogenlänge und Sehne ist sicher kleiner als das erste Glied der Reihe (alternierende Reihe).

$\left| \frac{b - s}{b} \right| = \left| \frac{b - s}{r \cdot \alpha} \right| < \left| \frac{\frac{1}{24} \cdot r \cdot \alpha^3}{r \cdot \alpha} \right| \qquad F_{rel} < \left| \frac{1}{24} \cdot \alpha^2 \right|$

$\alpha := \frac{\pi}{6} \qquad F_{rel} := \frac{1}{24} \cdot \alpha^2 \qquad F_{rel} = 1.142 \cdot \%$ Der Fehler beträgt höchstens 1.2 %.

Beispiel 2.27:

Die Fallgeschwindigkeit in Abhängigkeit des Fallweges h eines Körpers der Masse m_0 ist unter Berücksichtigung des Luftwiderstandes k gegeben durch:

$$v(h) = \sqrt{\frac{m_0 \cdot g1}{k} \cdot \left(1 - e^{\frac{-2 \cdot k \cdot h}{m_0}} \right)}$$

Hier wird für die symbolische Auswertung g gleich g1 gesetzt, weil in Mathcad die Erdbeschleunigung bereits vordefiniert ist.

Berechnen Sie daraus die Fallgeschwindigkeit bei verschwindendem Luftwiderstand. Zeigen Sie auch, dass bei Abbruch nach dem ersten Glied der Taylorreihe von v(h) sich das gleiche Ergebnis ergibt.

$v(h) = \lim_{k \to 0} \sqrt{\frac{m_0 \cdot g1}{k} \cdot \left(1 - e^{\frac{-2 \cdot k \cdot h}{m_0}} \right)} \rightarrow v(h) = \sqrt{2 \cdot g1 \cdot h}$ $\qquad v(h) = \sqrt{2 \cdot g \cdot h}$

$k := k$ Redefinition

$\sqrt{\frac{m_0 \cdot g1}{k} \cdot \left(1 - e^{\frac{-2 \cdot k \cdot h}{m_0}} \right)}$ Reihen, k, 3 $\rightarrow \sqrt{2 \cdot g1 \cdot h} - \frac{h \cdot k \cdot \sqrt{2 \cdot g1 \cdot h}}{2 \cdot m_0} + \frac{5 \cdot h^2 \cdot k^2 \cdot \sqrt{2 \cdot g1 \cdot h}}{24 \cdot m_0^2}$

Beispiel 2.28:

Das Weg-Zeit-Gesetz für den freien Fall ist unter Berücksichtigung des Luftwiderstandes und der maximal erreichbaren Geschwindigkeit v_s (als Maß für den Luftwiderstand) gegeben durch:

$$s(t) = \frac{v_s^2}{g} \cdot \ln\left(\cosh\left(\frac{g \cdot t}{v_s}\right)\right)$$

Zeigen Sie, dass am Anfang des freien Falles (also für kleine Zeitpunkte t) in erster Näherung die gleiche Beziehung zwischen Weg und Zeit gilt wie im reibungsfreien Fall.

$$\frac{v_s^2}{g1} \cdot \ln\left(\cosh\left(\frac{g1 \cdot t}{v_s}\right)\right) \text{ Reihen}, t, 8 \rightarrow \frac{g1 \cdot t^2}{2} - \frac{g1^3 \cdot t^4}{12 \cdot v_s^2} + \frac{g1^5 \cdot t^6}{45 \cdot v_s^4} - \frac{17 \cdot g1^7 \cdot t^8}{2520 \cdot v_s^6}$$

$$s(t) = \frac{g}{2} \cdot t^2$$

Beispiel 2.29:

Die Temperaturabhängigkeit (in °C) der Schallgeschwindigkeit in Luft ist gegeben durch:

$$c(\vartheta) = 331 \cdot \frac{m}{s} \cdot \sqrt{1 + \frac{\vartheta}{273.15}} = 331 \cdot \frac{m}{s} \cdot \left(1 + \frac{\vartheta}{273.15}\right)^{\frac{1}{2}}$$

Für diesen Ausdruck soll durch Reihenabbruch eine lineare Näherung hergeleitet werden. Der dabei entstehende Fehler soll für den Temperaturbereich 0 °C $\le \vartheta \le$ 40 °C größenordnungsmäßig abgeschätzt werden.

$$\sqrt{1 + \frac{\vartheta}{273.15}} \left| \begin{array}{l} \text{Reihen}, \vartheta, 4 \\ \text{Gleitkommazahl}, 5 \end{array} \right. \rightarrow 1.0 + 0.0018305 \cdot \vartheta - 0.0000016754 \cdot \vartheta^2 + 3.0667\text{e-}9 \cdot \vartheta^3$$

$$c(\vartheta) := 331 \cdot \frac{m}{s} \cdot \left(1 + 1.8305 \cdot 10^{-3} \cdot \vartheta\right) \quad \text{Näherungsformel}$$

Der absolute Fehler Δc liegt dabei in der Größenordnung des ersten weggelassenen Reihengliedes (alternierende Reihe):

$$\Delta c(\vartheta) := 331 \cdot \frac{m}{s} \cdot \left(1.6754 \cdot 10^{-6} \cdot \vartheta^2\right)$$

Bei der Höchsttemperatur von 40 °C ergeben sich für die Schallgeschwindigkeit und ihren absoluten Fehler folgende Werte:

$°C := 1$ Definition von °C

$c(40 \cdot °C) = 355.236 \frac{m}{s}$ $\Delta c(40 \cdot °C) = 0.887 \frac{m}{s}$

Der prozentuelle Fehler beträgt:

$$\frac{\Delta c(40 \cdot °C)}{c(40 \cdot °C)} = 0.25 \cdot \%$$

Die lineare Näherungsformel liefert daher im betrachteten Temperaturbereich einen um höchstens 0.3 % zu großen Wert für die Schallgeschwindigkeit.

Beispiel 2.30:

Nach Einstein gilt für die kinetische Energie eines Körpers der Ruhemasse m_0 bei hohen Geschwindigkeiten v folgende relativistische Beziehung (c ist die Lichtgeschwindigkeit):

$$E_{kin} = m \cdot c^2 - m_0 \cdot c^2 = \frac{m_0}{\sqrt{1-\left(\frac{v}{c}\right)^2}} \cdot c^2 - m_0 \cdot c^2 = m_0 \cdot c^2 \cdot \left[\left[1-\left(\frac{v}{c}\right)^2\right]^{-\frac{1}{2}} - 1\right]$$

Zeigen Sie, dass für v/c << 1 (also bei kleinen Geschwindigkeiten) die klassische Beziehung $E_k = \frac{m_0 \cdot v^2}{2}$ gilt.

$c := c$ Redefinition

$$\frac{m_0}{\sqrt{1-\left(\frac{v}{c}\right)^2}} \cdot c^2 - m_0 \cdot c^2 \text{ Reihen}, v, 6 \rightarrow \frac{m_0 \cdot v^2}{2} + \frac{3 \cdot m_0 \cdot v^4}{8 \cdot c^2} + \frac{5 \cdot m_0 \cdot v^6}{16 \cdot c^4}$$

$$E_{kin} = \frac{m_0 \cdot v^2}{2}$$

Beispiel 2.31:

Nach Einstein gilt für einen Körper (z. B. ein Stab der Länge L_0) bei hohen Geschwindigkeiten v folgende relativistische Längenkontraktion:

$$L(v) = L_0 \cdot \sqrt{1-\left(\frac{v}{c}\right)^2} = L_0 \cdot \left[1-\left(\frac{v}{c}\right)^2\right]^{\frac{1}{2}}$$

c ist die Lichtgeschwindigkeit.

Zeigen Sie, dass für v/c << 1 (also bei kleinen Geschwindigkeiten) die klassische Beziehung $L = L_0$ gilt. Wie groß ist die Länge L bei einer Ausgangslänge $L_0 = 1$, wenn sich der Körper mit einer Geschwindigkeit von v = 3/4 c bewegt und bei der Berechnung die entwickelte Reihe nach dem dritten Glied abgebrochen wird?

$$L(L_0, v, c) := L_0 \cdot \sqrt{1-\left(\frac{v}{c}\right)^2} \text{ Reihen}, v, 6 \rightarrow L_0 - \frac{L_0 \cdot v^2}{2 \cdot c^2} - \frac{L_0 \cdot v^4}{8 \cdot c^4}$$

$$L\left(L_0, \frac{3}{4} \cdot c, c\right) \rightarrow \frac{1391 \cdot L_0}{2048} \qquad L\left(1, \frac{3}{4} \cdot c, c\right) \rightarrow \frac{1391}{2048} = 0.679$$

Beispiel 2.32:

Durch das Schließen eines Schalters wird in einem Schaltkreis, in dem ein Widerstand R und ein Kondensator C in Reihe geschalten sind, eine Rampenspannung u = k t angelegt. Die Kondensatorspannung $u_c(t)$ wächst dabei vom Anfangswert $u_c(0) = 0$ nach folgendem Zeitgesetz:

$$u_C(t) = k \cdot \left[t - \tau \cdot \left(1 - e^{\frac{-t}{\tau}}\right)\right] \quad t \geq 0 \qquad \tau = R \cdot C \qquad k > 0$$

Zeigen Sie mittels Reihenentwicklung, dass die Kondensatorspannung $u_c(t)$ in der Anfangsphase, d. h. für $t / \tau << 1$ ($t << \tau$) quadratisch mit der Zeit ansteigt.

$k \cdot \left[t - \tau \cdot \left(1 - e^{\frac{-t}{\tau}} \right) \right]$ konvertiert in die Reihe $\frac{k \cdot t^2}{2 \cdot \tau} - \frac{k \cdot t^3}{6 \cdot \tau^2} + \frac{k \cdot t^4}{24 \cdot \tau^3} - \frac{k \cdot t^5}{120 \cdot \tau^4} + \frac{k \cdot t^6}{720 \cdot \tau^5}$

Beispiel 2.33:

Eine aus N Windungen bestehende Zylinderspule mit der Länge L und dem Durchmesser d wird von einem Strom I durchflossen. Das magnetische Feld besitzt dann in der Mitte der Spule folgende Feldstärke:

$$H(d) = \frac{N \cdot I}{L} \cdot \frac{1}{\sqrt{1 + \left(\frac{d}{L}\right)^2}}$$

Leiten Sie für den Fall d/L << 1 (d << L, d. h. für eine lange Spule) durch Reihenentwicklung eine erste Näherungsformel zur Berechnung der magnetischen Feldstärke her.

$L := L$ Redefinition

$$\frac{N \cdot I}{L} \cdot \frac{1}{\sqrt{1 + \left(\frac{d}{L}\right)^2}} \text{ Reihen}, d, 3 \rightarrow \frac{I \cdot N}{L} - \frac{I \cdot N \cdot d^2}{2 \cdot L^3}$$

$$H(d) = \frac{I \cdot N}{L} - \frac{I \cdot N \cdot d^2}{2 \cdot L^3}$$ Näherungsformel für die magnetische Feldstärke

Beispiel 2.34:

Ein auf zwei Masten befestigtes durchhängendes Freileitungsseil überspannt ein Tal in einer Höhe H. Der Mastabstand beträgt 2 L = 200 m. Die mittlere Seilkurve (Kettenlinie) ist gegeben durch f(x) = c cosh(x/c). Der größte Seildurchhang beträgt f = 10 m. Die Größe c kann näherungsweise bestimmt werden, wenn f(x) durch eine quadratische Funktion ersetzt wird. Wie groß ist der maximale Fehler, der bei dieser Näherung gemacht wird?

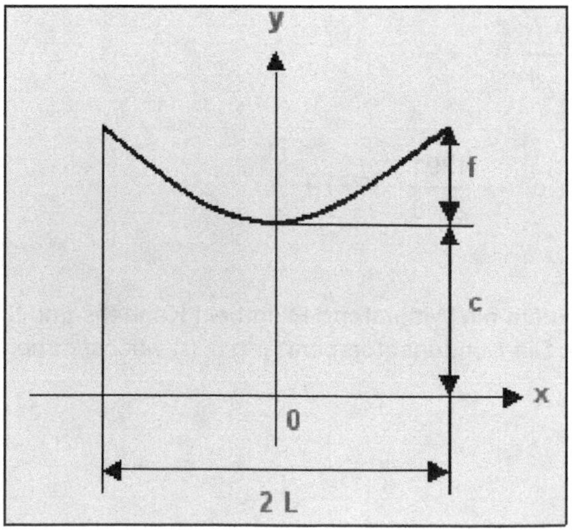

Abb. 2.15

Es gilt:

$$c + f = c \cdot \cosh\left(\frac{L}{c}\right)$$

Diese Gleichung ist transzendent und kann nur näherungsweise gelöst werden. Wir versuchen, eine allgemeine Näherungslösung für die Gleichung über die Reihenentwicklung des rechten Terms zu erhalten.

$c := c$ $L := L$ $f := f$ Redefinitionen

$$c \cdot \cosh\left(\frac{L}{c}\right) \text{ Reihen}, L, 6 \rightarrow c + \frac{L^2}{2 \cdot c} + \frac{L^4}{24 \cdot c^3}$$

Unter der Voraussetzung, dass L klein im Vergleich zu c ist (L/2c << 1), können wir als Näherung setzen:

$$c + f = c + \frac{L^2}{2 \cdot c}$$

$$f = \frac{1}{2c} \cdot L^2 \text{ auflösen}, c \rightarrow \frac{L^2}{2 \cdot f}$$

Wir erhalten also: $c = \frac{L^2}{2 \cdot f}$

Setzen wir nun den angenäherten Wert für c in die Funktionsgleichung ein, so erhalten wir:

$$y = c \cdot \cosh\left(\frac{x}{c}\right) \text{ ersetzen}, c = \frac{L^2}{2 \cdot f} \rightarrow y = \frac{L^2 \cdot \cosh\left(\frac{2 \cdot f \cdot x}{L^2}\right)}{2 \cdot f}$$

Entwickeln wir nun diese Funktion in Reihe (wie es oft in der Praxis üblich ist) für f << L und berechnen die Reihe nach dem zweiten Glied ab, so erhalten wir die Näherungsparabel mit dem Scheitel c:

$$p(x, L, f) := \frac{L^2}{2 \cdot f} \cdot \cosh\left(\frac{2 \cdot f \cdot x}{L^2}\right) \text{ Reihen}, x, 3 \rightarrow \frac{L^2}{2 \cdot f} + \frac{f \cdot x^2}{L^2}$$

$$p(x) = \frac{L^2}{2 \cdot f} + \frac{f \cdot x^2}{L^2}$$

Restgliedabschätzung:

Der Abbruch der Reihe erfolgte nach dem 2. Glied. Daher gilt für das Restglied:

$$\cosh\left(2 \cdot \frac{x}{L^2} \cdot f\right) \text{ Reihen}, x, 5 \rightarrow 1 + \frac{2 \cdot f^2 \cdot x^2}{L^4} + \frac{2 \cdot f^4 \cdot x^4}{3 \cdot L^8}$$

$$R_4(x) = \frac{\frac{d^4}{dx^4} f(\theta \cdot x)}{4!} \cdot x^4$$

mit $0 < \theta < 1$

cosh(x) ist für x > 0 monoton steigend, daher kann das Restglied mit $\theta = 1$ und x = L/2 nach oben abgeschätzt werden:

$$R_4(L) = \frac{L^2}{2 \cdot f} \cdot \frac{\frac{d^4}{dx^4} \cosh\left(\frac{2 \cdot f \cdot x}{L^2}\right)}{4!} \cdot x^4 \text{ ersetzen}, x = L \rightarrow R_4(L) = \frac{f^3 \cdot \cosh\left(\frac{2 \cdot f}{L}\right)}{3 \cdot L^2}$$

Die Abschätzung des Restgliedes ergibt also folgenden maximalen Fehler:

$$R_{max}(L, f) := \frac{f^3}{3 \cdot L^2} \cdot \cosh\left(\frac{2 \cdot f}{L}\right)$$

$f := 10 \cdot m$ Durchhang

$L := 100 \cdot m$ Mastabstand

$c := \frac{1}{2} \cdot \frac{L^2}{f}$ $c = 500\,m$ Scheitelhöhe von der Talsohle aus gemessen

$H := f + c$ $H = 510\,m$ Masthöhe von der Talsohle aus gemessen

$N := 500$ Anzahl der Schritte

$\Delta x := \frac{2 \cdot L}{N}$ $\Delta x = 0.4\,m$ Schrittweite

$x := -L, -L + \Delta x .. L$ Bereichsvariable

$f1(x) := c \cdot \cosh\left(\frac{x}{c}\right)$ Seillinie (Kettenlinie)

$R_{max}(L, f) = 0.034\,m$ maximaler Fehler

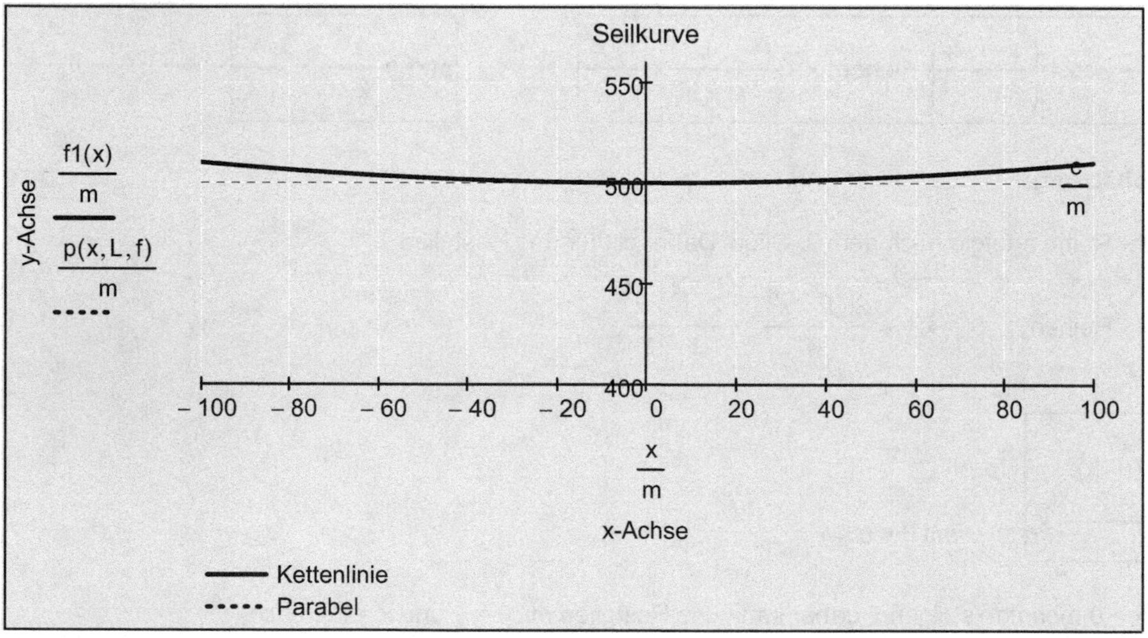

Abb. 2.16

Beispiel 2.35:

Einige wichtige Anwendungen von Reihenentwicklungen beziehen sich auf die näherungsweise Berechnung von Integralen, für welche keine Stammfunktion existiert. Dazu gehören unter anderem z. B. elliptische Integrale, Integralsinus, Integralcosinus, Integrale von irrationalen Funktionen usw. Das Prinzip der näherungsweisen Berechnung soll hier am Beispiel der normierten Normalverteilung rechnerisch und grafisch demonstriert werden.

$g(x) := \frac{1}{\sqrt{2 \cdot \pi}} \cdot e^{\frac{-x^2}{2}}$ Die Dichtefunktion der standardisierten (normierten) Normalverteilung.

$x := x$ Redefinition

$G(u) = \int_{-\infty}^{u} g(x)\,dx$ Die Verteilungsfunktion der standardisierten Normalverteilung kann nicht elementar integriert werden.

Wir entwickeln die Exponentialfunktion zuerst in eine Taylorreihe:

$$e^z = 1 + \frac{z}{1!} + \frac{z^2}{2!} + \frac{z^3}{3!} + \frac{z^4}{4!} + ... \quad \text{mit} \quad z = \frac{-x^2}{2}$$

$$G(u) = \frac{1}{\sqrt{2\cdot\pi}} \cdot \int_0^u 1 - \frac{1}{2\cdot 1!}\cdot x^2 + \frac{1}{4\cdot 2!}\cdot x^4 - \frac{1}{8\cdot 3!}\cdot x^6 + \frac{1}{16\cdot 4!}\cdot x^8 - ....\,dx$$

Wegen der Symmetrie von g(x) wählen wir die Grenzen von 0 bis u.

$$G(u) = \frac{1}{\sqrt{2\cdot\pi}} \cdot \left(u - \frac{u^3}{3\cdot 2\cdot 1!} + \frac{u^5}{5\cdot 2^2\cdot 2!} - \frac{u^7}{7\cdot 2^3\cdot 3!} + \frac{u^9}{9\cdot 2^4\cdot 4!} - ....\right)$$

$$G(u) = \frac{1}{\sqrt{2\cdot\pi}} \cdot \sum_{n=0}^{\infty} \left[(-1)^n \cdot \frac{u^{2\cdot n+1}}{(2\cdot n+1)\cdot 2^n \cdot n!}\right]$$

Diese Reihe konvergiert für alle $u \in \mathbb{R}$.

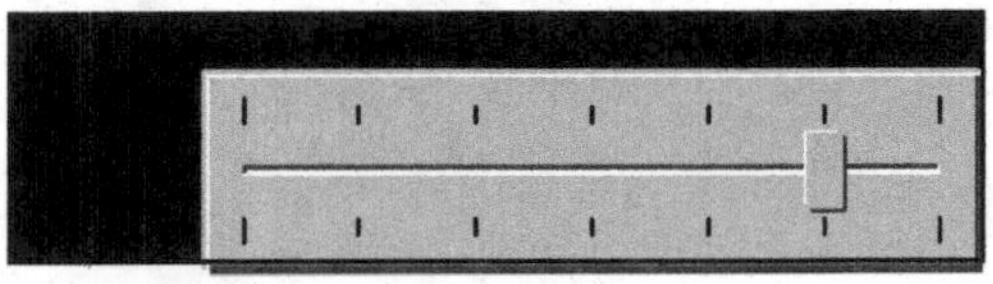

$grad = 14$ Grad des Taylorpolynoms n = grad-2

$$g1(x) := e^{\frac{-x^2}{2}} \text{ Reihen}, x, grad \rightarrow 1 - \frac{x^2}{2} + \frac{x^4}{8} - \frac{x^6}{48} + \frac{x^8}{384} - \frac{x^{10}}{3840} + \frac{x^{12}}{46080}$$

$$g_N(x) := \frac{1}{\sqrt{2\cdot\pi}} \cdot g1(x)$$

Näherungspolynom für die Dichtefunktion

Diese Näherung verwenden wir nun als Integrand zur Lösung unseres Integrals:

$$G(a,b) := \frac{1}{\sqrt{2\cdot\pi}} \cdot \int_a^b g1(x)\,dx$$

$\sigma := 1$ Standardabweichung

$x := -4, -4 + 0.01 .. 4$ Bereichsvariable

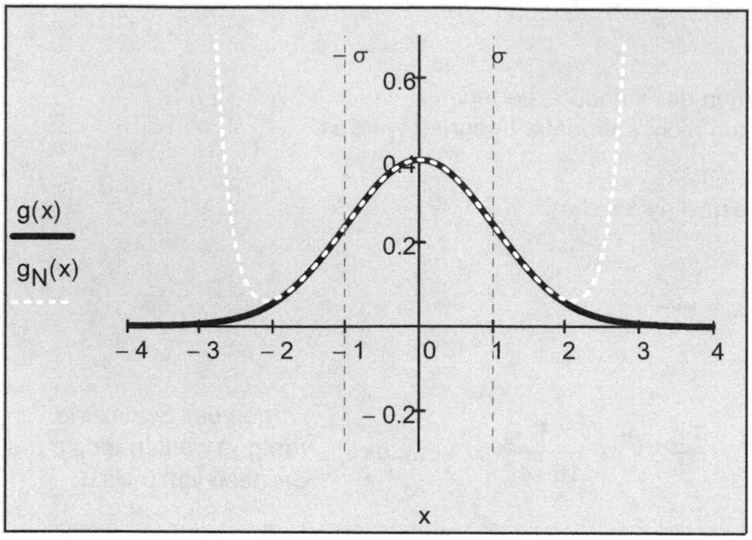

Abb. 2.17

Die Wahrscheinlichkeit, dass sich ein Messwert innerhalb des Bereiches $\mu - \sigma < x < \mu + \sigma$ (mit $\mu = 0$ und $\sigma = 1$) befindet, entspricht dem Integral dieser Funktion mit den Grenzen $a = -\sigma = -1$ und $b = \sigma = 1$.

$G(-\sigma, \sigma) = 0.6826895703$

Im Vergleich mit der in Mathcad programmierten Funktion für die standardisierte Normalverteilung:

$knorm(1) - knorm(-1) = 0.68268949$

Ohne auf die Theorie näher einzugehen, seien abschließend noch einige Beispiele für die Reihenentwicklung von Funktionen in mehr als einer Variablen angeführt.

Beispiel 2.36:

Reihenentwicklung für Funktionen in mehr als einer Variablen:

$f(x,y) = e^x + y^3$ für x = 1 und y = 0,

$f(x,y) = \sin(x^2 + y^2)$ für x = 0 und y = 0,

$f(s,t) = \ln(s + t^2)$ für s = -2 und t = 2.

$x := x$ Redefinition

$$e^x + y^3 \text{ Reihen}, x = 1, y, 4 \rightarrow e + y^3 + e \cdot (x-1) + \frac{e \cdot (x-1)^2}{2} + \frac{e \cdot (x-1)^3}{6}$$

$$\sin\left(x^2 + y^2\right) \text{ Reihen}, x, y, 8 \rightarrow y^2 - \frac{y^6}{6} + x^2 - \frac{x^2 \cdot y^4}{2} - \frac{x^4 \cdot y^2}{2} - \frac{x^6}{6}$$

$$\ln\left(s + t^2\right) \text{ Reihen}, s = -2, t = 2, 3 \rightarrow -3 + \ln(2) + 2 \cdot t - \frac{3 \cdot (t-2)^2}{2} + \frac{s}{2} - (s+2) \cdot (t-2) - \frac{(s+2)^2}{8}$$

Beispiel 2.37:

Für die nachfolgende mehrdimensionale Funktion soll eine Taylor-Approximation durchgeführt werden und diese grafisch mit der Originalfunktion in einer Region verglichen werden:

$f(x, y) := \sin\left(\frac{x}{2}\right) \cdot \cos(2y) + 2$ gewählte Funktion

$n := 5$ Grad der Approximation

$x_0 := 0$ $y_0 := 0$ Zentrum der Taylorentwicklung

$ORIGIN := 0$ ORIGIN festlegen

$x_0 - r \le x \le x_0 + r$

Region in der x-y-Ebene

$y_0 - r \le y \le y_0 + r$

$R_n := n + 1$

Taylorpolynom:

$$p(x,y) := f(x,y) \text{ Reihen}, x = x_0, y = y_0, R_n \rightarrow 2 + \frac{x}{2} - x \cdot y^2 + \frac{x \cdot y^4}{3} - \frac{x^3}{48} + \frac{x^3 \cdot y^2}{24} + \frac{x^5}{3840}$$

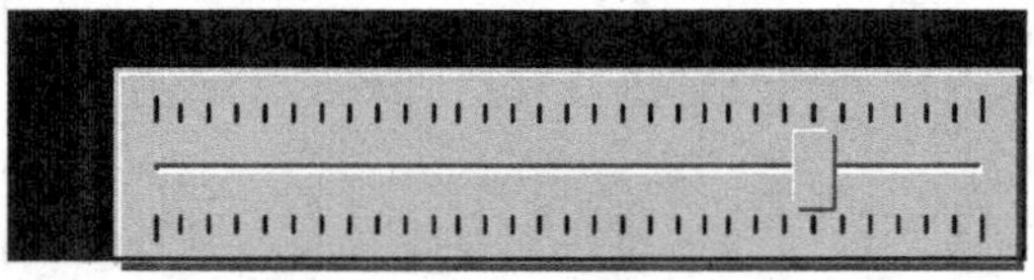

$r = 1.7$ Abstand vom Entwicklungspunkt

$N := \text{ceil}(20 \cdot r)$ $N = 34$ $k := 0..N$ $j := 0..N$ Bereichsvariable

$\mathbf{X}_{k,j} := (x_0 - r) + (2 \cdot r) \cdot \frac{k}{N}$ $\mathbf{Y}_{k,j} := (y_0 - r) + (2 \cdot r) \cdot \frac{j}{N}$ Matrizen der x- und y-Werte

$\mathbf{Zf}_{k,j} := f(\mathbf{X}_{k,j}, \mathbf{Y}_{k,j})$ $\mathbf{Zp}_{k,j} := p(\mathbf{X}_{k,j}, \mathbf{Y}_{k,j})$ Matrix der z-Werte

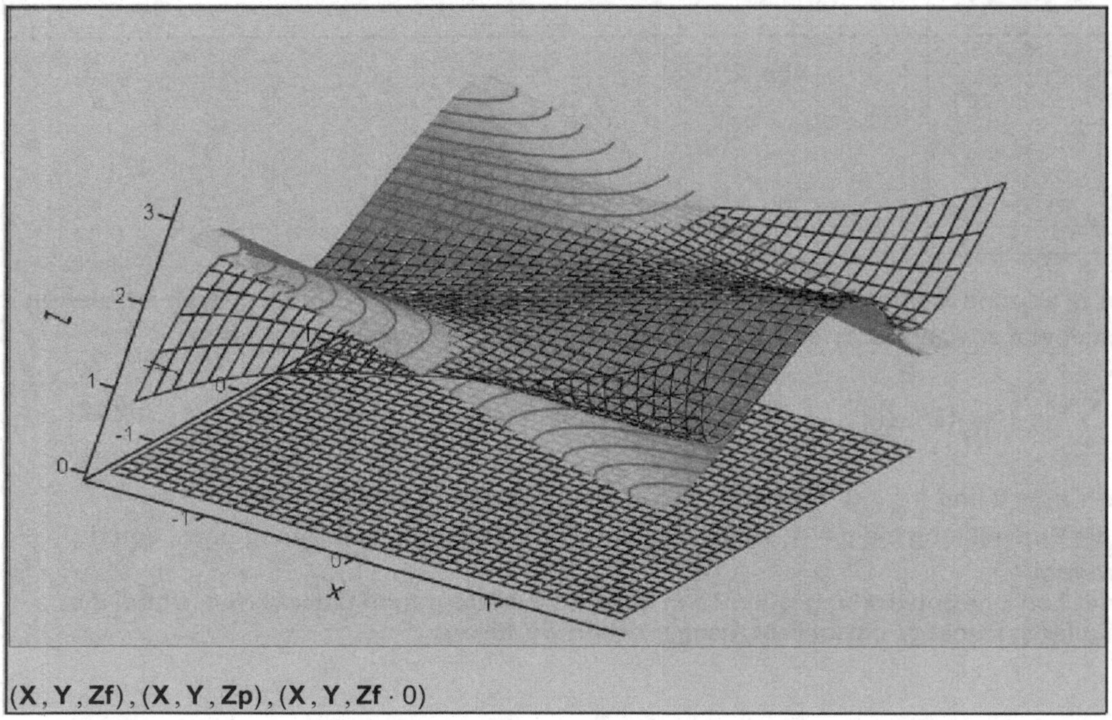

(**X**, **Y**, **Zf**), (**X**, **Y**, **Zp**), (**X**, **Y**, **Zf** · 0)

Abb. 2.18

Vergleich der Originalfunktion mit dem approximierenden Taylorpolynom. Zusätzlich ist hier noch die Ebene des Definitionsbereiches eingezeichnet. Durch die Änderung von r kann der Definitionsbereich beliebig geändert werden.

2.4 Laurentreihen

Die Laurentreihe ist eine Verallgemeinerung der Taylorreihe im komplexen Bereich unter Berücksichtigung von Singularitäten im Entwicklungspunkt. Dies beschreibt die Funktionentheorie ausführlich, worauf jedoch hier nicht näher eingegangen werden kann.
Ein Satz der Funktionentheorie besagt:
Jede Funktion f(z), die im Punkt z_0 eine Singularität besitzt, kann mithilfe einer verallgemeinerten Potenzreihe, der Laurentreihe, dargestellt werden:

$$f(\underline{z}) = \sum_{n=-\infty}^{\infty} \left[a_n \cdot (\underline{z} - \underline{z_0})^n\right] = ... + a_{-2} \cdot (\underline{z} - \underline{z_0})^{-2} + a_{-1} \cdot (\underline{z} - \underline{z_0})^{-1} + a_0 ... + a_1(\underline{z} - \underline{z_0}) + a_2 \cdot (\underline{z} - \underline{z_0})^2 + ... + a_3 \cdot (z - z_0)^3 + ... \quad \textbf{(2-20)}$$

Die Koeffizienten a_n erhalten wir aus dem Konturintegral:

$$a_n = \frac{1}{2 \cdot \pi \cdot j} \cdot \int_C \frac{f(\underline{z})}{(\underline{z} - \underline{z_0})^{n+1}} \, d\underline{z} \quad \textbf{(2-21)}$$

Wobei die Kontur C als Doppelring mit $r < |\underline{z} - \underline{z_0}| < R$ um die Singularität z_0 gegeben sein muss.

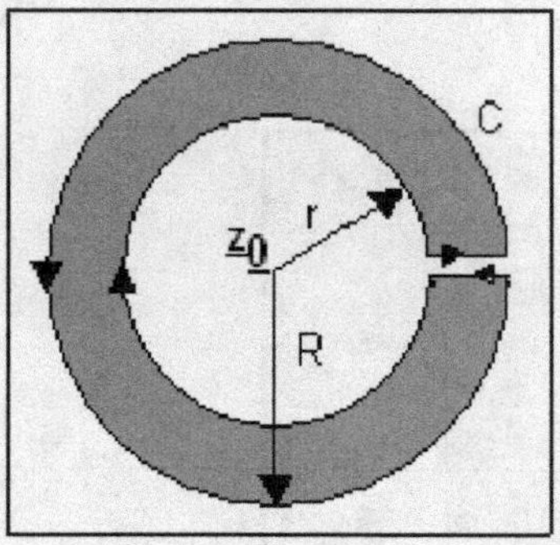

Abb. 2.19

Wir bezeichnen $\underline{z_0}$ als eine isolierte Singularität von f(z), wenn f(z) in $\underline{z} = \underline{z_0}$ nicht analytisch ist, aber in der Nachbarschaft von $\underline{z_0}$ analytisch ist. Pole treten in der Laurent-Entwicklung auf, wenn

$$f(\underline{z}) = \sum_{n=-\infty}^{\infty} \left[a_n \cdot (\underline{z} - \underline{z_0})^n\right] \quad \textbf{(2-22)}$$

und $a_n = 0$ für $n < a_{-m} < 0$ und $a_{-m} \neq 0$. Wir bezeichnen dann $\underline{z_0}$ als Pol m-ter Ordnung.
Erstreckt sich die Entwicklung bis n = -1, so heißt $\underline{z_0}$ ein Pol 1. Ordnung, 2. Ordnung usw., sonst unendlicher Ordnung.
Wenn wir in einer Laurent-Entwicklung jeden Term einer Konturintegration unterwerfen, wobei die Kontur den singulären Punkt $\underline{z_0}$ umschließt, dann erhalten wir für a_{-1}:

$$a_{-1} \cdot \int (z - z_0)^{-1} \, dz = a_{-1} \cdot \int \frac{j \cdot r \cdot e^{j \cdot \varphi}}{r \cdot e^{j \cdot \varphi}} \, d\varphi = 2 \cdot \pi \cdot j \cdot a_{-1} \quad \textbf{(2-23)}$$

$$\Leftrightarrow \frac{1}{2 \cdot \pi \cdot j} \cdot \int f(z) \, dz = a_{-1}$$

Den Koeffizienten a_{-1} der Potenz $(\underline{z} - \underline{z}_0)^{-1}$ in der Laurent-Entwicklung von $f(\underline{z})$ bezeichnen wir als Residuum der Funktion $f(\underline{z})$ im singulären Punkt $\underline{z}_0$. In der Praxis treten aber auch Situationen auf, dass mehrere Singularitäten im Integrationsbereich vorhanden sind. Auf diese Probleme kann hier nicht weiter eingegangen werden. Falls eine zu entwickelnde Funktion im Entwicklungspunkt eine Singularität besitzt, so liefert Mathcad die Laurent-Entwicklung. Wesentliche Singularitäten, wie sie z. B. bei x sin(1/x) auftreten, sind mit Mathcad nicht entwickelbar!

Beispiel 2.38:

Bestimmen Sie die Reihenentwicklung und das Residuum von y = tan(x) im Pol x = π/2.

$$\tan(x) \text{ Reihen}, x = \frac{\pi}{2}, 5 \rightarrow -\frac{\pi}{6} + \frac{x}{3} - \frac{1}{x - \frac{\pi}{2}} + \frac{\left(x - \frac{\pi}{2}\right)^3}{45}$$

Das Residuum ist -1.

Beispiel 2.39:

Bestimmen Sie die Reihenentwicklung und das Residuum von y = cot(x) im Pol bei x = 0.

Das Residuum ist 1.

$$\cot(x) \text{ Reihen}, x = 0, 6 \rightarrow -\frac{x}{3} + \frac{1}{x} - \frac{x^3}{45}$$

Beispiel 2.40:

Bestimmen Sie die Residuen von y = 1/(x (x+4)^3).

$$\frac{1}{x \cdot (x+4)^3}$$

Die Funktion hat an der Stelle x = 0 einen Pol 1. Ordnung und an der Stelle x = - 4 einen Pol 3. Ordnung.

$$\frac{1}{x \cdot (x+4)^3} \text{ Reihen}, x, 6 \rightarrow -\frac{3}{256} + \frac{1}{64 \cdot x} + \frac{3 \cdot x}{512} - \frac{5 \cdot x^2}{2048} + \frac{15 \cdot x^3}{16384} - \frac{21 \cdot x^4}{65536}$$

Das Residuum der Funktion an der Stelle x = 0 ist 1/64.

$$\frac{1}{x \cdot (x+4)^3} \text{ Reihen}, x = -4, 5 \rightarrow -\frac{1}{128} - \frac{1}{64 \cdot (x+4)} - \frac{1}{16 \cdot (x+4)^2} - \frac{1}{4 \cdot (x+4)^3} - \frac{x}{1024}$$

Das Residuum der Funktion an der Stelle x = -4 ist -1/64.

Beispiel 2.41:

Bestimmen Sie die Reihenentwicklung und das Residuum von y = 1/sin(x)^2 im Pol 2. Ordnung bei x = 0.

$$\frac{1}{\sin(x)^2} \text{ Reihen}, x, 14 \rightarrow \frac{1}{3} + \frac{x^2}{15} + \frac{1}{x^2} + \frac{2 \cdot x^4}{189} + \frac{x^6}{675} + \frac{2 \cdot x^8}{10395} + \frac{1382 \cdot x^{10}}{58046625}$$

Das Residuum ist 1.

Beispiel 2.42:

Bestimmen Sie die Reihenentwicklung und das Residuum von y = 1/(z^2 (z+1)^3) im Pol 2. Ordnung bei z = 0.

$$\frac{1}{z^2 \cdot (z+1)^3} \text{ Reihen}, z, 6 \rightarrow 6 - \frac{3}{z} - 10 \cdot z + 15 \cdot z^2 + \frac{1}{z^2} - 21 \cdot z^3$$

Das Residuum bei z = 0 an der ersten Polstelle (1. Ordnung) ist - 3.

$$\frac{1}{z^2 \cdot (z+1)^3} \text{ Reihen}, z = -1, 6 \rightarrow 9 + \frac{1}{(z+1)^3} + \frac{2}{(z+1)^2} + \frac{3}{z+1} + 5 \cdot z + 6 \cdot (z+1)^2$$

Das Residuum bei z = - 1 an der ersten Polstelle (3. Ordnung) ist 3.

3. Fourierreihen

Bereits im 17. Jahrhundert beschäftigten sich einige namhafte Mathematiker wie Bernoulli, Euler, d'Alembert und Lagrange mit dem Problem, wie periodische Funktionen durch Reihen von trigonometrischen Funktionen dargestellt werden können. Erst 1822 veröffentlichte Jean Baptist Fourier (1768-1830) seine Ideen über diese Funktionenreihen in einer brauchbaren Anwendungsform. Es gelang aber erst später Dirichlet, ein hinreichendes Kriterium für die Entwickelbarkeit einer periodischen Funktion in eine Fourierreihe anzugeben.
Fourier zeigte, dass jedes in der Praxis vorkommende periodische Signal in eine Reihe von Sinus- und Kosinusfunktionen unterschiedlicher Frequenz zerlegt werden kann. Diese Zerlegung wird Fourier- oder harmonische Analyse genannt.
Weil in den naturwissenschaftlich-technischen Anwendungen (insbesondere auch in der Elektrotechnik) die Fourieranalyse häufig für Beziehungen zwischen dem Zeit- und dem Frequenzbereich herangezogen wird, beschränken wir uns im Folgenden auf diese beiden Bereiche. Dies sollte aber nicht den Schluss nahelegen, dass dies für alle Disziplinen so sein muss. Im Bereich der Optik wird zum Beispiel auch mit mechanischen Distanzen und reziproken Wellenlängen gerechnet.
Nach Fourier setzt sich ein periodisches Signal $f(t) = f(t + T_0)$ mit der Periodendauer T_0 zusammen aus der Grundschwingung mit der Kreisfrequenz $\omega = 2\,\pi\,f_0 = 2\,\pi\,(1/T_0)$ und den Oberschwingungen, deren Frequenzen ganzzahlige Vielfache der Grundkreisfrequenz ω_0 sind.
Stellen wir die Amplituden der erhaltenen Schwingungen in Funktion der Frequenz dar, so erhalten wir das Amplituden- oder Frequenzspektrum des analysierten Signals. Die Fourieranalyse und -synthese verknüpfen also den Zeitbereich mit dem Frequenzbereich.
Die Fourieranalyse und Fouriersynthese sind von großer technischer und theoretischer Bedeutung. Viele Signaleigenschaften, wie zum Beispiel die benötigte Bandbreite oder der Klirrfaktor, lassen sich viel leichter aus dem Spektrum bestimmen als aus der dazugehörigen Zeitfunktion.
Bei anderen Fragestellungen wiederum ist die Betrachtung im Zeitbereich sinnvoller. Beispiele dafür sind Signalverzerrungen bei gegebenem Amplituden- und Phasengang oder Einschaltvorgänge bei Filtern (siehe dazu auch Abschnitt 2.2.4, Band 2).

Die reelle Darstellung einer Fourierreihe:

Eine periodische Funktion $f(t) = f(t + n\,T_0)$ mit der Periode T_0 lässt sich unter folgenden Voraussetzungen (Dirichlet'sche Bedingungen) eindeutig als Fourierreihe darstellen:
1. **Das Periodenintervall lässt sich in endlich viele Teilintervalle zerlegen, in denen f(t) stetig und monoton ist.**
2. **In den Unstetigkeitsstellen (Sprungunstetigkeiten mit endlichen Sprüngen) existiert der links- sowie auch der rechtsseitige Grenzwert.**

Die Fourierreihe der Funktion f(t) hat dann die Form:

$$f(t) = \frac{a_0}{2} + \sum_{n=1}^{\infty} \left(a_n \cdot \cos(n \cdot \omega_0 \cdot t) + b_n \cdot \sin(n \cdot \omega_0 \cdot t)\right), \text{ mit } \omega_0 = 2 \cdot \pi \cdot f_0 \text{ und } f_0 = \frac{1}{T_0} \qquad \textbf{(3-1)}$$

Unter diesen Voraussetzungen konvergiert die Fourierreihe von f(t) für alle $x \in \mathbb{R}$.
In den Stellen, in denen f(t) stetig ist, stimmt sie mit der Funktion f(t) überein. In den Sprungstellen liefert sie das arithmetische Mittel aus dem links- und rechtsseitigen Grenzwert der Funktion.

Die Fourierkoeffizienten a_0, a_n und b_n ($n \in \mathbb{N}$) können mit folgenden Integralen berechnet werden:

$$a_0 = \frac{2}{T_0} \cdot \int_0^{T_0} f(t)\,dt\,; \quad a_n = \frac{2}{T_0} \cdot \int_0^{T_0} f(t) \cdot \cos(n \cdot \omega_0 \cdot t)\,dt\,; \quad b_n = \frac{2}{T_0} \cdot \int_0^{T_0} f(t) \cdot \sin(n \cdot \omega_0 \cdot t)\,dt \qquad \textbf{(3-2)}$$

Bemerkung:

1. **Der konstante Anteil wird in der Fourierreihe mit $a_0/2$ angegeben, damit wir die Integrale zur Berechnung der Fourierkoeffizienten a_n und b_n einheitlich darstellen können. Dieser Anteil stellt einen arithmetischen Mittelwert dar und ist in einer elektrotechnischen Anwendung ein Gleichstromanteil.**

2. **Da f(t) eine periodische Funktion ist, können wir statt der Integrationsgrenzen 0 und T_0 auch die Grenzen t_0 und $t_0 + T_0$ bzw. $-T_0/2$ und $T_0/2$ wählen.**

3. **Brechen wir die Fourierreihe nach endlich vielen Gliedern ab, so erhalten wir eine Näherungsfunktion für f(t) in Form einer endlichen trigonometrischen Reihe (Fourierpolynom):**

$$y_p(t) = \frac{a_0}{2} + \sum_{k=1}^{n} \left(a_k \cdot \cos\left(k + \omega_0 \cdot t\right) + b_k \cdot \sin\left(k \cdot \omega_0 \cdot t\right)\right) \quad (3\text{-}3)$$

Nachdem die Annäherung einer Funktion f(t) durch ein Taylorpolynom vom Grad n (siehe vorletztes Kapitel) im Allgemeinen schlechter wird, je weiter wir uns von der Entwicklungsstelle x_0 entfernen, liegt hier eine andere Art der Näherung vor. Wählen wir als Maß für den Fehler bei der Näherung die quadratische Abweichung $[f(t) - y_p(t)]^2$ im Mittel über das Intervall $[0, T_0]$, so ist diese dann am kleinsten, wenn die Fourierkoeffizienten gerade die angeführten Werte haben.

4. **Bei vorliegender Symmetrie der Zeitfunktion f(t) vereinfacht sich die Berechnung der Fourierkoeffizienten:**

   a) Die Fourierreihe einer geraden Funktion f(t) (axialsymmetrische Funktion) enthält nur gerade Reihenglieder, d. h. neben dem konstanten Glied nur Kosinusglieder:

$$a_0 = \frac{4}{T_0} \cdot \int_0^{\frac{T_0}{2}} f(t)\,dt; \quad a_n = \frac{4}{T_0} \cdot \int_0^{\frac{T_0}{2}} f(t) \cdot \cos\left(n \cdot \omega_0 \cdot t\right) dt; \quad b_n = 0 \quad (3\text{-}4)$$

$$f(t) = \frac{a_0}{2} + \sum_{n=1}^{\infty} \left(a_n \cdot \cos\left(n \cdot \omega_0 \cdot t\right)\right) \quad (3\text{-}5)$$

   b) Die Fourierreihe einer ungeraden Funktion f(t) (zentralsymmetrische Funktionen) enthält nur ungerade Reihenglieder, d. h. Sinusglieder:

$$a_0 = 0; \quad a_n = 0; \quad b_n = \frac{4}{T_0} \cdot \int_0^{\frac{T_0}{2}} f(t) \cdot \sin\left(n \cdot \omega_0 \cdot t\right) dt \quad (3\text{-}6)$$

$$f(t) = \sum_{n=1}^{\infty} \left(b_n \cdot \sin\left(n \cdot \omega_0 \cdot t\right)\right) \quad (3\text{-}7)$$

Fourierreihe mit phasenverschobenen Kosinus- bzw. Sinusgliedern:

Setzen wir in der oben angeführten Fourierreihe $a_n = A_n \cdot \cos(\varphi_n)$ und $b_n = -A_n \cdot \sin(\varphi_n)$, so erhalten wir mithilfe des Summensatzes $\cos(n\,\omega_0\,t)\cos(\varphi_n) - \sin(n\,\omega_0\,t)\sin(\varphi_n) = \cos(n\,\omega_0\,t + \varphi_n)$ schließlich die Fourierreihe in der Amplituden-Phasenform:

$$f(t) = A_0 + \sum_{n=1}^{\infty} \left(A_n \cdot \cos(n \cdot \omega_0 \cdot t + \varphi_n)\right) = A_0 + \sum_{n=1}^{\infty} \left(A_n \cdot \sin(n \cdot \omega_0 \cdot t + \psi_n)\right) \quad (3\text{-}8)$$

mit $A_0 = \frac{a_0}{2}$ **und** $\psi_n = \varphi_n + \frac{\pi}{2}$.

Die Amplitude (Scheitelwert) A_n und die Phasenlage φ_n des n-ten Gliedes ermitteln wir aus a_n und b_n durch: $A_n = \sqrt{(a_n)^2 + (b_n)^2}$, $\tan(\varphi_n) = -\frac{b_n}{a_n}$ **bzw.** $\varphi_n = -\arctan\left(\frac{b_n}{a_n}\right)$.

$A_1 \cdot \sin(\omega_0 \cdot t + \psi_1)$ **1. Harmonische oder Grundschwingung,**

$A_2 \cdot \sin(2 \cdot \omega_0 \cdot t + \psi_2)$ **2. Harmonische oder 1. Oberschwingung,**

$A_3 \cdot \sin(3 \cdot \omega_0 \cdot t + \psi_3)$ **3. Harmonische oder 2. Oberschwingung usw.**

Tragen wir die Fourierkoeffizienten A_n in Abhängigkeit der zugehörigen Frequenz in einem Diagramm auf, so erhalten wir das Amplituden- oder Frequenzspektrum (auch Linienspektrum genannt). Fällt das Amplitudenspektrum einer Zeitfunktion rasch über der Frequenz ab, so ist die Zeitfunktion f(t) der sinusförmigen Grundschwingung sehr ähnlich, andernfalls weicht sie stark ab. Ein Maß dafür ist der Klirrfaktor k. Der Klirrfaktor ist ein Maß für den Oberschwingungsgehalt eines Signals. Mit ihm werden z. B. die nichtlinearen Verzerrungen einer Verstärkerstufe oder eines aktiven Netzwerks spezifiziert.
Der Klirrfaktor wird in der Praxis meist mit einer Klirrfaktormessbrücke gemessen oder, wie unten angegeben, durch Analyse des Spektrums bestimmt und berechnet. Die Amplituden (Scheitelwerte) können wegen $A_n = \sqrt{2} \cdot A_{Eff_n}$ durch die Effektivwerte ersetzt werden.

$$k = \frac{\sqrt{{A_{Eff.ges}}^2 - {A_{Eff.1}}^2}}{A_{Eff.ges}} \quad (3\text{-}9)$$

$A_{Eff.ges}$ bedeutet den Effektivwert der Gesamtschwingung und $A_{Eff.1}$ den Effektivwert der Grundschwingung. Da aber die Grundschwingung A_1 relativ schwer zu messen ist, wird der Klirrfaktor meist in der folgenden Form angegeben:

Falls $A_1 \gg A_n$ ($n \ge 1$), so gilt näherungsweise:

$$k = \frac{\sqrt{\sum_{n=2}^{\infty} (A_n)^2}}{\sqrt{\sum_{n=1}^{\infty} (A_n)^2}} = \frac{\sqrt{\sum_{n=2}^{\infty} \left(A_{Eff_n}\right)^2}}{\sqrt{\sum_{n=1}^{\infty} \left(A_{Eff_n}\right)^2}} \quad (3\text{-}10)$$

Zur Herleitung und zur Auswertung der Fourierkoeffizienten wird die Definition der Orthogonalität des Systems der Funktionen f(t) = cos (n ω_0 t) und g(t) = sin(n ω_0 t) herangezogen:
Zwei Funktionen f(t) und g(t) heißen orthogonal auf einem Intervall [t_1, t_2], wenn gilt:

$$\int_{t_1}^{t_2} f(t) \cdot g(t)\, dt = 0 \qquad (3\text{-}11)$$

$T_0 := 2 \cdot \pi$ **angenommene Schwingungsdauer**

$\omega_0 := \frac{2 \cdot \pi}{T_0}$ **zugehörige Kreisfrequenz**

$n := 3 \quad m := 4$

$$\int_0^{T_0} \sin(n \cdot \omega_0 \cdot t) \cdot \cos(m \cdot \omega_0 \cdot t)\, dt \rightarrow 0 \qquad \textbf{gilt für alle n, m} \in \mathbb{Z} \qquad (3\text{-}12)$$

$$\int_0^{T_0} \cos(m \cdot \omega_0 \cdot t) \cdot \cos(n \cdot \omega_0 \cdot t)\, dt \rightarrow 0 \qquad \textbf{gilt für alle m} \neq \textbf{n (n, m} \in \mathbb{Z}\textbf{)} \qquad (3\text{-}13)$$

$$\int_0^{T_0} \sin(m \cdot \omega_0 \cdot t) \cdot \sin(n \cdot \omega_0 \cdot t)\, dt \rightarrow 0 \qquad \textbf{gilt für alle m} \neq \textbf{n (n, m} \in \mathbb{Z}\textbf{)} \qquad (3\text{-}14)$$

Ist dagegen n = m, so gilt:

$n := 4 \quad m := 4$

$$\int_0^{T_0} \cos(n \cdot \omega_0 \cdot t) \cdot \cos(m \cdot \omega_0 \cdot t)\, dt \rightarrow \pi \qquad \left(= \frac{T_0}{2}\right) \qquad (3\text{-}15)$$

$$\int_0^{T_0} \sin(n \cdot \omega_0 \cdot t) \cdot \sin(m \cdot \omega_0 \cdot t)\, dt \rightarrow \pi \qquad \left(= \frac{T_0}{2}\right) \qquad (3\text{-}16)$$

Mit den Summensätzen 2. Art gilt:

$$\sin(m \cdot x) \cdot \cos(n \cdot x) = \frac{1}{2} \cdot [\sin[(m + n) \cdot x] + \sin[(m - n) \cdot x] \qquad (3\text{-}17)$$

$$\cos(m \cdot x) \cdot \cos(n \cdot x) = \frac{1}{2} \cdot (\cos(m + n) \cdot x) + \cos[(m - n) \cdot x] \qquad (3\text{-}18)$$

$$\sin(m \cdot x) \cdot \sin(n \cdot x) = -\frac{1}{2} \cdot [\cos[(m + n) \cdot x] - \cos[(m - n) \cdot x] \qquad (3\text{-}19)$$

Herleitung der reellen Fourierkoeffizienten:

1. Integration der Fourierreihe auf beiden Seiten:

$$\int_0^{T_0} f(t)\,dt = \int_0^{T_0} \frac{a_0}{2}\,dt + \int_0^{T_0} \sum_{n=1}^{\infty} \left(a_n \cdot \cos(n \cdot \omega_0 \cdot t) + b_n \cdot \sin(n \cdot \omega_0 \cdot t)\right) dt \qquad \textbf{(3-20)}$$

$n := 1$ $\quad \omega_0 := 1$ $\quad T_0 := 2 \cdot \pi$ $\quad a_n := 1$ $\quad b_n := 1$ gewählte Daten

$t := 0, 0.001 .. T_0$ Bereichsvariable

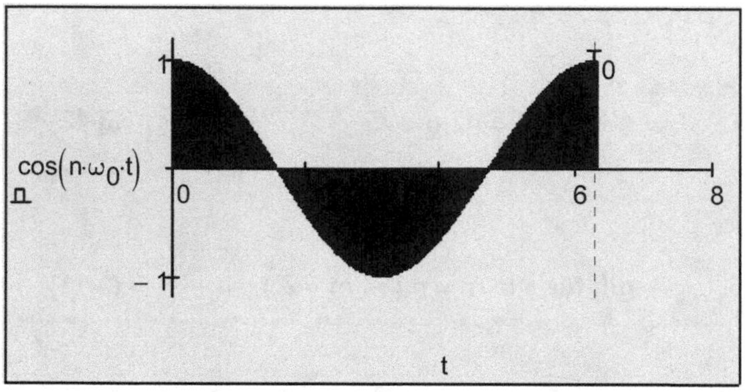

Das Integral wird 0 für alle n:

$$\int_0^{T_0} a_n \cdot \cos(n \cdot \omega_0 \cdot t)\,dt \to 0$$

Abb. 3.1

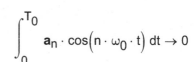

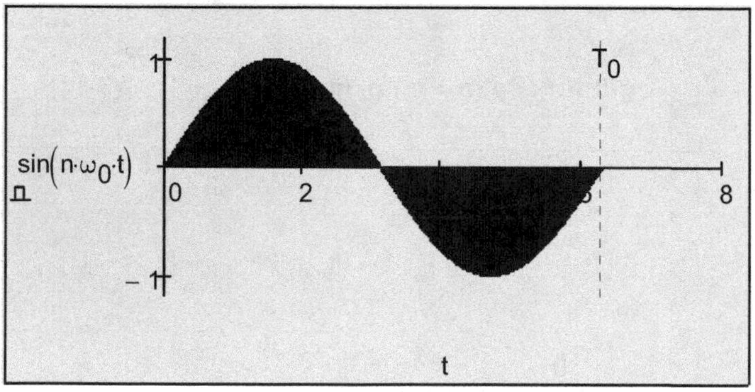

Das Integral wird 0 für alle n:

$$\int_0^{T_0} b_n \cdot \sin(n \cdot \omega_0 \cdot t)\,dt \to 0$$

Abb. 3.2

$$\int_0^{T_0} f(t)\,dt = \int_0^{T_0} \frac{a_0}{2}\,dt \quad \text{ergibt} \quad \int_0^{T_0} f(t)\,dt = \frac{T_0 \cdot a_0}{2}$$

damit gilt: $a_0 = \frac{2}{T_0} \cdot \int_0^{T_0} f(t)\,dt$

2. Multiplikation der Fourierreihe mit cos(k ω_0 t) und Integration auf beiden Seiten:

$$\int_0^{T_0} f(t) \cdot \cos(k \cdot \omega_0 \cdot t)\,dt = \int_0^{T_0} \frac{a_0}{2} \cdot \cos(k \cdot \omega_0 \cdot t)\,dt \; + \qquad \textbf{(3-21)}$$

$$+ \int_0^{T_0} \sum_{n=1}^{\infty} \left(a_n \cdot \cos(n \cdot \omega_0 \cdot t) \cdot \cos(k \cdot \omega_0 \cdot t) + b_n \cdot \sin(n \cdot \omega_0 \cdot t) \cdot \cos(k \cdot \omega_0 \cdot t)\right) dt$$

$k := 1$ gewählte Konstante

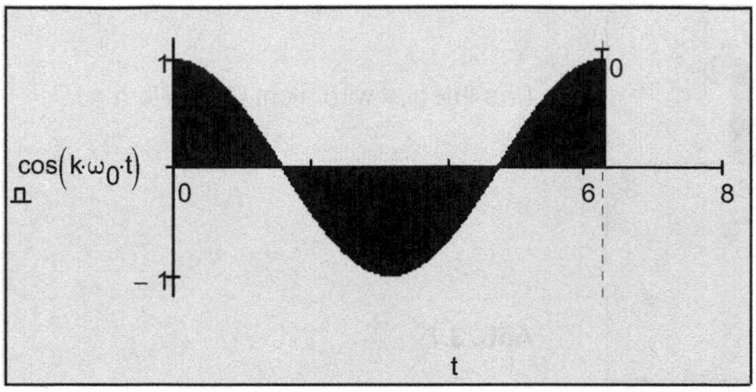

Das Integral wird 0 für alle k:

$$\int_0^{T_0} \frac{\mathbf{a_0}}{2} \cdot \cos(k \cdot \omega_0 \cdot t)\, dt \rightarrow 0$$

Abb. 3.3

n := 1 k := 2 gewählte Konstanten

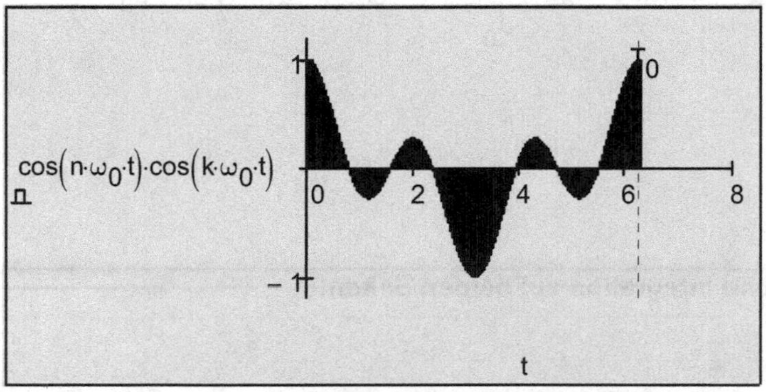

Das Integral wird 0 für alle n ≠ k:

$$\int_0^{T_0} \mathbf{a_1} \cdot \cos(n \cdot \omega_0 \cdot t) \cdot \cos(k \cdot \omega_0 \cdot t)\, dt \rightarrow 0$$

Abb. 3.4

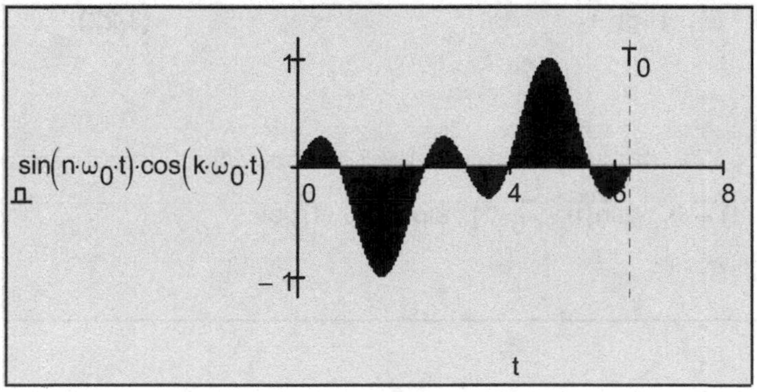

Das Integral wird 0 für alle n ≠ k:

$$\int_0^{T_0} \mathbf{a_1} \cdot \sin(n \cdot \omega_0 \cdot t) \cdot \cos(k \cdot \omega_0 \cdot t)\, dt \rightarrow 0$$

Abb. 3.5

n := 1 k := 1 gewählte Konstanten

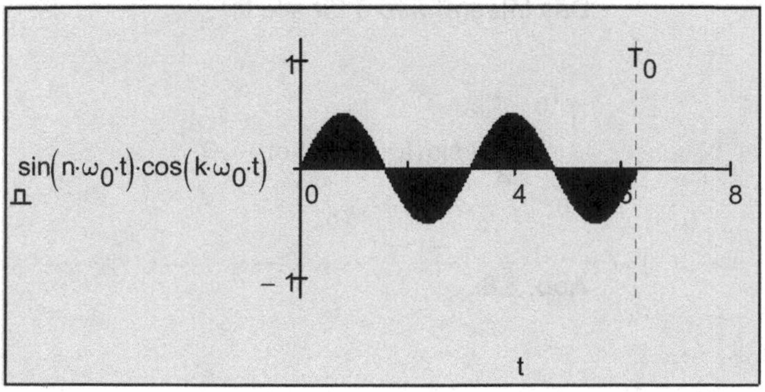

Das Integral wird 0 für alle n = k:

$$\int_0^{T_0} \mathbf{b_1} \cdot \sin(n \cdot \omega_0 \cdot t) \cdot \cos(k \cdot \omega_0 \cdot t)\, dt \rightarrow 0$$

Abb. 3.6

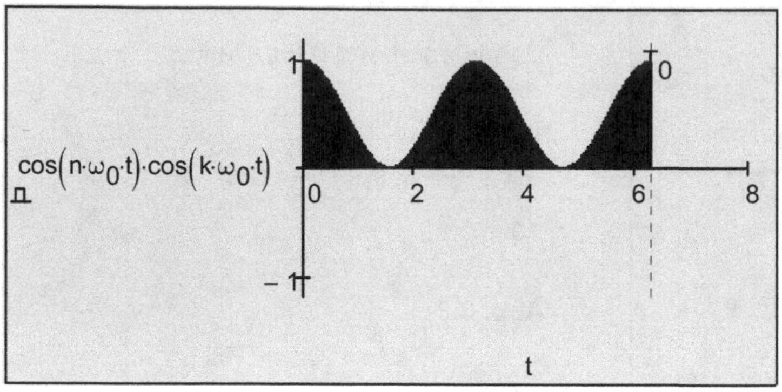

Das Integral wird nicht 0 für alle n = k:

Abb. 3.7

$$\int_0^{T_0} \mathbf{a_n} \cdot \cos(n \cdot \omega_0 \cdot t) \cdot \cos(k \cdot \omega_0 \cdot t)\, dt \to \pi \cdot \mathbf{a_n}$$

Daraus folgt:

$$\int_0^{T_0} f(t) \cdot \cos(k \cdot \omega_0 \cdot t)\, dt = \mathbf{a}_n \cdot \frac{T_0}{2}$$

$$\mathbf{a}_n = \frac{2}{T_0} \cdot \int_0^{T_0} f(t) \cdot \cos(n \cdot \omega_0 \cdot t)\, dt$$

3. Multiplikation der Fourierreihe mit sin(k ω_0 t) und Integration auf beiden Seiten:

$$\int_0^{T_0} f(t) \cdot \sin(k \cdot \omega_0 \cdot t)\, dt = \int_0^{T_0} \frac{\mathbf{a}_0}{2} \cdot \sin(k \cdot \omega_0 \cdot t)\, dt \; + \qquad \textbf{(3-22)}$$

$$+ \int_0^{T_0} \sum_{n=1}^{\infty} \left(\mathbf{a}_n \cdot \cos(n \cdot \omega_0 \cdot t) \cdot \sin(k \cdot \omega \cdot t) + \mathbf{b}_n \cdot \sin(n \cdot \omega_0 \cdot t) \cdot \sin(k \cdot \omega \cdot t)\right) dt$$

$k := 1$ gewählte Konstante

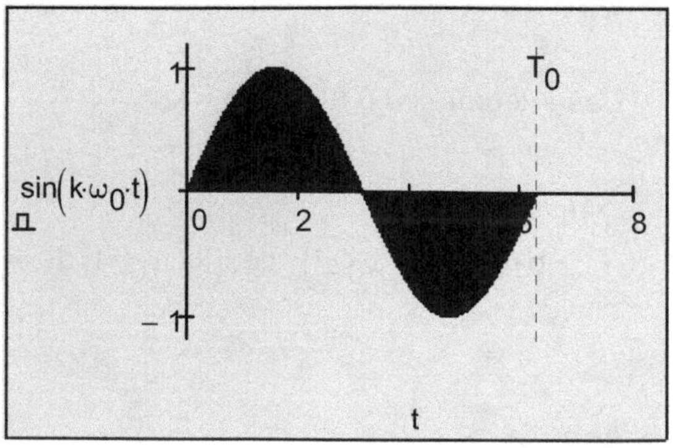

Das Integral wird 0 für alle k:

$$\int_0^{T_0} \frac{\mathbf{a}_0}{2} \cdot \sin(k \cdot \omega_0 \cdot t)\, dt \to 0$$

Abb. 3.8

$n := 1 \qquad k := 2$ gewählte Konstanten

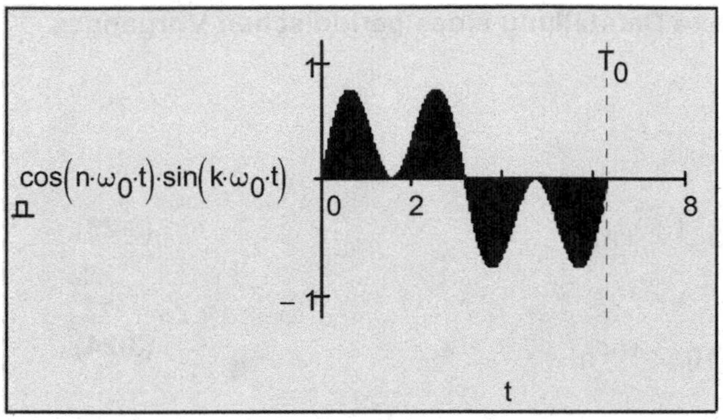

Das Integral wird 0 für alle $n \neq k$:

$$\int_0^{T_0} \mathbf{a_1} \cdot \cos(n \cdot \omega_0 \cdot t) \cdot \sin(k \cdot \omega_0 \cdot t)\, dt \rightarrow 0$$

Abb. 3.9

$n := 1 \qquad k := 1$ gewählte Konstanten

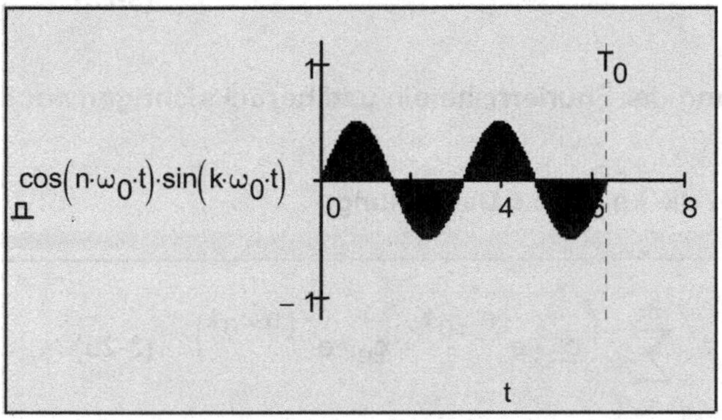

Das Integral wird 0 für alle $n = k$:

$$\int_0^{T_0} \mathbf{a_1} \cdot \cos(n \cdot \omega_0 \cdot t) \cdot \sin(k \cdot \omega_0 \cdot t)\, dt \rightarrow 0$$

Abb. 3.10

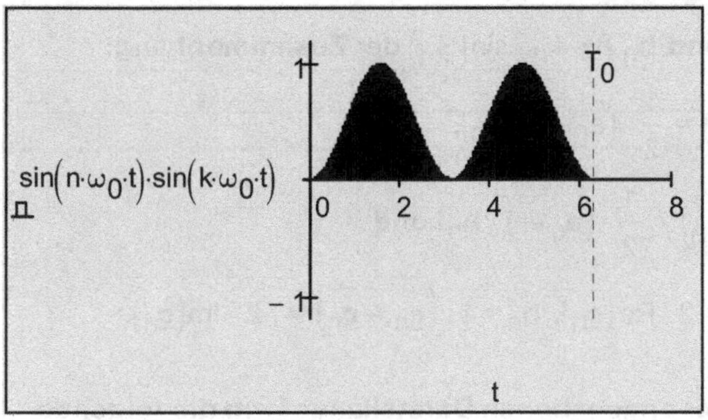

Das Integral wird nicht 0 für alle $n = k$:

$$\int_0^{T_0} \mathbf{b_1} \cdot \sin(n \cdot \omega_0 \cdot t) \cdot \sin(k \cdot \omega_0 \cdot t)\, dt \rightarrow \pi$$

Abb. 3.11

$$\int_0^{T_0} \mathbf{b_n} \cdot \sin(n \cdot \omega_0 \cdot t) \cdot \sin(n \cdot \omega_0 \cdot t)\, dt \rightarrow \pi \cdot \mathbf{b_n}$$

Daraus folgt: $\int_0^{T_0} f(t) \cdot \sin(n \cdot \omega_0 \cdot t)\, dt = \mathbf{b}_n \cdot \frac{T_0}{2}$

$$\mathbf{b}_n = \frac{2}{T_0} \cdot \int_0^{T_0} f(t) \cdot \sin(n \cdot \omega_0 \cdot t)\, dt$$

Komplexe Darstellung einer Fourierreihe:

Neben der reellen Darstellung gibt es noch die komplexe Darstellung eines periodischen Vorganges (Siehe dazu auch Band 2).

Durch Addition der beiden Euler'schen Beziehungen:

$$e^{j\cdot(n\cdot\omega_0\cdot t+\varphi_n)} = \cos(n\cdot\omega_0\cdot t+\varphi_n) + j\cdot\sin(n\cdot\omega_0\cdot t+\varphi_n), \tag{3-23}$$

$$e^{-j\cdot(n\cdot\omega_0\cdot t+\varphi_n)} = \cos(n\cdot\omega_0\cdot t+\varphi_n) - j\cdot\sin(n\cdot\omega_0\cdot t+\varphi_n) \tag{3-24}$$

erhalten wir:

$$\cos(n\cdot\omega_0\cdot t+\varphi_n) = \frac{1}{2}\cdot\left[e^{j\cdot(n\cdot\omega_0\cdot t+\varphi_n)} + e^{-j\cdot(n\cdot\omega_0\cdot t+\varphi_n)}\right]. \tag{3-25}$$

Setzen wir nun diese Beziehung in die reelle Darstellung der Fourierreihe ein und berücksichtigen noch

$\frac{a_0}{2} = A_0 = \underline{c}_0$ **, dann geht die reelle Darstellung über in die komplexe Darstellung:**

$$f(t) = A_0 + \sum_{n=1}^{\infty}\left(A_n\cdot\cos(n\cdot\omega_0\cdot t+\varphi_n)\right) = \underline{c}_0 + \sum_{n=1}^{\infty}\left(\underline{c}_n\cdot e^{j\cdot n\cdot\omega_0\cdot t} + \overline{\underline{c}_n}\cdot e^{-j\cdot n\cdot\omega_0\cdot t}\right) \tag{3-26}$$

Dabei ergibt sich für $\underline{c}_n$ und $\overline{\underline{c}_n}$ mit $a_n = A_n\cdot\cos(\varphi_n)$ und $b_n = -A_n\cdot\sin(\varphi_n)$ der Zusammenhang:

$$\underline{c}_n = \frac{1}{2}\cdot A_n\cdot e^{j\cdot\varphi_n} = \frac{1}{2}\cdot A_n\cdot\cos(\varphi_n) + j\cdot\frac{1}{2}\cdot A_n\cdot\sin(\varphi_n) = \frac{1}{2}\cdot(a_n - j\cdot b_n),$$

$$\overline{\underline{c}_n} = \frac{1}{2}\cdot A_n\cdot e^{-j\cdot\varphi_n} = \frac{1}{2}\cdot A_n\cdot\cos(\varphi_n) - j\cdot\frac{1}{2}\cdot A_n\cdot\sin(\varphi_n) = \frac{1}{2}\cdot(a_n + j\cdot b_n) \text{ und}$$

$$A_n = \sqrt{(a_n)^2 + (b_n)^2} = 2\cdot\left|\underline{c}_n\right| = 2\cdot\left|\overline{\underline{c}_n}\right|,\ a_n = \underline{c}_n + \overline{\underline{c}_n} = 2\cdot\mathrm{Re}(\underline{c}_n),\ b_n = j\cdot\left(\underline{c}_n - \overline{\underline{c}_n}\right) = -2\cdot\mathrm{Im}(\underline{c}_n).$$

Weil aber $\overline{\underline{c}_n} = \underline{c}_{-n}$ für $n \neq 0$ ist, resultiert aus der vorher angegebenen Darstellungsform die folgende komplexe Fourierreihe, die im Amplitudenspektrum eine Darstellung nach "positiven" und "negativen" Frequenzen bedeutet:

$$f(t) = \underline{c}_0 + \sum_{n=1}^{\infty}\left(\underline{c}_n\cdot e^{j\cdot n\cdot\omega_0\cdot t}\right) + \sum_{n=1}^{\infty}\left(\underline{c}_{-n}\cdot e^{-j\cdot n\cdot\omega_0\cdot t}\right) = \underline{c}_0 + \sum_{n=1}^{\infty}\left(\underline{c}_n\cdot e^{j\cdot n\cdot\omega_0\cdot t}\right) + \sum_{n=-1}^{-\infty}\left(\underline{c}_n\cdot e^{j\cdot n\cdot\omega_0\cdot t}\right)$$

Durch Zusammenfassung ergibt sich schließlich:

$$f(t) = \sum_{n=-\infty}^{\infty}\left(\underline{c}_n\cdot e^{j\cdot n\cdot\omega_0\cdot t}\right) \tag{3-27}$$

Setzen wir in $\underline{c}_n = \frac{1}{2} \cdot (a_n - j \cdot b_n)$ die reellen Fourierkoeffizienten a_n und b_n ein, dann ergeben sich die komplexen Fourierkoeffizienten aus:

$$\underline{c}_n = \frac{1}{2} \cdot \left(\frac{2}{T_0} \cdot \int_0^{T_0} f(t) \cdot \cos(n \cdot \omega_0 \cdot t)\, dt + j \cdot \frac{2}{T_0} \cdot \int_0^{T_0} f(t) \cdot \sin(n \cdot \omega_0 \cdot t)\, dt \right) \Rightarrow$$

$$\underline{c}_n = \frac{1}{T_0} \cdot \int_0^{T_0} \left[f(t) \cdot \left(\cos(n \cdot \omega_0 \cdot t) + j \cdot \sin(n \cdot \omega_0 \cdot t) \right) \right] dt \Rightarrow$$

$$\underline{c}_n = \frac{1}{T_0} \cdot \int_0^{T_0} f(t) \cdot e^{-j \cdot n \cdot \varpi_0 \cdot t}\, dt = \frac{1}{T_0} \cdot \int_{t_0}^{t_0 + T_0} f(t) \cdot e^{-j \cdot n \cdot \varpi_0 \cdot t}\, dt = \frac{1}{T_0} \cdot \int_{-\frac{T_0}{2}}^{\frac{T_0}{2}} f(t) \cdot e^{-j \cdot n \cdot \varpi_0 \cdot t}\, dt \qquad \textbf{(3-28)}$$

Ist f(t) eine gerade Funktion (axialsymmetrisch; f(t) = f(-t)), so sind die komplexen Fourierkoeffizienten $\underline{c}_n$ reell, bei einer ungeraden Funktion (zentralsymmetrisch; f(t) = - f(-t)) imaginär. Andernfalls lassen sie sich in Real- und Imaginärteile bzw. Betrag und Phase zerlegen.

Die reelle Fourierreihe beinhaltet ein Amplituden- und Phasenspektrum! Die komplexe Fourierreihe beinhaltet nur das Amplitudenspektrum - die Phasenlage ist indirekt über die komplexen Koeffizienten enthalten!

<u>Beispiel 3.1:</u>

In einem Einweggleichrichter fließt ein Strom $i = I_{max} \sin(\omega_0\, t)$ für $0 < \omega_0\, t \le \pi$ und 0 A für $\pi < \omega_0\, t \le 2\,\pi$. Führen Sie für diesen Strom eine Fourieranalyse durch.

Wir setzen $x = \omega_0\, t$ und erhalten dann für die Fourierkoeffizienten:

$n := n \qquad \mathbf{a} := \mathbf{a} \qquad \mathbf{b} := \mathbf{b}$ Redefinitionen

$$\mathbf{a_0} = \frac{2}{T_0} \cdot \int_0^{T_0} f(t)\, dt = \frac{1}{\pi} \cdot \int_0^{2 \cdot \pi} f(x)\, dx$$

$$\mathbf{a_0} = \frac{1}{\pi} \cdot \int_0^{\pi} I_{max} \cdot \sin(x)\, dx \text{ vereinfachen } \rightarrow \mathbf{a_0} = \frac{2 \cdot I_{max}}{\pi}$$ konstantes Glied

$$\mathbf{a_n} = \frac{2}{T_0} \cdot \int_0^{T_0} f(t) \cdot \cos(n \cdot \omega_0 \cdot t)\, dt = \frac{1}{\pi} \cdot \int_0^{2 \cdot \pi} f(x) \cdot \cos(n \cdot x)\, dx$$

$$\mathbf{a_n} = \frac{1}{\pi} \cdot \int_0^{\pi} I_{max} \cdot \sin(x) \cdot \cos(n \cdot x)\, dx \text{ vereinfachen } \rightarrow \mathbf{a_n} = \frac{2 \cdot I_{max} \cdot \left(\sin\left(\frac{\pi \cdot n}{2}\right)^2 - 1 \right)}{\pi \cdot (n^2 - 1)}$$ Koeffizient a_n

Für ungerade n > 1: $n := 3$ $\quad a_n = \frac{2 \cdot I_{max} \cdot \left(\sin\left(\frac{\pi \cdot n}{2}\right)^2 - 1 \right)}{\pi \cdot (n^2 - 1)}$ vereinfachen $\rightarrow a_3 = 0$

Für gerade n: $n := 2$ $\quad a_n = \frac{2 \cdot I_{max} \cdot \left(\sin\left(\frac{\pi \cdot n}{2}\right)^2 - 1 \right)}{\pi \cdot (n^2 - 1)}$ vereinfachen $\rightarrow a_2 = -\frac{2 \cdot I_{max}}{3 \cdot \pi}$

$$b_n = \frac{2}{T_0} \cdot \int_0^{T_0} f(t) \cdot \sin(n \cdot \omega_0 \cdot t)\, dt = \frac{1}{\pi} \cdot \int_0^{2 \cdot \pi} f(x) \cdot \sin(n \cdot x)\, dx$$

$n := n$ Redefinition

$b_n = \frac{1}{\pi} \cdot \int_0^{\pi} I_{max} \cdot \sin(x) \cdot \sin(n \cdot x)\, dx$ vereinfachen $\rightarrow b_n = -\frac{I_{max} \cdot \sin(\pi \cdot n)}{\pi \cdot (n^2 - 1)}$

Wird 0, wenn n > 1 ist. Für n = 1 kann dieses Ergebnis nicht direkt ausgewertet werden!

$b_1 = \frac{1}{\pi} \cdot \int_0^{\pi} I_{max} \cdot \sin(x) \cdot \sin(1 \cdot x)\, dx$ vereinfachen $\rightarrow b_1 = \frac{I_{max}}{2}$

konstantes Glied b_1

Die Fourierreihe lautet daher:

$$i(t) = \frac{I_{max}}{\pi} + \frac{I_{max}}{2} \cdot \sin(\omega_0 \cdot t) - \frac{2 \cdot I_{max}}{\pi} \cdot \left(\frac{\cos(2 \cdot \omega_0 \cdot t)}{1 \cdot 3} + \frac{\cos(4 \cdot \omega_0 \cdot t)}{3 \cdot 5} + \frac{\cos(6 \cdot \omega_0 \cdot t)}{5 \cdot 7} + ... \right)$$

Beispiel 3.2:

Es soll eine Fourieranalyse bzw. deren Rücktransformation für eine periodische Rechteckspannung $u(t) = \hat{U}$ für $-T_0/4 < t < 3T_0/4$ und 0 V für $T_0/4 \le t < 3T_0/4$ mit der Amplitude $\hat{U}$ = 10 V und der Periodendauer T_0 reell und komplex durchgeführt werden. Wie groß ist der Klirrfaktor?

ORIGIN := 0 — Ursprung der induzierten Variablen

$\omega_0 := 1 \cdot s^{-1}$ — gewählte Kreisfrequenz ($\omega_0 = 2\,\pi\, f_0$)

$T_0 := \frac{2 \cdot \pi}{\omega_0}$ $\quad T_0 = 6.283\,s$ — Periodendauer

$\hat{U} := 10 \cdot V$ — Amplitude **Û wird mit <Alt> + 0219 (Zifferncode) erzeugt**

$t := -T_0, -T_0 + 0.01 \cdot s .. 3 \cdot T_0$ — Bereichsvariable

$$u(t) := \begin{cases} \hat{U} & \text{if } -\frac{T_0}{4} < t < \frac{T_0}{4} \\ 0 \cdot V & \text{if } \frac{T_0}{4} \le t < \frac{3 \cdot T_0}{4} \end{cases}$$

gegebene Spannung (periodische und gerade Funktion)

$$up(t) := \begin{cases} \hat{U} & \text{if } -\frac{T_0}{4} < t < \frac{T_0}{4} \\ 0 \cdot V & \text{if } \frac{T_0}{4} \le t < \frac{3 \cdot T_0}{4} \\ up(t - T_0) & \text{if } t \ge \frac{3 \cdot T_0}{4} \end{cases}$$

periodische Fortsetzung durch rekursive Definition der Funktion

Zeitbereich (Originalbereich) der Spannung u(t) mit der Periodendauer T_0:

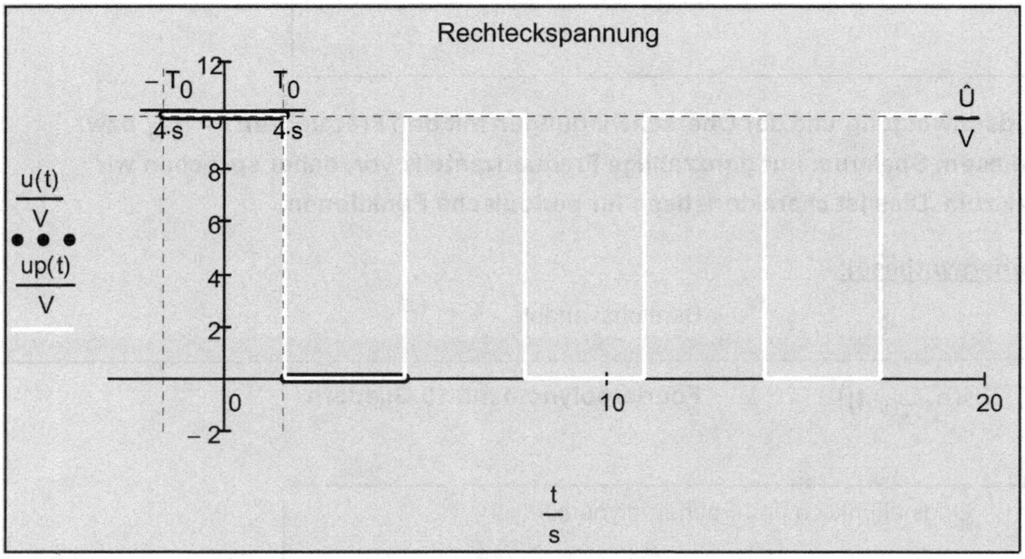

Abb. 3.12

Numerische Berechnung der reellen Fourierkoeffizienten:

$n := 0 .. n_p$ Bereichsvariable

$$\mathbf{a1}_n := \frac{2}{T_0} \cdot \int_{\frac{-T_0}{4}}^{\frac{T_0}{4}} u(t) \cdot \cos(n \cdot \omega_0 \cdot t)\, dt \qquad \mathbf{a1}_n := \text{wenn}(|\mathbf{a1}_n| < TOL \cdot V, 0 \cdot V, \mathbf{a1}_n) \quad \text{mit} \quad TOL = 1 \times 10^{-3}$$

$\mathbf{a1}_0 = 10\,V$ konstantes Glied (doppelter Gleichspannungsanteil)

$\mathbf{a1}^T =$

	0	1	2	3	4	5	6	7
0	10	6.366	0	-2.122	0	1.273	0	...

V

Wegen der Symmetrie (gerade Funktion) gilt für alle $b_n = 0$ V.

Frequenzbereich (Spektralbereich - Bildbereich): Amplituden oder Frequenzspektrum der Rechteckspannung.

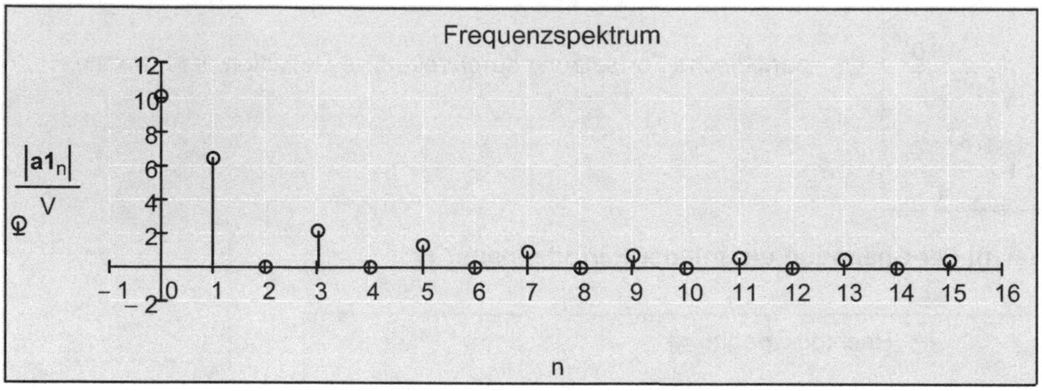

Abb. 3.13

Die Amplituden der Grundschwingung und der Oberschwingungen mit den Frequenzen $f = n\ f_0$ bzw. $\omega = n\ \omega_0$. Es kommen in diesem Spektrum nur ganzzahlige Frequenzanteile vor, daher sprechen wir von einem diskreten Spektrum. Dies ist charakteristisch für periodische Funktionen.

<u>Rücktransformation (Fouriersynthese):</u>

$n := 1 .. n_p$ Bereichsvariable

$$u_{15}(t) := \frac{a1_0}{2} + \sum_n \left(a1_n \cdot \cos(n \cdot \omega_0 \cdot t)\right)$$

Fourierpolynom mit 15 Gliedern

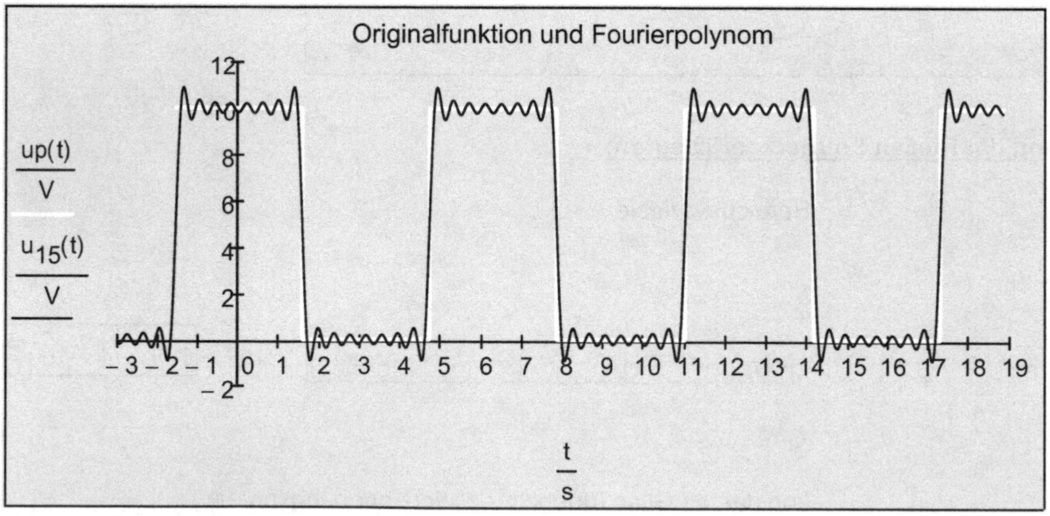

Abb. 3.14

$n_p \equiv 15$

Die Spitzen unmittelbar neben den Sprungstellen sind typisch für das Verhalten von Fourierreihen an solchen Stellen. Die Fourierreihe konvergiert, obwohl die Spitzen mit zunehmendem n immer ausgeprägter werden.

<u>Klirrfaktor:</u>

$n := 0 .. 15$ Bereichsvariable

$$U_n = \sqrt{\left(a1_n\right)^2 + \left(b1_n\right)^2} = \left|a1_n\right| \qquad U_n := \left|a1_n\right|$$

Scheitelwerte

$U^T =$

	0	1	2	3	4	5	6	7	8
0	10	6.366	0	2.122	0	1.273	0	0.909	...

V

$$k := \frac{\sqrt{\sum_{k=2}^{15} \mathbf{U}_k}}{\sqrt{\sum_{k=1}^{15} \mathbf{U}_k}} \qquad k = 0.711 \qquad k = 71.091 \cdot \%$$

Klirrfaktor näherungsweise für 15 Glieder der Reihe. Die Bedingung $\mathbf{U}_1 >> \mathbf{U}_n$ $(n \geq 1)$ ist hier eigentlich nicht erfüllt!

<u>Komplexe Berechnung der Fourierkoeffizienten:</u>

Symbolische Berechnung:

$$c_n = \frac{1}{T_0} \cdot \int_{\frac{-T_0}{4}}^{\frac{T_0}{4}} \hat{U} \cdot e^{-j \cdot n \omega_0 \cdot t}\, dt = \frac{\hat{U}}{T_0} \cdot \frac{e^{-j \cdot n \cdot \omega_0 \cdot \frac{T_0}{4}} - e^{j \cdot n \cdot \omega_0 \cdot \frac{T_0}{4}}}{-j \cdot n \cdot \omega_0} = \frac{\hat{U}}{T_0 \cdot n \cdot \omega_0} \cdot 2 \cdot \frac{e^{-j \cdot n \cdot \omega_0 \cdot \frac{T_0}{4}} - e^{j \cdot n \cdot \omega_0 \cdot \frac{T_0}{4}}}{-2 \cdot j}$$

$$c_n = 2 \cdot \hat{U} \cdot \frac{\sin\left(\frac{1}{4} \cdot T_0 \cdot n \cdot \omega_0\right)}{T_0 \cdot n \cdot \omega_0}$$ Fourierkoeffizienten nach händischer Auswertung

$$c_n = \frac{1}{T_0} \cdot \int_{\frac{-T_0}{4}}^{\frac{T_0}{4}} \hat{U} \cdot e^{-j \cdot n \cdot \omega_0 \cdot t}\, dt$$ vereinfacht auf $$c_n = \frac{2 \cdot \hat{U} \cdot \sin\left(\frac{T_0 \cdot n \cdot \omega_0}{4}\right)}{T_0 \cdot n \cdot \omega_0}$$ symbolische Mathcad-Auswertung

Für $T_0 \rightarrow 2 \cdot \pi \cdot s$ und $\omega_0 \rightarrow \frac{1}{s}$ erhalten wir:

$$c_0 = \lim_{n \to 0} \left(\frac{2 \cdot \hat{U} \cdot \sin\left(\frac{T_0 \cdot n \cdot \omega_0}{4}\right)}{T_0 \cdot n \cdot \omega_0} \right) \rightarrow c_0 = 5 \cdot V$$

$$c_n = \hat{U} \cdot \frac{\sin\left(n \cdot \frac{\pi}{2}\right)}{n \cdot \pi}$$

$c_n = 0$ für n gerade, $c_n = \hat{U} \cdot \frac{\sin\left(n \cdot \frac{\pi}{2}\right)}{n \cdot \pi}$ für n ungerade (n = 1, 3, 5, ...)

Numerische Berechnung:

$n_{max} := 15$ maximaler Wert von n

$ORIGIN := -n_{max}$ $ORIGIN = -15$ ORIGIN festlegen

$n := -n_{max} .. n_{max}$ Bereichsvariable

$$\underline{c}_n := \frac{1}{T_0} \cdot \int_{\frac{-T_0}{4}}^{\frac{T_0}{4}} \hat{U} \cdot e^{-j \cdot n \cdot \omega_0 \cdot t}\, dt$$

$\underline{c}_n := \text{wenn}\left(\left|\underline{c}_n\right| < TOL \cdot V, 0 \cdot V, \underline{c}_n\right)$ für $TOL = 1 \times 10^{-3}$

oder als Funktion definiert:

$$\underline{\mathbf{c1}}(n) := \frac{1}{T_0} \cdot \int_{-\frac{T_0}{4}}^{\frac{T_0}{4}} \hat{U} \cdot e^{-j \cdot n \cdot \omega_0 \cdot t}\, dt \qquad \underline{\mathbf{c1}}(-7) = -0.455\,V \qquad \underline{\mathbf{c1}}(7) = -0.455\,V$$

$\underline{\mathbf{c}}^T =$

	-15	-14	-13	-12	-11	-10	-9	-8	-7
-15	-0.212	0	0.245	0	-0.289	0	0.354	0	...

V

Wegen der Symmetrie sind die komplexen Fourierkoeffizienten reell.

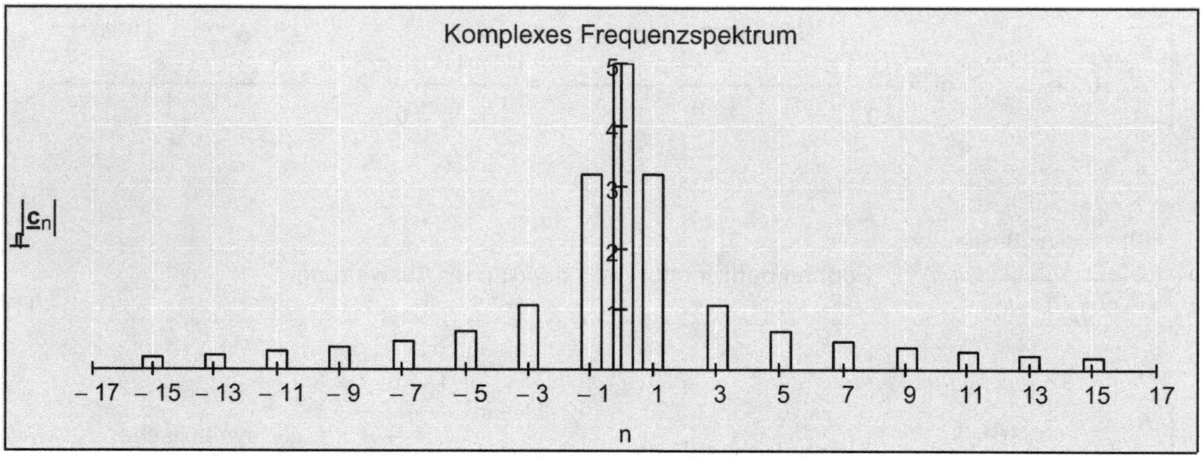

Abb. 3.15

Zusammenhang mit den reellen Fourierkoeffizienten:

$\mathbf{a1}_n := 2 \cdot |\underline{c}_n|$ $\qquad$ $\mathbf{a1}_n := \text{wenn}(|\mathbf{a1}_n| < TOL \cdot V, 0 \cdot V, \mathbf{a1}_n)$

$\mathbf{a1}^T =$

	-15	-14	-13	-12	-11	-10	-9	-8	-7
-15	0.424	0	0.49	0	0.579	0	0.707	0	...

$\cdot V$

$n := 0..15$ $\qquad$ Bereichsvariable

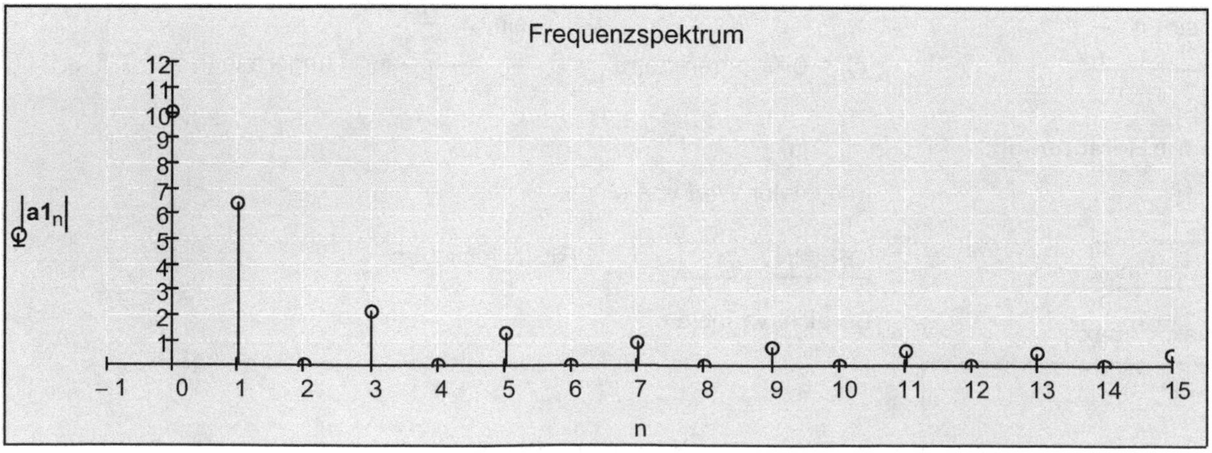

Abb. 3.16

Rücktransformation im Komplexen (Fouriersynthese):

Die einzelnen Teilschwingungen lassen sich numerisch in komplexer Form darstellen durch:

$$u_k(t,k) := \text{wenn}\left[k = 0, \frac{1}{2}\cdot\left(\underline{c}_k\cdot e^{j\cdot k\cdot\omega_0\cdot t} + \overline{\underline{c}_k}\cdot e^{-j\cdot k\cdot\omega_0\cdot t}\right), \left(\underline{c}_k\cdot e^{j\cdot k\cdot\omega_0\cdot t} + \overline{\underline{c}_k}\cdot e^{-j\cdot k\cdot\omega_0\cdot t}\right)\right]$$

Damit ergibt sich das Fourierpolynom in komplexer Form:

$$u_n(t,n) := \sum_{k=0}^{n} u_k(t,k)$$

Die einzelnen Teilschwingungen lassen sich auch symbolisch in komplexer Form darstellen durch:

$k := 1$ k-te Oberschwingung

$$u_{ko}(t) := \underline{\mathbf{c1}}(k)\cdot e^{j\cdot k\cdot\omega_0\cdot t} + \underline{\mathbf{c1}}(-k)\cdot e^{-j\cdot k\cdot\omega_0\cdot t} \text{ vereinfachen } \rightarrow \frac{20\cdot V\cdot\cos\left(\frac{t}{s}\right)}{\pi}$$

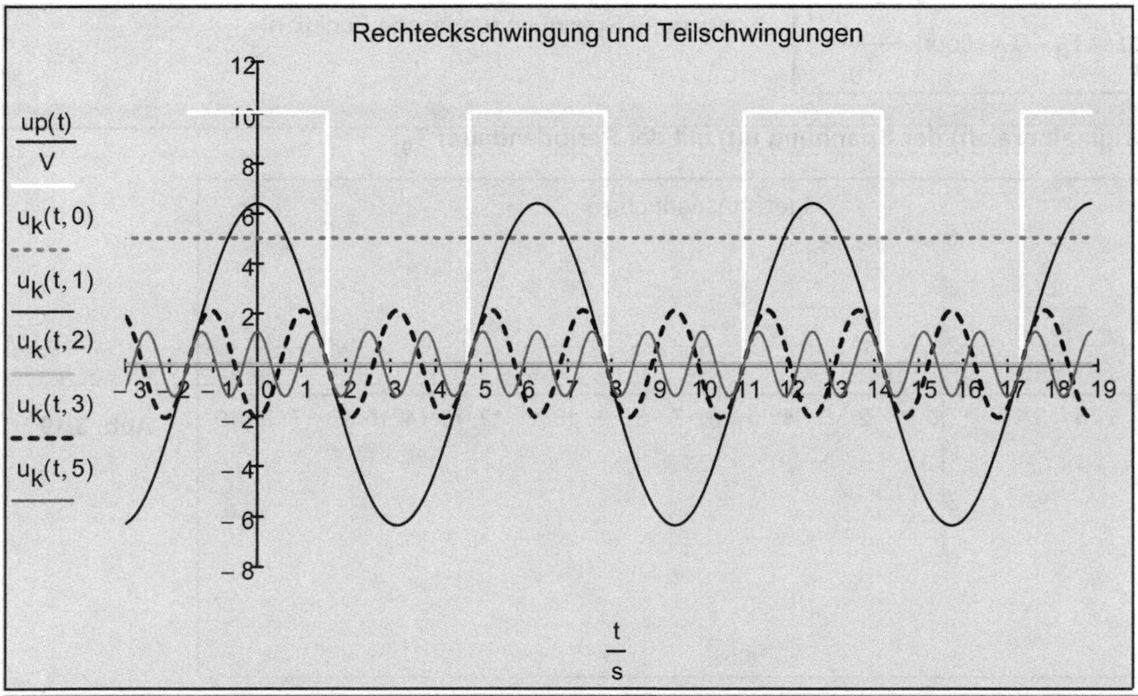

Abb. 3.17

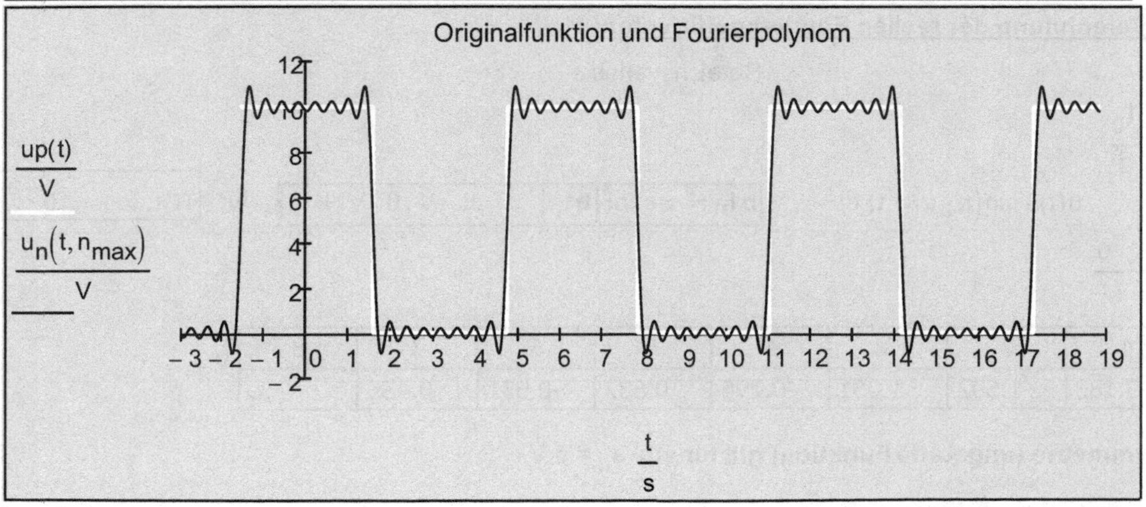

Abb. 3.18

Beispiel 3.3:

Führen Sie eine Fourieranalyse für eine periodische Folge von Sägezahnimpulsen mit der Amplitude Û = 5 V und der Periodendauer T_0 bzw. deren Rücktransformation reell durch. Wie lautet der Klirrfaktor?
$u(t) = 2\,(\hat{U}/T_0)\,t$ für $-T_0/2 < t < T_0/2$.

$ORIGIN := 1$ — ORIGIN festlegen

$\omega_0 := 1 \cdot s^{-1}$ — gewählte Kreisfrequenz ($\omega_0 = 2\,\pi\,f_0$)

$T_0 := \frac{2 \cdot \pi}{\omega_0}$ $\quad T_0 = 6.283\,s$ — Periodendauer

$\hat{U} := 5 \cdot V$ — Amplitude **Û wird mit <Alt> + 0219 (Zifferncode) erzeugt**

$t := -T_0, -T_0 + 0.01 \cdot s .. 3 \cdot T_0$ — Bereichsvariable

$$u(t) := \frac{2 \cdot \hat{U}}{T_0} \cdot \left(t - T_0 - T_0 \cdot \text{floor}\left(\frac{t - \frac{T_0}{2}}{T_0} \right) \right)$$ — gegebene Spannung (ungerade Funktion)

Zeitbereich (Originalbereich) der Spannung u(t) mit der Periodendauer T_0:

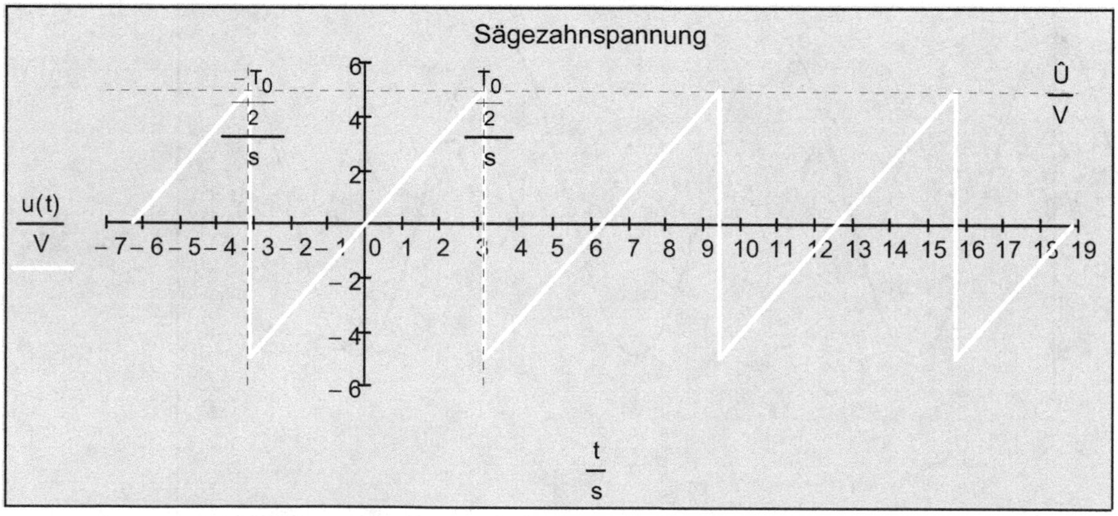

Abb. 3.19

Numerische Berechnung der reellen Fourierkoeffizienten:

$n := 1 .. n_{max1}$ — Bereichsvariable

$$\mathbf{b1}_n := \frac{2}{T_0} \cdot \int_{-\frac{T_0}{2}}^{\frac{T_0}{2}} u(t) \cdot \sin(n \cdot \omega_0 \cdot t)\,dt$$

$\mathbf{b1}_n := \text{wenn}(|\mathbf{b1}_n| < TOL \cdot V, 0 \cdot V, \mathbf{b1}_n)$ für $TOL = 1 \times 10^{-3}$

$\mathbf{b1}^T =$

	1	2	3	4	5	6	7	8
1	3.183	-1.592	1.061	-0.796	0.637	-0.531	0.455	...

V

Wegen der Symmetrie (ungerade Funktion) gilt für alle a_n = 0 V.

Frequenzbereich (Spektralbereich - Bildbereich): Amplituden- oder Frequenzspektrum der Sägezahnspannung.

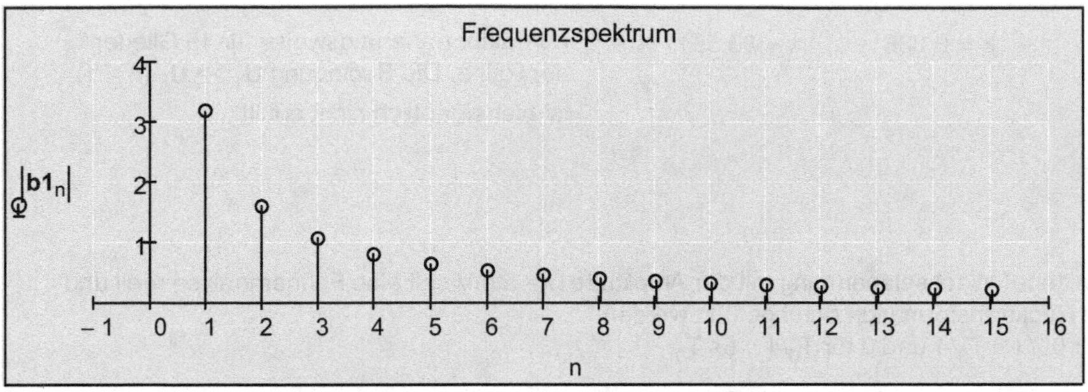

Abb. 3.20

Die Amplituden der Grundschwingung und der Oberschwingungen mit den Frequenzen $f = n\, f_0$ bzw. $\omega = n\, \omega_0$. Es kommen in diesem Spektrum nur ganzzahlige Frequenzanteile vor, daher sprechen wir von einem diskreten Spektrum. Dies ist charakteristisch für periodische Funktionen.

<u>Rücktransformation (Fouriersynthese):</u>

$$u_{15}(t) := \sum_n \left(b1_n \cdot \sin\left(n \cdot \omega_0 \cdot t\right)\right)$$ **Fourierpolynom mit 15 Gliedern**

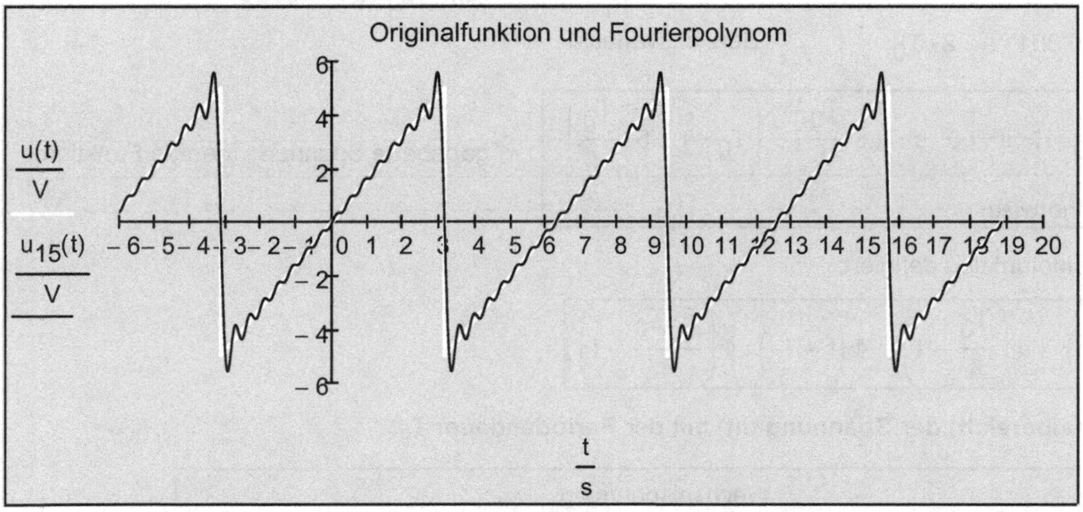

Abb. 3.21

$n_{max1} \equiv 15$

Die Spitzen unmittelbar neben den Sprungstellen sind typisch für das Verhalten von Fourierreihen an solchen Stellen. Die Fourierreihe konvergiert, obwohl die Spitzen mit zunehmendem n immer ausgeprägter werden.

<u>Klirrfaktor:</u>

$$U_n = \sqrt{\left(a1_n\right)^2 + \left(b1_n\right)^2} = |b1_n| \qquad U_n := |b1_n|$$ Scheitelwerte

$U^T =$

	1	2	3	4	5	6	7	8	9
1	3.183	1.592	1.061	0.796	0.637	0.531	0.455	0.398	...

V

$$k := \frac{\sqrt{\sum_{k=2}^{15} U_k}}{\sqrt{\sum_{k=1}^{15} U_k}} \qquad k = 0.836 \qquad k = 83.584 \cdot \%$$

Klirrfaktor näherungsweise für 15 Glieder der Reihe. Die Bedingung $\mathbf{U_1} >> \mathbf{U_n}$ (n > 1) ist hier eigentlich nicht erfüllt!

Beispiel 3.4:

Für eine "angeschnittene" Wechselspannung mit der Amplitude Û = 5 mV soll eine Fourieranalyse reell und komplex und deren Rücktransformation durchgeführt werden.
$u(t) = \hat{U} \cos(\omega_0 t)$ für $0 \le t < T_0/4$ und 0 für $T_0/4 \le t < T_0$.

$ORIGIN := 0$ ORIGIN festlegen

$TOL := 10^{-6}$ Toleranzgrenze für die numerische Berechnung festlegen

$\omega_0 := 1 \cdot s^{-1}$ gewählte Kreisfrequenz ($\omega_0 = 2\,\pi\,f_0$)

$T_0 := \frac{2 \cdot \pi}{\omega_0}$ $\quad T_0 = 6.283\,s$ Periodendauer

$\hat{U} := 5 \cdot mV$ Amplitude **Û wird mit <Alt> + 0219 (Zifferncode) erzeugt**

$t := -0 \cdot s, -0 \cdot s + 0.001 \cdot s .. 2 \cdot T_0$ Bereichsvariable

$$u(t) := \begin{cases} \hat{U} \cdot \cos(\omega_0 \cdot t) & \text{if } \left(0 \cdot s \le t \le \frac{T_0}{4}\right) \vee \left(T_0 \le t \le 5 \cdot \frac{T_0}{4}\right) \\ 0 \cdot mV & \text{otherwise} \end{cases}$$

gegebene Spannung (gerade Funktion)

Oder mit der Heavisidefunktion definiert:

$$u(t) = \hat{U} \cdot \cos(\omega_0 \cdot t) \cdot \left(\Phi\left(\frac{T_0}{4} - t\right) + \Phi(t - T_0) \cdot \Phi\left(\frac{5 \cdot T_0}{4} - t\right)\right)$$

Zeitbereich (Originalbereich) der Spannung u(t) mit der Periodendauer T_0:

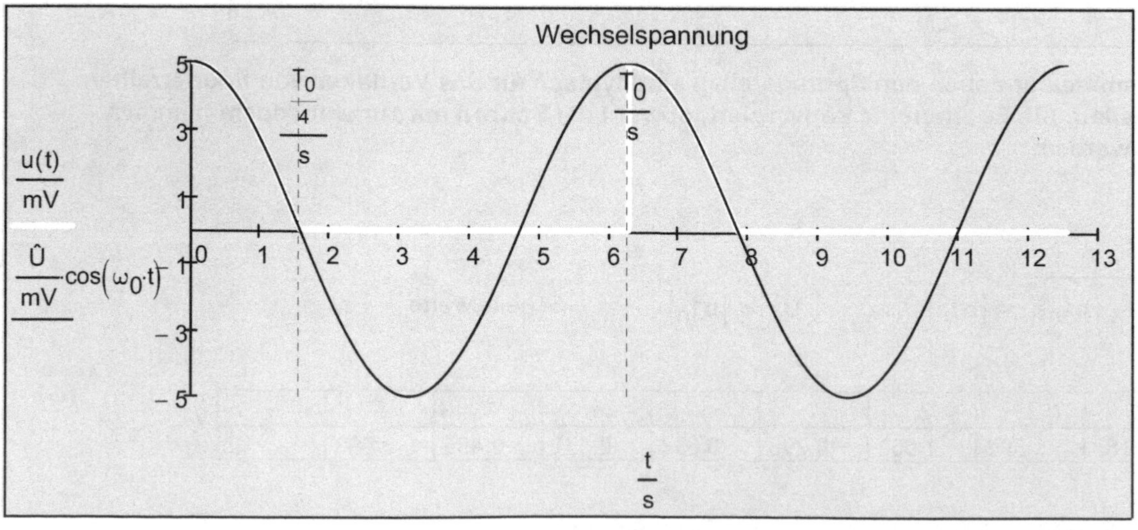

Abb. 3.22

Numerische Berechnung der reellen Fourierkoeffizienten:

$n_{max} := 100$ maximaler Wert der Bereichsvariable n

$n := 0 .. n_{max}$ Bereichsvariable

$$\mathbf{a1}_n := \frac{2}{T_0} \cdot \int_{0 \cdot s}^{\frac{T_0}{4}} u(t) \cos(n \cdot \omega_0 \cdot t)\, dt$$ $\mathbf{a1}_n := \text{wenn}\left(\left|\mathbf{a1}_n\right| < TOL \cdot mV, 0 \cdot mV, \mathbf{a1}_n\right)$ mit $TOL = 1 \times 10^{-6}$

$\mathbf{a1}_0 = 1.592 \cdot mV$ konstantes Glied (doppelter Gleichspannungsanteil)

$\mathbf{a1}^T =$ (· mV)

	0	1	2	3	4	5	6	7
0	1.592	1.25	0.531	0	-0.106	0	0.045	...

$$\mathbf{b1}_n := \frac{2}{T_0} \cdot \int_{0 \cdot s}^{\frac{T_0}{4}} u(t) \sin(n \cdot \omega_0 \cdot t)\, dt$$ $\mathbf{b1}_n := \text{wenn}\left(\left|\mathbf{b1}_n\right| < TOL \cdot mV, 0 \cdot mV, \mathbf{b1}_n\right)$ mit $TOL = 1 \times 10^{-6}$

$\mathbf{b1}^T =$ (· mV)

	0	1	2	3	4	5	6	7	8
0	0	0.796	1.061	0.796	0.424	0.265	0.273	0.265	...

Frequenzbereich (Spektralbereich - Bildbereich): Amplituden oder Frequenzspektrum der angeschnittenen Wechselspannung.

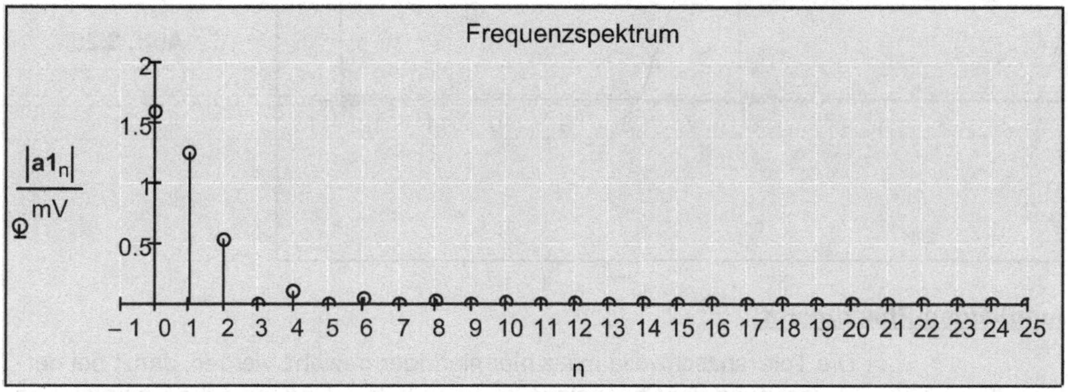

Abb. 3.23

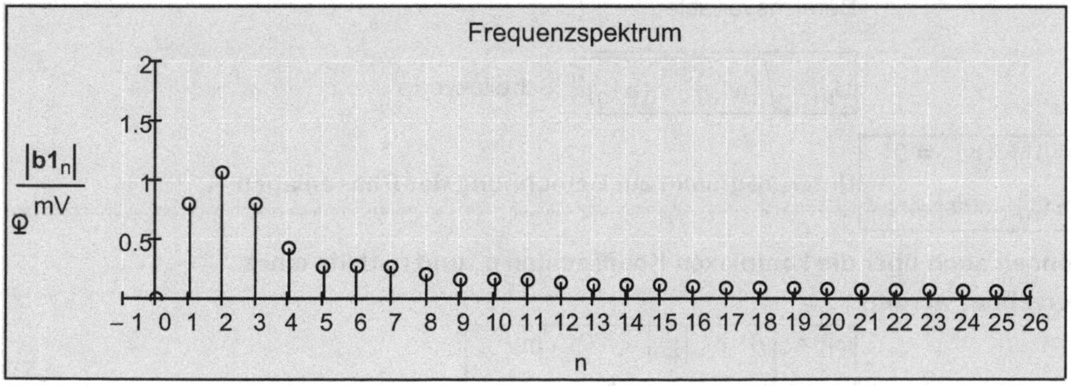

Abb. 3.24

Rücktransformation (Fouriersynthese):

Die Fourierreihe soll dann abgebrochen werden, wenn die Amplitude der n-ten Oberschwingung kleiner als p % der Grundschwingung ist:

```
n_p(p, n_max, a, b) :=  | U ← sqrt(a^2 + b^2)
                        | k ← 2
                        | while  k ≤ n_max
                        |     | return k  if  (U_k < U_1 · p) ∧ (U_k > TOL)
                        |     | k ← k + 1
                        | return n_max
```

Unterprogramm zur Berechnung von n_{max} für das Fourierpolynom

$n_{max1} := n_p\left(0.02, n_{max}, \frac{\mathbf{a1}}{V}, \frac{\mathbf{b1}}{V}\right)$ $\quad n_{max1} = 53$ maximales n bei p = 2 %

$u_p(t) := \frac{\mathbf{a1}_0}{2} + \sum_{n=1}^{n_{max1}} \left(\mathbf{a1}_n \cdot \cos(n \cdot \omega_0 \cdot t) + \mathbf{b1}_n \cdot \sin(n \cdot \omega_0 \cdot t)\right)$ **Fourierpolynom mit 21 Gliedern**

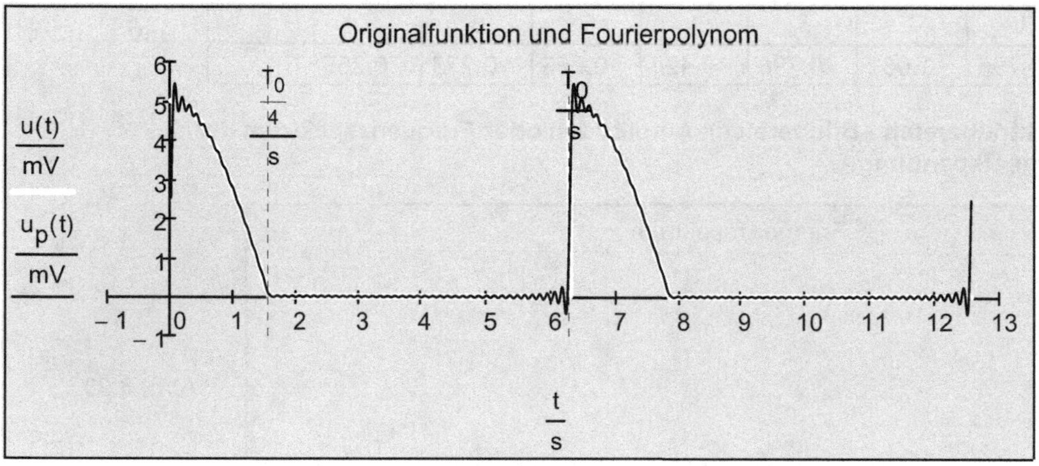

Abb. 3.25

Fourierreihe in der Amplituden-Phasenform:

$TOL = 1 \times 10^{-6}$ Die Toleranzschwelle muss hier niedriger gewählt werden, damit bei der Berechnung der Phasenlage keine zu hohen Ungenauigkeiten entstehen.

$n := 1 .. n_{max}$ Bereichsvariable

$\mathbf{U}_0 := \frac{\mathbf{a1}_0}{2}$

$\mathbf{U}_n := \sqrt{(\mathbf{a1}_n)^2 + (\mathbf{b1}_n)^2}$ Scheitelwerte

$\varphi_n := \begin{cases} 0 & \text{if } (\mathbf{a1}_n = 0) \wedge (\mathbf{b1}_n = 0) \\ \text{atan2}(\mathbf{b1}_n, \mathbf{a1}_n) & \text{otherwise} \end{cases}$ **Unterprogramm zur Berechnung der Phasenlagen**

Die Phasenlagen können auch über die komplexen Koeffizienten $\underline{c}_n$ und mithilfe eines Unterprogramms berechnet werden:

$\underline{c}_n = \frac{1}{2} \cdot (a_n - j \cdot b_n)$

$\varphi_n = \begin{cases} 0 & \text{if } |\underline{c}_n| < TOL \cdot mV \\ \arg(\underline{c}_n) + \frac{\pi}{2} & \text{otherwise} \end{cases}$

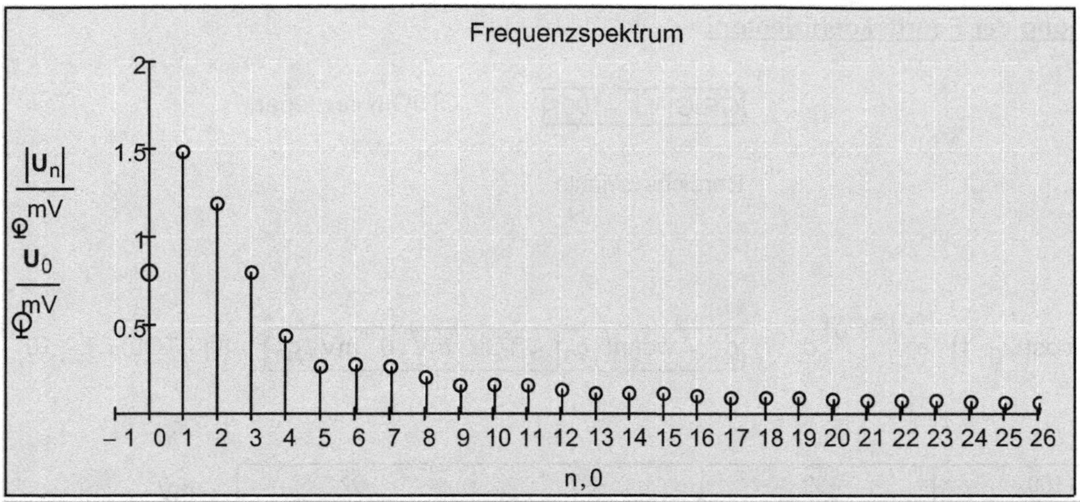

Abb. 3.26

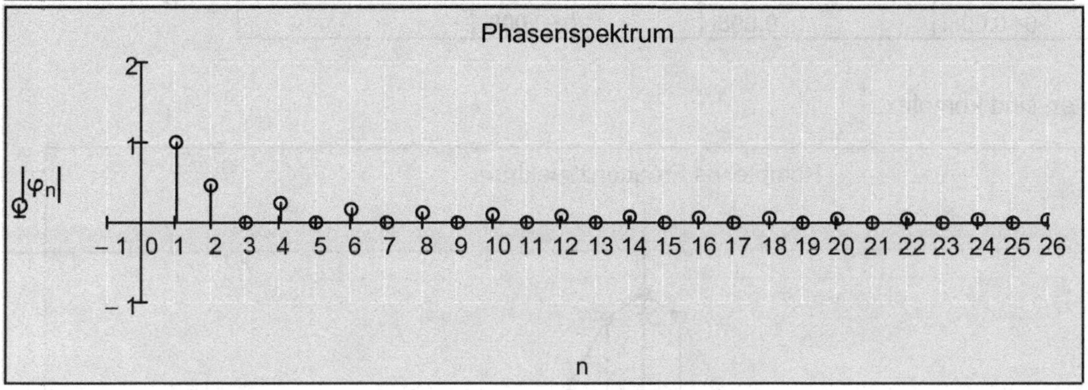

Abb. 3.27

$$u_p(t) := \mathbf{U_0} + \sum_{n=1}^{n_{max1}} \left(\mathbf{U_n} \cdot \sin\left(n \cdot \omega_0 \cdot t + \varphi_n\right)\right)$$

Fourierpolynom mit n_{max1} = 53 Gliedern

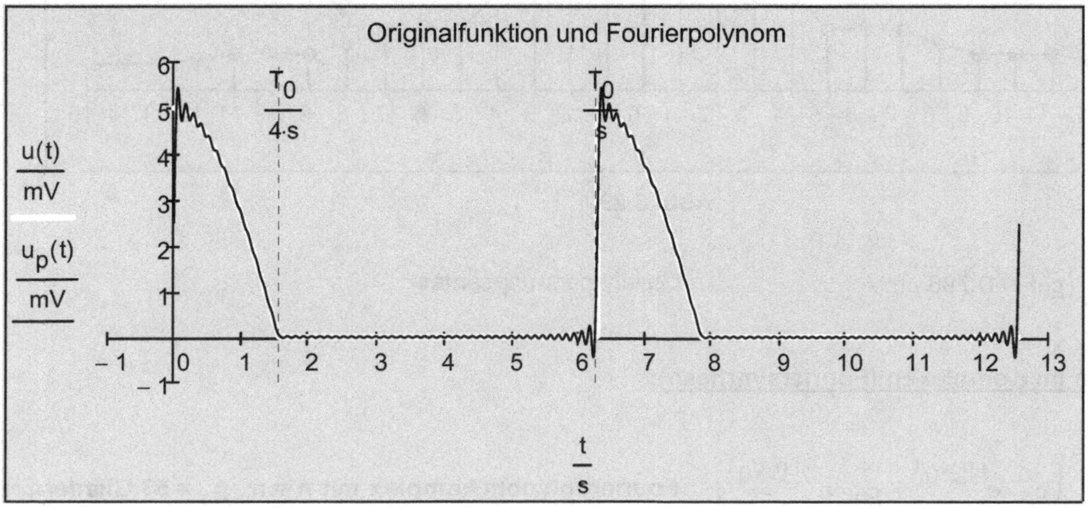

Abb. 3.28

Komplexe Berechnung der Fourierkoeffizienten:

$ORIGIN := -n_{max}$ $\quad$ $ORIGIN = -100$ $\quad$ ORIGIN festlegen

$n := -n_{max} .. n_{max}$ $\quad$ Bereichsvariable

$$\underline{c}_n := \frac{1}{T_0} \cdot \int_0^{\frac{T_0}{4}} \hat{U} \cdot \cos(\omega_0 \cdot t) \cdot e^{-j \cdot n \cdot \omega_0 \cdot t} \, dt \qquad \underline{c}_n := \text{wenn}\left(\left|\underline{c}_n\right| < TOL \cdot mV, 0 \cdot mV, \underline{c}_n\right) \quad \text{für} \quad TOL = 1 \times 10^{-6}$$

$\underline{c}^T =$

	-100	-99	-98	-97
-100	-0+0.008i	0.008i	0+0.008i	...

$\cdot mV$

Die Fourierkoeffizienten sind komplex.

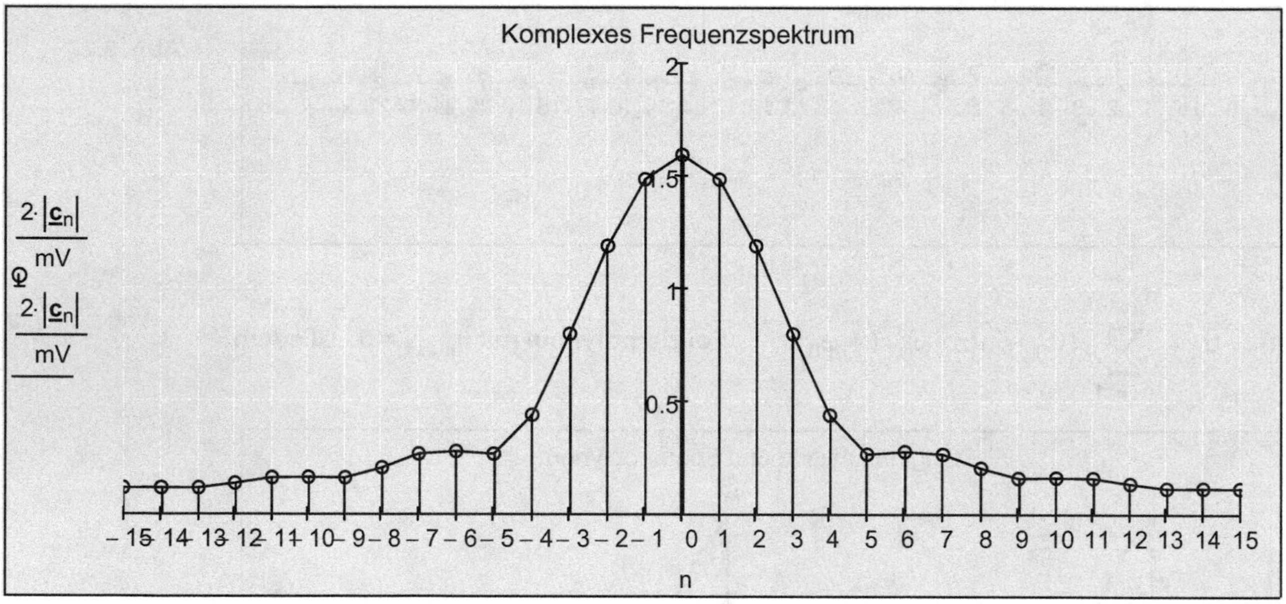

Abb. 3.29

$\mathbf{U_0 = \frac{a_0}{2} = c_0}$ $\quad$ $\left|\underline{c}_0\right| = 0.796 \cdot mV$ $\quad$ Gleichspannungsanteil

Rücktransformation im Komplexen (Fouriersynthese):

$$u_{p1}(t) := \underline{c}_0 + \sum_{n=1}^{n_{max1}} \left(\underline{c}_n \cdot e^{j \cdot n \cdot \omega_0 \cdot t} + \overline{\underline{c}_n} \cdot e^{-j \cdot n \cdot \omega_0 \cdot t}\right)$$

Fourierpolynom komplex mit n = n_{max1} = 53 Gliedern

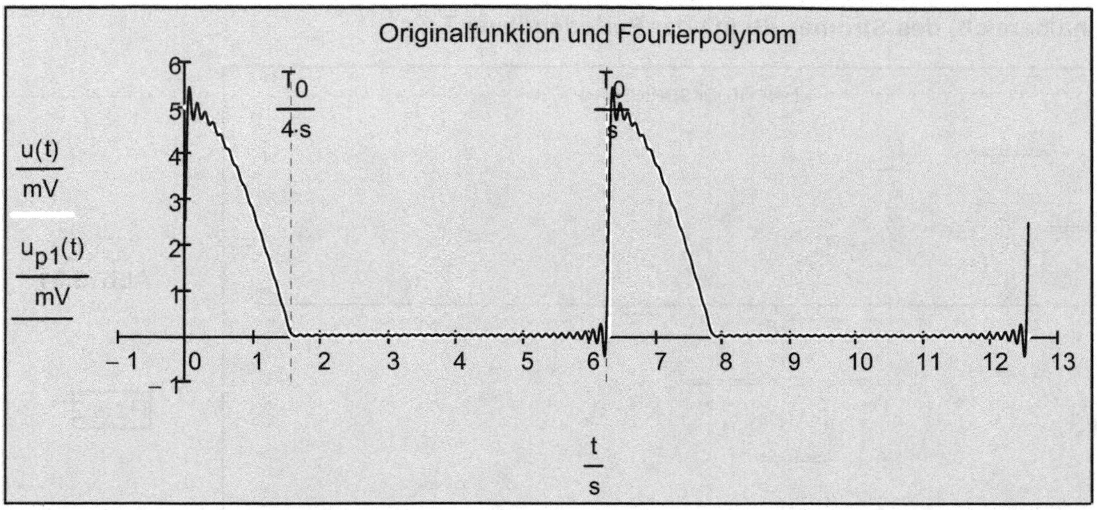

Abb. 3.30

Beispiel 3.5:

Es soll eine Fourieranalyse bzw. deren Rücktransformation für einen periodischen Rechteckstrom (z. B. "Ankerstrombelag einer Drehstromwicklung") mit der Amplitude Î = 10 A und der Periodendauer T_0 reell durchgeführt werden.

$ORIGIN := 0$ — Ursprung der induzierten Variable

$\omega_0 := 1 \cdot s^{-1}$ — gewählte Kreisfrequenz ($\omega_0 = 2\,\pi\,f_0$)

$T_0 := \frac{2 \cdot \pi}{\omega_0} \qquad T_0 \rightarrow 2 \cdot \pi \cdot s$ — Periodendauer

$\hat{I} := 10 \cdot A$ — Amplitude **Î wird mit <Alt> + 0206 (Zifferncode) erzeugt**

$t := 0 \cdot s, 0.01 \cdot s .. Pz \cdot T_0$ — Bereichsvariable (Pz wird neben der Grafik global als Periodenanzahl definiert).

$$i(t) := \begin{cases} \frac{\hat{I}}{2} & \text{if } 0 < t < \frac{T_0}{6} \vee \frac{T_0}{3} \le t < \frac{T_0}{2} \\ \hat{I} & \text{if } \frac{T_0}{6} \le t < \frac{T_0}{3} \\ -\frac{\hat{I}}{2} & \text{if } \frac{T_0}{2} \le t < \frac{2 \cdot T_0}{3} \vee \frac{5 \cdot T_0}{6} \le t < T_0 \\ -\hat{I} & \text{if } \frac{2 \cdot T_0}{3} \le t < \frac{5 \cdot T_0}{6} \end{cases}$$

Stromfunktion über eine Periode definiert

$$i_{per}(f, t, T_0) := f\left(t - T_0 \cdot \text{floor}\left(\frac{t}{T_0}\right)\right)$$

periodische Fortsetzung der Funktion

Zeitbereich (Originalbereich) des Stromes i(t) mit der Periodendauer T_0:

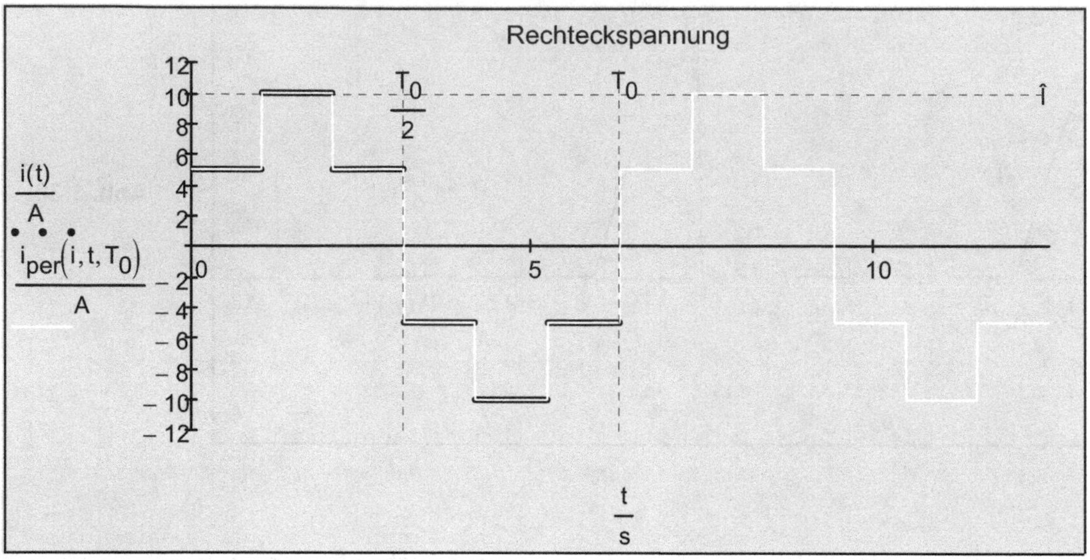

Abb. 3.31

Pz ≡ 2

Die Rechteckschwingung könnte auch noch über die Heavisidefunktion und in Grad definiert werden:

$$i_a(t) := \frac{\hat{I}}{2} + \frac{\hat{I}}{2} \cdot (\Phi(\omega_0 \cdot t - 60 \cdot Grad) - \Phi(\omega_0 \cdot t - 120 \cdot Grad))$$

$$i_b(t) := -\hat{I} \cdot \left(\Phi(\omega_0 \cdot t - 180 \cdot Grad) + \frac{1}{2} \cdot \Phi(\omega_0 \cdot t - 240 \cdot Grad)\right)$$ Teile der Gesamtschwingung

$$i_c(t) := \frac{\hat{I}}{2} \cdot (\Phi(\omega_0 \cdot t - 300 \cdot Grad) + \Phi(\omega_0 \cdot t - 360 \cdot Grad))$$

$i_1(t) := i_a(t) + i_b(t) + i_c(t)$ Gesamtschwingung

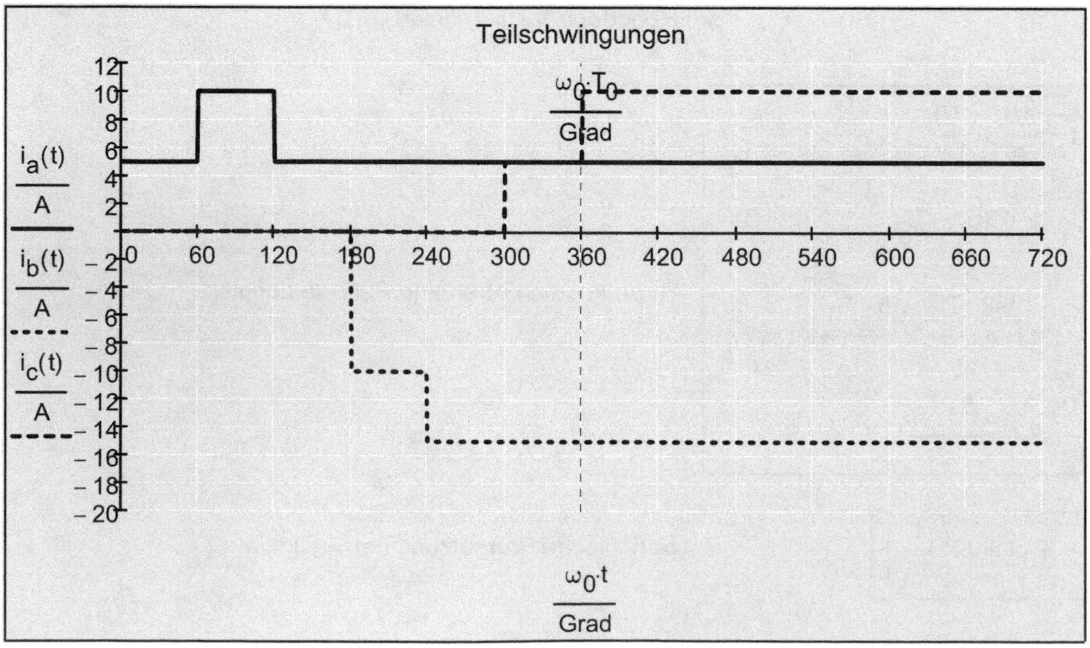

Abb. 3.32

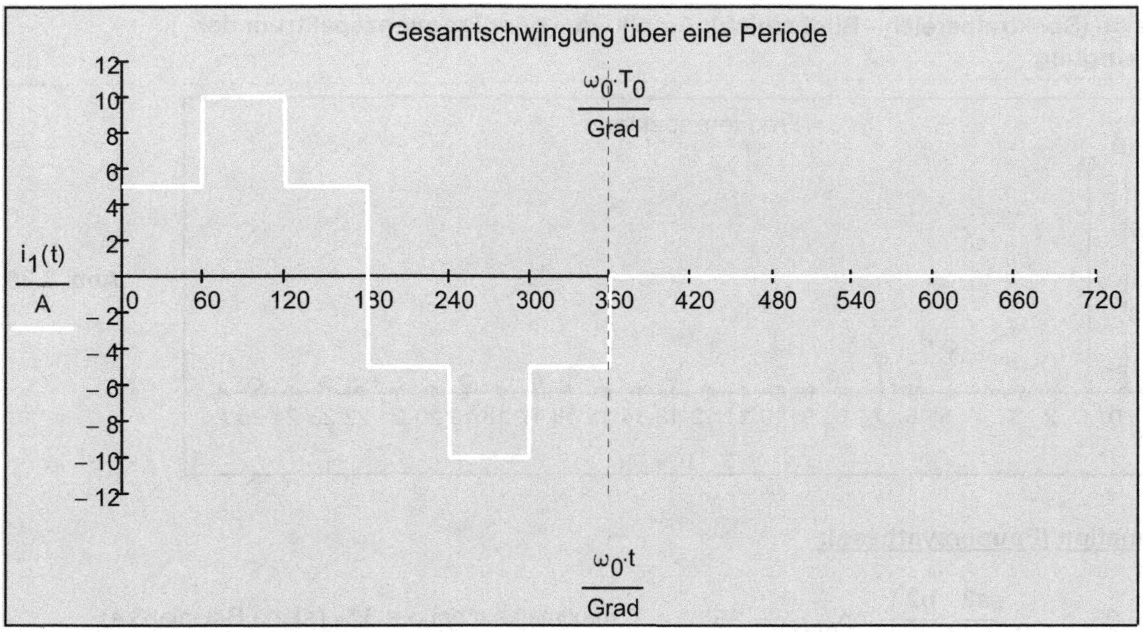

Abb. 3.33

$i_{1per}(f, t, \omega_0, T_0) := f(\mathrm{mod}(\omega_0 \cdot t, T_0) \cdot s)$ Die Funktion wird noch durch die mod-Funktion periodisch gemacht.

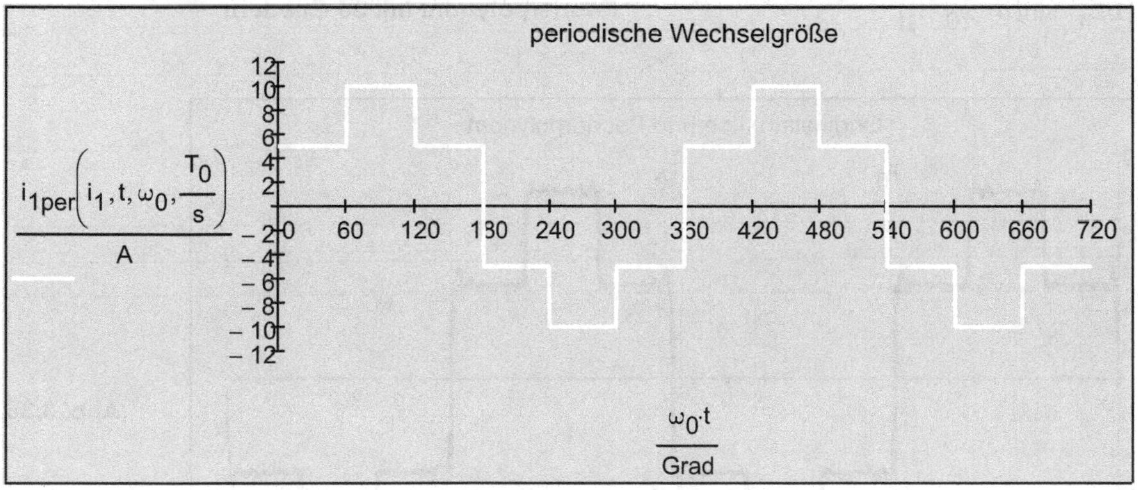

Abb. 3.34

Numerische Berechnung der reellen Fourierkoeffizienten:

$n_{max} := 100$ maximaler Wert der Bereichsvariable n

$n := 0..n_{max}$ Bereichsvariable

$\mathbf{a2}_n := 0 \cdot A$ **Wegen der Symmetrie (ungerade Funktion) gilt für alle $a_n = 0$ A.**

$$\mathbf{b2}_n := \frac{4}{T_0} \cdot \int_{0 \cdot s}^{\frac{T_0}{2}} i(t) \sin(n \cdot \omega_0 \cdot t)\, dt$$

$\mathbf{b2}_n := \mathrm{wenn}(|\mathbf{b2}_n| < TOL \cdot A, 0 \cdot A, \mathbf{b2}_n)$ mit $TOL = 1 \times 10^{-6}$

$\mathbf{b2}^T =$

	0	1	2	3	4	5	6	7	8
0	0	9.549	0	0	0	1.91	0	1.364	...

A

Frequenzbereich (Spektralbereich - Bildbereich): Amplituden oder Frequenzspektrum der Rechteckschwingung

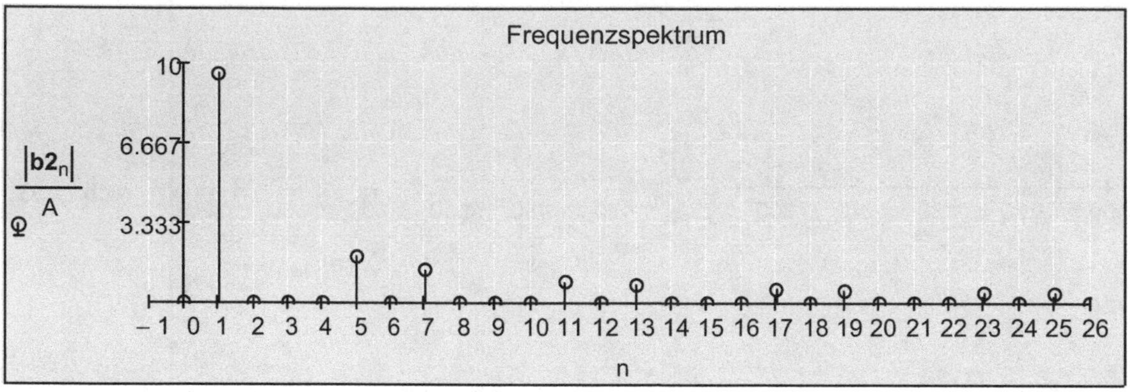

Abb. 3.35

Rücktransformation (Fouriersynthese):

$n_{max1} := n_p\left(0.03, n_{max}, \frac{\mathbf{a2}}{A}, \frac{\mathbf{b2}}{A}\right)$ $\quad n_{max1} = 35$ maximales n bei p = 3 % (siehe Beispiel 3.4)

$i_p(t) := \sum_{n=1}^{n_{max1}} \left(\mathbf{b2}_n \cdot \sin\left(n \cdot \omega_0 \cdot t\right)\right)$ **Fourierpolynom mit 35 Gliedern**

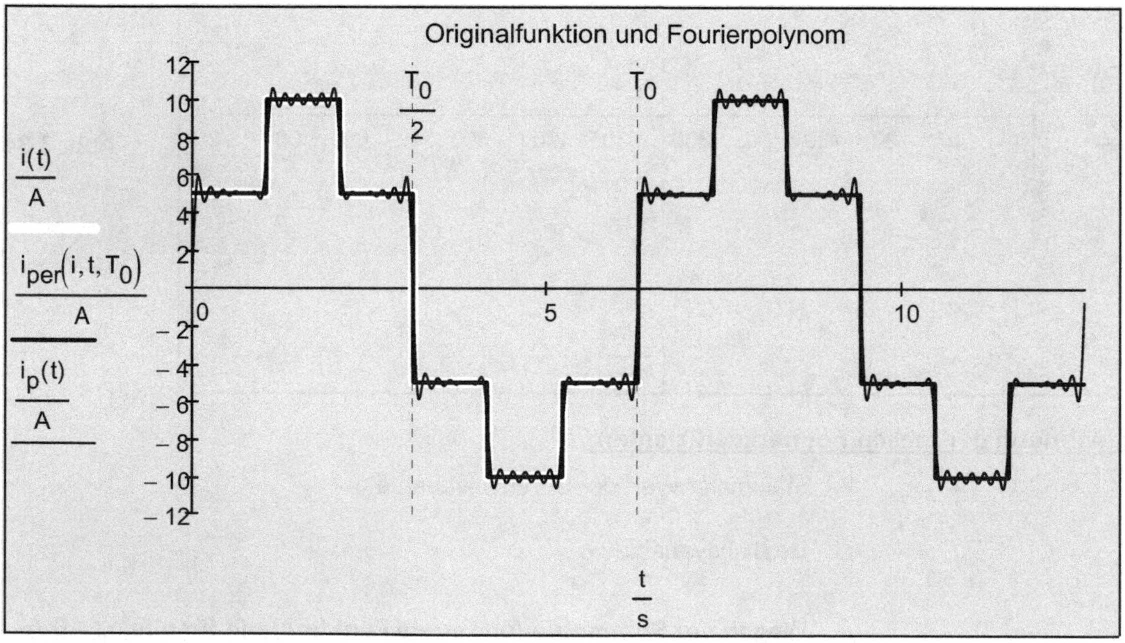

Abb. 3.36

Beispiel 3.6:

Für den gegebenen Filter soll die Übertragungsfunktion ermittelt und in einem Bode-Diagramm im Bereich $0.1\ \text{Hz} \le f \le 10\ \text{MHz}$ dargestellt und interpretiert werden. Stellen Sie auch noch die Nyquist-Ortskurve dar. Durch Fourieranalyse und Fouriersynthese soll dann noch die Antwort des Filters auf die gegebene periodische Eingangsspannung $u_e(t)$ berechnet und interpretiert werden.

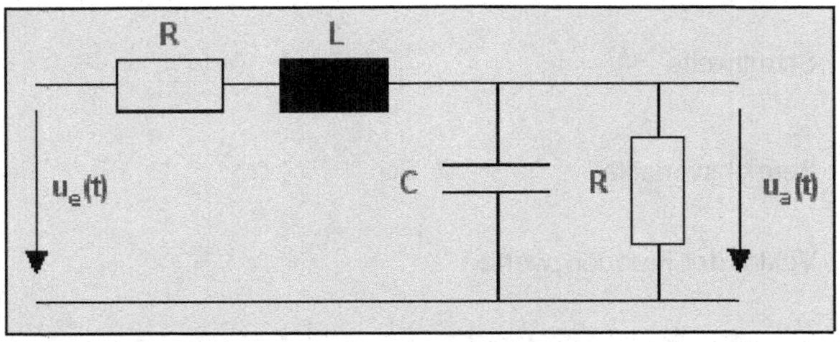

$R = 150 \cdot \Omega$ Ohm'scher Widerstand

$L = 30 \cdot mH$ Induktivität

$C = 20 \cdot \mu F$ Kapazität

$U_{max} = 5 \cdot V$ Amplitude der Eingangsspannung

$T_0 = \frac{2 \cdot \pi}{300} \cdot s$ Periodendauer

$$u_e(t) = \begin{cases} \frac{U_{max}}{\frac{T_0}{2}} \cdot t & \text{if} \quad t < \frac{T_0}{2} \\ 2 \cdot U_{max} - \frac{U_{max}}{\frac{T_0}{2}} \cdot t & \text{otherwise} \end{cases}$$

Abb. 3.37

Eingangsspannung

Übertragungsfunktion, Bode-Diagramm und Nyquist-Ortskurve:

$$\underline{Z_p}(\underline{Z_1}, \underline{Z_2}) := \frac{\underline{Z_1} \cdot \underline{Z_2}}{\underline{Z_1} + \underline{Z_2}}$$ Parallelschaltung der komplexen Widerstände

$$X_L(f, L) := j \cdot 2 \cdot \pi \cdot f \cdot L$$ induktiver Blindwiderstand

$$X_C(f, C) := \frac{1}{j \cdot 2 \cdot \pi \cdot f \cdot C}$$ kapazitiver Blindwiderstand

$$\underline{G}(f, R, L, C) := \frac{\underline{Z_p}(X_C(f, C), R)}{R + X_L(f, L) + \underline{Z_p}(X_C(f, C), R)}$$ Übertragungsfunktion (Auflösung nach Spannungsteilerregel)

$$\underline{G}(f, R, L, C) := \underline{G}(f, R, L, C) \text{ vereinfachen } \rightarrow -\frac{R \cdot j}{2 \cdot \left(\pi \cdot C \cdot R^2 \cdot f - R \cdot j + \pi \cdot L \cdot f + 2j \cdot \pi^2 \cdot C \cdot L \cdot R \cdot f^2\right)}$$

$$A_{dB}(f, R, L, C) := 20 \cdot \log\left(\left|\underline{G}(f, R, L, C)\right|\right)$$ Amplitudengang in dB

$$\varphi(f, R, L, C) := \arg(\underline{G}(f, R, L, C))$$ Phasengang

$dB := 1$ Einheitendefinition

$R := 150 \cdot \Omega$ Ohm'scher Widerstand

$L := 30 \cdot mH$ Induktivität

$C := 20 \cdot \mu F$ Kapazität

$f_{min} := 0.01 \cdot Hz$ unterste Frequenz

$f_{max} := 10 \cdot MHz$ oberste Frequenz

$N := 500$ Anzahl der Schritte

$$\Delta f := \frac{\log\left(\frac{f_{max}}{f_{min}}\right)}{N}$$ Schrittweite

$k := 0..N$ Bereichsvariable

$\mathbf{f}_k := f_{min} \cdot 10^{k \cdot \Delta f}$ Vektor der Frequenzwerte

Bode-Diagramm:

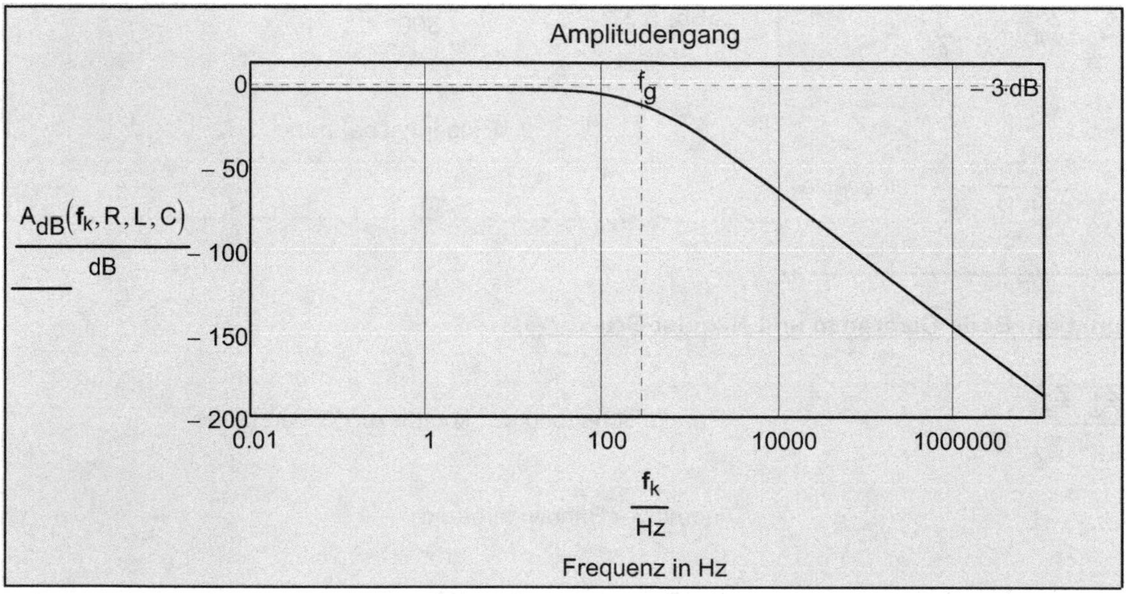

Abb. 3.38

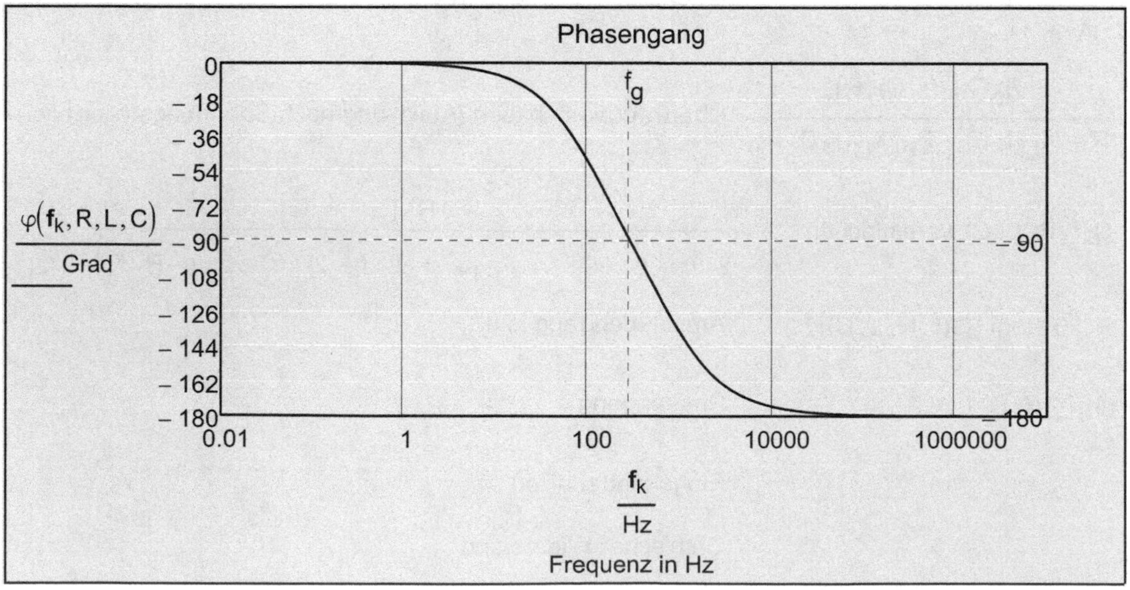

Abb. 3.39

Der Amplitudengang zeigt, dass es sich um einen Tiefpassfilter handelt. Niederfrequente Schwingungen werden bevorzugt durchgelassen und hochfrequente Schwingungen werden gesperrt.

Die -3dB-Grenze, die einer Dämpfung der Ausgangsspannung auf $1 / \sqrt{2} = 70.7 \cdot \%$ entspricht und üblicherweise zur Ermittlung der Grenzfrequenz herangezogen wird, wird hier stets unterschritten. Dies liegt natürlich daran, dass sich der Filter bei niedrigen Frequenzen (f gegen 0) als einfacher Spannungsteiler verhält (X_L hat einen besonders niedrigen und X_C einen besonders hohen Widerstand). Bei steigender Frequenz steigt X_L und sinkt X_C. Durch die beiden frequenzabhängigen Bauteile wird eine Filtersteilheit von ca. 40 dB pro Dekade erreicht. Die Phasendrehung beträgt 180°, weil es sich um einen Tiefpass 2. Ordnung handelt. Bei der Knickfrequenz ist die Phasendrehung -90°.

$\underline{\mathbf{G}}(0 \cdot Hz, R, L, C) = 0.5$ Die Übertragungsfunktion hat bei der Frequenz von 0 Hz den Wert 1/2.

$A_{dB}(0 \cdot Hz, R, L, C) = -6.021 \cdot dB$ dB-Grenze

$A_{dB}\left(10^4 \cdot Hz, R, L, C\right) - A_{dB}\left(10^5 \cdot Hz, R, L, C\right) = 39.976 \cdot dB$ Filtersteilheit pro Dekade

Berechnung der Knickfrequenz ($\varphi(f,R,L,C) = -\pi/2$):

$g(f) := \varphi(f, R, L, C) + \frac{\pi}{2}$ Funktionsdefinition

$f := 100 \cdot Hz$ Startwert für die Näherungslösung

$f_{g1} := \text{wurzel}\left(\varphi(f, R, L, C) + \frac{\pi}{2}, f\right)$ $f_{g1} = 290.576 \frac{1}{s}$ $f_g \equiv 290.576 \cdot Hz$ Knickfrequenz

Nyquist-Ortskurve (kartesische Darstellung):

$i := 0 .. 1$ Bereichsvariable

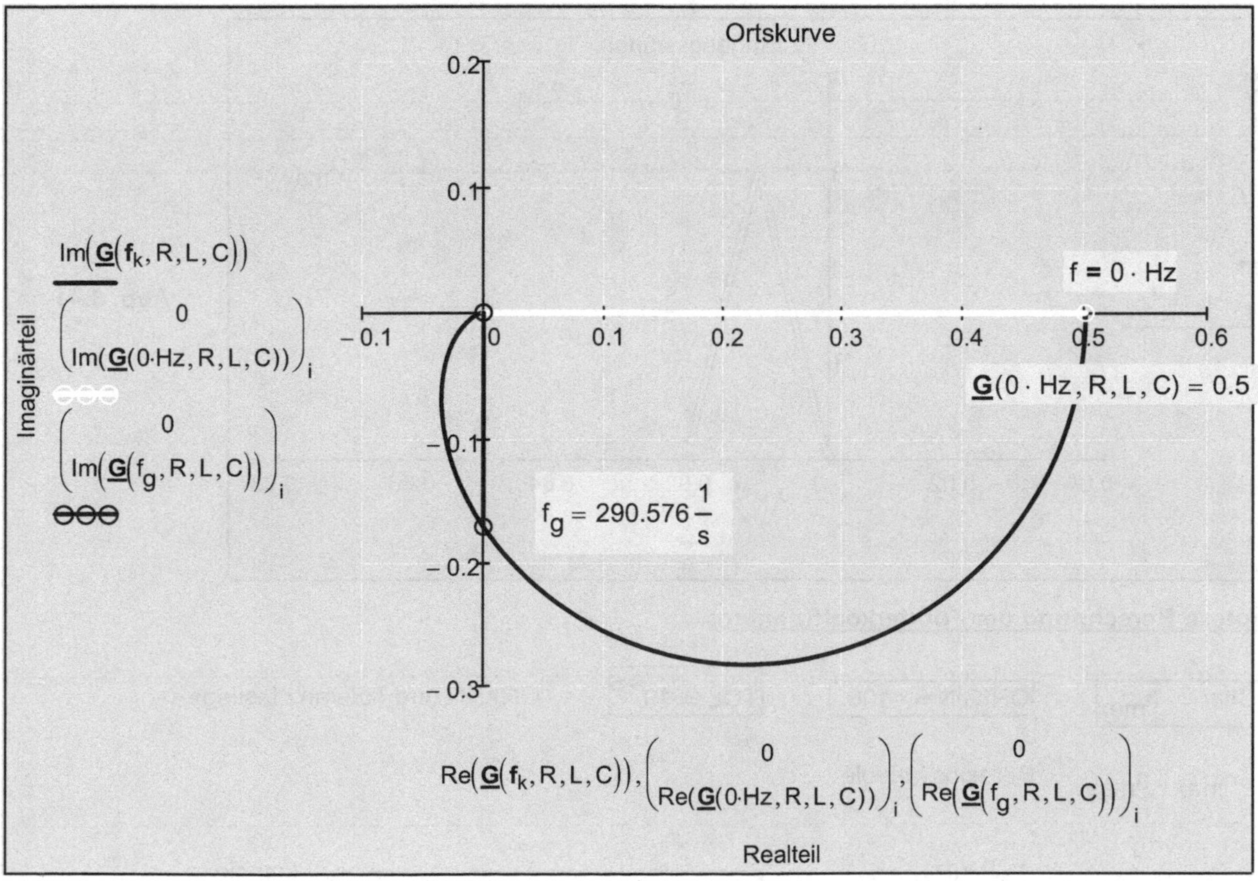

Abb. 3.40

Fourieranalyse und Fouriersynthese des Eingangssignals:

$T_0 := \frac{2 \cdot \pi}{300} \cdot s$ Periodendauer

$\omega_0 := \frac{2 \cdot \pi}{T_0}$ Kreisfrequenz

$U_{max} := 3 \cdot V$ Amplitude der Eingangsspannung

$$u_e(t) := \begin{cases} \frac{U_{max}}{\frac{T_0}{2}} \cdot t & \text{if } 0 \le t < \frac{T_0}{2} \\ 2 \cdot U_{max} - \frac{U_{max}}{\frac{T_0}{2}} \cdot t & \text{if } \frac{T_0}{2} \le t < T_0 \end{cases}$$

Eingangsspannung (Eingangssignal)

$u_{eper}(f, t, T_0) := f\left(t - T_0 \cdot \text{floor}\left(\frac{t}{T_0}\right)\right)$ periodische Fortsetzung der Funktion

$t := -T_0, -T_0 + \frac{T_0}{100} .. 3 \cdot T_0$

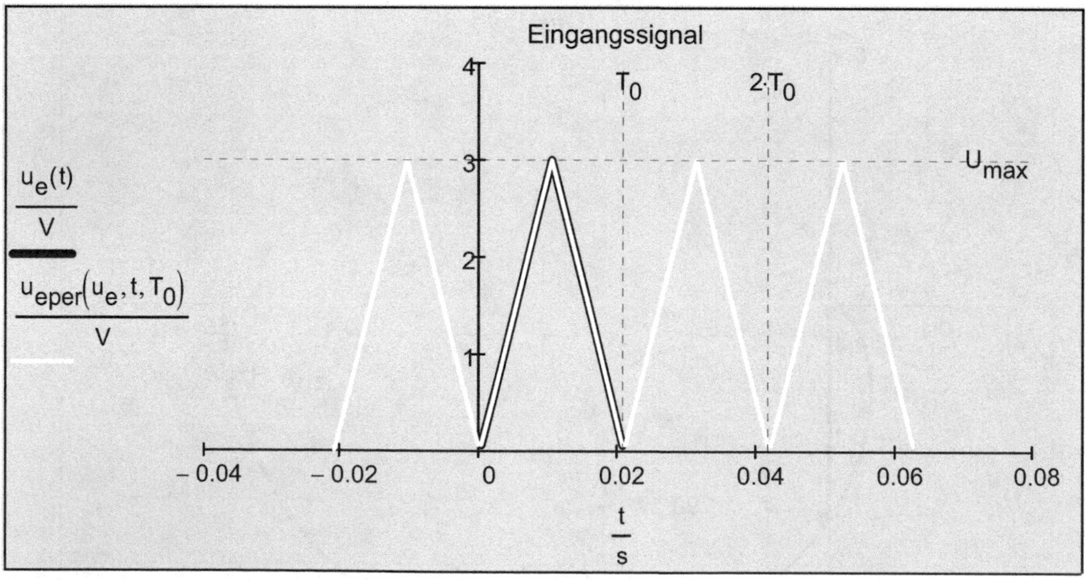

Abb. 3.41

Komplexe Berechnung der Fourierkoeffizienten:

$ORIGIN := -n_{max}$ $ORIGIN = -100$ $TOL := 10^{-6}$ ORIGIN und Toleranz festlegen

$n := -n_{max} .. n_{max}$ Bereichsvariable

$\underline{c}_n := \frac{1}{T_0} \cdot \int_0^{T_0} u_e(t) \cdot e^{-j \cdot n \cdot \omega_0 \cdot t} \, dt$ $\underline{c}_n := \text{wenn}\left(\left|\underline{c}_n\right| < TOL \cdot V, 0 \cdot V, \underline{c}_n\right)$ komplexe Fourierkoeffizienten

$\underline{c}^T =$

	-100	-99	-98	-97
-100	0	-0	0	...

$\cdot V$

Wegen der Symmetrie (gerade Funktion) sind die komplexen Fourierkoeffizienten reell.

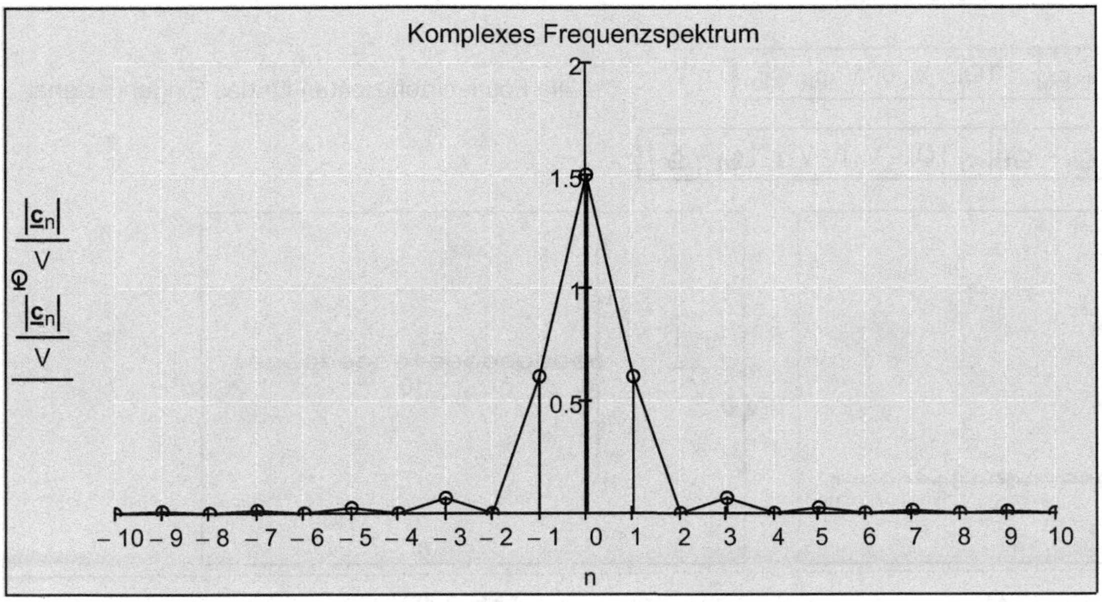

Abb. 3.42

$\mathbf{U_0 = \frac{a1_0}{2} = c_0}$ $\quad \left|\underline{c}_0\right| = 1.5 \cdot V$ Gleichspannungsanteil

Rücktransformation im Komplexen (Fouriersynthese):

$$u_{ep}(t) := \underline{c}_0 + \sum_{n=1}^{10} \left(\underline{c}_n \cdot e^{j \cdot n \cdot \omega_0 \cdot t} + \overline{\underline{c}_n} \cdot e^{-j \cdot n \cdot \omega_0 \cdot t} \right)$$

Fourierpolynom komplex mit n = 10 Gliedern

oder:

$$u_{ep}(t) = \sum_{n=-n_{max}}^{n_{max}} \left(\underline{c}_n \cdot e^{j \cdot n \cdot \omega_0 \cdot t} \right)$$

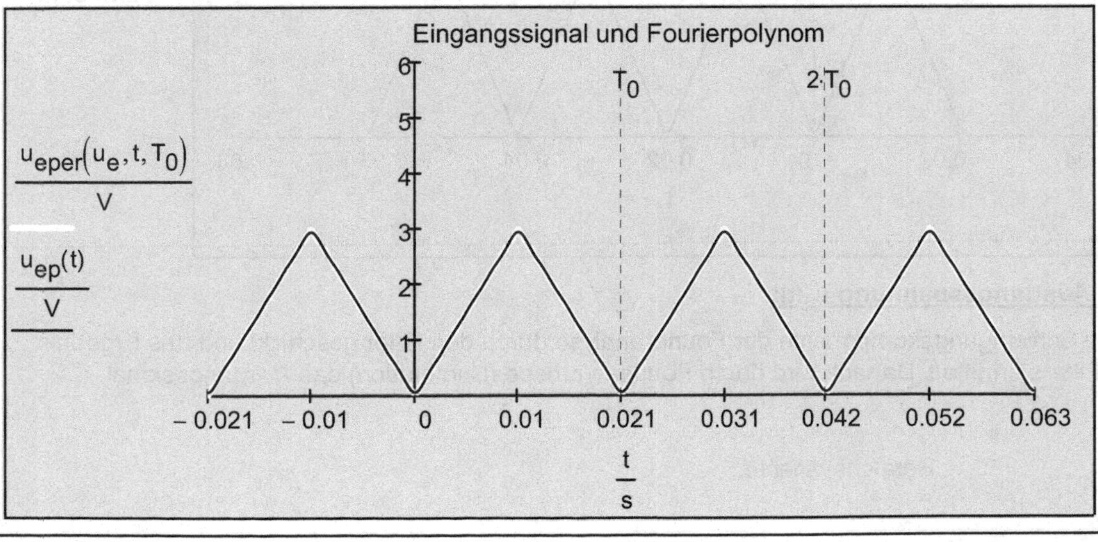

Abb. 3.43

Rücktransformation im Reellen (Fouriersynthese):

$\mathbf{U_0 = \frac{a1_0}{2} = c_0}$ $\quad$ $\mathbf{a1}_0 := 2 \cdot |\underline{c}_0|$ $\quad$ $\mathbf{a1}_0 = 3\,V$ $\quad$ doppelter Gleichspannungsanteil

$n := 0..20$ $\quad$ Bereichsvariable

$\mathbf{a1}_n := \text{wenn}\left(\left|\underline{c}_n + \overline{\underline{c}_n}\right| < TOL \cdot V, 0 \cdot V, \underline{c}_n + \overline{\underline{c}_n}\right)$

$\mathbf{b1}_n := \text{wenn}\left[\left|j \cdot \left(\underline{c}_n - \overline{\underline{c}_n}\right)\right| < TOL \cdot V, 0 \cdot V, j \cdot \left(\underline{c}_n - \overline{\underline{c}_n}\right)\right]$

reelle Fourierkoeffizienten für das Eingangssignal

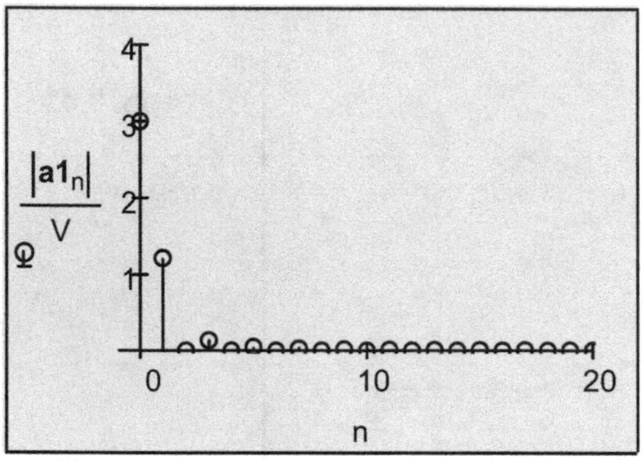

Abb. 3.44

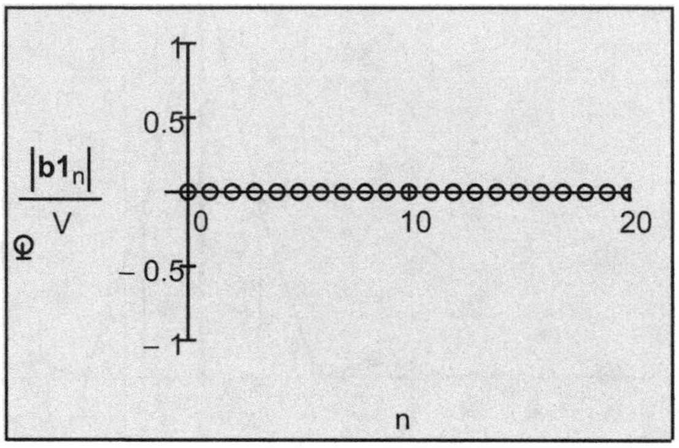

Abb. 3.45

Das Eingangssignal ist eine gerade Funktion, daher sind alle $\mathbf{b1}_n = 0$.

$$u_{ep}(t) := \frac{\mathbf{a1}_0}{2} + \sum_{n=1}^{10} \left(\mathbf{a1}_n \cdot \cos(n \cdot \omega_0 \cdot t)\right)$$ **Fourierpolynom mit 10 Gliedern**

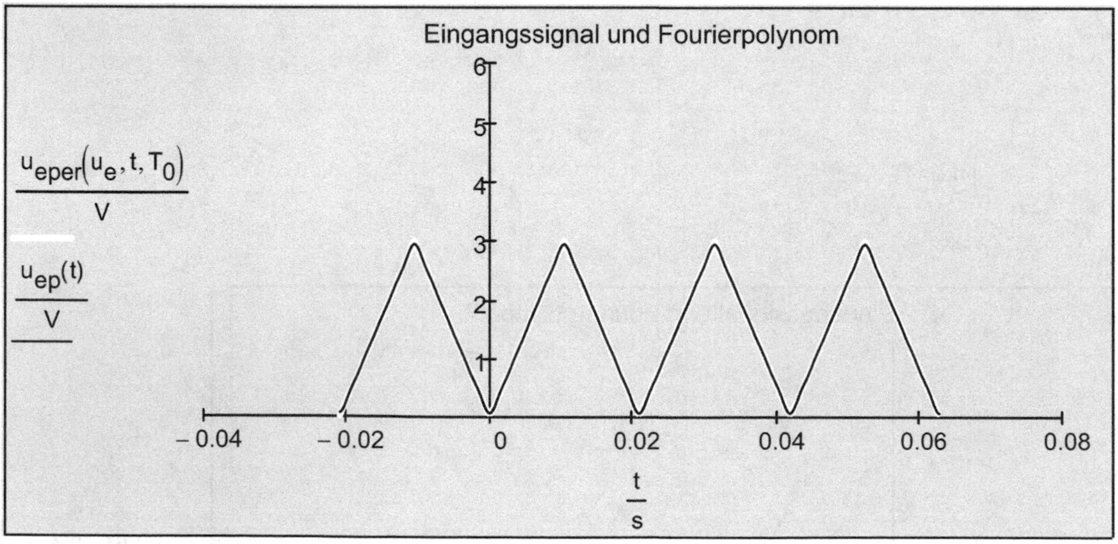

Abb. 3.46

Bestimmung der Ausgangsspannung $u_a(t)$:

Es wird zuerst jede Schwingungskomponente der Fourieranalyse durch den Filter geschickt und das Ergebnis am Ausgang des Filters ermittelt. Danach wird durch Fouriersynthese (Summation) das Ausgangssignal bestimmt.

$n := -n_{max} .. n_{max}$ $\quad$ Bereichsvariable

$f_0 := \frac{2 \cdot \pi}{T_0}$ Frequenz der Grundschwingung

$\underline{\mathbf{c1}}_n := \underline{\mathbf{c}}_n \cdot \underline{\mathbf{G}}(n \cdot f_0, R, L, C)$ komplexe Fourierkoeffizienten für das Ausgangssignal

$\mathbf{a_1}_n := 2 \cdot \mathrm{Re}(\underline{\mathbf{c1}}_n) \quad \mathbf{b_1}_n := -2 \cdot \mathrm{Im}(\underline{\mathbf{c1}}_n)$ reelle Fourierkoeffizienten für das Ausgangssignal

$\mathbf{a_1}_n := \mathrm{wenn}\left(\left|\mathbf{a_1}_n\right| < TOL \cdot V, 0 \cdot V, \mathbf{a_1}_n\right)$

$\mathbf{b_1}_n := \mathrm{wenn}\left(\left|\mathbf{b_1}_n\right| < TOL \cdot V, 0 \cdot V, \mathbf{b_1}_n\right)$

reelle Fourierkoeffizienten für das Ausgangssignal

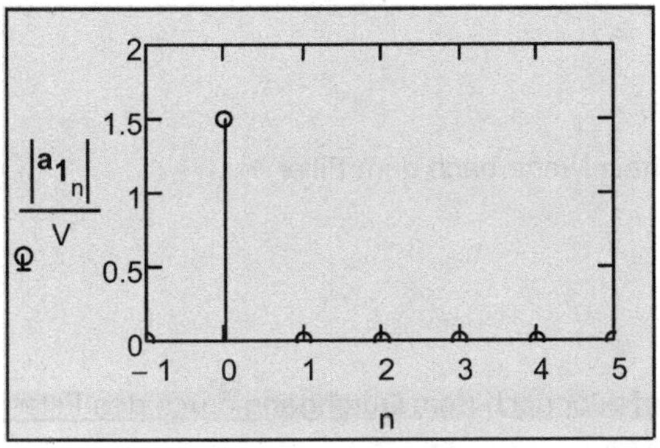

Abb. 3.47

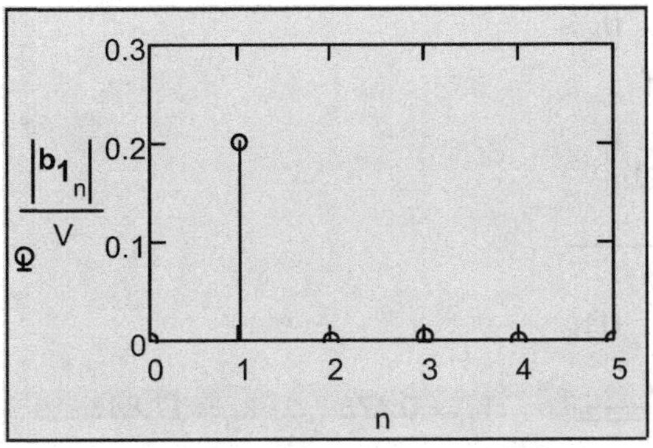

Abb. 3.48

$$u_{ap}(t) := \frac{\mathbf{a_1}_0}{2} + \sum_{n=1}^{2} \left(\mathbf{a_1}_n \cdot \cos(n \cdot \omega_0 \cdot t) + \mathbf{b_1}_n \cdot \sin(n \cdot \omega_0 \cdot t)\right)$$

Fourierpolynom des Ausgangssignals mit 2 Gliedern

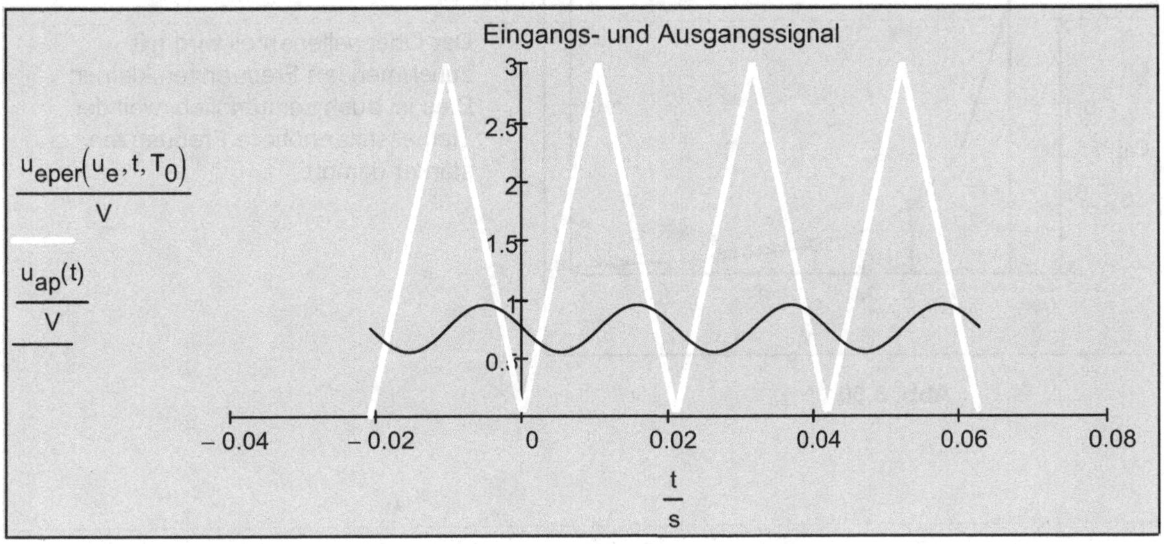

Abb. 3.49

Klirrfaktor:

$n := 1 .. n_{max}$ Bereichsvariable

$\mathbf{U}_n := 2 \cdot \left|\underline{\mathbf{c}}_n\right|$ Scheitelwerte vor dem Filter

$$k_v := \frac{\sqrt{\sum_{k=2}^{n_{max}} \mathbf{U}_k}}{\sqrt{\sum_{k=1}^{n_{max}} \mathbf{U}_k}} \qquad k_v = 0.431 \qquad k_v = 43.143 \cdot \%$$

Klirrfaktor vor dem Durchgang durch den Filter

$\mathbf{U1}_n := 2 \cdot \left|\underline{\mathbf{c1}}_n\right|$ Scheitelwerte nach dem Filter

$$k_n := \frac{\sqrt{\sum_{k=2}^{n_{max}} \mathbf{U1}_k}}{\sqrt{\sum_{k=1}^{n_{max}} \mathbf{U1}_k}} \qquad k_n = 0.178 \qquad k_n = 17.847 \cdot \%$$

Klirrfaktor nach dem Durchgang durch den Filter

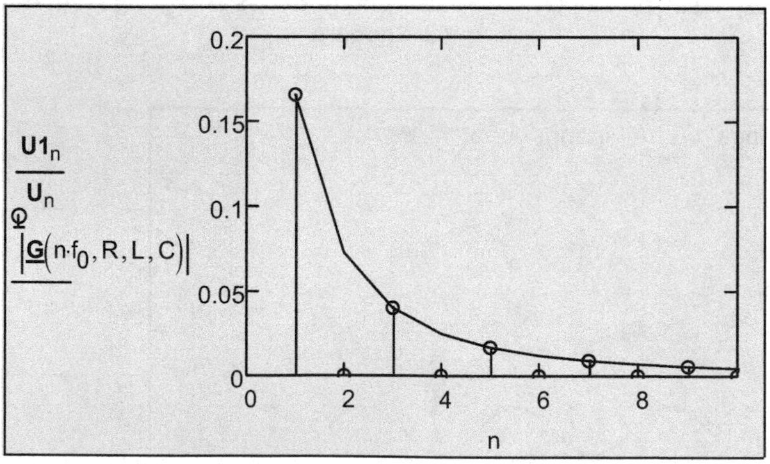

Abb. 3.50

Der Oberwellenanteil wird mit zunehmenden Frequenzen kleiner. Dies ist auch verständlich, weil der Tiefpassfilter höhere Frequenzen stärker dämpft.

Beispiel 3.7:

Einem Funktionsgenerator (FG) wird eine Sägezahnspannung entnommen und einem Lautsprecher zugeführt. Untersuchen Sie das physikalische Verhalten dieser Schaltung.

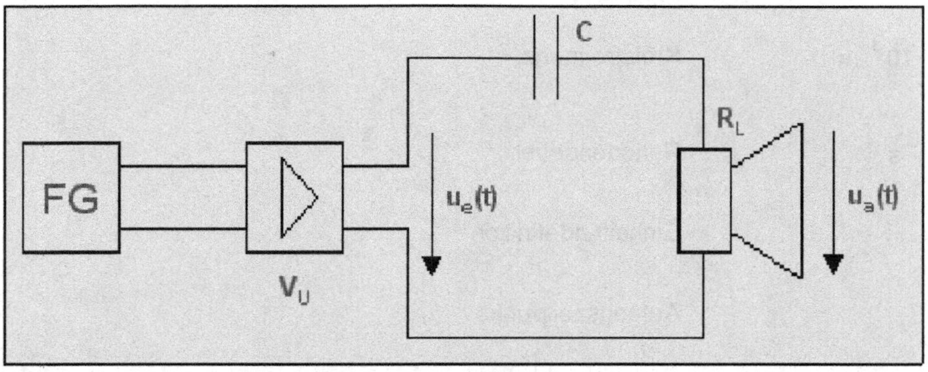

Abb. 3.51

Gegebene Daten:

$C = 22\ \mu F$
$R_L = 8\ \Omega$
$f_0 = 1\ kHz$
$U_{max} = 1\ V$
$V_U = 1$

$u_e(t)$ bedeutet die Eingangsspannung (Funktionsgeneratorspannung), U_{max} die Amplitude der Eingangsspannung, f_0 die Frequenz der Eingangsspannung, $u_a(t)$ die Spannung am Lautsprecher, C die Kapazität des Kondensators, R_L der Ohm'sche Widerstand des Lautsprechers und V_U die Spannungsverstärkung.
Die Eingangsspannung (Generatorspannung) ist gegeben durch:

$$u_e(t) = \begin{cases} \frac{2 \cdot U_{max}}{T_0} \cdot t & \text{if } \frac{-T_0}{2} \le t \le \frac{T_0}{2} \\ 0 & \text{otherwise} \end{cases}$$

Eingangsspannung (Generatorspannung) über eine Periode

$$u_{eper}(t) = \frac{2 \cdot U_{max}}{T_0} \cdot \left(t - T_0 - T_0 \cdot \text{floor}\left(\frac{t - \frac{T_0}{2}}{T_0} \right) \right)$$

periodische Fortsetzung der Eingangsspannung

a) Stellen Sie die Spannung des Funktionsgenerators grafisch dar.
b) Wie groß ist der Effektivwert der Generatorspannung?
c) Führen Sie für die Generatorspannung eine Fourieranalyse und Fouriersynthese (Fourierpolynom mit 30 Gliedern) durch und stellen Sie das Frequenzspektrum und das Fourierpolynom grafisch dar.
Wie groß ist der Klirrfaktor der Generatorspannung?
d) Die Funktionsgeneratorspannung wird an einen Leistungsverstärker mit der Spannungsverstärkung 1 gelegt, an dessen Ausgang über den Kondensator C ein Lautsprecher (ist als Ohm'scher Widerstand zu betrachten) angeschlossen ist. Berechnen Sie näherungsweise den Klirrfaktor der Lautsprecherspannung.

Effektivwertberechnung der Generatorspannung (symbolisch):

$U_{max} := U_{max}$ Redefinition

$$U_{Eff} = \sqrt{\frac{1}{T_0} \cdot \int_{\frac{-T_0}{2}}^{\frac{T_0}{2}} \left(\frac{2 \cdot U_{max}}{T_0} \cdot t \right)^2 dt} \ \Bigg| \begin{array}{l} \text{annehmen}, U_{max} > 0 \\ \text{vereinfachen} \end{array} \rightarrow U_{Eff} = \frac{\sqrt{3} \cdot U_{max}}{3}$$

Grafische Darstellung der Generatorspannung:

$U_{max} := 1 \cdot V$ — maximale Amplitude

$f_0 := 1 \cdot kHz$ — Frequenz

$\omega_0 := 2 \cdot \pi \cdot f_0 \qquad \omega_0 = 6.283 \times 10^3 \cdot s^{-1}$ — Kreisfrequenz

$T_0 := \frac{2 \cdot \pi}{\omega_0} \qquad T_0 = 1 \times 10^{-3} s$ — Periodendauer

$ms := 10^{-3} \cdot s$ — Einheitendefinition

$t_a := -6 \cdot ms$ — Anfangszeitpunkt

$t_e := 6 \cdot ms$ — Endzeitpunkt

$N := 800$ — Anzahl der Schritte

$\Delta t := \frac{t_e - t_a}{N}$ — Schrittweite

$t := t_a, t_a + \Delta t .. t_e$ — Bereichsvariable

$u_{eper}(t) := \frac{2 \cdot U_{max}}{T_0} \cdot \left(t - T_0 - T_0 \cdot \text{floor}\left(\frac{t - \frac{T_0}{2}}{T_0} \right) \right)$ — Generatorspannung mit periodischer Fortsetzung

$U_{Eff} := \frac{U_{max}}{\sqrt{3}} \qquad U_{Eff} = 0.577\,V$ — Effektivwert der Generatorspannung

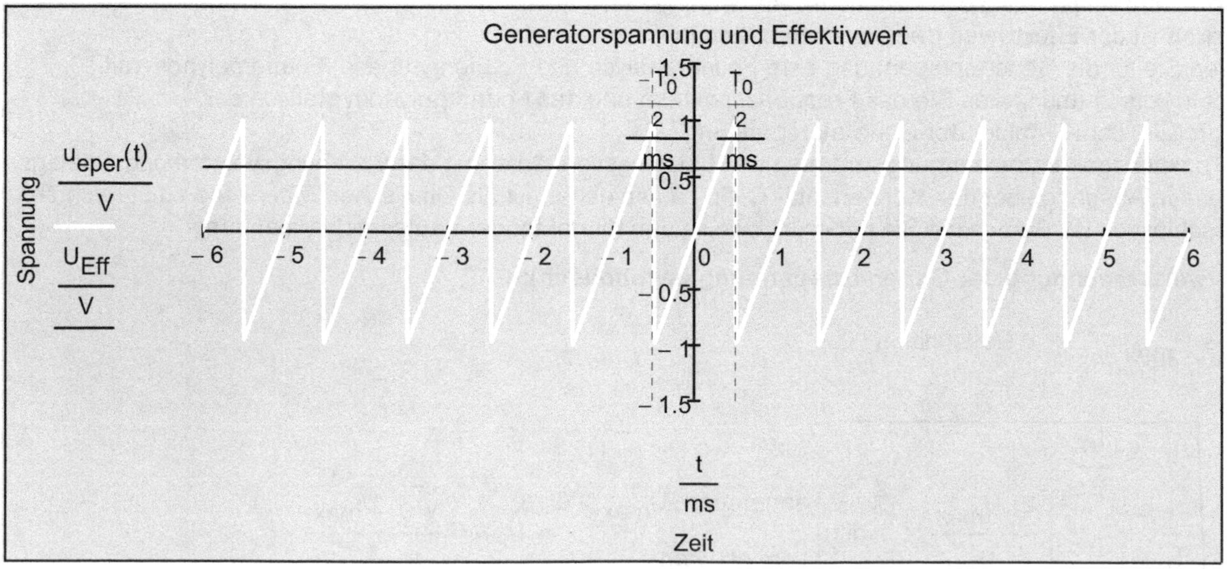

Abb. 3.52

Fourieranalyse und Fouriersynthese der Generatorspannung:

$$u_e(t) := \begin{vmatrix} \frac{2 \cdot U_{max}}{T_0} \cdot t \ \text{ if } \ \frac{-T_0}{2} \le t \le \frac{T_0}{2} \\ 0 \ \text{ otherwise} \end{vmatrix}$$ Generatorspannung über eine Periode

$ORIGIN := 1$ ORIGIN festlegen

$TOL := 10^{-6}$ numerische Toleranz festlegen

$n := 1..30$ Bereichsvariable

Die Koeffizienten $a1_n$ sind alle null. Die Generatorspannung ist eine ungerade Funktion (zentralsymmetrisch).

$$\mathbf{b1}_n := \frac{2}{T_0} \cdot \int_{\frac{-T_0}{2}}^{\frac{T_0}{2}} u_e(t) \cdot \sin(n \cdot \omega_0 \cdot t)\, dt \qquad \mathbf{b1}_n := \text{wenn}(|\mathbf{b1}_n| < TOL \cdot V, 0, \mathbf{b1}_n)$$ Fourierkoeffizienten $\mathbf{b1}_n$

$\mathbf{b1}^T =$

	1	2	3	4	5
1	0.637	-0.318	0.212	-0.159	...

V

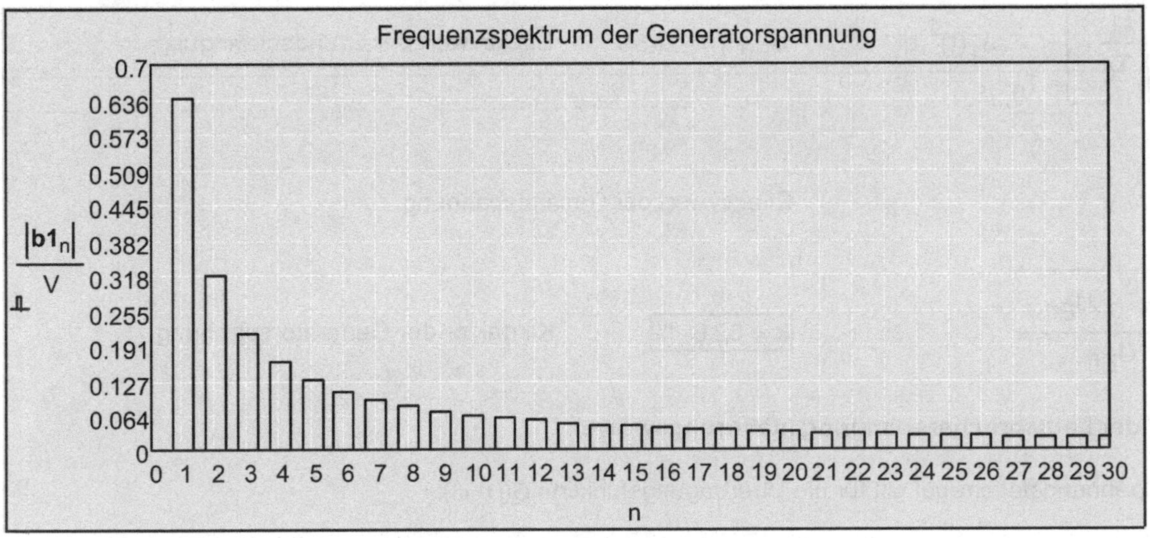

Abb. 3.53

Die Fouriersynthese aus 30 Gliedern (Rücktransformation) ergibt:

$$u_{ep}(t) := \sum_{n=1}^{30} \left(\mathbf{b1}_n \cdot \sin(n \cdot \omega_0 \cdot t)\right)$$ Fourierpolynom mit 30 Gliedern

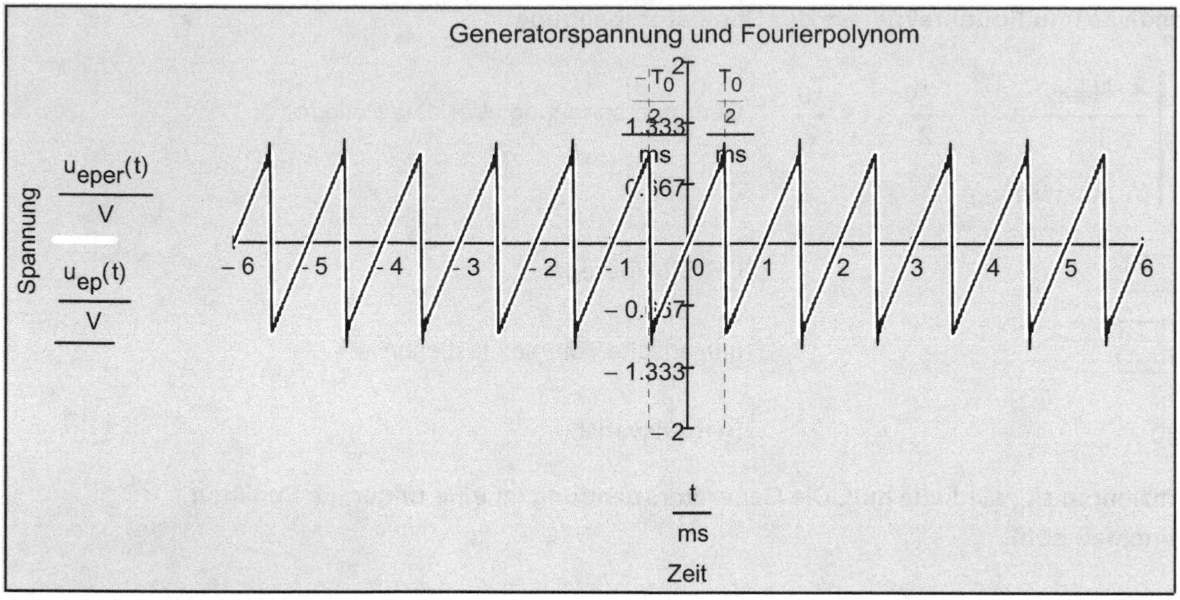

Abb. 3.54

Klirrfaktor der Generatorspannung:

$\mathbf{b1}_1 = 0.637\,V$ Amplitude der Grundschwingung

$u_1(t) := \mathbf{b1}_1 \cdot \sin(\omega_0 \cdot t)$ Grundschwingung

$$U_{Eff.1} := \sqrt{\frac{1}{T_0} \cdot \int_{\frac{-T_0}{2}}^{\frac{T_0}{2}} u_1(t)^2\,dt}$$ $U_{Eff.1} = 0.45\,V$ Effektivwert der Grundschwingung

$U_{Eff} = 0.577\,V$ Effektivwert der Gesamtspannung

$$k := \frac{\sqrt{U_{Eff}^2 - U_{Eff.1}^2}}{U_{Eff}}$$ $\boxed{k = 62.6 \cdot \%}$ Klirrfaktor der Generatorspannung

Klirrfaktor der Lautsprecherspannung (näherungsweise):

Nach der Spannungsteilerregel gilt für die Übertragungsfunktion $\underline{\mathbf{G}}(j\,n\,\omega)$:

$$\underline{\mathbf{G}}(j \cdot n \cdot \omega) = \frac{\underline{\mathbf{u_a}}(j \cdot n \cdot \omega)}{\underline{\mathbf{u_e}}(j \cdot n \cdot \omega)} = \frac{R_L}{R_L + \frac{1}{j \cdot n \cdot \omega \cdot C}} = \frac{j \cdot n \cdot \omega \cdot C \cdot R_L}{1 + j \cdot n \cdot \omega \cdot C \cdot R_L}$$ Übertragungsfunktion

Effektivwert der Spannung am Lautsprecher (mit Kondensator) = Amplitudengang.Effektivwert der Eingangsspannung:

$U_{a.Eff} = \left|\underline{\mathbf{G}}(j \cdot n \cdot \omega)\right| \cdot U_{e.Eff}$ Effektivwert der Spannungsamplituden am Lautsprecher

$C := 22 \cdot \mu F$ Kapazität des Kondensators

$R_L := 8 \cdot \Omega$ Ohm'scher Widerstand des Lautsprechers

$$A_n := \left| \frac{j \cdot n \cdot \omega_0 \cdot C \cdot R_L}{1 + j \cdot n \cdot \omega_0 \cdot C \cdot R_L} \right|$$ Amplitudengang

$A^T =$

	1	2	3	4	5	6	7	8	9
1	0.742	0.911	0.957	0.975	0.984	0.989	0.992	0.994	...

$$U_{eEff_n} := \frac{\left| b1_n \right|}{\sqrt{2}}$$ Effektivwert der Eingangsspannungsamplituden

$U_{eEff}^T =$

	1	2	3	4	5	6	7	8	9
1	0.45	0.225	0.15	0.113	0.09	0.075	0.064	0.056	...

V

$U_{aEff_n} := A_n \cdot U_{eEff_n}$ Effektivwert der Lautsprecherspannungsamplituden

$U_{aEff}^T =$

	1	2	3	4	5	6	7	8	9
1	0.334	0.205	0.144	0.11	0.089	0.074	0.064	0.056	...

V

$$k := \sqrt{\frac{\sum_{n=2}^{30} \left(U_{aEff_n}\right)^2}{\sum_{n=1}^{30} \left(U_{aEff_n}\right)^2}}$$

$k = 70.9 \cdot \%$ Klirrfaktor der Lautsprecherspannung (Ausgangsspannung)

3.1 Diskrete Fourier-Transformation (DFT) und inverse diskrete Transformation (IDFT)

Bei vielen technischen Problemen ist die Zeitfunktion nicht explizit bekannt. Die Messwerte können zum Beispiel aus einem Messdatenerfassungssystem (digitalen Speicher-KO) stammen. Oft ist es auch notwendig, ein analoges Signal zu digitalisieren. Dies wird z. B. bei einer CD-Aufnahme und anderen Analog-Digital-Umwandlungen genützt.
Für solche Fälle wurden numerische Verfahren entwickelt, die besonders einfach werden, wenn die Abstände zwischen den Messwerten konstant sind (äquidistant).
Wir haben es also mit periodischen Signalen y = f(t) (bzw. u(t), i(t) usw.) mit der Periode $T_0 = 2\pi/\omega_0$ zu tun, von denen wir in äquidistanten Abtastzeitpunkten $t_k = k\,\Delta t$ (k = 0, 1, 2, ..., N-1) die N aufgenommenen Abtastwerte $y_k = f(t_k)$ (bzw. u_k, i_k usw.) des Signals mit $N\,\Delta t = T_0$ kennen.

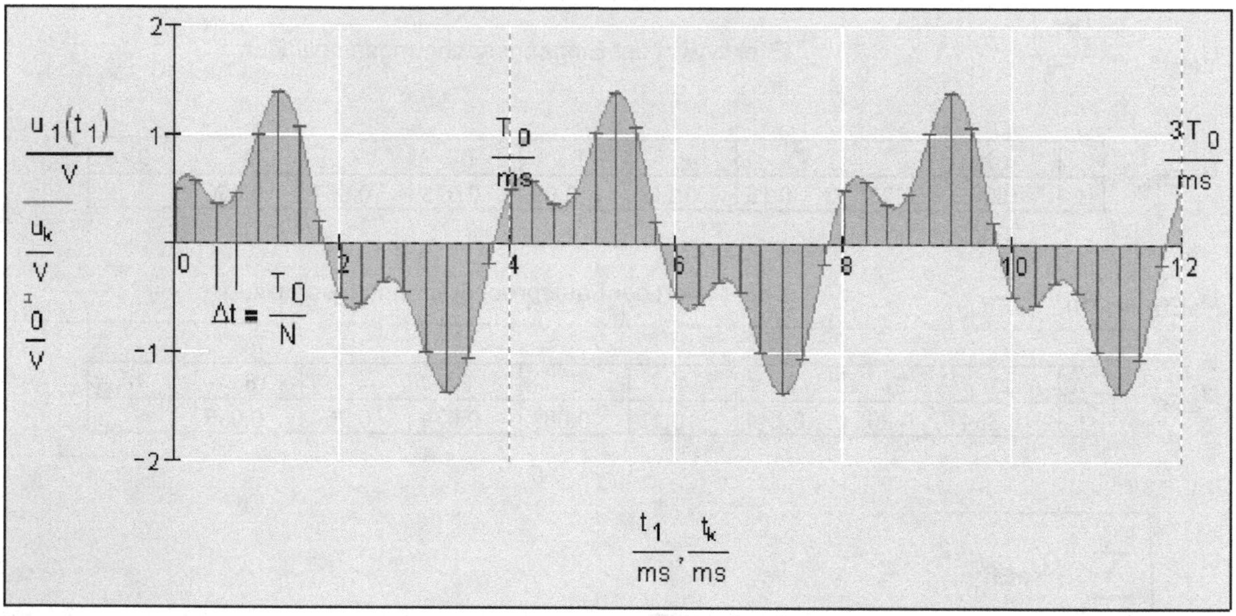

Abb. 3.55

Durch die N Punkte $(t_k \mid y_k)$ (bzw. $(t_k \mid u_k)$, $(t_k \mid i_k)$ usw.) mit $t_k = k\,\Delta t$ lässt sich nun eine periodische Funktion legen, die als Fourierpolynom (trigonometrisches Polynom) in reeller oder komplexer Form formuliert wird:

$$f(t) \approx f_p(t) = \frac{a_0}{2} + \sum_{n=1}^{M} \left(a_n \cdot \cos(n \cdot \omega_0 \cdot t) + b_n \cdot \sin(n \cdot \omega_0 \cdot t) \right) \quad (3\text{-}29)$$

$$f_p(t) = \underline{c}_0 + \sum_{n=1}^{M} \left(\underline{c}_n \cdot e^{j \cdot n \cdot \omega_0 \cdot t} + \overline{\underline{c}_n} \cdot e^{-j \cdot n \cdot \omega_0 \cdot t} \right) = \sum_{n=-M}^{M} \left(\underline{c}_n \cdot e^{j \cdot n \cdot \omega_0 \cdot t} \right) \quad (3\text{-}30)$$

Diese Aufgabe nennen wir Ausgleichsrechnung in diskreter Form (punktweise Approximation, diskrete Fehlerquadratmethode nach Gauß; siehe dazu auch Abschnitt 3.10, Band 3). Die noch frei wählbaren 2 M+1 Parameter (Koeffizienten) a_0, a_n, $b_n \in \mathbb{R}$ bzw. $c_k \in \mathbb{C}$ werden mithilfe einer Fehlergröße S festgelegt:

$$S = \sum_{k=0}^{N-1} \left(y_k - f_p(t_k) \right)^2 \Rightarrow \textbf{Minimum} \quad (3\text{-}31)$$

Dabei muss die Anzahl der Abtastwerte N größer sein als die zu bestimmenden Parameter, also N > 2 M+1 (oft beträgt in der Praxis dieser Unterschied eine Größenordnung N >> 2 M+1).
Aus dem Minimalprinzip ergeben sich dann die diskreten reellen Koeffizienten zu:

$$a_n = \frac{2}{N} \cdot \sum_{k=0}^{N-1} \left(y_k \cdot \cos(n \cdot \omega_0 \cdot t_k)\right) \quad \text{und} \quad b_n = \frac{2}{N} \cdot \sum_{k=0}^{N-1} \left(y_k \cdot \sin(n \cdot \omega_0 \cdot t_k)\right) \qquad (3\text{-}32)$$

Mit n = 0, 1, 2, ..., M. a_0 ergibt sich für n = 0 und $b_0 = 0$.

Setzen wir schließlich

$n \cdot \omega_0 \cdot t_k = n \cdot \frac{2 \cdot \pi}{T_0} \cdot k \cdot \Delta t = n \cdot \frac{2 \cdot \pi}{T_0} \cdot k \cdot \frac{T_0}{N} = 2 \cdot \pi \cdot \frac{k}{N} \cdot n$, **so erhalten wir die Darstellung**

$$a_n = \frac{2}{N} \cdot \sum_{k=0}^{N-1} \left(y_k \cdot \cos\left(2 \cdot \pi \cdot \frac{k}{N} \cdot n\right)\right) \qquad b_n = \frac{2}{N} \cdot \sum_{k=0}^{N-1} \left(y_k \cdot \sin\left(2 \cdot \pi \cdot \frac{k}{N} \cdot n\right)\right) \qquad (3\text{-}33)$$

Die diskreten komplexen Koeffizienten c_n ergeben sich aus:

$$\underline{c}_n = \frac{1}{2} \cdot (a_n - j \cdot b_n) \qquad (3\text{-}34)$$

$$\underline{c}_n = \frac{1}{2} \left[\frac{2}{N} \cdot \sum_{k=0}^{N-1} \left(y_k \cdot \cos(n \cdot \omega_0 \cdot t_k)\right) - j \cdot \frac{2}{N} \cdot \sum_{k=0}^{N-1} \left(y_k \cdot \sin(n \cdot \omega_0 \cdot t_k)\right) \right] \qquad (3\text{-}35)$$

Mit der Euler'schen Beziehung $e^{-j \cdot \varphi} = \cos(\varphi) - j \cdot \sin(\varphi)$ ergibt sich schließlich:

$$\underline{c}_n = \frac{1}{N} \cdot \sum_{k=0}^{N-1} \left(y_k \cdot e^{-j \cdot n \cdot \omega_0 \cdot t_k}\right) \qquad (3\text{-}36)$$

Setzen wir auch hier

$$n \cdot \omega_0 \cdot t_k = 2 \cdot \pi \cdot \frac{k}{N} \cdot n,$$

so erhalten wir für n = 0, 1, 2, ..., M, mit N ≥ 2 M+1, die komplexen Fourierkoeffizienten in der Darstellungsform:

$$\underline{c}_n = \frac{1}{N} \cdot \sum_{k=0}^{N-1} \left(y_k \cdot e^{-j \cdot 2 \cdot \pi \cdot \frac{k}{N} \cdot n}\right) \qquad (3\text{-}37)$$

Ist die Anzahl der Abtastwerte N = 2 M+1, so nimmt $f_p(t)$ (trigonometrisches Interpolationspolynom) an den Abtaststellen t_k die Abtastwerte y_k an.

Multiplizieren wir die Ungleichung $N \geq 2M+1$ mit f_0 ($\omega_0 = 2\pi f_0$), so ergibt sich:

$$N \cdot f_0 \geq (2 \cdot M + 1) \cdot f_0 \qquad \textbf{(3-38)}$$

Die Größe

$$f_A = N \cdot f_0 = \frac{N}{T_0} = \frac{N}{N \cdot \Delta t} = \frac{1}{\Delta t} \qquad \textbf{(3-39)}$$

ist die Anzahl, wie oft die Funktion f(t) pro Sekunde abgetastet wird, also die Abtastfrequenz.
Es muss also gelten:

$$f_A \geq (2 \cdot M + 1) \cdot f_0 \ \textbf{bzw.} \ f_A \geq 2 \cdot M \cdot f_0 + f_0 \qquad \textbf{(3-40)}$$

f_A ist aber die Frequenz der höchsten im Fourierpolynom vorkommenden Oberschwingung. Die Abtastfrequenz muss also mindestens gleich 2 M f_0+ f_0 sein. Dies ist eine Frequenz, die größer als das Doppelte der höchstens in der Funktion f(t) enthaltenen Frequenz ist. Diese Aussage wird, wie nachfolgend angegeben, in einem Satz der Digitaltechnik formuliert.

<u>Das Abtasttheorem (Sampling-Theorem) nach Shannon:</u>
Ein Zeitsignal kann aus (theoretisch unendlich vielen) äquidistant liegenden Abtastwerten dann exakt rekonstruiert werden, wenn die Abtastung mit einer Frequenz f_A erfolgt, die mehr als doppelt so groß ist (zweifache Bandweite) wie die höchste im Signal enthaltene Frequenz f_{max} (also $f_A > 2 f_{max}$).
Das Signal kann überabgetastet werden (oversampling), um eine gute Rekonstruktion des Signals zu erreichen. Wenn kleinere Abtastraten (Samplingraten) benutzt werden, dann werden Signalkomponenten höherer Frequenz mit Signalkomponenten niedriger Frequenz überlagert. Dieses Phänomen wird Aliasing genannt, welches die Informationen, die von einem Signal getragen werden, zerstört.

<u>Beispiel 3,8:</u>

Die mit T_0 = 4 ms periodische Wechselspannung u(t) soll während einer Periode N = 5 und N = 7 Mal abgetastet werden. Zu diesen Abtastwerten soll die Fourierreihe (Fourierpolynom) bis zur 2. Harmonischen (M = (N - 1)/2 = (5 - 1)/2 = 2) bzw. 3. Harmonischen (M = (N - 1)/2 = (7 - 1)/2 = 3) aufgestellt werden. Vergleichen Sie in einer Grafik die Originalfunktion, die Abtastwerte und das Fourierpolynom.

$ORIGIN := 0$ ORIGIN festlegen

$ms := 10^{-3} \cdot s$ Einheitendefinition

$U_{max} := 1 \cdot V$ Scheitelwert

$T_0 := 4 \cdot ms$ Periodendauer

$\omega_0 := \frac{2 \cdot \pi}{T_0}$ $\qquad \omega_0 = 1570.796 \cdot s^{-1}$ Kreisfrequenz

$f_0 := \frac{1}{T_0}$ $\qquad f_0 = 250 \frac{1}{s}$ Frequenz

$u(t) := U_{max} \cdot \sin\left(\frac{2 \cdot \pi}{T_0} \cdot t\right) + \frac{U_{max}}{2} \cdot \cos\left(3 \cdot \frac{2 \cdot \pi}{T_0} \cdot t\right)$ periodische Spannung

$N := N_a$ $\quad N = 5$ $\quad$ Anzahl der Abtastwerte

$\Delta t := \frac{T_0}{N}$ $\quad \Delta t = 0.8 \cdot ms$ $\quad$ Abtastschrittweite $\quad N \cdot \Delta t = 4 \cdot ms$

$k := 0 .. N-1$ $\quad$ Bereichsvariable

$\mathbf{t}_k := k \cdot \Delta t$ $\quad$ Abtastzeitpunkte

$\mathbf{t}^T =$ (· ms)

	0	1	2	3	4
0	0	0.8	1.6	2.4	3.2

$\mathbf{u}_k := u(\mathbf{t}_k)$ $\quad$ Abtastvektor

$\mathbf{u}^T =$ (V)

	0	1	2	3	4
0	0.5	0.547	0.742	-0.433	-1.356

$M := \frac{N-1}{2}$ $\quad M = 2$ $\quad 2 \cdot M + 1 = 5$

$n := 0 .. M$ $\quad$ Bereichsvariable

Fourieranalyse:

$$\mathbf{a1}_n := \frac{2}{N} \cdot \sum_{k=0}^{N-1} \left(\mathbf{u}_k \cdot \cos\left(2 \cdot \pi \cdot \frac{k}{N} \cdot n\right)\right)$$

$$\mathbf{b1}_n := \frac{2}{N} \cdot \sum_{k=0}^{N-1} \left(\mathbf{u}_k \cdot \sin\left(2 \cdot \pi \cdot \frac{k}{N} \cdot n\right)\right)$$

$\mathbf{a1}^T =$ (V)

	0	1	2	3	4
0	0	0	0.5	0	...

$\mathbf{b1}^T =$ (V)

	0	1	2	3	4
0	0	1	0	-0.159	...

Fouriersynthese:

$$u_p(t) := \frac{\mathbf{a1}_0}{2} + \sum_{n=1}^{M} \left(\mathbf{a1}_n \cdot \cos(n \cdot \omega_0 \cdot t) + \mathbf{b1}_n \cdot \sin(n \cdot \omega_0 \cdot t)\right)$$ Fourierpolynom

$t := 0 \cdot ms, 0.01 \cdot ms .. 3 \cdot T_0$ $\quad$ Bereichsvariable

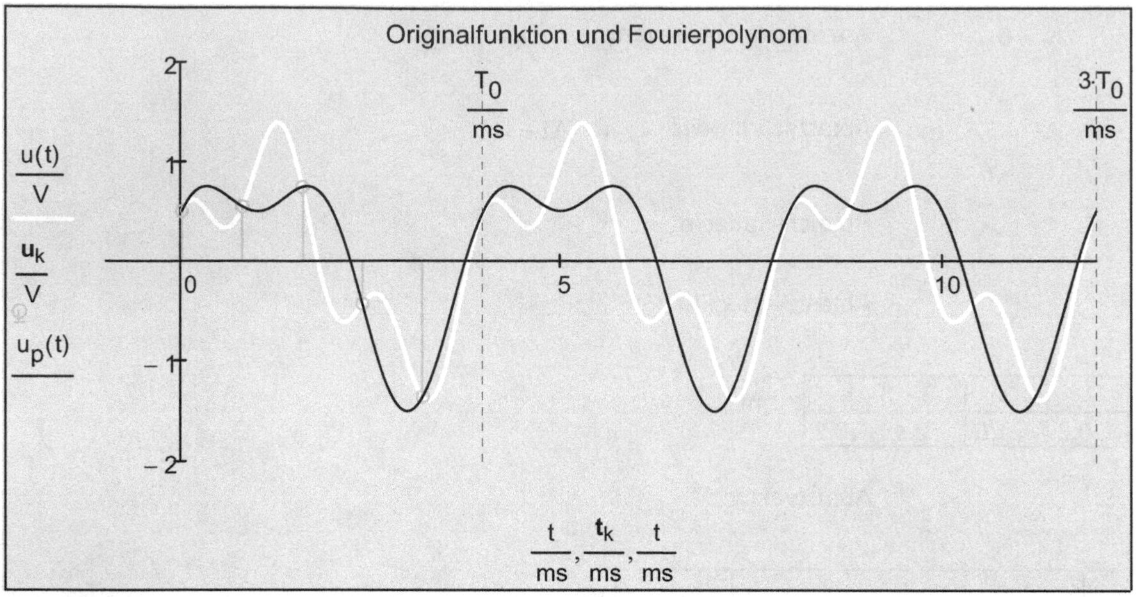

Abb. 3.56

$N_a \equiv 5$ **Hier kann global die Anzahl der Abtastwerte geändert werden (z. B. 7, 9 usw.)!**

$f_A := N \cdot f_0 \qquad f_A = 1250 \frac{1}{s}$ Abtastfrequenz

$f_{max} := 3 \cdot f_0 \qquad f_{max} = 750 \frac{1}{s}$ größte vorkommende Frequenz in der Wechselspannung

$(f_A > 2 \cdot f_{max}) = 0$ **Das Abtasttheorem nach Shannon ist in diesem Fall nicht erfüllt!**

Schnelle Fourier-Transformation (FFT- Fast-Fourier-Transform)

Die Berechnung der Näherungswerte für die Fourierkoeffizienten mit den oben angegebenen Näherungsformeln erfordert nicht nur an die N^2-Additionen, sondern, was auch zur erhöhten Rechenzeit beiträgt, N^2-Multiplikationen. In vielen Anwendungen ist aber N oft sehr groß, so dass selbst schnelle Rechner lange Rechenzeiten benötigen. 1965 wurde ein Algorithmus veröffentlicht, der nur noch eine Rechenzeit braucht, die proportional zu N $\log_2(N)$ ist. Dieser Algorithmus wurde als FFT bekannt. FFT hat seitdem viele Bereiche der Naturwissenschaft und Technik revolutioniert und ist eine gängige Methode zur numerischen Ermittlung des Frequenzspektrums von diskreten Daten.
Obwohl es zahlreiche Varianten von diesem Algorithmus gibt, bleibt jedoch der Grundgedanke, die N-Werte der Folge y_k in mehrere Teilfolgen zu zerlegen und diese dann getrennt zu transformieren.
Besonders wirksam ist dieser Algorithmus, wenn N eine Potenz von 2 ist.
Wenn N eine gerade Zahl ist, so folgt aus $2M+1 \le N$ die Forderung $M < N/2$ und daher $n < N/2$.
Ist der Vektor $y = (y_0, y_1, ..., y_{N-1})$ bekannt, so lässt sich mit der oben angeführten Näherungsformel der Vektor der Fourierkoeffizienten $\underline{c} = (\underline{c}_0, \underline{c}_1, ..., \underline{c}_{N-1})$ berechnen aus:

$$\underline{c}_n = \frac{1}{N} \cdot \sum_{k=0}^{N-1} \left(y_k \cdot e^{-j \cdot 2 \cdot \pi \cdot \frac{k}{N} \cdot n} \right), \; n = 0, 1, 2, ..., N-1 \qquad (3\text{-}41)$$

Es ist leicht zu erkennen, dass die oben angeführte Näherungsformel mit dieser übereinstimmt, wenn $n < N/2$ ist. Diese N-Gleichungen werden als diskrete Fourier-Transformation (DFT- Discrete Fourier Transform) der n-Werte y_k in die N-Werte $\underline{c}_n$ bezeichnet.
Ein wichtiges Anwendungsgebiet der DFT ist die Signalverarbeitung, z. B. Bildanalysen und Bildbearbeitung (Ultraschall-Scannern, Röntgenaufnahmen, Satellitenbildern usw.) und Spracherkennung, besonders bei verrauschten Signalen.

Umgekehrt können wir mit strukturgleichen Formeln aus dem gegebenen Vektor $\underline{c} = (\underline{c}_0, \underline{c}_1, ..., \underline{c}_{N-1})$ den Vektor $y = (y_0, y_1, ..., y_{N-1})$ bestimmen:

$$y_n = \frac{1}{N} \cdot \sum_{k=0}^{N-1} \left(\underline{c}_k \cdot e^{j \cdot 2 \cdot \pi \cdot \frac{k}{N} \cdot n} \right), \; n = 0, 1, 2, ..., N-1 \qquad (3\text{-}42)$$

Dieses Vorgehen heißt diskrete Fourier-Synthese (IDFT- Inverse Discrete Fourier Transform).
Ein wichtiges Anwendungsgebiete der IDFT-Analyse ist die Signalerzeugung (z. B. bei der Bild- und Sprachsynthese).

In Mathcad sind verschiedene Varianten der diskreten Fourier-Transformation vorgesehen (siehe Einführung in Mathcad, Band 1).
<u>Schnelle diskrete Fourier-Transformation für reelle Daten:</u>

Die Fast-Fourier-Transformierte FFT(y) liefert einen Vektor $\underline{c}_n$ mit $2^{m-1} + 1$ (m > 2) Elementen zurück:

$$\boxed{\underline{c} = \mathrm{FFT}(y)} \qquad \underline{c}_n = \frac{1}{N} \cdot \sum_{k=0}^{N-1} \left(y_k \cdot e^{-j \cdot 2 \cdot \pi \cdot \frac{k}{N} \cdot n} \right), \; n = 0, 1, 2, ..., N/2 \text{ mit } N \in \mathbb{N} \qquad (3\text{-}43)$$

N ist die Anzahl der reellen diskreten Daten (Messungen in regelmäßigen Abständen im Zeitbereich) des Vektors y, wobei dieser Vektor genau $2^m = N$ (m > 2) Daten enthalten muss.

Die Invers-Fast-Fourier-Transformierte IFFT($\underline{c}$) liefert einen Vektor y_n mit $2^{m-1} + 1$ (m > 2) Elementen zurück:

$$\boxed{y = \mathrm{IFFT}(\underline{c})} \qquad y_n = \sum_{k=0}^{N-1} \left(\underline{c}_k \cdot e^{j \cdot 2 \cdot \pi \cdot \frac{k}{N} \cdot n} \right), \; n = 0, 1, 2, ..., N/2 \text{ mit } N \in \mathbb{N} \qquad (3\text{-}44)$$

Die reellwertigen Fourierkoeffizienten a_n und b_n erhalten wir durch:

$$\boxed{a_n = 2 \cdot \mathrm{Re}(\underline{c}_n)} \text{ und } \boxed{b_n = -2 \cdot \mathrm{Im}(\underline{c}_n)} \qquad (3\text{-}45)$$

<u>Schnelle diskrete Fourier-Transformation für reelle und komplexe Daten (ein- und zweidimensional):</u>

Die Fast-Fourier-Transformierte CFFT(y) liefert einen Vektor (oder Matrix) $\underline{c}_n$ derselben Größe wie der als Argument übergebene Vektor y bzw. wie die als Argument übergebene Matrix zurück (das Ergebnis hat dieselbe Anzahl von Zeilen und Spalten wie der Vektor y):

$$\boxed{\underline{c} = \mathrm{CFFT}(y)} \qquad \underline{c}_n = \frac{1}{N} \cdot \sum_{k=0}^{N-1} \left(y_k \cdot e^{-j \cdot 2 \cdot \pi \cdot \frac{k}{N} \cdot n} \right), \; n = 0, 1, 2, ..., N-1 \text{ mit } N \in \mathbb{N} \qquad (3\text{-}46)$$

N ist die Anzahl der <u>reellen oder komplexen diskreten Daten</u> des Vektors (oder der Matrix) y mit <u>beliebiger Größe</u>.

Die Inverse-Fast-Fourier-Transformierte ICFFT(c) liefert einen Vektor (oder Matrix) y_n derselben Größe wie der als Argument übergebene Vektor c bzw. wie die als Argument übergebene Matrix zurück:

$$\boxed{y = \mathrm{ICFFT}(\underline{c})} \quad y_n = \sum_{k=0}^{N-1} \left(\underline{c}_k \cdot e^{j \cdot 2 \cdot \pi \cdot \frac{k}{N} \cdot n} \right), \; n = 0, 1, 2, ..., N-1 \text{ mit } N \in \mathbb{N} \qquad (3\text{-}47)$$

Die reellwertigen Fourierkoeffizienten a_n und b_n erhalten wir durch:

$$\boxed{a_n = 2 \cdot \mathrm{Re}(\underline{c}_n)} \text{ und } \boxed{b_n = -2 \cdot \mathrm{Im}(\underline{c}_n)} \text{ mit } n < N/2 \qquad (3\text{-}48)$$

Beispiel 3.9:

Ein periodisches Signal i(t) mit der Frequenz f_0 = 100 Hz soll während einer Periode N = 8, N = 16 und N = 32 Mal abgetastet werden. Zu diesen Abtastwerten soll mittels FFT das Frequenzspektrum ermittelt und grafisch dargestellt werden. Anschließend soll durch Fouriersynthese das Originalsignal wieder hergestellt und in einer Grafik mit der Originalfunktion verglichen werden.

$\mathrm{ORIGIN} := 0$ ORIGIN festlegen

$ms := 10^{-3} \cdot s$ Einheitendefinition

$I_{max} := 1 \cdot A$ Scheitelwert

$f_0 := 100 \cdot Hz \qquad f_0 = 100 \frac{1}{s}$ Frequenz

$T_0 := \frac{1}{f_0} \qquad T_0 = 10 \cdot ms$ Periodendauer

$\omega_0 := \frac{2 \cdot \pi}{T_0} \qquad \omega_0 = 628.319 \cdot s^{-1}$ Kreisfrequenz

$i(t) := I_{max} \cdot \sin(2 \cdot \omega_0 \cdot t) + \frac{I_{max}}{3} \cdot \cos(5 \cdot \omega_0 \cdot t) + \frac{I_{max}}{2} \cdot \cos(6 \cdot \omega_0 \cdot t)$ periodisches Signal

$m := m_1$ wird unten global definiert

$N := 2^m \qquad N = 16$ Anzahl der Abtastwerte

$\Delta t := \frac{T_0}{N} \qquad \Delta t = 0.625 \cdot ms$ Abtastschrittweite $\quad N \cdot \Delta t = 10 \cdot ms$

$k := 0 .. N - 1$ Bereichsvariable

$\mathbf{t}_k := k \cdot \Delta t$ Abtastzeitpunkte

$\mathbf{t}^T =$

	0	1	2	3	4	5	6	7	8
0	0	0.625	1.25	1.875	2.5	3.125	3.75	4.375	...

$\cdot\, ms$

$i_k := i(\mathbf{t}_k)$ Abtastvektor des Signals

$\mathbf{i}^T =$

	0	1	2	3	4	5
0	0.833	0.226	0.764	1.369	-0.5	...

A

$t := 0 \cdot ms, 0.01 \cdot ms .. 2 \cdot T_0$ Bereichsvariable

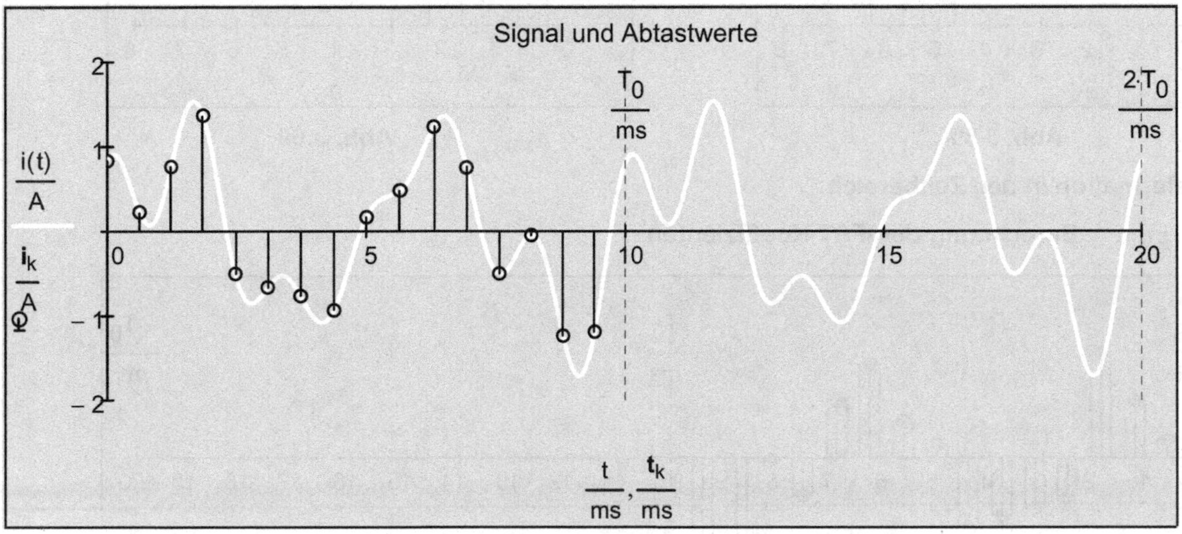

Abb. 3.57

Fourieranalyse und Frequenzspektrum:

$\underline{\mathbf{c}} := FFT(\mathbf{i})$ Fast-Fourier-Transformation

$n := 0 .. \frac{N}{2}$ Bereichsvariable

$TOL := 10^{-5}$ numerische Toleranz festlegen

$\underline{\mathbf{c}}_n := wenn(|\underline{\mathbf{c}}_n| < TOL \cdot A, 0 \cdot A, \underline{\mathbf{c}}_n)$ numerisches Rauschen rausfiltern

$\underline{\mathbf{c}}^T =$

	0	1	2	3	4	5	6	7	8
0	0	0	-0.5i	0	0	0.167	0.25	0	0

A

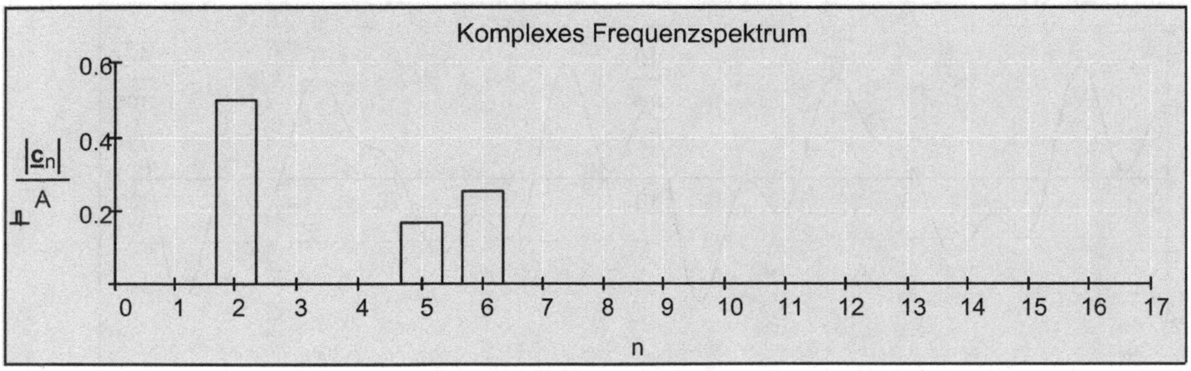

Abb. 3.58

$\mathbf{a1} := 2 \cdot Re(\underline{\mathbf{c}})$ $\mathbf{b1} := -2 \cdot Im(\underline{\mathbf{c}})$ **reellwertige Fourierkoeffizienten**

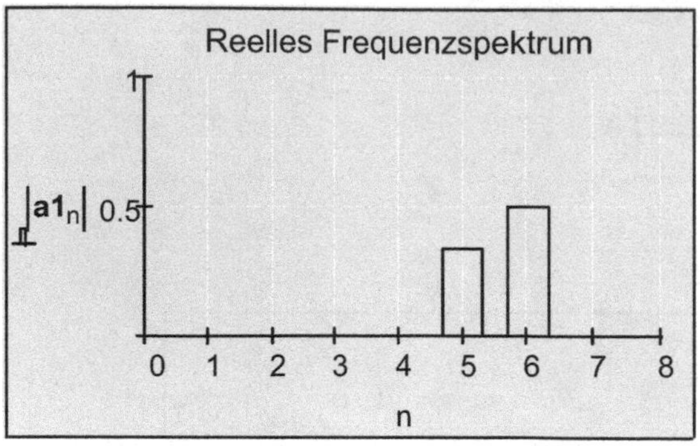

Abb. 3.59

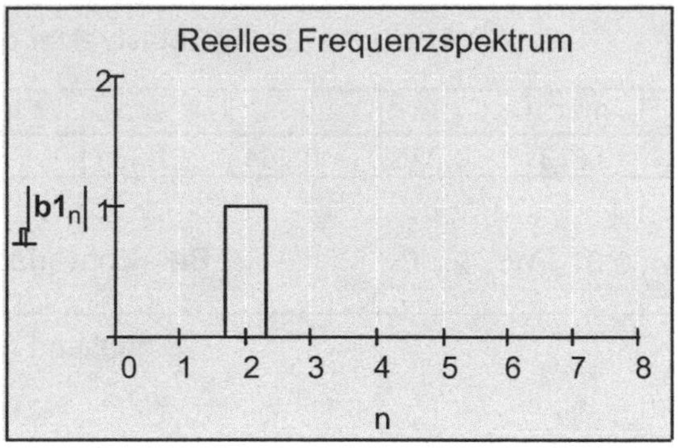

Abb. 3.60

Rücktransformation in den Zeitbereich:

$\mathbf{i1} := \mathrm{IFFT}(\underline{\mathbf{c}})$ **Berechnung der IFFT-Koeffizienten**

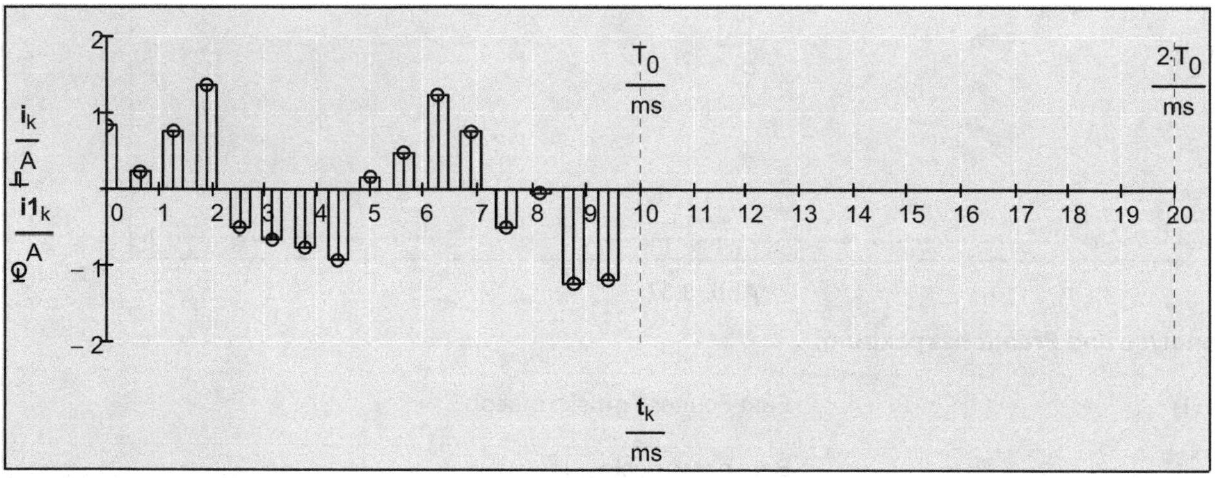

Abb. 3.61

$$i_p(t, n_{max}) := \underline{c}_0 + \sum_{n=1}^{n_{max}} \left(\underline{c}_n \cdot e^{j \cdot n \cdot \omega_0 \cdot t} + \overline{\underline{c}_n} \cdot e^{-j \cdot n \cdot \omega_0 \cdot t} \right)$$ Fourierpolynom in komplexer Darstellung

$$i_p(t, n_{max}) = \underline{c}_0 + \sum_{n=1}^{n_{max}} \left(2 \cdot \mathrm{Re}(\underline{c}_n) \cdot \cos(n \cdot \omega_0 \cdot t) - 2 \cdot \mathrm{Im}(\underline{c}_n) \cdot \sin(n \cdot \omega_0 \cdot t) \right)$$ Fourierpolynom in reeller Darstellung

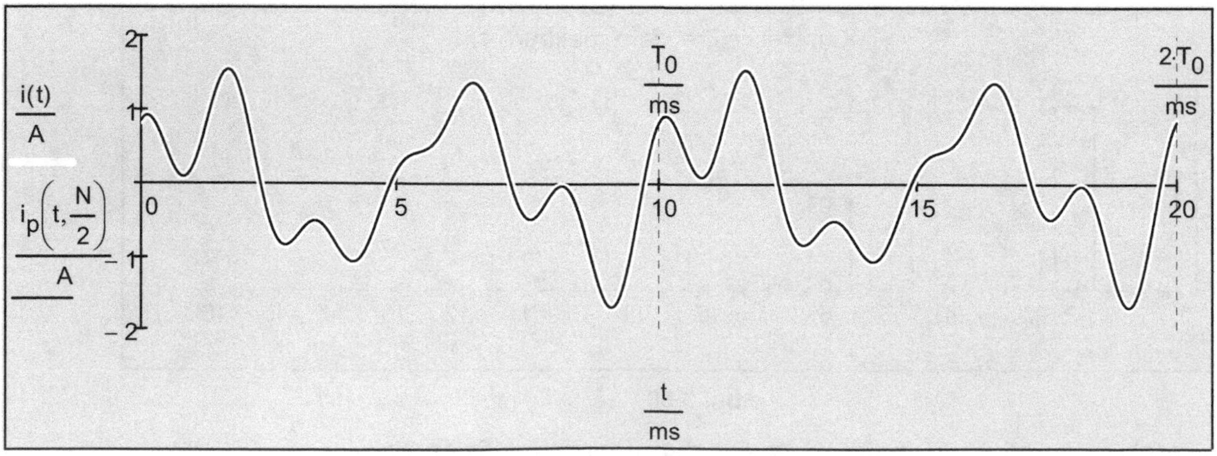

Abb. 3.62

$m_1 \equiv 4$ $\quad N = 16$ **Vergleiche m_1 = 3 und 5**

$f_A := N \cdot f_0$ $\quad f_A = 1600 \frac{1}{s}$ Abtastfrequenz

$f_{max} := 6 \cdot f_0$ $\quad f_{max} = 600 \frac{1}{s}$ größte vorkommende Frequenz im Signal

$(f_A > 2 \cdot f_{max}) = 1$ **Das Abtasttheorem nach Shannon ist in diesem Fall erfüllt.**

Beispiel 3.10:

Von einem mit Rauschanteilen überlagerten Signal soll das Frequenzspektrum hergestellt werden, das überlagerte Signal gefiltert (die Rauschanteile unterdrückt) und das Originalsignal wiederhergestellt werden.

$ORIGIN := 0$ ORIGIN festlegen

$ms := 10^{-3} \cdot s$ Einheitendefinition

$A_{max} := 1 \cdot mm$ Scheitelwert

$f_0 := 1 \cdot kHz$ $\quad f_0 = 1000 \cdot Hz$ Frequenz

$T_0 := \frac{1}{f_0}$ $\quad T_0 = 1 \cdot ms$ Periodendauer

$\omega_0 := \frac{2 \cdot \pi}{T_0}$ $\quad \omega_0 = 6283.185 \cdot s^{-1}$ Kreisfrequenz

$N := 127$ ungerade Anzahl von Abtastwerten

$k := 0 .. N - 1$ Bereichsvariable

$\mathbf{t}_k := \frac{T_0}{N} \cdot k$ Abtastwerte

$\mathbf{y}_k := A_{max} \cdot \sin(5 \cdot \omega_0 \cdot \mathbf{t}_k) + \frac{A_{max}}{2} \cdot \cos(9 \cdot \omega_0 \cdot \mathbf{t}_k)$ periodisches digitales Signal

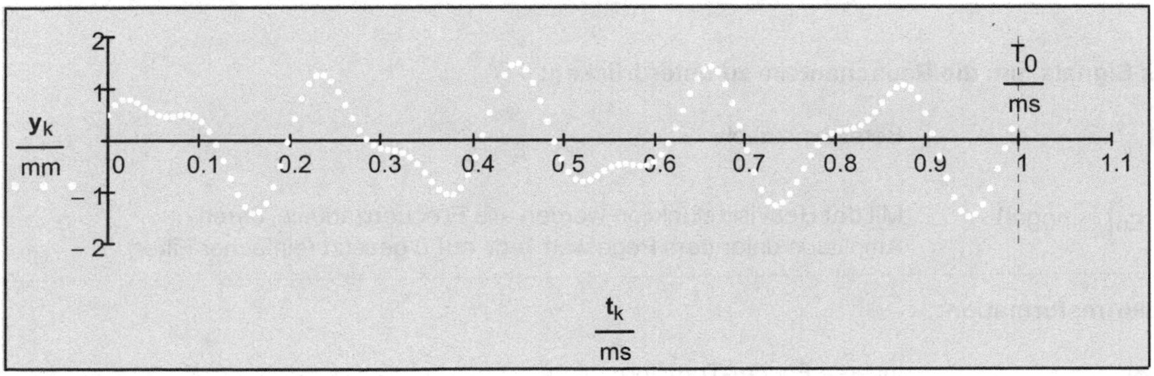

Abb. 3.63

Dieses Signal soll mit Rauschanteilen überlagert werden (mithilfe der Funktion rnd):

$\mathbf{s}_k := \mathbf{y}_k + (rnd(2) - 1) \cdot mm$

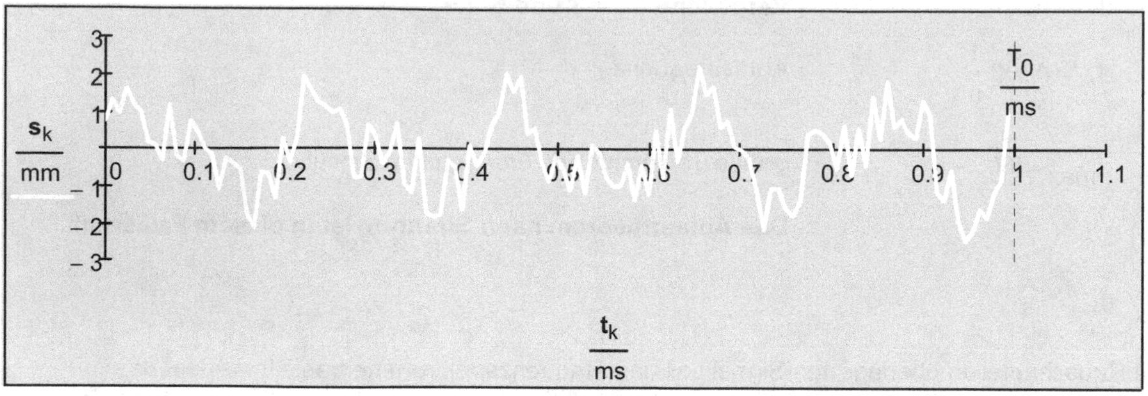

Abb. 3.64

Diskrete Fourier-Transformation:

$\underline{\mathbf{c}} := \mathrm{CFFT}(\mathbf{s})$ N ist ungerade, daher CFFT.

$n := 0 .. \mathrm{floor}\left(\frac{N}{2}\right) \qquad n < \frac{N}{2} \qquad \frac{N}{2} = 63.5$ Bereichsvariable

$pegel := 0.12 \cdot mm$ Festlegung eines Pegelwertes zur Ausscheidung des Rauschanteils.

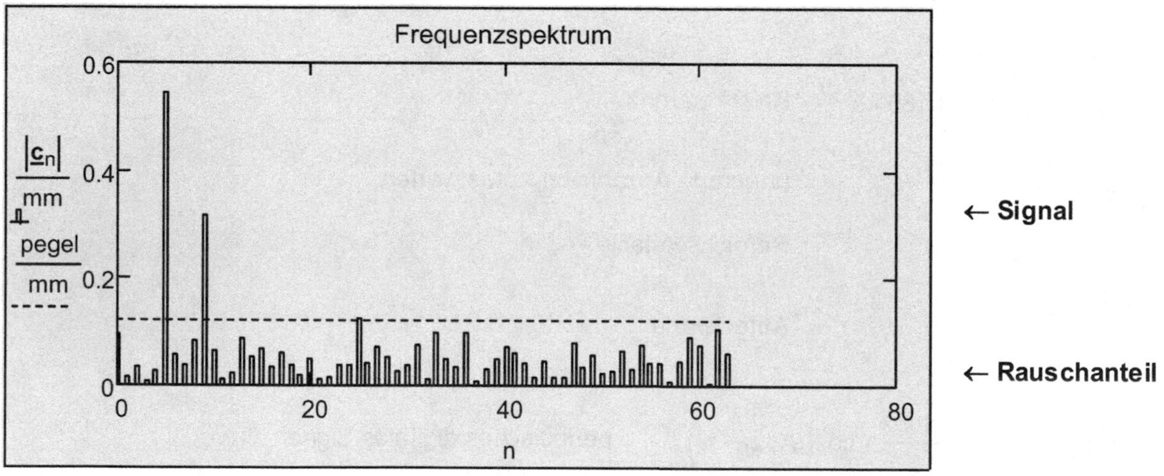

Abb. 3.65

Filterung des Signals, um die Rauschanteile zu unterdrücken:

$n := 0 .. N - 1$ Bereichsvariable

$\underline{c}_n := \underline{c}_n \cdot \Phi\left(\left|\underline{c}_n\right| - pegel\right)$ Mit der Heavisidefunktion werden alle Frequenzanteile, deren Amplitude unter dem Pegelwert liegt, auf 0 gesetzt (einfacher Filter).

Diskrete Rücktransformation:

$\mathbf{y_1} := \mathrm{ICFFT}(\underline{\mathbf{c}})$ inverse Fourier-Transformation

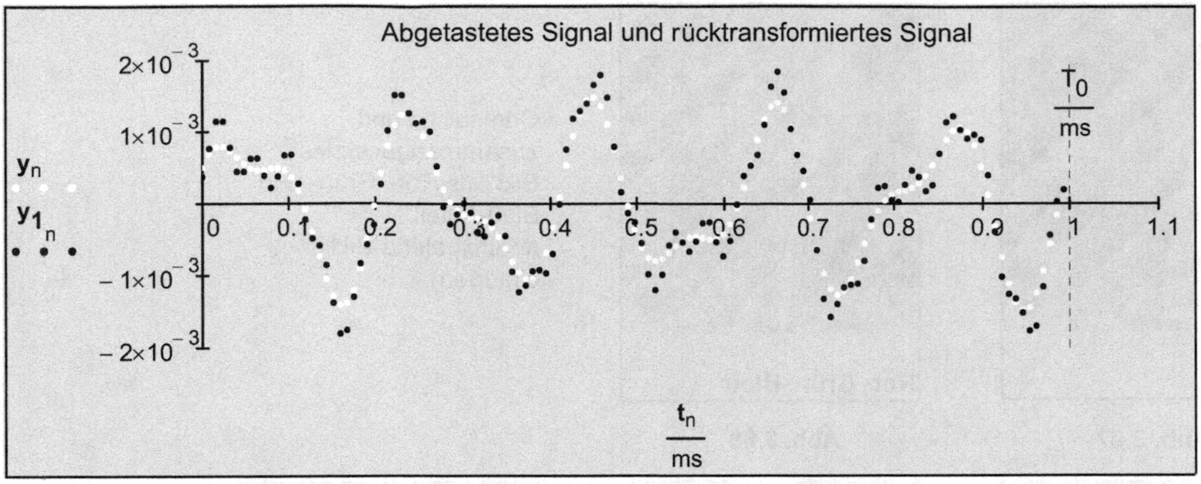

Abb. 3.66

Beispiel 3.11:

Eine eingelesene Bilddatei soll zuerst in ihre Rot-, Grün- und Blau-Anteile zerlegt und grafisch dargestellt werden. Anschließend sollen diese Anteile fouriertransformiert und das Frequenzspektrum dargestellt werden. Durch geeignete Filterung der Frequenzanteile soll das Originalbild wiederhergestellt werden.

ORIGIN := 0 — ORIGIN festlegen

B := "C:\mathcad\Einführung\Beispiele\bilder\stifte.jpg " — Einlesen einer Bilddatei

RGB := RGBLESEN(**B**) — Mit **RGBLESEN** werden Rot-, Grün- und Blau-Anteil nebeneinander in eine Matrix geschrieben.

z := zeilen(**RGB**)   z = 223 — Zeilenanzahl der RGB-Matrix

$s := \frac{\text{spalten}(\mathbf{RGB})}{3}$ s = 149 — Spaltenanzahl der RGB-Matrix

i := 0 .. z − 1   j := 0 .. s − 1 — Bereichsvariable

$N_{i,j} := 0$ — Nullmatrix mit gleicher Dimension wie R-, G- und B-Anteile

Anteile rot, grün und blau mit der Funktion submatrix extrahieren:

Rot := submatrix(**RGB**, 0, z − 1, 0, s − 1) — Spalte 0 bis s - 1 für R-Anteil

Grün := submatrix(**RGB**, 0, z − 1, s, 2 · s − 1) — Spalte s bis 2 s - 1 für G-Anteil

Blau := submatrix(**RGB**, 0, z − 1, 2 · s, 3 · s − 1) — Spalte 2 s bis 3 s - 1 für B-Anteil

B

Abb. 3.67

Rot, Grün, Blau

Abb. 3.68

Originalbild und zusammengesetztes Bild aus Rot-, Grün- und Blau-Anteil (Matrixpalette-Bild einfügen)

Rot, N, N

Abb. 3.69

N, Grün, N

Abb. 3.70

N, N, Blau

Abb. 3.71

Schnelle Fourier-Transformation mithilfe der Funktion CFFT und des Frequenzspektrums:

$\underline{\mathbf{c}}_{\mathbf{Rot}} := \mathrm{CFFT}(\mathbf{Rot})$ $\quad$ $\underline{\mathbf{c}}_{\mathbf{Grün}} := \mathrm{CFFT}(\mathbf{Grün})$ $\quad$ $\underline{\mathbf{c}}_{\mathbf{Blau}} := \mathrm{CFFT}(\mathbf{Blau})$

$\mathrm{Re}(\underline{\mathbf{c}}_{\mathbf{Rot}}), \mathbf{N}, \mathbf{N}$

Abb. 3.72

$\mathbf{N}, \mathrm{Re}(\underline{\mathbf{c}}_{\mathbf{Grün}}), \mathbf{N}$

Abb. 3.73

$\mathbf{N}, \mathbf{N}, \mathrm{Re}(\underline{\mathbf{c}}_{\mathbf{Blau}})$

Abb. 3.74

Frequenzspektren für i = 0:

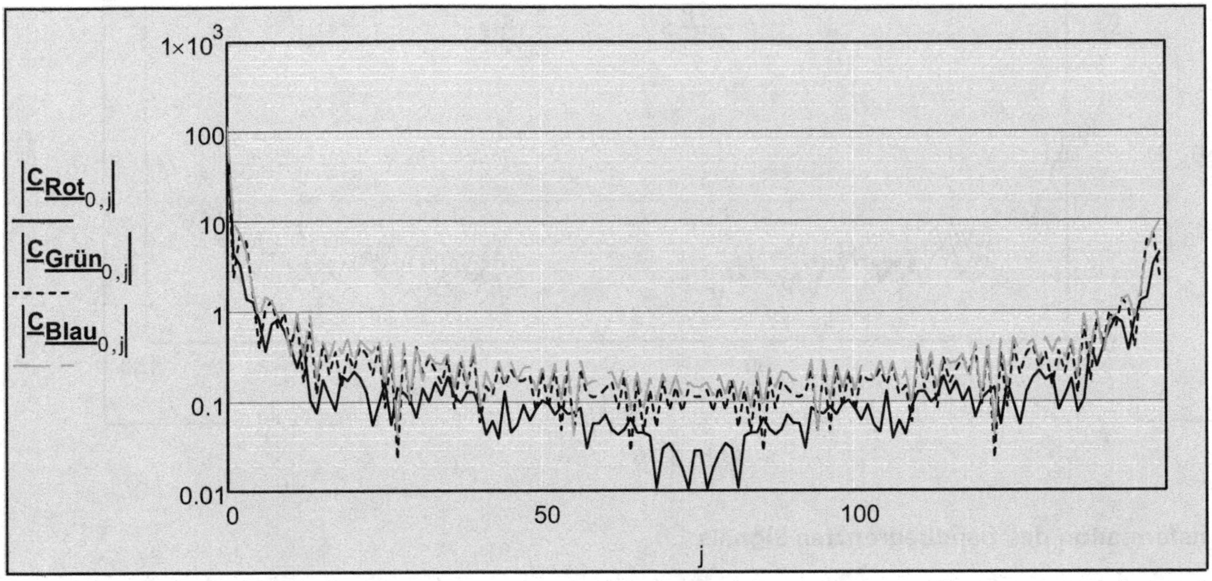

Abb. 3.75

Bandbegrenzte Fourierspektren:

Die Bandbegrenzung wird dadurch simuliert, dass die Fourierkoeffizienten im mittleren Indexbereich einfach null gesetzt werden.

$p := 20 \cdot \%$ Prozentsatz der Koeffizienten, die null gesetzt werden.

$$\underline{\mathbf{C}}_{\mathbf{RotB}_{i,j}} := \text{wenn}\left[\left(\frac{\left|i-\frac{z}{2}\right|}{z} \geq \frac{p}{2}\right)\cdot\left(\frac{\left|j-\frac{s}{2}\right|}{s} \geq \frac{p}{2}\right), \underline{\mathbf{C}}_{\mathbf{Rot}_{i,j}}, 0\right]$$

$$\underline{\mathbf{C}}_{\mathbf{GrünB}_{i,j}} := \text{wenn}\left[\left(\frac{\left|i-\frac{z}{2}\right|}{z} \geq \frac{p}{2}\right)\cdot\left(\frac{\left|j-\frac{s}{2}\right|}{s} \geq \frac{p}{2}\right), \underline{\mathbf{C}}_{\mathbf{Grün}_{i,j}}, 0\right]$$

Bandbegrenzung mit idealem Tiefpassfilter

$$\underline{\mathbf{C}}_{\mathbf{BlauB}_{i,j}} := \text{wenn}\left[\left(\frac{\left|i-\frac{z}{2}\right|}{z} \geq \frac{p}{2}\right)\cdot\left(\frac{\left|j-\frac{s}{2}\right|}{s} \geq \frac{p}{2}\right), \underline{\mathbf{C}}_{\mathbf{Blau}_{i,j}}, 0\right]$$

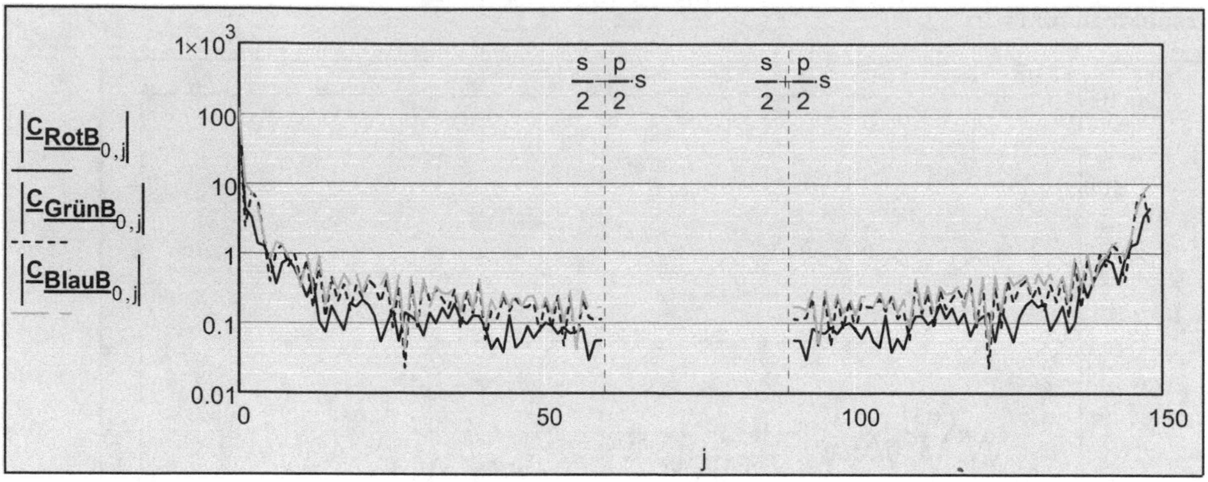

Abb. 3.76

Rücktransformation des bandbegrenzten Signals:

RotB := ICFFT($\underline{\mathbf{C}_{\mathbf{RotB}}}$) **GrünB** := ICFFT($\underline{\mathbf{C}_{\mathbf{GrünB}}}$) **BlauB** := ICFFT($\underline{\mathbf{C}_{\mathbf{BlauB}}}$)

Re(**RotB**), Re(**GrünB**), Re(**BlauB**)

Abb. 3.77

Dieses Bild kann mithilfe der Funktion RGBSCHREIBEN wieder als Bilddatei gespeichert werden. Die Matrizen **RotB**, **GrünB** und **BlauB** müssen nicht mehr notwendigerweise reell sein. Daher werden die Matrizen zuerst vektorisiert und anschließend wird davon der Realteil erzeugt.

B1 := erweitern$\left(\mathrm{Re}\left(\overrightarrow{\mathbf{RotB}}\right), \mathrm{erweitern}\left(\mathrm{Re}\left(\overrightarrow{\mathbf{GrünB}}\right), \mathrm{Re}\left(\overrightarrow{\mathbf{BlauB}}\right)\right)\right)$ Erzeugen der reellen Matrizen und Zusammenfügen der Matrizen

RGBSCHREIBEN ("stifte1.jpg") := **B1** Bild als Datei speichern

4. Fourier-Transformation

Bei periodischen Funktionen $y = f_p(t)$ führt die Fourieranalyse stets zu einem Linienspektrum. Bei nichtperiodischen Funktionen f(t) ist aber ein kontinuierliches Spektrum zu erwarten.
In der Praxis treten viele einmalige Vorgänge auf, die nicht periodisch sind. Die Analyse nichtperiodischer Funktionen, z. B. einem einmaligen Impuls, leiten wir z. B. aus einer periodischen Funktion her, indem wir die Periode immer größer werden lassen. Eine Vergrößerung der Periodenlänge T_0 ist gleichbedeutend mit der Verkleinerung der Frequenz von f_0 bzw. ω_0. Im Linienspektrum des periodischen Vorganges rücken die einzelnen Spektrallinien immer näher zusammen. Durch den Grenzübergang $T_0 \to \infty$ entsteht schließlich ein kontinuierliches Spektrum, weshalb $k\,\omega_0$ als ein Kontinuum ω beschreibbar ist und alle Frequenzen zwischen $-\infty$ und $+\infty$ enthält (Amplituden- oder Frequenzdichtespektrum). Anstelle der trigonometrischen Summe der Fourierreihe tritt ein Integral, das Fourierintegral, das sich über alle Frequenzen von $-\infty$ bis $+\infty$ erstreckt.
In der Naturwissenschaft und Technik ist die zeitkontinuierliche Fourier-Transformation eine wichtige Integraltransformation. Dabei wird einer Zeitfunktion y = f(t) ihr Frequenzspektrum $\underline{F}(\omega)$ zugeordnet und umgekehrt.

Anhand des Beispiels der periodischen Rechteckschwingung soll nun der Übergang von periodischen zu aperiodischen Signalen veranschaulicht werden.

Beispiel 4.1:

$$\mathrm{rect}(t, T_1, T_0) := \begin{cases} 1 & \text{if } |t| < \frac{T_1}{2} \\ 0 & \text{if } \frac{T_1}{2} \le |t| < \frac{T_0}{2} \end{cases}$$

periodische Rechteckschwingung über eine Periode definiert (Impulsbreite T_1)

$A := 2$ Amplitude des Signals

$T_0 := 2 \cdot \pi$ Periodendauer des Signals

$T_1 := 2$ Impulsbreite des Signals

$t := -3 \cdot T_0, -3 \cdot T_0 + 0.01 .. 3 \cdot T_0$ Bereichsvariable

$f_p(t) := A \cdot \mathrm{rect}(t, T_1, T_0)$ Rechteckimpuls

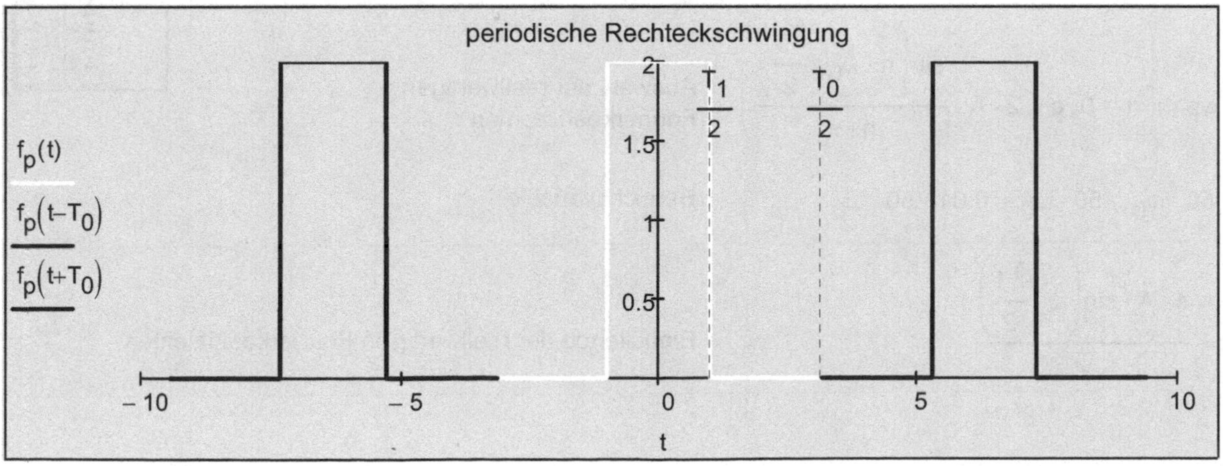

Abb. 4.1

Wir wählen wegen der Symmetrie zweckmäßigerweise das Integrationsintervall $-T_1/2 \le t \le T_1/2$:

$$\underline{\mathbf{c}}_0 = \frac{1}{T_0} \cdot \int_{\frac{-T_1}{2}}^{\frac{T_1}{2}} A\,dt = A \cdot \frac{T_1}{T_0} = \frac{a_0}{2}$$

Fourierkoeffizient $\underline{\mathbf{c}}_0$

$$\underline{\mathbf{c}}_n = \frac{1}{T_0} \cdot \int_{\frac{-T_1}{2}}^{\frac{T_1}{2}} A \cdot e^{-j \cdot n \cdot \varpi_0 \cdot t}\,dt = \frac{-1 \cdot A}{j \cdot n \cdot \omega_0 \cdot T_0} \cdot \left(e^{-j \cdot n \cdot \varpi_0 \cdot \frac{T_1}{2}} - e^{j \cdot n \cdot \varpi_0 \cdot \frac{T_1}{2}}\right)$$

Fourierkoeffizienten $\underline{\mathbf{c}}_n$ für $n \neq 0$

$$\underline{\mathbf{c}}_n = \frac{2 \cdot A}{n \cdot \omega_0 \cdot T_0} \cdot \left(\frac{e^{j \cdot n \cdot \varpi_0 \cdot \frac{T_1}{2}} - e^{-j \cdot n \cdot \varpi_0 \cdot \frac{T_1}{2}}}{2 \cdot j}\right) = \frac{2 \cdot A}{n \cdot \omega_0 \cdot T_0} \cdot \sin\left(n \cdot \omega_0 \cdot \frac{T_1}{2}\right) = A \cdot \frac{\sin\left(n \cdot \omega_0 \cdot \frac{T_1}{2}\right)}{n \cdot \pi}$$

$$\mathbf{a}_n = 2 \cdot \mathrm{Re}\left(\underline{\mathbf{c}}_n\right) = 2 \cdot A \cdot \frac{\sin\left(n \cdot \omega_0 \cdot \frac{T_1}{2}\right)}{n \cdot \pi}$$

reellwertige Fourierkoeffizienten

$\boxed{\mathrm{ORIGIN} := -50}$ ORIGIN festlegen

$T_0 := k \cdot T_1$ $\quad T_0 = 24$ $\quad k = 12$ Vielfaches der Periodendauer

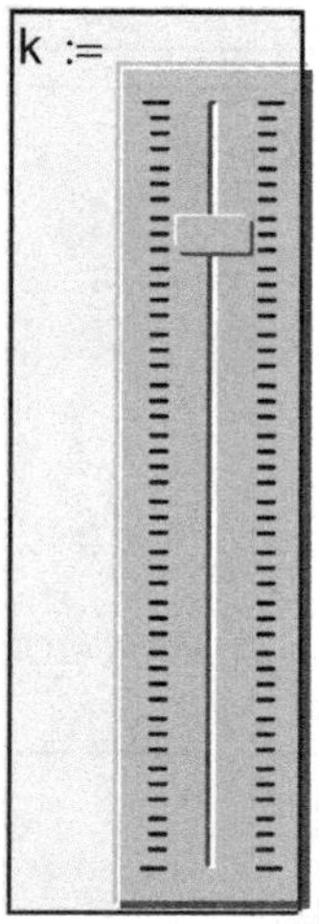

$\omega_0 := \frac{2 \cdot \pi}{T_0}$ $\quad T_0 = 24$ Grundkreisfrequenz

$n := -50 .. 50$ Bereichsvariable

$\mathbf{a}_0 := 2 \cdot A \cdot \frac{T_1}{T_0}$ $\quad \mathbf{a}_0 = 0.333$

$$\mathbf{a}_n := \mathrm{wenn}\left(n = 0, \mathbf{a}_0, 2 \cdot A \cdot \frac{\sin\left(n \cdot \omega_0 \cdot \frac{T_1}{2}\right)}{n \cdot \pi}\right)$$

Auswahl der reellwertigen Fourierkoeffizienten

$\omega := -50 \cdot \omega_0, -50 \cdot \omega_0 + 0.01 .. 50 \cdot \omega_0$ Bereichsvariable

$$g(\omega) := \frac{4 \cdot A \cdot \sin\left(\omega \cdot \frac{T_1}{2}\right)}{\omega}$$

Einhüllende der reellwertigen Fourierkoeffizienten

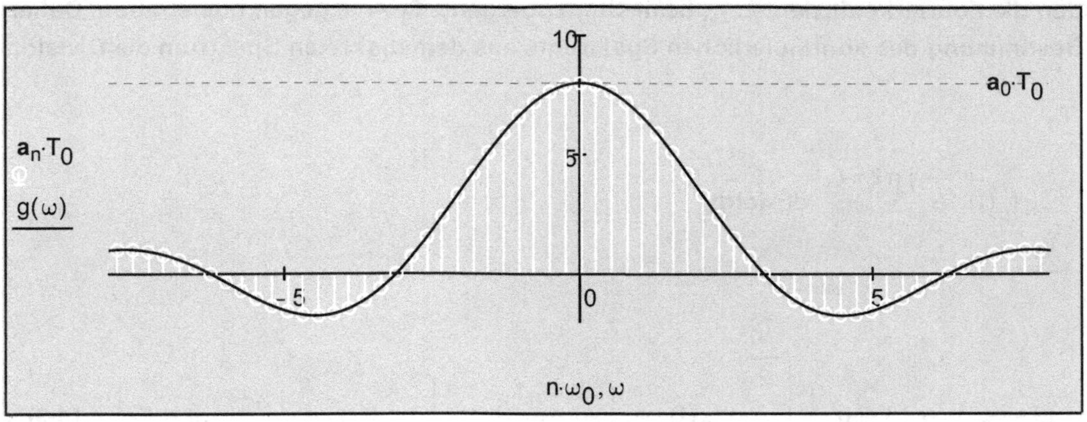

$T_0 = 12 \cdot T_1$

$\omega_0 = 0.262$

Abb. 4.2

$$a_n \cdot T_0 = \frac{2 \cdot A \cdot \sin\left(n \cdot \omega_0 \cdot \frac{T_1}{2}\right)}{n \cdot \omega_0} = \frac{4 \cdot A \cdot \sin\left(\omega \cdot \frac{T_1}{2}\right)}{\omega} \quad \textbf{für } \omega = n\,\omega_0$$

Wie die Grafik zeigt, ist die Funktion g(ω) unabhängig von T_0. Mit ω als stetige Variable stellt g(ω) die Einhüllende der Koeffizienten a_nT_0 dar, die an den Stellen $\omega = n\,\omega_0$ genau mit a_nT_0 übereinstimmt. Der Abstand der Linien ist von der Grundkreisfrequenz ω_0 und damit auch von der Periodendauer T_0 abhängig. Für die größer werdende Periodendauer T_0 wird der Frequenzabstand der Harmonischen immer geringer. Vergrößern wir die Periodendauer T_0 bis zu dem theoretischen Grenzfall ins Unendliche, bleibt im Zeitbereich nur ein einzelner Rechteckimpuls übrig. Im Frequenzbereich ergibt sich dagegen ein kontinuierlicher Verlauf der Spektralkoeffizienten über der Frequenz.

4.1 Von der Fourierreihe zur Fourier-Transformation

Die Grundvorstellung der Fourier-Transformation beruht in dieser Interpretation also darauf, dass ein aperiodisches Signal als Grenzfall eines periodischen Signals aufgefasst werden kann, bei dem die Periodendauer beliebig groß ist. Die Fourier-Transformation kann damit aus der komplexen Fourierreihe abgeleitet werden:

$$\textbf{Fourierreihe} \xrightarrow[T_0 \longrightarrow \infty]{\text{Grenzübergang}} \textbf{Fourier-Transformation}$$

Der Abstand zwischen zwei Sprektrallinien ist

$$\Delta\omega = 2 \cdot \pi \cdot \Delta f = 2 \cdot \pi \cdot f_0 = \frac{2 \cdot \pi}{T_0} \quad \Rightarrow \quad \lim_{T_0 \to \infty} \Delta f = \lim_{T_0 \to \infty} \frac{1}{T_0} = df \qquad \textbf{(4-1)}$$

Wenn die Periodendauer T_0 für eine periodische Rechteckschwingung stark zunimmt, so rücken die Spektrallinien immer näher zusammen. Schließlich werden sie so dicht (infinitesimaler Abstand df zwischen benachbarten Frequenzen), dass das Linienspektrum $\underline{c}_n$ in ein kontinuierliches Spektrum $\underline{F}$(f) übergeht, d. h., alle Frequenzen f_n liegen unendlich dicht zusammen:

$$f_n = n \cdot f_0 = \frac{n}{T_0} \quad \Rightarrow \quad \lim_{n\_und\_T_0 \to \infty} \frac{n}{T_0} = f \qquad \textbf{(4-2)}$$

Allerdings würden die Fourierkoeffizienten $\underline{c}_n$ beim Grenzübergang $T_0 \to \infty$ gegen null streben. Daher lassen wir zur Bestimmung des kontinuierlichen Spektrums aus dem diskreten Spektrum die Division durch T_0 weg:

Mit $\underline{c}_n = \frac{1}{T_0} \cdot \int_{-\frac{T_0}{2}}^{\frac{T_0}{2}} f_p(t) \cdot e^{-j \cdot n \cdot 2 \cdot \pi \cdot f_0 \cdot t} \, dt$ **folgt:**

$$\lim_{T_0 \to \infty} \left(T_0 \cdot \underline{c}_n\right) = \lim_{T_0 \to \infty} \int_{-\frac{T_0}{2}}^{\frac{T_0}{2}} f_p(t) \cdot e^{-j \cdot n \cdot 2 \cdot \pi \cdot f_0 \cdot t} \, dt = \int_{-\infty}^{\infty} f(t) \cdot e^{-j \cdot 2 \cdot \pi \cdot f \cdot t} \, dt = \underline{F}(f) \quad \textbf{(4-3)}$$

Die Fouriertransformierte $\underline{F}(f)$ bzw. $\underline{F}(\omega)$ (komplexe Spektraldichte oder Spektrum genannt) eines aperiodischen Signals f(t), als eine kontinuierlich verteilte Funktion von $\omega = 2\,\pi\,f$, ergibt sich also zu:

$$\mathcal{F}\{\, \mathbf{f(t)} \,\} = \underline{F}(f) = \int_{-\infty}^{\infty} f(t) \cdot e^{-j \cdot 2 \cdot \pi \cdot f \cdot t} \, dt \quad \textbf{bzw.} \quad \mathcal{F}\{\, \mathbf{f(t)} \,\} = \underline{F}(\omega) = \int_{-\infty}^{\infty} f(t) \cdot e^{-j \cdot \omega \cdot t} \, dt \quad \textbf{(4-4)}$$

Die Spekrallinien der periodischen Funktion $f_p(t)$ sind, bis auf einen Faktor, Stützstellen des kontinuierlichen Spektrums, d. h. des Betrages von $\underline{F}(f)$ der nichtperiodischen Funktion f(t). $\underline{F}(\omega)$ kann auch in folgender Form dargestellt werden:

$$\underline{F}(\omega) = \left|\underline{F}(\omega)\right| \cdot e^{j \cdot \varphi(\omega)} \quad \textbf{(4-5)}$$

$\left|\underline{F}(\omega)\right| = A(\omega)$ **heißt Amplitudenspektrum (Fourierspektrum) und $\varphi(\omega)$ Phasenspektrum der Funktion. f(t) bzw.** $\left(\left|\underline{F}(\omega)\right|\right)^2$ **heißt Energiespektrum der Funktion f(t).**

Ist die komplexe Spektraldichte $\underline{F}(f)$ bzw. $\underline{F}(\omega)$ bekannt, so kann hieraus auch die Zeitfunktion f(t) bestimmt werden. Sie ergibt sich aus der periodischen Funktion $f_p(t)$ durch den Grenzübergang $T_0 \to \infty$, wobei die Summe in ein Integral übergeht:

$$f(t) = \lim_{T_0 \to \infty} f_p(t) = \lim_{T_0 \to \infty} \sum_{n=-\infty}^{\infty} \left(\underline{c}_n \cdot e^{j \cdot n \cdot \pi \cdot f_0 \cdot t}\right) = \lim_{T_0 \to \infty} \sum_{n=-\infty}^{\infty} \left(T_0 \cdot \underline{c}_n \cdot e^{j \cdot n \cdot \pi \cdot f_0 \cdot t} \cdot \frac{1}{T_0}\right), \textbf{ also}$$

$$f(t) = \int_{-\infty}^{\infty} \underline{F}(f) \cdot e^{j \cdot 2 \cdot \pi \cdot f \cdot t} \, df.$$

Es gilt somit für die inverse Fourier-Transformation:

$$\mathcal{F}^{-1}\{\, \underline{\mathbf{F}}\mathbf{(\,f)} \,\} = f(t) = \int_{-\infty}^{\infty} \underline{F}(f) \cdot e^{j \cdot 2 \cdot \pi \cdot f \cdot t} \, df \quad \textbf{(4-6)}$$

bzw. wegen $\omega = 2\,\pi\,f$ und $d\omega = 2\,\pi\,df$

$$\mathcal{F}^{-1}\{\, \underline{\mathbf{F}}\mathbf{(\,\omega)} \,\} = f(t) = \frac{1}{2 \cdot \pi} \cdot \int_{-\infty}^{\infty} \underline{F}(\omega) \cdot e^{j \cdot \omega \cdot t} \, d\omega \quad \textbf{(4-7)}$$

Existenz des Fourierintegrals

Das Fourierintegral existiert, wenn f(t) zumindest stückweise stetig ist und

$$\int_{-\infty}^{\infty} |f(t)|\, dt < \infty \qquad \textbf{(4-8)}$$

gilt. Diese Bedingung der absoluten Integrierbarkeit wird von vielen Signalen und von Impulsantworten stabiler Systeme erfüllt. Ein Beispiel dafür ist der oben angeführte zeitlich begrenzte Rechteckimpuls, für den gilt:

$$\int_{-\infty}^{\infty} A\, dt = A \cdot \int_{\frac{-T_1}{2}}^{\frac{T_1}{2}} 1\, dt = A \cdot T_1 < \infty \qquad \textbf{(4-9)}$$

Diese Bedingung der absoluten Integrierbarkeit ist hinreichend, jedoch nicht notwendig. Einige technisch wichtige, zeitlich unbegrenzte, aber monoton abfallende Funktionen erfüllen diese Bedingung zwar nicht, haben aber eine Spektraldichte $\underline{F}(f)$. Ihre Fouriertransformierte existiert, wenn | f(t) / t | absolut integrierbar ist:

$$\int_{-\infty}^{\infty} \left|\frac{f(t)}{t}\right| dt < \infty \quad \textbf{für } |t| > 0 \qquad \textbf{(4-10)}$$

Beispiel 4.2:

Gesucht ist die Fouriertransformierte des Rechteckimpulses. Der Rechteckimpuls $f_p(t) = A\,\mathrm{rect}(t, T_1, T_0)$ ist oben in Abbildung 4.1 dargestellt. Er ist zeitlich begrenzt auf den Bereich $-T_1/2 \le t \le T_1/2$ und besitzt die Impulshöhe A.

Für die zugehörige Fouriertransformierte gilt:

$$\underline{F}(f) = \int_{-\infty}^{\infty} A \cdot e^{-j \cdot 2 \cdot \pi \cdot f \cdot t}\, dt = A \cdot \int_{\frac{-T_1}{2}}^{\frac{T_1}{2}} e^{-j \cdot 2 \cdot \pi \cdot f \cdot t}\, dt = \frac{A}{-j \cdot 2 \cdot \pi \cdot f} \cdot \left(e^{-j \cdot 2 \cdot \pi \cdot f \cdot \frac{T_1}{2}} - e^{j \cdot 2 \cdot \pi \cdot f \cdot \frac{T_1}{2}} \right)$$

$$\underline{F}(f) = \frac{A}{\pi \cdot f} \cdot \left(\frac{e^{j \cdot \pi \cdot f \cdot T_1} - e^{-j \cdot \pi \cdot f \cdot T_1}}{2 \cdot j} \right) \qquad \text{komplexe Spektraldichtefunktion}$$

Diese komplexe Spektraldichtefunktion kann als reelle Funktion dargestellt werden, denn es gilt für den Realteil:

$$F(f) = \frac{A}{\pi \cdot f} \cdot \sin(\pi \cdot f \cdot T_1) = A \cdot T_1 \cdot \frac{\sin(\pi \cdot f \cdot T_1)}{\pi \cdot f \cdot T_1} = A \cdot T_1 \cdot \mathrm{sinc}(\pi \cdot f \cdot T_1)$$

Die Funktion $\frac{\sin(x)}{x}$ wird als **sinc-Funktion (Spaltfunktion)** bezeichnet. Sie ist in Mathcad bereits vordefiniert.

$f := -3, -3 + 0.01 .. 3$ Bereichsvariable

$f_n := \frac{-5}{T_1}, \frac{-4}{T_1} .. \frac{5}{T_1}$ Bereichsvariable

$\underline{\mathbf{F}}(f) := \frac{A}{\pi \cdot f} \cdot \left(\frac{e^{j \cdot \pi \cdot f \cdot T_1} - e^{-j \cdot \pi \cdot f \cdot T_1}}{2 \cdot j} \right)$ komplexe Spektraldichtefunktion

$F(f) := A \cdot T_1 \cdot \mathrm{sinc}(\pi \cdot f \cdot T_1)$ reelle Spektraldichtefunktion

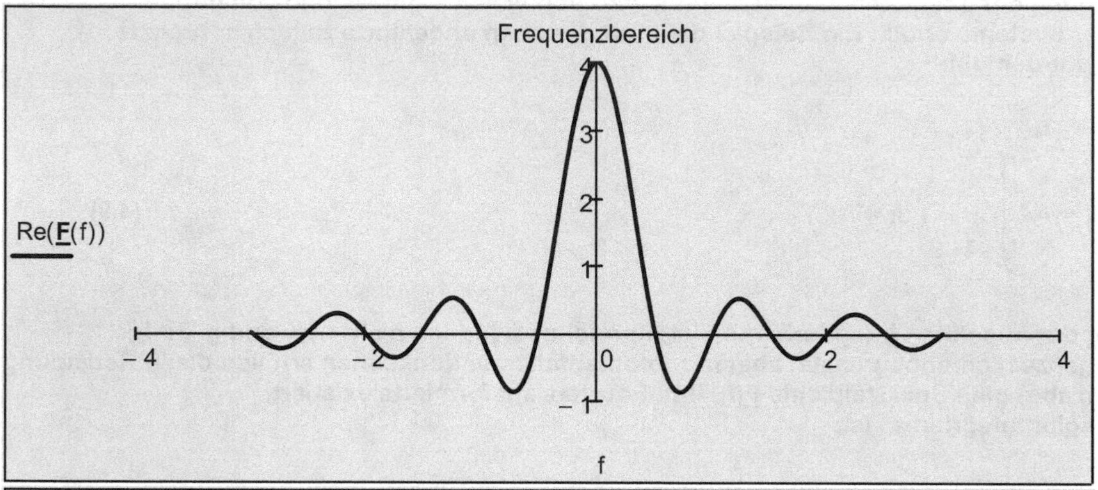

Abb. 4.3

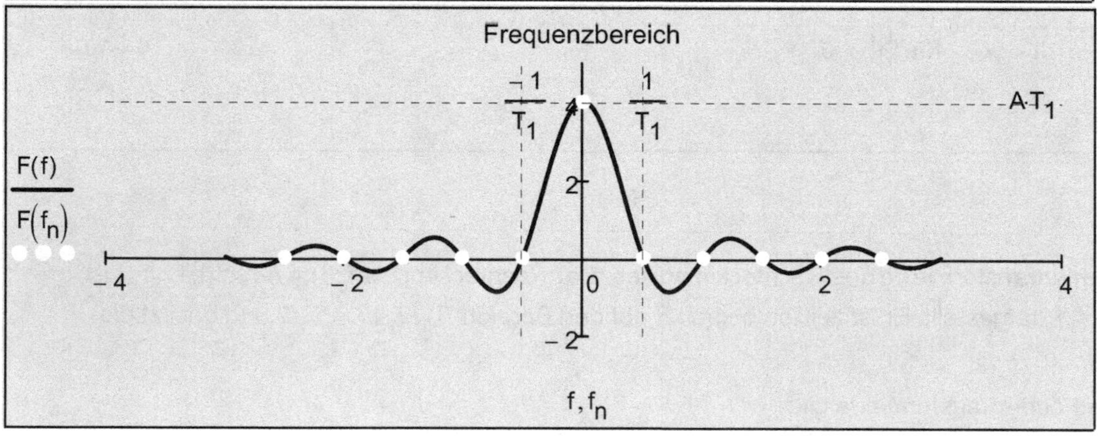

Abb. 4.4

Die sinc-Funktion hat an der Stelle f = 0 ein Maximum: sinc(0) = A T_1. Den Grenzwert mit $f \to 0$ erhalten wir mit der Regel von L' Hospital:

$$\lim_{f \to 0} \left[A \cdot T_1 \cdot \frac{\frac{d}{df}\sin(\pi \cdot f \cdot T_1)}{\frac{d}{df}(\pi \cdot f \cdot T_1)} \right] = A \cdot T_1 \cdot \lim_{f \to 0} \frac{\pi \cdot T_1 \cdot \cos(\pi \cdot f \cdot T_1)}{\pi \cdot T_1} = A \cdot T_1$$

Die Nullstellen f_n von F(f) ergeben sich aus der Bedingung

$\sin(\pi \cdot f_n \cdot T_1) = 0$ d. h. $\pi \cdot f_n \cdot T_1 = n \cdot \pi$ also $f_n = \frac{n}{T_1}$ mit n = ... -3, -2, -1, 1, 2, 3, ...

Der Abstand zwischen benachbarten Nullstellen $\Delta f = 1/T_1$ ist konstant und genauso groß wie der Abstand der ersten Nullstelle vom Maximum. Das Spektrum zeigt, dass zur Übertragung des Rechteckimpulses mit der Impulsbreite T_1 theoretisch alle Frequenzen bis $f = \infty$ nötig sind. In der Praxis müssen wir uns natürlich mit einer endlichen maximal übertragbaren Frequenz (Bandbreite B) begnügen, d. h., das Spektrum wird nur innerhalb der Bandbreite B übertragen. Am Ausgang eines Übertragungskanals tritt hierdurch eine entsprechend verzerrte Ausgangsfunktion auf.

4.2 Elementar- und Testsignale

Als Träger einer dem Empfänger unbekannten Information hat das Signal zumeist Zufallscharakter. Sonderfälle solcher Zufallssignale sind die determinierten Signale, deren Verlauf durch einen geschlossenen Ausdruck beschreibbar ist. Signale mit besonders einfacher Darstellungsform werden als Elementarsignale bezeichnet. Es handelt sich hierbei um Signale, die auch technisch einfach erzeugt werden können. Das gilt in der Regel auch für die Testsignale, die zur Bestimmung der Systemeigenschaften verwendet werden können. Nachfolgend werden einige wichtige Elementar- und Testsignale behandelt.

Sinus- und Kosinussignal:

Sinus- und Kosinussignal in reeller Darstellung:

$$f(t) = A \cdot \sin\left[2 \cdot \pi \cdot f \cdot (t - t_0)\right] \quad \textbf{bzw.} \quad f(t) = A \cdot \cos\left[2 \cdot \pi \cdot f \cdot (t - t_0) - \frac{\pi}{2}\right] \qquad \textbf{(4-11)}$$

Sinus- und Kosinussignal in komplexer Darstellung:

$$f(t) = A \cdot \frac{e^{j \cdot 2 \cdot \pi \cdot f \cdot (t - t_0)} - e^{-j \cdot 2 \cdot \pi \cdot f \cdot (t - t_0)}}{2 \cdot j} \quad \textbf{bzw.} \quad f(t) = A \cdot \frac{e^{j \cdot 2 \cdot \pi \cdot f \cdot (t - t_0)} \cdot e^{-j \frac{\pi}{2}} + e^{-j \cdot 2 \cdot \pi \cdot f \cdot (t - t_0)} \cdot e^{j \frac{\pi}{2}}}{2} \qquad \textbf{(4-12)}$$

Mit der Amplitude A, der Frequenz f, der Kreisfrequenz $\omega = 2\,\pi\,f$, der Periodendauer $T = 1/f$, der Zeitverzögerung t_0 und dem Nullphasenwinkel $\varphi_0 = 2\,\pi\,f\,t_0$.

Beispiel 4.3:

Sinussignal mit Zeitverzögerung.

$t := 0, 0.01 .. 2$ — Bereichsvariable

$A := 2$ — Amplitude

$f := 1 \qquad T := 1$ — Frequenz und Periodendauer

$t_0 := 0.2$ — Zeitverzögerung

$f(t) := A \cdot \sin\left[2 \cdot \pi \cdot f \cdot (t - t_0)\right]$ — Sinussignal

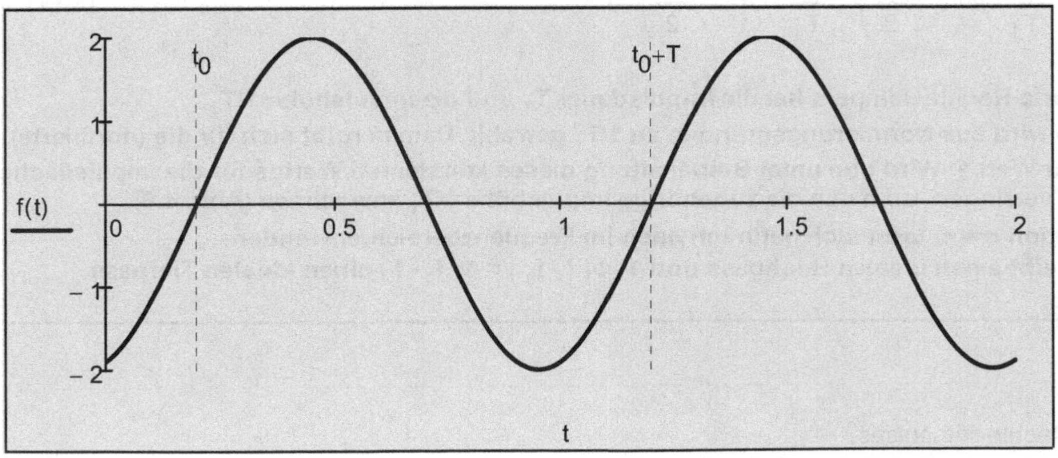

Abb. 4.5

Einheitssprung (Heavisidefunktion):

Der Einheitssprung ist definiert durch:

$$\sigma(t) = \begin{cases} 0 & \text{if } t < 0 \\ \frac{1}{2} & \text{if } t = 0 \\ 1 & \text{if } t > 0 \end{cases} \qquad \textbf{(4-13)}$$

Dieses Signal hat die Sprunghöhe 1 und ist zeitlich unbegrenzt.
In Mathcad gilt: $\sigma(t) = \Phi(t)$. Wir verwenden in weiterer Folge die Bezeichnung Φ.
Wird als Eingangssignal f(t) eines linearen Übertragungssystems der Einheitssprung $\Phi(t)$ verwendet, so wird das dazugehörige Ausgangssignal als Sprungantwort des Systems bezeichnet.

Beispiel 4.4:

$t := -3, -3 + 0.1 .. 10$ Bereichsvariable $t_0 := 1$ Zeitverzögerung

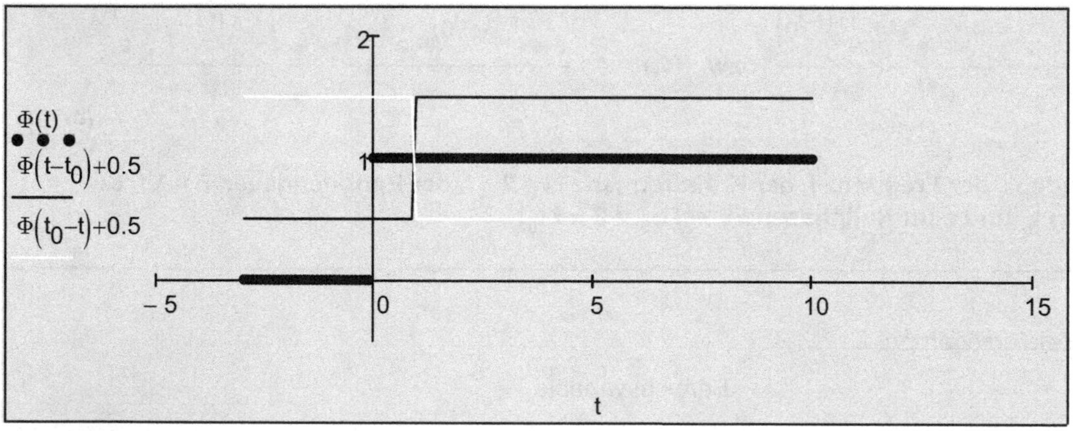

Φ(0) = 0.5 wir bei der gegebenen Bereichsvariablen nicht angezeigt!

Abb. 4.6

Der Rechteckimpuls:

Er wurde schon weiter oben behandelt. Den Rechteckimpuls können wir uns aber auch aus zwei zeitlich verschobenen Einheitssprüngen mit der Sprunghöhe $1/T_1$ bzw. $-1/T_1$ zusammengesetzt denken:

$$f_{rec}(t) = \frac{1}{T_1} \cdot \Phi\left(t + \frac{T_1}{2}\right) - \frac{1}{T_1} \cdot \Phi\left(t - \frac{T_1}{2}\right) \qquad \textbf{(4-14)}$$

Der so eingeführte Rechteckimpuls hat die Impulsdauer T_1 und die Impulshöhe $1/T_1$.
Die Impulshöhe wird aus Normierungsgründen zu $1/T_1$ gewählt. Damit ergibt sich für die (normierte) Impulsfläche der Wert 1. Wird nun unter Beibehaltung dieses konstanten Wertes für die Impulsfläche die Impulsdauer T_1 verringert, so muss die zugehörige Impulshöhe $1/T_1$ anwachsen (Abb. 4.6).
Die Sprungfunktion $\sigma = \Phi$ lässt sich natürlich auch im Frequenzbereich anwenden:
$\Phi(f - f_0)$ beschreibt einen idealen Hochpass und $1 - \Phi(f - f_0) = \Phi(f_0 - f)$ einen idealen Tiefpass.

Beispiel 4.5:

Darstellung des Rechteckimpulses.

$T_1 := 8$ Impulsdauer

$t := -10, -10 + 0.1 .. 10$ Bereichsvariable

$$f_{rec}(t, T_1) := \frac{1}{T_1} \cdot \Phi\left(t + \frac{T_1}{2}\right) - \frac{1}{T_1} \cdot \Phi\left(t - \frac{T_1}{2}\right)$$ Rechteckimpuls

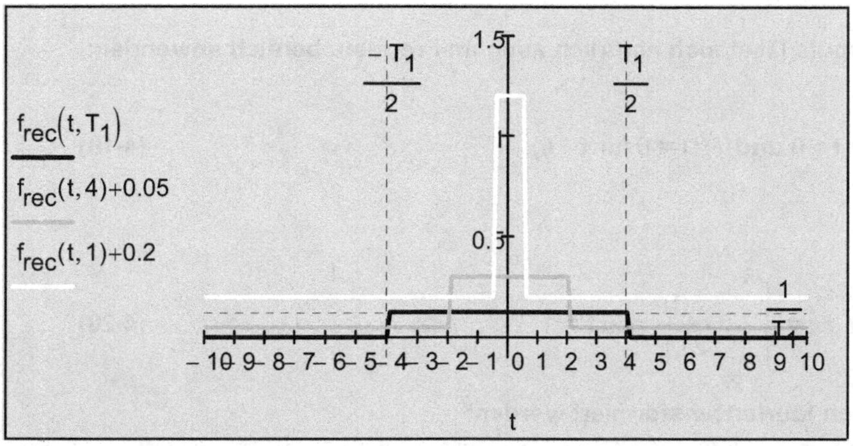

$$\int_{-\infty}^{\infty} f(t, T_1)\, dt = \int_{-\frac{T_1}{2}}^{\frac{T_1}{2}} \frac{1}{T_1}\, dt = 1$$

Abb. 4.7

Dirac-Impuls:

Neben dem Einheitssprung (Heavisidefunktion Φ) spielt der Dirac-Impuls $\delta(t)$ eine besondere Rolle (kurzer und starker Impuls zum Zeitpunkt t = 0 s wie z. B. Spannungsstoß, Kraftstoß, punktförmige Ladung). Der Dirac-Impuls ist ein idealisierter, technisch nur näherungsweise darstellbarer Impuls. Er tritt zwar in der Natur nie exakt auf (physikalische Größen können keine unendlichen Werte annehmen), bei der mathematischen Beschreibung von Systemen bietet er aber vielfach sehr bequeme und genaue Näherungen an das tatsächliche dynamische Verhalten. Die Reaktion eines Systems auf die Impulsfunktion als Eingangsgröße heißt Impuls-Antwort bzw. Gewichtsfunktion. Mathematisch wird er auch als Ableitung des Einheitssprungs definiert, was wegen der Unstetigkeit von $\Phi(t)$ allerdings Schwierigkeiten bereitet. Wir stellen uns daher besser die Dirac-Funktion als Grenzwert des Rechteckimpulses mit der Impulsbreite T_1 für $T_1 \to 0$ vor, den ein "differenzierendes System" liefert. Für messtechnische Zwecke kann $\delta(t)$ näherungsweise durch einen sehr schmalen Rechteckimpuls ersetzt werden. In Mathcad gilt für die symbolische Rechnung $\delta(t) = \Delta(t)$.

Im Grenzwert $T_1 \to 0$ wird sich für einen Rechteckimpuls der Breite T_1 eine unendlich große Impulshöhe einstellen. Der Grenzwert

$$\delta(t) = \lim_{T_1 \to 0} \left(\frac{1}{T_1} \cdot \Phi\left(t + \frac{T_1}{2}\right) - \frac{1}{T_1} \cdot \Phi\left(t - \frac{T_1}{2}\right)\right) \quad \textbf{(4-15)}$$

wird als Dirac-Impuls (δ-Impuls oder Dirac-Stoß) bezeichnet. Er hat die Eigenschaften:

$$\int_{-\infty}^{\infty} \delta(t)\, dt = 1 \qquad (\delta(t) = \infty \text{ für } t = 0 \text{ und } \delta(t) = 0 \text{ für } t \neq 0) \quad \textbf{(4-16)}$$

Der Dirac-Impuls stellt keine Funktion dar, sondern eine Distribution!
Eng verknüpft ist der Dirac-Impuls mit der Heavisidefunktion:

$$\Phi(t) = \int_{-\infty}^{t} \delta(\tau)\, d\tau \quad \Rightarrow \quad \delta(t) = \frac{d}{dt}\Phi(t) \quad \textbf{(4-17)}$$

Leiten wir nämlich eine unstetige Funktion ab, die also auf unendlich kurzem Intervall ihren Funktionswert um einen endlichen Betrag ändert, so ist der Differentialquotient hier selbst unendlich. Weil $\Phi(t)$ an allen anderen Stellen als dem Sprung konstant ist, verschwindet dort die Ableitung und damit $\delta(t)$. Daraus wird auch

$$\int_{-\infty}^{\infty} \delta(t)\, dt = 1 \qquad \textbf{(4-18)}$$

ersichtlich ($\Phi(t>0) = 1$). Der Dirac-Impuls lässt sich natürlich auch im Frequenzbereich anwenden:

$$\int_{-\infty}^{\infty} \delta(f)\, df = 1 \quad (\delta(f) = \infty \text{ für } f = 0 \text{ und } \delta(f) = 0 \text{ für } f \neq 0) \qquad \textbf{(4-19)}$$

Mit $\omega = 2\,\pi\, f$ gilt auch:

$$\delta(\omega) = \frac{\delta(f)}{2\cdot\pi} \quad \text{und} \quad \int_{-\infty}^{\infty} \delta(\omega)\, d\omega = \int_{-\infty}^{\infty} \frac{\delta(f)}{2\cdot\pi}\, d2\pi f = 1 \qquad \textbf{(4-20)}$$

Der δ-Impuls kann auch im Zeitbereich fouriertransformiert werden:

$$\underline{\Delta}(f) = \int_{-\infty}^{\infty} \delta(t)\cdot e^{-j\cdot\omega\cdot t}\, dt = \int_{-\infty}^{\infty} \delta(t)\cdot e^{j\cdot 0}\, dt = e^{j\cdot 0}\cdot \int_{-\infty}^{\infty} \delta(t)\, dt = 1 \qquad \textbf{(4-21)}$$

Für eine allgemeine Funktion f(t) gilt nämlich: $f(t)\,\delta(t) = f(0)\,\delta(t)$ ($\delta(t)$ ist nur bei $t = 0$ von null verschieden). Die Wirkung des δ-Impulses auf eine Zeitfunktion f(t) ergibt sich damit dann aus:

$$\int_{-\infty}^{\infty} \delta(t)\cdot f(t)\, dt = f(0)\cdot \int_{-\infty}^{\infty} \delta(t)\, dt = f(0) \qquad \textbf{(4-22)}$$

Diese Beziehung heißt Ausblendeigenschaft des δ-Impulses. D.h. bei der Integration über das Produkt einer Funktion an der Stelle $t = 0$ stetigen Funktion f(t) mit dem δ-Impuls $\delta(t)$ wird nur der Funktionswert f(0) an der Stelle $t = 0$ ausgeblendet.
Für einen um t_0 zeitverschobenen Dirac-Impuls $\delta(t - t_0)$ lautet dann die Ausblendeigenschaft des δ-Impulses:

$$\int_{-\infty}^{\infty} \delta(t - t_0)\cdot f(t)\, dt = f(t_0)\cdot \int_{-\infty}^{\infty} \delta(t)\, dt = f(t_0) \qquad \textbf{(4-23)}$$

<u>Bemerkung:</u>
In der Symbol-Engine von Mathcad ist der Dirac-Impuls $\delta(t)$ durch $\Delta(t)$ bzw. $\Delta(\omega)$ definiert. Der Dirac-Impuls kann natürlich nicht als Funktion (z. B. durch $f(t) := \Delta(t)$) dargestellt werden!

<u>Beispiel 4.6:</u>

$T_1 := \frac{1}{10}$ $\quad t_0 := 3$ — Impulsdauer und Zeitverschiebung

$t := -5, -5 + 0.1 .. 5$ — Bereichsvariable

$f_{rec}(t, T_1) := \frac{1}{T_1}\cdot\Phi\left(t + \frac{T_1}{2}\right) - \frac{1}{T_1}\cdot\Phi\left(t - \frac{T_1}{2}\right)$ — Rechteckimpuls

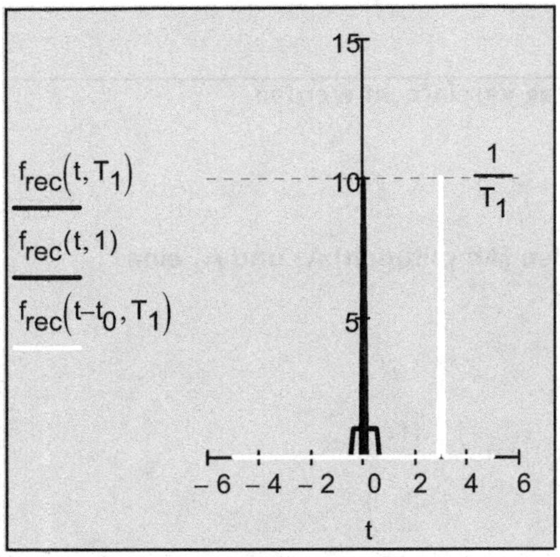

Abb. 4.8

Nachgebildeter Dirac-Impuls und nachgebildeter verschobener Dirac-Impuls.

Mit Mathcad symbolisch ausgewertet:

$$\int_{-\infty}^{\infty} \Delta(t)\,dt \to 1 \qquad \int_{-\infty}^{\infty} \Delta(t)\cdot f_1(t)\,dt \to f_1(0)$$

$$\int_{-\infty}^{\infty} \Delta(t-t_0)\,dt \to 1 \qquad \int_{-\infty}^{\infty} \Delta(t-t_{01})\cdot f_1(t)\,dt \to f_1(t_{01})$$

$$\mathscr{F}\{\,\delta(t)\,\} = \underline{F}(\omega) = \int_{-\infty}^{\infty} \delta(t)\cdot e^{-j\cdot\omega\cdot t}\,dt = e^{-j\cdot\omega\cdot 0} = 1$$

Beispiel 4.7:

Periodische Funktionen erzeugen immer diskrete Spektren.

Jede periodische Funktion $f_p(t)$ lässt sich als komplexe Fourierreihe darstellen:

$$f_p(t) = \sum_{n=-\infty}^{\infty} \left(\underline{c}_n \cdot e^{j\cdot n\cdot 2\cdot\pi\cdot f_0\cdot t}\right)$$

$e^{j\cdot 2\cdot\pi\cdot f_0\cdot t}$ hat Fourier-Transformation $2\cdot\pi\cdot\Delta(\omega + 2\cdot\pi\cdot f_0)$ Auswertung mit Mathcad

$$\mathscr{F}\{\,f_p(t)\,\} = \sum_{n=-\infty}^{\infty} \left(\underline{c}_n \cdot \mathscr{F}\left(e^{j\cdot n\cdot 2\cdot\pi\cdot f_0\cdot t}\right)\right) = \sum_{n=-\infty}^{\infty} \left(\underline{c}_n \cdot \delta(f - n\cdot f_0)\right) = \underline{F}(f)$$

mit $\delta(f) = \Delta(f)$ und $\Delta(\omega) = \frac{\delta(\omega)}{2\pi}$

Das heißt, die Fouriertransformierte von $f_p(t)$ ist immer eine diskrete Funktion über der Frequenz. Ein Beispiel ist die Fouriertransformierte der Kosinusfunktion. Sie besteht aus zwei Dirac-Impulsen bei den Frequenzen $\pm f_0$ (siehe dazu Einführung in Mathcad).

Beispiel 4.8:

Für die Dirac-Impulsfolge $f_p(t) = \sum_{n=-\infty}^{\infty} \delta(t - n\cdot T_0)$ soll die Fouriertransformierte bestimmt werden.

$$\underline{c}_n = \frac{1}{T_0}\cdot\int_{-\frac{T_0}{2}}^{\frac{T_0}{2}} f_p(t)\cdot e^{-j\cdot n\cdot 2\cdot\pi\cdot f_0\cdot t}\,dt = \frac{1}{T_0}\cdot\int_{-\frac{T_0}{2}}^{\frac{T_0}{2}} \delta(t)\cdot e^{-j\cdot n\cdot 2\cdot\pi\cdot f_0\cdot t}\,dt = \frac{1}{T_0}$$

Die Integralauswertung ergibt den Wert 1!

$$\underline{F}(f) = \frac{1}{T_0}\cdot\sum_{n=-\infty}^{\infty} \delta(t - n\cdot T_0)$$

Jede Frequenzkomponente besitzt also die gleiche Amplitude.

4.3 Eigenschaften der Fourier-Transformation

Der Umgang mit der Fourier-Transformation kann durch Sätze vereinfacht werden. Nachfolgend werden einige wichtige angeführt.

Linearität (Superpositionssatz):

Aus zwei Zeitfunktionen $f_1(t)$ und $f_2(t)$ wird mit den Konstanten (Amplituden) A_1 und A_2 eine neue Funktion f(t) gebildet in der Form $f(t) = A_1\, f_1(t) + A_2\, f_2(t)$.
Die zugehörige Fouriertransformierte ergibt sich dann zu:

$$\mathcal{F}\{ A_1 \cdot f_1(t) + A_2 \cdot f_2(t) \} = \underline{F}(f) = \int_{-\infty}^{\infty} \left(A_1 \cdot f_1(t) + A_2 \cdot f_2(t)\right) \cdot e^{-j \cdot 2 \cdot \pi \cdot f \cdot t}\, dt =$$

$$= A_1 \cdot \int_{-\infty}^{\infty} f_1(t) \cdot e^{-j \cdot 2 \cdot \pi \cdot f \cdot t}\, dt + A_2 \cdot \int_{-\infty}^{\infty} f_2(t) \cdot e^{-j \cdot 2 \cdot \pi \cdot f \cdot t}\, dt = A_1 \cdot \underline{F}_1(f) + A_2 \cdot \underline{F}_2(f)$$

$$\mathcal{F}\{A_1\, f_1(t) + A_2\, f_2(t)\} = A_1\, \underline{F}_1(f) + A_2\, \underline{F}_2(f) \qquad \textbf{(4-24)}$$

Die Fouriertransformierte einer Summe von Zeitfunktionen ist gleich der Summe der Fouriertransformierten der einzelnen Zeitfunktionen. Allgemein gilt für n Zeitfunktionen:

$$\mathcal{F}\left\{ \sum_{k=1}^{n} \left(A_k \cdot f_k(t)\right) \right\} = \sum_{k=1}^{n} \left(A_k \cdot \underline{F}_{k(f)}\right) \qquad \textbf{(4-25)}$$

Beispiel 4.9:

Fouriertransformierte eines Rechteckimpulses mithilfe von Mathcad:

$$f_{rec}(t) = \frac{1}{T_1} \cdot \Phi\left(t + \frac{T_1}{2}\right) - \frac{1}{T_1} \cdot \Phi\left(t - \frac{T_1}{2}\right) \quad \text{oder} \quad f_{rec1}(t, T_1) := \frac{1}{T_1} \cdot \Phi\left(t + \frac{T_1}{2}\right) - \frac{1}{T_1} \cdot \Phi\left(t - \frac{T_1}{2}\right)$$

$$\frac{1}{T_1} \cdot \Phi\left(t + \frac{T_1}{2}\right) - \frac{1}{T_1} \cdot \Phi\left(t - \frac{T_1}{2}\right) \quad \text{hat Fourier-Transformation}$$

$$-\frac{e^{-\frac{T_1 \cdot \omega \cdot j}{2}} \cdot \left(e^{T_1 \cdot \omega \cdot j} - 1\right) \cdot (\pi \cdot \omega \cdot \Delta(\omega) + j)}{T_1 \cdot \omega} \quad \text{vereinfacht auf} \quad -\frac{2j \cdot \sin\left(\frac{T_1 \cdot \omega}{2}\right) \cdot (\pi \cdot \omega \cdot \Delta(\omega) + j)}{T_1 \cdot \omega}$$

oder:

t := t   Redefinition

$$f_{rec1}(t, T1) \;\Big|\; \begin{matrix}\text{fourier}, t \\ \text{vereinfachen}\end{matrix} \rightarrow -\frac{2j \cdot \sin\left(\frac{T1 \cdot \omega}{2}\right) \cdot (\pi \cdot \omega \cdot \Delta(\omega) + j)}{T1 \cdot \omega}$$

Für $\omega \neq 0$ ist aber der Dirac-Impuls $\Delta(\omega) = 0$, daher ergibt sich für die Fouriertransformierte des Impulses:

$$F(\omega, T_1) = 2 \cdot \frac{\sin\left(\frac{T1 \cdot \omega}{2}\right)}{T_1 \cdot \omega}$$ Fouriertransformierte (siehe dazu Beispiel 4.2)

Zeitverschiebung (Verschiebungssatz):

Wird ein Signal f(t) auf der Zeitachse um eine feste Zeit t_0 verzögert, so gilt für die zugehörige Fouriertransformierte:

$$\mathscr{F}\{ f(t - t_0) \} = \underline{F}(f) = \int_{-\infty}^{\infty} f(t - t_0) \cdot e^{-j \cdot 2 \cdot \pi \cdot f \cdot t} dt \qquad \textbf{(4-26)}$$

Mit der Substitution $t - t_0 = x$ ergibt sich:

$$\mathscr{F}\{ f(x) \} = \int_{-\infty}^{\infty} f(x) \cdot e^{-j \cdot 2 \cdot \pi \cdot f \cdot t_0} \cdot e^{-j \cdot 2 \cdot \pi \cdot f \cdot x} dx = e^{-j \cdot 2 \cdot \pi \cdot f \cdot t_0} \cdot \int_{-\infty}^{\infty} f(x) \cdot e^{-j \cdot 2 \cdot \pi \cdot f \cdot x} dx = e^{-j \cdot 2 \cdot \pi \cdot f \cdot t_0} \cdot \underline{F}(f).$$

Damit gilt:

$$\mathscr{F}\{ f(t - t_0) \} = \underline{F}(f)\, e^{-j\, 2\, \pi\, f\, t_0} \qquad \textbf{(4-27)}$$

Hier ist F(f) die Fouriertransformierte des unverzögerten Signals f(t) und $e^{-j\, 2\, \pi\, f\, t_0}$ ein Verschiebungsfaktor.
Ein zeitverschobenes Signal könnte z. B. durch eine ideale Verzögerungsleitung (Laufzeitglied) verursacht werden. Es zeigt sich, dass eine Verzögerung des Signals f(t) nur zum Phasenspektrum arg($\underline{F}$(f)) die lineare Phase $-2\,\pi\, f\, t_0$ addiert, während das Betragsspektrum unverändert bleibt, d. h., das Signal f(t) wird formgetreu übertragen.

Beispiel 4.10:

Fouriertransformierte der Sprungfunktion mithilfe von Mathcad:

$\Phi(t)$ hat Fourier-Transformation $\dfrac{\pi \cdot \omega \cdot \Delta(\omega) + j}{\omega}$

$\Phi(t - t_0)$ hat Fourier-Transformation $\dfrac{e^{\omega \cdot t_0 \cdot j} \cdot (\pi \cdot \omega \cdot \Delta(\omega) + j)}{\omega}$ mit $\Delta(\omega) = \dfrac{\Delta(f)}{2 \cdot \pi}$

$$\Delta 1(\omega) := \begin{cases} 0 & \text{if } \omega \neq 0 \\ 10000 & \text{otherwise} \end{cases}$$ Näherungsfunktion für den Dirac-Impuls

$t_0 := 1$ Verzögerungszeit

$$\underline{F}(\omega) := \frac{e^{\omega \cdot t_0 \cdot j} \cdot (\pi \cdot \omega \cdot \Delta 1(\omega) + j)}{\omega}$$ Fouriertransformierte (Spektralfunktion)

$\omega := \omega$ Redefinition

$$\left| \frac{e^{\omega \cdot t_0 \cdot j} \cdot (\pi \cdot \omega \cdot \Delta(\omega) + j)}{\omega} \right| \rightarrow \frac{e^{-\operatorname{Im}(\omega)} \cdot |\pi \cdot \omega \cdot \Delta(\omega) + j|}{|\omega|}$$ Betrag der Fouriertransformierten

$\omega := -0.02, -0.02 + 0.001 .. 0.02$ Bereichsvariable

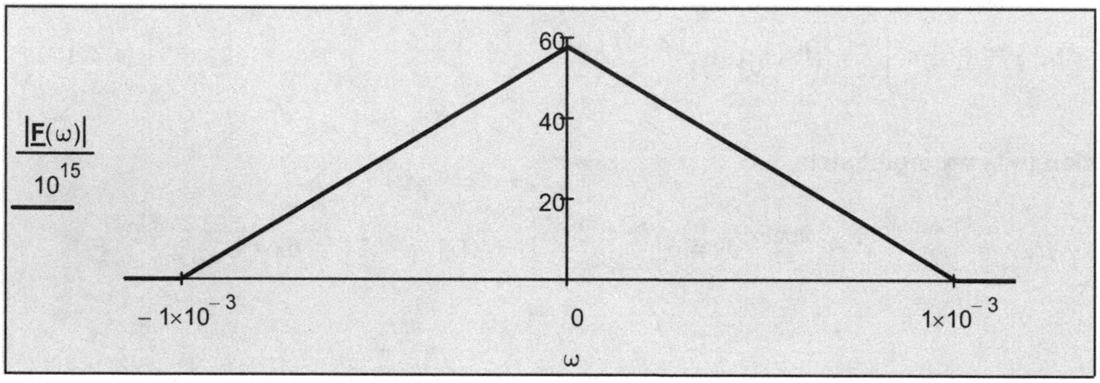

Abb. 4.9

<u>Ähnlichkeitssatz (Zeitskalierung):</u>

Der Ähnlichkeitssatz (Dehnung) ist wichtig für die Behandlung aller Aufgaben, bei denen eine Zeitnormierung der Signale durchgeführt werden muss. Mit der Substitution x = a t gilt:

$$\mathscr{F}\{ f(a \cdot t)\} = \int_{-\infty}^{\infty} f(a \cdot t) \cdot e^{-j \cdot 2 \cdot \pi \cdot f \cdot t} \, dt = \int_{-\infty}^{\infty} f(x) \cdot e^{-j \cdot 2 \cdot \pi \cdot f \cdot \frac{x}{a}} \cdot \frac{1}{a} \, dx = \frac{1}{a} \cdot \underline{F}\left(\frac{f}{a}\right)$$ **mit a > 0.**

$$\mathscr{F}\{ f(a \cdot t)\} = \int_{-\infty}^{\infty} f(a \cdot t) \cdot e^{-j \cdot 2 \cdot \pi \cdot f \cdot t} \, dt = -\int_{-\infty}^{\infty} f(x) \cdot e^{-j \cdot 2 \cdot \pi \cdot f \cdot \frac{x}{a}} \cdot \frac{1}{a} \, dx = -\frac{1}{a} \cdot \underline{F}\left(\frac{f}{a}\right)$$ **mit a < 0.**

Damit gilt:

$$\mathscr{F}\{ f(a\,t)\} = \frac{1}{|a|} \cdot \underline{F}\left(\frac{f}{a}\right) \quad \text{(für positive und negative a)} \tag{4-28}$$

Mit a = -1 ergibt sich die Fouriertransformierte zeitgespiegelter Signale:

$$\mathscr{F}\{ f(a\,t)\} = \underline{F}(-f) \quad \text{(dabei gilt } \underline{F}(-f) = \underline{F}^*(f)\text{)} \tag{4-29}$$

Der Ähnlichkeitssatz charakterisiert einen wichtigen Zusammenhang (z. B. für die Nachrichtenübertragung): Je kürzer ein Signal im Zeitbereich ist (kleines a), desto breiter ist das Fourierspektrum des Signals und umgekehrt.

Beispiel 4.11:

Fouriertransformierte einer geraden beidseitigen Exponentialfunktion mithilfe von Mathcad:

$t := t \qquad \omega := \omega$ Redefinitionen

$$e^{-a\cdot|t|} \;\Big|\; \begin{array}{l}\text{annehmen}, a > 0 \\ \text{fourier}, t\end{array} \rightarrow \frac{2\cdot a}{a^2+\omega^2}$$

$$e^{-|t|} \;\Big|\; \begin{array}{l}\text{fourier}, t \\ \text{ersetzen}, \omega = \frac{\omega}{a} \\ \text{vereinfachen}\end{array} \rightarrow \frac{2\cdot a^2}{a^2+\omega^2}$$

teilweise Anwendung des Ähnlichkeitssatzes

$$F(\omega) = \frac{1}{a}\cdot\left(\frac{2\cdot a^2}{a^2+\omega^2}\right)$$

teilweise Anwendung des Ähnlichkeitssatzes

vereinfacht auf

$$F(\omega) = \frac{2\cdot a}{a^2+\omega^2}$$

Fouriertransformierte von $e^{-a\,|t|}$

Der Imaginärteil der Fouriertransformierten ist null, weil f gerade ist.

Frequenzverschiebung (Modulationstheorem):

Analog zur obigen Herleitung soll nun die zu dem um f_0 verschobenen Spektrum $\underline{F}(f - f_0)$ zugehörige Zeitfunktion bestimmt werden:

$$\mathcal{F}^{-1}\{\,\underline{F}(f - f_0)\,\} = \int_{-\infty}^{\infty} \underline{F}(f - f_0)\cdot e^{j\cdot 2\cdot\pi\cdot f\cdot t}\,df \tag{4-30}$$

Mit der Substitution $f - f_0 = x$ ergibt sich

$$\mathcal{F}^{-1}\{\,\underline{F}(x)\,\} = \int_{-\infty}^{\infty} \underline{F}(x)\cdot e^{j\cdot 2\cdot\pi\cdot(x+f_0)\cdot t}\,dx = e^{j\cdot 2\cdot\pi\cdot f_0\cdot t}\cdot\int_{-\infty}^{\infty} \underline{F}(x)\cdot e^{j\cdot 2\cdot\pi\cdot x\cdot t}\,dx = e^{j\cdot 2\cdot\pi\cdot f_0\cdot t}\cdot f(t).$$

Damit gilt:

$$\mathcal{F}^{-1}\{\,\underline{F}(f - f_0)\,\} = f(t)\,e^{j\,2\,\pi\,f_0\,t} \tag{4-31}$$

Umgekehrt gilt dann:

$$\mathcal{F}\{\,f(t)\,e^{j\,2\,\pi\,f\,t_0}\,\} = \underline{F}(f - f_0) \tag{4-32}$$

Eine Verschiebung des Spektrums $\underline{F}(f)$ um die feste Frequenz f_0 führt also im Zeitbereich zu einer Multiplikation der Zeitfunktion f(t) mit $e^{j 2 \pi f t}$ bzw. umgekehrt: Eine Multiplikation des Signals f(t) mit $e^{j 2 \pi f t}$ (Träger- oder Oszillatorsignal) verschiebt das Spektrum des Signals S(f) lediglich um eine feste Frequenz f_0. Dieses Modulations- bzw. Mischerprinzip, d. h. die Verschiebung des Basisbandes $\underline{F}(f)$ in eine höhere Frequenzlage $(f - f_0)$, ist in der Nachrichtenübertragung von großer Bedeutung.

__Beispiel 4.12:__

Am Eingang eines multiplikativen Mischers liegt ein Rechteckimpuls mit $f(t) = A\, f_{rec}(t,T_1)$ (wie oben angegeben) an. Mit $f_0(t) = A_0 \cos(2\pi f_0 t)$ liegt am Ausgang des Mischers mit der Mischerkonstante k_M folgendes Signal an:

$$f_M(t) = k_M \cdot f(t) \cdot f_0(t) = k_M \cdot A \cdot f_{rec}(t, T_1) \cdot A_0 \cdot \left(\frac{e^{j \cdot 2 \cdot \pi \cdot f_0 \cdot t} - e^{-j \cdot 2 \cdot \pi \cdot f_0 \cdot t}}{2} \right)$$

bzw. umgeformt:

$$f_M(t) = k_M \cdot \frac{A \cdot A_0}{2} \cdot \left(f_{rec}(t, T_1) \cdot e^{j \cdot 2 \cdot \pi \cdot f_0 \cdot t} + f_{rec}(t, T_1) \cdot e^{-j \cdot 2 \cdot \pi \cdot f_0 \cdot t} \right)$$

Die Fouriertransformierte lautet damit mithilfe des Modulationstheorems:

$$F(f) = k_M \cdot \frac{A \cdot A_0 \cdot T_1}{2} \cdot \left[\text{sinc}\left[\pi \cdot T_1 \cdot (f - f_0)\right] + \text{sinc}\left[\pi \cdot T_1 \cdot (f + f_0)\right] \right]$$

In diesem Fall wird das Spektrum F(f) des Signals f(t) lediglich um $\pm f_0$ verschoben.

$A := 2 \qquad A_0 := 1$ Amplituden

$T_1 := \frac{1}{4}$ Impulsbreite

$k_M := 1$ Mischfaktor

$f_0 := 10$ Frequenz

$F1(f) := A \cdot T_1 \cdot \text{sinc}(\pi \cdot f \cdot T_1)$ Basisfrequenzspektrum

$$F(f) := k_M \cdot \frac{A \cdot A_0 \cdot T_1}{2} \cdot \left[\text{sinc}\left[\pi \cdot T_1 \cdot (f - f_0)\right] + \text{sinc}\left[\pi \cdot T_1 \cdot (f + f_0)\right] \right]$$

Frequenzspektrum des Mischerausgangssignals

$f := -f_0 - \frac{5}{T_1}, -f_0 - \frac{5}{T_1} + 0.01 .. f_0 + \frac{5}{T_1}$ Bereichsvariable

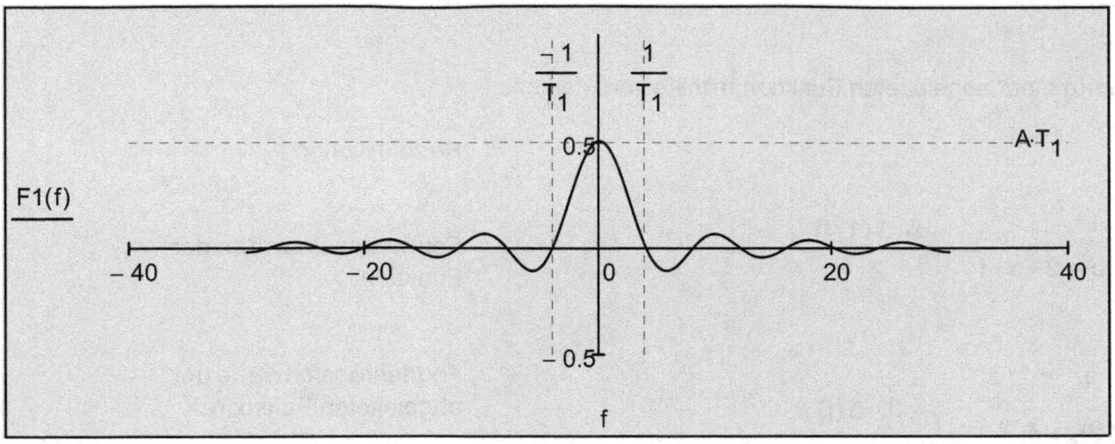

Abb. 4.10

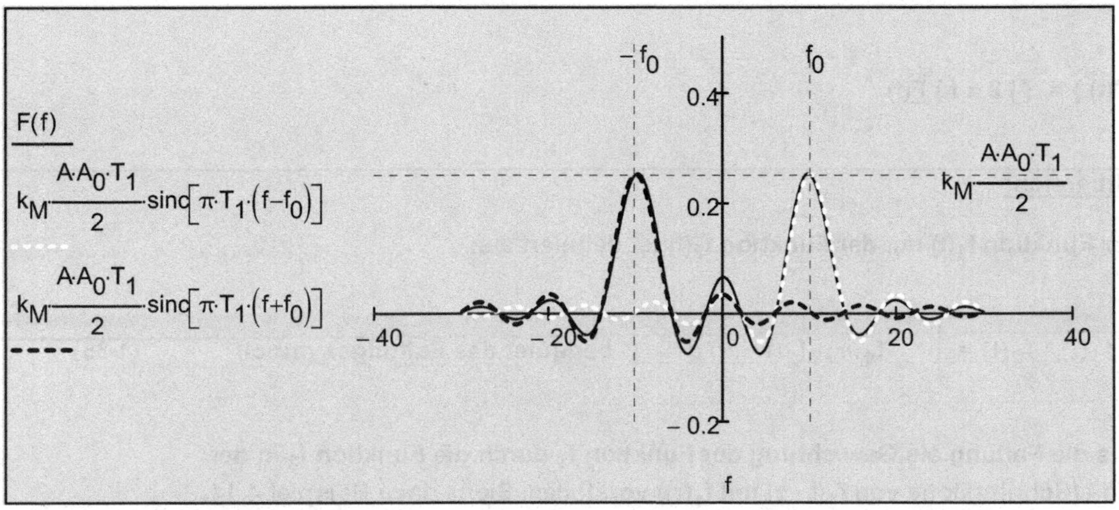

Abb. 4.11

Verschiebung des Basisbandes in eine höhere Frequenzlage.

Differentiation im Zeitbereich:

Nach (4-7) gilt: $\mathscr{F}^{-1}\{\underline{F}(f)\} = f(t) = \int_{-\infty}^{\infty} \underline{F}(f) \cdot e^{j \cdot 2 \cdot \pi \cdot f \cdot t} df.$

Daraus erhalten wir durch Differentiation:

$$\frac{d}{dt} f(t) = \int_{-\infty}^{\infty} \frac{d}{dt}\left(\underline{F}(f) \cdot e^{j \cdot 2 \cdot \pi \cdot f \cdot t}\right) df = \int_{-\infty}^{\infty} j \cdot 2 \cdot \pi \cdot f \cdot \underline{F}(f) \cdot e^{j \cdot 2 \cdot \pi \cdot f \cdot t} df = j \cdot 2 \cdot \pi \cdot f \cdot \int_{-\infty}^{\infty} \underline{F}(f) \cdot e^{j \cdot 2 \cdot \pi \cdot f \cdot t} df$$

Es gilt daher:

$$\mathscr{F}\{ f'(t) \} = (j\, 2\, \pi\, f)\, \underline{F}(f) \qquad (4\text{-}33)$$

bzw. für die n-te Ableitung:

$$\mathscr{F}\{ f^{(n)}(t) \} = (j\, 2\, \pi\, f)^n\, \underline{F}(f) \qquad (4\text{-}34)$$

Beispiel 4.13:

Fouriertransformierte einer abgeleiteten Funktion mithilfe von Mathcad:

$t := t \qquad \omega := \omega \qquad f := f$

Redefinitionen

$$\beta \cdot t \;\left|\begin{array}{l}\text{fourier}, t\\ \text{ersetzen}, \omega = 2 \cdot \pi \cdot f\end{array}\right. \rightarrow -\frac{\beta \cdot \Delta(1, f) \cdot j}{2 \cdot \pi}$$

Fouriertransformierte der Funktion

$$\frac{d}{dt}(\beta \cdot t) \;\left|\begin{array}{l}\text{fourier}, t\\ \text{ersetzen}, \omega = 2 \cdot \pi \cdot f\end{array}\right. \rightarrow \beta \cdot \Delta(f)$$

Fouriertransformierte der abgeleiteten Funktion

Vergleich: $\mathcal{F}\{ f'(t) \} = (j\, 2\, \pi\, f)\, \underline{F}(f)$

Faltung im Zeitbereich:

Die Faltung der Funktion $f_1(t)$ mit der Funktion $f_2(t)$ ist definiert als:

$$g(t) = f_1(t) * f_2(t) = \int_{-\infty}^{\infty} f_1(\tau) \cdot f_2(t - \tau)\, d\tau \quad \text{(* bedeutet das Faltungssymbol)} \tag{4-35}$$

Wir können uns die Faltung als Gewichtung der Funktion f_1 durch die Funktion f_2 in der Umgebung von t (Schnittfläche von $f_2(t - \tau)$ mit $f_1(\tau)$) vorstellen. Siehe dazu Beispiel 4.14.

Die Fouriertransformierte des Faltungsproduktes $f_1(t) * f_2(t)$ ergibt sich zu:

$$\mathcal{F}\{ f_1(t) * f_2(t) \} = \int_{-\infty}^{\infty} \left(\int_{-\infty}^{\infty} f_1(\tau) \cdot f_2(t - \tau)\, d\tau \right) \cdot e^{-j \cdot 2 \cdot \pi \cdot f \cdot t}\, dt \tag{4-36}$$

Durch Vertauschung der Integrationsgrenzen erhalten wir:

$$\mathcal{F}\{ f_1(t) * f_2(t) \} = \int_{-\infty}^{\infty} \left(\int_{-\infty}^{\infty} f_1(\tau) \cdot f_2(t - \tau) \cdot e^{-j \cdot 2 \cdot \pi \cdot f \cdot t}\, dt \right) d\tau \tag{4-37}$$

Bei der Integration über t ist $f_1(\tau)$ konstant, daher gilt:

$$\mathcal{F}\{ f_1(t) * f_2(t) \} = \int_{-\infty}^{\infty} \left(f_1(\tau) \cdot \int_{-\infty}^{\infty} f_2(t - \tau) \cdot e^{-j \cdot 2 \cdot \pi \cdot f \cdot t}\, dt \right) d\tau \tag{4-38}$$

Das innere Integral von (4-32) beschreibt die Fouriertransformierte von $f_2(t-\tau)$:

$$\mathcal{F}\{ f_2(t-\tau) \} = e^{-j2\pi f\tau}\,\underline{F}_2(f) \qquad (4\text{-}39)$$

Damit gilt:

$$\mathcal{F}\{ f_1(t) * f_2(t) \} = \int_{-\infty}^{\infty} \left[f_1(\tau)\cdot \underline{F}_2(f)\cdot e^{-j\cdot 2\cdot\pi\cdot f\cdot\tau} \right] d\tau = \underline{F}_2(f)\cdot \int_{-\infty}^{\infty} f_1(\tau)\cdot e^{-j\cdot 2\cdot\pi\cdot f\cdot\tau}\, d\tau$$

Somit gilt für die Fouriertransformierte des Faltungsproduktes:

$$\mathcal{F}\{ f_1(t) * f_2(t) \} = \underline{F}_1(f)\,.\,\underline{F}_2(f) \qquad (4\text{-}40)$$

Beispiel 4.14:

Es soll die Reaktion $u_a(t)$ einer RC-Schaltung (Abb. 4.12) auf einen rechteckförmigen Spannungsimpuls $u_e(t)$ mit der Impulsantwort g(t) ($\beta = 1/(RC)$) der RC-Schaltung bestimmt werden. Anschließend soll noch die Übertragungsfunktion der RC-Schaltung bestimmt werden.

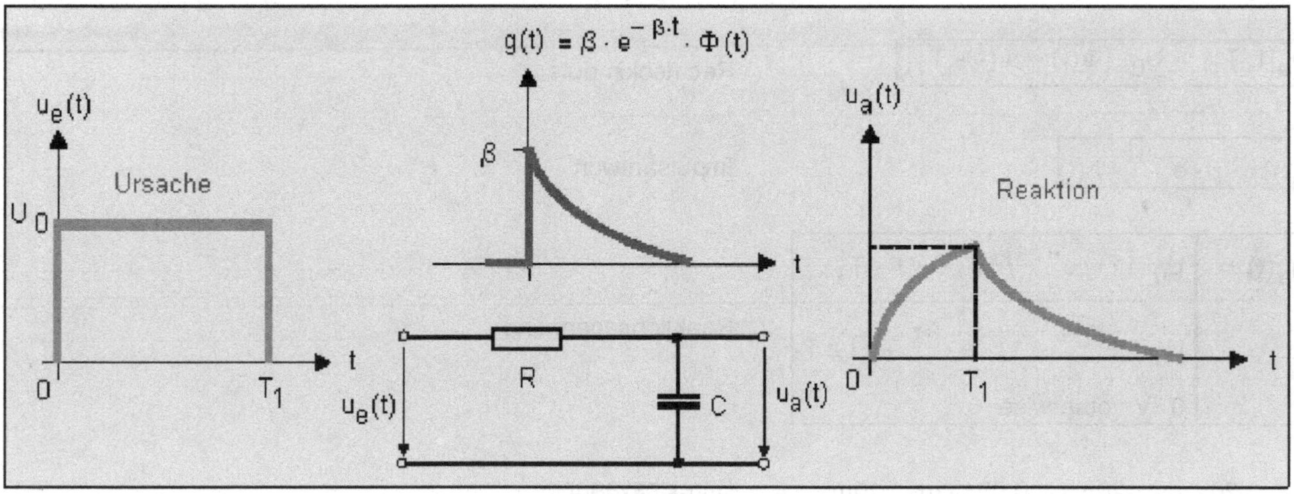

Abb. 4.12

Die Lösung liefert das Faltungsintegral. Zur Auswertung benötigen wir $g(t-\tau)$. Diese Funktion ergibt sich aus $g(\tau)$ durch Spiegelung an der Ordinate: $g(-\tau) = \beta\, e^{+\beta\tau}\,\Phi(-\tau)$. $g(t-\tau)$ ergibt sich aus $g(-\tau)$ wegen $g(t-\tau) = g(-(\tau - t))$ durch Verschieben von $g(-\tau)$ um t auf der τ-Achse ($t < 0$ Rechtsverschiebung und $t > 0$ Linksverschiebung).

$$u_a(t) = \int_{-\infty}^{\infty} u_e(\tau)\cdot g(t-\tau)\, d\tau$$

Die Reaktion ist die Schnittfläche von $g(t-\tau)$ mit $u_e(\tau)$.

a) Für $t < 0$ ergibt sich wegen $u_e(\tau) = 0$ für das Produkt $u_e(\tau)\, g(t-\tau) = 0$ und damit $u_a(t) = 0$.

b) Für $0 \le t \le T_1$ ist das Produkt $u_e(\tau)\, g(t-\tau) \neq 0$ im Bereich $0 < \tau < t$. Damit gilt:

$$u_a(t) = \int_0^t U_0\cdot\beta\cdot e^{-\beta(t-\tau)}\, d\tau = U_0\cdot\left(1 - e^{-\beta\cdot t}\right) \qquad \text{für } 0 \le t \le T_1.$$

c) Für $t \geq T_1$ ist das Produkt $u_e(\tau)\ g(t - \tau) \neq 0$ nur im Bereich $0 < \tau < T_1$. Es gilt somit:

$$u_a(t) = \int_0^{T_1} U_0 \cdot \beta \cdot e^{-\beta(t-\tau)}\, d\tau = U_0 \cdot \left(e^{\beta \cdot T_1} - 1\right) \cdot e^{-\beta \cdot t} \qquad \text{für } t \geq T_1.$$

$R := 500 \cdot \Omega$ Ohm'scher Widerstand

$C := 30 \cdot \mu F$ Kapazität

$ms := 10^{-3} \cdot s$ Einheitendefinition

$\beta := \frac{1}{R \cdot C} \qquad \beta = 0.067 \cdot \frac{1}{ms}$ Einflussfaktor

$T_1 := \frac{1}{\beta} \qquad T_1 = 15 \cdot ms$ gewählte Impulsbreite (Sonderfall)

$U_0 := 100 \cdot V$ Wert des Spannungsimpulses

$u_e(t, T_1) := U_0 \cdot \left(\Phi(t) - \Phi(t - T_1)\right)$ Rechteckimpuls

$g(t) := \beta \cdot e^{-\beta \cdot t} \cdot \Phi(t)$ Impulsantwort

$$u_a(t) := \begin{cases} U_0 \cdot \left(1 - e^{-\beta \cdot t}\right) & \text{if } 0 \leq t \leq T_1 \\ U_0 \cdot \left(e^{\beta \cdot T_1} - 1\right) \cdot e^{-\beta \cdot t} & \text{if } t \geq T_1 \\ 0 \cdot V & \text{otherwise} \end{cases}$$

Reaktionsspannung

$\tau := -20 \cdot ms, -20ms + 0.001 \cdot ms .. 40ms$ Bereichsvariable

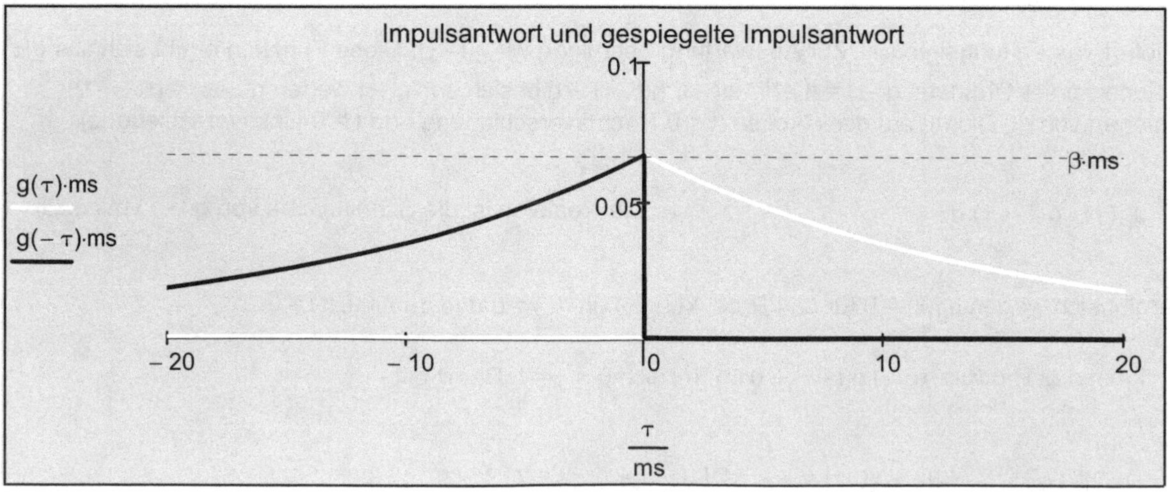

Abb. 4.13

$t_2 :=$

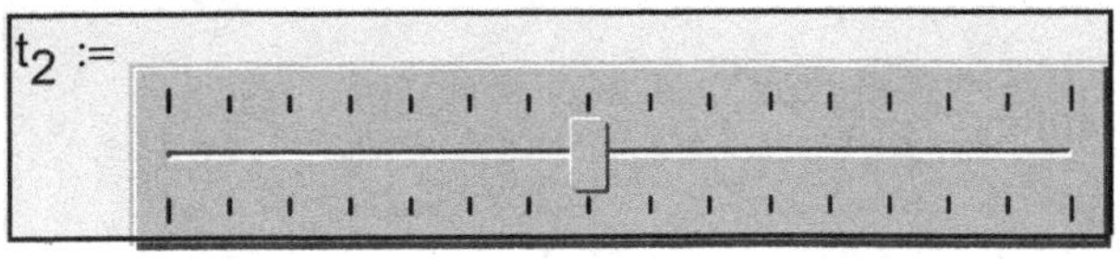

$t_1 := -2 \cdot ms$ $\quad t_2 := t_2 \cdot ms$ $\quad t_2 = 7 \cdot ms$ $\quad t_3 := 20 \cdot ms$ Zeitverschiebung um t

$\tau_1 := 0 \cdot ms, 0.01 \cdot ms .. T_1$ Bereichsvariable

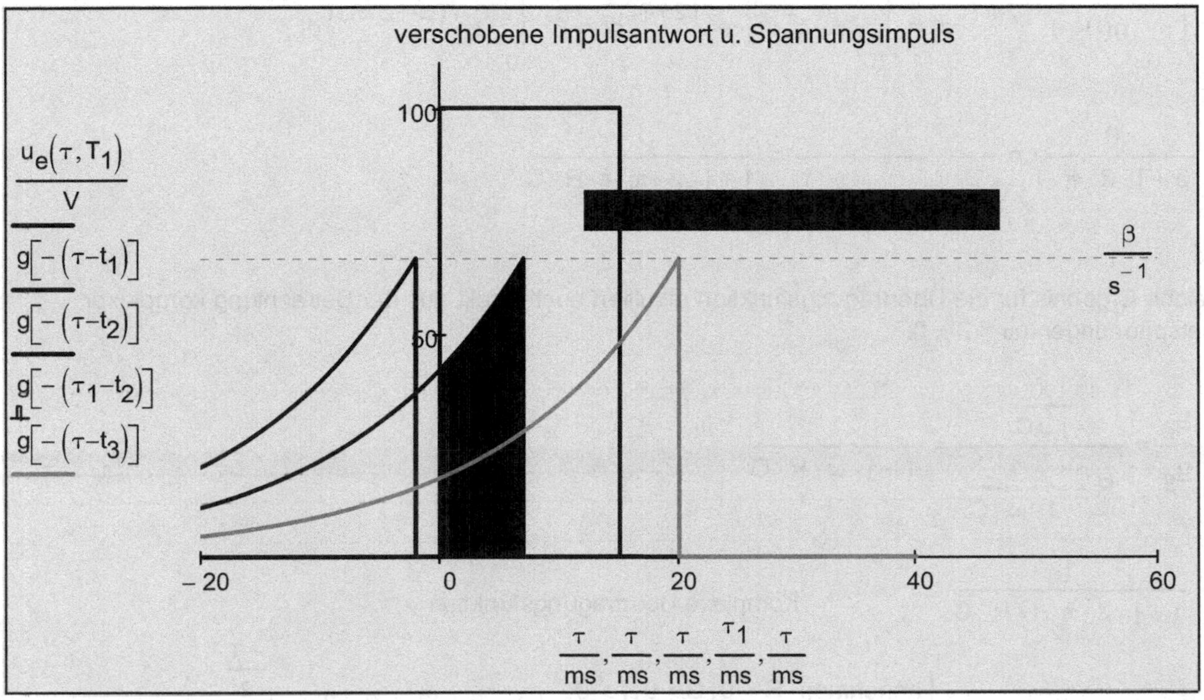

Abb. 4.14

$t := -10 \cdot ms, -10 \cdot ms + 0.001 \cdot ms .. 50ms$ Bereichsvariable

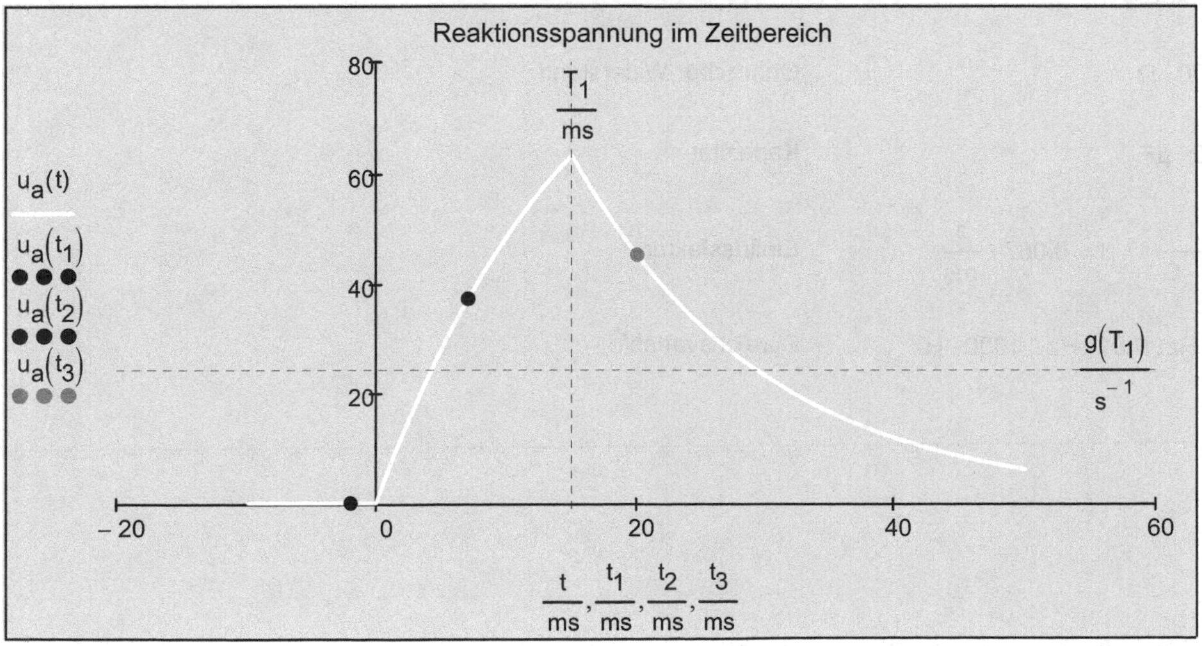

Abb. 4.15

$t := t \quad \beta := \beta \quad R := R \quad C := C$ Redefinition

Die Impulsantwort existiert für t > 0 und wird beschrieben durch:

$$\boxed{g(t) = \beta \cdot e^{-\beta \cdot t} \cdot \Phi(t)}$$

Damit ergibt sich für die Übertragungsfunktion der RC-Schaltung:

$$\underline{\mathbf{G}}(f) = \int_{-\infty}^{\infty} g(t) \cdot e^{-j \cdot 2 \cdot \pi \cdot f \cdot t}\,dt = \int_{0}^{\infty} \beta \cdot e^{-\beta \cdot t} \cdot e^{-j \cdot 2 \cdot \pi \cdot f \cdot t}\,dt = \beta \cdot \int_{0}^{\infty} e^{-(\beta + j \cdot 2 \cdot \pi \cdot f) \cdot t}\,dt$$

$$\underline{\mathbf{G}}(f) = \frac{\beta}{\beta + j \cdot 2 \cdot \pi \cdot f} = \frac{1}{1 + j \cdot 2 \cdot \pi \cdot f \cdot \frac{1}{\beta}} = \frac{1}{1 + j \cdot 2 \cdot \pi \cdot f \cdot R \cdot C}$$

Das gleiche Ergebnis für die Übertragungsfunktion resultiert auch direkt aus der Betrachtung komplexer Wechselspannungen ($\omega = 2\,\pi\,f$):

$$\underline{\mathbf{G}}(f) = \frac{\underline{\mathbf{u_a}}}{\underline{\mathbf{u_e}}} = \frac{\frac{1}{j \cdot \omega \cdot C}}{R + \frac{1}{1 \cdot \omega \cdot C}} = \frac{1}{1 + j \cdot \omega \cdot R \cdot C}$$

$\underline{\mathbf{G}}(f) := \frac{1}{1 + j \cdot 2 \cdot \pi \cdot f \cdot R \cdot C}$ Komplexe Übertragungsfunktion

$A(f) := \left|\underline{\mathbf{G}}(f)\right| \qquad A(f) \left| \begin{array}{l} \text{annehmen}, R > 0, C > 0, f > 0 \\ \text{vereinfachen} \end{array} \right. \rightarrow \left(4 \cdot \pi^2 \cdot C^2 \cdot R^2 \cdot f^2 + 1\right)^{\frac{-1}{2}}$ Amplitudengang

$\varphi(f) := \arg(\underline{\mathbf{G}}(f))$ Phasengang

$R := 500 \cdot \Omega$ Ohm'scher Widerstand

$C := 30 \cdot \mu F$ Kapazität

$\beta := \frac{1}{R \cdot C} \qquad \beta = 0.067 \cdot \frac{1}{ms}$ Einflussfaktor

$f := 0 \cdot Hz, 0.01 \cdot Hz .. 1000 \cdot Hz$ Bereichsvariable

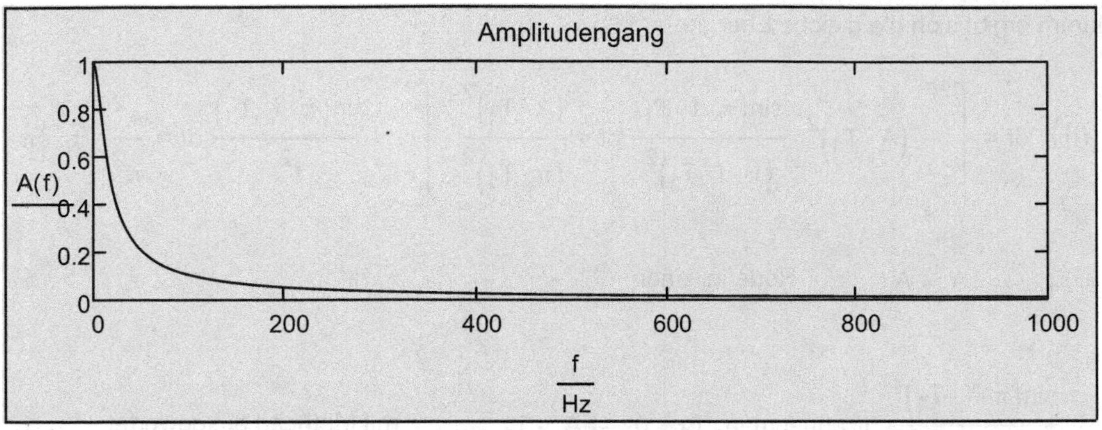

Abb. 4.16

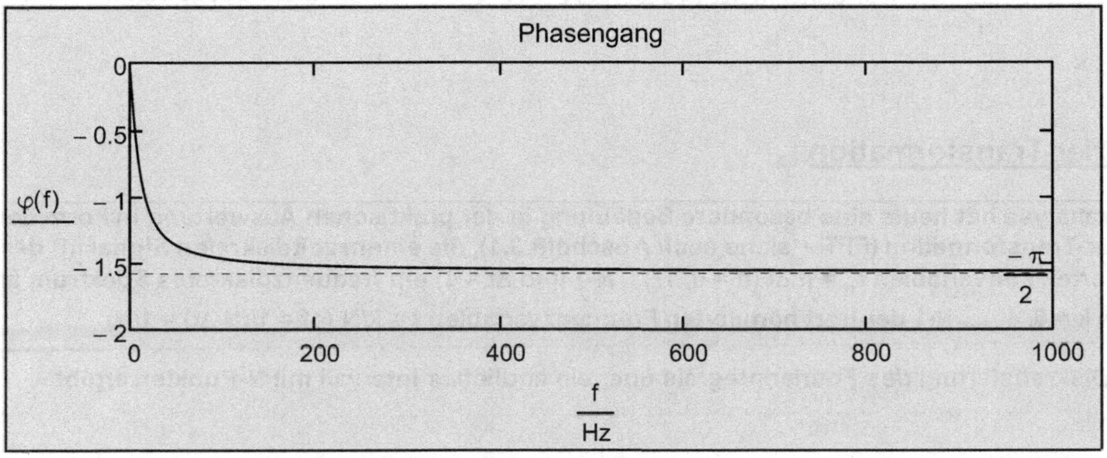

Abb. 4.17

Das Ausgangssignal $u_a(t)$ unterscheidet sich vom Eingangssignal $u_e(t)$ in der Amplitude, d. h. $|\underline{\mathbf{G}}(f)|$ und weist gegenüber $u_e(t)$ die Phasenverschiebung $\varphi(f) = \arg(\underline{\mathbf{G}}(f)) = -\arctan(2\,\pi\, f\, R\, C)$ auf.

Energie-Theorem von Rayleigh:
Für die Energie eines Impulses gilt:

$$E = \int_{-\infty}^{\infty} (|f(t)|)^2\, dt = \int_{-\infty}^{\infty} f(t)\cdot f^*(t)\, dt = \int_{-\infty}^{\infty} \underline{\mathbf{F}}(x)\cdot \underline{\mathbf{F}}^*(f-x)\, dx = \int_{-\infty}^{\infty} \underline{\mathbf{F}}(x)\cdot \underline{\mathbf{F}}^*(x)\, dx \;\textbf{(für f = 0)} \quad \textbf{(4-41)}$$

Substituieren wir wieder x mit f(x → f), so ergibt sich die gesamte Energie aus:

$$E = \int_{-\infty}^{\infty} (|f(t)|)^2\, dt = \int_{-\infty}^{\infty} (|\underline{\mathbf{F}}(f)|)^2\, df \quad \textbf{(4-42)}$$

Beispiel 4.15:

Bestimmen Sie die Energie des oben angegebenen Rechteckimpulses $f_{rec}(t, T_1)$ (Beispiel 4.2) im Zeitbereich und aus dem Spektrum.

$$E = \int_{-\infty}^{\infty} \left(\left|f_{rec}(t, T_1)\right|\right)^2 dt = \int_{\frac{-T_1}{2}}^{\frac{T_1}{2}} A^2\, dt = A^2 \cdot T_1$$

Aus dem Spektrum ergibt sich die gleiche Energie:

$$E = \int_{-\infty}^{\infty} \left(|\underline{F}(f)|\right)^2 df = \int_{-\infty}^{\infty} (A \cdot T_1)^2 \cdot \frac{\sin(\pi \cdot f \cdot T_1)}{(\pi \cdot f \cdot T_1)^2} df = \frac{(A \cdot T_1)^2}{(\pi \cdot T_1)^2} \cdot \int_{-\infty}^{\infty} \frac{\sin(\pi \cdot f \cdot T_1)}{f^2} df = \frac{A^2}{\pi^2} \cdot \pi \cdot |\pi \cdot T_1$$

$f := f$ $\quad T_1 := T_1 \quad A := A$ Redefinitionen

$$\frac{(A \cdot T_1)^2}{(\pi \cdot T_1)^2} \cdot \int_{-\infty}^{\infty} \frac{\sin(\pi \cdot f \cdot T_1)^2}{f^2} df \text{ annehmen}, T_1 > 0 \rightarrow A^2 \cdot T_1$$

mit Mathcad ausgewertet

4.4 Fast-Fourier-Transformation

Die Fourieranalyse hat heute eine besondere Bedeutung in der praktischen Auswertung in Form der Fast-Fourier-Transformation (FFT - siehe auch Abschnitt 3.1), die einem zeitdiskreten Signal f(t) der jetzt normierten Zeitvariablen $t_n = n\,\Delta t$ (n = 0, 1, ..., N-1 und $\Delta t = 1$) ein frequenzdiskretes Spektrum an den Stellen k = 0, 1, ..., N-1 der jetzt normierten Frequenzvariablen $f = k/N$ ($\Delta f = 1/(N\,\Delta t) = 1/N$) zuordnet.
Durch die Diskretisierung des Fourierintegrals über ein endliches Intervall mit N-Punkten ergibt sich:

$$\underline{F}(f) = \int_{-\infty}^{\infty} f(t) \cdot e^{-j \cdot 2 \cdot \pi \cdot f \cdot t} dt \approx \underline{F}_k = \sum_{n=0}^{N-1} \left(y_n \cdot e^{-j \cdot 2 \cdot \pi \cdot \frac{k}{N} \cdot n} \right) \quad \textbf{(k = 0, 1, ..., N-1)} \qquad \textbf{(4-43)}$$

Die Rücktransformation erhalten wir aus:

$$f(t) = \frac{1}{2 \cdot \pi} \cdot \int_{-\infty}^{\infty} \underline{F}(f) \cdot e^{j \cdot 2 \cdot \pi \cdot f \cdot t} d\omega \approx y_n = \frac{1}{N} \cdot \sum_{k=0}^{N-1} \left(\underline{F}_k \cdot e^{j \cdot 2 \cdot \pi \cdot \frac{k}{N} \cdot n} \right) \quad \textbf{(n = 0, 1, ..., N-1)} \qquad \textbf{(4-44)}$$

Der Transformationsalgorithmus ist für $N = 2^m$ besonders effizient. Hierdurch werden die Grenzen zur Fourierreihe verwischt, denn die diskreten Spektren gehören zu Funktionen, die auf der Zeitachse mit N und der Frequenzachse mit 1 periodisch sind.

Bemerkung:

Vergleichen wir die in Abschnitt 3.1 angeführten Funktionen FFT und IFFT von Mathcad, so gilt:

$$\underline{F} = N \cdot FFT(\mathbf{y}) \qquad \textbf{(4-45)}$$

und

$$\mathbf{y} = \frac{1}{N} \cdot IFFT(\underline{F}) \qquad \textbf{(4-46)}$$

Beispiel 4.16:

Verschiedene Signale sollen zuerst mit einer Abtastfrequenz f_A = 8 kHz und N = 1024 Abtastzeitpunkten abgetastet werden. Die abgetasteten Werte sollen dann fouriertransfomiert und grafisch dargestellt werden. Über die Rücktransformation soll das Ausgangssignal wiederhergestellt werden.

$ORIGIN := 0$ ORIGIN festlegen

$m := 10$ Exponent

$N_a := 2^m$ $N_a = 1024$ Anzahl der Abtastwerte

$n := 0 .. N_a - 1$ Bereichsvariable

$ms := 10^{-3} \cdot s$ Einheitendefinition

$f_A := 8 \cdot kHz$ Abtastfrequenz (Abtastrate)

$T_A := \frac{1}{f_A}$ $T_A = 0.125 \cdot ms$ Abtastperiode

$\mathbf{t}_n := n \cdot T_A$ Abtastzeitpunkte

$f := 200 \cdot Hz$ Frequenz

$\omega := 2 \cdot \pi \cdot f$ Kreisfrequenz

$\tau := 0.001 \cdot s$ Zeitfaktor

$k := 10$ Faktor

Script für das unten angeführte Listenfeld:

```
Rem Initialize List Box
ListBox.ResetContent()

Rem Add Strings here as needed
ListBox.AddString("Modulierte Sinusschwingung")
ListBox.AddString("Rechteck Impuls")
ListBox.AddString("Geträgerter Impuls")
ListBox.AddString("Gefilteter Impuls")
ListBox.AddString("Gefilteter Impuls, geträgert")

Rem Initialize Selection If desired
ListBox.CurSel = 0

Sub ListBoxEvent_Start()
End Sub

Sub ListBoxEvent_Exec(Inputs,Outputs)
        Outputs(0).Value = ListBox.CurSel + 1
End Sub

Sub ListBoxEvent_Stop()
        Rem TODO: Add your code here
End Sub

Sub ListBox_SelChanged()
        ListBox.Recalculate()
End Sub

Sub ListBox_DblClick()
        ListBox.Recalculate()
End Sub
```

Listenfeld zur Auswahl verschiedener Signale:

z :=
- Modulierte Sinusschwingung
- Rechteck Impuls
- Geträgerter Impuls
- Gefilteter Impuls
- Gefilteter Impuls, geträgert

$z = 1$

$$f(N_a, \mathbf{t}, \omega, k, \tau, z) := \left| \begin{array}{l} \text{for } n \in 0 .. N_a - 1 \\ \quad \left| \begin{array}{l} \mathbf{y}_n \leftarrow 0.5 \cdot \sin(\omega \cdot \mathbf{t}_n) \cdot \sin(k \cdot \omega \cdot \mathbf{t}_n) \text{ if } z = 1 \\ \mathbf{y}_n \leftarrow \text{wenn}(0 \cdot s < \mathbf{t}_n < 3 \cdot \tau, 1, 0) \text{ if } z = 2 \\ \mathbf{y}_n \leftarrow \text{wenn}(0 \cdot s < \mathbf{t}_n < 5 \cdot \tau, 1, 0) \cdot \sin(k \cdot \omega \cdot \mathbf{t}_n) \text{ if } z = 3 \\ \mathbf{y}_n \leftarrow e^{\frac{-(\mathbf{t}_n)^2}{10^{-4} \cdot s^2}} \text{ if } z = 4 \\ \mathbf{y}_n \leftarrow e^{\frac{-(\mathbf{t}_n)^2}{10^{-4} \cdot s^2}} \cdot \sin(k \cdot \omega \cdot \mathbf{t}_n) \text{ if } z = 5 \end{array} \right. \\ \text{return } \mathbf{y} \end{array} \right.$$

Unterprogramm zur Auswahl verschiedener Signale.

$\mathbf{y} := f(N_a, \mathbf{t}, \omega, k, \tau, z)$ Vektor der abgetasteten Funktionswerte

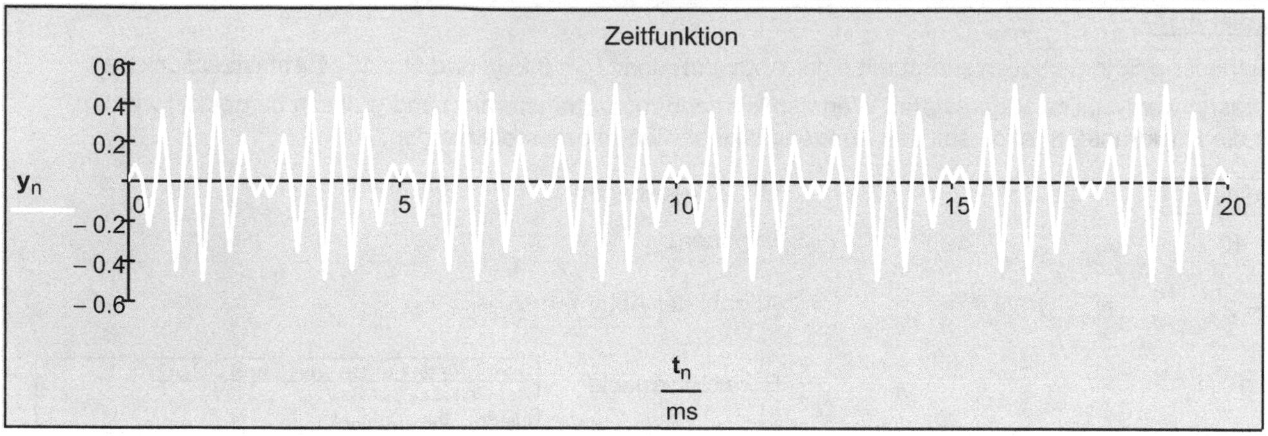

Abb. 4.18

$\mathbf{F} := N_a \cdot FFT(\mathbf{y})$ Fouriertransformierte (FFT liefert einen Vektor mit $1 + 2^{m-1} = 513$ Elementen zurück)

$k := 0 .. \frac{N_a}{2}$ Index bis zur halben Abtastfrequenz

$df := \frac{1}{N_a \cdot T_A}$ $df = 7.813 \frac{1}{s}$ Frequenzauflösung

$\mathbf{f}_k := k \cdot df$ Frequenzvektor

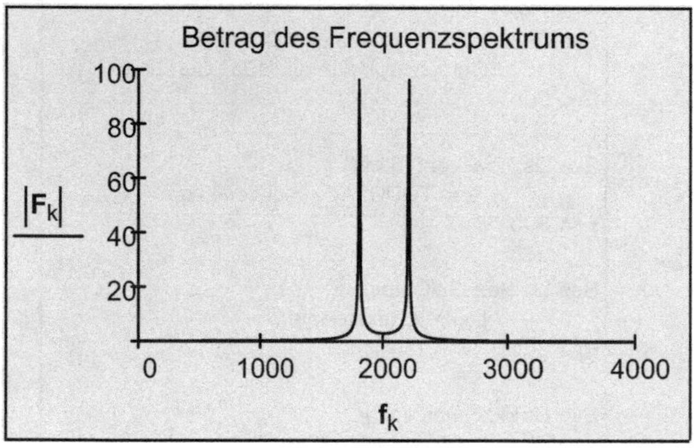

Abb. 4.19

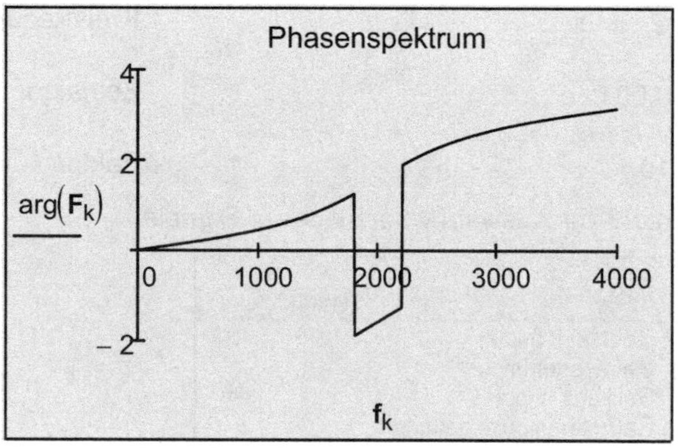

Abb. 4.20

$\mathbf{y1} := \frac{1}{N_a} \cdot IFFT(\mathbf{F})$ inverse Fourier-Transformation

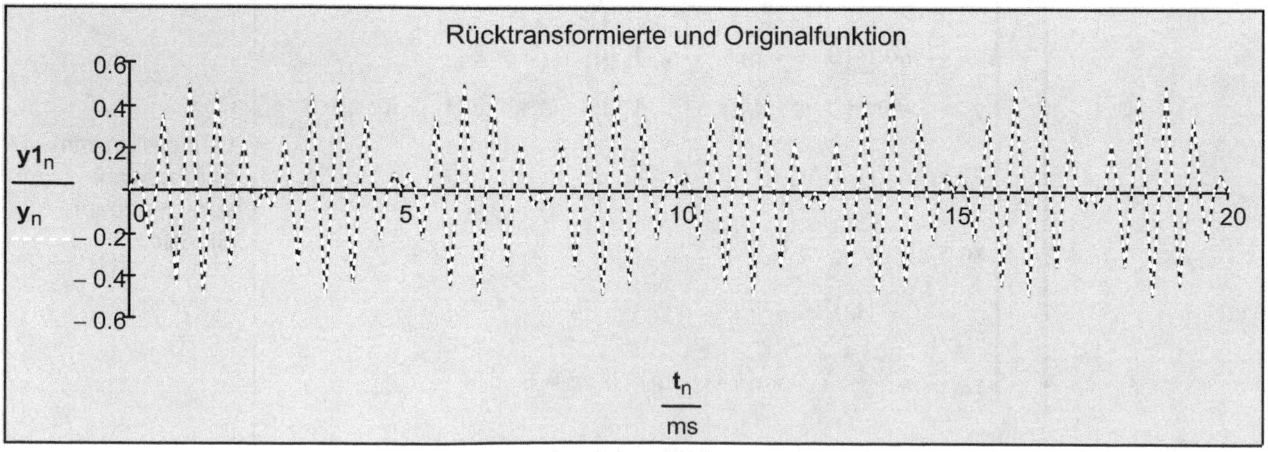

Abb. 4.21

5. Laplace-Transformation

Die Laplace-Transformation hat für die Analyse und den Entwurf linearer, zeitinvarianter, dynamischer Systeme eine große praktische Bedeutung erlangt. Sie gehört wie die Fourier-Transformation zur Gruppe der Integraltransformationen. Dabei müssen wir aus mathematischer Sicht zwischen der einseitigen und der zweiseitigen Laplace-Transformation unterscheiden. Da in den Anwendungen der linearen Systemtheorie die zweiseitige Laplace-Transformation in ihrer allgemeinen Form kaum benutzt wird, wird im Folgenden nur die einseitige Laplace-Transformation behandelt. Die so definierte Laplace-Transformation setzt daher im Zeitbereich kausale Signale f(t) voraus. Kausale Signale sind solche, die nur in $t \ge 0$ existieren, d. h., Signale, die für $t < 0$ null sind.
Im Zusammenhang mit der Untersuchung des Signalübertragungsverhaltens von linearen, zeitinvarianten, dynamischen Systemen bedeutet das überhaupt keine Einschränkung, da das Systemverhalten hier immer erst ab einem Einschaltzeitpunkt t_0 von Interesse ist. Diesen Einschaltzeitpunkt können wir zu $t_0 = 0$ s wählen bzw. festlegen.
Die Laplace-Transformation spielt bei nichtperiodischen Vorgängen, insbesondere bei Einschalt-Vorgängen, eine große Rolle. Dabei sind lineare Differentialgleichungen und Differentialgleichungssysteme mit konstanten Koeffizienten und mit Anfangsbedingungen zu lösen. Die Differentialgleichung wird mittels Transformation in eine algebraische Gleichung umgewandelt. Die Laplace-Transformation stellt eine Möglichkeit dar, die Operationen des Differenzierens und Integrierens auf die viel einfacheren Operationen des Multiplizierens und Dividierens abzubilden (siehe dazu auch Kapitel 7).
Neben dieser Anwendung der Laplace-Transformation, erlaubt sie auch eine sehr übersichtliche Behandlung des Übertragungsverhaltens von Netzwerken.
In der Regelungstechnik werden z. B. die Stabilitätskriterien rückgekoppelter Netzwerke nicht im Zeitbereich, sondern gleich im Bildbereich (Laplacebereich) untersucht.

Zusammenhang zwischen Fourier-Transformation und Laplace-Transformation:

Die Konvergenzbedingung für das Fourierintegral lautete: $\int_{-\infty}^{\infty} |f(t)|\, dt < \infty$.

Diese Bedingung ist aber leider bereits für einfache und praktisch wichtige Zeitfunktionen (wie z. B. Sprungfunktion) nicht erfüllt!

Wenn wir jedoch die Zeitfunktion f(t) für $t < 0$ identisch 0 setzen und für $t \ge 0$ mit $e^{\delta_0 \cdot t}$ ($\delta_0 > 0$) multiplizieren, geht die Fourier-Transformation in die Laplace-Transformation über. Bei vielen Anwendungen existieren derartige Integrale.

Die Fourier-Transformation $\mathscr{F}\{f(t)\} = \underline{F}(\omega) = \int_{-\infty}^{\infty} f(t) \cdot e^{-j\cdot\omega\cdot t}\, dt$ **geht mit der Multiplikation**

von $e^{\delta_0 \cdot t}$ **und der komplexen Frequenzvariablen $s = \delta_0 + j\,\omega$ ($\delta_0, \omega \in \mathbb{R}$) über in die Laplace-Transformation (s wird wie üblich ohne Unterstreichung dargestellt).**
Der Zeitfunktion f(t) wird ihre einseitige Laplacetransformierte im Bildbereich zugeordnet:

$$\mathscr{L}\{f(t)\} = \mathscr{F}\{f(t)\, e^{\delta_0 \cdot t}\} = \underline{F}(s) = \int_{-\infty}^{\infty} f(t) \cdot e^{-\delta_0 \cdot t} \cdot e^{-j\cdot\omega\cdot t}\, dt = \int_{0}^{\infty} f(t) \cdot e^{-s\cdot t}\, dt \qquad \textbf{(5-1)}$$

Die Voraussetzungen für dieses uneigentliche Integral sind:

1. $f(t) = 0$ **für $t < 0$** **2.** $f(0) = \lim\limits_{t \to 0^+} f(t)$ **3.** $\int_{0}^{\infty} |f(t)| \cdot e^{-s\cdot t}\, dt < \infty$

4. f(t) ist in jedem endlichen Intervall in endlich viele stetige und monotone Teile zerlegbar. An den Sprungstellen t_k ist der Funktionswert $f(t_k) = \frac{1}{2} \cdot \lim\limits_{\Delta t \to 0} \left(f(t_k - \Delta t) + f(t_k + \Delta t)\right)$.

Das Integrationsintervall beginnt bei t = 0 (linksseitiger Grenzwert gegen 0), so dass auch Signale f(t) zugelassen werden, die in t = 0 einen δ-Impulsanteil (Dirac-Impuls) δ(t) besitzen. Solche Signale treten z. B. als Gewichtsfunktionen g(t) bei sprungfähigen Systemen auf.
Dadurch, dass die Laplacevariable s eine komplexe Variable mit Realteil δ und Imaginärteil ω ist, wird erreicht, dass dieses Integral für eine wesentlich größere Klasse von Signalen f(t) konvergiert als beim Fourierintegral.
F(s) stellt die spektrale Dichte der Zeitfunktion f(t) (typische Vertreter sind z. B. Spannungen U(s) und Ströme I(s)) über der Einheit der komplexen Kreisfrequenz dar.

Um aus dem Bildbereich wieder in den Originalbereich zurückzukehren, ist die inverse Laplace-Transformation zu bilden aus:

$$\mathscr{L}^{-1}\{\underline{F}(s)\} = f(t) = \frac{1}{2\cdot\pi\cdot j}\cdot\int_{\delta_0-j\cdot\infty}^{\delta_0+j\cdot\infty}\underline{F}(s)\cdot e^{s\cdot t}\,ds = \sum_{(\mathrm{Pole}(\underline{F}(s)))}\left(\mathrm{Residuen}\left(\underline{F}(s)\cdot e^{s\cdot t}\right)\right) \quad \textbf{(5-2)}$$

Der durch die Grenzen angedeutete Integrationsweg [δ_0 - j ∞ , δ_0 + j ∞] ist eine zur j ω-Achse parallele Gerade, die innerhalb des der Laplacetransformierten F(s) zugeordneten Konvergenzgebietes liegt und die δ-Achse im Punkt δ_0 schneidet.
Die Funktion F(s), die innerhalb des Konvergenzgebietes analytisch ist, kann häufig in die gesamte komplexe Ebene fortgesetzt werden, und zwar derart, dass sie bis auf endlich viele Singularitäten überall analytisch ist und überdies für s → ∞ gegen null strebt. Zur bequemen Berechnung des Integrals bietet sich dann in vielen Fällen das Residuenkalkül an. Der Wert des Integrals ist dann wie angegeben durch die Summe der Residuen in allen Singularitäten gegeben.
Die Berechnung der Residuen ist besonders einfach, wenn es sich bei den Singularitäten von F(s) ausschließlich um Pole handelt.
Ist $s_0 \in \mathbb{C}$ ein Pol erster Ordnung, so ist das Residuum in diesem Pol gegeben durch:

$$\mathrm{Residuum}\left(\underline{F}(s)\cdot e^{s\cdot t}\right) = \lim_{s\to s_0}\left[(s-s_0)\cdot\left(\underline{F}(s)\cdot e^{s\cdot t}\right)\right] \quad \textbf{(5-3)}$$

Hat der Pol $s_0 \in \mathbb{C}$ die Ordnung $m \geq 2$, so gilt:

$$\mathrm{Residuum}\left(\underline{F}(s)\cdot e^{s\cdot t}\right) = \lim_{s\to s_0}\left[\frac{1}{(m-1)!}\cdot\frac{d^{m-1}}{ds^{m-1}}\left[(s-s_0)^m\cdot\underline{F}(s)\cdot e^{s\cdot t}\right]\right] \quad \textbf{(5-4)}$$

<u>Bemerkung:</u>
In Fällen, wo Verwechslungen der Laplacevariablen s und der Zeit in s (Sekunde) möglich sind (dies ist insbesonders in Mathcad oft problematisch), ist es eventuell zweckmäßig, die Sekunde mit sec abzukürzen oder die komplexe Frequenzvariable s, wie in der Literatur auch üblich, nicht mit s, sondern mit p zu bezeichnen.

5.1 Elementar- und Testsignale

Beispiel 5.1:

Laplace-Transformation und Rücktransformation einer allgemeinen Sprungfunktion σ(t) = A Φ(t) (Heavisidefunktion).

A1 := 2 Amplitude

$f(t) := A1 \cdot \Phi(t)$ allgemeine Sprungfunktion

$t := -2, -2 + 0.1 .. 2$ Bereichsvariable

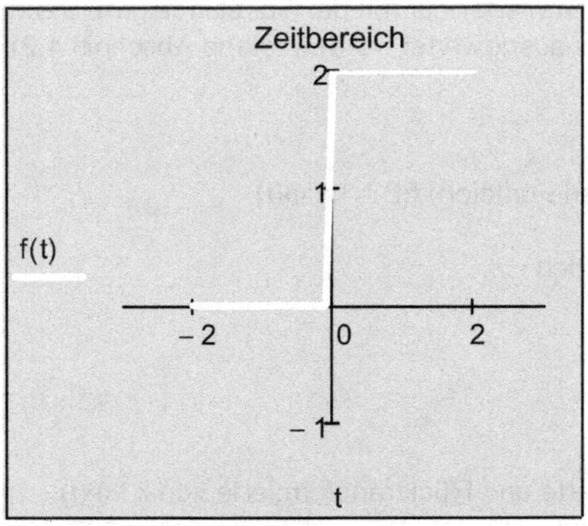

Abb. 5.1

Laplacetransfomierte und Rücktransformierte von A1 Φ(t) mithilfe von Mathcad:

$t := t$ $A1 := A1$ Redefinitionen

$A1 \cdot \Phi(t)$ hat Laplace-Transformation $\frac{A1}{s}$

$\frac{A1}{s}$ hat inverse Laplace-Transformation $A1$

$\underline{F}(s) := A1 \cdot \Phi(t) \text{ laplace}, t \rightarrow \frac{A1}{s}$

$f(t) := \frac{A1}{s} \text{ invlaplace}, s \rightarrow A1$

Die Laplacetransformierte von A Φ(t) berechnet:

$$\mathscr{L}\{\mathbf{A\,\Phi(t)}\} = \int_0^{\infty} A1 \cdot e^{-s \cdot t}\,dt = A1 \cdot \left(\frac{-1}{s} \cdot e^{-s \cdot t}\right)\Big|_{\mathbf{0}}^{\infty} = A1 \cdot \left[\lim_{b \to \infty} \left(\frac{-1}{s} \cdot e^{-s \cdot b}\right) - \left(\frac{-1}{s}\right)\right] = \frac{A1}{s}$$

Der Grenzwert und damit das Integral existiert nur, wenn der Realteil von s größer 0 ist.

$\underline{F}(s) := \frac{A1}{s}$ Laplacetransformierte

$s2 := 0.1, 0.1 + 0.01 .. 5$ Bereichsvariable

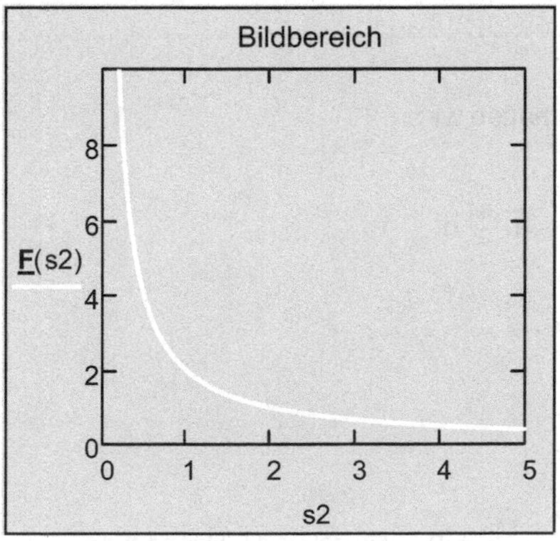

Abb. 5.2

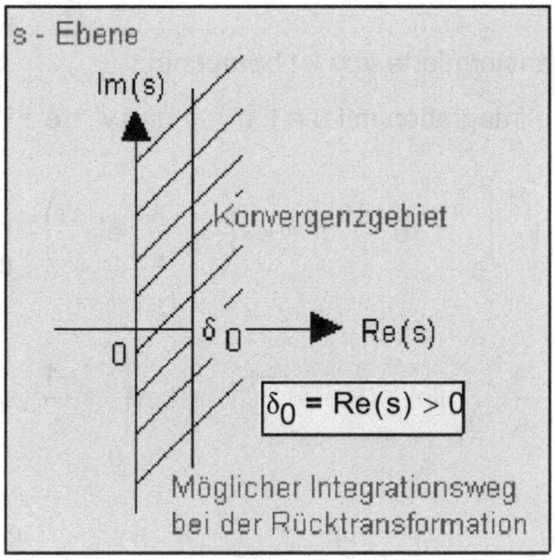

Abb. 5.3

Beispiel 5.2:

Laplace-Transformation und Rücktransformation eines Dirac-Impulses δ(t) = Δ(t):

Laplacetansformierte und Rücktransformierte eines Dirac-Impulses mithilfe von Mathcad:

$\Delta(t)$ hat Laplace-Transformation 1 1 hat inverse Laplace-Transformation $\Delta(1, t)$

$\Delta(t) \text{ laplace}, t \rightarrow 1$ $1 \text{ invlaplace}, s \rightarrow \Delta(t)$

Die Laplacetransformierte eines Dirac-Impulses berechnet:

$$\mathscr{L}\{\delta(t)\} = \underline{\mathbf{F}}(s) = \int_0^{\infty} \delta(t)\cdot e^{-s\cdot t}\,dt = e^0 = 1$$

Dieses Integral kann wieder nur mit der Ausblendeigenschaft des Dirac-Impulses ausgewertet werden (siehe Abschnitt 4.2).

Beispiel 5.3:

Laplace-Transformation und Rücktransformation einer Rampe (linearen Funktion) $f(t) = k\,t\,\Phi(t)$.

$k := 2$ Steigung der Geraden

$f(t) := k\cdot t\cdot \Phi(t)$ lineare Funktion

$t := -2, -2 + 0.1 .. 2$ Bereichsvariable

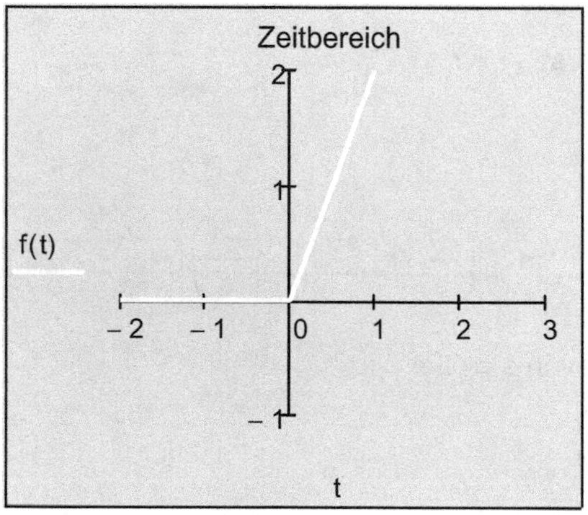

Abb. 5.4

Laplacetransformierte und Rücktransformierte von $k\,t\,\Phi(t)$ mithilfe von Mathcad:

$t := t \quad k := k$ Redefinitionen

$k\cdot t$ hat Laplace-Transformation $\dfrac{k}{s^2}$

$\dfrac{k}{s^2}$ hat inverse Laplace-Transformation $k\cdot t$

$\underline{\mathbf{F}}(s) := k\cdot t\cdot \Phi(t)$ laplace, t $\rightarrow \dfrac{k}{s^2}$

$\dfrac{k}{s^2}$ invlaplace, s $\rightarrow k\cdot t$

Die Laplacetransformierte von k t berechnet:

Durch partielle Integration mit u = t, u' = 1 und $v' = e^{-s\,t}$, $v = -1/s\ e^{-s\,t}$ erhalten wir:

$$\mathscr{L}\{k\,t\} = k\cdot\int_0^{\infty} t\cdot e^{-s\cdot t}\,dt = k\cdot\left(-t\cdot\frac{1}{s}\cdot e^{-s\cdot t}\right)\Big|_0^{\infty} - k\cdot\int_0^{\infty}\frac{-1}{s}\cdot e^{-s\cdot t}\,dt$$

$$\mathscr{L}\{k\,t\} = \frac{-k}{s}\cdot\lim_{b\to\infty}\left(b\cdot e^{-s\cdot b}\right) + k\cdot\int_0^{\infty}\frac{-1}{s}\cdot e^{-s\cdot t}\,dt$$

$$\frac{-k}{s}\cdot\lim_{b\to\infty}\left(b\cdot e^{-s\cdot b}\right) = \frac{-k}{s}\cdot\lim_{b\to\infty}\left(\frac{b}{e^{s\cdot b}}\right) = \frac{-k}{s}\cdot\lim_{b\to\infty}\left(\frac{1}{s\cdot e^{s\cdot b}}\right) = 0$$

Regel von L'Hospital

$$\mathscr{L}\{k\,t\} = k\cdot\int_0^{\infty}\frac{-1}{s}\cdot e^{-s\cdot t}\,dt = \frac{-k}{s}\cdot\left(\frac{-1}{s}\cdot e^{-s\cdot t}\right)\Big|_0^{\infty} = \frac{k}{s^2}\cdot\lim_{b\to\infty}\left(e^{-s\cdot b} - 1\right) = \frac{k}{s^2}$$

Der Grenzwert und damit das Integral existiert wieder nur, wenn der Realteil von s größer 0 ist.

$\underline{F}(s) := \frac{k}{s^2}$ Laplacetransformierte

$s2 := 0.1, 0.1 + 0.01 .. 5$ Bereichsvariable

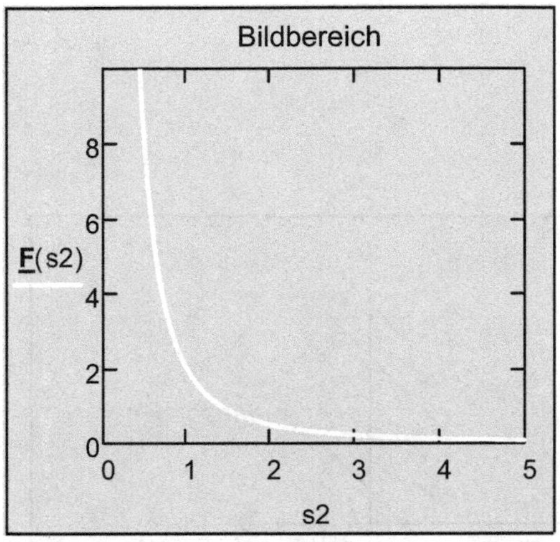

Abb. 5.5

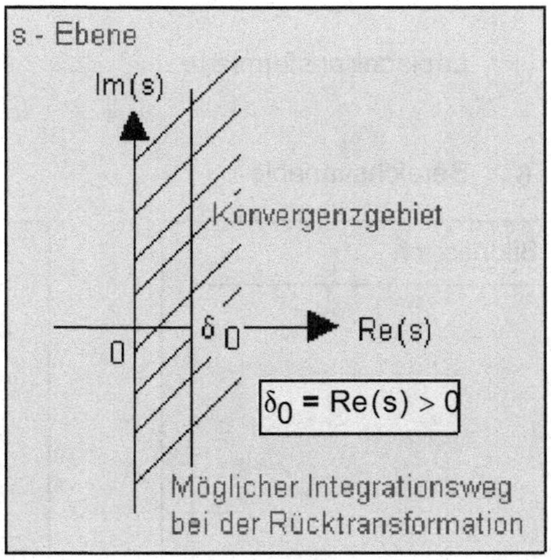

Abb. 5.6

Beispiel 5.4:

Laplace-Transformation und Rücktransformation einer Exponentialfunktion $f(t) = e^{a\,t}\ \Phi(t)$.

$a := 2$ Konstante

$f(t) := e^{a \cdot t} \cdot \Phi(t)$ Exponentialfunktion

$t := -1, -1 + 0.01 .. 1$ Bereichsvariable

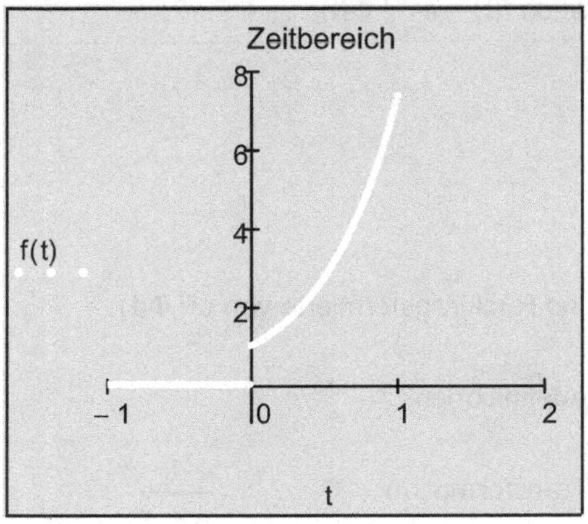

Abb. 5.7

Laplacetansformierte und Rücktransformierte von $e^{at}.\Phi(t)$ mithilfe von Mathcad:

$t := t$ $a := a$ Redefinitionen

$e^{a \cdot t}$ hat Laplace-Transformation $-\frac{1}{a-s}$

$\frac{1}{s-a}$ hat inverse Laplace-Transformation $e^{a \cdot t}$

$\underline{F}(s) := e^{a \cdot t} \cdot \Phi(t)$ laplace, t $\rightarrow -\frac{1}{a-s}$

$\frac{1}{s-a}$ invlaplace, s $\rightarrow e^{a \cdot t}$

Die Laplacetransformierte von $e^{at}\ \Phi(t)$ berechnet:

$$\mathscr{L}\{e^{at}\} = \int_0^{\infty} e^{a \cdot t} \cdot e^{-s \cdot t}\, dt = \int_0^{\infty} e^{-(s-a) \cdot t}\, dt = \frac{-1}{s-a} \cdot \left[e^{-(s-a) \cdot t} \right] \Big|_0^{\infty}$$

$$\mathscr{L}\{e^{at}\} = \frac{-1}{s-a} \cdot \lim_{b \to \infty} \left[e^{-(s-a) \cdot b} - 1 \right] = \frac{1}{s-a}$$

Der Grenzwert und damit das Integral existiert nur, wenn $\delta_0 = \text{Re}(s) > a$ ist.

Rücktransformation in den Zeitbereich (a ist ein Pol 1. Ordnung):

$$\mathscr{L}^{-1}\{\, \underline{\mathbf{F}}(\mathbf{s}) \,\} = \text{Residuum}\left(\underline{F}(s) \cdot e^{s \cdot t}\right) = \lim_{s \to a} \left[(s-a) \cdot \left(\underline{F}(s) \cdot e^{s \cdot t}\right)\right] = \lim_{s \to a} \left[(s-a) \cdot \frac{1}{s-a} \cdot e^{s \cdot t}\right] = e^{a \cdot t}$$

$\underline{F}(s) := \frac{1}{s-a}$ Laplacetransformierte

$s2 := 2.1, 2.1 + 0.01 .. 6$ Bereichsvariable

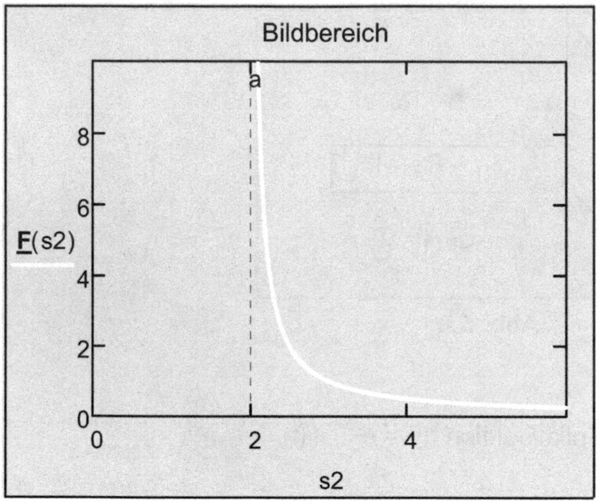

Abb. 5.8

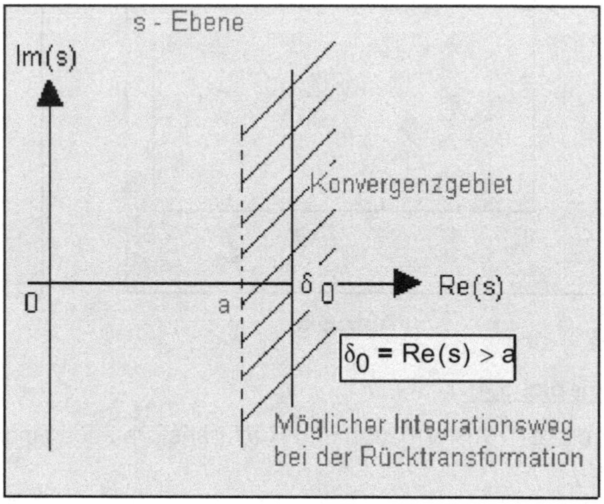

Abb. 5.9

Beispiel 5.5:

Laplace-Transformation und Rücktransformation einer Exponentialfunktion $f(t) = e^{-a\,t}\,\Phi(t)$.

$a := 2$ Konstante

$f(t) := e^{-a \cdot t} \cdot \Phi(t)$ Exponentialfunktion

$t := -1, -1 + 0.01 .. 1$ Bereichsvariable

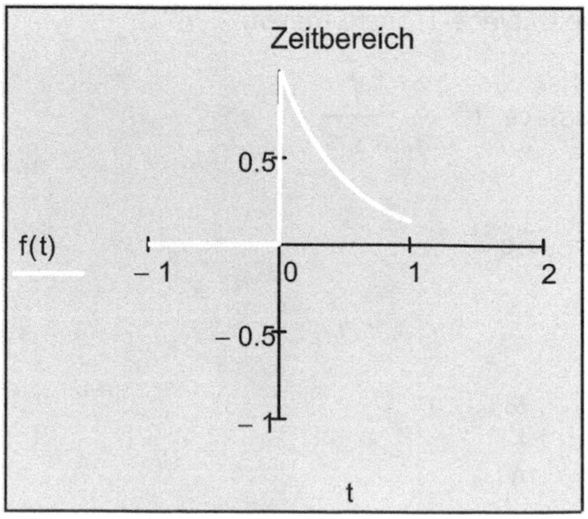

Abb. 5.10

Laplacetransfomierte und Rücktransformierte von $e^{at}\,\Phi(t)$ mithilfe von Mathcad:

$t := t$ $a := a$ Redefinitionen

$e^{-a \cdot t}$ hat Laplace-Transformation $\frac{1}{a+s}$

$\frac{1}{a+s}$ hat inverse Laplace-Transformation $e^{-a \cdot t}$

$\underline{F}(s) := e^{-a \cdot t} \cdot \Phi(t)$ laplace, t $\rightarrow \frac{1}{a+s}$

$\frac{1}{s+a}$ invlaplace, s $\rightarrow e^{-a \cdot t}$

Die Laplacetransformierte von $e^{-at}\,\Phi(t)$ berechnet:

$$\mathscr{L}\{e^{-at}\} = \int_0^{\infty} e^{-a\cdot t}\cdot e^{-s\cdot t}\,dt = \int_0^{\infty} e^{-(s+a)\cdot t}\,dt = \frac{-1}{s+a}\cdot\left[e^{-(s+a)\cdot t}\right]\Big|_0^{\infty}$$

$$\mathscr{L}\{e^{-at}\} = \frac{-1}{s+a}\cdot \lim_{b\to\infty}\left[e^{-(s+a)\cdot b} - 1\right] = \frac{1}{s+a}$$

Der Grenzwert und damit das Integral existiert nur, wenn $\delta_0 = \mathrm{Re}(s) > -a$ ist.

$\underline{F}(s) := \frac{1}{s+a}$ Laplacetransformierte

$s2 := -2.2, -2.2 + 0.001 .. 6$ Bereichsvariable

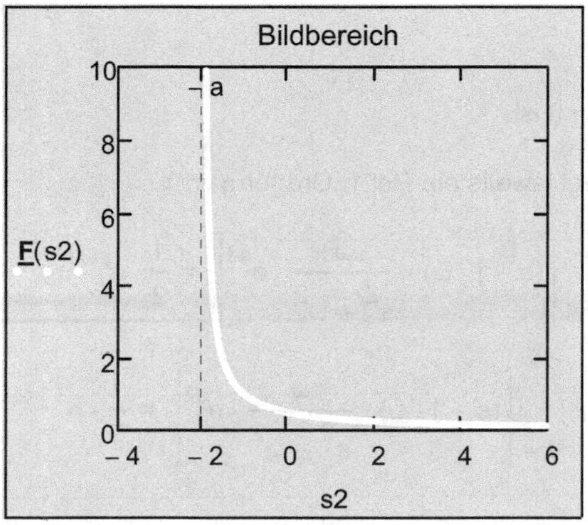

Abb. 5.11

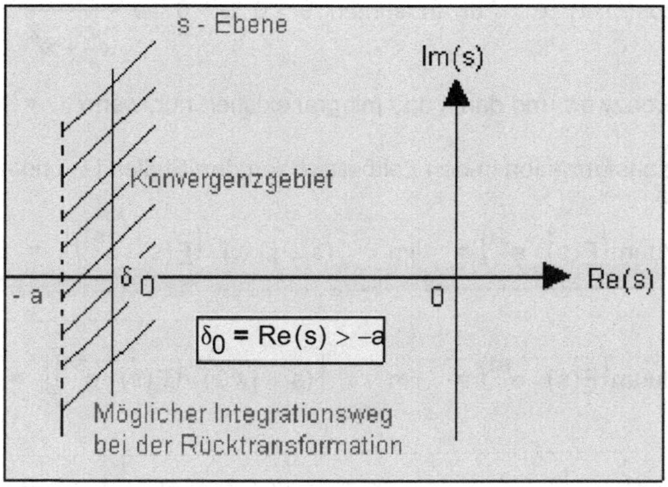

Abb. 5.12

Beispiel 5.6:

Laplace-Transformation und Rücktransformation einer Kosinusfunktion $f(t) = \cos(\omega\, t).\Phi(t)$.

$\omega := 1$ Kreisfrequenz

$f(t) := \cos(\omega\cdot t)\cdot\Phi(t)$ Exponentialfunktion

$t := -1, -1 + 0.01 .. 3\cdot\pi$ Bereichsvariable

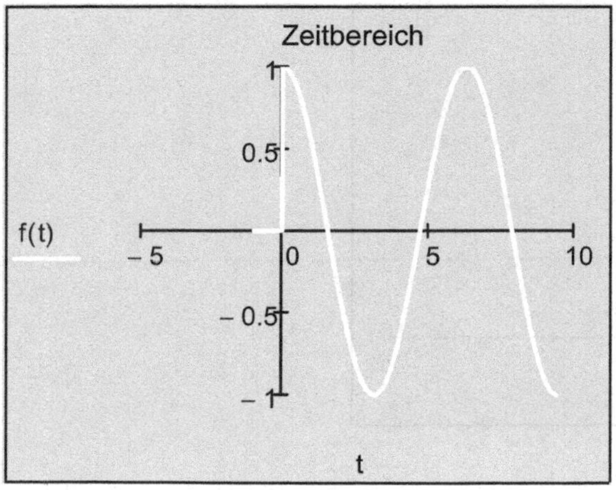

Abb. 5.13

Laplacetransfomierte und Rücktransformierte von $e^{at}\,\Phi(t)$ mithilfe von Mathcad:

$t := t \quad \omega := \omega$ Redefinitionen

$\cos(\omega\cdot t)$ hat Laplace-Transformation $\frac{s}{\omega^2 + s^2}$

$\frac{s}{\omega^2 + s^2}$ hat inverse Laplace-Transformation $\cos\left(t\cdot\sqrt{\omega^2}\right)$

$\underline{F}(s) := \cos(\omega\cdot t)\cdot\Phi(t)$ laplace, t $\rightarrow \frac{s}{\omega^2 + s^2}$

$\frac{s}{s^2 + \omega^2}$ | annehmen, $\omega > 0$ / invlaplace, s $\rightarrow \cos(\omega\cdot t)$

Die Laplacetransformierte von $\cos(\omega\ t)\ \Phi(t)$ berechnet:

$$\mathcal{L}\{\cos(\omega t)\} = \int_0^{\infty} \cos(\omega \cdot t) \cdot e^{-s \cdot t}\, dt = \int_0^{\infty} \left(\frac{e^{j \cdot \omega \cdot t} + e^{-j \cdot \omega \cdot t}}{2}\right) \cdot e^{-s \cdot t}\, dt$$

$$\mathcal{L}\{\cos(\omega t)\} = \frac{1}{2} \cdot \left[\int_0^{\infty} e^{-(s-j\cdot\omega)\cdot t}\, dt + \int_0^{\infty} e^{-(s+j\cdot\omega)\cdot t}\, dt\right] = \frac{1}{2} \cdot \left(\frac{1}{s - j \cdot \omega} + \frac{1}{s + j \cdot \omega}\right) = \frac{s}{s^2 + \omega^2}$$

Das Integral mit Mathcad gelöst:

$$\int_0^{\infty} \cos(\omega \cdot t) \cdot e^{-s \cdot t}\, dt \text{ annehmen}, s > 0, \omega > 0 \rightarrow \frac{s}{\omega^2 + s^2}$$

Der Grenzwert und damit das Integral existiert nur, wenn $\delta_0 = \mathrm{Re}(s) > 0$ ist.

Rücktransformation in den Zeitbereich (an den Stellen $j\ \omega$ und $-j\ \omega$ liegt jeweils ein Pol 1. Ordnung vor):

$$\mathrm{Residuum}\left(\underline{F}(s) \cdot e^{s \cdot t}\right) = \lim_{s \to j \cdot \omega} \left[(s - j \cdot \omega) \cdot \left(\underline{F}(s) \cdot e^{s \cdot t}\right)\right] = \lim_{s \to j \cdot \omega} \left[(s - j \cdot \omega) \cdot \frac{\omega}{s^2 + \omega^2} \cdot e^{s \cdot t}\right] = \frac{1}{2} \cdot e^{j \cdot \omega \cdot t}$$

$$\mathrm{Residuum}\left(\underline{F}(s) \cdot e^{s \cdot t}\right) = \lim_{s \to -j \cdot \omega} \left[(s + j \cdot \omega) \cdot \left(\underline{F}(s) \cdot e^{s \cdot t}\right)\right] = \lim_{s \to -j \cdot \omega} \left[(s + j \cdot \omega) \cdot \frac{\omega}{s^2 + \omega^2} \cdot e^{s \cdot t}\right] = \frac{1}{2} \cdot e^{-j \cdot \omega \cdot t}$$

$$\mathcal{L}^{-1}\{\underline{F}(s)\} = \sum_{\mathrm{Pole}(\underline{F}(s))} \mathrm{Residuen}\left(\underline{F}(s) \cdot e^{s \cdot t}\right) = \frac{1}{2} \cdot e^{j \cdot \omega \cdot t} + \frac{1}{2} \cdot e^{-j \cdot \omega \cdot t} = \cos(\omega \cdot t)$$

$\underline{F}(s) := \dfrac{s}{s^2 + \omega^2}$ Laplacetransformierte

$s2 := 0, 0.001 .. 20$ Bereichsvariable

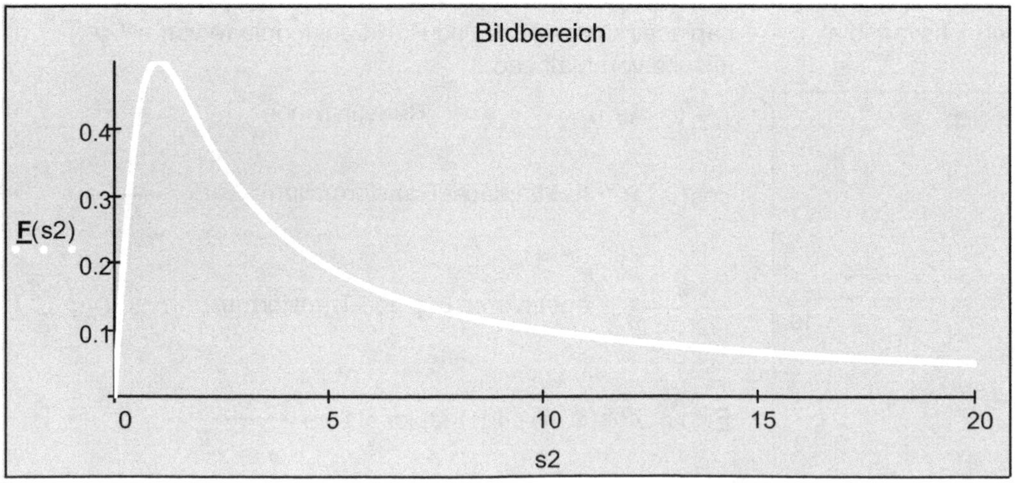

Abb. 5.14

5.2. Eigenschaften der Laplace-Transformation

Der Umgang mit der Laplace-Transformation kann mithilfe von Sätzen vereinfacht werden. Nachfolgend werden einige wichtige angeführt.

Linearität (Superpositionssatz):

Aus zwei Zeitfunktionen $f_1(t)$ und $f_2(t)$ wird mit den Konstanten (Amplituden) A_1 und A_2 eine neue Funktion f(t) gebildet in der Form $f(t) = A_1\, f_1(t) + A_2\, f_2(t)$.
Die zugehörige Laplacetransformierte ergibt sich dann zu:

$$\mathcal{L}\{A_1 \cdot f_1(t) + A_2 \cdot f_2(t)\} = \underline{F}(s) = \int_0^{\infty} \left(A_1 \cdot f_1(t) + A_2 \cdot f_2(t)\right) \cdot e^{-s \cdot t}\, dt =$$

$$= \underline{F}(s) = A_1 \cdot \int_0^{\infty} f_1(t) \cdot e^{-s \cdot t}\, dt + A_2 \cdot \int_0^{\infty} f_2(t) \cdot e^{-s \cdot t}\, dt = A_1 \cdot \underline{F}_1(s) + A_2 \cdot \underline{F}_2(s)$$

$$\mathcal{L}\{A_1\, f_1(t) + A_2\, f_2(t)\} = A_1\, \underline{F}_1(s) + A_2\, \underline{F}_2(s) \qquad \text{(5-5)}$$

Die Laplacetransformierte einer Summe von Zeitfunktionen ist gleich der Summe der Laplacetransformierten der einzelnen Zeitfunktionen. Allgemein gilt für n Zeitfunktionen:

$$\mathcal{L}\left\{\sum_{k=1}^{n} \left(A_k \cdot f_k(t)\right)\right\} = \sum_{k=1}^{n} \left(A_k \cdot \underline{F}_{k(s)}\right) \qquad \text{(5-6)}$$

Beispiel 5.7:

Laplace-Transformation und Rücktransformation der Funktion f(t) = 2 t + 3 cos(t).

$$\mathcal{L}\{2\,t + 3\cos(t)\} = 2\,\underline{F}_1(s) + 3\,\underline{F}_2(s) = \quad \underline{F}(s) = 2 \cdot \frac{1}{s^2} + 3 \cdot \frac{s}{s^2+1}$$ siehe Beispiel 5.3 und 5.6

$$\underline{F}(s) = 2 \cdot \frac{1}{s^2} + 3 \cdot \frac{s}{s^2+1}$$ vereinfacht auf $$\underline{F}(s) = \frac{3 \cdot s}{s^2+1} + \frac{2}{s^2}$$

Laplace-Transformation und Rücktransformation mithilfe von Mathcad:

$$2 \cdot t + 3 \cdot \cos(t) \text{ laplace}, t \;\rightarrow\; \frac{3 \cdot s^3 + 2 \cdot s^2 + 2}{s^4 + s^2}$$

$$\frac{3 \cdot s}{s^2+1} + \frac{2}{s^2} \text{ invlaplace}, s \;\rightarrow\; 2 \cdot t + 3 \cdot \cos(t)$$

Zeitverschiebung (Verschiebungssätze):

Wird ein Signal f(t) auf der Zeitachse um eine feste Zeit $t_0 > 0$ verzögert (nach rechts verschoben), so gilt für die zugehörige Laplacetransformierte:

$$\mathscr{L}\{ f(t - t_0) \} = \underline{F}(s) = \int_0^{\infty} f(t - t_0) \cdot e^{-s \cdot t} \, dt \qquad (5\text{-}7)$$

Mit der Substitution $t - t_0 = x$ und damit mit den Grenzen $-t_0$ und ∞ erhalten wir:

$$\mathscr{L}\{ f(x) \} = \int_{-t_0}^{\infty} f(x) \cdot e^{-s \cdot (x + t_0)} \, dx = e^{-t_0 \cdot s} \cdot \int_{-t_0}^{\infty} f(x) \cdot e^{-s \cdot x} \, dx.$$

Durch Zerlegung des letzten Integrals und unter Berücksichtigung, dass das erste Integral null liefert, ergibt sich schließlich

$$\mathscr{L}\{ f(x) \} = e^{-t_0 \cdot s} \cdot \left(\int_{-t_0}^{0} f(x) \cdot e^{-s \cdot x} \, dx + \int_0^{\infty} f(x) \cdot e^{-s \cdot x} \, dx \right) = e^{-t_0 \cdot s} \cdot \underline{F}(s).$$

Damit gilt:

$$\mathscr{L}\{ f(t - t_0) \} = e^{-t_0 s} \, \underline{F}(s) \quad \text{(Verschiebung} \rightarrow \text{Dämpfung)} \qquad (5\text{-}8)$$

Wird ein Signal f(t) auf der Zeitachse um eine feste Zeit $t_0 > 0$ nach links verschoben, so gilt für die zugehörige Laplacetransformierte:

$$\mathscr{L}\{ f(t + t_0) \} = \underline{F}(s) = \int_0^{\infty} f(t + t_0) \cdot e^{-s \cdot t} \, dt = e^{t_0 \cdot s} \cdot \left(\mathscr{L}(f(t)) - \int_0^{t_0} f(t) \cdot e^{-s \cdot t} \, dt \right) \qquad (5\text{-}9)$$

Beispiel 5.8:

Laplace-Transformation und Rücktransformation der verschobenen Sprungfunktion $f(t) = \Phi(t - T_1)$.

$\mathscr{L}\{\Phi(t - T_1)\} = \quad \underline{F}(s) = e^{-T_1 \cdot s} \cdot \frac{1}{s}$ siehe Beispiel 5.1

Laplace-Transformation und Rücktransformation mithilfe von Mathcad:

$$\Phi(t - T_1) \; \left| \begin{array}{l} \text{annehmen}, T_1 > 0 \\ \text{laplace}, t \end{array} \right. \rightarrow \frac{e^{-T_1 \cdot s}}{s}$$

$$\frac{e^{-T_1 \cdot s}}{s} \; \left| \begin{array}{l} \text{annehmen}, T_1 > 0 \\ \text{invlaplace}, s \end{array} \right. \rightarrow 1 - \Phi(T_1 - t)$$

Beispiel 5.9:

Laplace-Transformation und Rücktransformation eines Rechteckimpulses $f(t) = \Phi(t) - \Phi(t - T_1)$.

Unter Anwendung der Linearität und des Zeitverschiebungssatzes gilt:

$$\mathscr{L}\{\Phi(t) - \Phi(t - T_1)\} = \mathscr{L}\{\Phi(t)\} - \mathscr{L}\{\Phi(t - T_1)\} = \quad \underline{F}(s) = \frac{1}{s} - e^{-T_1 \cdot s} \cdot \frac{1}{s} = \frac{1}{s} \cdot \left(1 - e^{-T_1 \cdot s}\right)$$

Laplace-Transformation und Rücktransformation mithilfe von Mathcad:

$$\Phi(t) - \Phi(t - T_1) \left| \begin{array}{l} \text{annehmen}, T_1 > 0 \\ \text{laplace}, t \end{array} \right. \rightarrow -\frac{e^{-T_1 \cdot s} - 1}{s}$$

$$-\frac{e^{-T_1 \cdot s} - 1}{s} \left| \begin{array}{l} \text{annehmen}, T_1 > 0 \\ \text{invlaplace}, s \end{array} \right. \rightarrow \Phi(T_1 - t)$$

Beispiel 5.10:

Laplace-Transformation und Rücktransformation einer linearen Funktion $f(t) = (t + 2)\,\Phi(t)$.

$$\mathscr{L}\{t + 2\} = \quad \underline{F}(s) = e^{2 \cdot s} \cdot \left(\mathscr{L}(t) - \int_0^2 t \cdot e^{-s \cdot t}\, dt\right) = e^{2 \cdot s} \cdot \left[\frac{1}{s^2} - \left(\frac{-s \cdot t - 1}{s^2} \cdot e^{-s \cdot t}\right)\right] \Bigg|_0^2$$

$$\mathscr{L}\{t + 2\} = \quad e^{2 \cdot s} \cdot \left[\frac{1}{s^2} + \frac{(2 \cdot s + 1) \cdot e^{-2 \cdot s} - 1}{s^2}\right] = \frac{2 \cdot s + 1}{s^2} \qquad \text{siehe auch Beispiel 5.3}$$

Laplace-Transformation und Rücktransformation mithilfe von Mathcad:

$$(t + 2) \cdot \Phi(t) \left| \begin{array}{l} \text{laplace}, t \\ \text{vereinfachen} \end{array} \right. \rightarrow \frac{2 \cdot s + 1}{s^2} \qquad \frac{2 \cdot s + 1}{s^2} \text{ invlaplace}, s \rightarrow t + 2$$

Ähnlichkeitssatz (Zeitskalierung):

Die Funktion f(a t) entsteht aus der Funktion f(t) durch Dehnung (0 < a < 1) oder durch Stauchung (a > 1) auf der Zeitachse. Mit der Substitution x = a t erhalten wir:

$$\mathscr{L}\{\, f(a \cdot t) \,\} = \int_0^\infty f(a \cdot t) \cdot e^{-s \cdot t}\, dt = \int_0^\infty f(x) \cdot e^{-\frac{s}{a} x} \cdot \frac{1}{a}\, dx = \frac{1}{a} \cdot \underline{F}\left(\frac{s}{a}\right) \quad \textbf{(mit a > 0).}$$

Damit gilt:

$$\mathscr{L}\{\, f(a\, t) \,\} = \frac{1}{a} \cdot \underline{F}\left(\frac{s}{a}\right) \qquad \textbf{(5-10)}$$

Beispiel 5.11:

Laplace-Transformation der Funktion f(t) = cos(ω t).Φ(t).

$\mathscr{L}\{\cos(t)\} = \underline{F}(s) = \frac{s}{s^2+1}$ nach Beispiel 5.6

$\mathscr{L}\{\cos(\omega t)\} = \frac{1}{\omega}\cdot\underline{F}\left(\frac{s}{\omega}\right) = \frac{1}{\omega}\cdot\frac{\frac{s}{\omega}}{\left(\frac{s}{\omega}\right)^2+1} = \frac{s}{s^2+\omega^2}$ mithilfe des Ähnlichkeitssatzes

Beispiel 5.12:

Laplace-Transformation der Funktion f(t) = cos(t).Φ(t) und f(t) = sin(t).Φ(t).

Aus dem Beispiel 5.4 folgt unmittelbar

$\mathscr{L}\{e^t\} = \underline{F}(s) = \frac{1}{s-1}$

und weiter nach dem Ähnlichkeitssatz

$\mathscr{L}\{e^{at}\} = \frac{1}{a}\cdot\underline{F}\left(\frac{s}{a}\right) = \frac{1}{a}\cdot\frac{1}{\frac{s}{a}-1} = \frac{1}{s-a}$

Setzen wir a = j, so erhalten wir durch Erweiterung des Bruches mit s + j:

$\mathscr{L}\{e^{jt}\} = \frac{1}{s-j}\cdot\frac{s+j}{s+j} = \frac{s+j}{s^2+1} = \frac{s}{s^2+1} + j\cdot\frac{1}{s^2+1}$

Mit der Euler-Beziehung $e^{jt} = \cos(t) + j\sin(t)$ und unter Anwendung der Linearität erhalten wir schließlich:

$\mathscr{L}\{e^{jt}\} = \mathscr{L}\{\cos(t) + j\sin(t)\} = \mathscr{L}\{\cos(t)\} + j\,\mathscr{L}\{\sin(t)\} = \frac{s}{s^2+1} + j\cdot\frac{1}{s^2+1}$

also $\mathscr{L}\{\cos(t)\} = \frac{s}{s^2+1}$ $\mathscr{L}\{\sin(t)\} = \frac{1}{s^2+1}$

$\cos(t) + j\cdot\sin(t)$ laplace, t $\rightarrow \frac{s+j}{s^2+1}$ Lösung mit Mathcad

Dämpfungssatz:

Wird eine Zeitfunktion f(t) mit e^{-at} multipliziert, dann tritt für t > 0, Re(a) > 0 eine Dämpfung ein.
Es gilt daher:

$$\mathscr{L}\{e^{-at}f(t)\} = \int_0^\infty e^{-a\cdot t}\cdot f(t)\cdot e^{-s\cdot t}\,dt = \int_0^\infty f(t)\cdot e^{-(s+a)\cdot t}\,dt = \underline{F}(s+a)$$

Es gilt daher

$$\mathscr{L}\{e^{-at}f(t)\} = \underline{F}(s+a) \quad \textbf{(Dämpfung} \rightarrow \textbf{Verschiebung)} \qquad \textbf{(5-11)}$$

Beispiel 5.13:

Laplace-Transformation Rücktransformation der Funktion $f(t) = e^{-a\,t}\cos(\omega\, t)\,\Phi(t)$.

$\mathscr{L}\{\cos(\omega\, t)\} = \underline{F}(s) = \dfrac{s}{s^2 + \omega^2}$ nach Beispiel 5.6

$\mathscr{L}\{e^{-a\,t}\cos(t)\} = \underline{F}(s + a) = \dfrac{s + a}{(s + a)^2 + \omega^2}$ mithilfe des Dämpfungssatzes

Laplace-Transformation und Rücktransformation mithilfe von Mathcad:

$$e^{-a \cdot t} \cdot \cos(\omega \cdot t) \cdot \Phi(t) \text{ laplace}, t \;\rightarrow\; \frac{a + s}{a^2 + 2 \cdot a \cdot s + \omega^2 + s^2}$$

$$\frac{s + a}{(s + a)^2 + \omega^2} \;\left|\; \begin{array}{l} \text{annehmen}, \omega > 0 \\ \text{invlaplace}, s \end{array}\right. \rightarrow e^{-a \cdot t} \cdot \cos(\omega \cdot t)$$

Ableitungssatz für die Originalfunktion:

Wird vorausgesetzt, dass f(t) die ersten n-Ableitungen besitzt, für f(t), f '(t), ..., $f^{(n-1)}(t)$ der rechtsseitige Grenzwert an der Stelle 0 existiert, die Ableitungen von f(t) transformierbar sind, dann gilt mithilfe der partiellen Integration ($u = e^{-s\,t}$, $u' = -s\,e^{-s\,t}$, $v' = f'(t)$, $v = f(t)$):

$$\mathscr{L}\{f'(t)\} = \mathscr{L}\left\{\frac{d}{dt}f(t)\right\} = \int_0^\infty \frac{d}{dt}f(t) \cdot e^{-s \cdot t}\,dt = e^{-s \cdot t} \cdot f(t)\,\Big|_0^\infty + s \cdot \int_0^\infty f(t) \cdot e^{-s \cdot t}\,dt$$

Nun ist aber $\lim\limits_{t \to \infty}\left(e^{-s \cdot t} \cdot f(t)\right) = 0$ **und** $\lim\limits_{t \to 0^+}\left(e^{-s \cdot t} \cdot f(t)\right) = f(0+)$.

Es gilt daher:

$$\mathscr{L}\left\{\frac{d}{dt}f(t)\right\} = 0 - f(0+) + s\,\mathscr{L}\{f(t)\}.$$

Damit gilt mit f(0+) = f(0) für die erste Ableitung:

$$\mathscr{L}\left\{\frac{d}{dt}f(t)\right\} = s\,\mathscr{L}\{f(t)\} - f(0+) = s\,\underline{F}(s) - f(0) \qquad \textbf{(5-12)}$$

Für höhere Ableitungen folgt entsprechend:

$$\mathscr{L}\left\{\frac{d^2}{dt^2}f(t)\right\} = \mathscr{L}\left\{\frac{d}{dt}\left(\frac{d}{dt}f(t)\right)\right\} = s\;\mathscr{L}\left\{\frac{d}{dt}f(t)\right\} - f'(0+) = s\,[s\,\mathscr{L}\{f(t)\} - f(0+)] - f'(0+).$$

Damit gilt mit f(0+) = f(0) und f '(0+) = f '(0) für die zweite Ableitung:

$$\mathscr{L}\left\{\frac{d^2}{dt^2}f(t)\right\} = s^2\,\underline{F}(s) - s\,f(0) - f'(0) \qquad \textbf{(5-13)}$$

Allgemein gilt dann für die n-te Ableitung:

$$\mathscr{L}\left\{ \frac{d^n}{dt^n} f(t) \right\} = s^n \cdot \underline{F}(s) - \sum_{i=0}^{n-1} \left[s^{n-i-1} \cdot f^{(n)}(0+) \right] \quad \textbf{(5-14)}$$

Der Ableitungssatz wird besonders bei der Lösung von linearen Differentialgleichungen mit konstanten Koeffizienten Anwendung finden (siehe dazu Kapitel 8).

Gilt f(0) = f '(0) = ... = $f^{(n)}(0)$ = 0 (Anfangswerte zur Zeit t = 0), wie es bei vielen Anwendungen der Fall ist, dann wird die Ableitung im Bildbereich zur Multiplikation mit s:

$$\mathscr{L}\{f^{(n)}(t)\} = s^n \, \underline{F}(s) \quad (n \in \mathbb{N}) \quad \textbf{(5-15)}$$

<u>Bemerkung:</u>

Ist f(t) eine Sprungfunktion mit einer Sprungstelle bei t = 0, so ist für die Anfangswerte f(0), f '(0), ..., $f^{(n-1)}(0)$ jeweils der rechtsseitige Grenzwert einzusetzen (f(0+), f '(0+), ..., $f^{(n-1)}(0+)$), um ein stetiges Anschließen von f(t), f '(t), ... an diese Anfangswerte zu gewährleisten.

<u>Beispiel 5.14:</u>

Von einer Funktion f(t) = sin(t) Φ(t) sind der Anfangswert f(0) = 0 und die Bildfunktion $\underline{F}$(s) bekannt. Unter Verwendung des Ableitungssatzes kann dann die Laplacetransformierte der Kosinusfunktion hergeleitet werden.

$\mathscr{L}\{\sin(t)\} = \quad \underline{F}(s) = \frac{1}{s^2+1}$ nach Beispiel 5.11

$\mathscr{L}\{\frac{d}{dt}\sin(t)\} = \mathscr{L}\{\cos(t)\} = \quad s \cdot \frac{1}{s^2+1} - 0 = \frac{s}{s^2+1}$

$\frac{d}{dt}\sin(t)$ laplace, t $\rightarrow \frac{s}{s^2+1}$ Lösung mit Mathcad

<u>Beispiel 5.15:</u>

Ermitteln Sie die Laplacetransformierte der Differentialgleichung y'(t) + 2 y(t) = e^{2t} mit y(0) = 1.

$\mathscr{L}\{y'(t) + 2\, y(t)\} = \mathscr{L}\{e^{at}\}$

$s \cdot \underline{Y}(s) - y(0) + 2 \cdot \underline{Y}(s) = \frac{1}{s-2}$ Laplacetransformierte Gleichung unter Anwendung der Linearität und des Ableitungssatzes

$(s+2) \cdot \underline{Y}(s) - 1 = \frac{1}{s-2}$ auflösen, $\underline{Y}(s) \rightarrow \frac{s-1}{s^2-4}$ nach $\underline{Y}$(s) umgeformte Gleichung

Ableitungssatz für die Bildfunktion:

Wir interessieren uns hier für die Ableitungen der Bildfunktion $\underline{F}(s) = \mathscr{L}\{f(t)\}$ nach der Variablen s. Durch beidseitige Differentiation nach s der Definitionsgleichung für die Laplace-Transformation folgt:

$$\underline{F}'(s) = \frac{d}{ds}\left(\int_0^{\infty} f(t)\cdot e^{-s\cdot t}\,dt\right) = \int_0^{\infty} \frac{d}{ds}\left(f(t)\cdot e^{-s\cdot t}\right)dt = \int_0^{\infty} f(t)\cdot(-t)\cdot e^{-s\cdot t}\,dt = \int_0^{\infty}(-t\cdot f(t))\cdot e^{-s\cdot t}\,dt$$

Das letzte Integral ist die Laplacetransformierte der Funktion g(t) = - t . f(t). Damit gilt für die erste Ableitung der Bildfunktion $\underline{F}(s)$:

$$\underline{F}'(s) = \mathscr{L}\{-t\,.\,f(t)\} \tag{5-16}$$

Für höhere Ableitungen folgt entsprechend in Analogie:

$$\underline{F}^{(n)}(s) = \mathscr{L}\{(-t)^n\,.\,f(t)\} \tag{5-17}$$

Bemerkung:

Der Ableitungssatz für die Bildfunktion lässt sich auch in folgender Form darstellen:

$$\mathscr{L}\{(t)^n\,.\,f(t)\} = (-1)^n\,.\,\underline{F}^{(n)}(s) \tag{5-18}$$

Beispiel 5.16:

Die Laplacetransformierte von $f(t) = e^{a\,t}$ lautet: $\underline{F}(s) = 1/(s-a)$. Bestimmen Sie mithilfe des Ableitungssatzes die Laplacetransformierte der Funktion $g(t) = t^2.e^{at}$.

$\underline{F}'(s) = \frac{d}{ds}\frac{1}{s-a} = \frac{-1}{(s-a)^2}$ erste Ableitung der Laplacetransformierten

$\underline{F}''(s) = \frac{d}{ds}\underline{F}'(s) = \frac{d}{ds}\frac{-1}{(s-a)^2} = \frac{2}{(s-a)^3}$ zweite Ableitung der Laplacetransformierten

$\mathscr{L}\{t^2\,.\,e^{a\,t}\} = (-1)^2\cdot\underline{F}''(s) = \frac{2}{(s-a)^3}$ siehe Bemerkung oben

$t^2\cdot e^{a\cdot t}$ laplace, t $\rightarrow -\frac{2}{(a-s)^3}$ Lösung mit Mathcad

Beispiel 5.17:

Bestimmen Sie die Laplacetransformierte der Funktion g(t) = t sinh(t).

$\sinh(t)$ laplace, t $\rightarrow \frac{1}{s^2-1}$ $\quad t\cdot\sinh(t)$ laplace, t $\rightarrow \frac{2\cdot s}{\left(s^2-1\right)^2}$ Auswertung mit Mathcad

$(-1)^1\cdot\frac{d}{ds}\frac{1}{s^2-1}$ vereinfachen $\rightarrow \frac{2\cdot s}{\left(s^2-1\right)^2}$ Auswertung mit Mathcad

Integralsatz für die Originalfunktion:

Wie eine Differentiation im Zeitbereich führt auch eine Integration im Zeitbereich auf eine algebraische Operation im Bildbereich. Dies besagt der Integralsatz (Umkehrung des Ableitungssatzes).

Für die Laplacetransformierte des Integrals $\int_0^t f(\tau)\,d\tau$ gilt:

$$\mathcal{L}\left\{\int_0^t f(\tau)\,d\tau\right\} = \frac{1}{s}\cdot \underline{F}(s) \quad (t > 0) \qquad \textbf{(5-19)}$$

Die Integration im Bildbereich wird also zur Division durch s.

Wie beim Ableitungssatz bestätigen wir mit partieller Integration die Richtigkeit dieses Satzes:

$$\mathcal{L}\left\{\int_0^t f(\tau)\,d\tau\right\} = \int_0^\infty \left(\int_0^t f(\tau)\,d\tau\right)\cdot e^{-s\cdot t}\,dt = \int_0^t f(\tau)\,d\tau \cdot \frac{e^{-s\cdot t}}{-s}\Bigg|_0^\infty + \frac{1}{s}\cdot\int_0^\infty f(t)\cdot e^{-s\cdot t}\,dt$$

also

$$\mathcal{L}\left\{\int_0^t f(\tau)\,d\tau\right\} = \lim_{t\to\infty}\left(\int_0^t f(\tau)\,d\tau\cdot\frac{e^{-s\cdot t}}{-s}\right) + \frac{1}{s}\cdot\mathcal{L}\{f(t)\}.$$

Beispiel 5.18:

Bestimmen Sie die Laplacetransformierte des Integrals $\int_0^t \sin(\tau)\,d\tau$.

$\int_0^t \sin(\tau)\,d\tau \rightarrow 1-\cos(t)$ Lösung des Integrals über Originalfunktion f(t) = sin(t)

$\sin(t)$ laplace, t $\rightarrow \frac{1}{s^2+1}$ Laplacetransformierte der Originalfunktion

$$\mathcal{L}\left\{\int_0^t \sin(\tau)\,d\tau\right\} = \mathcal{L}\{1-\cos(t)\} = \mathcal{L}\{1\} - \mathcal{L}\{\cos(t)\} = \frac{1}{s} - \frac{s}{s^2+1} = \frac{1}{s\cdot(s^2+1)}$$

$$\mathcal{L}\left\{\int_0^t \sin(\tau)\,d\tau\right\} = 1/s *\mathcal{L}\{\sin(t)) = \frac{1}{s}\cdot\frac{1}{s^2+1}$$ Auswertung mit dem Integralsatz

$\int_0^t \sin(\tau)\,d\tau$ | laplace, t / Faktor $\rightarrow \frac{1}{s\cdot(s^2+1)}$ Auswertung mit Mathcad

Integralsatz für die Bildfunktion:

Die Integration der Bildfunktion $\underline{F}(s) = \mathscr{L}\{f(t)\}$ regelt die nachfolgende Beziehung, die ohne Beweis angeführt wird.

Für das Integral $\int_s^\infty \underline{F}(u)\,du$ **einer Bildfunktion $\underline{F}(s)$ gilt:**

$$\int_s^\infty \underline{F}(u)\,du = \mathscr{L}\{(1/t) \cdot f(t)\} \qquad (5\text{-}20)$$

Dabei ist f(t) die Originalfunktion von $\underline{F}(s)$, d. h. $f(t) = \mathscr{L}^{-1}\{\underline{F}(s)\}$.

Beispiel 5.19:

Bestimmen Sie mithilfe des Integralsatzes die Laplacetransformierte von $g(t) = t^2$, wenn die Laplacetransformierte von $f(t) = t^3$ bekannt ist.

t^3 laplace, $t \rightarrow \frac{6}{s^4}$ Laplacetransformierte von f(t)

$$\mathscr{L}\left\{\frac{1}{t} \cdot t^3\right\} = \mathscr{L}\{t^2\} = \int_s^\infty \frac{6}{u^4}\,du = 6 \cdot \left(\frac{1}{-3 \cdot u^3}\right)\Bigg|_s^\infty = 6 \cdot \left(\lim_{b \rightarrow \infty} \frac{1}{-3 \cdot b^3} - \frac{1}{-3 \cdot s^3}\right) = \frac{2}{s^3}$$

Faltungsatz:

Unter dem Faltungsprodukt $f_1(t) * f_2(t)$ zweier Originalfunktionen $f_1(t)$ und $f_2(t)$ (siehe auch Abschnitt 4.3) verstehen wir das Integral

$$f(t) = f_1(t) * f_2(t) = \int_0^t f_1(\tau) \cdot f_2(t-\tau)\,d\tau = \int_0^t f_1(t-\tau) \cdot f_2(\tau)\,d\tau \qquad (5\text{-}21)$$

Das Symbol " * " bedeutet das Faltungssymbol. Dieses Integral, auch Faltungsintegral genannt, beschreibt die Schnittfläche von $f_2(t - \tau)$ mit $f_1(\tau)$ bzw. umgekehrt. Die Bezeichnung Faltungsprodukt ist auch deshalb gerechtfertigt, weil sich die Größe wie ein Produkt verhält. Es gelten nämlich folgende Rechengesetze:

$$f_1(t) * f_2(t) = f_2(t) * f_1(t)$$ **Kommutativgesetz** (5-22)

$$[\, f_1(t) * f_2(t)\,] * f_3(t) = f_1(t) * [\, f_2(t) * f_3(t)\,]$$ **Assoziativgesetz** (5-23)

$$f_1(t) * [\, f_2(t) + f_3(t)\,] = f_1(t) * f_2(t) + f_1(t) * f_3(t)$$ **Distributivgesetz** (5-24)

Damit lässt sich nun der Faltungssatz formulieren. Die Laplacetransformierte des Faltungsproduktes $f_1(t) * f_2(t)$ ist gleich dem Produkt der Laplacetransformierten von $f_1(t)$ und $f_2(t)$:

$$\mathscr{L}\{f_1(t) * f_2(t)\} = \mathscr{L}\left\{\int_0^t f_1(\tau) \cdot f_2(t-\tau)\,d\tau\right\} = \mathscr{L}\{f_1(t)\}\,\mathscr{L}\{f_2(t)\} = \underline{F_1}(s) \cdot \underline{F_2}(s) \qquad (5\text{-}25)$$

Der Faltungssatz lässt sich auch in umgekehrter Richtung formulieren:

$$f(t) = \mathscr{L}^{-1}\{\underline{F}(s)\} = \mathscr{L}^{-1}\{\underline{F_1}(s) \cdot \underline{F_2}(s)\} = f_1(t) * f_2(t) = \int_0^t f_1(\tau) \cdot f_2(t-\tau)\,d\tau \qquad \textbf{(5-26)}$$

Beispiel 5.20:

Mithilfe des Faltungssatzes soll die zur Bildfunktion $\underline{F}(s) = \frac{1}{(s^2+1)\cdot s}$ gehörige Originalfunktion f(t) bestimmt werden.

$$\mathscr{L}\{f(t)\} = \underline{F}(s) = \frac{1}{(s^2+1)\cdot s} = \frac{1}{s^2+1} \cdot \frac{1}{s} = \underline{F_1}(s) \cdot \underline{F_2}(s)$$

Zerlegung der Bildfunktion in ein Produkt

$$f_1(t) = \mathscr{L}^{-1}\{\underline{F_1}(s)\} = \mathscr{L}^{-1}\left\{\frac{1}{s^2+1}\right\} = \sin(t)$$

Rücktransformation der ersten Teilfunktion

$$f_2(t) = \mathscr{L}^{-1}\{\underline{F_2}(s)\} = \mathscr{L}^{-1}\left\{\frac{1}{s}\right\} = 1$$

Rücktransformation der zweiten Teilfunktion

Die gesuchte Originalfunktion f(t) erhalten wir dann aus dem Faltungsprodukt der beiden Originalfunktionen $f_1(\tau) = \sin(\tau)$ und $f_2(t - \tau) = 1$:

$$f(t) = f_1(t) * f_2(t) = \int_0^t f_1(\tau) \cdot f_2(t-\tau)\,d\tau = \int_0^t \sin(\tau) \cdot 1\,d\tau = -\cos(\tau)\Big|_0^t = 1 - \cos(t)$$

$$f(t) = \mathscr{L}^{-1}\left\{\frac{1}{(s^2+1)\cdot s}\right\} = 1 - \cos(t)$$

die gesuchte Originalfunktion

$$\frac{1}{(s^2+1)\cdot s} \text{ invlaplace}, s \rightarrow 1 - \cos(t)$$

Rücktransformation mit Mathcad

Beispiel 5.21:

Mithilfe des Faltungssatzes soll die zur Bildfunktion $\underline{F}(s) = \frac{1}{s^2-4}$ gehörige Originalfunktion f(t) bestimmt werden.

$$\mathscr{L}\{f(t)\} = \underline{F}(s) = \frac{1}{s^2-4} = \frac{1}{s+2} \cdot \frac{1}{s-2} = \underline{F_1}(s) \cdot \underline{F_2}(s)$$

Zerlegung der Bildfunktion in ein Produkt

$$f_1(t) = \mathscr{L}^{-1}\{\underline{F_1}(s)\} = \mathscr{L}^{-1}\left\{\frac{1}{s+2}\right\} = e^{-2 \cdot t}$$

Rücktransformation der ersten Teilfunktion

$$f_2(t) = \mathscr{L}^{-1}\{\underline{F_2}(s)\} = \mathscr{L}^{-1}\left\{\frac{1}{s-2}\right\} = e^{2 \cdot t}$$

Rücktransformation der zweiten Teilfunktion

Die gesuchte Originalfunktion f(t) erhalten wir dann aus dem Faltungsprodukt der beiden Originalfunktionen $f_1(\tau) = e^{-2\tau}$ und $f_2(t - \tau) = e^{2(t-\tau)}$:

$$\mathbf{f(t)} = f_1(t) * f_2(t) = \int_0^t f_1(\tau)\cdot f_2(t-\tau)\,d\tau = \int_0^t e^{-2\cdot\tau}\cdot e^{2\cdot(t-\tau)}\,d\tau = e^{2\cdot t}\cdot\int_0^t e^{-4\cdot\tau}\,d\tau = e^{2\cdot t}\cdot\left(\frac{-1}{4}\cdot e^{-4\cdot\tau}\right)\Bigg|_0^t$$

$$\mathbf{f(t)} = \mathscr{L}^{-1}\left\{\frac{1}{s^2-4}\right\} = e^{2\cdot t}\cdot\left(\frac{1-e^{-4\cdot t}}{4}\right) = \frac{e^{2\cdot t}-e^{-2\cdot t}}{4} = \frac{1}{2}\cdot\sinh(2\cdot t)$$ die gesuchte Originalfunktion

$$\frac{1}{s^2-4}\ \text{invlaplace}, s \ \rightarrow \frac{\sinh(2\cdot t)}{2}$$ Rücktransformation mit Mathcad

<u>Grenzwertsätze (Anfangs- und Endwerttheorem):</u>

Das Anfangs- und Endwerttheorem geben über das Zeitverhalten einer Funktion f(t) im Zeitpunkt t = 0+ (exakter: beim rechtsseitigen Grenzwert) Auskunft, d. h. über das dynamische Verhalten zu Beginn eines Ausgleichsvorganges bzw. über den stationären Zustand, nachdem der Ausgleichsvorgang beendet ist (t → ∞). Bei der Anwendung dieser Theoreme kann das dynamische Verhalten eines Systems bis zu einem gewissen Grad direkt im Laplacebereich (ohne Rücktransformation) beurteilt werden.
Der Anfangswert f(0) und der Endwert f(∞) einer Originalfunktion f(t) lassen sich (sofern sie überhaupt existieren) ohne Rücktransformation durch Grenzwertbildung aus der zugehörigen Bildfunktion $\underline{F}(s) = \mathscr{L}\{f(t)\}$ wie folgt berechnen:

Anfangswerttheorem:

$$f(0) = \lim_{t\to 0} f(t) = \lim_{s\to\infty}(s\cdot\underline{F}(s)) \qquad \textbf{(5-27)}$$

Endwerttheorem:

$$f(\infty) = \lim_{t\to\infty} f(t) = \lim_{s\to 0}(s\cdot\underline{F}(s)) \qquad \textbf{(5-28)}$$

Den Nachweis führen wir mithilfe des Ableitungssatzes. Nach dem Ableitungssatz gilt für f(t):

$$\mathscr{L}\left\{\frac{d}{dt}f(t)\right\} = \int_0^\infty \frac{d}{dt}f(t)\cdot e^{-s\cdot t}\,dt = s\cdot\underline{F}(s) - f(0)\,.$$

Beim Grenzübergang für s → 0 und Vertauschen des Grenzwertes mit dem Integral wird hieraus die Gleichung:

$$\int_0^\infty \frac{d}{dt}f(t)\cdot\lim_{s\to 0} e^{-s\cdot t}\,dt = \lim_{s\to 0}(s\cdot\underline{F}(s) - f(0))\,.$$

Der Grenzwert im Integral wird 1 und damit ergibt die linke Seite der Gleichung f(∞) - f(0). Wir erhalten dann das Endwerttheorem aus $f(\infty) - f(0) = \lim_{s\to 0}(s\cdot F(s)) - f(0)$.

Die Bildung des Grenzwertes für s → ∞ liefert schließlich, weil der Grenzwert im Integral verschwindet, das Anfangswerttheorem.

Beispiel 5.22:

Mithilfe der Grenzwertsätze soll der Anfangswert und der Endwert der Bildfunktion $\underline{\mathbf{U}}(s) = \dfrac{U_0}{s \cdot (s+1)}$ ermittelt werden und mit der Originalfunktion f(t) verglichen werden.

$$\lim_{s \to \infty} \left[s \cdot \frac{U_0}{s \cdot (s+1)} \right] \to 0$$ Anfangswert

$$\lim_{s \to 0} \left[s \cdot \frac{U_0}{s \cdot (s+1)} \right] \to U_0$$ Endwert

$$\frac{U_0}{s \cdot (s+1)} \text{ invlaplace}, s \;\to -U_0 \cdot \left(e^{-t} - 1\right)$$ Rücktransformation in den Originalbereich

$$\lim_{t \to 0} \left[U_0 \cdot \left(1 - e^{-t}\right) \right] \to 0$$ der Grenzwert bestätigt das Ergebnis

$$\lim_{t \to \infty} \left[U_0 \cdot \left(1 - e^{-t}\right) \right] \to U_0$$ der Grenzwert bestätigt das Ergebnis

Beispiel 5.23:

Mithilfe der Grenzwertsätze soll der Anfangswert und der Endwert der Bildfunktion $\underline{\mathbf{F}}(s) = \dfrac{2 \cdot s + 12}{s \cdot (s+4)}$ ermittelt werden und mit der Originalfunktion f(t) verglichen werden.

$$\lim_{s \to \infty} \left[s \cdot \frac{2 \cdot s + 12}{s \cdot (s+4)} \right] \to 2$$ Anfangswert

$$\lim_{s \to 0} \left[s \cdot \frac{2 \cdot s + 12}{s \cdot (s+4)} \right] \to 3$$ Endwert

$$\frac{2 \cdot s + 12}{s \cdot (s+4)} \text{ invlaplace}, s \;\to \frac{3}{2} - \frac{e^{-4 \cdot t}}{2}$$ Rücktransformation in den Originalbereich

$$\lim_{t \to 0} \left(3 - e^{-4 \cdot t}\right) \to 2$$ der Grenzwert bestätigt das Ergebnis

$$\lim_{t \to \infty} \left(3 - e^{-4 \cdot t}\right) \to 3$$ der Grenzwert bestätigt das Ergebnis

5.3. Rücktransformation aus dem Bildbereich in den Originalbereich

Um aus dem Bildbereich die gesuchte Originalfunktion f(t) zu erhalten, müssen wir die Bildfunktion $\underline{F}(s)$ mittels der inversen Laplace-Transformation in den Originalbereich rücktransformieren. In der Praxis erweist sich diese Rücktransformation als der schwierigste Weg.

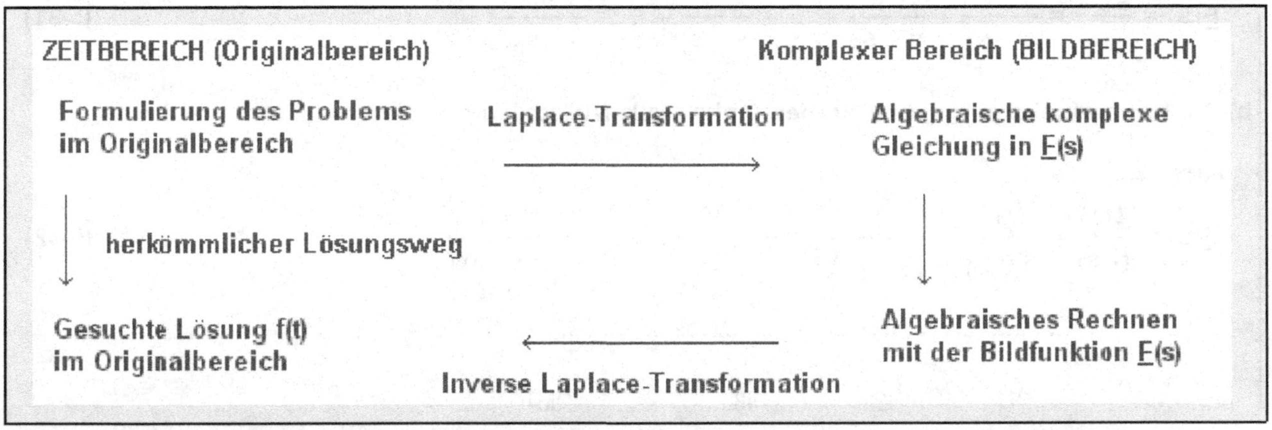

Prinzipiell besteht die Möglichkeit, die Originalfunktion f(t) auf direktem Wege über das Laplace-Umkehrintegral aus der bekannten Bildfunktion $\underline{F}(s)$ zu berechnen. Diese Methode wird aber nur selten angewendet, weil hierzu fundierte Kenntnisse aus dem Gebiet der Funktionentheorie notwendig sind.
Daneben gibt es die Möglichkeit, mithilfe einer Transformationstabelle, die in zahlreichen Werken über die Laplace-Transformation zu finden ist (siehe dazu auch Anhang, Korrespondenztabellen), die Rücktransformation durchzuführen. Da in den Anwendungen häufig gebrochenrationale Bildfunktionen auftreten, zerlegen wir diese zunächst in eine Summe von Partialbrüchen und bestimmen dann aus der Transformationstabelle Glied für Glied die zugehörige Originalfunktion.
Wie bereits oben in zahlreichen Beispielen aufgezeigt wurde, kann mit Mathcad eine Rücktransformation durchgeführt werden. Es ist aber nicht zu erwarten, dass alle möglichen Rücktransformationen auch ausgeführt werden können, zumal es sich in Mathcad um einen eingeschränkten Symbolkern handelt. Es soll jedenfalls versucht werden, wenn eine Rücktransformation der Bildfunktion nicht direkt gelingt, zuerst eine Partialbruchzerlegung durchzuführen (siehe auch Band 3, Abschnitt 4.3.4).

Die Partialbruchzerlegung ist auf echt gebrochenrationale Funktionen (Grad des Zählerpolynoms ist kleiner als der Grad des Nennerpolynoms) anwendbar. Liegt eine unecht gebrochenrationale Funktion vor, so kann diese mittels Panzerdivision in die Summe einer ganzen und einer echt gebrochenrationalen Funktion umgeformt werden.
Eine gebrochenrationale Funktion hat die allgemeine Form

$$\underline{F}(s) = \frac{\underline{Z}(s)}{\underline{N}(s)} = \frac{a_n \cdot s^n + a_{n-1} \cdot s^{n-1} + a_{n-2} \cdot s^{n-2} + ... + a_2 \cdot s^2 + a_1 \cdot s + a_0}{s^m + b_{m-1} \cdot s^{m-1} + b_{m-2} \cdot s^{m-2} + ... + b_2 \cdot s^2 + b_1 \cdot s + b_0} \quad \text{(5-29)}$$

wobei $a_k, b_k \in \mathbb{R}$ und $m, n \in \mathbb{N}$ sind.
Zur Durchführung der Partialbruchzerlegung müssen die Nullstellen von $\underline{N}(s)$ (Polstellen) bekannt sein. Unter Beachtung des Fundamentalsatzes der Algebra kann

$$\underline{N}(s) = (s - s_1)^{\alpha_1} \cdot (s - s_2)^{\alpha_2} \cdot (s - s_3)^{\alpha_3} ....(s - s_i)^{\alpha_i} ....(s - s_r)^{\alpha_r} \quad \text{(5-30)}$$

geschrieben werden, wobei die s_i die voneinander verschiedenen Wurzeln der Gleichung $\underline{N}(s) = 0$ sind und die α_i ($\alpha \in \mathbb{N}$) die Vielfachheit der Wurzeln s_i bedeuten.

$\underline{F}$(s) kann jetzt in eine Summe von Teilbrüchen zerlegt werden. Dabei sind folgende Fälle zu unterscheiden:

a) Die Wurzeln des Nennerpolynoms $\underline{N}$(s) sind reell und voneinander verschieden.

Ansatz:

$$\underline{F}(s) = \frac{\underline{Z}(s)}{\underline{N}(s)} = \frac{A_1}{s - s_1} + \frac{A_2}{s - s_2} + \dots + \frac{A_i}{s - s_i} + \dots + \frac{A_m}{s - s_m} \tag{5-31}$$

b) Die Nennerfunktion $\underline{N}$(s) besitzt mehrfache reelle Nullstellen.

Ansatz:

$$\underline{F}(s) = \frac{\underline{Z}(s)}{\underline{N}(s)} = \frac{A_{11}}{s - s_1} + \frac{A_{12}}{(s - s_1)^2} + \frac{A_{13}}{(s - s_1)^3} + \dots + \frac{A_{1\alpha 1}}{(s - s_1)^{\alpha_1}} + \tag{5-32}$$

....

$$+ \frac{A_{i1}}{s - s_i} + \frac{A_{i2}}{(s - s_i)^2} + \frac{A_{i3}}{(s - s_i)^3} + \dots + \frac{A_{i\alpha i}}{(s - s_i)^{\alpha_i}} +$$

....

$$+ \frac{A_{r1}}{s - s_r} + \frac{A_{r2}}{(s - s_r)^2} + \frac{A_{r3}}{(s - s_r)^3} + \dots + \frac{A_{r\alpha r}}{(s - s_r)^{\alpha_r}} .$$

Wenn die Nennerfunktion $\underline{N}$(s) vom Grade m ist, dann gilt:

$$\alpha_1 + \alpha_2 + \alpha_3 + \dots + \alpha_i + \dots + \alpha_r = \sum_{i=1}^{r} \alpha_i = m .$$

c) Die Wurzeln der Nennerfunktion sind einfach komplex.

Der Ansatz kann wie unter a) gewählt werden, wobei für konjugiert komplexe Nullstellen s_1 und s_2 einfacher geschrieben werden kann:

$$\frac{A_1}{s - s_1} + \frac{A_2}{s - s_2} = \frac{A \cdot s + B}{s^2 + a \cdot s + b} \quad \text{oder z. B. mit } s_1 = j \cdot \omega \text{ und } s_2 = -j \cdot \omega \tag{5-33}$$

$$\frac{1}{s^2 + \omega^2} = \frac{A_1}{s - s_1} + \frac{A_2}{s - s_2} = \frac{A \cdot s + B}{s^2 + \omega^2} = \frac{A \cdot s}{s^2 + \omega^2} + \frac{B}{s^2 + \omega^2}$$

d) Die Nennerfunktion $\underline{N}$(s) besitzt mehrfache komplexe Nullstellen.
Dieser Fall soll hier nicht behandelt werden.

Die vorerst unbekannten Koeffizienten in den Ansätzen können nach verschiedenen Methoden bestimmt werden. Solche Methoden sind die Grenzwertmethode, die Einsetzungsmethode und die Methode des Koeffizientenvergleichs. Diese Methoden können auch kombiniert angewendet werden. Nachfolgend sollen diese Methoden an einigen Beispielen erläutert werden.

Beispiel 5.24:

Die Bildfunktion $\underline{F}(s) = \frac{1}{s \cdot (s-a)}$ soll zuerst mittels Partialbruchzerlegung umgeformt und dann rücktransformiert werden.

$$\frac{1}{s \cdot (s-a)} = \frac{A_1}{s} + \frac{A_2}{s-a}$$ Ansatz für die Partialbruchzerlegung

$$1 = A_1 \cdot (s-a) + A_2 \cdot s$$ nach Multiplikation des Ansatzes mit dem Nenner

Anwendung der Grenzwertsätze, denn für s = 0 und s = a ist $\underline{F}(s)$ nicht definiert:

$$1 = \lim_{s \to 0} \left[A_1 \cdot (s-a) + A_2 \cdot s\right] = -A_1 \cdot a$$ daraus folgt: $A_1 = \frac{-1}{a}$

$$1 = \lim_{s \to a} \left[A_1 \cdot (s-a) + A_2 \cdot s\right] = A_2 \cdot a$$ daraus folgt: $A_2 = \frac{1}{a}$

Damit kann die Bildfunktion in folgender Form dargestellt werden:

$$\underline{F}(s) = \frac{-1}{a} \cdot \frac{1}{s} + \frac{1}{a} \cdot \frac{1}{s-a}$$

Damit kann diese Funktion summandenweise unter Anwendung der inversen Transformation rücktransformiert werden:

$$\mathbf{f(t)} = \mathscr{L}^{-1}\{\underline{F}(s)\} = -1/a\, \mathscr{L}^{-1}\{\frac{1}{s}\} + 1/a\, \mathscr{L}^{-1}\{\frac{1}{s-a}\}$$

Unter Berücksichtigung der Ergebnisse in Beispiel 5.1 und 5.4 folgt die Funktion im Originalbereich:

$$f(t) = \frac{-1}{a} \cdot 1 + \frac{1}{a} \cdot e^{a \cdot t} = \frac{1}{a} \cdot \left(e^{a \cdot t} - 1\right).$$

$$\frac{1}{s1 \cdot (s1-a)} \text{ parfrac}, s1 \rightarrow -\frac{1}{a \cdot s1} - \frac{1}{a \cdot (a-s1)}$$ Partialbruchzerlegung mithilfe von Mathcad

$$\frac{1}{s1 \cdot (s1-a)} \text{ invlaplace}, s1 \rightarrow \frac{e^{a \cdot t} - 1}{a}$$ Rücktransformation mit Mathcad

Beispiel 5.25:

Die Bildfunktion $\underline{F}(s) = \frac{2 \cdot s^2 + 2 \cdot s + 4}{(s+5)^3}$ soll zuerst mittels Partialbruchzerlegung umgeformt und dann rücktransformiert werden.

$$\frac{2 \cdot s^2 + 2 \cdot s + 4}{(s+5)^3} = \frac{A_{11}}{s+5} + \frac{A_{12}}{(s+5)^2} + \frac{A_{13}}{(s+5)^3}$$ Ansatz für die Partialbruchzerlegung

$$2 \cdot s^2 + 2 \cdot s + 4 = A_{11} \cdot (s+5)^2 + A_{12} \cdot (s+5) + A_{13}$$ nach Multiplikation des Ansatzes mit dem Nenner

Mit der Grenzwert- und Einsetzungsmethode ergibt sich dann:

$$\lim_{s \to -5} \left(2 \cdot s^2 + 2 \cdot s + 4\right) = \lim_{s \to -5} \left[A_{11} \cdot (s+5)^2 + A_{12} \cdot (s+5) + A_{13}\right]$$ daraus folgt: $44 = A_{13}$

$s = 0$ $\quad 4 = 25 \cdot A_{11} + 5 \cdot A_{12} + 44$

$s = 1$ $\quad 8 = 36 \cdot A_{11} + 6 \cdot A_{12} + 44$

Aus dem linearen Gleichungssystem folgt $A_{11} = 2$ und $A_{12} = -18$.

Die Bildfunktion hat dann die Darstellung:

$$\underline{\mathbf{F}}(s) = 2 \cdot \left[\frac{1}{s+5} - \frac{9}{(s+5)^2} + \frac{22}{(s+5)^3}\right]$$

Damit kann diese Funktion summandenweise unter Anwendung der inversen Transformation rücktransformiert werden (hier mithilfe von Mathcad):

$$\frac{1}{s+5} \text{ invlaplace}, s \; \rightarrow e^{-5 \cdot t}$$

$$\frac{9}{(s+5)^2} \text{ invlaplace}, s \; \rightarrow 9 \cdot t \cdot e^{-5 \cdot t}$$

$$\frac{22}{(s+5)^3} \text{ invlaplace}, s \; \rightarrow 11 \cdot t^2 \cdot e^{-5 \cdot t}$$

Die Originalfunktion lautet daher:

$$f(t) = 2 \cdot \left(e^{-5 \cdot t} - 9 \cdot t \cdot e^{-5 \cdot t} + 11 \cdot t^2 \cdot e^{-5 \cdot t}\right) = 2 \cdot e^{-5 \cdot t} \cdot \left(11 \cdot t^2 - 9 \cdot t + 1\right).$$

$$\frac{2 \cdot s1^2 + 2 \cdot s1 + 4}{(s1+5)^3} \text{ parfrac}, s1 \; \rightarrow \frac{2}{s1+5} - \frac{18}{(s1+5)^2} + \frac{44}{(s1+5)^3}$$ Partialbruchzerlegung mithilfe von Mathcad

$$\frac{2 \cdot s^2 + 2 \cdot s + 4}{(s+5)^3} \left| \begin{array}{l} \text{invlaplace}, s \\ \text{Faktor} \end{array} \right. \rightarrow 2 \cdot e^{-5 \cdot t} \cdot \left(11 \cdot t^2 - 9 \cdot t + 1\right)$$ Rücktransformation mit Mathcad

Beispiel 5.26:

Die Bildfunktion $\underline{\mathbf{F}}(s) = \dfrac{s+3}{(s-1) \cdot \left(s^2 + 6 \cdot s + 34\right)}$ soll zuerst mittels Partialbruchzerlegung umgeformt und dann rücktransformiert werden.

Die Nennerfunktion besitzt eine reelle Wurzel und ein Paar konjugiert komplexer Wurzeln:

$$\frac{s+3}{(s-1) \cdot \left(s^2 + 6 \cdot s + 34\right)} = \frac{A}{s-1} + \frac{M \cdot s + N}{s^2 + 6 \cdot s + 34}$$ Ansatz für die Partialbruchzerlegung

$$s + 3 = A \cdot \left(s^2 + 6 \cdot s + 34\right) + (M \cdot s + N) \cdot (s - 1)$$ nach Multiplikation des Ansatzes mit dem Nenner

Nach dem Ordnen nach Potenzen von s führen wir einen Koeffizientenvergleich durch:

$$s + 3 = (A + M) \cdot s^2 + (6 \cdot A - M + N) \cdot s + 34 \cdot A + N$$

$0 = A + M \qquad 1 = 6 \cdot A - M + N \qquad 3 = 34 \cdot A + N$

Aus dem linearen Gleichungssystem folgt $A = \frac{4}{41}$, $M = \frac{-4}{41}$ und $N = \frac{13}{41}$.

Die Bildfunktion hat dann die Darstellung:

$$\underline{F}(s) = \frac{4}{41} \cdot \frac{1}{s-1} + \frac{1}{41} \cdot \frac{-4 \cdot s + 13}{s^2 + 6 \cdot s + 34} = \frac{4}{41} \cdot \left(\frac{1}{s-1} - \frac{s - \frac{13}{4}}{s^2 + 6 \cdot s + 34} \right)$$

Damit kann diese Funktion summandenweise unter Anwendung der inversen Transformation rücktransformiert werden (hier mithilfe von Mathcad):

$$\frac{1}{s-1} \text{ invlaplace}, s \;\rightarrow e^t$$

$$\frac{s - \frac{13}{4}}{s^2 + 6 \cdot s + 34} \text{ invlaplace}, s \;\rightarrow e^{-3 \cdot t} \cdot \left(\cos(5 \cdot t) - \frac{5 \cdot \sin(5 \cdot t)}{4} \right)$$

Die Originalfunktion lautet daher:

$$f(t) = \frac{4}{41} \cdot \left(e^t - e^{-3 \cdot t} \cdot \cos(5 \cdot t) + \frac{5}{4} \cdot e^{-3 \cdot t} \cdot \sin(5 \cdot t) \right).$$

Partialbruchzerlegung mithilfe von Mathcad:

$$\frac{s1 + 3}{(s1 - 1) \cdot \left(s1^2 + 6 \cdot s1 + 34\right)} \text{ parfrac}, s1 \;\rightarrow \frac{4}{41 \cdot (s1 - 1)} - \frac{4 \cdot s1 - 13}{41 \cdot \left(s1^2 + 6 \cdot s1 + 34\right)}$$

Rücktransformation mit Mathcad:

$$\frac{s + 3}{(s - 1) \cdot \left(s^2 + 6 \cdot s + 34\right)} \text{ invlaplace}, s \;\rightarrow \frac{4 \cdot e^t}{41} - \frac{4 \cdot \cos(5 \cdot t) \cdot e^{-3 \cdot t}}{41} + \frac{5 \cdot \sin(5 \cdot t) \cdot e^{-3 \cdot t}}{41}$$

Beispiel 5.27:

Die gegebene Bildfunktion soll mithilfe von Mathcad rücktransformiert werden.

$$\frac{1}{s^2} \cdot e^{-\mu \cdot s} + \frac{-1}{s^2} \cdot e^{-\nu \cdot s} \;\left|\; \begin{array}{l} \text{annehmen}, \mu > 0, \nu > 0 \\ \text{invlaplace} \end{array}\right. \;\rightarrow t - \mu + \mu \cdot \Phi(\mu - t) - t \cdot \Phi(\mu - t) - t \cdot \Phi(t - \nu) + \nu \cdot \Phi(t - \nu)$$

Gesuchte Originalfunktion:

$$f(\mu, \nu, t) = t - \mu + \mu \cdot \Phi(\mu - t) - t \cdot \Phi(\mu - t) - t \cdot \Phi(t - \nu) + \nu \cdot \Phi(t - \nu)$$

Diese Funktion stellt z. B. für $\mu = 0$ und $\nu = 5$ eine Rampenfunktion dar.

5.4 Anwendungen der Laplace-Transformation

5.4.1 Lösungen von Differentialgleichungen

Eine direkte Lösung einer linearen Differentialgleichung mit konstanten Koeffizienten (siehe dazu auch Kapitel 7), die das Verhalten eines Systems im Zeitbereich (Originalbereich) beschreibt, ist oft recht aufwendig. Der Umweg über den Laplacebereich (Bildbereich) bietet eine bequeme Methode zur Lösung einer linearen Differentialgleichung mit konstanten Koeffizienten, zumal auch die Anfangsbedingungen sofort berücksichtigt werden können, ohne erst eine allgemeine Lösung angeben zu müssen. Die physikalischen Größen hängen dann nicht mehr von der Zeit ab, sondern von der Variablen s. Eine Rücktransformation der Lösung in den Zeitbereich erfolgt mithilfe der Partialbruchzerlegung und den erwähnten Transformationstabellen. Es kann aber auch, wie beschrieben, eine Rücktransformation mithilfe von Mathcad versucht werden.

Eine Transformation erfolgt dabei nach dem folgenden Schema:

ZEITBEREICH (Originalbereich)		Komplexer Bereich (BILDBEREICH)
Differentialgleichung in y(t) mit Anfangsbedingungen	Laplace-Transformation →	Algebraische komplexe Gleichung für $\underline{Y}(s)$
↓ herkömmlicher Lösungsweg		↓
Gesuchte Lösung y(t) der Differentialgleichung	← Inverse Laplace-Transformation	Lösung $\underline{Y}(s)$ der algebraischen Gleichung

Betrachten wir in der linearen Differentialgleichung n-ter Ordnung mit konstanten Koeffizienten

$$\sum_{k=0}^{n}\left(a_k\cdot\frac{d^k}{dt^k}y(t)\right)=\sum_{k=0}^{m}\left(b_k\cdot\frac{d^k}{dt^k}x(t)\right) \qquad \textbf{(5-34)}$$

mit $\frac{d^0}{dt^0}y(t) = y(t)$, $\frac{d^0}{dt^0}x(t) = x(t)$ **und** a_k, $b_k \in \mathbb{R}$,

die Funktion x(t) als einzige Eingangsgröße und y(t) als einzige Ausgangsgröße eines Systems, so beschreibt sie ein lineares zeitinvariantes System (LTI-System; Linear Time-invariant Systems).

Jedes durch eine lineare Differentialgleichung beschriebene System ist linear. Sind dabei die Koeffizienten a_k und b_k konstant, so ist das System zusätzlich zeitinvariant.
Ein System heißt linear, wenn folgende Eigenschaften erfüllt sind:
a) Verstärkungsprinzip:
Ist y(t) das Ausgangssignal zu x(t) und wird das Eingangssignal zu c x(t) verstärkt, so führt dies zur gleichen Verstärkung des Ausgangssignals, also zu c y(t).
b) Überlagerungsprinzip:
Sind $y_1(t)$ und $y_2(t)$ die Ausgangssignale zu $x_1(t)$ und $x_2(t)$, so ist $y(t) = y_1(t) + y_2(t)$ das Ausgangssignal zu $x(t) = x_1(t) + x_2(t)$.
Ein System heißt zeitinvariant, wenn das Verschiebungsprinzip erfüllt ist:
Ein zeitlich später einsetzendes Eingangssignal führt zu einem Ausgangssignal, das mit der gleichen Verspätung einsetzt, sonst aber unverändert bleibt.

Da lineare Differentialgleichungen erster und zweiter Ordnung mit konstanten Koeffizienten häufig vorkommen, soll deren Lösung nachfolgend noch näher ausgeführt werden.

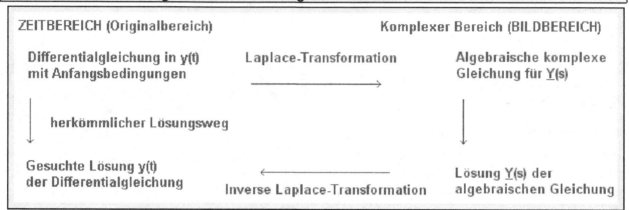

Die inhomogene lineare Differentialgleichung 1. Ordnung mit konstanten Koeffizienten vom Typ

$$\boxed{y'(t) + a \cdot y(t) = x(t)} \qquad \textbf{(5-35)}$$

mit dem Anfangswert y(0) wird mithilfe der Laplace-Transformation gliedweise unter Anwendung des Ableitungssatzes und Superpositionssatzes in die algebraische Gleichung

$$(s \cdot \underline{\mathbf{Y}}(s) - y(0)) + a \cdot \underline{\mathbf{Y}}(s) = \underline{\mathbf{X}}(s) \qquad \textbf{(5-36)}$$

mit der Lösung

$$\boxed{\underline{\mathbf{Y}}(s) = \frac{\underline{\mathbf{X}}(s) + y(0)}{s + a}} \qquad \textbf{(5-37)}$$

übergeführt ($\underline{\mathbf{Y}}(s) = \mathscr{L}\{ y(t) \}$ und $\underline{\mathbf{X}}(s) = \mathscr{L}\{ x(t) \}$). x(t) wird auch Störfunktion genannt.

Die Rücktransformation von $\underline{\mathbf{Y}}(s)$ liefert dann mit den bereits bekannten Methoden die gesuchte Originalfunktion y(t) im Zeitbereich.

<u>Bemerkung:</u>
Die allgemeine Lösung des Anfangswertproblems lässt sich auch in geschlossener Form wie folgt darstellen:

$$y(t) = x(t) * e^{-a \cdot t} + y(0) \cdot e^{-a \cdot t} \qquad \textbf{(5-38)}$$

$x(t) * e^{-a\,t}$ ist dabei das Faltungsprodukt der Funktion x(t) und $e^{-a\,t}$.

<u>Beispiel 5.28:</u>

Gesucht ist die Lösung folgender linearen Differentialgleichung 1. Ordnung:

$$\frac{d}{dt} y(t) + 2 \cdot y(t) = 2 \cdot t - 4$$ mit dem Anfangswert y(0) = 1

$$(s \cdot \underline{\mathbf{Y}}(s) - 1) + 2 \cdot \underline{\mathbf{Y}}(s) = \mathscr{L}\{ 2 \cdot t - 4 \}$$ Laplace-Transformation der Differentialgleichung

$$(s \cdot \underline{\mathbf{Y}}(s) - 1) + 2 \cdot \underline{\mathbf{Y}}(s) = \frac{2}{s^2} - \frac{4}{s}$$ Laplacetransformierte algebraische Gleichung

$$\underline{\mathbf{Y}}(s) = \frac{2}{s^2 \cdot (s+2)} - \frac{4}{s \cdot (s+2)} + \frac{1}{s+2}$$ nach $\underline{\mathbf{Y}}(s)$ aufgelöste algebraische Gleichung

$$\frac{2}{s^2 \cdot (s+2)} - \frac{4}{s \cdot (s+2)} + \frac{1}{s+2} \text{ invlaplace}, s \rightarrow t + \frac{7 \cdot e^{-2 \cdot t}}{2} - \frac{5}{2}$$ inverse Laplace-Transformation mithilfe von Mathcad

$$y(t) = t - \frac{5}{2} + \frac{7}{2} \cdot e^{(-2) \cdot t}$$ gesuchte Lösung der Differentialgleichung im Zeitbereich

Lösung der Differentialgleichung in geschlossener Form:

$$y(t) = x(t) * e^{-2 \cdot t} + y(0) \cdot e^{-2 \cdot t}$$

Das Faltungsprodukt erhalten wir aus

$$x(t) * e^{-2t} = \int_0^t x(\tau)\cdot e^{-2\cdot(t-\tau)}\,d\tau = \int_0^t (2\cdot\tau-4)\cdot e^{-2(t-\tau)}\,d\tau = e^{-2\cdot t}\cdot\left(\int_0^t 2\cdot\tau\cdot e^{2\cdot\tau}\,d\tau - \int_0^t 4\cdot e^{2\cdot\tau}\,d\tau\right)$$

Die Gesuchte Lösung der Differentialgleichung ergibt sich dann aus

$$y(t) = e^{-2\cdot t}\cdot\left(\int_0^t 2\cdot\tau\cdot e^{2\cdot\tau}\,d\tau - \int_0^t 4\cdot e^{2\cdot\tau}\,d\tau\right) + 1\cdot e^{-2\cdot t}$$ vereinfacht auf

$$y(t) = t + \frac{7\cdot e^{-2\cdot t}}{2} - \frac{5}{2}$$

Beispiel 5.29:

Eine homogene Kugel mit dem Radius r und der Dichte ρ_K wird in einer zähen Flüssigkeit mit der Dichte ρ_F und der Zähigkeit η zum Zeitpunkt t = 0s fallengelassen. Unter Berücksichtigung der Schwerkraft $G = m\,g = \rho_K\,V_K\,g$, der Auftriebskraft $F_A = \rho_F\,V_K\,g$ und der Stoke'schen Reibung $F_R = 6\,\pi\,\eta\,r\,v$ erhalten wir die nachfolgend angegebene Differentialgleichung mit der Anfangsbedingung v(0 s) = 0 m/s. Bestimmen Sie daraus das Geschwindigkeits-Zeit-Gesetz und stellen Sie dieses für $\alpha = 1\text{s}^{-1}$ und $\beta = 1\text{m/s}^2$ grafisch dar.

$$\frac{d}{dt}v(t) + \alpha\cdot v(t) = \beta$$ inhomogene lineare Differentialgleichung 1. Ordnung mit konstanten Koeffizienten

α und β sind Konstanten und sind gegeben durch: $\alpha = \dfrac{9\cdot\eta}{2\cdot\rho_K\cdot r^2}$ $\beta = \dfrac{(\rho_K-\rho_F)\cdot g}{\rho_K}$

$$(s\cdot\underline{\mathbf{V}}(s) - 0) + \alpha\cdot\underline{\mathbf{V}}(s) = \frac{\beta}{s}$$ Laplacetransformierte algebraische Gleichung

$$s\cdot\underline{\mathbf{V}}(s) + \alpha\cdot\underline{\mathbf{V}}(s) = \frac{\beta}{s}\ \left|\begin{array}{l}\text{auflösen}, \underline{\mathbf{V}}(s)\\ \text{invlaplace}, s\end{array}\right. \rightarrow -\frac{\beta\cdot\left(e^{-\alpha\cdot t}-1\right)}{\alpha}$$ nach Variable $\underline{\mathbf{V}}(s)$ auflösen und inverse Transformation durchführen

$\alpha := 1\cdot s^{-1}$ $\beta := 1\cdot m\cdot s^{-2}$ gegebene Werte (ohne Einheiten)

$t := 0\cdot s, 0.01\cdot s .. 5\cdot s$ Bereichsvariable

$v(t) := \dfrac{\beta}{\alpha}\cdot\left(1-e^{-\alpha\cdot t}\right)$ Geschwindigkeits-Zeit-Gesetz für $t \geq 0$

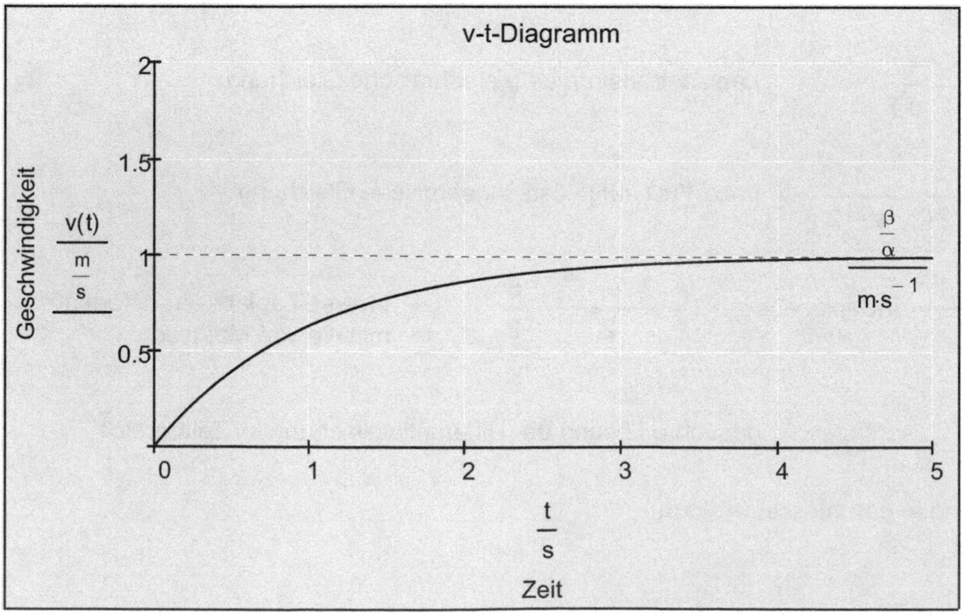

Abb. 5.15

Die inhomogene lineare Differentialgleichung 2. Ordnung mit konstanten Koeffizienten vom Typ

$$y''(t) + a \cdot y'(t) + b \cdot y(t) = x(t) \tag{5-39}$$

mit den Anfangswerten y(0) und y'(0) wird mithilfe der Laplace-Transformation gliedweise unter Anwendung des Ableitungssatzes und Superpositionssatzes in die algebraische Gleichung

$$\left(s^2 \cdot \underline{Y}(s) - s \cdot y(0) - y'(0)\right) + a \cdot (s \cdot \underline{Y}(s) - y(0)) + b \cdot \underline{Y}(s) = \underline{X}(s) \tag{5-40}$$

mit der Lösung

$$\underline{Y}(s) = \frac{\underline{X}(s) + y(0) \cdot (s + a) + y'(0)}{s^2 + a \cdot s + b} \tag{5-41}$$

übergeführt ($\underline{Y}(s) = \mathscr{L}\{ y(t) \}$ und $\underline{X}(s) = \mathscr{L}\{ x(t) \}$). x(t) wird auch Störfunktion genannt.

Die Rücktransformation von $\underline{Y}(s)$ liefert dann mit den bereits bekannten Methoden die gesuchte Originalfunktion y(t) im Zeitbereich.

Bemerkung:
Die allgemeine Lösung des Anfangswertproblems lässt sich auch in geschlossener Form wie folgt darstellen:

$$y(t) = x(t) * f_1(t) + y(0) \cdot f_2(t) + y'(0) \cdot f_1(t) \tag{5-42}$$

$x(t) * f_1(t)$ ist dabei das Faltungsprodukt der Funktion x(t) und $f_1(t)$.

Die Funktion $f_1(t)$ ist hier die Originalfunktion zu $\underline{F_1}(s) = \frac{1}{\left(s^2 + a \cdot s + b\right)}$ und

die Funktion $f_2(t)$ die Originalfunktion zu $\underline{F_2}(s) = \frac{s + a}{s^2 + a \cdot s + b}$.

Beispiel 5.30:

Gesucht ist die Lösung folgender linearen Differentialgleichung 2. Ordnung:

$$\frac{d^2}{dt^2}y(t) + 2 \cdot y'(t) + y(t) = 3 \cdot e^{2 \cdot t}$$ mit dem Anfangswerten y(0) = 0 und y'(0) = 1

$$\left(s^2 \cdot \underline{Y}(s) - s \cdot 0 - 1\right) + 2 \cdot (s \cdot \underline{Y}(s) - 0) + \underline{Y}(s) = \mathscr{L}\{ 3 \cdot e^{2 \cdot t} \}$$ Laplace-Transformation der Differentialgleichung

$$s^2 \cdot \underline{Y}(s) - 1 + 2 \cdot s \cdot \underline{Y}(s) + \underline{Y}(s) = \frac{3}{s - 2}$$ Laplacetransformierte algebraische Gleichung

$$\left(s^2 + 2 \cdot s + 1\right) \cdot \underline{Y}(s) = \frac{3}{s - 2} + 1 = \frac{s + 1}{s - 2}$$ umgeformte Gleichung

$$\underline{Y}(s) = \frac{s + 1}{\left(s^2 + 2 \cdot s + 1\right) \cdot (s - 2)}$$ nach $\underline{Y}(s)$ aufgelöste algebraische Gleichung

$$\frac{s+1}{\left(s^2+2\cdot s+1\right)\cdot(s-2)} \text{ invlaplace}, s \rightarrow -\frac{e^{2\cdot t}\cdot\left(e^{-3\cdot t}-1\right)}{3}$$

inverse Laplace-Transformation mithilfe von Mathcad

$$y(t) = \frac{1}{3}\cdot e^{2\cdot t} - \frac{1}{3}\cdot e^{-t}$$

gesuchte Lösung der Differentialgleichung im Zeitbereich

Lösung der Differentialgleichung in geschlossener Form:

$$y(t) = x(t) * f_1(t) + y(0)\cdot f_2(t) + y'(0)\cdot f_1(t)$$

$$\frac{1}{s^2+2\cdot s+1} \text{ invlaplace}, s \rightarrow t\cdot e^{-t} \qquad f_1(t) = t\cdot e^{-t}$$

$$\frac{s+2}{s^2+2\cdot s+1} \text{ invlaplace}, s \rightarrow e^{-t}\cdot(t+1) \qquad f_2(t) = t\cdot e^{-t} + e^{-t}$$

Das Faltungsprodukt erhalten wir aus:

$t := t$ Redefinition

$$x(t) * f_1(t) = \int_0^t x(\tau)\cdot f_1(t-\tau)\,d\tau = \int_0^t 3\cdot e^{2\cdot\tau}\cdot(t-\tau)\cdot e^{-(t-\tau)}\,d\tau$$

Die gesuchte Lösung der Differentialgleichung lautet dann:

$$y(t) = \int_0^t 3\cdot e^{2\cdot\tau}\cdot(t-\tau)\cdot e^{-(t-\tau)}\,d\tau + t\cdot e^{-t} \rightarrow y(t) = \frac{e^{2\cdot t}}{3} - \frac{e^{-t}}{3}$$

Lösung der Differentialgleichung mithilfe des Faltungssatzes:

$$\underline{\mathbf{Y}}(s) = \frac{s+1}{s^2+2\cdot s+1}\cdot\frac{1}{s-2} = \underline{\mathbf{Y_1}}(s)\cdot\underline{\mathbf{Y_2}}(s)$$

Die Bildfunktion in ein Produkt zerlegt.

$$\frac{s+1}{s^2+2\cdot s+1} \text{ invlaplace}, s \rightarrow e^{-t} \qquad f_1 = e^{-t}$$

$$\frac{1}{s-2} \text{ invlaplace}, s \rightarrow e^{2\cdot t} \qquad f_2 = e^{2\cdot t}$$

Die gesuchte Originalfunktion y(t) ist dann das Faltungsprodukt der beiden Originalfunktionen:

$$y(t) = f_1(t) * f_2(t) = \int_0^t e^{-\tau}\cdot e^{2\cdot(t-\tau)}\,d\tau \rightarrow \frac{e^{2\cdot t}}{3} - \frac{e^{-t}}{3}$$

Beispiel 5.31:

Ein gedämpftes, mechanisches, schwingungsfähiges System mit der Eigenkreisfrequenz ω_0 wird durch eine periodische Kraft mit derselben Kreisfrequenz ω_0 zu erzwungenen Schwingungen angeregt. Wie lautet die Lösung der nachfolgend angegebenen Schwingungsgleichung mit den Anfangsbedingungen y(0) = 0 und v(0) = y'(0) = 0? Die Lösung ist für $\omega_0 = s^{-1}$ und $F_0/m = a = 1\ m/s^2$ grafisch darzustellen.

$$\frac{d^2}{dt^2}y(t) + \omega_0{}^2 \cdot y(t) = a \cdot \cos(\omega_0 \cdot t)$$

inhomogene lineare Differentialgleichung 2. Ordnung mit konstanten Koeffizienten

$$\left(s^2 \cdot \underline{\mathbf{Y}}(s) - s \cdot 0 - 0\right) + \omega_0{}^2 \cdot \underline{\mathbf{Y}}(s) = a \cdot \frac{s}{s^2 + \omega_0{}^2}$$

Laplacetransformierte algebraische Gleichung

$$s^2 \cdot \underline{\mathbf{Y}}(s) + \omega_0{}^2 \cdot \underline{\mathbf{Y}}(s) = a \cdot \frac{s}{s^2 + \omega_0{}^2} \quad \left| \begin{array}{l} \text{annehmen}, \omega_0 > 0 \\ \text{auflösen}, \underline{\mathbf{Y}}(s) \\ \text{invlaplace}, s \end{array} \right. \rightarrow \frac{a \cdot t \cdot \sin(t \cdot \omega_0)}{2 \cdot \omega_0}$$

nach Variable $\underline{\mathbf{Y}}(s)$ auflösen und inverse Transformation durchführen

$$y(t) = \frac{1}{2} \cdot \frac{a}{\omega_0} \cdot t \cdot \sin(\omega_0 \cdot t)$$

Weg-Zeit-Gesetz für $t \geq 0$ (Resonanzfall)

$$\omega_0 := 1 \cdot s^{-1} \qquad a := 1 \cdot \frac{m}{s^2}$$

gegebene Werte

$$y(t) := \frac{1}{2} \cdot \frac{a}{\omega_0} \cdot t \cdot \sin(\omega_0 \cdot t)$$

Schwingungsgleichung

$$y_1(t) := \frac{1}{2} \cdot \frac{a}{\omega_0} \cdot t \qquad y_2(t) := \frac{-1}{2} \cdot \frac{a}{\omega_0} \cdot t$$

einhüllende Kurven

$$t := 0 \cdot s, 0.001 \cdot s .. 20 \cdot s$$

Bereichsvariable

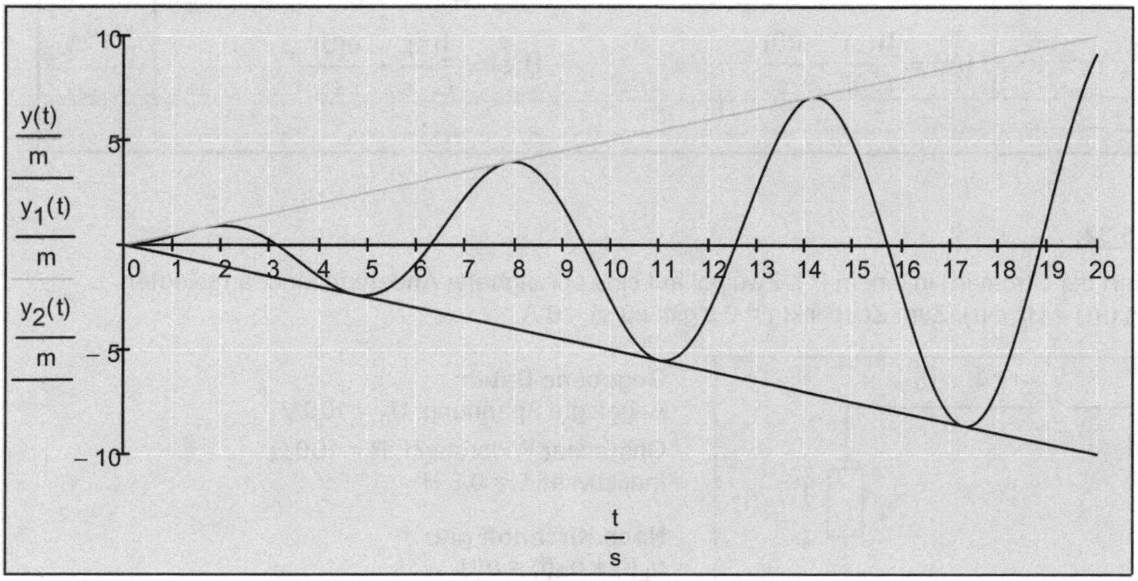

Abb. 5.16

5.4.2 Laplace-Transformation in der Netzwerkanalyse

Für elektrische Netzwerke können, wie nachfolgend dargestellt, die Bauteilgleichungen selbst laplacetransformiert werden:

	ohmscher Widerstand R	induktiver Widerstand L	kapazitiver Widerstand C	
Zeitbereich (Originalbereich)	$u_R = R \cdot i$ $i = \dfrac{u_R}{R}$	$u_L = L \cdot \dfrac{d}{dt} i$ $i = \dfrac{1}{L} \cdot \int u_L \, dt$	$u_C = \dfrac{1}{C} \cdot \int i \, dt$ $i = C \cdot \dfrac{d}{dt} u_C$	(5-43)
komplexer Bereich (Bildbereich)	**Mit verschwindenden Anfangswerten:** $\underline{\mathbf{U}}(s) = R \cdot \underline{\mathbf{I}}(s)$ $\underline{\mathbf{I}}(s) = \dfrac{\underline{\mathbf{U}}(s)}{R}$ $\dfrac{\underline{\mathbf{U}}(s)}{\underline{\mathbf{I}}(s)} = R$	$\underline{\mathbf{U}}(s) = L \cdot s \cdot \underline{\mathbf{I}}(s)$ $\underline{\mathbf{I}}(s) = \dfrac{\underline{\mathbf{U}}(s)}{L \cdot s}$ $\dfrac{\underline{\mathbf{U}}(s)}{\underline{\mathbf{I}}(s)} = L \cdot s$	$\underline{\mathbf{U}}(s) = \dfrac{1}{C} \cdot \dfrac{\underline{\mathbf{I}}(s)}{s}$ $\underline{\mathbf{I}}(s) = C \cdot s \cdot \underline{\mathbf{U}}(s)$ $\dfrac{\underline{\mathbf{U}}(s)}{\underline{\mathbf{I}}(s)} = \dfrac{1}{C \cdot s}$	(5-44)
	Mit Anfangswerten ungleich null:	$\underline{\mathbf{U}}(s) = L \cdot s \cdot \underline{\mathbf{I}}(s) - L \cdot i(0)$ $\underline{\mathbf{I}}(s) = \dfrac{\underline{\mathbf{U}}(s)}{L \cdot s} + \dfrac{i(0)}{s}$	$C \cdot s \cdot \underline{\mathbf{U}}(s) - C \cdot u(0) = \underline{\mathbf{I}}(s)$ $\underline{\mathbf{U}}(s) = \dfrac{\underline{\mathbf{I}}(s)}{C \cdot s} + \dfrac{u(0)}{s}$	(5-46)

Beispiel 5.32:

Wie reagiert der Strom i(t) in einem R-L-Zweipol auf eine sprunghafte Änderung einer angelegten Spannung $u(t) = U_0\ \Phi(t)$. Zum Zeitpunkt t = 0 s gilt: i(0 s) = 0 A.

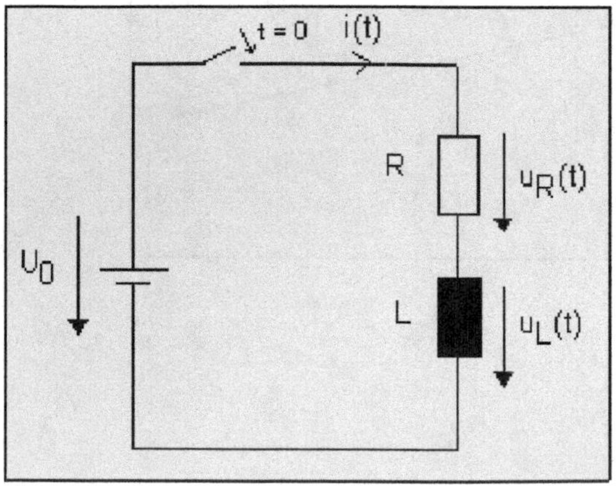

Abb. 5.17

Gegebene Daten:
Angelegte Spannung: U_0 = 100 V
Ohm'scher Widerstand: R = 100 Ω
Induktivität: L = 0.3 H

Nach Kirchhoff gilt:
$\mathbf{u_L(t) + u_R(t) = u(t)}$.

Daraus ergibt sich die inhomogene Differentialgleichung 1. Ordnung mit konstanten Koeffizienten:

$$L \cdot \frac{d}{dt} i(t) + R \cdot i(t) = U_0 \cdot \Phi(t)$$

Laplace-Transformation der Differentialgleichung (Netzwerkberechnung im Bildbereich):

$$L \cdot s \cdot \underline{I}(s) + R \cdot \underline{I}(s) = \frac{U_0}{s} \text{ auflösen}, \underline{I}(s) \rightarrow \frac{U_0}{s \cdot (R + L \cdot s)} \quad \text{bzw.} \quad \frac{U_0}{s \cdot (L \cdot s + R)} = \frac{\frac{U_0}{L}}{s \cdot \left(s + \frac{R}{L}\right)}$$

1. Inverse Laplace-Transformation mit Mathcad:

$$\frac{U_0}{s \cdot (L \cdot s + R)} \text{ invlaplace}, s \rightarrow -\frac{U_0 \cdot \left(e^{-\frac{R \cdot t}{L}} - 1\right)}{R}$$

$$\boxed{i(t) = \frac{U_0}{R} \cdot \left(1 - e^{\frac{-t}{\tau}}\right)} \quad \text{mit} \quad \tau = \frac{L}{R}$$ Lösung der Differentialgleichung im Zeitbereich

2. Lösung unter Verwendung der Residuenformel für die Rücktransformation:

Bestimmung der Polstellen:

$s \cdot (L \cdot s + R) = 0$ hat als Lösung(en) $\begin{pmatrix} -\frac{R}{L} \\ 0 \end{pmatrix}$

Zu bestimmen sind die Residuen von: $\frac{U_0}{s \cdot (L \cdot s + R)} \cdot e^{s \cdot t}$

Die Residuen werden aus der Laurentreihe bestimmt (Auswertung mit Mathcad):

a) Pol bei 0:

$$\frac{U_0}{s \cdot (L \cdot s + R)} \cdot e^{s \cdot t} \quad \text{konvertiert in die Reihe} \quad -U_0 \cdot \left(\frac{L}{R^2} - \frac{t}{R}\right) + U_0 \cdot s \cdot \left(\frac{L^2}{R^3} + \frac{t^2}{2 \cdot R} - \frac{L \cdot t}{R^2}\right) + \frac{U_0}{R \cdot s}$$

Residuum: $\frac{U_0}{R}$

b) Pol bei -R/L:

Transformation in einen Pol bei null mit $u = s + \frac{R}{L}$

Daraus folgt $s = \frac{u \cdot L - R}{L}$

$t := t$ Redefinition

$$\frac{U_0}{s \cdot (L \cdot s + R)} \cdot e^{s \cdot t} \text{ ersetzen}, s = \frac{u \cdot L - R}{L} \rightarrow \frac{U_0 \cdot e^{-\frac{t \cdot (R - L \cdot u)}{L}}}{L \cdot u^2 - R \cdot u}$$

$$\frac{U_0 \cdot e^{-\frac{t \cdot (R - L \cdot u)}{L}}}{L \cdot u^2 - R \cdot u} \quad \text{konvertiert in die Reihe}$$

Residuum: $-\frac{U_0 \cdot e^{-\frac{R \cdot t}{L}}}{R \cdot u}$

$$-U_0 \cdot \left(\frac{t \cdot e^{-\frac{R \cdot t}{L}}}{R} + \frac{L \cdot e^{-\frac{R \cdot t}{L}}}{R^2}\right) - U_0 \cdot u \cdot \left(\frac{L^2 \cdot e^{-\frac{R \cdot t}{L}}}{R^3} + \frac{t^2 \cdot e^{-\frac{R \cdot t}{L}}}{2 \cdot R} + \frac{L \cdot t \cdot e^{-\frac{R \cdot t}{L}}}{R^2}\right) - \frac{U_0 \cdot e^{-\frac{R \cdot t}{L}}}{R \cdot u}$$

$$\mathscr{L}^{-1}\{\underline{I}(s)\} = i(t) = \sum_{Pole(\underline{I}(s))} Residuen\left(\underline{I}(s)\cdot e^{s\cdot t}\right) = \frac{U_0}{R} - \frac{U_0}{R}\cdot e^{\frac{-R}{L}\cdot t}$$

Lösung der Differentialgleichung im Zeitbereich

$U_0 := 100 \cdot V$ angelegte Spannung

$R := 100 \cdot \Omega$ Ohm'scher Widerstand

$L := 0.3 \cdot H$ Induktivität

$\tau := \frac{L}{R}$ Zeitkonstante

$ms := 10^{-3} \cdot s$ Einheitendefinition

$t := -1 \cdot ms, -0.99 \cdot ms .. 20 \cdot ms$ Bereichsvariable

$i(t) := \frac{U_0}{R} \cdot \left(1 - e^{\frac{-t}{\tau}}\right)$ Einschaltstrom

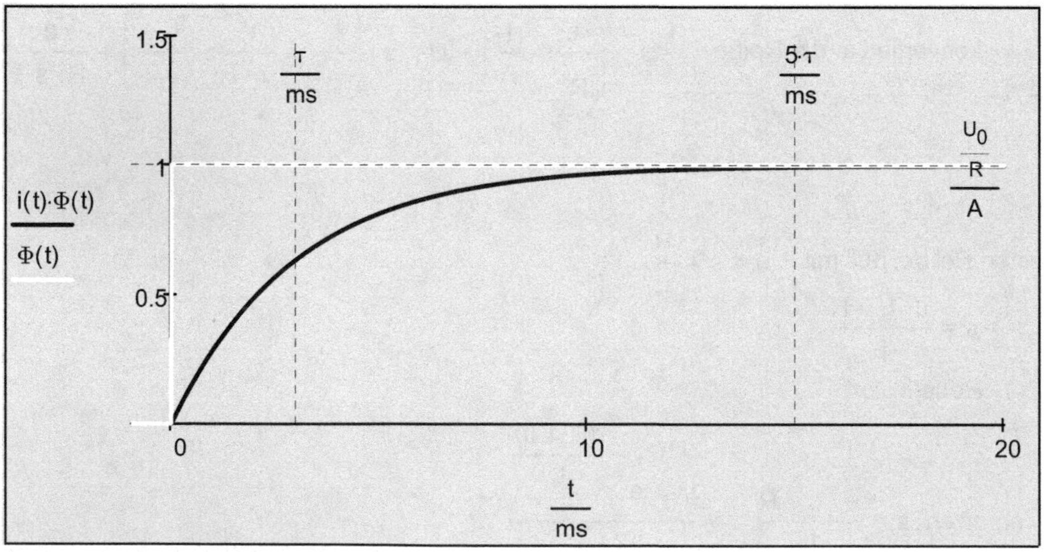

Abb. 5.18

Beispiel 5.33:

Bestimmen Sie den zeitlichen Verlauf der Spannung am Kondensator $u_C(t)$ und des Gesamtstromes i(t) beim Einschaltvorgang eines RC-Serienkreises an Gleichspannung U_0. Zur Zeit t = 0 s soll die Spannung $u_C(0\ s)=0\ V$ sein.

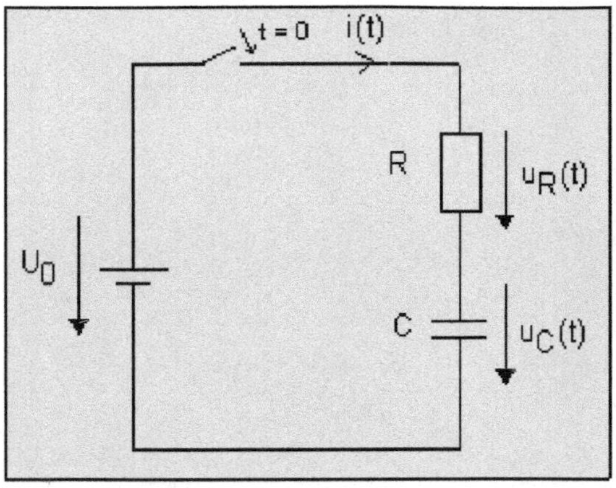

Abb. 5.19

Gegebene Daten:
Angelegte Spannung: $U_0 = 10$ V
Ohm'scher Widerstand: $R = 10$ kΩ
Kapazität: $C = 10$ μF

Nach Kirchhoff gilt:
$u_c(t) + u_R(t) = u(t)$.

Daraus ergibt sich die inhomogene Differentialgleichung 1. Ordnung mit konstanten Koeffizienten:

$$u_c(t) + R \cdot C \cdot \frac{d}{dt} u_c(t) = U_0 \cdot \Phi(t)$$

Mit $\tau = R\,C$ lässt sich die Differentialgleichung umformen in:

$$\frac{d}{dt} u_c(t) + \frac{1}{\tau} \cdot u_C(t) = \frac{U_0}{\tau} \cdot \Phi(t)$$

$U_0 := U_0$ $\quad R := R$ $\quad \tau := \tau$ $\quad$ Redefinitionen

Laplace-Transformation der Differentialgleichung (Netzwerkberechnung im Bildbereich):

$$s \cdot \underline{\mathbf{U_C}}(s) + \frac{1}{\tau} \cdot \underline{\mathbf{U_C}}(s) = \frac{U_0}{\tau \cdot s} \text{ auflösen}, \underline{\mathbf{U_C}}(s) \rightarrow \frac{U_0}{\tau \cdot s^2 + s} \qquad \frac{U_0}{s \cdot (\tau \cdot s + 1)} = \frac{U_0}{\tau} \cdot \frac{1}{s \cdot \left(s + \frac{1}{\tau}\right)}$$

Inverse Laplace-Transformation mit Mathcad:

$$\frac{U_0}{s \cdot (\tau \cdot s + 1)} \text{ invlaplace}, s \rightarrow -U_0 \cdot \left(e^{-\frac{t}{\tau}} - 1\right)$$

$$u_C(t) = U_0 \cdot \left(1 - e^{\frac{-t}{\tau}}\right)$$ Verlauf der Kondensatorspannung

Der Strom ergibt sich aus:

$$i(t) = C \cdot \frac{d}{dt} u_C(t)$$

$$u_C(t) = U_0 \cdot \left(1 - e^{\frac{-t}{\tau}}\right) \quad \text{mit} \quad \frac{d}{dt} u_C(t) = \frac{U_0}{\tau} \cdot e^{\frac{-t}{\tau}}$$

$$i(t) = C \cdot \frac{U_0}{R \cdot C} \cdot e^{\frac{-t}{\tau}}$$ vereinfacht auf $$i(t) = \frac{U_0}{R} \cdot e^{\frac{-t}{\tau}}$$ Verlauf des Stromes

$U_0 := 10 \cdot V$ angelegte Spannung

$R := 10 \cdot k\Omega$ Ohm'scher Widerstand

$C := 10 \cdot \mu F$ Kapazität

$\tau := R \cdot C$ $\quad \tau = 0.1\,s$ Zeitkonstante

$T_L := 5 \cdot \tau$ $\quad T_L = 0.5\,s$ Aufladezeit (Faustregel)

$I_0 := \frac{U_0}{R}$ $\quad I_0 = 1 \cdot mA$ maximaler Strom

$t_1 := 0 \cdot s$ Anfangszeitpunkt

$t_2 := 0.6 \cdot s$ Endzeitpunkt

$N := 300$ Anzahl der Schritte

$\Delta t := \frac{t_2 - t_1}{N}$ Schrittweite

$t := t_1, t_1 + \Delta t .. t_2$ Bereichsvariable

$u_c(t) := U_0 \cdot \left(1 - e^{\frac{-t}{\tau}}\right)$ Funktionsgleichung der Kondensatorspannung

$t_a(t) := \frac{U_0}{\tau} \cdot t$ Funktionsgleichung der Anlauftangente

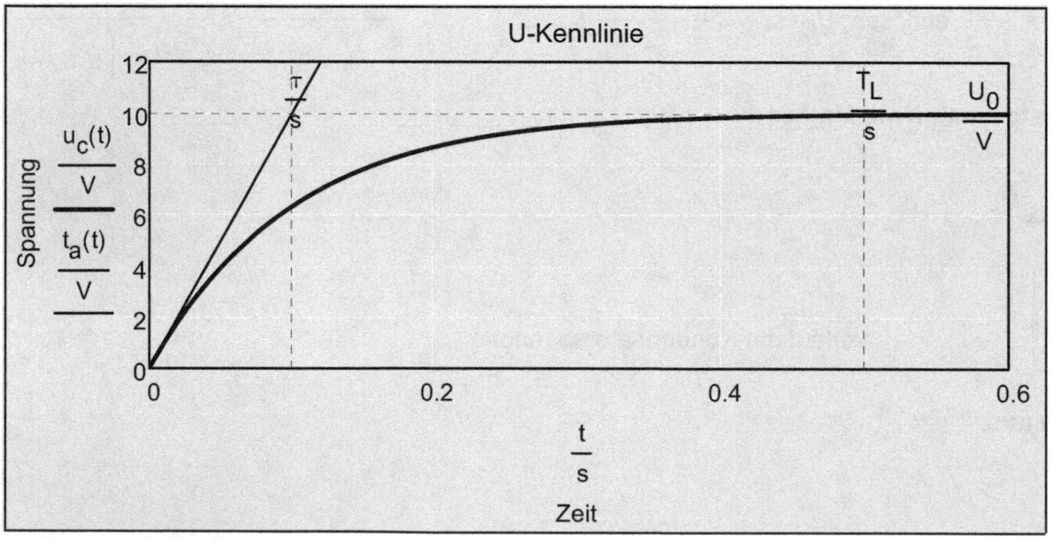

Abb. 5.20

Wird ein ungeladener Kondensator an eine Gleichspannung gelegt, so ist im ersten Augenblick t = 0 s die Spannung u_c = 0 V, weil dieser ein elektrischer Energiespeicher ist ($W = (C\,U^2)/2$) und sich die Spannung nicht plötzlich ändern kann. Im ersten Augenblick ist der Kondensator kurzgeschlossen. Der Kondensator lädt sich erst dann mehr oder weniger rasch nach einer e-Funktion auf und erreicht theoretisch erst nach unendlicher Zeit den Endwert der angelegten Gleichspannung. Für praktische Anwendungen ist ein Kondensator nach einer Ladezeit von ca. $T_L = 5\,\tau$ aufgeladen.

$i(t) := \frac{U_0}{R} \cdot e^{\frac{-t}{\tau}}$ Funktionsgleichung des Stromes

$t_a(t) := -\frac{I_0}{\tau} \cdot t + I_0$ Funktionsgleichung der abfallenden Tangente

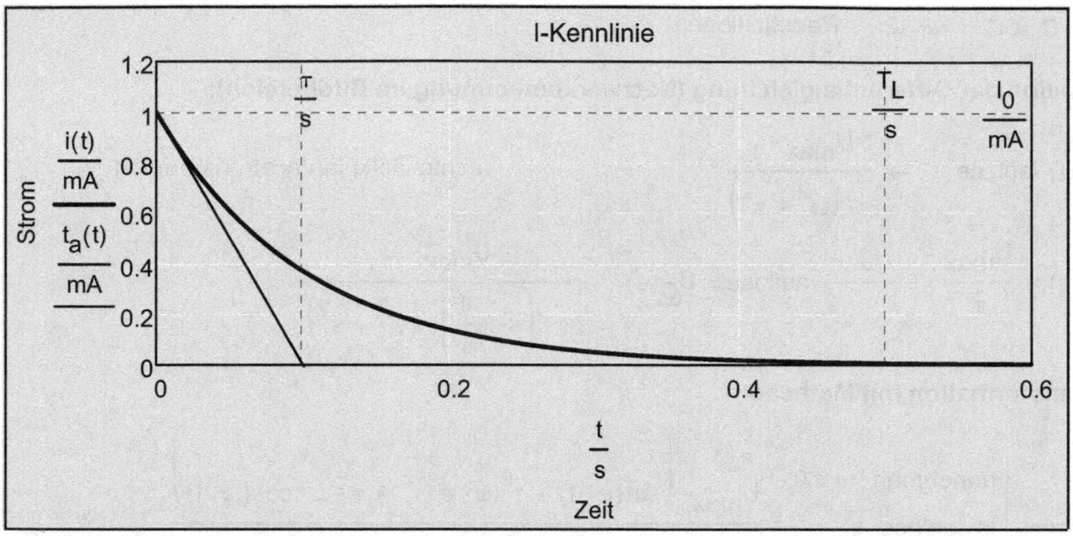

Abb. 5.21

Der Strom ist beim Einschalten ein Maximum (= I_0) und nimmt nach einer e-Funktion ab.

Beispiel 5.34:

An einer Serienschaltung mit Widerstand R und Kapazität C wird zum Zeitpunkt t = 0 s eine sinusförmige Wechselspannung $u_e = U_{max}\ \sin(\omega\ t + \varphi_u)$ angelegt. Bestimmen Sie den zeitlichen Verlauf der Spannung am Kondensator $u_C(t)$ und der Spannung am Widerstand $u_R(t)$ sowie des Stromes i(t). Zum Einschaltzeitpunkt t = 0 s muss die Spannung am Kondensator $u_C(t)$ null sein, da eine sprungartige Spannungsänderung nicht möglich ist.

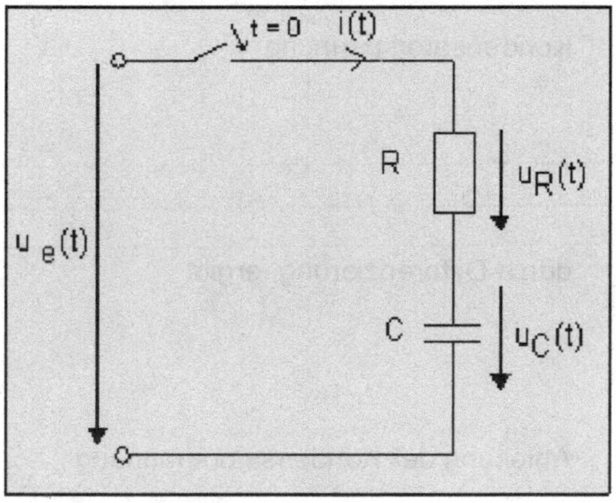

Gegebene Daten:
Angelegte Spannung: $u_e(t) = U_{max}\ \sin(\omega\ t + \varphi_u)$
Scheitelwert: U_{max} = 100 V
Frequenz: f = 50 Hz
Phasenverschiebung: $\varphi_u = 0$
Ohm'scher Widerstand: R = 2 kΩ
Kapazität: C = 10 μF

Abb. 5.22

Nach Kirchhoff gilt:
$u_c(t) + u_R(t) = u_e(t)$.

Daraus ergibt sich die inhomogene Differentialgleichung 1. Ordnung mit konstanten Koeffizienten:

$$u_C(t) + R \cdot C \cdot \frac{d}{dt} u_C(t) = U_{max} \cdot \sin(\omega \cdot t) \cdot \Phi(t)$$

Mit τ = R C lässt sich die Differentialgleichung umformen in

$$\frac{d}{dt} u_C(t) + \frac{1}{\tau} \cdot u_C(t) = \frac{U_{max}}{\tau} \cdot \sin(\omega \cdot t) \cdot \Phi(t).$$

t := t R := R C := C $\tau := \tau$ Redefinitionen

Laplace-Transformation der Differentialgleichung (Netzwerkberechnung im Bildbereich):

$$\frac{U_{max}}{\tau}\sin(\omega\cdot t)\cdot\Phi(t) \text{ laplace}, t \rightarrow \frac{U_{max}\cdot\omega}{\tau\cdot\left(\omega^2+s^2\right)}$$

rechte Seite laplacetransformiert

$$s\cdot\underline{\mathbf{U_C}}(s)+\frac{1}{\tau}\cdot\underline{\mathbf{U_C}}(s)=\frac{U_{max}}{\tau}\cdot\frac{\omega}{s^2+\omega^2} \text{ auflösen}, \underline{\mathbf{U_C}}(s) \rightarrow \frac{U_{max}\cdot\omega}{\tau\cdot\left(s+\frac{1}{\tau}\right)\cdot\left(\omega^2+s^2\right)}$$

Inverse Laplace-Transformation mit Mathcad:

$$\frac{U_{max}\cdot\omega}{\tau\cdot\left(s+\frac{1}{\tau}\right)\cdot\left(\omega^2+s^2\right)} \left|\begin{array}{l}\text{annehmen}, \omega>0\\ \text{invlaplace}, s\\ \text{vereinfachen}\end{array}\right. \rightarrow \frac{U_{max}\cdot\left(\sin(\omega\cdot t)+\tau\cdot\omega\cdot e^{-\frac{t}{\tau}}-\tau\cdot\omega\cdot\cos(\omega\cdot t)\right)}{\tau^2\cdot\omega^2+1}$$

$$u_C(t)=\frac{U_{max}\cdot\left(\sin(\omega\cdot t)+\tau\cdot\omega\cdot e^{-\frac{t}{\tau}}-\tau\cdot\omega\cdot\cos(\omega\cdot t)\right)}{\tau^2\cdot\omega^2+1}$$

Lösung der Differentialgleichung
Verlauf der Kondensatorspannung

Berechnung von i(t) und u_R(t):

$$i(t)=C\cdot\frac{d}{dt}u_C(t)$$

Gesamtstrom

Kondensatorspannung

$$\frac{U_{max}\cdot\left(\sin(\omega\cdot t)+\tau\cdot\omega\cdot e^{-\frac{t}{\tau}}-\tau\cdot\omega\cdot\cos(\omega\cdot t)\right)}{\tau^2\cdot\omega^2+1}$$

durch Differenzierung, ergibt

$$\frac{U_{max}\cdot\left(\omega\cdot\cos(\omega\cdot t)-\omega\cdot e^{-\frac{t}{\tau}}+\tau\cdot\omega^2\cdot\sin(\omega\cdot t)\right)}{\tau^2\cdot\omega^2+1}$$

Ableitung der Kondensatorspannung

$$i(t)=C\cdot\frac{d}{dt}u_C(t)=C\cdot\frac{U_{max}\cdot\left(\omega\cdot\cos(\omega\cdot t)-\omega\cdot e^{-\frac{t}{\tau}}+\tau\cdot\omega^2\cdot\sin(\omega\cdot t)\right)}{\tau^2\cdot\omega^2+1}$$

Gesamtstrom

Spannung am Widerstand:

$$u_R(t)=R\cdot i(t)$$

$$u_R(t)=R\cdot\frac{U_{max}\cdot\left(\omega\cdot\cos(\omega\cdot t)-\omega\cdot e^{-\frac{t}{\tau}}+\tau\cdot\omega^2\cdot\sin(\omega\cdot t)\right)}{\tau^2\cdot\omega^2+1}$$

Spannung am Widerstand

$f := 50 \cdot Hz$ Frequenz der Eingangsspannung

$\omega := 2 \cdot \pi \cdot f \qquad \omega = 314.159 \cdot s^{-1}$ Winkelgeschwindigkeit

$U_{max} := 100 \cdot V$ Amplitude der Eingangsspannung

$\varphi_u := 0 \cdot Grad$ Phasenwinkel der Eingangsspannung

$u_e(t) := U_{max} \cdot \sin\left(\omega \cdot t + \varphi_u\right)$ Eingangsspannung

$R := 2 \cdot k\Omega$ Widerstand

$C := 10 \cdot \mu F$ Kapazität

$\tau := R \cdot C \qquad \tau = 0.02\,s$ Zeitkonstante

$t_1 := 0 \cdot s$ Anfangszeitpunkt

$t_2 := 0.1 \cdot s$ Endzeitpunkt

$N := 800$ Anzahl der Schritte

$\Delta t := \dfrac{t_2 - t_1}{N}$ Schrittweite

$t := t_1, t_1 + \Delta t .. t_2$ Bereichsvariable

$ms := 10^{-3} \cdot s$ Einheitendefinition

$$i(t) := C \cdot \frac{U_{max} \cdot \left(\omega \cdot \cos(\omega \cdot t) - \omega \cdot e^{-\frac{t}{\tau}} + \tau \cdot \omega^2 \cdot \sin(\omega \cdot t)\right)}{\tau^2 \cdot \omega^2 + 1}$$ Gesamtstrom

$$u_R(t) := R \cdot \frac{U_{max} \cdot \left(\omega \cdot \cos(\omega \cdot t) - \omega \cdot e^{-\frac{t}{\tau}} + \tau \cdot \omega^2 \cdot \sin(\omega \cdot t)\right)}{\tau^2 \cdot \omega^2 + 1}$$ Spannung am Widerstand

$$u_C(t) := \frac{U_{max} \cdot \left(\sin(\omega \cdot t) + \tau \cdot \omega \cdot e^{-\frac{t}{\tau}} - \tau \cdot \omega \cdot \cos(\omega \cdot t)\right)}{\tau^2 \cdot \omega^2 + 1}$$ Spannung am Kondensator

Die Kondensatorspannung $\mathbf{u_C(t)}$ kann in $\mathbf{u_{Cein}(t)}$ und in $\mathbf{u_{Cstat}(t)}$ zerlegt werden:

$u_C(t) = u_{Cein}(t) + u_{Cstat}(t)$

$$u_{Cein}(t) := U_{max} \cdot \frac{\tau \cdot e^{\frac{-t}{\tau}} \cdot \omega}{1 + \tau^2 \cdot \omega^2}$$ Ausgleichsglied der Kondensatorspannung

$$u_{Cstat}(t) := U_{max} \cdot \frac{-\tau \cdot \omega \cdot \cos(\omega \cdot t) + \sin(\omega \cdot t)}{1 + \tau^2 \cdot \omega^2}$$ stationäres Glied der Kondensatorspannung

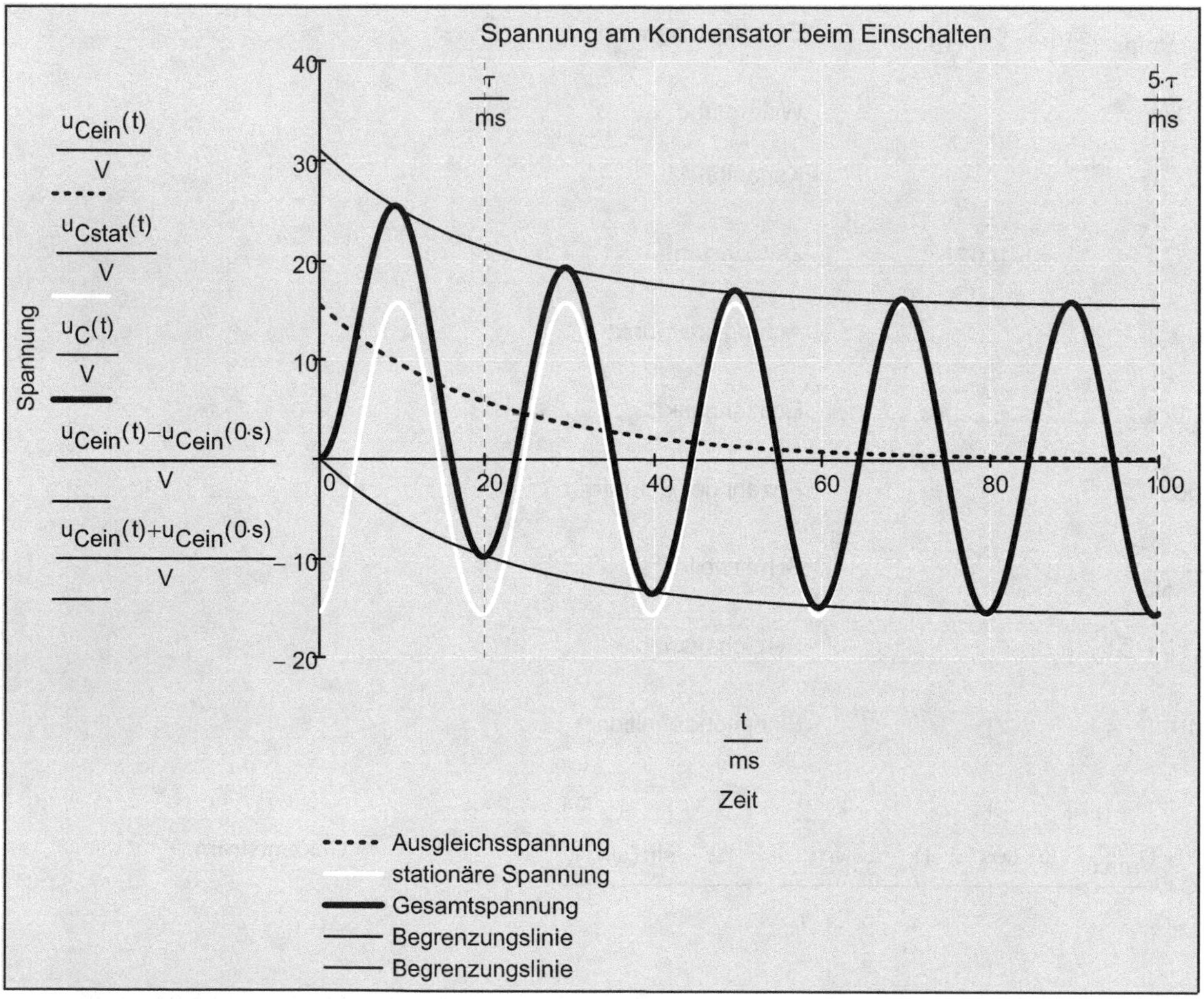

Abb. 5.23

Die **Ausgleichsspannung u_{Cein}** ist so groß, dass zum Einschaltzeitpunkt t = 0 s der Spannung am Kondensator $u_C(0\ s) = 0\ V$ beträgt (in der Anfangsbedingung festgelegt). Nach theoretisch unendlich langer Zeit verschwindet die Ausgleichsspannung. Die Lösung entspricht der Lösung der homogenen Differentialgleichung.

Die **stationäre Spannung u_{Cstat}** ist jene Spannung, die sich theoretisch nach unendlich langer Zeit einstellt; praktisch wird sie nach $t = 5\ \tau$ erreicht. Die Lösung entspricht der partikulären Lösung der inhomogenen Differentialgleichung.

5.4.3 Übertragungsverhalten von Systemen

Aus praktischen Problemen der Elektrotechnik hat sich die Systemtheorie entwickelt. Wichtige Anwendungsgebiete liegen im Entwurf und in der Analyse elektrischer Netzwerke, in der Nachrichtenübertragung, in der Regelungstechnik und in der Messtechnik vor. Das Kerngebiet der Systemtheorie bilden sogenannte LTI-Systeme, die bereits kurz im Abschnitt 5.3.1 beschrieben wurden.
Unter der Annahme verschwindender Anfangsbedingungen (y(0) = 0, y' (0) = 0, ...) kann die lineare Differentialgleichung mit konstanten Koeffizienten, die ein LTI-System beschreiben, mithilfe des Ableitungssatzes einfach laplacetransformiert werden:

$$\sum_{k=0}^{n} \left(a_k \cdot s^k \cdot \underline{Y}(s)\right) = \sum_{k=0}^{m} \left(b_k \cdot s^k \cdot \underline{X}(s)\right) \qquad \textbf{(5-47)}$$

Diese algebraische Gleichung in s kann nun umgeformt werden:

$$\underline{Y}(s) \cdot \left(a_n \cdot s^n + a_{n-1} \cdot s^{n-1} .... + a_1 \cdot s + a_0\right) = \underline{X}(s) \cdot \left(b_m \cdot s^m + b_{m-1} \cdot s^{m-1} .... + b_1 \cdot s + a_0\right)$$

$$\underline{Y}(s) = \frac{\left(b_m \cdot s^m + b_{m-1} \cdot s^{m-1} .... + b_1 \cdot s + b_0\right)}{\left(a_n \cdot s^n + a_{n-1} \cdot s^{n-1} .... + a_1 \cdot s + a_0\right)} \cdot \underline{X}(s) \qquad \textbf{(5-48)}$$

Bezeichnen wir den Quotienten mit $\underline{G}(s)$, so kann die Gleichung in folgender Form geschrieben werden:

$$\underline{Y}(s) = \underline{G}(s) \cdot \underline{X}(s) \qquad \textbf{(5-49)}$$

$$\underline{G}(s) = \frac{\underline{Y}(s)}{\underline{X}(s)} \qquad \textbf{(5-50)}$$

$\underline{G}$(s) heißt Übertragungsfunktion und beschreibt das dynamische Verhalten eines linearen zeitinvarianten Systems vollständig. Der Vorteil dieser Vorgangsweise liegt darin, dass die Übertragungsfunktion $\underline{G}$(s) bei einem energielosen Übertragungsglied verhältnismäßig leicht gebildet werden kann. Die Übertragungsfunktion $\underline{G}$(s) hängt nur von der Art des Systems und seiner Kenngrößen ab. Sie ist unabhängig vom Eingangssignal x(t), d. h., mittels der vorhergehenden Gleichung kann für alle Eingangssignale x(t), aus denen $\underline{X}$(s) mittels Laplace-Transformation gewonnen werden kann, das Ausgangssignal $\underline{Y}$(s) und daraus durch Rücktransformation die Ausgangszeitfunktion y(t) bestimmt werden.
In der Praxis wird $\underline{G}$(s) oft auch noch durch a_n oder a_0 dividiert (normierte Darstellung):

$$\underline{G}(s) = \frac{\frac{b_m}{a_n} \cdot s^m + \frac{b_{m-1}}{a_n} \cdot s^{m-1} .... + \frac{b_1}{a_n} \cdot s + \frac{b_0}{a_n}}{s^n + \frac{a_{n-1}}{a_n} \cdot s^{n-1} .... + \frac{a_1}{a_n} \cdot s + \frac{a_0}{a_n}} = \frac{\frac{b_m}{a_0} \cdot s^m + \frac{b_{m-1}}{a_0} \cdot s^{m-1} .... + \frac{b_1}{a_0} \cdot s + \frac{b_0}{a_0}}{\frac{a_n}{a_0} \cdot s^n + \frac{a_{n-1}}{a_0} \cdot s^{n-1} .... + \frac{a_1}{a_0} \cdot s + 1}.$$

Mit der Übertragungsfunktion können drei Grundaufgaben formuliert werden:

$\underline{Y}(s) = \underline{G}(s) \cdot \underline{X}(s)$ **... Analyse** $\quad \underline{X}(s) = \frac{1}{\underline{G}(s)} \cdot \underline{Y}(s)$ **... Synthese** $\quad \underline{G}(s) = \frac{\underline{Y}(s)}{\underline{X}(s)}$ **... Identifikation**

Bei Kenntnis der Übertragungsfunktion G(s) kann daher nach folgendem Schema für jedes Eingangssignal x(t) das Ausgangssignal y(t) berechnet werden:

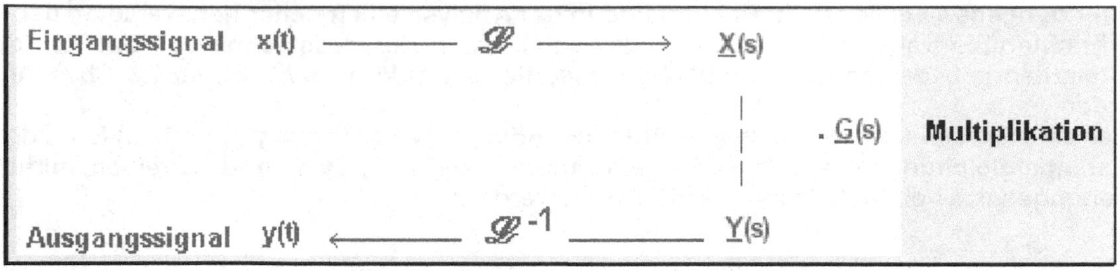

Eine Rücktransformation der Lösung in den Zeitbereich kann, wie bereits bekannt ist, recht rechenaufwendig sein. Meist ist sie aber gar nicht erforderlich, weil sehr viele Systemeigenschaften (z. B. Einschwingverhalten, Stabilität und Stationärverhalten) direkt im Laplacebereich erkennbar sind. Von den vorhergehenden Herleitungen ist zu erkennen, dass Laplacetransformierte von Differentialgleichungen allgemein als Quotienten zweier Polynome darstellbar sind. Ein Polynom kann aber alternativ als Produkt von Ausdrücken der Form ($s - s_n$) mit Nullstellen s_n geschrieben werden. Die Nullstellen des Nenners stellen somit die Polstellen der gebrochenrationalen Funktion dar. Sie können reell oder konjugiert komplex, einfach oder mehrfach sein.

Stabilität bedeutet im Folgenden, dass bei Anregung mit endlicher Größe (z. B. Sprung) das Ausgangssignal für alle Zeiten begrenzt (d. h. $< \infty$) bleibt.
Die Stabilität eines linearen zeitinvarianten Systems wird meist durch die Polstellen der Übertragungsfunktion bestimmt:

a) Es ist genau dann stabil, wenn alle Polstellen einen negativen Realteil haben, d. h. in der linken Halbebene der Gauß'schen Zahlenebene liegen;
b) Instabil, wenn mindestens ein Pol einen positiven Realteil hat, d. h. in der rechten Halbebene der Gauß'schen Zahlenebene liegt (oder auch mehrfache Pole auf der imaginären Achse);
c) Es befindet sich an der Stabilitätsgrenze, wenn keine Pole in der rechten Halbebene, aber einfache Pole auf der imaginären Achse liegen.

<u>Bemerkungen:</u>

Im Zeitbereich ist der Zusammenhang zwischen dem Eingangssignal x(t) mit x(t) = 0 für t < 0 und dem Ausgangssignal y(t) durch das oft aufwendig zu lösende Faltungsintegral gegeben:

$$y(t) = \int_0^t g(t-\tau) \cdot x(\tau)\, d\tau \qquad (5\text{-}51)$$

g(t) ist dabei die sogenannte Gewichtsfunktion, die inverse Laplacetransformierte der Übertragungsfunktion G(s).

Eine weitere oft in den Anwendungen benützte Kenngröße zur Beschreibung von LTI-Systemen ist der Frequenzgang G(j ω), der als die Übertragungsfunktion G(s) auf der imaginären Achse definiert ist. Wird ein lineares zeitinvariantes System mit einer sinus- oder kosinusförmigen Eingangsgröße angeregt, so ist die Ausgangsgröße ebenfalls eine sinus- oder kosinusförmige Größe mit derselben Frequenz, aber im Allgemeinen mit einer anderen Amplitude und anderen Phasenlage. Wollen wir das Frequenzverhalten im komplexen Zahlenbereich eines linearen zeitinvarianten Systems auf eine <u>sinusförmige Eingangsgröße im eingeschwungenen Zustand</u> untersuchen, so braucht in der laplacetransformierten Gleichung Y(s) = G(s) X(s) die Variable s nur durch j ω ersetzt werden. Wir erhalten dann (siehe dazu auch Band 1, Abschnitt 2.4.4):

$$\underline{Y}(j\,\omega) = \underline{G}(j\,\omega)\ \underline{X}(j\,\omega) \qquad (5\text{-}52)$$

Beispiel 5.35:

Übertragungsverhalten eines Differenziergliedes.

Unter der Annahme, das System ist energielos zum Zeitpunkt t = 0, ist das Verhalten der nachfolgenden Schaltung mit R = 100 Ω und C = 2 nF beim Anlegen eines Rechteckimpulses mit U_0 = 10 V und der Impulsbreite $T_1 = 10^{-7}$ s gesucht.

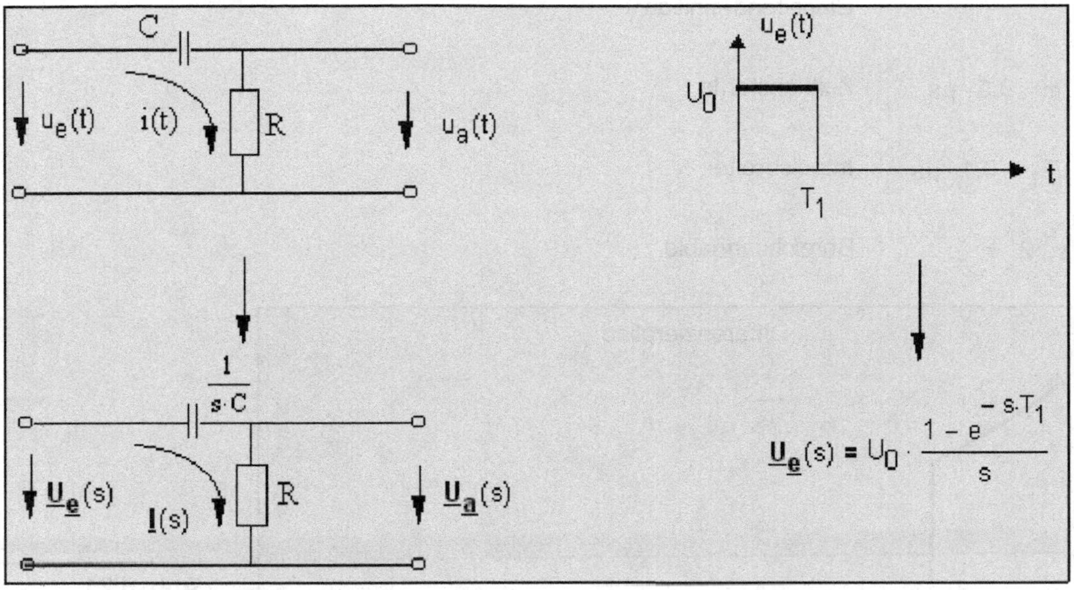

Abb. 5.24

Analog zum Ohm'schen Gesetz gilt:

$$\underline{\mathbf{I}}(s) = \frac{\underline{\mathbf{U_e}}(s)}{R + \frac{1}{s \cdot C}} \qquad \text{vereinfacht auf} \qquad \underline{\mathbf{I}}(s) = \underline{\mathbf{U_e}}(s) \cdot s \cdot \frac{C}{R \cdot s \cdot C + 1}$$

$$\underline{\mathbf{U_a}}(s) = R \cdot \underline{\mathbf{I}}(s) \qquad \underline{\mathbf{U_a}}(s) = \frac{R \cdot s \cdot C}{R \cdot s \cdot C + 1} \cdot \underline{\mathbf{U_e}}(s) = \underline{\mathbf{G}}(s) \cdot \underline{\mathbf{U_e}}(s)$$

$\underline{\mathbf{G}}(s)$ ... Übertragungsfunktion

Wie hier zu erkennen ist, kann auf das Aufstellen der zugehörigen Differentialgleichung verzichtet werden!

Mit τ = R C und $\underline{\mathbf{U_e}}$(s) folgt:

$$\underline{\mathbf{U_a}}(s) = \frac{s \cdot \tau}{s \cdot \tau + 1} \cdot \left(\frac{1 - e^{-s \cdot a}}{s}\right) \cdot U_0 = U_0 \cdot \left(\frac{1}{s + \frac{1}{\tau}} - \frac{e^{-s \cdot a}}{s + \frac{1}{\tau}}\right)$$

Laplacetransformierte der Lösungsfunktion

Rücktransformation mithilfe von Mathcad:

$a := a \qquad U_0 := U_0 \qquad \tau := \tau$ Redefinitionen

$$\frac{s \cdot \tau}{s \cdot \tau + 1} \cdot \left(\frac{1 - e^{-s \cdot T_1}}{s}\right) \cdot U_0 \;\left|\begin{array}{l}\text{annehmen}, T_1 > 0, U_0 > 0 \\ \text{invlaplace}, s \\ \text{vereinfachen}\end{array}\right. \rightarrow -U_0 \cdot e^{-\frac{t}{\tau}} \cdot \left(e^{\frac{T_1}{\tau}} \cdot \Phi(t - T_1) - 1\right)$$

$$u_a(t, \tau, T_1, U_0) := U_0 \cdot \left[e^{\frac{-t}{\tau}} - \Phi(t - T_1) \cdot e^{\frac{-(t - T_1)}{\tau}}\right]$$

Ausgangsspannung

$U_0 := 10 \cdot V$ Maximalwert des Spannungsimpulses

$R := 100 \cdot \Omega$ Ohm'scher Widerstand

$C := 2 \cdot nF$ Kapazität

$\mu s := 10^{-6} \cdot s$ Einheitendefinition

$\tau := R \cdot C \qquad \tau = 0.2 \cdot \mu s$ Zeitkonstante

$T_1 := 1 \cdot 10^{-7} \cdot s \qquad T_1 = 0.1 \cdot \mu s$ Impulsbreite

$t := 0 \cdot s, 1 \cdot 10^{-9} \cdot s .. 2 \cdot \tau$ Bereichsvariable

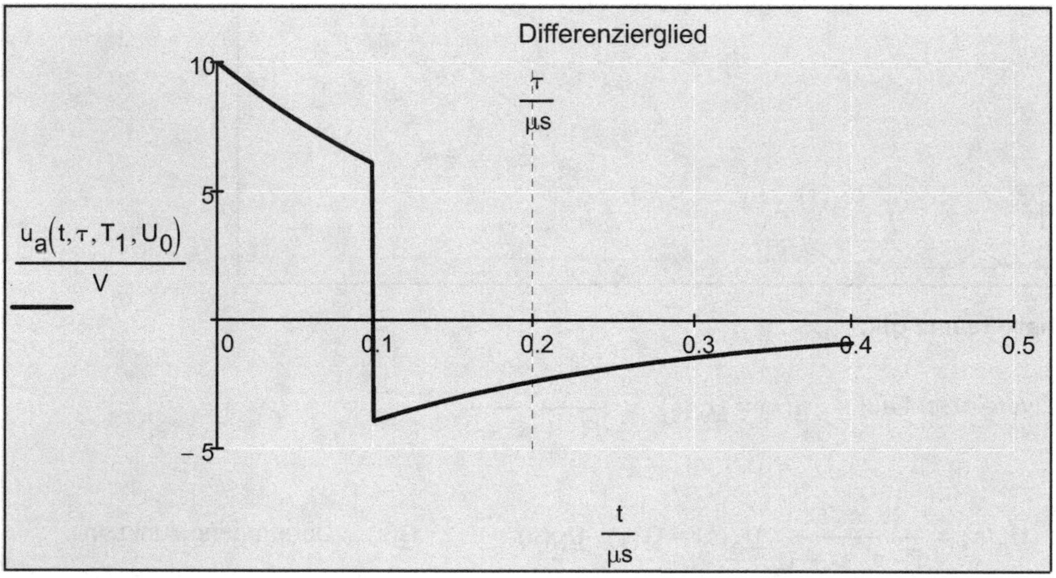

Abb. 5.25

Beispiel 5.36:

Ermitteln Sie mithilfe der Laplace-Transformation den Zeitverlauf der Ausgangsgröße eines DT_2-Gliedes bei einer sprungartigen Änderung des Eingangssignals.

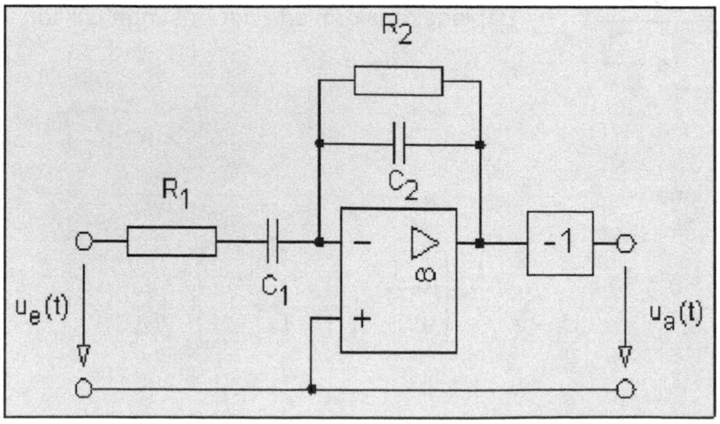

Gegebene Daten:
Eingangssignal: $u_e(t) = 1\ V\ \Phi(t)$
Ohm'scher Widerstand: $R_1 = 100\ k\Omega$
Ohm'scher Widerstand: $R_2 = 10\ M\Omega$
Kapazität: $C_1 = 10\ nF$
Kapazität: $C_2 = 50\ pF$

Abb. 5.26

Auffinden der Übertragungsfunktion mithilfe der Laplace-Transformation:

$\underline{U_e}(s) = \underline{I_e}(s) \cdot \left(R_1 + \frac{1}{s \cdot C_1}\right)$ vereinfacht auf $\underline{U_e}(s) = \underline{I_e}(s) \cdot \frac{R_1 \cdot s \cdot C_1 + 1}{s \cdot C_1}$ Eingangsfunktion

$\underline{U_a}(s) = -\underline{I_e}(s) \cdot \frac{R_2 \cdot \frac{1}{s \cdot C_2}}{R_2 + \frac{1}{s \cdot C_2}}$ vereinfacht auf $\underline{U_a}(s) = -\underline{I_e}(s) \cdot \frac{R_2}{R_2 \cdot s \cdot C_2 + 1}$ Ausgangsfunktion

Die Übertragungsfunktion ergibt sich dann zu:

$$\frac{\underline{U_a}(s)}{\underline{U_e}(s)} \left| \begin{array}{l} \text{ersetzen}, \underline{U_a}(s) = -\underline{I_e}(s) \cdot \frac{R_2}{R_2 \cdot s \cdot C_2 + 1} \\ \text{ersetzen}, \underline{U_e}(s) = \underline{I_e}(s) \cdot \frac{R_1 \cdot s \cdot C_1 + 1}{s \cdot C_1} \end{array} \right. \rightarrow -\frac{C_1 \cdot R_2 \cdot s}{(C_1 \cdot R_1 \cdot s + 1) \cdot (C_2 \cdot R_2 \cdot s + 1)}$$

$$\underline{G}(s) = \frac{\underline{U_a}(s)}{\underline{U_e}(s)} = -\frac{C_1 \cdot R_2 \cdot s}{(C_1 \cdot R_1 \cdot s + 1) \cdot (C_2 \cdot R_2 \cdot s + 1)}$$ Übertragungsfunktion

Ausgangsspannung $\underline{U}_a(s)$ im Laplacebereich:

$\underline{U_a}(s) = \underline{G}(s) \cdot \underline{U_e}(s)$ Ausgangsspannung im Laplace-Bereich

$\underline{U_e}(s) = \frac{1}{s}$ Laplacetransformierte Sprungfunktion $\Phi(t)$ der Eingangsspannung (die Einheit Volt wird hier weggelassen)

$$\underline{U_a}(s) = -\frac{C_1 \cdot R_2 \cdot s}{(C_1 \cdot R_1 \cdot s + 1) \cdot (C_2 \cdot R_2 \cdot s + 1)} \cdot \frac{1}{s}$$

$$\underline{U_a}(s) = -\frac{C_1 \cdot R_2}{(C_1 \cdot R_1 \cdot s + 1) \cdot (C_2 \cdot R_2 \cdot s + 1)}$$ Ausgangsspannung im Laplacebereich

$$(C_1 \cdot R_1 \cdot s + 1) \cdot (C_2 \cdot R_2 \cdot s + 1) = 0 \text{ auflösen}, s \rightarrow \begin{pmatrix} -\frac{1}{C_1 \cdot R_1} \\ -\frac{1}{C_2 \cdot R_2} \end{pmatrix}$$ Die Polstellen sind negativ.

Besitzt die Übertragungsfunktion negative reelle Polstellen, so ist das zugehörige System nicht schwingungsfähig. Die Realteile sind negativ, daher ist das System stabil (siehe Beschreibung oben).

Ausgangsspannung $u_a(t)$ im Zeitbereich:

$$-\frac{C_1 \cdot R_2}{(C_1 \cdot R_1 \cdot s + 1) \cdot (C_2 \cdot R_2 \cdot s + 1)}$$ hat inverse Laplace-Transformation $$-\frac{C_1 \cdot R_2 \cdot e^{-\frac{t}{C_1 \cdot R_1}} - C_1 \cdot R_2 \cdot e^{-\frac{t}{C_2 \cdot R_2}}}{C_1 \cdot R_1 - C_2 \cdot R_2}$$

Durch Multiplikation mit dem Einheitssprung der Eingangsspannung erhalten wir schließlich die Ausgangsspannung $u_2(t)$:

$$u_a(t) = -\frac{C_1 \cdot R_2 \cdot e^{-\frac{t}{C_1 \cdot R_1}} - C_1 \cdot R_2 \cdot e^{-\frac{t}{C_2 \cdot R_2}}}{C_1 \cdot R_1 - C_2 \cdot R_2} \cdot \Phi(t) \cdot V$$

Durch Umformung und Herausheben ergibt sich schließlich die Ausgangsspannung zu:

$$u_2(t) = \frac{R_2 \cdot C_1}{R_2 \cdot C_2 - R_1 \cdot C_1} \cdot \left(e^{-\frac{t}{R_1 \cdot C_1}} - e^{-\frac{t}{R_2 \cdot C_2}}\right) \cdot \Phi(t) \cdot V$$ Ausgangsspannung im Zeitbereich

Mithilfe der Grenzwertsätze soll der Anfangswert und der Endwert der Bildfunktion $\underline{U_a}(s)$ ermittelt werden und mit der Originalfunktion $u_a(t)$ verglichen werden:

$$\lim_{s \to \infty} \left[s \cdot \frac{-C_1 \cdot R_2}{(C_1 \cdot R_1 \cdot s + 1) \cdot (C_2 \cdot R_2 \cdot s + 1)} \right] \to 0$$ Anfangswert

$$\lim_{s \to 0} \left[s \cdot \frac{-C_1 \cdot R_2}{(C_1 \cdot R_1 \cdot s + 1) \cdot (C_2 \cdot R_2 \cdot s + 1)} \right] \to 0$$ Endwert

Es gilt, wie wir uns leicht überzeugen können:

Anfangswerttheorem:

$$f(0) = \lim_{t \to 0} f(t) = \lim_{s \to \infty} \left(s \cdot \underline{U_a}(s)\right)$$

Endwerttheorem:

$$f(\infty) = \lim_{t \to \infty} f(t) = \lim_{s \to 0} \left(s \cdot \underline{U_a}(s)\right)$$

Grafische Darstellung der Ausgangsspannung:

$R_1 := 100 \cdot k\Omega$ Ohm'scher Widerstand

$R_2 := 10 \cdot M\Omega$ Ohm'scher Widerstand

$C_1 := 10 \cdot nF$ Kapazität

$C_2 := 50 \cdot pF$ Kapazität

$$u_a(t) := \frac{R_2 \cdot C_1}{R_2 \cdot C_2 - R_1 \cdot C_1} \cdot \left(e^{-\frac{t}{R_1 \cdot C_1}} - e^{-\frac{t}{R_2 \cdot C_2}}\right) \cdot \Phi(t) \cdot V$$ Ausgangsspannung (Sprungantwort)

$ms := 10^{-3} \cdot s$ Einheitendefinition

$t := 0 \cdot s, 0.01 \cdot ms .. 6 \cdot ms$ Bereichsvariable (Zeitbereich)

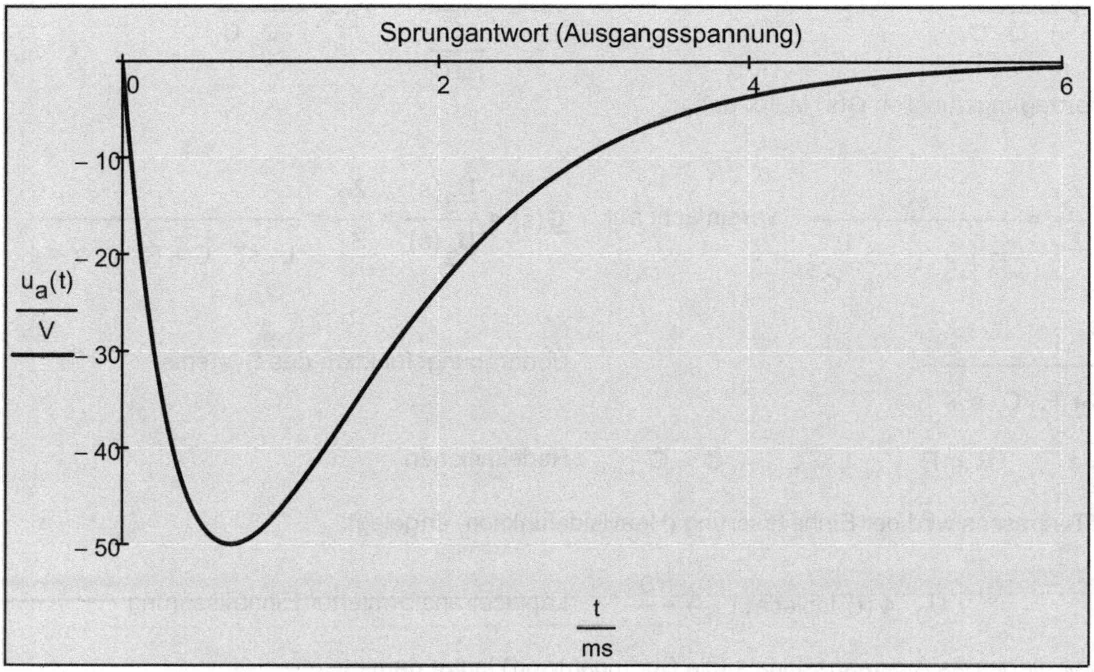

Abb. 5.27

Die Sprungantwort ist ein kurzer negativer Spannungsimpuls.

Beispiel 5.37:

Es soll das Verhalten eines aktiven Tiefpassfilters 2. Ordnung (RLC-Tiefpass) ausführlich untersucht und analysiert werden.

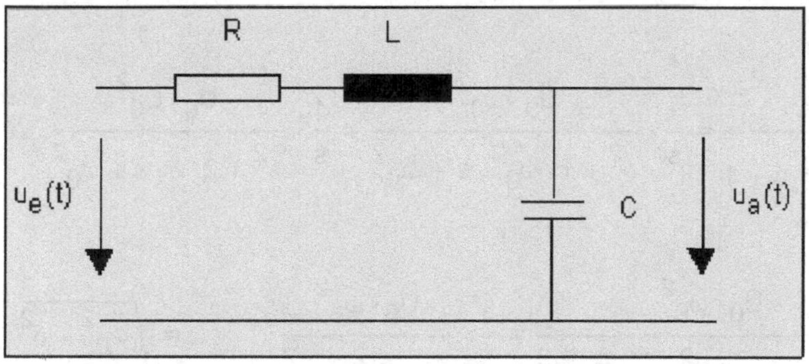

Abb. 5.28

a) Untersuchen Sie die Sprungantwort des Tiefpasses auf eine Gleichspannung mit Amplitude $U_0 = 1$ V, R = 20 Ω und für verschiedene Widerstandswerte zwischen 0 Ω und 100 Ω, L = 1μF und C = 1μF. Berechnen Sie ferner jenen Widerstand R, der (bei gleichbleibenden anderen Werten) zum aperiodischen Grenzfall führt. Erklären und demonstrieren Sie auch den Zusammenhang der Lösung mit den Polstellen der Übertragungsfunktion.

b) Bestimmen Sie den Amplitudengang und Phasengang der komplexen Übertragungsfunktion **G**(s) und stellen Sie diese im Bereich von f = 0.01 Hz und f = 10 MHz in einem Bode-Diagramm dar. Berechnen Sie weiters die Grenzfrequenz und untersuchen Sie den Einfluss des Widerstandes R = 4 kΩ (100 R; R_{aper}; R /1000).

c) Interpretieren Sie das Bode-Diagramm hinsichtlich Resonanz bzw. Resonanzüberhöhung bei Widerstandswerten zwischen 0 Ω und 100 Ω.

a) Auffinden der Übertragungsfunktion mithilfe der Laplace-Transformation und Aufsuchen der Sprungantwort des Systems.

Für die Serienschaltung von R, L und C gilt:

$$Z_1 = R + j \cdot \omega \cdot L + \frac{1}{j \cdot \omega \cdot C}$$

Für die Parallelschaltung von C gilt:

$$\frac{1}{Z_2} = \frac{1}{\frac{1}{j \cdot \omega \cdot C}} \qquad Z_2 = \frac{1}{j \cdot \omega \cdot C}$$

Die komplexe Übertragungsfunktion $\underline{\mathbf{G}}(s)$ lautet daher:

$$\underline{\mathbf{G}}(s) = \frac{\underline{\mathbf{U_a}}(s)}{\underline{\mathbf{U_e}}(s)} = \frac{Z_2}{Z_1} = \frac{\frac{1}{s \cdot C}}{R + s \cdot L + \frac{1}{s \cdot C}}$$

vereinfacht auf

$$\underline{\mathbf{G}}(s) = \frac{\underline{\mathbf{U_a}}(s)}{\underline{\mathbf{U_e}}(s)} = \frac{Z_2}{Z_1} = \frac{1}{L \cdot s^2 \cdot C + R \cdot C \cdot s + 1}$$

$$\underline{\mathbf{G}}(s) = \frac{1}{L \cdot s^2 \cdot C + R \cdot C \cdot s + 1}$$

Übertragungsfunktion des Systems

$U_0 := U_0 \qquad t := t \qquad R := R \qquad L := L \qquad C := C$ Redefinitionen

Am Eingang des Tiefpasses wird der Einheitssprung (Heavisidefunktion) angelegt:

$$u_e(t) = U_0 \cdot \Phi(t) \qquad U_0 \cdot \Phi(t) \text{ laplace}, t \rightarrow \frac{U_0}{s}$$

Laplacetransformierter Einheitssprung

Die Laplacetransformierte des Ausgangssignals (die Sprungantwort) lautet damit:

$$\underline{\mathbf{U_a}}(s) = \underline{\mathbf{G}}(s) \cdot \underline{\mathbf{U_e}}(s) = \frac{1}{L \cdot s^2 \cdot C + R \cdot C \cdot s + 1} \cdot \frac{U_0}{s}$$

Lösung im Bildbereich

Setzen wir $a = \tau = R \cdot C$, $b = \frac{1}{\omega_0^2} = L \cdot C$ und $\tau \cdot \omega_0^2 = \frac{R}{L} = 2 \cdot \delta$, so ergibt sich das Ausgangssignal zu:

$$\underline{\mathbf{U_a}}(s) = \frac{U_0}{b \cdot s^2 + a \cdot s + 1} = \frac{1}{s} \cdot \frac{U_0}{\frac{1}{\omega_0^2} \cdot s^2 + \tau \cdot s + 1} = \frac{1}{s} \cdot \frac{U_0 \cdot \omega_0^2}{s^2 + \tau \cdot \omega_0^2 \cdot s + \omega_0^2} = \frac{1}{s} \cdot \frac{U_0 \cdot \omega_0^2}{s^2 + 2 \cdot \delta \cdot s + \omega_0^2}$$

$$\underline{\mathbf{U_a}}(s) = \frac{1}{s} \cdot \frac{U_0 \cdot \omega_0^2}{s^2 + 2 \cdot \delta \cdot s + \omega_0^2} = \frac{1}{s} \cdot \frac{U_0 \cdot \omega_0^2}{s^2 + 2 \cdot \delta \cdot s + \delta^2 + \omega_0^2 - \delta^2} = \frac{1}{s} \cdot \frac{U_0 \cdot \omega_0^2}{(s + \delta)^2 + \omega^2} \qquad \omega = \sqrt{\omega_0^2 - \delta^2}$$

Daraus erhalten wir mittels inverser Laplace-Transformation die Sprungantwort des Systems im Zeitbereich:

Versuchen wir mit Mathcad eine Rücktransformation, so ergibt sich leider ein sehr langer Ausdruck, der sich nicht vereinfachen lässt. Wir verwenden zur Rücktransformation daher hier eine Laplace-Transformationstabelle (z. B. von O. Greuel):

Für $4b > a^2$ gilt:

$$u_{1a}(t, a, b, U_0) := U_0 \cdot \left[1 - e^{-\frac{a}{2 \cdot b} \cdot t} \cdot \left(\frac{a}{\sqrt{4 \cdot b - a^2}} \cdot \sin\left(\frac{\sqrt{4 \cdot b - a^2}}{2 \cdot b} \cdot t\right) + \cos\left(\frac{\sqrt{4 \cdot b - a^2}}{2 \cdot b} \cdot t\right)\right)\right]$$

Für $4b < a^2$ gilt:

$$u_{2a}(t,a,b,U_0) := U_0 \cdot \left[1 - e^{-\frac{a}{2\cdot b}\cdot t} \cdot \left(\frac{a}{\sqrt{a^2 - 4\cdot b}} \cdot \sinh\left(\frac{\sqrt{a^2 - 4\cdot b}}{2\cdot b}\cdot t\right) + \cosh\left(\frac{\sqrt{a^2 - 4\cdot b}}{2\cdot b}\cdot t\right)\right)\right]$$

Für $4b = a^2$ gilt:

$$u_{3a}(t,a,b,U_0) := U_0 \cdot \left[1 - e^{-\frac{a}{2\cdot b}\cdot t} \cdot \left(\frac{a}{2\cdot b}\cdot t + 1\right)\right]$$

Die Sprungantwort lautet daher:

$$u_a(t,a,b,U_0) := \begin{cases} u_{1a}(t,a,b,U_0) & \text{if } 4\cdot b - a^2 > 0 \\ u_{2a}(t,a,b,U_0) & \text{if } 4\cdot b - a^2 < 0 \\ u_{3a}(t,a,b,U_0) & \text{otherwise} \end{cases}$$

Einfluss des Widerstandes auf die Sprungantwort:

Die Polstellen der Übertragungsfunktion (sie entsprechen den Nullstellen der charakteristischen Gleichung der Differentialgleichung im Zeitbereich) geben Auskunft über die verschiedenen Schwingungszustände der Sprungantwort des Systems.

$$\text{Nenner}(R,L,C) := L\cdot s^2\cdot C + R\cdot C\cdot s + 1$$ Nenner der Übertragungsfunktion

$$\text{Polstellen}(R,L,C) := \text{Nenner}(R,L,C) = 0 \text{ auflösen}, s \rightarrow \begin{bmatrix} \dfrac{\dfrac{\sqrt{-C\cdot(4\cdot L - C\cdot R^2)}}{2} - \dfrac{C\cdot R}{2}}{C\cdot L} \\ -\dfrac{\dfrac{\sqrt{-C\cdot(4\cdot L - C\cdot R^2)}}{2} + \dfrac{C\cdot R}{2}}{C\cdot L} \end{bmatrix}$$

Berechnung des aperiodischen Grenzfalles:

Ein aperiodischer Grenzfall liegt dann vor, wenn die Polstelle eine reelle Doppellösung aufweist (das ist der Übergang von zwei komplexen Lösungen zu zwei reellen Lösungen).
Zur Berechnung wird der Ausdruck unter der Wurzel (Diskriminante) in den Polstellen gleich 0 gesetzt.
Wir erhalten dann:

$$\mathbf{R_{aper}} := C^2\cdot R^2 - 4\cdot C\cdot L = 0 \text{ auflösen}, R \rightarrow \begin{pmatrix} \dfrac{2\cdot\sqrt{L}}{\sqrt{C}} \\ -\dfrac{2\cdot\sqrt{L}}{\sqrt{C}} \end{pmatrix}$$ Nur die positive Lösung ist von Interesse!

$R_{aper}(L,C) := \frac{2\cdot\sqrt{C\cdot L}}{C}$ Funktion zur Berechnung des Widerstandes für den aperiodischen Fall

$R := 20\cdot\Omega$ $L := 1\cdot mH$ $C := 1\cdot\mu F$ $U_0 := 1\cdot V$ gegebene Daten

$R_{aper}(L,C) = 63.246\,\Omega$ Widerstand für den aperiodischen Fall

$ms := 10^{-3}\cdot s$ Einheitendefinition

$\tau := R\cdot C$ $\tau = 0.02\cdot ms$ Zeitkonstante a = τ

$b := L\cdot C$ $b = 1\times 10^{-9}s^2$ $\omega_0 := \sqrt{\frac{1}{b}}$ $\omega_0 = 31622.777\cdot\frac{1}{s}$ Kreisfrequenz der ungedämpften Schwingung

$t := 0\cdot s, \frac{\tau}{100} .. 50\cdot\tau$ Bereichsvariable für die Zeit

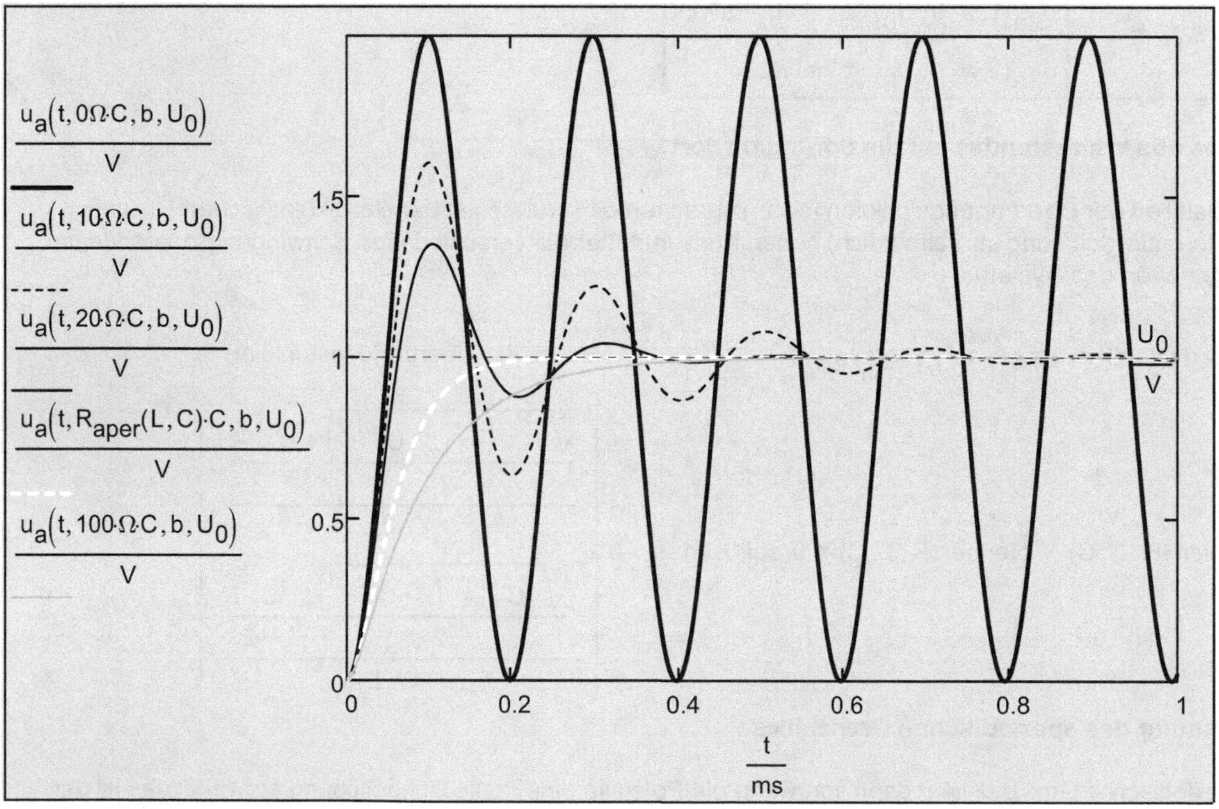

Abb. 5.29

Ist R kleiner als im aperiodischen Grenzfall, dann schwingt das System (leichtes bis starkes Überschwingen). Ist R = 0 Ω, so ist das System ungedämpft und schwingt mit einer bestimmten Frequenz. Ist $R > R_{aper}$, so ist das System stärker gedämpft und die Sprungantwort geht langsam auf das Niveau der Eingangsspannung. Dies liegt daran, dass durch den höheren Widerstand ein kleinerer Strom fließt.

Zusammenhang zwischen den Lösungsfällen und den Polstellen der Übertragungsfunktion:

Der Zusammenhang zwischen den Lösungsfällen und den Polstellen soll über eine Videoanimation (**FRAME von 0 bis 100**) nachfolgend veranschaulicht werden:

$R := (100 - FRAME)\cdot\Omega$ Widerstand mit der FRAME-Variable

$\mathbf{P} := \text{Polstellen}(R, L, C)$ $\quad\quad$ $\mathbf{P} = \begin{pmatrix} -11270.167 \\ -88729.833 \end{pmatrix} \cdot \frac{1}{s}$ $\quad\quad$ Polstellen der Übertragungsfunktion

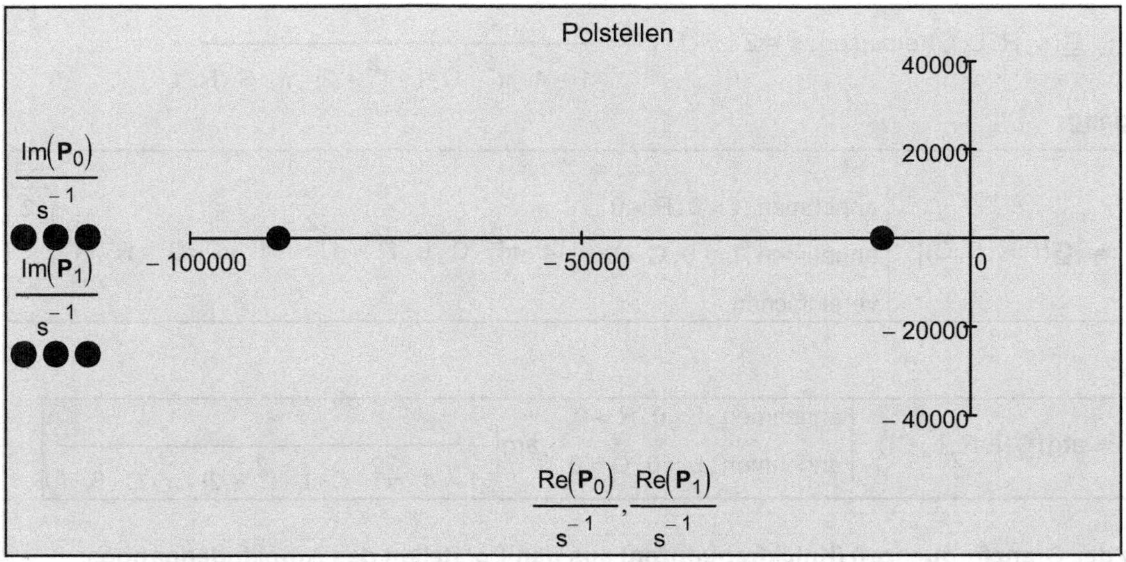

Abb. 5.30

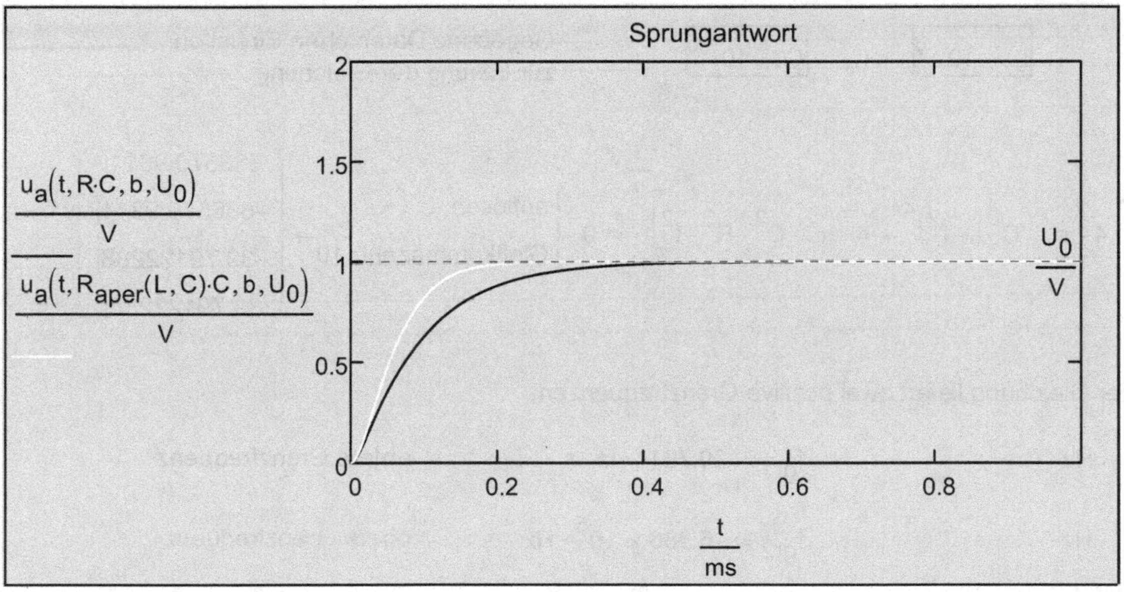

Abb. 5.31

Für $R > R_{aper}$: 2 reelle Polstellen in der Übertragungsfunktion - daher aperiodische Systemantwort.

Für $R = R_{aper}$: 1 reelle Polstelle (Doppellösung) in der Übertragungsfunktion - daher aperiodischer Grenzfall.

Für $R < R_{aper}$: 2 konjugiert komplexe Polstellen in der Übertragungsfunktion - daher gedämpfte Schwingung als Systemantwort.

Für $R = 0\ \Omega$: Die Polstellen sind rein imaginär - daher ungedämpfte Schwingung als Systemantwort.

b) Bestimmen Sie den Amplitudengang und Phasengang der komplexen Übertragungsfunktion $\underline{G}(s)$ und stellen Sie diesen im Bereich von f = 0.01 Hz und f = 10 MHz in einem Bode-Diagramm dar. Berechnen Sie weiters die Grenzfrequenz und untersuchen Sie den Einfluss des Widerstandes R = 4 kΩ (100 R; R_{aper}; R /1000).

$$\underline{G}(s, R, L, C) := \frac{1}{L \cdot s^2 \cdot C + R \cdot C \cdot s + 1}$$

Übertragungsfunktion des Systems

$R := R \quad L := L \quad C := C \quad f := f$ Redefinitionen

In der Übertragungsfunktion wird zuerst s durch $2\,\pi\, f\, j$ ersetzt:

$$\underline{\mathbf{G}}(f,R,L,C) := \underline{\mathbf{G}}(s,R,L,C) \text{ ersetzen}, s = 2\cdot\pi\cdot f\cdot j \rightarrow \frac{1}{1-4\cdot\pi^2\cdot C\cdot L\cdot f^2+2j\cdot\pi\cdot C\cdot R\cdot f}$$

Amplitudengang:

$$A(f,R,L,C) := \left|\underline{\mathbf{G}}(f,R,L,C)\right| \begin{array}{|l} \text{annehmen}, f>0, R>0 \\ \text{annehmen}, L>0, C>0 \\ \text{vereinfachen} \end{array} \rightarrow \left[\left(4\cdot\pi^2\cdot C\cdot L\cdot f^2-1\right)^2+4\cdot\pi^2\cdot C^2\cdot R^2\cdot f^2\right]^{\frac{-1}{2}}$$

Phasengang:

$$\varphi(f,R,L,C) := \arg(\underline{\mathbf{G}}(f,R,L,C)) \begin{array}{|l} \text{annehmen}, f>0, R>0 \\ \text{annehmen}, L>0, C>0 \end{array} \rightarrow \arg\left(\frac{1}{1-4\cdot\pi^2\cdot C\cdot L\cdot f^2+2j\cdot\pi\cdot C\cdot R\cdot f}\right)$$

Berechnung der Grenzfrequenzen (Knickfrequenzen) aus den Polstellen des Amplitudenganges:

$R := 4000 \qquad L := 10^{-3} \qquad C := 10^{-6}$ Gegebene Daten ohne Einheiten zur Lösung der Gleichung

$$\begin{pmatrix} f_1 \\ f_2 \\ f_3 \\ f_4 \end{pmatrix} := \left[\left(1-4\cdot\pi^2\cdot C\cdot L\cdot f^2\right)^2+4\cdot\pi^2\cdot C^2\cdot R^2\cdot f^2\right]^{\frac{1}{2}} = 0 \begin{array}{|l} \text{auflösen}, f \\ \text{Gleitkommazahl}, 10 \end{array} \rightarrow \begin{pmatrix} 636579.9811j \\ -636579.9811j \\ -39.79122288j \\ 39.79122288j \end{pmatrix}$$

Die Lösung der Gleichung liefert zwei positive Grenzfrequenzen:

$f_{gr1} := \mathrm{Im}(f_4)\cdot Hz \qquad f_{gr1} = 39.791\cdot Hz$ untere Grenzfrequenz

$f_{gr2} := \mathrm{Im}(f_2)\cdot Hz \qquad f_{gr2} = -6.366\times10^5\cdot Hz$ obere Grenzfrequenz

$R := 4\cdot k\Omega \qquad L := mH \qquad C := \mu F$ gegebene Daten

$f_{min} := 0.01\cdot Hz$ kleinste Frequenz

$f_{max} := 10\cdot MHz$ größte Frequenz

$N := 500$ Anzahl der Schritte

$$\Delta f := \frac{\log\left(\frac{f_{max}}{f_{min}}\right)}{N}$$ Schrittweite

$k := 0..N$ Bereichsvariable

$\mathbf{f_k} := f_{min} \cdot 10^{k \cdot \Delta f}$ Vektor der Frequenzwerte

$A_{dB}(x) := 20 \cdot \log(x)$ **A_{dB} = 20 log(u_a/u_e)** **Definition einer Dämpfungsfunktion in dB:**

$dB_3 := 20 \cdot \log\left(\frac{\frac{U_0}{V}}{\sqrt{2}}\right)$ $dB_3 = -3.01$ Abfall um 3 dB

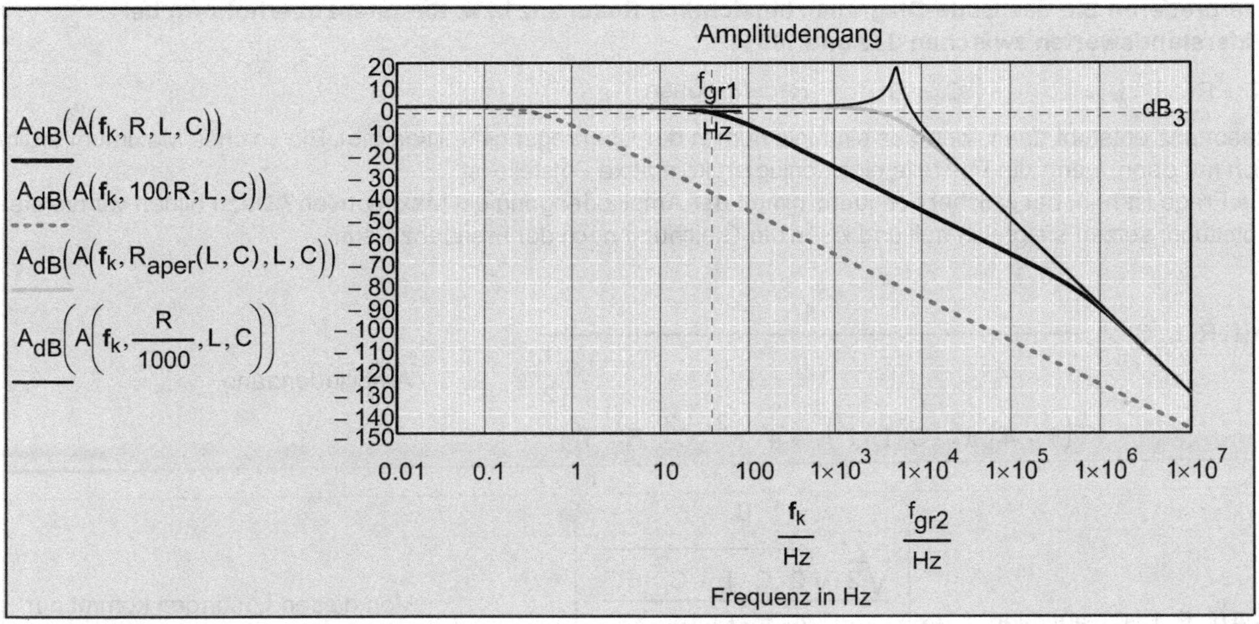

Abb. 5.32

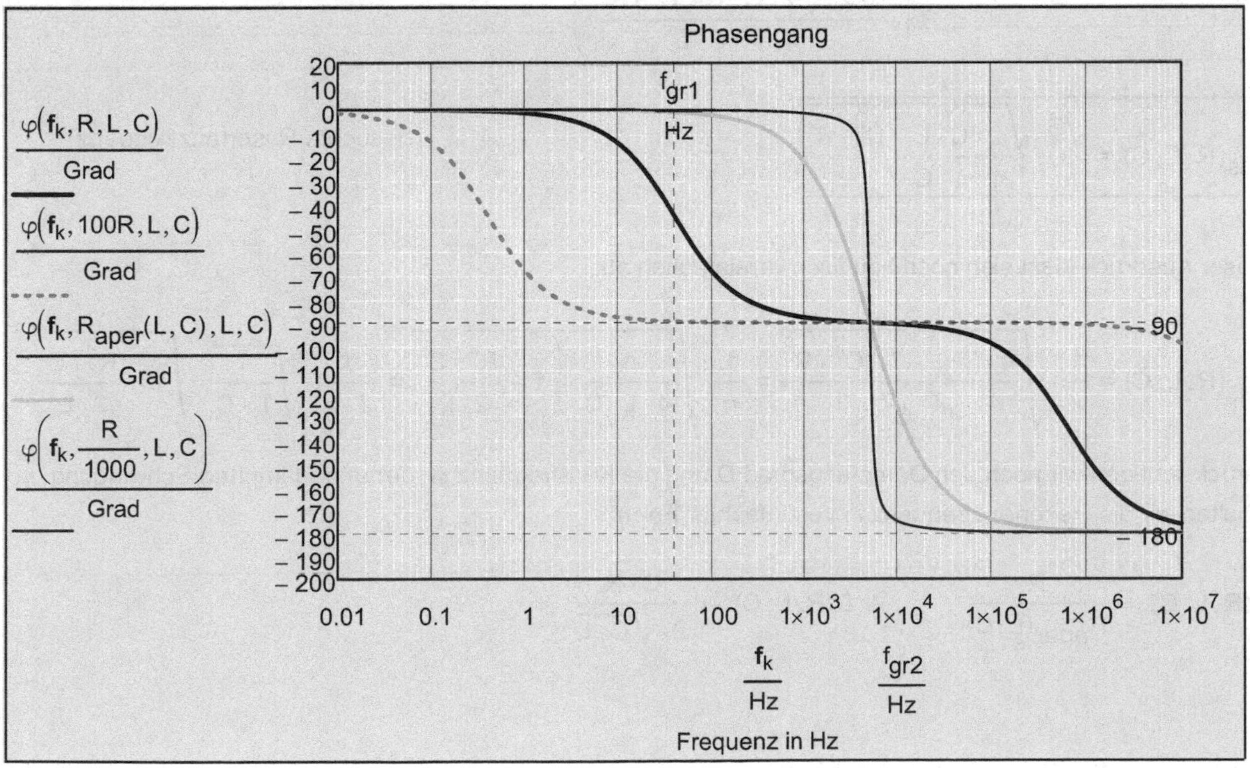

Abb. 5.33

Die Grenzfrequenz wird dann erreicht, wenn die Amplitude auf -3 dB abgesunken ist.
Der vorliegende Tiefpass ist ein Tiefpass 2. Ordnung, daher gibt es zwei Knickfrequenzen. Dadurch gibt es einen Bereich nach der 1. Knickfrequenz, indem der Amplitudengang mit 20 dB pro Dekade fällt, und einen Bereich nach der 2. Knickfrequenz, wo der Amplitudengang mit 40 dB pro Dekade fällt.
Zwischen den Knickfrequenzen liegt eine reelle Doppellösung (aperiodischer Grenzfall), wo die 2 Knickfrequenzen so weit zusammengerückt sind, dass sie sich überlagern. Wir können nun den Bereich der -20dB pro Dekade nicht mehr erkennen.
Grundsätzlich können wir sagen, dass der Widerstand die Dämpfung der Übertragungsfunktion beeinflusst.

c) Interpretieren Sie das Bode-Diagramm hinsichtlich Resonanz bzw. Resonanzüberhöhung bei Widerstandswerten zwischen 0 Ω und 100 Ω.

$R := R \qquad L := L \qquad C := C$ Redefinitionen

Resonanz entsteht dann, wenn es ein Maximum in der Übertragungsfunktion gibt. Ein solches Maximum ergibt sich nur dann, wenn die Polstelle eine konjugiert komplexe Polstelle ist.
Die Frage ist nun, bei welcher Frequenz nimmt der Amplitudengang ein Maximum an? Dazu bilden wir die erste Ableitung, setzen sie gleich null und lösen die Gleichung nach der Frequenz f auf:

$$A(f,R,L,C) := \frac{1}{\left[\left(1-4\cdot\pi^2\cdot C\cdot L\cdot f^2\right)^2+4\cdot\pi^2\cdot C^2\cdot R^2\cdot f^2\right]^{\frac{1}{2}}}$$ Amplitudengang

$$\frac{d}{df}A(f,R,L,C) \text{ auflösen}, f \rightarrow \begin{pmatrix} 0 \\ \dfrac{\sqrt{2}\cdot\sqrt{2\cdot C\cdot L - C^2\cdot R^2}}{4\cdot\pi\cdot C\cdot L} \\ -\dfrac{\sqrt{2}\cdot\sqrt{2\cdot C\cdot L - C^2\cdot R^2}}{4\cdot\pi\cdot C\cdot L} \end{pmatrix}$$

Von diesen Lösungen kommt nur die positive Lösung in Betracht.

$$\boxed{f_{res}(R,L,C) = \frac{\sqrt{2}\cdot\sqrt{2\cdot C\cdot L - C^2\cdot R^2}}{4\cdot\pi\cdot C\cdot L}}$$ gesuchte Resonanzfrequenz

Dieser Ausdruck lässt sich noch händisch vereinfachen zu:

$$f_{res}(R,L,C) = \frac{1}{\pi}\cdot\sqrt{\frac{4\cdot C\cdot L - 2\cdot C^2\cdot R^2}{4^2\cdot C^2\cdot L^2}} = \frac{1}{\pi}\cdot\sqrt{\frac{1}{4\cdot L\cdot C}\cdot\left(1-\frac{R^2\cdot C}{2\cdot L}\right)} = \frac{1}{2\cdot\pi}\cdot\sqrt{\frac{1}{L\cdot C}}\cdot\sqrt{1-\frac{R^2\cdot C}{2\cdot L}}$$

Berücksichtigen wir noch den Dämpfungsgrad D und die Kreisfrequenz ω_0 der ungedämpften Schwingung, so erhalten wir die Resonanzfrequenz in vereinfachter Form:

$$D(R,L,C) := \frac{R}{R_{aper}(L,C)} \qquad D(R,L,C) \rightarrow \frac{C\cdot R}{2\cdot\sqrt{C\cdot L}}$$

$$D(R, L, C) := \frac{C \cdot R}{2 \cdot \sqrt{C \cdot L}}$$

Dämpfungsgrad (ein Maß für die relative Dämpfung eines Ausgleichsvorganges)

$$\omega_0(L, C) := \sqrt{\frac{1}{L \cdot C}}$$

Kreisfrequenz der ungedämpften Schwingung

$$f_{res}(R, L, C) := \frac{\omega_0(L, C)}{2 \cdot \pi} \cdot \sqrt{1 - 2 \cdot D(R, L, C)^2}$$

Resonanzfrequenz

$$f_{res}(0, L, C) \rightarrow \frac{\sqrt{\frac{1}{C \cdot L}}}{2 \cdot \pi}$$

Das Ergebnis zeigt, dass die Resonanzfrequenz f_{res} **für $R > 0\ \Omega$ immer kleiner ist als $f_0 = \omega_0/2\pi$**, welche gleichzeitig die Resonanzfrequenz für $R = 0\ \Omega$ darstellt.

Berechnung der Resonanzüberhöhung:

Resonanzüberhöhung tritt auf, wenn die Resonanzfrequenz einen positiven reellen Wert hat. Dies ist der Fall, wenn die Diskriminante in der Gleichung zur Berechnung der Resonanzfrequenz größer 0 ist. **Bei einem komplexen Ergebnis der Wurzel tritt keine Resonanz auf!**

$$\mathbf{R} := 1 - 2 \cdot D(R, L, C)^2 \mathbf{=} 0 \text{ auflösen}, R \rightarrow \begin{pmatrix} \frac{\sqrt{2} \cdot \sqrt{L}}{\sqrt{C}} \\ -\frac{\sqrt{2} \cdot \sqrt{L}}{\sqrt{C}} \end{pmatrix}$$

Nur die positive Lösung ist von Interesse.

$R_{GrRes}(L, C) := \mathbf{R}_0 \qquad R_{GrRes}(L, C) = 44.721\ \Omega$

Grenzwiderstand

$$A_{res}(R, L, C) := A(f_{res}(R, L, C), R, L, C)$$

Resonanzüberhöhung (Amplitudenberechnung)

$R_1 := 0 \cdot \Omega$

$f_{res0} := f_{res}(R_1, L, C) \qquad f_{res0} = 5.033 \times 10^3 \cdot Hz$

$f_0 := \frac{\omega_0(L, C)}{2 \cdot \pi} \qquad f_0 = 5.033 \times 10^3 \cdot Hz$

Resonanzfrequenz bei $R = 0\ \Omega$ ($f_{res0} = f_0$)

$$A(f_{res}(R_1, L, C), R_1, L, C) = 4.504 \times 10^{15}$$

Bei diesem Spezialfall gibt es keine Dämpfung ($R = 0\ \Omega$!). Deshalb tritt in der Amplitudenfunktion eine Singularität auf! Mathcad zeigt hier einen sehr hohen Wert an.

$$\text{Polstellen}(R_1, L, C) = \begin{pmatrix} 31622.777i \\ -31622.777i \end{pmatrix} \cdot \frac{1}{s}$$

Die Polstellen des Amplitudenganges sind konjugiert komplex!

$R_2 := 30 \cdot \Omega$

$f_{res0} := f_{res}(R_2, L, C) \qquad f_{res0} = 3.733 \times 10^3 \cdot Hz$

$A_{res}(R_2, L, C) = 1.197$ — Amplitude bei R = 30 Ω

$$Polstellen(R_2, L, C) = \begin{pmatrix} -15000 + 27838.822i \\ -15000 - 27838.822i \end{pmatrix} \cdot \frac{1}{s}$$

Die Polstellen des Amplitudenganges sind konjugiert komplex!

$R_3 := 100 \cdot \Omega$

$f_{res0} := f_{res}(R_3, L, C) \qquad f_{res0} = 1.007j \times 10^4 \cdot Hz$ — Die Resonanzfrequenz ist komplex!

$A_{res}(R_3, L, C) = -0.258j$ — Amplitude bei R = 10 Ω

$$Polstellen(R_3, L, C) = \begin{pmatrix} -11270.167 \\ -88729.833 \end{pmatrix} \cdot \frac{1}{s}$$

Die Polstellen des Amplitudenganges sind reell, daher keine Resonanz!

$f_{res0} := f_{res}(R_{GrRes}(L, C), L, C) \qquad f_{res0} = 7.5 \times 10^{-5} \cdot Hz$ — Resonanzfrequenz im Grenzfall

$A_{res}(R_{GrRes}(L, C), L, C) = 1$ — Amplitude im Grenzfall $R = R_{GrRes}$

$$Polstellen(R_{GrRes}(L, C), L, C) = \begin{pmatrix} -22360.68 + 22360.68i \\ -22360.68 - 22360.68i \end{pmatrix} \cdot \frac{1}{s}$$

Die Polstellen des Amplitudenganges sind noch konjugiert komplex.

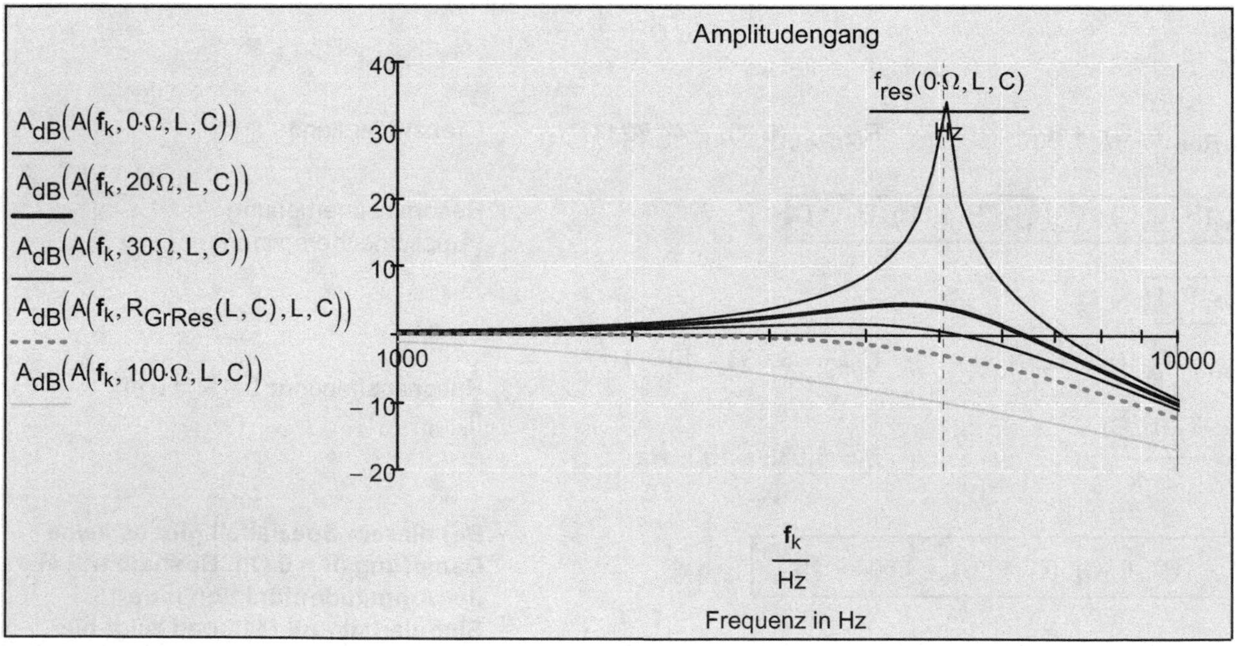

Abb. 5.34

Achtung: Der aperiodische Grenzfall ist nicht der Fall, bei dem eine Resonanzüberhöhung auftritt (die Diskriminante D und das Ergebnis unterscheiden sich nur um den Faktor $\sqrt{2}$. Das ist logisch, weil eine Resonanzüberhöhung erst bei $D(R, L, C) < \frac{1}{\sqrt{2}}$ auftritt (genau dann ergibt sich auch eine positive Resonanzfrequenz).

Die Darstellung des Amplitudenganges im nicht logarithmierten Koordinatensystem zeigt auf andere Weise den Bereich der Resonanzüberhöhung:

$f_0 := \frac{\omega_0(L, C)}{2 \cdot \pi}$ $f_0 = 5.033 \times 10^3 \cdot Hz$ Resonanzfrequenz bei R = 0 Ω

$f_{R20} := f_{res}(20 \cdot \Omega, L, C)$ $f_{R20} = 4.502 \times 10^3 \cdot Hz$ Resonanzfrequenz bei R = 20 Ω

$f := \frac{f_0}{10}, \frac{f_0}{10} + 0.1 \cdot Hz .. 2 \cdot f_0$ Bereichsvariable für die Frequenz

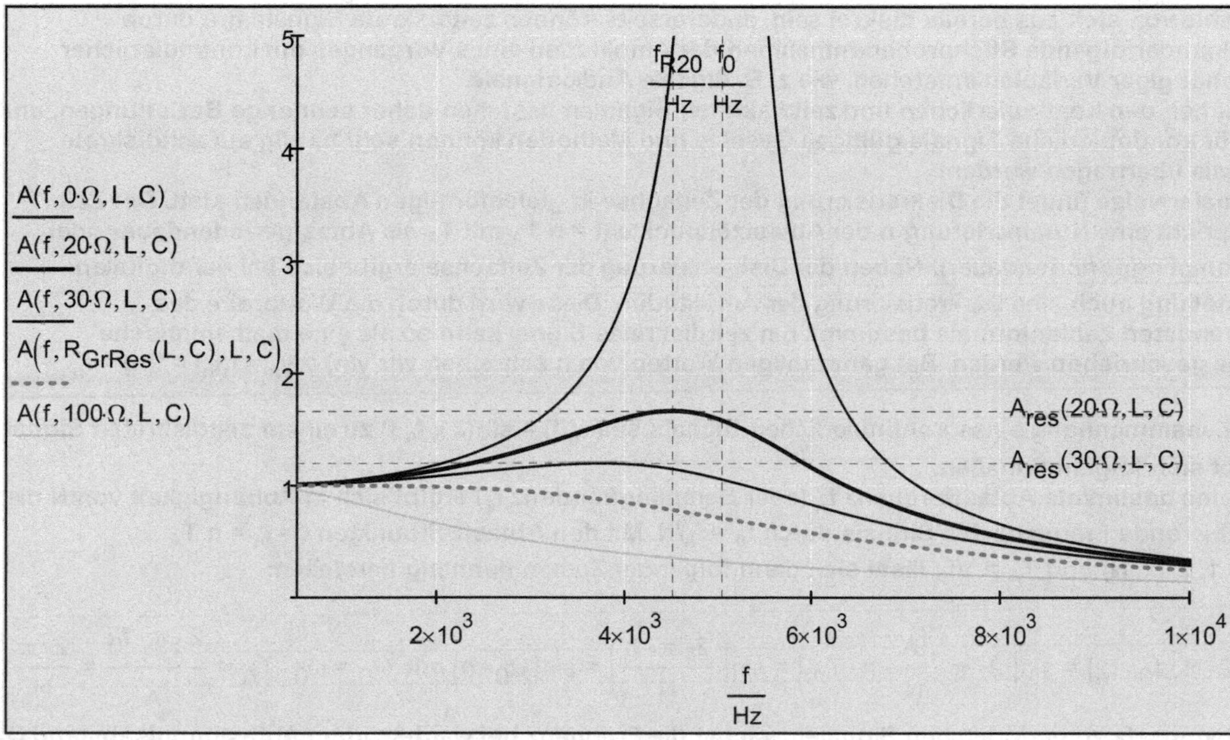

Abb. 5.35

Der Dämpfungsgrad gibt ebenfalls Auskunft über das Verhalten des Systems:

$D(20 \cdot \Omega, L, C) = 0.316$ D < 1 ... oszillatorischer Ausgleichsvorgang (das System ist schwingungsfähig - die Pole der Übertragungsfunktion sind konjugiert komplex)

$D(R_{aper}(L, C), L, C) = 1$ D = 1 ... aperiodischer Grenzfall

$D(100 \cdot \Omega, L, C) = 1.581$ D > 1 ... aperiodischer Ausgleichsvorgang (das System ist nicht schwingungsfähig - die Pole der Übertragungsfunktion sind reell)

6. z-Transformation

Seit Jahren findet zunehmend eine Umstellung von der analogen Technik auf die Digitaltechnik statt. Am wirksamsten ist die digitale Darstellung bei der Speicherung und Übertragung von Signalen. Die Vermittlung jeder Information geschieht durch ein physikalisches Medium, dem die Nachricht in Form eines Signals aufgeprägt wird. Zur Übertragung und Speicherung ist oft eine Umwandlung vorteilhaft. Die Information ist damit in der kontinuierlichen Änderung einer Zeitfunktion enthalten. Die Zeitfunktion $y = f(t)$ beschreibt also den Zusammenhang der abhängigen Variablen y von der unabhängigen Variablen t (siehe Fourier-Transformation und Laplace-Transformation). Die digitale Signalverarbeitung ist ein Teilgebiet der allgemeinen Signalverarbeitung und der Systemtheorie.

Im Unterschied dazu ist ein zeitdiskretes Signal $y_n = f(n) = f_n$ nur für ganzzahlige Werte der unabhängigen Variablen n definiert. Einerseits kann für ein zeitdiskretes Signal die unabhängige Variable von sich aus bereits diskret sein, andererseits können zeitdiskrete Signale f(n) durch aufeinanderfolgende Stichprobenentnahmen der Amplituden eines Vorganges mit kontinuierlicher unabhängiger Variablen entstehen, wie z. B. digitale Audiosignale.
Zwischen den kontinuierlichen und zeitdiskreten Signalen bestehen daher sehr enge Beziehungen, und die für kontinuierliche Signale gültigen Gesetze und Methoden können sehr häufig auf zeitdiskrete Signale übertragen werden.
Normalerweise findet die Diskretisierung der Zeitachse in gleichförmigen Abständen statt. Der Zeit entspricht eine Nummerierung n der Abtastzeitpunkte ($t = n\ T_A$ mit T_A als Abtastperiodendauer oder T_s Samplingperiodendauer). Neben der Diskretisierung der Zeitachse ergibt sich bei der digitalen Darstellung auch eine Diskretisierung der Amplituden. Diese wird durch die Wortbreite des verwendeten Zahlenformats bestimmt. Ein zeitdiskretes Signal kann so als eine mathematische Folge geschrieben werden. Bei ganzzahligen Werten von n schreiben wir $y(n) = y_n = f(t_n) = f(n) = f_n$.

Der Zusammenhang eines kontinuierlichen Signals $\sin(\omega_0\ t) = \sin(2\ \pi\ f_0\ t)$ zu einem zeitdiskreten Signal ergibt sich folgendermaßen:
Für eine bestimmte Abtastfrequenz f_A (oder Samplingfrequenz f_s) ergibt sich in Abhängigkeit von N die resultierende Frequenz des Signals durch $f_0 = f_A/N$. Mit den Abtastzeitpunkten $t = t_n = n\ T_A$ ($n = 1, 2, ..., N$) und $T_A = 1/f_A$ lässt sich dann folgender Zusammenhang herstellen:

$$\sin\left(2\cdot\pi\cdot f_0\cdot t_n\right) = \sin\left(2\cdot\pi\cdot\frac{f_A}{N}\cdot n\cdot T_A\right) = \sin\left(\frac{2\cdot\pi\cdot n}{N}\right) = \sin\left(\Omega_0\cdot n\right) \text{ mit } \Omega_0 = \omega_0\cdot T_A = \frac{2\cdot\pi\cdot f_0}{f_A} = \frac{2\cdot\pi}{N}.$$

Im Gegensatz zu periodischen Signalen wächst die Frequenz bei wachsendem Abtastimpulsabstand Ω_0 (normierte Frequenz) nicht immer weiter an, denn es gilt: $e^{j\cdot\left(\Omega_0+2\cdot\pi\right)\cdot n} = e^{j\cdot 2\cdot\pi\cdot n}\cdot e^{j\cdot\Omega_0\cdot n} = e^{j\cdot 2\cdot\pi\cdot n}$. Das bedeutet, dass Ω_0 identisch zu $\Omega_0 + 2\ \pi$ und demnach mit 2π periodisch ist. Es braucht daher bei der Behandlung zeitdiskreter Signale nur ein Frequenzbereich der Länge 2π betrachtet werden ($0 \le \Omega_0 \le 2\pi$ und $0 \le f_0 \le f_A$). Bei weiterer Überlegung zeigt sich, dass Ω_0 nur dann periodisch ist, wenn $\Omega_0/2\pi$ eine rationale Zahl ist.
Im letzten Kapitel wurde die Laplace-Transformation als eine Erweiterung der zeitkontinuierlichen Fourier-Transformation entwickelt. Anlass für diese Erweiterung war die Tatsache, dass wir sie, verglichen mit der Fourier-Transformation, auf eine größere Klasse von Signalen anwenden können, da es viele Signale gibt, für die die Fouriertransformierte nicht konvergiert, die Laplace-transformierte dagegen schon.
Die z-Transformation ist das zeitdiskrete Gegenstück zur Laplace-Transformation, d. h. die Verallgemeinerung der Fourier-Transformation (siehe Abschnitt 3.1, DFT) zeitdiskreter Signale. Sie wird z. B. für die digitale Signalverarbeitung und Prozessdatenverarbeitung benötigt oder um z. B. das Frequenz- und Antwortverhalten eines digitalen Filters zu bestimmen. Dabei wird einer Folge von abgetasteten Messwerten $y_n = f(t_n)$ mit Zeitverzögerungen, Rückkopplungen, Addierern und Multiplizierern eine Funktion $\underline{F}(z)$ zugewiesen. Mit dieser Transformation können aber auch lineare Differentialgleichungen bzw. Differenzengleichungen gelöst werden.

Die z-Transformation ist eine Verallgemeinerung der Fourier-Transformation. Die Fourier-Transformation ist definiert für Signale der Form $e^{j\Omega_0}$. Sie beschreiben die Punkte des Einheitskreises in der komplexen Zahlenebene. Diese Einschränkung lässt sich durch eine Erweiterung der Zahlenfolgen auf die gesamte komplexe Zahlenebene aufheben. Die z-Transformation ermöglicht die Einführung eines allgemeineren Frequenzganges auch für nicht stabile Systeme.

Für eine Folge $\langle f(n)\rangle = \langle f_n\rangle$ ($n \in \mathbb{Z}$) heißt die Laurentreihe (siehe dazu auch Abschnitt 2.4)

$\mathcal{Z}\{f(n)\} = \underline{F}(z) = \ldots + f_{-2}\, z^2 + f_{-1}\, z + f_0 + f_1\, z^{-1} + f_2\, z^{-2} + \ldots$ $(z \in \mathbb{C})$

z-Transformierte von f(n), falls die Reihe konvergiert.
Bei der z-Transformation wird also jeder Folge von Zahlenwerten $\langle f(n)\rangle$ eine Funktion der komplexen Variablen z zugeordnet:

$$\mathcal{Z}\{f(n)\} = \underline{F}(z) = \sum_{n=-\infty}^{\infty} \left(f(n) \cdot \frac{1}{z^n} \right) \tag{6-1}$$

$\underline{F}(z)$ ist dann die Bildfunktion der Zahlenfolge $\langle f(n)\rangle$. Diese Darstellung bezeichnen wir als zweiseitige z-Transformation, da die Folge sowohl im positiven als auch negativen Bereich der Zahlenachse definiert ist. Für kausale Folgen, für die $f[n] = 0$ für $n < 0$ gilt, ist die zweiseitige und die einseitige z-Transformation identisch.
Auf das Unterstreichen der komplexen Variablen z wird, wie in der Literatur üblich, verzichtet.
Die z-Transformation ist nur bestimmbar, wenn die Reihe konvergiert.
Das Konvergenzgebiet einer z-Transformierten ist typischerweise ein Ringgebiet in der z-Ebene.
Konvergenz liegt dann vor, wenn $r < |z| < R$ gilt, wobei die Spezialfälle $r \to 0$ und $R \to \infty$ möglich sind.
Die Größe des inneren Radius r hängt von dem transformierten Signal ab.

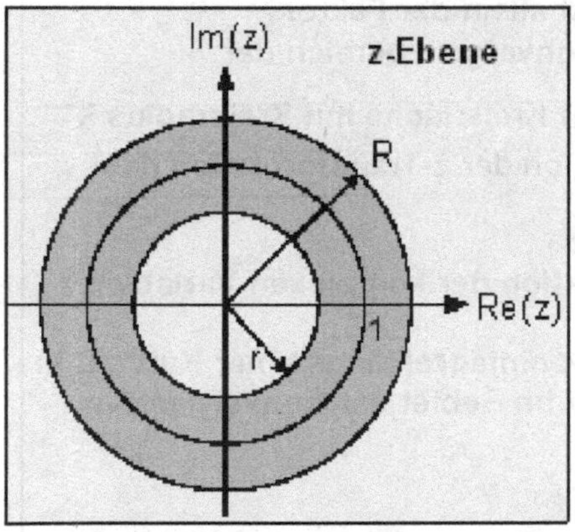

Abb.6.1

Wird in der Definition der z-Transformation $z = \lambda\, e^{j\,\Omega_0}$ mit der normierten Frequenz $\Omega_0 = \omega_0\, T_A$ gesetzt, so wird die z-Transformation als Fourier-Transformierte des mit λ^{-n} gewichteten Signals f(n) definiert:

$$\underline{F}(z) = \mathcal{Z}\{\, f(n)\,\} = \mathcal{F}\{\, f(n) \cdot \lambda^{-n}\,\} \tag{6-2}$$

$$= \sum_{n=-\infty}^{\infty} \left(f(n) \cdot \lambda^{-n} \cdot e^{j \cdot \Omega_0 \cdot n} \right) = \sum_{n=-\infty}^{\infty} \left[f(n) \cdot \left(\lambda \cdot e^{j \cdot \Omega_0} \right)^{-n} \right] = \sum_{n=-\infty}^{\infty} \left(f(n) \cdot z^{-n} \right)$$

Unter der Voraussetzung, dass $f(n) = 0$ für alle $n < n_0$ (sogenanntes rechtsseitiges Signal) gilt, klingt jedes Signal durch geeignete Gewichtung, d. h. hinreichend große Wahl von λ für $n \to \infty$ gegen null ab, so dass die z-Transformierte berechenbar wird (konvergiert). Siehe Abbildung 6.2.

$n := -2..10$ Bereichsvariable

$\lambda := \frac{1}{2}$ Parameter

$\Phi1(n) := \begin{cases} 1 & \text{if } n \geq 0 \\ 0 & \text{otherwise} \end{cases}$ selbstdefinierte Einheitssprungfolge

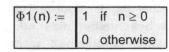

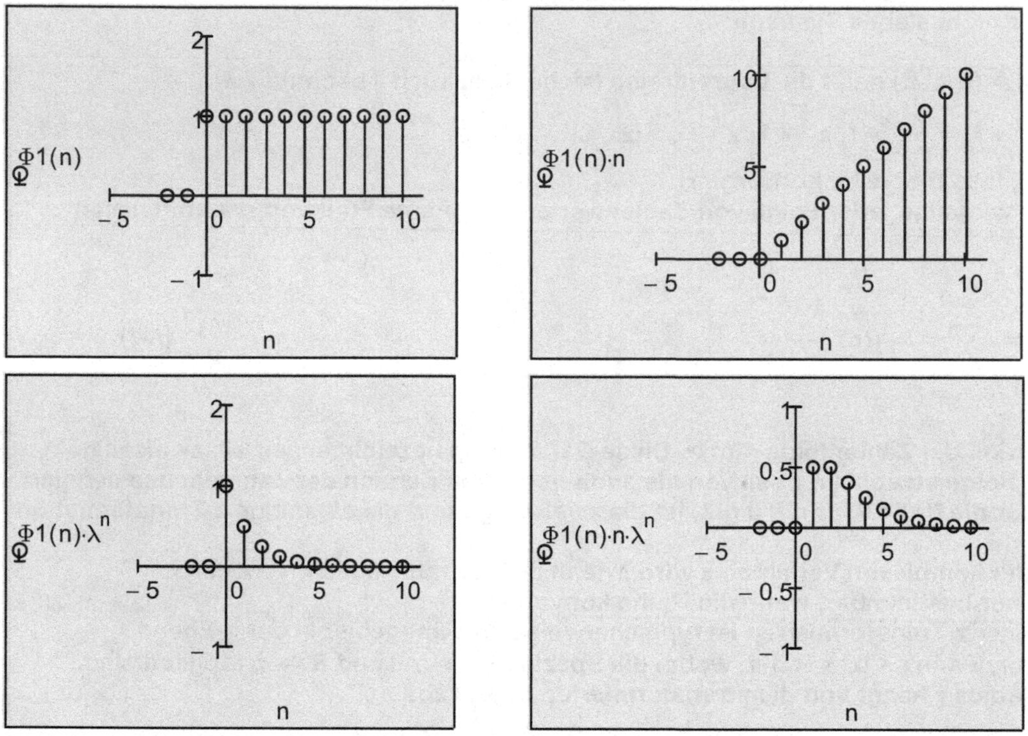

Abb.6.2

Für die Konvergenz der z-Transformation von rechtsseitigen Signalen ist allein der Faktor λ entscheidend, die normierte Frequenz Ω_0 spielt dabei keine Rolle. Der Konvergenzbereich der z-Transformation in der z-Ebene mit $z = \lambda\, e^{j\Omega_0}$ ist daher das Äußere einer Kreisfläche mit Kreisradius λ und Mittelpunkt z = 0. Bei linksseitigen Signalen ist der Konvergenzbereich der z-Transformation das Innere des Kreises!

Bei der Umkehrung der z-Transformation soll aus einer gegebenen Funktion der komplexen Variablen z auf die dazugehörige Zahlenfolge geschlossen werden.
Die Rücktransformation (Umkehrtransformation) ist ein komplexes Kurvenintegral längs einer Kurve C in der komplexen z-Ebene. Die Kurve C schließt den Ursprung ein und liegt im Gebiet der Konvergenz von $\underline{F}(z)$.

$$\mathcal{Z}^{-1}\left\{ \underline{F}(z) \right\} = f(n) = \frac{1}{2 \cdot \pi \cdot j} \cdot \int_C \underline{F}(z) \cdot z^{n-1}\, dz \qquad \textbf{(6-3)}$$

Liegt der Einheitskreis $z = e^{j\Omega}$ ($-\pi \leq \Omega < \pi$) im Konvergenzbereich der z-Transformation, kann dieser für die inverse z-Transformation benutzt werden. Damit wird die inverse z-Transformation zur inversen Fourier-Transformation:

Mit $dz = j \cdot e^{j\cdot\Omega} \cdot d\Omega$ **bzw.** $d\Omega = \frac{dz}{j \cdot z}$ **folgt:**

$$f(n) = \frac{1}{2 \cdot \pi \cdot j} \cdot \int \underline{F}(z) \cdot z^{n-1}\, dz = \frac{1}{2 \cdot \pi \cdot j} \cdot \int_{-\pi}^{\pi} \underline{F}\left(e^{j\cdot\Omega}\right) \cdot e^{j\cdot\Omega\cdot(n-1)} \cdot j \cdot e^{j\cdot\Omega}\, d\Omega \qquad \textbf{(6-4)}$$

Durch weitere Vereinfachung erhalten wir schließlich:

$$f(n) = \frac{1}{2\cdot\pi\cdot j}\cdot\int_{-\pi}^{\pi}\underline{F}\left(e^{j\cdot\Omega}\right)\cdot e^{j\cdot\Omega\cdot n}\cdot e^{-j\cdot\Omega}\cdot j\cdot e^{j\cdot\Omega}\,d\Omega = \frac{1}{2\cdot\pi}\cdot\int_{-\pi}^{\pi}\underline{F}\left(e^{j\cdot\Omega}\right)\cdot e^{j\cdot\Omega\cdot n}\,d\Omega \qquad (6\text{-}5)$$

In der Praxis wird eine Rücktransformation über das komplexe Kurvenintegral meist nicht angewendet. Es existieren mehrere einfachere Möglichkeiten, die inverse z-Transformation zu berechnen. Dazu gehört die Partialbruchzerlegung, die Verwendung von Tabellen mit bekannten Transformationspaaren, die Entwicklung von Potenzreihen und, wie bereits im Kapitel Laplace-Transformation beschrieben, die Anwendung des Residuenkalküls (siehe dazu Abschnitt 6.3).
Das Residuenkalkül lässt sich für die z-Transformation wie folgt formulieren:

$$\mathcal{Z}^{-1}\{\underline{F}(z)\} = f(n) = \sum_{(\mathrm{Pole}(\underline{F}(z))}\left(\mathrm{Residuen}\left(\underline{F}(z)\cdot z^{n-1}\right)\right) \qquad (6\text{-}6)$$

Die Berechnung der Residuen ist besonders einfach, wenn es sich bei den Singularitäten von $\underline{F}(z)$ ausschließlich um Pole handelt.
Ist etwa $z_0 \in \mathbb{C}$ ein Pol erster Ordnung, so ist das Residuum in diesem Pol durch

$$\mathrm{Residuum}\left(\underline{F}(z)\cdot z^{n-1}\right) = \lim_{z\to z_0}\left[\left(z-z_0\right)\cdot\left(\underline{F}(z)\cdot z^{n-1}\right)\right] \qquad (6\text{-}7)$$

gegeben. Hat der Pol $z_0 \in \mathbb{C}$ die Ordnung $m \geq 2$, so gilt

$$\mathrm{Residuum}\left(\underline{F}(z)\cdot z^{n-1}\right) = \lim_{z\to z_0}\left[\frac{1}{(m-1)!}\cdot\frac{d^{m-1}}{ds^{m-1}}\left[\left(z-z_0\right)^m\cdot\underline{F}(z)\cdot z^{n-1}\right]\right] \qquad (6\text{-}8)$$

6.1 z-Transformationen elementarer Funktionen

Beispiel 6.1:

Bestimmen Sie die z-Transformierte der nachfolgend gegebenen endlichen Einheitssprungfolge:

$$f(n) := \begin{cases} 1 & \text{if } 0 \leq n \leq 4 \\ 0 & \text{otherwise} \end{cases}$$ Einheitssprungfolge

$n := -1..5 \qquad n1 := 0..4$ Bereichsvariable

$\mathbf{d} := (0\ \ 1\ \ 2\ \ 3\ \ 4)^T$ Distanzvektor

$\mathbf{s1}_{n1} := \delta(\mathbf{d}, n1)$ Kronecker-Delta-Funktion

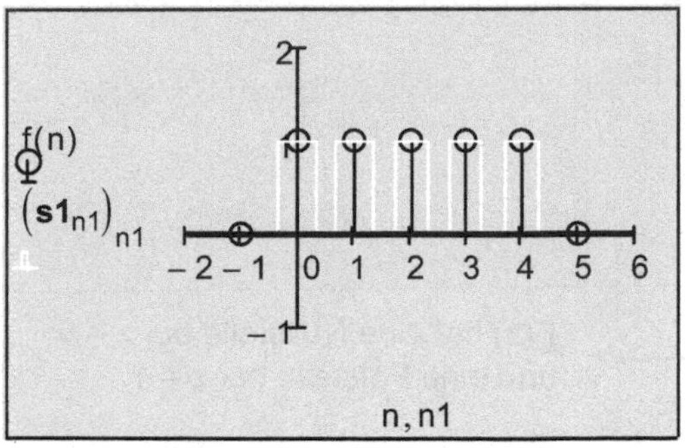

z-Transformierte:

$$\underline{F}(z) = \sum_{n=0}^{4} z^{-n} = 1 + z^{-1} + z^{-2} + z^{-3} + z^{-4}$$

Das Konvergenzgebiet umfasst die ganze z-Ebene außer den Nullpunkt ($0 < |z| < \infty$). Hier sind die Folgeglieder der endlichen Einheitsimpulsfolge direkt in der z-Transformierten ablesbar.

Abb. 6.3

Beispiel 6.2:

Bestimmen Sie die z-Transformierte der nachfolgend gegebenen Folge:

$$f(n) := \begin{cases} 3 & \text{if } n = 0 \\ 2 & \text{if } |n| = 1 \\ 1 & \text{if } |n| = 2 \\ 0 & \text{otherwise} \end{cases}$$

gegebene Folge

$n := -4 .. 4$

Bereichsvariable

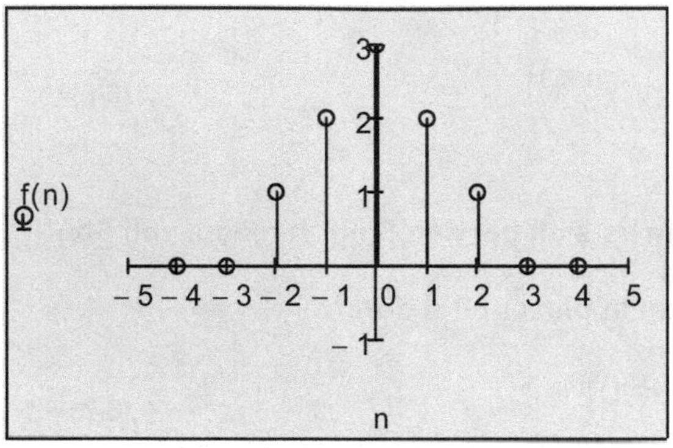

Abb. 6.4

z-Transformierte:

$$\underline{F}(z) = \sum_{n=-2}^{2} \left(f(n) \cdot z^{-n}\right)$$

$$\underline{F}(z) = z^2 + 2 \cdot z + 3 + 2 \cdot z^{-1} + z^{-2}$$

Das Konvergenzgebiet umfasst die ganze z-Ebene außer den Nullpunkt ($0 < |z| < \infty$). Hier sind die Folgeglieder der Folge direkt in der z-Transformierten ablesbar.

Beispiel 6.3:

Bestimmen Sie die z-Transformierte der zeitdiskreten Einheitssprungfolge $\sigma(n)$.
Führen Sie nach der z-Transformation auch die Rücktransformation mit Mathcad durch.

$$\Phi 1(n) := \begin{cases} 1 & \text{if } n \geq 0 \\ 0 & \text{if } n < 0 \end{cases}$$

selbstdefinierte Einheitssprungfolge

$\sigma(n) := \Phi 1(n)$

Einheitssprungfolge

$n := -2 .. 5$

Bereichsvariable

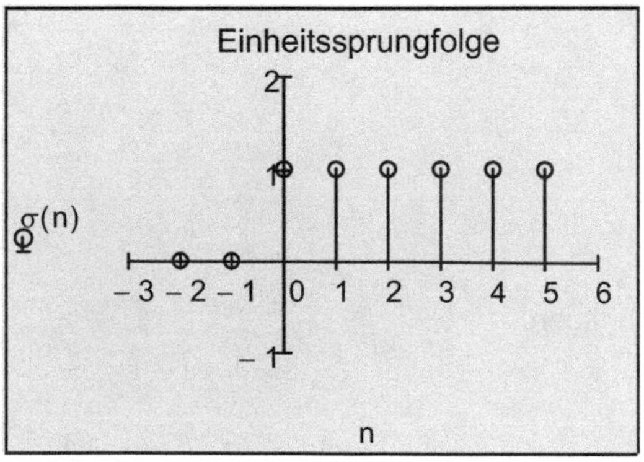

Abb. 6.5

Transformation der Einheitssprungfolge:

$$\mathcal{Z}\{\sigma(n)\} = \underline{F}(z) = \sum_{n=0}^{\infty} \left[1 \cdot \left(\frac{1}{z}\right)^n\right] = \frac{1}{1 - z^{-1}} = \frac{z}{z-1}$$

Hier liegt eine unendliche geometrische Reihe vor mit $q = 1/z$ und $|q| < 1$.
Die z-Transformierte der Einheitssprungfolge konvergiert für $r = 1$ und $R = \infty$, d. h. für $|z| > 1$.

Symbolische Auswertung mithilfe von Mathcad:

$\underline{F}(z) = \sum_{n=0}^{\infty} \frac{1}{z^n}$ vereinfacht auf $\underline{F}(z) = -\frac{z \cdot \left(\lim_{n \to \infty} \frac{1}{z^n} - 1\right)}{z - 1}$

$\underline{F}(z)$ hat eine Nullstelle bei $z = 0$ und eine Polstelle bei $z = 1$.

$\Phi(n)$ hat Z-Transformation $\frac{z+1}{2\cdot(z-1)}$ $\frac{z+1}{2\cdot(z-1)}$ hat inverse Z-Transformation $1-\frac{\delta(n,0)}{2}$

$n := n$ Redefinition

$\underline{\mathbf{F1}}(z) := \Phi(n)\ \text{ztrans}, n \rightarrow \frac{z+1}{2\cdot(z-1)}$ $\sigma1(n) := \frac{z+1}{2\cdot(z-1)}\ \text{invztrans}, z \rightarrow 1-\frac{\delta(n,0)}{2}$ $n \geq 0$

$\underline{\mathbf{F}}(z) := \delta(n,n)\ \text{ztrans}, n \rightarrow \frac{z}{z-1}$ $\sigma(n) := \frac{z}{z-1}\ \text{invztrans}, z \rightarrow 1$

Beispiel 6.4:

Bestimmen Sie die z-Transformierte einer nachfolgend angegebenen Rechteckfolge.
Führen Sie nach der z-Transformation auch die Rücktransformation mit Mathcad durch.

$f_{rec}(n, n_0) := \begin{cases} 1 & \text{if } 0 \leq n \leq n_0 - 1 \\ 0 & \text{otherwise} \end{cases}$ bzw. $f_{rec}(n, n_0) = \Phi1(n) - \Phi1(n - n_0)$ Rechteckfolge

$n_0 := 3$

$n := -2 .. 8$ Bereichsvariable

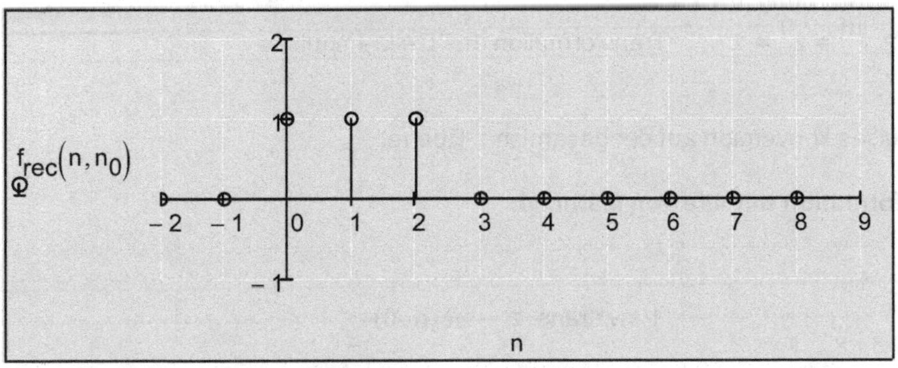

Abb. 6.6

Transformation der Rechteckfolge:

$$\mathcal{Z}\{f_{rec}(n, n_0)\} = \underline{\mathbf{F}}(z) = \sum_{n=0}^{n_0-1}\left[1\cdot\left(\frac{1}{z}\right)^n\right] = \frac{z^{-n_0}-1}{z^{-1}-1} = \frac{z - z^{1-n_0}}{z-1}$$

Hier liegt eine endliche geometrische Reihe vor mit q = 1/z und |q| ≠ 1.
Die z-Transformierte der Einheitssprungfolge konvergiert also für |z| ≠ 1.

Beispiel 6.5:

Bestimmen Sie die z-Transformierte des Einheitsimpulses oder Dirac-Deltaimpulses (δ(n) = δ(n,0)).
Führen Sie nach der z-Transformation auch die Rücktransformation mit Mathcad durch.

$\delta1(n) := \begin{cases} 1 & \text{if } n = 0 \\ 0 & \text{if } n \neq 0 \end{cases}$ definierter Einheitsimpuls (Deltaimpuls - vergleiche Kronecker δ(n,0)-Funktion)

Für eine Folge f(n) gilt: f(n) δ(n) = f(0) δ(n) (δ(n) ist nur für n = 0 von null verschieden; Ausblendeigenschaft).

Der Einheitsimpuls kann aus der Einheitsimpulsfolge durch die erste Differenz gebildet werden:

δ(n) = σ(n) - σ(n-1).

Ebenso kann der Einheitssprung durch die laufende Summe des Einheitsimpulses dargestellt werden:

$$\sigma(n) = \sum_{k=-\infty}^{n} \delta(k) \quad \textbf{und} \quad \sum_{n=-\infty}^{\infty} \delta(n) = 1 .$$

$n := -2 .. 5$ Bereichsvariable

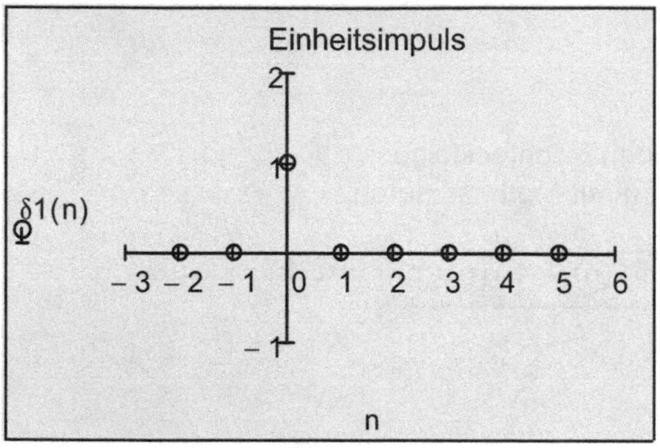

Abb. 6.7

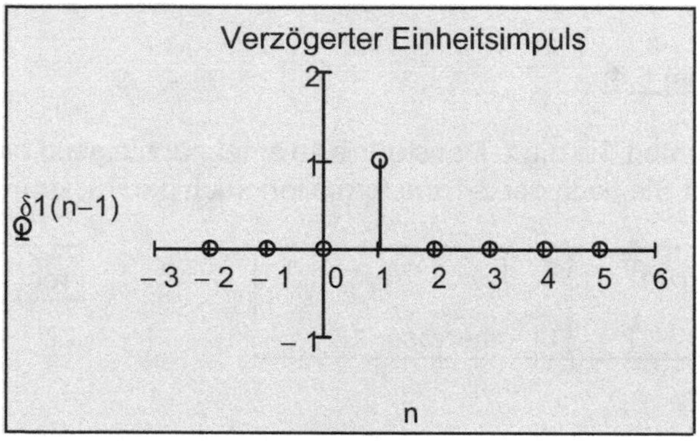

Abb. 6.8

$$\mathcal{Z}\{\delta(n)\} = \underline{F}(z) = \sum_{n=-\infty}^{\infty} \left(\delta(n) \cdot z^{-n}\right) = z^0 = 1$$ Transformation des Delta-Impulses

Die z-Transformierte des Delta-Impulses konvergiert auf der gesamten z-Ebene.

z-Transformation und Rücktransformation mithilfe von Mathcad:

$n := n$ Redefinition

$\delta(n, 0)$ ztrans , n $\rightarrow 1$

1 invztrans , z $\rightarrow \delta(n, 0)$

Beispiel 6.6:

Das nachfolgend angegebene Signal u(t) (Rampe) wird mit einer Abtastzeit $T_A = 4$ ms abgetastet. Bestimmen Sie die z-Transformierte dieses abgetasteten Signals.

$ms := 10^{-3} \cdot s$ Einheitendefinition

$$u(t) := \begin{cases} 0 \cdot V & \text{if } t < 4 \cdot ms \\ \frac{3}{4} \cdot \frac{V}{ms} \cdot (t - 4 \cdot ms) & \text{if } 4 \cdot ms \le t \le 12 \cdot ms \\ 6 \cdot V & \text{otherwise} \end{cases}$$ gegebenes Signal

$t := 0 \cdot ms, 0.01 \cdot ms .. 20 \cdot ms$ Bereichsvariable

$T_A := 4 \cdot ms$ Abtastzeit

$n := 0 .. 5$ Bereichsvariable

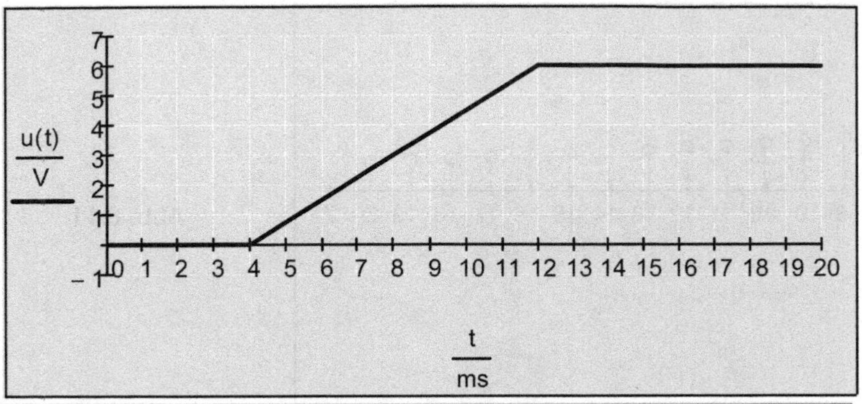

Abb. 6.9

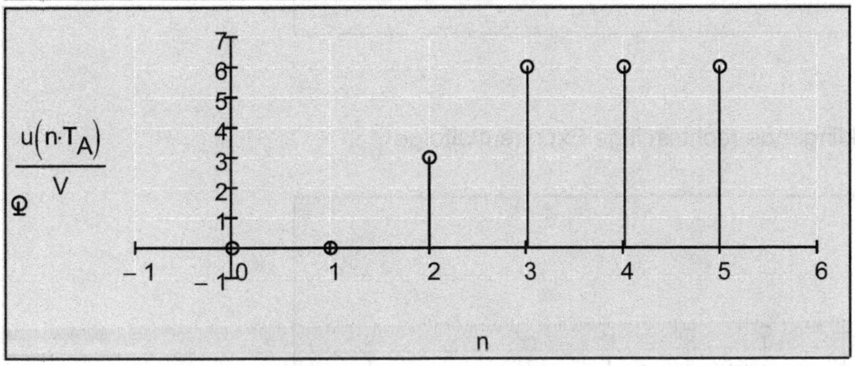

Abb. 6.10

Die z-Transformierte ergibt sich aus:

$$\mathcal{Z}\{u(n)\} = \underline{F}(z) = \sum_{n=0}^{\infty} \left(u(n) \cdot z^{-n}\right) = 0 \cdot z^{-0} + 0 \cdot z^{-1} + 3 \cdot z^{-2} + 6 \cdot z^{-3} + 6 \cdot z^{-4} + 6 \cdot z^{-5} + ...$$

$$\underline{F}(z) = 3 \cdot z^{-2} + 6 \cdot \left(z^{-3} + z^{-4} + z^{-5} + ...\right) = 3 \cdot z^{-2} + 6 \cdot z^{-3} \cdot \left(1 + z^{-1} + z^{-2} + ...\right)$$

$$\underline{F}(z) = 3 \cdot z^{-2} + 6 \cdot z^{-3} \cdot \sum_{n=0}^{\infty} z^{-n}$$ Hier liegt eine geometrische Reihe mit q = 1/z vor!

$$\underline{F}(z) = 3 \cdot z^{-2} + 6 \cdot z^{-3} \cdot \frac{1}{1 - z^{-1}} = 3 \cdot z^{-2} \cdot \frac{1 - z^{-1}}{1 - z^{-1}} + 6 \cdot z^{-3} \cdot \frac{1}{1 - z^{-1}} = \frac{3 \cdot z^{-2} - 3 \cdot z^{-3} + 6 \cdot z^{-3}}{1 - z^{-1}}$$

$$\underline{F}(z) = 3 \cdot z^{-2} \cdot \frac{1 - z^{-1}}{1 - z^{-1}}$$ gesuchte z-Transformierte

Beispiel 6.7:

Für eine Exponentialfolge $f(n) = C\ a^n$ soll für C = 1 dle z-Transformierte bestimmt werden.
Führen Sie nach der z-Transformation auch die Rücktransformation mit Mathcad durch.

$a := 0.95$ Basis

$f(n) := a^n$ abklingende rechtsseitige Exponentialfolge

$n := 0..20$ Bereichsvariable

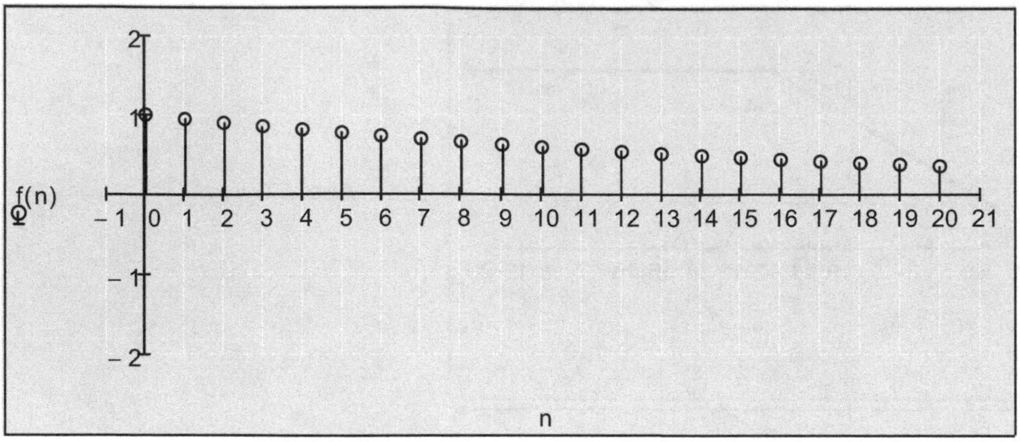

Abb. 6.11

$a := -0.95$ Basis

$f(n) := a^n$ alternierend abklingende rechtsseitige Exponentialfolge

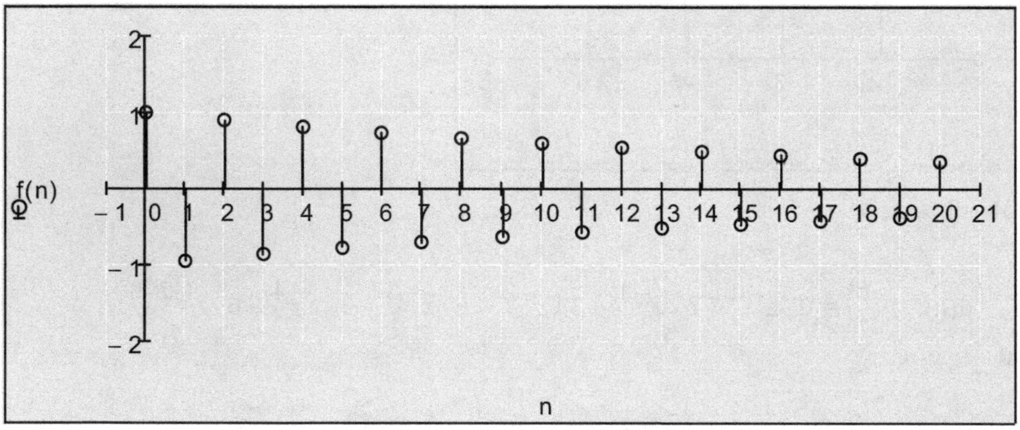

Abb. 6.12

Transformation der Exponentialfolge:

$$\mathcal{Z}\{a^n\} = \underline{\mathbf{F}}(z) = \sum_{n=0}^{\infty} \left(a^n \cdot z^{-n}\right) = \sum_{n=0}^{\infty} \left(\frac{a}{z}\right)^n = \frac{1}{1-\frac{a}{z}} = \frac{z}{z-a} \quad \textbf{mit} \left|\frac{a}{z}\right| < 1.$$

Hier liegt eine geometrische Reihe vor mit $q = a/z$ und $|q| < 1$. Die Konvergenzradien bestimmen sich zu $r = |a|$ und $R = \infty$, d. h., die Exponentialfolge konvergiert für $|z| > |a|$.
Für $a = 1$ ergibt sich die z-Transformierte für die Einheitssprungfolge.

z-Transformation und Rücktransformation mithilfe von Mathcad:

$n := n \quad a := a$ Redefinitionen

$\underline{\mathbf{F}}(z) := a^n \text{ ztrans}, n \rightarrow -\frac{z}{a-z}$ **Hat eine Nullstelle bei z = 0 und eine Polstelle bei z = a** $\underline{\mathbf{F}}(z) \text{ invztrans}, z \rightarrow a^n$

Bemerkung:

Das komplexe exponentielle Signal stellt genau wie im Analogbereich ein wichtiges Grundsignal dar. In der allgemeinsten Schreibweise lautet es:

$f(n) = C\,a^n$,

wobei C und a komplexe Zahlen sein können.

Sind C und a reell, so ergeben sich für a > 1 eine exponentiell wachsende Funktion, für 0 < a < 1 eine exponentiell fallende Funktion und für negative Werte von a entsprechende Funktionen mit alternierenden Vorzeichen.

Setzen wir $a = e^{\beta}$, so erhalten wir die Exponentialfolge:

$f(n) = C\,e^{\beta n}$.

Im Fall, dass $\beta = j\,\Omega_0$, also rein imaginär ist, ergibt sich:

$$f(n) = C \cdot e^{j \cdot n \cdot \Omega_0}.$$

Diese Folge steht über die Euler'schen Beziehungen im engen Zusammenhang zu einer Kosinusfolge:

$$f(n) = A \cdot \cos(n \cdot \Omega_0 + \varphi).$$

Die entsprechenden Umformungen lauten:

$$e^{j \cdot n \cdot \Omega_0} = \cos(n \cdot \Omega_0) + j \cdot \sin(n \cdot \Omega_0) \text{ und } A \cdot \cos(n \cdot \Omega_0 + \varphi) = \frac{A}{2} \cdot e^{j \cdot \varphi} \cdot e^{j \cdot n \cdot \Omega_0} + \frac{A}{2} \cdot e^{-j \cdot \varphi} \cdot e^{-j \cdot n \cdot \Omega_0}.$$

Das zeitdiskrete Signal wird durch seine normierte Frequenz Ω_0 und die Phase φ bestimmt. Die komplexe Schreibweise gestattet die einfache Behandlung von periodischen Schwingungsverläufen durch einen rotierenden Zeiger in der komplexen Zahlenebene.

Beispiel 6.8:

Der Zusammenhang zu einem kontinuierlichen Sinussignal $\sin(\omega\, t)$ ergibt sich durch $\sin(\omega\, n\, T_A) = \sin(n\, \Omega_0)$ mit $\Omega_0 = 2\,\pi\, f\, T_A$ und $f = f_A/N$.

Für eine rechtsseitige Sinusfolge $f(n) = \sin(n\, \Omega_0)$ soll die z-Transformierte bestimmt werden.

$\Omega_0 := \frac{\pi}{8}$ normierte Frequenz

$f(n) := \sin(n \cdot \Omega_0)$ Sinusfolge

$n := 0 .. 16$ Bereichsvariable

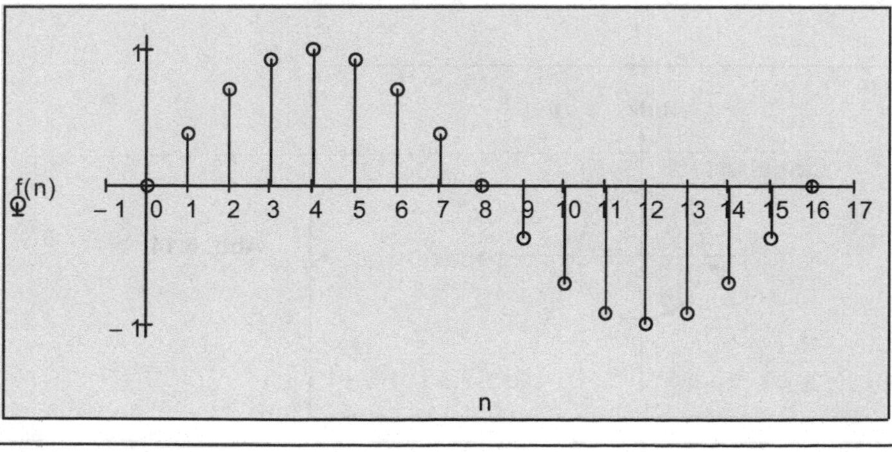

Abb. 6.13

Transformation der Sinusfolge:

$$\mathcal{Z}\{\sin(n\cdot\Omega_0)\} = \underline{F}(z) = \sum_{n=0}^{\infty}\left(\sin(n\cdot\Omega_0)\cdot z^{-n}\right) = \frac{1}{2\cdot j}\cdot\sum_{n=0}^{\infty}\left[\left(e^{j\cdot n\cdot\Omega_0} - e^{-j\cdot n\cdot\Omega_0}\right)\cdot z^{-1}\right]$$

$$= \frac{1}{2\cdot j}\cdot\sum_{n=0}^{\infty}\left(e^{j\cdot n\cdot\Omega_0}\cdot z^{-1}\right) - \frac{1}{2\cdot j}\cdot\sum_{n=0}^{\infty}\left(e^{-j\cdot n\cdot\Omega_0}\cdot z^{-1}\right)$$

$$= \frac{1}{2\cdot j}\cdot\frac{z}{z-e^{j\cdot\Omega_0}} - \frac{1}{2\cdot j}\cdot\frac{z}{z-e^{-j\cdot\Omega_0}} = \frac{z\cdot\sin(\Omega_0)}{z^2 - 2\cdot z\cdot\cos(\Omega_0) + 1}$$

mit $\left|\frac{e^{j\cdot\Omega_0}}{z}\right| < 1$ **und** $\left|\frac{e^{-j\cdot\Omega_0}}{z}\right| < 1$.

$\underline{F}(z)$ hat eine Nullstelle bei z = 0 und jeweils eine Polstelle bei $z = e^{j\cdot\Omega_0}$ und $z = e^{-j\cdot\Omega_0}$. Die Konvergenzradien bestimmen sich zu r = 1 und R = ∞, d. h., die z-Transformierte der rechtsseitigen Sinusfolge konvergiert für |z| < 1.

z-Transformation mithilfe von Mathcad:

$\Omega_0 := \Omega_0 \quad n := n$ Redefinitionen

$$\sin(n\cdot\Omega_0) \text{ ztrans}, n \rightarrow \frac{z\cdot\sin(\Omega_0)}{z^2 - 2\cdot\cos(\Omega_0)\cdot z + 1}$$

Beispiel 6.9:

Vergleichen Sie die Laplacetransformierte eines nachfolgend angegebenen abgetasteten zeitkontinuierlichen Signals mit der z-Transformierten.

$$f_a(t) = \sum_{n=0}^{\infty}\left(f(n)\cdot\delta(t - n\cdot T_A)\right)$$ abgetastetes zeitkontinuierliches Signal

$$\mathcal{L}\{f_a(t)\} = \int_{-\infty}^{\infty}\sum_{n=0}^{\infty}\left(f(n)\cdot\delta(t-n\cdot T_A)\right)\cdot e^{-s\cdot t}\,dt = \sum_{n=0}^{\infty}\left(f(n)\cdot e^{-n\cdot s\cdot T_A}\right) = \mathcal{Z}\{f(n)\} \quad \textbf{mit } z = e^{s\cdot T_A}.$$

Konvergenzbereiche im Vergleich:

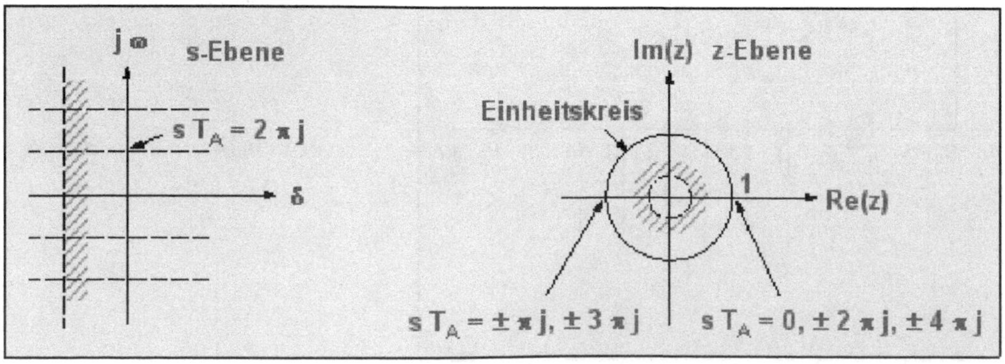

Abb. 6.14

6.2 Eigenschaften der z-Transformation

Der Umgang mit der z-Transformation kann mithilfe von Sätzen, wie bereits bei der Laplace-Transformation gezeigt wurde, vereinfacht werden. Nachfolgend werden auch hier einige wichtige angeführt.

Linearität (Superpositionssatz):

Die z-Transformation ist invariant gegenüber der Multiplikation mit einer Konstanten und der Addition, d. h., es gilt das Superpositionsprinzip.
Aus zwei Folgen $f_1(n)$ und $f_2(n)$ wird mit den Konstanten $\alpha, \beta \in \mathbb{C}$ eine neue Folge f(n) gebildet, in der Form $f(n) = \alpha\, f_1(n) + \beta\, f_2(n)$.
Die zugehörige z-Transformierte ergibt sich dann zu:

$$\mathcal{Z}\{\alpha \cdot f_1(n) + \beta \cdot f_2(n)\} = \underline{F}(z) = \sum_{n=-\infty}^{\infty} \left[\left(\alpha \cdot f_1(n) + \beta \cdot f_2(n)\right) \cdot z^{-1}\right] \text{ bzw.}$$

$$\underline{F}(s) = \alpha \cdot \sum_{n=-\infty}^{\infty} \left(f_1(n) \cdot z^{-n}\right) + \beta \cdot \sum_{n=-\infty}^{\infty} \left(f_2(n) \cdot z^{-n}\right) = \alpha \cdot \underline{F}_1(z) + \beta \cdot \underline{F}_2(z)$$

Damit gilt:

$$\mathcal{Z}\{\alpha\, f_1(n) + \beta\, f_2(n)\} = \alpha\, \underline{F}_1(z) + \beta\, \underline{F}_2(z) \qquad \text{(6-9)}$$

Die z-Transformierte einer Summe von Folgen ist gleich der Summe der z-Transformierten der einzelnen Folgen. Allgemein gilt für n Folgen:

$$\mathcal{Z}\left\{\sum_{k=1}^{n} \left(\alpha_k \cdot f_k(n)\right)\right\} = \sum_{k=1}^{n} \left(\alpha_k \cdot \underline{F}_{k}(z)\right) \qquad \text{(6-10)}$$

Beispiel 6.10:

Führen Sie eine z-Transformation und Rücktransformation der Folge $f(n) = g(n) - \delta(n)$ mit $g(n) = 2\ 0.5^n$ für $n \geq 0$ und $g(n) = 0$ für $n < 0$ durch.

$$\mathcal{Z}\{g(n) - \delta(n)\} = 2\, \underline{F}_1(z) + \underline{F}_2(z) = \underline{F}(z) = 2 \cdot \frac{z}{z - 0.5} - 1$$ siehe Beispiel 6.5 und 6.7

$$\underline{F}(z) = 2 \cdot \frac{z}{z - \frac{1}{2}} - 1 = \frac{2 \cdot z + 1}{2 \cdot z - 1}$$

z-Transformation und Rücktransformation mithilfe von Mathcad:

$$2 \cdot \left(\frac{1}{2}\right)^n - \delta(n, 0) \text{ ztrans}, n \rightarrow \frac{2 \cdot z + 1}{2 \cdot z - 1} \qquad \frac{2 \cdot z + 1}{2 \cdot z - 1} \text{ invztrans}, z \rightarrow 2 \cdot \left(\frac{1}{2}\right)^n - \delta(n, 0)$$

Zeitverschiebung (Verschiebungssätze):

Wird ein zeitdiskretes Signal f(n) auf der Zeitachse um k Abtastwerten verzögert (nach rechts verschoben), so gilt für die zugehörige z-Transformierte:

$$\mathcal{Z}\{\, f(n-k) \,\} = \sum_{n=-\infty}^{\infty} \left(f(n-k) \cdot z^{-n} \right).$$

Mit der Substitution n - k = m erhalten wir

$$\mathcal{Z}\{\, f(m) \,\} = \sum_{m=-\infty}^{\infty} \left[f(m) \cdot z^{-(k+m)} \right] = z^{-k} \cdot \sum_{m=-\infty}^{\infty} \left(f(m) \cdot z^{-m} \right).$$

Daraus ergibt sich schließlich:

$$\mathcal{Z}\{\, f(n-k) \,\} = z^{-k} \mathcal{Z}\{\, f(n) \,\} = z^{-k} \underline{F}(z) \qquad \textbf{(6-11)}$$

Spezialfall k = 1:
Für die Verschiebung um ein Abtastintervall ergibt sich daher:

$$\mathcal{Z}\{\, f(n-1) \,\} = z^{-1} \mathcal{Z}\{\, f(n) \,\} = z^{-1} \underline{F}(z) \qquad \textbf{(6-12)}$$

Wird ein zeitdiskretes Signal f(n) um k Abtastwerte nach links verschoben, so gilt für die zugehörige z-Transformierte

$$\mathcal{Z}\{\, f(n+k) \,\} = \sum_{n=-\infty}^{\infty} \left(f(n+k) \cdot z^{-n} \right) = z^{k} \cdot \left[\underline{F}(z) - \sum_{n=0}^{k-1} \left(f(n) \cdot z^{-n} \right) \right] \qquad \textbf{(6-13)}$$

Beispiel 6.11:

Bestimmen Sie die z-Transformierte der nachfolgend angegebenen Folge.

$$f(n) = \begin{cases} a^{n-3} & \text{if } n \ge 3 \wedge |a| < 1 \\ 0 & \text{otherwise} \end{cases}$$

gegebene Folge

f(n) entsteht durch Verschiebung der Folge $g(n) = a^n$ um $k = 3$ nach rechts:

$$\mathcal{Z}\{f(n)\} = z^{-3}\, \underline{F}(z) = \quad z^{-3} \cdot \frac{z}{z-a} \quad \text{Faktor} \;\rightarrow -\frac{1}{z^2 \cdot (a-z)}$$

Modulationssatz:

Wird eine Folge f(n) mit einer Exponentialfolge c^n multipliziert ($c \in \mathbb{C}$ und von null verschieden), dann gilt für die z-Transformierte:

$$\mathcal{Z}\{ c^n \cdot f(n) \} = \sum_{n=-\infty}^{\infty} \left(f(n) \cdot c^n \cdot z^{-n}\right) = \sum_{n=-\infty}^{\infty} \left[f(n) \cdot \left(\frac{z}{c}\right)^{-n} \right].$$

Es gilt demnach:

$$\mathcal{Z}\{ c^n \cdot f(n) \} = \underline{F}\left(\frac{z}{c}\right) \qquad \textbf{(6-14)}$$

Konvergiert $\underline{F}(z)$ für $|z| > r$, so konvergiert $\underline{F}(z/c)$ für $|z| > r\,c$.
Je nach Wert der Konstanten c erhalten wir mehrere praktische Fälle:
Ist c reell und $0 < c < 1$: Das Signal wird exponentiell gedämpft.
Ist c reell und $c > 1$: Das Signal wird exponentiell entdämpft.
Ist c komplex und $|c| = 1$: Das Signal wird in der Regel komplex. Es erfolgt eine spektrale Rotation (Drehung der z-Ebene um den Ursprung) um den Winkel -arg(c).
Ist c = -1: Drehung der z-Ebene um den Ursprung um 180°; ist das Signal reell, so entspricht dies einer Spiegelung von $\underline{F}(z)$ an der imaginären Achse der z-Ebene.

Beispiel 6.12:

Wie lautet die z-Transformierte der Folge $f(n) = a^n \cos(n\,\Omega_0)$.

$$\underline{F}(z) := \cos(n \cdot \Omega_0) \text{ ztrans}, n \rightarrow \frac{z \cdot (z - \cos(\Omega_0))}{z^2 - 2 \cdot \cos(\Omega_0) \cdot z + 1}$$

Mithilfe des Modulationssatzes folgt:

$$\underline{F}\left(\frac{z}{a}\right) \rightarrow -\frac{z \cdot \left(\cos(\Omega_0) - \frac{z}{a}\right)}{a \cdot \left(\frac{z^2}{a^2} - \frac{2 \cdot z \cdot \cos(\Omega_0)}{a} + 1\right)} \text{ vereinfachen } \rightarrow \frac{z^2 - a \cdot z \cdot \cos(\Omega_0)}{a^2 - 2 \cdot \cos(\Omega_0) \cdot a \cdot z + z^2}$$

z-Transformierte von f(n) zum Vergleich:

$$a^n \cdot \cos(n \cdot \Omega_0) \text{ ztrans}, n \rightarrow \frac{z^2 - a \cdot z \cdot \cos(\Omega_0)}{a^2 - 2 \cdot \cos(\Omega_0) \cdot a \cdot z + z^2}$$

Differentiation im z-Bereich:

Eine konvergente Potenzreihe kann innerhalb ihres Konvergenzbereiches differenziert werden. Ist F(z) die z-Transformierte der Folge f(n), dann gilt für die z-Transformierte von n f(n):

$$\mathcal{Z}\{ n \cdot f(n) \} = -z \cdot \frac{d}{dz}\underline{F}(z) \qquad \textbf{(6-15)}$$

Die Herleitung erfolgt am einfachsten durch Differenzieren und Multiplikation mit -z:

$$-z \cdot \frac{d}{dz}\underline{F}(z) = -z \cdot \sum_{n=0}^{\infty} \left[(-n) \cdot f(n) \cdot z^{-n-1}\right] = \sum_{n=0}^{\infty} \left(n \cdot f(n) \cdot z^{-n}\right).$$

Beispiel 6.13:

Bestimmen Sie die z-Transformierte der nachfolgend angegebenen Rampenfolge. Führen Sie auch eine Rücktransformation mit Mathcad durch.

$f(n) := n$ Rampenfolge

$n := 0..5$ Bereichsvariable

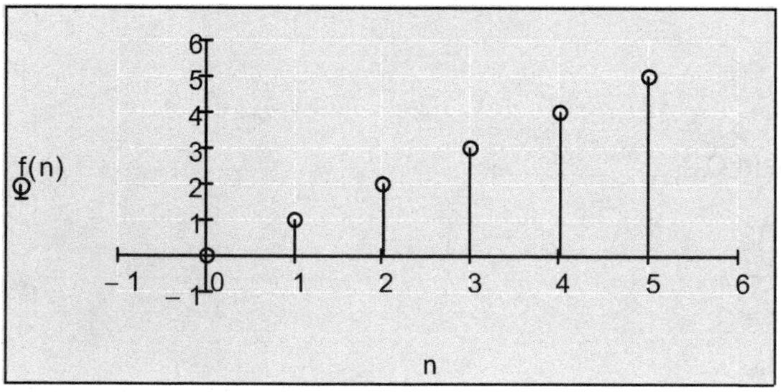

Abb. 6.15

Transformation der Rampenfolge:

$$\mathcal{Z}\{ n \} = \sum_{n=0}^{\infty} \left(n \cdot z^{-n}\right).$$

Es gilt $\frac{d}{dz}z^{-n} = n \cdot z^{-n-1}$. Daraus erhalten wir $n \cdot z^{-n} = -z \cdot \frac{d}{dz}z^{-n}$.

$$\mathcal{Z}\{ n \} = -\sum_{n=0}^{\infty} \left(z \cdot \frac{d}{dz}z^{-n}\right) = -z \cdot \frac{d}{dz} \sum_{n=0}^{\infty} z^{-n} = -z \cdot \frac{d}{dz}\frac{z}{z-1} = -z \cdot \frac{(z-1)-z}{(z-1)^2} = \frac{z}{(z-1)^2}$$

Die z-Transformierte von f(n) = n hat eine Nullstelle bei z = 0 und eine doppelte Polstelle bei z = 1.

direkte symbolische Auswertung der z-Transformation mit Mathcad:

$$\sum_{n=0}^{\infty} \left(n \cdot z^{-n}\right) \quad \text{ergibt} \quad \frac{z}{(z-1)^2}$$

z-Transformation und Rücktransformation mithilfe von Mathcad:

$n := n$ Redefinition

$n \text{ ztrans}, n \rightarrow \frac{z}{(z-1)^2}$ $\frac{z}{(z-1)^2} \text{ invztrans}, z \rightarrow n$

<u>**Beispiel 6.14:**</u>

Bestimmen Sie die z-Transformierte der nachfolgend angegebenen Folge. Führen Sie auch eine Rücktransformation mit Mathcad durch.

$f(n) = n \cdot a^n$ gegebene Folge

Transformation der Folge:

$$\mathcal{Z}\{ n \cdot a^n \} = \sum_{n=0}^{\infty} \left(n \cdot a^n \cdot z^{-n} \right) = -z \cdot \frac{d}{dz} \frac{z}{z-a} = -z \cdot \frac{z-a-z}{(z-a)^2} = \frac{a \cdot z}{(z-a)^2}$$ (siehe Beispiel 6.7).

Direkte symbolische Auswertung der z-Transformation mithilfe von Mathcad:

$$\sum_{n=0}^{\infty} \left(n \cdot a^n \cdot z^{-n} \right) \rightarrow \frac{a \cdot z}{(a-z)^2}$$

z-Transformation und Rücktransformation mithilfe von Mathcad:

$n \cdot a^n \text{ ztrans}, n \rightarrow \frac{a \cdot z}{(a-z)^2}$ $\frac{a \cdot z}{(a-z)^2} \text{ invztrans}, z \rightarrow a^n \cdot n$

<u>**Faltungssatz:**</u>

Unter dem Faltungsprodukt $f_1(n) * f_2(n)$ zweier Folgen $f_1(n)$ und $f_2(n)$ verstehen wir:

$$f(n) = f_1(n) * f_2(n) = \sum_{k=-\infty}^{\infty} \left(f_1(k) \cdot f_2(n-k) \right) = \sum_{k=-\infty}^{\infty} \left(f_2(k) \cdot f_1(n-k) \right) \quad \textbf{(6-16)}$$

Das Symbol " * " bedeutet das Faltungssymbol.

Sind $\underline{F}(z) = \mathcal{Z}\{ f(n) \}$, $\underline{F}_1(z) = \mathcal{Z}\{ f_1(n) \}$ und $\underline{F}_2(z) = \mathcal{Z}\{ f_2(n) \}$ die zugehörigen z-Transformierten, dann gilt:

$$\mathcal{Z}\{f_1(n) * f_2(n)\} = \mathcal{Z}\left\{\sum_{k=-\infty}^{\infty}\left(f_1(k)\cdot f_2(n-k)\right)\right\}$$

$$= \sum_{n=-\infty}^{\infty}\left[\left[\sum_{k=-\infty}^{\infty}\left(f_1(k)\cdot f_2(n-k)\right)\right]\cdot z^{-1}\right]$$ **nach Definition der z-Transformation**

$$= \sum_{k=-\infty}^{\infty}\left[f_1(k)\cdot\sum_{n=-\infty}^{\infty}\left(f_2(n-k)\cdot z^{-n}\right)\right]$$ **Grenzwerte existieren**

$$= \sum_{k=-\infty}^{\infty}\left[f_1(k)\cdot\sum_{m=-\infty}^{\infty}\left[f_2(m)\cdot z^{-(m+k)}\right]\right]$$

$$= \sum_{k=-\infty}^{\infty}\left(f_1(k)\cdot z^{-k}\right)\cdot\sum_{m=-\infty}^{\infty}\left(f_2(m)\cdot z^{-m}\right).$$

Das letzte Produkt ergibt sich aus dem Satz von Cauchy für absolut konvergente Reihen.
Der Faltungssatz lautet damit:

$$\mathcal{Z}\{f_1(n) * f_2(n)\} = \mathcal{Z}\{f_1(n)\}\ \mathcal{Z}\{f_2(n)\} = \underline{F_1}(z)\cdot\underline{F_2}(z) \qquad \textbf{(6-17)}$$

Die z-Transformierte des Faltungsproduktes $f_1(n) * f_2(n)$ ist gleich dem Produkt der z-Transformierten von $f_1(n)$ und $f_2(n)$.

<u>Beispiel 6.15:</u>

Bestimmen Sie die z-Transformierte des Faltungsproduktes $f_1(n) * f_2(n)$ der nachfolgend angegebenen Folgen.

$f_1(n) := \Phi1(n) - \Phi1(n-2)$ Rechteckfolge (mit der oben definierten Einheitssprungfolge)

$f_2(n) := \left(\frac{8}{10}\right)^n \cdot \Phi1(n)$ Exponentialfolge

$n := -1, 0 .. 14$ Bereichsvariable

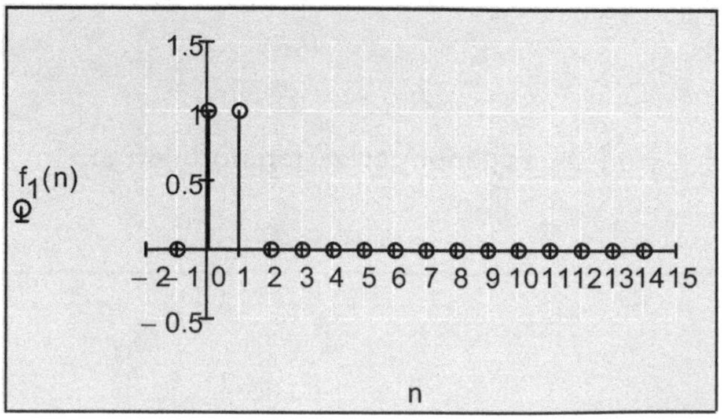

Abb. 6.16

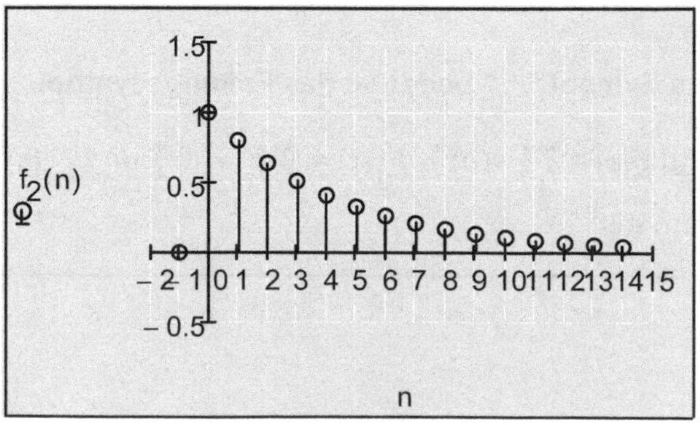

Abb. 6.17

$f_1(n)$ mit $f_2(n)$ gefaltet ergibt:

$k := -1, 0 .. 14$ Bereichsvariable

$f(n) := \sum_k \left(f_1(k) \cdot f_2(n-k)\right)$ Faltung der beiden Folgen

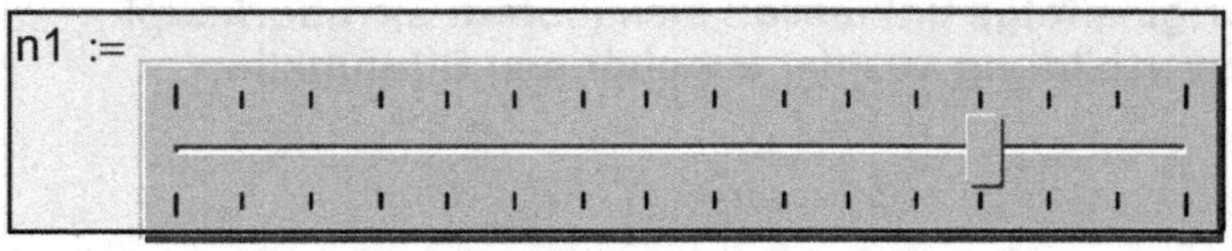

$n1 = 11$ $f(n1) = 0.193$

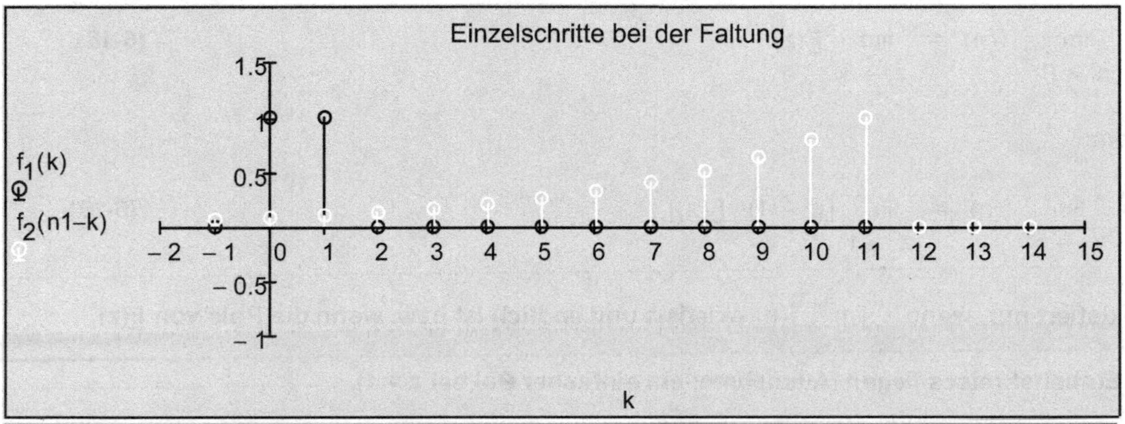

Abb. 6.18

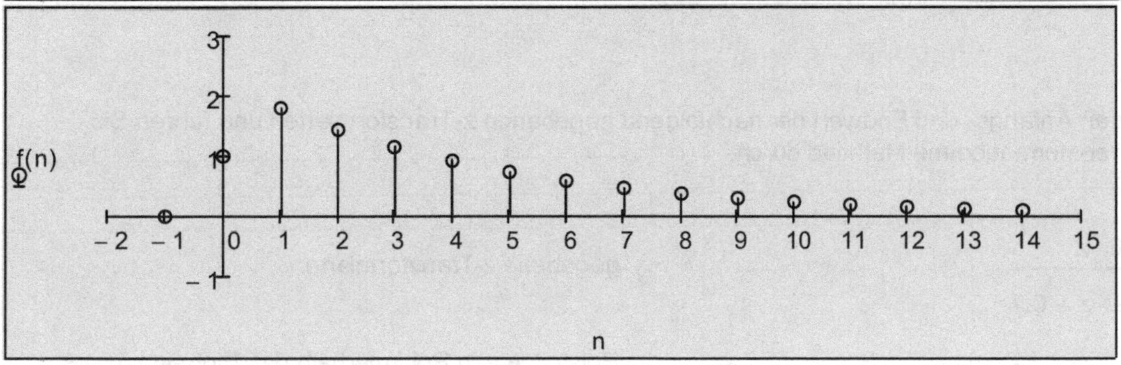

Abb. 6.19

Transformation des Faltungsproduktes:

$$\mathcal{Z}\ f(n)\} = \mathcal{Z}\ f_1(n) * f_2(n)\} = \mathcal{Z}\left\{\sum_{k=0}^{\infty}\left(f_1(k) \cdot f_2(n-k)\right)\right\} = \mathcal{Z}\{f_1(n)\} \cdot \mathcal{Z}\{f_2(n)\} = \underline{\mathbf{F_1}}(z) \cdot \underline{\mathbf{F_2}}(z)$$

$n := n$ $k := k$ Redefinitionen

$f_1(n) := \Phi(n)$ $f_2(n) := \Phi(n-2)$ Heavisidefunktion von Mathcad

$\underline{\mathbf{F_1}}(z) := f_1(n) \text{ ztrans}, n \rightarrow \dfrac{z+1}{2 \cdot (z-1)}$ $\underline{\mathbf{F_2}}(z) := f_2(n) \text{ ztrans}, n \rightarrow \dfrac{z+1}{2 \cdot z^2 \cdot (z-1)}$ Transformation der beiden Folgen

$\underline{\mathbf{F}}(z) := \underline{\mathbf{F_1}}(z) \cdot \underline{\mathbf{F_2}}(z) \rightarrow \dfrac{(z+1)^2}{2 \cdot z^2 \cdot (z-1) \cdot (2 \cdot z - 2)}$ z-Transformierte des Faltungsproduktes

Grenzwertsätze (Anfangs- und Endwerttheorem):

Das Anfangs- und das Endwerttheorem geben über das Verhalten einer Folge f(n) für n = 0+ (exakter: beim rechtsseitigen Grenzwert) Auskunft, d. h. über das Verhalten zu Beginn eines Vorganges bzw. über den stationären Zustand, nachdem der Vorgang beendet ist ($n \to \infty$). Bei der Anwendung dieser Theoreme kann das dynamische Verhalten eines Systems bis zu einem gewissen Grad direkt im z-Bereich (ohne Rücktransformation) beurteilt werden.
Der Anfangswert f(0) und der Endwert f(∞) einer Originalfolge f(n) lassen sich (sofern sie überhaupt existieren) ohne Rücktransformation durch Grenzwertbildung aus der zugehörigen Bildfunktion $\underline{F}(z) = \mathcal{Z}\{f(n)\}$ wie folgt berechnen:

Anfangswerttheorem:

$$f(0) = \lim_{n \to 0^+} f(n) = \lim_{z \to \infty} \underline{F}(z) \qquad \textbf{(6-18)}$$

Endwerttheorem:

$$f(\infty) = \lim_{n \to \infty} f(n) = \lim_{z \to 1} [(z-1) \cdot \underline{F}(z)] \qquad \textbf{(6-19)}$$

Der Endwert existiert nur, wenn $\lim_{n \to \infty} f(n)$ existiert und endlich ist bzw. wenn die Pole von $\underline{F}(z)$ innerhalb des Einheitskreises liegen (Ausnahme: ein einfacher Pol bei z = 1).

Beispiel 6.16:

Bestimmen Sie den Anfangs- und Endwert der nachfolgend gegebenen z-Transformierten und führen Sie dann eine Rücktransformation mit Mathcad durch.

$$\underline{F}(z) := \frac{0.6 \cdot z}{z^2 - 1.7 \cdot z + 0.7}$$ gegebene z-Transformierte

$$z^2 - 1.7 \cdot z + 0.7 = 0 \ \left| \begin{array}{l} \text{auflösen}, z \\ \text{Gleitkommazahl}, 2 \end{array} \right. \to \begin{pmatrix} 1.0 \\ 0.7 \end{pmatrix}$$ Polstellen (ein Pol innerhalb des Einheitskreises, der andere auf dem Einheitskreis)

$$\lim_{z \to \infty} \underline{F}(z) \to 0.0$$ Anfangswert

$$\lim_{z \to 1} [(z-1) \cdot \underline{F}(z)] \to 2.0$$ Endwert

$$f(\infty) = \lim_{z \to 1} \left[(z-1) \cdot \frac{0.6 \cdot z}{(z-1) \cdot (z-0.7)} \right] = \lim_{z \to 1} \left(\frac{0.6 \cdot z}{z - 0.7} \right) = \frac{0.6}{0.3} = 2$$

$$f(n) := \frac{\frac{6}{10} \cdot z}{z^2 - \frac{17}{10} \cdot z + \frac{7}{10}} \ \text{invztrans}, z \to 2 - 2 \cdot \left(\frac{7}{10} \right)^n$$ Rücktransformierte

$n := 0 .. 20$ Bereichsvariable

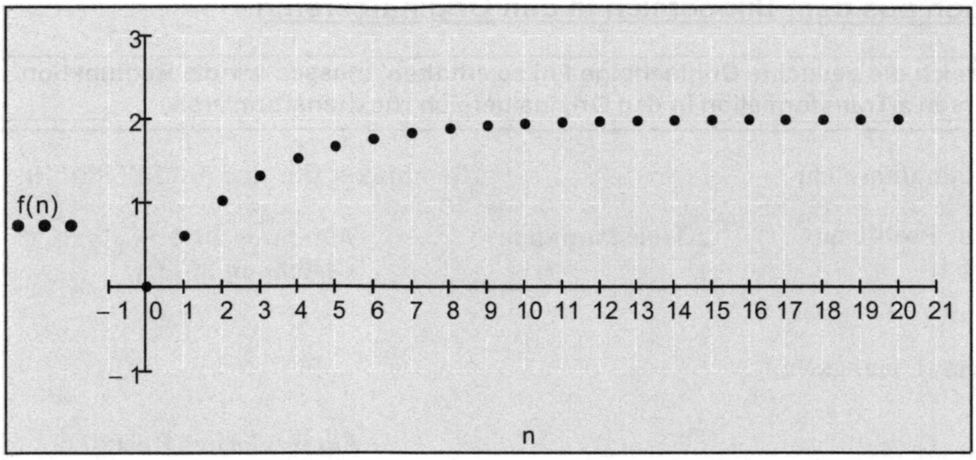

Abb. 6.20

Beispiel 6.17:

Bestimmen Sie den Anfangs- und Endwert der nachfolgend gegebenen z-Transformierten.

$\underline{\mathbf{F}}(z) := \dfrac{1.5 \cdot z}{z^2 - 1.732 \cdot z + 1}$ gegebene z-Transformierte

$\mathbf{p} := z^2 - 1.732 \cdot z + 1 = 0 \;\left|\begin{array}{l}\text{auflösen}, z \\ \text{Gleitkommazahl}, 3\end{array}\right. \rightarrow \begin{pmatrix} 0.866 - 0.5j \\ 0.866 + 0.5j \end{pmatrix}$ Polstellen

$\left|\mathbf{p}_0\right| = 1 \qquad \left|\mathbf{p}_1\right| = 1$ Beide Pole liegen auf dem Einheitskreis, daher existiert der Endwert nicht.

$\lim_{z \to \infty} \underline{\mathbf{F}}(z) \rightarrow 0.0$ Anfangswert

6.3. Rücktransformation aus dem Bildbereich in den Originalbereich

Um aus dem Bildbereich die gesuchte Originalfolge f(n) zu erhalten, müssen wir die Bildfunktion $\underline{F}(z)$ mittels der inversen z-Transformation in den Originalbereich rücktransformieren.

ZEITBEREICH (Originalbereich) — Komplexer Bereich (BILDBEREICH)

Formulierung des Problems im Originalbereich → z-Transformation → Algebraische komplexe Gleichung in $\underline{F}(z)$

↓ herkömmlicher Lösungsweg ↓

Gesuchte Lösung f(n) im Originalbereich ← Inverse z-Transformation ← Algebraisches Rechnen mit der Bildfunktion $\underline{F}(z)$

In der Praxis wird eine Rücktransformation, wie bereits oben erwähnt, über das komplexe Kurvenintegral meist nicht angewendet. Es existieren auch bei der z-Transformation mehrere einfachere Möglichkeiten, die inverse z-Transformation zu berechnen. Sie werden nachfolgend kurz beschrieben. Wie bereits oben in einigen Beispielen aufgezeigt wurde, kann mit Mathcad eine Rücktransformation durchgeführt werden. Es ist aber nicht zu erwarten, dass alle möglichen Rücktransformationen auch ausgeführt werden können, zumal es sich in Mathcad, wie bereits erwähnt wurde, um einen eingeschränkten Maple-Symbolkern handelt.

Partialbruchzerlegung:

Wie bei der Laplace-Transformation kontinuierlicher Signale, so treten auch bei der z-Transformation diskreter Signale meist gebrochenrationale z-Transformierte auf. Sie können zunächst, wie bereits im Abschnitt 5.3 beschrieben wurde, in eine Summe von Partialbrüchen zerlegt werden. Die Partialbrüche können dann mithilfe einer Korrespondenztabelle, die in zahlreichen Werken über die z-Transformation zu finden sind, rücktransformiert werden.

Eine gebrochenrationale Funktion hat die allgemeine Form

$$\underline{F}(z) = \frac{\underline{Z}(z)}{\underline{N}(z)} = \frac{a_n \cdot z^n + a_{n-1} \cdot z^{n-1} + a_{n-2} \cdot z^{n-2} + ... + a_2 \cdot z^2 + a_1 \cdot z + a_0}{z^m + b_{m-1} \cdot z^{m-1} + b_{m-2} \cdot z^{m-2} + ... + b_2 \cdot z^2 + b_1 \cdot z + b_0} \qquad \textbf{(6-20)}$$

wobei a_k, $b_k \in \mathbb{R}$ und m, n $\in \mathbb{N}$ sind.
Zur Durchführung der Partialbruchzerlegung müssen die Nullstellen von $\underline{N}(z)$ (Polstellen) bekannt sein. Unter Beachtung des Fundamentalsatzes der Algebra kann

$$\underline{N}(z) = (z - z_1)^{\alpha_1} \cdot (z - z_2)^{\alpha_2} \cdot (z - z_3)^{\alpha_3} .... (z - z_i)^{\alpha_i} .... (z - z_r)^{\alpha_r} \qquad \textbf{(6-21)}$$

geschrieben werden, wobei die s_i die voneinander verschiedenen Wurzeln der Gleichung $\underline{N}(s) = 0$ sind und die α_i ($\alpha \in \mathbb{N}$) die Vielfachheit der Wurzeln s_i bedeuten.
Zusätzlich können noch Pole bei z = 0 und z = ∞ auftreten. Polstellen können nur außerhalb des Konvergenzbereichs auftreten.

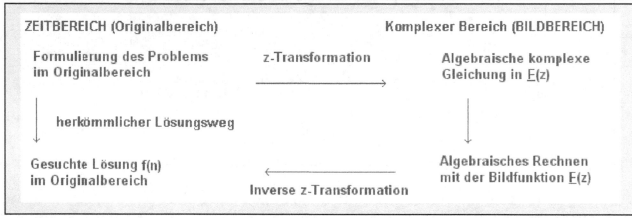

Beispiel 6.18:

Die nachfolgend angegebene z-Transformierte $\underline{F}(z)$ soll mithilfe der Partialbruchzerlegung rücktransformiert werden. Die Rücktransformation soll auch mithilfe von Mathcad durchgeführt werden. Die Nullstellen und die Polstellen von $\underline{F}(z)$ und die Rücktransformierte f(n) sollen grafisch dargestellt werden.

$$\underline{F}(z) := \frac{2 \cdot z \cdot (18 \cdot z - 5)}{(4 \cdot z - 1) \cdot (3 \cdot z - 1)}$$ gegebene z-Transformierte

$$\mathbf{z_N} := 2 \cdot z \cdot (18 \cdot z - 5) = 0 \text{ auflösen}, z \rightarrow \begin{pmatrix} 0 \\ \frac{5}{18} \end{pmatrix}$$ Nullstellen von $\underline{F}(z)$

$$\mathbf{z_p} := (4 \cdot z - 1) \cdot (3 \cdot z - 1) = 0 \text{ auflösen}, z \rightarrow \begin{pmatrix} \frac{1}{3} \\ \frac{1}{4} \end{pmatrix}$$ Polstellen von $\underline{F}(z)$

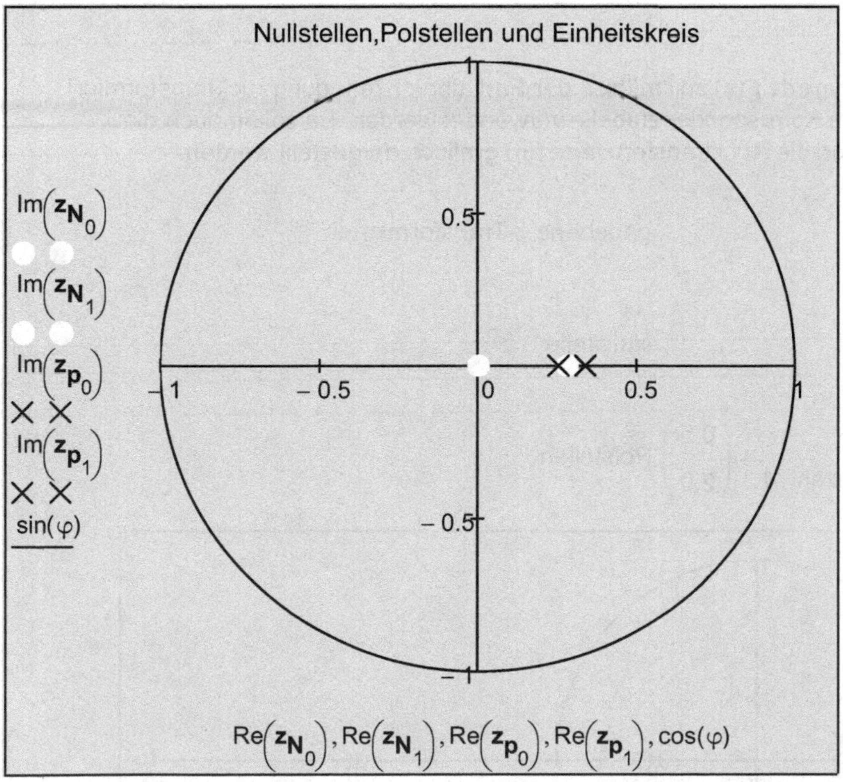

Abb. 6.21

$$\underline{F}(z) \text{ parfrac}, z \rightarrow \frac{2}{3 \cdot z - 1} + \frac{1}{4 \cdot z - 1} + 3$$ Partialbruchzerlegung

$$3 \text{ invztrans}, z \rightarrow 3 \cdot \delta(n, 0)$$

$$\frac{1}{4 \cdot z - 1} \text{ invztrans}, z \rightarrow \left(\frac{1}{4}\right)^n - \delta(n, 0)$$ die einzelnen Summanden rücktransformiert

$$\frac{2}{3 \cdot z - 1} \text{ invztrans}, z \rightarrow 2 \cdot \left(\frac{1}{3}\right)^n - 2 \cdot \delta(n, 0)$$

$f(n) := \underline{F}(z) \text{ invztrans}, z \rightarrow 2 \cdot \left(\frac{1}{3}\right)^n + \left(\frac{1}{4}\right)^n$ zum Vergleich die Rücktransformierte mithilfe von Mathcad

$n := 0 .. 10$ Bereichsvariable

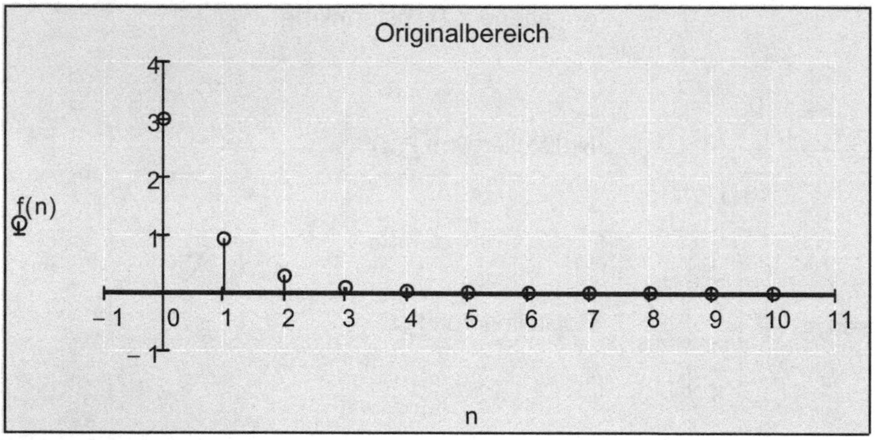

Abb. 6.22

Beispiel 6.19:

Die nachfolgend angegebene z-Transformierte $\underline{F}(z)$ soll mithilfe der Partialbruchzerlegung rücktransformiert werden. Zur Rücktransformation soll eine Korrespondenztabelle verwendet werden. Es sollen auch die Nullstellen und die Polstellen von $\underline{F}(z)$ und die Rücktransformierte f(n) grafisch dargestellt werden.

$$\underline{F}(z) := \frac{z+1}{z^2 - 2.5 \cdot z + 1}$$ gegebene z-Transformierte

$z_N := z + 1 = 0 \text{ auflösen}, z \rightarrow -1$ Nullstelle

$$\mathbf{z_p} := z^2 - 2.5 \cdot z + 1 = 0 \left| \begin{array}{l} \text{auflösen}, z \\ \text{Gleitkommazahl}, 1 \end{array} \right. \rightarrow \begin{pmatrix} 0.5 \\ 2.0 \end{pmatrix}$$ Polstellen

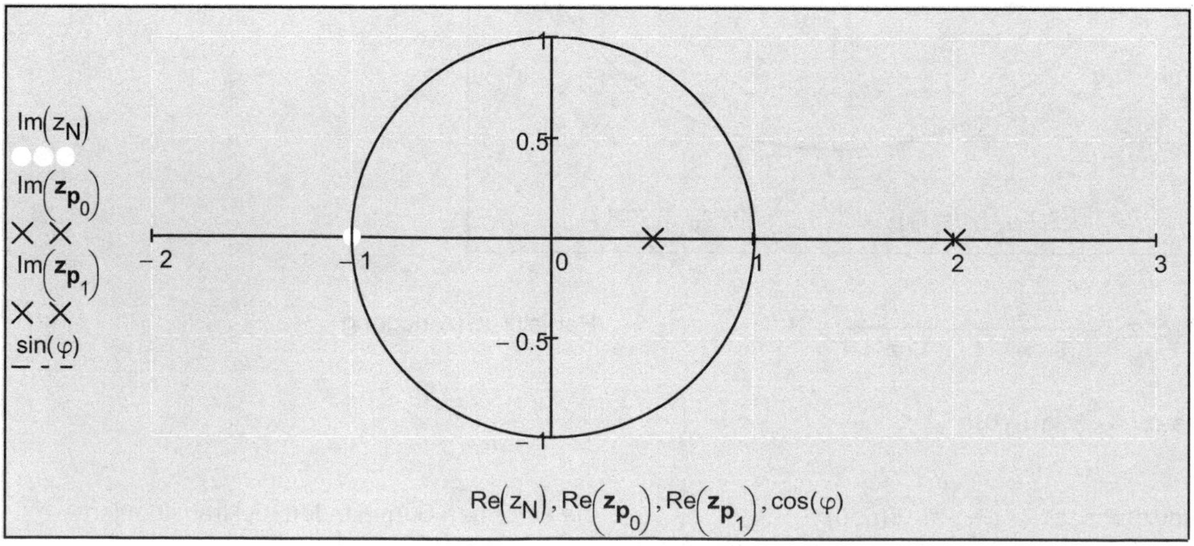

Abb. 6.23

$$\frac{\underline{F}(z)}{z} \left| \begin{matrix} \text{parfrac}, z \\ \text{Gleitkommazahl}, 1 \end{matrix} \right. \rightarrow \frac{1.0}{z-2.0} - \frac{4.0}{2.0 \cdot z - 1.0} + \frac{1.0}{z}$$

Partialbruchzerlegung von $\underline{F}(z)/z$

$$\underline{F}(z) = 1 - \frac{2 \cdot z}{z - \frac{1}{2}} + \frac{z}{z-2}$$

z-Transformierte (Partialbruchzerlegt)

$$f(n) = \delta(n,0) - 2 \cdot \left(\frac{1}{2}\right)^n \cdot \delta(n,n) + 2^n \cdot \delta(n,n)$$

Rücktransformierte mithilfe einer Korrespondenztabelle

$n := n$

Redefinition

$$\underline{F}(z) \text{ invztrans}, z \rightarrow \delta(n,0) - 2.0 \cdot 0.5^n + 2.0^n$$

Rücktransformierte zum Vergleich mithilfe von Mathcad

Rücktransformation mithilfe des Residuenkalküls:

Beispiel 6.20:

Die nachfolgend gegebene z-Transformierte soll mithilfe des Residuenkalküls rücktransformlert werden.

$$\underline{F}(z) = \frac{z}{z-a}$$

gegebene z-Transformierte (konvergiert für $|z| > a$)

Die z-Transformierte hat einen Pol 1. Ordnung für $z = a$. Daher gilt für deren Rücktransformierte:

$$f(n) = \lim_{z \rightarrow a} \left[(z-a) \cdot \frac{z^n}{z-a}\right] = a^n \cdot \delta(n,n)$$

Rücktransformation auf Basis einer Laurent-Reihenentwicklung:

Eine Rücktransformation kann auf Basis einer Laurent-Reihenentwicklung der z-Transformierten an der Entwicklungsstelle $z_0 = 0$ erfolgen, wobei wir die Folgeelemente f(n) durch Koeffizientenvergleich gewinnen.

Die z-Transformierte einer Folge f(n) ist gegeben durch:

$$\underline{F}(z) = \sum_{n=-\infty}^{\infty} \left(f(n) \cdot z^{-n}\right) = ... + f(-2) \cdot z^2 + f(-1) \cdot z^1 + f(0) + f(1) \cdot z^{-1} + ... \qquad \textbf{(6-22)}$$

Die Laurent-Reihe der Funktion $\underline{F}(z)$ an der Entwicklungsstelle $z = z_0$ lautet dann:

$$\underline{F}(z) = \sum_{n=-\infty}^{\infty} \left[c_n \cdot (z - z_0)^{-n}\right] = ... + c_{-2} \cdot (z - z_0)^2 + c_{-1} \cdot (z - z_0) + c_0 + c_1 \cdot (z - z_0)^{-1} + ... \qquad \textbf{(6-23)}$$

Aus dem Koeffizienten c_n kann dann auf den entsprechenden Folgewert f(-n) geschlossen werden.

Beispiel 6.21:

Gesucht ist die Rücktransformierte von $\underline{F}(z)$.

$$\underline{F}(z) = \frac{z^2 - 2 \cdot z + 5}{z^3 - 2 \cdot z^2 + z - 2}$$ gegebene z-Transformierte

Die Partialbruchzerlegung führt auf die Form

$$\frac{z^2 - 2 \cdot z + 5}{z^3 - 2 \cdot z^2 + z - 2} \text{ parfrac}, z \rightarrow \frac{1}{z-2} - \frac{2}{z^2+1}$$

Die Reihenentwicklung wird separat auf die einzelnen Summanden angewendet. Dies ist aufgrund der Linearität der z-Transformation zulässig.

Entwicklung des ersten Summanden in z:

$$\frac{1}{z-2} = \frac{-1}{2} \cdot \frac{1}{1 - \frac{z}{2}} = \frac{-1}{2} \cdot \sum_{n=0}^{\infty} \left(\frac{z}{2}\right)^n \qquad \textbf{für } |z| < 2$$

Entwicklung des ersten Summanden in z^{-1}:

$$\frac{1}{z-2} = \frac{z^{-1}}{1 - 2 \cdot z^{-1}} = z^{-1} \cdot \sum_{n=0}^{\infty} \left(\frac{2}{z}\right)^n \qquad \textbf{für } |z| > 2$$

Entwicklung des zweiten Summanden in z:

$$\frac{2}{z^2+1} = 2 \cdot \frac{1}{1 - \left(-z^2\right)} = 2 \cdot \sum_{n=0}^{\infty} \left[(-1)^n \cdot z^{2 \cdot n}\right] \qquad \textbf{für } |z| < 1$$

Entwicklung des zweiten Summanden in z^{-1}:

$$\frac{2 \cdot z^{-2}}{1 + z^{-2}} = 2 \cdot z^{-2} \cdot \frac{1}{1 - \left(-z^{-2}\right)} = 2 \cdot z^{-2} \cdot \sum_{n=0}^{\infty} \left[(-1)^n \cdot \left(\frac{1}{z}\right)^{2 \cdot n}\right] \qquad \textbf{für } |z| > 1$$

Linearkombinationen:

$$\underline{F}(z) = \frac{-1}{2} \cdot \sum_{n=0}^{\infty} \left(\frac{z}{2}\right)^n - 2 \cdot \sum_{n=0}^{\infty} \left[(-1)^n \cdot z^{2 \cdot n}\right] \qquad \textbf{für } |z| < 1$$

Einige Summanden mit Mathcad ausgewertet:

$$\frac{-1}{2} \cdot \sum_{n=0}^{3} \left(\frac{z}{2}\right)^n - 2 \cdot \sum_{n=0}^{3} \left[(-1)^n \cdot z^{2 \cdot n}\right] \text{ vereinfacht auf } 2 \cdot z^6 - 2 \cdot z^4 - \frac{z^3}{16} + \frac{15 \cdot z^2}{8} - \frac{z}{4} - \frac{5}{2}$$

$$\underline{F}(z) = 2\cdot z^6 - 2\cdot z^4 - \frac{z^3}{16} + \frac{15\cdot z^2}{8} - \frac{z}{4} - \frac{5}{2} - .....$$

Durch Koeffizientenvergleich ergeben sich die folgenden Werte:

$f(0) = \frac{-5}{2}$ $\quad f(-1) = \frac{-1}{4}$ $\quad f(-2) = \frac{15}{8}$ $\quad f(-3) = \frac{-1}{16}$

Zum Vergleich die Reihenentwicklung mit Mathcad:

$$\frac{z^2 - 2\cdot z + 5}{z^3 - 2\cdot z^2 + z - 2} \text{ Reihen}, z = 0, 7 \rightarrow -\frac{5}{2} - \frac{z}{4} + \frac{15\cdot z^2}{8} - \frac{z^3}{16} - \frac{65\cdot z^4}{32} - \frac{z^5}{64} + \frac{255\cdot z^6}{128}$$

$$\underline{F}(z) = \frac{-1}{2}\cdot\sum_{n=0}^{\infty}\left(\frac{z}{2}\right)^n - 2\cdot z^{-2}\cdot\sum_{n=0}^{\infty}\left[(-1)^n\cdot\left(\frac{1}{z}\right)^{2\cdot n}\right] \quad \textbf{für } 1 < |z| < 2$$

$$\underline{F}(z) = ... - 2\cdot z^{-6} + 4\cdot z^{-4} - 2\cdot z^{-2} - \frac{1}{2} - \frac{1}{4}\cdot z - \frac{1}{8}\cdot z^2 - \frac{1}{16}\cdot z^3 ....$$

Durch Koeffizientenvergleich ergeben sich die folgenden Werte:

$f(6) = -2$ $\quad f(5) = 0$ $\quad f(4) = 4$ $\quad f(3) = 0$ $\quad f(2) = -2$ $\quad f(1) = 0$

$f(0) = \frac{-1}{2}$ $\quad f(-1) = \frac{-1}{4}$ $\quad f(-2) = \frac{-1}{8}$ $\quad f(-3) = \frac{-1}{16}$

$$\underline{F}(z) = z^{-1}\cdot\sum_{n=0}^{\infty}\left(\frac{2}{z}\right)^n - 2\cdot z^{-2}\cdot\sum_{n=0}^{\infty}\left[(-1)^n\cdot\left(\frac{1}{z}\right)^{2\cdot n}\right] \quad \textbf{für } |z| > 2$$

$$\underline{F}(z) = ...10\cdot z^{-4} + 4\cdot z^{-3} + z^{-1}$$

Durch Koeffizientenvergleich ergeben sich die folgenden Werte:

$f(4) = 10$ $\quad f(3) = 4$ $\quad f(2) = 0$ $\quad f(1) = 1$ $\quad f(0) = 0$

Zum Vergleich die Reihenentwicklung mit Mathcad:

$$\frac{z^2 - 2\cdot z + 5}{z^3 - 2\cdot z^2 + z - 2} \left| \begin{array}{l} \text{ersetzen}, z = z^{-1} \\ \text{Reihen}, z = 0, 8 \end{array} \right. \rightarrow z + 4\cdot z^3 + 10\cdot z^4 + 16\cdot z^5 + 30\cdot z^6 + 64\cdot z^7 + 130\cdot z^8$$

6.4 Anwendungen der z-Transformation

Die Systemtheorie beschäftigt sich mit der mathematischen Beschreibung des dynamischen Verhaltens von Systemen. Die Gestalt der Systeme ist im Wesentlichen unerheblich. Technische Systeme werden in gleicher Weise beschrieben wie z. B. physikalische, chemische, biologische oder ökonomische. Als System verstehen wir eine abgegrenzte funktionale Einheit, die über bestimmte, im Allgemeinen von der Zeit abhängige Größen mit der Umgebung in Wechselwirkung steht. Wirken auf ein System in Abhängigkeit der Zeit physikalische Größen von außen ein (Eingangsgrößen), dann reagiert das System in bestimmter Weise darauf und die physikalischen Größen in diesem System erfahren zeitliche Veränderungen. Die interessierenden nach außen in Erscheinung tretenden Größen werden Ausgangsgrößen genannt.
Ein Vorgang in einem solchen System, in dem z. B. Energie, Materie oder auch Information umgeformt, transportiert oder auch gespeichert wird, heißt ein Prozess.
Damit ein dynamisches System aus seiner Umgebung herausgelöst oder von anderen Systemen getrennt theoretisch untersucht werden kann, ist Rückwirkungsfreiheit vorauszusetzen. Das heißt, die Umgebung oder andere Systeme wirken nicht auf das betrachtete System zurück. Nur dann ist auch eine Zuordnung der nach außen in Erscheinung tretenden physikalischen Größen zu Eingangs- und Ausgangsgrößen eindeutig.

Das dynamische Verhalten von Systemen bei zeitkontinuierlichen Eingangs- und Ausgangsgrößen (analoge Übertragung) wird mithilfe von Differentialgleichungen beschrieben.
Das dynamische Verhalten von Systemen bei zeitdiskreten Eingangs- und Ausgangsgrößen (diskrete oder digitale Übertragung) wird mithilfe von Differenzengleichungen beschrieben.

Ein System kann als beliebiger Prozess zur Transformation von Signalen aufgefasst werden. Das Eingangssignal $x(n) = x_n$ wird durch das System in das Ausgangssignal $y(n) = y_n$ übergeführt. Dabei kann aus verschiedenen Teilprozessen durch Zusammenschalten ein komplexes System entstehen. Beispielsweise könnte ein zusammengesetztes System folgendermaßen aussehen:

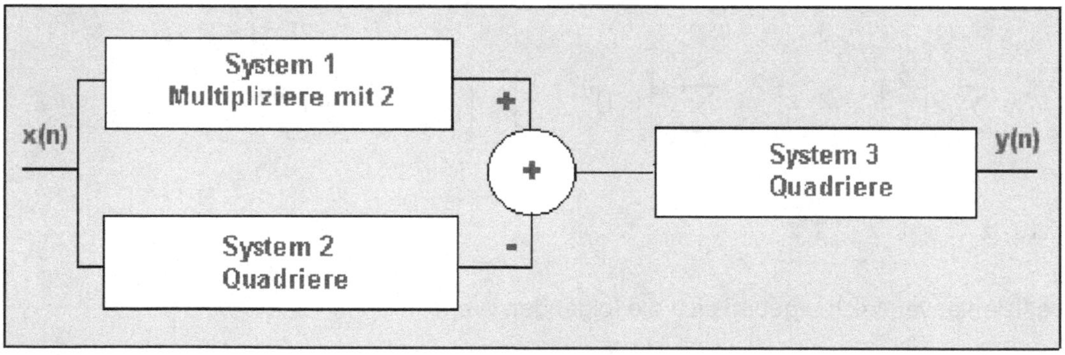

Abb. 6.24

Diesen Prozess beschreibt folgende nichtlineare Differenzengleichung:

$$y(n) = \left(2 \cdot x(n) - x(n)^2\right)^2 .$$

Für die Folgeglieder der Eingangsgrößen und Ausgangsgrößen schreiben wir auch:

$x(n) = x_n$ bzw. $y(n) = y_n = f(n) = f_n$ oder auch um die Zeitabhängigkeit auszudrücken
$x(t) = x_t$ bzw. $y(t) = y_t$.

6.4.1 Lösungen von Differenzengleichungen

Die Eigenschaften "Linearität" (die Differentialgleichung bzw. Differenzengleichung ist linear in den Ableitungen bzw. linear in den Verzögerungen um ein Zeitintervall der Ein- und Ausgangsgrößen) und "Zeitinvarianz" (die Differentialgleichung bzw. Differenzengleichung enthält nur konstante von der Zeit unabhängige Größen) sind für die Analyse von Systemen sehr wesentlich. Systeme mit diesen Eigenschaften werden als lineare zeitinvariante Systeme (LTI-Systeme bzw. LTD-Systeme "linear, time-invariant, discrete") bezeichnet. Ein Großteil dieser Systeme lässt sich durch lineare Differentialgleichungen bzw. Differenzengleichungen beschreiben. Gleichungen dieses Typs beschreiben das sequentielle Verhalten vieler verschiedener Vorgänge. In der Praxis sind allerdings Systeme oft nichtlinear und zeitvariant. Es lässt sich aber vielfach zumindestens ein Teilbereich finden, in dem das System linear ist.

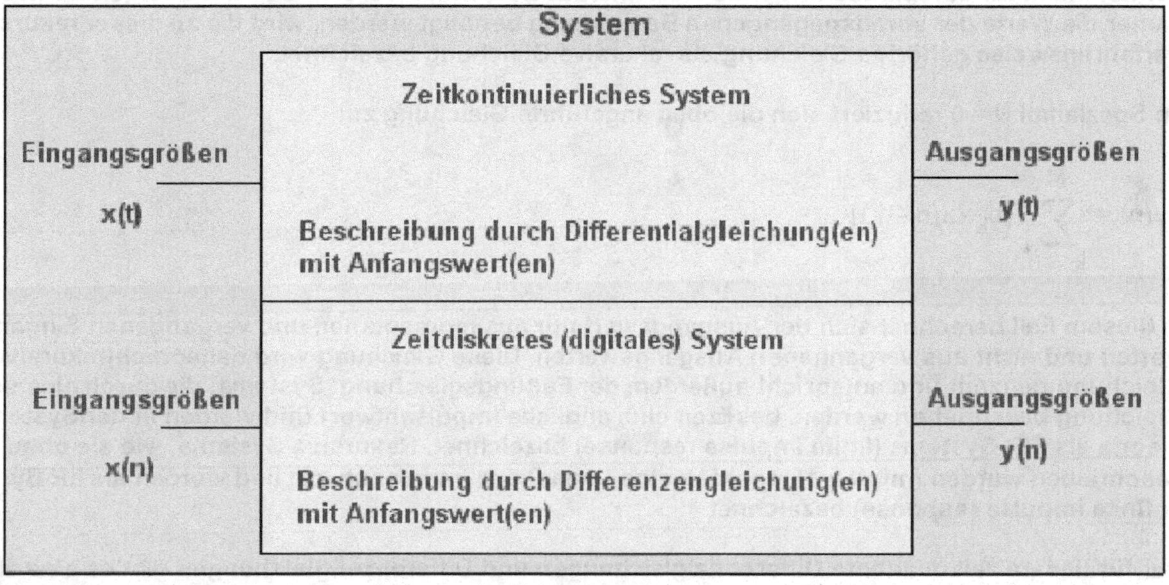

Abb. 6.25

Im Unterschied zu zeitkontinuierlichen Systemen, wie sie bereits im Kapitel 5.4 beschrieben wurden, ist ein zeitdiskretes (digitales) System nur für ganzzahlige Werte der unabhängigen Variablen n oder t definiert.
Einen wichtigen Sonderfall der allgemeinen Differenzengleichungen bilden Gleichungen, bei denen das Ausgangssignal y(n) aus dem gewichteten Momentanwert x(n), den vergangenen Eingangswerten x(n-i) und den vergangenen Ausgangswerten y(n - i) ($i \in \mathbb{N}$) gebildet wird.

Eine einfache lineare Differenzengleichung 1. Ordnung, die nur Verzögerungen um ein Zeitintervall berücksichtigt, schreibt sich in der Form:

$$y(n) = b_0\, x(n) + b_1\, x(n-1) - a_1\, y(n-1) \qquad (6\text{-}24)$$

Eine lineare Differenzengleichung 2. Ordnung enthält zweifach verzögerte Glieder des Eingangs- und Ausgangssignals:

$$y(n) = b_0\, x(n) + b_1\, x(n-1) + b_2\, x(n-2) - a_1\, y(n-1) - a_2\, y(n-2) \qquad (6\text{-}25)$$

Es müssen nicht alle Glieder in der Gleichung aufscheinen. Die Ordnung wird nach dem Glied mit der höchsten Verzögerung benannt.

Systeme beliebiger Ordnung lassen sich nach Einführung des redundanten Parameters a_0 (ohne Einschränkung kann $a_0 = 1$ gesetzt werden; a_N, $b_M \neq 0$) durch eine allgemeine Differenzengleichung beschreiben:

$$\sum_{k=0}^{N} \left(a_k \cdot y(n-k)\right) = \sum_{k=0}^{M} \left(b_k \cdot x(n-k)\right) \quad \textbf{bzw.} \quad y(n) = \sum_{k=0}^{M} \left(b_k \cdot x(n-k)\right) - \sum_{k=1}^{N} \left(a_k \cdot y(n-k)\right) \quad \textbf{(6-26)}$$

Die konstanten Koeffizienten a_k, $b_k \in \mathbb{R}$ charakterisieren das lineare zeitinvariante System.

Um die Reaktion des beschriebenen Systems auf ein Eingangssignal x(n) angeben zu können, müssen N aufeinanderfolgende Anfangsbedingungen y(0), y(1), ..., y(N-1) gegeben sein. Die Folgeglieder y(n) können dann für aufeinanderfolgende Werte iterativ berechnet werden. Da für die folgenden Werte immer die Werte der vorausgegangenen Berechnung benötigt werden, wird die zu dieser rekursiven Verfahrensweise gehörige Gleichung als rekursive Gleichung bezeichnet.

Im Spezialfall N = 0 reduziert sich die oben angeführte Gleichung zu:

$$y(n) = \sum_{k=0}^{M} \left(b_k \cdot x(n-k)\right) \qquad \textbf{(6-27)}$$

In diesem Fall berechnet sich der Ausgangswert nur aus momentanen und vergangenen Eingangswerten und nicht aus vergangenen Ausgangswerten. Diese Gleichung wird daher nichtrekursive Gleichung genannt und entspricht außerdem der Faltungsgleichung. Systeme, die durch eine solche Gleichung beschrieben werden, besitzen eine endliche Impulsantwort und werden in der Systemtheorie als FIR-Systeme (finite impulse response) bezeichnet. Rekursive Systeme, wie sie oben beschrieben wurden (mit N ≥ 1), besitzen eine unendliche Impulsantwort und werden als IIR-Systeme (infinite impulse response) bezeichnet.

Nur für lineare zeitinvariante Differentialgleichungen und Differenzengleichungen gibt es eine allgemeine Lösungstheorie (siehe Kapitel 8), für nichtlineare im Allgemeinen nicht!
Eine weitere Methode, mit der auch nichtlineare Differenzengleichungen gelöst werden können, ist die rekursive Berechnung der Folgeglieder. Sehr effizient ist die rechnerunterstützte rekursive numerische Berechnung der Folgeglieder z. B. mithilfe von Mathcad (siehe auch Kapitel 8). Es sei jedoch darauf hingewiesen, dass nicht jede Differenzengleichung rekursiv gelöst werden kann.

In der Praxis der digitalen Systeme sind sowohl die Genauigkeit der Eingangsgrößen als auch die Darstellungsgenauigkeit der Koeffizienten und die Rechengenauigkeit beschränkt, denn jeder Computer hat nur eine begrenzte Stellenzahl. Auch eine empfindliche Abhängigkeit der Lösung von den Anfangswerten ist kein Einzelfall. Minimale Veränderungen können oft dramatische Auswirkungen nach sich ziehen. Daraus ergeben sich weitreichende Konsequenzen, die sich z. B. bei der Signalverarbeitung in Quantisierungsrauschen, Instabilität, Rundungsrauschen und verringerter Aussteuerbarkeit bemerkbar machen.

Der Umweg über den z-Bereich (Bildbereich) bietet eine bequeme Methode zur Lösung einer linearen Differenzengleichung mit konstanten Koeffizienten, zumal auch die Anfangsbedingungen sofort berücksichtigt werden können, ohne erst eine allgemeine Lösung angeben zu müssen. Eine Rücktransformation der Lösung in den Zeitbereich erfolgt mit den unter Abschnitt 6.3 angegebenen Methoden.

Da lineare Differenzengleichungen erster und zweiter Ordnung mit konstanten Koeffizienten häufig vorkommen, soll deren Lösung nachfolgend näher betrachtet werden.

Für die Transformation der Differenzengleichungen in den z-Bereich (Bildbereich) wenden wir die Verschiebungssätze an:
Mit den Anfangsbedingungen f(0), f(1), ... ergeben sich folgende Zusammenhänge:

$$\mathcal{Z}\{ f(n+1)\} = z\,\underline{F}(z) - f(0)\,z \qquad (6\text{-}28)$$

$$\mathcal{Z}\{ f(n+2)\} = z^2\,F(z) - f(0)\,z^2 - f(1)\,z \text{ usw.}$$

Die inhomogene lineare Differenzengleichung 1. Ordnung mit konstanten Koeffizienten vom Typ

$$y(n+1) + a \cdot y(n) = x(n) \qquad (6\text{-}29)$$

mit dem Anfangswert y(0) wird mithilfe der z-Transformation gliedweise unter Berücksichtigung der Linearitäts- und Verschiebungseigenschaft in die algebraische Gleichung

$$z \cdot \underline{\mathbf{Y}}(z) - y(0) \cdot z + a \cdot \underline{\mathbf{Y}}(z) = \underline{\mathbf{X}}(z) \qquad (6\text{-}30)$$

mit der Lösung

$$\underline{\mathbf{Y}}(z) = \frac{\underline{\mathbf{X}}(z) + y(0) \cdot z}{z + a} \qquad (6\text{-}31)$$

übergeführt.
Die Rücktransformation von $\underline{Y}(z)$ liefert dann mit den bereits bekannten Methoden die gesuchte Originalfunktion y(n).

Beispiel 6.22:

Lösen Sie die nachfolgende inhomogene lineare Differenzengleichung. Die Anfangsbedingung lautet: y(0) = 1.

$$y(n+1) - \frac{1}{2} \cdot y(n) = x(n) \qquad \text{mit} \qquad x(n) = 2 \cdot \delta(n)$$ gegebene Differenzengleichung

Die Anwendung der z-Transformation ergibt:

$$\underline{\mathbf{Y}}(z) = \frac{\underline{\mathbf{X}}(z) + y(0) \cdot z}{z + a} = \frac{2 + 1 \cdot z}{z - \frac{1}{2}} = \frac{2}{z - \frac{1}{2}} + \frac{z}{z - \frac{1}{2}}$$

Lösung mithilfe einer Transformationstabelle:

$\dfrac{2}{z - \frac{1}{2}}$ hat als Rücktransformierte die Darstellung: $2 \cdot \left(\frac{1}{2}\right)^{n-1}$ für $n \ge 1$ und 0 für $n = 0$

$\dfrac{z}{z - \frac{1}{2}}$ hat als Rücktransformierte die Darstellung: $\left(\frac{1}{2}\right)^{n}$ für $n \ge 0$

$$y(n) := \begin{cases} \left(\frac{1}{2}\right)^{n} & \text{if } n = 0 \\ 2 \cdot \left(\frac{1}{2}\right)^{n-1} + \left(\frac{1}{2}\right)^{n} & \text{if } n \ge 1 \end{cases}$$

die gesuchte Lösungsfolge

Rekursive Lösung der Differenzengleichung:

$$y(1) = x(0) + \frac{1}{2} \cdot y(0) = 2 + \frac{1}{2} \cdot 1$$

$$y(2) = x(1) + \frac{1}{2} \cdot y(1) = 0 + \frac{1}{2} \cdot \left(2 + \frac{1}{2}\right) = \frac{1}{2} \cdot 2 + \left(\frac{1}{2}\right)^2$$

$$y(3) = x(2) + \frac{1}{2} \cdot y(2) = 0 + \frac{1}{2} \cdot \left[\frac{1}{2} \cdot 2 + \left(\frac{1}{2}\right)^2\right] = \left(\frac{1}{2}\right)^2 \cdot 2 + \left(\frac{1}{2}\right)^3$$

$$y(4) = x(3) + \frac{1}{2} \cdot y(3) = 0 + \frac{1}{2} \cdot \left[\left(\frac{1}{2}\right)^2 \cdot 2 + \left(\frac{1}{2}\right)^3\right] = 2 \cdot \left(\frac{1}{2}\right)^3 + \left(\frac{1}{2}\right)^4$$

$$y(n) = 2 \cdot \left(\frac{1}{2}\right)^{n-1} + \left(\frac{1}{2}\right)^n$$

Für den ersten Summanden muss $n \ge 1$ und für den zweiten Summanden $n \ge 0$ sein!

Lösung mithilfe von Mathcad:

$$\frac{2+z}{z-\frac{1}{2}} \text{ invztrans}, z \rightarrow 5 \cdot \left(\frac{1}{2}\right)^n - 4 \cdot \delta(n, 0)$$

Rücktransformation mit Mathcad

$$\delta1(n) := \begin{cases} 1 & \text{if } n = 0 \\ 0 & \text{otherwise} \end{cases}$$

Definition des Einheitsimpulses (Kronecker δ(n,0) = δ1(n))

$$y_1(n) := 5 \cdot \left(\frac{1}{2}\right)^n - 4 \cdot \delta1(n)$$

Die Lösung, die Mathcad liefert!

$n := 0 .. 10$

Bereichsvariable

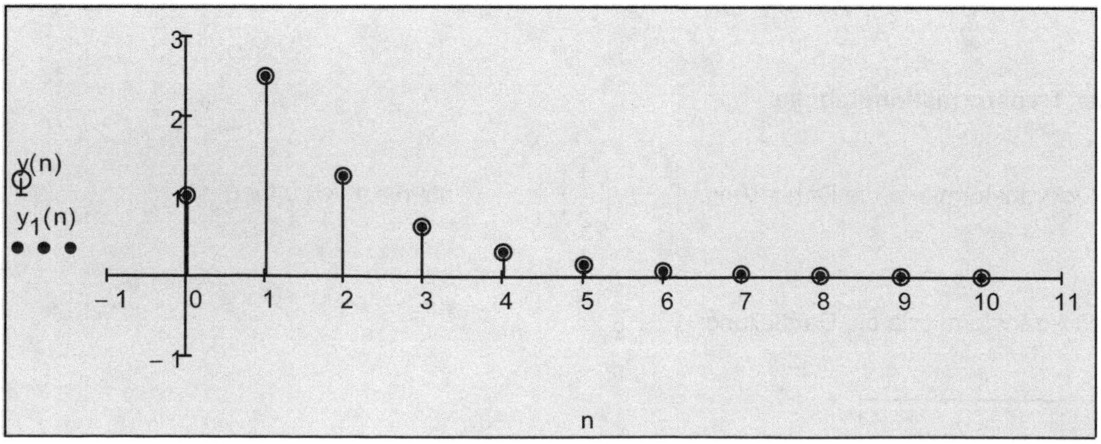

Abb. 6.26

Beispiel 6.23:

Lösen Sie die nachfolgende inhomogene lineare Differenzengleichung. Die Anfangsbedingung lautet: $y(0) = y_0 = 2$.

$y(n+1) - 3 \cdot y(n) = n \cdot 2^n$ gegebene Differenzengleichung

Die Anwendung der z-Transformation ergibt:

$$z \cdot \left(\underline{\mathbf{Y}}(z) - y_0\right) - 3 \cdot \underline{\mathbf{Y}}(z) = \frac{2 \cdot z}{(z-2)^2}$$

$$\underline{\mathbf{Y}}(z) = \frac{y_0 \cdot z}{z-3} + \frac{2 \cdot z}{(z-3) \cdot (z-2)^2}$$

Durch Partialbruchzerlegung erhalten wir:

$$\frac{2 \cdot z}{(z-3) \cdot (z-2)^2} \text{ parfrac}, z \rightarrow \frac{6}{z-3} - \frac{4}{(z-2)^2} - \frac{6}{z-2}$$

$$\underline{\mathbf{Y}}(z) = \frac{y_0 \cdot z}{z-3} + \frac{6}{z-3} - \frac{6}{z-2} - \frac{4}{(z-2)^2}$$

Lösung mithilfe einer Transformationstabelle:

$y(n) = y_0 \cdot 3^n + 6 \cdot 3^{n-1} - 6 \cdot 2^{n-1} - 4 \cdot (n-1) \cdot 2^{n-2} = \left(y_0 + 2\right) \cdot 3^n - (3 + n - 1) \cdot 2^n$ für $n \geq 1$

Damit lautet die Lösung mit dem Anfangswert $y_0 = 2$ für $n \geq 0$:

$y(n) := 4 \cdot 3^n - (2+n) \cdot 2^n$ die gesuchte Lösungsfolge

Lösung mithilfe von Mathcad:

$$\frac{y_0 \cdot z}{z-3} + \frac{2 \cdot z}{(z-3) \cdot (z-2)^2} \text{ invztrans}, z \rightarrow 3^n \cdot y_0 - 2^n \cdot n - 2 \cdot 2^n + 2 \cdot 3^n$$

$y_0 := 2$ Anfangswert

$y_1(n) := y_0 \cdot 3^n + 2 \cdot 3^n - 2 \cdot 2^n - 2^n \cdot n$ Die gleiche Lösung liefert Mathcad.

$n := 0 .. 5$ Bereichsvariable

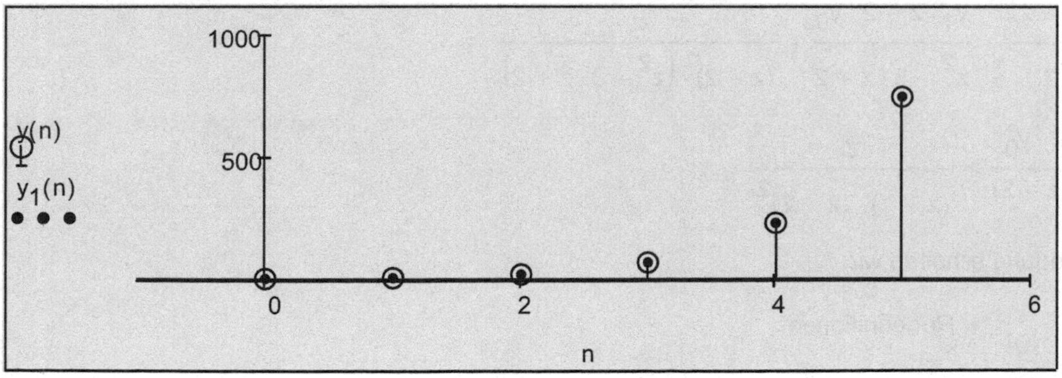

Abb. 6.27

Die inhomogene lineare Differenzengleichung 2. Ordnung mit konstanten Koeffizienten vom Typ

$$y(n+2) + a \cdot y(n+1) + b \cdot y(n) = x(n) \tag{6-32}$$

mit den Anfangswerten y(0) und y(1) wird mithilfe der z-Transformation gliedweise unter Berücksichtigung der Linearitäts- und Verschiebungseigenschaft in die algebraische Gleichung

$$z^2 \cdot \underline{\mathbf{Y}}(z) - y(0) \cdot z^2 - y(1) \cdot z + a \cdot (z \cdot \underline{\mathbf{Y}}(z) - y(0) \cdot z) + b \cdot \underline{\mathbf{Y}}(z) = \underline{\mathbf{X}}(z) \tag{6-33}$$

mit der Lösung

$$\underline{\mathbf{Y}}(z) = \frac{\underline{\mathbf{X}}(z) + y(0) \cdot z^2 + a \cdot y(0) \cdot z + y(1) \cdot z}{z^2 + a \cdot z + b} \tag{6-34}$$

übergeführt.

Die Rücktransformation von $\underline{\mathbf{Y}}(z)$ liefert dann mit den bereits bekannten Methoden die gesuchte Originalfunktion y(n).

Beispiel 6.24:

Lösen Sie die nachfolgende inhomogene lineare Differenzengleichung 2. Ordnung. Die Anfangsbedingungen lauten: $y(0) = y_0 = 1$ und $y(1) = y_1 = 1$.

$y(n+2) - 3 \cdot y(n+1) + 2 \cdot y(n) = 2^n$ gegebene lineare Differenzengleichung 2. Ordnung

Die Anwendung der z-Transformation ergibt:

$$z^2 \cdot \underline{\mathbf{Y}}(z) - y_0 \cdot z^2 - y_1 \cdot z - 3 \cdot \left(z \cdot \underline{\mathbf{Y}}(z) - y_0 \cdot z\right) + 2 \cdot \underline{\mathbf{Y}}(z) = \frac{z}{z-2}$$

Durch Umformung folgt:

$$\left(z^2 - 3 \cdot z + 2\right) \cdot \underline{\mathbf{Y}}(z) = y_0 \cdot \left(z^2 - 3 \cdot z\right) + y_1 \cdot z + \frac{z}{z-2}$$

$$\underline{\mathbf{Y}}(z) = \frac{y_0 \cdot \left(z^2 - 3 \cdot z\right)}{z^2 - 3 \cdot z + 2} + \frac{y_1 \cdot z}{z^2 - 3 \cdot z + 2} + \frac{z}{(z-2) \cdot \left(z^2 - 3 \cdot z + 2\right)}$$

$$\underline{\mathbf{Y}}(z) = \frac{y_0 \cdot \left(z^2 - 3 \cdot z + 2\right)}{z^2 - 3 \cdot z + 2} + \frac{y_1 \cdot z - 2 \cdot y_0}{z^2 - 3 \cdot z + 2} + \frac{z}{(z-2) \cdot \left(z^2 - 3 \cdot z + 2\right)}$$

$$\underline{\mathbf{Y}}(z) = y_0 + \frac{y_1 \cdot z - 2 \cdot y_0}{(z-1) \cdot (z-2)} + \frac{z}{(z-1) \cdot (z-2)^2}$$

Durch Partialbruchzerlegung erhalten wir:

$y_0 := y_0$ $\quad y_1 := y_1$ Redefinitionen

$$\frac{y_1 \cdot z - 2 \cdot y_0}{(z-1)\cdot(z-2)} \text{ parfrac}, z \rightarrow \frac{2 \cdot y_0 - y_1}{z-1} + \frac{2 \cdot y_1 - 2 \cdot y_0}{z-2}$$

$$\frac{z}{(z-1)\cdot(z-2)^2} \text{ parfrac}, z \rightarrow \frac{1}{z-1} - \frac{1}{z-2} + \frac{2}{(z-2)^2}$$

Lösung mithilfe einer Transformationstabelle:

$$\underline{\mathbf{Y}}(z) = y_0 + \frac{2 \cdot y_0 - y_1}{z-1} + \frac{2 \cdot y_1 - 2 \cdot y_0}{z-2} + \frac{1}{z-1} - \frac{1}{z-2} + \frac{2}{(z-2)^2}$$

$$y(n) = \left(2 \cdot y_0 - y_1\right) \cdot 1^{n-1} + \left(2 \cdot y_1 - 2 \cdot y_0\right) \cdot 2^{n-1} + 1^{n-1} - 2^{n-1} + 2 \cdot (n-1) \cdot 2^{n-2} \qquad \text{für } n \ge 1$$

Die Rücktransformation von y_0 liefert $y_0\,\delta(n) = y_0$, wenn $n = 0$ sonst 0. Damit lautet die Lösung der Differenzengleichung:

$y_0 := 1 \qquad y_1 := 1$ Anfangsbedingungen

$$y(n) := \left[\left(2 \cdot y_0 - y_1 + 1\right) + \left(y_1 - y_0 - 1\right) \cdot 2^n + n \cdot 2^{n-1}\right] \qquad \text{für } n \ge 0$$

$n := n$

$y(n) \rightarrow 2^{n-1} \cdot n - 2^n + 2$ symbolische Auswertung mit den Anfangsbedingungen

Lösung mithilfe von Mathcad:

$$y_1(n) := \frac{y_0 \cdot \left(z^2 - 3 \cdot z\right)}{z^2 - 3 \cdot z + 2} + \frac{y_1 \cdot z}{z^2 - 3 \cdot z + 2} + \frac{z}{(z-2)\cdot\left(z^2 - 3 \cdot z + 2\right)} \text{ invztrans}, z \rightarrow \frac{2^n \cdot n}{2} - 2^n + 2$$

$n := 0..5$ Bereichsvariable

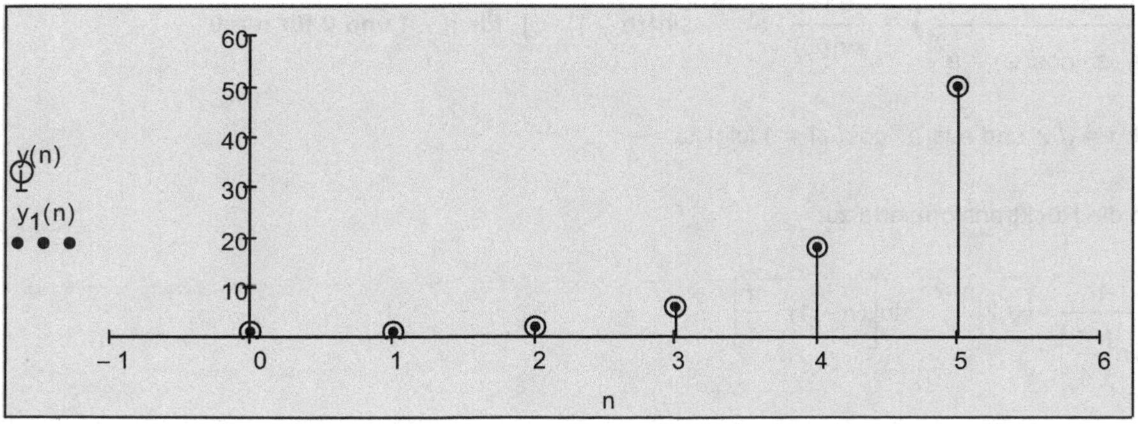

Abb. 6.28

Beispiel 6.25:

Lösen Sie die nachfolgende inhomogene lineare Differenzengleichung 2. Ordnung. Die Anfangsbedingungen lauten: $y(0) = y_0 = 0$ und $y(1) = y_1 = 1$.

$y(n+2) - 2 \cdot y(n+1) + 2 \cdot y(n) = 2^n$ gegebene lineare Differenzengleichung 2. Ordnung

Die Anwendung der z-Transformation ergibt:

$$z^2 \cdot \underline{\mathbf{Y}}(z) - y_0 \cdot z^2 - y_1 \cdot z - 2 \cdot \left(z \cdot \underline{\mathbf{Y}}(z) - y_0 \cdot z\right) + 2 \cdot \underline{\mathbf{Y}}(z) = \frac{z}{z-2}$$

Unter Berücksichtigung der Anfangsbedingungen ergibt sich durch Umformung:

$$\left(z^2 - 2 \cdot z + 2\right) \cdot \underline{\mathbf{Y}}(z) = z + \frac{z}{z-2}$$

$$\underline{\mathbf{Y}}(z) = \frac{z}{z^2 - 2 \cdot z + 2} + \frac{z}{(z-2) \cdot \left(z^2 - 2 \cdot z + 2\right)} = \frac{z^2 - z}{(z-2) \cdot \left(z^2 - 2 \cdot z + 2\right)}$$

Durch Partialbruchzerlegung erhalten wir:

$$\frac{z^2 - z}{(z-2) \cdot \left(z^2 - 2 \cdot z + 2\right)} \text{ parfrac}, z \rightarrow \frac{1}{z^2 - 2 \cdot z + 2} + \frac{1}{z-2}$$

$$\underline{\mathbf{Y}}(z) = \frac{1}{z-2} + \frac{1}{z^2 - 2 \cdot z + 2}$$

Lösung mithilfe einer Transformationstabelle:

$$\mathcal{Z}^{-1}\left\{\frac{1}{z-2}\right\} = 2^{n-1} \quad \textbf{für } n \ge 1 \textbf{ und 0 für n = 0}$$

$$\mathcal{Z}^{-1}\left\{\frac{1}{z^2 - 2 \cdot a \cdot z \cdot \cos(\omega) + a^2}\right\} = \frac{1}{\sin(\omega)} \cdot a^{n-2} \cdot \sin[(n-1) \cdot \omega] \quad \textbf{für } n \ge 1 \textbf{ und 0 für n = 0}$$

Aus $a^2 = 2$ folgt $a = \sqrt{2}$ und aus $a \cdot \cos(\omega) = 1$ folgt $\omega = \frac{\pi}{4}$

Damit ergibt sich die Rücktransformierte zu:

$$y(n) = 2^{n-1} + \frac{1}{\sin\left(\frac{\pi}{4}\right)} \cdot \left(\sqrt{2}\right)^{n-2} \cdot \sin\left[(n-1) \cdot \frac{\pi}{4}\right]$$

Mit $\sin\left(\frac{\pi}{4}\right) = \frac{1}{\sqrt{2}}$, $\cos\left(\frac{\pi}{4}\right) = \frac{1}{\sqrt{2}}$ und $\sin(\alpha - \beta) = \sin(\alpha)\cos(\beta) - \cos(\alpha)\sin(\beta)$ erhalten wir schließlich:

$$y(n) = 2^{n-1} + \sqrt{2}\cdot\left(\sqrt{2}\right)^{n-2}\cdot\left(\sin\left(n\cdot\frac{\pi}{4}\right)\cdot\frac{1}{\sqrt{2}} - \cos\left(n\cdot\frac{\pi}{4}\right)\cdot\frac{1}{\sqrt{2}}\right)$$

$$y(n) := 2^{n-1} + \left(\sqrt{2}\right)^{n-2}\cdot\left(\sin\left(n\cdot\frac{\pi}{4}\right) - \cos\left(n\cdot\frac{\pi}{4}\right)\right)$$ mit $n \geq 0$

$n := 0 .. 10$ Bereichsvariable

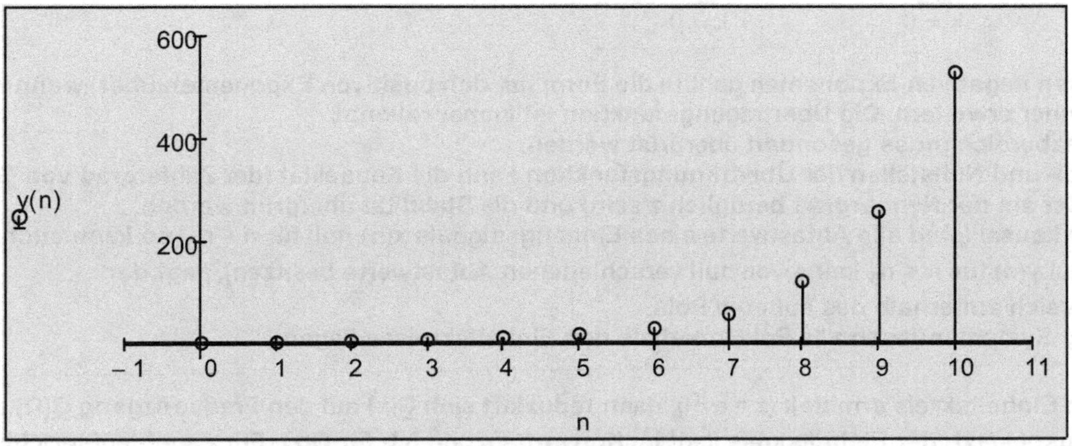

Abb. 6.29

6.4.2 Übertragungsverhalten von Systemen

Die z-Transformation ist ein wesentliches Hilfsmittel zur Analyse und Beschreibung von LTI- bzw. LTD-Systemen, wie sie bereits im Kapitel 6.4.1 beschrieben wurden. Wir betrachten zunächst ein System, das auf das Eingangssignal x(n) mit dem Antwortsignal y(n) reagiert. Das System kann zunächst durch seine Impulsantwortfunktion g(n) charakterisiert werden. Aus der Faltungseigenschaft ergibt sich die z-Transformierte des Ausgangssignals $\underline{Y}(z)$, aus der z-Transformierten des Eingangssignals $\underline{X}(z)$ multipliziert mit der z-Transformierten der Impulsantwort $\underline{G}(z)$. $\underline{G}(z)$ wird als Übertragungsfunktion oder Systemfunktion bezeichnet. Siehe Abb. 6.30.

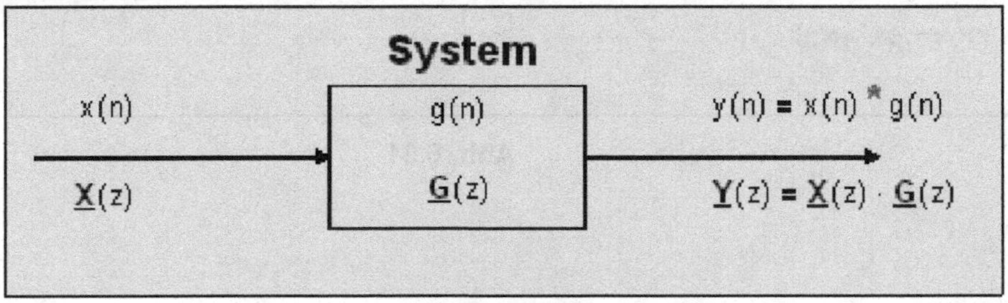

Abb. 6.30

Die im Abschnitt 6.4.1 angeführte allgemeine Differenzengleichung für lineare zeitinvariante Systeme kann unter der Annahme verschwindender Anfangsbedingungen (y(0) = 0, y(1) = 0, ...) nun unter Berücksichtigung der Linearitäts- und Verschiebungseigenschaft einfach z-transformiert werden:

$$\sum_{k=0}^{N}\left(a_k\cdot z^{-k}\cdot\underline{Y}(z)\right) = \sum_{k=0}^{M}\left(b_k\cdot z^{-k}\cdot\underline{X}(z)\right) \qquad \textbf{(6-35)}$$

Diese algebraische Gleichung in z kann nun auf die Systemfunktion oder Übertragungsfunktion $\underline{G}(z)$ umgeformt werden:

$$\underline{G}(z) = \frac{\underline{Y}(z)}{\underline{X}(z)} = \frac{\sum_{k=0}^{M}\left(b_k \cdot z^{-k}\right)}{\sum_{k=0}^{N}\left(a_k \cdot z^{-k}\right)} = \frac{\sum_{k=0}^{M}\left(b_k \cdot z^{N-k}\right)}{\sum_{k=0}^{N}\left(a_k \cdot z^{N-k}\right)} \qquad (6\text{-}36)$$

Die Form mit den negativen Exponenten geht in die Form mit den positiven Exponenten über, wenn wir Zähler und Nenner erweitern. Die Übertragungsfunktion ist immer rational.
Der Konvergenzbereich muss gesondert überprüft werden.
Anhand der Pol- und Nullstellen der Übertragungsfunktion kann die Kausalität (der Zählergrad von $\underline{G}(z)$ darf nicht größer als der Nennergrad bezüglich z sein) und die Stabilität überprüft werden.
Ist das System kausal (sind alle Abtastwerte eines Eingangssignals x(n) null für $n < n_0$, so kann auch das Ausgangssignal y(n) für $n < n_0$ keine von null verschiedenen Abtastwerte besitzen), liegt der Konvergenzbereich außerhalb des äußeren Pols.
Für ein stabiles System müssen alle Pole innerhalb des Einheitskreises liegen.

Wird z auf dem Einheitskreis ermittelt ($z = e^{j\Omega}$), dann reduziert sich $\underline{G}(z)$ auf den Frequenzgang $\underline{G}(\Omega)$ des Systems, vorausgesetzt, der Einheitskreis liegt im Konvergenzbereich für $\underline{G}(z)$. Für $z = e^{j\Omega}$ entspricht die z-Transformation der Fourier-Transformation.

Bei Kenntnis der Übertragungsfunktion $\underline{G}(z)$ kann daher nach folgendem Schema für jedes Eingangssignal x(n) das Ausgangssignal y(n) berechnet werden (vergleiche auch die Analogie zu den Ausführungen über die Laplace-Transformation):

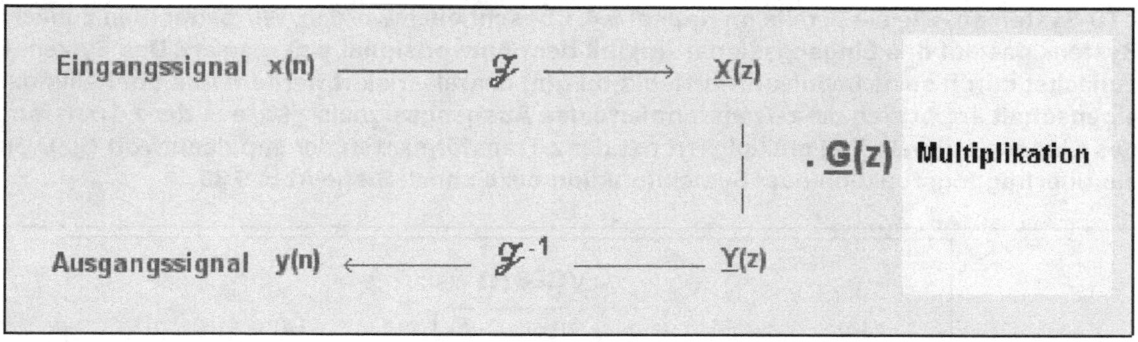

Abb. 6.31

Beispiel 6.26:

Wie lautet die Übertragungsfunktion $\underline{G}(z)$ der gegebenen Differenzengleichung mit verschwindenden Anfangsbedingungen? Wie lautet die Impulsantwort g(n) und der Frequenzgang $\underline{G}(\Omega)$ des Systems?

$$y(n) - \frac{1}{2} \cdot y(n-1) = x(n) + \frac{1}{3} \cdot x(n-1)$$

gegebene lineare Differenzengleichung 1. Ordnung mit konstanten Koeffizienten

Die Anwendung der z-Transformation ergibt unter Berücksichtigung der Linearitäts- und Verschiebungseigenschaft:

$$\underline{Y}(z) - \frac{1}{2}\underline{Y}(z) \cdot z^{-1} = \underline{X}(z) + \frac{1}{3} \cdot \underline{X}(z) \cdot z^{-1}$$

z-Transformierte Gleichung

Daraus ergibt sich die Übertragungsfunktion:

$$\underline{\mathbf{G}}(z) = \frac{\underline{\mathbf{Y}}(z)}{\mathbf{X}(z)} = \frac{1+\frac{1}{3}\cdot z^{-1}}{1-\frac{1}{2}\cdot z^{-1}} = \frac{6\cdot z+2}{6\cdot z-3}$$

Die Übertragungsfunktion hat bei z_0 = -1/3 eine Nullstelle und bei z_p = 1/2 eine Polstelle. Sie liegen innerhalb des Einheitskreises in der z-Ebene auf der reellen Achse. Das System ist daher stabil.

Die Impulsantwort des Systems erhalten wir durch Rücktransformation der Übertragungsfunktion:

$$\underline{\mathbf{G}}(z) = \frac{1+\frac{1}{3}\cdot z^{-1}}{1-\frac{1}{2}\cdot z^{-1}} = \frac{1}{1-\frac{1}{2}\cdot z^{-1}} + \frac{1}{3}\cdot\frac{z^{-1}}{1-\frac{1}{2}\cdot z^{-1}}$$

Übertragungsfunktion (Partialbruchzerlegung)

$$g(n) = \left(\frac{1}{2}\right)^{n}\cdot\sigma(n) + \frac{1}{3}\cdot\left(\frac{1}{2}\right)^{n-1}\cdot\sigma(n-1)$$

Impulsantwort (händische Auswertung)

$$\frac{1+\frac{1}{3}\cdot z^{-1}}{1-\frac{1}{2}\cdot z^{-1}} \text{ invztrans}, z \rightarrow \frac{5\cdot\left(\frac{1}{2}\right)^{n}}{3} - \frac{2\cdot\delta(n,0)}{3}$$

Impulsantwort (mithilfe von Mathcad)

$$\Phi1(n) := \begin{cases} 1 & \text{if } n \geq 0 \\ 0 & \text{otherwise} \end{cases}$$

Einheitssprungfolge (oder Kronecker δ(n,n)-Funktion)

$$g(n) := \left(\frac{1}{2}\right)^{n}\cdot\Phi1(n) + \frac{1}{3}\cdot\left(\frac{1}{2}\right)^{n-1}\cdot\Phi1(n-1)$$

Impulsantwort ($\sigma(n) = \Phi1(n)$)

$$\delta1(n) := \text{wenn}(n = 0, 1, 0)$$

Definition des Einheitsimpulses (vergleiche Kronecker δ(n,0)-Funktion)

$$g1(n) := \frac{-2}{3}\cdot\delta1(n) + \frac{5}{3}\cdot\left(\frac{1}{2}\right)^{n}$$

Impulsantwort

$$n := 0..10$$

Bereichsvariable

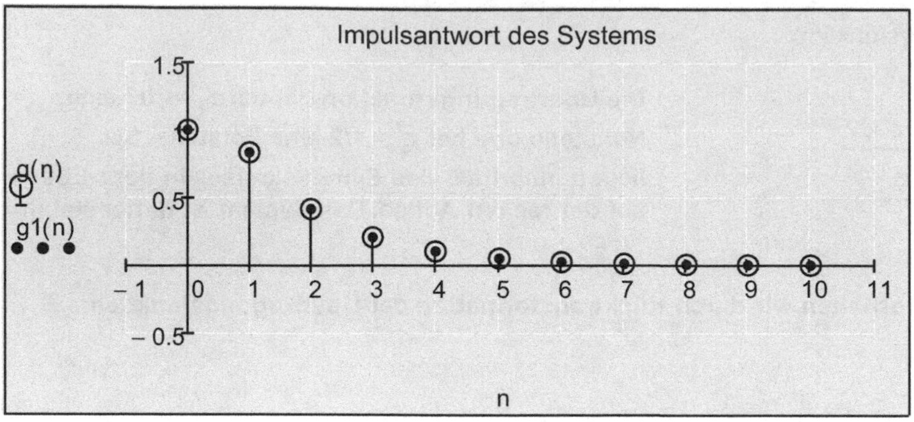

Abb. 6.32

Frequenzgang:

$$\underline{\mathbf{G}}(\Omega) := \frac{1 + \frac{1}{3} \cdot e^{-j \cdot \Omega}}{1 - \frac{1}{2} \cdot e^{-j \cdot \Omega}}$$ Frequenzgang der Übertragungsfunktion

$\Omega := -2 \cdot \pi, -2 \cdot \pi + 0.01 .. 2 \cdot \pi$ Bereichsvariable

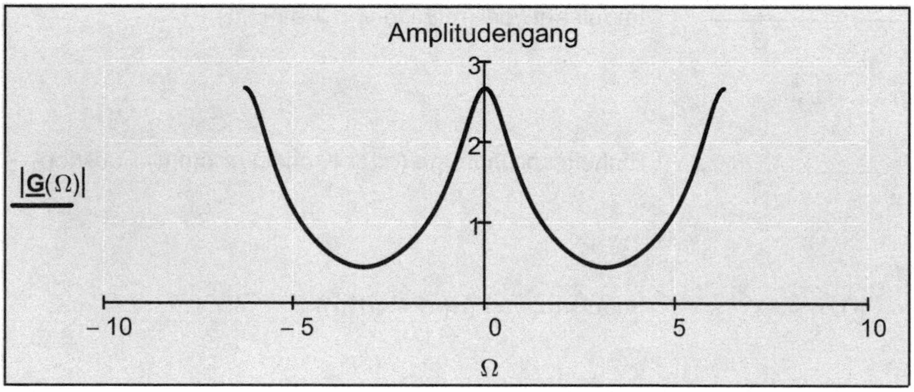

Abb. 6.33

Beispiel 6.27:

Wie lautet die Übertragungsfunktion $\underline{\mathbf{G}}(z)$ der gegebenen Differenzengleichung mit verschwindenden Anfangsbedingungen? Wie lautet die Impulsantwort g(n) und der Frequenzgang und Phasengang des Systems?

$y(n) - a_1 \cdot y(n-1) = x(n)$ gegebene lineare Differenzengleichung 1. Ordnung mit konstanten Koeffizienten

Die Anwendung der z-Transformation ergibt unter Berücksichtigung der Linearitäts- und Verschiebungseigenschaft:

$\underline{\mathbf{Y}}(z) - a_1 \cdot \underline{\mathbf{Y}}(z) \cdot z^{-1} = \underline{\mathbf{X}}(z)$

Daraus ergibt sich die Übertragungsfunktion:

$$\underline{G}(z) = \frac{\underline{Y}(z)}{\underline{X}(z)} = \frac{1}{1 - a_1 \cdot z^{-1}} = \frac{z}{z - a_1}$$

Die Übertragungsfunktion hat bei $z_0 = 0$ eine Nullstelle und bei $z_p = a_1$ eine Polstelle. Sie liegen innerhalb des Einheitskreises in der z-Ebene auf der reellen Achse, wenn $a_1 < 1$ ist. Das System ist für $a_1 < 1$ stabil. Das System konvergiert für $|z| > a_1$.

$z_0 := 0$ Nullstelle

$z_p := 0.8$ Polstelle ($a_1 = 0.8$ gewählt)

$\Omega := -2 \cdot \pi, -2 \cdot \pi + 0.01 .. 2 \cdot \pi$ Bereichsvariable

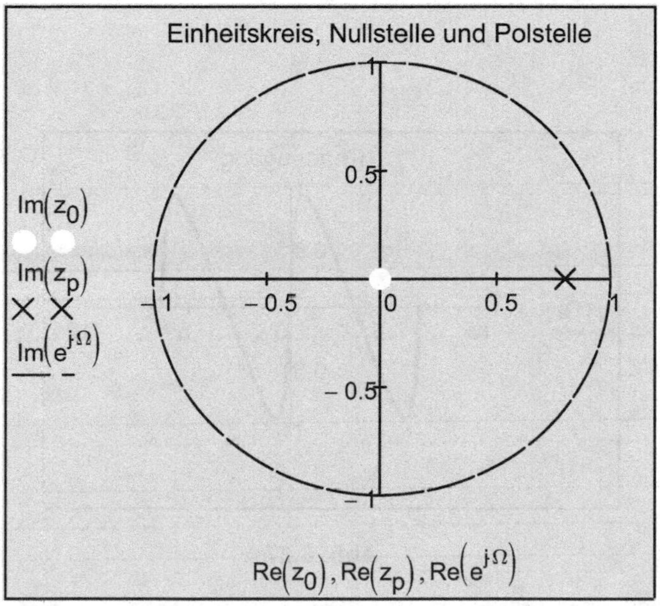

z-Ebene

Abb. 6.34

Die Impulsantwort des Systems erhalten wir durch Rücktransformation der Übertragungsfunktion:

$$g(n) := \frac{1}{1 - \frac{8}{10} \cdot z^{-1}} \text{ invztrans}, z \rightarrow \left(\frac{4}{5}\right)^n$$ Impulsantwort für $a_1 = 0.8$

$n := 0 .. 10$ Bereichsvariable

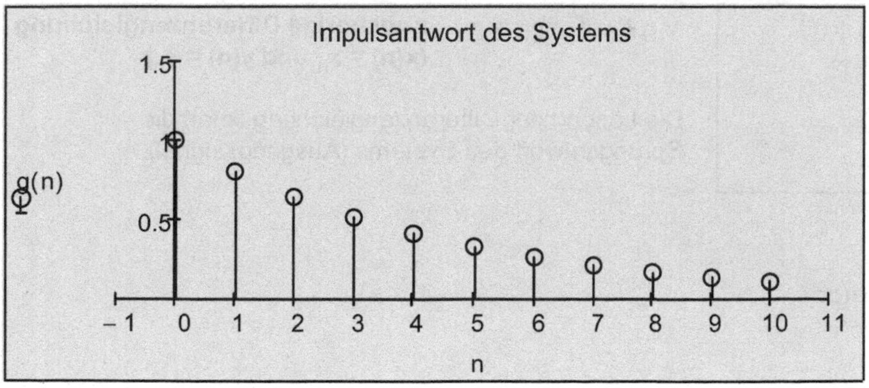

Abb. 6.35

Amplituden- und Phasengang:

$\underline{\mathbf{G}}(\Omega) := \dfrac{1}{1 - \dfrac{8}{10} \cdot e^{-j \cdot \Omega}}$ komplexer Frequenzgang

$A(\Omega) := |\underline{\mathbf{G}}(\Omega)|$ Amplitudengang

$\Omega := \Omega$ Redefinition

$A(\Omega) \rightarrow \dfrac{1}{\left| \dfrac{4 \cdot e^{-\Omega \cdot j}}{5} - 1 \right|}$ symbolische Auswertung des Amplitudenganges

$\varphi(\Omega) := \arg(\underline{\mathbf{G}}(\Omega))$ Phasengang

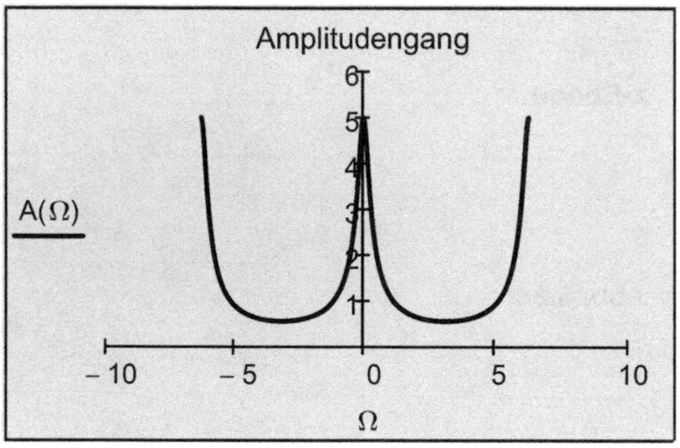

Abb. 6.36

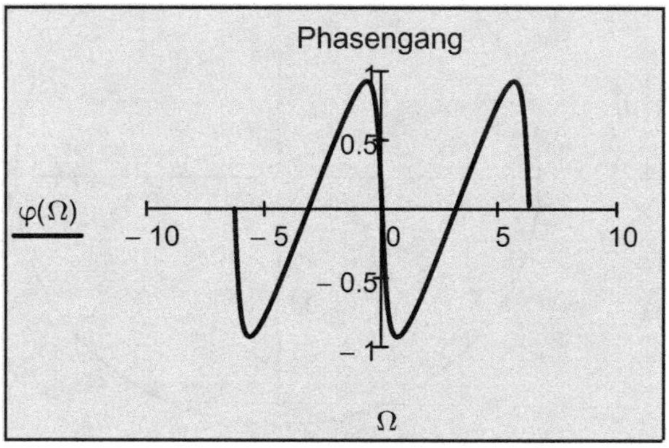

Abb. 6.37

Beispiel 6.28:

Ein System (digitales Filter) bestehe aus einem Addier-, einem Multiplizier- und einem Verzögerungsglied. Untersuchen Sie das System im Zeitbereich und im Frequenzbereich.

a) Das System soll mit einer Einheitssprungfolge angesteuert werden:

Untersuchung des Filters im Zeitbereich:

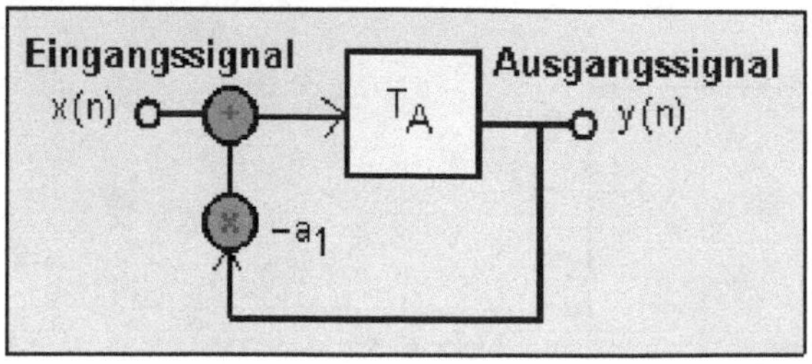

Abb. 6.38

$y_{n+1} + a_1 \cdot y_n = \underline{x}_n$ **zugehörige Differenzengleichung ($x(n) = x_n$ und $y(n) = y_n$)**

Die Lösung der Differenzengleichung liefert die Sprungantwort des Systems (Ausgangssignal).

$a_1 := -0.75$ **gegebener Multiplikator**

$N := 2^4$ Anzahl der gewählten Abtastwerte

$n := 0..N-1$ Bereichsvariable

$\sigma_n := 1$ Einheitssprungfolge (als Vektor definiert)

$x_n := \sigma_n$ **Eingangssignal (Einheitssprungfolge)**

$y_0 := 0$ Anfangswert für die Differenzengleichung

$y_{n+1} := -a_1 \cdot y_n + x_n$ **Differenzengleichung für das Ausgangssignal. Die einzelnen Folgeglieder werden rekursiv berechnet.**

$y_G = -a_1 \cdot y_G + 1$ Aus der Differenzengleichung ergibt sich der Grenzwert für das Ausgangssignal.

$y_G := \frac{1}{1+a_1}$ $y_G = 4$ Fixpunkt

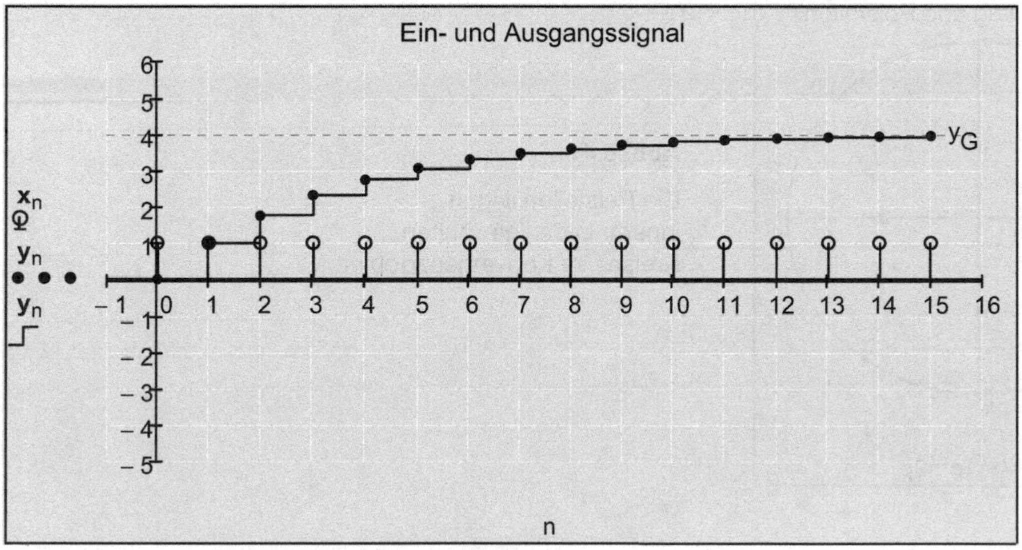

Abb. 6.39

Untersuchung des Filters im Bildbereich (z-Bereich):

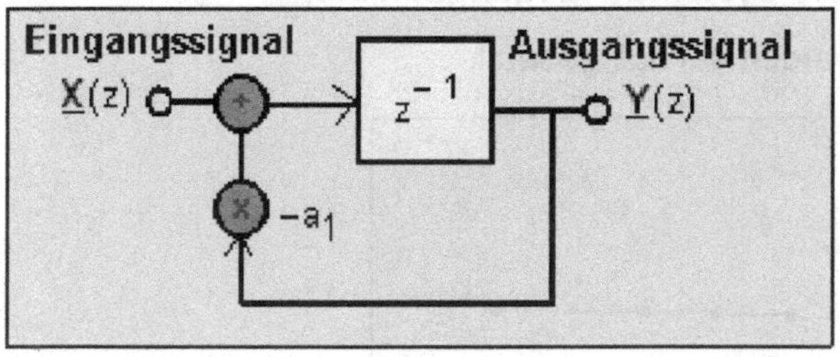

Abb. 6.40

Durch z-Transformation der Differenzengleichung erhalten wir:

$$\underline{Y}(z) + k \cdot \underline{Y}(z) \cdot z^{-1} = \underline{X}(z)$$

$$\underline{G}(z) = \frac{\underline{Y}(z)}{\underline{X}(z)} = \frac{1}{1 + k \cdot z^{-1}} = \frac{z}{z+k}$$ **digitale Übertragungsfunktion für das System**

$\underline{\mathbf{X}}(z) := \dfrac{z}{z-1}$ z-Transformierte des Einheitssprunges

$\underline{\mathbf{G}}(z) := \dfrac{1}{z+a_1}$ Übertragungsfunktion für das System

$\underline{\mathbf{Y}}(z) := \underline{\mathbf{G}}(z) \cdot \underline{\mathbf{X}}(z)$ **Die z-Transformierte der Sprungantwort (Ausgangssignal) hat Pole bei $z_{1p} = -a_1$ und $z_{2p} = 1$.**

$z_{1p} := -a_1 \quad z_{2p} := 1$ Polstellen

Für die Rücktransformation in den Zeitbereich wählen wir einen geeigneten Radius für den kreisförmigen Integrationsweg (siehe Definition inverse z-Transformation). Die Pole von $\underline{\mathbf{Y}}$(z) müssen innerhalb des Integrationsweges der z-Ebene liegen.

$r := \text{wenn}\left(\left|-a_1\right| < 1, 2, 2 \cdot \left|-a_1\right|\right)$ gewählter Radius für den Integrationsweg

$x(\varphi) := r \cdot \cos(\varphi) \quad y(\varphi) := r \cdot \sin(\varphi)$ Parameterdarstellung für den kreisförmigen Integrationsweg

$\varphi := 0, 0.01 .. 2 \cdot \pi$ Bereichsvariable

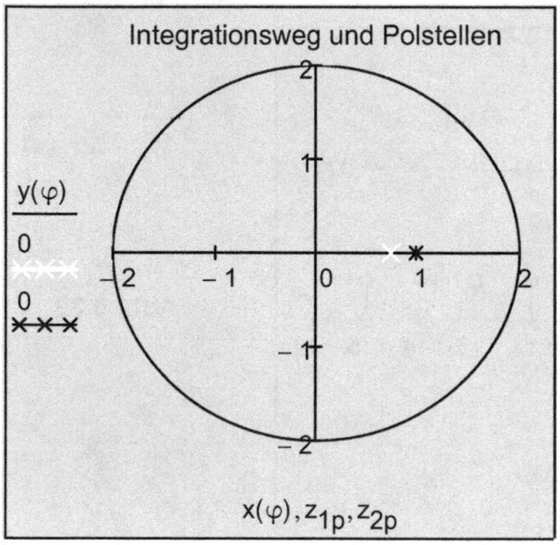

Abb. 6.41

Die Polstellen liegen innerhalb des gewählten Kreises im Konvergenzgebiet.

$$\mathbf{y}_n := \frac{r^n}{2 \cdot \pi} \cdot \int_0^{2 \cdot \pi} \underline{\mathbf{Y}}\left(r \cdot e^{j \cdot \varphi}\right) \cdot e^{j \cdot n \cdot \varphi} \, d\varphi$$

Inverse z-Transformation nach Substitution $z = r\,e^{j\varphi}$
Sprungantwort des Systems (Ausgangssignal)

$\mathbf{y}_n := \text{wenn}\left(\left|\mathbf{y}_n\right| < TOL, 0, \mathbf{y}_n\right)$ Zu kleine Werte werden auf null gesetzt.

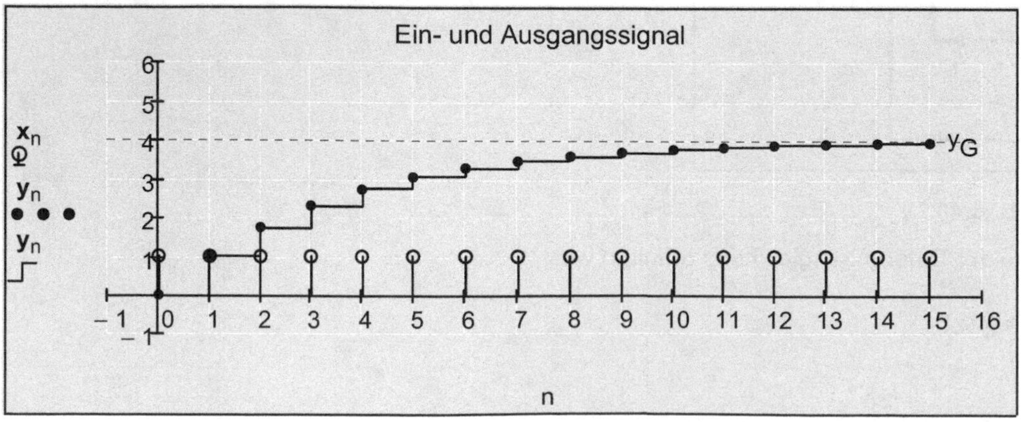

Abb. 6.42

Vergleiche dazu Abb. 6.39.

Untersuchung des Filters im Frequenzbereich:

$T_A := 10^{-4} \cdot s$ gewählte Abtastzeit (oder Samplingzeit T_s)

$\omega_A := \frac{2 \cdot \pi}{T_A}$ $\omega_A = 6.3 \times 10^4 \cdot s^{-1}$ Abtastkreisfrequenz (oder Samplingkreisfrequenz ω_s)

$\underline{\mathbf{G}}(z) = \frac{1}{z + a_1}$ **Digitale Übertragungsfunktion für das System. Das System konvergiert für |z| > a_1 und verhält sich stabil für |z| < 1**

Die zugehörige analoge Übertragungsfunktion (Frequenzgang) erhalten wir durch Substitution.

$z = e^{j \cdot \omega \cdot T_A} = e^{j \cdot \Omega}$ Einheitskreis aus der digitalen Übertragungsfunktion

$\underline{\mathbf{G}}(\omega) := \frac{1}{e^{j \cdot \omega \cdot T_A} + a_1}$ Frequenzgang

$A(\omega) := |\underline{\mathbf{G}}(\omega)|$ Amplidudengang

$\varphi(\omega) := \arg(\underline{\mathbf{G}}(\omega))$ Phasengang

$\omega := 0 \cdot s^{-1}, 0.001 \cdot \omega_A .. 2 \cdot \omega_A$ Bereichsvariable

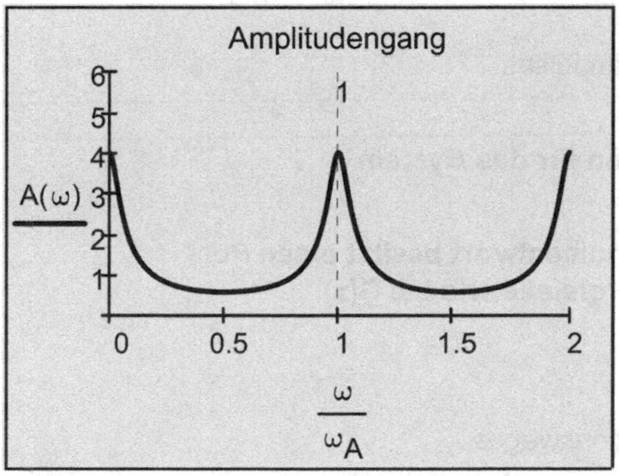

Abb. 6.43

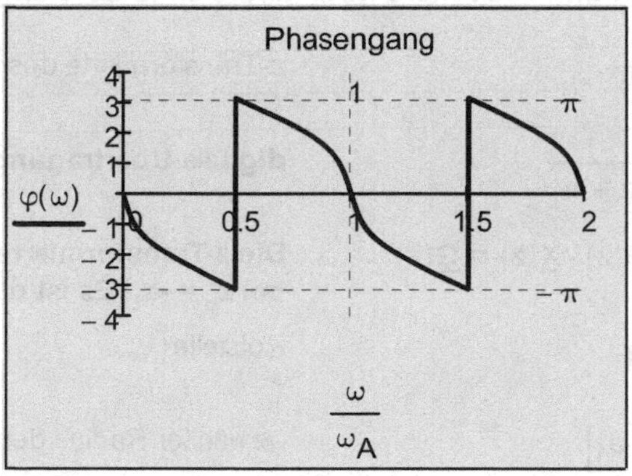

Abb. 6.44

Amplituden- und Phasengänge digitaler Filter sind, durch die Abtastung bedingt, periodisch mit der Abtastkreisfrequenz ω_A, und der Frequenzgang ist symmetrisch zu $\omega_A/2$.
Aufgrund des Abtasttheorems kann der Frequenzgang nur bis $\omega_A/2$ genützt werden (siehe dazu Abschnitt 3.1).

b) Das System soll mit einem Einheitsimpuls angesteuert werden:

Untersuchung des Filters im Zeitbereich:

$\delta_n := \begin{cases} 1 & \text{if } n = 0 \\ 0 & \text{otherwise} \end{cases}$ Einheitsimpuls

$x_n := \delta_n$ **Eingangssignal (Einheitsimpuls)**

$y_0 := 0$ Anfangswert für die Differenzengleichung

$y_{n+1} := -a_1 \cdot y_n + x_n$ **Differenzengleichung für das Ausgangssignal (rekursive Lösung)**

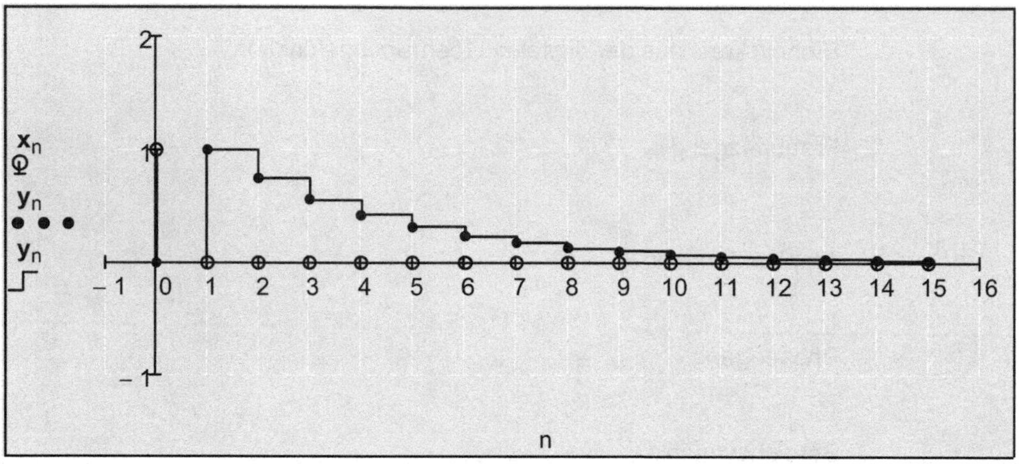

Abb. 6.45

Untersuchung des Filters im Bildbereich (z-Bereich):

$\underline{X}(z) := 1$ z-Transformierte des Einheitsimpulses

$\underline{G}(z) := \dfrac{1}{z + a_1}$ **digitale Übertragungsfunktion für das System**

$\underline{Y}(z) = \underline{G}(z) \cdot \underline{X}(z) = \underline{G}(z)$ **Die z-Transformierte der Impulsantwort besitzt einen Pol bei $z_p = -a_1$. Es ist dieselbe Polstelle wie bei $\underline{G}(z)$.**

$z_p := -a_1$ Polstelle

$r := 2 \cdot \left|-a_1\right|$ gewählter Radius des Integrationsweges

$\varphi := 0, 0.01 .. 2 \cdot \pi$ Bereichsvariable

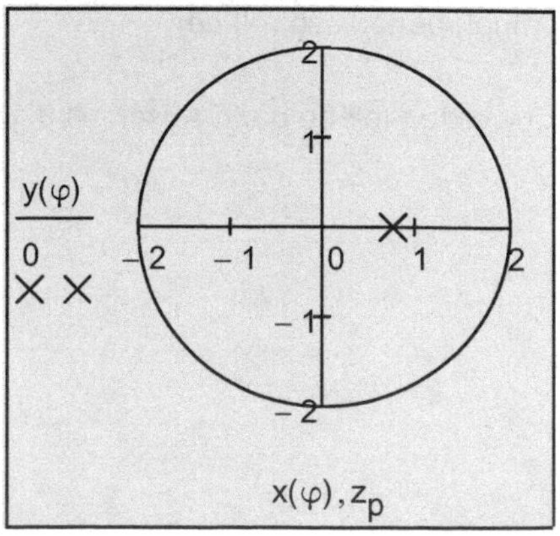

Die Polstelle liegt innerhalb des gewählten Kreises!

Abb. 6.46

$$g_n := \frac{r^n}{2\cdot\pi}\cdot\int_0^{2\cdot\pi}\underline{\mathbf{G}}\left(r\cdot e^{j\cdot\varphi}\right)\cdot e^{j\cdot n\cdot\varphi}\,d\varphi$$

Inverse z-Transformation nach Substitution z = r $e^{j\varphi}$.

Die Sprungantwort des Systems (Ausgangssignal) y(n) ist wegen $\underline{X}(z) = 1$ identisch mit der Impulsantwort g(n).

$$g_n := \text{wenn}\left(\left|y_n\right| < TOL, 0, y_n\right)$$

Zu kleine Werte werden auf null gesetzt.

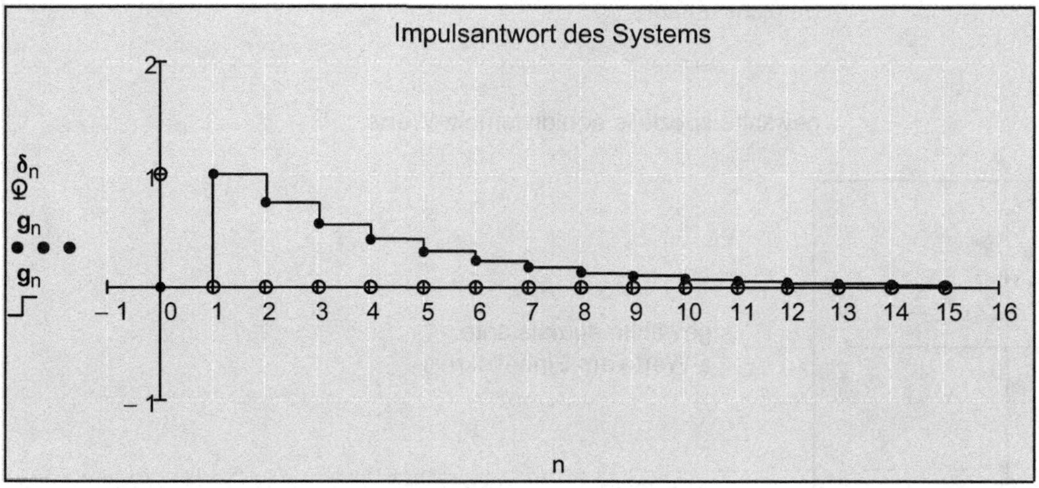

Abb. 6.47

c) Das System soll mit einem Rechteckimpuls mit der Breite $T_1 < 5\ T_A$ angesteuert werden:

<u>Untersuchung des Filters im Zeitbereich:</u>

$N := 2^4$ Anzahl der gewählten Abtastwerte

$n := 0 .. N-1$ Bereichsvariable

$T_1 := 5\cdot T_A$ Impulsbreite

$$x_n := \begin{cases} 1 & \text{if } n\cdot T_A \le T_1 \\ 0 & \text{otherwise} \end{cases}$$

Eingangssignal (Rechteckimpulsfolge)

$y_0 := 0.187$ Anfangswert für die Differenzengleichung

$y_{n+1} := -a_1\cdot y_n + x_n$ **Differenzengleichung für das Ausgangssignal (rekursive Lösung)**

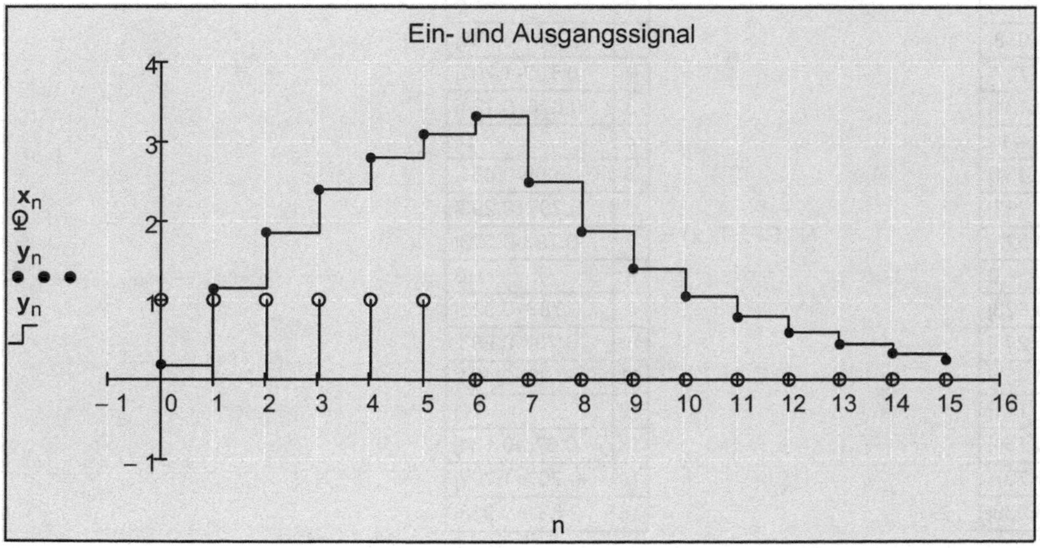

Abb. 6.48

Untersuchung des Filters im Bildbereich (z-Bereich):

Werden spezielle äquidistante z-Werte am Einheitskreis der z-Ebene gewählt und in die z-Transformierte eingesetzt, so kann ein Zusammenhang mit der Fast-Fourier-Transformation erkannt werden (siehe dazu Abschnitt 3.1):

$k := 0 .. N-1$ Bereichsvariable

$\mathbf{z}_k := e^{j \cdot 2 \cdot \pi \cdot \frac{k}{N}}$ gewählte spezielle äquidistante z-Werte

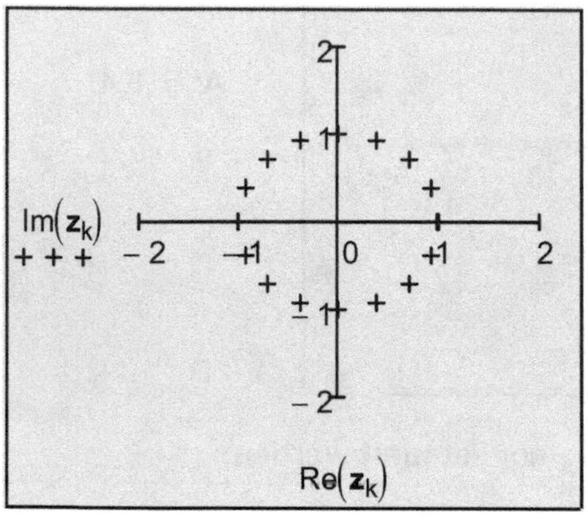

gewählte äquidistante z-Werte am Einheitskreis

Abb. 6.49

$$\underline{\mathbf{X}}(z) := \sum_{n=0}^{N-1} \left(\mathbf{x}_n \cdot z^{-n} \right)$$

Wegen des finiten Signals wird aus der unendlichen Reihe eine endliche Reihe.

Die z-Transformierte an den äquidistanten Punkten am Einheitskreis erhalten wir über die Fast-Fourier-Transformation der Abtastwerte:

$$\underline{\mathbf{X}}(\mathbf{z}_k) = \sum_{n=0}^{N-1} \left(\mathbf{x}_n \cdot \mathbf{e}^{-j \cdot 2 \cdot \pi \cdot \frac{k}{N} \cdot n} \right) = N \cdot \mathrm{CFFT}(\mathbf{x})$$

$\underline{\mathbf{X}}(\mathbf{z}) =$

	0
0	6
1	2.631-3.938j
2	-0.707-1.707j
3	0.676+0.134j
4	1-j
5	-0.09-0.451j
6	0.707+0.293j
7	0.783-0.523j
8	0
9	0.783+0.523j
10	0.707-0.293j
11	-0.09+0.451j
12	1+1j
13	0.676-0.134j
14	-0.707+1.707j
15	2.631+3.938j

$N \cdot \mathrm{CFFT}(\mathbf{x}) =$

	0
0	6
1	2.631-3.938j
2	-0.707-1.707j
3	0.676+0.134j
4	1-j
5	-0.09-0.451j
6	0.707+0.293j
7	0.783-0.523j
8	0
9	0.783+0.523j
10	0.707-0.293j
11	-0.09+0.451j
12	1+j
13	0.676-0.134j
14	-0.707+1.707j
15	2.631+3.938j

Umgekehrt gilt natürlich, dass die Abtastwerte über die inverse Fast-Fourier-Transformation bestimmt werden können:

$$\mathbf{x_n} = \frac{1}{N} \cdot \mathrm{ICFFT}\left(\underline{\mathbf{X}}(\mathbf{z_k})\right) = \frac{1}{N} \cdot \sum_{k=0}^{N-1} \left(\underline{\mathbf{X}}(\mathbf{z_k}) \cdot e^{j \cdot 2 \cdot \pi \cdot \frac{k}{N} \cdot n} \right)$$

$$\frac{1}{N} \cdot \mathrm{ICFFT}(\underline{\mathbf{X}}(\mathbf{z}))^T =$$

	0	1	2	3	4	5	6	7	8	9
0	1	1	1	1	1	1	0	0	0	...

Mit der IFFT ergibt sich die Antwort des digitalen Systems auf den endlichen Rechteckimpuls:

$\underline{\mathbf{G}}(z) := \frac{1}{z + a_1}$ digitale Übertragungsfunktion für das System

$\underline{\mathbf{Y}}_k := \underline{\mathbf{G}}(\mathbf{z_k}) \cdot \underline{\mathbf{X}}(\mathbf{z_k})$ z-Transformierte der Impulsantwort an den äquidistanten Punkten

Für die Berechnung des Ausgangssignals gilt demnach der Zusammenhang:

$$\mathbf{y_n} = \frac{1}{N} \cdot \sum_{k=0}^{N-1} \left(\underline{\mathbf{Y}}_k \cdot e^{j \cdot 2 \cdot \pi \cdot \frac{k}{N} \cdot n} \right) = \frac{1}{N} \cdot \mathrm{ICFFT}(\underline{\mathbf{Y}})$$

$\mathbf{y} := \frac{1}{N} \cdot \mathrm{ICFFT}(\underline{\mathbf{Y}})$ Berechnung des Ausgangssignals mithilfe von Mathcad

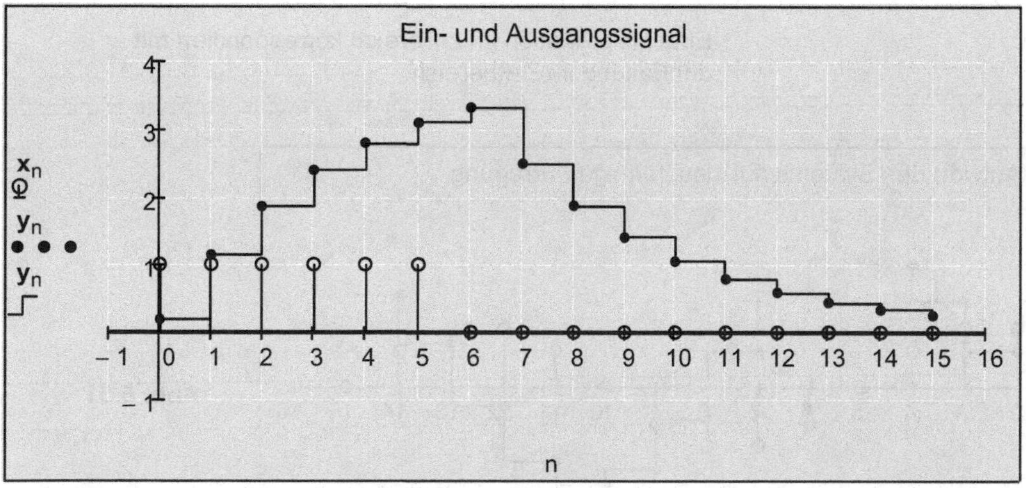

Abb. 6.50

d) Das System soll sinusförmig angesteuert werden:

Erregen wir ein digitales System mit einer beliebigen Zeitfunktion x(n), so kann die Antwort des Systems y(n) mittels Faltung y(n) = x(n) * g(n) bestimmt werden (siehe Abschnitt 6.2):

$T_A := 10^{-4} \cdot s$ gewählte Abtastzeit (oder Samplingzeit T_s)

$\omega_A := \frac{2 \cdot \pi}{T_A}$ $\omega_A = 6.3 \times 10^4 \cdot s^{-1}$ Abtastkreisfrequenz (oder Samplingkreisfrequenz ω_s)

$N := 2^4$ Anzahl der gewählten Abtastwerte

$n := 0 .. N-1$ Bereichsvariable

$x_n := \sin\left(\frac{\omega_A}{10} \cdot n \cdot T_A\right)$ sinusförmiges Eingangssignal

$g_n := \frac{r^n}{2 \cdot \pi} \cdot \int_0^{2 \cdot \pi} \underline{G}\left(r \cdot e^{j \cdot \varphi}\right) \cdot e^{j \cdot n \cdot \varphi} \, d\varphi$ Impulsantwort über die inverse z-Transformation (siehe unter c) weiter oben im Beispiel)

Die Impulsantwort g_n erhalten wir auch über die inverse Fourier-Transformation:

$g_{IFFT_n} := \frac{1}{N} \cdot \sum_{k=0}^{N-1} \left(\underline{G}(z_k) \cdot e^{j \cdot 2 \cdot \pi \cdot \frac{k}{N} \cdot n} \right) = \frac{1}{N} \text{ICFFT}(\underline{G}(z))$

$\sum_n \left(g_{IFFT_n} - g_n \right)^2 = 4.165 \times 10^{-4}$ quadratischer Fehler

$y_n := \sum_{k=0}^{n} \left(x_{n-k} \cdot g_k \right)$ Antwort des Systems (Ausgangssignal) mittels Faltung

$y_n := \text{wenn}\left(\left| y_n \right| < \text{TOL}, 0, y_n \right)$ Zu kleine Werte werden auf null gesetzt.

$\underline{Y}(z) = \underline{G}(z) \cdot \underline{X}(z)$

$y(n) = x(n) * g(n)$

Eine Multiplikation im z-Bereich korrespondiert mit der Faltung im Zeitbereich.

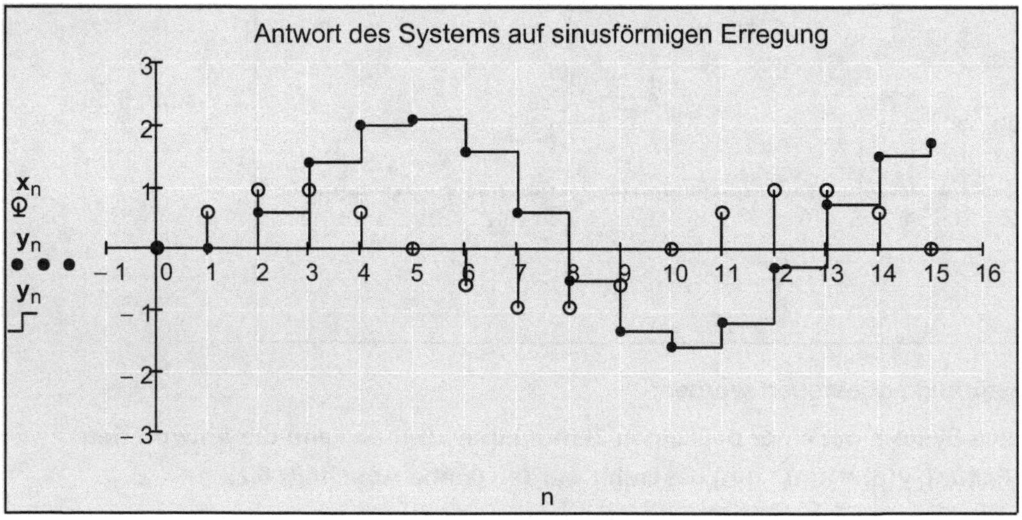

Abb. 6.51

Die Ausgangsfolge ist im eingeschwungenen Zustand wieder sinusförmig mit der gleichen Frequenz wie die Eingangsfolge, jedoch zu dieser phasenverschoben.

7. Differentialgleichungen

7.1 Allgemeines

Zahlreiche Probleme, wie z. B. zeitabhängige Prozesse, werden in den Natur- und Wirtschaftswissenschaften sowie in der Physik und Technik durch Differential- oder Differenzengleichungen beschrieben. Differential- und Differenzengleichungen haben einen engen Zusammenhang.
Differenzengleichungen ergeben sich durch Diskretisierung von Differentialgleichungen. Gehen wir aber von einer diskreten zu einer kontinuierlichen (stetigen) Betrachtungsweise eines Prozesses, so gehen die beschreibenden Differenzengleichungen in Differentialgleichungen über. Auf Differential- und Differenzengleichungen wird bereits im Kapitel 5 und 6 kurz eingegangen.
Differenzengleichungen werden im Kapitel 8 ausführlicher behandelt.
Zur Beschreibung eines praktischen Problems wird dabei zuerst fachbezogen ein mathematisches Modell in Form von Differential- oder Differenzengleichungen formuliert. Danach wird mithilfe der mathematischen Theorie eine exakte oder mithilfe der Numerik eine numerische Lösung gesucht.
Wie auch bei algebraischen und transzendenten Bestimmungsgleichungen sind auch hier nur Sonderfälle von Differenzen- und Differentialgleichungen exakt lösbar. In den meisten Fällen sind wir auf numerische Näherungsmethoden und damit auf den Einsatz von Computern angewiesen.
Auf die genaue Darstellung der Theorie und Numerik kann auch in diesem Kapitel nicht eingegangen werden.
Wie bereits im Band "Einführung in Mathcad" dargestellt, stehen neben zahlreichen numerischen auch exakte Lösungsmöglichkeiten von bestimmten Differential- und Differenzengleichungen zur Verfügung. Zusatz-Software, wie Numerical Recipes und Solve and Optimization, erweitern die Lösungsmöglichkeiten in Mathcad auf diesem Gebiet. Darüber hinaus bieten auch Programme, wie z. B. Matlab, Maple und Mathematica, solche Möglichkelten. Zur numerischen Lösung von Differential- und Differenzengleichungen stehen auch noch viele andere Programmsysteme und Programmbibliotheken, wie z. B. FEMLAB, ANSYS, PLTMG, ODEPACK und DIFFPACK, zur Verfügung.
Eine Gleichung, die mindestens einen Differentialquotienten enthält, heißt Differentialgleichung.
Unterschieden wird zwischen gewöhnlichen und partiellen Differentialgleichungen.
Jede stetige Funktion, welche die erforderlichen Ableitungen besitzt und die Differentialgleichung identisch erfüllt, ist eine Lösung oder ein Integral der Differentialgleichung. Der Graf der Lösungsfunktion heißt Lösungskurve oder Integralkurve. Die Menge aller Funktionen, die eine Differentialgleichung erfüllen, heißt allgemeine Lösung oder allgemeines Integral dieser Differentialgleichung.
Sind die gesuchten Funktionen nur von einer Variablen x abhängig (y = f(x)), so liegt eine gewöhnliche Differentialgleichung vor. Sind die gesuchten Funktionen dagegen von mehreren Variablen abhängig (u = f(x,y,...)) und kommen die Ableitungen nach diesen Variablen in der Differentialgleichung vor, so sprechen wir von einer partiellen Differentialgleichung.
Bei praktischen Aufgaben sind meistens nicht allgemeine Lösungen, sondern spezielle Lösungen, die gewisse Bedingungen erfüllen, gesucht. Demnach unterscheiden wir zwischen Anfangs-, Randwert- und Eigenwertaufgaben.
Sind dagegen mehrere Differentialgleichungen voneinander abhängig, so nennen wir dies ein Differentialgleichungssystem. Systeme treten sowohl bei gewöhnlichen als auch bei partiellen Differentialgleichungen auf.
Integralgleichungen unterscheiden sich zu Differentialgleichungen dadurch, dass in ihren Gleichungen keine Ableitungen und die unbekannten Lösungsfunktionen innerhalb von Integralen vorkommen. Falls zusätzlich auch Ableitungen der Lösungsfunktionen vorkommen, sprechen wir von Integrodifferentialgleichungen. Auf diese Gleichungen wird hier nur kurz in Form von Beispielen eingegangen.
Die höchste auftretende Ableitung in einer Differentialgleichung bestimmt die Ordnung der Differentialgleichung. Wenn in einer Differentialgleichung die gesuchten Funktion y und deren Ableitungen y', y'', ..., $y^{(n)}$ höchstens in erster Potenz auftreten und nicht miteinander multipliziert werden (also alle Ableitungen linear auftreten), so sprechen wir von einer linearen Differentialgleichung. Ist dies nicht der Fall, so sprechen wir von einer nichtlinearen Differentialgleichung.

Gewöhnliche Differentialgleichung n-ter Ordnung in impliziter (7-1) bzw. expliziter (7-2) Form (falls die implizite Form nach der n-ten Ableitung auflösbar ist):

$$F\left[x, y(x), y'(x), y''(x), ..., y^{(n)}(x)\right] = 0 \qquad \textbf{(7-1)}$$

$$y^{(n)}(x) = f\left[x, y(x), y'(x), ..., y^{(n-1)}(x)\right] \qquad \textbf{(7-2)}$$

Beispiel 7.1:

$y' + 3x^2 y = 0$ bzw. $y' = -3x^2 y$ gewöhnliche lineare Differentialgleichung 1. Ordnung (1. Grades)

$y'' + p^2 y = 0$ bzw. $y'' = -p^2 y$ gewöhnliche lineare Differentialgleichung 2. Ordnung (1.Grades)

$y'' + y' + y = e^x$ gewöhnliche lineare Differentialgleichung 2. Ordnung (1. Grades)

$y^4 + a y'' + b y = c x^6$ gewöhnliche lineare Differentialgleichung 4. Ordnung (1. Grades)

$y^2 y' = y'' x^5$ gewöhnliche nichtlineare Differentialgleichung 2. Ordnung (3. Grades)

$y'^2 - \frac{4}{9y} = 0$ gewöhnliche nichtlineare Differentialgleichung 1. Ordnung (2. Grades)

$y y'^2 - 5 = 0$ gewöhnliche nichtlineare Differentialgleichung 1. Ordnung (3. Grades)

Partielle Differentialgleichung n-ter Ordnung in impliziter (7-3) Form:

$$F\left(x, y, ..., u(x, y, ...), \frac{\partial}{\partial x}u, \frac{\partial}{\partial y}u, \frac{d^2}{dx^2}u, \frac{d^2}{dy^2}u, \frac{\partial}{\partial x}\frac{\partial}{\partial y}u, ...\right) = 0 \qquad \textbf{(7-3)}$$

Partielle Differentialgleichungen erster Ordnung können auf gewöhnliche Differentialgleichungs-systeme zurückgeführt werden. Auf diese Differentialgleichungen kann hier nicht eingegangen werden. Lösungsmöglichkeiten mit Mathcad finden sich im Buch "Einführung in Mathcad".

Beispiel 7.2:

Mit dem in Band 1 bereits formulierten Laplace-Operator $\Delta = \frac{d^2}{dx^2}\blacksquare + \frac{d^2}{dy^2}\blacksquare + \frac{d^2}{dz^2}\blacksquare$ können wir z. B. folgende partielle Differentialgleichungen formulieren:

$\Delta u = 0$ Potentialgleichung (elliptische Differentialgleichung)

$\Delta u - \frac{1}{c^2}\frac{d^2}{dt^2}u = 0$ Wellengleichung (hyperbolische Differentialgleichung)

$\Delta u - \frac{1}{c^2}\frac{\partial}{\partial t}u = 0$ Wärmeleitungsgleichung (parabolische Differentialgleichung)

$\Delta u = a\frac{d^2}{dt^2}u + b\frac{\partial}{\partial t}u + c\,u$ Telegrafengleichung

Lösungsmethoden:

a) **Exakte Lösungsmethoden:**

Exakte Lösungsmethoden sind nur für spezielle Klassen von Differentialgleichungen bekannt. Sie beruhen auf folgenden allgemeinen Methoden und sind sowohl für gewöhnliche als auch partielle Differentialgleichungen anwendbar:

1) **Ansatzmethode:**
Es werden elementare mathematische Funktionen vorgegeben und mit frei wählbaren Parametern so gewählt, dass sie Lösungsfunktionen der Differentialgleichung sind.
Dazu gehört z. B. auch der Potenzreihenansatz für Lösungsfunktionen (Potenzreihenlösungen).

2) **Transformationsmethode (Reduktionsmethode):**
Dazu gehört die Reduktion der Ordnung einer Differentialgleichung oder die Zurückführung partieller auf gewöhnliche Differentialgleichungen bzw. gewöhnlicher Differentialgleichung auf algebraische oder transzendente Gleichungen. Dies erreichen wir z. B. durch Anwendung von Integraltransformationen wie Fourier- und Laplace-Transformation (siehe dazu Kapitel 4 und 5).

3) **Superpositionsmethode:**
Aus einer Reihe berechneter unabhängiger Lösungen für eine Differentialgleichung wird durch Linearkombination die allgemeine Lösung so konstruiert, dass gewisse Anfangs- und Randbedingungen erfüllt sind.

4) **Green'sche Methode:**
Sie ist bei Randwertaufgaben gewöhnlicher und partieller Differentialgleichungen von Bedeutung.

5) **Integralgleichungsmethode:**
Eine gewöhnliche oder partielle Differentialgleichung wird in eine äquivalente Integralgleichung übergeführt.

6) **Variationsmethode:**
Eine gewöhnliche oder partielle Differentialgleichung wird in eine äquivalente Variationsgleichung bzw. in eine Aufgabe der Variationsrechnung übergeführt. Wir denken dabei an Extremalprinzipien der Physik wie z. B. das Hamilton'sche oder Fermat'sche Prinzip.

Aus der Vielzahl der bekannten exakten Lösungsmethoden für bestimmte Sonderfälle (bestimmte Klassen) von Differentialgleichungen werden nachfolgend nur einige wichtige näher behandelt.

Existenz und Eindeutigkeit von Lösungen:

In diesem Kapitel betrachten wir nur sogenannte klassische Lösungen von Differentialgleichungen. Stetige Lösungsfunktionen y(x) für gewöhnliche Differentialgleichungen n-ter Ordnung sollen auf dem Lösungsintervall [a, b] bis zur Ordnung n stetig differenzierbar sein (Lösungsraum ist der Raum der n-mal stetig differenzierbaren Funktionen) und die Differentialgleichung identisch erfüllen.
Stetige Lösungsfunktionen u(x,y,...) für partielle Differentialgleichungen m-ter Ordnung sollen auf dem betrachteten Lösungsgebiet G stetige partielle Ableitungen bis zur Ordnung m besitzen und die Differentialgleichung identisch erfüllen.
Nach modernen Theorien wird dieser Lösungsbegriff oft abgeschwächt, wenn keine klassischen Lösungen existieren. Wir sprechen in diesem Zusammenhang dann von schwachen oder verallgemeinerten Lösungen, die auch bei praktischen angewandten Aufgaben Anwendung finden.
Anwender in Natur- und Wirtschaftswissenschaften sowie in der Physik und Technik interessieren die Existenz und Eindeutigkeit bei Differentialgleichungen nur bedingt, weil sie meist bei den zu untersuchenden Problemen vom betrachteten Modell in Form einer Differentialgleichung eine Lösung erwarten.

b) Numerische Lösungsmethoden:

Wie bereits vorher angeführt, sind wir bei vielen praktischen Aufgaben auf numerische Lösungsmethoden angewiesen, weil nur spezielle Sonderfälle von Differentialgleichungen exakt gelöst werden können. Für numerische Berechnungen von gewöhnlichen und partiellen Differentialgleichungen lassen sich z. B. folgende Methoden angeben:

1) Diskretisierungsmethoden:

Die zu lösende Differentialgleichung wird im Lösungsintervall [a, b] bzw. Lösungsgebiet G in nur endlich vielen Werten einiger oder aller unabhängigen Variablen betrachtet, die als Gitterpunkte und deren Abstände als Schrittweiten bezeichnet werden. Es können dafür als Hauptvertreter Differenzenmethoden angeführt werden, bei denen z. B. in einer Differentialgleichung auftretende Differentialquotienten der Lösungsfunktion im Lösungsgebiet durch Differenzen-Quotienten angenähert werden. Differentialgleichungen werden hier also durch Differenzengleichungen angenähert. Wird das Lösungsgebiet G einer partiellen Differentialgleichung nicht bezüglich aller Variablen diskretisiert, so nennen wir diese Methoden Semidiskretisierungs- oder Halbdiskretisierungsmethoden. Es gibt eine Reihe von Einschritte- und Mehrschrittemethoden. Zu den klassischen expliziten Einschrittemethoden zählen die Euler-Cauchy-Methode (Polygonzugmethode) und Runge-Kutta-Methode. Diese Methoden lassen sich auch als implizite Einschrittemethoden formulieren. Einige bekannte Mehrschrittmethoden sind z. B. Nyström-, Milne-, Adams-, Simpson-, BDF (backward differentiation formulas)- und NDF (numerical differentiation formulas)-Methoden. Eine Reihe genannter Ein- und Mehrschrittemethoden liefern nicht für alle Differentialgleichungen zufriedenstellende Ergebnisse. Sie versagen z. B. für sogenannte steife Differentialgleichungen, die zur Beschreibung von Modellen in der Regelungstechnik, elektrischen Netzwerktechnik sowie auch chemischer und biologischer Reaktionen dienen. Es kann gezeigt werden, dass zur Lösung steifer Differentialgleichungen geeignete numerische Methoden implizit sein müssen, wie z. B. die oben genannten BDF- und NDF-Methoden. NDF-Methoden sind modifizierte BDF-Methoden. Einer Differentialgleichung ist nicht immer anzusehen, ob sie steif ist oder nicht. So können z. B. für den Anwender zur Beurteilung folgende charakteristische Merkmale herangezogen werden:

a) Die allgemeine Lösung steifer Differentialgleichungen setzt sich als Lösungsfunktionen mit stark unterschiedlichen Wachstumsverhalten zusammen.

b) Es gibt sowohl langsam veränderliche als auch schnell veränderliche Lösungsfunktionen, wobei mindestens eine schnell fallende auftritt.

Bei den in Mathcad vordefinierten Funktionen sollten bei jeder zu lösenden Differentialgleichung zum Vergleich auch die vordefinierten Lösungsfunktionen für steife Differentialgleichungen herangezogen werden. Um eine Konvergenzbeschleunigung herbeizuführen, werden auch sogenannte Extrapolationsmethoden zur numerischen Lösung einer Differentialgleichung herangezogen.

2) Projektions- oder Ansatzmethoden:

Es werden Näherungen (Ansatz- oder Basisfunktionen) für Lösungsfunktionen durch eine endliche Linearkombination frei wählbarer Parameter (Koeffizienten) und vorgegebener Funktionen konstruiert. Als Näherung für die Lösungsfunktionen liefern diese Methoden einen analytischen Ausdruck, im Gegensatz zu Diskretisierungsmethoden, die nur Funktionswerte in endlich vielen vorgegebenen Gitterpunkten liefern. Zu diesen Methoden gehören Kollokations- und Variationsmethoden (Ritz-, Galerkin- und Finite-Elemente).

3) Schießmethoden:

Differenzenverfahren und Variationsmethoden zur Lösung von Randwertproblemen für gewöhnliche Differentialgleichungen. Die numerische Lösung von Randwertaufgaben wird auf die numerische Lösung einer Folge von Anfangswertaufgaben zurückgeführt.

Näherungsverfahren (numerische Methoden) können nur Anfangs- bzw. Randwertprobleme lösen und keine allgemeinen Lösungen von Differentialgleichungen bestimmen. Es existiert eine sehr große Anzahl solcher Näherungsverfahren. Deshalb werden nachfolgend auch nur gewisse Standardmethoden kurz besprochen, die auch in Mathcad zur Anwendung kommen.

Bei numerischen Methoden ist aufgrund ihrer Fehlerproblematik (Rundungsfehler, Diskretisierungsfehler, Fehlerordnung und Konvergenzfragen) zu beachten, dass sie nicht immer akzeptable Näherungswerte liefern müssen! Berechnete Ergebnisse in Programmsystemen wie z. B. in Mathcad müssen daher kritisch betrachtet werden! Ein Vergleich von Berechnungen unterschiedlicher Näherungsverfahren ist daher oft nützlich und notwendig!

7.2 Die gewöhnliche Differentialgleichung

Eine gewöhnliche Differentialgleichung n-ter Ordnung für eine skalare Funktion y(x) bzw. y(t) hat nach (7-1) die implizite Form:

$$F\left[x, y(x), y'(x), y''(x), \ldots, y^{(n-1)}(x), y^{(n)}(x)\right] = 0 \text{ bzw.} \tag{7-4}$$

$$F\left[t, y(t), y'(t), y''(t), \ldots, y^{(n-1)}(t), y^{(n)}(t)\right] = 0.$$

Wenn sich die implizite Form nach der höchsten Ableitung auflösen lässt, so erhalten wir aus der impliziten die explizite Form:

$$y^{(n)}(x) = f\left[x, y(x), y'(x), \ldots, y^{(n-1)}(x)\right] \text{ bzw.} \tag{7-5}$$

$$y^{(n)}(t) = f\left[t, y(t), y'(t), \ldots, y^{(n-1)}(t)\right].$$

Der Parameter x bzw. t ∈ ℝ kann auf ein Intervall eingeschränkt werden. Tritt der Parameter x bzw. t nicht explizit als Argument von f auf, so sprechen wir auch von einer autonomen Differentialgleichung.
Die allgemeine Lösung y einer Differentialgleichung n-ter Ordnung, besitzt im Allgemeinen n freie Parameter (Integrationskonstanten), die durch sogenannte Anfangsbedingungen festgelegt werden können. Die Integrationskonstanten werden bei physikalischen oder technischen Problemen im Allgemeinen durch bekannte Funktionswerte und Ableitungen zu Beginn eines Vorganges bestimmt. Nachfolgend werden gewisse Sonderfälle der gewöhnlichen Differentialgleichung besprochen.

Zur Lösung von gewöhnlichen Differentialgleichungen stehen in Mathcad folgende Numerikfunktionen zur Verfügung (siehe dazu auch Band 1, Einführung in Mathcad):

a) Für gewöhnliche Differentialgleichungen n-ter Ordnung mit Anfangsbedingungen oder für ein Differentialgleichungssystem:

Dazu werden verschiedene Funktionen bereitgestellt. Allerdings muss zuerst eine Differentialgleichung n-ter Ordnung $y^{(n)} = f(x,y,\ldots,y^{(n-1)})$ und auch die Anfangswerte in ein System 1. Ordnung umgeschrieben werden:

$$Y_0 = y\,;\ Y'_0 = Y_1\ (= y')\,;\ Y'_1 = Y_2\ (= y'')\,;\ Y'_2 = Y_3\ (= y''')\,;\ \ldots\,;\ Y'_{n-1} = f(x, Y_0, Y_1, \ldots, Y_{n-1})\ (= y^{(n)}).$$

Die Anfangswerte $y(x_a)$, $y'(x_a)$, ..., $y^{(n-1)}(x_a)$ müssen in Form eines Vektors aw geschrieben werden. Außerdem ist eine Vektorfunktion D(x,Y) zu definieren, die die rechte Seite des Differentialgleichungssystems als Komponenten enthält. Y ist ein Vektor mit unbekannten Funktionswerten.

$$aw := \begin{bmatrix} y(x_a) \\ y'(x_a) \\ \ldots\ldots \\ y^{(n-1)}(x_a) \end{bmatrix} \quad \text{und} \quad D(x,Y) := \begin{pmatrix} Y_1 \\ \ldots\ldots \\ Y_{n-1} \\ f(x, Y_0, Y_1, \ldots, Y_{n-1}) \end{pmatrix} \tag{7-6}$$

Adams-Verfahren:

$$Z := \text{Adams}\left(\mathbf{aw}, x_a, x_e, N, \mathbf{D}, [\text{tol}]\right) \tag{7-7}$$

Runge-Kutta-Methode vierter Ordnung mit fester Schrittweite:

$$Z := \text{rkfest}\left(\mathbf{aw}, x_a, x_e, N, \mathbf{D}\right) \tag{7-8}$$

Runge-Kutta-Methode vierter Ordnung mit ungleichmäßiger Schrittweite (gibt die Lösung jedoch an Punkten mit gleichem Abstand zurück):

$$Z := \text{Rkadapt}\left(\mathbf{aw}, x_a, x_e, N, \mathbf{D}\right) \tag{7-9}$$

Bulirsch-Stoer-Verfahren:

$$Z := \text{Bulstoer}\left(\mathbf{aw}, x_a, x_e, N, \mathbf{D}\right) \tag{710}$$

Differentialgleichungslöser für steife Systeme:
Ein Differentialgleichungssystem der Form y' = A y + h heißt steif, wenn die Matrix A fast singulär ist. Unter diesen Bedingungen kann eine von rkfest bestimmte Lösung oszillieren oder instabil sein.

Backward-Differentiation-Formula-Verfahren:

$$Z := \text{BDF}\left(\mathbf{aw}, x_a, x_e, N, \mathbf{D}, [J], [\text{tol}]\right) \tag{7-11}$$

Implizites Runge-Kutta-Radau 5-Verfahren:

$$Z := \text{Radau}\left(\mathbf{aw}, x_a, x_e, N, \mathbf{D}, [J], [M], [\text{tol}]\right) \tag{7-12}$$

Bulirsch-Stoer-Verfahren:

$$Z := \text{Stiffb}\left(\mathbf{aw}, x_a, x_e, N, \mathbf{D}, \mathbf{AJ}\right) \tag{7-13}$$

Rosenbrock-Verfahren:

$$Z := \text{Stiffr}\left(\mathbf{aw}, x_a, x_e, N, \mathbf{D}, \mathbf{AJ}\right) \tag{7-14)}$$

Hybrid-Löser:

$$Z := \text{AdamsBDF}\left(\mathbf{aw}, x_a, x_e, N, \mathbf{D}, [J], [\text{tol}]\right) \tag{7-15}$$

Dieser Hybrid-Löser erkennt dynamisch, ob ein System steif oder nicht steif ist und ruft entsprechend Adams oder BDF auf.

Funktionsargumente:
aw muss ein Vektor aus n Anfangswerten oder einem einzelnen Anfangswert sein.
x_a, x_e sind Endpunkte des Intervalls, an dem die Lösung für Differentialgleichungen ausgewertet wird.
Anfangswerte in Y sind die Werte bei x_a.
N ist die Anzahl der Punkte hinter dem Anfangspunkt, an denen die Lösung angenähert werden soll. Hiermit wird die Anzahl der Zeilen (1 + N) in der Matrix bestimmt, die von den Funktionen zurückgegeben wird.
toll ist ein optionaler Parameter, ein reeller Wert oder ein Vektor reeller Werte, der Toleranzen für die unabhängigen Variablen im System angibt. Mit "tol" können Sie die Standardtoleranz von 10^{-5} ändern.
Z ist eine Matrix von der Größe (N+1) x (n+1). Die erste Spalte enthält die x-Werte (oder Zeitpunkte für x = t) x = x_a, x_a+x ... x_e mit der Schrittweite x = (x_e - x_a) / N, die zweite Spalte die gesuchte Lösung y zu den entsprechenden x-Werten, die 3. Spalte die erste Ableitung y' und die Spalte n die (n-1)-te Ableitung $y^{(n-1)}$.

<u>Zusätzliche Argumente:</u>

J (nur BDF und AdamsBDF) ist die n x n-Jacobi-Matrix, die Matrix der partiellen Ableitungen des Gleichungssystems in D in Bezug auf die Variablen Y_0, Y_1, ..., Y_n. Durch Angabe von J können Sie die Genauigkeit der Ergebnisse verbessern. Siehe dazu Band 1.

$$J := \begin{pmatrix} \frac{\partial}{\partial x}D_1 & \frac{\partial}{\partial y_0}D_1 & .... & \frac{\partial}{\partial y_{n-1}}D_1 \\ .... & .... & .... & .... \\ \frac{\partial}{\partial x}D_n & \frac{\partial}{\partial y_0}D_n & .... & \frac{\partial}{\partial y_{n-1}}D_n \end{pmatrix} \qquad (7\text{-}16)$$

M ist eine reelle Matrix, welche die Koppelung der Variablen in der Form M dY/dx = D(x, Y) herstellt.

AJ ist eine Funktion der Form AJ(x,y), welche die erweiterte Jacobi-Matrix zurückgibt. Die erste Spalte enthält in Bezug auf x die partiellen Ableitungen der rechten Seite des Systems. Die übrigen Spalten sind die Spalten der Jacobi-Matrix J, die die partiellen Ableitungen in Bezug auf Y_0, Y_1, ... Y_{n-1} enthält, wie vorher beschrieben. Siehe dazu Band 1.

b) <u>Numerische Auswertungsmöglichkeiten von Randwertproblemen:</u>

Bei vielen Anwendungsfällen kann aber davon ausgegangen werden, dass die Werte der Lösung an den Randpunkten bekannt sind. Kennen wir zwar einige, aber nicht alle Werte der Lösung und ihrer ersten (n-1)-Ableitungen am Anfang x_a bzw. am Ende x_e des Integrationsintervalls, so müssen die fehlenden Anfangswerte bestimmt werden. Dazu stellt Mathcad die Funktionen "sgrw" bzw. "grwanp" bereit. Sind die fehlenden Anfangswerte an der Stelle x_a bestimmt, so kann ein Randwertproblem als Anfangswertproblem mithilfe der Funktionen "sgrw" bzw. "grwanp" und der oben angeführten Funktionen gelöst werden:

$$S := \text{sgrw}(v, x_a, x_e, D, \text{lad}, \text{abst}) \qquad (7\text{-}17)$$

Funktionsargumente:

x_a, x_e und D(x,Y) sind die bereits oben angeführten Argumente.

v ist ein Vektor mit Schätzwerten für die in x_a nicht angegebenen Größen.

lad(x_a,v) ist eine vektorwertige Funktion, deren n Elemente mit den n unbekannten Funktionen in x_a korrespondieren. Einige dieser Werte werden Konstanten sein, die durch die Anfangsbedingungen bestimmt sind, andere werden unbekannt sein, aber von "sgrw" gefunden werden.

abst(x_a,Y) ist eine vektorwertige Funktion mit genauso viel Elementen wie v. Jedes Element bildet die Differenz zwischen der Anfangsbedingung an der Stelle x_e und dem zugehörigen Erwartungswert der Lösung. Der Vektor "abst" misst, wie genau die angebotene Lösung die Anfangsbedingungen an der Stelle x_e trifft. Eine Übereinstimmung wird mit einer Null in jedem Element angezeigt.

S ist das von "sgrw" gelieferte Vektorergebnis mit den in x_a nicht spezifizierten Werten. Mit den in S gelieferten Anfangswerten kann dann mit den oben angeführten Funktionen das Anfangswertproblem gelöst werden.

Falls zwischen x_a und x_e die Ableitung eine Unstetigkeitsstelle x_s aufweist, sollte anstatt der Funktion sgrw die Funktion "grwanp" eingesetzt werden:

$$S := \text{grwanp}(v_1, v_2, x_a, x_e, x_s, D, \text{lad1}, \text{lad2}, \text{abst}) \qquad (7\text{-}18)$$

Zusätzliche Funktionsargumente:

v_1 ist ein Vektor mit Schätzwerten für die in x_a nicht angegebenen Größen, v_2 für die Größen in x_e.

x_s ist eine Unstetigkeitsstelle zwischen x_a und x_e.

lad1(x_e,v_1) ist eine vektorwertige Funktion, deren n Elemente mit den n unbekannten Funktionen in x_a korrespondieren. Einige dieser Werte werden Konstanten sein, die durch die Anfangsbedingungen bestimmt sind. Falls ein Wert unbekannt ist, soll der entsprechende Schätzwert von v_1 verwendet werden.

$lad2(x_e,v_2)$ entspricht der Funktion lad1, allerdings für die von den n unbekannten Funktionen bei x_e angenommenen Werte.
$abst(x_s,Y)$ ist eine n-elementige vektorwertige Funktion, die angibt, wie die Lösungen bei x_s übereinstimmen müssen.
S ist das von "grwanp" gelieferte Vektorergebnis mit den in x_a nicht spezifizierten Werten. Mit den in S gelieferten Anfangswerten kann dann mit den oben angeführten Funktionen das Anfangswertproblem gelöst werden.

c) Numerische Auswertungsmöglichkeiten von Anfangs- und Randwertproblemen:

Mit der Funktion Gdglösen können beliebige Differentialgleichungen und Differentialgleichungssysteme n-ter Ordnung, abhängig von Anfangs- oder Randbedingungen, mithilfe eines Lösungsblocks numerisch gelöst werden. Voraussetzung ist, dass der Ableitungsterm der höchsten Ableitung linear ist (die Terme mit Ableitungen niedriger Ordnung können auch nichtlinear sein) und die Anzahl der Bedingungen gleich der Ordnung der Differentialgleichung ist.
Ein solcher Lösungsblock kann z. B. folgendes Aussehen haben:

Vorgabe **(7-19)**

$\frac{d^2}{dx^2}y(x) + y(x) = 0$ **oder in Primnotation:** $y''(x) + y(x) = 0$ **(Primsymbol mit <Strg> + <F7>)**

Anfangswertproblem:

$y(0) = 5 \quad y'(0) = 5$ **Ableitung immer in Primnotation!**

Oder Randwertproblem:

$y(0) = 1 \quad y(2) = 3$

$y := \mathrm{Gdglösen}(x, x_b, \mathrm{Schritte})$ **Gibt eine Funktion y(x) numerisch zurück!**

Vorgabe **(7-20)**

$\frac{d^2}{dt^2}u(t) = 3\,v(t) \qquad \frac{d^2}{dt^2}u(t) = 2\frac{d^2}{dt^2}v(t) - 4\,u(t)$

Anfangswertproblem:

$u(0) = 1.2 \quad u'(0) = 1.2 \qquad v(0) = 1 \quad v'(0) = 1$ **Ableitung immer in Primnotatio !**

$\begin{pmatrix} f \\ g \end{pmatrix} := \mathrm{Gdglösen}\left[\begin{pmatrix} u \\ v \end{pmatrix}, t_b, \mathrm{Schritte}\right]$ **Gibt einen Vektor mit Funktionen f(t) und g(t) numerisch zurück!**

Funktionsargumente:
x ist die reelle Integrationsvariable bzw. ein Vektor mit den gesuchten Funktionen.
x_b bzw. t_b ist der reelle Wert des Endpunktes des Integrationsintervalls.
Schritte ist ein optionaler ganzzahliger Parameter für die Anzahl der zu berechnenden Punkte. Fehlt dieser, so verwendet Mathcad eine interne Schrittweite.
Standardmäßig verwendet Gdglösen für die Lösung ein Runge-Kutta-Verfahren mit fester Schrittweite. Klicken wir mit der rechten Maustaste auf den Namen Gdglösen, so kann bei Anfangswertaufgaben im Kontextmenü zwischen fester oder adaptiver Schrittweite bzw. steifer Differentialgleichungen gewählt werden.
Die oben angeführten Funktionen erlauben keine Einheiten in den Argumenten!
Siehe dazu Band 1.

7.2.1 Die gewöhnliche Differentialgleichung 1. Ordnung

Die einfachste Form gewöhnlicher Differentialgleichungen ist die Differentialgleichung erster Ordnung. Neben der gesuchten Lösungsfunktion y(x) bzw. y(t) tritt nur noch ihre erste Ableitung y'(x) bzw. y'(t) auf. Die gewöhnliche Differentialgleichung erster Ordnung lautet in impliziter Form:

$$F(x, y(x), y'(x)) = 0 \quad \textbf{bzw.} \quad F(t, y(t), y'(t)) = 0 \qquad \textbf{(7-21)}$$

Wenn sich die implizite Form nach der ersten Ableitung auflösen lässt, erhalten wir die explizite Form:

$$y'(x) = f(x, y(x)) \quad \textbf{bzw.} \quad y'(t) = f(t, y(t)) \qquad \textbf{(7-22)}$$

Eine stetige Funktion y(x) bzw. y(t) heißt Lösungsfunktion (Lösung) einer Differentialgleichung erster Ordnung, wenn sie eine stetige Ableitung besitzt und die Differentialgleichung identisch erfüllt. Methoden zur Berechnung exakter Lösungen existieren bei Differentialgleichungen erster Ordnung nur für bestimmte Sonderfälle! Nachfolgend werden dazu einige Methoden betrachtet.

<u>Geometrische Deutung der Differentialgleichung erster Ordnung:</u>
Betrachten wir in y'(x) = f(x,y) x und y als unabhängige Variable und setzen in die Differentialgleichung die Koordinaten eines Punktes $P_1(x_1|y_1)$ ein, so erhalten wir die Steigung in diesem Punkt:

$$y'_1 = f(x_1, y_1) = \tan(\alpha) = k_1 \qquad \textbf{(7-23)}$$

Das Wertetripel (x_1, y_1, y'_1) heißt Linienelement im Punkt P1 und kann durch ein kurzes Tangentenstück in diesem Punkt veranschaulicht werden. Die Menge aller Linienelemente nennen wir das Richtungsfeld der gegebenen Differentialgleichung. Lösungen der Differentialgleichung sind dann diejenigen Kurven (Integralkurven), die in das gezeichnete Richtungsfeld hineinpassen.

<u>Anfangswertaufgaben:</u>
Die allgemeine Lösung y = f(x,C) einer Differentialgleichung erster Ordnung hängt noch von einer frei wählbaren Integrationskonstante $C \in \mathbb{R}$ ab. Geben wir eine Anfangsbedingung $y(x_0) = y_0$ vor, so ist eine eindeutige Lösungsfunktion y(x) bestimmt. Solche Aufgaben, die in der Praxis häufig auftreten, nennen wir Anfangswertaufgaben. Häufig ist die Anfangsbedingung für den Anfangspunkt x_a des Lösungsintervalls $[x_a, x_e]$ gegeben ($x_0 = x_a$).

<u>Näherungsverfahren nach Euler (Streckenzugverfahren):</u>
Das Anfangswertproblem y' = f(x,y) mit dem Anfangswert: $y_0 = y(x_0)$ soll im Intervall $[x_a, x_e]$ näherungsweise nach Euler gelöst werden:

Wir teilen das Intervall in n gleiche Teile der Länge $\Delta x = h = \frac{x_e - x_a}{n}$ und setzen mit k = 1, 2, ..., n

$$x_0 = x_a; \quad x_k = x_a + k\,h; \quad y_1 = y_0 + h f(x_0, y_0); \quad y_2 = y_1 + h f(x_1, y_1) \text{ usw., d. h. allgemein}$$

$$y_k = y_{k-1} + h f(x_{k-1}, y_{k-1}) \qquad \textbf{(7-24)}$$

Die Lösungskurve wird durch einen Polygonzug mit den Punkten $P(x_k, y_k)$ approximiert. Umgeformt bedeutet dies die Darstellung der Differentialgleichung 1. Ordnung als Differenzengleichung (siehe dazu auch Kapitel 8):

$$\frac{\Delta y}{\Delta x} = \frac{y_k - y_{k-1}}{\Delta x} = f(x_{k-1}, y_{k-1}) \qquad \textbf{(7-25)}$$

Runge-Kutta-Verfahren 4. Ordnung:

Das Anfangswertproblem y' = f(x,y) mit dem Anfangswert: $y_0 = y(x_0)$ soll im Intervall $[x_a, x_e]$ näherungsweise nach Runge-Kutta gelöst werden. Wie beim Verfahren von Euler wird die Lösungskurve der Differentialgleichung y ' = f(x,y) durch einen Streckenzug approximiert. Anders als beim Verfahren nach Euler wird hier für die Steigung der einzelnen Strecken des Streckenzuges ein mittlerer Wert m angesetzt, wobei das Steigungsverhalten der Lösungskurve in den beiden Randpunkten und in der Intervallmitte berücksichtigt wird, allerdings mit unterschiedlicher Gewlchtung. Für y ' = f(x) ist das Verfahren identisch mit der Integration nach Simpson.

Wir teilen das Intervall in n gleiche Teile der Länge $\Delta x = h = \dfrac{x_e - x_a}{n}$ und setzen mit k = 1, 2, ..., n

$x_0 = x_a$; $x_k = x_a + k h$ und berechnen vier Streckenzüge verschiedener Steigungen

$$k_1(f, \mathbf{x}, \mathbf{y}, h) = f(\mathbf{x}, \mathbf{y})$$
$$k_2(f, \mathbf{x}, \mathbf{y}, h) = f\left(\mathbf{x} + .5h, \mathbf{y} + .5h\, k_1(f, \mathbf{x}, \mathbf{y}, h)\right)$$
$$k_3(f, \mathbf{x}, \mathbf{y}, h) = f\left(\mathbf{x} + .5h, \mathbf{y} + .5h\, k_2(f, \mathbf{x}, \mathbf{y}, h)\right)$$
$$k_4(f, \mathbf{x}, \mathbf{y}, h) = f\left(\mathbf{x} + h, \mathbf{y} + h\, k_3(f, \mathbf{x}, \mathbf{y}, h)\right)$$

und daraus die mittlere Steigung

$$rk(f, \mathbf{x}, \mathbf{y}, h) = \frac{h}{6}\left(k_1(f, \mathbf{x}, \mathbf{y}, h) + 2k_2(f, \mathbf{x}, \mathbf{y}, h) + 2k_3(f, \mathbf{x}, \mathbf{y}, h) + k_4(f, \mathbf{x}, \mathbf{y}, h)\right)$$

Schließlich erhalten wir allgemein die zugehörigen y-Werte aus

$$y_k = y_{k-1} + rk\left(f, x_{k-1}, y_{k-1}, h\right) \qquad \textbf{(7-26)}$$

Siehe dazu auch das Unterprogramm im Band "Einführung in Mathcad", Kapitel 18, Beispiel 18.17.

Beispiel 7.3:

Für die gegebene Differentialgleichung soll das Richtungsfeld im Intervall $[x_a, x_e] = [x_{min}, x_{max}]$ und die exakte Lösung durch den Punkt $x_0 = x_a = x_{min}$ im Richtungsfeld dargestellt werden. Die Lösung soll auch mit dem Euler-Verfahren und Runge-Kutta-Verfahren angenähert werden.

$\dfrac{d}{dx}y(x) = \dfrac{4}{\pi}\cos\left(\dfrac{2 \cdot x}{\pi}\right)$ gegebene Differentialgleichung erster Ordnung

$f(x, y) := \dfrac{4}{\pi}\cos\left(\dfrac{2 \cdot x}{\pi}\right)$ Term auf der rechten Seite der Differentialgleichung

$y(x) := 2\sin\left(\dfrac{2 \cdot x}{\pi}\right)$ exakte Lösung durch den Punkt P(0|0)

$n_x := 20$ $\quad n_y := 20$ Anzahl der Schritte-1 in x- und y-Richtung

$x_{min} := 0$ $\quad x_{max} := 10$ Randpunkte der x-Werte

$y_{min} := -3$ $\quad y_{max} := 3$ Randpunkte der y-Werte

$i := 0 .. n_x$ $\quad k := 0 .. n_y$ Bereichsvariable

$\mathbf{x}_i := x_{min} + i\,\dfrac{x_{max} - x_{min}}{n_x}$ Vektor der x-Werte

$\mathbf{y}_k := y_{min} + k\,\dfrac{y_{max} - y_{min}}{n_y}$ Vektor der y-Werte

$dx(x,y) := 1$ $dy(x,y) := f(x,y)\,dx(x,y)$ $ds(x,y) := \sqrt{dx(x,y)^2 + dy(x,y)^2}$ Richtungspfeile (Steigungsdreieck)

$\mathbf{X}_{i,k} := \dfrac{dx(\mathbf{x}_i, \mathbf{y}_k)}{ds(\mathbf{x}_i, \mathbf{y}_k)}$ $\mathbf{Y}_{i,k} := \dfrac{dy(\mathbf{x}_i, \mathbf{y}_k)}{ds(\mathbf{x}_i, \mathbf{y}_k)}$ Richtungspfeile(Tangentenanstiege) Vektorfelddiagramm (**X**,**Y**)

$\mathbf{Z}_{i,k} := \dfrac{dy(\mathbf{x}_i, \mathbf{y}_k)}{dx(\mathbf{x}_i, \mathbf{y}_k)}$ Isoklinen (verbinden die Punkte gleichen Anstiegs) Umrißdiagramm **Z**

$\mathbf{U}_{i,k} := i$ $\mathbf{V}_{i,k} := k$ $\mathbf{W}_{i,k} := \left(y(\mathbf{x}_i) - y_{min}\right)\cdot\dfrac{n_y}{y_{max} - y_{min}}$ Spezielle Lösungskurve Umrißdiagramm (**U**,**W**,**V**)

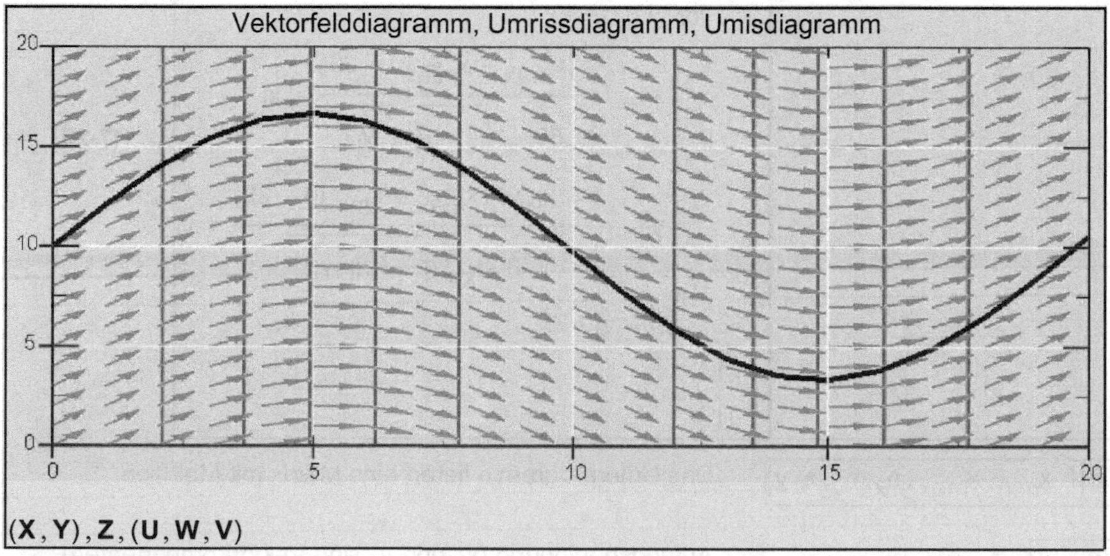

Abb. 7.1

Komplexe Berechnung (siehe Abschnitt 15.1, Band 1, Einführung in Mathcad):

$$\underline{\mathbf{F}}_{i,k} := \frac{1 + f(\mathbf{x}_i, \mathbf{y}_k)\,j}{\left|1 + f(\mathbf{x}_i, \mathbf{y}_k)\,j\right|} \quad \textbf{(7-27)}$$

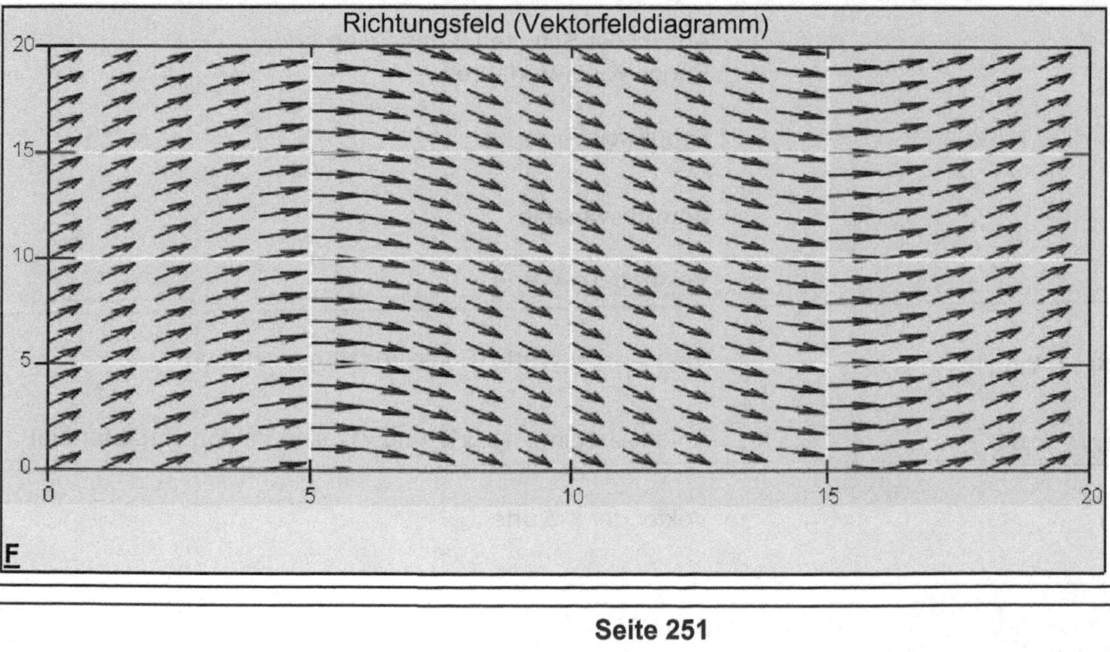

Abb. 7.2

Das nachfolgende Unterprogramm kann zur Berechnung des Richtungsfeldes verwendet werden:

f: Name des Funktionsterms (y ' = f(x,y))
x_{min} und x_{max}: kleinster und größter x-Wert
n_x, n_y: Anzahl der Schritte-1 in x- und y-Richtung
x, y: Vektoren der x- und y-Werte

ORIGIN = 0

$$\text{Richtungsfeld}(f, x_{min}, x_{max}, n_x, n_y, \mathbf{x}, \mathbf{y}) := \begin{array}{l} n \leftarrow 0 \\ \text{for } i \in 0..n_x \\ \quad \text{for } j \in 0..n_y \\ \quad\quad \text{for } l \in 0..40 \\ \quad\quad\quad \mathbf{x1}_n \leftarrow \dfrac{(x_{max} - x_{min})(l - 20)}{80 n_x \sqrt{1 + f(\mathbf{x}_i, \mathbf{y}_j)^2}} + \mathbf{x}_i \\ \quad\quad\quad \mathbf{y1}_n \leftarrow \dfrac{f(\mathbf{x}_i, \mathbf{y}_j)(x_{max} - x_{min})(l - 20)}{80 n_x \sqrt{1 + f(\mathbf{x}_i, \mathbf{y}_j)^2}} + \mathbf{y}_j \\ \quad\quad\quad n \leftarrow n + 1 \\ \begin{pmatrix} \mathbf{x1} \\ \mathbf{y1} \end{pmatrix} \end{array} \qquad \textbf{(7-28)}$$

$\mathbf{X} := \text{Richtungsfeld}(f, x_{min}, x_{max}, n_x, n_y, \mathbf{x}, \mathbf{y})$ — Das Unterprogramm liefert eine Matrix mit Matrizen.

$\mathbf{x}_0 := x_{min}$ $\quad \mathbf{y}_0 := 0$ — Anfangsbedingung ($\mathbf{x}_0$ und $\mathbf{y}_0$ sind Vektorkomponenten)

n :=

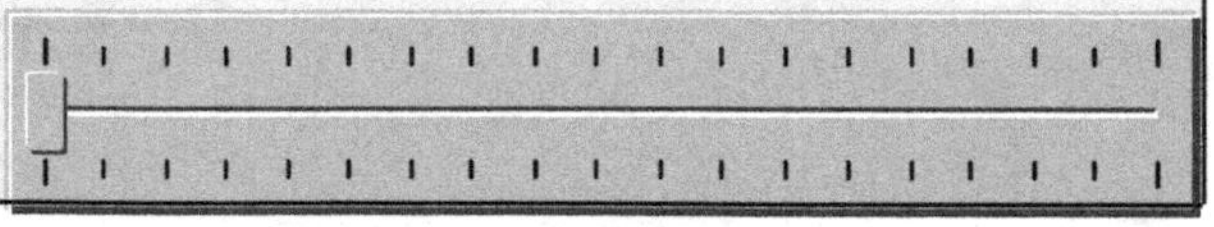

Kontextmenü mit rechter Maustaste:
Mathsoft Slider Control-Objekt Eigenschaften
z. B. Minimum 20, Maximum 200

$n = 20$ — Anzahl der Schritte für das Euler- und Runge-Kutta-Verfahren

$h := \dfrac{x_{max} - x_{min}}{n} \qquad h = 0.5$ — Schrittweite

$k := 1..n$ — Bereichsvariable

$\mathbf{x}_k := x_{min} + k\,h$ — Vektor der x-Werte

$\mathbf{y}_k := \mathbf{y}_{k-1} + h\,f(\mathbf{x}_{k-1}, \mathbf{y}_{k-1})$ — Vektor der y-Werte (Euler-Verfahren; Iteration)

$\mathbf{x1}_0 := x_{min}$ $\quad \mathbf{y1}_0 := 0$ — Anfangsbedingung ($\mathbf{x1}_0$ und $\mathbf{y1}_0$ sind Vektorkomponenten)

$\mathbf{x1}_k := x_{min} + k\,h$ — Vektor der x-Werte

$k_1(f, \mathbf{x1}, \mathbf{y1}, h) := f(\mathbf{x1}, \mathbf{y1})$

$k_2(f, \mathbf{x1}, \mathbf{y1}, h) := f\left(\mathbf{x1} + .5h, \mathbf{y1} + .5h\,k_1(f, \mathbf{x1}, \mathbf{y1}, h)\right)$

Streckenzüge verschiedener Steigungen

$k_3(f, \mathbf{x1}, \mathbf{y1}, h) := f\left(\mathbf{x1} + .5h, \mathbf{y1} + .5h\,k_2(f, \mathbf{x1}, \mathbf{y1}, h)\right)$

$k_4(f, \mathbf{x1}, \mathbf{y1}, h) := f\left(\mathbf{x1} + h, \mathbf{y1} + h\,k_3(f, \mathbf{x1}, \mathbf{y1}, h)\right)$

mittlere Steigung:

$$rk(f, \mathbf{x1}, \mathbf{y1}, h) := \frac{h}{6}\left(k_1(f, \mathbf{x1}, \mathbf{y1}, h) + 2k_2(f, \mathbf{x1}, \mathbf{y1}, h) + 2k_3(f, \mathbf{x1}, \mathbf{y1}, h) + k_4(f, \mathbf{x1}, \mathbf{y1}, h)\right)$$

$\mathbf{y1}_k := \left(\mathbf{y1}_{k-1} + rk\left(f, \mathbf{x1}_{k-1}, \mathbf{y1}_{k-1}, h\right)\right)$

Vektor der y-Werte (Runge-Kutta-Verfahren; Iteration)

$x := x_{min}, x_{min} + \frac{x_{max} - x_{min}}{20 \cdot n_x} .. x_{max}$

Bereichsvariable für die exakte Lösung

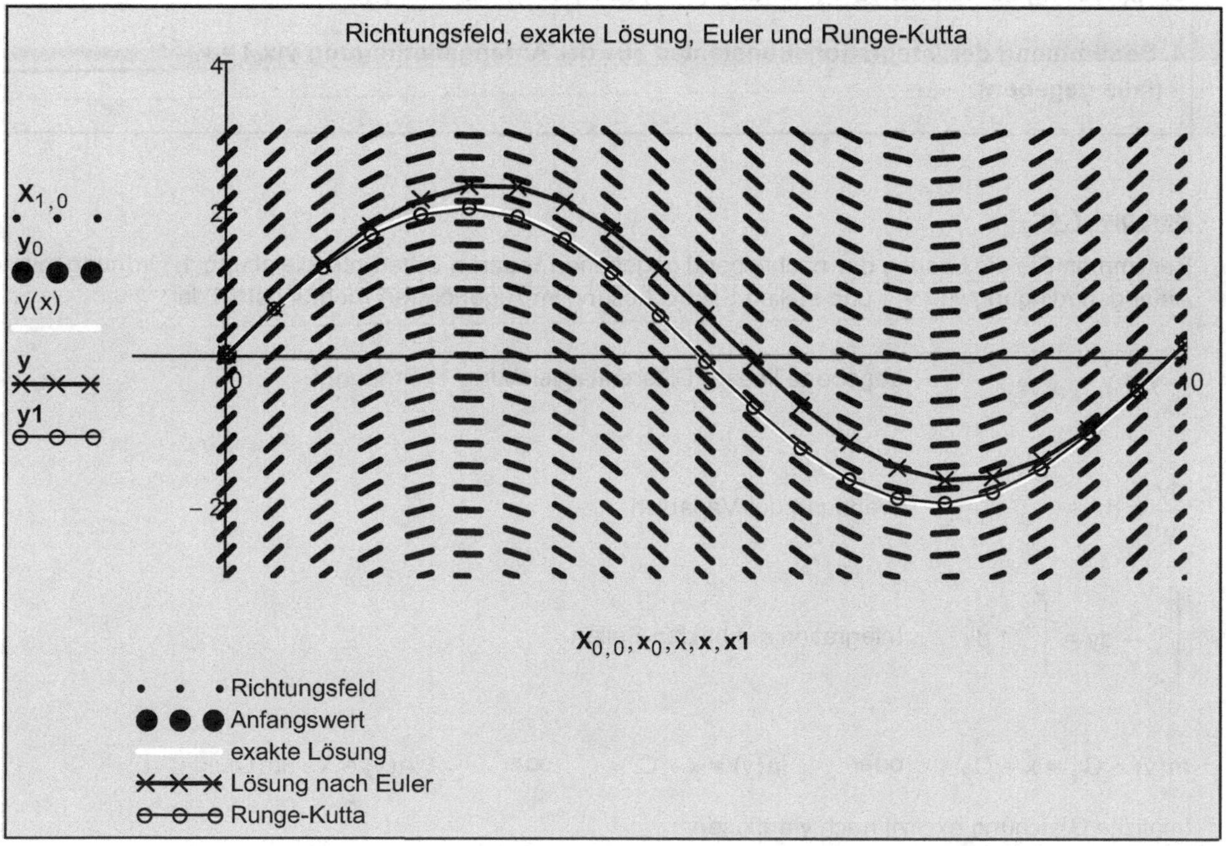

Abb. 7.3

Spur 1: Format Punkte; Spur2: Format Punkte

Bei großen Schrittweiten h ist das Euler-Verfahren (Streckenzugverfahren) sehr ungenau. Wesentlich besser konvergiert das Verfahren von Runge und Kutta.

7.2.1.1 Separable Differentialgleichungen 1. Ordnung

Lässt sich eine gewöhnliche Differentialgleichung erster Ordnung auf die Form

$$y' = f(x, y) = g(x)\,h(y) \qquad \textbf{(7-29)}$$

bringen, so kann die Differentialgleichung durch Trennung bzw. Separation der Variablen gelöst werden:

1. Trennung der beiden Variablen:

$$\frac{d}{dx}y = g(x)\,h(x) \Rightarrow \frac{dy}{h(y)} = g(x)\,dx \qquad \textbf{(7-30)}$$

2. Integration auf beiden Seiten (Bestimmung der Stammfunktionen) der Gleichung (7-30):

$$\int \frac{1}{h(y)}\,dy = \int g(x)\,dx + C \Rightarrow H(y) = G(x) + C \qquad \textbf{(7-31)}$$

3. Auflösung der impliziten Gleichung (7-31) nach der Variablen y (falls überhaupt möglich).

4. Bestimmung der Integrationskonstanten aus der Anfangsbedingung $y(x_0) = y_0$ (falls gegeben).

Beispiel 7.4:

Bestimmen Sie die Lösung der nachfolgend gegebenen linearen Differentialgleichung 1. Ordnung mit der Anfangsbedingung y(0) = 1 und stellen Sie die Lösung im zugehörigen Richtungsfeld dar:

$\frac{d}{dx}y = y$ gegebene lineare Differentialgleichung 1. Ordnung

$\frac{dy}{y} = dx$ Trennung der Variablen

$\int \frac{1}{y}\,dy = \int 1\,dx$ Integration auf beiden Seiten

$\ln(y) + C_1 = x + C_2$ oder $\ln(y) = x + C$ oder $\ln(y) = x + \ln(C)$

Implizite Gleichung explizit nach y auflösen:

$\ln(y) = x + C_3 \Rightarrow y = e^{x+C_3} = e^{C_3}e^x = Ce^x$ Lösungen der Differentialgleichung

oder:

$\ln(y) = x + \ln(C) = \ln\left(e^x\right) + \ln(C) = \ln\left(Ce^x\right) \Rightarrow y = Ce^x$

Bestimmung einer Lösung mithilfe der Anfangsbedingung:

$y(0) = Ce^0 = 1 \quad \Rightarrow \quad C = 1$

$y = e^x$ gesuchte Lösung

$f(x, y) := y$ Term auf der rechten Seite der Differentialgleichung

$y(x) := e^x$ exakte Lösung durch den Punkt P(0|1)

$n_x := 20 \quad n_y := 20$ Anzahl der Schritte-1 in x- und y-Richtung

$x_{min} := -3 \quad x_{max} := 4$ Randpunkte der x-Werte

$y_{min} := -3 \quad y_{max} := 3$ Randpunkte der y-Werte

$i := 0 .. n_x \quad k := 0 .. n_y$ Bereichsvariable

$\mathbf{x}_i := x_{min} + i\frac{x_{max} - x_{min}}{n_x}$ Vektor der x-Werte

$\mathbf{y}_k := y_{min} + k\frac{y_{max} - y_{min}}{n_y}$ Vektor der y-Werte

$\mathbf{X} := \text{Richtungsfeld}(f, x_{min}, x_{max}, n_x, n_y, \mathbf{x}, \mathbf{y})$ Liefert eine Matrix mit Matrizen.

$\mathbf{x}_0 := 0 \quad \mathbf{y}_0 := 1$ Anfangsbedingung ($\mathbf{x}_0$ und $\mathbf{y}_0$ sind Vektorkomponenten)

$x := x_{min}, x_{min} + \frac{x_{max} - x_{min}}{20 \cdot n_x} .. x_{max}$ Bereichsvariable für die exakte Lösung

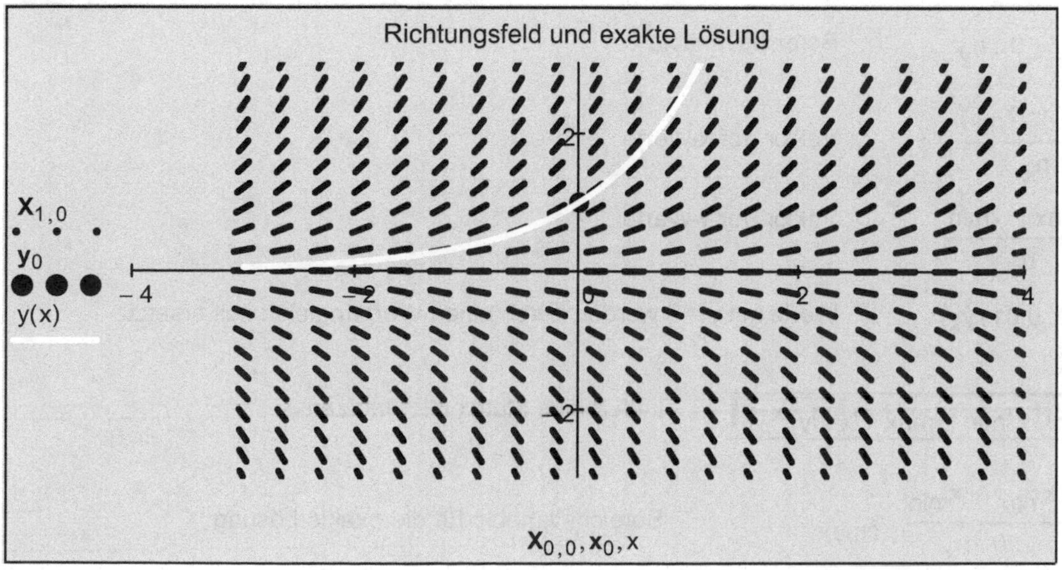

Abb. 7.4

Spur 1: Format Punkte; Spur2: Format Punkte

Beispiel 7.5:

Bestimmen Sie die allgemeine Lösung der nachfolgend gegebenen nichtlinearen Differentialgleichung 1. Ordnung und 2. Grades. Stellen Sie die Lösung für C = 0, C = 4 und C = 8 im zugehörigen Richtungsfeld dar.

$y\frac{d}{dx}y + 2 = 0$ gegebene nichtlineare Differentialgleichung 1. Ordnung 2. Grades

$y\,dy = -2dx$ Trennung der Variablen

$\int y\,dy = -\int 2\,dx$ Integration auf beiden Seiten

$\frac{y^2}{2} = -2 \cdot x + C_1$ bzw. $y^2 = -4x + 2C_1$ oder mit $C = 2\,C_1$ $y^2 = -4x + C$

Implizite Gleichung explizit nach y auflösen:

$y = \sqrt{-4x + C}$ und $y = -\sqrt{-4x + C}$

$f(x, y) := \frac{-2}{y}$ Term auf der rechten Seite der Differentialgleichung (Singularität bei y = 0)

$C := 0, 4 .. 8$ Bereichsvariable

$y(x, C) := \sqrt{-4x + C}$ exakte Lösung durch den Punkt P(0|1)

$n_x := 20$ $n_y := 20$ Anzahl der Schritte-1 in x- und y-Richtung

$x_{min} := -5$ $x_{max} := 2$ Randpunkte der x-Werte

$y_{min} := -4$ $y_{max} := 4$ Randpunkte der y-Werte

$i := 0 .. n_x$ $k := 0 .. n_y$ Bereichsvariable

$\mathbf{x}_i := x_{min} + i\frac{x_{max} - x_{min}}{n_x}$ Vektor der x-Werte

$\mathbf{y}_k := y_{min} + k\frac{y_{max} - y_{min}}{n_y}$ Vektor der y-Werte

$\mathbf{y}_k := \text{wenn}(\mathbf{y}_k = 0, 0.01, \mathbf{y}_k)$ Werte mit y = 0 werden durch einen Wert ungleich null ersetzt.

$\mathbf{X} := \text{Richtungsfeld}(f, x_{min}, x_{max}, n_x, n_y, \mathbf{x}, \mathbf{y})$ Liefert eine Matrix mit Matrizen.

$x := x_{min}, x_{min} + \frac{x_{max} - x_{min}}{20 \cdot n_x} .. x_{max}$ Bereichsvariable für die exakte Lösung

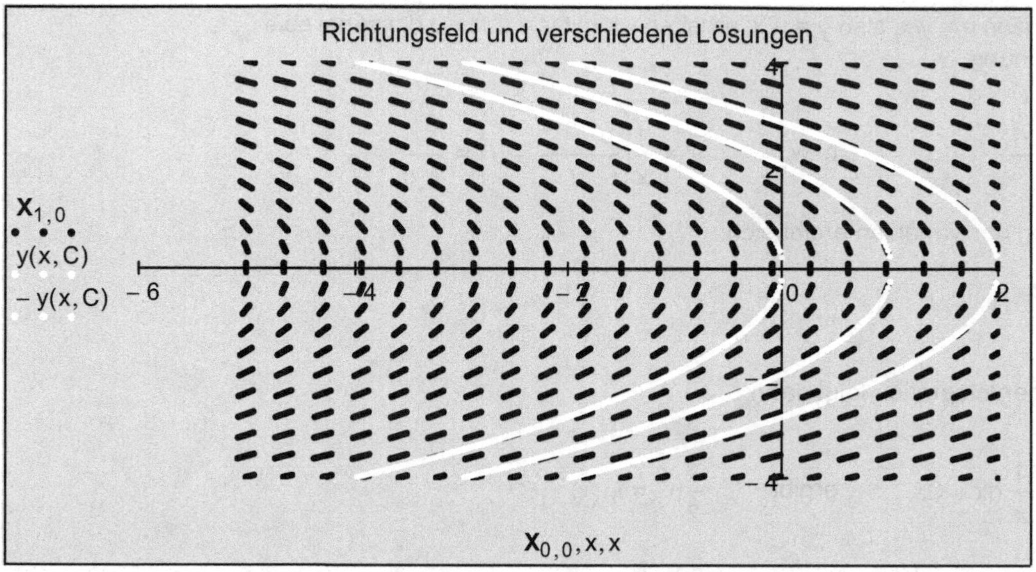

Abb. 7.5

Spur 1: Format Punkte; Spur 2: Format Punkte; Spur 3: Format Punkte

7.2.1.2 Gleichgradige oder homogene Differentialgleichungen 1. Ordnung

Liegt eine gleichgradige (homogene) Differentialgleichung der Form

$$y' = f\left(\frac{y}{x}\right) \tag{7-32}$$

vor, oder kann sie auf diese Form gebracht werden, so kann diese Differentialgleichung durch Substitution

$$u = \frac{y}{x} \tag{7-33}$$

mit $y = u\,x$ und $y' = u'\,x + u$ auf die separierbare Form

$$u'x + u = f(u) \tag{7-34}$$

für die Funktion u(x) gebracht werden, die dann durch Trennung der Variablen (Abschnitt 7.2.1.1) gelöst werden kann.

Beispiel 7.6:

Lösen Sie folgendes Anfangswertproblem mit $y(1) = 2$:

$y' = \frac{y^2 + x^2}{y\,x}$ gegebene Differentialgleichung ($x \neq 0$ und $y \neq 0$)

Durch Division der rechten Seite durch x^2 erhalten wir folgende gleichgradige Differentialgleichung:

$$y' = \frac{\frac{y^2}{x^2} + 1}{\frac{y}{x}}$$

Mit der Substitution u = y/x, also y = u x, erhalten wir mit y' = u' x + u die separable Differentialgleichung:

$$u' x + u = \frac{u^2 + 1}{u} \qquad \text{bzw.} \qquad u' = \frac{1}{x}\left(\frac{u^2+1}{u} - u\right) = \frac{1}{x}\frac{1}{u}$$

Durch Trennung der Variablen ergibt sich:

$$u\,du = \frac{1}{x}dx$$

Nach beidseitiger Integration folgt dann:

$$\int u\,du = \int \frac{1}{x}\,dx + C \qquad \text{ergibt} \qquad \frac{1}{2}u^2 = \ln(x) + C$$

Durch Rücksubstitution und Berücksichtigung des Anfangswertes erhalten wir:

$u = \sqrt{2\ln(|x|) + C}$ umgeformte allgemeine Lösungen (die negative Lösung kommt hier nicht in Frage)

$y = x\sqrt{2\ln(|x|) + C}$ allgemeine Lösungen (u = y/x)

$y(1) = 1\sqrt{C} = 2$ C ist daher gleich 4

$y = x\sqrt{2\ln(|x|) + 4}$ gesuchte Lösung

Beispiel 7.7:

Wie lautet die allgemeine Lösung der nachfolgend gegebenen Differentialgleichung? Stellen Sie für verschiedene C-Werte die Lösungen grafisch dar.

$y' = \frac{x + y}{x - y}$ gegebene Differentialgleichung ($x \neq y$)

Durch Division der rechten Seite durch x erhalten wir folgende gleichgradige Differentialgleichung:

$$y' = \frac{1 + \frac{y}{x}}{1 - \frac{y}{x}}$$

Mit der Substitution u = y/x, also y = u x, erhalten wir mit y' = u' x + u die separable Differentialgleichung:

$$u' x + u = \frac{1 + u}{1 - u} \qquad \text{bzw.} \qquad u' = \frac{1}{x}\left(\frac{1+u}{1-u} - u\right) = \frac{1}{x}\frac{1 + u^2}{1 - u}$$

Durch Trennung der Variablen ergibt sich schließlich:

$$\frac{1}{x}dx = \frac{1 - u}{1 + u^2}du$$

Nach beidseitiger Integration folgt dann:

$$\int \frac{1}{x}\,dx = \int \frac{1-u}{1+u^2}\,du + C_1 \qquad \text{ergibt} \qquad \ln(x) = C_1 + \operatorname{atan}(u) - \frac{\ln\left(u^2+1\right)}{2}$$

Durch Anwendung der Logarithmusgesetze und durch Rücksubstitution erhalten wir:

$$\ln\left(\left|x\sqrt{1+u^2}\right|\right) = \arctan(u) + C_1$$

$$\ln\left(\left|x\sqrt{1+\frac{y^2}{x^2}}\right|\right) = \arctan\left(\frac{y}{x}\right) + C_1$$

Bringen wir x unter die Wurzel und wenden auf beiden Seiten der impliziten Gleichung die Umkehrfunktion an, so erhalten wir schließlich die Form der impliziten Gleichung:

$$\sqrt{x^2+y^2} = e^{\arctan\left(\frac{y}{x}\right)+C_1} = e^{C_1} e^{\arctan\left(\frac{y}{x}\right)} = C e^{\arctan\left(\frac{y}{x}\right)}$$

Diese implizite Gleichung kann mithilfe der Transformationsgleichungen in Polarkoordinatenform übergeführt werden:

$r = \sqrt{x^2+y^2}$ und $\varphi = \arctan\left(\frac{y}{x}\right)$

$r(\varphi, C) := C e^{\varphi}$ logarithmische Spiralen

$C := 0.2, 0.4 .. 1$ Bereichsvariable

$\varphi := 0, 0.01 .. 4\pi$ Bereichsvariable

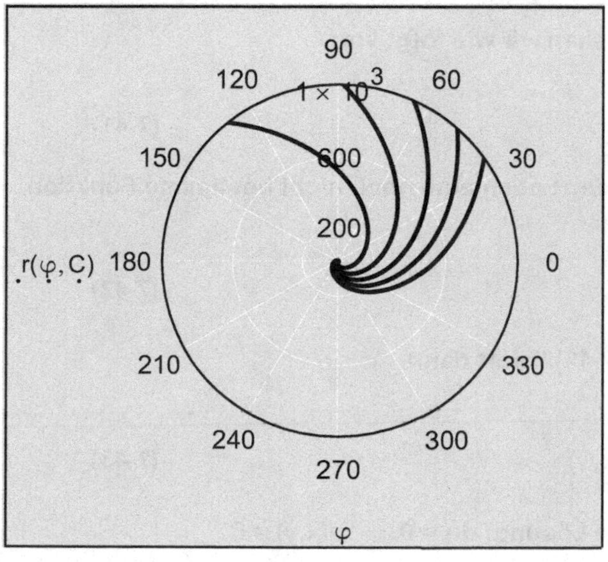

Spur 1: Format Punkte

Abb. 7.6

7.2.1.3 Exakte Differentialgleichungen 1. Ordnung

Eine gewöhnliche Differentialgleichung 1. Ordnung der Form

$$P(x,y) + Q(x,y)\,y'(x) = 0 \qquad (7\text{-}35)$$

heißt exakt, wenn eine Stammfunktion u(x,y) existiert mit

$$P(x,y) = \frac{\partial}{\partial x}u(x,y) \text{ und } Q(x,y) = \frac{\partial}{\partial y}u(x,y) \qquad (7\text{-}36)$$

Die Lösungen lassen sich dann implizit als Niveaulinien darstellen,

$$u(x,y) = C \qquad (7\text{-}37)$$

wobei die Konstante C durch die Anfangsbedingung festgelegt werden kann. Wir schreiben eine exakte Differentialgleichung auch in der Form

$$P(x,y)\,dx + Q(x,y)\,dy = 0 \qquad (7\text{-}38)$$

um die symmetrische Behandlung der Variablen x und y hervorzuheben.

In Anlehnung an die Theorie der Arbeitsintegrale (siehe dazu Band 1, Abschnitt 4.7) ist bei stetig differenzierbaren Funktionen P und Q die Integrabilitätsbedingung

$$\frac{\partial}{\partial y}P(x,y) = \frac{\partial}{\partial x}Q(x,y) \qquad (7\text{-}39)$$

notwendig für die Existenz von u(x,y). Sie ist hinreichend, falls das betrachtete Definitionsgebiet G einfach zusammenhängend ist.
Anders ausgedrückt ist (7-38) genau dann eine exakte Differentialgleichung, wenn

$$du = P(x,y)\,dx + Q(x,y)\,dy = 0 \qquad (7\text{-}40)$$

ein vollständiges Differential einer Funktion u(x,y) ist.

Zur Lösung einer exakten Differentialgleichung gehen wir wie folgt vor:
1. Wir setzen

$$\frac{\partial}{\partial x}u(x,y) = P(x,y) \qquad (7\text{-}41)$$

und integrieren auf beiden Seiten und fügen zuletzt noch eine noch nicht bestimmte Funktion φ(y) hinzu:

$$u(x,y) = \int P(x,y)\,dx + \varphi(y) \qquad (7\text{-}42)$$

2. Die anschließende Differentiation nach y von (7-42) liefert dann

$$\frac{\partial}{\partial y}u(x,y) = \frac{\partial}{\partial y}\left(\int P(x,y)\,dx + \varphi(y)\right) = Q(x,y) \qquad (7\text{-}43)$$

3. Die weitere Integration über φ(y) liefert dann die Lösung: du = 0 ⇒ u(x,y) = C

Beispiel 7.8:

Es soll die nachfolgend gegebene Differentialgleichung gelöst werden:

$(2x + y - 1)dx + (x + 3y + 2) \cdot dy = 0$ gegebene Differentialgleichung

Mit $P(x,y) = 2x + y - 1$ und $Q(x,y) = x + 3y + 2$ gilt die Integrabilitätsbedingung:

$$\frac{\partial}{\partial y}P(x,y) = 1 = \frac{\partial}{\partial x}Q(x,y)$$

Damit ist die gegebene Differentialgleichung exakt und es gilt.

$du = (2x + y - 1)dx + (x + 3y + 2) \cdot dy$ also $\frac{\partial}{\partial x}u(x,y) = P(x,y)$ und $\frac{\partial}{\partial y}u(x,y) = P(x,y)$

Durch Integration erhalten wir:

$$u(x,y) = \int P(x,y)\,dx + \varphi(y) = \int 2x + y - 1\,dx + \varphi(y)$$

ergibt

$$u(x,y) = \int P(x,y)\,dx + \varphi(y) = x^2 + yx - x + \varphi(y)$$

Mit $\frac{\partial}{\partial y}u(x,y) = x + \frac{d}{dy}\varphi(y)$ und $\frac{\partial}{\partial y}u(x,y) = Q(x,y) = x + 3y + 2$

erhalten wir:

$x + \frac{d}{dy}\varphi(y) = x + 3y + 2$ bzw. $\frac{d}{dy}\varphi(y) = 3y + 2$

Durch Integration der letzten Gleichung folgt:

$\varphi(y) = \int 3y + 2\,dy + C_1$ ergibt $\varphi(y) = \frac{3}{2}y^2 + 2y + C_1$

Damit folgt für die Lösung:

$$u(x,y) = x^2 + yx - x + \frac{3}{2}y^2 + 2y + C_1 = C_2 \quad \Rightarrow \quad x^2 + yx - x + \frac{3}{2}y^2 + 2y = C$$

7.2.1.4 Lineare Differentialgleichungen 1. Ordnung

Eine Differentialgleichung der Form

$$y' + p(x)\,y = q(x) \qquad \textbf{(7-44)}$$

heißt inhomogene lineare Differentialgleichung 1. Ordnung. q(x) heißt Störfunktion.
Ist die Funktion q(x) = 0, so heißt die Differentialgleichung der Form

$$y' + p(x)\,y = 0 \qquad \textbf{(7-45)}$$

homogene lineare Differentialgleichung 1. Ordnung.
Die Koeffizientenfunktionen p(x) und die Störfunktion q(x) werden im Lösungsintervall $I \subseteq \mathbb{R}$ als stetig vorausgesetzt.

a) Exakte Lösung der homogenen linearen Differentialgleichung

Die Lösung der homogenen Differentialgleichung 1. Ordnung ergibt sich durch Trennung der Variablen:

$$y' + p(x)\,y = 0 \quad \Rightarrow \quad \int \frac{1}{y}\,dy = -\int p(x)\,dx \quad \Rightarrow$$

$$\ln(|y|) = -\int p(x)\,dx + \ln(|C|)$$

Daraus erhalten wir die Lösung ohne und mit eingesetzter Anfangsbedingung x_0, $y_0 = y(x_0)$:

$$y_h = C\,e^{-\int p(x)\,dx} \quad \textbf{bzw.} \quad y_h = y_0\,e^{-\int_{x_0}^{x} p(t)\,dt} \qquad \textbf{(7-46)}$$

b) Exakte Lösung der inhomogenen linearen Differentialgleichung

Die allgemeine Lösung setzt sich aus der Lösung der homogenen Differentialgleichung y_h und einer partikulären (speziellen) Lösung y_p der inhomogenen Differentialgleichung zusammen: $y = y_h + y_p$. Die partikuläre Lösung y_p wird durch Variation der Konstanten C ermittelt.
Zuerst wird für y_p die Lösung der homogenen Differentialgleichung herangezogen. Die Konstante C wird variiert, d. h. durch C(x) ersetzt. Anschließend wird y_p differenziert:

$$y_p = C(x)\,e^{-\int p(x)\,dx}$$

$$y_{p'} = C'(x)\,e^{-\int p(x)\,dx} - C(x)\,e^{-\int p(x)\,dx}\,\frac{d}{dx}\int p(x)\,dx$$

$$y_{p'} = e^{-\int p(x)\,dx}\,(C'(x) - C(x)\,p(x))$$

y_p und y_p' werden nun in die inhomogene Differentialgleichung eingesetzt. Aus dieser Gleichung kann schließlich C(x) bestimmt werden:

$$(C'(x) - C(x)\,p(x))\,e^{-\int p(x)\,dx} + C(x)\,p(x)\,e^{-\int p(x)\,dx} = q(x)$$

$$C'(x) - C(x)\,p(x) + C(x)\,p(x) = q(x)\,e^{\int p(x)\,dx}$$

$$C'(x) = q(x)\,e^{\int p(x)\,dx}$$

Durch Integration auf beiden Seiten ergibt sich C(x) zu:

$$C(x) = \int q(x)\,e^{\int p(x)\,dx}\,dx$$

Wegen der speziellen Lösung wird keine Integrationskonstante hinzugefügt.
Damit erhalten wir die partikuläre Lösung in der Form:

$$y_p = C(x)\,e^{-\int p(x)\,dx} = \left(\int q(x)\,e^{\int p(x)\,dx}\,dx\right)e^{-\int p(x)\,dx} \tag{7-47}$$

Damit erhalten wir die Lösung ohne und mit eingesetzter Anfangsbedingung x_0, $y_0 = y(x_0)$:

$$y = y_h + y_p = e^{-\int p(x)\,dx}\left(\int q(x)\,e^{\int p(x)\,dx}\,dx + C\right) \tag{7-48}$$

$$y = y_h + y_p = e^{-\int_{x_0}^{x} p(t)\,dt}\left(\int_{x_0}^{x} q(t)\,e^{\int_{x_0}^{t} p(x)\,dx}\,dt + y_0\right) \tag{7-49}$$

Die Lösungsformeln (7-48) bzw. (7-49) sind auch für die Sonderfälle p(x) = 0 und q(x) = 0, also auch für die homogene Differentialgleichung, einsetzbar!

<u>Bemerkung:</u>
Eine partikuläre Lösung y_p kann auch durch einen geeigneten Lösungsansatz, der noch einen oder mehrere Parameter enthält und von der Störfunktion abhängig ist, ermittelt werden.

Zur Berechnung in Mathcad definieren wir die vorher genannten Lösungsformeln jeweils als Funktion:
Allgemeine Lösung mit einer Konstanten C_1:

$$y(x,p,q,C_1) := e^{-\left(\int p(x)\,dx\right)}\left(\int q(x)\,e^{\int p(x)\,dx}\,dx + C_1\right) \qquad \textbf{(7-50)}$$

Spezielle Lösung mit der Anfangsbedingung x_0, $y_0 = f(x_0)$:

$$y_1(x,p,q,x_0,y_0) := e^{-\int_{x_0}^{x} p(t)\,dt}\left(\int_{x_0}^{x} q(t)\,e^{\int_{x_0}^{t} p(x)\,dx}\,dt + y_0\right) \qquad \textbf{(7-51)}$$

Wenn die Differentialgleichung von der Variablen t abhängig ist, kann (7-51) in folgender Form geschrieben werden:

$$y_{1t}(t,p,q,t_0,y_0) := e^{-\int_{t_0}^{t} p(x)\,dx}\left(\int_{t_0}^{t} q(x)\,e^{\int_{t_0}^{x} p(t)\,dt}\,dx + y_0\right) \qquad \textbf{(7-52)}$$

__Beispiel 7.9:__

Wie lautet die allgemeine Lösung der nachfolgend gegebenen Differentialgleichung?

$y' + 3x^2 y = 0$ **homogene lineare Differentialgleichung 1. Ordnung**

Wir lösen diese Differentialgleichung durch Trennung der Variablen:

$\frac{d}{dx}y = -3x^2 y \quad \Rightarrow \quad \int \frac{1}{y}\,dy = -\int 3x^2\,dx + \ln(C)$ ergibt $\ln(y) = -x^3 + \ln(C)$

$y_h = e^{-x^3+\ln(C)} = e^{\ln(C)}\,e^{-x^3} = C\,e^{-x^3}$ **gesuchte allgemeine Lösung**

Lösung mithilfe der Lösungsformel (7-50):

$x := x$ Redefinition

$p(x) := 3x^2 \qquad q(x) := 0$ Koeffizientenfunktion und Störfunktion

$y(x,p,q,C_1) \rightarrow C_1\,e^{-x^3}$ **gesuchte allgemeine Lösung**

Beispiel 7.10:

Die Zerfallsgeschwindigkeit der unzerstrahlten Masse $\frac{d}{dt}M(t)$ einer radioaktiven Substanz ist der vorhandenen Masse M(t) und einer Zerfallskonstanten λ proportional. Damit ergibt sich eine homogene lineare Differentialgleichung 1. Ordnung:

$$\frac{d}{dt}M(t) = -\lambda M(t)$$

Zum Zeitpunkt t = 0 s ist die unzerstrahlte Masse M_0 vorhanden.
Gesucht ist die grafische Darstellung des Zerfallgesetzes M(t) des β-Strahlers Tritium mit einer Halbwertszeit von 12 Jahren.

Die Differentialgleichung kann durch Trennung der Variablen einfach gelöst werden:

$$\frac{dM}{M} = -\lambda\, dt \quad \Rightarrow \quad \int \frac{1}{M}\, dM = -\int \lambda\, dt + \ln(C) \quad \text{ergibt} \quad \ln(M) = -\lambda t + \ln(C)$$

$M(t) = Ce^{-\lambda t}$ allgemeine Lösung der Differentialgleichung

Durch Einsetzen der Anfangsbedingung erhalten wir schließlich:

$M(0) = Ce^{0} = M_0$ also $C = M_0$

$M(t) = M_0 e^{-\lambda t}$ gesuchtes Zerfallsgesetz

Bestimmung der Halbwertszeit T_H:

$\frac{1}{2}M_0 = M_0 e^{-\lambda T_H}$ hat als Lösung(en) $\frac{\ln(2)}{\lambda}$ nach Variable T_H auflösen

$T_H = \frac{\ln(2)}{\lambda}$ Halbwertszeit

Jahre := Jahr Einheitendefinition

$M_0 := 10 \cdot mg$ gewählte Ausgangssubstanz

$T_H := 12 Jahre$ Halbwertszeit von Tritium

$\lambda := \frac{\ln(2)}{T_H}$ $\lambda = 1.83 \times 10^{-9} s^{-1}$ Zerfallskonstante

$M(t, M_0, \lambda) := M_0 e^{-\lambda t}$ Zerfallsgesetz

$t := 0 \cdot Jahre, 0.2 \cdot Jahre .. 48 \cdot Jahre$ Bereichsvariable

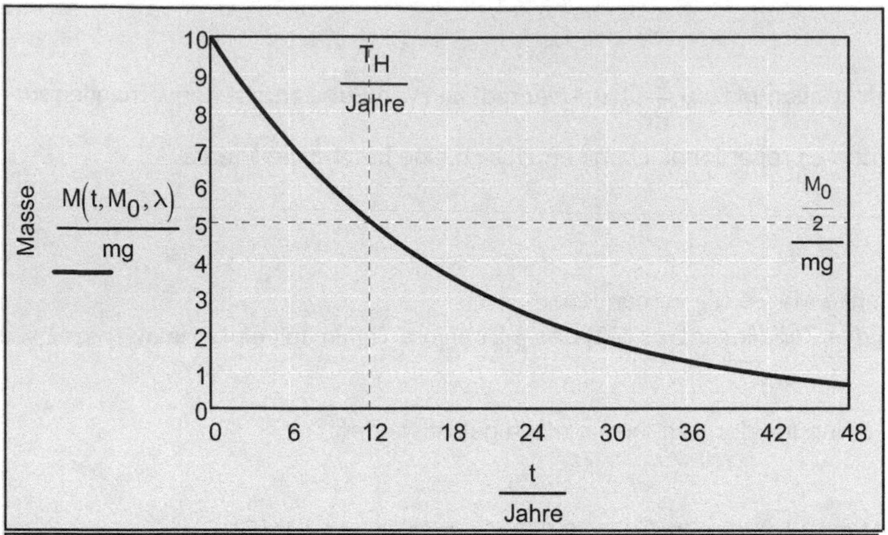

$M(12Jahre, M_0, \lambda) = 5 mg$

$M(24Jahre, M_0, \lambda) = 2.5 mg$

$M(36Jahre, M_0, \lambda) = 1.25 mg$

$M(48Jahre, M_0, \lambda) = 0.625 mg$

Abb. 7.7

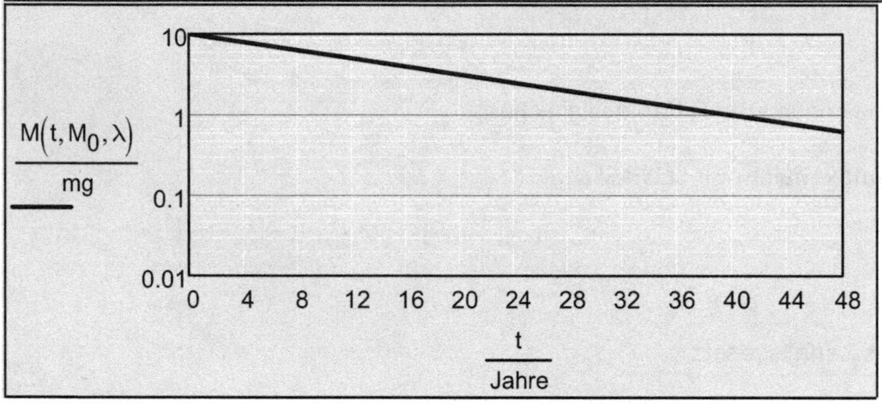

halblogarithmische Darstellung auf Exponentialpapier

Abb. 7.8

Beispiel 7.11:

Eine arretierte Zylinderscheibe wird von einem biegsamen Seil umschlungen, das an einem Ende durch die Gewichtskraft belastet wird. Mit welcher Kraft F_0 müssen wir am anderen Ende des Seils einwirken, um ein Abgleiten der Masse m zu verhindern, wenn der Haftreibungskoeffizient den Wert μ_0 = 0.5 besitzt?
Die Anfangsbedingung lautet: S(0) = F_0. Infolge der Haftreibung zwischen Seil und Zylinderscheibe ist die Seilkraft S nicht konstant, sondern eine vom Zentriwinkel φ abhängige Größe.
Ermitteln Sie die Seilkraft S(φ) durch Trennung der Variablen mithilfe der Laplace-Transformation und mit einem Näherungsverfahren. Die Seilkraft soll für F_0 = 100 N grafisch dargestellt werden.

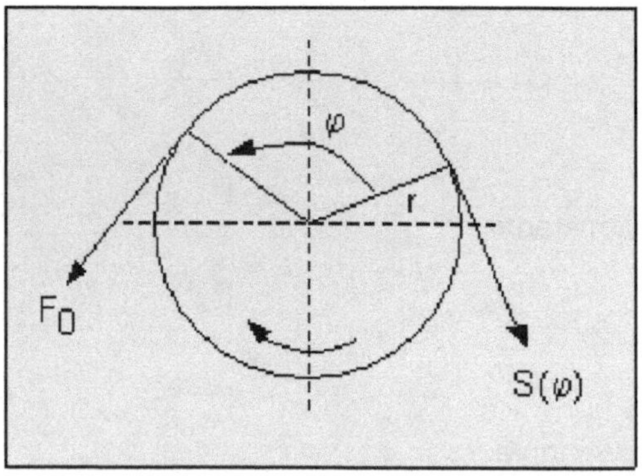

Abb. 7.9

Im Gleichgewichtszustand gilt:

$\frac{d}{d\varphi} S(\varphi) = \mu_0 S(\varphi)$ bzw. $\frac{d}{d\varphi} S(\varphi) - \mu_0 S(\varphi) = 0$ **homogene lineare Differentialgleichung 1. Ordnung**

Anfangsbedingung: $S(0) = F_0$

Exakte Lösung der Differentialgleichung durch Trennung der Variablen:

$S(\varphi) = C e^{-\int -\mu_0 \, d\varphi}$ vereinfacht auf $S(\varphi) = C e^{\varphi \mu_0}$

Anfangsbedingung einsetzen und nach C auflösen:

$F_0 = C e^{0 \mu_0}$ vereinfacht auf $F_0 = C$

$S(\varphi) = F_0 e^{\mu_0 \varphi}$ gesuchte Lösungsfunktion für die Seilkraft

Am Seilende mit der Gewichtskraft G = m g gilt ($\varphi = \pi$):

$S(\pi) = F_0 e^{0.5\pi}$

$F_0 e^{0.5\pi} = G$ hat als Lösung(en) $.20787957635076190855G$ Gleichung nach F_0 auflösen

Ein Abgleiten der Masse m wird verhindert, wenn die am einen Seilende wirkende Seilkraft rund 20 % des am anderen Seilende angehängten Gewichtes beträgt.

$\mu_0 := 0.5$ Reibungskoeffizient

$F_0 := 100N$ Kraft bei $\varphi = 0$

$S(\varphi) := F_0 e^{\mu_0 \varphi}$ Funktion (Seilkraft)

$\varphi := 0, 0.01 .. \pi$ Bereichsvariable

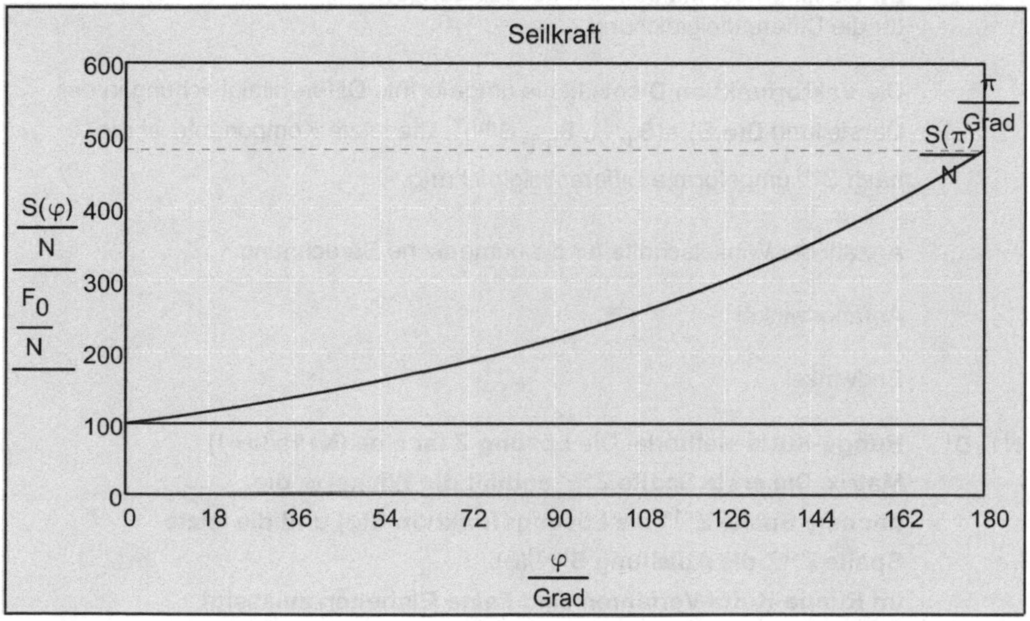

$S(\pi) = 481.048\,N$

$S(0) = 100\,N$

Abb. 7.10

Exakte Lösung der Differentialgleichung mithilfe der Laplace-Transformation:

Näheres siehe Kapitel 5 Laplace-Transformation.

$\frac{d}{d\varphi}S(\varphi) - \mu_0 S(\varphi) = 0$ **homogene lineare Differentialgleichung 1. Ordnung** $S(0) = F_0$ **Anfangsbedingung**

$\underline{\mathbf{S}}(s)\,s - F_0 - \mu_0 \underline{\mathbf{S}}(s) = 0$ Laplacetransformierte Gleichung (direkte Übersetzung)

$F_0 := F_0 \qquad \mu_0 := \mu_0$ Redefinition für die symbolische Auswertung

$\underline{\mathbf{S}}(s)\,s - F_0 - \mu_0 \underline{\mathbf{S}}(s) = 0 \text{ auflösen}, \underline{\mathbf{S}}(s) \;\rightarrow \frac{F_0}{s - \mu_0}$ Laplacetransformierte $\underline{\mathbf{S}}(s)$

$\underline{\mathbf{S}}(s)\,s - F_0 - \mu_0 \underline{\mathbf{S}}(s) = 0 \;\middle|\; \begin{array}{l}\text{auflösen}, \underline{\mathbf{S}}(s)\\ \text{invlaplace}, s\end{array} \rightarrow F_0 e^{t\mu_0}$ nach Variable $\underline{\mathbf{S}}(s)$ auflösen und inverse Transformation durchführen

$S(\varphi) = F_0 \cdot e^{\mu_0 t}$ gesuchte Seilkraft

Näherungsverfahren (Runge-Kutta-Methode (7-8)):

$\frac{d}{d\varphi}S(\varphi) - \mu_0 S(\varphi) = 0$ **homogene lineare Differentialgleichung 1. Ordnung** $S(0) = F_0$ **Anfangsbedingung**

$\mu_0 := 0.5$

$F_0 := 100$

gegebene Werte

$\text{ORIGIN} := 0$ ORIGIN festlegen

$\mathbf{aw}_0 := F_0$ **aw** ist ein Vektor mit den Anfagsbedingungen für die Differentialgleichung.

$\mathbf{D}(\varphi, \mathbf{S}) := \mu_0 \mathbf{S}_0$ Die **Vektorfunktion D** enthält die umgeformte Differentialgleichung in der Darstellung $\mathbf{D}(\varphi,\mathbf{S}) := (\mathbf{S}_1, ..., \mathbf{S}_{n-1}, \mathbf{S}^{(n)})^T$. Die letzte Komponente ist die nach $S^{(n)}$ umgeformte Differentialgleichung.

$N1 := 300$ Anzahl der Winkelschritte für die numerische Berechnung

$\varphi_a := 0$ Anfangswinkel

$\varphi_e := \pi$ Endwinkel

$\mathbf{Z} := \text{rkfest}(\mathbf{aw}, \varphi_a, \varphi_e, N1, \mathbf{D})$

$\varphi := \mathbf{Z}^{\langle 0 \rangle}$

$\mathbf{S} := \mathbf{Z}^{\langle 1 \rangle} N$

Runge-Kutta-Methode. Die Lösung Z ist eine (N+1)x(n+1) Matrix. Die erste Spalte $Z^{<0>}$ enthält die Winkel φ, die nächste Spalte $Z^{<1>}$ die Lösungsfunktion S(φ) und die letzte Spalte $Z^{<n>}$ die Ableitung $S^{(n-1)}(\varphi)$.
Im Runge-Kutta-Verfahren sind keine Einheiten zulässig!

$k := 0 .. \text{zeilen}(\mathbf{Z}) - 1$ Bereichsvariable

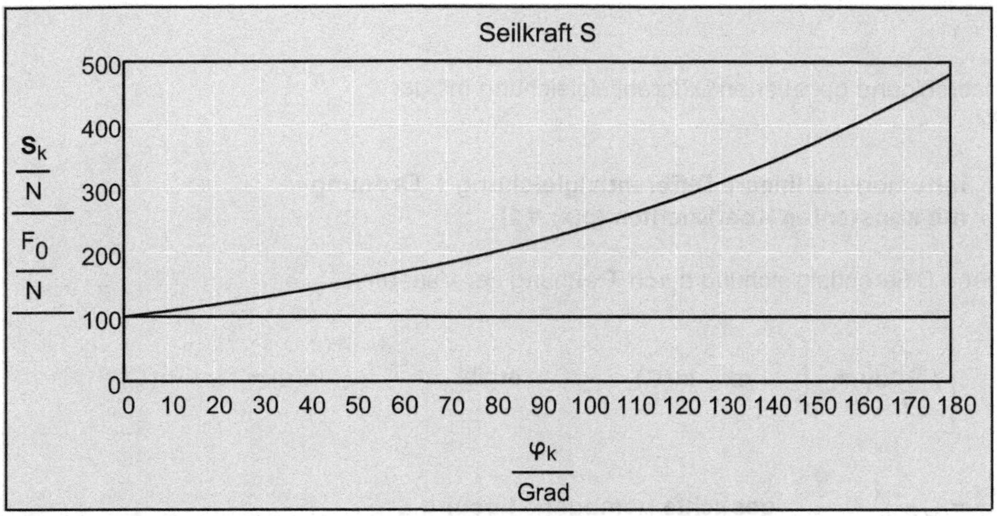

$S_{zeilen(Z)-1} = 481.048\,N$

$S_0 = 100\,N$

Abb. 7.11

Näherungsverfahren (mithilfe des Lösungsblockes (7-19)):

$\mu_0 := 0.5 \quad F_0 := 100$ gegebene Werte

$b := \pi$ Endwert des Integrationsintervalls

$n := 200$ Anzahl der Schritte

Vorgabe

$\frac{d}{d\varphi 1} S1(\varphi 1) - \mu_0 S1(\varphi 1) = 0$ **homogene lineare Differentialgleichung 1. Ordnung**

$S1(0) = F_0$ **Anfangsbedingung**

$S1 := \text{Gdglösen}(\varphi 1, b, n)$ **Die Funktionswerte S1 können nur mit S1(φ) in Tabellenform ausgegeben werden!**

$S1(\varphi 1) := S1(\varphi 1)\,N$ **Einheiten zuweisen**

$\varphi 1 := 0, 0.01 .. \pi$ **Bereichsvariable**

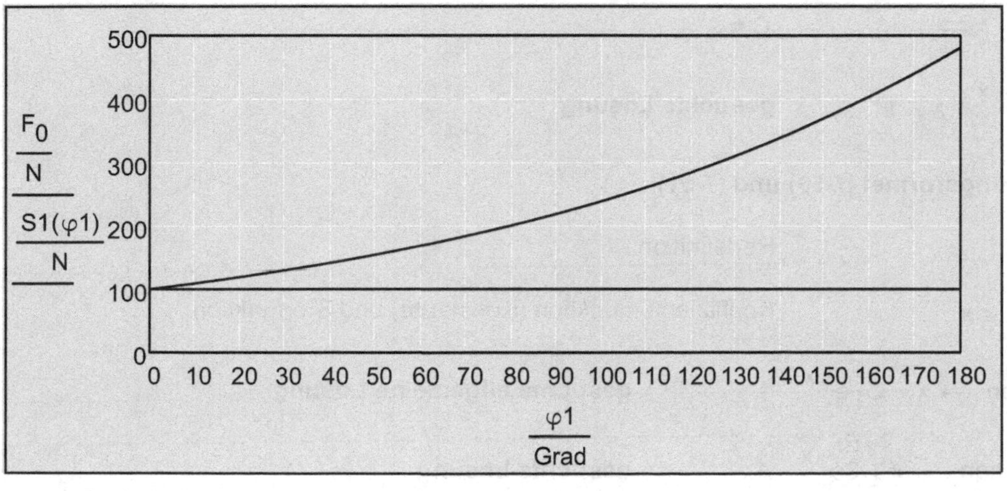

$S1(\pi) = 481.048\,N$

$S1(0) = 100\,N$

Abb. 7.12

Beispiel 7.12:

Wie lautet die Lösung der nachfolgend gegebenen Differentialgleichung mit der Anfangsbedingung y(0) = 2?

$y' + y = x$ **inhomogene lineare Differentialgleichung 1. Ordnung mit konstanten Koeffizienten (p(x) = 1)**

Wir lösen zuerst die homogene Differentialgleichung durch Trennung der Variablen:

$\frac{d}{dx}y = -y \quad \Rightarrow \quad \int \frac{1}{y}\,dy = -\int 1\,dx + \ln(C)$ ergibt $\ln(y) = -x + \ln(C)$

$y_h = e^{-x+\ln(C)} = e^{\ln(C)}e^{-x} = Ce^{-x}$ **gesuchte homogene Lösung**

Eine partikuläre Lösung erhalten wir durch Variation der Konstanten C:

$y_p(x) = C(x)e^{-x}$ $\quad y_{p'}(x) = C'(x)e^{-x} - C(x)e^{-x}$ Ansatz und Ableitung

Einsetzen in die inhomogene Differentialgleichung:

$C'(x)e^{-x} - C(x)e^{-x} + C(x)e^{-x} = x \quad \Rightarrow \quad C'(x) = xe^{x}$

$C(x) = \int xe^{x}\,dx = e^{x}(x-1)$ C(x) erhalten wir mithilfe der partiellen Integration

$y_p(x) = e^{x}(x-1)e^{-x} = x - 1$

$y(x) = y_h(x) + y_p(x) = Ce^{-x} + x - 1$ allgemeine Lösung der inhomogenen Differentialgleichung 1. Ordnung

Mit der Anfangsbedingung ergibt sich dann die Lösung zu:

$y(0) = Ce^{-0} - 1 = 2 \quad \Rightarrow \quad C = 3$

$y(x) = y_h(x) + y_p(x) = 3e^{-x} + x - 1$ **gesuchte Lösung**

Lösung mithilfe der Lösungsformel (7-50) und (7-51):

$x := x$ Redefinition

$p(x) := 1 \quad q(x) := x$ Koeffizientenfunktion (Konstante) und Störfunktion

$y(x, p, q, C_1)$ vereinfachen $\rightarrow x + C_1 e^{-x} - 1$ **gesuchte allgemeine Lösung**

$y_1(x, p, q, 0, 2)$ vereinfachen $\rightarrow x + 3e^{-x} - 1$ **gesuchte Lösung**

Beispiel 7.13:

Einem Patienten werden pro Minute 5 mg eines Medikamentes durch Tropfinfusion zugeführt; gleichzeitig werden 5 % des jeweils im Blut vorhandenen Medikamentes durch die Nieren ausgeschieden. Damit wird die **zeitliche Änderung** der im Blut vorhandenen Medikamentenmenge med(t) durch die nachfolgend gegebene Differentialgleichung angegeben. Wie lautet die Lösung der Differentialgleichung mit der Anfangsbedingung med(0) = 0.

$$\frac{d}{dt}\text{med}(t) = 5 - \frac{1}{20}\,\text{med}(t)$$

oder

$$\frac{d}{dt}\text{med}(t) + \frac{1}{20}\,\text{med}(t) = 5$$

inhomogene lineare Differentialgleichung 1. Ordnung mit konstanten Koeffizienten (p(t) = 1/20)

Lösung mithilfe der Lösungsformel (7-52):

$t := t$ Redefinition

$p(t) := \frac{1}{20}$ $\quad q(t) := 5$ Koeffizientenfunktion (Konstante) und Störfunktion

$y_{1t}(t, p, q, 0, 0)$ vereinfachen $\rightarrow 100 - 100e^{-\frac{t}{20}}$ **gesuchte Lösung**

$\text{med}(t) := 100 \cdot \text{mg} \cdot \left(1 - e^{\frac{-0.05}{\text{min}} t}\right)$ Lösung mit Einheiten

$t := 0\text{min}, 0.5\text{min} .. 120\text{min}$ Bereichsvariable

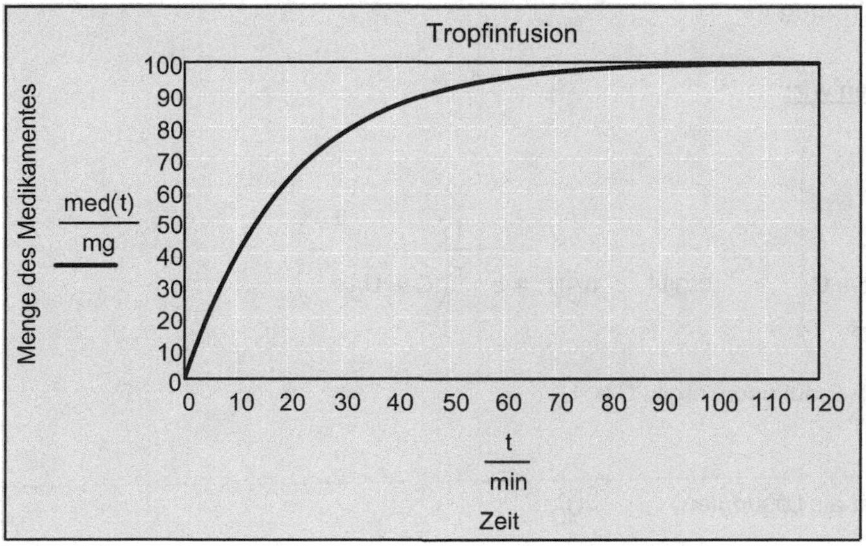

Abb. 7.13

Beispiel 7.14:

In einem Gleichstromkreis, in dem ein Ohm'scher Widerstand $R = 1\ k\Omega$ und eine Kapazität $C = 20\ \mu F$ in Serie geschaltet sind, wird zum Zeitpunkt $t = 0$ s über einen Schalter eine konstante Spannungsquelle $U_0 = 100$ V geschaltet. Wie groß ist die Teilspannung u_C am Kondensator, wenn $u_C(0\ s) = 0$ V ist? Welcher Strom i fließt im Stromkreis?
Ermitteln Sie die Spannung u_C mithilfe der Lösungsformel (7-49), mithilfe der Laplace-Transformation und mit einem Näherungsverfahren. Die Spannung u_C und der Strom i sollen auch grafisch dargestellt werden.

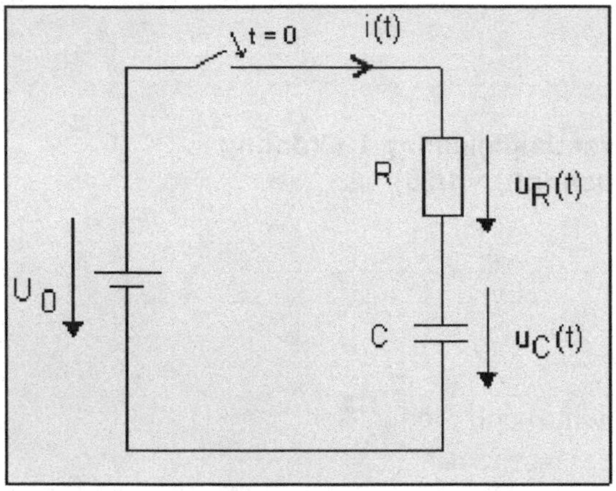

Abb. 7.14

Nach der **Maschenregel (Kirchhoff 2)** gilt: $u_R + u_C = U_0$

$u_R = Ri = RCu'_C = \tau u'_C$ mit $\tau = RC$

Die zugehörige Differentialgleichung lautet somit:

$$\tau \frac{d}{dt} u_C + u_C = U_0 \quad \text{bzw.} \quad \frac{d}{dt} u_C + \frac{1}{\tau} u_C = \frac{U_0}{\tau}$$

inhomogene lineare Differentialgleichung 1. Ordnung mit konstanten Koeffizienten p(t) = 1/τ)

$u_C(0s) = 0V$ **Anfangsbedingung**

Mit der Lösungsformel (7-49) erhalten wir:

$$u_C(t) = e^{-\int \frac{1}{\tau} dt} \left(\int \frac{U_0}{\tau} e^{\int \frac{1}{\tau} dt} dt + C \right) \quad \text{ergibt} \quad u_C(t) = e^{-\frac{t}{\tau}} \left(C + U_0 e^{\frac{t}{\tau}} \right)$$

Anfangsbedingung einsetzen und nach C auflösen, ergibt $C = -U_0$:

$$0 = e^{-\frac{0}{\tau}} \left(C + U_0 e^{\frac{0}{\tau}} \right) \quad \text{hat als Lösung(en)} \quad -U_0$$

$$u_C(t) = e^{-\frac{t}{\tau}} \cdot \left(-U_0 + U_0 e^{\frac{t}{\tau}} \right) \quad \text{vereinfacht auf} \quad u_C(t) = -U_0 \cdot \left(e^{-\frac{t}{\tau}} - 1 \right)$$

$u_C(t) = U_0 \cdot \left(1 - e^{-\frac{t}{\tau}}\right)$ Spannung am Kondensator

$i(t) = C\frac{d}{dt}u_C(t)$ Stromstärke durch den Kondensator

$U_0 \cdot \left(1 - e^{-\frac{t}{\tau}}\right)$ durch Differenzierung, ergibt $\frac{U_0 e^{-\frac{t}{\tau}}}{\tau}$

$i(t) = C\frac{U_0}{RC}e^{-\frac{t}{\tau}} = I_0 e^{-\frac{t}{\tau}}$ Stromstärke durch den Kondensator

$ms := 10^{-3}s$ Einheitendefinition

$R := 1000\Omega$ $C := 20\mu F$ $U_0 := 100V$ $\tau := RC$ $\tau = 0.02s$ vorgegebene Größen

$t := 0s, 0.0001s\,..\,6\tau$ Bereichsvariable

$u_C(t) := U_0 \cdot \left(1 - e^{-\frac{t}{\tau}}\right)$ Funktionsgleichung für die Spannung am Kondensator

$i(t) := \frac{U_0}{R} \cdot e^{\frac{-1}{\tau} \cdot t}$ Funktionsgleichung für den Strom

$u_t(t) := \frac{U_0}{\tau}t$ Anlauftangente $u_C(\tau) = 63.212V$

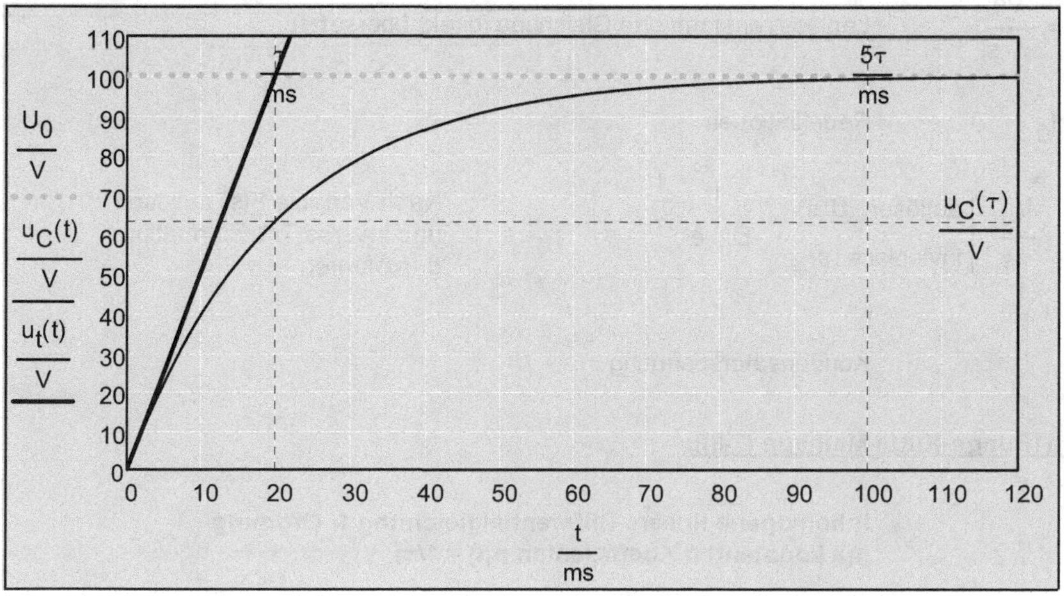

Abb. 7.15

$i_t(t) := \frac{U_0}{R} - \frac{U_0}{R\tau}t$ Anlauftangente

$i(\tau) = 36.788\,mA$ Strom zum Zeitpunkt τ

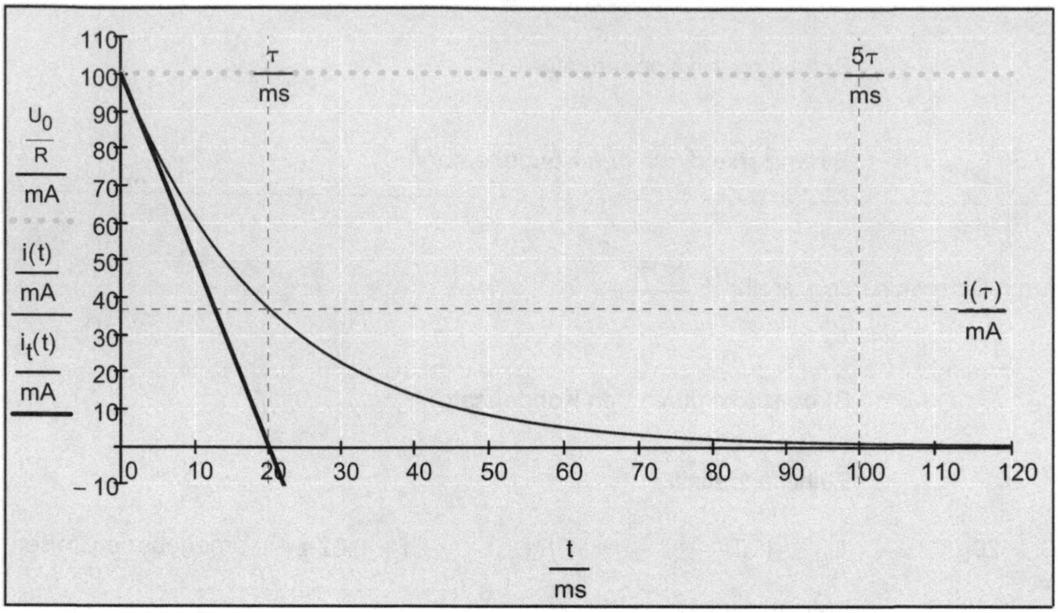

Abb. 7.16

Exakte Lösung der Differentialgleichung mithilfe der Laplace-Transformation:

Näheres siehe dazu Kapitel 5, Laplace-Transformation.

$$\frac{d}{dt}u_C(t) + \frac{1}{\tau}u_C(t) = \frac{U_0}{\tau}$$

inhomogene lineare Differentialgleichung 1. Ordnung mit konstanten Koeffizienten p(t) = 1/τ)

Anfangsbedingung: $u_C(0s) = 0V$

$$\underline{U}(s)\,s - 0 + \frac{1}{\tau}\underline{U}(s) = \frac{U_0}{\tau \cdot s}$$

Laplacetransformierte Gleichung (direkt übersetzt)

$\tau := \tau \qquad U_0 := U_0$

Redefinitionen

$$\underline{U}(s)\,s - 0 + \frac{1}{\tau}\underline{U}(s) - \frac{U_0}{\tau s} \;\left|\begin{array}{l}\text{auflösen}, \underline{U}(s)\\ \text{invlaplace}, s\end{array}\right. \rightarrow -U_0\left(e^{-\frac{t}{\tau}} - 1\right)$$

Nach Variable **F**(s) auflösen und inverse Transformation durchführen

$$u_C(t) = U_0 \cdot \left(1 - e^{-\frac{t}{\tau}}\right)$$

Kondensatorspannung

Näherungsverfahren (Runge-Kutta-Methode (7-8)):

$$\frac{d}{dt}u_C = \frac{U_0}{\tau} - \frac{1}{\tau}u_C$$

inhomogene lineare Differentialgleichung 1. Ordnung mit konstanten Koeffizienten p(t) = 1/τ)

Anfangsbedingung: $u_C(0) = 0$

$R := 1000 \qquad C := 20 \times 10^{-6} \qquad U_0 := 100 \qquad \tau := RC \qquad \tau = 0.02$

vorgegebene Größen ohne Einheiten

$\mathbf{aw} := \begin{pmatrix} 0 \\ 0 \end{pmatrix}$

aw ist ein Vektor mit den Anfangsbedingungen für die Differentialgleichung.
Hier könnte die 2. Komponente weggelassen werden!

$\mathbf{D}(t, \mathbf{U}) := \begin{pmatrix} \frac{U_0}{\tau} - \frac{1}{\tau} \mathbf{U}_0 \\ 0 \end{pmatrix}$

D enthält die umgeformte Differentialgleichung in der Darstellung **D(t,U):=(U_1, ..., U_{n-1}, $u^{(n)}(U))^T$.** Die letzte Komponente ist die nach $u^{(n)}$ umgeformte Differentialgleichung.
Hier könnte die 2. Komponente weggelassen werden!

$N1 := 300$ Anzahl der Zeitschritte für die numerische Berechnung

$t_a := 0$ Anfangszeitpunkt

$t_e := 5\tau$ Endzeitpunkt

$\mathbf{Z} := \text{rkfest}(\mathbf{aw}, t_a, t_e, N1, \mathbf{D})$

Runge-Kutta-Methode. Die Lösung Z ist eine (N+1)x(n+1) Matrix. Die erste Spalte $Z^{<0>}$ enthält die Zeitpunkte t, die nächste Spalte $Z^{<1>}$ die Lösungsfunktion $u_C(t)$ und die letzte Spalte $Z^{<n>}$ die Ableitung $u_C^{(n-1)}(t)$.

$t := \mathbf{Z}^{\langle 0 \rangle} s$ Zeitwerte

$\mathbf{u_C} := \mathbf{Z}^{\langle 1 \rangle} V$ Kondensatorspannungswerte

$k := 0 .. \text{zeilen}(\mathbf{Z}) - 1$ Bereichsvariable

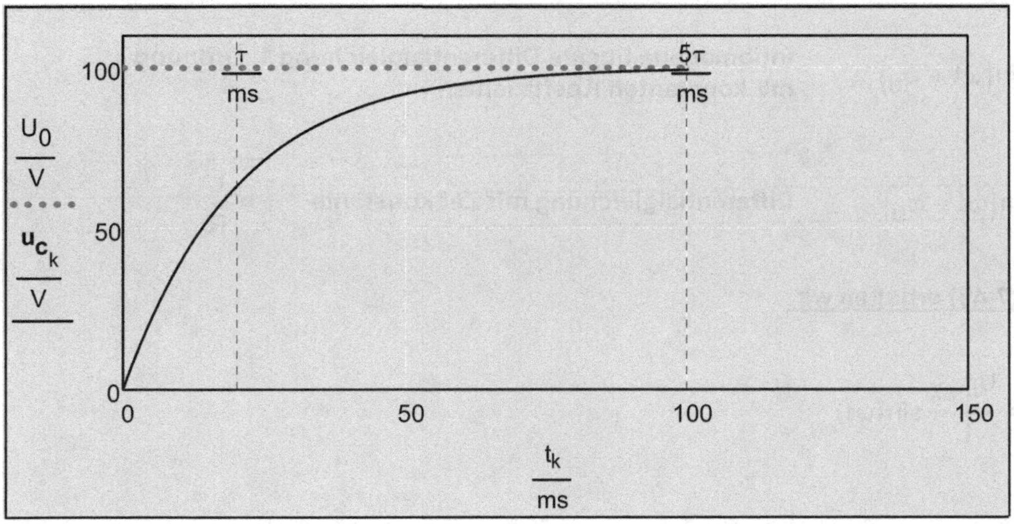

Abb. 7.17

Beispiel 7.15:

An einer Serienschaltung mit Widerstand R und Induktivität L wird zum Zeitpunkt t = 0 s eine sinusförmige Wechselspannung $u_e = U_{max} \sin(\omega t + \varphi_u)$ angelegt. Bestimmen Sie den zeitlichen Verlauf der Spannung an der Spule $u_L(t)$ und der Spannung am Widerstand $u_R(t)$ sowie des Stromes i(t).
Zum Einschaltzeitpunkt t = 0 s muss der Strom i(t) null sein, da wegen der Spule eine sprungartige Stromänderung nicht möglich ist. Die Schaltung soll für folgende Daten berechnet werden: L = 0.8 H, R = 50 Ω, U_{max} = 100 V, f = 50 Hz, φ_u = 0.

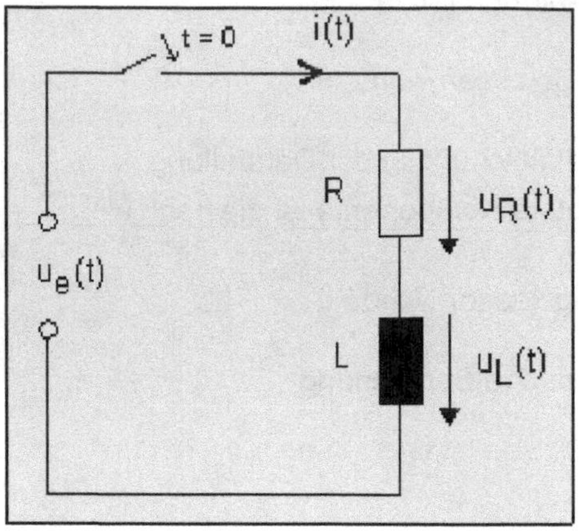

Abb. 7.18

$u_e(t) = U_{max} \sin\left(\omega t + \varphi_u\right)$ Eingangsspannung

$u_L(t) = L \frac{d}{dt} i(t)$ allgemeine Darstellung der Spannung an der Spule (Induktionsgesetz)

$u_R(t) = R\, i(t)$ allgemeine Darstellung der Spannung am Ohm'schen Widerstand

Nach der **Maschenregel (Kirchhof 2)** gilt: $\mathbf{u_R + u_L = u_e}$

Die zugehörige Differentialgleichung lautet somit:

$$\frac{d}{dt} i(t) + \frac{R}{L} i(t) = \frac{U_{max}}{L} \sin\left(\omega t + \varphi_u\right)$$

inhomogene lineare Differentialgleichung 1. Ordnung mit konstanten Koeffizienten

$$\frac{d}{dt} i(t) + \frac{1}{\tau} i(t) = \frac{U_{max}}{L} \sin\left(\omega t + \varphi_u\right)$$

Differentialgleichung mit Zeitkonstante $\tau = \frac{L}{R}$

<u>Mit der Lösungsformel (7-49) erhalten wir:</u>

$$p(t) = \frac{R}{L} \qquad q(t) = \frac{U_{max}}{L} \sin(\omega t)$$

$$i(t) = e^{-\int \frac{R}{L} dt} \left(\int \frac{U_{max}}{L} \sin\left(\omega t + \varphi_u\right) e^{\int \frac{R}{L} dt} dt + C \right)$$

vereinfacht auf

$$i(t) = \frac{R U_{max} \sin\left(\varphi_u + \omega t\right) + C R^2 e^{-\frac{Rt}{L}} - L U_{max} \omega \cos\left(\varphi_u + \omega t\right) + C L^2 \omega^2 e^{-\frac{Rt}{L}}}{L^2 \omega^2 + R^2}$$

Durch Vereinfachung des letzten Ausdruckes erhalten wir:

$$i(t) = i_h(t) + i_p(t)$$

$$i(t) = C e^{\frac{-R}{L}t} + \frac{U_{max}}{R^2 + \omega^2 L^2}\left(R \sin\left(\omega t + \varphi_u\right) - \omega L \cos\left(\omega t + \varphi_u\right)\right)$$

Mit

$$R = \sqrt{R^2 + \omega^2 L^2}\cos(\varphi 1) = Z\cos(\varphi 1)$$

$$\omega L = \sqrt{R^2 + \omega^2 L^2}\sin(\varphi 1) = Z\sin(\varphi 1)$$

erhalten wir durch Division:

$$\frac{\sin(\varphi 1)}{\cos(\varphi 1)} = \tan(\varphi 1) = \frac{\omega L}{R} \qquad \varphi 1 = \arctan\left(\frac{\omega L}{R}\right)$$

$i_p(t)$ kann dann noch mithilfe des Summensatzes $\sin(\alpha - \beta) = \sin(\alpha)\cos(\beta) - \cos(\alpha)\sin(\beta)$ und $-\varphi = \varphi_u - \varphi 1$ vereinfacht werden:

$$i_p(t) = \frac{U_{max}}{R^2 + \omega^2 L^2} Z\left(\cos(\varphi 1)\sin\left(\omega t + \varphi_u\right) - \sin(\varphi 1)\cos\left(\omega t + \varphi_u\right)\right)$$

$$i_p(t) = \frac{U_{max}\sqrt{R^2 + \omega^2 L^2}}{R^2 + \omega^2 L^2}\sin\left(\omega t + \varphi_u - \varphi 1\right) = \frac{U_{max}}{\sqrt{R^2 + \omega^2 L^2}}\sin\left(\omega t + \varphi_u - \varphi 1\right)$$

$$i_p(t) = \frac{U_{max}}{\sqrt{R^2 + \omega^2 L^2}}\sin(\omega t - \varphi)$$

$$i(t) = i_h(t) + i_p(t) = C e^{\frac{-R}{L}t} + \frac{U_{max}}{\sqrt{R^2 + \omega^2 L^2}}\sin(\omega t - \varphi)$$ **gesuchte allgemeine Lösung**

Anfangsbedingung $i(0s) = 0A$ einsetzen und nach C auflösen:

$$0 = C e^{\frac{-R}{L}0} + \frac{U_{max}}{\sqrt{R^2 + \omega^2 L^2}}\sin(\omega 0 - \varphi)$$ hat als Lösung(en) $$\frac{U_{max}\sin(\varphi)}{\sqrt{L^2\omega^2 + R^2}}$$

$$i(t) = \frac{U_{max}}{\sqrt{R^2 + \omega^2 L^2}}\left(\sin(\omega t - \varphi) + e^{\frac{-R}{L}t}\sin(\varphi)\right)$$ gesuchte Lösung

Vorgegebene Daten:

$f := 50Hz$ Frequenz der Eingangsspannung

$\omega := 2\pi f$ $\quad \omega = 314.159\,s^{-1}$ Kreisfrequenz

$U_{max} := 100V$ Amplitude der Eingangsspannung

$\varphi_u := 0Grad$ Phasenwinkel der Eingangsspannung

$R := 50\Omega$ Widerstand

$L := 0.8H$ Induktivität

$\tau := \frac{L}{R}$ $\quad \tau = 0.016\,s$ Zeitkonstante

$t_1 := 0s$ Anfangszeitpunkt

$t_2 := 0.08s$ Endzeitpunkt

$N1 := 800$ Anzahl der Schritte

$\Delta t := \frac{t_2 - t_1}{N1}$ Schrittweite

$t := t_1, t_1 + \Delta t .. t_2$ Bereichsvariable

$ms := 10^{-3}s$ Einheitendefinition

$u_e(t) := U_{max} \sin(\omega t + \varphi_u)$ Eingangsspannung

$\varphi := -\varphi_u + \operatorname{atan}\left(\frac{\omega L}{R}\right)$ Phasenverschiebung

$$i(t) := \frac{U_{max}}{\sqrt{R^2 + \omega^2 L^2}} \left(\sin(\omega t - \varphi) + e^{\frac{-R}{L}t} \sin(\varphi)\right)$$ Gesamtstrom

$u_R(t) := R\,i(t)$ Spannung am Widerstand

$u_L(t) := L\frac{d}{dt}i(t)$ Spannung an der Spule

Der Gesamtstrom **i(t)** kann in $\mathbf{i_{ein}(t)}$ und in $\mathbf{i_{stat}(t)}$ zerlegt werden:

$$i_{ein}(t) := \frac{U_{max}}{\sqrt{R^2 + \omega^2 L^2}} \left(e^{\frac{-R}{L}t} \sin(\varphi) \right)$$ Ausgleichsstrom

$$i_{stat}(t) := \frac{U_{max}}{\sqrt{R^2 + \omega^2 L^2}} \sin(\omega t - \varphi)$$ stationärer Strom

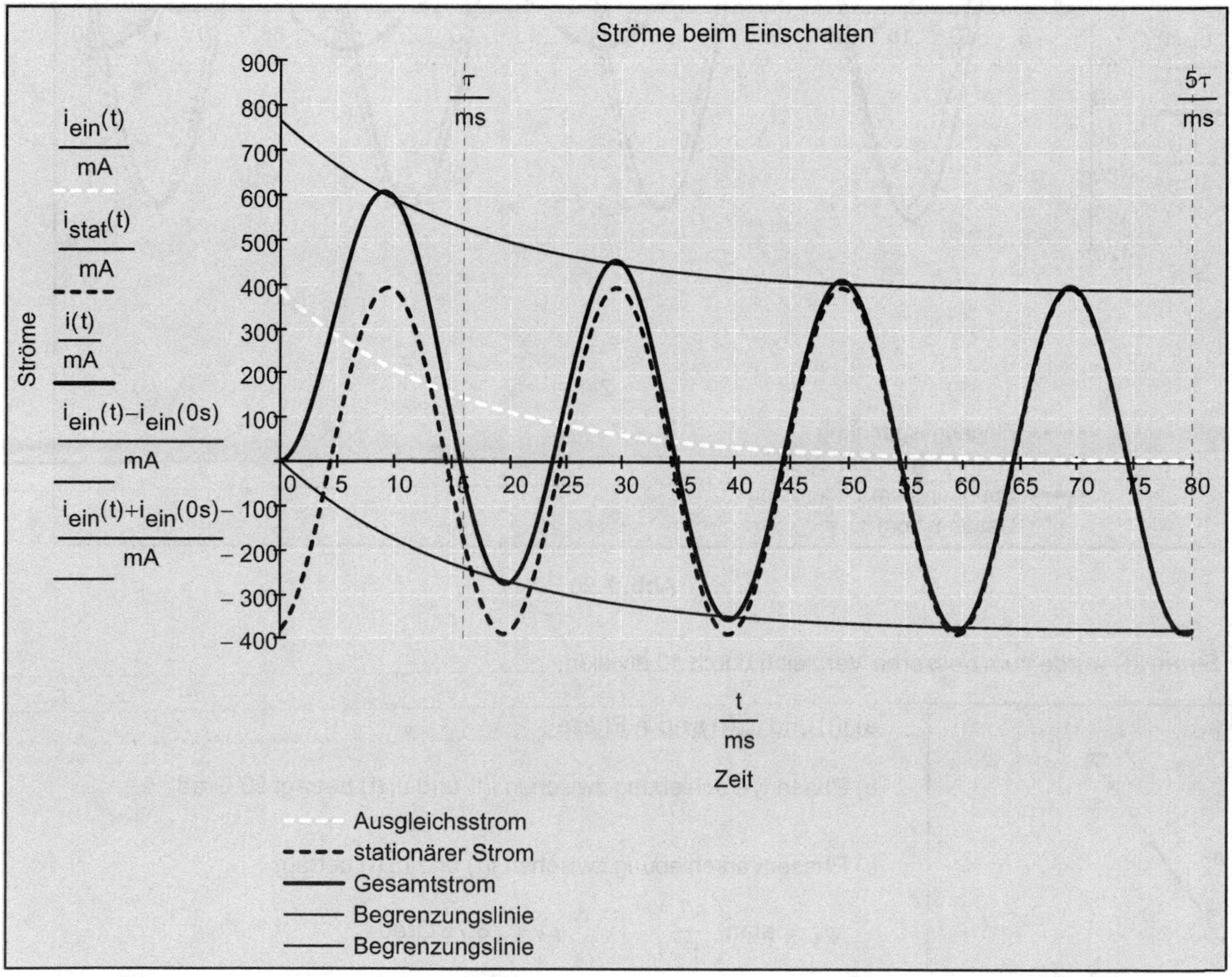

Abb. 7.19

Interpretation der Ströme:

$i(t) = i_{ein}(t) + i_{stat}(t)$ **Gesamtstrom**

$i_{ein}(t) = i_h(t)$ Der **Ausgleichsstrom** i_{ein} ist so groß, dass zum Einschaltzeitpunkt t = 0 s der Strom i(0 s) = 0 A beträgt (in der Anfangsbedingung festgelegt). Nach theoretisch unendlich langer Zeit verschwindet der Ausgleichsstrom.
Entspricht der Lösung der homogenen Differentialgleichung.

$i_{stat}(t) = i_p(t)$ **Stationärer Strom** i_{stat} ist jener Strom, der sich theoretisch nach unendlich langer Zeit einstellt; praktisch wird er nach t = 5 τ erreicht.
Entspricht der partikulären Lösung der inhomogenen Differentialgleichung.

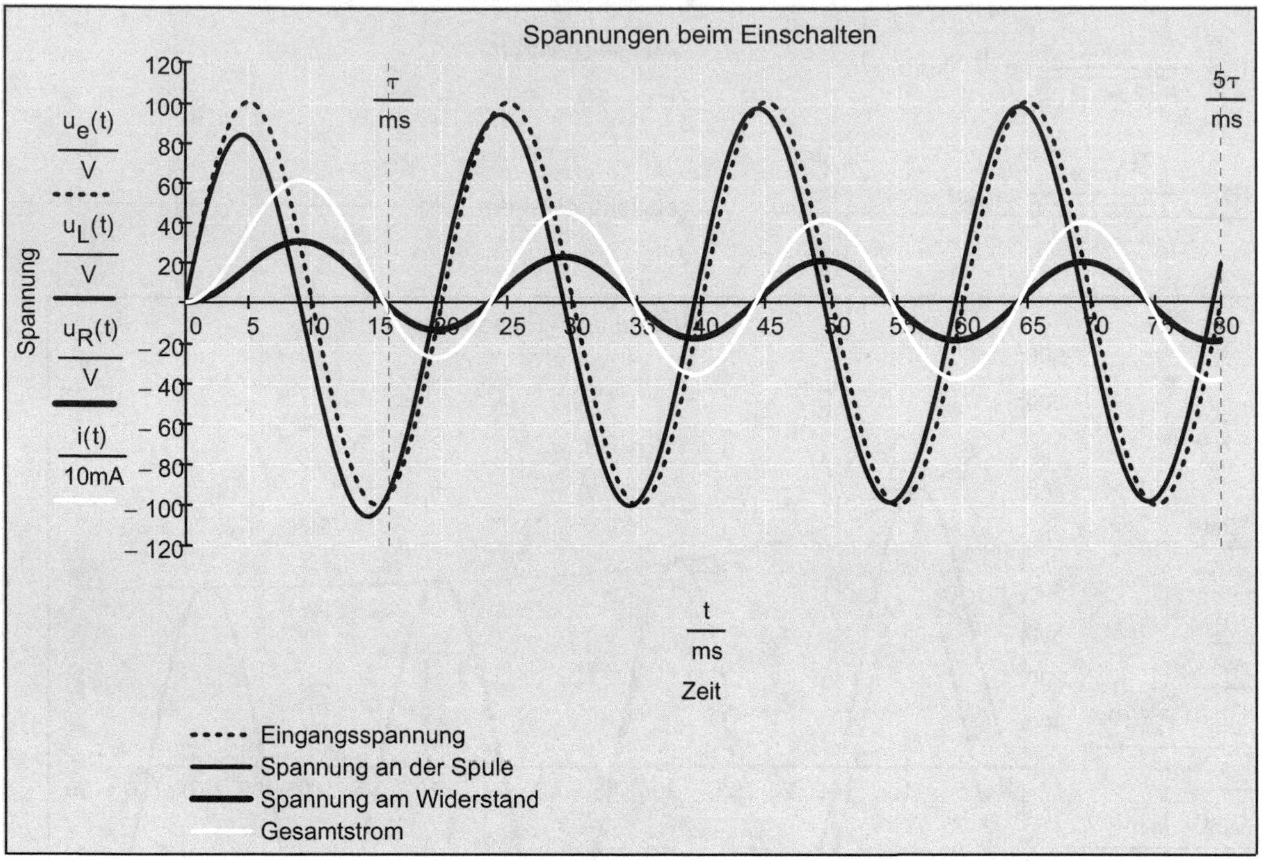

Abb. 7.20

Der Strom i(t) wurde zum besseren Vergleich durch 10 dividiert,

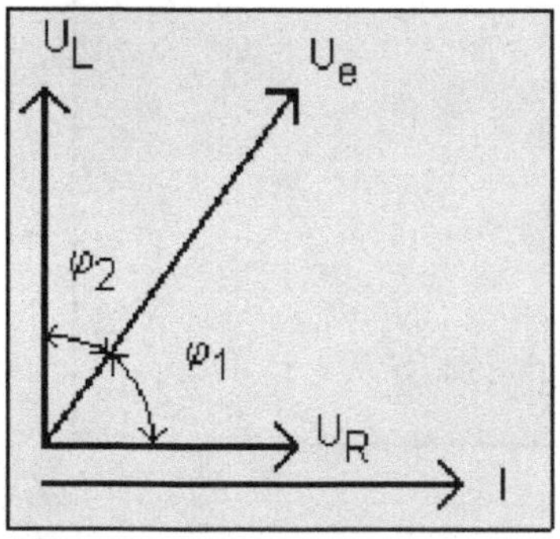

Abb. 7.21

a) i(t) und $u_{\mathbf{R}}(t)$ sind in Phase

b) Phasenverschiebung zwischen i(t) und $u_{\mathbf{L}}(t)$ beträgt 90 Grad

c) Phasenverschiebung zwischen i(t) und $u_{\mathbf{e}}(t)$ beträgt

$$\varphi_1 := \operatorname{atan}\left(\frac{\omega L}{R}\right) \qquad \varphi_1 = 78.75\,\text{Grad}$$

d) Phasenverschiebung zwischen $u_{\mathbf{L}}(t)$ und $u_{\mathbf{e}}(t)$ beträgt

$$\varphi_2 := 90\text{Grad} - \varphi_1 \qquad \varphi_2 = 11.25\,\text{Grad}$$

Beispiel 7.16:

Für einen **RC-Tiefpass** soll, ausgehend von der Kirchhoff'schen Maschengleichung, die Differentialgleichung des Übertragungssystems abgeleitet werden. Gesucht wird die Ausgangsspannung $u_a(t)$ und die Spannung $u_R(t)$ an einem einstufigen Tiefpass mit Eingangsimpulsspannung

$$u_e(t, T_p) = \Phi(t) - 2\Phi(t - 2T_p) + \Phi(t - 5T_p).$$

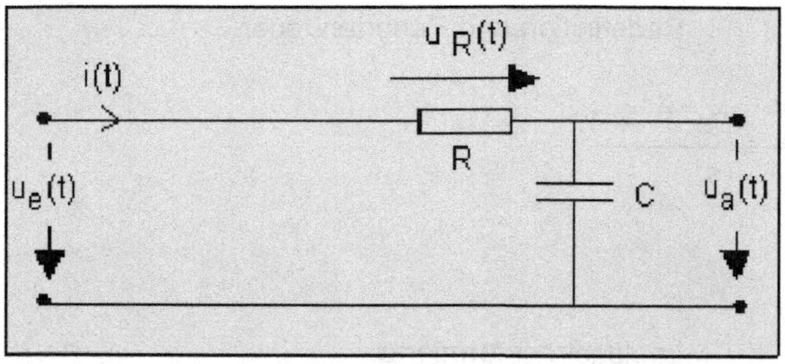

Abb. 7.22

Überlagerung zweier verschieden langer Spannungsimpulse:

$u_e(t, T_p) := \Phi(t) - 2\Phi(t - 2T_p) + \Phi(t - 5T_p)$

$T_p := 1$ Impulslänge (Tp bestimmt die Längen der beiden Impulse)

$t := -1, -1 + 0.01 .. 8$ Bereichsvariable

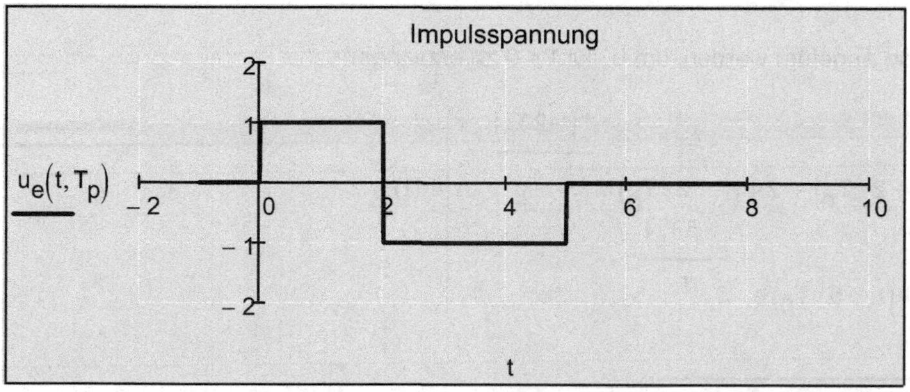

Abb. 7.23

Die Differentialgleichungen werden mithilfe der Maschengleichungen gewonnen:

$u_e(t) - u_a(t) - u_R(t) = u_e(t) - u_a(t) - i(t)R = 0$ $i(t) = \frac{d}{dt}q(t) = C\frac{d}{dt}u_c(t) = C\frac{d}{dt}u_a(t)$

$u_e(t) - u_a(t) - RC\frac{d}{dt}u_a(t) = 0$ $\tau = RC$

$u_e(t) - u_a(t) - \tau\frac{d}{dt}u_a(t) = 0$ **inhomogene lineare Differentialgleichung 1. Ordnung mit konstanten Koeffizienten**

Exakte Lösung der Differentialgleichung mithilfe der Laplace-Transformation:

Näheres siehe dazu Kapitel 5, Laplace-Transformation.

Anfangsbedingung: $u_a(0) = u_{a0} = 0$

$\tau := \tau$ Redefinition

$\underline{\mathbf{U_e}}(s) - \underline{\mathbf{U_a}}(s) - \tau s\,\underline{\mathbf{U_a}}(s) + \tau u_{a0} = 0$ auflösen, $\underline{\mathbf{U_a}}(s) \rightarrow \frac{\underline{\mathbf{U_e}}(s) + \tau u_{a0}}{\tau s + 1}$

$t := t \qquad T_p := 1$ Redefinition und Periodendauer

$$\Phi(t) - 2\Phi(t - 2T_p) + \Phi(t - 5T_p) \;\Big|\; \begin{array}{l}\text{laplace}, t\\ \text{vereinfachen}\end{array} \rightarrow \frac{e^{-5s} - 2e^{-2s} + 1}{s}$$

$$\underline{\mathbf{U_a}}(s) = \frac{\dfrac{1}{s} - 2\dfrac{e^{-2T_p s}}{s} + \dfrac{e^{-5T_p s}}{s}}{1 + \tau \cdot s}$$ Laplacetransformierte

$$\frac{\dfrac{1}{s} - 2\dfrac{e^{-2\cdot 1 s}}{s} + \dfrac{e^{-5\cdot 1 s}}{s}}{1 + \tau \cdot s}$$ hat inverse Laplace-Transformation

$$\Phi(t-5) - 2\Phi(t-2) - e^{-\frac{1}{\tau}t} + 2e^{-\frac{t-2}{\tau}}\Phi(t-2) - e^{-\frac{t-5}{\tau}}\Phi(t-5) + 1$$

Hier muss noch eine Sprungfunktion angefügt werden, um u_a für $t < 0$ zu erzwingen:

$$u_a(t, T_p, \tau) := \left[\begin{array}{l} 1 - e^{\frac{-t}{\tau}} - 2\cdot\Phi(t - 2\cdot T_p) + 2\Phi(t - 2\cdot T_p)e^{-\frac{(t-2\cdot T_p)}{\tau}} \ldots \\ + \Phi(t - 5\cdot T_p) - \Phi(t - 5\cdot T_p)e^{-\frac{(t-5\cdot T_p)}{\tau}} \end{array}\right]\Phi(t)$$

$\tau :=$

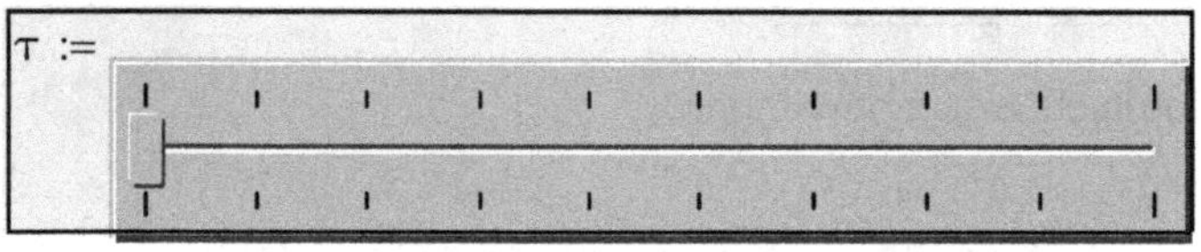

Zeitkonstante (0.1, 0.2, ... 1)

$\tau = 0.1$

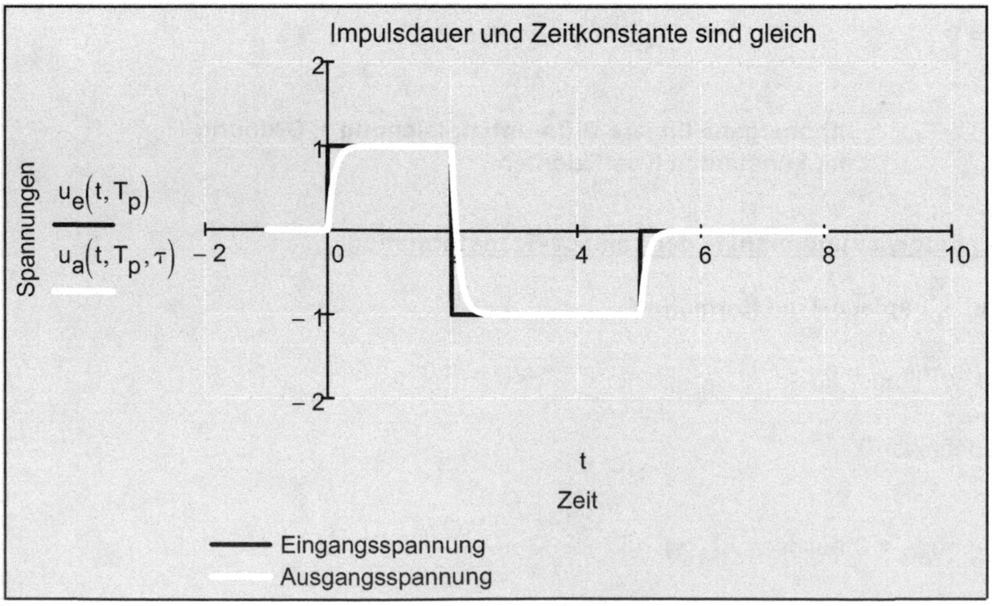

Die Impulse werden durch den Tiefpass stark verzehrt.

Abb. 7.24

Die Spannung $u_R(t)$ ergibt sich aus der Differenz von Ein- und Ausgangsspannung:

$$u_R(t, T_p, \tau) := u_e(t, T_p) - u_a(t, T_p, \tau)$$

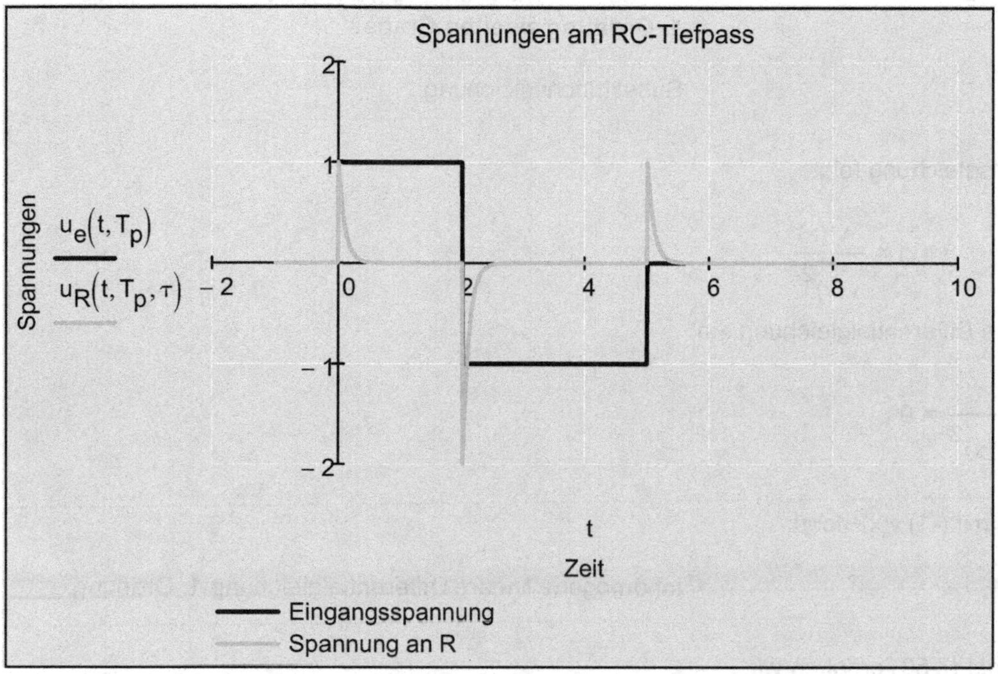

Abb. 7.25

Das näherungsweise differenzierende Verhalten bei kleiner Zeitkonstante ist hier gut zu erkennen.

7.2.1.5 Nichtlineare Differentialgleichungen 1. Ordnung

Wie bereits bei linearen Differentialgleichungen ausgeführt, existieren auch für nichtlineare Differentialgleichungen nur für Sonderfälle exakte Lösungen.
So kann z. B. die nichtlineare Bernoulli'sche Differentialgleichung 1. Ordnung und n-ten Grades

$$y'(x) + p_1(x)\,y(x) + p_2(x)\,(y(x))^n = 0 \quad \textbf{(n > 1)} \qquad \textbf{(7-53)}$$

mittels der Substitution

$$v(x) = (y(x))^{1-n} \qquad \textbf{(7-54)}$$

in folgende inhomogene lineare Differentialgleichung 1. Ordnung für v(x) übergeführt werden:

$$v'(x) + (1-n)\cdot p_1(x)\,v(x) + (1-n)p_2(x) = 0 \qquad \textbf{(7-55)}$$

Für die meisten nichtlinearen Differentialgleichungen werden zur Lösung z. B. die oben angeführten Näherungsverfahren verwendet. Es werden in diesem Abschnitt dazu nur einige Beispiele angeführt.

Beispiel 7.17:

Es soll die nachfolgend gegebene Bernoulli'sche Differentialgleichung exakt gelöst werden.

$$y'(x) - y(x) - x y(x)^2 = 0$$

Bernoulli'sche nichtlineare Differentialgleichung 1. Ordnung zweiten Grades

$$v(x) = \frac{1}{y(x)}$$

Substitutionsgleichung

Aus der Substitutionsgleichung folgt:

$$y(x) = \frac{1}{v(x)} \quad \text{und} \quad y'(x) = \frac{-v'(x)}{v(x)^2}$$

Wir setzen nun in die Differentialgleichung ein:

$$\frac{-v'(x)}{v(x)^2} - \frac{1}{v(x)} - x\frac{1}{v(x)^2} = 0$$

Durch Multiplikation mit (-1) $v(x)^2$ folgt:

$$v'(x) + v(x) + x = 0$$

inhomogene lineare Differentialgleichung 1. Ordnung

Mit der Lösungsformel (7-50) erhalten wir:

$x := x$ Redefinition

$p(x) := 1 \qquad q(x) := -x$ Koeffizientenfunktion (Konstante) und Störfunktion

$$y(x, p, q, C_1) \text{ erweitern } \rightarrow C_1 e^{-x} - x + 1$$

$$v(x) = y(x, p, q, C_1) = C_1 e^{-x} - x + 1$$

gesuchte allgemeine Lösung v(x) für die inhomogene lineare Differentialgleichung 1. Ordnung

$$y(x) = \frac{1}{v(x)} = \frac{1}{C_1 e^{-x} - x + 1}$$

gesuchte allgemeine Lösung y(x) der Bernoulli'schen nichtlinearen Differentialgleichung 1. Ordnung zweiten Grades

Beispiel 7.18:

Bestimmen Sie für den freien Fall mit Luftwiderstand die Geschwindigkeit v(t), den Fallweg s(t) und die Beschleunigung a(t). Es gelten die Anfangsbedingungen v(0 s) = 0 m/s und s(0 s) = 0 m. Nach welcher Zeit t hat ein Fallschirmspringer der Masse m = 100 kg 95 % der Endgeschwindigkeit erreicht, wenn im freien Fall seine stationäre Geschwindigkeit $v_s = v_{max}$ = 180 km/h beträgt? Wie groß ist nach dieser Zeit t der zurückgelegte Weg s(t) und die Beschleunigung a(t)?

Die Gleichgewichtsbedingung lautet: $F = F_G + F_L$

$$m\frac{d}{dt}v(t) = m g - k v(t)^2 \quad \text{bzw.} \quad \frac{d}{dt}v(t) = g\left(1 - \frac{k}{m g} v(t)^2\right)$$

nichtlineare Differentialgleichung 1. Ordnung und 2. Grades

Durch Trennung der Variablen erhalten wir:

$$\int \frac{1}{1-\frac{k}{m\,g}v^2}\,dv = g\int 1\,dt$$

Mit der Substitution $u = \sqrt{\frac{k}{m\,g}}\,v$ und $dv = \sqrt{\frac{m\,g}{k}}\,du$ ergibt sich:

$$\sqrt{\frac{m\,g}{k}}\int \frac{1}{1-u^2}\,du = g\int 1\,dt + C_1 \qquad \text{ergibt} \qquad \sqrt{\frac{m\,g}{k}}\,\operatorname{artanh}(u) = g\,t + C_1$$

Durch Rücksubstitution folgt:

$$\sqrt{\frac{m\,g}{k}}\,\operatorname{artanh}\left(\sqrt{\frac{k}{m\,g}}\,v(t)\right) = g\,t + C_1$$

Berücksichtigen wir die Anfangsbedingung $v(0) = 0$, so folgt $C_1 = 0$. Durch Umformung und mit der Umkehrfunktion erhalten wir schließlich:

$$\operatorname{artanh}\left(\sqrt{\frac{k}{m\,g}}\,v(t)\right) = \sqrt{\frac{k}{m\,g}}\,g\,t$$

$$\sqrt{\frac{k}{m\,g}}\,v(t) = \tanh\left(\sqrt{\frac{k}{m\,g}}\,g\,t\right)$$

$$v(t) = \sqrt{\frac{m\,g}{k}}\,\tanh\left(\sqrt{\frac{k}{m\,g}}\,g\,t\right) \qquad \text{Geschwindigkeits-Zeit-Gesetz}$$

Die stationäre Geschwindigkeit (maximal erreichbare Geschwindigkeit) erhalten wir aus:

$$v_s = v_{max} = \lim_{t\to\infty}\left(\sqrt{\frac{m\,g}{k}}\,\tanh\left(\sqrt{\frac{k}{m\,g}}\,g\,t\right)\right) = \sqrt{\frac{m\,g}{k}}$$

Damit lässt sich das Geschwindigkeits-Zeit-Gesetz vereinfachen zu:

$$\boxed{v(t) = v_s\,\tanh\left(\frac{g}{v_s}t\right)}$$

Aus $v(t) = \frac{d}{dt}s(t)$ erhalten wir das Weg-Zeit-Gesetz:

$$s(t) = \int v(t)\,dt = v_s\int \tanh\left(\frac{g}{v_s}t\right)dt + C_2 = v_s\ln\left(\cosh\left(\frac{g}{v_s}t\right)\right)\frac{v_s}{g} + C_2$$

wegen $\tanh(x) = \sinh(x)/\cosh(x)$ und $\sinh(x)\,dx = d(\cosh(x))$

Berücksichtigen wir die Anfangsbedingung s(0) = 0, so folgt $C_2 = 0$. Wir erhalten dann schließlich:

$$s(t) = \frac{v_s^2}{g} \ln\left(\cosh\left(\frac{g}{v_s} t\right)\right)$$

Das Beschleunigungs-Zeit-Gesetz erhalten wir aus folgendem Zusammenhang:

$$\frac{d^2}{dt^2} s(t) = \frac{d}{dt} v(t) = a(t) = g - \frac{k}{m} v(t)^2 = g - \frac{k}{m} v_s^2 \tanh\left(\frac{g}{v_s} t\right)^2 = g - \frac{k}{m} \frac{mg}{k} \tanh\left(\frac{g}{v_s} t\right)^2$$

$$a(t) = g\left(1 - \tanh\left(\frac{g}{v_s} t\right)^2\right)$$

Fallschirmspringer:

$v_s := 50 \frac{m}{s}$ stationäre Geschwindigkeit

$0.95 v_s = v_s \tanh\left(\frac{g}{v_s} t\right)$ hat als Lösung(en) $\frac{1.83178082306482321 37 v_s}{g}$

$t_{95} := \frac{1.8317808230648232137 \cdot v_s}{g}$ $t_{95} = 9.339\,s$ Nach dieser Zeit erreicht der Springer 95 % seiner Endgeschwindigkeit.

$s1(t) := \frac{v_s^2}{g} \ln\left(\cosh\left(\frac{g}{v_s} t\right)\right)$ $s1(t_{95}) = 296.725\,m$ zurückgelegter Weg

$v(t) := v_s \tanh\left(\frac{g}{v_s} t\right)$ $v(t_{95}) = 47.5 \frac{m}{s}$ Geschwindigkeit zu diesem Zeitpunkt

$a(t) := g\left(1 - \tanh\left(\frac{g}{v_s} t\right)^2\right)$ $a(t_{95}) = 0.956 \frac{m}{s^2}$ Beschleunigung zu diesem Zeitpunkt

$t := 0s, 0.01s .. 15s$ Bereichsvariable

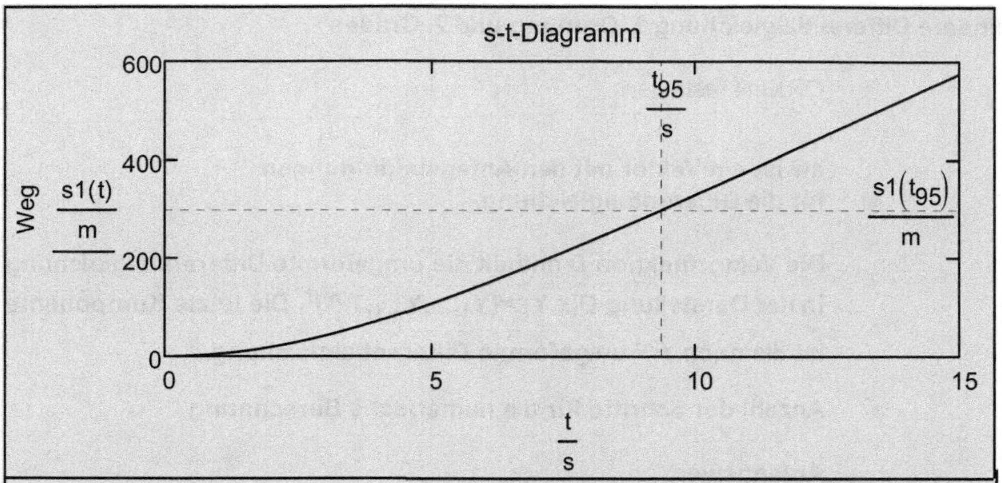

Abb. 7.26

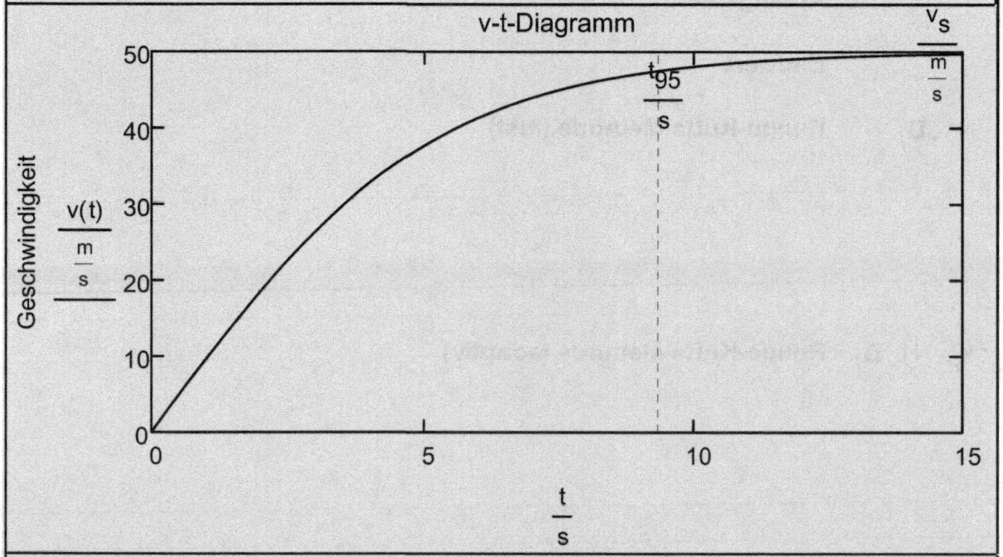

Abb. 7.27

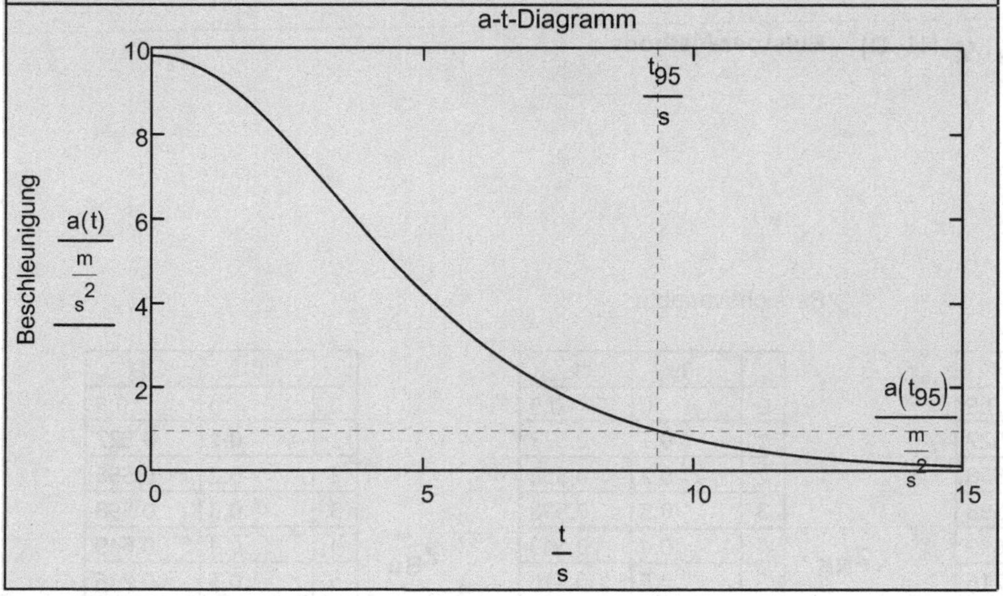

Abb. 7.28

Beispiel 7.19:

Vergleichen Sie die Lösung der gegebenen nichtlinearen Differentialgleichung erster Ordnung und 2. Grades mit der Anfangsbedingung y(0) = 1/2 numerisch und grafisch im Intervall [0, 1], wenn sie mit **rkfest**, **Rkadapt und Bulstoer** berechnet wird.

$y' = x^2 + y^2$ **nichtlineare Differentialgleichung 1. Ordnung und 2. Grades**

$ORIGIN := 0$ ORIGIN festlegen

$\mathbf{aw}_0 := \frac{1}{2}$ **aw ist ein Vektor mit den Anfagsbedingungen für die Differentialgleichung.**

$\mathbf{D}(x, \mathbf{Y}) := x^2 + \mathbf{Y}^2$ **Die Vektorfunktion D enthält die umgeformte Differentialgleichung in der Darstellung $D(x,Y) := (Y_1,...,Y_{n-1},Y^{(n)})^T$. Die letzte Komponente ist die nach $Y^{(n)}$ umgeformte Differentialgleichung.**

$N1 := 10$ **Anzahl der Schritte für die numerische Berechnung**

$x_a := 0$ **Anfangswert**

$x_e := 1$ **Endwert**

$\mathbf{Z_{rK}} := \text{rkfest}(\mathbf{aw}, x_a, x_e, N1, \mathbf{D})$ **Runge-Kutta-Methode (fest)**

$\mathbf{x_{rK}} := \mathbf{Z_{rK}}^{\langle 0 \rangle}$

$\mathbf{y_{rK}} := \mathbf{Z_{rK}}^{\langle 1 \rangle}$

$\mathbf{Z_{RK}} := \text{Rkadapt}(\mathbf{aw}, x_a, x_e, N1, \mathbf{D})$ **Runge-Kutta-Methode (adaptiv)**

$\mathbf{x_{RK}} := \mathbf{Z_{RK}}^{\langle 0 \rangle}$

$\mathbf{y_{RK}} := \mathbf{Z_{RK}}^{\langle 1 \rangle}$

$\mathbf{Z_{Bu}} := \text{Bulstoer}(\mathbf{aw}, x_a, x_e, N1, \mathbf{D})$ **Bulstoer-Methode**

$\mathbf{x_{Bu}} := \mathbf{Z_{Bu}}^{\langle 0 \rangle}$

$\mathbf{y_{Bu}} := \mathbf{Z_{Bu}}^{\langle 1 \rangle}$

$k := 0 .. \text{zeilen}(\mathbf{Z_{rK}}) - 1$ Bereichsvariable

$\mathbf{Z_{rK}} =$

	0	1
0	0	0.5
1	0.1	0.527
2	0.2	0.558
3	0.3	0.598
4	0.4	0.649
5	0.5	0.716
6	0.6	0.804
7	0.7	0.92
8	0.8	1.075
9	0.9	1.286
10	1	...

$\mathbf{Z_{RK}} =$

	0	1
0	0	0.5
1	0.1	0.527
2	0.2	0.558
3	0.3	0.598
4	0.4	0.649
5	0.5	0.716
6	0.6	0.804
7	0.7	0.92
8	0.8	1.075
9	0.9	1.286
10	1	...

$\mathbf{Z_{Bu}} =$

	0	1
0	0	0.5
1	0.1	0.527
2	0.2	0.558
3	0.3	0.598
4	0.4	0.649
5	0.5	0.716
6	0.6	0.804
7	0.7	0.92
8	0.8	1.075
9	0.9	1.286
10	1	...

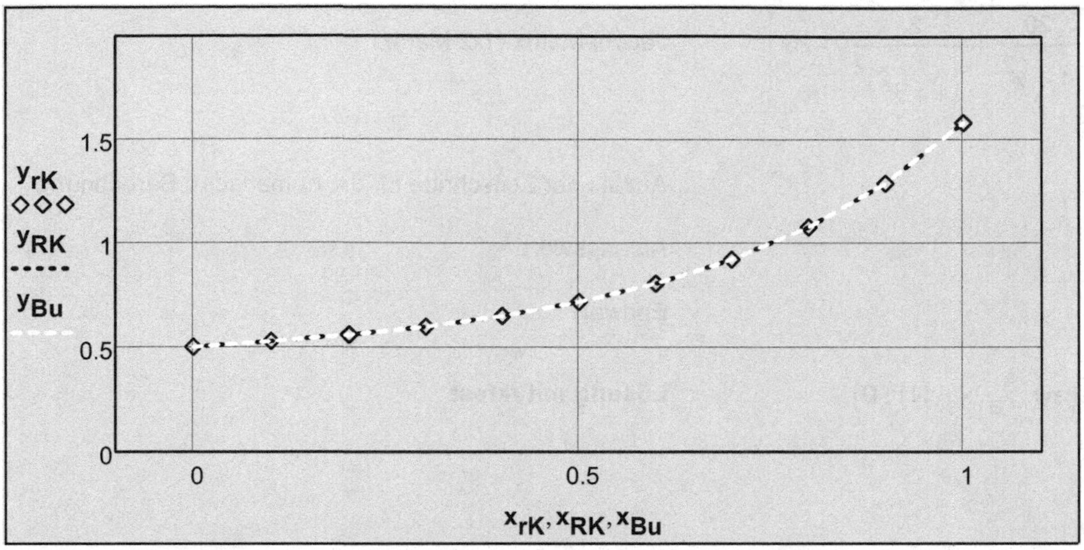

Abb. 7.29

7.2.1.6 Steife Differentialgleichungen 1. Ordnung

Differentialgleichungen und Differentialgleichungssysteme der Physik, Chemie oder Biologie besitzen oft die Eigenschaft aus unterschiedlich schnell exponentiell abklingenden Anteilen zu bestehen. Das Verhältnis von der größten zur kleinsten Abklingkonstanten ist im Wesentlichen die Steifheit des Systems. Ist diese Steifheit groß, so versagen herkömmliche numerische Lösungsmethoden wie das Runge-Kutta-Verfahren. Numerische Instabilitäten oder Oszillationen können die Folge sein. Wenn z. B. die numerisch gefundene Lösung extrem von der zeitlichen Schrittweite abhängt, sollten wir auf der Hut sein. Am besten versuchen wir in solchen Fällen anstatt der numerischen Lösungsfunktion "rkfest" (Runge-Kutta-Methode) eine der beiden Lösungsfunktionen "Stiffb" (Burlisch-Stoer-Methode für steife Differentialgleichungs-systeme) oder "Stiffr" (Rosenbrock-Methode für steife Differentialgleichungssysteme). Nachfolgend soll dies an einem Beispiel demonstriert werden.

Beispiel 7.20:

Anhand der nachfolgend gegebenen steifen Differentialgleichung 1. Ordnung soll die Lösung, ermittelt mithilfe verschiedener numerischer Lösungsverfahren in Mathcad, mit der exakten Lösung im Intervall [0, 5] verglichen werden.

$$\frac{d}{dx}y(x) = -20(y - \arctan(x)) + \frac{1}{1+x^2}$$ **steife Differentialgleichung 1. Ordnung**

$y(0) = 1$ **Anfangsbedingung**

$y(x) := e^{-20x} + \mathrm{atan}(x)$ **exakte Lösung der Differentialgleichung**

ORIGIN := 0 ORIGIN festlegen

$\mathbf{aw}_0 := 1$ Vektorkomponente mit Anfangsbedingung

$$\mathbf{D}(x, \mathbf{Y}) := -20(\mathbf{Y} - \mathrm{atan}(x)) + \frac{1}{1+x^2}$$ Vektorfunktion mit der umgeformten Differentialgleichung

$$\mathbf{J1}(x,\mathbf{Y}) := \begin{bmatrix} \frac{20}{1+x^2} + \frac{-2 \cdot x}{\left(1+x^2\right)^2} & -20 \end{bmatrix}$$ Jacobi-Matrix (1x2 Matrix)

$N1 := 40$ Anzahl der Zeitschritte für die numerische Berechnung

$x_a := 0$ Anfangswert

$x_e := 5$ Endwert

$\mathbf{Z_{rK}} := \text{rkfest}(\mathbf{aw}, x_a, x_e, N1, \mathbf{D})$ **Lösung mit rkfest**

$\mathbf{x_{rK}} := \mathbf{Z_{rK}}^{\langle 0 \rangle}$

$\mathbf{y_{rK}} := \mathbf{Z_{rK}}^{\langle 1 \rangle}$

$\mathbf{Z_{RK}} := \text{Rkadapt}(\mathbf{aw}, x_a, x_e, N1, \mathbf{D})$ **Lösung mit Rkadapt**

$\mathbf{x_{RK}} := \mathbf{Z_{RK}}^{\langle 0 \rangle}$

$\mathbf{y_{RK}} := \mathbf{Z_{RK}}^{\langle 1 \rangle}$

$\mathbf{Z_{Bu}} := \text{Bulstoer}(\mathbf{aw}, x_a, x_e, N1, \mathbf{D})$ **Lösung mit Bulstoer**

$\mathbf{x_{Bu}} := \mathbf{Z_{Bu}}^{\langle 0 \rangle}$

$\mathbf{y_{Bu}} := \mathbf{Z_{Bu}}^{\langle 1 \rangle}$

$\mathbf{aw1}_0 := 1$

$\mathbf{Z_{Stb}} := \text{Stiffb}(\mathbf{aw1}, x_a, x_e, N1, \mathbf{D}, \mathbf{J1})$ **Lösung mit Stiffb**

$\mathbf{x_{Stb}} := \mathbf{Z_{Stb}}^{\langle 0 \rangle}$

$\mathbf{y_{Stb}} := \mathbf{Z_{Stb}}^{\langle 1 \rangle}$

$\mathbf{Z_{Str}} := \text{Stiffr}(\mathbf{aw1}, x_a, x_e, N1, \mathbf{D}, \mathbf{J1})$ **Lösung mit Stiffr**

$\mathbf{x_{Str}} := \mathbf{Z_{Str}}^{\langle 0 \rangle}$

$\mathbf{y_{Str}} := \mathbf{Z_{Str}}^{\langle 1 \rangle}$

$x := 0, 0.01 .. 5$ Bereichsvariable

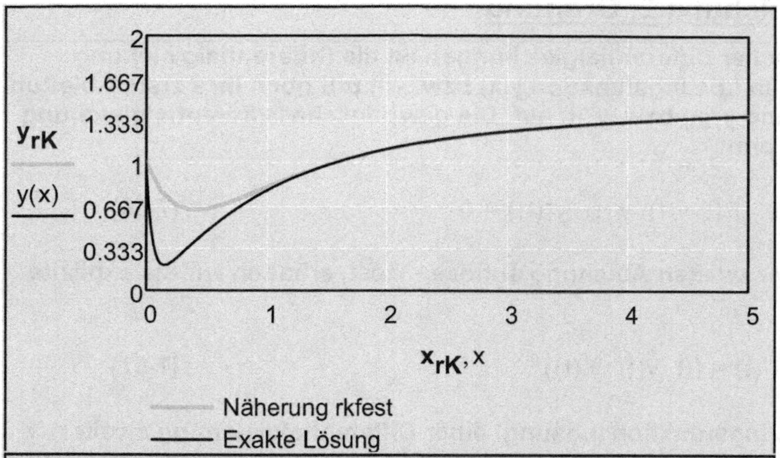

rkfest liefert hier kein brauchbares Ergebnis!

Abb. 7.30

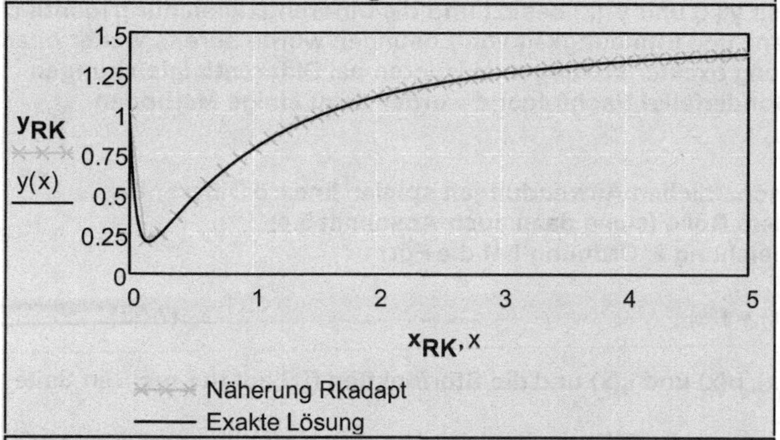

Abb. 7.31

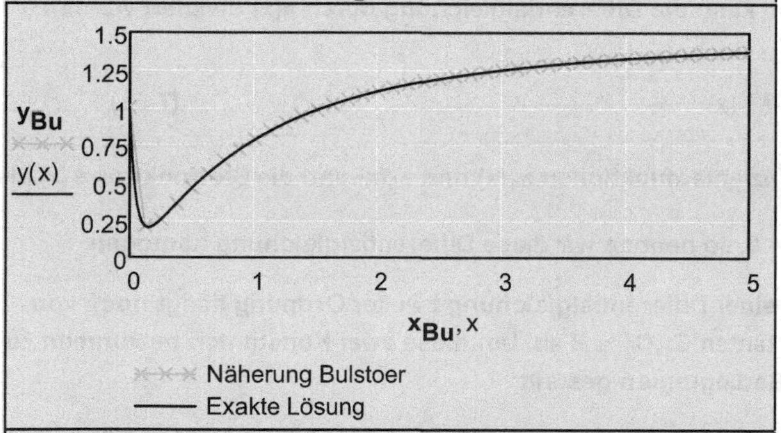

Abb. 7.32

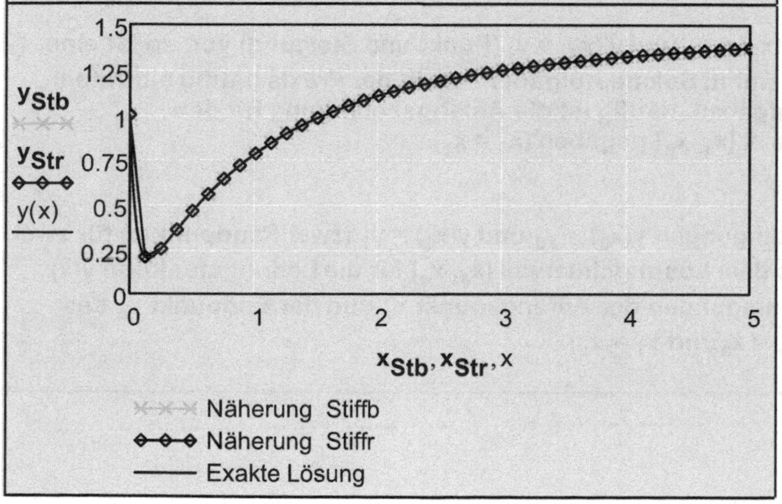

Abb. 7.33

7.2.2 Die gewöhnliche Differentialgleichung 2. Ordnung

Eine weitere wichtige Form gewöhnlicher Differentialgleichungen ist die Differentialgleichung zweiter Ordnung. Neben der gesuchten Lösungsfunktion y(x) bzw. y(t) tritt noch ihre erste Ableitung y'(x) bzw. y'(t) und ihre zweite Ableitung y''(x) bzw. y''(t) auf. Die gewöhnliche Differentialgleichung zweiter Ordnung lautet in impliziter Form:

$$F(x, y(x), y'(x), y''(x)) = 0 \quad \textbf{bzw.} \quad F(t, y(t), y'(t), y''(t)) = 0 \tag{7-56}$$

Wenn sich die implizite Form nach der zweiten Ableitung auflösen lässt, erhalten wir die explizite Form:

$$y''(x) = f(x, y(x), y'(x)) \quad \textbf{bzw.} \quad y''(t) = f(t, y(t), y'(t)) \tag{7-57}$$

Eine Funktion y(x) bzw. y(t) heißt Lösungsfunktion (Lösung) einer Differentialgleichung zweiter Ordnung, wenn sie stetige Ableitungen y'(x) und y''(x) besitzt und die Differentialgleichung identisch erfüllt. Auf die Problematik der Existenz und Eindeutigkeit von Lösungen wurde bereits weiter oben hingewiesen. Methoden zur Berechnung exakter Lösungen existieren bei Differentialgleichungen zweiter Ordnung nur für bestimmte Sonderfälle! Nachfolgend werden dazu einige Methoden betrachtet.

In den technischen und naturwissenschaftlichen Anwendungen spielen lineare Differentialgleichungen 2. Ordnung eine besondere Rolle (siehe dazu auch Abschnitt 5.4).
Die inhomogene lineare Differentialgleichung 2. Ordnung hat die Form

$$a(x)\,y''(x) + b(x)\,y'(x) + c(x)\,y(x) = f(x)\,, \tag{7-58}$$

wobei die Koeffizientenfunktionen a(x), b(x) und c(x) und die Störfunktion f(x) auf der rechten Seite als stetig vorausgesetzt werden.
Setzen wir voraus, dass $a(x) \neq 0$ ist, so kann die Differentialgleichung durch a(x) dividiert werden. Wir erhalten dann die Form

$$y''(x) + a_1(x)\,y'(x) + a_0(x)\,y(x) = s(x) \tag{7-59}$$

Auch hier setzen wir wieder die Koeffizientenfunktionen $a_1(x)$ und $a_0(x)$ und die Störfunktion s(x) als stetig voraus.
Ist die Störfunktion f(x) = 0 bzw. s(x) = 0, so nennen wir diese Differentialgleichung homogen.

Die allgemeine Lösung $y = f(x,C_1,C_2)$ einer Differentialgleichung zweiter Ordnung hängt noch von zwei frei wählbaren Integrationskonstanten $C_1, C_2 \in \mathbb{R}$ ab. Um diese zwei Konstanten bestimmen zu können, werden dazu verschiedene Bedingungen gestellt:

Anfangswertaufgaben:
Geben wir eine Anfangsbedingung $y(x_0) = y_0$ und $y'(x_0) = y_1$ (Punkt und Steigung) vor, so ist eine eindeutige Lösungsfunktion y(x) bestimmt. Solche Aufgaben, die in der Praxis häufig auftreten, nennen wir auch hier Anfangswertaufgaben. Häufig ist die Anfangsbedingung für den Anfangspunkt x_a des Lösungsintervalls $[x_a, x_e]$ gegeben ($x_0 = x_a$).

Randwertaufgaben:
Bei Randwertaufgaben sind zwei Bedingungen $y(x_0) = y_0$ und $y(x_1) = y_1$ (zwei Randpunkte) für zwei verschiedene x-Werte (x_0 und x_1) aus dem Lösungsintervall $[x_a, x_e]$ für die Lösungsfunktion y(x) gegeben. Häufig wird für die Randbedingungen der Anfangspunkt x_a und der Endpunkt x_e des Lösungsintervalls $[x_a, x_e]$ gewählt ($x_0 = x_a$ und $x_1 = x_e$).

Eigenwertaufgaben:
Bei manchen Problemen stoßen wir auf eine Randwertaufgabe, deren Differentialgleichung noch einen freien Parameter λ enthält. Wir interessieren uns dabei für alle diejenigen Werte des Parameters, die zu einer nichttrivialen Lösung führen. Diese Werte heißen dann Eigenwerte und die zugehörigen Lösungen Eigenlösungen oder Eigenfunktionen. Aus dem Randwertproblem ist also dann ein sogenanntes Eigenwertproblem geworden.

Exakte Lösungsmethoden:
Exakte Lösungsmethoden wurden bereits in Kapitel 7.1 erwähnt. Einige Lösungsmethoden wurden nachfolgend speziell auch für Sonderfälle von Differentialgleichungen 1. Ordnung angeführt. Einige Methoden sollen hier auch für gewöhnliche Differentialgleichungen 2. Ordnung vorgestellt werden.

1. **Ansatzmethode:**

Ansatzmethoden spielen bei linearen Differentialgleichungen eine große Rolle. Für Sonderfälle können allgemeine und spezielle Lösungen konstruiert werden. Bei nichtlinearen Differentialgleichungen sind Ansatzmethoden nur bei gewissen Sonderfällen erfolgreich.
Zur Konstruktion allgemeiner Lösungen für Sonderfälle homogener linearer Differentialgleichungen werden Exponentialfunktionen $y(x) = e^{\lambda x}$ bzw. Potenzfunktionen $y(x) = x^{\lambda}$ mit einem frei wählbaren Parameter vorgegeben.
Zur Konstruktion spezieller Lösungen für inhomogene lineare Differentialgleichungen wird der folgende Ansatz gemacht:

$$y(x) = \sum_{k=1}^{m} \left(c_k u_k(x)\right) \tag{7-60}$$

Die Funktionen $u_k(x)$ sind dabei bekannt, weil sie sich aus der Klasse der Störfunktionen der rechten Seite der Differentialgleichung ergeben. Nur die Parameter c_k sind frei wählbar.
Zur Konstruktion spezieller Lösungen inhomogener linearer Differentialgleichungen 2. Ordnung wird der Ansatz

$$y(x) = C_1(x)\, y_1(x) + C_2(x)\, y_2(x) \tag{7-61}$$

gemacht und mittels der Methode der Variation der Konstanten $C_1(x)$ und $C_2(x)$ bestimmt.
Die Funktionen $y_1(x)$ und $y_2(x)$ sind vorgegeben, weil sie ein Fundamentalsystem der zugehörigen Differentialgleichung bilden.

2. **Potenzreihenmethode:**

Falls die Differentialgleichung eine Potenzreihenentwicklung gestattet, kann die Lösungsfunktion in Form von Potenzreihen konstruiert werden (Potenzreihenansatz). Unter Potenzreihenlösungen verstehen wir Lösungsfunktionen y(x) von Differentialgleichungen, die sich als endliche oder unendliche konvergente Potenzreihen (siehe Kapitel 2) der Form

$$y(x) = \sum_{k=0}^{m} \left[c_k \left(x - x_0\right)^k\right] \quad \textbf{bzw.} \quad y(x) = \sum_{k=0}^{\infty} \left[c_k \left(x - x_0\right)^k\right] \tag{7-62}$$

darstellen lassen. Die Konstanten c_k werden nach dem Einsetzen des Potenzreihenansatzes in die Differentialgleichung durch Koeffizientenvergleich bestimmt.

3. **Laplace-Transformation:** Näheres dazu siehe Kapitel 5.

7.2.2.1 Einfache gewöhnliche Differentialgleichungen 2. Ordnung

Von den Differentialgleichungen 2. Ordnung werden hier nur diejenigen angeführt, die sich leicht auf eine Differentialgleichung 1. Ordnung zurückführen lassen.

Die Differentialgleichung 2. Ordnung

$$y''(x) = f(x) \qquad \textbf{(7-63)}$$

kann durch zweimalige Integration gelöst werden:

$$y'(x) = \int f(x)\,dx + C_1 \qquad \textbf{(7-64)}$$

$$y(x) = \int \left(\int f(x)\,dx + C_1 \right) dx + C_2 \qquad \textbf{(7-65)}$$

Beispiel 7.21:

Wie lautet das Geschwindigkeits-Zeit-Gesetz v(t) und Weg-Zeit-Gesetz s(t) für den freien Fall eines Körpers (ohne Luftwiderstand)? Die Anfangsbedingung lautet: s(0 s) = 0 m und s'(0 s) = v(0 s) = v_0.

Es gilt für das Kräftegleichgewicht: F = -G.

$$m\frac{d^2}{dt^2}s(t) = m g \quad \text{bzw.} \quad \frac{d^2}{dt^2}s(t) = g \quad \text{bzw.} \quad \frac{d}{dt}v = g$$
Differentialgleichung 2. Ordnung für den freien Fall

$$a = \frac{d^2}{dt^2}s(t) = \frac{d}{dt}v(t)$$
allgemeine Darstellung der Beschleunigung

$$v(t) = \int g\,dt = gt + C_1$$
erste Integration

$$v(0s) = g0s + C_1 = v_0 \quad \Rightarrow \quad C = v_0$$
Anfangsbedingung

$$v(t) = gt + v_0 \quad \text{bzw.} \quad \frac{d}{dt}s(t) = gt + v_0$$
Geschwindigkeits-Zeit-Gesetz

$$s(t) = \int gt + v_0\,dt = g\frac{t^2}{2} + v_0 t + C2$$
zweite Integration

$$s(0s) = C_2 = 0m$$
Anfangsbedingung

$$s(t) = g\frac{t^2}{2} + v_0 t$$
Weg-Zeit-Gesetz

Die Differentialgleichung 2. Ordnung

$$y''(x) = f(x, y'(x)) \qquad \textbf{(7-66)}$$

kann mittels der Substitution u(x) = y'(x) und mit u'(x) = y''(x) auf die Differentialgleichung 1. Ordnung

$$u'(x) = f(x, u(x)) \ \ \textbf{mit der Lösung} \ u(x, C_1) \qquad \textbf{(7-67)}$$

gebracht werden.
Die Lösung der Differentialgleichung 2. Ordnung erhalten wir dann aus

$$y(x) = \int u(x, C_1)\,dx + C_2 \qquad \textbf{(7-68)}$$

Beispiel 7.22:

Lösen Sie das folgende Randwertproblem:

$xy'' - y' = 0$ gegebene Differentialgleichung 2. Ordnung

$y(1) = -2 \qquad y(5) = 3$ Randbedingungen

$y'' = \frac{y'}{x} = f(x, y')$ umgeformte Differentialgleichung

$u = y' \quad \Rightarrow \quad u' = y''$ Substitutionsgleichung und Ableitung

Wir setzen in die Differentialgleichung ein und erhalten:

$u' = \frac{u}{x}$ bzw. $xu' = u$

Durch Trennung der Variablen ergibt sich schließlich:

$$\frac{du}{u} = \frac{u}{x} \quad \text{und} \quad \int \frac{1}{u}\,du = \int \frac{1}{x}\,dx \quad \Rightarrow \quad \ln(u) = \ln(x) + \ln(C_1) \quad \Rightarrow \quad u = C_1 x$$

Durch Rücksubstitution ergibt sich die Lösung y:

$$y' = u = C_1 x \quad \Rightarrow \quad \int 1\,dy = \int C_1 x\,dx \quad \Rightarrow \quad y = C_1 \frac{x^2}{2} + C_2$$

Mit den Randbedingungen können schließlich die unbekannten Konstanten bestimmt werden:

$$y(1) = C_1 \frac{1^2}{2} + C_2 = -2$$

lineares Gleichungssystem

$$y(5) = C_1 \frac{5^2}{2} + C_2 = 3$$

Vorgabe

$$C_1 \frac{1^2}{2} + C_2 = -2$$

$$C_1 \frac{5^2}{2} + C_2 = 3$$

Lösung des Gleichungssystem mithilfe des Lösungsblocks

$$\mathbf{C} := \text{Suchen}(C_1, C_2) \rightarrow \begin{pmatrix} \frac{5}{12} \\ -\frac{53}{24} \end{pmatrix} \qquad \begin{pmatrix} C_1 \\ C_2 \end{pmatrix} := \mathbf{C} \qquad C_1 \rightarrow \frac{5}{12} \qquad C_2 \rightarrow -\frac{53}{24}$$

$$y(x) = \frac{5}{12}\frac{x^2}{2} - \frac{53}{24}$$

gesuchte Lösung

Die Differentialgleichung 2. Ordnung

$$y''(x) = f(y(x)) \tag{7-69}$$

kann durch Multiplikation auf beiden Seiten mit y'

$$y''y' = f(y)\,y' \tag{7-70}$$

und unter Berücksichtigung von

$$y''y' = \frac{1}{2}\frac{d}{dx}y'^2 \tag{7-71}$$

auf die Form

$$\frac{1}{2}\frac{d}{dx}y'^2 = f(y)\frac{d}{dx}y \tag{7-72}$$

gebracht werden.

Multiplizieren wir (7-72) mit 2 dx und integrieren wir dann die Gleichung auf beiden Seiten, so erhalten wir:

$$y'^2 = 2\int f(y)\,dy + C_1 \tag{7-73}$$

Durch Wurzelziehen erhalten wir schließlich eine Differentialgleichung 1. Ordnung

$$y' = \sqrt{2\int f(y)\,dy + C_1}\,, \tag{7-74}$$

die durch Trennung der Variablen gelöst werden kann. Allerdings muss oft eine noch recht schwierige Integration durchgeführt werden.

Beispiel 7.23:

Welche Geschwindigkeit muss ein Körper haben, damit er sich vom Gravitationsfeld der Erde lösen kann?

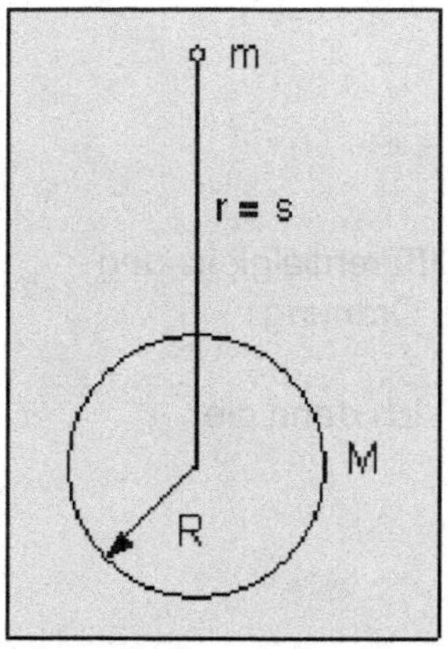

Abb. 7.34

$$F(r) = -\gamma \frac{m M}{r^2}$$ Gravitationsgesetz

Das Gravitationsgesetz lässt sich noch umformen:

$$F_G = F(R)$$

$$m g = \gamma \frac{m M}{R^2} \qquad \text{also} \qquad \gamma M = g R^2$$

$$F(r) = -m g \frac{R^2}{r^2}$$

Gleichgewichtsbedingung: $F = F(s)$

$$m s''(t) = -m g \frac{R^2}{s^2}$$ Differentialgleichung 2. Ordnung

Durch Vereinfachung und Multiplikation mit s' und mit (7-72) folgt:

$$s'' s' = -g \frac{R^2}{s^2} s' \quad \Rightarrow \quad \frac{1}{2} \frac{d}{dt} s'^2 = -g \frac{R^2}{s^2} \frac{d}{dt} s$$

Schließlich erhalten wir durch Multiplikation mit 2 dt und anschließender Integration:

$$s'^2 = \int -2g \frac{R^2}{s^2} \, ds \quad \Rightarrow \quad s'^2 = v^2 = 2g \frac{R^2}{s} + C1$$

Annahme: Die Geschwindigkeit $v = 0$ für $r \to \infty$. Damit ist $C_1 = 0$ und es gilt:

$$v(s) = R \sqrt{2 \frac{g}{s}}$$ gesuchte Lösungsfunktion für die Geschwindigkeit

Durch Trennung der Variablen und Integration erhalten wir das Weg-Zeit-Gesetz.
Mit der Anfangsbedingung $s(t=0) = R$ lässt sich dann auch noch die zweite Konstante bestimmen.

$R := 6.371 \times 10^6 \mathrm{m}$ Erdradius

$v(R) := \sqrt{2 g R}$ Mindestgeschwindigkeit an der Erdoberfläche (zweite kosmische Geschwindigkeit)

$$v(R) = 11.178 \frac{\mathrm{km}}{\mathrm{s}}$$

Beispiel 7.24:

Aus der Abb. 7.34 erhalten wir für ein mathematisches Pendel mit der Pendellänge L die nachfolgend gegebene Differentialgleichung. Die Anfangsbedingungen lauten: $\varphi'(\alpha) = 0$ und zwischen 0 und α ergibt sich ein Viertel der Schwingungsdauer T. Wie lautet die Lösung der Differentialgleichung?

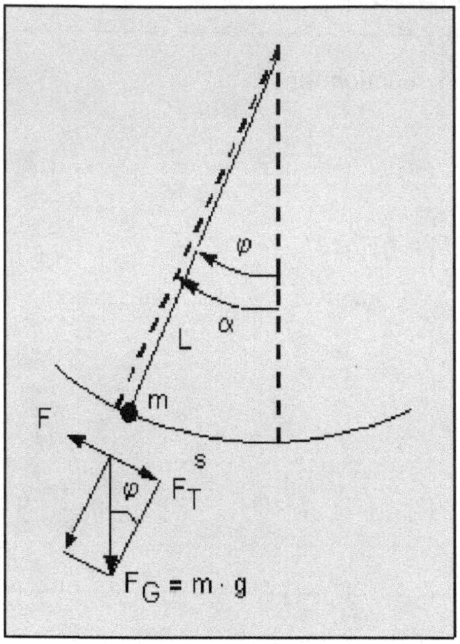

Abb. 7.35

Gleichgewichtsbedingung: $F = F_T$

$m\,s'' = -m\,g\sin(\varphi)$ Differentialgleichung 2. Ordnung

Mit $s = L\,\varphi$ und $s'' = L\,\varphi''$ lässt sich dann die Differentialgleichung schreiben:

$$\varphi'' = -\frac{g}{L}\sin(\varphi) = -\omega_0^2\sin(\varphi)$$

Durch Multiplikation der Gleichung mit φ' ergibt sich dann:

$\varphi''\varphi' = -\omega_0^2\sin(\varphi)\varphi'$ bzw. mit (7-72)

$$\frac{1}{2}\frac{d}{dt}\varphi'^2 = -\omega_0^2\sin(\varphi)\frac{d}{dt}\varphi$$

$$\varphi'^2 = -2\omega_0^2\int \sin(\varphi)\,d\varphi = 2\omega_0^2\cos(\varphi) + C_1$$

Mit der Anfangsbedingung $\varphi'(\alpha) = 0$ folgt: $C_1 = -2\omega_0^2\cos(\alpha)$

$$\varphi' = \sqrt{2\omega_0^2(\cos(\varphi) - \cos(\alpha))}$$

Der Wurzelausdruck kann mit $\cos(x) = 1 - 2\cdot\sin^2\left(\frac{x}{2}\right)$ umgeformt werden zu:

$$\varphi' = \omega_0\sqrt{2\left[1 - 2\sin^2\left(\frac{\varphi}{2}\right) - 1 + 2\sin^2\left(\frac{\alpha}{2}\right)\right]} = 2\omega_0\sqrt{\sin^2\left(\frac{\alpha}{2}\right) - \sin^2\left(\frac{\varphi}{2}\right)}$$

Durch Trennung der Variablen ergibt sich dann:

$$t = \int 1\,dt = \frac{1}{2\omega_0}\int \frac{1}{\sqrt{\sin^2\left(\frac{\alpha}{2}\right) - \sin^2\left(\frac{\varphi}{2}\right)}}\,d\varphi$$

Die Integration zwischen 0 und α ergibt ein Viertel der Schwingungsdauer:

$$\frac{T}{4} = \frac{1}{2\omega_0}\int_0^{\alpha} \frac{1}{\sqrt{\sin^2\left(\frac{\alpha}{2}\right) - \sin^2\left(\frac{\varphi}{2}\right)}}\,d\varphi$$

Durch Substitution von $\sin\left(\frac{\varphi}{2}\right) = \sin\left(\frac{\alpha}{2}\right)\sin(v)$ ergibt sich dann:

$$\sqrt{\sin^2\left(\frac{\alpha}{2}\right) - \sin^2\left(\frac{\varphi}{2}\right)} = \sqrt{\sin^2\left(\frac{\alpha}{2}\right) - \sin^2\left(\frac{\varphi}{2}\right)\sin^2(v)} = \sin\left(\frac{\alpha}{2}\right)\sqrt{1 - \sin^2(v)} = \sin\left(\frac{\alpha}{2}\right)\cos(v)$$

$$\frac{\varphi}{2} = \arcsin\left(\sin\left(\frac{\alpha}{2}\right)\sin(v)\right)$$ und die Ableitung $$\frac{d}{dv}\varphi = 2\frac{1}{\sqrt{1 - \sin^2\left(\frac{\alpha}{2}\right)\sin^2(v)}}\sin\left(\frac{\alpha}{2}\right)\cos(v)$$

Integrationsgrenzen: Für $\varphi = 0$ folgt $v = 0$ und für $\varphi = \alpha$ folgt $v = \pi/2$

$$\frac{T}{4} = \frac{1}{2\omega_0}\int_0^{\alpha}\frac{1}{\sqrt{\sin^2\left(\frac{\alpha}{2}\right) - \sin^2\left(\frac{\varphi}{2}\right)}}\,d\varphi = \frac{2}{2\omega_0}\int_0^{\frac{\pi}{2}}\frac{\frac{1}{\sqrt{1 - \sin^2\left(\frac{\alpha}{2}\right)\sin^2(v)}}\sin\left(\frac{\alpha}{2}\right)\cos(v)}{\sin\left(\frac{\alpha}{2}\right)\cos(v)}\,dv$$

$$T = \frac{4}{\omega_0}\int_0^{\frac{\pi}{2}}\frac{1}{\sqrt{1 - \sin\left(\frac{\alpha}{2}\right)^2\sin(v)^2}}\,dv = \frac{4}{\omega_0}\int_0^{\frac{\pi}{2}}\left(1 - \sin\left(\frac{\alpha}{2}\right)^2\sin(v)^2\right)^{\frac{-1}{2}}dv$$ elliptisches Integral 2. Art

Der Nenner im Integranden kann nach der binomischen Reihe und der gliedweiser Integration ausgewertet werden

$$z = \sin\left(\frac{\alpha}{2}\right)^2$$ und $$w = \sin(v)^2$$

$$\left(1 - z w^2\right)^{\frac{-1}{2}}$$ konvertiert in die Reihe $$1 + \frac{w^2 z}{2} + \frac{3w^4 z^2}{8} + \frac{5w^6 z^3}{16}$$

$$T = \frac{4}{\omega_0}\int_0^{\frac{\pi}{2}} 1 + \frac{1}{2}z\sin(v)^2 + \frac{3}{8}z^2\sin(v)^4 + \frac{5}{16}z^3\sin(v)^6\,dv$$ ergibt

$$T = \frac{4}{\omega_0}\cdot\left(\frac{1}{2}\pi + \frac{1}{8}\pi z + \frac{9}{128}\pi z^2 + \frac{25}{512}\pi z^3 + ...\right)$$

$$T = 2\pi\cdot\sqrt{\frac{L}{g}}\cdot\left(1 + \frac{4}{8}\sin\left(\frac{\alpha}{2}\right)^2 + \frac{36}{128}\sin\left(\frac{\alpha}{2}\right)^4 + \frac{100}{512}\sin\left(\frac{\alpha}{2}\right)^6 + ...\right)$$

$$T = 2\pi\sqrt{\frac{L}{g}}$$ Schwingungsdauer für kleine Winkel α !

7.2.2.2 Lineare Differentialgleichungen 2. Ordnung mit konstanten Koeffizienten

a) Die lineare homogene Differentialgleichung 2. Ordnung mit konstanten Koeffizienten:

Die lineare homogene Differentialgleichung 2. Ordnung mit konstanten Koeffizienten ist ein Sonderfall von (7-59). Die Koeffizientenfunktionen $a_1(x) = a_1$ und $a_0(x) = a_0$ sind konstant (a_0, $a_1 \in \mathbb{R}$) und die Störfunktion (oder das Störglied) s(x) = 0.

$$y''(x) + a_1 y'(x) + a_0 y(x) = 0 \qquad \textbf{(7-75)}$$

Diese Differentialgleichung besitzt folgende Eigenschaften:

1. Ist $y_1(x)$ eine Lösung der Differentialgleichung, so ist auch die mit einer beliebigen Konstanten C ($\in\mathbb{R}$) multiplizierte Funktion

$$y_h(x) = C\,y_1(x) \qquad \textbf{(7-76)}$$

eine Lösung der Differentialgleichung.

2. Sind $y_1(x)$ und $y_2(x)$ zwei Lösungen der Differentialgleichung, so ist auch die Linearkombination

$$y_h(x) = C_1 y_1(x) + C_2 y_2(x) \qquad \textbf{(7-77)}$$

eine Lösung der Differentialgleichung (C_1, $C_2 \in \mathbb{R}$).

3. Ist $y_h(x) = v(x) + j\,w(x)$ eine komplexwertige Lösung der Differentialgleichung, so sind auch der Realteil v(x) und der Imaginärteil w(x) reelle Lösungen der Differentialgleichung.

Zwei Lösungen $y_1(x)$ und $y_2(x)$ einer homogenen linearen Differentialgleichung 2. Ordnung mit konstanten Koeffizienten werden als Basislösungen oder Basisfunktionen bezeichnet, wenn die mit ihnen gebildete Wronski-Determinante

$$W\left(y_1(x), y_2(x)\right) = \left|\begin{pmatrix} y_1(x) & y_2(x) \\ y'_1(x) & y'_2(x) \end{pmatrix}\right| \qquad \textbf{(7-78)}$$

von null verschieden ist.
Zwei Basislösungen werden als linear unabhängige Lösungen bezeichnet. Ist die Wronski-Determinante dagegen gleich null, so werden diese Lösungen als linear abhängig bezeichnet.

Ist also die Wronski-Determinante $W\left(y_1(x), y_2(x)\right) \neq 0$, so ist die allgemeine Lösung von (7-75) als Linearkombination zweier linear unabhängiger Basislösungen (Lösungen) $y_1(x)$ und $y_2(x)$ in der Form

$$y_h(x) = C_1 y_1(x) + C_2 y_2(x) \qquad (C_1, C_2 \in \mathbb{R}) \qquad \textbf{(7-79)}$$

darstellbar. Die der allgemeinen Lösung (7-79) zugrunde liegenden Basislösungen bilden ein Fundamentalsystem (Fundamentalbasis) der Differentialgleichung (7-75).

Ein Fundamentalsystem der homogenen Differentialgleichung 2. Ordnung mit konstanten Koeffizienten lässt sich durch einen Lösungsansatz in Form einer Exponentialfunktion

$$y(x) = e^{\lambda x} \qquad (7\text{-}80)$$

durch Bestimmung des Faktors λ gewinnen.
Bilden wir die Ableitungen

$$y'(x) = \lambda e^{\lambda x} \text{ und } y''(x) = \lambda^2 e^{\lambda x} \qquad (7\text{-}81)$$

und setzen y(x), y'(x) und y''(x) in die Differentialgleichung (7-75) ein, dann erhalten wir folgende quadratische Gleichung in Normalform:

$$y''(x) + a_1 y'(x) + a_0 y(x) = \lambda^2 e^{\lambda x} + a_1 \lambda e^{\lambda x} + a_0 e^{\lambda x} = 0$$

$$\left(\lambda^2 + a_1 \lambda + a_0\right) \cdot e^{\lambda x} = 0 \qquad (e^{\lambda x} \neq 0)$$

$$\lambda^2 + a_1 \lambda + a_0 = 0 \qquad (7\text{-}82)$$

Sie wird charakteristische Gleichung der homogenen Differentialgleichung (7-75) genannt. Sie besitzt die Lösungen

$$\lambda_1 = -\frac{a_1}{2} + \sqrt{\frac{a_1^2}{4} - a_0} \text{ und } \lambda_2 = -\frac{a_1}{2} - \sqrt{\frac{a_1^2}{4} - a_0} \qquad (7\text{-}83)$$

Nach der Beschaffenheit der Diskriminante $D1 = \frac{a_1^2}{4} - a_0$ **unterscheiden wir drei Fälle.**

<u>1. Fall:</u> D1 > 0
Die charakteristische Gleichung besitzt also zwei verschiedene reelle Lösungen λ_1 und λ_2.
Die Lösungsfunktionen

$$y_1(x) = e^{\lambda_1 x} \text{ und } y_2(x) = e^{\lambda_2 x} \qquad (7\text{-}84)$$

sind wegen

$$W\left(y_1(x), y_2(x)\right) = \left|\begin{pmatrix} y_1(x) & y_2(x) \\ y'_1(x) & y'_2(x) \end{pmatrix}\right| = \left|\begin{pmatrix} e^{\lambda_1 x} & \lambda_1 e^{\lambda_1 x} \\ \lambda_1 e^{\lambda_1 x} & \lambda_2 e^{\lambda_2 x} \end{pmatrix}\right|$$

$$W\left(y_1(x), y_2(x)\right) = e^{\lambda_1 x} \lambda_2 e^{\lambda_2 x} - \lambda_1 e^{\lambda_1 x} \lambda_1 e^{\lambda_1 x} = \left(\lambda_2 - \lambda_1\right) \cdot e^{\left(\lambda_1 + \lambda_2\right) x} \neq 0 \qquad (7\text{-}85)$$

linear unabhängig und bilden somit ein Fundamentalsystem der Differentialgleichung (7-75).
Die allgemeine Lösung lautet dann:

$$y_h(x) = C_1 y_1(x) + C_2 y_2(x) = C_1 e^{\lambda_1 x} + C_2 e^{\lambda_2 x} \quad (\lambda_1, \lambda_2 \in \mathbb{R}) \qquad (7\text{-}86)$$

Beispiel 7.25:

Wie lautet die allgemeine Lösung der gegebenen Differentialgleichung?

$y'' + 3y' + 2y = 0$ **homogene lineare Differentialgleichung mit konstanten Koeffizienten**

charakteristische Gleichung:

$\lambda^2 + 3\lambda + 2 = 0$ $\lambda_1 = -\frac{3}{2} + \sqrt{\frac{9}{4} - \frac{8}{4}} = -1$ $\lambda_1 = -\frac{3}{2} - \sqrt{\frac{9}{4} - \frac{8}{4}} = -2$

Fundamentalsystem der Differentialgleichung:

$y_1(x) = e^{-x}$ und $y_2(x) = e^{-2x}$

allgemeine Lösung der Differentialgleichung:

$y_h(x) = C_1 e^{-x} + C_2 e^{-2x}$ **(C_1, $C_2 \in \mathbb{R}$)**

2. Fall: D1 = 0

Die charakteristische Gleichung besitzt also nur eine reelle Doppellösung $\lambda_1 = \lambda_2 = -\frac{a_1}{2}$.

Wir erhalten in diesem Falle zunächst nur eine Lösungsfunktion:

$$y_1(x) = y_2(x) = e^{-\frac{a_1}{2}x} \quad \textbf{(7-87)}$$

Mit dem Lösungsansatz

$$y(x) = C(x)\, e^{-\frac{a_1}{2}x} \quad \textbf{(7-88)}$$

kann durch Variation der Konstanten die allgemeine Lösung der Differentialgleichung bestimmt werden:

$$y'(x) = C'(x)\, e^{-\frac{a_1}{2}x} - \frac{a_1}{2} C(x)\, e^{-\frac{a_1}{2}x} = \left(C'(x) - \frac{a_1}{2} C(x) \right) \cdot e^{-\frac{a_1}{2}x} \quad \textbf{(7-89)}$$

$$y''(x) = \left(C''(x) - \frac{a_1}{2} C'(x) \right) e^{-\frac{a_1}{2}x} - \frac{a_1}{2} \left(C'(x) - \frac{a_1}{2} C(x) \right) \cdot e^{-\frac{a_1}{2}x}$$

$$y''(x) = \left(C''(x) - a_1 C'(x) + \frac{a_1^{\,2}}{4} C(x) \right) \cdot e^{-\frac{a_1}{2}x} \quad \textbf{(7-90)}$$

$$\left(C''(x) - a_1 C'(x) + \frac{a_1^2}{4} C(x) + a_1 C'(x) - \frac{a_1}{2} C(x) + a_0 C(x)\right) \cdot e^{-\frac{a_1}{2}x} = 0$$

$$C''(x) - \frac{a_1^2}{4} C(x) + a_0 C(x) = 0$$

$$C''(x) - \left(\frac{a_1^2}{4} - a_0\right) C(x) = 0$$

Daraus folgt wegen D = 0:

$$C''(x) = 0 \qquad \textbf{(7-91)}$$

Durch zweimalige Integration erhalten wir schließlich

$$C(x) = C_1 x + C_2 \qquad \textbf{(7-92)}$$

Die allgemeine Lösung für die homogenen Differentialgleichung (7-75) lautet somit:

$$y_h(x) = C_1 x e^{-\frac{a_1}{2}x} + C_2 e^{-\frac{a_1}{2}x} = (C_1 x + C_2) e^{-\frac{a_1}{2}x} \quad (C_1, C_2 \in \mathbb{R}) \qquad \textbf{(7-93)}$$

$$y_1(x) = x e^{-\frac{a_1}{2}x} \quad \textbf{und} \quad y_2(x) = e^{-\frac{a_1}{2}x} \qquad \textbf{(7-94)}$$

sind wegen

$$W(y_1(x), y_2(x)) = \left|\begin{pmatrix} y_1(x) & y_2(x) \\ y'_1(x) & y'_2(x) \end{pmatrix}\right| = \left|\begin{pmatrix} x e^{-\frac{a_1}{2}x} & e^{-\frac{a_1}{2}x} \\ e^{-\frac{a_1}{2}x} - \frac{a_1}{2} x e^{-\frac{a_1}{2}x} & -\frac{a_1}{2} e^{-\frac{a_1}{2}x} \end{pmatrix}\right|$$

$$\left|\begin{pmatrix} x e^{-\frac{a_1}{2}x} & e^{-\frac{a_1}{2}x} \\ e^{-\frac{a_1}{2}x} - \frac{a_1}{2} x e^{-\frac{a_1}{2}x} & -\frac{a_1}{2} e^{-\frac{a_1}{2}x} \end{pmatrix}\right| \to -e^{-a_1 x} \neq 0 \qquad \textbf{(7-95)}$$

linear unabhängig und bilden somit ein Fundamentalsystem der Differentialgleichung (7-75).

Beispiel 7.26:

Wie lautet die allgemeine Lösung der gegebenen Differentialgleichung?

$y'' - 8y' + 16y = 0$ **homogene lineare Differentialgleichung mit konstanten Koeffizienten**

charakteristische Gleichung:

$\lambda^2 - 8\lambda + 16 = 0$ $\lambda_1 = \frac{8}{2} + \sqrt{16 - 16} = 4$ $\lambda_2 = \frac{8}{2} - \sqrt{16 - 16} = 4$

Fundamentalsystem der Differentialgleichung:

$y_1(x) = x e^{4x}$ und $y_2(x) = e^{4x}$

allgemeine Lösung der Differentialgleichung:

$y_h(x) = C_1 x e^{4x} + C_2 e^{4x} = \left(C_1 x + C_2\right) \cdot e^{4x}$ **(C_1, $C_2 \in \mathbb{R}$)**

3. Fall: D1 < 0

Die charakteristische Gleichung besitzt jetzt konjugiert komplexe Lösungen:

$$\lambda_1 = -\frac{a_1}{2} + \sqrt{-\left(\frac{a_1^2}{4} - a_0\right)} = -\frac{a_1}{2} + j\frac{1}{2}\sqrt{4a_0 - a_1^2} = \kappa + j\omega$$

und

$$\lambda_2 = -\frac{a_1}{2} - \sqrt{-\left(\frac{a_1^2}{4} - a_0\right)} = -\frac{a_1}{2} - j\frac{1}{2}\sqrt{4a_0 - a_1^2} = \kappa - j\omega \qquad \textbf{(7-96)}$$

Das Fundamentalsystem der homogenen Differentialgleichung (7-75) besteht in diesem Fall aus den komplexen Lösungen

$$y_1(x) = e^{(\kappa + j\,\omega)x} \text{ und } y_2(x) = e^{(\kappa - j\,\omega)x} \qquad \textbf{(7-97)}$$

Die Wronski-Determinante ist nämlich ungleich null:

$$W\left(y_1(x), y_2(x)\right) = \left|\begin{pmatrix} y_1(x) & y_2(x) \\ y'_1(x) & y'_2(x) \end{pmatrix}\right| = \left|\begin{bmatrix} e^{(\kappa + j\,\omega)x} & e^{(\kappa - j\,\omega)x} \\ (\kappa + j\,\omega)e^{(\kappa + j\,\omega)x} & (\kappa - j\,\omega)e^{(\kappa - j\,\omega)x} \end{bmatrix}\right|$$

$$\left|\begin{bmatrix} e^{(\kappa + j\,\omega)x} & e^{(\kappa - j\,\omega)x} \\ (\kappa + j\,\omega)e^{(\kappa + j\,\omega)x} & (\kappa - j\,\omega)e^{(\kappa - j\,\omega)x} \end{bmatrix}\right| \text{ vereinfachen } \rightarrow -2\omega j\, e^{2\kappa x} \qquad \textbf{(7-98)}$$

Mithilfe der Euler'schen Beziehungen

$$e^{jz} = \cos(z) + j\sin(z) \textbf{ und } e^{-jz} = \cos(z) - j\sin(z) \qquad \textbf{(7-99)}$$

lässt sich das komplexe Fundamentalsystem auf ein reelles überführen:

$$y(x) = C_1 y_1(x) + C_2 y_2(x) = C_1 e^{(\kappa + j\omega)x} + C_2 e^{(\kappa - j\omega)x}$$

$$y(x) = C_1 e^{\kappa x} e^{j\omega x} + C_2 e^{\kappa x} e^{-j\omega x} = e^{\kappa x}\left(C_1 e^{j\omega x} + C_2 e^{-j\omega x}\right)$$

$$y(x) = e^{\kappa x} \cdot \left[C_1(\cos(\omega x) + j\sin(\omega x)) + C_2(\cos(\omega x) - j\sin(\omega x))\right]$$

$$y(x) = e^{\kappa x} \cdot \left[\left(C_1 + C_2\right) \cdot \cos(\omega x) + j\left(C_1 - C_2\right)\sin(\omega x)\right] \qquad \textbf{(7-100)}$$

Ist y(x) = v(x) + j w(x) eine komplexwertige Lösung der Differentialgleichung, so sind auch der Realteil v(x) und der Imaginärteil w(x) reelle Lösungen der Differentialgleichung.

$$y_1(x) = e^{\kappa x}\cos(\omega x) \textbf{ und } y_1(x) = e^{\kappa x}\sin(\omega x) \qquad \textbf{(7-101)}$$

bilden wegen

$$W\left(y_1(x), y_2(x)\right) = \left|\begin{pmatrix} e^{\kappa x}\cos(\omega x) & e^{\kappa x}\sin(\omega x) \\ \kappa e^{\kappa x}\cos(\omega x) - \omega e^{\kappa x}\sin(\omega x) & \kappa e^{\kappa x}\sin(\omega x) + \omega e^{\kappa x}\cos(\omega x) \end{pmatrix}\right|$$

$$\left|\begin{pmatrix} e^{\kappa x}\cos(\omega x) & e^{\kappa x}\sin(\omega x) \\ \kappa e^{\kappa x}\cos(\omega x) - \omega e^{\kappa x}\sin(\omega x) & \kappa e^{\kappa x}\sin(\omega x) + \omega e^{\kappa x}\cos(\omega x) \end{pmatrix}\right|$$

vereinfacht auf

$$\omega e^{2\kappa x} \neq 0 \qquad \textbf{(7-102)}$$

ein reelles Fundamentalsystem.

Die allgemeine Lösung der homogenen Differentialgleichung (7-75) lautet daher:

$$y_h(x) = e^{\kappa x} \cdot \left(C_1\cos(\omega x) + C_2\sin(\omega x)\right) \qquad (C_1, C_2 \in \mathbb{R}) \qquad \textbf{(7-103)}$$

Setzen wir $C_1 = A\cos(\varphi)$ **und** $C_2 = -A\sin(\varphi)$ **und wenden wir anschließend den Summensatz** $\cos(\alpha)\cos(\beta) - \sin(\alpha)\sin(\beta) = \cos(\alpha + \beta)$ **an, so kann (7-103) in folgender Form geschrieben werden:**

$$y_h(x) = A \cdot e^{\kappa x} \cdot \cos(\omega x + \varphi) \qquad (A, \varphi \in \mathbb{R}) \qquad \textbf{(7-104)}$$

mit

$$\tan(\varphi) = -\frac{\sin(\varphi)}{\cos(\varphi)} = -\frac{C_2}{C_1} \quad \textbf{und } A = \sqrt{C_1^{\,2} + C_2^{\,2}}$$

Beispiel 7.27:

Wie lautet die allgemeine Lösung der gegebenen Differentialgleichung?

$y'' + 4y' + 13y = 0$ **homogene lineare Differentialgleichung mit konstanten Koeffizienten**

charakteristische Gleichung:

$\lambda^2 + 4\lambda + 13 = 0$ hat als Lösung(en) $\begin{pmatrix} -2+3j \\ -2-3j \end{pmatrix} = \begin{pmatrix} \kappa + \omega j \\ \kappa - \omega j \end{pmatrix}$

Fundamentalsystem der Differentialgleichung:

$y_1(x) = e^{-2x}\cos(3x)$ und $y_2(x) = e^{-2x}\sin(3x)$

allgemeine Lösung der Differentialgleichung:

$y_h(x) = C_1 e^{-2x}\cos(3x) + C_2 e^{-2x}\sin(3x) = e^{-2x}\cdot\left(C_1\cos(3x) + C_2\sin(3x)\right)$ **($C_1, C_2 \in \mathbb{R}$)**

oder

$y_h(x) = A e^{-2x}\cos(3x + \varphi)$ **($A, \varphi \in \mathbb{R}$)**

Ein wichtiges Anwendungsgebiet für lineare Differentialgleichungen mit konstanten Koeffizienten sind Schwingungsprobleme (siehe dazu auch Band Einführung in Mathcad, Abschnitt 15.2 und Kapitel 5 in diesem Band). Bei der freien Schwingung wird ein schwingungsfähiges System nach einmaligem Anstoß mit einer Kraft, einem Drehmoment oder einer Spannung usw. sich selbst überlassen. Es sind also keine von außen einwirkenden Kräfte, Drehmomente oder Spannungen usw. vorhanden.
Wir unterscheiden hier zwischen einer freien ungedämpften Schwingung (keine Dämpfung) und einer freien gedämpften Schwingung (mit Dämpfung). Freie Schwingungen werden durch homogene lineare Differentialgleichungen 2. Ordnung mit konstanten Koeffizienten beschrieben.
Nachfolgend sollen stellvertretend für viele ähnliche Systeme drei Systeme betrachtet werden (Abb. 7.36).

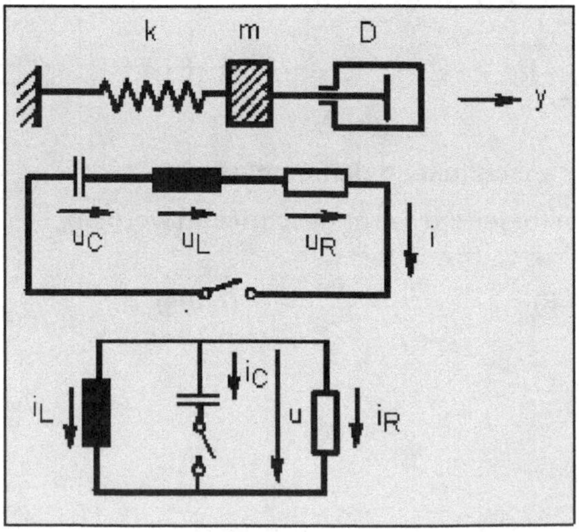

Abb. 7.36

Gleichgewichtsbedingung: (7-105)

$F = F_D + F_r$ | $u_L + u_R + u_C = 0$ | $i_C + i_R + i_L = 0$

Kräfte:

$$F = m\frac{d^2}{dt^2}y(t)$$

$$F_D = -\beta\frac{d}{dt}y(t)$$

$$F_r = -k\,y(t)$$

Spannungen:

$$u_L = L\frac{d}{dt}i(t)$$

$$u_R = R\,i(t)$$

$$u_C = \frac{1}{C}\int i\,dt$$

Ströme:

$$i_L = \frac{1}{L}\int u\,dt$$

$$i_R = \frac{u(t)}{R}$$

$$i_C = C\frac{d}{dt}u(t)$$

Durch Einsetzen in die Gleichgewichtsbedingungen und anschließender Differentiation der Gleichung, erhalten wir aus der Differential-Integralgleichung die Differentialgleichung: (7-106)

$$m\frac{d^2}{dt^2}y(t) = -\beta\frac{d}{dt}y(t) - k\,y(t) \qquad L\frac{d}{dt}i(t) + R\,i(t) + \frac{1}{C}\int i\,dt = 0 \qquad C\frac{d}{dt}u(t) + \frac{u(t)}{R} + \frac{1}{L}\int u\,dt$$

$$m\frac{d^2}{dt^2}y + \beta\frac{d}{dt}y + k\,y = 0 \qquad L\frac{d^2}{dt^2}i + R\frac{d}{dt}i + \frac{1}{C}i = 0 \qquad C\frac{d^2}{dt^2}u + \frac{1}{R}\frac{d}{dt}u + \frac{1}{L}u = 0$$

$$\frac{d^2}{dt^2}y + \frac{\beta}{m}\frac{d}{dt}y + \frac{k}{m}y = 0 \qquad \frac{d^2}{dt^2}i + \frac{R}{L}\frac{d}{dt}i + \frac{1}{LC}i = 0 \qquad \frac{d^2}{dt^2}u + \frac{1}{RC}\frac{d}{dt}u + \frac{1}{LC}u = 0$$

$$\frac{d^2}{dt^2}y + 2\delta\frac{d}{dt}y + \omega_0^2 y = 0 \qquad \frac{d^2}{dt^2}i + 2\delta\frac{d}{dt}i + \omega_0^2 i = 0 \qquad \frac{d^2}{dt^2}u + 2\delta\frac{d}{dt}u + \omega_0^2 u = 0$$

Abklingkonstante oder Dämpfungsexponent:

$$\delta = \frac{\beta}{2m} \qquad \delta = \frac{R}{2L} \qquad \delta = \frac{1}{2RC} \qquad (7\text{-}107)$$

Eigenkreisfrequenz des dämpfungslosen Systems (Kennkreisfrequenz):

$$\omega_0 = \sqrt{\frac{k}{m}} \qquad \omega_0 = \sqrt{\frac{1}{LC}} \qquad \omega_0 = \sqrt{\frac{1}{LC}} \qquad (7\text{-}108)$$

Die charakteristische Gleichung

$$\lambda^2 + 2\delta\lambda + \omega_0^2 = 0 \qquad (7\text{-}109)$$

hat die Lösungen

$$\lambda_1 = -\delta + \sqrt{\delta^2 - \omega_0^2}, \quad \lambda_2 = -\delta - \sqrt{\delta^2 - \omega_0^2} \qquad (7\text{-}110)$$

Die verschiedenen λ-Werte liefern die möglichen Schwingungsfälle.

Zur Charakterisierung der verschiedenen Fälle benutzen wir den Dämpfungsgrad

$$D = \frac{\delta}{\omega_0} \tag{7-111}$$

<u>Freie ungedämpfte Schwingung:</u> D = 0

Damit ist $\delta = 0$, d. h., es handelt sich um eine ungedämpfte Schwingung mit der Kreisfrequenz ω_0 und Lösungen der charakteristischen Gleichung sind konjugiert komplex (imaginär):

$$\lambda_1 = j\omega_0 \ , \ \ \lambda_2 = -j\omega_0 \tag{7-112}$$

Die Lösung der Differentialgleichung lautet (y(t), i(t), u(t)):

$$y_h(t) = C_1 \cos\left(\omega_0 t\right) + C_2 \sin\left(\omega_0 t\right) = A \sin\left(\omega_0 t + \varphi\right) \tag{7-113}$$

<u>Freie gedämpfte Schwingung:</u> 0 < D < 1

Damit ist $\delta < \omega_0$ und die Lösungen der charakteristischen Gleichung sind konjugiert komplex:

$$\lambda_1 = -\delta + j\sqrt{\omega_0^{\ 2} - \delta^2} = -\delta + j\omega \ , \ \ \lambda_1 = -\delta + j\sqrt{\omega_0^{\ 2} - \delta^2} = -\delta + j\omega \tag{7-114}$$

Die Lösung der Differentialgleichung lautet (y(t), i(t), u(t)):

$$y_h(t) = e^{-\delta t} \cdot \left(C_1 \cos(\omega t) + C_2 \sin(\omega t)\right) = A\, e^{-\delta t} \sin(\omega t + \varphi) \tag{7-115}$$

Das System führt eine gedämpfte Sinusschwingung mit zeitlich abnehmender Amplitude $A\, e^{-\delta t}$ aus. Die Eigenfrequenz

$$\omega = \sqrt{\omega_0^{\ 2} - \delta^2} = \omega_0 \sqrt{1 - D^2} \tag{7-116}$$

weicht umso mehr von der Kennkreisfrequenz ω_0 ab, je größer der Dämpfungsgrad D ist.

<u>Aperiodischer Grenzfall:</u> D = 1

Damit ist $\delta = \omega_0$ und die charakteristische Gleichung hat eine Doppellösung (die Diskriminante ist null)

$$\lambda_1 = \lambda_2 = -\delta \tag{7-117}$$

Die Lösung der Differentialgleichung lautet (y(t), i(t), u(t)):

$$y_h(t) = \left(C_1 t + C_2\right) \cdot e^{-\delta t} \tag{7-118}$$

Diese Funktion ist nicht mehr periodisch!

<u>Aperiodischer Fall:</u> D > 1

Damit ist $\delta > \omega_0$ und es herrscht eine starke Dämpfung. Die charakteristische Gleichung hat die Lösungen:

$$\lambda_1 = -\delta + \sqrt{\delta^2 - \omega_0^{\ 2}} = -\delta + w \ , \ \ \lambda_2 = -\delta - \sqrt{\delta^2 - \omega_0^{\ 2}} = -\delta - w \tag{7-119}$$

Die Lösung der Differentialgleichung lautet (y(t), i(t), u(t)):

$$y_h(t) = e^{-\delta t} \cdot \left(C_1 e^{wt} + C_2 e^{-wt}\right) \tag{7-120}$$

Mit $C_1 + C_2 = A_1$ und $C_1 - C_2 = B_1$ erhalten wir eine andere Darstellung durch Umformung:

$$y_h(t) = e^{-\delta t} \cdot \left[\frac{A_1}{2}\left(e^{wt} + e^{-wt}\right) + \frac{B_1}{2}\left(e^{wt} - e^{-wt}\right)\right]$$

$$y_h(t) = e^{-\delta_1 t} \cdot \left(A_1 \cosh(wt) + B_1 \sinh(wt)\right) \qquad \textbf{(7-121)}$$

Beispiel 7.28:

Ein homogener zylindrischer Körper mit der Masse m_0 = 20 kg und der Querschnittsfläche A = 100 cm² taucht in eine Flüssigkeit der Dichte ρ = 2000 kg/m³ zur Hälfte ein. Zur Zeit t = 0 s wird der Körper kurz nach unten angestoßen und beginnt dann um die Gleichgewichtslage zu schwingen. Wie lautet die Lösung der zugehörigen Differentialgleichung unter Berücksichtigung des Auftriebs und einer geschwindigkeitsproportionalen Reibungskraft mit einem Reibungskoeffizienten β = 2.4 kg/s? Anfangsbedingungen: y(0 s) = 0 m und v(0 s) = y'(0 s) = v_0 = 2 m/s.

$$m_0 \vec{a} = \vec{F_D} + \vec{F_A}$$ Gleichgewichtsbedingung

$$m_0 \frac{d^2}{dt^2} y(t) = -\beta \frac{d}{dt} y(t) - \rho g A\, y(t)$$ bzw.

$$m_0 \frac{d^2}{dt^2} y(t) + \beta \frac{d}{dt} y(t) + \rho g A\, y(t) = 0$$ homogene lineare Differentialgleichung 2. Ordnung mit konstanten Koeffizienten

$$\frac{d^2}{dt^2} y(t) + 2\delta \frac{d}{dt} y(t) + \omega_0^2\, y(t) = 0 \qquad \text{mit} \qquad \delta = \frac{\beta}{2m_0} \qquad \text{und} \qquad \omega_0^2 = \frac{\rho g A}{m_0}$$

charakteristische Gleichung:

$$\lambda^2 + 2\delta\lambda + \omega_0^2 = 0$$ nach Variable λ auflösen

$$\begin{bmatrix} \sqrt{(\delta - \omega_0)(\delta + \omega_0)} - \delta \\ -\delta - \sqrt{(\delta - \omega_0)(\delta + \omega_0)} \end{bmatrix} \qquad \lambda_1 = -\delta + \sqrt{\delta^2 - \omega_0^2} \qquad \lambda_2 = -\delta - \sqrt{\delta^2 - \omega_0^2}$$

freie gedämpfte Schwingung:

$$\delta < \omega_0 \qquad \lambda_1 = -\delta + j\sqrt{\omega_0^2 - \delta^2} = -\delta + j\omega \qquad \lambda_2 = -\delta - j\sqrt{\omega_0^2 - \delta^2} = -\delta - j\omega$$

$$y_h(t) = e^{-\delta t}\left(C_1 \cos(\omega t) + C_2 \sin(\omega t)\right)$$ allgemeine Lösung der freien gedämpften Schwingung

$$e^{-\delta t}\left(C_1 \cos(\omega t) + C_2 \sin(\omega t)\right)$$ durch Differenzierung, ergibt

$$(-\delta)e^{(-\delta)t}\left(C_1 \cos(\omega t) + C_2 \sin(\omega t)\right) + e^{(-\delta)t}\left[(-C_1)\sin(\omega t)\,\omega + C_2 \cos(\omega t)\,\omega\right]$$

Anfangsbedingungen: $y(0\ s) = 0\ m$ und $v(0\ s) = y'(0\ s) = v_0 = 2\ m/s$:

$0 = e^{-\delta 0}\left(C_1 \cos(\omega 0) + C_2 \sin(\omega 0)\right)$ hat als Lösung(en) 0 nach C_1 auflösen

$v_0 = (-\delta)e^{(-\delta)0}\left(0 \cos(\omega 0) + C_2 \sin(\omega 0)\right) + e^{(-\delta)0}\left(0 \sin(\omega 0)\,\omega + C_2 \cos(\omega 0)\,\omega\right)$ nach C_2 auflösen

hat als Lösung(en) $\frac{v_0}{\omega}$

$y_h(t) = \frac{v_0}{\omega} e^{-\delta t} \sin(\omega t)$ Lösung der homogenen Differentialgleichung

$v_0 := 2 \frac{m}{s}$ Anfangsgeschwindigkeit

$\beta := 2.4 \frac{kg}{s}$ Dämpfungsfaktor

$m_0 := 20kg$ Masse des Körpers

$\rho := 2000 \frac{kg}{m^3}$ Dichte des Körpers

$A1 := 100cm^2$ Fläche des Körpers

$\delta := \frac{\beta}{2m_0}$ $\delta = 0.06 \frac{1}{s}$ Dämpfungsfaktor

$\omega_0 := \sqrt{\frac{\rho g A1}{m_0}}$ $\omega_0 = 3.132 \frac{1}{s}$ Eigenfrequenz des ungedämpften Systems

$\omega := \sqrt{\omega_0^2 - \delta^2}$ $\omega = 3.131 \frac{1}{s}$ Eigenfrequenz des gedämpften Systems

$y_h(t) := \frac{v_0}{\omega} e^{-\delta t} \sin(\omega t)$ Schwingungsgleichung

$y_1(t) := \frac{v_0}{\omega} e^{-\delta t}$ $y_2(t) := -\frac{v_0}{\omega} e^{-\delta t}$ einhüllende Kurven

$v(t) := \frac{d}{dt} y_h(t)$ Geschwindigkeitsfunktion

$t := 0s, 0.01s .. 20s$ Bereichsvariable

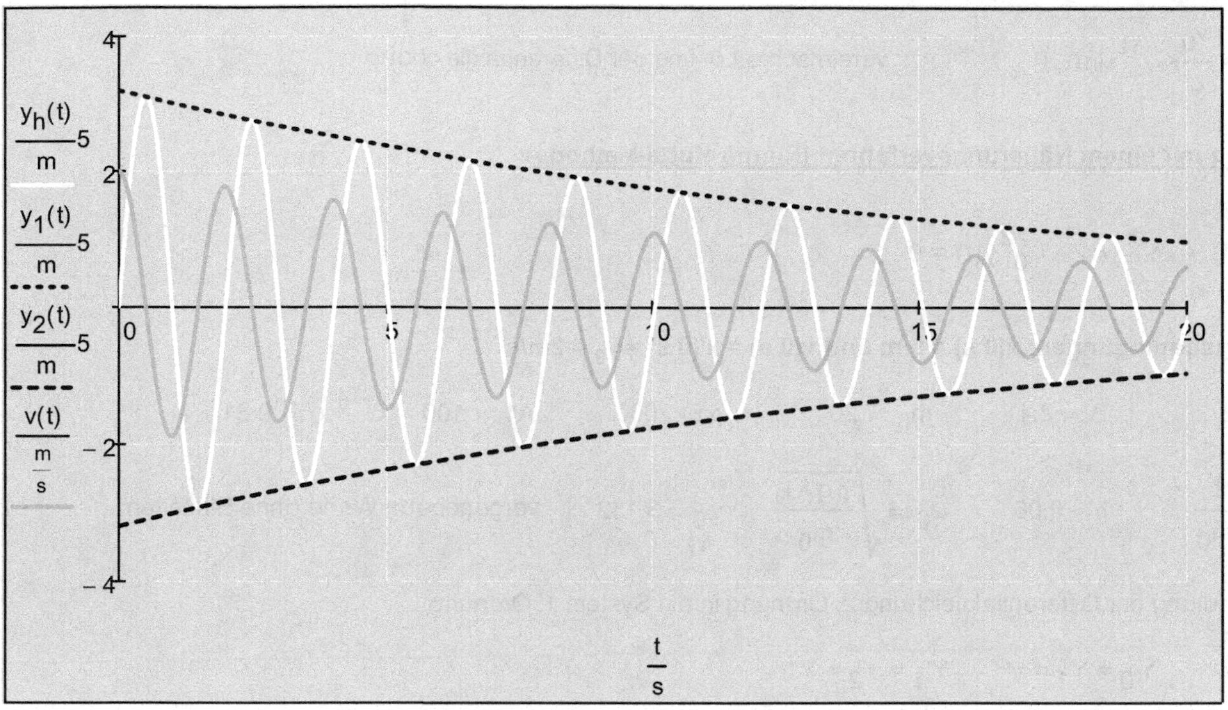

Abb. 7.37

Lösung mithilfe der Laplace-Transformation:

$$\frac{d^2}{dt^2}y(t) + 2\delta\frac{d}{dt}y(t) + \omega_0{}^2 y(t) = 0$$

Anfangsbedingungen: y(0 s) = 0 m und v(0 s) = y'(0 s) = v_0 = 2 m/s

$\underline{\mathbf{Y}}(s)\,s^2 - s\,y(0) - y'(0) + 2\delta(-y(0) + \underline{\mathbf{Y}}(s)\,s) + \omega_0{}^2\,\underline{\mathbf{Y}}(s) = 0$ Laplacetransformierte (direkt übersetzt)

$\underline{\mathbf{Y}}(s)\,s^2 - s0 - v_0 + 2\delta(-0 + \underline{\mathbf{Y}}(s)\,s) + \omega_0{}^2\,\underline{\mathbf{Y}}(s) = 0$

$v_0 := v_0$ $\delta := \delta$ $\omega_0 := \omega_0$ Redefinitionen

$\underline{\mathbf{Y}}(s)\,s^2 - s0 - v_0 + 2\delta(-0 + \underline{\mathbf{Y}}(s)\,s) + \omega_0{}^2\,\underline{\mathbf{Y}}(s)$ auflösen, $\underline{\mathbf{Y}}(s) \rightarrow \frac{v_0}{s^2 + 2\delta s + \omega_0{}^2}$

$\frac{v_0}{s^2 + 2\delta s + \omega_0{}^2}$ | annehmen, $\omega_0 > 0, \delta > 0, \omega_0 > \delta$ | invlaplace, s | vereinfachen $\rightarrow \frac{v_0 e^{-\delta t}\sin\left(t\sqrt{\omega_0{}^2 - \delta^2}\right)}{\sqrt{\omega_0{}^2 - \delta^2}}$ inverse Transformation

$$y_h(t) = \frac{v_0 e^{-\delta t}\sin\left(t\sqrt{\omega_0{}^2 - \delta^2}\right)}{\sqrt{\omega_0{}^2 - \delta^2}}$$ Lösung der Differentialgleichung

Mit $\omega^2 = \omega_0{}^2 - \delta^2$ folgt:

$y_h(t) = \frac{v_0}{\omega} e^{-\delta t} \sin(\omega t)$ vereinfachte Lösung der Differentialgleichung

Lösung mit einem Näherungsverfahren (Runge-Kutta-Methode):

$$\frac{d^2}{dt^2}y(t) + 2\delta\frac{d}{dt}y(t) + \omega_0^{\ 2}\, y(t) = 0$$

Anfangsbedingungen: x(0 s) = 0 m und v(0 s) = x'(0 s) = v_0 = 2m/s

$v_0 := 2$ $\beta := 2.4$ $m_0 := 20$ $\rho := 2000$ $A1 := 100 \cdot 10^{-4}$ $g := 9.81$

$\delta := \frac{\beta}{2m_0}$ $\delta = 0.06$ $\omega_0 := \sqrt{\frac{\rho g A1}{m_0}}$ $\omega_0 = 3.132$ vorgegebene Werte ohne Einheiten

Umwandlung der Differentialgleichung 2. Ordnung in ein System 1. Ordnung:

$Y_0 = y$ $Y'_0 = Y_1 = y'$ $Y'_1 = Y_2 = Y''$

$Y_1 = y'$

$Y_2 = -2\delta Y_1 - \omega_0^{\ 2} Y_0$

$\mathbf{aw} := \begin{pmatrix} 0 \\ v_0 \end{pmatrix}$ **aw** ist ein Vektor mit den Anfangsbedingungen.

$\mathbf{D}(t, \mathbf{Y}) := \begin{pmatrix} \mathbf{Y}_1 \\ -2\delta \mathbf{Y}_1 - \omega_0^{\ 2} \mathbf{Y}_0 \end{pmatrix}$ Die **Vektorfunktion D** enthält die umgeformte Differentialgleichung in der Darstellung **$D(t,Y):=(Y_1,...,Y_{n-1},y^{(n)}(Y))^T$.** Die letzte Komponente ist die nach $y^{(n)}$ umgeformte Differentialgleichung.

$N1 := 300$ Anzahl der Zeitschritte für die numerische Berechnung

$t_a := 0$ Anfangszeitpunkt

$t_e := 20$ Endzeitpunkt

$\mathbf{Z} := \text{rkfest}(\mathbf{aw}, t_a, t_e, N1, \mathbf{D})$ **Runge-Kutta-Methode. Die Lösung Z ist eine (N+1)x(n+1) Matrix. Die erste Spalte $Z^{<0>}$ enthält die Zeitpunkte t, die nächste Spalte $Z^{<1>}$ die Lösungsfunktion x(t), und die letzte Spalte $Z^{<n>}$ die Ableitung $x^{(n-1)}$(t).**

$\mathbf{t} := \mathbf{Z}^{\langle 0 \rangle} s$ Zeitwerte

$\mathbf{x} := \mathbf{Z}^{\langle 1 \rangle} m$ Wegwerte

$\mathbf{v} := \mathbf{Z}^{\langle 2 \rangle} \frac{m}{s}$ Geschwindigkeitswerte

$k := 0 .. \text{zeilen}(\mathbf{Z}) - 1$ Bereichsvariable

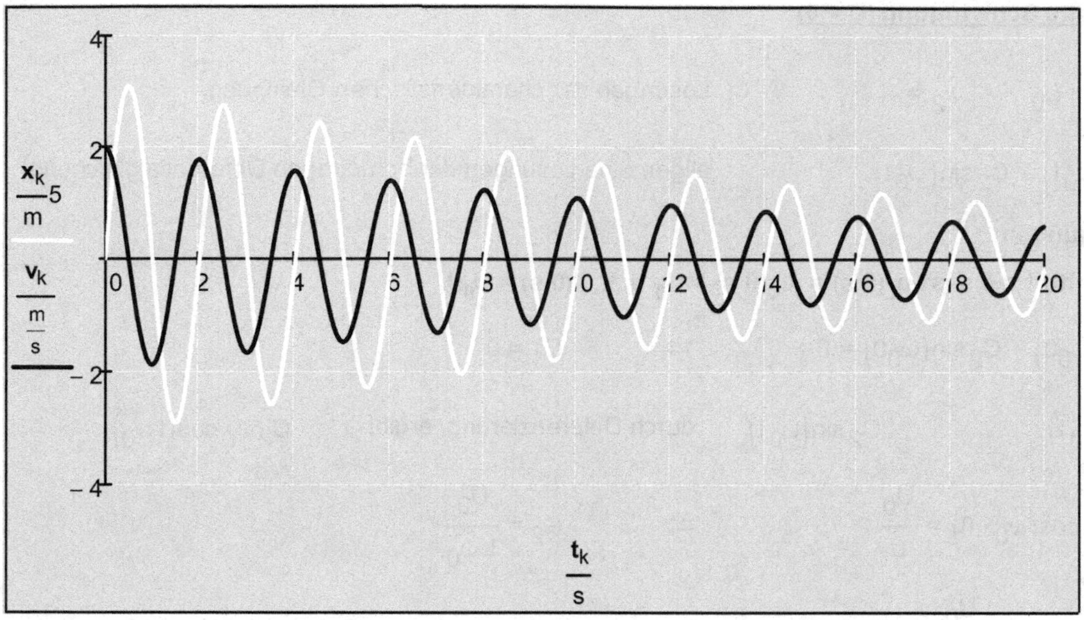

Abb. 7.38

__Beispiel 7.29:__

In einem Gleichstromkreis sind ein kapazitiver, ein Ohm'scher und ein induktiver Widerstand in Serie geschaltet (siehe Abb. 7.36). Der Kondensator soll zum Zeltpunkt t = 0 s aufgeladen sein, also eine Spannung U_0 besitzen. Gesucht ist der Strom i(t) beim Schließen des Serienkreises.

Anfangsbedingungen: i(0 s) = 0 A und für t = 0 s ist $u_L(0\text{ s}) = -u_C(0\text{ s}) = U_0$ d. h. $i'(0\text{ s}) = U_0/L$.

$u_L(t) + u_R(t) + u_C(t) = 0$ Gleichgewichtsbedingung (7-105) - Kirchoff'sches Gesetz

$L\frac{d}{dt}i(t) + R\,i(t) + \frac{1}{C}\int i(t)\,dt = 0$ Differential-Integralgleichung

Durch Differentiation der Differential-Integralgleichung und Umformung erhalten wir die Differentialgleichung:

$$L\frac{d^2}{dt^2}i(t) + R\frac{d}{dt}i(t) + \frac{1}{C}i(t) = 0 \qquad \frac{d^2}{dt^2}i(t) + \frac{R}{L}\frac{d}{dt}i(t) + \frac{1}{LC}i(t) = 0$$

Mit $\delta = \frac{R}{2L}$ und $\omega_0^{\,2} = \frac{1}{LC}$ erhalten wir schließlich die Differentialgleichung in vereinfachter Form:

$$\frac{d^2}{dt^2}i(t) + 2\delta\frac{d}{dt}i(t) + \omega_0^{\,2}\,i(t) = 0$$

charakteristische Gleichung (charakteristisches Polynom 2. Ordnung):

$$\lambda^2 + 2\delta\lambda + \omega_0^{\,2} = 0$$

$\lambda_2 = -\delta - \sqrt{\delta^2 - \omega_0^{\,2}}$ $\lambda_1 = -\delta + \sqrt{\delta^2 - \omega_0^{\,2}}$ Lösungen

$D = \frac{\delta}{\omega_0}$ Dämpfungsgrad

a) **freie ungedämpfte Schwingung (D = 0)**

$\delta = 0 \qquad \lambda_1 = j\,\omega_0 \qquad \lambda_2 = -j\,\omega_0$ Lösungen der charakteristischen Gleichung

$i_h(t) = C_1\cos(\omega_0 t) + C_2\sin(\omega_0 t)$ allgemeine Lösungen der homogenen Differentialgleichung

Anfangsbedingungen:

i(0 s) = 0 A und für t = 0 s ist $u_L(0\,s) = -u_C(0\,s) = U_0$ d. h. $i'(0\,s) = U_0/L$

$i_h(0) = C_1\cos(\omega_0 0) + C_2\sin(\omega_0 0) = 0 \qquad \Rightarrow \qquad C_1 = 0$

$i_h(t) = C_2\sin(\omega_0 t) \qquad C_2\sin(\omega_0 t)$ durch Differenzierung, ergibt $C_2\,\omega_0\cos(t\,\omega_0)$

$\frac{d}{dt}i_h(0) = C_2\,\omega_0\cos(\omega_0\cdot 0) = \frac{U_0}{L} \qquad \Rightarrow \qquad C_2 = \frac{U_0}{L\,\omega_0}$

$i_h(t) = I_{max}\sin(\omega_0 t) = \frac{U_0}{L\,\omega_0}\sin(\omega_0 t)$ allgemeine Lösung

$U_0 := 100V \qquad L := 0.01H \qquad C := 100\cdot nF$ gewählte Größen

$ms := 10^{-3}s$ Definition von ms

$\omega_0 := \sqrt{\frac{1}{L\,C}} \qquad \omega_0 = 3.162\times 10^4\,\frac{1}{s}$ Eigenkreisfrequenz

$I_{max} := \frac{U_0}{L\,\omega_0} \qquad I_{max} = 0.316\,A$ Scheitelwert

$i_h(t) := I_{max}\sin(\omega_0 t)$ Stromfunktion (allgemeine Lösung)

$t := 0ms, 0.001ms\,..\,1ms$ Bereichsvariable

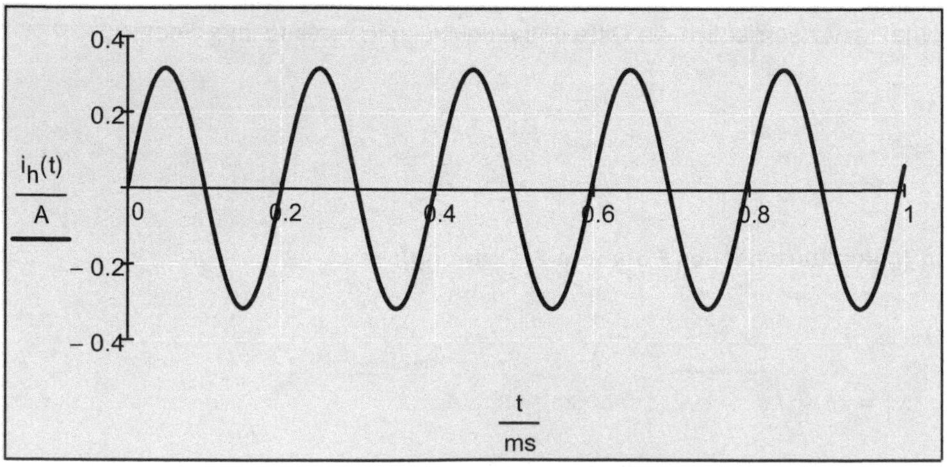

Abb. 7.39

b) freie gedämpfte Schwingung

α) Schwingungsfall (schwache Dämpfung, 0 < D < 1)

$\delta < \omega_0$

$\lambda_1 = -\delta + j\sqrt{\omega_0^{\,2} - \delta^2} \qquad \lambda_2 = -\delta - j\sqrt{\omega_0^{\,2} - \delta^2}$ Lösungen der charakteristischen Gleichung

$\kappa = -\delta \qquad \omega = \sqrt{\omega_0^{\,2} - \delta^2}$ Dämpfungsfaktor und Schwingkreisfrequenz

$i_h = e^{-\delta t}\left(C_1 \cos(\omega t) + C_2 \sin(\omega t)\right)$ allgemeine Lösungen der Differentialgleichung

Anfangsbedingungen:

i(0 s) = 0 A und für t = 0 s ist $u_L(0\,s) = -u_C(0\,s) = U_0$ d. h. $i'(0\,s) = U_0/L$

$i_h(0) = e^{-\delta 0}\left(C_1 \cos(\omega 0) + C_2 \sin(\omega 0)\right) = 0 \qquad \Rightarrow \qquad C_1 = 0$

$i_h(t) = e^{-\delta t} C_2 \sin(\omega t) \qquad e^{-\delta t} C_2 \sin(\omega t)$ durch Differenzierung, ergibt $C_2 \omega e^{-\delta t} \cos(\omega t) - C_2 \delta e^{-\delta t} \sin(\omega t)$

$$\frac{d}{dt} i_h(t) = C_2 \omega e^{-\delta t} \cos(\omega t) - C_2 \delta e^{-\delta t} \sin(\omega t)$$

$$\frac{d}{dt} i_h(0) = C_2 \omega e^{-\delta 0} \cos(\omega \cdot 0) - C_2 \delta e^{-\delta 0} \sin(\omega \cdot 0) = \frac{U_0}{L}$$

$$\frac{d}{dt} i_h(0) = C_2 \omega \cos(\omega \cdot 0)\omega = \frac{U_0}{L} \qquad \Rightarrow \qquad C_2 = \frac{U_0}{L\omega} = I_{max}$$

$i_h = I_{max} e^{-\delta t} \sin(\omega t)$ allgemeine Lösung und Scheitelwert

$U_0 := 100V \qquad R := 200\Omega \qquad L := 0.01H \qquad C := 100 \cdot nF$ gewählte Größen

$\delta := \frac{R}{2L} \qquad \delta = 1 \times 10^4\, s^{-1}$ Dämpfungsfaktor

$\omega_0 := \sqrt{\frac{1}{LC}} \qquad \omega_0 = 3.16228 \times 10^4 \frac{1}{s}$ Eigenkreisfrequenz

$\omega := \sqrt{\omega_0^{\,2} - \delta^2} \qquad \omega = 3 \times 10^4 \frac{1}{s}$ Schwingkreisfrequenz

$D := \frac{\delta}{\omega_0} \qquad D = 0.316$ Dämpfungsgrad

$I_{max} := \frac{U_0}{L\omega} \qquad I_{max} = 333.333\,mA$ Scheitelwert

$i(t) := I_{max} e^{-\delta t} \sin(\omega t)$ Stromfunktion (allgemeine Lösung)

$u_R(t) := R i(t)$ Spannung am Ohm'schen Widerstand

$u_L(t) := L \frac{d}{dt} i(t)$ Spannung am induktiven Widerstand

$u_C(t) := -u_R(t) - u_L(t)$ Spannung am kapazitiven Widerstand

$t := 0ms, 0.001ms .. 0.4ms$ Bereichsvariable

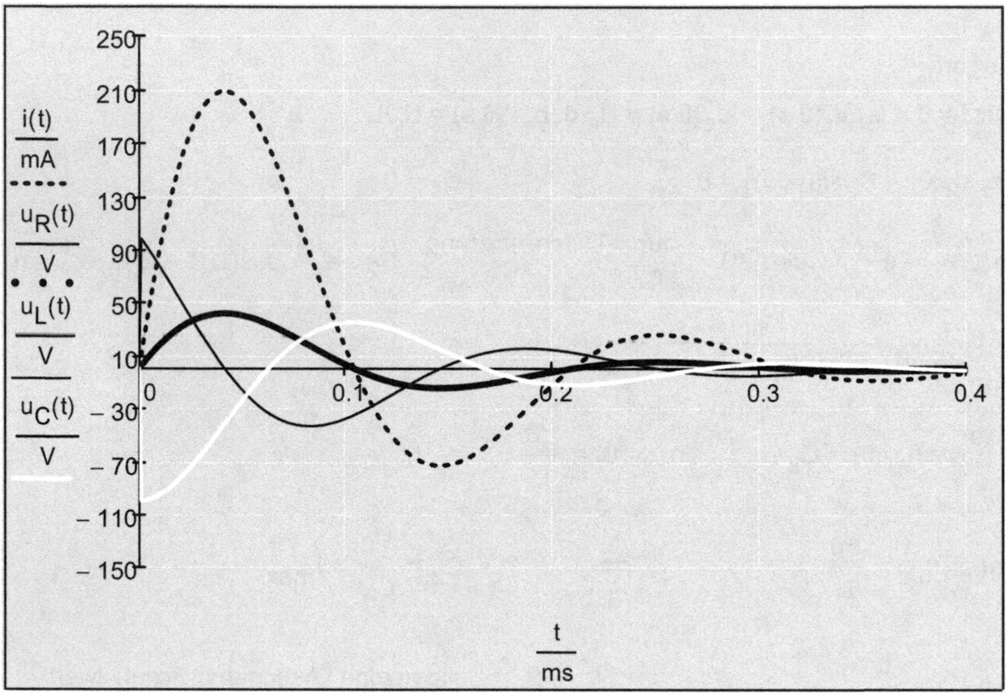

Abb. 7.40

β) **aperiodischer Grenzfall (D = 1)**

$\delta = \omega_0 \qquad \lambda_1 = \lambda_2 = -\delta$ Dämpfungsfaktor und Lösungen der charakteristischen Gleichung

$i_h = (C_1 + C_2 t) e^{-\delta t}$ allgemeine Lösungen der Differentialgleichung

Anfangsbedingungen:

i(0) = 0 und für t=0 ist $u_L(0) = -u_C(0) = U_0$ d. h. $i'(0) = U_0/L$:

$i_h(0) = (C_1 + C_2 0) e^{-\delta 0} = 0 \qquad \Rightarrow \qquad C_1 = 0$

$i_h(t) = C_2 t e^{-\delta t}$ $\qquad C_2 t e^{-\delta t}$ durch Differenzierung, ergibt $C_2 e^{-\delta t} - C_2 \delta t e^{-\delta t}$

$\frac{d}{dt} i_h(0) = C_2 e^{-\delta 0} - C_2 \delta t e^{-\delta 0} = \frac{U_0}{L} \qquad \Rightarrow \qquad C_2 = \frac{U_0}{L}$

$U_0 := 100V$ $R := 1\Omega$ $L := 0.5H$ $C := 2 \cdot F$ gewählte Größen für den Grenzfall

$\omega_0 := \sqrt{\frac{1}{LC}}$ $\omega_0 = 1\,s^{-1}$ Eigenkreisfrequenz

$\delta := \frac{R}{2L}$ $\delta = 1\,s^{-1}$ Dämpfungsfaktor

$D := \frac{\delta}{\omega_0}$ $D = 1$ Dämpfungsgrad

$i_G(t) := \frac{U_0}{L} t\, e^{-\omega_0 t}$ Stromfunktion für den Grenzfall

γ) aperiodischer Fall (Kriechfall D > 1)

$\delta > \omega_0$ $\lambda_1 = -\delta + \sqrt{\delta^2 - \omega_0^2}$ $\lambda_2 = -\delta - \sqrt{\delta^2 - \omega_0^2}$ Dämpfungsfaktor und Lösungen der charakteristischen Gleichung

$w = \sqrt{\delta^2 - \omega_0^2}$ Konstante

$i_h(t) = e^{-\delta t} \cdot \left(C_1 e^{wt} + C_2 e^{-wt}\right)$ allgemeine Lösungen der Differentialgleichung

Mit $C_1 + C_2 = A_1$ und $C_1 - C_2 = B_1$ erhalten wir eine andere Darstellung durch Umformung:

$$i_h(t) = e^{-\delta t} \cdot \left[\frac{A_1}{2}\left(e^{wt} + e^{-wt}\right) + \frac{B_1}{2}\left(e^{wt} - e^{-wt}\right)\right] = e^{-\delta_1 t} \cdot \left(A_1 \cosh(wt) + B_1 \sinh(wt)\right)$$

Anfangsbedingungen: i(0) = 0 und für t = 0 ist $u_L(0) = -u_C(0) = U_0$ d. h. $i'(0) = U_0/L$:

Mit $i_h(0) = e^{-\delta_1 \cdot 0} \cdot \left(A_1 \cosh(w0) + B_1 \sinh(w0)\right) = 0$ folgt $A_1 = 0$.

$i_h(t) = e^{-\delta_1 t} \cdot B_1 \sinh(wt)$ durch Differenzierung, ergibt

$$\frac{d}{dt} i_h(t) = B_1 w \cosh(t \cdot w) e^{-t\delta_1} - B_1 \delta_1 \sinh(t \cdot w) e^{-t\delta_1}$$

Mit $\frac{d}{dt} i_h(0) = B_1 w \cosh(0w) e^{-0\delta_1} - B_1 \delta_1 \sinh(0w) e^{-0\delta_1} = \frac{U_0}{L}$ folgt $B_1 = \frac{U_0}{wL}$.

$U_0 := 100V$ $R := 2\Omega$ $L := 0.5H$ $C := 2 \cdot F$ gewählte Größen für den Kriechfall

$\delta_1 := \frac{R}{2L}$ $\delta_1 = 2\,s^{-1}$ Dämpfungsfaktor

$\omega_{01} := \sqrt{\frac{1}{LC}}$ $\omega_{01} = 1\,s^{-1}$ Eigenkreisfrequenz

$D := \frac{\delta_1}{\omega_{01}}$ $D = 2$ Dämpfungsgrad

$w_1 := \sqrt{\delta_1^{\,2} - \omega_{01}^{\,2}}$ $\qquad w_1 = 1.732\,s^{-1}$ — Konstante

$i_K(t) := \dfrac{U_0}{w_1 L} e^{-\delta_1 t} \sinh(w_1 t)$ — Stromfunktion für den Kriechfall

$t := 0s, 0.001s .. 15s$ — Bereichsvariable

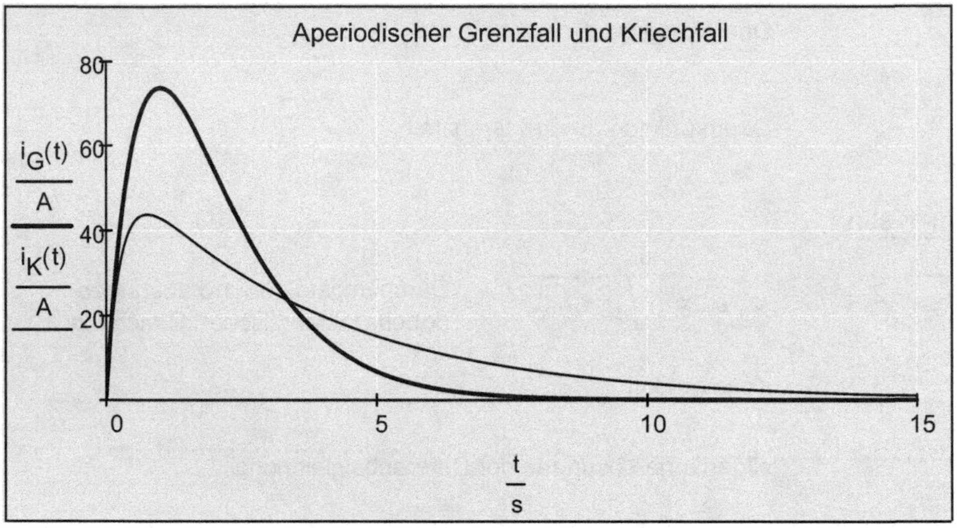

Abb. 7.41

Lösung der homogenen Differentialgleichung mithilfe der Laplace-Transformation:

$\dfrac{d^2}{dt^2} i(t) + 2\delta \dfrac{d}{dt} i(t) + \omega_0^{\,2} i(t) = 0$

Anfangsbedingungen: i(0) = 0 und für t = 0 ist $u_L(0) = -u_C(0) = U_0$ d. h. $i'(0) = U_0/L$.

$\underline{I}(s)\,s^2 - s0 - \dfrac{U_0}{L} + 2\delta s\,\underline{I}(s) - 2\delta 0 + \omega_0^{\,2}\,\underline{I}(s)$ — Differentialgleichung, in die Laplacetransformierte übersetzt

$U_0 := U_0 \qquad L := L \qquad \delta := \delta \qquad \omega_0 := \omega_0 \qquad \omega := \omega$ — Redefinitionen

$\underline{I}(s)\,s^2 - s0 - \dfrac{U_0}{L} + 2\delta s\,\underline{I}(s) - 2\delta 0 + \omega_0^{\,2}\,\underline{I}(s)$ auflösen, $\underline{I}(s) \rightarrow \dfrac{U_0}{L\left(s^2 + 2\delta s + \omega_0^{\,2}\right)}$

a) freie ungedämpfte Schwingung (D = 0)

$\delta := 0$ — Dämpfungsfaktor

$\dfrac{U_0}{L\left(s^2 + 2\delta s + \omega_0^{\,2}\right)}$ | invlaplace, s / vereinfachen / erweitern $\rightarrow \dfrac{U_0 \sin(t\,\omega_0)}{L\,\omega_0}$

$i_h(t) = \dfrac{U_0}{L\,\omega_0} \sin(\omega_0 t)$ — Stromfunktion (allgemeine Lösung)

b) freie gedämpfte Schwingung

α) Schwingungsfall (schwache Dämpfung, 0 < D < 1)

$\delta := \delta$ Redefinition

$\delta < \omega_0$ und $\omega^2 = \omega_0^2 - \delta^2$

$$\frac{U_0}{L\left(s^2 + 2\delta s + \omega_0^2\right)} \left| \begin{array}{l} \text{annehmen}, \omega_0 > 0, \delta > 0, \omega_0 > \delta \\ \text{invlaplace}, s \\ \text{vereinfachen} \end{array} \right. \rightarrow \frac{U_0 e^{-\delta t} \sin\left(t\sqrt{\omega_0^2 - \delta^2}\right)}{L\sqrt{\omega_0^2 - \delta^2}}$$

$$i_h(t) = \frac{U_0}{L\omega} e^{-\delta t} \sin(\omega t)$$ Stromfunktion (allgemeine Lösung)

β) aperiodischer Grenzfall (D = 1)

$\delta = \omega_0$

$U_0 := U_0 \quad L := L \quad \omega_0 := \omega_0$ Redefinitionen

$$\frac{U_0}{L\left(s^2 + 2\omega_0 s + \omega_0^2\right)} \text{ invlaplace}, s \rightarrow \frac{U_0 t e^{-t\omega_0}}{L}$$

$$i_G(t) = \frac{U_0}{L} t e^{-\omega_0 t}$$ Stromfunktion für den Grenzfall

γ) aperiodischer Fall (Kriechfall D > 1)

$\delta > \omega_0 \qquad \omega = \sqrt{\delta^2 - \omega_0^2}$

$\delta := 2 \qquad \omega_0 := 1 \qquad w := \sqrt{\delta^2 - \omega_0^2} \qquad w \rightarrow \sqrt{3}$ vorgegebene Größen

$$\frac{U_0}{L \cdot \left(s^2 + 2\delta s + \omega_0^2\right)} \text{ invlaplace}, s \rightarrow \frac{\sqrt{3} U_0 \sinh\left(\sqrt{3} t\right) e^{-2t}}{3L}$$

$$i_K(t) = \frac{U_0}{wL} e^{-\delta t} \sinh(wt)$$ Stromfunktion für den Kriechfall

Numerische Lösung der homogenen Differentialgleichung mithilfe von rkfest:

$$\frac{d^2}{dt^2}i(t) + 2\delta\frac{d}{dt}i(t) + \omega_0^{\,2}\,i(t) = 0$$ **Differentialgleichung**

Anfangsbedingungen: i(0) = 0. Im Zeitbereich ist für t = 0 $u_L(0) = -u_C(0) = U_0$ d. h. $i'(0) = U_0/L$.

Umwandlung der Differentialgleichung 2. Ordnung in ein System von Differentialgleichungen 1. Ordnung durch Substitution:

$I_0 = i \qquad I_1 = \frac{d}{dt}I_0 = \frac{d}{dt}i \qquad I_2 = \frac{d}{dt}I_1 = \frac{d^2}{dt^2}i$

$U_0 := 5 \qquad L := 0.5 \qquad \omega_0 := 1 \qquad \delta := 0.5$ vorgegebene Größen (ohne Einheit)

$\mathbf{aw} := \begin{pmatrix} 0 \\ \frac{U_0}{L} \end{pmatrix}$ **aw ist ein Vektor mit den Anfangsbedingungen für die Differentialgleichung n-ter Ordnung.**

$\mathbf{D}(t, \mathbf{I}) := \begin{pmatrix} \mathbf{I}_1 \\ -2\delta\mathbf{I}_1 - \omega_0^{\,2}\,\mathbf{I}_0 \end{pmatrix}$

Die Vektorfunktion D enthält die umgeformte Differentialgleichung in der Darstellung $D(t,I):=(I_1,\ldots,I_{n-1},i^{(n)}(I))^T$.

Die letzte Komponente ist die nach $i^{(n)}$ umgeformte Differentialgleichung.
In rkfest sind keine Einheiten zulässig, daher werden sie gekürzt oder weggelassen!

$N1 := 400$ Anzahl der Zeitschritte für die numerische Berechnung

$t_a := 0$ Anfangszeitpunkt

$t_e := 10$ Endzeitpunkt

$\mathbf{Z} := \text{rkfest}(\mathbf{aw}, t_a, t_e, N1, \mathbf{D})$

$\mathbf{t} := \mathbf{Z}^{\langle 0 \rangle}$

$\mathbf{i} := \mathbf{Z}^{\langle 1 \rangle} \qquad \mathbf{i'} := \mathbf{Z}^{\langle 2 \rangle}$

Runge-Kutta-Methode. Die Lösung Z ist eine (N+1)x(n+1) Matrix. Die erste Spalte $Z^{<0>}$ enthält die Zeitpunkte t, die nächste Spalte $Z^{<1>}$ die Lösungsfunktion i(t) und die letzte Spalte $Z^{<n>}$ die Ableitung $i^{(n-1)}(t)$. In rkfest sind keine Einheiten zulässig!

$k := 0 .. \text{zeilen}(\mathbf{Z}) - 1$ Bereichsvariable

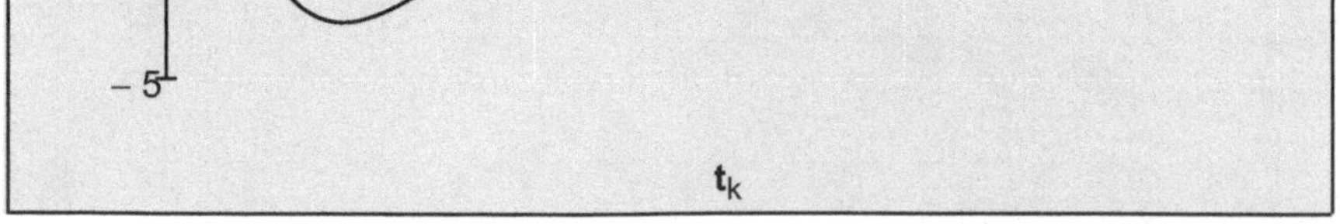

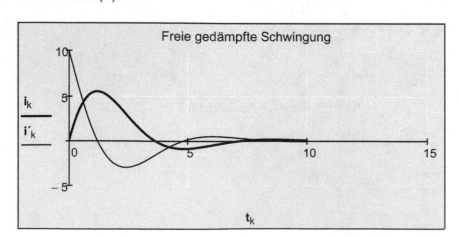

Abb. 7.42

Numerische Lösung der homogenen Differentialgleichung mithilfe von Gdglösen:

$U_0 := 5$ Spannung

$L := 0.5$ Induktivität

$\omega_0 := 1$ Eigenfrequenz

$\delta := 0.5$ Dämpfungskonstante

$N1 := 100$ Anzahl der Zeitschritte für die numerische Berechnung

Vorgabe

$$\frac{d^2}{dt^2}i(t) + 2\delta\frac{d}{dt}i(t) + \omega_0{}^2 i(t) = 0$$ **Differentialgleichung**

$$i(0) = 0 \qquad i'(0) = \frac{U_0}{L}$$ **Anfangsbedingungen**

$i(\delta, \omega_0) := \text{Gdglösen}(t, 15, N1)$ **Für die gesuchte Funktion i werden die in der Differentialgleichung vorkommenden Parameter angegeben!**

Mathsoft Slider Control-Objekt Eigenschaften (siehe Band "Einführung in Mathcad", Kapitel 19.2.3.7):

Minimum 0
Maximum 10
Teilstrichfähigkeit 1
Skript bearbeiten:
Outputs(0).Value = Slider.Position/**10**

Minimum 1
Maximum 5
Teilstrichfähigkeit 1

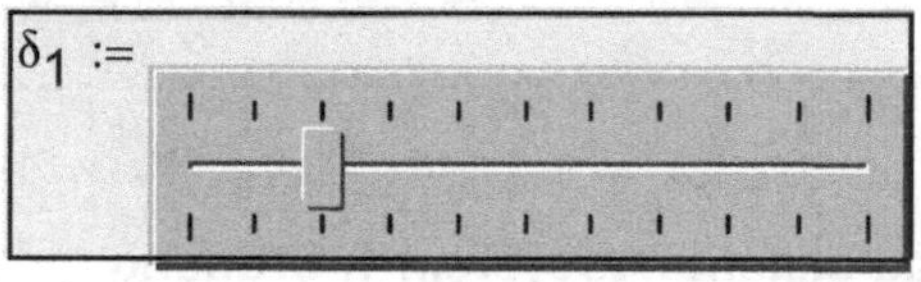

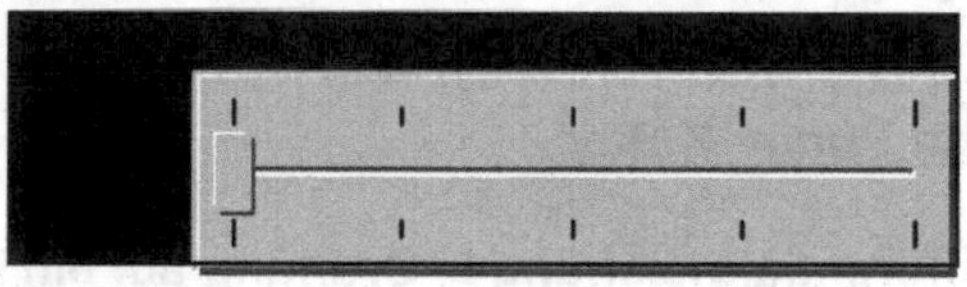

$\delta_1 = 0.2$ $\omega_{01} = 1$

$i1 := i(\delta_1, \omega_{01})$ Stromfunktion in Abhängigkeit von δ und ω_0

$t := 0, 0.01 .. 10$ Bereichsvariable

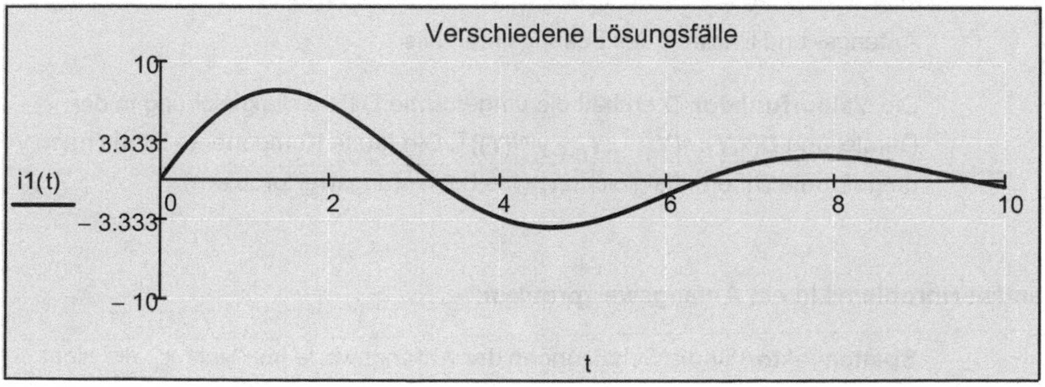

Abb. 7.43

Beispiel 7.30:

Lösen Sie die nachfolgend gegebene Differentialgleichung mit gegebenen Randbedingungen:

$y'' + y = 0$ **homogene lineare Differentialgleichung 2. Ordnung mit konstanten Koeffizienten**

Randbedingungen: $y(0) = 2$, $y(\pi/2) = 3$

charakteristische Gleichung:

$$\lambda^2 + 1 = 0$$

$\lambda_1 = j$ $\lambda_2 = -j$ Lösungen der charakteristischen Gleichung

Die exakte allgemeine Lösung der Differentialgleichung lautet nach (7-112):

$$y_h(x) = C_1 \cos(x) + C_2 \sin(x)$$

Bestimmung der Konstanten mit den Randbedingungen:

$$y_h(0) = C_1 \cos(0) + C_2 \sin(0) = 2 \quad \Rightarrow \quad C_1 = 2$$

$$y_h\left(\frac{\pi}{2}\right) = C_1 \cos\left(\frac{\pi}{2}\right) + C_2 \sin\left(\frac{\pi}{2}\right) = 3 \quad \Rightarrow \quad C_2 = 3$$

Die exakte allgemeine Lösung mit den Randbedingungen lautet daher:

$$y_h(x) := 2\cos(x) + 3\sin(x)$$

Näherungslösung mit Runge-Kutta:

Rückführung der Differentialgleichung 2. Ordnung auf ein Differentialgleichungssystem 1. Ordnung:

$$Y_0' = Y_1$$

$$Y_1' = -Y_0$$

lineares Differentialgleichungssystem 1. Ordnung

Randwerte: $y(0) = 2$, $y(\pi/2) = 3$

$x_a := 0$ $x_e := \frac{\pi}{2}$ Anfangs- und Endwert des Lösungsintervalls

$$\mathbf{D}(x, \mathbf{Y}) := \begin{pmatrix} \mathbf{Y}_1 \\ -\mathbf{Y}_0 \end{pmatrix}$$

Die **Vektorfunktion D** enthält die umgeformte Differentialgleichung in der Darstellung $\mathbf{D(x,Y):=(Y_1,\ldots,Y_{n-1},y^{(n)}(Y))^T}$. Die letzte Komponente ist die nach $y^{(n)}$ umgeformte Differentialgleichung (wie bei Anfangswertproblem).

Umwandlung des Randwertproblems in ein Anfangswertproblem:

$\mathbf{v1}_0 := 0$

Spaltenvektor für die Schätzungen der Anfangswerte im Punkt x_a, die nicht gegeben sind. Hier ist kein Schätzwert notwendig.

$\mathbf{lad}(x_a, \mathbf{v1}) := \begin{pmatrix} 2 \\ \mathbf{v1}_0 \end{pmatrix}$

y(0) (bekannt)

nicht notwendige Komponente auf null gesetzt

Dieser Vektor enthält zuerst die gegebenen Anfangswerte und anschließend die Schätzwerte aus dem Vektor **v** für die fehlenden Anfangswerte im Punkt x_a.

$\mathbf{abst}(x_e, \mathbf{Y}) := \mathbf{Y}_0 - 3$

Dieser Vektor hat die gleiche Anzahl der Komponenten wie der Schätzvektor **v** und enthält die Differenzen zwischen denjenigen Funktionen $\mathbf{Y}_i$, für die Randwerte im Punkt x_e gegeben sind und ihren gegebenen Werten im Punkt x_e.

$\mathbf{S} := \mathrm{sgrw}(\mathbf{v1}, x_a, x_e, \mathbf{D}, \mathbf{lad}, \mathbf{abst})$ **Berechnung der fehlenden Anfangsbedingungen**

$\mathbf{S} = (3)$

Der von sgrw gelieferte fehlende Anfangswert Y_1 (0) = y' (0) = 3 gestattet nun die Lösung der Aufgabe als Anfangswertproblem mit rkfest:

$\mathbf{S}_0 = 3$

$\mathbf{aw} := \begin{pmatrix} 2 \\ \mathbf{S}_0 \end{pmatrix}$ **y(0) = 1** **y'(0) = 3**

aw ist ein Vektor mit den Anfangsbedingungen.

$\mathrm{N1} := 10$ Anzahl der Zeitschritte für die numerische Berechnung

$\mathbf{Z} := \mathrm{rkfest}(\mathbf{aw}, x_a, x_e, \mathrm{N1}, \mathbf{D})$

$\mathbf{x} := \mathbf{Z}^{\langle 0 \rangle}$

$\mathbf{y} := \mathbf{Z}^{\langle 1 \rangle}$ $\quad \mathbf{y'} := \mathbf{Z}^{\langle 2 \rangle}$

Runge-Kutta-Methode. Die Lösung Z ist eine (N+1)x(n+1) Matrix. Die erste Spalte $Z^{<0>}$ enthält die x-Werte, die nächste Spalte $Z^{<1>}$ die Lösungsfunktion y(x) und die letzte Spalte $Z^{<n>}$ die Ableitung $y^{(n-1)}(x)$.

$k := 0..\,\mathrm{zeilen}(\mathbf{Z}) - 1$ Bereichsvariable

$x1 := 0, 0.01 .. \frac{\pi}{2}$ Bereichsvariable

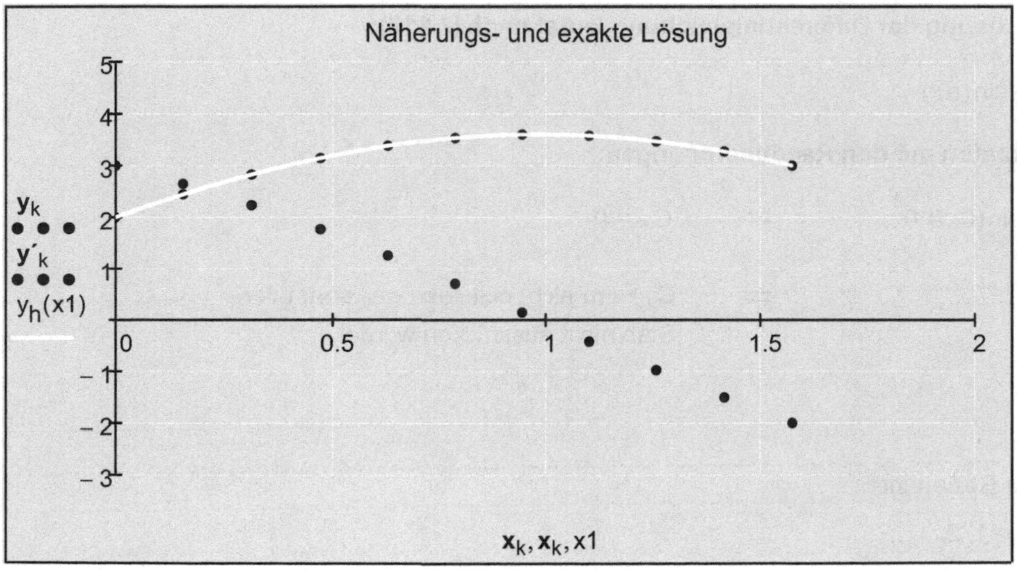

Abb. 7.44

Beispiel 7.31:

Bestimmen Sie die Euler-Knickkraft für einen beidseitig gelenkig gelagerten Druckstab (z. B. Fachwerkstäbe, Pleuelstangen usw.) von der Länge L mit der Druckkraft F. Schlanke Bauglieder verlieren bei Belastung durch Druckkräfte in Achsenrichtung ihre Tragfähigkeit durch plötzliches Ausweichen das Ausknicken. Die Differentialgleichung der Knickung ergibt sich aus dem Gleichgewicht zwischen dem der Ausbiegung proportionalen Moment der äußeren Kräfte und dem der Biegesteifigkeit proportionalen Moment der inneren Kräfte. Die Kraft, die das Ausknicken verursacht, heißt Knickkraft. Sie ist von der Stablänge und Biegesteifigkeit sowie auch von den Lagerungsbedingungen abhängig. An der Stelle x beträgt die seitliche Ausbiegung y und das **Moment der äußeren Kräfte M = F y**. Das **Moment der inneren Kräfte** ist durch **M(x) = -E I y"** gegeben. **I** ist dabei das **axiale Trägheitsmoment des Stabquerschnittes** (konstantes Flächenmoment) und **E** das **stoffabhängige Elastizitätsmodul**. Die **Randbedingungen** sind gegeben durch **y(0) = 0 und y(L) = 0**.

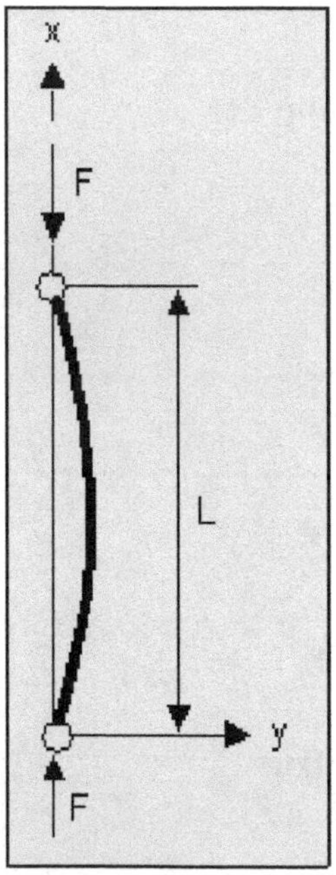

$-E\,I\,y'' = F\,y$ **Gleichgewichtsbedingung**

$y'' + \frac{F}{E\,I}y = 0$ **homogene lineare Differentialgleichung 2. Ordnung mit konstanten Koeffizienten (Differentialgleichung der Biegelinie)**

$y'' + a^2 y = 0$ mit $a^2 = \frac{F}{E\,I}$

Abb. 7.45

charakteristische Gleichung:

$\lambda^2 + a^2 = 0$

$\lambda_1 = j\,a$ $\lambda_2 = -j\,a$ Lösungen der charakteristischen Gleichung

Die exakte allgemeine Lösung der Differentialgleichung lautet nach (7-112):

$y_h(x) = C_1 \cos(a\,x) + C_2 \sin(a\,x)$

Bestimmung der Konstanten mit den Randbedingungen:

$y_h(0) = C_1 \cos(0) + C_2 \sin(0) = 0 \quad \Rightarrow \quad C_1 = 0$

$y(L) = C_2 \sin(a\,L) = 0 \quad \Rightarrow$ C_2 kann nicht null sein, weil sonst der Stab nicht ausknicken würde!

Es muss also gelten:

$\sin(a\,L) = 0$

Somit ergibt sich für a die Beziehung:

$a\,L = \pi\,n$ mit n = 1, 2, 3, ...

$a_n = \frac{\pi}{L} n = \sqrt{\frac{F_n}{E\,I}}$ **Eigenwerte a_n der Randwertaufgabe**

Nur für diese Werte der Konstanten a, die **Eigenwerte a_n der Randwertaufgabe**, hat die Differentialgleichung bei gegebenen Randbedingungen eine Lösung.

Zu den Eigenwerten a_n gehören die Eigenfunktionen

$y_{h_n} = C_2 \sin(a_n x)$

und bestimmte Werte für die Kraft F:

$F_n = \frac{\pi^2 n^2}{L^2} E\,I$ Euler'sche Knickkraft allgemein ($n^2 = 1$ einfache Knickkraft, $n^2 = 4$ vierfache Knickkraft usw.)

Der **kleinste Wert von F_n** (n = 1) ist der Wert F_k, bei dem bereits die Knickung des Stabes erfolgt, die sogenannte **Knickkraft**.

$F_k = \frac{\pi^2}{L^2} E\,I$ Knickkraft

$C_2 := 10\text{mm}$ gewählte Konstante

$B := 5 \cdot 10^5 \text{N m}^2$ gewählte Biegesteifigkeit B = E I

$L := 30\text{cm}$ Länge des gelagerten Stabes

$F_k := \frac{\pi^2}{L^2} B$ $F_k = 5.483 \times 10^7 \text{N}$ Knickkraft

$a(n) := \frac{\pi}{L} n$ Eigenwerte

$y_h(n, x) := C_2 \sin(a(n)\,x)$ Eigenfunktionen

$x := 0\text{cm}, 0.01\text{cm} .. 30\text{cm}$ Bereichsvariable

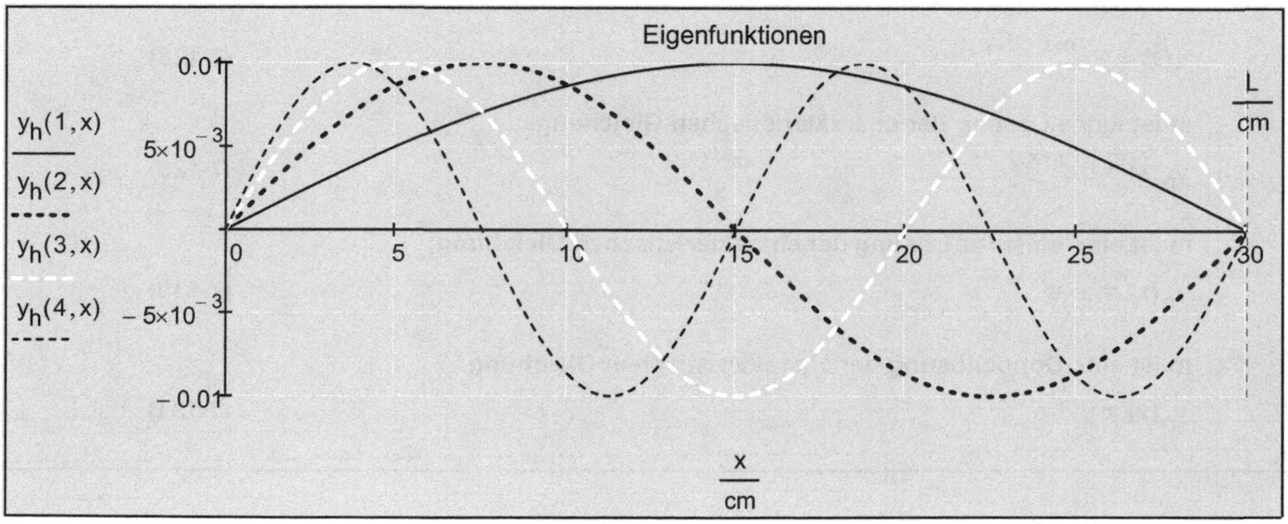

Abb. 7.46

b) Die lineare inhomogene Differentialgleichung 2. Ordnung mit konstanten Koeffizienten:

Die lineare inhomogene Differentialgleichung 2. Ordnung mit konstanten Koeffizienten ist ein Sonderfall von (7-59). Die Koeffizientenfunktionen $a_1(x) = a_1$ und $a_0(x) = a_0$ sind konstant ($a_0, a_1 \in \mathbb{R}$) und die Störfunktion (oder Störglied) $s(x) \neq 0$.

$$y''(x) + a_1 y'(x) + a_0 y(x) = s(x) \tag{7-122}$$

Bereits in Abschnitt 7.2.1.4 wurde gezeigt, dass sich die allgemeine Lösung einer inhomogenen Differentialgleichung 1. Ordnung aus der Lösung der homogenen Differentialgleichung und einer partikulären Lösung addiert. Dies gilt auch für inhomogene lineare Differentialgleichungen 2. Ordnung mit konstanten Koeffizienten.
Die allgemeine Lösung von (7-122) ergibt sich durch

$$y(x) = y_h(x) + y_p(x) \tag{7-123}$$

wobei $y_h(x)$ die allgemeine Lösung der homogenen Differentialgleichung und $y_p(x)$ eine partikuläre (spezielle) Lösung der inhomogenen Differentialgleichung ist. $y_p(x)$ erhalten wir durch die Methode der Variation der Konstanten oder mit einem angepassten Lösungsansatz (der im Wesentlichen vom Typ der Störfunktion abhängt) durch Vergleich der Koeffizienten.

Für in den Anwendungen besonders häufig auftretenden Störfunktionen s(x) werden nachfolgend einige Lösungsansätze y_p angeführt:

1. s(x) ist eine Polynomfunktion vom Grade n:

$$s(x) = P_n(x) = c_0 + c_1 x + c_2 x^2 + ... + c_n x^n \tag{7-124}$$

$$y_p(x) = Q_n(x) = b_0 + b_1 x + b_2 x^2 + ... + b_n x^n, \ \textbf{für } c_0 \neq 0 \tag{7-125}$$

$$y_p(x) = x Q_n(x), \textbf{ für } c_0 = 0 \textbf{ und } c_1 \neq 0 \tag{7-126}$$

$$y_p(x) = x^2 Q_n(x), \ \textbf{für } c_0 = c_1 = 0 \tag{7-127}$$

2. s(x) ist eine Exponentialfunktion:

$$s(x) = a e^{mx} \tag{7-128}$$

m ist keine Lösung der charakteristischen Gleichung:

$$y_p(x) = b e^{mx} \tag{7-129}$$

m ist eine einfache Lösung der charakteristischen Gleichung:

$$y_p(x) = b x e^{mx} \tag{7-130}$$

m ist eine Doppellösung der charakteristischen Gleichung:

$$y_p(x) = b x^2 e^{mx} \tag{7-131}$$

3. s(x) ist eine Sinus- oder Kosinusfunktion oder eine Linearkombination von beiden:

$$s(x) = a\cos(mx) + b\sin(mx) \qquad \textbf{(7-132)}$$

$j\,m$ **ist keine Lösung der charakteristischen Gleichung:**

$$y_p(x) = A\cos(mx) + B\sin(mx) = C\sin(mx + \varphi) \qquad \textbf{(7-133)}$$

$j\,m$ **ist eine Lösung der charakteristischen Gleichung:**

$$y_p(x) = A\,x\cos(mx) + B\,x\sin(mx) = C\,x\sin(mx + \varphi) \qquad \textbf{(7-134)}$$

Bei periodischen Störfunktionen $s(x) = A\cos(mx)$ **oder** $s(x) = B\sin(mx)$ **verwenden wir auch oft komplexe Lösungsansätze:**

$$y_p(x) = C e^{j(mx+\varphi)} \qquad \textbf{(7-135)}$$

<u>Beispiel 7.32:</u>

Die gegebene Differentialgleichung soll durch Variation der Konstanten und durch einen geeigneten Lösungsansatz gelöst werden.

$y''(x) - 3y'(x) + 2y(x) = x^2$ **inhomogene lineare Differentialgleichung 2. Ordnung mit konstanten Koeffizienten**

homogene Differentialgleichung:

$$y''(x) - 3y'(x) + 2y(x) = 0$$

charakteristische Gleichung:

$\lambda^2 - 3\lambda + 2 = 0$ hat als Lösung(en) $\begin{pmatrix} 2 \\ 1 \end{pmatrix}$

homogene Lösung (7-86):

$$y_h(x) = C_1 e^x + C_2 e^{2\cdot x}$$

Variation der Konstanten:

$y_p(x) = C_1(x)\,e^x + C_2(x)\,e^{2x}$ durch Differenzierung, ergibt

$$\frac{d}{dx}y_p(x) = \frac{d}{dx}C_1(x)\,e^x + C_1(x)\,e^x + \frac{d}{dx}C_2(x)\,e^{2x} + 2C_2(x)\,e^{2x}$$

Wir wählen $C_1(x)$ und $C_2(x)$ so, dass gilt:

$$\left(\frac{d}{dx}C_1(x)\right)e^x + \left(\frac{d}{dx}C_2(x)\right)e^{2x} = 0$$

Damit gilt:

$$\frac{d}{dx}y_p(x) = C_1(x)\,e^x + 2\,C_2(x)\,e^{2x}$$ durch Differenzierung, ergibt

$$\frac{d^2}{dx^2}y_p(x) = \frac{d}{dx}C_1(x)\,e^x + C_1(x)\,e^x + 2\frac{d}{dx}C_2(x)\,e^{2x} + 4\,C_2(x)\,e^{2x}$$

Der Ansatz und die Ableitungen werden nun in die inhomogene Differentialgleichung eingesetzt:

$$\left(C_{1'}(x)\,e^x + C_1(x)\,e^x + 2\,C_{2'}(x)\,e^{2x} + 4\,C_2(x)\,e^{2x} - 3\,C_1(x)\,e^x - 6\,C_2(x)\,e^{2x}\right) \ldots = x^2$$
$$+\left(2\,C_1(x)\,e^x + 2\,C_2(x)\,e^{2x}\right)$$

vereinfacht auf

$$\boxed{C_{1'}(x)\,e^x + 2\,C_{2'}(x)\,e^{2x} = x^2}$$

Es ist also das folgende lineare Gleichungssystem in $C_1'(x)$ und $C_2'(x)$ zu lösen:

$$\boxed{C_{1'}(x)\,e^x + 2\,C_{2'}(x)\,e^{2x} = x^2}$$

$$\boxed{C_{1'}(x)\,e^x + C_{2'}(x)\,e^{2x} = 0}$$

$x := x$ Redefinition

Vorgabe

$$C_{1'}\,e^x + 2C_{2'}\,e^{2x} = x^2$$

$$C_{1'}\,e^x + C_{2'}\,e^{2x} = 0$$

Lösungsblock

$$\text{Suchen}\left(C_{1'}, C_{2'}\right) \rightarrow \begin{pmatrix} -x^2\,e^{-x} \\ x^2\,e^{-2x} \end{pmatrix}$$

Die Lösungen lauten:

$$C_{1'}(x) = -x^2\,e^{-x} \qquad C_{2'}(x) = x^2\,e^{-2x}$$

Durch partielle Integration folgt schließlich:

$$C_1 = \int -x^2\,e^{-x}\,dx$$ vereinfacht auf $$C_1 = e^{-x}\cdot\left(x^2 + 2x + 2\right)$$

$$C_2 = \int x^2\,e^{-2x}\,dx$$ vereinfacht auf $$C_2 = -\frac{e^{-2\cdot x}\cdot\left(2x^2 + 2x + 1\right)}{4}$$

Die partikuläre Lösung lautet damit:

$y_p(x) = x^2 + 2x + 2 - \frac{1}{2}x^2 - \frac{1}{2}x - \frac{1}{4}$ vereinfacht auf $y_p(x) = \frac{1}{2}x^2 + \frac{3}{2}x + \frac{7}{4}$

Die allgemeine Lösung der inhomogenen Differentialgleichung ergibt sich dann zu:

$$y(x) = y_h(x) + y_p(x) = C_1 e^x + C_2 e^{2x} + \frac{1}{2}x^2 + \frac{3}{2}x + \frac{7}{4}$$

Lösung der Differentialgleichung mithilfe eines Ansatzes nach (7-125):

$y_p(x) = b_0 + b_1 x + b_2 x^2$

durch Differentiation, ergibt

$\frac{d}{dx}y_p(x) = b_1 + 2b_2 x$

durch Differentiation, ergibt

$\frac{d^2}{dx^2}y_p(x) = 2b_2$

Der Ansatz und die Ableitungen werden nun in die inhomogene Differentialgleichung eingesetzt:

$2b_2 - 3(b_1 + 2b_2 x) + 2(b_0 + b_1 x + b_2 x^2) = x^2$ durch Zusammenfassen von Termen, ergibt

$2b_2 x^2 + (-6b_2 + 2b_1)x + 2b_2 - 3b_1 + 2b_0 = x^2 + 0x + 0x^0$

Durch Koeffizientenvergleich erhalten wir:

$2b_2 = 1$

$-6b_2 + 2b_1 = 0$

$2b_2 - 3b_1 + 2b_0 = 0$

Die Lösung dieses linearen Gleichungssystems lautet:

Vorgabe

$2b_2 = 1$

$-6b_2 + 2b_1 = 0$

$2b_2 - 3b_1 + 2b_0 = 0$

$\text{Suchen}(b_0, b_1, b_2)^T \rightarrow \begin{pmatrix} \frac{7}{4} & \frac{3}{2} & \frac{1}{2} \end{pmatrix}$

Daraus ergibt sich die gleiche partikuläre Lösung wie oben zu:

$$y_p(x) = \frac{7}{4} + \frac{3}{2}x + \frac{1}{2}x^2$$

Beispiel 7.33:

Die gegebene Differentialgleichung soll durch einen geeigneten Lösungsansatz gelöst werden.

$y''(x) - 2y'(x) = x^2 + x - 1$ **inhomogene lineare Differentialgleichung 2. Ordnung mit konstanten Koeffizienten**

homogene Differentialgleichung:

$y''(x) - 2y'(x) = 0$

charakteristische Gleichung:

$\lambda^2 - 2\lambda = 0$ hat als Lösung(en) $\begin{pmatrix} 2 \\ 0 \end{pmatrix}$

homogene Lösung (7-86):

$$y_h(x) = C_1 + C_2 e^{2 \cdot x}$$

Lösung der Differentialgleichung mithilfe eines Ansatzes nach (7-126):

$y_p(x) = b_0 x + b_1 x^2 + b_2 x^3$

durch Differentiation, ergibt

$\frac{d}{dx} y_p(x) = b_0 + 2b_1 x + 3b_2 x^2$

durch Differentiation, ergibt

$\frac{d^2}{dx^2} y_p(x) = 2b_1 + 6b_2 x$

Der Ansatz und die Ableitungen werden nun in die inhomogene Differentialgleichung eingesetzt:

$2b_1 + 6b_2 x - 2\left(b_0 + 2b_1 x + 3b_2 x^2\right) = x^2 + x - 1$

durch Zusammenfassen von Termen, ergibt

$-6b_2 x^2 + \left(6b_2 - 4b_1\right)x + 2b_1 - 2b_0 = x^2 + x - 1$

Durch Koeffizientenvergleich erhalten wir folgendes lineares Gleichungssystem:

$-6b_2 = 1$

$6b_2 - 4b_1 = 1$

$2b_1 - 2b_0 = -1$

Die Lösung dieses linearen Gleichungssystems lautet:

Vorgabe

$$-6b_2 = 1$$

$$6b_2 - 4b_1 = 1$$

$$2b_1 - 2b_0 = -1$$

$$\text{Suchen}(b_0, b_1, b_2)^T \rightarrow \begin{pmatrix} 0 & -\frac{1}{2} & -\frac{1}{6} \end{pmatrix}$$

Daraus ergibt sich die partikuläre Lösung zu:

$$y_p(x) = -\frac{1}{2}x^2 - \frac{1}{6}x^3$$

Die allgemeine Lösung der inhomogenen Differentialgleichung lautet dann:

$$y(x) = y_h(x) + y_p(x) = C_1 + C_2 e^{2 \cdot x} - \frac{1}{2}x^2 - \frac{1}{6}x^3$$

<u>**Beispiel 7.34:**</u>

Die gegebene Differentialgleichung soll durch einen geeigneten Lösungsansatz gelöst werden.

$y''(x) - 4y(x) = e^{3x}$ **inhomogene lineare Differentialgleichung 2. Ordnung mit konstanten Koeffizienten**

homogene Differentialgleichung:

$$y''(x) - 4y(x) = 0$$

charakteristische Gleichung:

$\lambda^2 - 4 = 0$ hat als Lösung(en) $\begin{pmatrix} -2 \\ 2 \end{pmatrix}$

homogene Lösung (7-86):

$$y_h(x) = C_1 e^{2x} + C_2 e^{-2 \cdot x}$$

Lösung der Differentialgleichung mithilfe eines Ansatzes nach (7-129):

$y_p(x) = b e^{3x}$ **m = 3 ist keine Lösung der charakteristischen Gleichung**

durch Differentiation, ergibt

$$\frac{d}{dx} y_p(x) = 3 b e^{3x}$$

durch Differentiation, ergibt

$$\frac{d^2}{dx^2}y_p(x) = 9be^{3x}$$

Der Ansatz und die Ableitungen werden nun in die inhomogene Differentialgleichung eingesetzt:

$9be^{3x} - 4be^{3x} = e^{3x}$ hat als Lösung(en) $\frac{1}{5}$ (nach Variable b auflösen)

Damit ergibt sich die partikuläre Lösung zu:

$$y_p(x) = \frac{1}{5}e^{3x}$$

Die allgemeine Lösung der inhomogenen Differentialgleichung lautet dann:

$$y(x) = y_h(x) + y_p(x) = C_1 e^{2x} + C_2 e^{-2x} + \frac{1}{5}e^{3x}$$

__Beispiel 7.35:__

Die gegebene Differentialgleichung soll durch einen geeigneten Lösungsansatz gelöst werden.

$y''(x) - 4y'(x) + 4y(x) = e^{2x}$ **inhomogene lineare Differentialgleichung 2. Ordnung mit konstanten Koeffizienten**

homogene Differentialgleichung:

$$y''(x) - 4y'(x) + 4y(x) = 0$$

charakteristische Gleichung:

$\lambda^2 - 4\lambda + 4 = 0$ hat als Lösung(en) 2 Doppellösung

homogene Lösung (7-93):

$$y_h(x) = \left(C_1 x + C_2\right) \cdot e^{2x}$$

Lösung der Differentialgleichung mithilfe eines Ansatzes nach (7-131):

$y_p(x) = bx^2 e^{2x}$ **m = 2 ist eine Doppellösung der charakteristischen Gleichung**

durch Differentiation, ergibt

$$\frac{d}{dx}y_p(x) = 2bxe^{2x} + 2bx^2 e^{2x}$$

durch Differentiation, ergibt

$$\frac{d^2}{dx^2}y_p(x) = 2be^{2x} + 8bxe^{2x} + 4bx^2 e^{2x}$$

Der Ansatz und die Ableitungen werden nun in die inhomogene Differentialgleichung eingesetzt:

$$2b\,e^{2x} + 8b\,x\,e^{2x} + 4b\,x^2 e^{2x} - 4\left(2\,b\,x\,e^{2x} + 2\,b\,x^2 e^{2x}\right) + b\,x^2 e^{2x} = e^{2x}$$

vereinfacht auf

$2b\,e^{2x} = e^{2x}$ hat als Lösung(en) $\frac{1}{2}$ (nach Variable b auflösen)

Damit ergibt sich die partikuläre Lösung zu:

$$y_p(x) = \frac{1}{2}x^2 e^{2x}$$

Die allgemeine Lösung der inhomogenen Differentialgleichung lautet dann:

$$y(x) = y_h(x) + y_p(x) = \left(C_1\,x + C_2\right)\cdot e^{2x} + \frac{1}{5}x^2 e^{2x} = e^{2x}\cdot\left(C_1\,x + C_2 + \frac{1}{5}x^2\right)$$

Beispiel 7.36:

Die gegebene Differentialgleichung soll durch einen geeigneten Lösungsansatz gelöst werden.

$y''(x) + y(x) = \sin(x)$ **inhomogene lineare Differentialgleichung 2. Ordnung mit konstanten Koeffizienten**

homogene Differentialgleichung:

$$y''(x) + y(x) = 0$$

charakteristische Gleichung:

$\lambda^2 + 1 = 0$ hat als Lösung(en) $\begin{pmatrix} -j \\ j \end{pmatrix}$

homogene Lösung (7-103):

$$y_h(x) = C_1\cos(x) + C_1\sin(x)$$

Lösung der Differentialgleichung mithilfe eines Ansatzes nach (7-134):

m = 1 = ω : j m ist eine Lösung der charakteristischen Gleichung:

$$y_p(x) = A\,x\cos(x) + B\,x\sin(x)$$

durch Differentiation, ergibt

$$\frac{d}{dx}y_p(x) = A\cos(x) - A\,x\sin(x) + B\sin(x) + B\,x\cos(x)$$

durch Differentiation, ergibt

$$\frac{d^2}{dx^2}y_p(x) = -2A\sin(x) - A\,x\cos(x) + 2B\cos(x) - B\,x\sin(x)$$

Der Ansatz und die Ableitungen werden nun in die inhomogene Differentialgleichung eingesetzt:

$$-2A\sin(x) - Ax\cos(x) + 2B\cos(x) - Bx\sin(x) + Ax\cos(x) + Bx\sin(x) = \sin(x)$$

vereinfacht auf

$$-2A\sin(x) + 2B\cos(x) = \sin(x)$$

Koeffizientenvergleich:

$-2A = 1 \quad \Rightarrow \quad A = -\frac{1}{2}$

$2B = 0 \quad \Rightarrow \quad B = 0$

Damit ergibt sich die partikuläre Lösung zu:

$$y_p(x) = -\frac{1}{2}x\cos(x)$$

Die allgemeine Lösung der inhomogenen Differentialgleichung lautet dann:

$$y(x) = y_h(x) + y_p(x) = C_1\cos(x) + C_2\sin(x) - \frac{1}{2}x\cos(x)$$

Beispiel 7.37:

Die gegebene Differentialgleichung soll durch einen geeigneten Lösungsansatz gelöst werden.

$y''(x) + y'(x) + y(x) = x\cos(x) - \sin(x)$ **inhomogene lineare Differentialgleichung 2. Ordnung mit konstanten Koeffizienten**

homogene Differentialgleichung:

$$y''(x) + y'(x) + y(x) = 0$$

charakteristische Gleichung:

$\lambda^2 + \lambda + 1 = 0$ hat als Lösung(en) $\begin{bmatrix} -\frac{1}{2} + \frac{1}{2}\sqrt{3}j \\ -\frac{1}{2} - \left(\frac{\sqrt{3}}{2}\right)j \end{bmatrix}$

homogene Lösung (7-103):

$$y_h(x) = e^{-\frac{x}{2}} \cdot \left(C_1\cos\left(\frac{\sqrt{3}}{2}x\right)C_1\sin\left(\frac{\sqrt{3}}{2}x\right)\right)$$

Lösung der Differentialgleichung mithilfe eines Ansatzes nach (7-133) und (7-134):

$$y_p(x) = Ax\cos(x) + Bx\sin(x) + C\cos(x) + D\sin(x)$$

durch Differentiation, ergibt

$$\frac{d}{dx}y_p(x) = A\cos(x) - Ax\sin(x) + B\sin(x) + Bx\cos(x) - C\sin(x) + D\cos(x)$$

durch Differentiation, ergibt

$$\frac{d^2}{dx^2}y_p(x) = -2A\sin(x) - Ax\cos(x) + 2B\cos(x) - Bx\sin(x) - C\cos(x) - D\sin(x)$$

Der Ansatz und die Ableitungen werden nun in die inhomogene Differentialgleichung eingesetzt:

$$-2A\sin(x) - Ax\cos(x) + 2B\cos(x) - Bx\sin(x) - C\cos(x) - D\sin(x) \ldots = x\cos(x) - \sin(x)$$
$$+ A\cos(x) - Ax\sin(x) + B\sin(x) + Bx\cos(x) - C\sin(x) + D\cos(x) \ldots$$
$$+ Ax\cos(x) + Bx\sin(x) + C\cos(x) + D\sin(x)$$

vereinfacht auf

$$-2A\sin(x) + 2B\cos(x) + A\cos(x) - Ax\sin(x) + B\sin(x) \ldots = x\cos(x) - \sin(x)$$
$$+ Bx\cos(x) - C\sin(x) + D\cos(x)$$

Herausheben (händisch):

$$Bx\cos(x) - Ax\sin(x) + (A + 2B + D)\cos(x) + (-2A + B - C)\sin(x) = x\cos(x) - \sin(x)$$

Koeffizientenvergleich:

$B = 1$

$-A = 0 \quad \Rightarrow \quad A = 0$

$A + 2B + D = 0 \quad \Rightarrow \quad 2 + D = 0 \quad \Rightarrow \quad D = -2$

$-2A + B - C = -1 \quad \Rightarrow \quad 1 - C = -1 \quad \Rightarrow \quad C = 2$

Damit ergibt sich die partikuläre Lösung zu:

$$y_p(x) = x\sin(x) + 2\cos(x) - 2\sin(x)$$

Die allgemeine Lösung der inhomogenen Differentialgleichung lautet dann:

$$y(x) = y_h(x) + y_p(x) = e^{-\frac{x}{2}} \cdot \left(C_1\cos\left(\frac{\sqrt{3}}{2}x\right) C_1\sin\left(\frac{\sqrt{3}}{2}x\right)\right) + (x\sin(x) + 2\cos(x) - 2\sin(x))$$

Wir betrachten hier im Gegensatz zu freien Schwingungen (siehe Abb. 7.36) ein schwingungsfähiges System, das von außen mit einer periodischen Kraft, einem Drehmoment oder einer Spannung usw. angeregt wird. In diesem Zusammenhang sprechen wir von einer erzwungenen Schwingung. Erzwungene Schwingungen werden durch inhomogene lineare Differentialgleichungen 2. Ordnung mit konstanten Koeffizienten beschrieben.
Nachfolgend sollen stellvertretend für viele ähnliche Systeme drei Systeme betrachtet werden (Abb. 7.47). Wirkt auf den mechanischen Schwingkreis eine äußere periodische Kraft oder wird in die elektrischen Schwingkreise eine Wechselspannung geschaltet, so entstehen erzwungene Schwingungen.

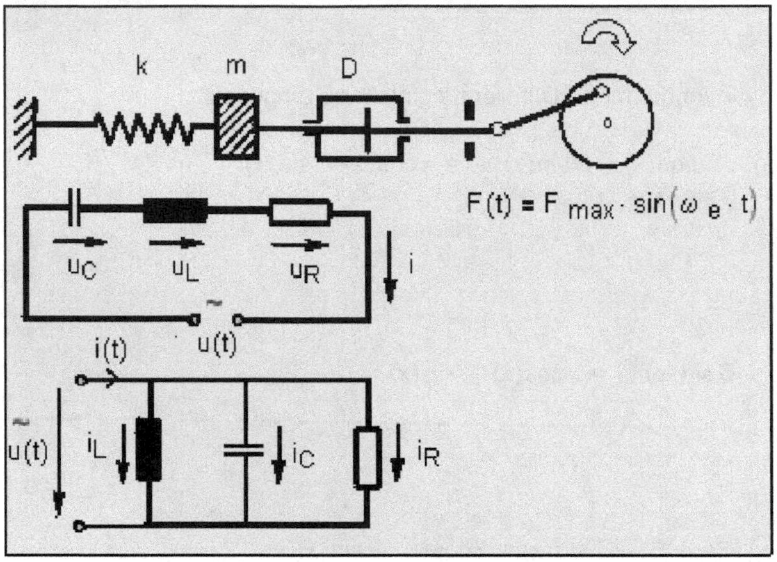

Abb. 7.47

Gleichgewichtsbedingung für die in Abb. 7.47 dargestellten Systeme:

$$F + F_D + F_r = F(t) = F_{max} \sin(\omega_e t) \tag{7-136}$$

$$u_L + u_R + u_C = u(t) = U_{max} \sin(\omega_e t) \tag{7-137}$$

$$i_C + i_R + i_L = i(t) = I_{max} \sin(\omega_e t) \tag{7-138}$$

Mithilfe dieser Gleichungen und den Beziehungen aus (7-105) ergeben sich die zugehörigen Differentialgleichungen (für sinusförmige Anregung, Wechselspannung und Wechselstrom):

$$m\frac{d^2}{dt^2}y + \beta\frac{d}{dt}y + k\,y = F_0 \sin(\omega_e t) \tag{7-139}$$

$$L\frac{d^2}{dt^2}i + R\frac{d}{dt}i + \frac{1}{C}i = U_{max}\,\omega_e \cos(\omega_e t) \tag{7-140}$$

$$C\frac{d^2}{dt^2}u + \frac{1}{R}\frac{d}{dt}u + \frac{1}{L}u = I_{max}\,\omega_e \cos(\omega_e t) \tag{7-141}$$

Dividieren wir diese Gleichungen durch m bzw. L bzw. C und benützen zu den Abkürzungen (7-107) und (7-108) noch

$$a_0 = \frac{F_{max}}{m} \quad \textbf{bzw.} \quad a_0 = \frac{U_{max}\,\omega_e}{L} \quad \textbf{bzw.} \quad a_0 = \frac{I_{max}\,\omega_e}{C} \tag{7-142}$$

so erhalten wir die vereinfachten Differentialgleichungen:

$$\frac{d^2}{dt^2}y + 2\delta\frac{d}{dt}y + \omega_0{}^2 y = a_0 \sin(\omega_e t) \quad (7\text{-}143)$$

$$\frac{d^2}{dt^2}i + 2\delta\frac{d}{dt}i + \omega_0{}^2 i = a_0 \cos(\omega_e t) \quad (7\text{-}144)$$

$$\frac{d^2}{dt^2}u + 2\delta\frac{d}{dt}u + \omega_0{}^2 u = a_0 \cos(\omega_e t) \quad (7\text{-}145)$$

ω_e bezeichnet hier die Erregerfrequenz.

Ausgehend von der freien gedämpften Schwingung mit $\delta < \omega_0$ ($0 < D < 1$), erhalten wir für den Schwingkreis nach den Ergebnissen von (7-113) die Lösung der homogenen Differentialgleichung:

$$y_h(t) = e^{-\delta t}\cdot\left(C_1 \cos(\omega t) + C_2 \sin(\omega t)\right) = A e^{-\delta t}\sin(\omega t + \varphi) \quad (7\text{-}146)$$

Sie beschreibt eine freie gedämpfte Schwingung mit der Eigenkreisfrequenz:

$$\omega = \sqrt{\omega_0{}^2 - \delta^2} \quad (7\text{-}147)$$

Eine partikuläre Lösung der inhomogenen Differentialgleichung (7-143), (7-144) oder (7-145) kann durch einen reellen Lösungsansatz (7-133)

$$y_p(t) = A_0 \sin(\omega_e t - \varphi) \quad (7\text{-}148)$$

$$i_p(t) = I_0 \sin(\omega_e t - \varphi) \quad (7\text{-}149)$$

$$u_p(t) = U_0 \sin(\omega_e t - \varphi) \quad (7\text{-}150)$$

oder durch den nach (7-135) gegebenen komplexen Lösungsansatz

$$\underline{y_p}(t) = A_0 e^{j(\omega_e t - \varphi_0)} = A_0\left(\cos(\omega_e t - \varphi_0) + j \sin(\omega_e t - \varphi_0)\right) \quad (7\text{-}151)$$

$$\underline{i_p}(t) = I_0 e^{j(\omega_e t - \varphi_0)} = I_0\left(\cos(\omega_e t - \varphi_0) + j \sin(\omega_e t - \varphi_0)\right) \quad (7\text{-}152)$$

$$\underline{u_p}(t) = U_0 e^{j(\omega_e t - \varphi_0)} = U_0\left(\cos(\omega_e t - \varphi_0) + j \sin(\omega_e t - \varphi_0)\right) \quad (7\text{-}153)$$

gewonnen werden.

Die einwirkende sinusförmige Kraft, die einwirkende sinusförmige Spannung oder der einwirkende sinusförmige Strom müssen dann ebenfalls in komplexer Form dargestellt werden:

$$\underline{F}(t) = F_{max} e^{j(\omega_e t)} = F_{max}\left(\cos(\omega_e t) + j \sin(\omega_e t)\right) \quad (7\text{-}154)$$

$$\underline{i}(t) = I_{max} e^{j(\omega_e t)} = I_{max}\left(\cos(\omega_e t) + j \sin(\omega_e t)\right) \quad (7\text{-}155)$$

$$\underline{u}(t) = U_{max} e^{j(\omega_e t)} = Umax\left(\cos(\omega_e t) + j \sin(\omega_e t)\right) \quad (7\text{-}156)$$

Das reelle Ergebnis erhalten wir aus dem Imaginärteil:

$$y_p(t) = Im(\underline{y_p}),\ F(t) = Im(\underline{F}(t)),\ i(t) = Im(\underline{i}(t)) \text{ und } u(t) = Im(\underline{u}(t)) \quad (7\text{-}157)$$

Wegen der einfacheren Rechnung (siehe dazu auch Band 1) wählen wir die Komplexrechnung zur Lösung der inhomogenen Differentialgleichung und setzen den Phasenwinkel (Phasenverschiebung) φ_0 negativ an.

<u>Herleitung der wichtigsten Beziehungen über die Komplexrechnung:</u>

Inhomogene lineare Differentialgleichung 2. Ordnung mit konstanten Koeffizienten in komplexer Darstellung:

$$\frac{d^2}{dt^2}\underline{y} + 2\delta\frac{d}{dt}\underline{y} + \omega_0{}^2\underline{y} = a_0 e^{j\omega_e t} \quad \textbf{(7-158)}$$

$$\frac{d^2}{dt^2}\underline{i} + 2\delta\frac{d}{dt}\underline{i} + \omega_0{}^2\underline{i} = \frac{1}{L}\frac{d}{dt}\left(U_{max} e^{j\omega_e t}\right) = j\frac{U_{max}\,\omega_e}{L}e^{j\omega_e t} = j\,a_0 e^{j\omega_e t} \quad \textbf{(7-159)}$$

$$\frac{d^2}{dt^2}\underline{u} + 2\delta\frac{d}{dt}\underline{u} + \omega_0{}^2\underline{u} = \frac{1}{C}\frac{d}{dt}\left(I_{max} e^{j\omega_e t}\right) = j\frac{I_{max}\,\omega_e}{C}e^{j\omega_e t} = j\,a_0 e^{j\omega_e t} \quad \textbf{(7-160)}$$

Komplexer Ansatz für die partikuläre Lösung:

$$\underline{y}_{\underline{p}}(t) = A_0 e^{j(\omega_e t - \varphi_0)} = A_0 e^{j\omega_e t} e^{-j\varphi_0} \quad \textbf{(7-161)}$$

$$\underline{i}_{\underline{p}}(t) = I_0 e^{j(\omega_e t - \varphi_0)} = I_0 e^{j\omega_e t} e^{-j\varphi_0} \quad \textbf{(7-162)}$$

$$\underline{u}_{\underline{p}}(t) = U_0 e^{j(\omega_e t - \varphi_0)} = U_0 e^{j\omega_e t} e^{-j\varphi_0} \quad \textbf{(7-163)}$$

Erste Ableitung:

$$\frac{d}{dt}\underline{y}_{\underline{p}}(t) = j\omega_e A_0 e^{j\omega_e t} e^{-j\varphi_0} \quad \textbf{(7-164)}$$

$$\frac{d}{dt}\underline{i}_{\underline{p}}(t) = j\omega_e I_0 e^{j\omega_e t} e^{-j\varphi_0} \quad \textbf{(7-165)}$$

$$\frac{d}{dt}\underline{u}_{\underline{p}}(t) = j\omega_e U_0 e^{j\omega_e t} e^{-j\varphi_0} \quad \textbf{(7-166)}$$

Zweite Ableitung ($j^2 = -1$):

$$\frac{d^2}{dt^2}\underline{y}_{\underline{p}}(t) = j^2\omega_e{}^2 A_0 e^{j\omega_e t} e^{-j\varphi_0} = -\omega_e{}^2 A_0 e^{j\omega_e t} e^{-j\varphi_0} \quad \textbf{(7-167)}$$

$$\frac{d^2}{dt^2}\underline{i}_{\underline{p}}(t) = j^2\omega_e{}^2 I_0 e^{j\omega_e t} e^{-j\varphi_0} = -\omega_e{}^2 I_0 e^{j\omega_e t} e^{-j\varphi_0} \quad \textbf{(7-168)}$$

$$\frac{d^2}{dt^2}\underline{u}_{\underline{p}}(t) = j^2\omega_e{}^2 U_0 e^{j\omega_e t} e^{-j\varphi_0} = -\omega_e{}^2 U_0 e^{j\omega_e t} e^{-j\varphi_0} \quad \textbf{(7-169)}$$

Durch Einsetzen dieser Ableitungen in die Differentialgleichung in komplexer Form erhalten wir jeweils die Gleichung:

$$-\omega_e^2 A_0 e^{j\omega_e t} e^{-j\varphi_0} + 2\delta j \omega_e A_0 e^{j\omega_e t} e^{-j\varphi_0} + \omega_0^2 A_0 e^{j\omega_e t} e^{-j\varphi_0} = a_0 e^{j\omega_e t} \quad \text{(7-170)}$$

bzw.

$$-\omega_e^2 I_0 e^{j\omega_e t} e^{-j\varphi_0} + 2\delta j \omega_e I_0 e^{j\omega_e t} e^{-j\varphi_0} + \omega_0^2 I_0 e^{j\omega_e t} e^{-j\varphi_0} = j\, a_0 e^{j\omega_e t} \quad \text{(7-171)}$$

bzw.

$$-\omega_e^2 U_0 e^{j\omega_e t} e^{-j\varphi_0} + 2\delta j \omega_e U_0 e^{j\omega_e t} e^{-j\varphi_0} + \omega_0^2 U_0 e^{j\omega_e t} e^{-j\varphi_0} = j\, a_0 e^{j\omega_e t} \quad \text{(7-172)}$$

Dividieren wir diese Gleichungen durch $A_0 e^{j\omega_e t}$ bzw. $I_0 e^{j\omega_e t}$ bzw. $U_0 e^{j\omega_e t}$ und multiplizieren wir (7-170) anschließend mit $e^{j\varphi_0}$ bzw. (7-171) und (7-172) mit $-j e^{j\varphi_0}$ ($j^2 = -1$), so vereinfachen sich diese Gleichungen zu:

$$-\omega_e^2 + j2\delta\omega_e + \omega_0^2 = \frac{a_0}{A_0} e^{j\varphi_0} \quad \text{bzw.} \quad \left(\omega_0^2 - \omega_e^2\right) + j\left(2\delta\omega_e\right) = \frac{a_0}{A_0} e^{j\varphi_0} \quad \text{(7-173)}$$

$$j\omega_e^2 + 2\delta\omega_e - j\omega_0^2 = \frac{a_0}{I_0} e^{j\varphi_0} \quad \text{bzw.} \quad 2\delta\omega_e + j\left(\omega_e^2 - \omega_0^2\right) = \frac{a_0}{I_0} e^{j\varphi_0} \quad \text{(7-174)}$$

$$j\omega_e^2 + 2\delta\omega_e - j\omega_0^2 = \frac{a_0}{U_0} e^{j\varphi_0} \quad \text{bzw.} \quad 2\delta\omega_e + j\left(\omega_e^2 - \omega_0^2\right) = \frac{a_0}{U_0} e^{j\varphi_0} \quad \text{(7-175)}$$

Auf der linken Seite dieser Gleichungen steht eine komplexe Zahl $\underline{z}$ in Komponentenform und auf der rechten Seite eine komplexe Zahl in Exponentialform (Abb. 7.48):

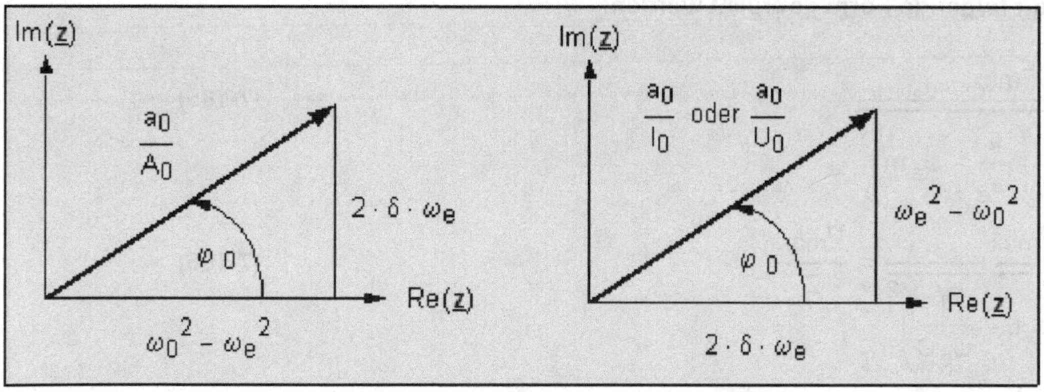

Abb. 7.48

Nach Abb. 7.48 ergeben sich jeweils folgende zwei Beziehungen:
1) Der Betrag von $\underline{z}$ (Pythagoras):

$$\left(\frac{a_0}{A_0}\right)^2 = \left(\omega_0^2 - \omega_e^2\right)^2 + 4\delta^2\omega_e^2 \quad \text{(7-176)}$$

$$\left(\frac{a_0}{I_0}\right)^2 = \left(\omega_e^2 - \omega_0^2\right)^2 + 4\delta^2\omega_e^2 \quad \text{(7-177)}$$

$$\left(\frac{a_0}{U_0}\right)^2 = \left(\omega_e^2 - \omega_0^2\right)^2 + 4\delta^2\omega_e^2 \quad \text{(7-178)}$$

Daraus kann jeweils durch Umformung die Amplitude bestimmt werden:

$$A_0 = \frac{a_0}{\sqrt{\left(\omega_0{}^2 - \omega_e{}^2\right)^2 + \left(2\delta\,\omega_e\right)^2}} = \frac{F_{max}}{m\sqrt{\left(\omega_0{}^2 - \omega_e{}^2\right)^2 + \left(2\delta\,\omega_e\right)^2}} \qquad \textbf{(7-179)}$$

$$I_0 = \frac{a_0}{\sqrt{\left(\omega_e{}^2 - \omega_0{}^2\right)^2 + \left(2\delta\,\omega_e\right)^2}} = \frac{U_{max}\,\omega_e}{L\sqrt{\left(\omega_e{}^2 - \omega_0{}^2\right)^2 + \left(2\delta\,\omega_e\right)^2}} \qquad \textbf{(7-180)}$$

$$U_0 = \frac{a_0}{\sqrt{\left(\omega_e{}^2 - \omega_0{}^2\right)^2 + \left(2\delta\,\omega_e\right)^2}} = \frac{I_{max}\,\omega_e}{C\sqrt{\left(\omega_e{}^2 - \omega_0{}^2\right)^2 + \left(2\delta\,\omega_e\right)^2}} \qquad \textbf{(7-181)}$$

Diese Darstellungen können mithilfe von

$$\omega_0{}^2 = \frac{k}{m} \quad \textbf{und} \quad \delta = \frac{\beta}{2m} \qquad \textbf{(7-182)}$$

bzw.

$$\omega_0{}^2 = \frac{1}{LC} \quad \textbf{und} \quad \delta = \frac{R}{2L} \qquad \textbf{(7-183)}$$

bzw.

$$\omega_0{}^2 = \frac{1}{LC} \quad \textbf{und} \quad \delta = \frac{1}{2RC} \qquad \textbf{(7-184)}$$

durch Umformung auf folgende Form gebracht werden:

$$A_0 = \frac{F_{max}}{\omega_e\sqrt{\beta^2 + \left(\dfrac{k}{\omega_e} - \omega_e m\right)^2}} \qquad \textbf{(7-185)}$$

$$I_0 = \frac{U_{max}}{\sqrt{R^2 + \left(\omega_e L - \dfrac{1}{\omega_e C}\right)^2}} = \frac{U_{max}}{Z} \qquad \textbf{(7-186)}$$

$$U_0 = \frac{I_{max}}{\sqrt{\left(\dfrac{1}{R}\right)^2 + \left(\omega_e C - \dfrac{1}{\omega_e L}\right)^2}} = \frac{I_{max}}{Y} \qquad \textbf{(7-187)}$$

Beachten Sie die Analogien zwischen Mechanik und Elektrotechnik:

$k \longleftrightarrow 1/C$, $m \longleftrightarrow L$ und $\beta \longleftrightarrow R$

2) $\tan(\varphi_0) = \mathrm{Im}(z)/\mathrm{Re}(z)$:

$$\tan\left(\varphi_0\right) = \frac{2\delta\,\omega_e}{\omega_0^{\,2} - \omega_e^{\,2}} = \frac{\beta}{\frac{k}{\omega_e} - \omega_e m} \tag{7-188}$$

$$\tan\left(\varphi_0\right) = \tan\left(\varphi_z\right) = \frac{\omega_e^{\,2} - \omega_0^{\,2}}{2\delta\,\omega_e} = \frac{\omega_e L - \frac{1}{\omega_e C}}{R} \tag{7-189}$$

$$\tan\left(\varphi_0\right) = \tan\left(\varphi_y\right) = \frac{\omega_e^{\,2} - \omega_0^{\,2}}{2\delta\,\omega_e} = \frac{\omega_e C - \frac{1}{\omega_e L}}{\frac{1}{R}} \tag{7-190}$$

Daraus kann der Phasenwinkel φ_0 bestimmt werden. Es sind jedoch die in Abb. 7.49 bzw. Abb. 7.50 dargestellten Fälle zu unterscheiden.

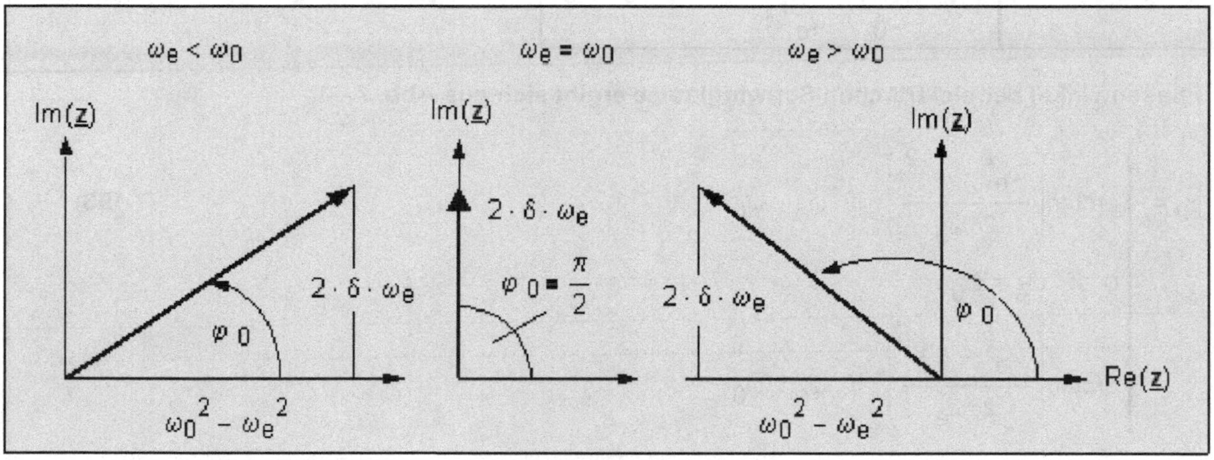

Abb. 7.49

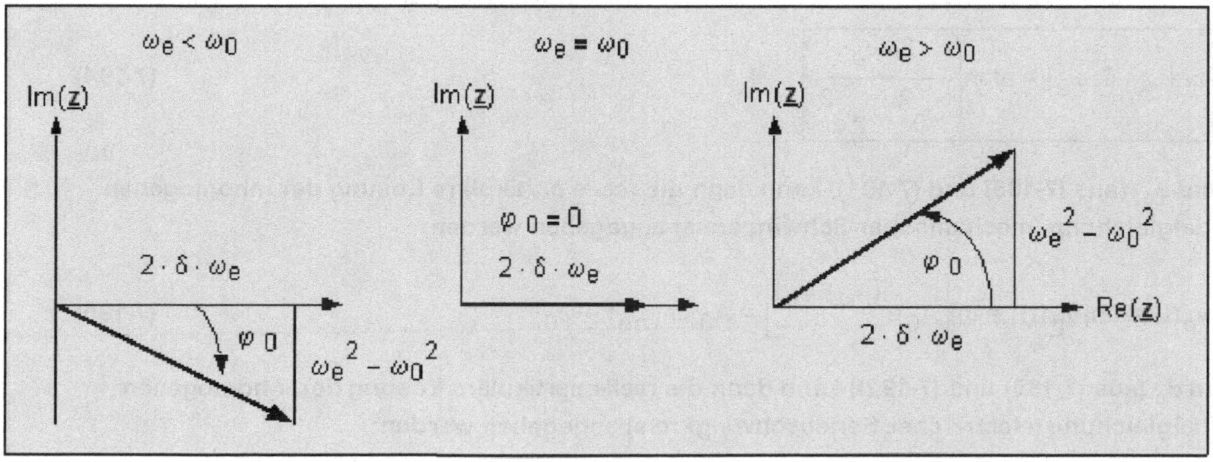

Abb. 7.50

Für den Phasenwinkel ergibt sich aus Abb. 7.49:

$$\varphi_0 = \begin{cases} \arctan\left(\dfrac{2\delta\,\omega_e}{\omega_0^{\,2} - \omega_e^{\,2}}\right) & \text{if} \quad \omega_e < \omega_0 \\ \dfrac{\pi}{2} & \text{if} \quad \omega_e = \omega_0 \\ \arctan\left(\dfrac{2\delta\,\omega_e}{\omega_0^{\,2} - \omega_e^{\,2}}\right) + \dfrac{\pi}{2} & \text{if} \quad \omega_e > \omega_0 \end{cases} \qquad \text{(7-191)}$$

In Mathcad (siehe dazu Kapitel 3, Band 1, "Einführung in Mathcad") können wir den Phasenwinkel wie folgt definieren (praktisch wird oft der Phasenwinkel mit negativen Vorzeichen dargestellt):

$$\varphi_0(\omega_0, \delta, \omega_e) = \begin{cases} -\text{atan}\left(\dfrac{2\delta\,\omega_e}{\omega_0^{\,2} - \omega_e^{\,2}}\right) & \text{if} \quad \omega_e < \omega_0 \\ -\text{atan}\left(\dfrac{2\delta\,\omega_e}{\omega_0^{\,2} - \omega_e^{\,2}}\right) - \pi & \text{if} \quad \omega_e > \omega_0 \end{cases} \qquad \text{(7-192)}$$

Für den Phasenwinkel der elektrischen Schwingkreise ergibt sich aus Abb. 7.50:

$$\varphi_0 = \begin{cases} \arctan\left(\dfrac{\omega_e^{\,2} - \omega_0^{\,2}}{2\delta\,\omega_e}\right) & \text{if} \quad \omega_e < \omega_0 \\ 0 & \text{if} \quad \omega_e = \omega_0 \\ \arctan\left(\dfrac{\omega_e^{\,2} - \omega_0^{\,2}}{2\delta\,\omega_e}\right) & \text{if} \quad \omega_e > \omega_0 \end{cases} \qquad \text{(7-193)}$$

In Mathcad (siehe dazu Kapitel 3, Band 1, "Einführung in Mathcad") können wir den Phasenwinkel wie folgt definieren:

$$\varphi_0(\omega_0, \delta, \omega_e) = \text{atan}\left(\dfrac{2\delta\,\omega_e}{\omega_0^{\,2} - \omega_e^{\,2}}\right) \qquad \text{(7-194)}$$

Mit A_0 und φ_0 (aus (7-185) und (7-191)) kann dann die reelle partikuläre Lösung der inhomogenen Differentialgleichung (mechanischer Schwingkreis) angegeben werden:

$$y_p(t) = \text{Im}\left(\underline{\mathbf{y_p}}(t)\right) = \text{Im}\left[A_0\, e^{j(\omega_e t - \varphi_0)}\right] = A_0 \sin(\omega_e t - \varphi_0) \qquad \text{(7-195)}$$

Mit I_0 und φ_0 (aus (7-186) und (7-192)) kann dann die reelle partikuläre Lösung der inhomogenen Differentialgleichung (elektrischer Serienschwingkreis) angegeben werden:

$$i_p(t) = \text{Im}\left(\underline{\mathbf{i_p}}(t)\right) = \text{Im}\left[I_0\, e^{j(\omega_e t - \varphi_0)}\right] = I_0 \sin(\omega_e t - \varphi_0) \qquad \text{(7-196)}$$

Mit I_0 und φ_0 (aus (7-186) und (7-192)) kann dann die reelle partikuläre Lösung der inhomogenen Differentialgleichung (elektrischer Parallelschwingkreis) angegeben werden:

$$u_p(t) = \mathrm{Im}\left(\underline{\mathbf{u_p}}(t)\right) = \mathrm{Im}\left[U_0 e^{j\left(\omega_e t - \varphi_0\right)}\right] = U_0 \sin\left(\omega_e t - \varphi_0\right) \qquad \textbf{(7-197)}$$

Die allgemeine Lösung der inhomogenen Differentialgleichung 2. Ordnung mit konstanten Koeffizienten bei angenommener schwacher Dämpfung lautet somit:

$$y(t) = y_h(t) + y_p(t) = A e^{-\delta t} \sin(\omega t + \varphi) + A_0 \sin\left(\omega_e t - \varphi_0\right) \qquad \textbf{(7-198)}$$

$$i(t) = i_h(t) + i_p(t) = A e^{-\delta t} \sin(\omega t + \varphi) + I_0 \sin\left(\omega_e t - \varphi_0\right) \qquad \textbf{(7-199)}$$

$$u(t) = u_h(t) + u_p(t) = A e^{-\delta t} \sin(\omega t + \varphi) + U_0 \sin\left(\omega_e t - \varphi_0\right) \qquad \textbf{(7-200)}$$

Die unbestimmten Konstanten A und φ müssen durch die Anfangsbedingungen bestimmt werden (z. B. $y(0) = 0$, $y'(0) = 0$). Hingegen hängen A_0 (bzw. I_0 und U_0) und φ_0 im Wesentlichen von den Parametern δ und ω_0 und der Amplitude F_{max} (bzw. I_{max} und U_{max}) ab.

Die Lösung der homogenen Differentialgleichung $y_h(t)$ (bzw. $i_h(t)$ und $u_h(t)$) wird stets nach einer Anfangszeit vernachlässigbar klein (flüchtiger Beitrag zur Gesamtlösung). Solange beide Lösungsanteile wirksam sind, sprechen wir von einem Einschwingvorgang. Nach dem Einschwingen wirkt nur noch die partikuläre Lösung $y_p(t)$ (bzw. $i_p(t)$ und $u_p(t)$) der inhomogenen Differentialgleichung. Sie wird stationäre Lösung genannt. Das System schwingt jetzt ungedämpft mit der Erregerkreisfrequenz ω_e.

Die Schwingungsamplitude A_0 (bzw. I_0 und U_0) und der Phasenwinkel φ_0 hängen von der Erregerkreisfrequenz ω_e ab:
$A_0 = A_0(\omega_e)$ bzw. $I_0 = I_0(\omega_e)$ bzw. $U_0 = U_0(\omega_e)$ und $\varphi_0 = \varphi_0(\omega_e)$.
Wir bezeichnen diese Abhängigkeit, wie bereits in Band 1 und in Kapitel 5 in diesem Band dargestellt wurde, als Frequenzgang (der Amplitude) und Phasengang (Phasenverschiebung zwischen Erregersystem und der stationären Lösung). Der Frequenzgang wird auch Amplituden- oder Resonanzfunktion genannt.
Die Resonanzfunktion $A_0(\omega_e)$ (bzw. $I_0 = I_0(\omega_e)$ und $U_0 = U_0(\omega_e)$) hat für $\omega_e = 0$ (statischer Fall) den von null verschiedenen Wert:
Aus (7-179) und mit (7-182), (7-142) erhalten wir für den mechanischen Schwingkreis:

$$A_0\left(\omega_e = 0\right) = \frac{a_0}{\omega_0^{\,2}} = \frac{F_0}{m\,\omega_0^{\,2}} = \frac{F_0}{k} \qquad \textbf{(7-201)}$$

Aus (7-179) und mit (7-182), (7-141) erhalten wir für den elektrischen Schwingkreis:

$$I_0\left(\omega_e = 0\right) = \frac{a_0}{\omega_0^{\,2}} = \frac{U_{max}\,\omega_e}{L\,\omega_0^{\,2}} = U_{max}\,C\,\omega_e \qquad \textbf{(7-202)}$$

Aus (7-181) und mit (7-184), (7-142) erhalten wir für den elektrischen Schwingkreis:

$$U_0\left(\omega_e = 0\right) = \frac{a_0}{\omega_0^{\,2}} = \frac{I_{max}\,\omega_e}{C\,\omega_0^{\,2}} = I_{max}\,L\,\omega_e \qquad \textbf{(7-203)}$$

Die Resonanzfunktion besitzt außerdem ein Maximum, wenn der Ausdruck $N_m(\omega_e)$ bzw. $N_e(\omega_e)$ unter der Wurzel in $A_0(\omega_e)$ bzw. $I_0(\omega_e)$ und $U_0(\omega_e)$ ein Minimum annimmt:

$$N_m(\omega_e) = \left(\omega_0^2 - \omega_e^2\right)^2 + 4\delta^2 \omega_e^2 \qquad (7\text{-}204)$$

$$N_e(\omega_e) = \left(\omega_e^2 - \omega_0^2\right)^2 + 4\delta^2 \omega_e^2 \qquad (7\text{-}205)$$

Die Ableitungen lauten:

$$N'_m(\omega_e) = 2\left(\omega_0^2 - \omega_e^2\right)(-2\omega_e) + 8\delta^2 \omega_e = 4\omega_e\left(\omega_e^2 - \omega_0^2 + 2\delta^2\right) \qquad (7\text{-}206)$$

$$N''_m(\omega_e) = 4\left(\omega_e^2 - \omega_0^2 + 2\delta^2\right) + 2\omega_e 4\omega_e = 4\left(3\omega_e^2 - \omega_0^2 + 2\delta^2\right) \qquad (7\text{-}207)$$

bzw.

$$N'_e(\omega_e) = 2\left(\omega_e^2 - \omega_0^2\right) 2\omega_e + 8\delta^2 \omega_e = 4\omega_e\left(\omega_e^2 - \omega_0^2 + 2\delta^2\right) \qquad (7\text{-}208)$$

$$N''_e(\omega_e) = 4\left(\omega_e^2 - \omega_0^2 + 2\delta^2\right) + 2\omega_e 4\omega_e = 4\left(3\omega_e^2 - \omega_0^2 + 2\delta^2\right) \qquad (7\text{-}209)$$

Notwendige und hinreichende Bedingung für ein Minimum:
$N'_m(\omega_e) = 0$ bzw. $N'_e(\omega_e) = 0$ und $N''_m(\omega_e) > 0$ bzw. $N''_e(\omega_e) > 0$

$$4\omega_e\left(\omega_e^2 - \omega_0^2 + 2\delta^2\right) = 0 \;\Rightarrow\; \omega_e = \omega_r = \sqrt{\omega_0^2 - 2\delta^2} \qquad (7\text{-}210)$$

$$N''_m(\omega_e = \omega_r) = 4\left[3\left(\omega_0^2 - 2\delta^2\right)^2 - \omega_0^2 + 2\delta^2\right] = 8\left(\omega_0^2 - 2\delta^2\right)^2 > 0 \qquad (7\text{-}211)$$

$$N''_e(\omega_e = \omega_r) = 4\left[3\left(\omega_0^2 - 2\delta^2\right)^2 - \omega_0^2 + 2\delta^2\right] = 8\left(\omega_0^2 - 2\delta^2\right)^2 > 0 \qquad (7\text{-}212)$$

Damit liegt bei der sogenannten Resonanzfrequenz ω_r ein Minimum für $N_m(\omega_e)$ bzw. $N_e(\omega_e)$ und zugleich für die Resonanzfunktion $A_0(\omega_e)$, $I_0(\omega_e)$ und $U_0(\omega_e)$ ein Maximum vor:

$$\omega_e = \omega_r = \sqrt{\omega_0^2 - 2\delta^2} = \omega_0 \sqrt{1 - 2\left(\frac{\delta}{\omega_0}\right)^2} = \omega_0\sqrt{1 - 2D^2} \qquad (7\text{-}213)$$

Bei vorhandener Dämpfung gilt stets:

$$\omega_r = \omega_0\sqrt{1 - 2D^2} < \omega = \omega_0\sqrt{1 - D^2} < \omega_0 \qquad (7\text{-}214)$$

Von einem mechanischen System ausgehend schwingt dieses bei der Resonanzfrequenz ω_r mit größtmöglicher Amplitude. In diesem Falle sprechen wir von Resonanzfall. Daraus resultiert auch der Name Resonanzkurve.

$$A_{0max} = A_0(\omega_e = \omega_r) = \frac{F_{max}}{2m\,\delta\sqrt{\omega_0^2 - \delta^2}} = \frac{F_{max}}{2m\,\delta\,\omega} \qquad (7\text{-}215)$$

$$I_{0max} = I_0(\omega_e = \omega_r) = \frac{U_{max}\,\omega_r}{2L\,\delta\sqrt{\omega_0^2 - \delta^2}} = \frac{U_{max}\,\omega_r}{2L\,\delta\,\omega} \qquad (7\text{-}216)$$

$$U_{0max} = U_0(\omega_e = \omega_r) = \frac{I_{max}\,\omega_r}{2C\,\delta\sqrt{\omega_0^2 - \delta^2}} = \frac{I_{max}\,\omega_r}{2C\,\delta\,\omega} \qquad (7\text{-}217)$$

Beispiel 7.38:

Ein gedämpftes schwingungsfähiges mechanisches System mit der Masse m_0 = 0.5 kg, einer Federkonstante k = 0.5 N/m und einem Reibungsfaktor β = 0.4 kg/s wird durch eine periodische Kraft mit der Amplitude F_{max} = 1 N und der Erregerfrequenz ω_e = 0.9 s^{-1} zu erzwungenen Schwingungen angeregt. Zur Zeit t = 0 s soll y(0 s) = 1cm und y' (0 s) = 0 cm/s sein. Stellen Sie die homogene, partikuläre und allgemeine Lösung der zugehörigen Differentialgleichung grafisch dar. Für den Fall δ = 0.4 s^{-1}, 0.3 s^{-1}, 0.2 s^{-1}, 0 s^{-1} sollen auch die Resonanzkurven und die Phasenverschiebungen jeweils in einem Koordinatensystem dargestellt werden.

$m_0 := 1.5\text{kg}$ — schwingende Masse

$k := 0.1\dfrac{\text{N}}{\text{cm}}$ — Federkonstante

$\omega_0 := \sqrt{\dfrac{k}{m_0}}$ $\quad \omega_0 = 2.582\,\text{s}^{-1}$ — Eigenfrequenz

$\beta := 1.6\dfrac{\text{kg}}{\text{s}}$ — Reibungsfaktor

$\delta := \dfrac{\beta}{2m_0}$ $\quad \delta = 0.533\,\text{s}^{-1}$ — Dämpfungsfaktor

$\omega := \sqrt{\omega_0^2 - \delta^2}$ $\quad \omega = 2.526\,\text{s}^{-1}$ — Eigenkreisfrequenz der freien Schwingung

$F_{max} := 1\text{N}$ — Amplitude der periodischen Kraft

$\omega_e := 0.9\text{s}^{-1}$ — Erregerfrequenz

$\omega_r := \sqrt{\omega_0^2 - 2\delta^2}$ $\quad \omega_r = 2.469\,\text{s}^{-1}$ — Resonanzfrequenz

$a_0 := \dfrac{F_{max}}{m_0}$ $\quad a_0 = 0.667\dfrac{\text{m}}{\text{s}^2}$ — Kraft pro Masse (Beschleunigung)

$$A_0(a_0, \omega_0, \delta, \omega_e) := \frac{a_0}{\sqrt{\left(\omega_0^2 - \omega_e^2\right)^2 + \left(2\delta\,\omega_e\right)^2}}$$

Resonanzamplitude

$A_0(a_0, \omega_0, \delta, \omega_e) = 11.233\,\text{cm}$

$$\varphi_0(\omega_0, \delta, \omega_e) := \begin{cases} -\text{atan}\left(\dfrac{2\delta\,\omega_e}{\omega_0^2 - \omega_e^2}\right) & \text{if } \omega_e < \omega_0 \\ -\pi - \text{atan}\left(\dfrac{2\delta\,\omega_e}{\omega_0^2 - \omega_e^2}\right) & \text{if } \omega_e > \omega_0 \end{cases}$$

Phasenverschiebung

$\varphi_0(\omega_0, \delta, \omega_e) = -0.162$

Bestimmung der unbekannten Konstanten A und φ aus den Anfangsbedingungen:

$$y(t) = A1\,e^{-\delta t}\sin(\omega t + \varphi) + A_0 \sin\left(\omega_e t - \varphi_0\right)$$

durch Differentiation, ergibt

$$\frac{d}{dt}y(t) = A_0\,\omega_e \cos\left(t\,\omega_e - \varphi_0\right) + A1\,\omega\,e^{-\delta t}\cos(\varphi + \omega t) - A1\,\delta\,e^{-\delta t}\sin(\varphi + \omega t)$$

$A1 := 1$ $\quad\varphi := 1$ $\quad$ Startwerte

Vorgabe

$$A1 \sin(\varphi) + \frac{A_0\left(a_0, \omega_0, \delta, \omega_e\right)}{cm}\sin\left(-\varphi_0\left(\omega_0, \delta, \omega_e\right)\right) = 1$$

$$\frac{A_0\left(a_0, \omega_0, \delta, \omega_e\right)}{cm}\,\frac{\omega_e}{s^{-1}}\cos\left(-\varphi_0\left(\omega_0, \delta, \omega_e\right)\right) + A1\,\frac{\omega}{s^{-1}}\cos(\varphi) - A1\,\frac{\delta}{s^{-1}}\sin(\varphi) = 0$$

$$\begin{pmatrix} A_1 \\ \varphi \end{pmatrix} := \text{Suchen}(A1, \varphi) \qquad \begin{pmatrix} A_1 \\ \varphi \end{pmatrix} = \begin{pmatrix} 4.202 \\ 3.337 \end{pmatrix}$$

$y_h(t) := A_1\,cm\,e^{-\delta t}\sin(\omega t + \varphi)$ $\quad$ homogene Lösung

$y_p(t) := A_0\left(a_0, \omega_0, \delta, \omega_e\right)\sin\left(\omega_e t - \varphi_0\left(\omega_0, \delta, \omega_e\right)\right)$ $\quad$ partikuläre Lösung

$y(t) := y_h(t) + y_p(t)$ $\quad$ allgemeine Lösung

$t := 0s, 0.01s\,..\,10s$ $\quad$ Bereichsvariable

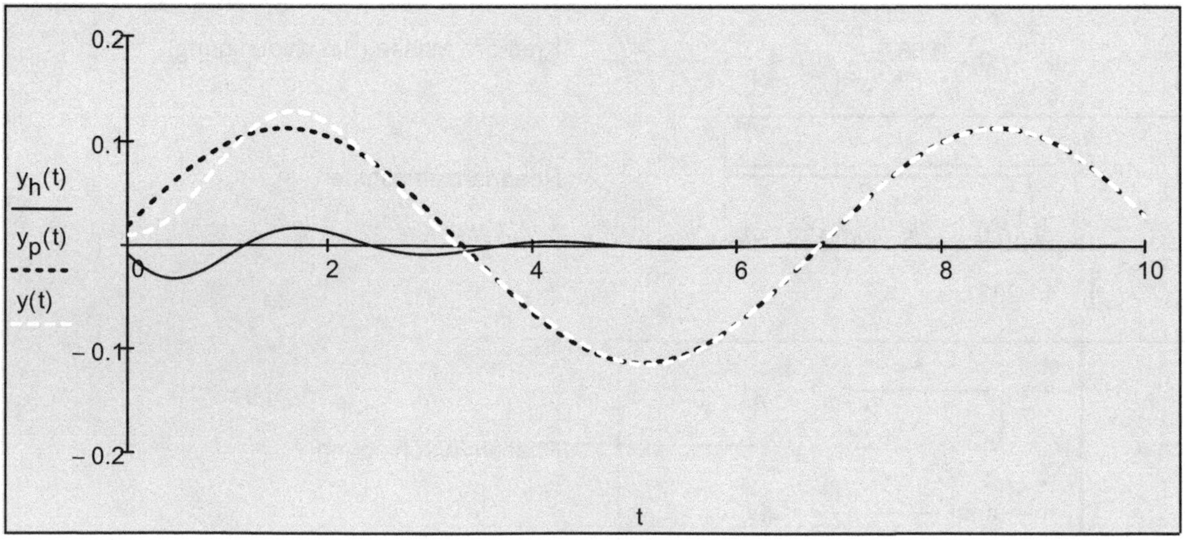

Abb. 7.51

$\omega_e := 0s^{-1}, 0.001s^{-1}\,..\,4s^{-1}$ $\quad$ Bereichsvariable

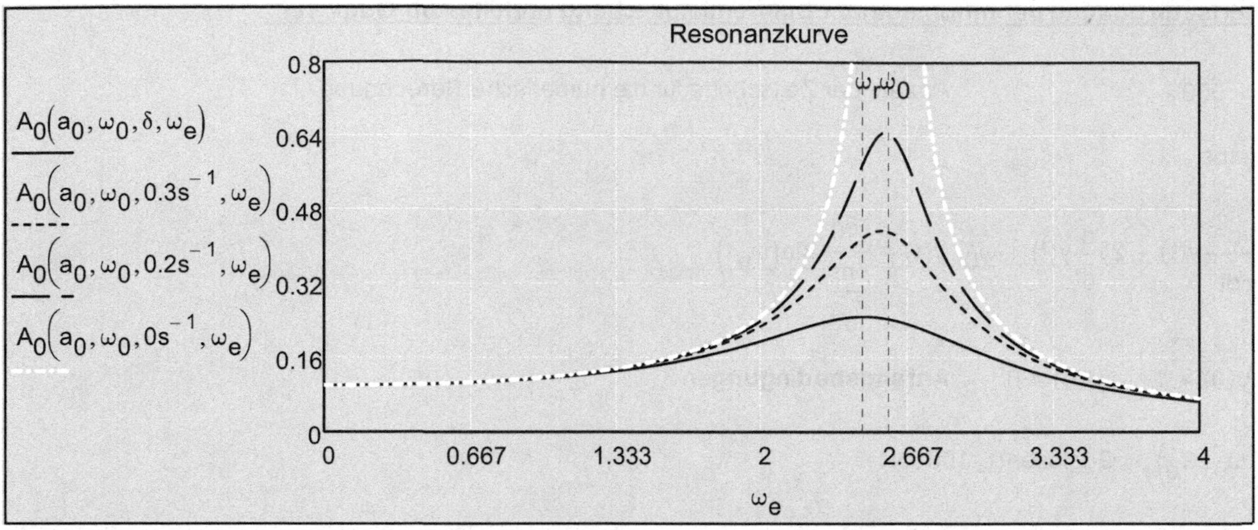

Abb. 7.52

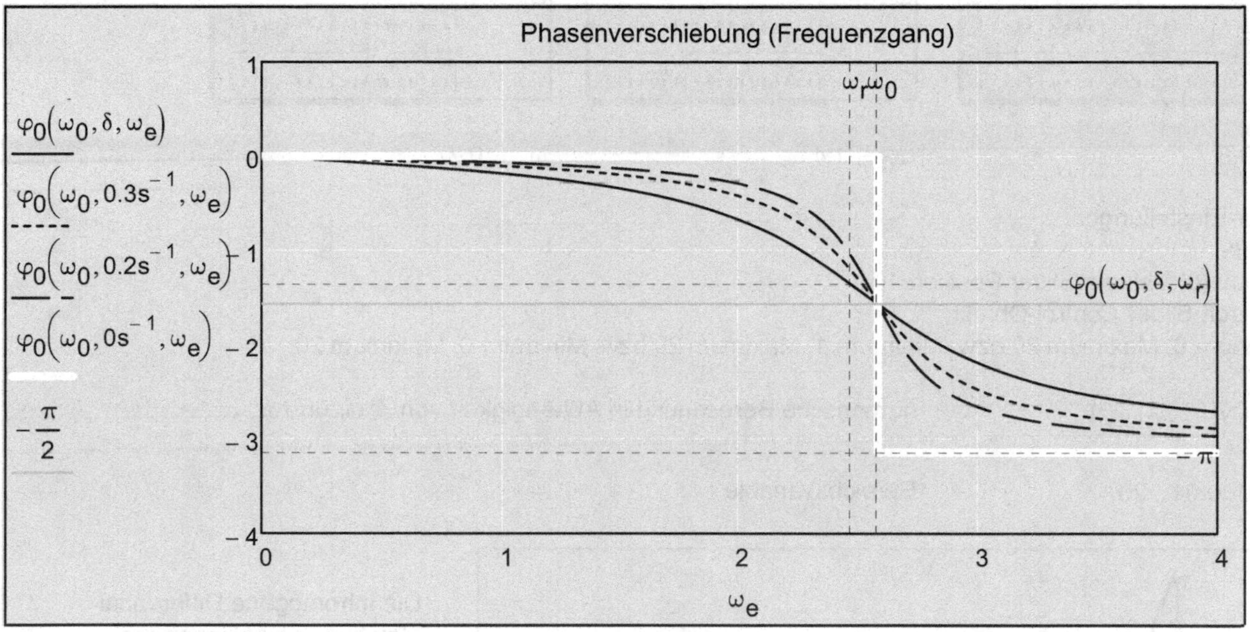

Abb. 7.53

Für $t \to \infty$ wird wegen $e^{-\delta t} \to 0$ die Lösung der homogenen Differentialgleichung gleich null. Es bleibt nur noch $y_p(t)$ (bzw. $i_p(t)$ und $u_p(t)$) übrig. Die Lösung der homogenen Differentialgleichung beschreibt einen Kriechvorgang oder eine gedämpfte oder ungedämpfte Schwingung. Weil aber praktisch immer eine gewisse Dämpfung vorhanden ist, wird die Lösung der homogenen Differentialgleichung stets nach einer Anfangszeit vernachlässigbar klein. Solange beide Lösungsanteile wirksam sind, sprechen wir von Einschwingvorgang. Nach dem Einschwingen wirkt nur noch die spezielle (partikuläre) Lösung. Wir nennen diese daher stationäre Lösung. Die stationäre Lösung hat die gleiche Frequenz wie die einwirkende Kraft (bzw. Strom oder Spannung), jedoch eine andere Amplitude und Phasenverschiebung. Die erzwungene Schwingung eilt stets der erregenden Schwingung nach und nähert sich für große Frequenzen dem Wert $-\pi$ der Phasenverschiebung.

Bei fehlender Dämpfung ($\delta = 0 \cdot s^{-1}$) ist $A_0 = \dfrac{a_0}{\omega_0^{\,2} - \omega_e^{\,2}}$, $\varphi_0 = 0$ für $\omega_e < \omega_0$ und $A_0 = \dfrac{a_0}{\omega_e^{\,2} - \omega_0^{\,2}}$,

$\varphi_0 = -\pi$ für $\omega_e > \omega_0$. Der Phasensprung von $\varphi_0 = 0$ auf $\varphi_0 = -\pi$ ist in der Abbildung gut ersichtlich. Für den

Resonanzfall $\omega_e = \omega_r = \omega_0$ wird die Amplitude unendlich groß (Systemzerstörung)!

Numerische Lösung der inhomogenen Differentialgleichung mithilfe von Gdglösen:

$N1 := 500$ Anzahl der Zeitschritte für die numerische Berechnung

Vorgabe

$$\frac{d^2}{dt^2}y(t) + 2\delta\frac{d}{dt}y(t) + \omega_0{}^2 y(t) = \frac{a_0}{\frac{m}{s^2}} \sin\left(\omega_e t\right)$$

$y(0) = 1 \quad y'(0) = 0$ **Anfangsbedingungen**

$y\left(\delta, \omega_0, \omega_e\right) := \text{Gdglösen}(t, 100, N1)$

Dämpfungskonstante

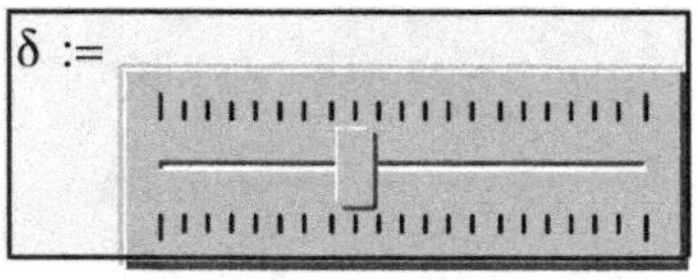

Eigenfrequenz

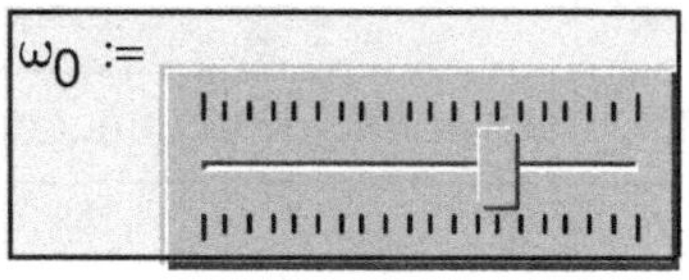

Erregerfrequenz

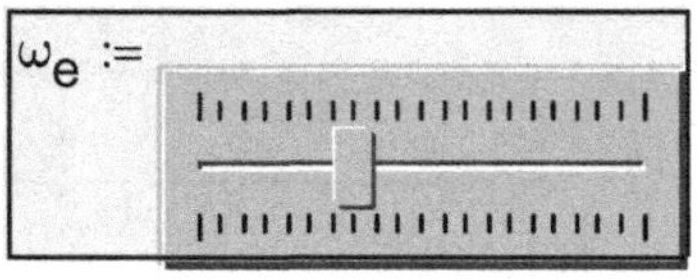

$\delta = 0.8$ $\omega_0 = 1.4$ $\omega_e = 0.7$

Slider-Einstellungen:
Skript:
Outputs(0).Value = Slider.Position/10
Mathsoft Slider Control-Objekt:
Minimum 0, Maximum 20 bzw. Minimum 1, Maximum 20 bzw. Minimum 0, Maximum 20

$y1 := y\left(\delta, \omega_0, \omega_e\right)$ numerische Berechnung in Abhängigkeit von δ, ω_0 und ω_e

$t := 0, 0.01 .. 20$ Bereichsvariable

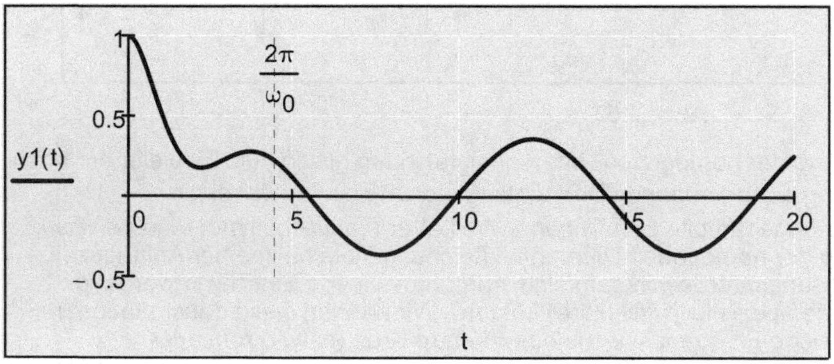

Die inhomogene Differentialgleichung zeigt Resonanzverhalten, wenn die Erregerfrequenz ω_e in die Nähe der Eigenfrequenz ω_0 gelangt.

$$T = \frac{2\pi}{\omega_0}$$

Abb. 7.54

7.2.2.3 Lineare Differentialgleichungen 2. Ordnung mit nicht konstanten Koeffizienten

Wir wollen hier einige wichtige Sonderfälle der homogenen linearen Differentialgleichung zweiter Ordnung, bei denen die Koeffizientenfunktionen eine spezielle Form haben und reelle Konstanten enthalten sind, kurz behandeln. Bei den hier vorgestellten Sonderfällen von Differentialgleichungen lassen sich die exakten Lösungen im Allgemeinen nicht durch endlich viele elementare mathematische Funktionen darstellen. Hier führen Potenzreihenansätze zum Ziel, die durch (7-62) beschrieben wurden.
Derartige Differentialgleichungen spielen bei vielen Anwendungen in Physik und Technik eine Rolle.
Sie treten z. B. bei folgenden Problemen auf:
Potential in Gebieten, die von kreiszylindrischen Flächen begrenzt sind (elektrostatisches Potential, Geschwindigkeitspotential), Wärmeleitung in Kreiszylindern, Wellenausbreitung längs zylindrischer Leiter (Sommerfeld'sche Drahtleitung, Wendelleitung), Ausbreitung von elektromagnetischen Wellen und Schallwellen in kreiszylindrischen Hohlleitern und Schwingungen in zylindrischen Resonatoren, Wellenausbreitung um die Erde, Schwingungen einer Kreismembran, Wechselstromwiderstand eines Kreisplattenkondensators, Stromverdrängung in zylindrischen Leitern, Streuung elektromagnetischer Wellen und Schallwellen an kugeligen Hindernissen, Streuung von Elementarteilchen an Kernen, Wellenfeld der Kegelantenne, Spektrum einer sinusförmigen frequenzmodulierten Schwingung, Richtdiagramme von Antennen-Kreisgruppen, Störung von Planetenbahnen durch andere Planeten, Wellenausbreitung längs Leitungen mit veränderlicher Dämpfung u.a.m.

Die Lösungen dieser Differentialgleichungen sind Bessel'sche Funktionen 1. Art, Besselfunktionen 2. Art (Neumannfunktionen), Besselfunktionen 3. Art (Hankelfunktionen), Airy'sche Besselfunktionen, Sphärische Besselfunktionen, Jakobi-Polynomfunktionen, Tschebyscheff-Polynomfunktionen, Legendre-Polynomfunktionen, Laguerre-Polynomfunktionen, Hermite'sche Polynomfunktionen, Hypergeometrische Funktionen u. a. m.
Für einige Fälle existieren Lösungsfunktionen in Mathcad, die nachfolgend kurz beschrieben werden.

Bessel'sche Differentialgleichungen:

$$x^2 \frac{d^2}{dx^2}y(x) + x\frac{d}{dx}y(x) + \left(x^2 - n^2\right)y(x) = 0 \qquad \textbf{(7-218)}$$

Die reelle Konstant $n \geq 0$ **gibt die Ordnung an. Die Potenzreihendarstellung der Lösungen wird Besselfunktionen 1. Art und 2. Art (zweiter Art der Ordnung n oder Neumannfunktionen) bzw. 3. Art (Hankelfunktionen) bezeichnet.**

Mathcad unterstützt alle Besselfunktionen für komplexe Argumente und in fraktionellen oder negativen Ordnungen. Diese werden nachfolgend zusammengefasst. Alle Besselfunktionen, außer der Airy'schen Funktion und der sphärischen Besselfunktion, werden skaliert wiedergegeben.

Besselfunktionen erster und zweiter Art:

Die nullte Ordnung der Besselfunktion der ersten Art (n = 0):	**J0(z).**
Die erste Ordnung der Besselfunktion der ersten Art (n = 1):	**J1(z).**
Die n-te Ordnung der Besselfunktion der zweiten Art (1 ≤ n ≤ 100):	**Jn(n,z).**
Die nullte Ordnung der Besselfunktion der zweiten Art (n = 0):	**Y0(z).**
Die erste Ordnung der Besselfunktion der zweiten Art (n = 1):	**Y1(z).**
Die n-te Ordnung der Besselfunktion der zweiten Art (x > 0, 1 ≤ n ≤ 100):	**Yn(n,z).**

Modifizierte (hyperbolische) Bessel'sche Differentialgleichung:

$$x^2 \frac{d^2}{dx^2}y(x) + x\frac{d}{dx}y(x) - \left(x^2 + n^2\right)y(x) = 0 \qquad \text{(7-219)}$$

Modifizierte (hyperbolische) Besselfunktionen:

Die nullte Ordnung der modifizierten Besselfunktion der ersten Art (n = 0):	**I0(z).**
Die erste Ordnung der modifizierten Besselfunktion der ersten Art (n = 1):	**I1(z).**
Die n-te Ordnung der modifizierten Besselfunktion der zweiten Art (1 ≤ n ≤ 100):	**In(n,z).**
Die nullte Ordnung der modifizierten Besselfunktion der zweiten Art (n = 0):	**K0(z).**
Die erste Ordnung der modifizierten Besselfunktion der zweiten Art (n = 1):	**K1(z).**
Die n-te Ordnung der modifizierten Besselfunktion der zweiten Art (x > 0,1 ≤ n ≤ 100):	**Kn(n,z).**

Modifizierte Bessel'sche Differentialgleichung:

$$x^2 \frac{d^2}{dx^2}y(x) + 2x\frac{d}{dx}y(x) + \left[x^2 - n(n+1)\right]y(x) = 0 \qquad \text{(7-220)}$$

Hankelfunktionen (Linearkombination von Hn = Jn +/- j Yn):

Hankelfunktion (Besselfunktion der 3. Art) 1. Art (1 ≤ n ≤ 100):	**H1(n,z).**
Hankelfunktionen (Besselfunktion der 3. Art) 2. Art (1 ≤ n ≤ 100):	**H2(n,z).**

Airy'sche Differentialgleichung:

$$\frac{d^2}{dx^2}y(x) - xy(x) = 0 \qquad \text{(7-221)}$$

Airy'sche Funktionen:

Airy'sche Funktion (ohne Skalierung und Ableitung):	**Ai(z), DAi(x)**
Airy'sche Funktion (ohne Skalierung und Ableitung):	**Bi(z), DBi(x)**

In Mathcad sind noch neben skalierten Funktionen folgende Lösungsfunktionen für Sonderfälle gegeben (siehe dazu auch Band 1):

Bessel-Kelvin-Funktionen:

Imaginäre Bessel-Kelvin-Funktion n-ter Ordnung (x reell, n ganze positive Zahl):	**bei(n,x).**
Reelle Bessel-Kelvin-Funktion n-ter Ordnung (x reell, n ganze positive Zahl):	**ber(n,x).**

Sphärische Besselfunktionen:

Die n-te Ordnung der sphärischen Besselfunktion der ersten Art:	**js(n,z).**
Die n-te Ordnung der sphärischen Besselfunktion der zweiten Art:	**ys(n,z).**

Beispiel 7.39

Es sollen die in Mathcad implementierten Besselfunktionen dargestellt werden.

Besselfunktionen 1. Art: Jn

$x := 0, 0.01 .. 10$ Bereichsvariable

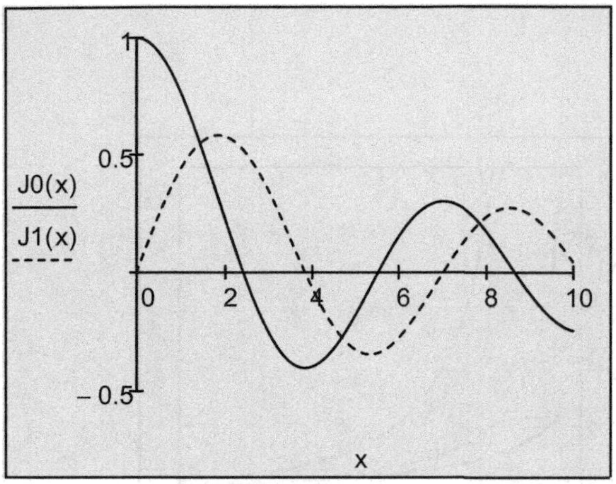

Abb. 7.55

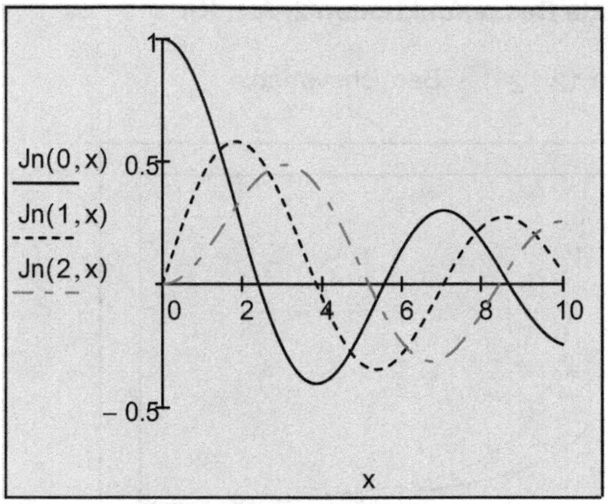

Abb. 7.56

Besselfunktionen 2. Art: Yn

x := 0.1 , 0.11 .. 20 Bereichsvariable

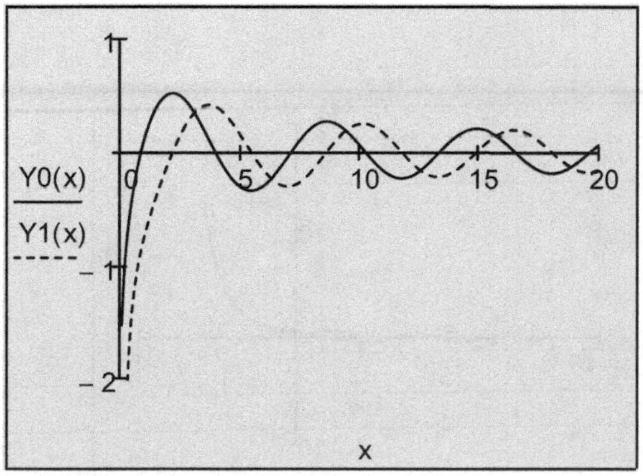

Abb. 7.57

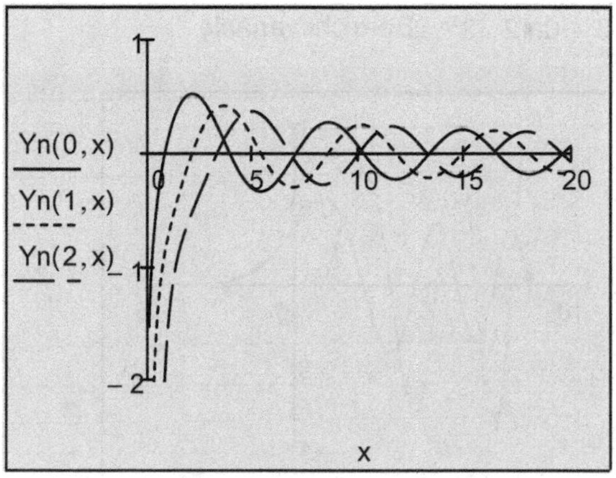

Abb. 7.58

Modifizierte Besselfunktionen 1. Art: In

x := 0.1 , 0.22 .. 2 Bereichsvariable

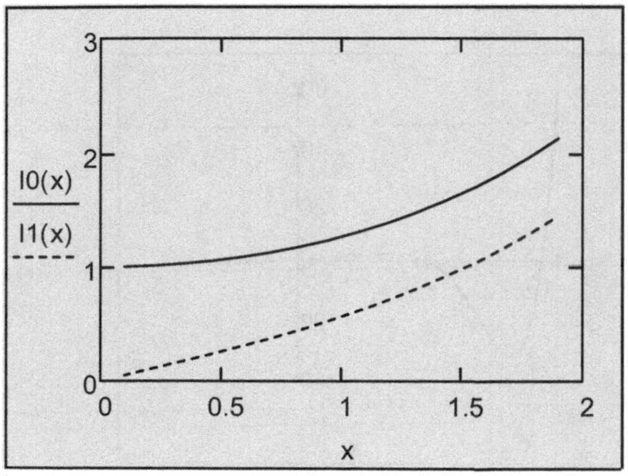

Abb. 7.59

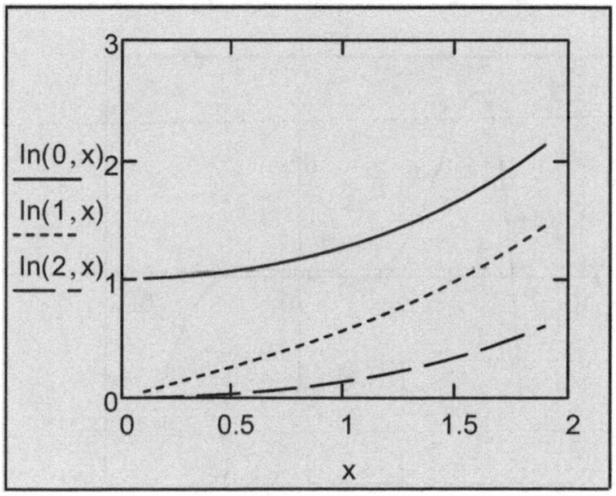

Abb. 7.60

Modifizierte Besselfunktionen 2. Art: Kn

x := 0.1 , 0.12 .. 2   Bereichsvariable

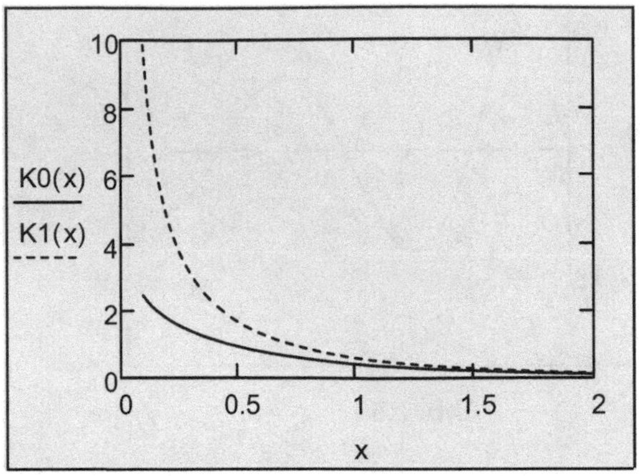

Abb. 7.61

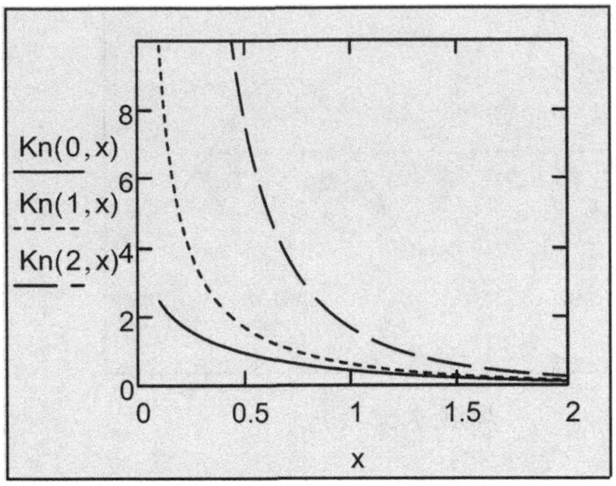

Abb. 7.62

Airy'sche Funktionen 1. und 2. Art: Ai, Bi und Ableitungen DAi(x), DBi(x)

x := −8 , −8 + 0.12 .. 3   Bereichsvariable

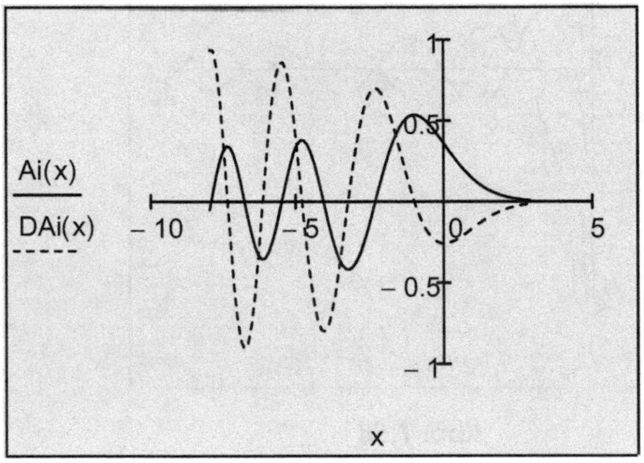

Abb. 7.63

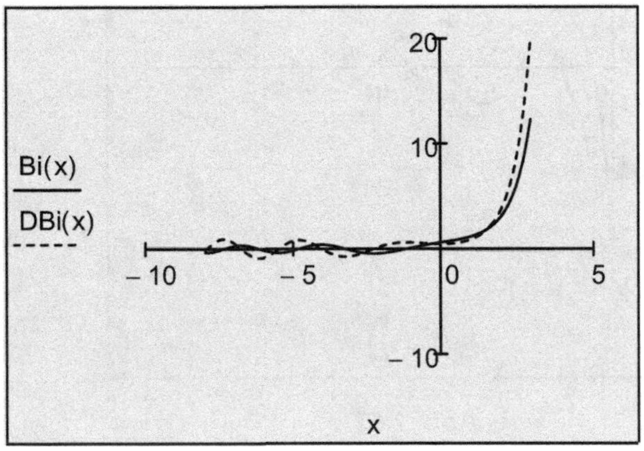

Abb. 7.64

Bessel-Kelvin-Funktionen: bei, ber

x := −10 , −10 + 0.1 .. 5   Bereichsvariable

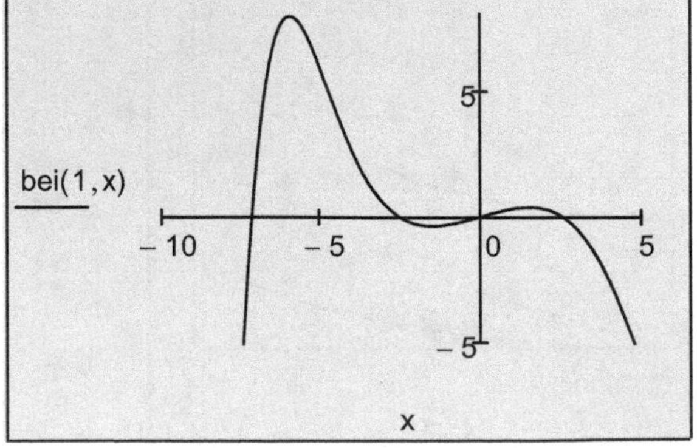

Abb. 7.65

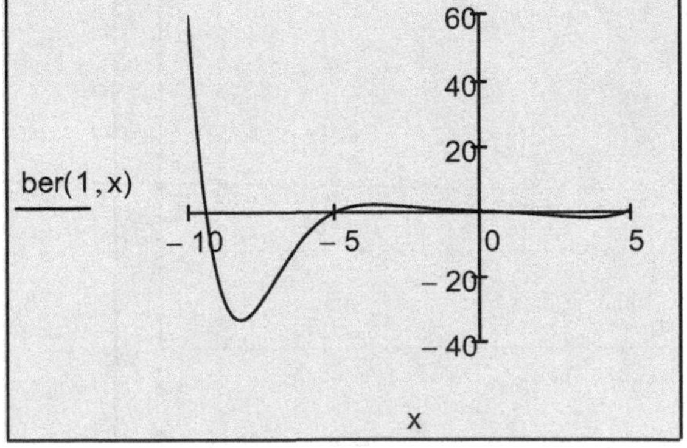

Abb. 7.66

Sphärische Besselfunktionen: js, ys

$x := 0, 0.10 .. 10$ Bereichsvariable

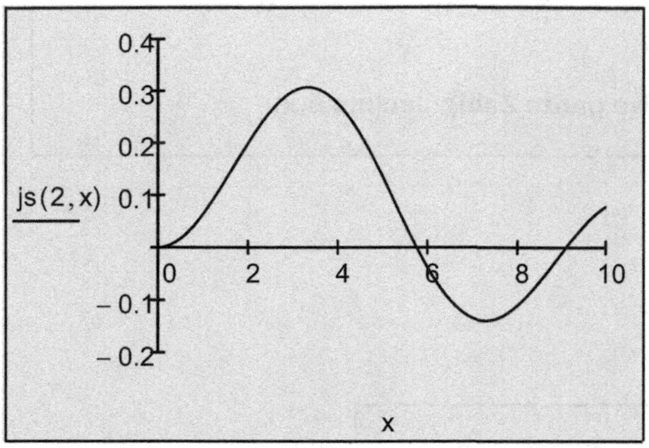

Abb. 7.67

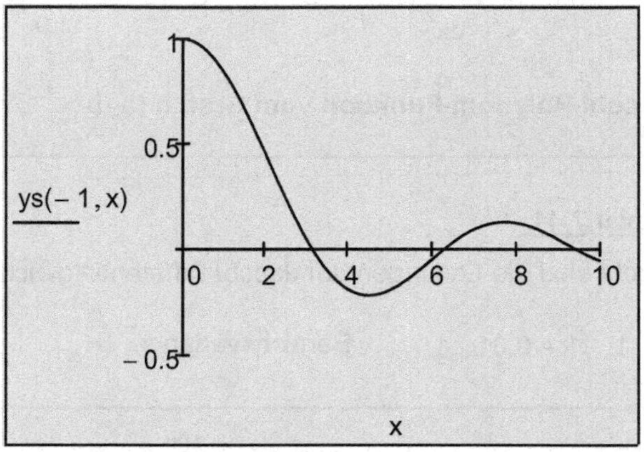

Abb. 7.68

Beispiel 7.40:

Gesucht sind die Lösungen der Bessel'schen Differentialgleichung.

$k := 1$ Parameter

$n := 400$ Anzahl der Zeitschritte für die numerische Berechnung

Vorgabe

$$x^2 \frac{d^2}{dx^2} y(x) + x \frac{d}{dx} y(x) + \left(x^2 - k^2\right) y(x) = 0$$

homogene lineare Differentialgleichung 2. Ordnung mit nicht konstanten Koeffizienten (Bessel'sche Differentialgleichung)

$y(1) = \frac{1}{2}$ $\qquad y'(1) = \frac{1}{4}$ Anfangsbedingungen

$y := \text{Gdglösen}(x, 30, n)$

$f(x) := \text{Jn}(k, x)$ exakte Lösung der Differentialgleichung (Besselfunktionen)

$x := 0, 0.01 .. 30$ Bereichsvariable

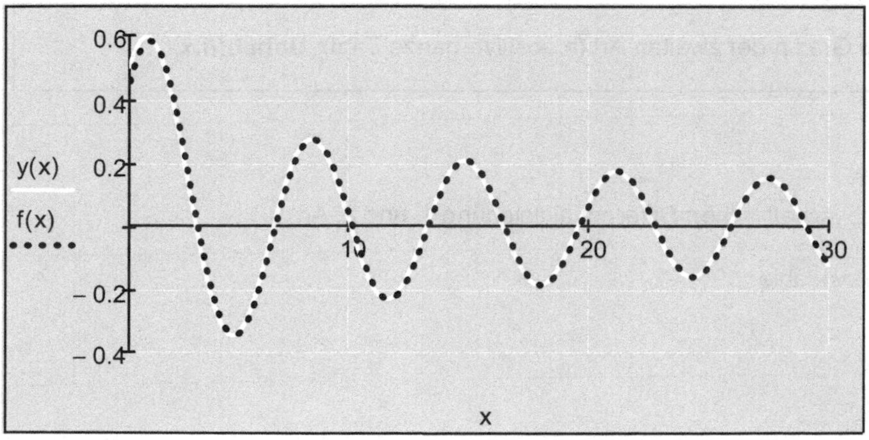

Abb. 7.69

Jacobi-Differentialgleichung:

$$\left(1 - x^2\right)\frac{d^2}{dx^2}y(x) + [b - a - (a + b + 2)x]\frac{d}{dx}y(x) + n(n + a + b + 1)\,y(x) = 0 \qquad \textbf{(7-222)}$$

Jacobi-Polynom-Funktion vom Grad n ($a, b > -1$, **n positive ganze Zahl): Jac(n,a,b,x)**

Beispiel 7.41:

Gesucht sind die Lösungen der Jacobi-Differentialgleichung.

$x := -1, -1 + 0.01 .. 1$ Bereichsvariable

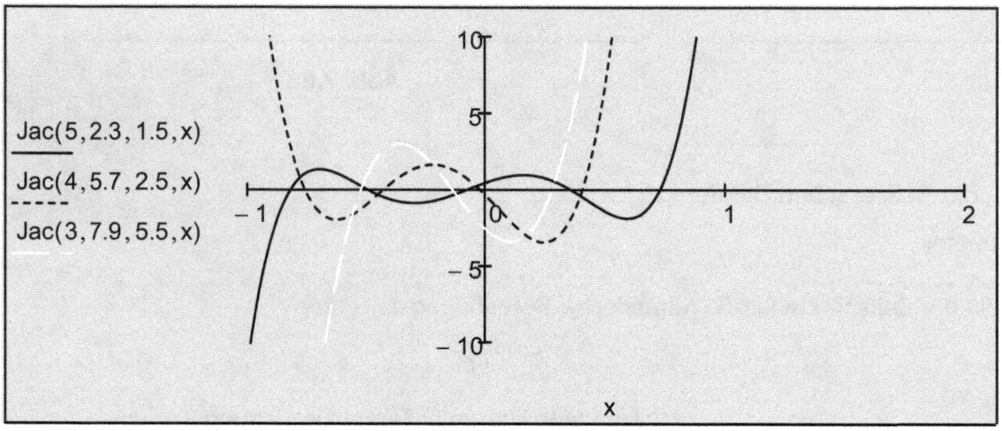

Abb. 7.70

Tschebyscheff 'sche Differentialgleichung (Sonderfall der Jacobi-Differentialgleichung):

$$(1 - x)^2\frac{d^2}{dx^2}y(x) - x\frac{d}{dx}y(x) + n^2\,y(x) = 0 \qquad \textbf{(7-223)}$$

Tschebyscheff 'sches Polynom vom Grad n der ersten Art (n positive ganze Zahl): **Tcheb(n,x)**

$$(1 - x)^2\frac{d^2}{dx^2}y(x) - 3x\frac{d}{dx}y(x) + n(n + 2)\,y(x) = 0 \qquad \textbf{(7-224)}$$

Tschebyscheff 'sches Polynom vom Grad n der zweiten Art (n positive ganze Zahl): **Ucheb(n,x)**

Beispiel 7.42:

Gesucht sind die Lösungen der Tschebyscheff 'schen Differentialgleichung 1. und 2. Art.

$x := -1, -1 + 0.01 .. 1$ Bereichsvariable

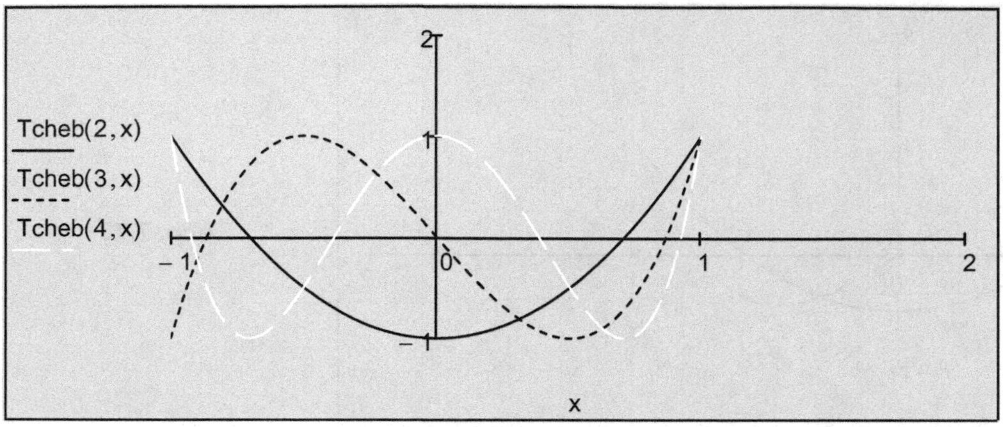

Abb. 7.71

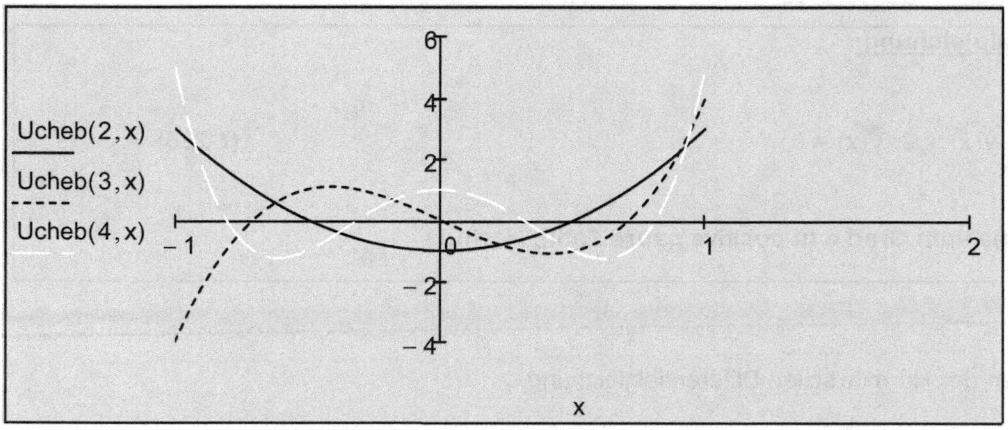

Abb. 7.72

Legendre-Differentialgleichung (Sonderfall der Jacobi-Differentialgleichung):

$$\left(1 - x^2\right)\frac{d^2}{dx^2}y(x) - 2x\frac{d}{dx}y(x) + n(n+1)\,y(x) = 0 \qquad \textbf{(7-225)}$$

Legendre-Polynome vom Grad n (n positive ganze Zahl): Leg(n,x)

Beispiel 7.43:

Gesucht sind die Lösungen der Legendre-Differentialgleichung.

$x := -1, -1 + 0.01 .. 1$ Bereichsvariable

$P_n(n, x) := \frac{1}{2^n\, n!}\,\frac{d^n}{dx^n}\left[\left(x^2 - 1\right)^n\right]$ Legendre-Polynome vom Grad n

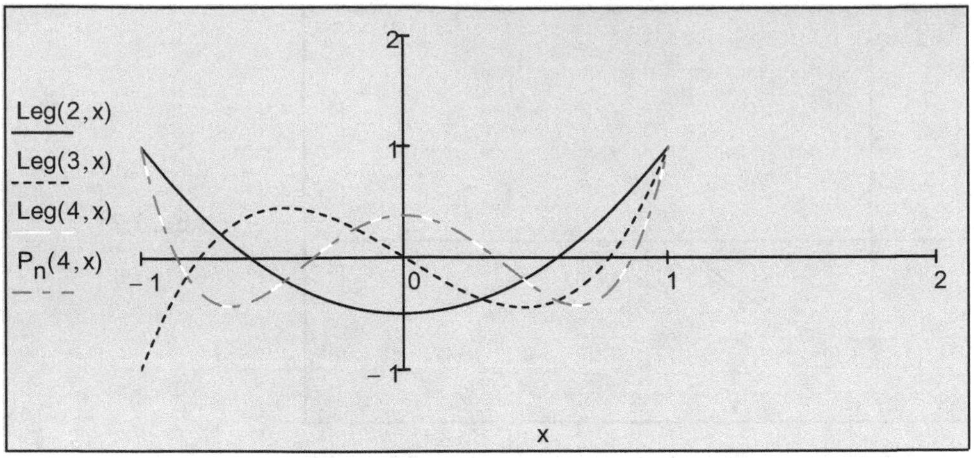

Abb. 7.73

Hermite'sche Differentialgleichung:

$$\frac{d^2}{dx^2}y(x) - 2x\frac{d}{dx}y(x) + 2n\,y(x) = 0 \qquad \textbf{(7-226)}$$

Hermite'sche Polynome vom Grad n (n positive ganze Zahl): Her(n,x)

Beispiel 7.44:

Gesucht sind die Lösungen der Hermite'schen Differentialgleichung.

$x := -2, -2 + 0.01 .. 2$ Bereichsvariable

$H_n(n, x) := (-1)^n e^{x^2} \frac{d^n}{dx^n}\left(e^{-x^2}\right)$ Hermite'sche Polynome vom Grad n

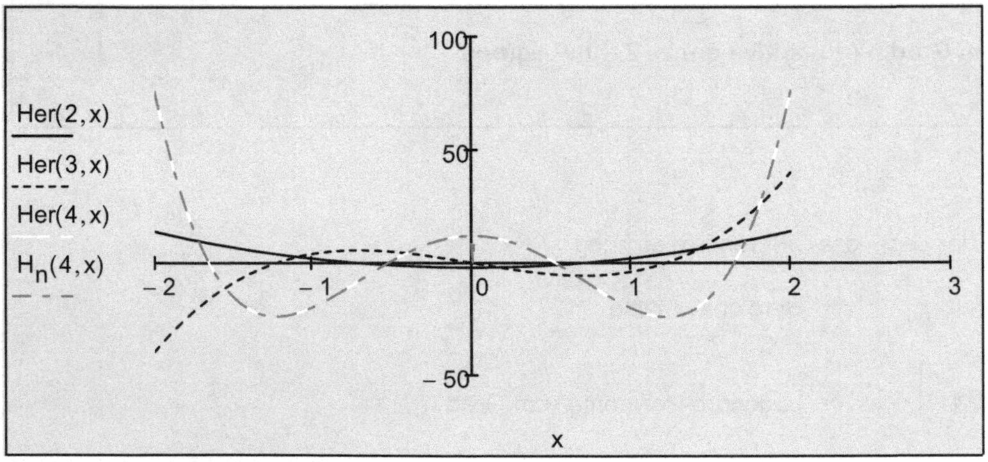

Abb. 7.74

Laguerre-Differentialgleichung:

$$x\frac{d^2}{dx^2}y(x) + (1 - x)\frac{d}{dx}y(x) + n\,y(x) = 0 \qquad \textbf{(7-227)}$$

Laguerre-Polynome vom Grad n (n positive ganze Zahl): Lag(n,x)

Beispiel 7.45:

Gesucht sind die Lösungen der Laguerre-Differentialgleichung.

$x := 0, 0.01 .. 5$ Bereichsvariable

$L_n(n,x) := e^x \frac{d^n}{dx^n}\left(x^n e^{-x}\right)$ Laguerre-Polynom vom Grad n (Mathcad hat bei Lag(n,x) eine andere Normierung)

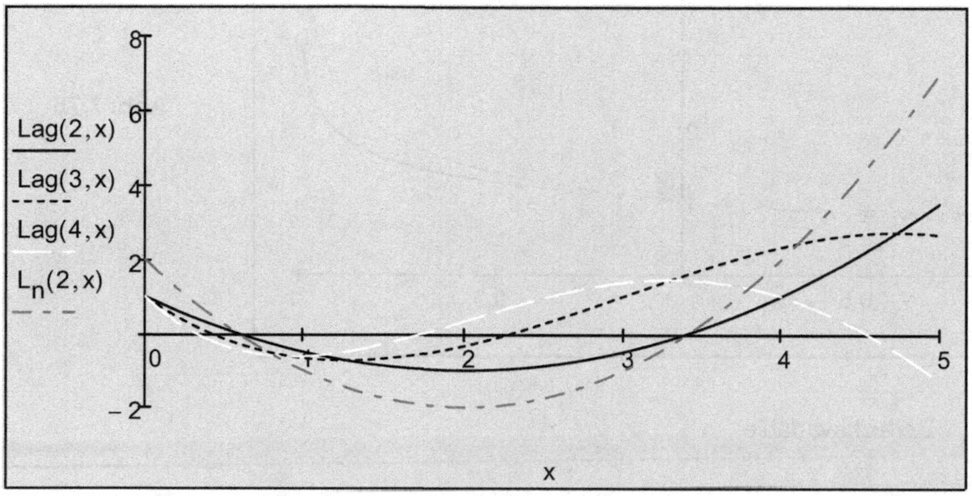

Abb. 7.75

Gauß'sche oder hypergeometrische Differentialgleichung:

$$x(1-x)\frac{d^2}{dx^2}y(x) + [c - (a+b+1)x]\frac{d}{dx}y(x) - ab\,y(x) = 0 \qquad \textbf{(7-228)}$$

Gauß'sche hypergeometrische Funktionen: (a, b, c reelle Zahlen): fhyper(a,b,c,x)

Viele Funktionen sind Sonderfälle der Gauß'schen hypergeometrischen Funktion: z. B.
ln(1+x) = x fhyper(1,1,2,-x)
asin(x) = x fhyper(0.5,0.5,1.5,x^2)

Konfluente hypergeometrische Differentialgleichung:

$$x\frac{d^2}{dx^2}y(x) + (b-x)\frac{d}{dx}y(x) - a\,y(x) = 0 \qquad \textbf{(7-229)}$$

Konfluente hypergeometrische Funktionen: (a, b reelle Zahlen): mhyper(a,b,x)

Viele Funktionen sind Sonderfälle der konfluenten hypergeometrischen Funktion: z. B.
exp(x) = mhyper(1,1,x)
exp(x) sinh(x) = x mhyper(1,2,2 x)

Beispiel 7.46:

Gesucht sind die Lösungen der hypergeometrischen Differentialgleichung.

$x := -1, -1 + 0.01 .. 1$ Bereichsvariable

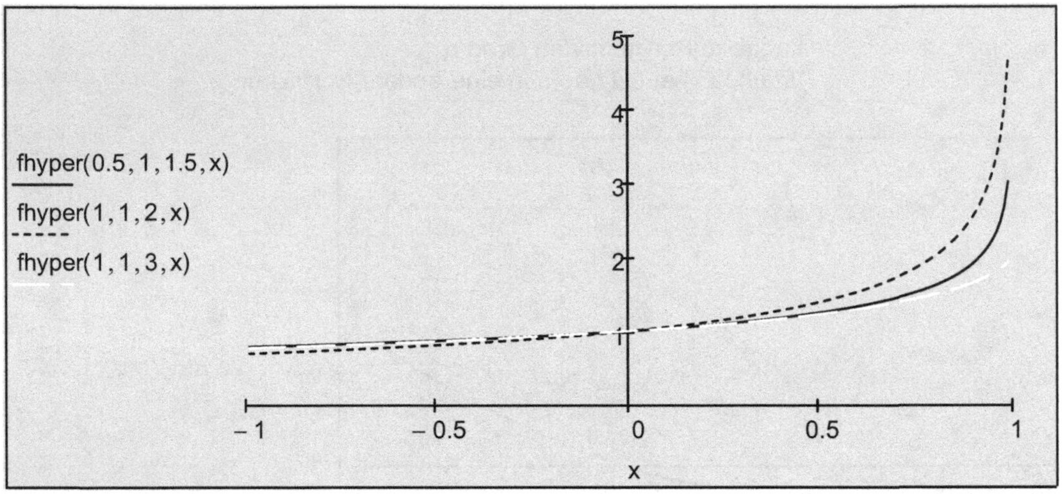

Abb. 7.76

$x := -1, -1 + 0.01 .. 1$ Bereichsvariable

$f(x) := \ln(1 + x)$ $g(x) := x\,\mathrm{fhyper}(1, 1, 2, -x)$ ln(1+x) = x fhyper(1,1,2,-x)

$$\mathrm{fhyper}(1, 1, 2, -x) = 1 + \sum_{k=1}^{\infty} \left[\frac{(-1)^k}{k+1} x^k\right] = \frac{\ln(1 + x)}{x}$$ hypergeometrische Reihe

$f_1(x) := \mathrm{asin}(x)$ $g_1(x) := x\,\mathrm{fhyper}\left(0.5, 0.5, 1.5, x^2\right)$ asin(x) = x fhyper(0.5,0.5,1.5,x^2)

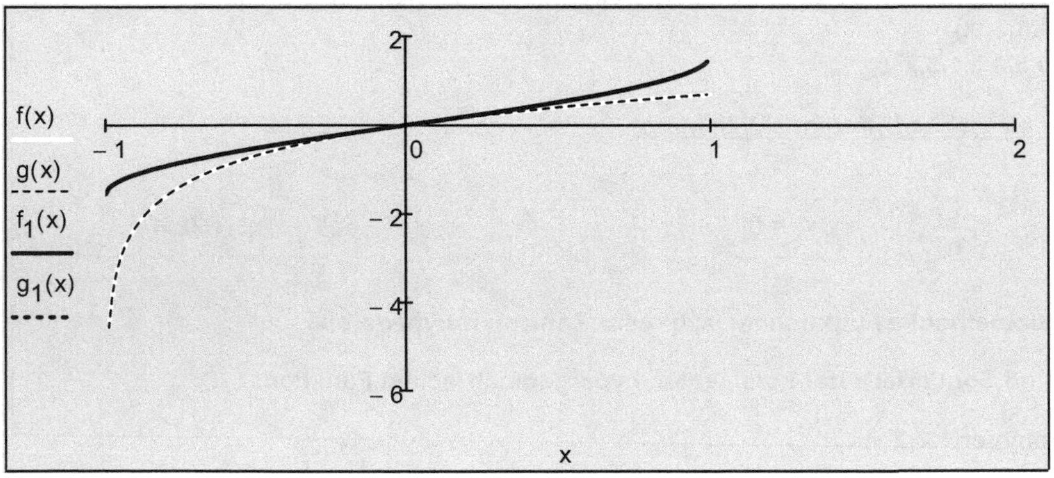

Abb. 7.77

Beispiel 7.47:

Gesucht sind die Lösungen der konfluenten hypergeometrischen Differentialgleichung.

$x := -1, -1 + 0.01 .. 1$ Bereichsvariable

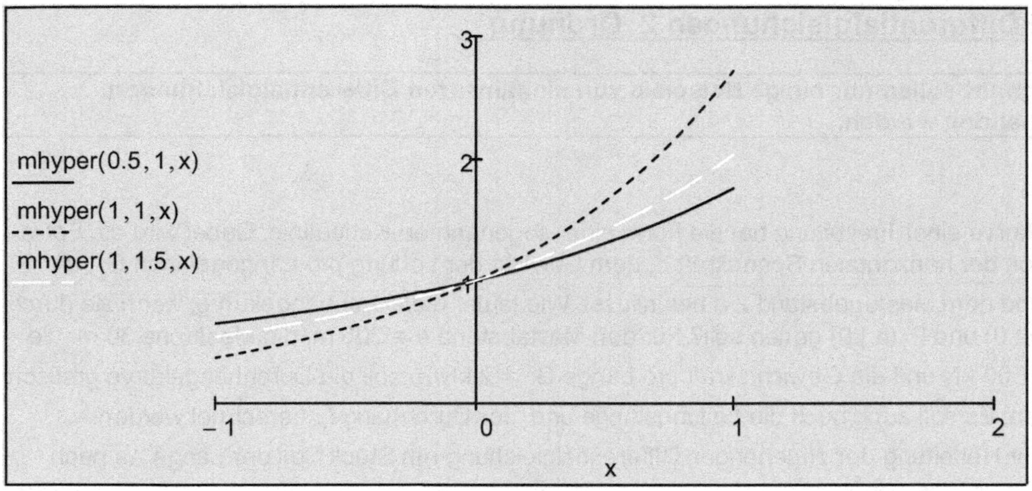

Abb. 7.78

$x := -1, -1 + 0.01 .. 2$ Bereichsvariable

$f(x) := \exp(x)$ $g(x) := \text{mhyper}(1, 1, x)$ $\exp(x) = \text{mhyper}(1,1,x)$

$f_1(x) := \exp(x)\sinh(x)$ $g_1(x) := x\,\text{mhyper}(1, 2, 2x)$ $\exp(x)\sinh(x) = x\,\text{mhyper}(1, 2, 2x)$

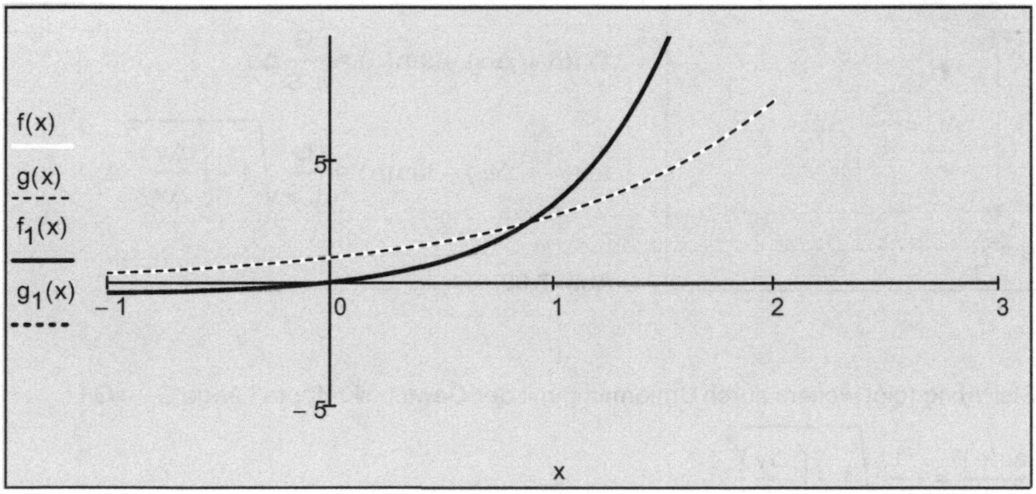

Abb. 7.79

7.2.2.4 Nichtlineare Differentialgleichungen 2. Ordnung

In diesem Abschnitt sollen nur einige Beispiele von nichtlinearen Differentialgleichungen 2. Ordnung behandelt werden.

Beispiel 7.48:

Die Durchhängekurve einer Freileitung hat die Form einer sogenannten Kettenlinie. Dabei wird die Form der Kettenlinie von der horizontalen Spannkraft S, dem Gewicht der Leitung pro Längeneinheit G_L, der Mastenhöhe H und dem Mastenabstand 2 a beeinflusst. Wie lautet die Durchhängekurve, wenn sie durch die Punkte $P_1(-a \mid 0)$ und $P_2(a \mid 0)$ gehen soll? Für den Mastabstand a = 200 m, die Masthöhe 30 m, die Spannkraft S = 1500 kN und die Gewichtskraft pro Länge G_L = 2 kN/m soll die Durchhängekurve grafisch dargestellt werden. Es soll auch noch die Leitungslänge und der Durchhang f_d berechnet werden.
Wir betrachten zur Herleitung der zugehörigen Differentialgleichung ein Stück Seil der Länge Δs nach Abb. 7.80.

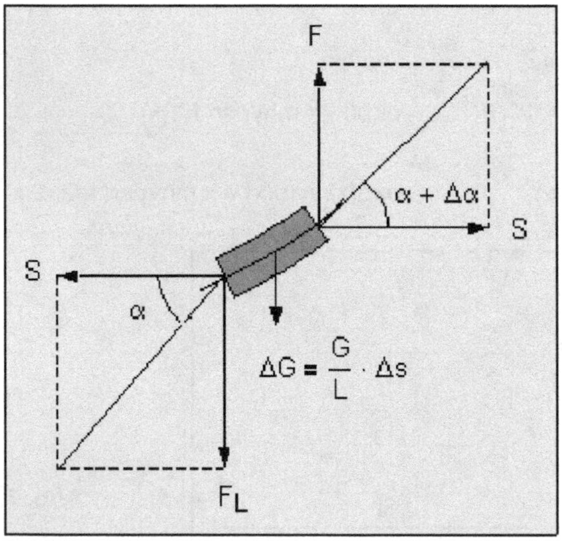

Nach Abb. 7.80 gilt:

$$F = F_L + \Delta G$$

$$S \cdot \tan(\alpha + \Delta\alpha) = S \cdot \tan(\alpha) + \frac{G}{L}\Delta s$$

$$\tan(\alpha + \Delta\alpha) - \tan(\alpha) = \frac{G}{LS}\Delta s$$

$$\tan(\alpha + \Delta\alpha) - \tan(\alpha) = \frac{G}{LS}\sqrt{1 + \left(\frac{\Delta y}{\Delta x}\right)^2}\,\Delta x$$

Abb. 7.80

Aus der letzten Gleichung folgt weiters durch Umformung mit der Gewichtskraft pro Länge $G_L = G/L$:

$$\frac{\tan(\alpha + \Delta\alpha) - \tan(\alpha)}{\Delta x} = \frac{G_L}{S}\sqrt{1 + \left(\frac{\Delta y}{\Delta x}\right)^2}$$

Mit dem Grenzübergang $\Delta x \rightarrow 0$ und tan $\hat{=}$ y' folgt die zugehörige nichtlineare Differentialgleichung 2. Ordnung für die Kettenlinie (Durchhängekurve):

$$\frac{d^2}{dx^2}y(x) = \frac{G_L}{S}\sqrt{1 + \left(\frac{d}{dx}y\right)^2}$$ **nichtlineare Differentialgleichung 2. Ordnung**

Durch Substitution $z = \frac{d}{dx}y$ lässt sich die nichtlineare Differentialgleichung 2. Ordnung auf eine Differentialgleichung 1. Ordnung überführen:

$$\frac{d}{dx}z = \frac{G_L}{S}\sqrt{1 + z^2}$$ **substituierte Differentialgleichung 1. Ordnung**

Diese Differentialgleichung kann dann durch Trennung der Variablen gelöst werden:

$\int \frac{1}{\sqrt{1+z^2}}\, dz = \frac{G_L}{S}\int 1\, dx + C_1$ ergibt $\operatorname{arsinh}(z) = C_1 + \frac{G_L x}{S}$

$\operatorname{arsinh}(z) = \frac{G_L}{S}x + C_1$ hat als Lösung(en) $\sinh\left(C_1 + \frac{G_L x}{S}\right)$ nach z auflösen

$$z = \sinh\left(C_1 + \frac{G_L x}{S}\right)$$

Durch Rücksubstitution und nachfolgende Integration ergibt sich dann als Lösung der Differentialgleichung:

$$\frac{d}{dx}y = \sinh\left(C_1 + \frac{G_L x}{S}\right)$$

$\int 1\, dy = \int \sinh\left(C_1 + \frac{G_L x}{S}\right) dx + C_2$ ergibt $y = C_2 + \frac{S\cdot\cosh\left(C_1 + \frac{G_L x}{S}\right)}{G_L}$

$y = \frac{S\cdot\cosh\left(C_1 + \frac{G_L x}{S}\right)}{G_L} + C_2$ **Lösung der Differentialgleichung**

Mithilfe der Randbedingungen $P_1(-a \mid 0)$ und $P_2(a \mid 0)$ erhalten wir schließlich eine spezielle Lösung.

Mit $\frac{G_L}{S}a = c$ kann das folgende transzendente Gleichungssystem gelöst werden:

$S := S$ Redefinition

Vorgabe

$$\frac{S\cdot\cosh(C_1 + c)}{G_L} + C_2 = 0$$

$$\frac{S\cdot\cosh(C_1 - c)}{G_L} + C_2 = 0$$

$$\text{Suchen}(C_1, C_2) \text{ vereinfachen } \rightarrow \begin{pmatrix} 0 \\ -\frac{S\cosh(c)}{G_L} \end{pmatrix}$$

Damit ist $C_1 = 0$ und C_2:

$$C_2 = \frac{-1}{2}S\cdot\left[1 + e^{(-2)c}\right]\frac{e^c}{G_L} = -\frac{\left(e^c + e^{-c}\right)\cdot S}{2G_L} = -\frac{S}{G_L}\cosh(c) = -\frac{S}{G_L}\cosh\left(\frac{G_L}{S}a\right)$$

$$y = \frac{S}{G_L}\left(\cosh\left(\frac{G_L}{S}x\right) - \cosh\left(\frac{G_L}{S}a\right)\right) + H$$

Kettenlinie unter Berücksichtigung der Randwerte und der Masthöhe H

$$y(x, S, G_L, a, H) := \frac{S}{G_L}\left(\cosh\left(\frac{G_L}{S}x\right) - \cosh\left(\frac{G_L}{S}a\right)\right) + H$$

Kettenlinie als Funktion der Parameter

$a := a \quad S := S \quad G_L := G_L$

Redefinitionen

Länge einer Freileitung (Bogenlänge):

$$2\left[\int_0^a \sqrt{1 + \left(\frac{d}{dx}y(x, S, G_L, a, H)\right)^2}\,dx\right] \begin{vmatrix} \text{vereinfachen} \\ \text{annehmen}, S > 0, G_L > 0, a > 0 \\ \text{vereinfachen} \end{vmatrix} \rightarrow \frac{2S\sinh\left(\frac{G_L a}{S}\right)}{G_L}$$

$$s1(S, G_L, a) := 2\frac{S}{G_L}\sinh\left(\frac{G_L a}{S}\right)$$

Länge der Freileitung

$kN := 10^3 N$ — Definition von kN

$a := 100m$ — halber Mastabstand

$H := 30m$ — Masthöhe

$S := 1500kN$ — Spannkraft

$G_L := 2\frac{kN}{m}$ — Gewicht pro Länge

$f_d := H - y(0m, S, G_L, a, H) \qquad f_d = 6.677\,m$ — Durchhang f_d

$s1(S, G_L, a) = 200.593\,m$ — Seillänge

$x := -a, -a + 0.01m .. a$ — Bereichsvariable

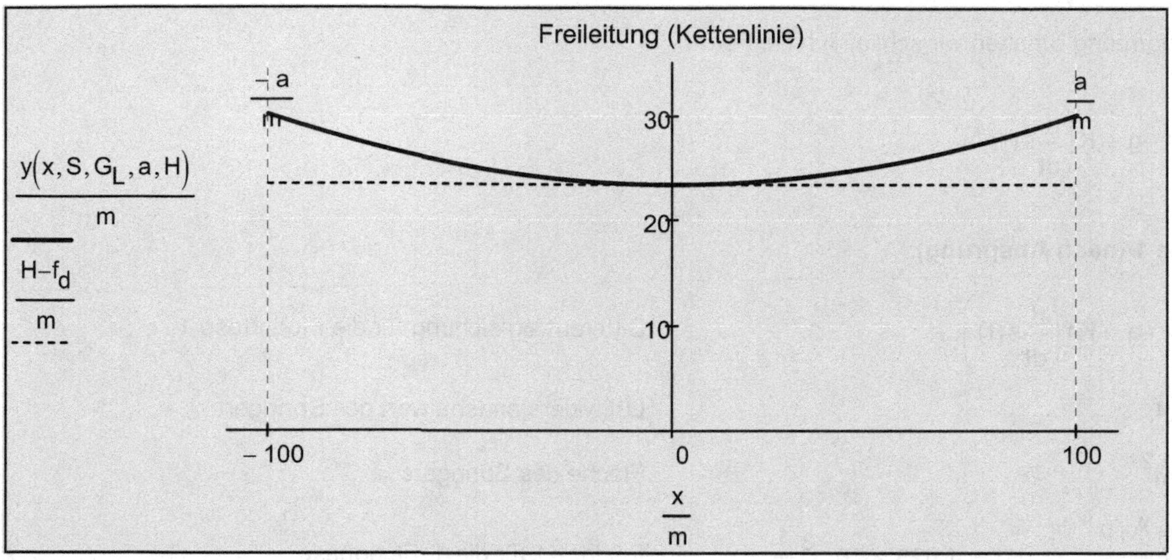

Abb. 7.81

Beispiel 7.49:

Der Absprung eines Fallschirmspringers soll inklusive der Öffnungsphase des Schirms durch eine Differentialgleichung beschrieben und numerisch gelöst werden. Nach dem Absprung (Flugphase 1) in 1000 m mit der Anfangsgeschwindigkeit v_0 = 0 m/s hat der Springer im freien Fall eine Querschnittsfläche A_1 = 0.5 m² und einen Luftwiderstandsbeiwert von c_{w1} = 0.4. Nach 10 s wird der Fallschirm geöffnet (Öffnungsphase). In dieser Phase, die 2 s dauert, nimmt der Luftwiderstandsbeiwert linear auf den Wert c_{w2} = 1.3 zu. In der Gleitphase (Flugphase 2) beträgt die Fläche des Springers mit offenem Fallschirm A_2 = 20 m². Der Springer hat eine Masse von m_s = 80 kg und die Luftdichte beträgt im Durchschnitt ρ = 1.3 kg/m³.
a) Stellen Sie die Differentialgleichungen für die erste und letzte Flugphase auf. b) Stellen Sie auch für den gemeinsamen Faktor $K(t) = c_w\, A\, \rho\, /\, (2\, m_s)$ alle drei Flugphasen graphisch dar. c) Nach der Lösung der Differentialgleichung sollen schließlich das s-t-, v-t- und a-t-Diagramm dargestellt werden.

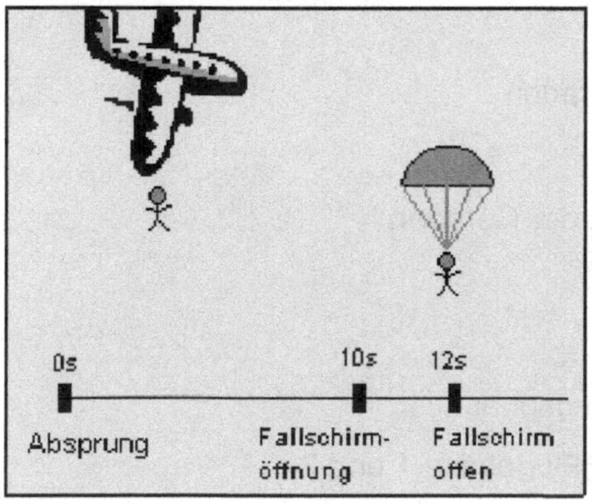

Abb. 7.82

$m_s := 80\text{kg}$ Masse des Springers

$\rho := 1.3\frac{\text{kg}}{\text{m}^3}$ Dichte der Luft

a) Stellen Sie die Differentialgleichungen für die erste und letzte Flugphase auf:

$F = G + F_L$ Gleichgewichtsbedingung (Gesamtkraft = Gewichtskraft + Luftwiderstandskraft)

$$m_s \frac{d^2}{dt^2}s(t) = -m_s\, g + \frac{A_1\, c_{W1}\, \rho}{2}\left(\frac{d}{dt}s(t)\right)^2$$ **nichtlineare Differentialgleichung 2. Ordnung**

Durch Umformung erhalten wir schließlich die Form:

$$\frac{d^2}{dt^2}s(t) = -g + K\left(\frac{d}{dt}s(t)\right)^2$$

Flugphase 1 (nach Absprung):

$$\frac{d^2}{dt^2}s(t) = -g + K1\left(\frac{d}{dt}s(t)\right)^2$$ Differentialgleichung für die Flugphase 1

$c_{W1} := 0.4$ Luftwiderstandsbeiwert des Springers

$A_1 := 0.5m^2$ Fläche des Springers

$K1 := \frac{c_{W1} A_1 \rho}{2m_s}$ $K1 = 1.625 \times 10^{-3} \frac{1}{m}$ Faktor K1 für die 1. Flugphase

Flugphase 2 (Gleitphase):

$$\frac{d^2}{dt^2}s(t) = -g + K2\left(\frac{d}{dt}s(t)\right)^2$$ Differentialgleichung für die Flugphase 2

$c_{W2} := 1.3$ Luftwiderstandsbeiwert mit offenem Fallschirm

$A_2 := 20m^2$ Fläche des Springers mit offenem Fallschirm

$K2 := \frac{c_{W2} A_2 \rho}{2m_s}$ $K2 = 0.211 \frac{1}{m}$ Faktor für die 2. Flugphase

b) K(t) für alle drei Flugphasen:

Öffnungsphase: Von der 10. Sekunde bis zur 12. Sekunde ändert sich der Faktor vor v^2 linear von K1 auf K2:

$k := \frac{K2 - K1}{2}$ $k = 0.105 \frac{1}{m}$ Steigung der Geraden

$d := K1 - k10$ $d = -1.047 \frac{1}{m}$ Achsenabschnitt der Geraden

Faktor K vor v^2 für alle 3 Flugphasen:

$$K(t) := \begin{cases} K1\,m & \text{if } t < 10 \\ (k\,t + d)m & \text{if } 10 \le t \le 12 \\ K2\,m & \text{otherwise} \end{cases}$$

K1 bis zur Öffnungsphase

(k t+d) zwischen Flugphase 1 und 2

sonst K2

$t := 0, 0 + 0.01 .. 20$ Bereichsvariable

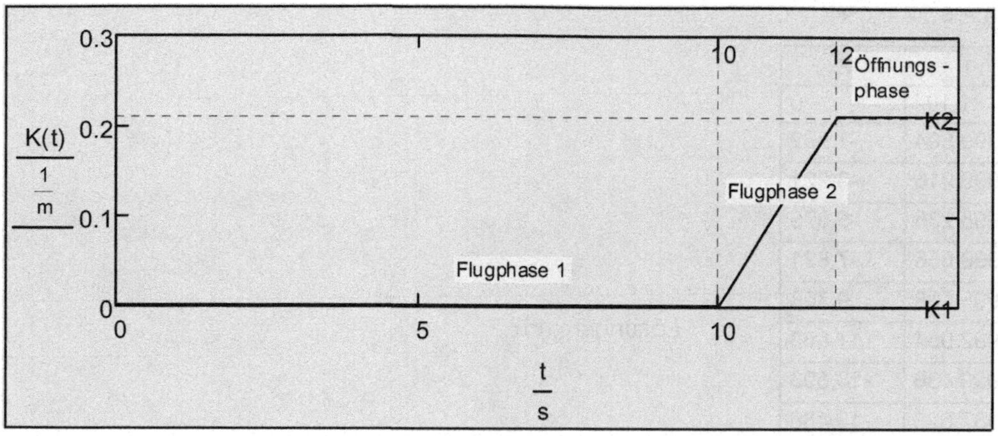

Abb. 7.83

c) Lösung der Differentialgleichung und Darstellung der s-t-, v-t- und a-t-Diagramme:

$h := 1000$ — Der Absprung erfolgt zum Zeitpunkt t = 0 s in der Höhe h = 1000 m.

$v_0 := 0$ — Beim Absprung ist v(0 s) = 0 m/s.

$g1 := 9.81$ — Erdbeschleunigung in m/s²

$ORIGIN := 0$ — ORIGIN festlegen

$$\mathbf{aw} := \begin{pmatrix} h \\ v_0 \end{pmatrix}$$

Vektor mit den Anfangsbedingungen

$t_{min} := 0$

$t_{max} := 20$

Endpunkte des Intervalls, an denen die Lösung für die Differentialgleichung ausgewertet werden soll.

$t_s := 0.2$ — Zeitschritte

$$N1 := \frac{t_{max} - t_{min}}{t_s} \qquad N1 = 100$$

Anzahl der Punkte

$$\mathbf{D1}(t, \mathbf{Y}) := \begin{bmatrix} \mathbf{Y}_1 \\ -g1 + K(t)\left(\mathbf{Y}_1\right)^2 \end{bmatrix}$$

Vektorfunktion. Enthält die umgeformte Differentialgleichung. Die letzte Komponente enthält die explizite Differentialgleichung.

$$\mathbf{Z} := \text{rkfest}\left(\mathbf{aw}, t_{min}, t_{max}, N1, \mathbf{D1}\right)$$

Runge-Kutta-Verfahren 4. Ordnung zum Lösen von Differentialgleichungen 1. Ordnung

	t	h = s	v
	0	1	2
0	0	$1\cdot10^3$	0
1	0.2	999.804	-1.962
2	0.4	999.216	-3.921
3	0.6	998.236	-5.875
4	0.8	996.866	-7.821
5	1	995.108	-9.758
6	1.2	992.964	-11.683
7	1.4	990.436	-13.593
8	1.6	987.528	-15.486
9	1.8	984.243	-17.36
10	2	980.585	-19.213
11	2.2	976.559	-21.044
12	2.4	972.169	...

$\mathbf{Z} =$ (obige Matrix) — Lösungsmatrix

$i := 0..N1 \qquad j := 1..N1$ — Iteration über dem Wertebereich

$\mathbf{t} := \left(\mathbf{Z}^{\langle 0\rangle}\right)s$ — Spalte 0

$\mathbf{h} := \mathbf{Z}^{\langle 1\rangle}\,m$ — Spalte 1

$\mathbf{v} := \mathbf{Z}^{\langle 2\rangle}\,\frac{m}{s}$ — Spalte 2

$\mathbf{a}_0 := -g1$ — der nullten Komponente die Erdbeschleunigung zuweisen

$\mathbf{a}_j := \frac{\mathbf{Z}_{j,2} - \mathbf{Z}_{j-1,2}}{t_s} \qquad \mathbf{a}_0 = -9.81$ — Beschleunigung als Differenzenquotient (3. Spalte (Geschwindigkeit v))

$\mathbf{a} := \mathbf{a}\,\frac{m}{s^2}$

$t := 0s, 0s + 0.01s .. 100s$ — Bereichsvariable

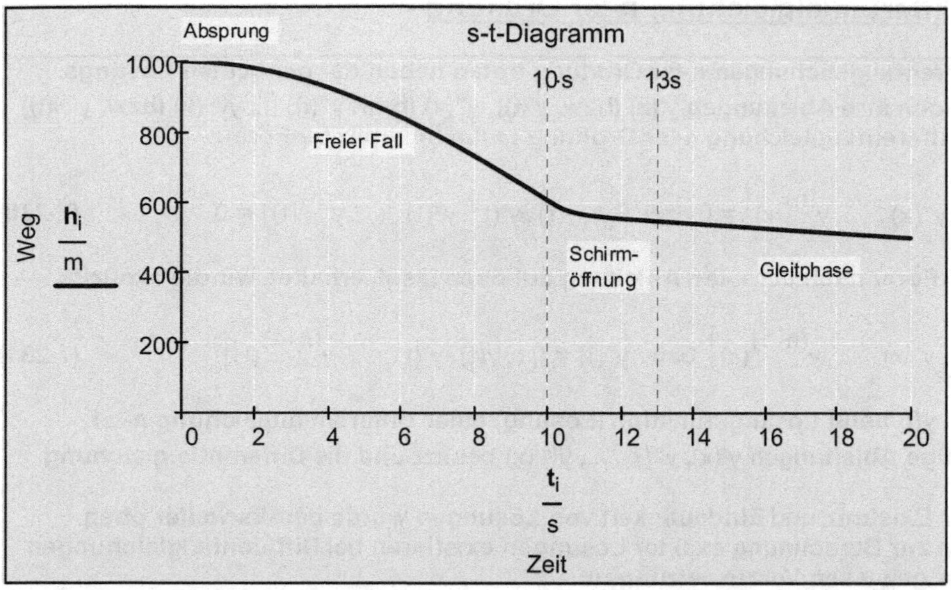

Zum Zeitpunkt t = 0 s in einer Höhe von 1000 m erfolgt der Absprung. Nach 10 s öffnet sich der Fallschirm. Ca. 3 s später ist der Fallschirm vollständig geöffnet und der Weg (Höhe h) nimmt linear mit der Zeit t ab.

Abb. 7.84

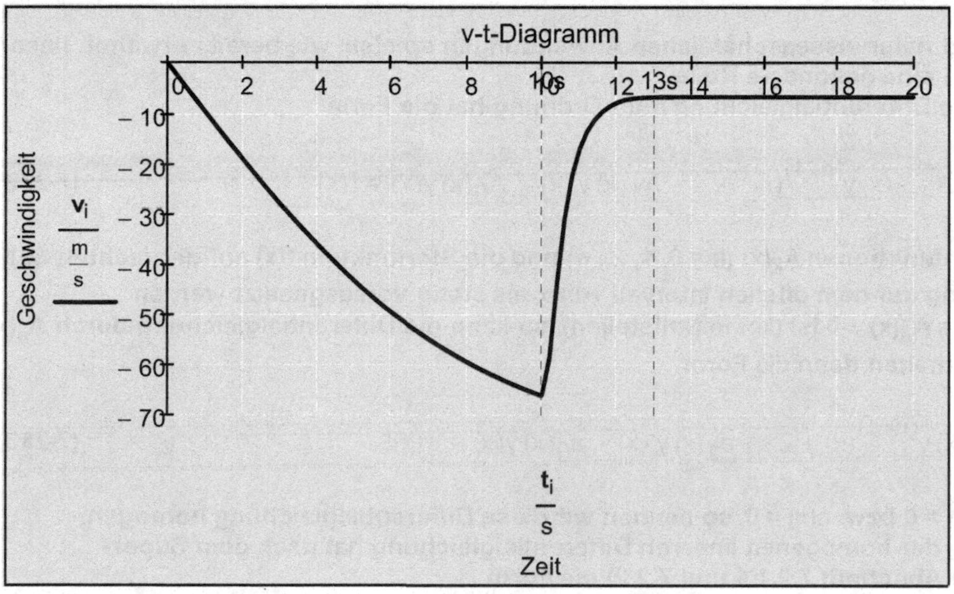

Nach dem Absprung nimmt die Geschwindigkeit schnell zu (bis ca. 66 m/s). Sobald der Springer an der Reißleine zieht, wird er stark abgebremst. Wenn der Schirm vollständig geöffnet ist, bleibt die Geschwindigkeit gleich (ca. 6.8 m/s).

Abb. 7.85

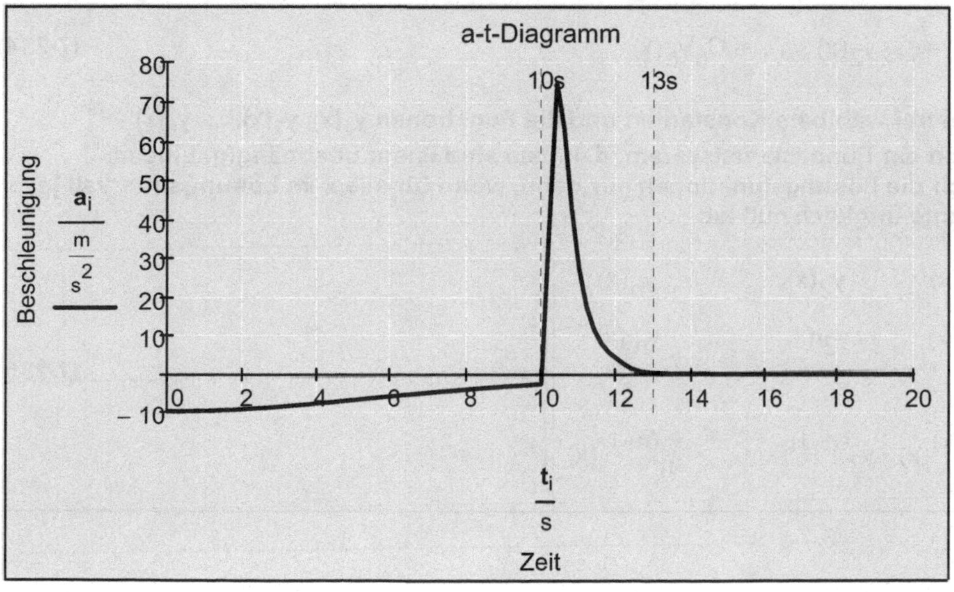

Gleich nach dem Absprung beschleunigt der Springer mit $a = g = 9.81 m/s^2$. Die Beschleunigung nimmt bis 10 s langsam ab. Wenn der Springer die Reißleine zieht, verzögert er kurzzeitig mit über 7 g. Nach ca. 13 s hat sich ein Gleichgewicht zwischen Erdbeschleunigung und Luftwiderstand eingestellt ($a = 0 m/s^2$).

Abb. 7.86

7.2.3 Die gewöhnliche Differentialgleichung n-ter Ordnung

Bei gewöhnlichen Differentialgleichungen n-ter Ordnung treten neben der gesuchten Lösungsfunktion y(x) bzw. y(t) noch ihre Ableitungen y'(x) (bzw. y'(t)), y''(x) (bzw. y''(t)), ... $y^{(n)}(x)$ (bzw. $y^{(n)}(t)$) auf. Die gewöhnliche Differentialgleichung n-ter Ordnung lautet in impliziter Form:

$$F\left[x, y(x), y'(x), y''(x), \ldots, y^{(n)}(x)\right] = 0 \textbf{ bzw. } F\left[t, y(t), y'(t), y''(t), \ldots, y^{(n)}(t)\right] = 0 \qquad \textbf{(7-230)}$$

Wenn sich die implizite Form nach der n-ten Ableitung auflösen lässt, erhalten wir die explizite Form:

$$y''(x) = f\left[x, y(x), y'(x), \ldots, y^{(n-1)}(x)\right] \textbf{ bzw. } y''(t) = f\left[t, y(t), y'(t), \ldots, y^{(n-1)}(t)\right] \qquad \textbf{(7-231)}$$

Eine Funktion y(x) bzw. y(t) heißt Lösungsfunktion (Lösung) einer Differentialgleichung n-ter Ordnung, wenn sie stetige Ableitungen y'(x), y''(x), ..., $y^{(n)}(x)$ besitzt und die Differentialgleichung identisch erfüllt.
Auf die Problematik der Existenz und Eindeutigkeit von Lösungen wurde bereits weiter oben hingewiesen. Methoden zur Berechnung exakter Lösungen existieren bei Differentialgleichungen n-ter Ordnung nur unter gewissen Voraussetzungen.

In den technischen und naturwissenschaftlichen Anwendungen spielen, wie bereits erwähnt, lineare Differentialgleichungen eine besondere Rolle.
Die inhomogene lineare Differentialgleichung n-ter Ordnung hat die Form

$$A_n(x)\, y^{(n)}(x) + A_{n-1}(x)\, y^{(n-1)}(x) + \ldots + A_1(x)\, y'(x) + A_0(x)\, y(x) = f(x) \qquad \textbf{(7-232)}$$

wobei die Koeffizientenfunktionen $A_k(x)$ (k = 0, 1, ..., n) und die Störfunktion f(x) auf der rechten Seite der Differentialgleichung auf dem offenen Intervall von x als stetig vorausgesetzt werden.
Setzen wir voraus, dass $A_n(x) \neq 0$ ist (keine Nullstellen), so kann die Differentialgleichung durch $A_n(x)$ dividiert werden. Wir erhalten dann die Form

$$y^{(n)}(x) + a_{n-1}(x)\, y^{(n-1)}(x) + \ldots + a_1(x)\, y'(x) + a_0(x)\, y(x) = s(x) \qquad \textbf{(7-233)}$$

Ist die Störfunktion f(x) = 0 bzw. s(x) = 0, so nennen wir diese Differentialgleichung homogen.
Die allgemeine Lösung der homogenen linearen Differentialgleichung hat nach dem Superpositionsprinzip (siehe Abschnitt 7.2.1.4 und 7.2.2) die Form

$$y_h(x) = C_1\, y_1(x) + C_2\, y_2(x) + \ldots + C_n\, y_n(x) \qquad \textbf{(7-234)}$$

C_1, C_2, ..., C_n sind dabei frei wählbare Konstanten und die Funktionen $y_1(x)$, $y_2(x)$, ..., $y_n(x)$ (Basisfunktionen) bilden ein Fundamentalsystem, d. h., sie sind linear unabhängig. Linear unabhängig sind jedoch die Lösungsfunktionen nur dann, wenn für alle x im Lösungsintervall]a, b[die Wronski-Determinante ungleich null ist:

$$W(x) = \left\|\begin{matrix} y_1(x) & y_2(x) & \ldots & y_n(x) \\ y_1'(x) & y_2'(x) & \ldots & y_n'(x) \\ \ldots & \ldots & \ldots & \ldots \\ y_1^{(n-1)}(x) & y_2^{(n-1)}(x) & \ldots & y_n^{(n-1)}(x) \end{matrix}\right\| \neq 0 \qquad \textbf{(7-235)}$$

Derartige Fundamentalsysteme können nur für lineare Differentialgleichungen mit speziellen Koeffizienten bestimmt werden. Kennen wir ein derartiges Fundamentalsystem, dann ist die Lösung der homogenen linearen Differentialgleichung bekannt.
Die allgemeine Lösung der inhomogenen linearen Differentialgleichung ergibt sich, worauf bereits in Abschnitt 7.2.1.4 und 7.2.2 hingewiesen wurde, aus der Lösung der zugehörigen homogenen Differentialgleichung $y_h(x)$ und einer speziellen Lösung $y_s(x)$ der inhomogenen Differentialgleichung:

$$y(x) = y_h(x) + y_s(x) \qquad (7\text{-}236)$$

Spezielle Lösungen können auch hier mithilfe eines geeigneten Ansatzes oder durch Variation der Konstanten ermittelt werden.
Auf die umfassende Lösungstheorie für lineare Differentialgleichungen n-ter Ordnung kann hier nicht weiter eingegangen werden. Wir beschränken uns in weiterer Folge auf lineare Differentialgleichungen n-ter Ordnung mit konstanten Koeffizienten.

a) Die lineare homogene Differentialgleichung n-ter Ordnung mit konstanten Koeffizienten:

In Analogie zu den homogenen linearen Differentialgleichungen 2.Ordnung mit konstanten Koeffizienten gelten auch hier folgende Aussagen:
Die lineare homogene Differentialgleichung n-ter Ordnung mit konstanten Koeffizienten ist ein Sonderfall von (7-233). Die Koeffizientenfunktionen $a_k(x) = a_k$ (k = 0, 1, ..., n-1) sind konstant ($a_k \in \mathbb{R}$) und die Störfunktion (oder das Störglied) s(x) = 0.

$$y^{(n)}(x) + a_{n-1}\, y^{(n-1)}(x) + ... + a_1\, y'(x) + a_0\, y(x) = 0 \qquad (7\text{-}237)$$

Diese Differentialgleichung besitzt die allgemeine Lösung $y_h(x)$ der Form

$$y_h(x) = C_1\, y_1(x) + C_2\, y_2(x) + ... + C_n\, y_n(x) \quad (C_1, C_2, ..., C_n \in \mathbb{R}) \qquad (7\text{-}238)$$

mit n linear unabhängigen Basislösungen $y_1(x), y_2(x), ..., y_n(x)$ und der Eigenschaft

$$W(x) \neq 0 \quad \textbf{(Wronski-Determinante)} \qquad (7\text{-}239)$$

Die der allgemeinen Lösung (7-238) zugrunde liegenden Basislösungen bilden ein Fundamentalsystem (Fundamentalbasis) der Differentialgleichung (7-237).
Ein Fundamentalsystem lässt sich, wie bei der linearen Differentialgleichung 2. Ordnung bereits gezeigt wurde, durch den Lösungsansatz in Form einer Exponentialfunktion mit einem unbekannten Parameter λ gewinnen:

$$y(x) = e^{\lambda x} \qquad (7\text{-}240)$$

Setzen wir diesen Ansatz und deren Ableitungen in die Differentialgleichung (7-237) ein, so erhalten wir eine Bestimmungsgleichung für den Parameter λ:

$$\lambda^n + a_{n-1}\lambda^{n-1} + ... + a_1\lambda + a_0 = 0 \qquad (7\text{-}241)$$

Diese algebraische Gleichung n-ter Ordnung wird charakteristische Gleichung genannt und besitzt nach dem Fundamentalsatz der Algebra genau n reelle oder komplexe Lösungen $\lambda_1, \lambda_2, ..., \lambda_n$.
Nachdem aber die Basislösungen selbst noch von der Art dieser Lösungen abhängig sind, werden folgende drei Fälle unterschieden:

Fall 1: Alle Lösungen sind reell und voneinander verschieden.

Die allgemeine Lösung der Differentialgleichung (7-237) ist als Linearkombination von folgenden n Basislösungen darstellbar:

$$y_h(x) = C_1 e^{\lambda_1 x} + C_2 e^{\lambda_2 x} + ... + C_n e^{\lambda_n x} \qquad \textbf{(7-242)}$$

Fall 2: Es gibt mehrfache reelle Lösungen

$$\lambda_1 = \lambda_2 = ... = \lambda_r = \kappa \qquad \textbf{(7-243)}$$

Die allgemeine Lösung der Differentialgleichung (7-237) ist dann als Linearkombination von folgenden r Basislösungen darstellbar:

$$y_h(x) = C_1 e^{\kappa x} + C_2 x e^{\kappa x} + C_3 x^2 e^{\kappa x} + ... + C_r x^{r-1} e^{\kappa x} \qquad \textbf{(7-244)}$$

Ist κ eine r-fache Lösung der charakteristischen Gleichung (7-241), so muss die Konstante C jeweils durch eine Polynomfunktion C(x) vom Grade r-1 ersetzt werden.

Fall 3: Es treten konjugiert komplexe Lösungen auf.

Ist $\lambda_1 = \kappa + j\,\omega$ und $\lambda_2 = \kappa - j\,\omega$ eine einfache konjugiert komplexe Lösung der charakteristischen Gleichung (7-241), so erhalten wir als zugehörige Basisfunktionen die beiden komplexen Exponentialfunktionen

$$y_1 = e^{\lambda_1 x} = e^{(\kappa + j\,\omega)x} = e^{\kappa x}(\cos(\omega x) + j \sin(\omega x)) \qquad \textbf{(7-245)}$$

$$y_2 = e^{\lambda_2 x} = e^{(\kappa - j\,\omega)x} = e^{\kappa x}(\cos(\omega x) - j \sin(\omega x)) \qquad \textbf{(7-246)}$$

Ist y(x) = v(x) + j v(x) eine komplexwertige Lösung der Differentialgleichung, so sind auch der Realteil v(x) und der Imaginärteil w(x) reelle Lösungen der Differentialgleichung (siehe dazu lineare Differentialgleichung 2. Ordnung). Daher sind die reellen, linear unabhängigen Lösungen

$$y_1(x) = e^{\kappa x} \sin(\omega x) \quad \text{und} \quad y_1(x) = e^{\kappa x} \cos(\omega x) \qquad \textbf{(7-247)}$$

Basisfunktionen der Differentialgleichung (7-235). Sie liefern für die allgemeine Lösung den Beitrag

$$C_1 e^{\kappa x} \sin(\omega x) + C_2 e^{\kappa x} \cos(\omega x) = e^{\kappa x}\left(C_1 \sin(\omega x) + C_2 \cos(\omega x)\right) \qquad \textbf{(7-248)}$$

Bei einer r-fachen konjugiert komplexen Lösung λ_1 und λ_2 müssen die Konstanten im Beitrag durch Polynomfunktionen $C_1(x)$ und $C_2(x)$ vom Grade r-1 ersetzt werden.

Es besteht eine nicht unwesentliche Schwierigkeit bei der Lösung der charakteristischen Gleichung, weil ab Grad 5 keine Lösungsformeln mehr existieren! Dies gilt natürlich auch für den in Mathcad integrierten MuPad-Kern.
Bei den meisten praktischen Aufgaben sind meist nicht die allgemeinen Lösungen der Differentialgleichung von Bedeutung, sondern spezielle Lösungen die vorgegebene Bedingungen erfüllen. Während bei einer Differentialgleichung 1. Ordnung nur Anfangswerte möglich sind, können ab der 2. Ordnung auch Rand- und Eigenwertaufgaben auftreten, wie bereits weiter oben gezeigt wurde.

Beispiel 7.50:

Gegeben sei die nachfolgende Differentialgleichung 3. Ordnung mit den Anfangsbedingungen $y(0) = y_0 = 20$, $y'(0) = y'_0 = 2$ und $y''(0) = y''_0 = -2$. Wie lautet deren Lösung?

$$\frac{d^3}{dt^3}y(t) - 4\frac{d^2}{dt^2}y(t) - 1\frac{d}{dt}y(t) + 4\,y(t) = 0$$

homogene lineare Differentialgleichung 3. Ordnung mit konstanten Koeffizienten

$$\lambda^3 - 4\lambda^2 - \lambda + 4 = 0$$

charakteristische Gleichung

$$\lambda^3 - 4\lambda^2 - \lambda + 4 = 0 \text{ auflösen}, \lambda \rightarrow \begin{pmatrix} 1 \\ -1 \\ 4 \end{pmatrix}$$

Lösungen der charakteristischen Gleichung

Die allgemeine Lösung ist eine Linearkombination von $y_1(t)$, $y_2(t)$ und $y_3(t)$:

$$y(t) = C_1\,y_1(t) + C_2\,y_2(t) + C_3\,y_3(t) = C_1\,e^{1t} + C_2\,e^{4t} + C_3\,e^{-1t}$$

Die Konstanten C_1, C_2 und C_3 werden aus den Anfangsbedingungen bestimmt.

$$y_1(t) := e^{1t} \qquad y_2(t) := e^{4t} \qquad y_3(t) := e^{-1t}$$

$$y'_1(t) := \frac{d}{dt}y_1(t) \qquad y'_2(t) := \frac{d}{dt}y_2(t) \qquad y'_3(t) := \frac{d}{dt}y_3(t)$$

Basisfunktionen und Ableitungen

$$y''_1(t) := \frac{d}{dt}y'_1(t) \qquad y''_2(t) := \frac{d}{dt}y'_2(t) \qquad y''_3(t) := \frac{d}{dt}y'_3(t)$$

Damit kann jetzt zur Bestimmung der Konstanten mithilfe der Anfangsbedingungen ein Gleichungssystem formuliert werden:

$$y_0 = C_1\,y_1(0) + C_2\,y_2(0) + C_3\,y_3(0)$$

$$y'_0 = C_1\,y'_1(0) + C_2\,y'_2(0) + C_3\,y'_3(0)$$

lineares Gleichungssystem

$$y''_0 = C_1\,y''_1(0) + C_2\,y''_2(0) + C_3\,y''_3(0)$$

$$\begin{pmatrix} y_0 \\ y'_0 \\ y''_0 \end{pmatrix} = \begin{pmatrix} y_1(0) & y_2(0) & y_3(0) \\ y'_1(0) & y'_2(0) & y'_3(0) \\ y''_1(0) & y''_2(0) & y''_3(0) \end{pmatrix} \begin{pmatrix} C_1 \\ C_2 \\ C_3 \end{pmatrix}$$

lineares Gleichungssystem in Matrixform

$$\begin{pmatrix} C_1 \\ C_2 \\ C_3 \end{pmatrix} := \begin{pmatrix} y_1(0) & y_2(0) & y_3(0) \\ y'_1(0) & y'_2(0) & y'_3(0) \\ y''_1(0) & y''_2(0) & y''_3(0) \end{pmatrix}^{-1} \begin{pmatrix} y_0 \\ y'_0 \\ y''_0 \end{pmatrix}$$

umgeformte Matrixgleichung

$$\begin{pmatrix} C_1 \\ C_2 \\ C_3 \end{pmatrix} = \begin{pmatrix} 14.667 \\ -1.467 \\ 6.8 \end{pmatrix}$$

Lösungsvektor mit den gesuchten Konstanten

$y(t) := C_1\, y_1(t) + C_2\, y_2(t) + C_3\, y_3(t)$ spezielle Lösungsfunktion

$t := 0, 0.01 .. 2$ Bereichsvariable

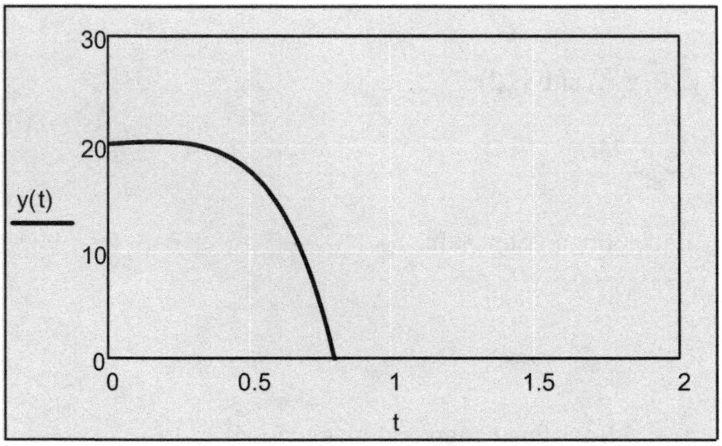

Globale Definition der Anfangsbedingungen (damit kann hier sehr gut experimentiert werden):

$y_0 \equiv 20$ $y'_0 \equiv 2$ $y''_0 \equiv -2$

Abb. 7.87

Numerische Lösung der homogenen Differentialgleichung mithilfe von Gdglösen:

Vorgabe

$$\frac{d^3}{dt^3}x(t) - 4\frac{d^2}{dt^2}x(t) - 1\frac{d}{dt}x(t) + 4\,x(t) = 0$$

Differentialgleichung

$x(0) = 20$ $x'(0) = 2$ $x''(0) = -2$ **Anfangsbedingungen**

$x := \text{Gdglösen}(t, 2)$ **Das Lösungsintervall wurde hier von 0 bis 2 gewählt (ohne Zeitschritte)!**

$t := 0, 0.01 .. 2$ Bereichsvariable

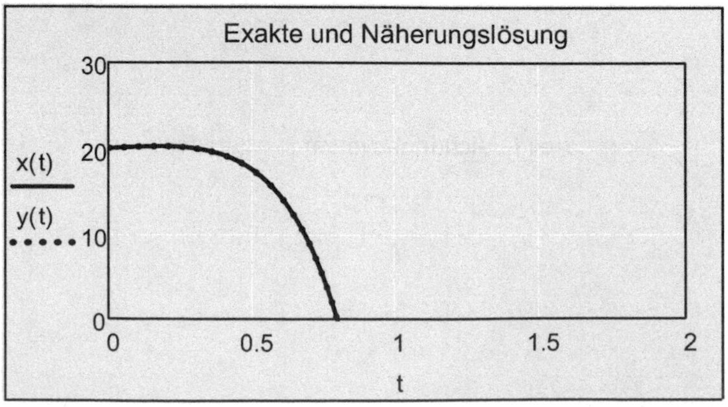

Abb. 7.88

Beispiel 7.51:

Wie lautet die allgemeine Lösung der nachfolgend gegebenen Differentialgleichung?

$$\frac{d^4}{dx^4}y(x) - 6\frac{d^3}{dx^3}y(x) + 12\frac{d^2}{dx^2}y(x) - 10\frac{d}{dx}y(x) + 3y(x) = 0$$

homogene lineare Differentialgleichung 4. Ordnung mit konstanten Koeffizienten

$$\lambda^4 - 6\lambda^3 + 12\lambda^2 - 10\lambda + 3 = 0 \text{ auflösen}, \lambda \rightarrow \begin{pmatrix} 1 \\ 1 \\ 1 \\ 3 \end{pmatrix}$$

Lösungen der charakteristischen Gleichung

$$y(x) = C_1 e^{3x} + C_2 e^x + C_3 x e^x + C_4 x^2 e^x$$

allgemeine Lösung der Differentialgleichung

Beispiel 7.52:

Wie lautet die allgemeine Lösung der nachfolgend gegebenen Differentialgleichung?

$$\frac{d^4}{dx^4}y(x) + 3\frac{d^2}{dx^2}y(x) - 4y(x) = 0$$

homogene lineare Differentialgleichung 4. Ordnung mit konstanten Koeffizienten

$$\lambda^4 + 3\lambda^2 - 4 = 0 \text{ auflösen}, \lambda \rightarrow \begin{pmatrix} 1 \\ -1 \\ 2j \\ -2j \end{pmatrix}$$

Lösungen der charakteristischen Gleichung

$$y(x) = C_1 e^x + C_2 e^{-x} + C_3 \sin(2x) + C_4 \cos(2x)$$

allgemeine Lösung der Differentialgleichung

b) Die lineare inhomogene Differentialgleichung n-ter Ordnung mit konstanten Koeffizienten:

Die lineare inhomogene Differentialgleichung n-ter Ordnung mit konstanten Koeffizienten ist ein Sonderfall von (7-233). Die Koeffizientenfunktion $a_k(x) = a_k$ sind konstant ($a_k \in \mathbb{R}$) und die Störfunktion (oder das Störglied) $s(x) \neq 0$.

$$y^{(n)}(x) + a_{n-1} y^{(n-1)}(x) + ... + a_1 y'(x) + a_0 y(x) = s(x) \qquad \textbf{(7-249)}$$

Die allgemeine Lösung der inhomogenen linearen Differentialgleichung ergibt sich, wie bereits in Abschnitt 7.2.1.4 und 7.2.2 bzw. weiter oben hingewiesen wurde, aus der Lösung der zugehörigen homogenen Differentialgleichung $y_h(x)$ und einer partikulären (speziellen) Lösung $y_p(x)$ der inhomogenen Differentialgleichung:

$$y(x) = y_h(x) + y_p(x) \qquad \textbf{(7-250)}$$

$y_p(x)$ erhalten wir durch die Methode der Variation der Konstanten oder mit einem angepassten Lösungsansatz (der im Wesentlichen vom Typ der Störfunktion abhängt) durch Vergleich der Koeffizienten.

Variation der Konstanten:

Haben wir ein Fundamentalsystem $y_1(x), y_2(x), ..., y_n(x)$ für die homogene Differentialgleichung gefunden, dann suchen wir die partikuläre Lösung in der Form

$$y_p(x) = \sum_{k=1}^{n} \left(C_k(x)\, y_k(x)\right) \quad (7\text{-}251)$$

Setzen wir $y_p(x)$ und die Ableitungen in die Differentialgleichung ein, dann erhalten wir ein von x abhängiges Gleichungssystem, das in Matrixform folgende Gestalt hat Y(x) C(x) = S(x):

$$\begin{bmatrix} y_1(x) & y_2(x) & .... & y_n(x) \\ y_{1'}(x) & y_{2'}(x) & .... & y_{n'}(x) \\ .... & .... & .... & .... \\ y_1^{(n-2)}(x) & y_2^{(n-2)}(x) & .... & y_n^{(n-2)}(x) \\ y_1^{(n-1)}(x) & y_2^{(n-1)}(x) & .... & y_{n1}^{(n-1)}(x) \end{bmatrix} \cdot \begin{pmatrix} C_{1'}(x) \\ C_{2'}(x) \\ .... \\ C_{n-1}'(x) \\ C_n'(x) \end{pmatrix} = \begin{pmatrix} 0 \\ 0 \\ .... \\ 0 \\ s(x) \end{pmatrix} \quad (7\text{-}252)$$

Als Nächstes integrieren wir die aus dem Gleichungssystem $C(x) = Y^{-1}(x)\, S(x)$ gewonnenen Funktionen:

$$C_k(x) = \int C_{k'}(x)\, dx \;\; \mathbf{(k = 1, 2, ..., n)} \quad (7\text{-}253)$$

Die Integrationskonstante kann hier beliebig gewählt werden, z. B. gleich null.

Lösungsansätze:

Für in den Anwendungen besonders häufig auftretenden Störfunktionen s(x) werden nachfolgend einige Lösungsansätze y_p angeführt:

1. s(x) ist eine Polynomfunktion vom Grade n:

$$s(x) = P_n(x) = c_0 + c_1 x + c_2 x^2 + ... + c_n x^n \quad (7\text{-}254)$$

$$y_p(x) = Q_n(x) = b_0 + b_1 x + b_2 x^2 + ... + b_n x^n, \text{ für } c_0 \neq 0 \quad (7\text{-}255)$$

$$y_p(x) = x^k Q_n(x), \text{ für } c_0 = c_1 = ... = c_{k-1} = 0 \quad (7\text{-}256)$$

2. s(x) ist eine Exponentialfunktion:

$$s(x) = a e^{mx} \quad (7\text{-}257)$$

m keine Lösung der charakteristischen Gleichung:

$$y_p(x) = b e^{mx} \quad (7\text{-}258)$$

m ist eine r-fache Lösung der charakteristischen Gleichung:

$$y_p(x) = b x^r e^{mx} \quad (7\text{-}259)$$

3. s(x) ist eine Sinus- oder Kosinusfunktion oder eine Linearkombination von beiden:

$$s(x) = a\cos(mx) + b\sin(mx) \qquad (7\text{-}260)$$

jm **ist keine Lösung der charakteristischen Gleichung:**

$$y_p(x) = A\cos(mx) + B\sin(mx) = C\sin(mx + \varphi) \qquad (7\text{-}261)$$

jm **ist eine r-fache Lösung der charakteristischen Gleichung:**

$$y_p(x) = Ax^r\cos(mx) + Bx^r\sin(mx) = Cx^r\sin(mx + \varphi) \qquad (7\text{-}262)$$

Bei periodischen Störfunktionen $s(x) = A\cos(mx)$ **oder** $s(x) = B\sin(mx)$ **verwenden wir auch oft komplexe Lösungsansätze:**

$$y_p(x) = Ce^{j(mx+\varphi)} \qquad (7\text{-}263)$$

Hinweise:

Besteht die Störfunktion s(x) aus einer Summe von Störgliedern, z. B. $s(x) = s_1(x) + s_2(x)$, so erhalten wir den Lösungsansatz für $y_p(x) = y_{p1}(x) + y_{p2}(x)$ als Summe der Lösungsansätze für die einzelnen Störglieder.
Besteht die Störfunktion aus einem Produkt von Störfaktoren, z. B. $s(x) = s_1(x)\, s_2(x)$, so erhalten wir oft, aber leider nicht in allen Fällen, den Lösungsansatz für $y_p(x) = y_{p1}(x)\, y_{p2}(x)$ als Produkt der Lösungsansätze für die einzelnen Störfaktoren.

Die unbekannten Lösungen können wieder aus Anfangswerten oder Randwerten bestimmt werden.
Das Anfangswertproblem mit $y(x_0) = y_0$, $y'(x_0) = y'_0$, ..., $y^{(n-1)}(x_0) = y^{(n-1)}_0$ ist eindeutig lösbar auf dem ganzen Intervall, auf dem s(x) definiert und stetig ist.
Bei Randbedingungen müssen die Lösungen nicht existieren. Es kann auch mehrere Lösungen geben.

Beispiel 7.53:

Wie lautet die allgemeine Lösung der folgenden Differentialgleichung?

$y'''(x) - y''(x) - y'(x) + y(x) = x$ — **inhomogene lineare Differentialgleichung 3. Ordnung mit konstanten Koeffizienten**

$\lambda^3 - \lambda^2 - \lambda + 1 = 0$ — charakteristische Gleichung

$\lambda^3 - \lambda^2 - \lambda + 1 \text{ auflösen}, \lambda \rightarrow \begin{pmatrix} 1 \\ 1 \\ -1 \end{pmatrix}$ — Lösung der charakteristischen Gleichung (mit einer Vielfachheit von 2)

$y_1(x) := e^x$

$y_2(x) := xe^x$ — Fundamentalsystem für die homogene Gleichung

$y_3(x) := e^{-x}$

$\mathbf{Y}(x) := \begin{bmatrix} e^x & xe^x & e^{-x} \\ e^x & (x+1)e^x & -e^{-x} \\ e^x & (x+2)e^x & e^{-x} \end{bmatrix}$ — Funktionalmatrix **Y**

$x := x$ — Redefinition

$W(x) := |\mathbf{Y}(x)| \rightarrow 4e^{x}$ — Die Wronski-Determinante ist ungleich null!

$y_h(x, C_1, C_2, C_3) = C_1 y_1(x) + C_2 y_2(x) + C_3 y_3(x)$ — allgemeine Lösung der homogenen Gleichung

Für die partikuläre Lösung ist folgendes Gleichungssystem zu lösen:

$$\mathbf{Y}(x)\,\mathbf{C}(x) = \mathbf{S}(x) \quad \text{bzw.} \quad \begin{bmatrix} e^{x} & xe^{x} & e^{-x} \\ e^{x} & (x+1)e^{x} & -e^{-x} \\ e^{x} & (x+2)e^{x} & e^{-x} \end{bmatrix} \cdot \begin{pmatrix} C_1(x) \\ C_2(x) \\ C_3(x) \end{pmatrix} = \begin{pmatrix} 0 \\ 0 \\ x \end{pmatrix}$$

$$\mathbf{S}(x) := \begin{pmatrix} 0 \\ 0 \\ x \end{pmatrix}$$

$$\mathbf{C}(x) := \mathbf{Y}(x)^{-1}\,\mathbf{S}(x) \text{ vereinfachen } \rightarrow \begin{bmatrix} -\frac{xe^{-x}(2x+1)}{4} \\ \frac{xe^{-x}}{2} \\ \frac{xe^{x}}{4} \end{bmatrix}$$

Lösung des Gleichungssystems

$$C_1(x) := \int -\frac{xe^{-x}(2x+1)}{4}\,dx \text{ vereinfachen } \rightarrow \frac{e^{-x}(2x^2+5x+5)}{4}$$

Koeffizient 1

$$C_2(x) := \int \frac{xe^{-x}}{2}\,dx \rightarrow -\frac{e^{-x}(x+1)}{2}$$

Koeffizient 2

$$C_3(x) := \int \frac{xe^{x}}{4}\,dx \rightarrow \frac{e^{x}(x-1)}{4}$$

Koeffizient 3

$y_p(x) := C_1(x)\,y_1(x) + C_2(x)\,y_2(x) + C_3(x)\,y_3(x)$ vereinfachen $\rightarrow x + 1$ — partikuläre Lösung

$y(x) = y_h(x) + y_p(x) = C_1 y_1(x) + C_2 y_2(x) + C_3 y_3(x) + y_p(x)$ — allgemeine Lösung der inhomogenen Differentialgleichung

$y(x) = C_1 e^{x} + C_2 xe^{x} + C_3 e^{-x} + x + 1$

Beispiel 7.54:

Gesucht ist die allgemeine Lösung der folgenden inhomogenen Differentialgleichung:

$y'''(x) - 5\,y''(x) + 8\,y'(x) - 4\,y(x) = x + 3e^{2x}$ **inhomogene lineare Differentialgleichung 3. Ordnung mit konstanten Koeffizienten**

$p_3(\lambda) := \lambda^3 - 5\lambda^2 + 8\lambda - 4$ charakteristisches Polynom

$p_3(\lambda)$ auflösen, $\lambda \rightarrow \begin{pmatrix} 1 \\ 2 \\ 2 \end{pmatrix}$ Lösung der charakteristischen Gleichung (mit einer Vielfachheit von 2)

$y_1(x) := e^{x}$

$y_2(x) := e^{2x}$ Fundamentalsystem für die homogene Gleichung

$y_3(x) := x e^{2x}$

$y_h(x) = C_1\,y_1(x) + C_2\,y_2(x) + C_3\,y_3(x) = C_1\,e^{x} + C_2\,e^{2x} + C_3\,x\,e^{2x}$ allgemeine Lösung der homogenen Gleichung

partikuläre Lösung für den Störungsanteil $f_1(x) = x$:

$y_{p1}(x) = b_0 + b_1 x$ Lösungsansatz

$y_{p1'}(x) = b_1$ 1. Ableitung

$y_{p''}(x) = 0$ 2. Ableitung

Einsetzen in die inhomogene Differentialgleichung:

$0 - 5 \times 0 + 8b1 - 4\left(b_0 + b_1 x\right) = x$

$-4b_1 x + \left(8b_1 - 4b_0\right) = x$

Bestimmen der Koeffizienten durch Koeffizientenvergleich:

$8b_1 - 4b_0 - 4b_1 x = x \quad \Rightarrow \quad -4b_1 = 1 \quad \Rightarrow \quad b_1 = -\frac{1}{4}$

$-4b_1 x + 8b_1 - 4b_0 = x \quad \Rightarrow \quad 8b_1 - 4b_0 = 0 \quad \Rightarrow \quad 8\left(\frac{-1}{4}\right) - 4b_0 = 0 \quad \Rightarrow \quad b_0 = -\frac{1}{2}$

$y_{p1}(x) = -\frac{1}{2} - \frac{1}{4}x$ erster Lösungsanteil

partikuläre Lösung für den Störungsanteil $f_2(x) = 3\,e^{2x}$:

Unter Beachtung, dass $\lambda = 2$ eine doppelte Nullstelle des charakteristischen Polynoms ist, kann folgender Lösungsansatz gemacht werden.

$y_{p2}(x) = b\,x^2\,e^{2x}$

$y_{p2}(x) = b x^2 e^{2x}$ durch Differentiation, ergibt

$\frac{d}{dx} y_{p2}(x) = 2bxe^{2x} + 2bx^2 e^{2x}$

$\frac{d}{dx} y_{p2}(x) = 2b \cdot e^{2x} \cdot (x^2 + x)$ erste Ableitung

$\frac{d}{dx} y_{p2}(x) = 2b \cdot e^{2x} \cdot (x^2 + x)$ durch Differentiation, ergibt

$\frac{d^2}{dx^2} y_{p2}(x) = 4be^{2x} \cdot (x^2 + x) + 2be^{2x} \cdot (2x + 1)$

$\frac{d^2}{dx^2} y_{p2}(x) = 2be^{2x} \cdot (2x^2 + 4x + 1)$ zweite Ableitung

$\frac{d^2}{dx^2} y_{p2}(x) = 2be^{2x} \cdot (2x^2 + 4x + 1)$ durch Differentiation, ergibt

$\frac{d^3}{dx^3} y_{p2}(x) = 4be^{2x} \cdot (2x^2 + 4x + 1) + 2be^{2x} \cdot (4x + 4)$

$\frac{d^3}{dx^3} y_{p2}(x) = 4b \cdot e^{2x} \cdot (2x^2 + 6x + 3)$ dritte Ableitung

Einsetzen in die inhomogene Differentialgleichung:

$$3e^{2x} = 4be^{2x} \cdot (2x^2 + 6x + 3) - 5 \cdot 2be^{2x} \cdot (2x^2 + 4x + 1) + 8 \cdot 2be^{2x} \cdot (x^2 + x) - 4bx^2 e^{2x}$$

vereinfacht auf

$3e^{2x} = 2be^{2x} \quad \Rightarrow \quad b = \frac{3}{2}$

$y_{p2}(x) = \frac{3}{2} x^2 e^{2x}$ zweiter Lösungsanteil

Damit lautet die partikuläre Lösung:

$$y_p(x) = y_{p1}(x) + y_{p2}(x) = -\frac{1}{2} - \frac{1}{4}x + \frac{3}{2}x^2 e^{2x}$$

Die allgemeine Lösung der inhomogenen Differentialgleichung ist dann gegeben durch:

$$y(x) = y_h(x) + y_p(x) = C_1 e^x + C_2 e^{2x} + C_3 x e^{2x} - \frac{1}{2} - \frac{1}{4}x + \frac{3}{2}x^2 e^{2x}$$

Beispiel 7.55:

Wie lautet die allgemeine Lösung der nachfolgend gegebenen Differentialgleichung?

$y^4(x) + 2y''(x) + y(x) = x\cos(x)$

inhomogene lineare Differentialgleichung 4. Ordnung mit konstanten Koeffizienten

$p(\lambda) := \lambda^4 + 2\lambda^2 + 1$ charakteristisches Polynom

$p(\lambda)$ auflösen, $\lambda \rightarrow \begin{pmatrix} j \\ j \\ -j \\ -j \end{pmatrix}$ Lösung der charakteristischen Gleichung

$y_1(x) = C_1 \sin(x)$

$y_2(x) = C_2 x \sin(x)$

$y_3(x) = C_3 \cos(x)$

$y_4(x) = C_4 x \cos(x)$

Fundamentalsystem für die homogene Gleichung

$y_h(x) = y_1(x) + y_2(x) + y_3(x) + y_4(x) = (C_1 + C_2 x)\sin(x) + (C_3 + C_4 x)\text{cox}(x)$ allgemeine Lösung der homogenen Gleichung

Aufsuchen einer partikulären Lösung für die inhomogene Gleichung:

Wir schreiben zuerst die Differentialgleichung in komplexer Form:

$y^4(x) + 2y''(x) + y(x) = x e^{jx}$ Realteil der Euler'schen Form

Dann können wir den folgenden Ansatz machen:

$y_p(x) := x^2(b_0 + b_1 x) \cdot e^{jx}$

$y_{p'}(x) := \frac{d}{dx} y_p(x)$ erste Ableitung

$y_{p'}(x)$ Faktor $\rightarrow e^{xj} x (2b_0 + 3b_1 x + b_0 xj + b_1 x^2 j)$

$y_{p''}(x) := \frac{d^2}{dx^2} y_p(x)$ zweite Ableitung

$y_{p''}(x)$ Faktor $\rightarrow e^{xj} (2b_0 - b_0 x^2 - b_1 x^3 + 6b_1 x + 6j b_1 x^2 + 4j b_0 x)$

$$y_{p(4)}(x) := \frac{d^4}{dx^4} y_p(x)$$ vierte Ableitung

$$y_{p(4)}(x) \text{ Faktor } \rightarrow e^{xj}\left(b_0 x^2 - 12b_0 + b_1 x^3 - 36b_1 x - 12j b_1 x^2 - 8j b_0 x + 24j b_1\right)$$

Einsetzen in die inhomogene Differentialgleichung und Vereinfachung:

$$y_{p(4)}(x) + 2 y_p''(x) + y_p(x) = x e^{jx} \;\Big|\; \begin{array}{l}\text{vereinfachen} \\ \text{erweitern}\end{array} \rightarrow -8b_0 e^{xj} - 24b_1 x e^{xj} + 24j b_1 e^{xj} = x e^{xj}$$

Nach anschließendem Koeffizientenvergleich erhalten wir schließlich die unbekannten Konstanten:

$$-24b_1 = 1 \qquad \Rightarrow \qquad b_1 = -\frac{1}{24}$$

$$-8e^{jx} b_0 + 24 \cdot j \cdot e^{jx} \cdot \left(\frac{-1}{24}\right) = 0 \qquad \text{hat als Lösung(en)} \qquad \frac{-1}{8} j \qquad \text{nach } b_0 \text{ auflösen}$$

Damit erhalten wir die partikuläre Lösung:

$$y_p(x) = x^2\left(b_0 + b_1 x\right) \cdot e^{jx} = x^2 \cdot \left(\frac{-1}{8} j - \frac{1}{24} x\right) \cdot (\cos(x) + j \sin(x))$$

erweitert auf

$$y_p(x) = x^2\left(b_0 + b_1 x\right) \cdot e^{jx} = \frac{x^2 \sin(x)}{8} - \frac{x^3 \cos(x)}{24} - \left(\frac{x^2 \cos(x)}{8}\right) j - \left(\frac{x^3 \sin(x)}{24}\right) j$$

Für den reellwertigen Anteil der Lösung ergibt sich:

$$y_p(x) = \frac{1}{8} x^2 \sin(x) - \frac{1}{24} x^3 \cos(x)$$

Die allgemeine Lösung der inhomogenen Differentialgleichung lautet demnach:

$$y(x) = y_h(x) + y_p(x) = \left(C_1 + C_2 x\right) \cdot \sin(x) + \left(C_3 + C_4 x\right) \cdot \operatorname{cox}(x) + \frac{1}{8} x^2 \cdot \sin(x) - \frac{1}{24} x^3 \cdot \cos(x)$$

bzw.

$$y(x) = \left(C_1 + C_2 x + \frac{1}{8} x^2\right) \cdot \sin(x) + \left(C_3 + C_4 x - \frac{1}{24} x^3\right) \cdot \operatorname{cox}(x)$$

7.2.4 Differentialgleichungssysteme

7.2.4.1 Lineare Differentialgleichungssysteme 1. Ordnung mit konstanten Koeffizienten

Die vorgestellten Lösungsmethoden können verallgemeinert werden, um auch Systeme linearer DGL mit mehr als zwei Gleichungen anzugehen.
Ein lineares gekoppeltes inhomogenes Differentialgleichungssystem 1. Ordnung mit konstanten Koeffizienten $a_{i,k} \in \mathbb{R}$ (i, k = 1, 2, ..., n) und stetigen Störfunktionen $s_i(x)$ auf $I = [a,b] \in \mathbb{R}$ hat die folgende Form:

$$\frac{d}{dt}y_1(x) = a_{1,1}y_1(x) + a_{1,2}y_2(x) + \dots\dots\dots + a_{1,n}y_n(x) + s_1(x) \quad (7\text{-}264)$$

$$\frac{d}{dt}y_2(x) = a_{2,1}y_1(x) + a_{2,2}y_2(x) + \dots\dots\dots + a_{2,n}y_n(x) + s_2(x)$$

$$\frac{d}{dt}y_n(x) = a_{n,1}y_1(x) + a_{n,2}y_2(x) + \dots\dots\dots + a_{n,n}y_n(x) + s_n(x)$$

Durch Einführung der Vektoren

$$\frac{d}{dx}\mathbf{Y}(x) = \begin{pmatrix} \frac{d}{dx}y_1(x) \\ \frac{d}{dx}y_2(x) \\ . \\ . \\ \frac{d}{dx}y_n(x) \end{pmatrix}, \quad \mathbf{Y}(x) = \begin{pmatrix} y_1(x) \\ y_2(x) \\ . \\ . \\ y_n(x) \end{pmatrix} \quad \text{und} \quad \mathbf{S}(t) = \begin{pmatrix} s_1(x) \\ s_2(x) \\ . \\ . \\ s_n(x) \end{pmatrix} \quad (7\text{-}265)$$

kann das Differentialgleichungssystem mit der quadratischen Matrix A (n x n Matrix) in Matrixform geschrieben werden:

$$\frac{d}{dx}\mathbf{Y}(x) = \mathbf{A}\mathbf{Y}(x) + \mathbf{S}(x) \quad (7\text{-}266)$$

Ist $\mathbf{S}(x) = \vec{0}$, so ist das Differentialgleichungssystem homogen.

Alle Lösungen des inhomogenen Differentialgleichungssystem erhalten wir aus der allgemeinen Lösung $y_h(x) = C_1\, y_1(x) + C_2\, y_2(x) + \dots + C_n\, y_n(x)$ des homogenen Systems und einer partikulären Lösung $y_p(x)$ des inhomogenen Systems in der Form

$$y(x) = y_h(x) + y_p(x) = C_1 y_1(x) + C_2 y_2(x) + \dots + C_n y_n(x) + y_p(x) \quad (7\text{-}267)$$

Das Anfangswertproblem mit den Anfangsbedingungen $\mathbf{Y}(x_0) = \mathbf{Y_0} = \begin{pmatrix} y_{01} & y_{02} & \dots & y_{0n} \end{pmatrix}^T$ ($x_0 \in I$) hat unter den oben gegebenen Voraussetzungen genau eine auf ganz I = [a,b] definierte Lösung.
Für solche Systeme mit konstanten Koeffizienten lassen sich exakte Lösungen mittels Lösungsansatzmethoden oder Methode der Variation der Konstanten oder Laplace-Transformation (u. a. m.) konstruieren (analog zu Differentialgleichungen n-ter Ordnung).

7.2.4.2 Homogenes lineares Differentialgleichungssystem 1. Ordnung

Für das homogene lineare Differentialgleichungssystem 1. Ordnung mit konstanten Koeffizienten

$$\frac{d}{dx}\mathbf{Y}(x) = \mathbf{A}\,\mathbf{Y}(x) \quad \text{(7-268)}$$

machen wir den Lösungsansatz

$$\mathbf{Y}(x) = e^{\lambda x}\mathbf{y} \quad \text{(7-269)}$$

wobei y ein konstanter unbekannter Vektor und λ eine unbekannte Zahl ist.
Durch Einsetzen in das Differentialgleichungssystems ergibt sich

$$\lambda e^{\lambda x}\mathbf{y} = A e^{\lambda x}\mathbf{y} \Leftrightarrow \lambda\mathbf{y} = \mathbf{A}\mathbf{y} \Leftrightarrow \mathbf{A}\mathbf{y} = \lambda\mathbf{y} \quad \text{(7-270)}$$

Dies ist die Eigenwertgleichung für die Matrix A. Somit ist λ Eigenwert von A und y ist ein zugehöriger Eigenvektor.

Die Eigenwertgleichung hat nur dann nichttriviale Lösungen, wenn die charakteristische Gleichung der Matrix A null ist:

$$\det(\mathbf{A} - \lambda\mathbf{E}) = 0 \quad \text{(7-271)}$$

E bedeutet die Einheitsmatrix. Näheres siehe dazu Band 1 dieser Serie.

a) Sind alle Eigenwerte (Nullstellen der charakteristischen Gleichung) $\lambda_1, \lambda_2, \ldots, \lambda_n$ einfach (d. h.paarweise verschieden und reell) mit zugehörigen Eigenvektoren $y_1, y_2, \ldots, y_n$, so ist

$$\mathbf{Y_h}(x) = C_1\mathbf{y_1}e^{\lambda_1 x} + C_2\mathbf{y_2}e^{\lambda_2 x} + \ldots + C_n\mathbf{y_n}e^{\lambda_n x} \quad \text{(7-272)}$$

mit $C_i \in \mathbb{R}$ die allgemeine Lösung des homogenen Systems.

Die Funktionen $\mathbf{y_1}e^{\lambda_1 x}, \mathbf{y_2}e^{\lambda_2 x}, \ldots, \mathbf{y_n}e^{\lambda_n x}$ bilden ein Fundamentalsystem, d. h. ein System von n linear unabhängigen Lösungen.

b) Sind $\kappa + j\omega$ und $\kappa - j\omega$ ($\omega \neq 0$) ein Paar konjugiert komplexer Eigenwerte von A mit zugehörigen Eigenvektoren $\mathbf{y_1} = \mathbf{a} + j\mathbf{b}$ und $\mathbf{y_2} = \mathbf{a} - j\mathbf{b}$, so sind

$$e^{\kappa x}\cdot(\sin(\omega x)\,\mathbf{a} + \cos(\omega x)\,\mathbf{b}) \quad \text{(7-273)}$$

und

$$e^{\kappa x}\cdot(\cos(\omega x)\,\mathbf{a} - \sin(\omega x)\,\mathbf{b})$$

Lösungen des Differentialgleichungssystems.

Im Allgemeinen besitzt A keine n linear unabhängigen Hauptvektoren (die charakteristische Gleichung hat Nullstellen mit Vielfachheiten). Zur Angabe der allgemeinen Lösung müssen dann sogenannte Hauptvektoren bestimmt werden. Auf dieses Thema wird hier nicht näher eingegangen.

Beispiel 7.56:

Wie lauten die Lösungen des gegebenen linearen Differentialgleichungssystems?

$y_{1'} = -y_1 + 3y_2$

$y_{2'} = 2y_1 - 2y_2$

homogenes lineares Differentialgleichungssystem 1. Ordnung mit konstanten Koeffizienten

$$\begin{pmatrix} y_{1'} \\ y_{2'} \end{pmatrix} = \begin{pmatrix} -1 & 3 \\ 2 & -2 \end{pmatrix} \begin{pmatrix} y_1 \\ y_2 \end{pmatrix}$$ Differentialgleichungssystem in Matrixform

$$\mathbf{A} := \begin{pmatrix} -1 & 3 \\ 2 & -2 \end{pmatrix}$$ Koeffizientenmatrix

ORIGIN := 1   ORIGIN festlegen

Bestimmung der Eigenwerte:

$$\mathbf{A} - \lambda\,\text{einheit}(2) \rightarrow \begin{pmatrix} -\lambda - 1 & 3 \\ 2 & -\lambda - 2 \end{pmatrix}$$

$p(\lambda) := \left|\mathbf{A} - \lambda\,\text{einheit}(2)\right| \rightarrow \lambda^2 + 3\lambda - 4$ charakteristisches Polynom

$\boldsymbol{\lambda 1} := p(\lambda) = 0 \text{ auflösen}, \lambda \rightarrow \begin{pmatrix} 1 \\ -4 \end{pmatrix}$ Vektor der Eigenwerte (Nullstellen des charakteristischen Polynoms)

$\boldsymbol{\lambda 1}_1 = 1 \qquad \boldsymbol{\lambda 1}_2 = -4$ Eigenwerte

$\boldsymbol{\lambda} := \text{eigenwerte}(\mathbf{A}) \qquad \lambda_1 = 1 \qquad \lambda_2 = -4$ mit der Mathcadfunktion berechnet

Die zu λ_i gehörigen normierten Eigenvektoren:

$\mathbf{y_1} := \text{eigenvek}(\mathbf{A}, \lambda_1)$ $\mathbf{y_2} := \text{eigenvek}(\mathbf{A}, \lambda_2)$

Eigenvektoren sind bezüglich Länge und Orientierung nicht eindeutig bestimmt! In Mathcad sind sie auf die Länge 1 normiert!

$\mathbf{y_1} = \begin{pmatrix} 0.832 \\ 0.555 \end{pmatrix}$ $\mathbf{y_2} = \begin{pmatrix} -0.707 \\ 0.707 \end{pmatrix}$

$\mathbf{z_1}(x) := e^{\lambda_1 x} \cdot \begin{pmatrix} 0.832 \\ 0.555 \end{pmatrix}$ $\mathbf{z_2}(x) := e^{\lambda_2 x} \cdot \begin{pmatrix} -0.707 \\ 0.707 \end{pmatrix}$

zwei Basislösungen

$\mathbf{z_1}(x) \rightarrow \begin{pmatrix} 0.832e^{x} \\ 0.555e^{x} \end{pmatrix}$ $\mathbf{z_2}(x) \rightarrow \begin{pmatrix} -0.707e^{-4x} \\ 0.707e^{-4x} \end{pmatrix}$

$C_1 := C_1 \qquad C_2 := C_2$ Redefinitionen

$\mathbf{Y_h}(x) := C_1\mathbf{z_1}(x) + C_2\mathbf{z_2}(x)$ allgemeine Lösung des homogenen Differentialgleichungssystems in Vektorform

$$\mathbf{Y_h}(x) \rightarrow \begin{pmatrix} 0.832 C_1 e^{x} + -0.707 C_2 e^{-4x} \\ 0.555 C_1 e^{x} + 0.707 C_2 e^{-4x} \end{pmatrix}$$

allgemeine Lösung des homogenen Differentialgleichungssystems in Vektorform

Wie bereits in Abschnitt 7.2.3 ausgeführt wurde, kann das Differentialgleichungssystem auch wie folgt gelöst werden (Fallunterscheidung beachten!):

$\lambda_1 = 1 \qquad \lambda_2 = -4$ Lösung des charakteristischen Polynoms (zwei verschiedene reelle Lösungen)

Die Lösung $y_1(x)$ und deren Ableitung lautet somit:

$y_1(x) = C_1 e^{x} + C_2 e^{-4x}$ nach (7-245)

$y_{1'}(x) = C_1 e^{x} - C_2 4 e^{-4x}$

Wir setzen nun diese zwei Gleichungen in die nach y_2 umgeformte erste Differentialgleichung des Systems ein:

$$y_{1'} = -y_1 + 3y_2 \qquad \Rightarrow \qquad y_2 = \frac{1}{3}\left(y_{1'} + y_1\right)$$

$$y_2 = \frac{1}{3}\left(C_1 e^{x} - C_2 4 e^{-4x} + C_1 e^{x} + C_2 e^{-4x}\right) = \frac{2}{3} C_1 e^{x} - C_2 e^{-4x}$$

Die allgemeine Lösung des inhomogenen Differentialgleichungssystems lautet in Vektorform:

$$\mathbf{Y_h}(x) = \begin{pmatrix} y_1(x) \\ y_2(x) \end{pmatrix} = \begin{pmatrix} C_1 e^{x} + C_2 e^{-4x} \\ \frac{2}{3} C_1 e^{x} - C_2 e^{-4x} \end{pmatrix}$$

allgemeine Lösung des homogenen Differentialgleichungssystems in Vektorform (ohne Normierungsfaktoren)

<u>**Beispiel 7.57:**</u>

Lösen Sie das nachfolgend gegebene lineare Differentialgleichungssystem 1. Ordnung:

$y_{1'} = y_1 + y_2$

$y_{2'} = -y_1 + y_2$

homogenes lineares Differentialgleichungssystem 1. Ordnung mit konstanten Koeffizienten

$$\begin{pmatrix} y_{1'} \\ y_{2'} \end{pmatrix} = \begin{pmatrix} 1 & 1 \\ -1 & 1 \end{pmatrix} \begin{pmatrix} y_1 \\ y_2 \end{pmatrix}$$

Differentialgleichungssystem in Matrixform

$$\mathbf{A} := \begin{pmatrix} 1 & 1 \\ -1 & 1 \end{pmatrix}$$

Koeffizientenmatrix

ORIGIN := 1   ORIGIN festlegen

Bestimmung der Eigenwerte:

$$\mathbf{A} - \lambda \mathrm{einheit}(2) \rightarrow \begin{pmatrix} 1-\lambda & 1 \\ -1 & 1-\lambda \end{pmatrix}$$

$p(\lambda) := \left|\mathbf{A} - \lambda \mathrm{einheit}(2)\right| \rightarrow \lambda^2 - 2\lambda + 2$ charakteristisches Polynom

$\lambda 1 := p(\lambda) = 0$ auflösen, $\lambda \rightarrow \begin{pmatrix} 1+j \\ 1-j \end{pmatrix}$ — Vektor der Eigenwerte (Nullstellen des charakteristischen Polynoms)

$\lambda 1_1 = 1 + j \qquad \lambda 1_2 = 1 - j$ — Eigenwerte

$\lambda :=$ eigenwerte$(\mathbf{A}) \qquad \lambda_1 = 1 + j \quad \lambda_2 = 1 - j$ — mit der Mathcadfunktion berechnet

Die zu λ_i gehörigen normierten Eigenvektoren:

$\mathbf{y_1} :=$ eigenvek$(\mathbf{A}, \lambda_1) \qquad \mathbf{y_2} :=$ eigenvek$(\mathbf{A}, \lambda_2)$

$\mathbf{y_1} = \begin{pmatrix} 0.005 - 0.707j \\ 0.707 + 0.005j \end{pmatrix} \qquad \mathbf{y_2} = \begin{pmatrix} 0.005 + 0.707j \\ 0.707 - 0.005j \end{pmatrix}$

$\mathbf{a} := \mathrm{Re}(\mathbf{y_1}) \qquad \mathbf{a} = \begin{pmatrix} 0.005 \\ 0.707 \end{pmatrix}$

Real- und Imaginärteil

$\mathbf{b} := \mathrm{Im}(\mathbf{y_1}) \qquad \mathbf{b} = \begin{pmatrix} -0.707 \\ 0.005 \end{pmatrix}$

$$\mathbf{z_1}(x) := e^x \cdot \left[\sin(x) \begin{pmatrix} 0.005 \\ 0.707 \end{pmatrix} + \cos(x) \begin{pmatrix} -0.707 \\ 0.005 \end{pmatrix} \right]$$

zwei Basislösungen

$$\mathbf{z_2}(x) := e^x \cdot \left[\cos(x) \begin{pmatrix} 0.005 \\ 0.707 \end{pmatrix} - \sin(x) \begin{pmatrix} -0.707 \\ 0.005 \end{pmatrix} \right]$$

$C_1 := C_1 \qquad C_2 := C_2$ — Redefinitionen

$\mathbf{Y_h}(x) := C_1 \mathbf{z_1}(x) + C_2 \mathbf{z_2}(x)$ — allgemeine Lösung des homogenen Differentialgleichungssystems in Vektorform

$$\mathbf{Y_h}(x) \text{ Faktor } \rightarrow \begin{bmatrix} -\dfrac{e^x (707.0 C_1 \cos(x) - 5.0 C_2 \cos(x) - 5.0 C_1 \sin(x) - 707.0 C_2 \sin(x))}{1000} \\ \dfrac{e^x (5.0 C_1 \cos(x) + 707.0 C_2 \cos(x) + 707.0 C_1 \sin(x) - 5.0 C_2 \sin(x))}{1000} \end{bmatrix}$$

Wie bereits in Abschnitt 7.2.3 ausgeführt wurde, kann das Differentialgleichungssystem auch wie folgt gelöst werden (Fallunterscheidung beachten!):

$\lambda_1 = 1 + j \quad \lambda_2 = 1 - j$ — Lösung des charakteristischen Polynoms (zwei konjugiert komplexe Lösungen)

Die Lösung $y_1(x)$ und deren Ableitung lautet somit:

$y_1(x) = e^x \cdot (C_1 \sin(x) + C_2 \cos(x))$ — nach (7-247)

$$y_1'(x) = e^x \cdot (C_1 \sin(x) + C_2 \cos(x)) + e^x \cdot (C_1 \cos(x) - C_2 \sin(x))$$

Wir setzen nun diese zwei Gleichungen in die nach y_2 umgeformte erste Differentialgleichung des Systems ein:

$y_{1'} = y_1 + y_2 \qquad \Rightarrow \qquad y_2 = y_{1'} - y_1$

$$y_2 = e^x \cdot \left(C_1 \sin(x) + C_2 \cos(x)\right) + e^x \cdot \left(C_1 \cos(x) - C_2 \sin(x)\right) - e^x \cdot \left(C_1 \sin(x) + C_2 \cos(x)\right)$$

$$y_2 = e^x \cdot \left(C_1 \cos(x) - C_2 \sin(x)\right)$$

Die allgemeine Lösung des inhomogenen Differentialgleichungssystems lautet in Vektorform:

$$\mathbf{Y_h}(x) = \begin{pmatrix} y_1(x) \\ y_2(x) \end{pmatrix} = \begin{bmatrix} e^x \cdot \left(C_1 \sin(x) + C_2 \cos(x)\right) \\ e^x \cdot \left(C_1 \cos(x) - C_2 \sin(x)\right) \end{bmatrix}$$

allgemeine Lösung des homogenen Differentialgleichungssystems in Vektorform (ohne Normierungsfaktoren)

Beispiel 7.58:

Gegeben ist ein lineares Differentialgleichungssystem mit drei Gleichungen. Wie lautet die allgemeine Lösung dieses Systems?

$y_{1'} = y_1$

$y_{2'} = 2y_3$

$y_{3'} = -y_2 + 2y_3$

homogenes lineares Differentialgleichungssystem 1. Ordnung mit konstanten Koeffizienten

$$\begin{pmatrix} y_{1'} \\ y_{2'} \\ y_{3'} \end{pmatrix} = \begin{pmatrix} 1 & 0 & 0 \\ 0 & 0 & 2 \\ 0 & -1 & 2 \end{pmatrix} \cdot \begin{pmatrix} y_1 \\ y_2 \\ y_3 \end{pmatrix}$$

Differentialgleichungssystem in Matrixform

$$\mathbf{A} := \begin{pmatrix} 1 & 0 & 0 \\ 0 & 0 & 2 \\ 0 & -1 & 2 \end{pmatrix}$$

Koeffizientenmatrix

ORIGIN := 1

ORIGIN festlegen

$p(\lambda) := \left|\mathbf{A} - \lambda\,\text{einheit}(3)\right| \rightarrow 3\lambda^2 - \lambda^3 - 4\lambda + 2$

charakteristisches Polynom

$$\boldsymbol{\lambda} := p(\lambda) = 0 \text{ auflösen}, \lambda \rightarrow \begin{pmatrix} 1 \\ 1 + j \\ 1 - j \end{pmatrix}$$

Vektor der Eigenwerte

$\lambda_1 = 1 \qquad \lambda_2 = 1 + j \qquad \lambda_3 = 1 - j$

Eigenwerte

$\boldsymbol{\lambda} := \text{eigenwerte}(\mathbf{A}) \qquad \boldsymbol{\lambda}^T = (1 + j \quad 1 - j \quad 1)$

mit der Mathcadfunktion berechnet

$\lambda_1 = 1 + j \qquad \lambda_2 = 1 - j \qquad \lambda_3 = 1$

Die zu λ_i gehörigen normierten Eigenvektoren:

$\mathbf{y_1} := \text{eigenvek}(\mathbf{A}, \lambda_1)$ $\mathbf{y_2} := \text{eigenvek}(\mathbf{A}, \lambda_2)$ $\mathbf{y_3} := \text{eigenvek}(\mathbf{A}, \lambda_3)$

$\mathbf{y_1} = \begin{pmatrix} 0 \\ 0.157 - 0.801j \\ 0.479 - 0.322j \end{pmatrix}$ $\mathbf{y_2} = \begin{pmatrix} 0 \\ 0.157 + 0.801j \\ 0.479 + 0.322j \end{pmatrix}$ $\mathbf{y_3} = \begin{pmatrix} 1 \\ 0 \\ 0 \end{pmatrix}$

$\mathbf{a} := \text{Re}(\mathbf{y_1})$ $\mathbf{a} = \begin{pmatrix} 0 \\ 0.157 \\ 0.479 \end{pmatrix}$

Real- und Imaginärteil

$\mathbf{b} := \text{Im}(\mathbf{y_1})$ $\mathbf{b} = \begin{pmatrix} 0 \\ -0.801 \\ -0.322 \end{pmatrix}$

$\mathbf{z_1}(x) := e^x \cdot \begin{pmatrix} 1 \\ 0 \\ 0 \end{pmatrix}$

$\mathbf{z_2}(x) := e^x \cdot \left[\sin(x) \begin{pmatrix} 0 \\ 0.159 \\ 0.48 \end{pmatrix} + \cos(x) \begin{pmatrix} 0 \\ -0.801 \\ -0.321 \end{pmatrix} \right]$

Basislösungen

$\mathbf{z_3}(x) := e^x \cdot \left[\cos(x) \begin{pmatrix} 0 \\ 0.159 \\ 0.48 \end{pmatrix} - \sin(x) \begin{pmatrix} 0 \\ -0.801 \\ -0.321 \end{pmatrix} \right]$

$\mathbf{Y_h}(x) = \begin{pmatrix} y_1 \\ y_2 \\ y_3 \end{pmatrix} = C_1 \mathbf{z_1}(x) + C_2 \mathbf{z_2}(x) + C_3 \mathbf{z_3}(x)$

allgemeine Lösung des homogenen Differentialgleichungssystems in Vektorform

$C_1 := C_1$ $C_2 := C_2$ $C_3 := C_3$

Redefinitionen

$\mathbf{Y_h}(x) := C_1 \mathbf{z_1}(x) + C_2 \mathbf{z_2}(x) + C_3 \mathbf{z_3}(x)$

$$\mathbf{Y_h}(x) \text{ Faktor } \rightarrow \begin{bmatrix} C_1 e^x \\ -\dfrac{3e^x(267.0C_2\cos(x) - 53.0C_3\cos(x) - 53.0C_2\sin(x) - 267.0C_3\sin(x))}{1000} \\ -\dfrac{3e^x(107.0C_2\cos(x) - 160.0C_3\cos(x) - 160.0C_2\sin(x) - 107.0C_3\sin(x))}{1000} \end{bmatrix}$$

7.2.4.3 Inhomogenes lineares Differentialgleichungssystem 1. Ordnung

Für das inhomogene lineare Differentialgleichungssystem 1. Ordnung mit konstanten Koeffizienten

$$\frac{d}{dx}\mathbf{Y}(x) = \mathbf{A}\,\mathbf{Y}(x) + \mathbf{S}(x) \qquad \textbf{(7-274)}$$

gibt es ebenfalls verschiedene Lösungsverfahren.
Nachfolgend soll das Einsetzungs- oder Eliminationsverfahren kurz beschrieben werden. Es wird dabei versucht, durch Differentiation von Gleichungen und geschicktes Einsetzen bis auf eine Variable alle anderen Variablen zu eliminieren. Dies führt zu einer Differentialgleichung n-ter Ordnung. Dieses Verfahren eignet sich auch zur Lösung eines homogenen linearen Differentialgleichungssystems, wie es im letzten Abschnitt beschrieben wurde. Es soll kurz anhand eines Systems mit zwei Differentialgleichungen beschrieben werden.

$$\begin{pmatrix} y_{1'} \\ y_{2'} \end{pmatrix} = \begin{pmatrix} a_{11} & a_{12} \\ a_{21} & a_{22} \end{pmatrix}\begin{pmatrix} y_1 \\ y_2 \end{pmatrix} + \begin{pmatrix} s_1(x) \\ s_2(x) \end{pmatrix} \qquad \textbf{(7-275)}$$

Die beiden Lösungsfunktionen $y_1(x)$ und $y_2(x)$ werden wie folgt bestimmt:

1. Die erste Differentialgleichung wird nach y_2 aufgelöst und nach x differenziert:

$$y_2 = \frac{1}{a_{12}}\left(y_{1'} - a_{11}\,y_1 - s_1(x)\right) \qquad \textbf{(7-276)}$$

$$y_{2'} = \frac{1}{a_{12}}\left(y_{1''} - a_{11}\,y_{1'} - s_{1'}(x)\right) \qquad \textbf{(7-277)}$$

2. Die Gleichungen (7-276) und (7-277) werden dann in die zweite Differentialgleichung eingesetzt:

$$\frac{1}{a_{12}}\left(y_{1''} - a_{11}\,y_{1'} - s_{1'}(x)\right) = a_{21}\,y_1 + \frac{a_{22}}{a_{12}}\left(y_{1'} - a_{11}\,y_1 - s_1(x)\right) + s_2(x) \qquad \textbf{(7-278)}$$

3. Die Gleichung (7-278) wird dann noch nach der unbekannten Funktion y_1 und deren Ableitungen geordnet:

$$y_{1''} - \left(a_{11} + a_{22}\right)y_{1'} + \left(a_{11}\,a_{22} - a_{12}\,a_{21}\right)y_1 = s_{1'}(x) - \left(a_{22}\,s_1(x) - a_{12}\,s_2(x)\right) \qquad \textbf{(7-279)}$$

Mit den Abkürzungen

$$a_1 = -\left(a_{11} + a_{22}\right) = -\mathrm{Sp}(\mathbf{A}) \qquad \textbf{(Spur von A)} \qquad \textbf{(7-280)}$$

$$a_0 = a_{11}\,a_{22} - a_{12}\,a_{21} = \det(\mathbf{A}) \qquad \textbf{(Determinante von A)} \qquad \textbf{(7-281)}$$

$$s_g(x) = s_{1'}(x) - \left(a_{22}\,s_1(x) - a_{12}\,s_2(x)\right) = s_{1'}(x) - \det(\mathbf{B}) \qquad \textbf{(7-282)}$$

wobei sich det(B) aus der Hilfsmatrix B (die 1. Spalte der Matrix A wird durch die Störfunktionen ersetzt)

$$\mathbf{B} = \begin{pmatrix} s_1(x) & a_{12} \\ s_2(x) & a_{22} \end{pmatrix} \qquad \textbf{(7-283)}$$

ergibt, kann (7-279) dann in der Form

$$y_1'' + a_1 y_1' + a_0 y_1 = s_g(x) \qquad (7\text{-}284)$$

geschrieben werden. Diese inhomogene lineare Differentialgleichung 2. Ordnung mit konstanten Koeffizienten liefert dann die erste Lösungsfunktion $y_1(x)$. Sie kann nach den in Abschnitt 7.2.2.2 bzw. Abschnitt 7.2.3 angeführten Methoden gelöst werden.

4. Die zweite Lösung $y_2(x)$ ergibt sich dann durch Einsetzen von $y_1(x)$ und $y_1'(x)$ in (7-277).

Dieses hier vorgestellte Eliminationsverfahren kann auch bei linearen Systemen von Differentialgleichungen mit nicht konstanten Koeffizienten herangezogen werden. In diesem Fall lassen sich dann die Verfahren zur Lösung linearer Differentialgleichungen n-ter Ordnung verwenden (siehe Abschnitt 7.2.3).
Auch nichtlineare Systeme lassen sich auf diese Weise umformen.

<u>**Beispiel 7.59:**</u>

Mithilfe des Einsetzungs- oder Eliminationsverfahren ist folgendes Gleichungssystem zu lösen:

$y_1' = -y_1 + 3y_2 + x$

$y_2' = 2y_1 - 2y_2 + e^{-x}$ — **inhomogenes lineares Differentialgleichungssystem mit konstanten Koeffizienten**

$\mathbf{A} := \begin{pmatrix} -1 & 3 \\ 2 & -2 \end{pmatrix}$ — Koeffizientenmatrix

$|\mathbf{A}| = -4$ — Determinante der Koeffizientenmatrix

$a_0 := |\mathbf{A}| \qquad a_0 = -4$ — Koeffizient der Differentialgleichung 2. Ordnung

$sp(\mathbf{A}) = -3$ — Spur von **A**

$a_1 := -sp(\mathbf{A}) \qquad a_1 = 3$ — Koeffizient der Differentialgleichung 2. Ordnung

$\mathbf{B}(x) := \begin{pmatrix} x & 3 \\ e^{-x} & -2 \end{pmatrix}$ — Hilfsmatrix

$|\mathbf{B}(x)| \rightarrow -2x - 3e^{-x}$ — Determinante von **B**

$s_g(x) = s_1'(x) - \det(\mathbf{B}) = 1 + 2x + 3e^{-x}$ — gemeinsame Störfunktion

$\boxed{y'' + 3y_1' - 4y_1 = 1 + 2x + 3e^{-x}}$ — inhomogene Differentialgleichung 2. Ordnung für y_1

$\lambda^2 + 3\lambda - 4 = 0 \text{ auflösen}, \lambda \rightarrow \begin{pmatrix} 1 \\ -4 \end{pmatrix}$ — Lösungen der charakteristischen Gleichung

$\boxed{y_{h1}(x) = C_1 e^{1x} + C_2 e^{-4x}}$ — allgemeine Lösung der homogenen Differentialgleichung

Eine partikuläre Lösung gewinnen wir nach (7-255) und (7-258) durch den Lösungsansatz

$$y_{p1}(x) = b_0 + b_1 x + b e^{-x} = A + B x + C e^{-x}$$

$$y_{p1}'(x) = B - C e^{-x}$$

Ableitungen

$$y_{p1}''(x) = C e^{-x}$$

Einsetzen in die inhomogene Differentialgleichung:

$$C e^{-x} + 3\left(B - C e^{-x}\right) - 4\left(A + B x + C e^{-x}\right) = 1 + 2x + 3e^{-x}$$

vereinfacht auf

$$-6 C \exp(-x) + 3B - 4A - 4 B x = 2x + 1 + 3 \exp(-x)$$

Ordnen und Koeffizientenvergleich:

$$3B - 4A - 4B x - 6C \exp(-x) = 1 + 2x + 3 \exp(-x)$$

$$3B - 4A = 1$$

$$-4B = 2$$

$$-6C = 3$$

Vorgabe

$$3B - 4A = 1$$

$$-4B = 2$$

$$-6C = 3$$

$$\text{Suchen}(A, B, C) \rightarrow \begin{pmatrix} -\frac{5}{8} \\ -\frac{1}{2} \\ -\frac{1}{2} \end{pmatrix}$$

Lösung des Gleichungssystems

$$y_{p1}(x) = -\frac{5}{8} - \frac{1}{2}x - \frac{1}{2}e^{-x}$$

gesuchte partikuläre Lösung

Die gesuchte allgemeine Lösung der inhomogenen Differentialgleichung 2. Ordnung für die erste der beiden Lösungsfunktionen des Systems lautet:

$$y_1(x) = y_{h1}(x) + y_{p1}(x) = C_1 e^{x} + C_2 e^{-4x} - \frac{5}{8} - \frac{1}{2}x - \frac{1}{2}e^{-x}$$

Die zweite Lösung des Systems erhalten wir aus (7-277)

$$y_2 = \frac{1}{a_{12}}\left(y_1{}' - a_{11}\,y_1 - s_1(x)\right) = \frac{1}{3}\left(y_1{}' + y_1 - x\right)$$

$$y_1{}'(x) = -4C_1\,e^x + C_2\,e^{-4x} - \frac{1}{2} + \frac{1}{2}e^{-x}$$ Ableitung von y_1 nach x

$$y_2 = \frac{1}{3}\left(-4C_1\,e^x + C_2\,e^{-4x} - \frac{1}{2} + \frac{1}{2}e^{-x} + C_1\,e^x + C_2\,e^{-4x} - \frac{5}{8} - \frac{1}{2}x - \frac{1}{2}e^{-x} - x\right)$$

durch Zusammenfassen von Termen, ergibt

$$\boxed{y_2 = \frac{2C_2\,e^{-4x}}{3} - \frac{x}{2} - C_1\,e^x - \frac{3}{8}}$$

zweite Lösungsfunktion für das gegebene Differentialgleichungssystem

Das inhomogene lineare Differentialgleichungssystem 1. Ordnung mit konstanten Koeffizienten besitzt dann folgende allgemeine Lösung:

$$y_1(x) = C_1\,e^x + C_2\,e^{-4x} - \frac{5}{8} - \frac{1}{2}x - \frac{1}{2}e^{-x}$$

$$y_2(x) = \frac{2C_2\,e^{-4x}}{3} - \frac{x}{2} - C_1\,e^x - \frac{3}{8}$$

$C_1, C_2 \in \mathbb{R}$

__Beispiel 7.60:__

Die in Abb. 7.89 gegebene Schaltung wir zum Zeitpunkt t = 0 s an eine Gleichspannung U_0 geschaltet. Berechnen Sie die in der Schaltung auftretenden Einschaltmaschenströme i_1 und i_2. Zum Zeitpunkt t = 0 s sollen beide Maschen stromlos sein.

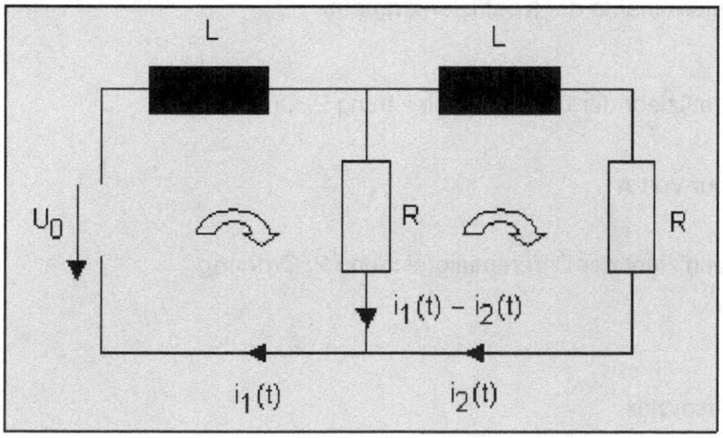

Abb. 7.89

Für jede Masche gilt, dass die Summe der Spannungen gleich null ist:

Masche 1: $u_{L1} + u_{Rm} = U_0$

Masche 2: $u_{L2} + u_{Rm} + u_R = 0$

Wir setzen in die Maschengleichungen ein und erhalten folgendes Differentialgleichungssystem:

$$L\frac{d}{dt}i_1(t) + R\left(i_1(t) - i_2(t)\right) - U_0 = 0$$

inhomogenes lineares Differentialgleichungssystem mit konstanten Koeffizienten

$$L\frac{d}{dt}i_2(t) - R\left(i_1(t) - i_2(t)\right) + R i_2(t) = 0$$

Die Differentialgleichungen lassen sich durch Umformung vereinfachen:

$$\frac{d}{dt}i_1(t) = -\frac{R}{L}\left(i_1(t) - i_2(t)\right) + \frac{U_0}{L} \quad \text{bzw.} \quad \frac{d}{dt}i_1(t) = -\frac{1}{\tau}i_1(t) + \frac{1}{\tau}i_2(t) + \frac{U_0}{L} \quad \text{mit} \quad \tau = \frac{L}{R}$$

$$\frac{d}{dt}i_2(t) = \frac{R}{L}\left(i_1(t) - i_2(t)\right) + R i_2(t) \quad \text{bzw.} \quad \frac{d}{dt}i_2(t) = \frac{1}{\tau}i_1(t) - \frac{2}{\tau}i_2(t)$$

Dieses System kann auch in Matrixform geschrieben werden:

$$\begin{pmatrix} i_{1'} \\ i_{2'} \end{pmatrix} = \begin{pmatrix} \frac{-1}{\tau} & \frac{1}{\tau} \\ \frac{1}{\tau} & \frac{-2}{\tau} \end{pmatrix} \cdot \begin{pmatrix} i_1 \\ i_2 \end{pmatrix} + \begin{pmatrix} \frac{U_0}{L} \\ 0 \end{pmatrix}$$

$$\mathbf{A}(\tau) := \begin{pmatrix} \frac{-1}{\tau} & \frac{1}{\tau} \\ \frac{1}{\tau} & \frac{-2}{\tau} \end{pmatrix}$$ Koeffizientenmatrix

$L := L$ Redefinitionen

$|\mathbf{A}(\tau)| \rightarrow \frac{1}{\tau^2}$ Determinante der Koeffizientenmatrix

$a_0 := |\mathbf{A}(\tau)| \quad a_0 \rightarrow \frac{1}{\tau^2}$ Koeffizient der Differentialgleichung 2. Ordnung

$sp(\mathbf{A}(\tau)) \rightarrow -\frac{3}{\tau}$ Spur von **A**

$a_1 := -sp(\mathbf{A}(\tau)) \quad a_1 \rightarrow \frac{3}{\tau}$ Koeffizient der Differentialgleichung 2. Ordnung

$$\mathbf{B}\left(U_0, L, \tau\right) := \begin{pmatrix} \frac{U_0}{L} & \frac{1}{\tau} \\ 0 & \frac{-2}{\tau} \end{pmatrix}$$ Hilfsmatrix

$\left|\mathbf{B}\left(U_0, L, \tau\right)\right| \rightarrow -\frac{2U_0}{L\tau}$ Determinante von **B**

$s_g(t) = s_{1'}(t) - \det(\mathbf{B}) = 0 - \det(\mathbf{B}) = 2\frac{U_0}{L \cdot \tau}$ gemeinsame Störfunktion

$$i_{1''} + \frac{3}{\tau} i_{1'} + \frac{1}{\tau^2} i_1 = 2 \frac{U_0}{L \tau}$$

inhomogene Differentialgleichung 2. Ordnung für i_1

$$\lambda^2 + \frac{3}{\tau}\lambda + \frac{1}{\tau^2} = 0 \;\left|\begin{array}{l}\text{auflösen}, \lambda \\ \text{Gleitkommazahl}, 4\end{array}\right. \rightarrow \begin{pmatrix} -\dfrac{0.382}{\tau} \\ -\dfrac{2.618}{\tau} \end{pmatrix}$$

Lösungen der charakteristischen Gleichung

$$i_{h1}(x) = C_1 e^{\frac{-.382}{\tau} t} + C_2 e^{\frac{-2.618}{\tau} t}$$

allgemeine Lösung der homogenen Differentialgleichung

Eine partikuläre Lösung gewinnen wir nach (7-255) durch den Lösungsansatz

$i_{1p} = b_0$ Das Störglied ist konstant.

$i_{1p'} = 0 \qquad i_{1p''} = 0$ Ableitungen

Einsetzen in die inhomogene Differentialgleichung:

$$i_{1''} + \frac{3}{\tau} i_{1'} + \frac{1}{\tau^2} i_1 = 2 \frac{U_0}{L \tau}$$

$$\frac{1}{\tau^2} b_0 = 2 \frac{U_0}{L \tau} \text{ auflösen}, b_0 \rightarrow \frac{2 U_0 \tau}{L}$$

$$i_{p1}(t) = 2 \frac{U_0}{L} \tau$$

partikuläre Lösung

Die gesuchte allgemeine Lösung der inhomogenen Differentialgleichung 2. Ordnung für die erste der beiden Lösungsfunktionen des Systems lautet:

$$i_1(t) = i_{h1}(t) + i_{p1}(t) = C_1 e^{\frac{-.382}{\tau} t} + C_2 e^{\frac{-2.618}{\tau} t} + 2 \frac{U_0}{L} \tau$$

Die zweite Lösung des Systems erhalten wir aus (7-275)

$$i_2 = \frac{1}{a_{12}} \left(i_{1'} - a_{11} i_1 - s_1(t) \right)$$

$$i_{1'}(t) = \frac{-.382}{\tau} C_1 e^{\frac{-.382}{\tau} t} - \frac{2.618}{\tau} C_2 e^{\frac{-2.618}{\tau} t}$$

Ableitung der ersten Lösungsfunktion

$$i_2 = \tau \left[\frac{-.382}{\tau} C_1 e^{\frac{-.382}{\tau} t} - \frac{2.618}{\tau} C_2 e^{\frac{-2.618}{\tau} t} + \frac{1}{\tau} \left(C_1 e^{\frac{-.382}{\tau} t} + C_2 e^{\frac{-2.618}{\tau} t} + 2 \frac{U_0}{L} \tau \right) - \frac{U_0}{L} \right]$$

vereinfacht auf

$$i_2 = \frac{-1}{500} \frac{-309 C_1 e^{\frac{-191}{500\tau}t} L + 809 C_2 e^{\frac{-1309}{500\tau}t} L - 500 U_0 \tau}{L}$$

zweite Lösungsfunktion für das gegebene Differentialgleichungssystem

Bestimmung der Konstanten für das Anfangswertproblem:

$i_1(0s) = 0A$

$$C_1 e^{\frac{-.382}{\tau}0} + C_2 e^{\frac{-2.618}{\tau}0} + 2\frac{U_0}{L}\tau = 0$$

vereinfacht auf $\frac{C_1 L + C_2 L + 2 U_0 \tau}{L} = 0$

$i_2(0s) = 0A$

$$\frac{-1}{500} \frac{-309 C_1 e^{\frac{-191}{500\tau}0} L + 809 C_2 e^{\frac{-1309}{500\tau}t} L - 500 U_0 \tau}{L} = 0$$

vereinfacht auf $\frac{-1}{500} \frac{-309 C_1 L + 809 C_2 L - 500 U_0 \tau}{L} = 0$

Vorgabe

$$\frac{C_1 L + C_2 L + 2 U_0 \tau}{L} = 0$$

$$\frac{-1}{500} \frac{-309 C_1 L + 809 C_2 L - 500 U_0 \tau}{L} = 0$$

$$\text{Suchen}(C_1, C_2) \rightarrow \begin{pmatrix} -\frac{1059 U_0 \tau}{559 L} \\ -\frac{59 U_0 \tau}{559 L} \end{pmatrix}$$

Lösung des Gleichungssystems

Die Maschenströme werden dann durch folgende Gleichungen beschrieben:

$$i_1(t) = \frac{-1059}{559} \frac{U_0}{L} \cdot \tau \cdot e^{\frac{-.382}{\tau}t} - \frac{59}{559} \frac{U_0}{L} \cdot \tau \cdot e^{\frac{-2.618}{\tau}t} + 2\frac{U_0}{L}\tau$$

Durch Einsetzen und Vereinfachen erhalten wir den zweiten Maschenstrom:

$$i_2(t) = \frac{1}{279500} U_0 \tau \frac{-327231 e^{\frac{-191}{500\tau}t} + 47731 e^{\frac{-1309}{500\tau}t} + 279500}{L}$$

$$i_2(t) = \frac{1}{279500} \frac{U_0 \tau}{L} \left(-327231 e^{\frac{-191}{500\tau}t} + 47731 e^{\frac{-1309}{500\tau}t} + 279500\right)$$

$R := 200\Omega$ $L := 1000mH$ $U_0 := 100V$ vorgegebene Daten

$ms := 10^{-3}s$ Definition der Einheit ms

$\tau := \frac{L}{R}$ $\tau = 5\,ms$ Zeitkonstante

$$i_1(t) := \frac{-1059}{559}\frac{U_0}{L}\cdot\tau\cdot e^{\frac{-.382}{\tau}t} - \frac{59}{559}\frac{U_0}{L}\cdot\tau\cdot e^{\frac{-2.618}{\tau}t} + 2\frac{U_0}{L}\tau$$ Maschenströme

$$i_2(t) := \frac{1}{279500}\cdot\frac{U_0\tau}{L}\cdot\left(-327231e^{\frac{-191}{500\tau}t} + 47731e^{\frac{-1309}{500\tau}t} + 279500\right)$$

$t := 0s, 0.001s .. 0.1s$ Bereichsvariable

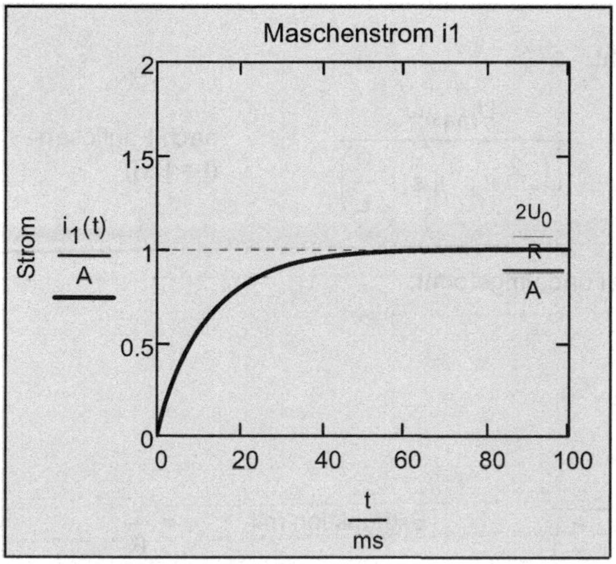

Abb. 7.90

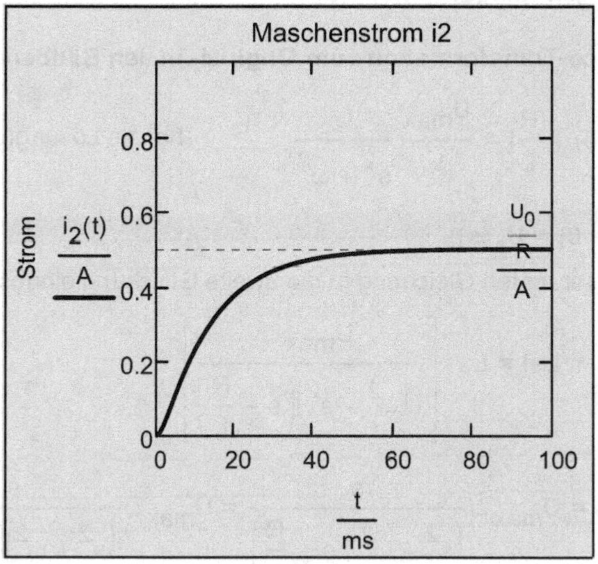

Abb. 7.91

Nach ca. 50 ms fließen in der Schaltung konstante Maschenströme, wie aus den Grenzwerten in den Abbildungen zu erkennen ist.

Beispiel 7.61:

In einem Vierpol sind ein Ohm'scher Widerstand R und eine Induktivität L zusammengeschaltet. An den Eingangsklemmen wird zum Zeitpunkt t = 0 s eine sinusförmige Wechselspannung $u_e = U_{max}\sin(\omega t)$ angelegt. Bestimmen Sie mithilfe der Laplace-Transformation den zeitlichen Verlauf der Ausgangsspannung u_a, wenn das Netzwerk zum Einschaltzeitpunkt t = 0 s stromlos ist.

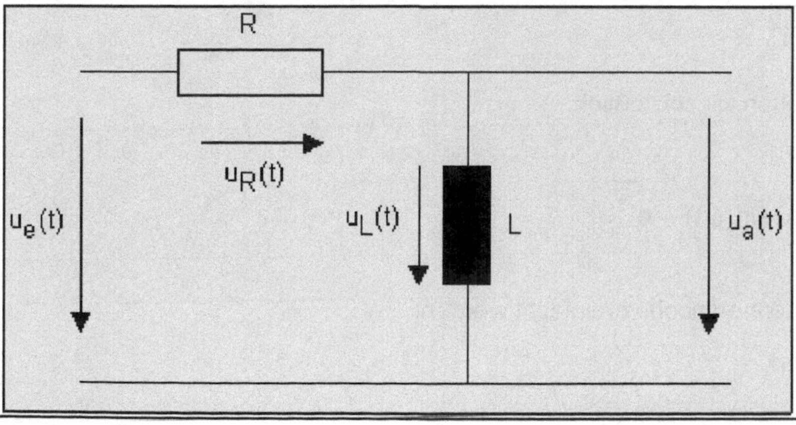

Abb. 7.92

Aus den 2 Maschen ergeben sich mit der Maschenregel (Kirchhoff) folgende zwei Gleichungen:

$u_L + u_R = u_e$

$u_L = u_a$

$L\frac{d}{dt}i(t) + Ri(t) = U_{max}\sin(\omega t)$ bzw.

$\frac{d}{dt}i(t) = \frac{R}{L}i(t) = \frac{U_{max}}{L}\sin(\omega t)$

und

$L\frac{d}{dt}i(t) = u_a(t)$

inhomogenes lineares Differentialgleichungssystem 1. Ordnung mit konstanten Koeffizienten

Anfangsbedingung: i(0) = 0

Laplace-Transformation vom Original- in den Bildbereich:

$(s\underline{I} - 0) + \frac{R}{L}\underline{I} = \frac{U_{max}}{L}\frac{\omega}{s^2 + \omega^2}$ hat als Lösung(en) $\frac{U_{max}\omega}{L(\omega^2 + s^2)\left(s + \frac{R}{L}\right)}$ nach $\underline{I}$ auflösen ($\underline{I} = \underline{I}(s)$)

$L(s\underline{I} - 0) = \underline{U_a}(s)$

$\underline{I}$ aus der ersten Gleichung in die zweite Gleichung eingesetzt und umgeformt:

$$\underline{U_a}(s) = Ls\underline{I} = Ls \cdot \left[\frac{U_{max}\omega}{L(\omega^2 + s^2)\left(s + \frac{R}{L}\right)}\right]$$

$$\underline{U_a}(s) = U_{max}\omega\frac{s}{(s^2 + \omega^2)\left(s + \frac{R}{L}\right)} = U_{max}\omega\frac{s}{(s^2 + \omega^2)\left(s + \frac{1}{\tau}\right)}$$ Bildfunktion mit $\tau = \frac{L}{R}$

Rücktransformation in den Zeitbereich:

$U_{max}\omega\frac{s}{(s^2 + \omega^2)\left(s + \frac{1}{\tau}\right)}$ hat inverse Laplace-Transformation

$$\frac{U_{max}\tau^2\omega^3\sin\left(t\sqrt{\omega^2}\right) - U_{max}\tau\omega e^{-\frac{t}{\tau}}\sqrt{\omega^2} + U_{max}\tau\omega\cos\left(t\sqrt{\omega^2}\right)\sqrt{\omega^2}}{\left(\tau^2\omega^2 + 1\right)\sqrt{\omega^2}}$$

Durch Vereinfachung und Herausheben erhalten wir schließlich

$$u_a(t) = U_{max} \cdot \omega \cdot \frac{\tau}{1 + \omega^2\tau^2} \cdot \left(\cos(\omega t) + \tau\omega\sin(\omega t) - e^{\frac{-t}{\tau}}\right)$$

Die ersten beiden Summanden in Klammer können noch vereinfacht werden:

$\cos(\omega t) + \tau\omega\sin(\omega t) = A\sin(\omega t + \varphi)$

Mit

$A = \sqrt{1 + (\omega\tau)^2}$ und $\tan(\varphi) = \frac{1}{\omega\tau} = \frac{\sin(\varphi)}{\cos(\varphi)}$

erhalten wir den vereinfachten Ausdruck für die Ausgangsspannung:

$$u_a(t) = \frac{U_{max}\,\omega\tau}{\sqrt{1+\omega^2\tau^2}}\sin(\omega t + \varphi) - \frac{U_{max}\,\omega\tau}{1+\omega^2\tau^2} e^{\frac{-t}{\tau}}$$

$U_{max} := 10V$

$L := 10mH$ gewählte Größen

$R := 100\Omega$

$\tau := \frac{L}{R}$ $\tau = 1 \times 10^{-4}\,s$ Zeitkonstante

$\omega := 2\pi\,s^{-1}$ Kreisfrequenz

$\varphi := \operatorname{atan}\left(\frac{1}{\omega\tau}\right)$ $\varphi = 1.57$ Phasenverschiebung

$u_e(t) := U_{max}\sin(\omega t)\,\Phi(t)$ Eingangsspannung

$u_a(t) := \left(\frac{U_{max}\,\omega\tau}{\sqrt{1+\omega^2\tau^2}}\sin(\omega t + \varphi) - \frac{U_{max}\,\omega\tau}{1+\omega^2\tau^2}\cdot e^{\frac{-t}{\tau}}\right)\cdot\Phi(t)$ Ausgangsspannung

$t := -0.1s, -0.1s + 0.001s\,..\,2s$ Bereichsvariable

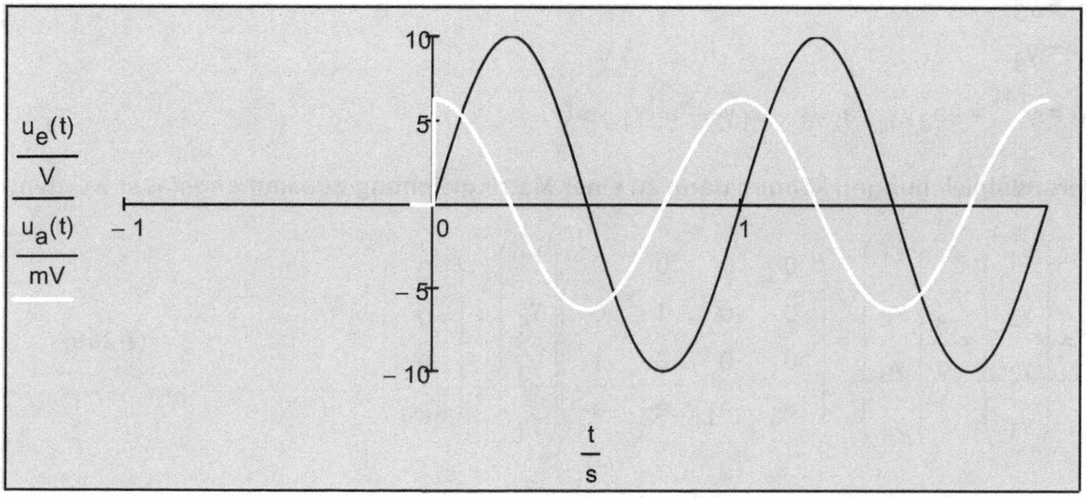

Abb. 7.93

Das Übertragungsverhalten eines solchen Systems wird meist im Laplacebereich (Bildbereich) untersucht. Siehe dazu Abschnitt 5.4.3.

7.2.4.4 Umformung von Differentialgleichungen n-ter Ordnung in Differentialgleichungssysteme 1. Ordnung

Zur numerischen Lösung von linearen Differentialgleichungen und insbesondere von nichtlinearen Differentialgleichungen ist die Differentialgleichung n-ter Ordnung in ein System von n Differentialgleichungen 1. Ordnung umzuwandeln, wie weiter oben bereits gezeigt wurde. Diese Umformung soll am Beispiel der inhomogenen linearen Differentialgleichung 4-ter Ordnung mit konstanten Koeffizienten vorgestellt werden:

$$y^{(4)} + a_3 y''' + a_2 y'' + a_1 y' + a_0 y = s(x) \qquad \textbf{(7-285)}$$

Zur Umformung werden bei einer Differentialgleichung n-ter Ordnung n unabhängige Variable benötigt. Bei der Differentialgleichung 4. Ordnung müssen dann 4 unabhängige Variable y_1, y_2, y_3, y4 (bzw. y_0, y_1, y_2, y_3, wenn der Index bei 0 beginnen soll) gefunden werden. In der Regel wird y als erste Variable gewählt und die (n-1) ersten Ableitungen als restliche Variable:

$$\begin{aligned} y_1 &= y \qquad \textbf{(7-286)} \\ y_2 &= y' \\ y_3 &= y'' \\ y_4 &= y''' \end{aligned}$$

Zuerst differenzieren wir die Gleichungen (7-286)

$$\begin{aligned} y_{1'} &= y' \qquad \textbf{(7-287)} \\ y_{2'} &= y'' \\ y_{3'} &= y''' \\ y_{4'} &= y^{(4)} \end{aligned}$$

und vergleichen dann die Gleichungen (7-286) mit den Gleichungen (7-287). So erhalten wir das gesuchte Differentialgleichungssystem von 4 Differentialgleichungen 1. Ordnung:

$$\begin{aligned} y_{1'} &= y_2 \qquad \textbf{(7-288)} \\ y_{2'} &= y_3 \\ y_{3'} &= y_4 \\ y_{4'} &= y^{(4)} = -a_3 y_4 - a_2 y_3 - a_1 y_2 - a_0 y_1 + s(x) \end{aligned}$$

Diese Differentialgleichungen können dann zu einer Matrixgleichung zusammengefasst werden:

$$\mathbf{y'} = \begin{pmatrix} y_{1'} \\ y_{2'} \\ y_{3'} \\ y_{4'} \end{pmatrix} = \frac{d}{dx}\begin{pmatrix} y_1 \\ y_2 \\ y_3 \\ y_4 \end{pmatrix} = \begin{pmatrix} 0 & 1 & 0 & 0 \\ 0 & 0 & 1 & 0 \\ 0 & 0 & 0 & 1 \\ -a_0 & -a_1 & -a_2 & -a_3 \end{pmatrix}\begin{pmatrix} y_1 \\ y_2 \\ y_3 \\ y_4 \end{pmatrix} + \begin{pmatrix} 0 \\ 0 \\ 0 \\ s(x) \end{pmatrix} \qquad \textbf{(7-289)}$$

bzw.

$$\mathbf{y'} = \mathbf{A}\mathbf{y} + \mathbf{S}(x) \qquad \textbf{(7-290)}$$

Die Umformung von einer Differentialgleichung n-ter Ordnung in n Differentialgleichungen 1. Ordnung ist auch für nichtlineare Systeme möglich. Die Matrixschreibweise ist dagegen nicht üblich! Das oben gezeigte Beispiel kann leicht auf das Schema der Umformung einer Differentialgleichung n-ter Ordnung übertragen werden:

$$\mathbf{y'} = \begin{pmatrix} y_{1'} \\ \dots \\ y_{n-1}' \\ y_{n'} \end{pmatrix} = \frac{d}{dx}\begin{pmatrix} y_1 \\ \dots \\ y_{n-1} \\ y_n \end{pmatrix} = \begin{pmatrix} 0 & 1 & \dots & 0 \\ \dots & \dots & \dots & 0 \\ 0 & 0 & \dots & 1 \\ -a_0 & -a_1 & \dots & -a_{n-1} \end{pmatrix}\begin{pmatrix} y_1 \\ \dots \\ y_{n-1} \\ y_n \end{pmatrix} + \begin{pmatrix} 0 \\ \dots \\ 0 \\ s(x) \end{pmatrix} \qquad \textbf{(7-291)}$$

Beispiel 7.62:

Lösen Sie die gegebene lineare Differentialgleichung mithilfe des Runge-Kutta-Verfahrens für die Anfangsbedingungen y(0) = 0, y'(0) = 1, y''(0) = 2 im Intervall $[x_a, x_e]$ = [0, 20].

$y'''(x) + 2\,y''(x) + 4\,y'(x) + 3\,y(x) = 5\sin(x)$ **inhomogene lineare Differentialgleichung 3. Ordnung mit konstanten Koeffizienten**

$y'''(x) = -2\,y''(x) - 4\,y'(x) - 3\,y(x) + 5\sin(x)$ die nach y''' aufgelöste explizite Gleichung

Nach (7-286) lautet das zugehörige lineare Differentialgleichungssystem 1. Ordnung:

$y_{1'} = y_2$

$y_{2'} = y_3$ **lineares Differentialgleichungssystem 1. Ordnung mit konstanten Koeffizienten**

$y_{3'} = y''' = -2y_3 - 4y_2 - 3y_1 + 5\sin(x)$

$$\begin{pmatrix} y_{1'} \\ y_{2'} \\ y_{3'} \end{pmatrix} = \begin{pmatrix} 0 & 1 & 0 \\ 0 & 0 & 1 \\ -3 & -4 & -2 \end{pmatrix}\cdot\begin{pmatrix} y_1 \\ y_2 \\ y_3 \end{pmatrix} + \begin{pmatrix} 0 \\ 0 \\ 5\sin(x) \end{pmatrix}$$ Differentialgleichungssystem in Matrixform

ORIGIN := 1 ORIGIN festlegen

$\mathbf{aw} := \begin{pmatrix} 0 \\ 1 \\ 2 \end{pmatrix}$ **aw** ist ein Vektor mit den Anfangsbedingungen für die Differentialgleichung 3. Ordnung.

$$\mathbf{D}(x,\mathbf{Y}) := \begin{pmatrix} \mathbf{Y}_2 \\ \mathbf{Y}_3 \\ -2\mathbf{Y}_3 - 4\mathbf{Y}_2 - 3\mathbf{Y}_1 + 5\sin(x) \end{pmatrix}$$

Die **Vektorfunktion D** enthält die umgeformte Differentialgleichung in der Darstellung **(ORIGIN =1)** $\mathbf{D(t,Y):=(Y_2, ..., Y_{n-1}, y^{(n)}(Y))^T}$. Die letzte Komponente ist die nach $y^{(n)}$ umgeformte Differentialgleichung.

n := 500 Anzahl der Schritte für die numerische Berechnung.

$x_a := 0$ Anfangswert

$x_e := 20$ Endwert

$Z := rkfest(\mathbf{aw}, x_a, x_e, n, \mathbf{D})$

Runge-Kutta-Methode. Die Lösung Z ist eine (N+1)x(n+1) Matrix. Die erste Spalte $Z^{<1>}$ enthält die x-Werte, die zweite Spalte $Z^{<2>}$ die Lösungsfunktion $y_1(x)$, die dritte Spalte $Z^{<3>}$ die erste Ableitung der Lösungsfunktion y_1 und die letzte Spalte $Z^{<4>}$ die zweite Ableitung der Lösungsfunktion y_1.

$\mathbf{x} := \mathbf{Z}^{\langle 1 \rangle}$ Vektor der x-Werte

$\mathbf{y_1} := \mathbf{Z}^{\langle 2 \rangle}$ Vektor der Funktionswerte der Lösungsfunktion für die Differentialgleichung 3. Ordnung

$\mathbf{y_2} := \mathbf{Z}^{\langle 3 \rangle}$ Vektor der Funktionswerte der ersten Ableitung der Lösungsfunktion für die Differentialgleichung 3. Ordnung

$\mathbf{y_3} := \mathbf{Z}^{\langle 4 \rangle}$ Vektor der Funktionswerte der zweiten Ableitung der Lösungsfunktion für die Differentialgleichung 3. Ordnung

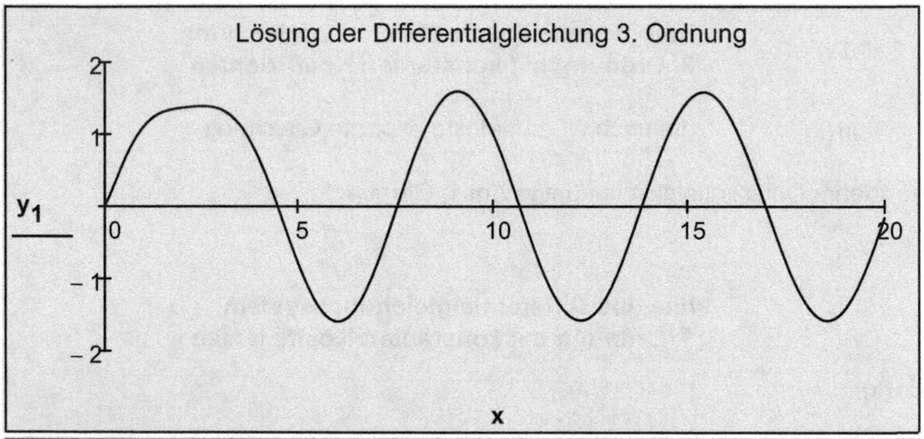

Abb. 7.94

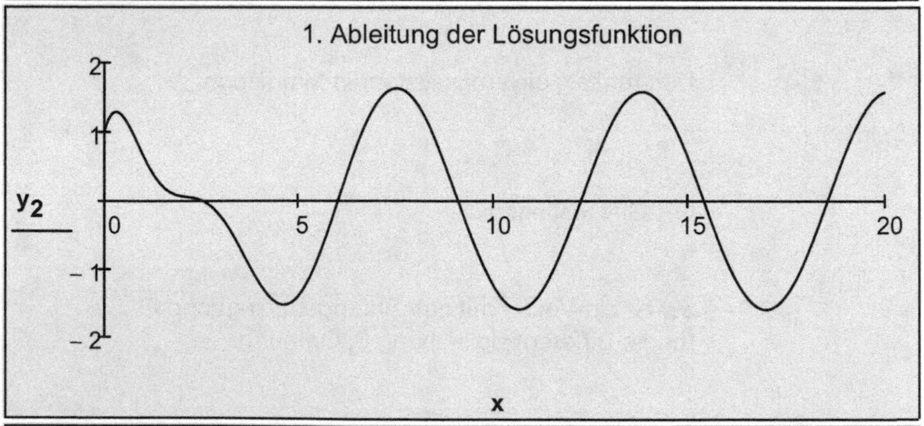

Abb. 7.95

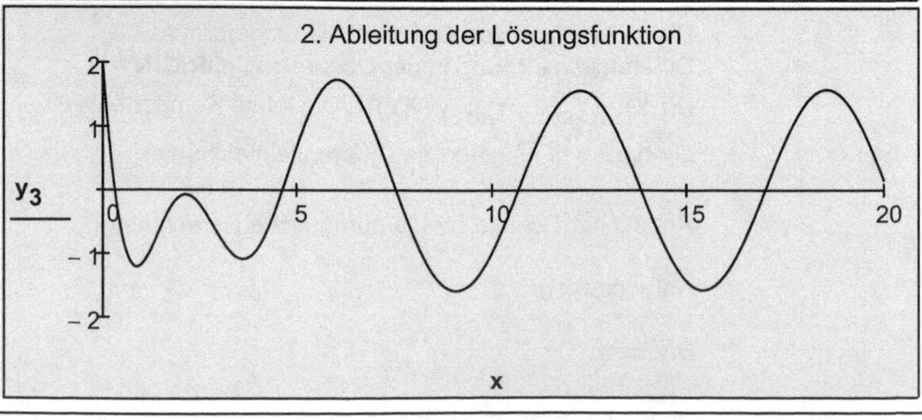

Abb. 7.96

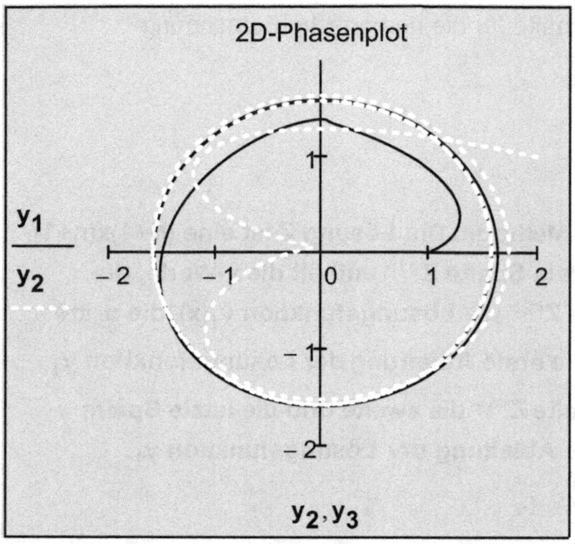

Abb. 7.97

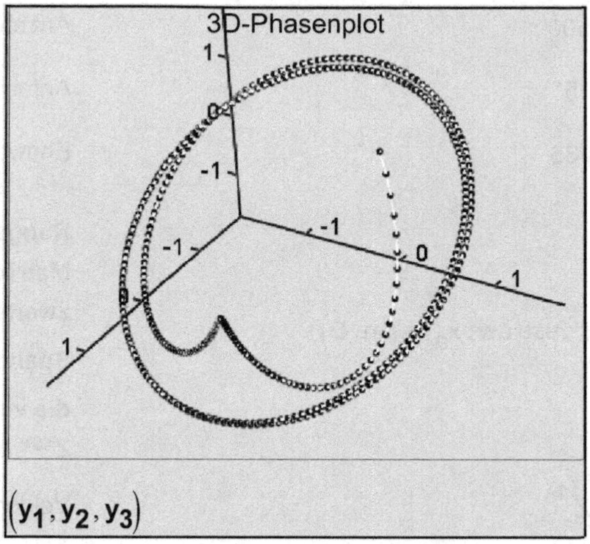

Abb. 7.98

Beispiel 7.63:

Lösen Sie die gegebene lineare Differentialgleichung mithilfe des Runge-Kutta-Verfahrens für die Anfangsbedingungen y(0) = 0, y'(0) = 1, y''(0) = 2, y'''(0) = 0 im Intervall $[x_a, x_e] = [0, 20]$.

$$y^4(x)\,y''(x)x + y''(x)\,y'(x) = x\,e^{-x}$$

inhomogene nichtlineare Differentialgleichung 4. Ordnung und 6. Grades

$$y^4(x) = \frac{x\,e^{-x} - y''(x)\,y'(x)}{y''(x)\,x} = \frac{e^{-x}}{y''} - \frac{y'}{x}$$

die nach $y^{(4)}$ aufgelöste explizite Gleichung

Nach (7-286) lautet das zugehörige Differentialgleichungssystem 1. Ordnung:

$y_1{}' = y_2$

$y_2{}' = y_3$

$y_3{}' = y_4$

$$y_4{}' = y^4 = \frac{e^{-x}}{y_3} - \frac{y_2}{x}$$

Differentialgleichungssystem 1. Ordnung

ORIGIN := 1

ORIGIN festlegen

$$\mathbf{aw} := \begin{pmatrix} 0 \\ 1 \\ 2 \\ 0 \end{pmatrix}$$

aw ist ein Vektor mit den Anfangsbedingungen für die Differentialgleichung 4-ter Ordnung.

$$\mathbf{D}(x, \mathbf{Y}) := \begin{pmatrix} \mathbf{Y}_2 \\ \mathbf{Y}_3 \\ \mathbf{Y}_4 \\ \dfrac{e^{-x}}{\mathbf{Y}_3} - \dfrac{\mathbf{Y}_2}{x} \end{pmatrix}$$

Die **Vektorfunktion D** enthält die umgeformte Differentialgleichung in der Darstellung **(ORIGIN =1)** **$D(t,Y):=(Y_2, ..., Y_{n-1}, y^{(n)}(Y))^T$.** Die letzte Komponente ist die nach $y^{(n)}$ umgeformte Differentialgleichung.

$n := 500$ Anzahl der Schritte für die numerische Berechnung

$x_a := 5$ Anfangswert

$x_e := 35$ Endwert

$\mathbf{Z} := \text{rkfest}(\mathbf{aw}, x_a, x_e, n, \mathbf{D})$

Runge-Kutta-Methode. Die Lösung Z ist eine (N+1)x(n+1) Matrix. Die erste Spalte $Z^{<1>}$ enthält die x-Werte, die zweite Spalte $Z^{<2>}$ die Lösungsfunktion $y_1(x)$, die dritte Spalte $Z^{<3>}$ die erste Ableitung der Lösungsfunktion y_1, die vierte Spalte $Z^{<4>}$ die zweite und die letzte Spalte $Z^{<5>}$ die dritte Ableitung der Lösungsfunktion y_1.

$\mathbf{x} := \mathbf{Z}^{\langle 1 \rangle}$ Vektor der x-Werte

$\mathbf{y_1} := \mathbf{Z}^{\langle 2 \rangle}$ Vektor der Funktionswerte der Lösungsfunktion für die Differentialgleichung 4. Ordnung

$\mathbf{y_2} := \mathbf{Z}^{\langle 3 \rangle}$ Vektor der Funktionswerte der ersten Ableitung der Lösungsfunktion für die Differentialgleichung 4. Ordnung

$\mathbf{y_3} := \mathbf{Z}^{\langle 4 \rangle}$ Vektor der Funktionswerte der zweiten Ableitung der Lösungsfunktion für die Differentialgleichung 4. Ordnung

$\mathbf{y_4} := \mathbf{Z}^{\langle 5 \rangle}$ Vektor der Funktionswerte der dritten Ableitung der Lösungsfunktion für die Differentialgleichung 4. Ordnung

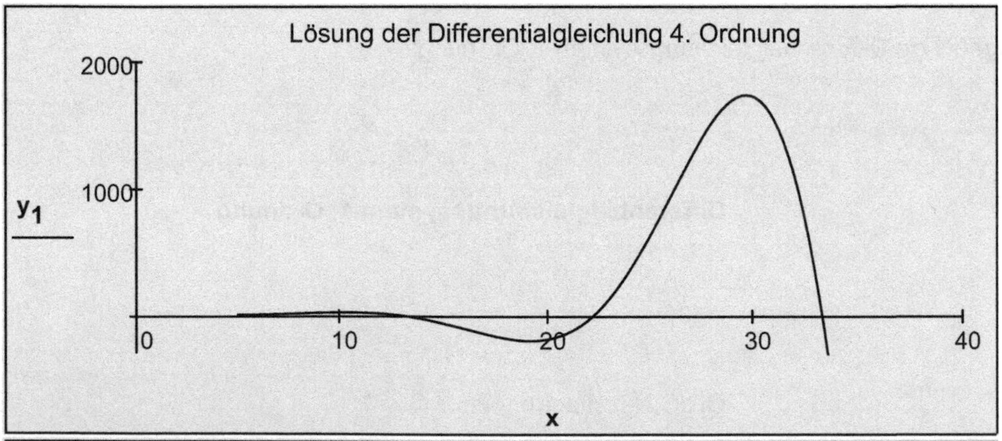

Abb. 7.99

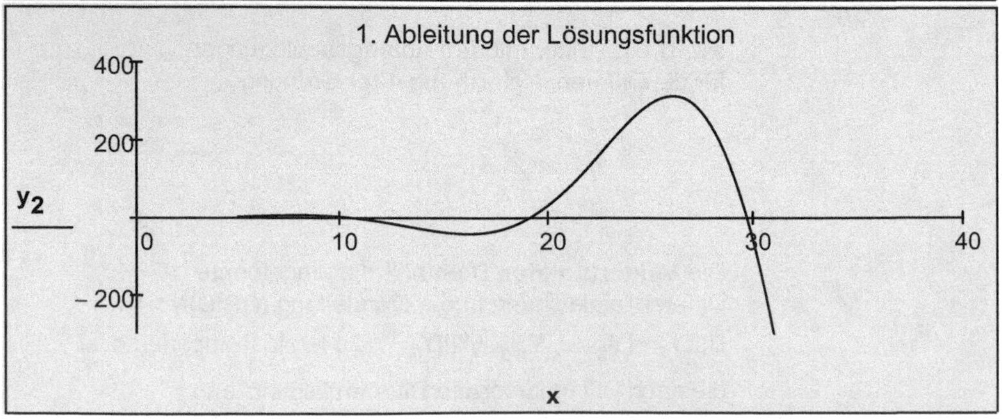

Abb. 7.100

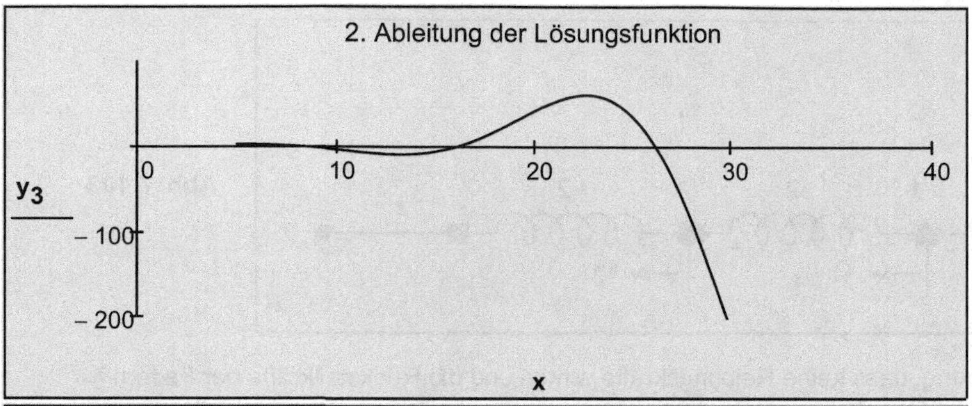

Abb. 7.101

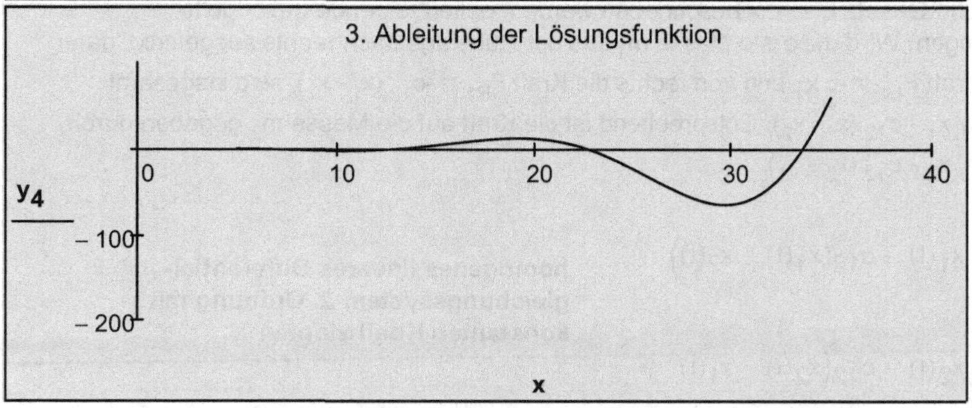

Abb. 7.102

7.2.4.5 Lineare Differentialgleichungssysteme 2. Ordnung mit konstanten Koeffizienten

Mechanische oder elektromagnetische gekoppelte schwingungsfähige Systeme werden oft durch gekoppelte lineare Differentialgleichungssysteme 2. Ordnung mit konstanten Koeffizienten beschrieben. Die Eigenschaften solcher Systeme sollen hier nur exemplarisch an einigen Beispielen gezeigt werden. Das erste Beispiel werden wir mithilfe des bereits im Abschnitt 7.2.4.3 behandelten Einsetzungs- oder Eliminationsverfahren lösen. Außerdem werden wir es, wie in Abschnitt 7.2.4.4 beschrieben, auf ein Differentialgleichungssystem 1. Ordnung zurückführen und mit den Methoden nach Abschnitt 7.2.4.2 lösen. Das zweite Beispiel lösen wir in Matrixform mit einem komplexen Ansatz und Überführung in die sogenannte Normalform.

Beispiel 7.64:

Die Abbildung 7.101 zeigt zwei schwingungsfähige mechanische Systeme mit der Federkonstante c_1 und der Masse m_1 bzw. mit der Federkonstante c_2 und der Masse m_2, die über eine Kopplungsfeder der Federkonstante c_{12} miteinander verbunden sind. Welche Differentialgleichungen beschreiben dieses System und wie lauten ihre Lösungen, wenn das System einmal kurz ausgelenkt wird? Wir wählen $m_1 = m_2 = 1$ kg, $c_1 = c_2 = 1$ N/m und $c_{12} = 4$ N/m.
Unter den Anfangsbedingungen a) $x_1(0\text{ s}) = x_2(0\text{ s}) = A = 5$ cm, $x_1'(0\text{ s}) = x_2'(0\text{ s}) = 0$ m/s und b) $x_1(0\text{ s}) = A = 5$ cm, $x_2(0\text{ s}) = -A = 5$ cm, $x_1'(0\text{ s}) = x_2'(0\text{ s}) = 0$ m/s sollen die Eigenmoden (Normalschwingungen) bestimmt werden.

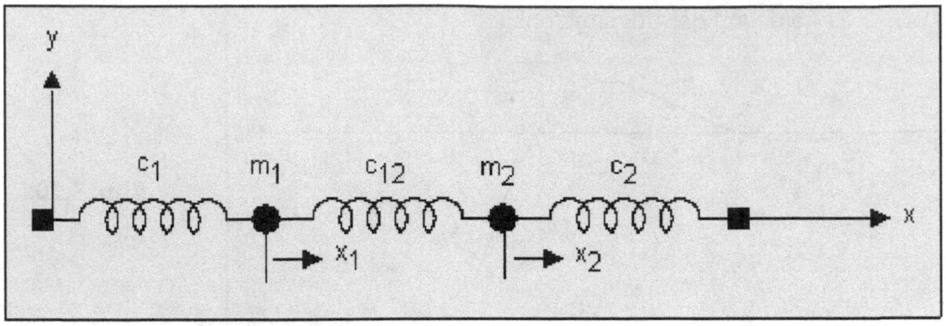

Abb. 7.103

Unter Berücksichtigung, dass keine Reibungskräfte wirken und die Rückstellkräfte der Federn durch das Hooke'sche Gesetz $F = -c\,x$ beschrieben werden, gelten folgende gekoppelte Bewegungsgleichungen: Wird die erste Masse m_1 aus der Ruhelage nach rechts ausgelenkt, dann wirkt von links die Kraft $F_{L1} = -c\,x_1$ und von rechts die Kraft $F_{R1} = -c_{12}\,(x_1 - x_2)$, also insgesamt $F_1 = F_{L1} + F_{R1} = -c_1\,x_1 - c_{12}\,(x_1 - x_2)$. Entsprechend ist die Kraft auf die Masse m_2 gegeben durch $F_2 = F_{L2} + F_{R2} = -c_2\,x_2 - c_{12}\,(x_2 - x_1)$.

$$m_1 \frac{d^2}{dt^2} x_1(t) = -c_1\,x_1(t) - c_{12}\left(x_1(t) - x_2(t)\right)$$

$$m_2 \frac{d^2}{dt^2} x_2(t) = -c_2\,x_2(t) - c_{12}\left(x_2(t) - x_1(t)\right)$$

homogenes lineares Differentialgleichungssystem 2. Ordnung mit konstanten Koeffizienten

Durch Umformung erhalten wir:

$$x_1'' + \frac{c_1}{m_1} x_1 + \frac{c_{12}}{m_1}\left(x_1 - x_2\right) = 0 \qquad x_1'' + \frac{c_1 + c_{12}}{m_1} x_1 - \frac{c_{12}}{m_1} x_2 = 0$$

bzw.

$$x_2'' + \frac{c_2}{m_2} x_2 + \frac{c_{12}}{m_2}\left(x_2 - x_1\right) \qquad x_2'' + \frac{c_2 + c_{12}}{m_2} x_2 - \frac{c_{12}}{m_2} x_1 = 0$$

a) Das Differentialgleichungssystem lässt sich durch das Eliminationsverfahren auf eine Differentialgleichung 4. Ordnung zurückführen:

Durch Einsetzen der gegebenen Federkonstanten und Massen (ohne Einheiten), erhalten wir die vereinfachte Differentialgleichung in der Form:

$$x_1'' + 5x_1 - 4x_2 = 0$$

$$x_2'' + 5x_2 - 4x_1 = 0$$

Die erste Gleichung wird nach x_2 aufgelöst und dann zweimal nach der Zeit differenziert:

$$x_2 = \frac{1}{4}\left(x_1'' + 5x_1\right) \qquad x_2'' = \frac{1}{4}\left(x_1^{4} + 5x_1''\right)$$

Setzen wir dann die letzten beiden Gleichungen in die zweite Differentialgleichung ein, dann erhalten wir eine homogene lineare Differentialgleichung 4. Ordnung mit konstanten Koeffizienten für die erste Lösungsfunktion x1(t):

$$\frac{1}{4}\left(x_1^{4} + 5x_1''\right) + 5\frac{1}{4}\left(x_1'' + 5x_1\right) - 4x_1 = 0$$

Vereinfachung der Gleichung:

$$x_1{}^{4} + 5x_1'' + 5x_1'' + 25x_1 - 16x_1 = 0$$

$$\boxed{x_1{}^{4} + 10x_1'' + 9x_1 = 0}$$

homogene lineare Differentialgleichung
4. Ordnung mit konstanten Koeffizienten

Die charakteristische Gleichung lautet:

$$\lambda^4 + 10\lambda^2 + 9 = 0$$

biquadratische Gleichung

Mathcad liefert hier bei symbolischer Lösung einen recht unansehnlichen Ausdruck.
Wir substituieren daher zuerst $u = \lambda^2$:

$$u^2 + 10u + 9 = 0 \text{ auflösen}, u \rightarrow \begin{pmatrix} -1 \\ -9 \end{pmatrix}$$

Lösungen der quadratischen Gleichung

$u_1 = -1$ $\qquad u_2 = -9$

Durch Rücksubstitution erhalten wir die gesuchten Lösungen der charakteristischen Gleichung:

$\lambda_1 = j$ $\qquad \lambda_2 = -j$ $\qquad \lambda_3 = 3j$ $\qquad \lambda_4 = -3j$

Die zugehörigen Lösungsfunktionen ergeben sich nach (7-243) und (7-244) zu

$x_1(t) = e^{j\,t}$ $\qquad x_2(t) = e^{-j\,t}$ $\qquad x_3(t) = e^{j\,3t}$ $\qquad x_4(t) = e^{-j\,3t}$

mit den Eigenkreisfrequenzen $\omega_{01} = 1\ s^{-1}$ und $\omega_{02} = 3\ s^{-1}$ des Systems und bilden ein komplexes Fundamentalsystem der Differentialgleichung 4. Ordnung. Mithilfe der Euler'schen Beziehungen erhalten wir schließlich ein reelles Fundamentalsystem:

$x_1(t) = \sin\left(1s^{-1}t\right)$ $\qquad x_2(t) = \cos\left(1s^{-1}t\right)$ $\qquad x_3(t) = \sin\left(3s^{-1}t\right)$ $\qquad x_4(t) = \cos\left(3s^{-1}t\right)$

Die erste Lösungsfunktion für das gegebene Differentialgleichungssystem 2. Ordnung ist dann die Linearkombination dieser Basislösungen:

$$\boxed{x_1(t) = C_1 \sin\left(1s^{-1}t\right) + C_2 \cos\left(1s^{-1}t\right) + C_3 \sin\left(3s^{-1}t\right) + C_4 \cos\left(3s^{-1}t\right)}$$

Bilden wir die beiden ersten Ableitungen (die Einheiten lassen wir einfachheitshalber vorerst wieder weg):

$$x_1'(t) = C_1 \cos(t) - C_2 \sin(t) + 3C_3 \cos(3t) - 3C_4 \sin(3t)$$

$$x_1''(t) = -C_1 \sin(t) - C_2 \cos(t) - 9C_3 \sin(3t) - 9C_4 \cos(3t)$$

und setzen dann x_1'' und x_1 in die umgeformte Differentialgleichung des Systems ein, dann erhalten wir die zweite Lösung:

$$x_2 = \frac{1}{4}\left(x_1'' + 5x_1\right)$$

$$x_2 = \frac{1}{4}\left[\begin{aligned} &\left(-C_1 \sin(t) - C_2 \cos(t) - 9C_3 \sin(3t) - 9C_4 \cos(3t)\right) \ldots \\ &+ 5\left(C_1 \sin(t) + C_2 \cos(t) + C_3 \sin(3t) + C_4 \cos(3t)\right) \end{aligned}\right]$$

vereinfacht auf

$$x_2 = C_1 \sin(t) + C_2 \cos(t) - C_3 \sin(3t) - C_4 \cos(3t)$$

$$\boxed{x_2(t) = C_1 \sin\left(1s^{-1}t\right) + C_2 \cos\left(1s^{-1}t\right) - C_3 \sin\left(3s^{-1}t\right) - C_4 \cos\left(3s^{-1}t\right)}$$

a) Das Differentialgleichungssystem lässt sich auch nach Abschnitt 7.2.4.4 auf ein Differentialgleichungssystem 1. Ordnung zurückführen und mit den Methoden nach Abschnitt 7.2.4.2 lösen:

$$x_1'' + 5x_1 - 4x_2 = 0 \qquad x_1'' = -5x_1 + 4x_2$$

bzw:

$$x_2'' + 5x_2 - 4x_1 = 0 \qquad x_2'' = 4x_1 - 5x_2$$

Wir setzen:		Ableitungen:		Durch Vergleich:
$u_1 = x_1$		$u_1' = x_1'$		$u_1' = u_2$
$u_2 = x_1'$		$u_2' = x_1''$		$u_2' = -5u_1 + 4u_3$
$u_3 = x_2$	$\Rightarrow$	$u_3' = x_2'$	$\Rightarrow$	$u_3' = u_4$
$u_4 = x_2'$		$u_4' = x_2''$		$u_4' = 4u_1 - 5u_3$

Damit erhalten wir ein lineares Differentialgleichungssystem 1. Ordnung in Matrixform:

$$\begin{pmatrix} u_1' \\ u_2' \\ u_3' \\ u_4' \end{pmatrix} = \begin{pmatrix} 0 & 1 & 0 & 0 \\ -5 & 0 & 0 & 4 \\ 0 & 0 & 0 & 1 \\ 4 & 0 & -5 & 0 \end{pmatrix} \cdot \begin{pmatrix} u_1 \\ u_2 \\ u_3 \\ u_4 \end{pmatrix}$$

$$\mathbf{A} := \begin{pmatrix} 0 & 1 & 0 & 0 \\ -5 & 0 & 4 & 0 \\ 0 & 0 & 0 & 1 \\ 4 & 0 & -5 & 0 \end{pmatrix}$$

Koeffizientenmatrix

$$\boldsymbol{\lambda} := \left|\mathbf{A} - \lambda \,\mathrm{einheit}(4)\right| = 0 \text{ auflösen}, \lambda \rightarrow \begin{pmatrix} j \\ -j \\ 3j \\ -3j \end{pmatrix}$$

Eigenwerte (Nullstellen der charakteristischen Gleichung)

$$\omega_{01} := \mathrm{Im}(\boldsymbol{\lambda}_1)\, s^{-1} \qquad \omega_{01} = 1\, s^{-1}$$

$$\omega_{02} := \mathrm{Im}(\boldsymbol{\lambda}_3)\, s^{-1} \qquad \omega_{02} = 3\, s^{-1}$$

Eigenkreisfrequenzen des Systems

Die zugehörigen Lösungsfunktionen können wieder wie oben nach (7-243) und (7-244) angegeben werden.

Eigenmoden (Normalschwingungen) des Systems:

a) Die beiden Massen werden aus der Ruhelage $x_1(0\,s) = x_2(0\,s) = A = 5$ cm ausgelenkt. Die Geschwindigkeit der beiden Massen beträgt dabei $x_1'(0\,s) = x_2'(0\,s) = 0$ m/s

$$x_1(t) = C_1 \sin\left(1s^{-1}t\right) + C_2 \cos\left(1s^{-1}t\right) + C_3 \sin\left(3s^{-1}t\right) + C_4 \cos\left(3s^{-1}t\right)$$

$$x_2(t) = C_1 \sin\left(1s^{-1}t\right) + C_2 \cos\left(1s^{-1}t\right) - C_3 \sin\left(3s^{-1}t\right) - C_4 \cos\left(3s^{-1}t\right)$$

Die Konstanten werden durch Einsetzen der Anfangsbedingungen bestimmt:

$$x_1(0s) = C_2 + C_4 = A$$

$$\Rightarrow \qquad C_2 = A \quad \text{und} \quad C_4 = 0$$

$$x_2(0s) = C_2 - C_4 = A$$

Für die Ableitungen lassen wir die Einheiten einfachheitshalber wieder weg:

$$x_1{'}(t) = C_1 \cos(t) - C_2 \sin(t) + C_3 3 \cos(3t) - C_4 3 \sin(3t)$$

$$x_2{'}(t) = C_1 \cos(t) - C_2 \sin(t) - C_3 3 \cos(t) + C_4 3 \sin(t)$$

$$x_1{'}(0) = C_1 + 3C_3 = 0$$

$$\Rightarrow \qquad C_1 = 0 \quad \text{und} \quad C_3 = 0$$

$$x_2{'}(0) = C_1 - 3C_3 = 0$$

Die Eigenmoden oder Normalschwingungen des Systems lauten somit:

$$x_1(t) := 5cm \cos\left(1s^{-1}t\right)$$

$$x_2(t) := 5cm \cos\left(1s^{-1}t\right)$$

Eigenmoden oder Normalschwingungen

$t := 0s, 0.01s .. 20s$ Bereichsvariable

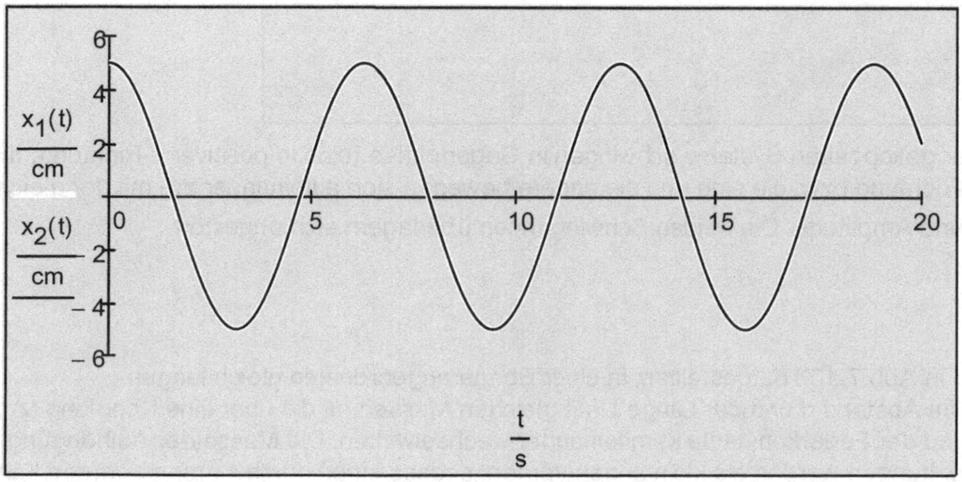

Abb. 7.104

Die beiden Massen der gekoppelten Systeme schwingen in Phase (in positiver x-Richtung bzw. negativer x-Richtung) mit gleicher Kreisfrequenz $\omega_{01} = 1\ s^{-1}$ und Amplitude. Die Kreisfrequenz entspricht dabei der Eigenkreisfrequenz der entkoppelten Systeme.

b) Die beiden Massen werden aus der Ruhelage entgegengesetzt mit $x_1(0\ s) = A = 5$ cm und $x_2(0\ s) = -A = 5$ cm ausgelenkt. Die Geschwindigkeit der beiden Massen beträgt dabei $x_1'(0\ s) = x_2'(0\ s) = 0$ m/s.

Die Konstanten werden wieder durch Einsetzen der Anfangsbedingungen bestimmt:

$$x_1(0s) = C_2 + C_4 = A \qquad \Rightarrow \qquad C_2 = 0 \quad \text{und} \quad C_4 = A$$
$$x_2(0s) = C_2 - C_4 = -A$$

Für die Ableitungen gilt wie oben:

$$x_1'(0) = C_1 + 3C_3 = 0 \qquad \Rightarrow \qquad C_1 = 0 \quad \text{und} \quad C_3 = 0$$
$$x_2'(0) = C_1 - 3C_3 = 0$$

Die Eigenmoden oder Normalschwingungen des Systems lauten somit:

$$x_1(t) := 5\text{cm}\cos\left(3s^{-1}t\right)$$
$$x_2(t) := -5\text{cm}\cos\left(3s^{-1}t\right)$$
Eigenmoden oder Normalschwingungen

$t := 0s, 0.01s .. 10s$ Bereichsvariable

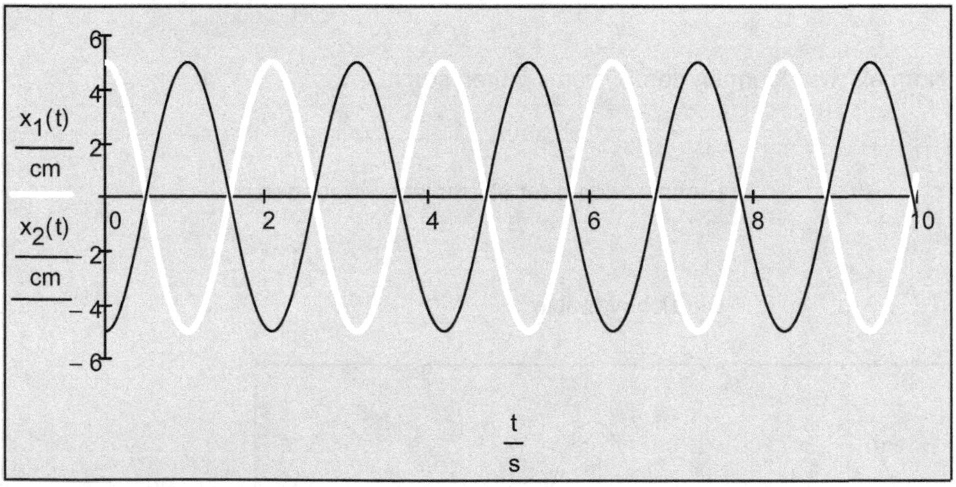

Abb. 7.105

Die beiden Massen der gekoppelten Systeme schwingen in Gegenphase (eine in positiver x-Richtung, die andere in negativer x-Richtung bzw. die eine und die andere bewegen sich aufeinander zu) mit der gleichen Frequenz $\omega_{02} = 3\ s^{-1}$ und Amplitude. Die beiden Schwingungen überlagern sich ungestört.

Beispiel 7.65:

Zuletzt betrachten wir die in Abb.7.103 dargestellten, in einer Ebene angeordneten gleich langen mathematischen Pendel im Abstand d und der Länge L mit gleichen Massen m, die über eine Kopplung (z. B. Feder der Ruhelänge d und der Federkonstante k) miteinander wechselwirken. Die Masse der Aufhängung wird vernachlässigt. Die Auslenkungen werden als klein angenommen, sodass sin(x) durch x ersetzt werden kann. Wird ein Pendel ausgelenkt, so wird über die Kopplung ein Teil der Energie auf das zweite Pendel übertragen, vom zweiten auf das dritte Pendel und umgekehrt. Neben den Eigenfrequenzen des Systems sollen die Eigenmoden bestimmt und grafisch dargestellt werden.

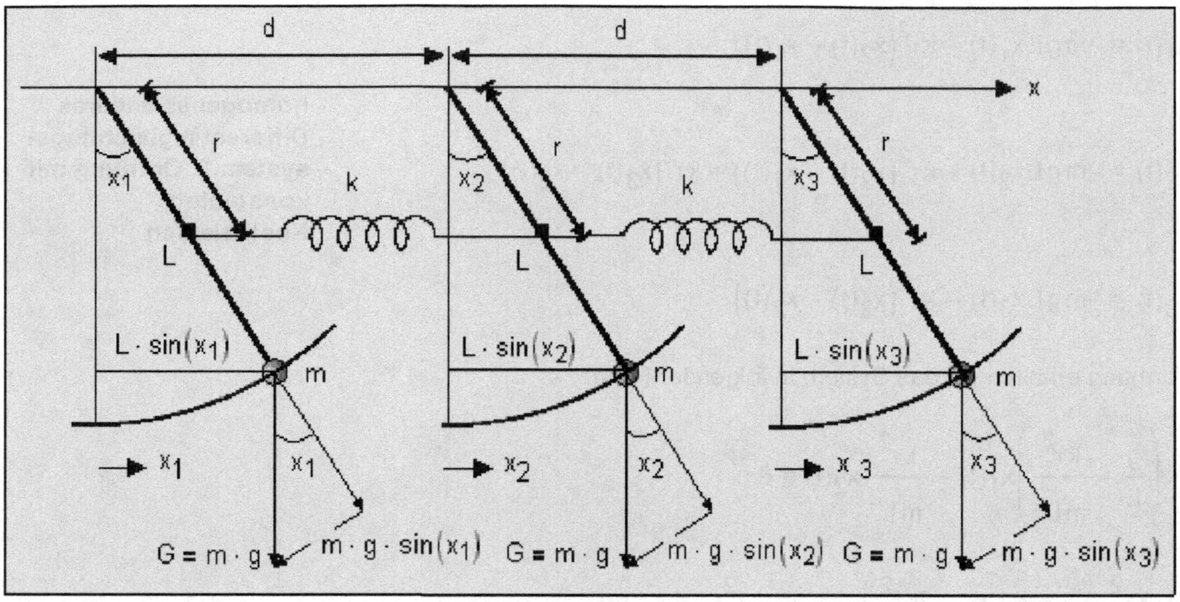

Abb.7.106

Wenn das linke Pendel um x_1 und das mittlere Pendel um x_2 bzw. das rechte Pendel nach rechts ausgelenkt wird, dann verändert sich die Länge der Feder um

$\mathbf{\Delta d_1 = r\,(\sin(x_1) - \sin(x_2)) \approx r\,(x_1 - x_2)}$ **bzw.** $\mathbf{\Delta d_2 = r\,(\sin(x_3) - \sin(x_2)) \approx r\,(x_3 - x_2)}$

für kleine Auslenkungen. Deshalb ist die Kraft, die auf das linke Pendel ausgeübt wird,

$\mathbf{F_1 = -k\,\Delta d_1 \approx -k\,r\,(x_1 - x_2)}$.

Die Kraft auf das mittlere Pendel ergibt sich demnach aus

$\mathbf{F_2 = -k\,(-\Delta d_1) + k\,(\Delta d_2) \approx k\,r\,(x_1 - x_2) + k\,r\,(x_3 - x_2)}$.

Die Kraft auf das rechte Pendel ergibt sich dann aus

$\mathbf{F_3 = -k\,(\Delta d_2) \approx -k\,r\,(x_3 - x_2)}$.

Diese Kräfte erzeugen ein Drehmoment

$\mathbf{M_{F1} = r\,F_1 = -k\,r^2\,(x_1 - x_2)}$

$\mathbf{M_{F2} = r\,F_2 = -k\,r^2\,(x_2 - x_1) + k\,r^2\,(x_3 - x_2)}$

$\mathbf{M_{F3} = r\,F_3 = -k\,r^2\,(x_1 - x_2)}$

Die durch die Gewichtskraft hervorgerufenen Momente an den Pendeln sind

$\mathbf{M_{G1} = -L\,m\,g\,\sin(x_1) \approx -m\,g\,L\,x_1}$

$\mathbf{M_{G2} = -L\,m\,g\,\sin(x_2) \approx -m\,g\,L\,x_2}$

$\mathbf{M_{G3} = -L\,m\,g\,\sin(x_3) \approx -m\,g\,L\,x_3}$

Beachten wir, dass für eine Punktmasse m an einem Faden der Länge L das **Trägheitsmoment durch** $\mathbf{J = m\,L^2}$ ist, dann erhalten wir die **linearisierten zugehörigen Bewegungsgleichungen aus** $\mathbf{M_{ges} = \Sigma\,M_i}$**:**

$$m L^2 \frac{d^2}{dt^2} x_1(t) = -m g L x_1(t) + k r^2 \left(x_2(t) - x_1(t)\right)$$

$$m L^2 \frac{d^2}{dt^2} x_2(t) = -m g L x_2(t) - k r^2 \left(x_2(t) - x_1(t)\right) + k r^2 \left(x_3(t) - x_2(t)\right)$$

homogenes lineares Differentialgleichungssystem 2. Ordnung mit konstanten Koeffizienten

$$m L^2 \frac{d^2}{dt^2} x_3(t) = -m g L x_3(t) - k r^2 \left(x_3(t) - x_2(t)\right)$$

Durch Umformung erhalten wir das System in folgender Form:

$$\frac{d^2}{dt^2} x_1(t) + \left(\frac{g}{L} + \frac{k r^2}{m L^2}\right) x_1(t) - \frac{k r^2}{m L^2} x_2(t) = 0$$

$$\frac{d^2}{dt^2} x_2(t) - \frac{k r^2}{m L^2} x_1(t) + \left(\frac{g}{L} + \frac{2k r^2}{m L^2}\right) x_2(t) - \frac{k r^2}{m L^2} x_3(t) = 0$$

$$\frac{d^2}{dt^2} x_3(t) - \frac{k r^2}{m L^2} x_2(t) + \left(\frac{g}{L} + \frac{k r^2}{m L^2}\right) x_3(t) = 0$$

Mit den Kreisfrequenzen

$\omega_0 = \sqrt{\frac{g}{L}}$ und $\omega_k = \sqrt{\frac{k r^2}{m L^2}}$

lässt sich schließlich das Differentialgleichungssystem in folgender Form als Matrixgleichung schreiben:

$$\begin{pmatrix} x_1''(t) \\ x_2''(t) \\ x_3''(t) \end{pmatrix} + \begin{pmatrix} \omega_0^2 + \omega_k^2 & -\omega_k^2 & 0 \\ -\omega_k^2 & \omega_0^2 + 2\omega_k^2 & -\omega_k^2 \\ 0 & -\omega_k^2 & \omega_0^2 + \omega_k^2 \end{pmatrix} \cdot \begin{pmatrix} x_1(t) \\ x_2(t) \\ x_3(t) \end{pmatrix}$$

bzw.

$$\frac{d^2}{dt^2} \mathbf{x}(t) + \mathbf{A}\mathbf{x}(t) = 0$$

ORIGIN := 1	ORIGIN festlegen
$g := 9.81$	Erdbeschleunigung
$L := 1$	Länge eines Pendels
$m := 1$	Masse eines Pendels
$k := 1$	Kopplungsfaktor zwischen 2 Pendeln
$r := \frac{1}{2}$	Abstand

$\omega_p := \sqrt{\frac{g}{L}}$ $\omega_p = 3.132$ $\omega_k := \sqrt{\frac{k\,r^2}{m\,L^2}}$ $\omega_k = 0.5$ Frequenzen

$$\mathbf{A} := \begin{pmatrix} \omega_p^2 + \omega_k^2 & -\omega_k^2 & 0 \\ -\omega_k^2 & \omega_p^2 + 2\omega_k^2 & -\omega_k^2 \\ 0 & -\omega_k^2 & \omega_p^2 + \omega_k^2 \end{pmatrix}$$ Koeffizientenmatrix

Bestimmung der Eigenwerte und Eigenvektoren:

Durch einen komplexen Lösungsansatz der Form $\underline{\mathbf{x}}(t) = \mathbf{x_a} e^{j\omega_0 t}$ erhalten wir ein komplexes lineares Gleichungssystem:

$$\begin{pmatrix} x_{a1} j^2 \omega_0^2 e^{j\omega_0 t} \\ x_{a2} j^2 \omega_0^2 e^{j\omega_0 t} \\ x_{a3} j^2 \omega_0^2 e^{j\omega_0 t} \end{pmatrix} + \mathbf{A} \cdot \begin{pmatrix} x_{a1} e^{j\omega_0 t} \\ x_{a2} e^{j\omega_0 t} \\ x_{a3} e^{j\omega_0 t} \end{pmatrix} = \begin{pmatrix} 0 \\ 0 \\ 0 \end{pmatrix}$$

Durch Kürzen vereinfacht sich dieses System zu:

$$\begin{pmatrix} -\omega_0^2 \\ -\omega_0^2 \\ -\omega_0^2 \end{pmatrix} + \mathbf{A} \cdot \begin{pmatrix} 1 \\ 1 \\ 1 \end{pmatrix} = \begin{pmatrix} 0 \\ 0 \\ 0 \end{pmatrix}$$

Für eine nichttriviale Lösung muss die Determinante von $\mathbf{A} - \omega_0^2 \mathbf{E}$ verschwinden:

$\left|\mathbf{A} - \omega_0^2 \mathbf{E}\right| = 0$ ω_0^2 muss somit Eigenwert von **A** sein

$\boldsymbol{\lambda} := \text{eigenwerte}(\mathbf{A})$ $\boldsymbol{\lambda} = \begin{pmatrix} 10.56 \\ 10.06 \\ 9.81 \end{pmatrix}$ normierte Eigenwerte der Matrix **A**

$\boldsymbol{\omega_0} := \overrightarrow{\sqrt{\boldsymbol{\lambda}}}$ $\boldsymbol{\omega_0} = \begin{pmatrix} 3.25 \\ 3.172 \\ 3.132 \end{pmatrix}$ Eigenfrequenzen des Systems gekoppelter Oszillatoren.

$k := 1..3$ Bereichsvariable

$\mathbf{T}_k := \frac{2\pi}{\boldsymbol{\omega_0}_k}$ $\mathbf{T} = \begin{pmatrix} 1.934 \\ 1.981 \\ 2.006 \end{pmatrix}$ Vektor der Periodendauern (für die einzelnen Eigenmoden)

Bestimmung der normierten Eigenvektoren zu den Eigenwerten:

$$\mathbf{A} = \begin{pmatrix} 10.06 & -0.25 & 0 \\ -0.25 & 10.31 & -0.25 \\ 0 & -0.25 & 10.06 \end{pmatrix}$$

A ist eine symmetrische Matrix.

$$\mathbf{U}^{\langle k\rangle} := \text{eigenvek}(\mathbf{A}, \lambda_k) \qquad \mathbf{U} = \begin{pmatrix} 0.408 & -0.707 & 0.577 \\ -0.816 & 0 & 0.577 \\ 0.408 & 0.707 & 0.577 \end{pmatrix}$$

Matrix der Eigenvektoren

Die Eigenvektoren müssen folgenden Gleichungen genügen:

$$\mathbf{A}\mathbf{U}^{\langle 1\rangle} - \lambda_1 \mathbf{U}^{\langle 1\rangle} = \begin{pmatrix} -0 \\ 0 \\ -0 \end{pmatrix} \qquad \mathbf{A}\mathbf{U}^{\langle 2\rangle} - \lambda_2 \mathbf{U}^{\langle 2\rangle} = \begin{pmatrix} 0 \\ 0 \\ -0 \end{pmatrix} \qquad \mathbf{A}\mathbf{U}^{\langle 3\rangle} - \lambda_3 \mathbf{U}^{\langle 3\rangle} = \begin{pmatrix} 0 \\ 0 \\ 0 \end{pmatrix}$$

$$\mathbf{U}^{-1} = \begin{pmatrix} 0.408 & -0.816 & 0.408 \\ -0.707 & 0 & 0.707 \\ 0.577 & 0.577 & 0.577 \end{pmatrix} \qquad \mathbf{U}^{T} = \begin{pmatrix} 0.408 & -0.816 & 0.408 \\ -0.707 & 0 & 0.707 \\ 0.577 & 0.577 & 0.577 \end{pmatrix}$$

Die Matrix **U** der Eigenvektoren ist unitär (orthogonal).

$$\mathbf{U}^{T}\mathbf{U} = \begin{pmatrix} 1 & 0 & 0 \\ 0 & 1 & 0 \\ 0 & 0 & 1 \end{pmatrix}$$

Für eine reelle unitäre Matrix gilt die Gleichung: $\mathbf{U}^T \mathbf{U} = \mathbf{E}$.

Die symmetrische Matrix **A** kann mit einer unitären Matrix **U** auf Diagonalform gebracht werden (**siehe Band 2, Kapitel 3, Matrizenrechnung**):

$$\mathbf{\Lambda} := \text{diag}(\boldsymbol{\lambda}) \qquad \mathbf{\Lambda} = \begin{pmatrix} 10.56 & 0 & 0 \\ 0 & 10.06 & 0 \\ 0 & 0 & 9.81 \end{pmatrix}$$

die aus den Eigenwerten gebildete Diagonalmatrix

$$\mathbf{U}\mathbf{\Lambda}\mathbf{U}^{-1} = \begin{pmatrix} 10.06 & -0.25 & 0 \\ -0.25 & 10.31 & -0.25 \\ 0 & -0.25 & 10.06 \end{pmatrix}$$

Spektralzerlegung ($\mathbf{U}\,\Lambda\,\mathbf{U}^{-1} = \mathbf{A}$)

$$\mathbf{U}^{T}\mathbf{A}\mathbf{U} = \begin{pmatrix} 10.56 & 0 & 0 \\ 0 & 10.06 & 0 \\ 0 & 0 & 9.81 \end{pmatrix}$$

Diagonalform ($\mathbf{U}^T \mathbf{A}\, \mathbf{U} = \Lambda$)

Transformation der Bewegungsgleichung auf Normalkoordinaten:

$$\frac{d^2}{dt^2}\mathbf{x}(t) + \mathbf{A}\mathbf{x}(t) = 0$$

ursprüngliche Bewegungsgleichung

$$\mathbf{x}(t) = \mathbf{U}\eta(t)$$

Der Vektor **x** wird durch Normalkoordinaten η in der Bewegungsgleichung ersetzt.

$$\frac{d^2}{dt^2}(\mathbf{U}\eta(t)) + \mathbf{A}\mathbf{U}\eta(t) = 0$$

Die Bewegungsgleichung kann dann mit $\mathbf{U}^T$ von links multipliziert werden.

$$\frac{d^2}{dt^2}(\mathbf{E}\eta(t)) + \mathbf{U}^T\mathbf{A}\mathbf{U}\eta(t) = \frac{d^2}{dt^2}(\mathrm{E}\eta(t)) + \mathbf{\Lambda}\eta(t) = \frac{d^2}{dt^2}\eta(t) + \mathbf{\Lambda}\eta(t) = 0$$

Zu lösen ist dann die Bewegungsgleichung für Normalkoordinaten:

$$\frac{d^2}{dt^2}\eta(t) + \mathbf{\Lambda}\eta(t) = 0$$

Wegen der Diagonalform von $\mathbf{U}^T\mathbf{A}\ \mathbf{U} = \Lambda = \mathrm{diag}(\lambda)$ handelt es sich um ein entkoppeltes Differentialgleichungssystem in den Normalkoordinanten $\eta(t) = (\eta_1(t), \eta_2(t), \eta_3(t))^T$.

Zur Bestimmung der Eigenmoden wird jeweils nur eine Normalkoordinate von null verschieden angenommen. Dadurch erhalten wir dann eine rein harmonische Bewegung mit der Wurzel des zugehörigen Eigenwertes als Kreisfrequenz.

Eigenmode 1:

$$\mathbf{C_1} := \begin{pmatrix} 1 \\ 0 \\ 0 \end{pmatrix} \quad \mathbf{C_2} := \begin{pmatrix} 1 \\ 0 \\ 0 \end{pmatrix}$$

gewählte Anfangsbedingungen

Die Lösung der Bewegungsgleichung in Normalkoordinaten kann mithilfe des Vektorisierungsoperators berechnet werden:

$$\eta(t) := \overrightarrow{\mathbf{C_1}\cos(\omega_0 t)} + \overrightarrow{\mathbf{C_2}\sin(\omega_0 t)}$$

allgemeine Lösung mit den Integrationskonstanten $\mathbf{C_1}$ und $\mathbf{C_2}$

$$\mathbf{x}(t) := \mathbf{U}\eta(t)$$

Rücktransformation auf Lagekoordinaten der einzelnen Pendel (Oszillatoren). Jedes Pendel führt eine Bewegung aus, die sich aus der Überlagerung von Eigenmoden zusammensetzt.

$$t := 0, \frac{\mathbf{T_1}}{20} .. \mathbf{T_1}$$

Bereichsvariable

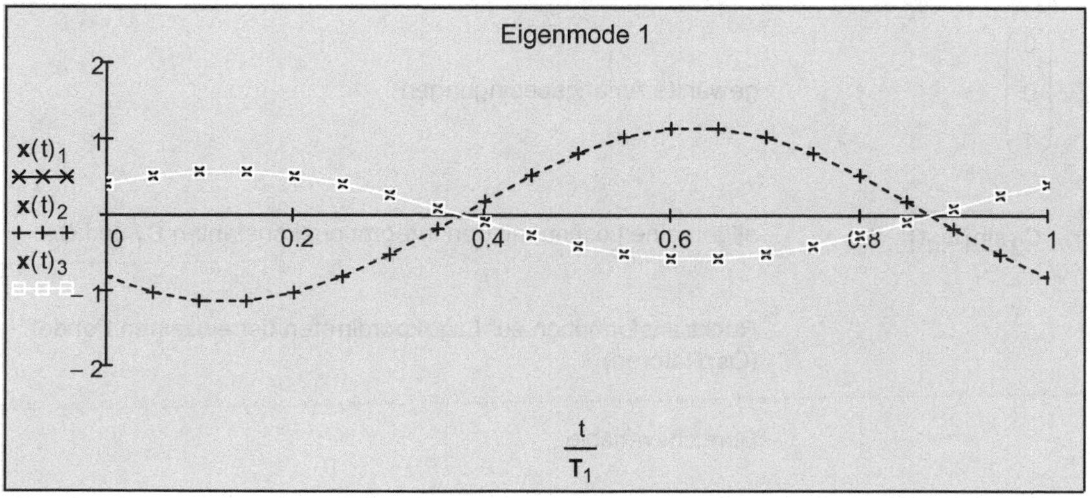

Abb.7.107

Pendel 1 und 3 schwingen gleichphasig und das mittlere Pendel schwingt gegenphasig mit doppelter Amplitude.

Eigenmode 2:

$\mathbf{C_1} := \begin{pmatrix} 0 \\ 1 \\ 0 \end{pmatrix} \quad \mathbf{C_2} := \begin{pmatrix} 0 \\ 1 \\ 0 \end{pmatrix}$ gewählte Anfangsbedingungen

$\eta(t) := \overrightarrow{\mathbf{C_1}\cos(\omega_0 t)} + \overrightarrow{\mathbf{C_2}\sin(\omega_0 t)}$ allgemeine Lösung mit den Integrationskonstanten $\mathbf{C_1}$ und $\mathbf{C_2}$

$\mathbf{x}(t) := \mathbf{U}\eta(t)$ Rücktransformation auf Lagekoordinaten der einzelnen Pendel (Oszillatoren)

$t := 0, \frac{T_2}{20} .. T_2$ Bereichsvariable

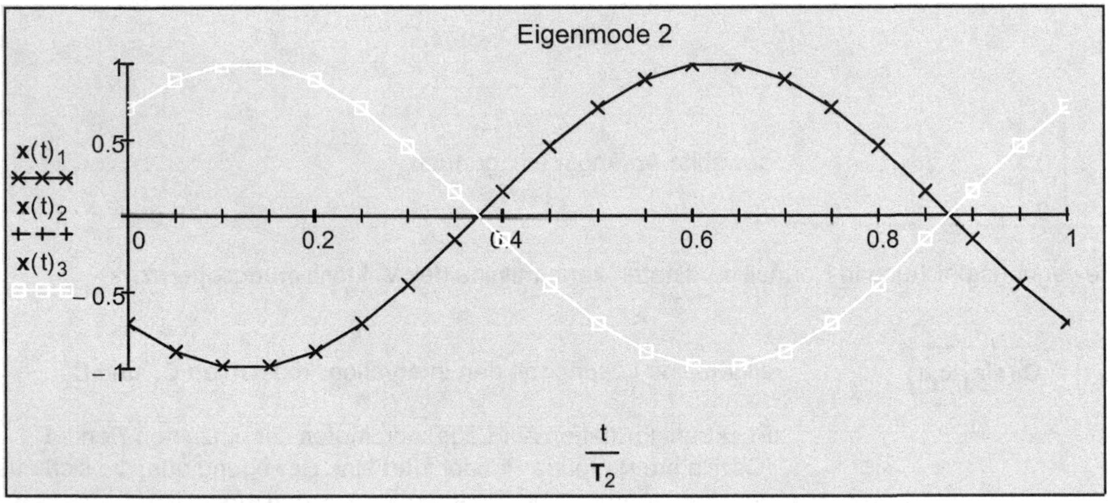

Abb.7.108

Pendel 1 und 3 schwingen gegenphasig und das mittlere Pendel ist in Ruhe.

Eigenmode 3:

$\mathbf{C_1} := \begin{pmatrix} 0 \\ 0 \\ 1 \end{pmatrix} \quad \mathbf{C_2} := \begin{pmatrix} 0 \\ 0 \\ 1 \end{pmatrix}$ gewählte Anfangsbedingungen

$\eta(t) := \overrightarrow{\mathbf{C_1}\cos(\omega_0 t)} + \overrightarrow{\mathbf{C_2}\sin(\omega_0 t)}$ allgemeine Lösung mit den Integrationskonstanten $\mathbf{C_1}$ und $\mathbf{C_2}$

$\mathbf{x}(t) := \mathbf{U}\eta(t)$ Rücktransformation auf Lagekoordinaten der einzelnen Pendel (Oszillatoren)

$t := 0, \frac{T_3}{20} .. T_3$ Bereichsvariable

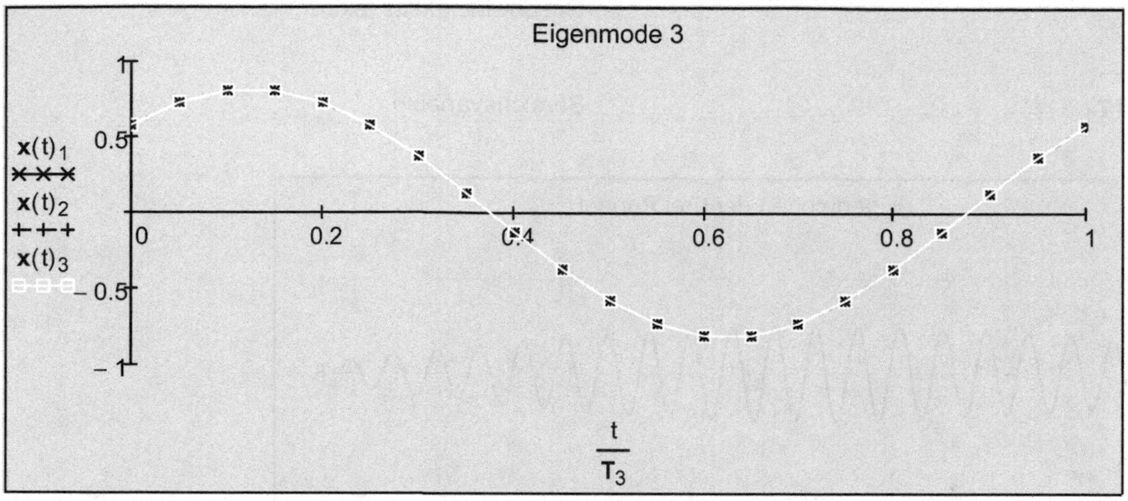

Abb.7.109

Alle Pendel schwingen in Phase mit gleicher Amplitude.

Lösung der Bewegungsgleichung mit bestimmten Anfangsbedingungen:

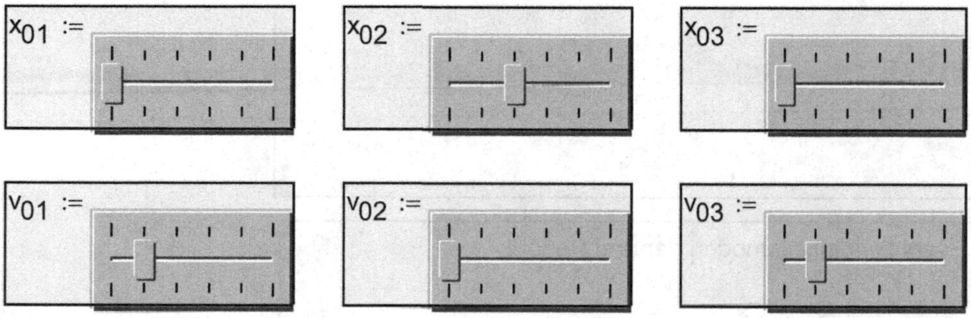

$\mathbf{x_0} := \begin{pmatrix} x_{01} \\ x_{02} \\ x_{03} \end{pmatrix}$ $\mathbf{x_0} = \begin{pmatrix} 0 \\ 2 \\ 0 \end{pmatrix}$ $\mathbf{v_0} := \begin{pmatrix} v_{01} \\ v_{02} \\ v_{03} \end{pmatrix}$ $\mathbf{v_0} = \begin{pmatrix} 1 \\ 0 \\ 1 \end{pmatrix}$ gewählte Anfangsorte und Anfangsgeschwindigkeiten

Einsetzen der Anfangsbedingungen:

$\mathbf{C_1} := \mathbf{U}^T \mathbf{x_0}$

$\mathbf{C_2} := \mathbf{U}^T \mathbf{v_0}$

Integrationskonstanten $\mathbf{C_1}$ und $\mathbf{C_2}$

$\eta(t) := \overrightarrow{\mathbf{C_1}\cos(\boldsymbol{\omega_0} t)} + \overrightarrow{\mathbf{C_2}\sin(\boldsymbol{\omega_0} t)}$

allgemeine Lösung in Normalkoordinaten mit Integrationskonstanten $\mathbf{C_1}$ und $\mathbf{C_2}$.

$\mathbf{x}(t) := \mathbf{U}\eta(t)$

Rücktransformation auf Lagekoordinaten der einzelnen Pendel (Oszillatoren). Jedes Pendel führt eine Bewegung aus, die sich aus der Überlagerung von Eigenmoden zusammensetzt.

$\eta'(t) := \overrightarrow{\overrightarrow{\mathbf{C_1}\boldsymbol{\omega_0}}(-\sin(\boldsymbol{\omega_0} t))} + \overrightarrow{\overrightarrow{\mathbf{C_2}\boldsymbol{\omega_0}}\cos(\boldsymbol{\omega_0} t)}$

Ableitung der allgemeinen Lösung in Normalkoordinaten mit Integrationskonstanten $\mathbf{C_1}$ und $\mathbf{C_2}$.

$\mathbf{v}(t) := \mathbf{U}\eta'(t)$ Geschwindigkeitsvektor

$t := 0, \frac{\mathbf{T}_1}{100} .. 20\,\mathbf{T}_1$ Bereichsvariable

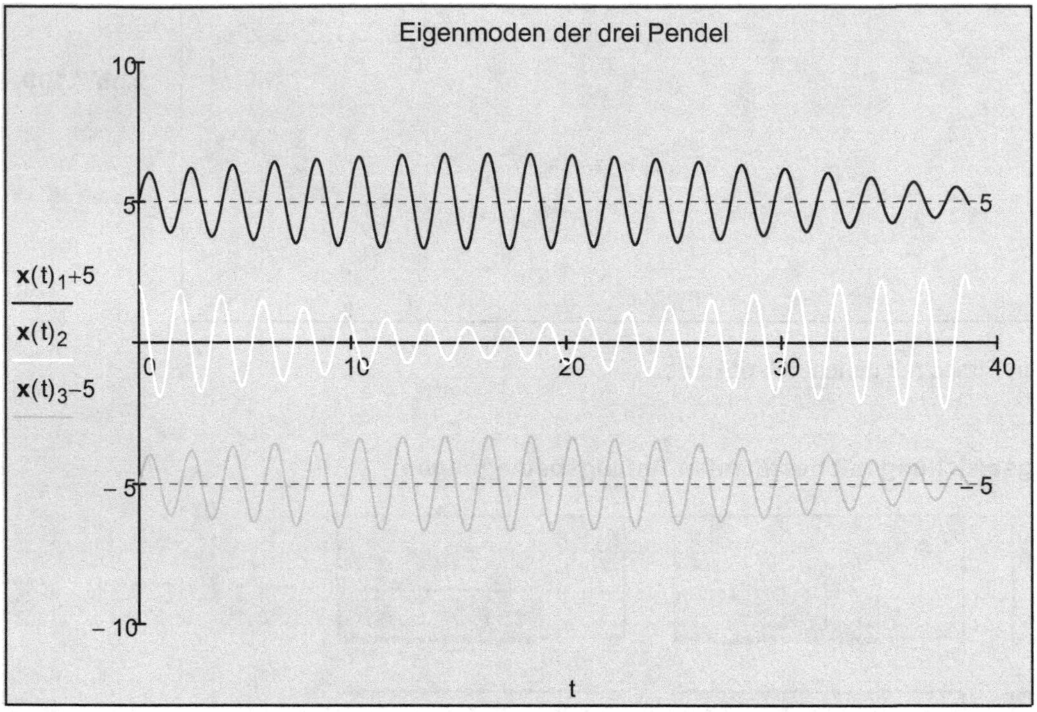

Abb.7.110

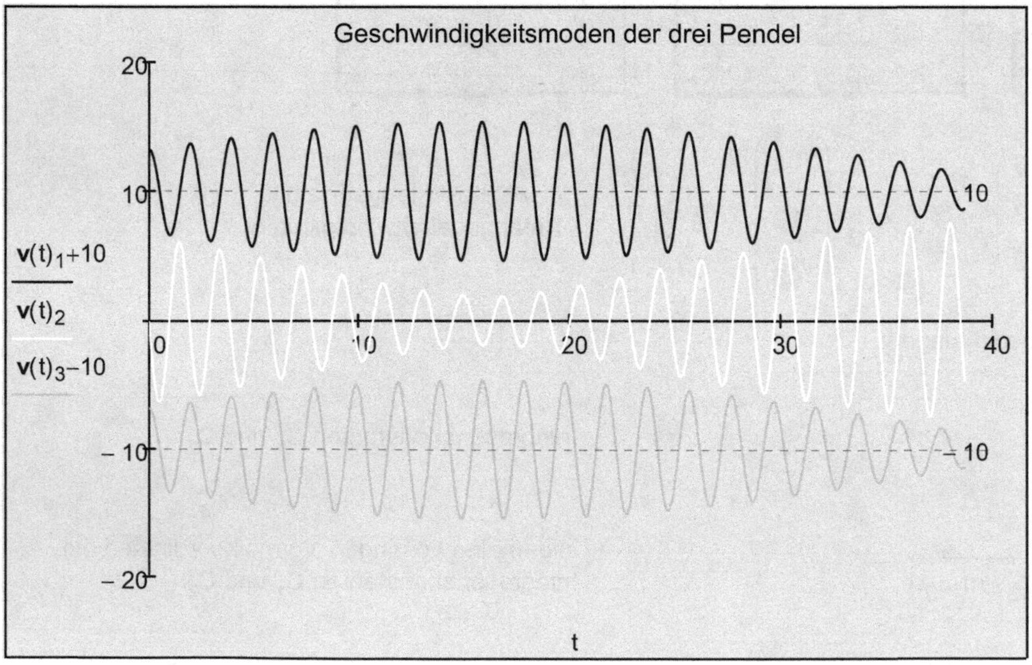

Abb.7.111

8. Differenzengleichungen

8.1 Allgemeines

Für die Umsetzung einer Differentialgleichung in eine Differenzengleichung sollen hier noch einige Zusammenhänge beschrieben werden. Die Kenngrößen der Differentialgleichung sind in vielen Fällen zeitabhängig. Daher werden auch oft die diskreten Zeitpunkte durch t_0, t_1, t_2, t_3, ... und die diskreten Folgen durch y(t) oder y_t beschrieben.

Ein Differentialquotient $\frac{dy}{dt}$ wird durch den Differenzenquotienten $\frac{\Delta y}{\Delta t}$ ersetzt.

Unter der Annahme, dass t nur ganzzahlige Werte annimmt (d. h. $\Delta t = 1$), wird aus diesem Differenzenquotienten die erste Differenz Δy. Diese Differenz hängt davon ab, zwischen welchen Zeitpunkten diese Differenz gebildet wird.
Wir schreiben:

$$\Delta y_t = y_{t+1} - y_t \qquad (8\text{-}1)$$

Die zweite Differenz wird dann wie folgt gebildet:

$$\Delta^2 y_t = \Delta(\Delta y_t) = \Delta y_{t+1} - \Delta y_t = (y_{t+2} - y_{t+1}) - (y_{t+1} - y_t) = y_{t+2} - 2\,y_{t+1} + y_t \qquad (8\text{-}2)$$

Die k-te Ableitung $d^k y/dt_k$ wird durch die Differenz der Ordnung k ersetzt:

$$\Delta^k y_t = \Delta(\Delta^{k-1} y_t) = \Delta^{k-1} y_{t+1} - \Delta^{k-1} y_t \qquad (8\text{-}3)$$

Für Differenzen gelten ähnliche Regeln wie für Differentialquotienten:

$\Delta(k\, y_t) = k\, \Delta y_t$	**konstanter Faktor k**	**(8-4)**
$\Delta(y1_t + y2_t) = \Delta y1_t + \Delta y2_t$	**Summenregel**	**(8-5)**
$\Delta(y1_t\ y2_t) = y2_t\, \Delta y1_t + y1_t\, \Delta y2_t$	**Produktregel**	**(8-6)**
$\Delta(y1_t / y2_t) = (y2_t\, \Delta y1_t - y1_t\, \Delta y2_t) / (y1_t\, y1_{t+1})$	**Quotientenregel**	**(8-7)**

Nur für lineare zeitinvariante Differentialgleichungen und Differenzengleichungen gibt es eine allgemeine Lösungstheorie, für nichtlineare im Allgemeinen nicht!
Für die Berechnung einer geschlossenen Lösung einer linearen zeitinvarianten Differenzengleichung wird meist ein Verfahren angewandt, bei dem analog zu Differentialgleichungen vorgegangen wird. Die Lösung ergibt sich aus zwei Anteilen, der sogenannten homogenen und partikulären Lösung. Die partikuläre Lösung muss unter Berücksichtigung des vorliegenden Eingangssignales x(n) (oder x(t)) bestimmt werden, was nur für eine eingeschränkte Klasse von Eingangssignalen einfach möglich ist. In Abschnitt 6.4.1 wurde bereits gezeigt, wie mithilfe der z-Transformation Differenzengleichungen gelöst werden können.
Eine weitere Methode, mit der auch nichtlineare Differenzengleichungen gelöst werden können, ist die rekursive Berechnung der Folgeglieder. Sehr effizient ist die rechnerunterstützte rekursive numerische Berechnung der Folgeglieder z. B. mithilfe von Mathcad.

8.2. Lineare Differenzengleichungen

Eine inhomogene lineare Differenzengleichung k-ter Ordnung mit konstanten Koeffizienten hat folgende Form:

$$y_n + a_1 \cdot y_{n-1} + a_2 \cdot y_{n-2} + \dots + a_k \cdot y_{n-k} = b_0 \cdot x_n + b_1 \cdot x_{n-1} + \dots b_k \cdot x_{n-k} \qquad (8\text{-}8)$$

bzw.

$$y(n) + a_1 \cdot y(n-1) + \dots + a_k \cdot y(n-k) = b_0 \cdot x(n) + b_1 \cdot x(n-1) + \dots + b_k \cdot x(n-k) \qquad (8\text{-}9)$$

oder

$$y_t + a_1 \cdot y_{t-1} + a_2 \cdot y_{t-2} + \dots + a_k \cdot y_{t-k} = b_0 \cdot x_t + b_1 \cdot x_{t-1} + \dots b_k \cdot x_{t-k} \qquad (8\text{-}10)$$

Die Koeffizienten $a_1, a_2, \dots, a_k, b_0, b_1, \dots, b_k \in \mathbb{R}$. Sind alle $b_k = 0$, so ist die Gleichung homogen.

Die Indizes können beliebig verschoben werden, d. h., es kann jede ganze Zahl dazugezählt werden. Die gesuchte Lösung für die Lösungsfolge $y_n = y(n)$ bzw. $y_t = y(t)$ (mit n = 0, 1, 2, ... bzw. t = 0, 1, 2, ...) ergibt sich als Summe aus der allgemeinen Lösung der homogenen Gleichung und einer speziellen Lösung der inhomogenen Gleichung.
Es seien hier nachfolgend vier wichtige Sonderfälle von Differenzengleichungen besonders erwähnt.

Homogene lineare Differenzengleichung 1. Ordnung:

$$y_{t+1} + a\, y_t = 0 \quad \text{mit } a \in \mathbb{R} \qquad (8\text{-}11)$$

Allgemeine Lösung:
Ansatz: $y_t = c_1\, \alpha^t$ ($c_1, \alpha \neq 0$).
In die Differenzengleichung eingesetzt:
$y_{t+1} + a\, y_t = c_1\, \alpha^{t+1} + a\, c_1\, \alpha^t = 0$. Die Division durch $c_1\, \alpha^t$ ergibt $\alpha + a = 0$ und damit $\alpha = -a$.

Die Lösungsfolge lautet damit:

$$y_t = c_1\, (-a)^t \qquad (8\text{-}12)$$

Inhomogene lineare Differenzengleichung 1. Ordnung:

$$y_{t+1} + a\, y_t = b \quad \text{mit } a, b \in \mathbb{R} \qquad (8\text{-}13)$$

Die allgemeine Lösung setzt sich aus der Lösung der homogenen Gleichung und einer partikulären Lösung der inhomogenen Gleichung zusammen:
$y_t = yh_t + yp_t$.
Die partikuläre Lösung:
$yp_t = c_2$.
In die Differenzengleichung eingesetzt:
$yp_{t+1} + a\, yp_t = c_2 + a\, c_2 = b$. Daraus folgt: $c_2 = b/(1+a)$, falls $a \neq -1$. Damit ist $yp_t = c_2 = b/(1+a)$.
Für a = -1 machen wir den Ansatz:
$yp_t = c_2\, t$.
In die Differenzengleichung eingesetzt:
$c_2\,(t+1) + (-1)\, c_2\, t = b$. Daraus folgt: $c_2 = b/((t+1) - t) = b$. Damit ist $yp_t = c_2 = b\, t$.

Die Lösungsfolge lautet damit:

$$y_t = c_1\,(-a)^t + b/(1+a) \text{ für } a \neq -1 \quad (8\text{-}14)$$

$$y_t = c_1\,(-a)^t + b\,t \text{ für } a = -1 \quad (8\text{-}15)$$

Homogene lineare Differenzengleichung 2. Ordnung:

$$y_{t+2} + a_1\,y_{t+1} + a_2\,y_t = 0 \text{ mit } a_1, a_2 \in \mathbb{R} \quad (8\text{-}16)$$

Allgemeine Lösung:

Ansatz: $y_t = c_1\,\alpha^t$ $(c_1, \alpha \neq 0)$.

In die Differenzengleichung eingesetzt:

$c_1\,\alpha^{t+2} + a_1\,c_1\,\alpha^{t+1} + a_2\,c_1\,\alpha^t = 0$. **Durch Division von $c_1\,\alpha^t$ ergibt sich die charakteristische Gleichung**

$\alpha^2 + a_1\,\alpha + a_2 = 0$ **mit den Lösungen**

$$\alpha_1 = -\frac{a_1}{2} + \sqrt{\frac{a_1^2}{4} - a_2}, \quad \alpha_2 = -\frac{a_1}{2} - \sqrt{\frac{a_1^2}{4} - a_2}, \quad D = \frac{a_1^2}{4} - a_2 \quad (8\text{-}17)$$

Es sind drei Fälle zu unterscheiden:

Fall 1: $D = 0$, $\alpha_1 = \alpha_2 = \alpha$ **(doppelte reelle Nullstelle)**

Die allgemeine Lösungsfolge lautet damit:

$$y_t = c_1\,\alpha^t + c_2\,t\,\alpha^t \quad (8\text{-}18)$$

Fall 2: $D > 0$, $\alpha_1 \neq \alpha_2$ **(zwei reelle Lösungen)**

Die allgemeine Lösungsfolge lautet damit:

$$y_t = c1\,\alpha_1^t + c2\,\alpha_2^t \quad (8\text{-}19)$$

Fall 3: $D < 0$, $\alpha_1 \neq \alpha_2$ **(zwei konjugiert komplexe Lösungen)**

Mit $\alpha_1 = a + b\,j$, $\alpha_2 = a - b\,j$, $a = -a_1/2$, $b = (-D)^{1/2}$,

$\alpha_1 = r\,(\cos(\varphi) + j\sin(\varphi))$, $\alpha_2 = r\,(\cos(\varphi) - j\sin(\varphi))$, $r = |\,\alpha\,| = (a^2 + b^2)^{1/2} = (a_1^2/4 + a_2 - a_1^2/4)^{1/2} = a_2^{1/2}$,

$\cos(\varphi) = a/r = -a_1/(2a_2^{1/2})$, $\sin(\varphi) = b/r = (1 - a_1^2/(4a_2))^{1/2}$ **erhalten wir die allgemeine Lösungsfolge**

$y_t = A_1\,(a + b\,j)^t + A_2\,(a - b\,j)^t = A_1\,(r\,(\cos(\varphi) + j\sin(\varphi))\,)^t + A_2\,r\,(\cos(\varphi) - j\sin(\varphi)^t$.

Mit der Formel von de Moivre vereinfacht sich der letzte Ausdruck zu:

$y_t = r^t\,((A_1 + A_2)\cos(\varphi\,t) + (A_1 - A_2)\,j\sin(\varphi\,t))$.

Setzen wir $c_1 = A_1 + A_2$, $c_2 = (A_1 - A_2)\,j$ **und** $\tan(\varphi) = b/a$, **dann vereinfacht sich die Lösungsfolge.**

Die allgemeine Lösungsfolge lautet damit:

$$y_t = r^t\,(c_1\cos(\varphi\,t) + c_2\sin(\varphi\,t)) \quad (8\text{-}20)$$

Inhomogene lineare Differenzengleichung 2. Ordnung:

$$y_{t+2} + a_1\,y_{t+1} + a_2\,y_t = b \text{ mit } a_1, a_2, b \in \mathbb{R} \quad (8\text{-}21)$$

Die allgemeine Lösung setzt sich aus der Lösung der homogenen Gleichung und einer partikulären Lösung der inhomogenen Gleichung zusammen: $y_t = yh_t + yp_t$.

Die partikuläre Lösung:
$yp_t = c$.
In die Differenzengleichung eingesetzt:
$c + a_1\, c + a_2\, c = b$. Daraus folgt: $c = b/(1+a_1+a_2)$, falls $a_1+a_2 \neq -1$.
Damit ist $yp_t = b/(1+a_1+a_2)$.
Für $a_1+a_2 = -1$ machen wir den Ansatz:
$yp_t = c\, t$.
In die Differenzengleichung eingesetzt:
$c\,(t+2) + a_1\, c\,(t+1) + a_2\, c\, t = b$. Daraus folgt: $c = b/(a_1+2)$.
Damit ist $yp_t = b/(a_1+2)\, t$, falls $a_1+a_2 = -1$ und $a_1 \neq -2$ (für $a_1 = -2$ und $a_2 = 1$ gibt es keine Lösung!).

Die allgemeine Lösungsfolge lautet damit:

$$y_t = yh_t + yp_t = r^t\,(c_1 \cos(\varphi\, t) + c_2 \sin(\varphi\, t)) + b/(1+a_1+a_2) \quad \text{falls } a_1+a_2 \neq -1 \qquad (8\text{-}22)$$

$$y_t = yh_t + yp_t = r^t\,(c_1 \cos(\varphi\, t) + c_2 \sin(\varphi\, t)) + b/(a_1+2)\, t \quad \text{falls } a_1+a_2 = -1 \text{ und } a1 \neq -2 \qquad (8\text{-}23)$$

Die unbekannten Konstanten erhalten wir für die oben angeführten Differenzengleichungen aus den Anfangsbedingungen.
Nachfolgend soll das Systemverhalten von einigen Systemen simuliert werden.

<u>Beispiel 8.1:</u>

Gegeben ist eine Differenzengleichung 1. Ordnung der Form $\mathbf{y_{t+1} + a\, y_t = b}$ **(a, b ∈ ℝ)** mit dem Anfangswert y_0. Berechnen Sie die Lösungsfolge für

a) $a = 0.8$, $b = 5$, $y_0 = 4$ und $t = 0,1, ..., 10$;
b) $a = 1.5$, $b = 5$, $y_0 = 3$ und $t = 0,1, ..., 20$;
c) $a = 1$, $b = 4$, $y_0 = 3.1$ und $t = 0,1, ..., 20$;
d) $a = 1/2$, $b = 2$, $y_0 = 1/2$ und $t = 0,1, ..., 10$.

ORIGIN = 0 — ORIGIN festlegen

a) $a := 0.8$ $b := 5$ $y_0 := 4$ — gegebene Werte

$t := 0..10$ — Bereichsvariable

$\mathbf{y}_{t+1} := -a \cdot \mathbf{y}_t + b$ — rekursive Berechnung der Folgeglieder

$\mathbf{y}^T =$

	0	1	2	3	4	5	6	7	8	9	10
0	4	1.8	3.56	2.152	3.278	2.377	3.098	2.521	2.983	2.614	...

Die allgemeine Lösung lautet: $y_t = c_1\,(-a)^t + b/(1+a)$ für $a \neq -1$.

$t := t$ — Redefinition

$$c_1 := c_1 \cdot (-a)^0 + \frac{b}{1+a} = y_0 \;\Big|\; \begin{array}{l}\text{auflösen}, c_1\\ \text{Gleitkommazahl}, 4\end{array} \rightarrow 1.222$$

Bestimmung der Konstanten c_1 aus der Anfangsbedingung

$$\mathbf{y}_t = c_1 \cdot (-a)^t + \frac{b}{1+a} \;\Big|\; \begin{array}{l}\text{vereinfachen}\\ \text{Gleitkommazahl}, 4\end{array} \rightarrow \mathbf{y}_t = 1.222 \cdot (-0.8)^t + 2.778$$

$t := 0..10$ Bereichsvariable $t_G := \frac{b}{1+a}$ $t_G = 2.778$ Fixpunkt

$y_t := 1.222 \cdot (-1.)^t \cdot \exp(-.2231 \cdot t) + 2.778$ Berechnung der Folgeglieder mit der Lösungsformel

$y^T =$

	0	1	2	3	4	5	6	7	8	9	10
0	4	1.8	3.56	2.152	3.279	2.377	3.098	2.522	2.983	2.614	...

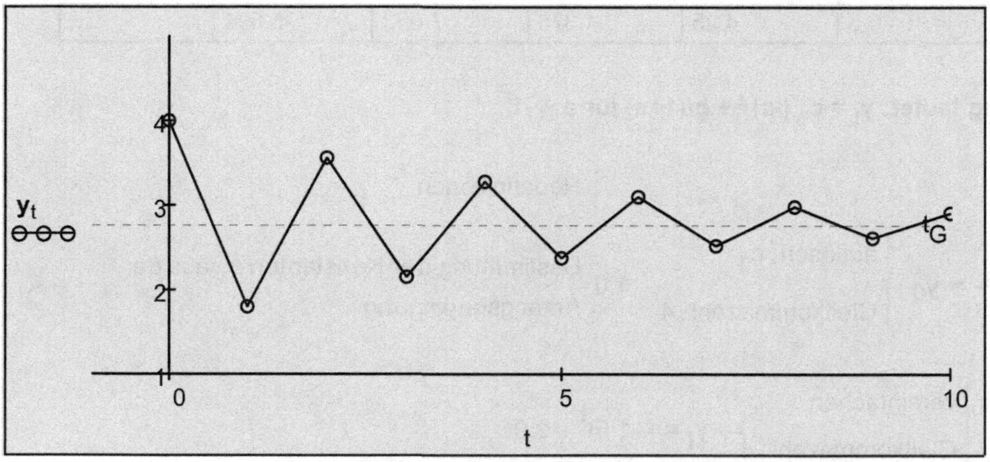

Die Folgeglieder oszillieren um den Fixpunkt t_G.

Abb. 8.1

Wenn wir für die lineare Differenzengleichung 1. Ordnung $y_{t+1} = -a\, y_t + b$ die Gerade $y = -a\,x + b$ und die Hilfsgerade $y = x$ zeichnen, so kann mit einem sogenannten Web-Plot (Spinnengewebe (Cobweb)) das Langzeitverhalten der Folgeglieder grafisch dargestellt werden. Dieser Web-Plot entsteht dadurch, dass wir zuerst für $x = y_0$ den y_1-Wert auf der Geraden $y = -a\,x + b$ ablesen. Die Hilfsgerade dient dazu, den Wert y_1 wieder auf die x-Achse zu spiegeln, sodass erneut das nächste Folgeglied y_2 auf der Geraden $y = -a\,x + b$ abgelesen werden kann. Fahren wir in dieser Weise fort, so erhalten wir einen Web-Plot. Zieht sich die so entstehende Punktfolge auf den Schnittpunkt der beiden Geraden zusammen, so konvergieren die Folgeglieder gegen die Schnittstelle. Die Schnittstelle ist Lösung der Gleichung $-a\,x + b = x$. Daraus ergibt sich der Wert b/(1 - a). Eine solche Zahl heißt stabiler Fixpunkt (Gleichgewichtspunkt) der Differenzengleichung, wenn dieser Wert Grenzwert der Folge $< y_t >$ ist.

$x := 0..5$ $y(x) := -a \cdot x + b$ $y1(x) := x$ Bereichsvariable und Hilfsfunktionen

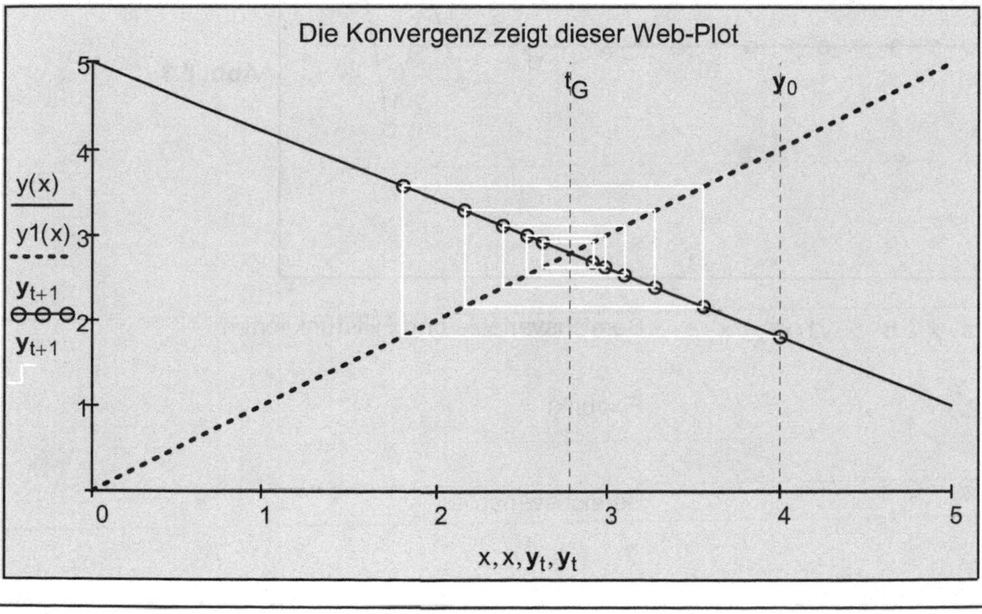

Die Folgeglieder ziehen sich oszillierend auf die Schnittstelle t_G zusammen.

$t_G = 2.778$

Abb. 8.2

b) $a := 1.5$ $\quad b := 5$ $\quad y_0 := 3$ gegebene Werte

$t := 0 .. 20$ Bereichsvariable

$y_{t+1} := -a \cdot y_t + b$ rekursive Berechnung der Folgeglieder

$y^T =$

	0	1	2	3	4	5	6
0	3	0.5	4.25	-1.375	7.063	-5.594	...

Die allgemeine Lösung lautet: $y_t = c_1\,(-a)^t + b/(1+a)$ für $a \neq -1$.

$t := t \quad c_1 := c_1$ Redefinitionen

$c_1 := c_1 \cdot (-a)^0 + \frac{b}{1+a} = y_0 \;\Big|\; \text{auflösen}, c_1 ;\ \text{Gleitkommazahl}, 4 \rightarrow 1.0$ Bestimmung der Konstanten c_1 aus der Anfangsbedingung

$y_t = c_1 \cdot (-a)^t + \frac{b}{1+a} \;\Big|\; \text{vereinfachen} ;\ \text{Gleitkommazahl}, 4 \rightarrow y_t = (-1.5)^t + 2.0$

$t := 0 .. 20$ Bereichsvariable

$y_t := (-1.)^t \cdot \exp(.4055 \cdot t) + 2.$ Berechnung der Folgeglieder mit der Lösungsformel

$y^T =$

	0	1	2	3	4	5	6
0	3	0.5	4.25	-1.375	7.063	-5.595	...

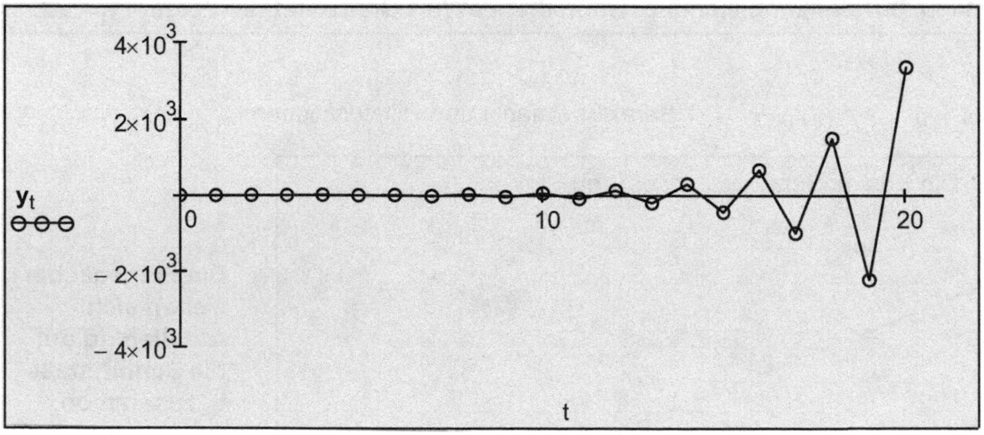

Abb. 8.3

$x := 0 .. 10 \quad y(x) := -a \cdot x + b \quad y1(x) := x$ Bereichsvariable und Hilfsfunktionen

$t_G := \frac{b}{1+a} \quad t_G = 2$ Fixpunkt

$t := 1 .. 5$ Bereichsvariable

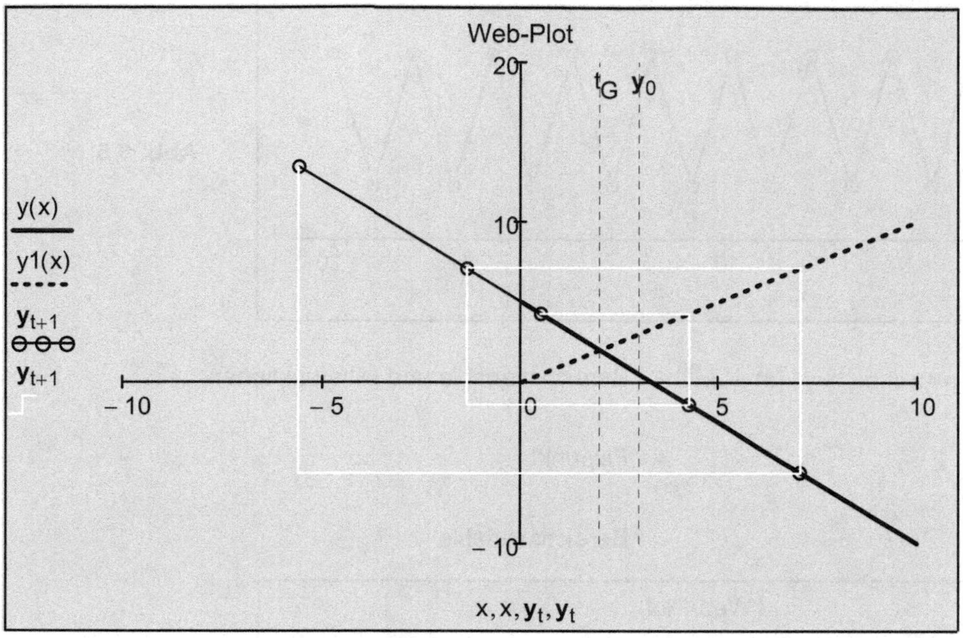

Die Folgeglieder konvergieren nicht zum Schnittpunkt. Die Folge ist divergent.

$t_G = 2$

Abb. 8.4

c) $a := 1$ $\quad b := 4$ $\quad y_0 := 3.1$ gegebene Werte

$t := 0..20$ Bereichsvariable

$y_{t+1} := -a \cdot y_t + b$ rekursive Berechnung der Folgeglieder

$y^T =$

	0	1	2	3	4	5	6	7	8	9	10
0	3.1	0.9	3.1	0.9	3.1	0.9	3.1	0.9	3.1	0.9	...

Die allgemeine Lösung lautet: $y_t = c_1\,(-a)^t + b/(1+a)$ für $a \neq -1$.

$t := t \quad c_1 := c_1$ Redefinitionen

$$c_1 := c_1 \cdot (-a)^0 + \frac{b}{1+a} = y_0 \;\Big|\; \begin{array}{l}\text{auflösen}, c_1\\ \text{Gleitkommazahl}, 4\end{array} \rightarrow 1.1$$ Bestimmung der Konstanten c_1 aus der Anfangsbedingung

$$y_t = c_1 \cdot (-a)^t + \frac{b}{1+a} \;\Big|\; \begin{array}{l}\text{vereinfachen}\\ \text{Gleitkommazahl}, 4\end{array} \rightarrow y_t = 1.1 \cdot (-1.0)^t + 2$$

$t := 0..20$ Bereichsvariable

$y_t := 1.100 \cdot (-1.)^t + 2.$ Berechnung der Lösungsfolge mit der Lösungsformel

$y^T =$

	0	1	2	3	4	5	6	7	8	9	10
0	3.1	0.9	3.1	0.9	3.1	0.9	3.1	0.9	3.1	0.9	...

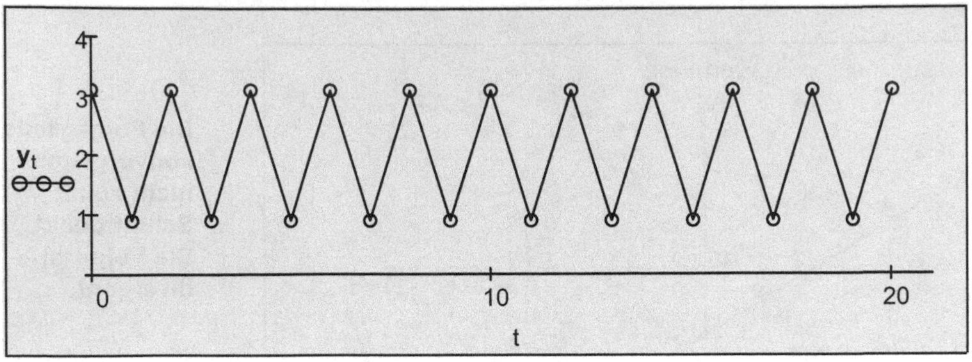

Abb. 8.5

$x := 0..10 \quad y(x) := -a \cdot x + b \quad y1(x) := x$ Bereichsvariable und Hilfsfunktionen

$t_G := \frac{b}{1+a} \quad t_G = 2$ Fixpunkt

$t := 0..5$ Bereichsvariable

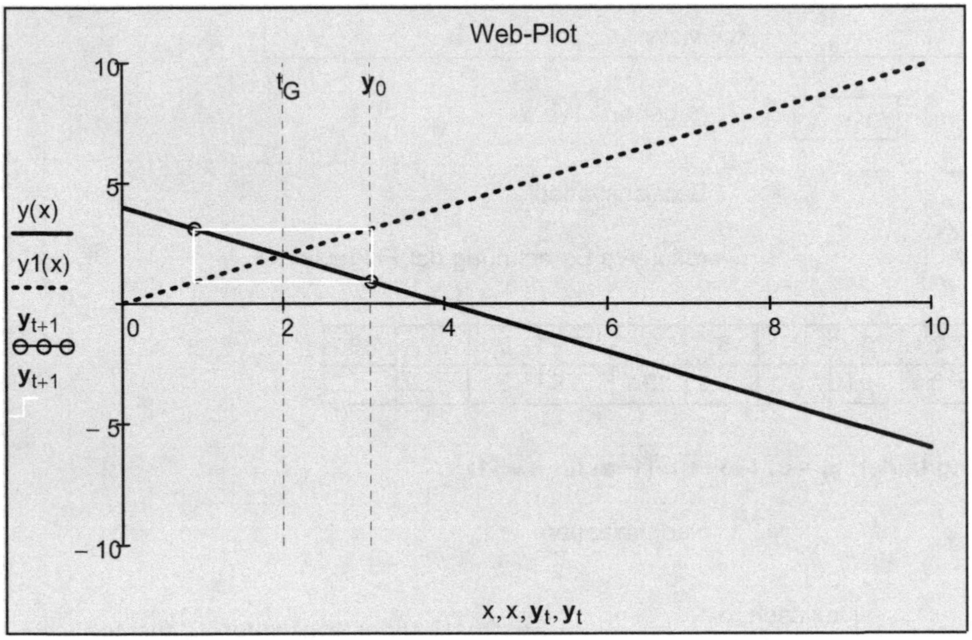

Der Web-Plot ist ein sich periodisch wiederholendes Rechteck.

$t_G = 2$

Abb. 8.6

d) $a := \frac{1}{2}$ $b := 2$ $y_0 := \frac{1}{2}$ gegebene Werte

$t := 0..10$ Bereichsvariable

$y_{t+1} := -a \cdot y_t + b$ rekursive Berechnung der Folgeglieder

$y^T =$

	0	1	2	3	4	5	6	7	8	9	10
0	0.5	1.75	1.125	1.438	1.281	1.359	1.32	1.34	1.33	1.335	...

Die allgemeine Lösung lautet: $y_t = c_1 (-a)^t + b/(1+a)$ für $a \neq -1$.

$t := t \quad c_1 := c_1$ Redefinitionen

$c_1 := c_1 \cdot (-a)^0 + \frac{b}{1+a} = \mathbf{y_0}$ | auflösen, c_1 / Gleitkommazahl, 4 $\rightarrow -0.8333$ — Bestimmung der Konstanten c_1 aus der Anfangsbedingung

$\mathbf{y_t} = c_1 \cdot (-a)^t + \frac{b}{1+a}$ | vereinfachen / Gleitkommazahl, 4 $\rightarrow \mathbf{y_t} = -0.8333 \cdot (-0.5)^t + 1.333$

$t := 0..10$ — Bereichsvariable

$t_G := \frac{b}{1+a}$ $\quad t_G = 1.333$ — Fixpunkt

$\mathbf{y}_t := .8333 \cdot (-1.)^{1.+t} \cdot \exp(-.6931 \cdot t) + 1.333$ — Berechnung der Lösungsfolge mit der Lösungsformel

$\mathbf{y}^T =$

	0	1	2	3	4	5	6	7	8	9	10
0	0.5	1.75	1.125	1.437	1.281	1.359	1.32	1.34	1.33	1.335	...

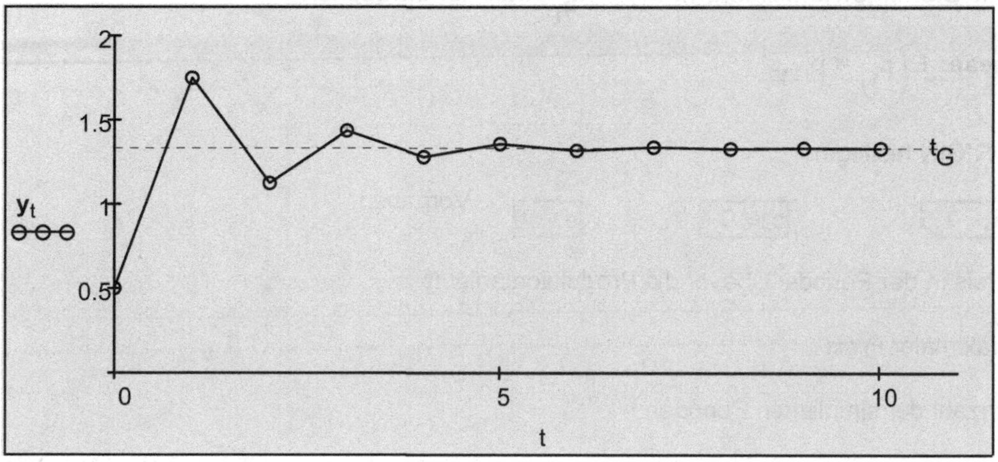

Abb. 8.7

$x := 0..3 \qquad y(x) := -a \cdot x + b \qquad y1(x) := x$ — Bereichsvariable und Hilfsfunktionen

$t := 0..5$ — Bereichsvariable

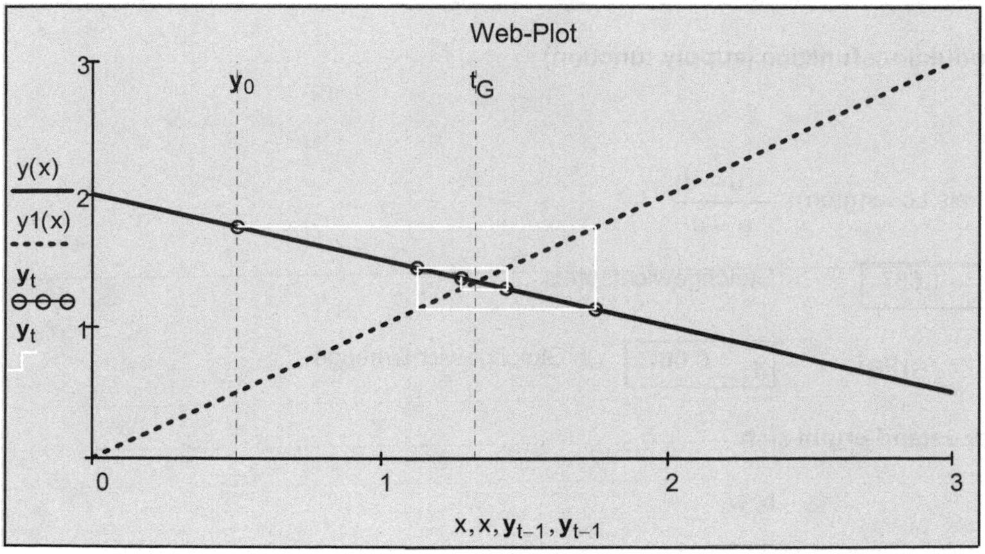

Die Lösungsfolge konvergiert gegen den Schnittpunkt.

$t_G = 1.333$

Abb. 8.8

Beispiel 8.2:

Wir betrachten ein dynamisches Marktmodell mit Preiserwartungen.

Zuerst legen wir folgende Größen fest:

p ... Preis
p_E ... Gleichgewichtspreis (equilibrium price)
x_E ... Gleichgewichtsmenge (equilibrium quantity)

Modellgleichungen:

$x_{D_t} = a \cdot p_t + b$ **Nachfragefunktion (demandfunction)**

$x_{S_t} = c \cdot E(p_t) + d$ **Produktionsfunktion (supply function)**

$x_{D_t} = x_{S_t}$ **Gleichgewichtszustand (equilibrium condition)**

Die indizierte Variable t wird hier nach der Eingabe von t mit einem nachfolgenden Punkt noch etwas tiefer gestellt!

Wir betrachten den Markt-Gleichgewichtszustand $x_{D_t} = x_{S_t}$ unter der statischen

Preiserwartungshypothese: $E(p_t) = p_{t-1}$.

$ORIGIN = 0$ ORIGIN festlegen

$a := -0.5$ $b := 1.5$ $c := 0.4$ $d := 0$ Vorgaben

$p_0 := 0.4$ Preis in der Periode 0, bevor die Produktion anläuft

$p_{max} := 4$ maximaler Preis

$T_{max} := 30$ Anzahl der simulierten Perioden

$t := 1 .. T_{max}$ Bereichsvariable für die Perioden

$x_{D_t} = a \cdot p_t + b$ **Nachfragefunktion (demandfunction)**

$x_{S_t} = c \cdot p_{t-1} + d$ **Produktionsfunktion (supply function)**

Gleichgewichtspunkt:

$a \cdot x + b = c \cdot x + d$ hat als Lösung(en) $\frac{-(b-d)}{a-c}$

$p_E := \frac{b-d}{c-a}$ $p_E = 1.667$ Gleichgewichtspreis

$x_S(p) := c \cdot p + d$ $x_E := x_S(p_E)$ $x_E = 0.667$ Gleichgewichtsmenge

Aus dem Gleichgewichtszustand ergibt sich:

$a \cdot p_t + b = c \cdot p_{t-1} + d$ bzw.

$a \cdot \mathbf{p}_t - c \cdot \mathbf{p}_{t-1} = d - b$ **lineare Differenzengleichung 1. Ordnung**

Die Lösung der Differenzengleichung lautet:

$\mathbf{p}_t := (\mathbf{p}_0 - p_E) \cdot \left(\frac{c}{a}\right)^t + p_E$ Preisfunktionenfolge

Der Preis konvergiert gegen seine Gleichgewichtsvariablen, wenn | c/a| < 1 ist.

$\mathbf{x_S}_t := c \cdot \mathbf{p}_{t-1} + d$ Die Produktion in der Periode t ist eine Funktion des Preises in t-1.

$\mathbf{x_D}_t := a \cdot \mathbf{p}_t + b$ Die Nachfrage in der Periode t ist eine Funktion des Preises in t.

```
t_stop := | for t ∈ 1 .. T_max
          |    break if xS_t < 0 ∨ p_t < 0 ∨ xD_t < 0
          | t
```

Ausscheiden von negativen Werten.

$t_{stop} = 30$ Periodenende

$stab := \left|\frac{c}{a}\right| < 1$ $stab = 1$ Stabilitätskriterium

$max_1 := wenn(max(\mathbf{p}) > p_E, max(\mathbf{p}) \cdot 1.2, p_E \cdot 1.2)$ Erweiterung der Preisachse

$max_2 := wenn(max(\mathbf{x_S}) > x_E, max(\mathbf{x_S}) \cdot 1.2, x_E \cdot 1.2)$ Erweiterung der Produktionsachse

```
Hinweis := | "Der Preis konvergiert nicht !"  if  stab = 0
           | "Der Preis konvergiert nicht! Das System kollabiert vor der Periode Tmax."  if  t_stop < T_max
           | "Die Stabilität ist gewährleistet!"  otherwise
```

$t := 1 .. t_{stop}$ Zeitperioden

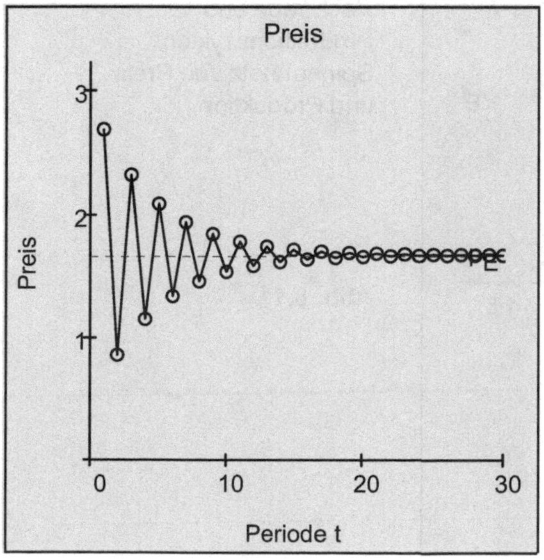

Abb. 8.9

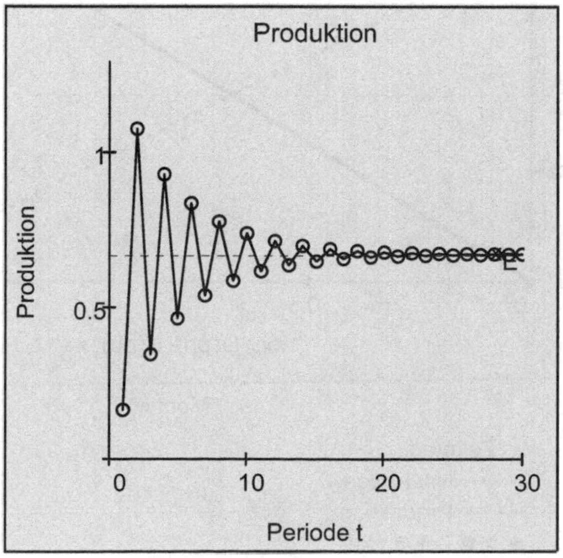

Abb. 8.10

Hinweis = "Die Stabilität ist gewährleistet!"

$v := 1, 3 .. 2 \cdot t_{stop} - 1$ $w := 0, 2 .. 2 \cdot t_{stop}$ $k := 0 .. t_{stop} \cdot 2$ Bereichsvariable

$\mathbf{pp}_w := \mathbf{p}_{\frac{w}{2}}$ $\mathbf{pp}_v := \mathbf{p}_{\frac{v+1}{2}}$ $\mathbf{xx}_w := \mathbf{x_S}_{\frac{w}{2}}$ $\mathbf{xx}_v := \mathbf{x_D}_{\frac{v+1}{2}}$ Vektoren

$\mathbf{p}^T =$

	0	1	2	3	4	5	6	7	8	9	10
0	0.4	2.68	0.856	2.315	1.148	2.082	1.335	1.932	1.454	1.837	...

$\mathbf{pp}^T =$

	0	1	2	3	4	5	6	7	8	9	10
0	0.4	2.68	2.68	0.856	0.856	2.315	2.315	1.148	1.148	2.082	...

$\mathbf{xx}^T =$

	0	1	2	3	4	5	6	7	8	9	10
0	0	0.16	0.16	1.072	1.072	0.342	0.342	0.926	0.926	0.459	...

$pp := 0, \frac{p_{max}}{300} .. p_{max}$ Bereichsvariable

$D(pp) := a \cdot pp + b$ $S(pp) := c \cdot pp + d$ Hilfsfunktionen für Nachfrage und Produktion

Um zu sehen, in welcher Periode wir uns befinden, setzen wir eine Zeitmarke $\tau = 1$:

$\tau := 1$ Zeitmarke

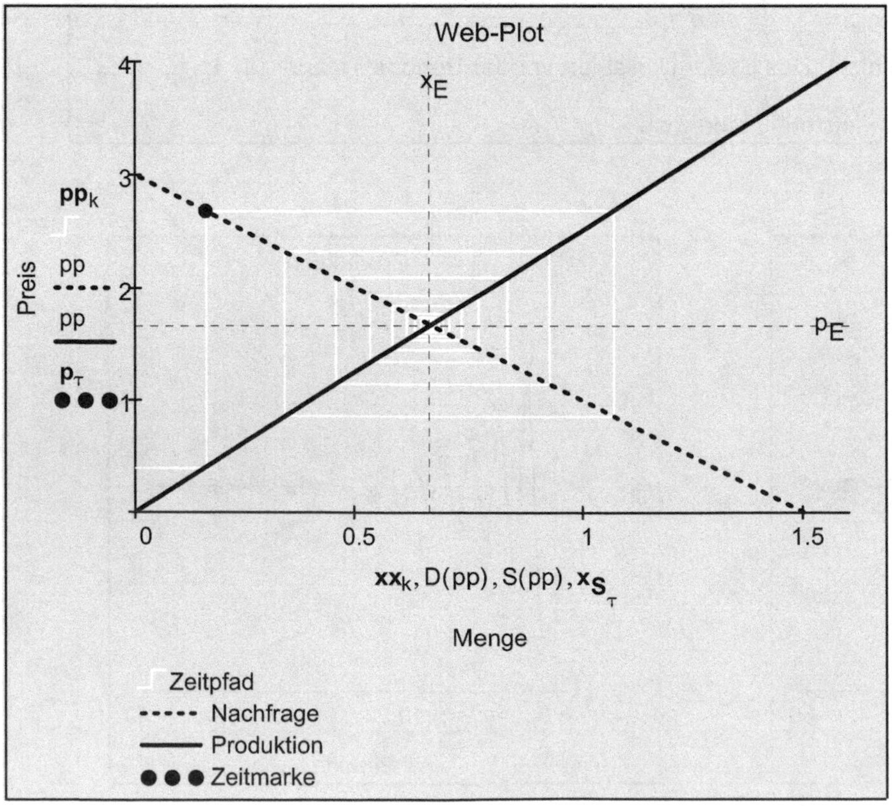

Nachfrage und Produktionszyklen. Spinnennetz von Preis und Produktion.

Abb. 8.11

Beispiel 8.3:

Ein RL-Serienkreis soll bei anliegender Gleich- bzw. Wechselspannung eingeschalten werden.
Die zugehörige Differentialgleichung soll in eine Differenzengleichung umgeformt und durch Rekursion gelöst werden.

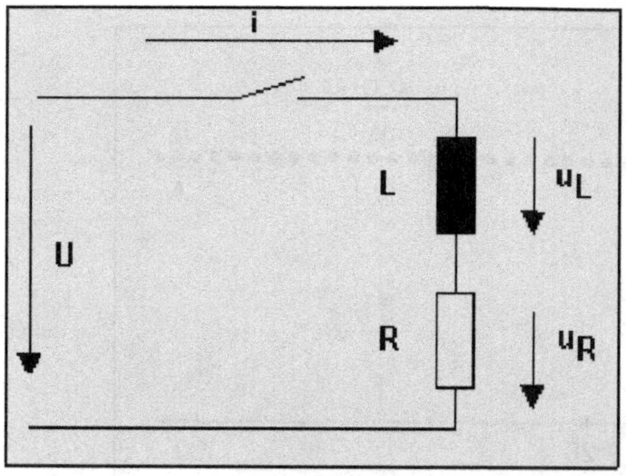

Abb. 8.12

Gegebene Daten:

$ms := 10^{-3} \cdot s$ Einheitendefinition

$U_0 := 220 \cdot V$ konstante Spannung

$u(t) = \sqrt{2} \cdot U_0 \cdot (\sin(\omega \cdot t))$ Wechselspannung

$f := 50 \cdot Hz$ Frequenz

$\omega := 2 \cdot \pi \cdot f$ Kreisfrequenz

$L := 0.1 \cdot H$ Induktivität $R := 20 \cdot \Omega$ Ohm'scher Widerstand

$\tau := \frac{L}{R}$ $\tau = 5 \cdot ms$ Zeitkonstante

$$L \cdot \frac{di}{dt} + R \cdot i = u(t)$$ **inhomogene lineare Differentialgleichung 1. Ordnung**

$$\frac{di}{dt} + \frac{R}{L} \cdot i = \frac{u(t)}{L} \qquad \frac{di}{dt} + \frac{1}{\tau} \cdot i = \frac{u(t)}{L}$$ **umgeformte Differentialgleichung**

$$\frac{\Delta i}{\Delta t} + \frac{1}{\tau} \cdot i = \frac{u(t)}{L}$$ **Differentialquotient durch Differenzenquotienten ersetzen**

$$\Delta i = \left(\frac{u(t)}{L} - \frac{1}{\tau} \cdot i\right) \cdot \Delta t$$ umgeformte Gleichung

$$i_{n+1} - i_n = \left(\frac{u(t_n)}{L} - \frac{1}{\tau} \cdot i_n\right) \cdot \Delta t$$ Differenzengleichung für den gesuchten Strom

$$i_{n+1} = i_n + \left(\frac{u(t_n)}{L} - \frac{1}{\tau} \cdot i_n\right) \cdot \Delta t$$ **umgeformte Differenzengleichung**

Rekursive Berechnung der Lösungen:

$i_0 := 0 \cdot A$ Anfangsbedingung

$n := 0 .. 500$ Bereichsvariable

$\Delta t := 0.5 \cdot ms$ Zeitschritt (Abtastzeit $\Delta t = T_s$)

$t_n := n \cdot \Delta t$ diskreter Zeitwertevektor

$i_{n+1} := i_n + \left(\frac{U_0}{L} - \frac{1}{\tau} \cdot i_n\right) \cdot \Delta t$ **Rekursive Berechnung**

$I_0 := \max(\mathbf{i})$ $I_0 = 11\,A$ maximaler Strom

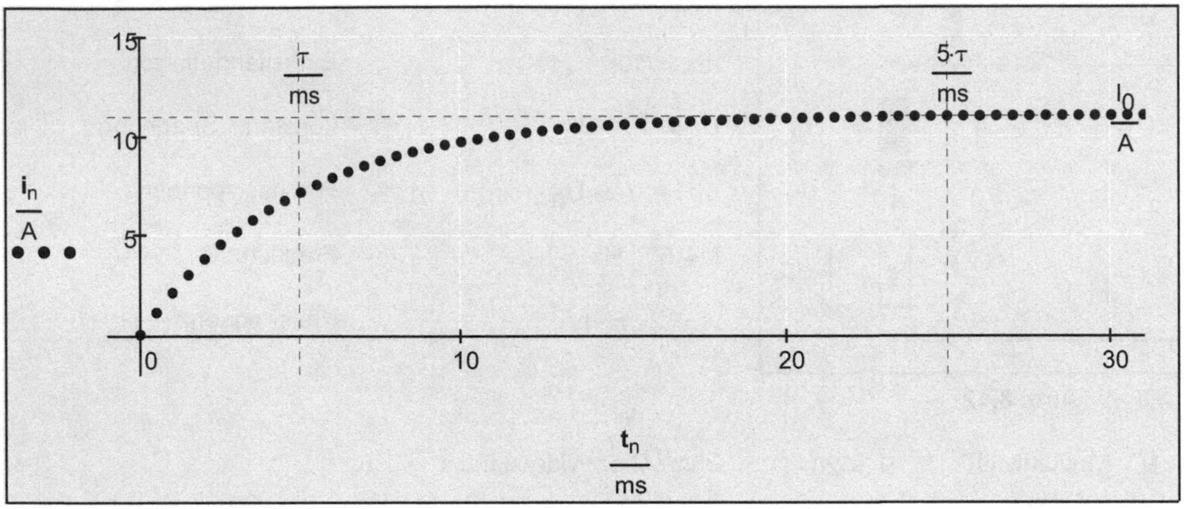

Abb. 8.13

$T := \frac{1}{f}$ $T = 20 \cdot ms$ Periodendauer

$u_n := \sqrt{2} \cdot U_0 \cdot (\sin(\omega \cdot t_n))$ angelegte diskrete Wechselspannung

$i_{n+1} := i_n + \left(\frac{u_n}{L} - \frac{1}{\tau} \cdot i_n\right) \cdot \Delta t$ **Rekursive Berechnung (angelegte Wechselspannung)**

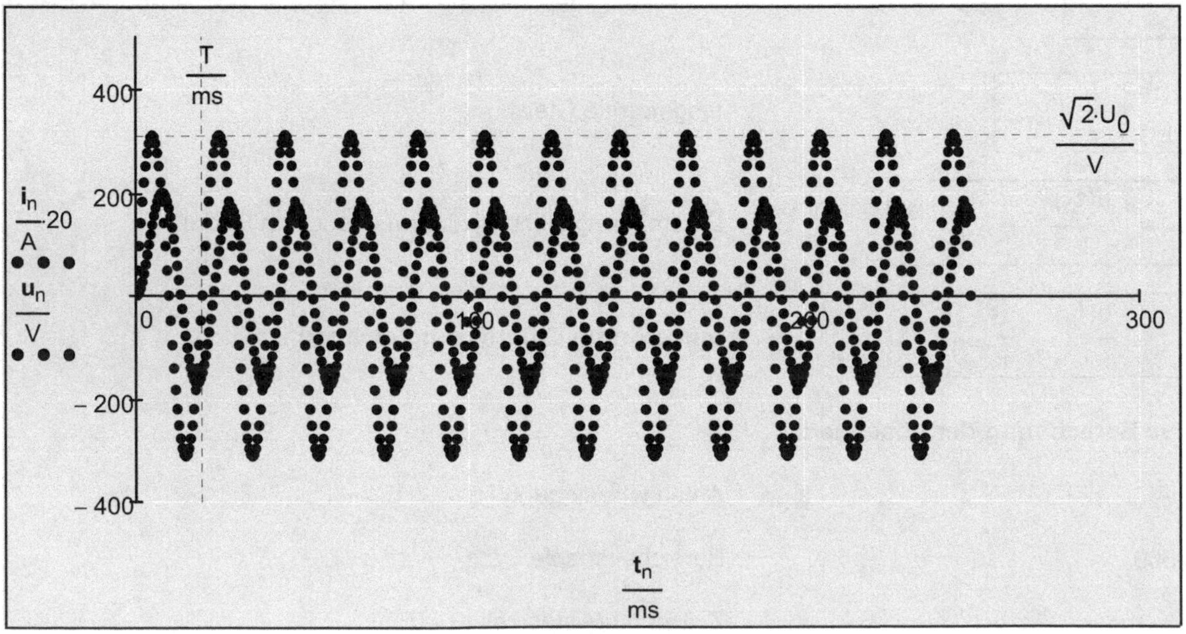

Abb. 8.14

Beispiel 8.4:

Beim nachfolgenden System (Tiefpassfilter) soll für digitale Eingangsspannungen u_e die Systemantwort u_a ermittelt werden:

a) $u_e(t) = U_0\ \sigma(t) = U_0\ \Phi(t)$ ($\Phi(t)$ ... Einheitssprung - Heavisidefunktion)

b) $u_e(t) = U_0\ (\ \Phi(t) - 2\ \Phi(t - 2\ T_p) + \Phi(t - 5\ T_p))$ (Überlagerung verschieden T_p langer Spannungsimpulse)

c) $u_e(t) = 0.5\ V\ \delta(t)$ ($\delta(t)$ ... Einheitsimpuls - Delta-Impuls)

d) $u_e(t) = U_0\ \sin(\ 10\ t)\ \Phi(t)$ und $u_e(t) = U_0\ \sin(\ 30\ t)\ \Phi(t)$ (Sinusfunktionen)

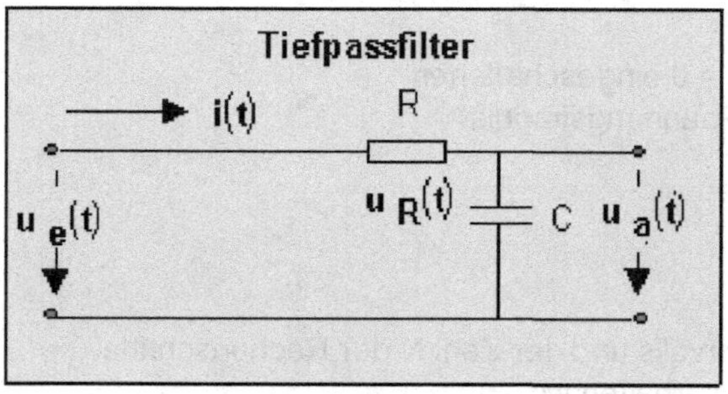

$R := 1 \cdot k\Omega$ Ohm'scher Widerstand

$C := 1 \cdot \mu F$ Kapazität des Kondensators

$\tau := R \cdot C$ $\tau = 1 \cdot ms$ Zeitkonstante

$U_0 := 1 \cdot V$ Spannungsamplitude

Abb. 8.15

Maschengleichung für die Schaltung:

$$u_e(t) - u_a(t) - u_R(t) = u_e(t) - u_a(t) - i(t) \cdot R = 0 \quad \text{mit} \quad i(t) = \frac{d}{dt}q(t) = C \cdot \frac{d}{dt}u_C(t) = C \cdot \frac{d}{dt}u_a(t)$$

$$u_e(t) - u_a(t) - R \cdot C \cdot \frac{d}{dt}u_a(t) = 0$$ **Differentialgleichung 1. Ordnung**

$$u_e(t) - u_a(t) - \tau \cdot \frac{d}{dt}u_a(t) = 0$$ **vereinfachte Differentialgleichung**

Näherungsweises Ersetzen des Differentialquotienten durch Differenzenquotienten:

$$u_e(t) - u_a(t) - \tau \cdot \frac{\Delta u_a(t)}{\Delta t} = 0$$ bzw.

$$u_e(t_n) - u_a(t_n) - \tau \cdot \frac{u_a(t_{n+1}) - u_a(t_n)}{\Delta t} = 0 ,$$

wobei die t_n die diskreten und äquidistant liegenden Zeitpunkte sind, zu welchen der Vorgang betrachtet wird. In weiterer Folge werden die Abkürzungen $u_n = u(t_n)$ und $T_s = \Delta t = t_{n+1} - t_n$ (Abtastzeitpunkt) verwendet:

$$\mathbf{u_{e_n}} - \mathbf{u_{a_n}} - \tau \cdot \frac{\mathbf{u_{a_{n+1}}} - \mathbf{u_{a_n}}}{T_s} = 0$$ nach $\mathbf{u_{a_{n+1}}}$ aufgelöst

$$\mathbf{u_{a_{n+1}}} = \frac{1}{\tau} \cdot \left(\mathbf{u_{e_n}} \cdot T_s - \mathbf{u_{a_n}} \cdot T_s + \tau \cdot \mathbf{u_{a_n}}\right)$$

$$\mathbf{u_{a_{n+1}}} = \frac{T_s}{\tau} \cdot \left(\mathbf{u_{e_n}} - \mathbf{u_{a_n}} + \frac{\tau}{T_s} \cdot \mathbf{u_{a_n}}\right)$$ **Differenzengleichung für den Tiefpassfilter**

Eingangsspannungen:

$T_p := 1 \cdot s \quad \omega_1 := 5 \cdot ms^{-1} \quad \omega_2 := 15 \cdot ms^{-1}$ vorgegebene Werte

$u_{e1}(t) := U_0 \cdot \Phi(t)$ eine zum Zeitpunkt t = 0 eingeschaltene konstante Spannung

$u_{e2}(t, T_p) := U_0 \cdot (\Phi(t) - 2 \cdot \Phi(t - 2 \cdot T_p) + \Phi(t - 5 \cdot T_p))$ ein zum Zeitpunkt t = 0 eingeschaltener Spannungsimpuls (Tp bestimmt die Längen der beiden Impulse)

$\delta(t) := \begin{cases} 1 & \text{if } t = 0 \\ 0 & \text{otherwise} \end{cases}$ Delta-Impuls

$u_{e3}(t) := 0.5 \cdot V \cdot \delta(t)$ ein zum Zeitpunkt t = 0 eingeschaltener konstanter kurzer Spannungsimpuls

$u_{e4}(t, \omega_1) := U_0 \cdot \sin(\omega_1 \cdot t) \cdot \Phi(t)$ geschaltener Sinus

$u_{e5}(t, \omega_2) := U_0 \cdot \sin(\omega_2 \cdot t) \cdot \Phi(t)$

Mit der Wahl der Zeitkonstanten τ des darzustellenden Zeitintervalls und der Zahl N der Rechenschritte (die Abtastzeit T_s sollte viel kleiner als die Zeitkonstante τ sein) erhalten wir:

$\tau = 1 \cdot ms \qquad T_p := 1 \cdot ms$

$t_1 := 10 \cdot ms \qquad N := 300 \qquad T_s := \frac{t_1}{N} \qquad T_s = 0.033 \cdot ms \qquad n := 0 .. N$

Eingangsspannungen diskretisiert:

$\mathbf{u_{e1}}_n := u_{e1}(n \cdot T_s)$

$\mathbf{u_{e1}}^T =$ (V)

	0	1	2	3	4	5	6	7	8	9	10
0	0.5	1	1	1	1	1	1	1	1	1	...

$\mathbf{u_{e2}}_n := u_{e2}(n \cdot T_s, T_p)$

$\mathbf{u_{e2}}^T =$ (V)

	0	1	2	3	4	5	6	7	8	9
0	0.5	1	1	1	1	1	1	1	1	...

$\mathbf{u_{e3}}_n := u_{e3}(n \cdot T_s)$

$\mathbf{u_{e3}}^T =$ (V)

	0	1	2	3	4	5	6	7	8	9
0	0.5	0	0	0	0	0	0	0	0	...

$\mathbf{u_{e4}}_n := u_{e4}(n \cdot T_s, \omega_1)$

$\mathbf{u_{e4}}^T =$ (V)

	0	1	2	3	4	5	6	7	8	9
0	0	0.166	0.327	0.479	0.618	0.74	0.841	0.919	0.972	...

$\mathbf{u_{e5}}_n := u_{e5}(n \cdot T_s, \omega_2)$

$\mathbf{u_{e5}}^T =$ (V)

	0	1	2	3	4	5	6	7	8	9
0	0	0.479	0.841	0.997	0.909	0.598	0.141	-0.351	-0.757	...

Anfangsbedingungen und Differenzengleichungen:

$u_{a1_0} := 0 \cdot V$

$$u_{a1_{n+1}} := \frac{T_s}{\tau} \cdot \left(u_{e1_n} - u_{a1_n} + \frac{\tau}{T_s} \cdot u_{a1_n} \right)$$

$u_{a1}^T =$

	0	1	2	3	4	5	6	7	8	9
0	0	0.017	0.049	0.081	0.112	0.141	0.17	0.198	0.224	...

V

$u_{R1_n} := u_{e1_n} - u_{a1_n}$ Spannungsabfall an R

$u_{R1}^T =$

	0	1	2	3	4	5	6	7	8	9
0	0.5	0.983	0.951	0.919	0.888	0.859	0.83	0.802	0.776	...

V

$u_{a2_0} := 0 \cdot V$

$$u_{a2_{n+1}} := \frac{T_s}{\tau} \cdot \left(u_{e2_n} - u_{a2_n} + \frac{\tau}{T_s} \cdot u_{a2_n} \right)$$

$u_{a2}^T =$

	0	1	2	3	4	5	6	7
0	0	0.017	0.049	0.081	0.112	0.141	0.17	...

V

$u_{R2_n} := u_{e2_n} - u_{a2_n}$ Spannungsabfall an R

$u_{R2}^T =$

	0	1	2	3	4	5	6	7	8	9
0	0.5	0.983	0.951	0.919	0.888	0.859	0.83	0.802	0.776	...

V

$u_{a3_0} := 0 \cdot V$

$$u_{a3_{n+1}} := \frac{T_s}{\tau} \cdot \left(u_{e3_n} - u_{a3_n} + \frac{\tau}{T_s} \cdot u_{a3_n} \right)$$

$u_{a3}^T =$

	0	1	2	3	4	5	6	7	8	9
0	0	0.017	0.016	0.016	0.015	0.015	0.014	0.014	0.013	...

V

$u_{R3_n} := u_{e3_n} - u_{a3_n}$ Spannungsabfall an R

$u_{R3}^T =$

	0	1	2	3	4	5	6	7	8	9
0	0.5	-0.017	-0.016	-0.016	-0.015	-0.015	-0.014	-0.014	-0.013	...

V

$u_{a4_0} := 0 \cdot V$

$$u_{a4_{n+1}} := \frac{T_s}{\tau} \cdot \left(u_{e4_n} - u_{a4_n} + \frac{\tau}{T_s} \cdot u_{a4_n} \right)$$

$u_{a4}^T =$ (V)

	0	1	2	3	4	5	6	7	8	9	10
0	0	0	0.0055	0.0163	0.0317	0.0512	0.0742	0.0998	0.1271	0.1553	...

$u_{R4_n} := u_{e4_n} - u_{a4_n}$ Spannungsabfall an R

$u_{R4}^T =$ (V)

	0	1	2	3	4	5	6	7	8	9	10
0	0	0.166	0.322	0.463	0.587	0.689	0.767	0.82	0.845	0.842	...

$u_{a5_0} := 0 \cdot V$

$$u_{a5_{n+1}} := \frac{T_s}{\tau} \cdot \left(u_{e5_n} - u_{a5_n} + \frac{\tau}{T_s} \cdot u_{a5_n} \right)$$

$u_{a5}^T =$ (V)

	0	1	2	3	4	5	6	7	8	9
0	0	0	0.016	0.0435	0.0753	0.1031	0.1196	0.1203	0.1046	...

$u_{R5_n} := u_{e5_n} - u_{a5_n}$ Spannungsabfall an R

$u_{R5}^T =$ (V)

	0	1	2	3	4	5	6	7	8	9
0	0	0.479	0.825	0.954	0.834	0.495	0.022	-0.471	-0.861	...

Grafische Darstellung der Spannungen (nur jedes k-te-Glied wegen der Übersichtlichkeit):

$t := 0 \cdot ms, T_s .. t_1$ $\quad k := 6$ $\quad n := 0, k .. N$ Bereichsvariablen

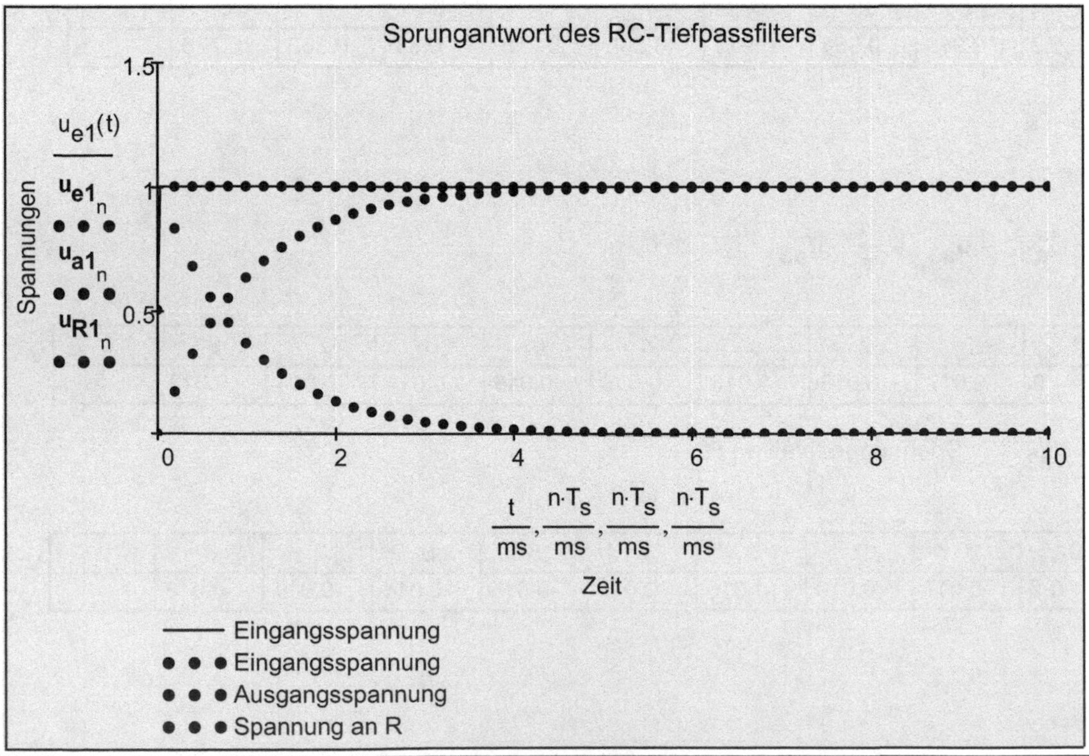

Abb. 8.16

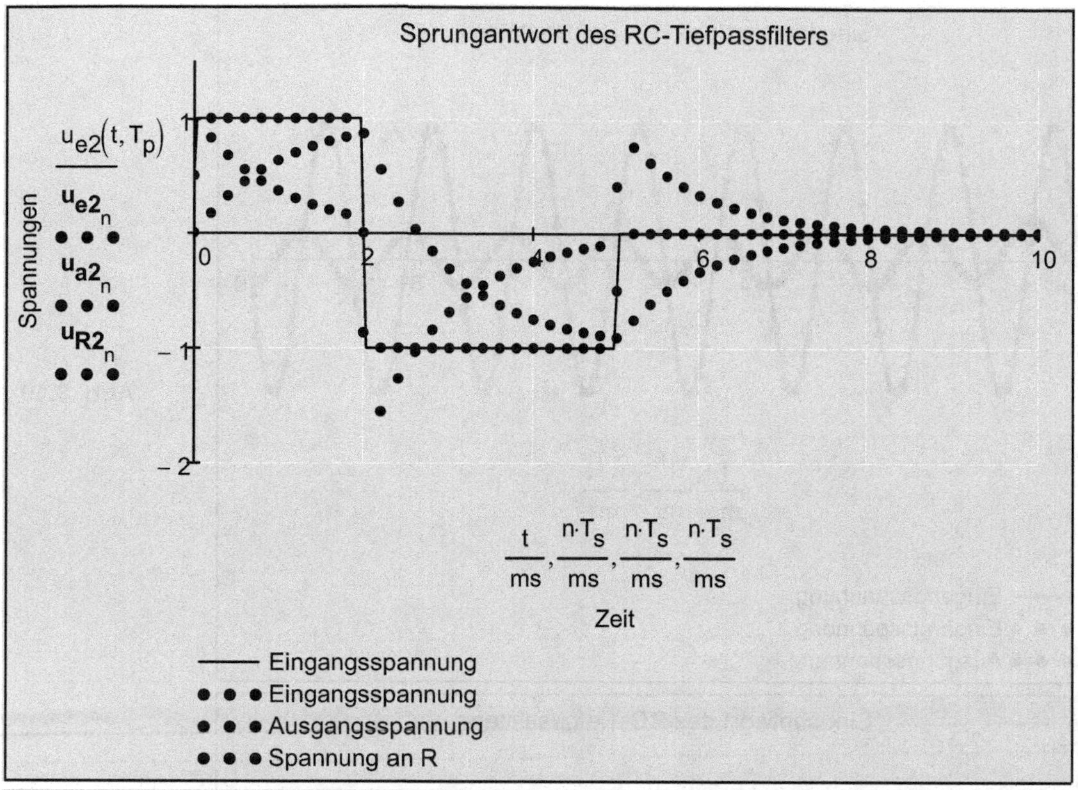

Abb. 8.17

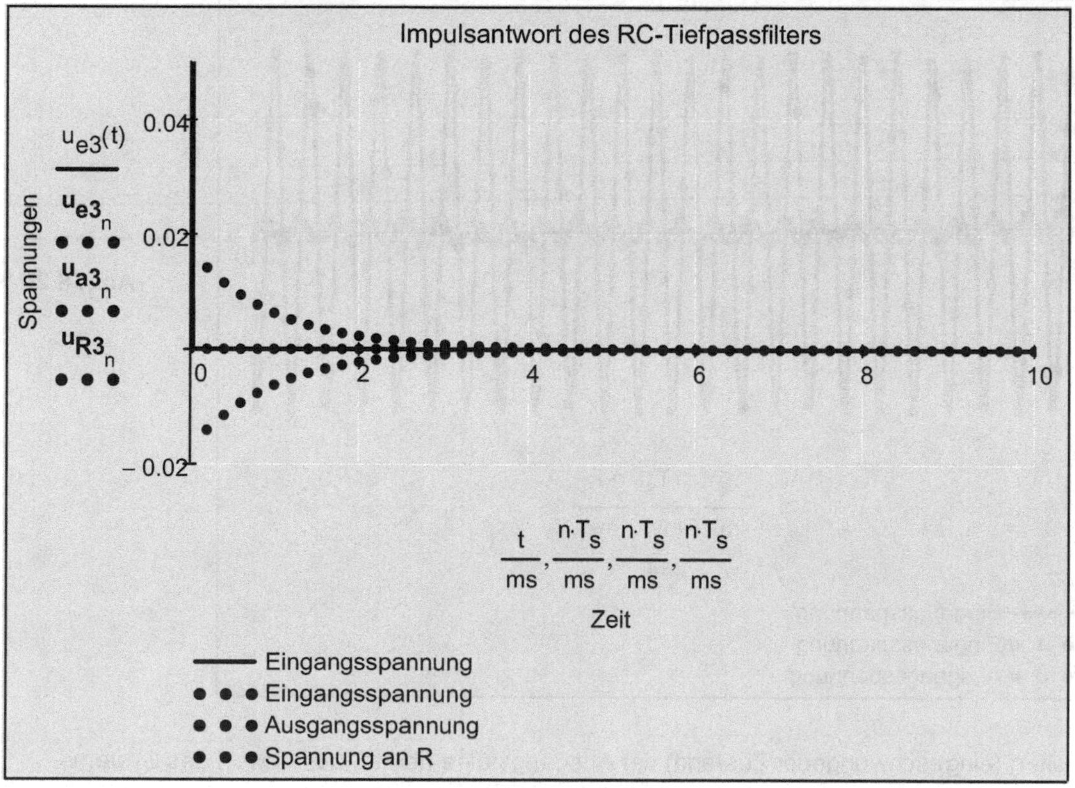

Abb. 8.18

$k := 2$ $\qquad$ $n := 0, k .. N$ $\qquad$ Bereichsvariable

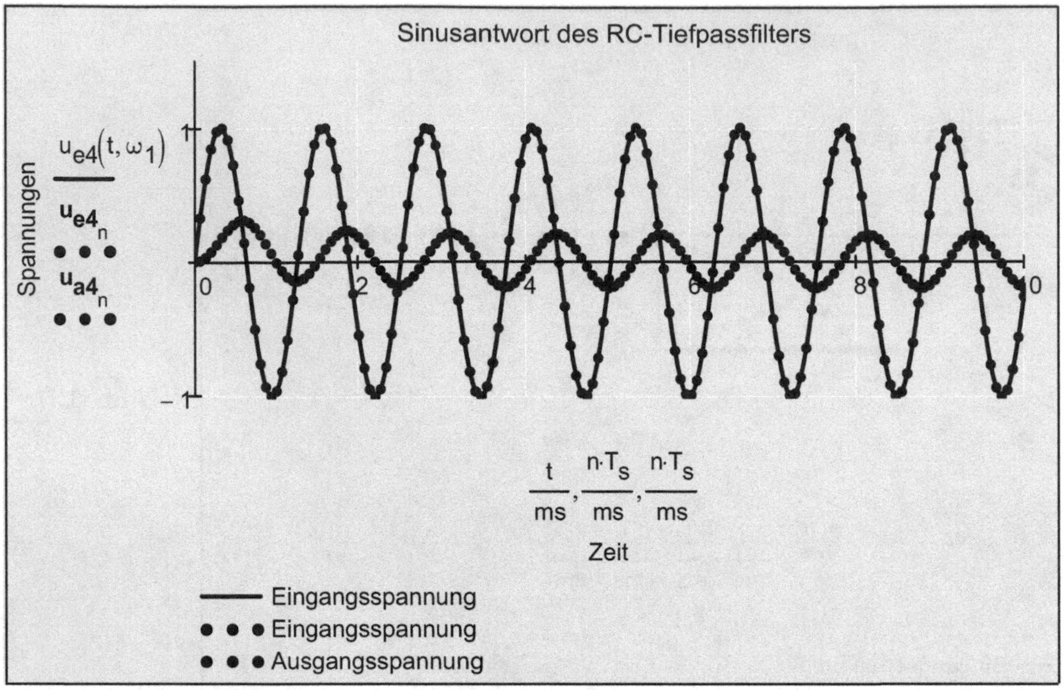

Abb. 8.19

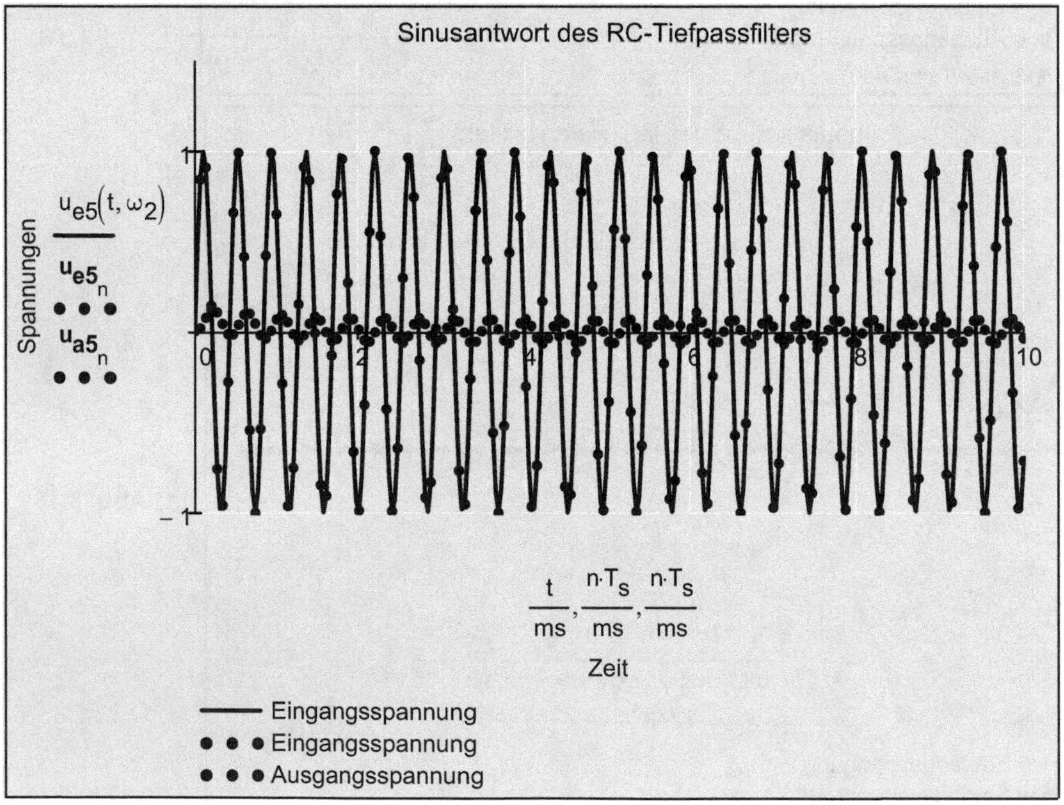

Abb. 8.20

Das Langzeitverhalten (eingeschwungener Zustand) der Ausgangsfolge heißt Sinusantwort des Systems. Sie verläuft phasenverschoben zur Eingangsfolge und hat die gleiche Frequenz.
Der Wert der Sinusantwort verringert sich umso mehr, je höher die Frequenz der Eingangsfolge ist (digitaler Tiefpassfilter).

8.3 Nichtlineare Differenzengleichungen

Nachfolgend sollen noch einige nichtlineare Differenzengleichungen und Systeme von Differenzengleichungen betrachtet und gelöst werden.

Beispiel 8.5:

Gegeben ist eine **nichtlineare Differenzengleichung 1. Ordnung $y_n = 1/2\ (y_{n-1} + y_0/\ y_{n-1})$** zur Berechnung der **Quadratwurzel aus x** mit dem **Anfangswert $y_0 = x_1$**. Berechnen Sie die **Quadratwurzel für $x_1 = 2, 2.5, 3$**.

$ORIGIN := 0$ ORIGIN festlegen

$x_1 := 2$ $y_0 := x_1$ gegebener Wert und Anfangswert (Schätzwert)

$n := 1 .. 10$ Bereichsvariable

$y_n := \frac{1}{2} \cdot \left(y_{n-1} + \frac{x_1}{y_{n-1}} \right)$ **Nichtlineare Differenzengleichung 1. Ordnung. Rekursive Berechnung der Folgeglieder.**

$y^T =$

	0	1	2	3	4	5	6	7	8	9	10
0	2	1.5	1.417	1.414	1.414	1.414	1.414	1.414	1.414	1.414	...

$x := 1, 1 + 0.001 .. 3$ $y(x) := x$ $y_1(x) := \frac{1}{2}\left(x + \frac{x_1}{x}\right)$ Bereichsvariable und Hilfsfunktionen

$\frac{1}{2}\left(x + \frac{x_1}{x}\right) = x$ hat als Lösung(en) $\begin{pmatrix} -\sqrt{x_1} \\ \sqrt{x_1} \end{pmatrix}$ $x_G := x_1^{\frac{1}{2}}$ Fixpunkt

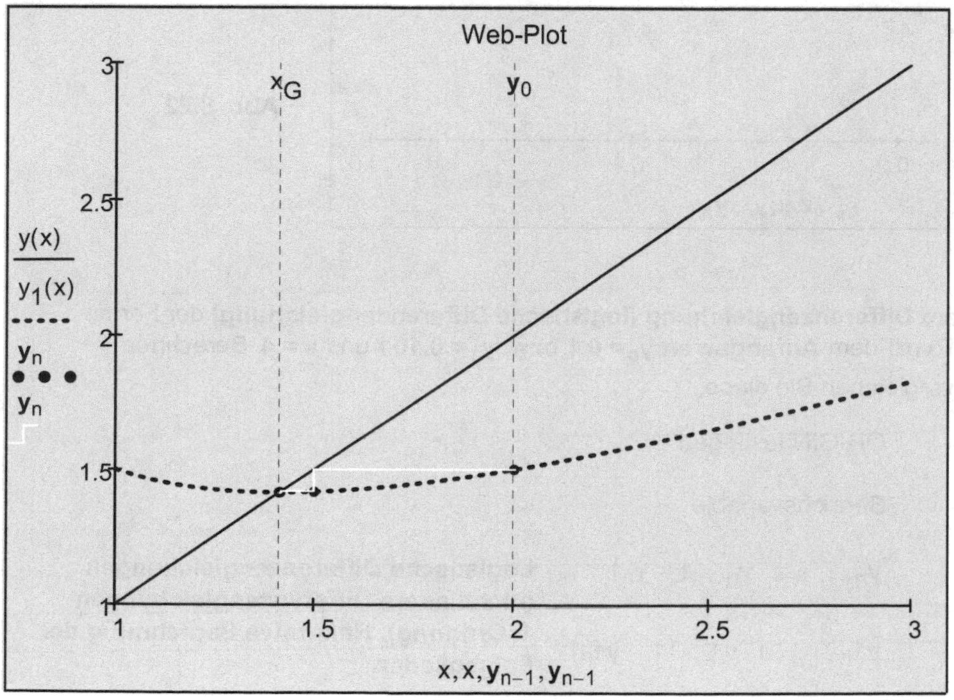

Die Lösungsfolge konvergiert sehr schnell gegen den Schnittpunkt.

$x_G = 1.414$

$x_1 = 2$

$\sqrt{x_1} = 1.414$

Abb. 8.21

Beispiel 8.6:

Gegeben ist eine **nichtlineare Differenzengleichung (logistische Differenzengleichung)** der Form **y_{n+1} - a y_n = -a y_n y_n (a ∈ ℝ)** mit dem **Anfangswert y_0 = 0.1** und **a = 2**. Berechnen Sie die Lösungsfolge.

ORIGIN := 0 ORIGIN festlegen

a := 2 y_0 := 0.1 gegebener Wert und Anfangswert

n := 0 .. 10 Bereichsvariable

$y_{n+1} := a \cdot y_n \cdot (1 - y_n)$ **Logistische Differenzengleichung (nichtlineare Differenzengleichung 1. Ordnung). Rekursive Berechnung der Folgeglieder.**

$y^T =$

	0	1	2	3	4	5	6	7	8	9	10
0	0.1	0.18	0.295	0.416	0.486	0.5	0.5	0.5	0.5	0.5	...

x := 0, 0.001 .. 0.6 y(x) := x $y_1(x) := a \cdot x \cdot (1 - x)$ Bereichsvariable und Hilfsfunktionen

$a \cdot x \cdot (1 - x) = x$ hat als Lösung(en) $\begin{pmatrix} \frac{a-1}{a} \\ 0 \end{pmatrix}$ $x_G := \frac{a-1}{a}$ $x_G = 0.5$ Fixpunkt

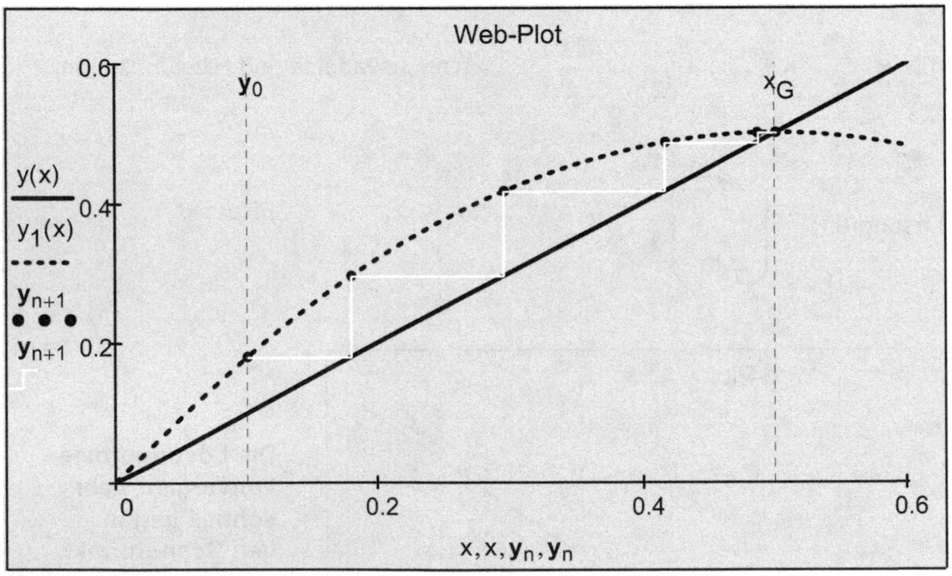

Die Lösungsfolge konvergiert gegen den Schnittpunkt.

$x_G = 0.5$

Abb. 8.22

Beispiel 8.7:

Gegeben ist eine **nichtlineare Differenzengleichung (logistische Differenzengleichung)** der Form **y_{n+1} - a y_n = -a y_n y_n (a ∈ ℝ)** mit dem **Anfangswert y_0 = 0.1 bzw. y_0 = 0.101** und **a = 4**. Berechnen Sie die Lösungsfolgen und vergleichen Sie diese.

ORIGIN := 0 ORIGIN festlegen

n := 0 .. 10 Bereichsvariable

a := 4 y_0 := 0.1 $y_{n+1} := a \cdot y_n \cdot (1 - y_n)$

a := 4 $y1_0$:= 0.101 $y1_{n+1} := a \cdot y1_n \cdot (1 - y1_n)$

Logistische Differenzengleichungen (nichtlineare Differenzengleichungen 1. Ordnung). Rekursive Berechnung der Folgeglieder.

$y^T =$

	0	1	2	3	4	5	6	7	8
0	0.1	0.36	0.9216	0.289	0.8219	0.5854	0.9708	0.1133	...

$y1^T =$

	0	1	2	3	4	5	6	7	8
0	0.101	0.3632	0.9251	0.277	0.8011	0.6373	0.9246	0.2788	...

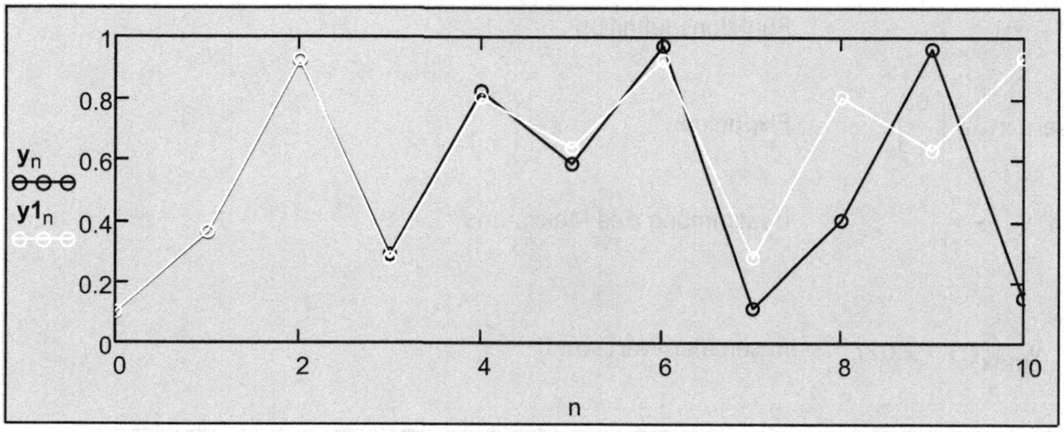

Abb. 8.23

Hier zeigt sich bereits eine empfindliche Abhängigkeit von den Anfangswerten! Kleine Änderungen wirken sich bereits dramatisch aus! Eine empfindliche Abhängigkeit der Lösung von den Anfangswerten ist ein Kennzeichen eines chaotischen Verhaltens!

Beispiel 8.8:

Es soll folgende **nichtlineare Differenzengleichung (Ricker-Gleichung)** $y_t = y_{t-1}\ \exp(\ r\ (1 - y_{t-1}))$ ($r \in \mathbb{R}$) auf ihr **chaotisches Verhalten** untersucht werden.

$ORIGIN := 0$ ORIGIN festlegen

$r := 2.7$ "wirklicher Populationswachstumsparameter"

$y_0 := 0.3$ Anfangswert

$T_{max} := 5 + FRAME$ Maximum der Zeitperioden **(FRAME z. B. 0 bis 15 mit 1 Bild/s)**

$t := 1 .. T_{max}$ Bereichsvariable

$y_t := y_{t-1} \cdot \exp\left[r \cdot \left(1 - y_{t-1}\right)\right]$ **nichtlineare Differenzengleichung 1. Ordnung**

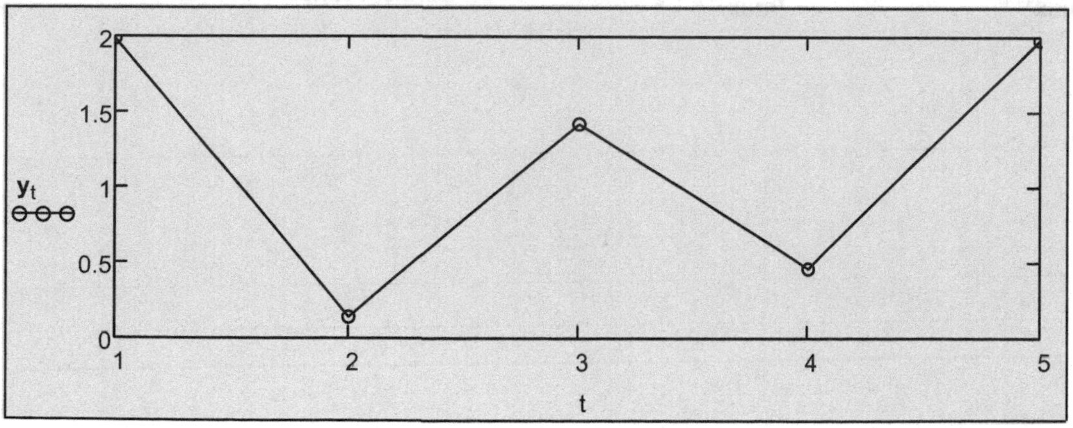

Abb. 8.24

Bestimmung der Fixpunkte:

$x := x \quad r := r$ — Redefinitionen

$\mathbf{y}_t = \mathbf{y}_{t-1} \cdot \exp\left[r \cdot \left(1 - \mathbf{y}_{t-1}\right)\right]$ — nichtlineare Differenzengleichung 1. Ordnung

$x = x \cdot \exp[r \cdot (1 - x)]$ — zu lösende Gleichung

$f(x, r) := x \cdot \exp[r \cdot (1 - x)]$ — Funktionsdefinition

$\mathbf{x} := f(x, r) = x \text{ auflösen}, x \rightarrow \begin{pmatrix} 0 \\ 1 \end{pmatrix}$ — Fixpunkte $\quad \mathbf{x} = \begin{pmatrix} 0 \\ 1 \end{pmatrix}$

$\frac{d}{dx} f(x, r) = 0 \text{ auflösen}, x \rightarrow \frac{1}{r}$ — Bestimmung des Maximums

$y_{max}(r) := f\left(\frac{1}{r}, r\right) \quad y_{max}(r) = 2.027$ — maximaler Wert von f

$\mathbf{y}^T =$

	0	1	2	3	4	5	6	7	8	9	10
0	0.3	1.986	0.139	1.419	0.458	1.979	0.971	0.113	0.402	0.962	...

$t := 1 .. 2 \cdot T_{max}$ — Bereichsvariable

$\mathbf{u1}_0 := \mathbf{y}_0 \quad \mathbf{u1}_t := \mathbf{y}_{floor(0.5 \cdot t)} \quad \mathbf{v1}_t := \mathbf{y}_{floor[0.5 \cdot (t+1)]}$ — umordnen der Folgewerte

$\mathbf{u1}^T =$

	0	1	2	3	4	5	6	7	8	9	10
0	0.3	0.3	1.986	1.986	0.139	0.139	1.419	1.419	0.458	0.458	1.979

$\mathbf{v1}^T =$

	0	1	2	3	4	5	6	7	8	9	10
0	0	1.986	1.986	0.139	0.139	1.419	1.419	0.458	0.458	1.979	1.979

$t := 0 .. 2 \cdot T_{max} - 1 \quad t1 := 0 .. T_{max}$ — Bereichsvariable

$x := 0, \frac{y_{max}(r)}{200} .. y_{max}(r) \quad y_{max}(r) = 2.027$ — Bereichsvariable

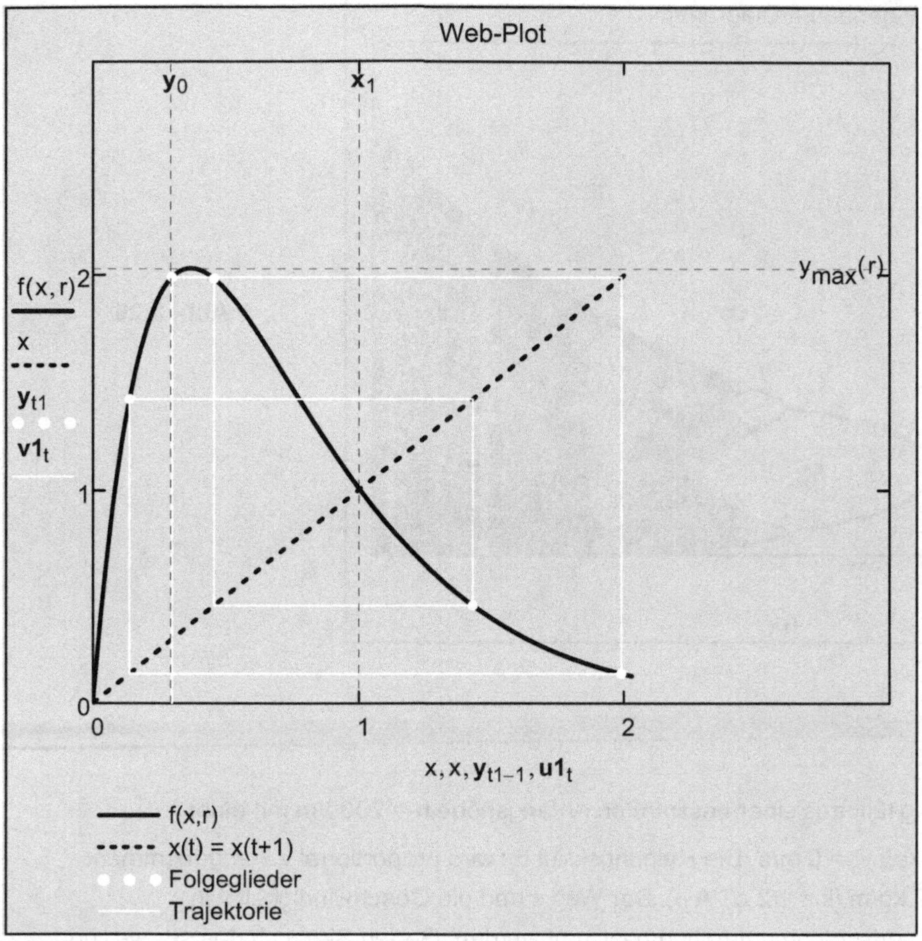

$\mathbf{y}_0 = 0.3$

Fixpunkt

$\mathbf{x}_1 = 1$

Abb. 8.25

Nachfolgend soll noch das Feigenbaum-Diagramm bei variablem Parameter r dargestellt werden, das ein typisch chaotisches System zeigt:

$AL := 3$ — Auflösung für die Grafik AL = 1 ... AL = 7 (bei höherer Auflösung als 1 wird die Rechenzeit sehr hoch)

$r_u := 1.5$ $\quad r_o := 4$ — Bereich des Parameters r

$y_u := 0$ $\quad y_o := 5$ — Bereich der y-Achse

$k := 0 .. AL \cdot 100$ — Bereichsvariable

$\mathbf{r}_k := r_u + \frac{r_o - r_u}{AL \cdot 100} \cdot k$ — Bereichsvariable für r

$\mathbf{y}_{k,0} := 0.3$ — Anfangswert

$t := 1 .. 100 \cdot AL$ — Bereichsvariable

$\mathbf{y}_{k,t} := f\left(\mathbf{y}_{k,t-1}, \mathbf{r}_k\right)$ — Berechnung der Folgeglieder

$t := \frac{100 \cdot AL}{2} .. 100 \cdot AL$ — Bereichsvariable

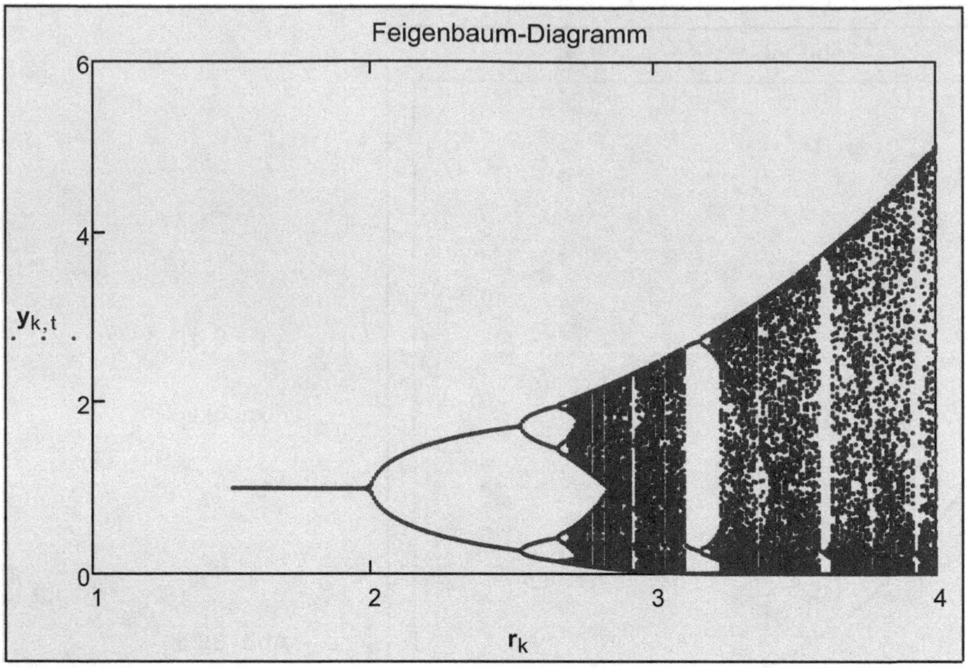

Abb. 8.26

Beispiel 8.9:

Freier Fall mit Luftwiderstand.

Ein Körper der Masse m_1 = 100 kg fällt aus einer bestimmten Anfangshöhe h = 2000 m mit einer bestimmten Anfangsgeschwindigkeit v_0 = 0 m/s. Die Reibungskraft F_L wird proportional v^2 angenommen. Der Proportionalitätsfaktor k = 0.2 kg/m (k = 1/2 c_w A ρ). Der Weg s und die Geschwindigkeit v in Abhängigkeit von der Zeit soll numerisch durch Iteration bestimmt werden. Geben Sie auch das s-t-, v-t- und a-t-Diagramm an.

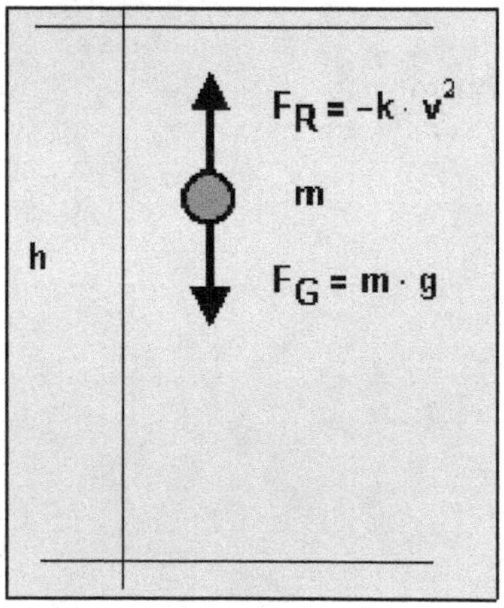

Abb. 8.27

Die Bewegungsgleichung in Vektor- und Differenzenform:

$$\vec{F} = \vec{G} + \vec{F_L} \quad \Rightarrow \quad m_1 \cdot \vec{a} = m_1 \cdot \vec{g} - k \cdot \vec{v} \cdot |\vec{v}|$$

$$v(0) = 0 \cdot \frac{m}{s} \qquad \text{Anfangsbedingung}$$

$$a(t) = g - \frac{k}{m_1} \cdot v(t)^2 \quad \Rightarrow \quad a = f(v)$$

$$v(t + \Delta t) = v(t) + a_1(t) \cdot \Delta t \quad \Rightarrow \quad v(t + \Delta t) - v(t) = a(t) \cdot \Delta t$$

$$s(t + \Delta t) = s_0 + v(t) \cdot \Delta t + \frac{v(t + \Delta t) - v(t)}{2} \cdot \Delta t$$

$$s(t + \Delta t) = s_0 + v(t) \cdot \Delta t + \frac{a(t) \cdot \Delta t}{2} \cdot \Delta t$$

$v_0 := 0 \cdot \frac{m}{s}$ Anfangsgeschwindigkeit v_0

$m_1 := 100 \cdot kg$ Masse des Körpers

$h := 2000 \cdot m$ Anfangshöhe h

$k := \left(0.1 + \frac{FRAME}{20}\right) \cdot \frac{kg}{m}$ Proportionalitätsfaktor der Reibungskraft **(FRAME von 0 bis 15 und 1 Bild/s)**

$ORIGIN := 0$ ORIGIN festlegen

$\mathbf{v}_0 := v_0$ Geschwindigkeit zum Startzeitpunkt (Vektorkomponente; Anfangswert)

$\mathbf{s}_0 := h$ Anfangshöhe (Vektorkomponente; Anfangswert)

$a(v) := g - \frac{k}{m_1} v^2$ Beschleunigung in Abhängigkeit der Geschwindigkeit

$\Delta t := 0.02 \cdot s$ Schrittweite für die Zeit

$n := 1000$ maximale Anzahl der Zeitschritte

$i := 0 .. n$ Zeitschrittindex

Nichtlineare Differenzengleichungen: Iteration (Rekursive Berechnung) der zwei Variablen s und v (einfaches Euler-Verfahren).

$\mathbf{v}_{i+1} := \mathbf{v}_i + a(\mathbf{v}_i) \cdot \Delta t$ Geschwindigkeit zum (i+1)-ten Zeitschritt

$\mathbf{s}_{i+1} := \mathbf{s}_i + \mathbf{v}_i \cdot \Delta t + \frac{a(\mathbf{v}_i)}{2} \cdot \Delta t^2$ Position zum (i+1)-ten Zeitschritt

Die nichtlinearen Differenzengleichungen könnten z. B. auch in Vektorform zusammengefasst und gelöst werden:

$$\begin{pmatrix} \mathbf{v}_{i+1} \\ \mathbf{s}_{i+1} \end{pmatrix} = \begin{pmatrix} \mathbf{v}_i + a(\mathbf{v}_i) \cdot \Delta t \\ \mathbf{s}_i + \mathbf{v}_i \cdot \Delta t + \frac{a(\mathbf{v}_i)}{2} \cdot \Delta t^2 \end{pmatrix}$$

Geschwindigkeit zum (i+1)-ten Zeitschritt

Position zum (i+1)-ten Zeitschritt

Die nichtlinearen Differenzengleichungen könnten z. B. auch mit einem verbesserten Euler-Verfahren gelöst werden:

$$\mathbf{v}_{i+1} = \mathbf{v}_i + \left[g - \frac{k}{m_1} \cdot \left[\mathbf{v}_i + \frac{\Delta t}{2} \cdot \left[g - \frac{k}{m_1} \cdot (\mathbf{v}_i)^2 \right] \right]^2 \right] \cdot \Delta t$$

$$\mathbf{s}_{i+1} = \mathbf{s}_i + \left[\mathbf{v}_i + \frac{\Delta t}{2} \cdot \left[g - \frac{k}{m_1} \cdot (\mathbf{v}_i)^2 \right] \right] \cdot \Delta t$$

$v_g := \text{wenn}\left(k = 0 \cdot \frac{kg}{m}, 0 \cdot \frac{m}{s}, \sqrt{\frac{g \cdot m_1}{k}}\right)$ $v_g = 99.029 \frac{m}{s}$ Grenzgeschwindigkeit

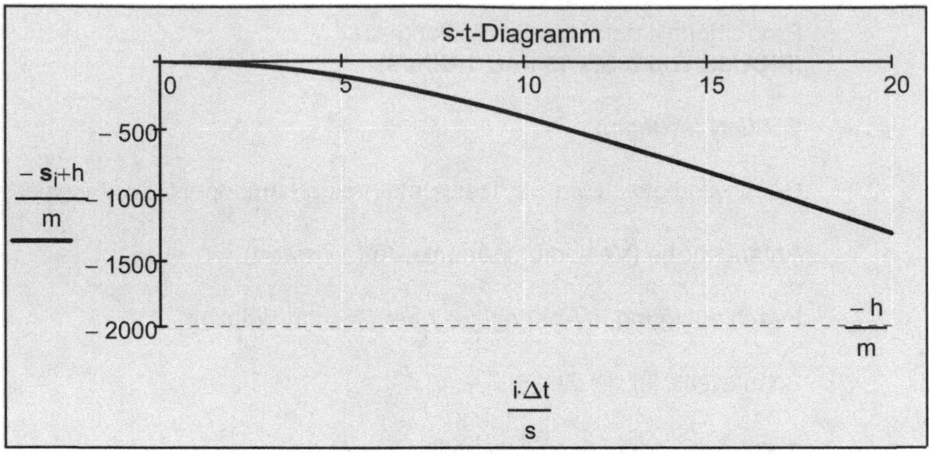

Abb. 8.28

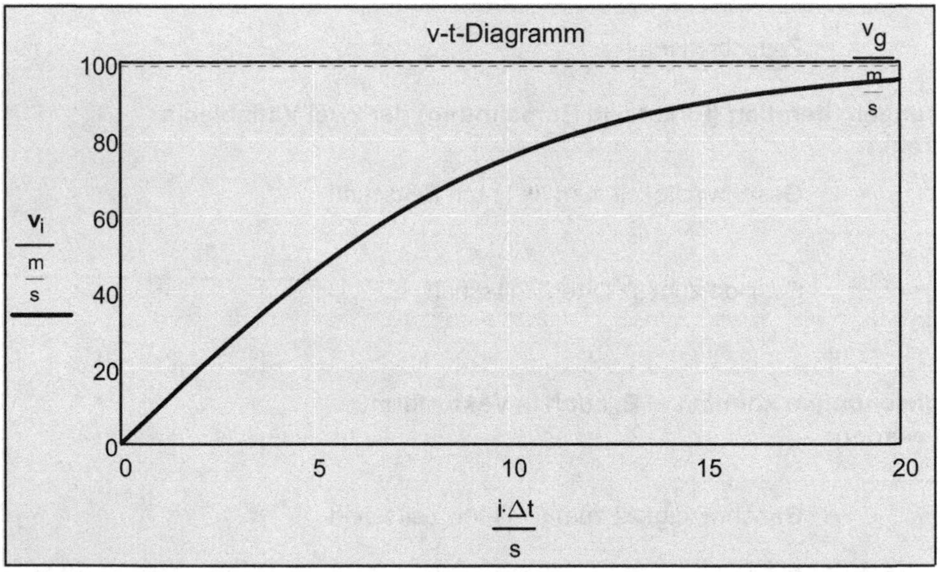

$k = 0.1 \frac{kg}{m}$

$v_g = 99.029 \frac{m}{s}$

Abb. 8.29

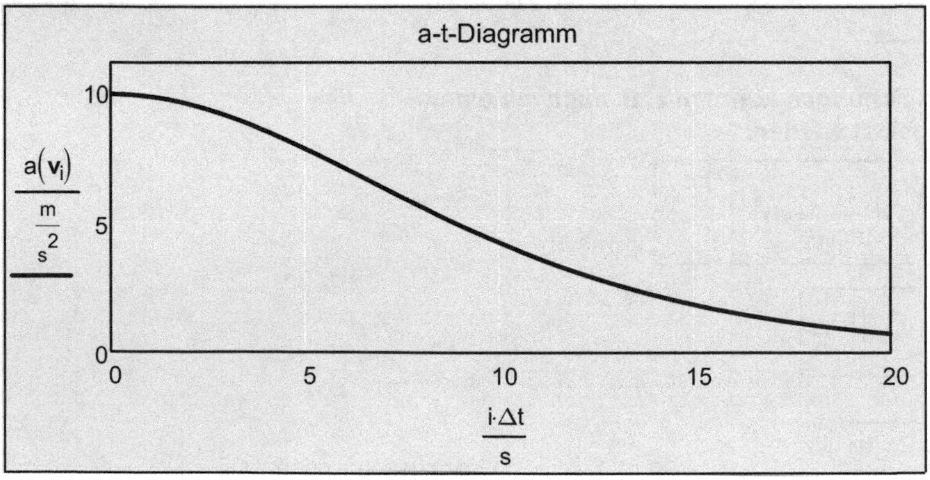

Abb. 8.30

1. Unendliche Zahlenreihen

Untersuchen Sie folgende Reihen auf Konvergenz und bestimmen Sie den Summenwert:

Beispiel 1:

$$\sum_{n=1}^{\infty} \frac{1}{3^n + 1}$$ **(konvergent)**

Beispiel 2:

$$\sum_{n=1}^{\infty} \frac{1}{\sqrt{n}}$$ **(divergent)**

Beispiel 3:

$$\sum_{n=1}^{\infty} \frac{1}{n^2}$$ **(konvergent)**

Beispiel 4:

$$\sum_{n=1}^{\infty} \frac{1}{n \cdot 5^n}$$ **(konvergent)**

Beispiel 5:

$$1 + \frac{2^3}{2!} + \frac{3^3}{3!} + \frac{4^3}{4!} + \ldots$$ **(konvergent)**

Beispiel 6:

$$1 + \frac{2^2}{2!} + \frac{2^3}{3!} + \frac{2^4}{4!} + \ldots$$ **(konvergent)**

Beispiel 7:

$$\frac{1}{1 \cdot 2} + \frac{1}{3 \cdot 2^3} + \frac{1}{5 \cdot 2^5} + \frac{1}{7 \cdot 2^7} + \ldots$$ **(konvergent)**

Beispiel 8:

$$\frac{1}{2} + \frac{2}{2^2} + \frac{3}{2^3} + \frac{4}{2^4} + \ldots$$ **(konvergent)**

Beispiel 9:

$$1+\frac{2^2}{2!}+\frac{3^2}{3!}+\frac{4^2}{4!}+....$$ **(konvergent)**

Beispiel 10:

$$\frac{1}{1\cdot 3}+\frac{1}{3\cdot 5}+\frac{1}{5\cdot 7}+\frac{1}{7\cdot 9}+....$$ **(konvergent)** $$s_n = \left(1-\frac{2}{3}\right)+\left(\frac{2}{3}-\frac{3}{5}\right)+....+\left(\frac{n}{2\cdot n-1}-\frac{n+1}{2\cdot n+1}\right)$$

Untersuchen Sie folgende Reihen auf absolute bzw. bedingte Konvergenz:

Beispiel 11:

$$\frac{1}{1}-\frac{1}{\sqrt{2}}+\frac{1}{\sqrt{3}}-\frac{1}{\sqrt{4}}+....$$ **(bedingt konvergent)**

Beispiel 12:

$$\frac{1}{2}-\frac{2}{3}\cdot\frac{1}{2^3}+\frac{3}{4}\cdot\frac{1}{3^3}-\frac{4}{5}\cdot\frac{1}{4^3}+....$$ **(absolut konvergent)**

Beispiel 13:

$$2-\frac{2^3}{3!}+\frac{2^5}{5!}-\frac{2^7}{7!}+....$$ **(absolut konvergent)**

---

2. Potenzreihen

Beispiel 1:

Untersuchen Sie die nachfolgende Potenzreihe auf Konvergenz und bestimmen Sie das Konvergenzintervall:

$$x-\frac{x^3}{3!}+\frac{x^5}{5!}-\frac{x^7}{7!}+....$$

Beispiel 2:

Untersuchen Sie die nachfolgende Potenzreihe auf Konvergenz und bestimmen Sie das Konvergenzintervall:

$$\frac{x-1}{1}-\frac{(x-1)^2}{2}+\frac{(x-1)^3}{3}-....$$

Beispiel 3:

f(x) = sin(x) soll in den Stützstellen 0, π/6, π/2, 5π/6 und π durch ein Näherungspolynom angenähert werden. In einer Grafik soll die Funktion und das Näherungspolynom zum Vergleich grafisch dargestellt werden.

Beispiel 4:

In der Beizanlage eines Stahlwerkes wird zwischen dem prozentuellen Schwefelsäuregehalt und der Dichte der Beizflüssigkeit folgender Zusammenhang gemessen:

H_2SO_4 in %	0	5	10	20
Dichte in kg/dm3	1.0000	1.0355	1.0718	1.1468

Bestimmen Sie einen funktionalen Zusammenhang durch eine ganzrationale Funktion.

Beispiel 5:

Durch 7 Punkte soll bei einer gegebenen Funktion $y = (1+x)^{1/2}$ ein Polynom gelegt werden. Die Punkte sollen symmetrisch um die Entwicklungsstelle $x_0 = 10$ gewählt werden. Zum Vergleich soll mittels kubischer Spline-Interpolation und linearer Interpolation eine Ausgleichskurve durch die Punkte gefunden werden.

2.3 Taylorreihen

Beispiel 1:

a) Wie lautet die Taylorreihe an der Stelle $x_0 = 0$ der Funktion $f(x) = \sin(2x - \pi/2)$?
b) Auf welchem Intervall konvergiert diese Reihe?
c) Wie lautet das Restglied nach Lagrange für diese Reihe?
d) Stellen Sie die Funktion und die Näherungspolynome bis zum 7. Grad grafisch dar.
e) Stellen Sie den absoluten und relativen Fehler im Vergleich von Funktion und Taylorpolynomen grafisch dar.

Beispiel 2:

Bestimmen Sie die Potenzreihen der folgenden Funktionen:

a) $f(x) = e^{\beta \cdot t} \cdot \cos(\omega \cdot t)$ **b)** $g(x) = e^{-\beta \cdot t} \cdot \sin(\omega \cdot t)$ **c)** $h(x) = \sin(x)^2$ **d)** $k(x) = \cos(x)^2$

Beispiel 3:

Zeigen Sie die Richtigkeit der nachfolgenden Näherungen. Unter welchen Voraussetzungen gelten diese Näherungen?

a) $t \cdot \sin(2 \cdot t) \approx 2 \cdot t^2$ **b)** $e^{-t} \cdot \cos(2 \cdot t) \approx 1 - t$

c) $\sqrt{1+x} \approx 1 + \frac{x}{2}$ **d)** $\sqrt[4]{1+x} \approx 1 + \frac{x}{4}$ **e)** $\frac{1}{\sqrt[n]{1+x}} \approx 1 - \frac{x}{n}$

Beispiel 4:

Zeigen Sie, dass sich aus der Reihe für $1/(1-x)$ durch Differentiation die Reihen für $1/(1-x)^2$ und $1/(1-x)^3$ ergeben.

Beispiel 5:

Zeigen Sie den nachfolgenden Zusammenhang und bestimmen Sie das Konvergenzintervall der beiden Funktionen:

$$\arccos(x) = \frac{\pi}{2} - \arcsin(x)$$

Anleitung (Reihenentwicklung des Integranden): $\arcsin(x) = \int_0^x \frac{1}{\sqrt{1+t^2}}\,dt$

Beispiel 6:

Berechnen Sie die folgenden Integrale durch vorhergehende Reihenentwicklung:

a) Integralsinuns: $S_i(x) = \int_0^x \frac{\sin(t)}{t}\,dt$

b) Integralcosinus: $C_o(x) = \int_0^x \frac{\cos(t)}{t}\,dt$

c) $\int_0^x \frac{e^t}{t}\,dt$

d) $\int_0^x e^{\frac{-\pi}{2}\cdot t}\cdot\sin(t)\,dt$

Beispiel 7:

Berechnen Sie die Bogenlänge $s = \int_0^a \sqrt{1+y'^2}\,dx$ **für die Parabel** $y = \frac{h}{a^2}\cdot x^2$ **für h = 1 m und a = 4 m. Entwickeln Sie zuerst den Integranden in eine Reihe und brechen Sie die Reihe nach dem vierten Glied ab. Zur Vereinfachung lässt sich λ = h/a setzen. Vergleichen Sie den errechneten Wert der Bogenlänge, den man aus der Näherungsformel erhält, mit dem Wert, der sich durch numerische Berechnung des Integrals ergibt, auf 4 Nachkommastellen.**

Beispiel 8:

Für welche Winkel ist der prozentuelle Fehler kleiner als 1 %, wenn wir $\tan(\alpha) \approx \alpha$ setzen?

Beispiel 9:

Zwei Körper der gleichen Wärmekapazität C und den unterschiedlichen Temperaturen T_1 und T_2 werden in thermischen Kontakt gebracht. Es findet ein Temperaturausgleich statt, und die Entropie s des Systems ändert sich um Δs.

$$\Delta s = 2\cdot C\cdot \ln\left(\frac{T_1+T_2}{2\cdot\sqrt{T_1\cdot T_2}}\right) \qquad T_2 = T_1 + \Delta T$$

Für diese Gleichung ist eine Näherungsformel zu entwickeln, wobei in der Reihenentwicklung nach dem sich ergebenden quadratischen Glied abzubrechen ist.
Anleitung:

$$\frac{T_1+T_2}{2} = \frac{1}{2}\cdot\left(2\cdot T_1 + \Delta T\right) = T_1\cdot\left(1+\frac{\Delta T}{2\cdot T_1}\right) \qquad \sqrt{T_1\cdot T_2} = \sqrt{T_1\cdot\left(T_1+\Delta T\right)} = T_1\cdot\sqrt{1+\frac{\Delta T}{T_1}}$$

$$\ln\left(\frac{a}{b}\right) = \ln(a) - \ln(b)$$

Beispiel 10:

Die Dichte ρ eines Festkörpers hängt wie folgt von der Temperatur ab:

$$\rho(\vartheta) = \frac{\rho_0}{1 + \gamma \cdot \vartheta}$$ **Dabei ist ρ_0 die Dichte bei $\vartheta_0 = 0$ °C und γ der Ausdehnungskoeffizient.**

Beschreiben Sie die Temperaturabhängigkeit der Dichte ρ durch eine lineare Näherungsfunktion.

Beispiel 11:

Der Luftdruck in Abhängigkeit von der Höhe h über dem Meeresniveau ist durch die barometrische Höhenformel gegeben:

$$p = p_0 \cdot e^{\frac{-h}{h_0}} \qquad \textbf{mit} \qquad p_0 = 1013 \cdot \text{mbar} \qquad h_0 = 7991 \cdot \text{m}$$

Geben Sie eine lineare Näherung für p in Abhängigkeit von h an. Bis zu welcher Höhe h ist die Abweichung der Näherung höchstens 5 %?

Beispiel 12:

Die Kapazität eines Zylinderkondensators ist gegeben durch:

$$C = \frac{2 \cdot \pi \cdot \varepsilon \cdot L}{\ln\left(\frac{R}{r}\right)}$$

Zeigen Sie, dass aus diesem Zusammenhang durch Reihenentwicklung des Nenners die Berechnungsformel für den Plattenkondensator gewonnen werden kann, wenn die Reihe nach dem 1. Glied abgebrochen und berücksichtigt wird, dass R = r + s ist. Setzen Sie außerdem A = 2 * π * s * L. (Lösung: C = A ε/d)

Beispiel 13:

In einem RL-Zweipol liegt eine lineare Rampenspannung u(t) = k t an. Zum Zeitpunkt t = 0 wird der Stromkreis durch einen Schalter geschlossen. Für die Stromstärke im Stromkreis gilt:

$$i(t) = \frac{k}{R} \cdot \left[t + \frac{L}{R} \cdot \left(e^{\frac{-R}{L} \cdot t} - 1\right)\right]$$

Zeigen Sie durch Abbruch der Taylorreihe von i(t), dass der Strom anfänglich quadratisch mit der Zeit ansteigt.

Beispiel 14:

Entwickeln Sie die Funktion f(x,y) = e^{-x} cos(y) um den Entwicklungspunkt x = 0 und y = π/2 in eine Taylorreihe mit Termen niedriger als 4. Ordnung.

Beispiel 15:

Vergleichen Sie grafisch die mehrdimensionale Taylor-Approximation im Vergleich mit der nachfolgend angegebenen Funktion.

$ORIGIN := 0$

$f(x,y) := \sin\left(\frac{x^2}{4} + y^2\right) + \cos\left(y^2\right)$ Flächenfunktion

$n := 8$ Grad der Approximation

$x_0 := 0$ $y_0 := 0$ Entwicklungspunkt der Taylorentwicklung

$x_0 - r \le x \le x_0 + r$ Definitionsbereich (Region) der Darstellung

$y_0 - r \le y \le y_0 + r$

$r := 1.2$

2.4 Laurentreihen

Beispiel 1:

Bestimmen Sie die Residuen von $y = 1/(x^2 - x)$.

Beispiel 2:

Bestimmen Sie die Residuen von $y = 1/(\, x\, (x+2)^3)$.

Beispiel 3:

Bestimmen Sie die Potenzreihe und das Residuum von $y = 1/\tan(x)$ beim Pol $x = 0$.

Beispiel 4:

Bestimmen Sie die Residuen von $y = 1/(\, z^2\, (z - 6))$.

---

3. Fourierreihen

Beispiel 1:

In einem Zweiweggleichrichter fließt ein Strom $i = I_{max} \mid \sin(\omega_0\, t) \mid$ für $0 < \omega_0\, t \le 2\pi$. Führen Sie für diesen Strom eine Fourieranalyse durch und geben Sie die Fourierreihe an.

Lösung: $$i(t) = \frac{4 \cdot I_{max}}{\pi} \cdot \left(\frac{1}{2} - \frac{1}{1 \cdot 3} \cdot \cos\left(2 \cdot \omega_0 \cdot t\right) - \frac{1}{3 \cdot 5} \cdot \cos\left(4 \cdot \omega_0 \cdot t\right) - \frac{1}{5 \cdot 7} \cdot \cos\left(6 \cdot \omega_0 \cdot t\right) - ....\right)$$

Beispiel 2:

Es soll eine Fourieranalyse bzw. deren Rücktransformation für eine periodische Kippschwingung $u(t) = \hat{U}/T_0 * t$ für $0 \le t < T_0$ mit $\hat{U} = 5$ V und der Periodendauer $T_0 = 2\,\pi$ s reell und komplex durchgeführt werden. Stellen Sie das reelle und komplexe Frequenzspektrum grafisch dar. Vergleichen Sie auch die Originalfunktion mit einem geeignet gewählten Fourierpolynom grafisch. Wie groß ist der Klirrfaktor?

Beispiel 3:

Es soll eine Fourieranalyse bzw. deren Rücktransformation für eine periodische Rechteckspannung $u(t) = -\hat{U}$ für $-T_0/2 < t < 0$ und $0 < t < T_0/2$ mit $\hat{U} = 10$ V und der Periodendauer $T_0 = 2\,\pi$ s reell und komplex durchgeführt werden. Stellen Sie das reelle und komplexe Frequenzspektrum grafisch dar. Vergleichen Sie auch die Originalfunktion mit einem geeignet gewählten Fourierpolynom grafisch. Wie groß ist der Klirrfaktor?

Beispiel 4:

Es soll eine Fourieranalyse bzw. deren Rücktransformation für einen periodischen Rechteckstrom i(t) (z. B. "Ankerstrombelag einer Drehstromwicklung") mit der Amplitude $\hat{I}$ = 5 A und der Periodendauer T_0 = 2 π s reell durchgeführt werden.

i(t) = 0 A für 0 s < t ≤ π/6 s und $\frac{\sqrt{3}}{2}$ A für π/6 s < t ≤ 5π/6 s und 0 A für 5π/6 s < t ≤ π s.

Beispiel 5:

Für den gegebenen Filter soll die Übertragungsfunktion ermittelt und in einem Bode-Diagramm im Bereich 100 Hz ≤ f ≤ 10 MHz dargestellt und interpretiert werden. Stellen Sie dazu auch noch die Nyquist-Ortskurve dar.
Durch Fourieranalyse und Fouriersynthese soll die Antwort des Filters auf die gegebene periodische Eingangsspannung $u_e(t)$ berechnet und interpretiert werden.

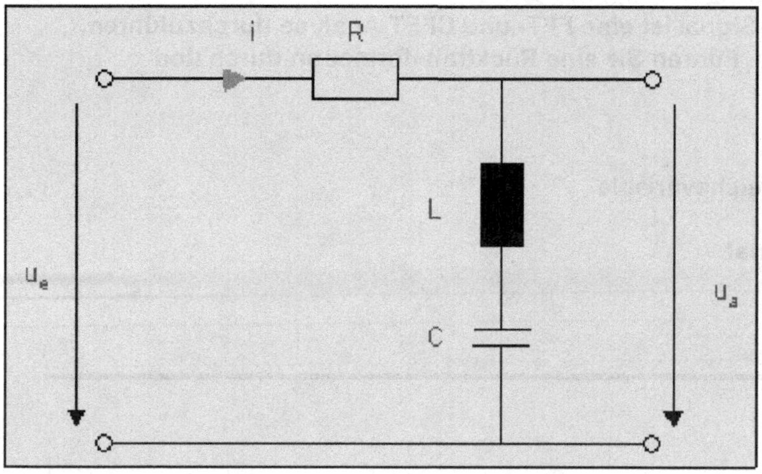

$R := 500\Omega$ **Ohm'scher Widerstand**
$L := 100mH$ **Induktivität**
$C := 1 \cdot \mu F$ **Kapazität**

u_e ... Eingangsspannung
u_a ... Ausgangsspannung
i ... Gesamtstrom
R ... Ohm'scher Widerstand
L ... Induktivität
C ... Kapazität

$T_0 = \frac{2 \cdot \pi}{500} \cdot s$ **Periodendauer der Eingangsspannung**

$U_{max} = 10 \cdot V$ **Amplitude der Eingangsspannung**

$u_e(t) = (2\ U_{max})/T_0$ für $-T_0/2 < t < T_0/2$

Beispiel 6:

Ein periodisches Signal u(t) mit der Periodendauer T_0 wird an n äquidistanten Stellen abgetastet. Durch die Variation der Variablen n verändern wir die Abtastfrequenz. Vergleichen Sie für die 3 Fälle ($n_{max}\ \omega_0$, 2 $n_{max}\ \omega_0$, 4 $n_{max}\ \omega_0$) jeweils das Amplitudenspektrum des Messsignals in einer Grafik und interpretieren Sie, wann das Abtasttheorem erfüllt ist.

Gegeben:

$\omega_0 := 1 \cdot s^{-1}$ $\quad f_0 := \frac{\omega_0}{2 \cdot \pi}$ $\quad f_0 = 0.159 \frac{1}{s}$ **Kreisfrequenz und Frequenz des Messsignals**

$T_0 := 2 \cdot \frac{\pi}{\omega_0}$ $\quad T_0 = 6.283\,s$ **Periodendauer des abzutastenden Signals**

$n_{max} := 8$ $\quad n := 0 .. n_{max}$ **Die höchste Harmonische $n_{max}\omega_0$ ist hier 8 ω_0, eine Abtastung müsste laut Abtasttheorem mit mindestens 16 ω_0 erfolgen.**

$\mathbf{a}_n := rnd(1) \cdot V$

$\mathbf{b}_n := rnd(1) \cdot V$ $\quad b_0 := 0 \cdot V$ **rnd(x) gibt eine gleichmäßig verteilte Zufallszahl zwischen 0 und x zurück.**

$$u(t) := \sum_{n=0}^{n_{max}} \left(\mathbf{a}_n \cdot \cos(n \cdot \omega_0 \cdot t) + \mathbf{b}_n \cdot \sin(n \cdot \omega_0 \cdot t)\right)$$ **Zeitfunktion des Messsignals**

$\omega_{max} := n_{max} \cdot \omega_0 \qquad \omega_{max} = 8 \cdot s^{-1}$ **maximale Frequenz**

Gesucht:
1. **Ermitteln Sie das Amplitudenspektrums des Messsignals mittels FFT und stellen Sie das Spektrum grafisch dar.**
2. **Führen Sie die Abtastung für 3 Fälle durch:**
   1. Fall: $n_{max}\ \omega_0$; 2. Fall: $2\ n_{max}\ \omega_0$; 3. Fall: $4\ n_{max}\ \omega_0$.
3. **Vergleichen Sie für die 3 Fälle jeweils das Amplitudenspektrum des Messsignals in einer Grafik und interpretieren Sie, wann das Abtasttheorem erfüllt ist.**
4. **Führen Sie die Rücktransformation für die 3 Fälle durch und vergleichen Sie jeweils in einer Grafik das Messsignal mit dem rücktransformierten Signal.**

Beispiel 7:

Für das nachfolgend angegebene abgetastete Signal ist eine FFT- und CFFT-Analyse durchzuführen. Vergleichen Sie grafisch die Frequenzspektren. Führen Sie eine Rücktransformation durch und stellen Sie das Signal grafisch dar.

$i := 0 .. 2^7 - 1$ **Bereichsvariable**

$s_i := \sin\left(6 \cdot \pi \cdot \frac{i}{2^6}\right) + \sin\left(40 \cdot \pi \cdot \frac{i}{2^6}\right)$ **Signal**

---

4. Fourier-Transformation

Beispiel 1:

Für die Faltung einer Zeitfunktion f(t) mit dem Dirac-Impuls gilt: $f(t) * \delta(t) = f(t)$. Wie lautet die Fouriertransformierte dieses Faltungsproduktes? Für die Fouriertransformierte des Dirac-Impulses gilt: $\mathcal{F}\{\ \delta(t)\ \} = 1$. Das Spektrum des Dirac-Impulses δ(t) hat also den konstanten Wert 1.

Beispiel 2:

Ein Dreiecksimpuls $f_\Delta(t)$ kann durch die Faltung des Rechteckimpulses mit sich selbst dargestellt werden: $f_\Delta(t) = f_{rec}(t,T_1) * f_{rec}(t,T_1)$. Bestimmen Sie die Fouriertransformierte des Dreieckimpulses. (Lsg. $\underline{F}_\Delta(f) = \mathrm{sinc}^2(\pi\ T_1\ f)$)

Beispiel 3:

Bestimmen Sie die Fouriertransformierte eines Dreiecksimpulses $f_\Delta(t)$ und stellen Sie den Dreiecksimpuls und dessen Fouriertransformierte mit geeigneten Werten grafisch dar. (Lsg. $\underline{F}_\Delta(f) = \mathrm{sinc}^2(\pi\ T_1\ f)$)

$$f_\Delta(t) = \begin{cases} \frac{1}{T_1} \cdot \left(1 - \frac{|t|}{T_1}\right) & \text{if } |t| \le T_1 \\ 0 & \text{if } |t| > T_1 \end{cases}$$

Anleitung: $\int x \cdot e^{a \cdot x}\, dx = \frac{e^{a \cdot x}}{a^2} \cdot (a \cdot x - 1)$

Beispiel 4:

Bestimmen Sie die Fouriertransformierte eines Kosinusquadratimpulses und stellen Sie den Kosinusquadratimpul und dessen Fouriertransformierte mit geeigneten Werten grafisch dar.
(Lsg. $\underline{F}(f) = \mathrm{sinc}(2\,\pi\,T_1\,f)*1/(1-(2\,T_1\,f)^2)$)

$$f(t) = \begin{cases} \frac{1}{T_1} \cdot \cos\left(\frac{\pi \cdot t}{2 \cdot T_1}\right)^2 & \text{if } |t| \le T_1 \\ 0 & \text{if } |t| > T_1 \end{cases}$$

Anleitungen: $\cos(x)^2 = \frac{1}{2} \cdot (1 + \cos(2 \cdot x))$

$$\sin(\pi - 2 \cdot \pi \cdot f \cdot T_1) = \sin(2 \cdot \pi \cdot f \cdot T_1)$$

$$\sin(\pi + 2 \cdot \pi \cdot f \cdot T_1) = -\sin(2 \cdot \pi \cdot f \cdot T_1)$$

Beispiel 5:

Bestimmen Sie die Fouriertransformierte eines Gauß-Impulses und stellen Sie den Gauß-Impuls und dessen Fouriertransformierte mit geeigneten Werten grafisch dar.
(Lsg. $\underline{F}(f) = 2/\tau * e^{-(2\,\pi\,f\,\tau)\,/\,(4\,\pi)}$)

$$f(t) = \frac{1}{\tau} \cdot e^{-\pi \cdot \left(\frac{t}{\tau}\right)^2}$$

Anleitungen: $e^{-j \cdot 2 \cdot \pi \cdot f \cdot t} = \cos(2 \cdot \pi \cdot f \cdot t) - j \cdot \sin(2 \cdot \pi \cdot f \cdot t)$

$$\int_0^{\infty} e^{-a^2 \cdot x^2} \cdot \cos(b \cdot x)\,dx = \frac{\sqrt{\pi}}{2 \cdot a} \cdot e^{\frac{-b^2}{(2 \cdot a)^2}}$$

Beispiel 6:

Führen Sie für das nachfolgend angegebene Signal u_i eine FFT durch und stellen Sie das Signal und das Fourierspektrum grafisch dar. Führen Sie auch eine Rücktransformation durch und vergleichen Sie das Originalsignal mit dem rücktransformierten Signal grafisch.
Das Signal soll mit einer Frequenz von 4 kHz abgetastet werden.

$u_i = A \cdot \cos(t_i \cdot \omega + \varphi) \cdot e^{\frac{-t_i}{T_1}}$ **Signal**

$A = 1 \cdot V$ $\quad f = 2 \cdot Hz$ $\quad \varphi = 20 \cdot Grad$ $\quad T_1 := 5 \cdot s$ **gegebene Daten**

5. Laplace-Transformation

Beispiel 1:

Führen Sie für die nachfolgenden Signale eine Laplace-Transformation und deren Rücktransformation mithilfe von Mathcad durch (über das Symbolik-Menü und mit Symboloperatoren). Stellen Sie unter Annahme geeigneter Parameter in den Signalen die Signale auch grafisch dar. Lösen Sie das Integral in g) auch mithilfe der Euler'schen Beziehung $\sin(\omega\,t) = (e^{j\omega t} - e^{-j\omega t})/2j$.

a) $f(t) = \sqrt{a \cdot t} \cdot \Phi(t)$

b) $f(t) = \sin(a \cdot t) \cdot \Phi(t)$

c) $f(t) = \cos(\omega \cdot t + \varphi) \cdot \Phi(t)$

d) $f(t) = \ln(t) \cdot \Phi(t)$

e) $f(t) = t \cdot e^{a \cdot t} \cdot \Phi(t)$

f) $f(t) = e^{-\alpha \cdot t} \cdot \cos(\omega \cdot t) \cdot \Phi(t)$

g) $\mathscr{L}\{f(t)\} = \int_0^{\infty} A \cdot e^{-a \cdot t} \cdot \sin(\omega \cdot t) \cdot e^{-s \cdot t}\,dt$ $\quad A = 2 \quad a = 0.5 \quad \omega = 1$

5.2 Eigenschaften der Laplace-Transformation

Beispiel 1:

Berechnen Sie die Laplacetransformierte der nachfolgenden Signale mithilfe des Superpositionssatzes und führen Sie mit Mathcad eine Rücktransformation durch. Stellen Sie die Signale unter der Annahme geeigneter Werte auch grafisch dar.

a) $f(t) = (3 + 10 \cdot t) \cdot \Phi(t)$ **b)** $f(t) = \left(5 \cdot e^{-t} - 2 \cdot \sin(\omega \cdot t)\right) \cdot \Phi(t)$

c) $f(t) = \left(2 \cdot t - 4 \cdot t^2 + 5 \cdot \cos(t)\right) \cdot \Phi(t)$ **d)** $f(t) = C \cdot \left(1 - e^{-\lambda \cdot t}\right)$

Beispiel 2:

Berechnen Sie die Laplacetransformierte der nachfolgenden Signale mithilfe der Verschiebungssätze und führen Sie mit Mathcad eine Rücktransformation durch. Stellen Sie die Signale unter der Annahme geeigneter Werte auch grafisch dar.

a) $f(t) = \sin\left(t + \frac{\pi}{2}\right) \cdot \Phi(t)$ **b)** $f(t) = \sin(t - 2) \cdot \Phi(t)$ **c)** $f(t) = (t + 5) \cdot \Phi(t)$

d) $f(t) = e^{t-a} \cdot \Phi(t)$ **e)** $f(t) = \cos(t - 4)^2$ **f)** $f(t) = (t - 3)^2 \cdot \Phi(t)$

Beispiel 3:

Berechnen Sie die Laplacetransformierte der nachfolgenden Signale mithilfe des Ähnlichkeitsatzes und führen Sie mit Mathcad eine Rücktransformation durch. Stellen Sie die Signale unter der Annahme geeigneter Werte auch grafisch dar.

a) $f(t) = (2 \cdot t)^2 \cdot \Phi(t)$ **b)** $f(t) = \cos(4 \cdot t) \cdot \Phi(t)$ **c)** $f(t) = \sin(\omega \cdot t)^2 \cdot \Phi(t)$

Beispiel 4:

Berechnen Sie die Laplacetransformierte der nachfolgenden Signale mithilfe des Dämpfungssatzes und führen Sie mit Mathcad eine Rücktransformation durch. Stellen Sie die Signale unter der Annahme geeigneter Werte auch grafisch dar.

a) $f(t) = 2 \cdot e^{-2 \cdot t} \cdot \Phi(t)$ **b)** $f(t) = t \cdot e^{-4 \cdot t} \cdot \Phi(t)$ **c)** $f(t) = e^{-3 \cdot t} \cdot \cos(2 \cdot t) \cdot \Phi(t)$

Beispiel 5:

Berechnen Sie die Laplacetransformierte der nachfolgenden Signale mithilfe des Ableitungssatzes für Originalfunktionen die 1. Ableitung und führen Sie mit Mathcad eine Rücktransformation durch (f(0) = 0). Stellen Sie die Signale unter der Annahme geeigneter Werte auch grafisch dar.

a) $f(t) = \sinh(a \cdot t) \cdot \Phi(t)$ **b)** $f(t) = t^4 \cdot \Phi(t)$ **c)** $f(t) = \sin(\omega \cdot t + \pi) \cdot \Phi(t)$

Beispiel 6:

Berechnen Sie die Laplacetransformierte der folgenden Differentialgleichungen:

a) $2 \cdot y'(t) + 3 \cdot y(t) = t$ **y(0) = 0** **b)** $2 \cdot y''(t) + 5 \cdot y'(t) + 4 \cdot y(t) = 0$ **y(0) = 1, y'(0) = 2**

Beispiel 7:

Berechnen Sie die Laplacetransformierte des Ableitungssatzes für Bildfunktionen und führen Sie mit Mathcad eine Rücktransformation durch.

Geg.: $f(t) = \sin(\omega \cdot t) \cdot \Phi(t)$ $\qquad \underline{F}(s) = \frac{\omega}{s^2 + \omega^2}$

Ges: $f_1(t) = t \cdot \sin(\omega \cdot t) \cdot \Phi(t)$ **und** $f_2(t) = t^2 \cdot \sin(\omega \cdot t) \cdot \Phi(t)$

Beispiel 8:

Berechnen Sie unter Verwendung des Integralsatzes für Originalfunktionen die Laplacetransformierten der folgenden Integrale:

a) $\int_0^t \cos(\tau)\, d\tau$ **b)** $\int_0^t \tau^3\, d\tau$

Beispiel 9:

Bestimmen Sie aus f(t) = sin(ω t) unter Verwendung des Integralsatzes für Bildfunktionen die Laplacetransformierte von $g(t) = \frac{\sin(\omega \cdot t)}{t}$.

Beispiel 10:

Bestimmen Sie mithilfe des Faltungssatzes die zur Bildfunktion gehörige Originalfunktion f(t).

a) $\underline{F}(s) = \frac{2 \cdot s}{\left(s^2 + 1\right)^2}$ **b)** $\underline{F}(s) = \frac{1}{(s + 4) \cdot (s - 2)}$

Beispiel 11:

Berechnen Sie mithilfe des Faltungssatzes folgende Faltungsprodukte: $t * e^{-t}$, $e^t * \cos(t)$.

Beispiel 12:

Welchen Anfangswert und Endwert besitzen die zu den nachfolgend gegebenen Bildfunktionen zugehörigen Originalfunktionen f(t)? Bestimmen Sie auch die Originalfunktionen.

a) $\underline{F}(s) = \frac{3}{s \cdot (s + 1)}$ **b)** $\underline{F}(s) = \frac{2 \cdot s}{s^2 + 8} + \frac{1}{s^2}$ **c)** $\underline{F}(s) = \frac{e^s - s - 1}{s^2}$

5.3 Rücktransformation aus dem Bildbereich in den Originalbereich

Beispiel 1:

Die gegebenen Bildfunktionen sollen zuerst mittels Partialbruchzerlegung umgeformt und dann rücktransformiert werden. Zur Kontrolle soll eine Rücktransformation direkt mit Mathcad durchgeführt werden.

a) $\underline{F}(s) = \dfrac{1}{s \cdot (s - a)}$

b) $\underline{F}(s) = \dfrac{2 \cdot s^2 + 2 \cdot s + 4}{(s + 5)^3}$

c) $\underline{F}(s) = \dfrac{s^2 + \frac{1}{2} \cdot s + \frac{1}{2}}{(s - 1) \cdot (s + 1)^3}$

d) $\underline{F}(s) = \dfrac{U_0}{L} \cdot \dfrac{1}{s^2 + s \cdot 2 \cdot \delta + \omega_0^2}$

e) $\underline{F}(s) = \dfrac{4}{s \cdot \left(s^2 + 2 \cdot s + 2\right)}$

f) $\underline{F}(s) = \dfrac{5 \cdot s - 2}{s^2 \cdot (s + 1) \cdot (s + 2)}$

5.4 Anwendungen der Laplace-Transformation

5.4.1 Lösungen von Differentialgleichungen

Beispiel 1:

Bestimmen Sie die Lösung folgender inhomogenen linearen Differentialgleichungen 1.Ordnung:

a) $2 \cdot \frac{d}{dt} y(t) + 3 \cdot y(t) = t$ **Anfangswert: y(0) = 2**

b) $\frac{d}{dt} y(t) + 2 \cdot y(t) = -\cos(t)$ **Anfangswert: y(0) = 4**

c) $3 \cdot \frac{d}{dt} y(t) - y(t) = e^t$ **Anfangswert: y(0) = 1**

Beispiel 2:

Bestimmen Sie die Lösung folgender inhomogenen linearen Differentialgleichungen 2. Ordnung:

a) $\frac{d^2}{dt^2} y(t) + 2 \cdot y'(t) + y(t) = \cos(2 \cdot t)$ **Anfangswerte: y(0) = 1 und y'(0) = 0**

b) $\frac{d^2}{dt^2} y(t) + y(t) = t$ **Anfangswerte: y(0) = 1 und y'(0) = 1**

c) $\frac{d^2}{dt^2} y(t) + 6 \cdot y'(t) + 10 \cdot y(t) = 30 \cdot \cos(2 \cdot t)$ **Anfangswerte: y(0) = 0 und y'(0) = 0**

Beispiel 3:

Für ein schwingungsfähiges mechanisches System mit der Masse m = 2 kg und der Federkonstante k = 2 N/m, das auf ein fahrbares Fahrgestell aufgebaut ist und mit einer konstanten Beschleunigung a = 2m/s² beschleunigt wird, gilt folgende Differentialgleichung:

$$m \cdot \frac{d^2}{dt^2}x(t) + k \cdot x(t) = m \cdot a \cdot \Phi(t) \qquad \omega_0^2 = \frac{k}{m}$$

Lösen Sie die Differentialgleichung für die Anfangswerte x(0 s) = 0 m und v(0 s) = x'(0 m) = 0m/s und stellen Sie die Lösung grafisch dar.

5.4.2 Laplace-Transformation in der Netzwerkanalyse

Beispiel 1:

Wie reagiert der Strom i(t) in einem L-C-Zweipol auf eine sprunghafte Änderung einer angelegten Spannung $u(t) = U_0\ \Phi(t)$. Zum Zeitpunkt t = 0 s gilt: i(0 s) = 0 A. Stellen Sie i(t) grafisch dar.

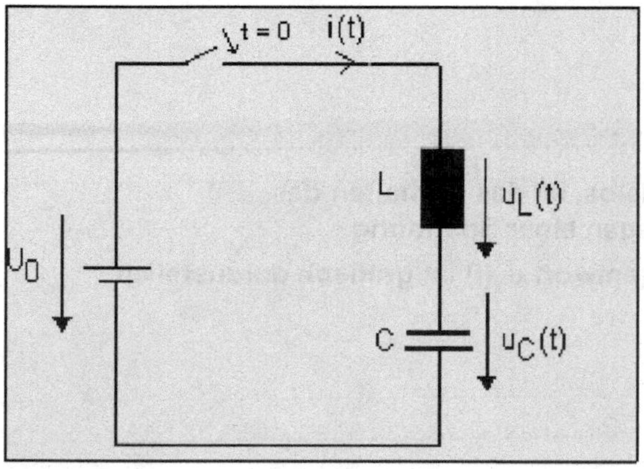

Gegebene Daten:
Angelegte Spannung: U_0 = 10 V
Induktivität: L = 1 H
Kapazität: C = 25 µF

$$\omega_0^2 = \frac{1}{L \cdot C}$$

Beispiel 2:

Wie reagiert der Strom i(t) in einem R-C-Zweipol auf eine sprunghafte Änderung einer angelegten Spannung $u(t) = U_0\ \Phi(t)$. Zum Zeitpunkt t = 0 s gilt: i(0 s) = 0 A. Stellen Sie i(t) grafisch dar.

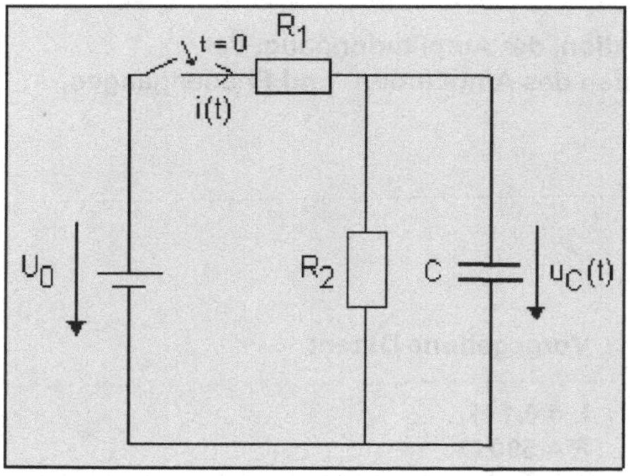

Gegebene Daten:
Angelegte Spannung: U_0 = 100 V
Widerstand: R_1 = 100 Ω
Widerstand: R_2 = 500 Ω
Kapazität: C = 20 µF

$$\tau = R \cdot C \qquad \frac{1}{R} = \frac{1}{R_1} + \frac{1}{R_2}$$

5.4.3 Übertragungsverhalten von Systemen

Beispiel 1:

Übertragungsverhalten eines Tiefpassfilters:

Unter der Annahme, das System ist energielos zum Zeitpunkt t = 0, ist das Verhalten der nachfolgenden Schaltung mit R = 5 kΩ und C = 1 µF beim Anlegen eines Spannungsimpulses $u_e(t) = U_0\,\Phi(t) = 1\text{ V}\,\Phi(t)$ gesucht. Die Sprungantwort $u_a(t)$ und deren Anlauftangente für t = 0s ist grafisch darzustellen.
Für den Tiefpassfilter sollen auch jeweils der Amplitudengang und der Phasengang im Bereich von f = 0.01 Hz und f = 10 MHz dargestellt werden. Da der Amplituden- und der Phasengang normalerweise halblogarithmisch mit der Variablen f dargestellt wird, empfiehlt es sich, die Variable f exponentiell laufen zu lassen, damit sie im Grafen äquidistante Werte annimmt. Für den Amplitudengang ist zusätzlich noch eine doppeltlogarithmische Darstellung zu verwenden. Außerdem ist die Grenzfrequenz $f_g = 1/(2\pi RC)$ zu berechnen und in die Grafen einzutragen.

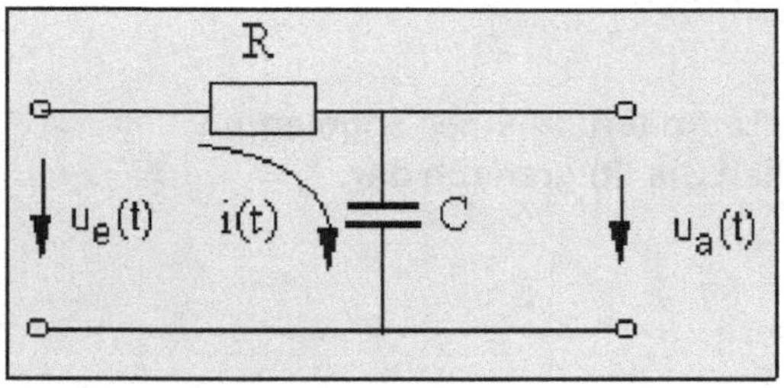

Beispiel 2:

Unter der Annahme, das System ist zum Zeitpunkt t = 0 energielos, ist das Verhalten der nachfolgenden Schaltung mit R = 5 kΩ und C = 1 µF beim Anlegen einer Spannung $u_e(t) = U_0 \sin(\omega\, t)\,\Phi(t) = 1\text{ V} \sin(3\text{ s}^{-1}\, t)\,\Phi(t)$ gesucht. Die Sprungantwort $u_a(t)$ ist grafisch darzustellen.

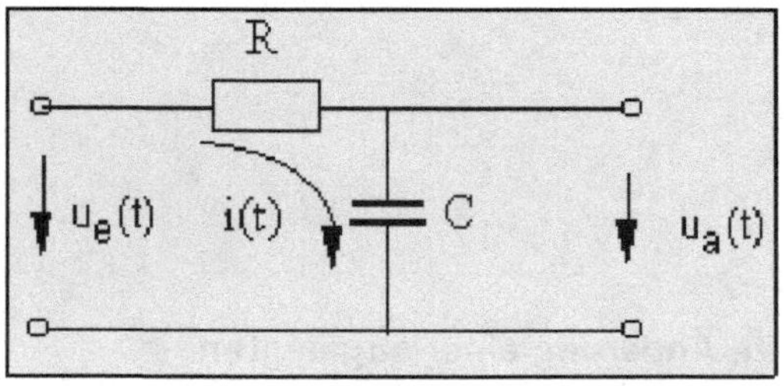

Beispiel 3:

An einem RLC-Filter (Bandsperre) sollen die Übertragungsfunktion, der Amplitudengang, der Phasengang, die obere und untere Grenzfrequenz und die Grafen des Amplituden- und Phasenganges, ermittelt und interpretiert werden.

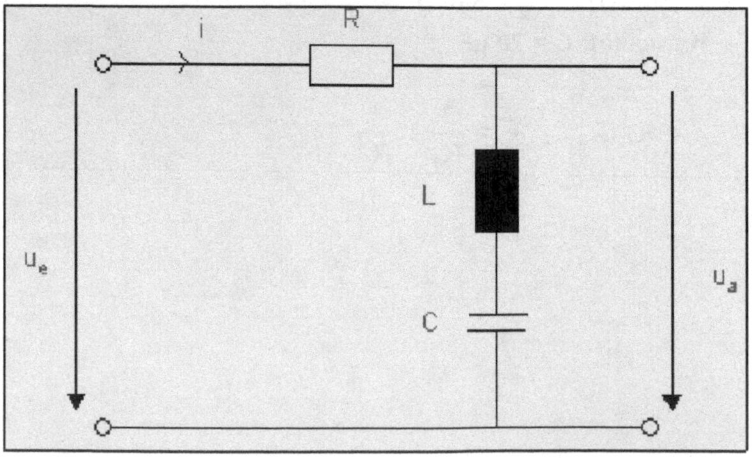

Vorgegebene Daten:

L = 0.1 H
R = 500 Ω
C = 1 µF

1. Leiten Sie die Übertragungsfunktion $\underline{G}(\omega)$ her. Untersuchen Sie die Sprungantwort des Filters auf eine Gleichspannung mit Amplitude $U_0 = 1$ V.

2. Bestimmen Sie den Amplitudengang $A(\omega)$.

3. Bestimmen Sie den Phasengang $\varphi(\omega)$.

4. Berechnen Sie die Bandmittenfrequenz ω_0, die untere Grenzfrequenz ω_{gu} und die obere Grenzfrequenz ω_{go}

(aus $A(\omega) = \frac{1}{\sqrt{2}}$).

5. Stellen Sie den Amplituden- und Phasengang grafisch dar und interpretieren Sie die Grafik.

---

6. z-Transformation

6.1 z-Transformationen elementarer Funktionen

Beispiel 1:

Bestimmen Sie die z-Transformierte der Folge ... f(-2) = 0, f(-1) = 0, f(0) = 2, f(1) = 4, f(2) = 6, f(3) = 4, f(4) = 2, f(5) = 0, f(6) = 0, ... Geben Sie den Konvergenzbereich der Bildfunktion an und stellen Sie die Folge grafisch dar.

Beispiel 2:

Gegeben ist die z-Transformierte $\underline{F}(z) = 2 + 4\,z^{-1} + 6\,z^{-2} + 4\,z^{-3} + 2\,z^{-4}$. Wie lautet die zugehörige Folge im Originalbereich? Stellen Sie die Folge grafisch dar.

Beispiel 3:

Bestimmen Sie die z-Transformierte der zeitdiskreten Einheitssprungfolge f(n) = 3 Φ(n). Nach der z-Transformation führen Sie auch die Rücktransformation mit Mathcad durch. Stellen Sie die Folge f(n) grafisch dar.

Beispiel 4:

Bestimmen Sie die z-Transformierte des Einheitsimpulses oder Dirac-Deltaimpulses f(n) = 5 δ(n). Nach der z-Transformation führen Sie auch die Rücktransformation mit Mathcad durch. Stellen Sie die Folge f(n) grafisch dar.

Beispiel 5:

Das nachfolgend angegebene Signal u(t) (Rampe) wird mit einer Abtastzeit $T_A = 2$ ms abgetastet. Bestimmen Sie die z-Transformierte dieses abgetasteten Signals.

$ms := 10^{-3} \cdot s$ **Einheitendefinition**

$$u(t) := \begin{cases} 0 \cdot V & \text{if } t < 2 \cdot ms \\ \frac{3}{4} \cdot \frac{V}{ms} \cdot (t - 2 \cdot ms) & \text{if } 2 \cdot ms \le t \le 10 \cdot ms \\ 0 \cdot V & \text{otherwise} \end{cases}$$

Gegebenes Signal

Beispiel 6:

Der Zusammenhang zu einem kontinuierlichen Sinussignal cos(ω t) ergibt sich durch cos(ω n T_A) = cos(n Ω_0) mit $\Omega_0 = 2\,\pi\,f\,T_A$ und $f = f_A/N$.
Für eine rechtsseitige Kosinusfolge f(n) = cos(n Ω_0) soll die z-Transformierte bestimmt werden.

$\Omega_0 := \frac{\pi}{6}$ **normierte Frequenz**

6.2 Eigenschaften der z-Transformation

Beispiel 1:

Führen Sie eine z-Transformation und Rücktransformation der Folge $f(n) = 0.9^n\,\sigma(n) - 0.5^n\,\sigma(n)$ $(n \geq 0)$ durch (Superpositionssatz).

Beispiel 2:

Bestimmen Sie die z-Transformierte der nachfolgend angegebenen Folge (Zeitverschiebungssatz).

$$f(n) = \begin{cases} a^{n+2} & \text{if } n \geq -2 \wedge |a| < 1 \\ 0 & \text{otherwise} \end{cases}$$

gegebene Folge

Beispiel 3:

Wie lautet die z-Transformierte der Folge $f(n) = 0.5^n \sin(n\,\Omega_0)$ (Modulationssatz)?

Beispiel 4:

Wie lautet die z-Transformierte der Folge $f(n) = n\;0.5^n$ (Differentiation im z-Bereich)?

Beispiel 5:

Bestimmen Sie die z-Transformierte des Faltungsproduktes $f_1(n) * f_2(n)$ der nachfolgend angegebenen Folgen.

$$f_1(n) := \Phi(n) - \Phi(n-1)$$

$$f_2(n) := \left(\frac{6}{10}\right)^n \cdot \Phi(n)$$

Beispiel 6:

Bestimmen Sie den Anfangs- und Endwert der nachfolgend gegebenen z-Transformierten und führen Sie dann eine Rücktransformation mit Mathcad durch.

$$\underline{F}(z) := \frac{z^2 - 0.8 \cdot z + 1}{z^2 - 1.4 \cdot z + 0.4}$$

gegebene z-Transformierte

6.3 Rücktransformation aus dem Bildbereich in den Originalbereich

Beispiel 1:

Die nachfolgend angegebene z-Transformierte $\underline{F}(z)$ soll mithilfe der Partialbruchzerlegung rücktransformiert werden. Die Rücktransformation soll auch mithilfe von Mathcad durchgeführt werden. Die Nullstellen und die Polstellen von $\underline{F}(z)$ und die Rücktransformierte f(n) sollen grafisch dargestellt werden.

$$\underline{F}(z) := \frac{3 - \frac{5}{6} \cdot z^{-1}}{\left(1 - \frac{1}{4} \cdot z^{-1}\right) \cdot \left(1 - \frac{1}{3} \cdot z^{-1}\right)}$$ **gegebene z-Transformierte**

6.4 Anwendungen der z-Transformation

6.4.1 Lösungen von Differenzengleichungen

Beispiel 1:

Lösen Sie die nachfolgende inhomogene lineare Differenzengleichung mithilfe einer Transformationstabelle und mithilfe von Mathcad. Die Anfangsbedingung lautet: y(0) = 2.

$$y(n+1) - \frac{1}{3} \cdot y(n) = x(n) \quad \text{mit} \quad x(n) = 4 \cdot \delta(n)$$ **gegebene Differenzengleichung**

Beispiel 2:

Lösen Sie die nachfolgende inhomogene lineare Differenzengleichung mithilfe einer Transformationstabelle und mithilfe von Mathcad. Die Anfangsbedingung lautet: $y(0) = y_0 = 1$.

$$y(n+1) - 2 \cdot y(n) = n \cdot 3^n$$ **gegebene Differenzengleichung**

Beispiel 3:

Lösen Sie die nachfolgende inhomogene lineare Differenzengleichung 2. Ordnung. Die Anfangsbedingungen lauten: $y(0) = y_0 = 0$ und $y(1) = y_1 = 1$.

$$y(n+2) - \frac{1}{2} \cdot y(n+1) + 3 \cdot y(n) = 3^n$$ **gegebene lineare Differenzengleichung 2. Ordnung**

6.4.2 Übertragungsverhalten von Systemen

Beispiel 1:

Wie lautet die Übertragungsfunktion $\underline{G}(z)$ der gegebenen Differenzengleichung mit verschwindenden Anfangsbedingungen? Wie lautet die Impulsantwort g(n) und der Frequenzgang $\underline{G}(\Omega)$ des Systems?

$$y(n) - \frac{1}{4} \cdot y(n-1) = x(n) + \frac{1}{5} \cdot x(n-1)$$ **gegebene lineare Differenzengleichung 1. Ordnung mit konstanten Koeffizienten**

Beispiel 2:

Die Differenzengleichung eines FIR-Filters, das am Ausgang den Mittelwert der letzten 3 Signalwerte ausgibt, lautet:

$y(n) = \frac{1}{3} \cdot x(n) + \frac{1}{3} \cdot x(n-1) + \frac{1}{3} \cdot x(n-2)$ **gegebene lineare Differenzengleichung 1. Ordnung mit konstanten Koeffizienten**

Wie lautet die Übertragungsfunktion $\underline{G}(z)$ der gegebenen Differenzengleichung mit verschwindenden Anfangsbedingungen?

Beispiel 3:

Wie lautet die Übertragungsfunktion $\underline{G}(z)$ der gegebenen Differenzengleichung mit verschwindenden Anfangsbedingungen? Wie lauten die Impulsantwort g(n) und der Frequenzgang und Phasengang des Systems?

$y(n) - 0.5 \cdot y(n-1) = x(n)$ **gegebene lineare Differenzengleichung 1. Ordnung mit konstanten Koeffizienten**

Beispiel 4:

Wie lautet die Übertragungsfunktion $\underline{G}(z)$ der gegebenen Differenzengleichung mit verschwindenden Anfangsbedingungen? Wie lauten die Impulsantwort g(n) und der Frequenzgang und Phasengang des Systems?

$y(n) - \frac{1}{2} \cdot y(n-1) = x(n) + \frac{1}{3} \cdot x(n-1)$ **gegebene lineare Differenzengleichung 1. Ordnung mit konstanten Koeffizienten**

---

7. Differentialgleichungen

7.2.1 Die gewöhnliche Differentialgleichung 1. Ordnung

Beispiel 1:

Für die gegebene Differentialgleichung soll das Richtungsfeld im Intervall $[x_a, x_e] = [-3, 3]$ und die exakte Lösung durch den Punkt P(2|0) im Richtungsfeld dargestellt werden. Die Lösung soll auch mit dem Euler-Verfahren und Runge-Kutta-Verfahren angenähert werden.

$y'(x) - 5 \cdot x = 0$ **Um welche Differentialgleichung handelt es sich?**

Beispiel 2:

Für die gegebene Differentialgleichung soll das Richtungsfeld im Intervall $[x_a, x_e] = [-3, 3]$ und die exakte Lösung durch den Punkt P(1|2) im Richtungsfeld dargestellt werden. Die Lösung soll auch mit dem Euler-Verfahren und Runge-Kutta-Verfahren angenähert werden.

$y'(x) - 2 \cdot y = 0$ **Um welche Differentialgleichung handelt es sich?**

Beispiel 3:

Für die gegebene Differentialgleichung soll das Richtungsfeld im Intervall $[x_a, x_e] = [-2, 2]$ und die exakte Lösung durch den Punkt P(0|2) im Richtungsfeld dargestellt werden. Die Lösung soll auch mit dem Euler-Verfahren und Runge-Kutta-Verfahren angenähert werden.

$y'(x) - x \cdot y = 0$ **Um welche Differentialgleichung handelt es sich?**

Beispiel 4:

Die Geschwindigkeitsverteilung eines strömenden Flusses von der Breite 2 a = 100 m und der Geschwindigkeit v_0 = 2 m/s in der Mitte des Flusses sei als Funktion des Abstandes x von der Mittellinie als parabolisch angenommen: $v_F(x) = v_0 \cdot \left(1 - \frac{x^2}{a^2}\right)$.

An den Ufern, d. h. an den Randstellen x = -a und x = a, ist die Flussgeschwindigkeit v_F = 0. Ein Schwimmer mit der Eigengeschwindigkeit v_E = konst. schwimmt, um den Fluss möglichst schnell zu überqueren, relativ zum Flusse in Richtung der positiven x-Achse senkrecht zur Strömungsrichtung. Bestimmen Sie die möglichen durchschwommenen absoluten Bahnen und eine bestimmte Bahn, wenn der Schwimmer im Punkt P(-a | 0 m) startet? Wie weit wird der Schwimmer abgetrieben? Anleitung: Stellen Sie das Problem grafisch dar.

$\tan(\alpha) = \frac{d}{dx}y = \frac{v_F}{v_E}$ **Um welche Differentialgleichung handelt es sich?**

Beispiel 5:

Wie lautet die allgemeine Lösung der gegebenen Differentialgleichung? Um welche Differentialgleichung handelt es sich?

$y(x) \cdot y'(x) + x = 0$

Beispiel 6:

Wie lautet die Lösung der gegebenen Differentialgleichung, wenn sie durch den Punkt P($\frac{\pi}{4} \mid \sqrt{3}$ **) gehen soll? Um welche Differentialgleichung handelt es sich?**

$y'(x) - y^2(x) - 1 = 0$

Beispiel 7:

Lösen Sie folgende Differentialgleichung. Um welche Differentialgleichung handelt es sich?

$x \cdot y'(x) - y - x = 0 \quad (x \neq 0)$

Beispiel 8:

Lösen Sie folgendes Anfangswertproblem y(2) = 2 und stellen Sie die Kurve in einem Polarkoordinatenpapier dar. Um welche Differentialgleichung handelt es sich?

$y'(x) = 5 \cdot \frac{x + y}{x - y} \quad (x \neq y)$

Beispiel 9:

Wie lautet die allgemeine Lösung der folgenden Differentialgleichung? Um welche Differentialgleichung handelt es sich?

$\left(x^2 + 2 \cdot y(x)\right) \cdot y'(x) + 2 \cdot x \cdot y(x) = 0$

Beispiel 10:

Lässt sich die gegebene Differentialgleichung durch Multiplikation mit dem Faktor $1/x^2$ in eine exakte Differentialgleichung überführen? Wenn ja, dann lösen Sie diese Differentialgleichung.

$$y(x) + x \cdot (2 \cdot x \cdot y(x) - 1) \cdot y'(x) = 0$$

Beispiel 11:

Exponentielles Wachstum tritt immer dann auf, wenn die Änderung der Zahl der Individuen einer Population (Frösche oder Seerosen in Teich, Bakterien in Nährlösung, verzinstes Kapital oder Entnahme der Zinserträge usw.) sich proportional zur Zahl der Individuen und einer Vermehrungsrate verändert. Die Differentialgleichung $dN = \lambda\ N\ dt$ beschreibt solche Zusammenhänge. Lösen Sie sie unter der Anfangsbedingung $N(t = 0) = N_0$.

Beispiel 12:

Wie lautet die Lösung der Differentialgleichung eines Sonderfalls des beschränkten Wachstums? Um welche Differentialgleichung handelt es sich?

$$\frac{d}{dx} g(x) = k \cdot (G - g(x))$$ **k und G sind Konstanten.**

Beispiel 13:

Lösen Sie mit verschiedenen Methoden folgende Differentialgleichungen und bestimmen Sie den Typ der Differentialgleichung. Machen Sie auch eine Probe.

a) $$\frac{d}{dx} y(x) + \frac{-4}{x} \cdot y(x) = -2 \cdot x - \frac{4}{x}$$

b) $$\frac{d}{dx} y(x) + 5 \cdot y(x) = -26 \cdot \sin(x)$$

c) $$\frac{d}{dx} s1(x) + \frac{s1(x)}{x} = \cos(x)$$

d) $$\frac{d}{dx} s1(x) - \tan(x) \cdot s1(x) = 2 \cdot \sin(x)$$

Beispiel 14:

Wie reagiert der Strom i(t) in einem R-L-Zweipol auf eine sprunghafte Änderung der Spannung $U(t) = U_0\ \Phi(t)$ von außen? Lösen Sie das Problem exakt mithilfe der Lösungsformel, mithilfe der Laplace-Transformation und mithilfe eines Näherungsverfahrens unter der Annahme, dass zum Zeitpunkt t = 0 s der Strom i(0 s) = 0 A ist. Stellen Sie mit selbst gewählten Werten dieses Problem auch grafisch dar. Für die Summe der Spannungen gilt: $u_L(t) + u_R(t) = U_0$.

Beispiel 15:

Wie groß ist die maximale Geschwindigkeit $v_{max} = \lim_{t \to \infty} v(t)$ **die eine fallende Kugel der Masse m erreicht, wenn der Luftwiderstand mit $F_L = -k\ v(t)$ angesetzt wird und die Erdanziehung als konstant angenommen wird?**

Beispiel 16:

Unter der Annahme, dass ein Körper zum Zeitpunkt t = 0 h die Anfangstemperatur ϑ_a = 20 °C hat und mit einer Umgebungstemperatur ϑ_u = 80 °C ($\vartheta_u > \vartheta_a$) aufgewärmt wird, gilt folgende Differentialgleichung: $d\vartheta = -k\,(\vartheta - \vartheta_u)\,dt$. Wie lautet die Funktion für den Aufwärmvorgang, wenn nach 1 h der Körper eine Temperatur von 70 °C hat? Stellen Sie das Problem grafisch mit Anlauftangente dar.

Beispiel 17:

Ein PT_1-Regelkreis wird durch die nachfolgend gegebene Differentialgleichung beschrieben. Dabei ist $u_e(t) = U_0\,\Phi(t)$ das konstante Eingangssignal und $u_a(t)$ das gesuchte Ausgangssignal. Für das Ausgangssignal gilt: $u_a(0\ s) = 0V$. T bedeutet die Zeitkonstante und K den Beiwert. Lösen Sie dieses Problem und stellen Sie es durch selbstgewählte Werte grafisch dar.

$$T \cdot \frac{d}{dt} u_a(t) + u_a(t) = K \cdot u_e(t)$$

Beispiel 18:

Die Aufladung eines Kondensators mit der Kapazität C über einen Ohm'schen Widerstand wird durch die gegebene Differentialgleichung beschrieben. Wie lautet die Lösung für das Anfangswertproblem $u_c(0\ s) = 0$ V? Stellen Sie die Lösung und ihre Anlauftangente für R = 1 kΩ, C = 20 μF und U_0 = 220 V dar.

$$R \cdot C \cdot \frac{d}{dt} u_C(t) + u_c(t) = U_0$$

Beispiel 19:

Lösen Sie näherungsweise mit rkfest, Rkadapt und Bulstoer die gegebene Differentialgleichung mit der Anfangsbedingung y(0) = 1/2 und vergleichen Sie die Näherungslösungen mit der gegebenen exakten Lösung im Intervall [0, 4]. Um welche Differentialgleichung handelt es sich?

$$y'(x) = y^2(x) \cdot (\cos(x) - \sin(x)) - y(x)$$

$$y(x) = \frac{1}{2 \cdot e^x - \sin(x)}$$ **exakte Lösung**

Beispiel 20:

Ein Ball $m_0 := 0.2$ **kg**, $r := 0.2$ **m**, $c_W := 0.4$ **wird mit der Anfangsgeschwindigkeit v_0 = 10 m/s lotrecht nach oben geworfen. Durch den Luftwiderstand F_R, der quadratisch mit der Geschwindigkeit steigt, wird die Bewegung beeinflusst. Die Dichte der Luft sei** $\rho := 1.3$ **kg/m³.**
Bestimmen Sie aus der zugehörigen Differentialgleichung y(t) und v(t) und mithilfe des Differenzenquotienten die Funktion a(t). Stellen Sie das Problem grafisch dar.

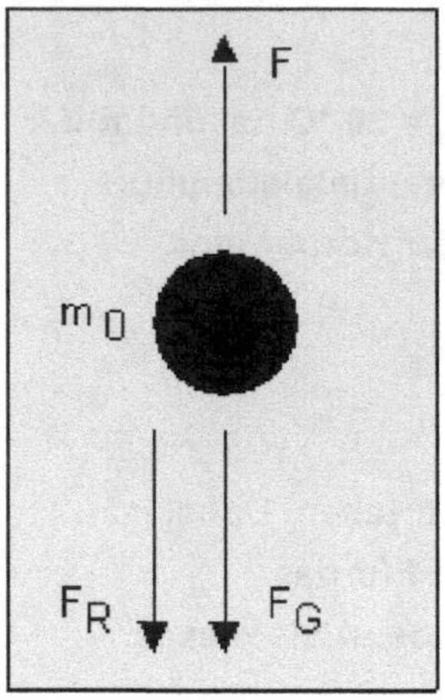

$g := 9.81$	**Erdbeschleunigung**
$A := r^2 \cdot \pi$	**Querschnittsfläche**
$K := \frac{c_W \cdot A \cdot \rho}{2 \cdot m_0}$	**Konstanter Produktfaktor**
$v_0 := 10$	**Anfangsgeschwindigkeit ($v(t = 0) = v_0$)**
$F_R = c_W \cdot A \cdot \frac{\rho}{2} \cdot v(t)^2$	**Reibungskraft**

7.2.2 Die gewöhnliche Differentialgleichung 2. Ordnung

Beispiel 1:

Wie lautet das Geschwindigkeits-Zeit-Gesetz v(t) und Weg-Zeit-Gesetz s(t) eines Körpers für den senkrechten Wurf nach oben (ohne Luftwiderstand)? Die Anfangsbedingung lautet: s(0 s) = 0 m und s'(0 s) = v(0 s) = v_0 gelten.

Beispiel 2:

Wie lautet die allgemeine Lösung der gegebenen Differentialgleichung mit der Anfangsbedingung y(0) = 1 und y'(0) = 2?

$$y''(x) \cdot \cos(x) + y'(x) \cdot \sin(x) = 0$$

Beispiel 3:

Wie lautet die allgemeine Lösung der gegebenen Differentialgleichung?

$$y''(x) - y'(x) - 1 = 0$$

Beispiel 4:

Wie lautet die allgemeine Lösung der gegebenen Differentialgleichung?

$y''(x) = e^{y(x)}$ **Anleitung: Substitution** $u = \sqrt{2 \cdot e^y + C_1}$ **und** $2 \cdot \int \frac{1}{u^2 - C_1} \, du = \frac{-2}{C_1} \cdot \int \frac{1}{1 - \left(\frac{u}{\sqrt{C_1}}\right)} \, du$

Beispiel 5:

Wie lautet jeweils die allgemeine Lösung der gegebenen Differentialgleichung?

a) $y''(x) + 2 \cdot y'(x) - 3 \cdot y(x) = 0$

b) $2 \cdot \frac{d^2}{dt^2}x(t) + 20 \cdot \frac{d}{dt}x(t) + 50 \cdot x(t) = 0$

c) $y''(x) + 4 \cdot y'(x) + 13 \cdot y(x) = 0$

Beispiel 6:

Lösen Sie die folgenden Anfangswertprobleme exakt, mithilfe der Laplace-Transformation und mithilfe numerischer Methoden:

a) $y''(x) - y'(x) - 6 \cdot y(x) = 0$ **$y(0) = 2$ und $y'(0) = 0$**

b) $y''(x) + 4 \cdot y'(x) + 5 \cdot y(x) = 0$ **$y(0) = \pi$ und $y'(0) = 0$**

c) $4 \cdot \frac{d^2}{dt^2}x(t) - 4 \cdot \frac{d}{dt}x(t) + x(t) = 0$ **$x(0) = 5$ und $x'(0) = -1$**

Beispiel 7:

Besitzt die gegebene Differentialgleichung die linear unabhängigen Lösungen x_1 und x_2?

$$x''(t) + 2 \cdot x'(t) + 2 \cdot x(t) = 0$$

$$x_1(t) = e^{-t} \cdot \cos(t) \qquad x_2(t) = e^{-t} \cdot \sin(t)$$

Beispiel 8:

Ein einseitig eingespannter homogener Balken (Kragbalken) der Länge L wird am freien rechten Ende durch eine Kraft F nach unten gebogen. Wie lautet die Gleichung der Biegelinie y(x), wenn y(0) = 0 und y'(0) = 0 gegeben sind. Wie groß ist die größte Durchbiegung y_{max}?

$y''(x) = \frac{M(x)}{E \cdot I}$ **mit** $M(x) = F \cdot (L - x)$ **zugehörige Differentialgleichung**

Beispiel 9:

Einer auf zwei Auflager in A und B gestützter Träger mit der Länge L wird durch eine Dreieckslast belastet. Wie lautet die Gleichung der Biegelinie und die Durchbiegung bei x = L/3 und x = 2/3 L? Es gelte die Randbedingung y(0) = 0 und y(L) = 0.

$y''(x) = \frac{M(x)}{E \cdot I}$ **mit** $M(x) = \frac{F}{3} \cdot x \cdot \left(1 - \frac{x^2}{L^2}\right)$ **zugehörige Differentialgleichung**

Beispiel 10:

Die Nickbewegung eines Kraftfahrzeuges unmittelbar nach dem Stillstand beim Bremsen kann in einer Näherung als gedämpfte Drehschwingung des Fahrzeuges um seinen Schwerpunkt angesehen werden. Lösen Sie die gegebene Differentialgleichung für $\varphi(0) = 0.1$ und $\varphi'(0) = 0$.

$$\frac{d^2}{dt^2}\varphi(t) + 5.2 \cdot s^{-1} \cdot \frac{d}{dt}\varphi(t) + 67.6 \cdot s^{-2} \cdot \varphi(t) = 0$$

Beispiel 11:

In einem elektromagnetischen Parallelschwingkreis ist L = 100 mH, C = 92 μF und R = 54.3 Ω. Zum Zeitpunkt t = 0 s gilt: u(0 s) = 5 V und u'(0 s) = 2.22 V/ms. Berechnen Sie δ, ω, A und φ und stellen Sie die Lösung der zugehörigen Differentialgleichung grafisch dar.

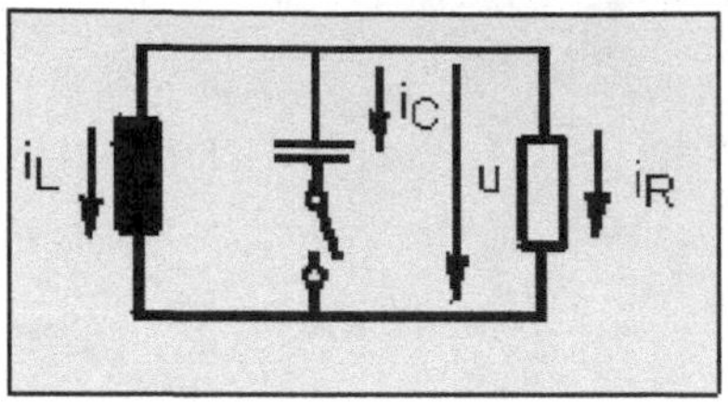

Beispiel 12:

Wie lautet jeweils die allgemeine Lösung der gegebenen Differentialgleichungen?

a) $y''(x) - y'(x) - 2 \cdot y(x) = 3 \cdot x^2 + 4 \cdot x - 5$

b) $y''(x) - 10 \cdot y'(x) + 25 \cdot y(x) = 3 \cdot e^{5 \cdot x}$

c) $y''(x) + 2 \cdot y'(x) + 10 \cdot y(x) = 3 \cdot \sin(2 \cdot x)$

Beispiel 13:

Lösen Sie folgende Anfangswertprobleme:

a) $\frac{d^2}{dt^2}x(t) + 6 \cdot \frac{d}{dt}x(t) + 10 \cdot x(t) = \cos(t)$ **x(0) = 0 und x'(0) = 3**

b) $\frac{d^2}{dt^2}x(t) + 2 \cdot \frac{d}{dt}x(t) + 17 \cdot x(t) = 2 \cdot \sin(5 \cdot t)$ **y(π) = 0 und y'(π) = 1**

c) $y''(x) + 2 \cdot y'(x) + 3 \cdot y(x) = e^{-2 \cdot t}$ **y(0) = 0 und y'(0) = 1**

Beispiel 14:

Ein schwingungsfähiges mechanisches Feder-Masse-System mit den Kenngrößen m = 10 kg, β = 35 kg/s und k = 80 N/m wird durch eine von außen einwirkende Kraft F = 10 N sin($1s^{-1}$ t) zu erzwungenen Schwingungen angeregt. Zur Zeit t = 0 s soll y(0 s) = 10 cm und y' (0 s) = 0 cm/s sein. Wie lautet die allgemeine Lösung der Schwingungsgleichung? Wie lautet die stationäre Lösung der Schwingungsgleichung? Stellen Sie die stationäre Lösung, die Resonanzamplitude und die Phasenverschiebung grafisch dar.

Beispiel 15:

Bei einem Serienschwingkreis LRC wird zum Zeitpunkt t = 0 s der Stromkreis geschlossen. Je nach Bauteilgrößen können verschiedene Schwingungsarten (Schwingungsfall ($\delta < \omega_0$), aperiodischer Grenzfall ($\delta = \omega_0$), kriechende Dämpfung ($\delta > \omega_0$) auftreten.

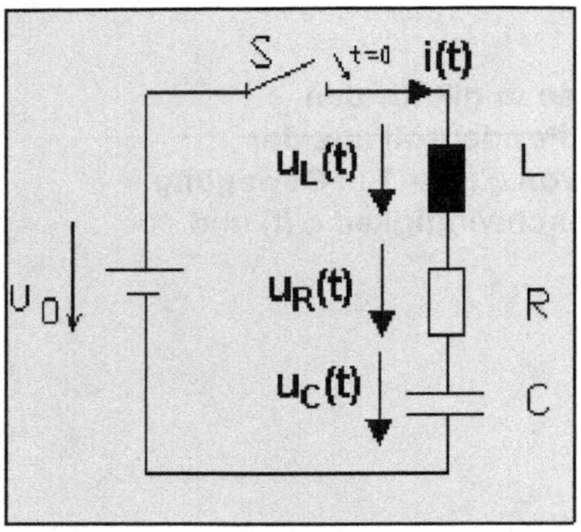

Gesucht:

1. **Allgemeine Herleitung der Funktionen für die Spannungen u_L, u_R, u_C und den Strom i.**
2. **Grafische Darstellung und Schwingungsart bei $U_0 = 10$ V, R = 100 Ω, C = 25 µF, L = 1 H.**
3. **Verhalten des Schwingkreises bei $U_0 = 100$ V, R = 1000 Ω, C = 6.25 µF, L = 1 H.**
   a) **Welcher Fall tritt bei der Schaltung auf?**
   b) **Spannungsverlauf $u_C = f(t)$**
   c) **Stromverlauf $i = f(t)$**
   d) **Maximaler Strom I_{max}**

Anfangsbedingungen: i(0 s) = 0 A und u_C(0 s)= 0 V

Es gilt: $i(t) = C \cdot \frac{d}{dt} u_C(t)$

<u>Beispiel 16:</u>

Bilden die Lösungen $x_1 = x$ und $x_2 = \sqrt{x}$ ein Fundamentalsystem für die gegebene Differentialgleichung?

$$y''(x) - \frac{1}{2 \cdot x} \cdot y'(x) + \frac{1}{2 \cdot x^2} \cdot y(x) = 0$$

<u>Beispiel 17:</u>

Eine Rakete startet senkrecht von der Erde nach oben. Untersuchen Sie die Auswirkung eines exponentiell abnehmenden Luftwiderstandes. Die Erdbeschleunigung sei konstant. Stellen Sie das s-t- und das v-t-Diagramm grafisch dar.

$g := 9.81$	**konstante Erdbeschleunigung**
$m_0 := 8000$	**Startmasse in kg**
$dm := 45$	**Masseverlust in kg/s**
$F_S := 130000$	**Schubkraft in N**
$y(0) = 0$	**Anfangsauslenkung**
$y'(0) = 0$	**Anfangsgeschwindigkeit**
$\rho(y) := 1.3 \cdot e^{-0.00013 \cdot y}$	**exponentielle Abnahme der Luftdichte**

$$\left(m_0 - dm \cdot t\right) \cdot \frac{d^2}{dt^2} s = F_S - \left(m_0 - dm \cdot t\right) \cdot g - 0.8 \cdot \rho \cdot v^2$$ **gegebene Differentialgleichung**

Beispiel 18:

Für die Bewegung eines Fadenpendels der Länge L = 0.5 m und der Masse m gilt für den Auslenkwinkel φ(t) die nachfolgend gegebene Differentialgleichung. Das Pendel soll aus der Ruhelage heraus φ(0) = 0 mit einer anfänglichen Winkelgeschwindigkeit von φ'(0) = 1 in Bewegung gesetzt werden. Bestimmen Sie den Auslenkwinkel φ(t) und die Winkelgeschwindigkeit φ'(t) und stellen Sie diese Funktionen grafisch dar.

$$\frac{d^2}{dt^2}\varphi(t) = \frac{g}{L} \cdot \sin(\varphi(t))$$

7.2.3 Die gewöhnliche Differentialgleichung n-ter Ordnung

Beispiel 1:

Gegeben ist die nachfolgende Differentialgleichung 3. Ordnung mit den Anfangsbedingungen $y(0) = y_0 = 10$, $y'(0) = y'_0 = 1$ und $y''(0) = y''_0 = 0$. Wie lautet die Lösung der Differentialgleichung?

$$y'''(x) - 6 \cdot y''(x) + 11 \cdot y'(x) - 6 \cdot y(x) = 0$$

Beispiel 2:

Gegeben ist die nachfolgende Differentialgleichung 3. Ordnung mit den Anfangsbedingungen $y(0) = y_0 = 0$, $y'(0) = y'_0 = 0$ und $y''(0) = y''_0 = 0$. Wie lautet die Lösung der Differentialgleichung?

$$2 \cdot y'''(x) - 5 \cdot y''(x) + 6 \cdot y'(x) - 2 \cdot y(x) = 0$$

Beispiel 3:

**Gegeben ist die nachfolgende Differentialgleichung 4. Ordnung.
Wie lautet die Lösung der Differentialgleichung ?**

$$y^4 \cdot (x) - 4 \cdot y'''(x) + 5 \cdot y''(x) - 4 \cdot y'(x) + 4 \cdot y(x) = 0$$

Beispiel 4:

Lösen Sie die folgenden Anfangswertprobleme:

a) $\frac{d^4}{dt^4}y(t) + 10 \cdot \frac{d^2}{dt^2}y(t) + 9 \cdot y(t) = 0$ **$y(\pi) = 6$, $y'(\pi) = 0$, $y''(\pi) = 0$, $y'''(\pi) = 0$**

b) $\frac{d^5}{dt^5}x(t) + 5 \cdot \frac{d^3}{dt^3}x(t) + 4 \cdot \frac{d}{dt}x(t) = 0$ **$x(0) = 0$, $x'(0) = 0$, $x''(\pi) = 0$, $x'''(0) = 0$, $x^{(4)}(0) = 10$**

Beispiel 5:

Wie lauten die allgemeinen Lösungen der folgenden Differentialgleichungen?

a) $y'''(x) + 2 \cdot y''(x) + y'(x) = 5 \cdot \cos(x)$

b) $y'''(x) + 3 \cdot y''(x) + 3 \cdot y'(x) = x + 6 \cdot e^{-x}$

c) $y'''(x) - 3 \cdot y'(x) + 2 \cdot y(x) = 2 \cdot \cos(x) - 3 \cdot \sin(x)$

d) $x^{4}(t) + 2 \cdot x''(t) + x(t) = t \cdot e^{-t}$

Beispiel 6:

Lösen Sie die folgenden Anfangswertprobleme:

a) $v^{5}(t) - v'(t) = 2 \cdot t + 2$ **$v(0) = 1$, $v'(0) = -1$, $v''(0) = 1$, $v'''(0) = 0$, $v^{(4)}(0) = -2$**

b) $y'''(x) + 9 \cdot y'(x) = 18 \cdot x$ **$y(\pi) = \pi 2$, $y'(\pi) = 2\,\pi$, $y''(\pi) = 10$**

Beispiel 7:

Ein Druckstab der Länge L, der beidseitig gelenkig gelagert ist, ist von beiden Seiten längs des Stabes mit einer Kraft F eingespannt und wird sinusförmig belastet. Mit den Randbedingungen y(0) = y(L) = 0 und y''(0) = y''(L) = 0 soll die für dieses Problem gegebene Differentialgleichung gelöst werden.

$E \cdot I \cdot y^{4}(x) + F \cdot y''(x) = Q_0 \cdot \sin\left(\frac{\pi \cdot x}{L}\right)$ **E I bedeutet die konstante Biegesteifigkeit.**

7.2.4 Differentialgleichungssysteme

Beispiel 1:

Wie lauten die Lösungen der gegebenen linearen Differentialgleichungssysteme?

a) $y_{1'} = 5 \cdot y_1 + y_2$

$y_{2'} = -4 \cdot y_1 + y_2$

b) $y_{1'} = -3 \cdot y_1 - 2 \cdot y_2$

$y_{2'} = 6 \cdot y_1 + 3 \cdot y_2$

c) $y_{1'} = y_1 + 2 \cdot y_2$

$y_{2'} = y_2$

Beispiel 2:

Wie lauten die Lösungen folgender Anfangswertprobleme?

a) $y_{1'} = -3 \cdot y_1 + 5 \cdot y_2$ **$y_1(0) = 1$, $y_2(0) = 1$**

$y_{2'} = -y_1 + y_2$

b) $y_{1'} = y_1 + 4 \cdot y_2$ **$y_1(0) = 0$, $y_2(0) = 2$**

$y_{2'} = y_1 + y_2$

Beispiel 3:

Wie lauten die Lösungen des gegebenen linearen Differentialgleichungssystems?

$y_{1'} = y_2 + y_3$

$y_{2'} = y_1 + y_3$

$y_{3'} = y_1 + y_2$

Beispiel 4:

Wie lauten die Lösungen folgender Anfangswertprobleme?

a) $y_{1'} = -2 \cdot y_1 + 2 \cdot y_2 + t$ $\quad$ $\mathbf{y_1(0) = 0, y_2(0) = -1}$

$y_{2'} = -2 \cdot y_1 + 3 \cdot y_2 \cdot 3 \cdot e^t$

b) $x_{1'} = x_1 + 4 \cdot x_2 - e^t$ $\quad$ $\mathbf{x_1(0) = -0.5, x_2(0) = 0}$

$y_{2'} = y_1 + y_2 + 2 \cdot e^t$

Beispiel 5:

Lösen Sie die gegebene lineare Differentialgleichung mithilfe des Runge-Kutta-Verfahrens für die Anfangsbedingungen y(0) = 2, y'(0) = 3, y''(0) = 0 im Intervall $[x_a, x_e]$ = [0, 10].

$y'''(x) - 5 \cdot y''(x) + 2 \cdot y'(x) - 3 \cdot y(x) = 2 \cdot \sin(2 \cdot x)$

Beispiel 6:

Die Auslenkungen zweier gekoppelter Pendel aus der Ruhelage beschreibt das nachfolgend gegebene Differentialgleichungssystem. Führen Sie das System in ein Differentialgleichungssystem 1. Ordnung über und bestimmen Sie die Lösungen dieses Systems.

$y_{1''}(x) = 7 \cdot y_1 + y_2$

$y_{2''} = 4 \cdot y_1 + 7 \cdot y_2$

Beispiel 7:

Auf einer freidrehbaren Welle mit einer Drehfederkonstante c befinden sich 2 Drehmassen mit den Massenträgheitsmomenten J. Die Wellenenden sind mit den Massen starr eingespannt. φ1 und φ2 sind die Drehwinkel der beiden Massen, von einer Ausgangslage φ = 0 ausgehend. Auf die Massen wirken dann Momente, die dem Betrage nach gleich sind. Das dynamische Grundgesetz der Drehung kann dann für jede Masse angeschrieben werden:

$$J \cdot \frac{d^2}{dt^2}\varphi_1(t) = c \cdot (\varphi_2(t) - \varphi_1(t))$$

$$\omega_0 = \sqrt{\frac{2 \cdot c}{J}}$$

$$J \cdot \frac{d^2}{dt^2}\varphi_2(t) = -c \cdot (\varphi_2(t) - \varphi_1(t))$$

Bestimmen Sie die Eigenschwingungen dieses Torsionsschwingers mit den zugehörigen Eigenkreisfrequenzen ω mithilfe des Lösungsansatzes:

$$\varphi_1(t) = A_1 \cdot \sin(\omega \cdot t) \qquad \varphi_2(t) = A_2 \cdot \sin(\omega \cdot t)$$

Stellen Sie die Eigenschwingungen mit selbst gewählten Größen grafisch dar.

Beispiel 8:

Ein Massenpunkt bewegt sich in der x-y-Ebene und genügt folgenden Differentialgleichungen:

$$\frac{d^2}{dt^2}x(t) = \frac{d}{dt}y(t)$$

$$\frac{d^2}{dt^2}y(t) = -\frac{d}{dt}x(t)$$

Bestimmen Sie die Bahnkurve für die Anfangswerte $x(0) = y(0) = 0$, $x'(0) = 0$, $y'(0) = 2$ und stellen Sie die Bahnkurve grafisch dar.

Beispiel 9:

Lösen Sie analog das im Beispiel 7.65 dargestellte Problem für zwei gekoppelte Pendel.

---

8. Differenzengleichungen

Beispiel 1:

Ermitteln Sie die Lösung der folgenden Differenzengleichungen und stellen Sie das Ergebnis grafisch dar. Stellen Sie jeweils dafür einen Web-Plot her und untersuchen Sie, ob ein stabiler Fixpunkt vorliegt.

a) $y_n = 1/2\ y_{n-1} + 2$; $y_0 = 8$

b) $y_n = -\ 1/2\ y_{n-1} + 4$; $y_0 = 5$

c) $y_n = 3/4\ y_{n-1} + 0.25$; $y_0 = 1$

d) $y_n = -\ y_{n-1} + 4$; $y_0 = 2$

Beispiel 2:

Ermitteln Sie die ersten 20 Glieder der Lösungsfolge der folgenden logistischen Differenzengleichungen und stellen Sie das Ergebnis grafisch dar. Stellen Sie jeweils dafür einen Web-Plot her und untersuchen Sie, ob ein stabiler Fixpunkt vorliegt.

a) $y_n = 2\ y_{n-1}\ (1 - y_{n-1})$; $y_0 = 0.1$ und $y_0 = 0.101$

b) $y_n = 0.001\ y_{n-1}\ (1000 - y_{n-1})$; $y_0 = 1$

Beispiel 3:

Ermitteln Sie die ersten 50 Glieder der Lösungsfolge der folgenden nichtlinearen Differenzengleichungen und stellen Sie das Ergebnis grafisch dar.

a) $y_n = 1.5 \cos(y_{n-1})$; $y_0 = 0.5$

b) $y_n = 4 \cos(y_{n-1})$; $y_0 = 0.501$

Beispiel 4:

Ermitteln Sie die ersten 20 Glieder der Lösungsfolge der folgenden Differenzengleichungen 2. Ordnung und stellen Sie das Ergebnis grafisch dar.

a) $y_n = y_{n-1} - 0.9\, y_{n-2}$; $y_0 = 1$ und $y_1 = 1$

b) $y_n = y_{n-1} - 0.2\, y_{n-2}$; $y_0 = 1$ und $y_1 = 0$

Beispiel 5:

Der Umsatz eines Unternehmens steigt von einem anfänglichen Jahresumsatz von € 50 000 pro Jahr um durchschnittlich 3 %. Stellen Sie dazu eine Differenzengleichung auf und lösen Sie sie.

Beispiel 6:

Zu Beginn eines Jahres wird ein einmaliger Betrag von € 500 bei einer jährlichen Verzinsung von p = 4 % auf ein Sparkonto eingezahlt. Am Ende eines jeden Jahres wird € 20 abgehoben. Beschreiben Sie den Vorgang durch eine Differenzengleichung und lösen Sie sie. Stellen Sie das Ergebnis grafisch dar.

Beispiel 7:

Ermitteln Sie das Übertragungsverhalten eines RC-Gliedes für eine Eingangsfolge $ue_n = U_0\, \Phi(n)$ aus der Kenntnis seiner Reaktion auf das Anlegen einer Gleichspannung $U_0 = 10$ V zur Zeit t = 0 s. Für diese Schaltung gelte für die Zeitkonstante $\tau = R\, C = 0.1$ s. Für die Spannung am Kondensator zur Zeit $t \geq 0$ s gilt: $u_a(t) = U_0\, (1 - e^{-t/\tau})$. Hinweis: Ermitteln Sie die zugehörige Differenzengleichung aus der Spannung am Kondensator (ua_{n-1} für $t_{n-1} = (n-1)\, \Delta t$ und ua_n für $t_n = n\, \Delta t$). Wählen Sie für die Abtastzeit $\Delta t = 0.01$ s. Stellen Sie die Ausgangsfolgeglieder und die Eingangsfolgeglieder grafisch dar.

Beispiel 8:

Ein diskretes System ist durch die Differenzengleichung $y_n = 0.5\, y_{n-1} + u_{n-1}$ und $y_0 = 0$ gegeben. Berechnen Sie seine

a) Sprungantwort, d. h. $u_n = \Phi(n)$

b) Impulsantwort, d. h. $u_n = \delta(n)$

Stellen Sie die Ausgangsfolgeglieder und die Eingangsfolgeglieder grafisch dar.

Beispiel 9:

Ein digitales Filter ist als diskretes System durch $y_n = 0.9048\, y_{n-1} + u_n + u_{n-1}$ und $y_0 = 0$ gegeben. Zeigen Sie, dass sich das System wie ein Hochpass verhält (sinusförmige Eingangsfolgen mit niedrigeren Frequenzen werden stärker gedämpft als solche mit höheren Frequenzen), wenn

a) $u_n = \sin(1/30\, n)\, \Phi(n)$

b) $u_n = \sin(3/10\, n)\, \Phi(n)$.

Stellen Sie die Ausgangsfolgeglieder und die Eingangsfolgeglieder grafisch dar.

Korrespondenztabellen zur Laplace- und z-Transformation

Laplace-Transformierte $\mathcal{L}\{ f(t) \} = \underline{F}(s)$ bzw. $\underline{F}(p)$	Stellvertretende Funktion f(t) oder Zahlenfolge $f(t = n\,T) = f(t_n)$ mit $f(t) = 0$ für $t < 0$.	z-Transformierte $\mathcal{Z}\{f(t_n)\} = \underline{F}(z)$
$e^{-n \cdot T \cdot s}$ **(n = 0, 1, ...)**	$\delta(t - n \cdot T)$	z^{-n}
$\frac{1}{s}$	1	$\frac{z}{z-1}$
$\frac{1}{s^2}$	t	$\frac{T \cdot z}{(z-1)^2}$
$\frac{2!}{s^3}$	t^2	$T^2 \cdot z \cdot \frac{z+1}{(z-1)^3}$
$\frac{m!}{s^{m+1}}$	t^m **(m = 1, 2, ...)**	$T^m \cdot z \cdot \frac{z^{m-1} + ...}{(z-1)^{m+1}}$
$\frac{1}{s-a}$ **(a ∈ ℂ)**	$e^{a \cdot t}$	$\frac{z}{z - z_a} = \frac{z}{z - e^{a \cdot T}}$
alternierende	-1^n	$\frac{z}{z+1}$
diskrete Folgen	$-a^n = a^n \cdot \cos(n \cdot \pi)$	$\frac{z}{z+a}$
$\frac{1}{s \cdot (s+a)}$	$\frac{1}{a} \cdot \left(1 - e^{-a \cdot t}\right)$	$\left(\frac{1 - e^{-a \cdot T}}{a}\right) \cdot \frac{z}{(z-1) \cdot \left(z - e^{-a \cdot T}\right)}$
$\frac{1}{(s+a) \cdot (s+b)}$	$\frac{1}{b-a} \cdot \left(e^{-a \cdot t} - e^{-b \cdot t}\right)$	$\frac{1}{b-a} \cdot \left(\frac{z}{z - e^{-a \cdot T}} - \frac{z}{z - e^{-b \cdot T}}\right)$
$\frac{(b-a) \cdot s}{(s+a) \cdot (s+b)}$	$b \cdot e^{-b \cdot t} - a \cdot e^{a \cdot t}$	$\frac{z\left[z \cdot (b-a) - \left(b \cdot e^{-a \cdot T} - a \cdot e^{-b \cdot T}\right)\right]}{\left(z - e^{-a \cdot T}\right) \cdot \left(z - e^{-b \cdot T}\right)}$

Laplace-Transformierte $\mathscr{L}\{f(t)\} = \underline{F}(s)$ bzw. $\underline{F}(p)$	Stellvertretende Funktion f(t) oder Zahlenfolge $f(t = n\,T) = f(t_n)$ mit $f(t) = 0$ für $t < 0$.	z-Transformierte $\mathscr{Z}\{f(t_n)\} = \underline{F}(z)$
$\frac{1}{(s+a)^2}$	$t \cdot e^{-a\cdot t}$	$\frac{T \cdot e^{-a\cdot T} \cdot z}{\left(z - e^{-a\cdot T}\right)^2}$
$\frac{m!}{(s-a)^{m+1}}$	$t^m \cdot e^{a\cdot t}$ (m = 1, 2, ...)	$\frac{d^m}{da^m}\left(\frac{z}{z - e^{a\cdot T}}\right)$
$\frac{\omega}{s^2+\omega^2}$	$\sin(\omega \cdot t)$	$z \cdot \frac{\sin(\omega \cdot T)}{z^2 - 2\cdot\cos(\omega\cdot T)\cdot z + 1}$
$\frac{s}{s^2+\omega^2}$	$\cos(\omega \cdot t)$	$z \cdot \frac{z - \cos(\omega \cdot T)}{z^2 - 2\cdot\cos(\omega\cdot T)\cdot z + 1}$
$\frac{s\cdot\sin(\varphi) + \omega\cdot\cos(\varphi)}{s^2+\omega^2}$	$\sin(\omega \cdot t + \varphi)$	$z \cdot \frac{z\cdot\sin(\varphi) + \sin(\omega \cdot T - \varphi)}{z^2 - 2\cdot\cos(\omega\cdot T)\cdot z + 1}$
$\frac{\omega}{(s+a)^2+\omega^2}$	$e^{-a\cdot t}\cdot\sin(\omega \cdot t)$	$z \cdot \frac{e^{-a\cdot T}\cdot\sin(\omega \cdot T)}{z^2 - 2\cdot e^{-a\cdot T}\cdot\cos(\omega\cdot T)\cdot z + e^{-2\cdot a\cdot T}}$
$\frac{s+a}{(s+a)^2+\omega^2}$	$e^{-a\cdot t}\cdot\cos(\omega \cdot t)$	$z \cdot \frac{z - e^{-a\cdot T}\cdot\cos(\omega \cdot T)}{z^2 - 2\cdot e^{-a\cdot T}\cdot\cos(\omega\cdot T)\cdot z + e^{-2\cdot a\cdot T}}$
$\frac{(s+a)\cdot\sin(\varphi) + \omega\cdot\cos(\varphi)}{(s+a)^2+\omega^2}$	$e^{-a\cdot t}\cdot\sin(\omega \cdot t + \varphi)$	$z \cdot \frac{z\cdot\sin(\varphi) + e^{-a\cdot T}\cdot\sin(\omega \cdot T - \varphi)}{z^2 - 2\cdot e^{-a\cdot T}\cdot\cos(\omega\cdot T)\cdot z + e^{-2\cdot a\cdot T}}$
$\frac{2\cdot\omega\cdot s}{\left(s^2+\omega^2\right)^2}$	$t\cdot\sin(\omega \cdot t)$	$T\cdot z \cdot \frac{\left(z^2 - 1\right)\cdot\sin(\omega \cdot T)}{\left(z^2 - 2\cdot\cos(\omega\cdot T)\cdot z + 1\right)^2}$
$\frac{s^2-\omega^2}{\left(s^2+\omega^2\right)^2}$	$t\cdot\cos(\omega \cdot t)$	$T\cdot z \cdot \frac{\left(z^2 + 1\right)\cdot\cos(\omega \cdot T) - 2\cdot z}{\left(z^2 - 2\cdot\cos(\omega\cdot T)\cdot z + 1\right)^2}$
$\frac{a^2}{s\cdot(s+a)^2}$	$1 - e^{-a\cdot t}(1 + a\cdot t)$	$\frac{z}{z-1} - \frac{z}{z-a} - a\cdot T\cdot e^{-a\cdot T}\cdot\frac{z}{\left(z - e^{-a\cdot T}\right)^2}$

Literaturverzeichnis

Dieses Literaturverzeichnis enthält einige deutsche Werke über Mathcad, Algebra, Analysis und Differential- und Integralrechnung. Es sollte dem Leser zu den Ausführungen dieses Buches bei der Suche nach vertiefender Literatur eine Orientierungshilfe geben.

BENKER, H. (2005). Differentialgleichungen mit Mathcad und Matlab. Berlin: Springer.

BLATTER, C. (1992). Analysis 2. Berlin: Springer.

FICHTENHOLZ, G. M. (1978). Differential- und Integralrechnung II. Berlin: VEB.

FORSTER, O. (1999). Analysis 3. Wiesbaden: Vieweg.

FÖLLINGER, O. (1993). Laplace- und Fourier-Transformation. Heidelberg: Hüthig.

GÖTZ, H. (1990). Einführung in die digitale Signalverarbeitung. Stuttgart: Teubner.

HESSELMANN, N. (1987). Digitale Signalverarbeitung. Würzburg: Vogel.

KLINGEN, F. (2001). Fouriertransformation für Ingenieure und Naturwissenschaftler. Berlin: Springer.

KRÜGER, K. (2001). Transformationen. Wiesbaden: Vieweg.

LEUPOLD, W. (1982). Mathematik Band III. Thun und Frankfurt/Main: Harri Deutsch.

LEUPOLD, W. (1987). Analysis für Ingenieure. Thun und Frankfurt/Main: Harri Deutsch.

MAEYER, M. (1998). Signalverarbeitung. Braunschweig - Wiesbaden: Vieweg.

MARKO, H. (1995). Methoden der Systemtheorie. Berlin: Springer.

MEYBERG, K., **VACHENAUER**, P. (1997). Höhere Mathematik 2. Berlin: Springer.

PAPULA, L. (2001). Mathematik für Ingenieure und Naturwissenschaftler. Band 1. Wiesbaden: Vieweg.

PAPULA, L. (2001). Mathematik für Ingenieure und Naturwissenschaftler. Band 2. Wiesbaden: Vieweg.

RAUERT, H., **FISCHER**, I. (1978). Differential- und Integralrechnung II. Heidelberg: Springer.

SCHLÜTER, G. (2000). Digitale Regelungstechnik. Leipzig: Fachbuchverlag.

TRÖLSS, J. (2008). Angewandte Mathematik mit Mathcad (Lehr- und Arbeitsbuch). Band 1: Einführung in Mathcad. Wien: Springer.

TRÖLSS, J. (2008). Angewandte Mathematik mit Mathcad (Lehr- und Arbeitsbuch). Band 2: Komplexe Zahlen und Funktionen, Vektoralgebra und analytische Geometrie, Matrizenrechnung, Vektoranalysis. Wien: Springer.

TRÖLSS, J. (2008). Angewandte Mathematik mit Mathcad (Lehr- und Arbeitsbuch). Band 3: Differential- und Integralrechnung. Wien: Springer.

WAGNER, A. (2001). Elektrische Netzwerkanalyse. Norderstedt: BoD.

WALTER, W. (1995). Analysis 2. Berlin: Springer.

WÜST, R. (1995). Höhere Mathematik für Physiker. Berlin: Walter de Gruyter.

Sachwortverzeichnis